DICTIONNAIRE

CLASSIQUE

D'HISTOIRE NATURELLE.

Liste des lettres initiales adoptées par les auteurs.

MM.

AD. B. Adolphe Brongniart.
A. D. J. Adrien de Jussieu.
A. F. Apollinaire Fée.
A. R. Achille Richard.
AUD. Audouin.
B. Bory de Saint-Vincent.
C. P. Constant Prévost.
D. Dumas.
D. C..E. De Candolle.
D..H. Deshayes.
DR..Z Drapiez.
E. Edwards.

MM.

E. D..L. Eudes Deslonchamps.
F. D'Audebard de Férussac.
G. Guérin.
G. DEL. Gabriel Delafosse.
GEOF. ST.-H. Geoffroy St.-Hilaire.
G..N. Guillemin.
H.-M. E. Henri-Milne Edwards.
ISID. B. Isidore Bourdon.
IS. G. ST.-H. Isidore Geoffroy Saint-Hilaire.
K. Kunth.
LAT. Latreille.

La grande division à laquelle appartient chaque article, est indiquée par l'une des abréviations suivantes, qu'on trouve immédiatement après son titre.

ACAL. Acalèphes.
ANNEL. Annelides.
ARACHN. Arachnides.
BOT. CRYPT. Botanique. Cryptogamie.
BOT. PHAN. Botanique. Phanérogamie.
CHIM. Chimie.
CIRRH. Cirrhipèdes.
CONCH. Conchifères.
CRUST. Crustacés.
ECHIN. Echinodermes.
FOSS. Fossiles.
GÉOL. Géologie.
INS. Insectes.

INT. Intestinaux.
MAM. Mammifères.
MICR. Microscopiques.
MIN. Minéralogie.
MOLL. Mollusques.
OIS. Oiseaux.
POIS. Poissons.
POLYP. Polypes.
REPT. BAT. Reptiles Batraciens.
— CHEL. — Chéloniens.
— OPH. — Ophidiens.
— SAUR. — Sauriens.
ZOOL. Zoologie.

IMPRIMERIE DE J. TASTU, RUE DE VAUGIRARD, N° 36.

DICTIONNAIRE

CLASSIQUE

D'HISTOIRE NATURELLE,

PAR MESSIEURS

AUDOUIN, Isid. BOURDON, Ad. BRONGNIART, DE CANDOLLE, G. DELA-
FOSSE, DESHAYES, E. DESLONCHAMPS, DRAPIEZ, DUMAS, EDWARDS,
H.-M. EDWARDS, A. FÉE, D'AUDEBARD DE FÉRUSSAC, GEOFFROY
SAINT-HILAIRE, Isid. GEOFFROY SAINT-HILAIRE, GUÉRIN, GUILLE-
MIN, A. DE JUSSIEU, KUNTH, LATREILLE, C. PRÉVOST, A. RICHARD,
et BORY DE SAINT-VINCENT.

Ouvrage dirigé par ce dernier collaborateur, et dans lequel on a ajouté, pour
le porter au niveau de la science, un grand nombre de mots qui n'avaient
pu faire partie de la plupart des Dictionnaires antérieurs.

TOME ONZIÈME.

MO-NSO.

PARIS.

REY ET GRAVIER, LIBRAIRES-ÉDITEURS,
Quai des Augustins, n° 55;

BAUDOUIN FRÈRES, LIBRAIRES-ÉDITEURS,
Rue de Vaugirard, n° 17.

JANVIER 1827.

DICTIONNAIRE

CLASSIQUE

D'HISTOIRE NATURELLE.

MOBULA. pois. Dans son Ichthyologie sicilienne, Rafinesque établit sous ce nom, aux dépens des Raies, un genre qui pourrait bien rentrer parmi les Céphaloptères, et n'être que le Mobular de Duhamel que Cuvier regarde comme une espèce établie sur des Poissons mutilés.   (B.)

MOBULAR. pois. Duhamel cite sous ce nom une espèce douteuse de Raie du sous-genre Céphaloptère.
(B.)

MOCAGA. bot. phan. On donne ce nom, à Cayenne, à un Palmier qui est, dit-on, voisin de l'*Avoira* ou *Elais*, mais sur lequel on n'a pas de renseignemens assez nombreux et assez exacts pour en constituer un genre distinct.   (G..N.)

MOCANÈRE. *Mocanera*. bot. phan. Genre décrit par Linné fils (Suppl. 36) sous le nom de *Visnea*, auquel Jussieu a substitué celui de *Mocanera*, sous lequel il était connu aux îles Canaries dès avant la conquête. Ce genre a été placé à la fin de la famille des Onagraires. Mais il ne nous paraît avoir aucun rapport avec cet ordre naturel, ainsi qu'on le verra par la description suivante de son organisation, qui, faite d'a-

près nature, s'éloigne en plusieurs points de celle qu'on lui avait attribuée. Le *Mocanera Canariensis* est un moyen Arbrisseau toujours vert. Ses tiges sont cylindriques et rameuses ; ses feuilles, assez dures, sont alternes, elliptiques, très-courtement pétiolées, inégalement dentées, à dents peu profondes ; leur face supérieure est glabre, et l'inférieure porte quelques longs poils couchés. Les fleurs sont solitaires ou géminées à l'aisselle des feuilles, portées sur des pédoncules recourbés, longs de quatre à six lignes et tomenteux, offrant chacun à leur sommet deux bractées fort petites et à peine perceptibles. Le calice est monosépale, persistant, à cinq divisions profondes et obtuses, dont trois extérieures, et deux plus intérieures, minces et membraneuses sur leurs bords ; la corolle est monopétale, rotacée, à cinq lobes obtus et très-profonds. Les étamines sont en nombre variable. Le plus souvent on en compte de dix-huit à vingt dans les individus cultivés, ainsi que l'a observé Bory de Saint-Vincent dans la description qu'il a donnée de cet Arbrisseau dans le premier numéro des Annales générales des sciences physiques, publiées à Bruxelles. Ces étamines sont insérées à la base de

"

la corolle, plus courtes qu'elle, un peu inégales, ayant leurs filets grêles, courts et glabres, leurs anthères terminales sagittées, introrses, terminées par une longue pointe à leur sommet et à deux loges. L'ovaire est libre, ovoïde, allongé, terminé en pointe à son sommet, qui se confond insensiblement avec le style, hérissé de poils. Le style est simple et velu à sa partie inférieure, trifide et glabre à son sommet, dont chaque division est terminée par un stigmate peu distinct. L'ovaire, coupé transversalement, offre trois loges contenant chacune deux, très-rarement trois ovules suspendus attachés vers la partie moyenne de l'angle interne de chaque loge. Le fruit, que nous n'avons pas vu, est une sorte de noix, charnue extérieurement, à deux ou trois loges contenant chacune deux graines et accompagnée à sa base par le calice qui est persistant. Notre description s'éloigne surtout du caractère tracé par Jussieu : 1° par la corolle, qui est bien certainement monopétale et non polypétale ; 2° par la forme des anthères ; 3° et enfin par l'ovaire qui est tout-à-fait libre.

Ce genre ne nous paraît avoir aucun rapport avec la famille des Onagraires, ni par son port, ni par les caractères des organes de la fructification. Il nous semble au contraire avoir une affinité bien réelle avec la famille des Ternstrœmiacées, et en particulier avec le genre *Ternstrœmia*. En effet, le calice, la corolle, les étamines et l'ovaire nous paraissent avoir la même organisation dans ces deux genres. Chaque fleur y est également accompagnée de deux bractées. Quant au fruit et à la graine, n'ayant pas encore eu l'occasion de les examiner dans le genre *Mocanera*, nous ne saurions assurer qu'ils offrent la même structure dans le *Ternstrœmia*, mais les descriptions qu'on en donne ne s'opposent pas du tout à ce rapprochement que nous croyons naturel. On pourrait aussi lui trouver quelques rapports avec la famille des Ebénacées, dont il se rapproche par la structure

de sa fleur, mais l'organisation de son fruit l'en éloigne.

Notre savant ami Bory de Saint-Vincent a donné sur le Mocan des Canaries des détails historiques très-curieux, soit dans son Essai sur les îles Fortunées, soit dans la description que nous avons précédemment citée. Il paraît, d'après ce naturaliste, que les Guanches, peuples primitifs des Canaries, détruits par les Européens, faisaient usage du fruit de la Mocanère, qu'ils appelaient *Yova*; ils en préparaient une sorte de sirop épais, qu'ils nommaient *Chacherquen*, et qu'ils mêlaient à leurs alimens. C'était aussi pour eux un médicament très-usité. Cette espèce de miel artificiel devait être regardée comme une chose exquise, puisque les poëtes de ces peuples en firent un objet de comparaison pour désigner la douceur par excellence. Néanmoins Bory de Saint-Vincent émet quelques doutes sur l'identité du *Mocanera* avec le Mocan des premiers habitans des Canaries. Il pense que le fruit du Caroubier ou celui du *Myrica Faya*, pourraient bien être le véritable Mocan des Guanches.

Le Mocanère est un joli Arbrisseau qu'on cultive dans les serres tempérées où il fleurit chaque année. Il lui faut une terre substantielle et consistante, et on le multiplie par marcotte et bouture.   (A. R.)

MOCHO ou MOCHOS. pois. (Delaroche.) Nom donné, aux îles Baléares, à une variété de l'*Atherina Hepsetus*, L. *V*. ATHÉRINE.   (B.)

MOCHUS. BOT. PHAN. (Dodoens.) L'*Ervum Ervilia*. (Césalpin.) Le *Lathyrus sylvestris*.   (B.)

* MOCINNA. BOT. PHAN. Lagasca (*Gen. et Spec.*, p. 31) a établi sous ce nom un nouveau genre de la famille des Synanthérées, Corymbiféres de Jussieu, et de la Syngénésie Polygamie superflue, L. Les caractères essentiels qu'il lui attribue sont : un involucre ovale imbriqué ; une calathide radiée ; les fleurons de la cir-

conférence peu nombreux; les akènes couronnés d'une aigrette formée de plusieurs paillettes lancéolées et subulées. Des caractères si incomplets ne permettent pas d'établir les affinités de ce genre; cependant on le dit voisin du *Galinsoga*. Il se compose de deux espèces ligneuses, *Mocinna serrata* et *M. brachiata*, qui croissent au Mexique, dans les environs de la Nouvelle-Salamanque, et à l'isthme de Panama.   (G..N.)

* MOCO ou MOKO. MAM. Nom de pays d'un Rongeur récemment découvert au Brésil par le prince Maximilien de Neuwied, et décrit par cet illustre zoologiste sous le nom de *Cavia rupestris*. Cette espèce, type du nouveau genre *Kerodon* de Fr. Cuvier, est notre *Kerodon sciureus*. *V.* KÉRODON.

Buffon appelait SINGE DE MOCO le Tartarin, espèce du genre Cynocéphale. *V.* ce mot.   (IS. G. ST.-H.)

MOCOCO. MAM. Espèce du genre Maki. *V.* ce mot.   (IS. G. ST.-H.)

*MODAGAN. BOT. PHAN. (Rhéede.) Petit Arbre dont les fleurs sont pentandres, monogynes et à cinq pétales. Son fruit est en forme de poire, et rempli de beaucoup de graines menues. Il est impossible de déterminer, d'après une description aussi insuffisante, ce que peut être le Modagan.   (B.)

MODÈQUE. *Modecca.* BOT. PHAN. Rhéede (*Hort. Malab.*, vol. 8, t. 20-23) a décrit et figuré sous ce nom quatre Plantes qui ont le port des Passiflores, mais qui s'en distinguent essentiellement par plusieurs différences dans les organes de la fructification. Dans son *Genera Plantarum*, Jussieu, en 1789, avait indiqué la formation, avec ces Plantes, d'un genre nouveau, et il reproduisit en 1805 (Ann. du Mus., vol. 6, p. 106) cette indication dans un Mémoire sur les Passiflorées. Lamarck (Encyclop. T. IV, p. 208) avait, dès l'an IV de la république, constitué ce genre, en fixant ainsi ses caractères :

calice monophylle, campanulé, quinquéfide, à divisions ovales et pointues; corolle à cinq pétales vraisemblablement insérées au calice, et alternes avec les découpures de celui-ci; cinq étamines (gynandriques) moins longues que la corolle; ovaire supérieur stipité, ovale, surmonté d'un style trifide supérieurement ; capsule pédicellée, ovale ou obronde, renflée, presque vésiculeuse, uniloculaire, polysperme, s'ouvrant en trois valves; graines attachées l'une près de l'autre à un placenta qui règne dans toute la longueur de la partie moyenne des valves. Linné avait cru que le genre *Modecca* pouvait être rapporté au *Convolvulus;* cependant par son port et ses vrilles, il ressemble aux Cucurbitacées; son fruit supère le rapproche encore plus des Passiflores, dont il se distingue surtout par l'absence de la couronne de filets, et par son fruit capsulaire à trois valves déhiscentes. Lamarck a réduit à deux les espèces décrites et figurées par Rhéede, et il leur a donné les noms de *Modecca palmata* et *M. integrifolia*. Il a de plus décrit une nouvelle espèce sous le nom de *M. bracteata*. Enfin, Fischer (*in Willd. Enum. Plant.*, *suppl.*, p. 13) en a fait connaître une quatrième qu'il a nommée *M. lobata*. Ce sont des Plantes sarmenteuses, munies de grandes feuilles simples ou multifides, et ayant des fleurs ordinairement disposées en grappes paniculées axillaires. Elles croissent dans les Indes-Orientales.   (G..N.)

MODIOLA. BOT. PHAN. Le genre établi sous ce nom par Mœnch (*Meth. Plant.*, 620), et qui a pour type le *Malva Caroliniana*, L., n'a pas été adopté. De Candolle en a fait une des sections du genre Mauve. *V.* ce mot.   (G..N.)

MODIOLE. *Modiola.* CONCH. Lamarck est le créateur de ce genre, qu'il a démembré des Moules de Linné et de Bruguière. Antérieurement à ces deux savans, les auteurs systématiques ou les muséographes confondaient indistinctement avec les Coquilles qu'ils nommaient Moules de mer, des Coquilles qui n'avaient pas la moindre analogie, et qu'ils gratifiaient du nom de Moules d'eau douce; ils ajoutaient même à tout cela des Coquilles plus différentes encore, telles que des Arches, comme Lister en donne l'exemple dans son *Synopsis Conchyliorum*. Lorsque Linné eut à réformer les auteurs anciens, il sépara les véritables Moules des autres genres qui y étaient confondus. Adanson (*Voy. au Sénég.*), sous le nom générique de Jambonneau, confondit les Moules, les Modioles et les Pinnes, et, sans doute par erreur du dessinateur, l'Animal d'une Modiole a été représenté en sens contraire, c'est-à-dire le byssus et le pied en sens inverse de ce qu'ils sont. Lamarck, en démembrant les Modioles de Linné, sentit combien ces deux genres étaient voisins, et ne les éloigna pas dans son premier Système. Lorsqu'il créa la famille des Byssifères, dans la Zoologie philosophique, il y plaça avec les Limes, Marteaux, Pinnes, etc., les Moules et les Modioles, mais ce dernier avec un point de doute probablement, parce que ne s'en rapportant pas à la figure d'Adanson, il ignorait si les Modioles étaient, comme les Moules, de véritables Byssifères. Roissy, dans le Buffon de Sonnini, dit, d'après Poli, que les Modioles lithophages présentent des différences notables d'organisation avec les autres espèces qui vivent dans la vase comme les Moules. Lamarck n'a point fait cette distinction que l'on doit à Cuvier, qui a proposé de démembrer les espèces de Modioles de Lamarck, et de faire un genre Lithodome avec celles qui ont la propriété singulière de creuser la pierre. Cette distinction, qui n'est point suffisamment fondée, semblait motivée, à en croire Roissy (*loc. cit.*), sur ce que les Modioles lithophages sont dépourvues de byssus; mais ce savant a été dans l'erreur sur ce point, car Cuvier dit positivement que les Modioles lithodomes sont pour-

vues d'un byssus; ce que nous pouvons également confirmer, car nous avons sous les yeux l'Animal du *Mytilus lithophagus* de Linné. Quant aux présomptions de Roissy à l'égard de la place que l'on pourrait donner aux Lithodomes près des Saxicaves et des Pholades, elles ne sont point fondées; ce qui réunit ces différens genres, c'est l'existence des siphons, et les Lithodomes en sont entièrement dépourvus; ce qui prouve de plus en plus que le sous-genre de Cuvier n'est pas nécessaire, puisque l'organisation ne le confirme pas. Férussac a donc eu tort, dans ses Tableaux systématiques, de faire de ces Lithodomes, que Poli a nommés *Callitricoderma*, un genre véritable comme les Moules. Il les place dans la famille des Mytilacées, qui diffère de la famille nommée ainsi par Lamarck. *V.* ce mot. L'auteur que nous venons de citer, qui, dans l'Extrait du Cours, avait conservé sa famille des Byssifères, la démembra dans son dernier ouvrage, et cet exemple fut suivi par Férussac d'abord, et ensuite par Blainville ainsi que par Latreille. Blainville pense que le genre Modiole, ainsi que les Lithodomes, doivent être réunis aux Moules dans un même genre dont ils ne doivent former que des sections; et, de cette manière, se trouverait rétabli presque dans son entier le genre Moule de Linné. Le genre Modiole est caractérisé ainsi par Lamarck : coquille subtransverse, équivalve, régulière, à côté antérieur très-court; crochets presque latéraux, abaissés sur le côté court; charnière sans dent, latérale, linéaire; ligament cardinal presque intérieur, reçu dans une gouttière marginale; une impression musculaire sublatérale, allongée, en hache; Animal semblable à celui des Moules. *V.* ce mot. Lamarck, dans l'énoncé des caractères, n'admet qu'une seule impression musculaire aux Modioles et aux Moules, ce qui l'a porté à ranger ces deux genres dans la grande division des Monomyaires, quoique réellement ces genres aient deux muscles adducteurs des valves, organisation qui doit les faire replacer dans la méthode parmi les Dimyaires, ainsi que plusieurs auteurs l'ont déjà fait.

Les Modioles sont encore peu nombreuses dans nos collections. Elles viennent de toutes les mers, et il est probable qu'en multipliant les recherches on en augmentera le nombre. On en compte presque autant à l'état fossile ou de pétrification qu'à l'état frais. Elles ne peuvent se diviser qu'en deux sections, de la manière suivante.

† Espèces libres, non cylindracées.

MODIOLE DES PAPOUS, *Modiola Papuana*, Lamk., Anim. sans vert., T. VI, p. 111, n° 1; Chemnitz, Conchyl. T. VIII, t. 85, fig. 757; Favanne, pl. 8, fig. B; Encyclop., pl. 219, fig. 1. C'est la plus grande espèce du genre. Le plus souvent on la trouve décapée dans les collections. Dans cet état, elle est d'un beau violet; elle est couverte naturellement d'un épiderme brun. Lamarck cite avec doute le Lulat d'Adanson, et effectivement cette Coquille offre bien des différences avec la Modiole des Papous. Nous pensons que l'espèce d'Adanson est particulière, et n'a point encore été rapportée dans les catalogues des auteurs.

MODIOLE TULIPE, *Modiola Tulipa*, Lamk., Anim. sans vert., *loc. cit.*, n° 2; Chemnitz, Conchyl. Cab. T. VIII, t. 86, fig. 758 et 759; Encycl., pl. 221, fig. 1; Knorr, Verg. T. VI, t. 15, fig. 3. Cette espèce, l'une des plus communes dans les collections, est probablement celle que Linné a désignée sous le nom de *Mytilus Modiolus*; mais la confusion qui existe dans la synonymie, pour cette espèce, est telle qu'il est fort difficile de décider la question.

†† Espèces cylindriques, lithophages.

MODIOLE LITHOPHAGE, *Modiola lithophaga*, Lamk., Anim. sans vert. T. VI, p. 115, n° 22; *Mytilus lithophagus*, L., Gmel., p. 3551, n° 6;

Lister, Conchyl., t. 427, fig. 268; *Bornn. Mus. Cæs. Vind*, t. 7, fig. 4; Encyclop., pl. 221, fig. 6, 7; *Lithodomus*, Cuvier, Règn. Anim. T. II, p. 471. Espèce remarquable par les stries transverses qui sillonnent en tremblant la surface extérieure; elle est bien nacrée à l'intérieur. Lamarck en caractérise une variété dont les stries sont plus apparentes sur le côté postérieur. Elle se distingue aussi par la couleur qui est moins foncée; car dans le type de l'espèce la couleur est d'un brun noir foncé. Lamarck n'a pas connu cette Coquille dans toute sa grandeur; les deux variétés acquièrent jusqu'à douze centimètres (quatre pouces et demi.) Nous en possédons plusieurs individus de cette dimension. C'est sous le nom de Datte de mer que cette espèce est connue des marins. On la recherche beaucoup pour la délicatesse de son goût. Elle est abondante dans plusieurs parages de la Méditerranée, de l'Océan européen, dans l'Océan indien, et surtout aux îles de France et de Mascareigne, d'où viennent les plus grandes. (D..H.)

MODIRA-WALLI. BOT. PHAN. (Rhéede, *Malab.*, 7, t. 46.) Syn. d'*Anona uncinata*, Lamk. Espèce d'Unone de De Candolle. (B.)

MODO. POIS. Espèce norwégienne du genre Pleuronecte. (B.)

MOEHRINGIE. *Mœhringia*. BOT. PHAN. Genre de la famille des Caryophyllées, et de l'Octandrie Dyginie, L., ainsi caractérisé : calice à quatre folioles lancéolées aiguës, ouvertes; corolle à quatre pétales, ovales, allongés, entiers, plus longs que le calice; huit étamines; ovaire globuleux, surmonté de deux styles; capsule ovale, presque ronde, à quatre valves, uniloculaire, et renfermant un grand nombre de graines attachées à un placenta central. Le nombre des espèces de ce genre est très-borné; les auteurs en ont décrit seulement trois espèces, parmi lesquelles on doit considérer la suivante comme type du genre.

La Mœhringie mousseuse, *Mœhringia muscosa*, L., est une petite Plante vivace qui croît en gazons dans les fentes des rochers et dans les lieux humides des montagnes subalpines de l'Europe. Sa tige se ramifie dès sa base, et porte des feuilles filiformes connées. Ses fleurs sont blanches, portées sur des pédicelles terminaux et axillaires. Le *Mœhringia sedifolia* de Willdenow, qui croît au Col de Tende, dans les Alpes-Maritimes, avait été décrit et figuré par Balbis (*Misc. bot.*, 20, t. 5, f. 2) comme une simple variété du *M. muscosa*. La troisième espèce est une Plante de l'île de Crète, décrite sous le nom de *M. stricta* dans la Flore de Grèce de Sibthorp et Smith. (G..N.)

*** MOEKISTOCÈRE.** *Mœkistocera.* ins. Genre de l'ordre des Diptères, famille des Némocères, tribu des Tipulaires, mentionné par Latreille (Fam. Nat. du Règne Anim.), et dont ce savant ne donne pas les caractères : il avoisine les Trichocères et les Hexatomes. (G.)

MOELLE. zool. *V.* Os.

MOELLE. bot. phan. On donne ce nom en botanique à cette substance spongieuse, légère et diaphane, formée presqu'en totalité de tissu cellulaire, et qui dans les Végétaux dicotylédonés remplit le canal médullaire. Dans les Plantes monocotylédonées, au contraire, la Moelle, au lieu d'être circonscrite par les parois de l'étui médullaire, forme en quelque sorte toute la masse de la tige. Dutrochet lui a donné le nom de Médulle interne par opposition à celui de Médulle externe sous lequel il désigne l'enveloppe herbacée de la tige, qui n'en paraît être en quelque sorte qu'une dépendance, et avec laquelle elle est en communication par le moyen des rayons ou insertions médullaires. La Moelle, avons-nous dit, est composée de tissu cellulaire, parcouru quelquefois par un petit nombre de vaisseaux. Ces cellules, qui constituent la Moelle, sont en général vides et ont leurs parois sèches et diaphanes, lorsque le Végétal a pris tout son accroissement. Mais dans les Plantes encore jeunes, ces cellules sont remplies d'un fluide diaphane et leurs parois parsemées de points verdâtres, que les uns regardent comme de nature glanduleuse, les autres comme appartenant au système nerveux. Grew a comparé le tissu cellulaire de la Moelle à cette mousse légère qui se forme sur l'eau de savon quand on l'agite; Mirbel à l'écume blanche qui s'élève sur les liqueurs en fermentation. Jusqu'en ces derniers temps les divers physiologistes s'étaient tous accordés à considérer les parois des cellules de la Moelle, et en général du tissu cellulaire, comme simples, c'est-à-dire comme communes aux deux cellules contiguës. Mais cette opinion a été combattue à la fois et presqu'en même temps en France et en Allemagne, par Dutrochet et Link. Lorsqu'on soumet, dit le premier de ces observateurs, à l'ébullition dans l'Acide nitrique, la Moelle de la Sensitive ou de tout autre Végétal, on voit toutes les cellules se séparer les unes des autres, et se présenter comme autant de vésicules complètes, qui conservent la forme que leur avait donnée la compression exercée par les cellules voisines. Ainsi partout où deux cellules se touchent, la paroi qui les sépare offre une double membrane (Dutrochet, Rech. sur la Struct. des Végét., p. 10). Telle est aussi l'opinion du célèbre professeur Link (*Philos. botanica*, p. 70), qui dit que par la coction dans l'eau on sépare les cellules de la Moelle, et en général de tous les organes parenchymateux, en vésicules distinctes les unes des autres. Cependant les parois contiguës des cellules finissent quelquefois par se souder, de manière à ce qu'on ne puisse plus les distinguer, et c'est dans ce sens alors qu'elles paraissent simples. En général les cellules de la Moelle sont plus ou moins régulièrement hexagonales ; quelquefois cependant elles sont allongées ou diversement comprimées. Leur forme paraît dépendre des obstacles qu'elles éprouvent dans leur développement. Ces cellules communiquent les unes avec les autres. Mais comment se fait cette communication ? Les uns ont dit que leurs parois sont percées de pores visibles au microscope, et qui permettent le libre passage des fluides aériformes ou aqueux d'une cellule dans une autre. D'autres au contraire, surtout en Allemagne, nient absolument l'existence de ces pores, tels du moins qu'ils ont été décrits par le professeur Mirbel. Rudolphi et Sprengel ont dit que la communication entre les cellules avait lieu par l'interruption des membranes qui forment les parois. Cette opinion a été combattue par Treviranus, Link, Bernhardi, Moldenhaver, Kyéser, lesquels admettent l'existence de pores qui, par leur ténuité, échappent entièrement à tous nos moyens d'investigation. Cependant il est hors de doute que les fluides d'une cellule passent dans celles qui lui sont contiguës, et c'est d'après ce fait seulement qu'on peut admettre la porosité des parois cellulaires, bien que l'existence de ces pores ne puisse être rigoureusement démontrée.

Quels sont les usages de la Moelle dans les phénomènes de la végétation ? Il n'est pas facile de résoudre cette question. Le célèbre Hales, et depuis lui plusieurs autres physiologistes, ont considéré la Moelle comme l'agent essentiel de la végétation. Étant éminemment élastique et dilatable, elle agirait, dans cette hypothèse, à la manière d'un ressort qui presse sur tous les autres organes et les sollicite à se développer. Cependant on a objecté à cette opinion, que la Moelle est un corps tout-à-fait inerte, sans force propre, et par conséquent ne pouvant exercer d'influence sur les autres parties du Végétal ; c'est ce que semblent prouver les Arbres

dont le tronc creux et dépourvu de Moelle n'en continue pas moins cependant à végéter. Dans ces derniers temps, Dutrochet a redonné une très-grande importance à cette partie dans les phénomènes de la vie végétale. Selon cet habile expérimentateur, c'est la Moelle qui forme et produit les vaisseaux qui dans les tiges des Arbres dicotylédonés doivent constituer chaque année la nouvelle couche ligneuse. Les couches ligneuses de nouvelle formation, qui se développent chaque année, sont séparées des anciennes par une couche mince de Moelle ou Médulle centrale. Ces couches de Médulle, généralement très-minces, ne sont pas toujours faciles à apercevoir. Dans le *Rhus typhinum* elles sont très-visibles, parce qu'elles sont d'une teinte plus foncée que les couches ligneuses. Au printemps, l'accroissement commence toujours par la formation de cette couche mince de Médulle. Bientôt, par sa propriété de donner naissance à des fibres longitudinales, cette couche de Moelle se couvre de vaisseaux qui finissent par constituer la nouvelle couche ligneuse. On voit que, dans cette hypothèse, la Moelle jouerait un des rôles les plus importans dans les phénomènes de l'accroissement et de la nutrition des Végétaux. *V.* Accroissement, Nutrition.　　　(A. R.)

MOELLE-ÉPINIÈRE. zool. *V.* Cérébro-Spinal.

MOELLE DE PIERRE. min. *V.* Agaric-Minéral.

MOELLERIA. bot. phan. Scopoli a remplacé par ce nom celui d'*Iroucana* qu'Aublet avait donné à un de ses genres. Ce changement était d'autant plus inutile, que le genre d'Aublet est le même que le *Casearia* de Jussieu qui avait déjà plusieurs synonymes. *V.* Caséarie.　　(G..N.)

MOENCHIE. *Mœnchia.* bot. phan. Ce genre, dédié à Mœnch qui, sous le nom d'*Alsinella*, le distinguait du *Sagina* auquel Linné l'avait réuni, appartient à la famille des Caryophyllées et à la Tétrandrie Tétragynie, L. Il présente les caractères suivans : calice à quatre folioles lancéolées, aiguës, conniventes ; corolle à quatre pétales entiers, oblongs, un peu plus courts que les divisions calicinales ; quatre étamines ; capsule uniloculaire, à huit valves s'ouvrant seulement par le sommet, et contenant de très-petites graines scabres et réniformes. Ce genre n'a pas été admis dans le Prodrome du professeur De Candolle qui, en ce qui concerne la famille des Caryophyllées, a été rédigé par Seringe.

La MOENCHIE GLAUQUE, *Mœnchia glauca*, Persoon ; *M. quaternella*, Ehrart ; *Sagina erecta*, L., est l'unique espèce du genre. C'est une petite Plante dont la tige est le plus souvent divisée à la base en plusieurs rameaux dressés, grêles, garnis de feuilles linéaires, connées à la base, glabres et d'un vert glauque. Les fleurs sont blanches, petites, portées sur de longs pédoncules dressés, axillaires et terminaux. On trouve cette Plante dans les lieux sablonneux et surtout parmi les Bruyères en Europe. Vaillant l'a figurée dans son *Botanicon Parisiense*, tab. 5, f. 2.

Un autre genre *Mœnchia* a été établi par Roth avec plusieurs Crucifères qui ont peu d'affinités entre elles. Tels sont les *Myagrum sativum*, *Alyssum incanum*, *Draba aizoides* et *Thlaspi campestre*, L. Ce genre n'a pas été adopté. (G..N.)

MOERZA. CRUST. Dans le Dictionnaire de Déterville, pour *Maera*. *V*. ce mot. (AUD.)

MOFAT. CONCH. Adanson (Voy. au Sénég., pl. 18) a rangé sous le nom générique de Pétoncle les Bucardes et les Arches. Le Mofat appartient à ce premier genre ; c'est une des espèces les plus rares et les plus intéressantes en ce qu'elle complète un petit groupe des Bucardes. Elle a reçu le nom de Bucarde grimacière, *Cardium ringens*, de La-

marck, Anim. sans vert. T. VI, p. 4, n° 3. *V*. BUCARDE. (D..H.)

MOFETTE ou MOUFETTE. MIN. CHIM. Le Gaz azote a souvent été nommé Mofette atmosphérique ; et l'on a étendu le nom de Mofette à plusieurs autres Gaz, soit délétères par eux-mêmes, soit incapables d'entretenir la respiration et la combustion. Ainsi les vapeurs épaisses qui se dégagent des mines, principalement en été, et surtout de celles qui sont fermées depuis long-temps avec les déblais, ont été nommées Mofettes. Ces vapeurs sont formées de divers Gaz, tels que l'Azote, l'Hydrogène carboné, l'Hydrogène sulfuré, l'Acide carbonique, etc. *V*. ces mots. (G..N.)

MOGHANIA. BOT. PHAN. Et non *Moghamia*. Nom donné par Jaume Saint-Hilaire (Journal de Botanique, 5, p. 61) à un genre de Légumineuses établi sur l'*Hedysarum strobiliferum*, L., mais qui rentre dans le *Flemingia* de Roxburgh. *V*. ce mot. (G..N.)

* MOGIPHANES. BOT. PHAN. Genre de la famille des Amaranthacées, et de la Pentandrie Monogynie, L., récemment établi par Martius (*Nov. Gen. et Spec. Plant. Brasil.*, 2, p. 29) qui l'a ainsi caractérisé : calice coloré, membraneux, à deux folioles opposées, engaînantes à la base et carénées, ordinairement accompagné d'une bractée persistante ; corolle à cinq pétales à peu près égaux entre eux, lancéolés, dressés, presque libres, légèrement concaves, à estivation quinconciale ; étamines réunies en un tube membraneux ; entre chacune des cinq étamines fertiles que porte ce tube, existent des languettes découpées au sommet et considérées par l'auteur comme des filets d'étamines ; torus en forme de colonne, placé entre le calice et la corolle, supportant celle-ci ainsi que les étamines et l'ovaire, à cinq glandes qui par la dessiccation prennent l'apparence de cinq dents calleuses et triangulaires ; enfin ce torus est articulé au-dessous de la corolle ; style

unique surmonté d'un stigmate capité; utricule membraneux, ovoïde
ou oblong, sans valves, s'ouvrant irrégulièrement tantôt par le sommet,
tantôt par la base; graine solitaire,
oblongue, suspendue, comme dans
tous les autres genres d'Amaranthacées, au moyen d'un funicule qui
s'élève du fond de l'ovaire, ayant un
tégument extérieur, coriace, luisant,
une membrane intérieure blanche
et très-mince; un embryon plus ou
moins complétement circulaire, à cotylédons linéaires, incombans, à radicule conique dirigée vers le hile;
et un albumen intraire et farineux.
Ce genre se compose de Plantes que
les auteurs avaient placées parmi les
Gomphrena, les *Celosia* et les *Alternanthera*. Ainsi le *Mogiphanes Brasiliensis* se rapporte au *Gomphrena
Brasiliensis* de Jussieu ou *Philoxerus
Brasiliensis* de Rœmer et Schultes;
le *Mogiphanes straminea* au *Gomphrena patula* de Wendland; le *Mogiphanes diffusa* est le *Celosia diffusa*
du comte de Hoffmannségg, et le *Mogiphanes flavescens* est synonyme de
l'*Alternanthera flavescens* de Kunth.
Outre ces Plantes, Martius (*loc. cit.*)
a décrit et figuré quatre autres espèces sous les noms de *Mogiphanes hir-
tula*, *rámosissima*, *multicaulis* et *villosa*. Elles croissent toutes dans l'A-
mérique tropicale, et principalement
dans le Brésil. Elles se plaisent à
l'ombre des forêts et des haies. Ce
sont des Herbes ou des Plantes sous-
frutescentes, dressées, ou rarement
diffuses, rameuses, velues ou pubescentes. Leurs feuilles sont opposées,
portées sur de courts pétioles; les
fleurs, dont les pédoncules sont allongés et ordinairement nus, forment
des capitules globuleux, denses,
ou dés épis à peu près cylindriques.
(G..N.)

MOGORI. *Mogorium*. BOT. PHAN.
Ce genre de la famille des Jasminées
et de la Diandrie Monogynie, L., ne
différant des autres espèces du genre
Jasmin que par le nombre de lobes
de son calice et de sa corolle, doit
lui être réuni. *V.* JASMIN.   (A. R.)

MOGRITE. BOT. PHAN. Syn. de
Mogori.   (B.)

* MOHOKO. OIS. *V.* le sous-genre
BUTOR au mot HÉRON.   (B.)

MOHRIA. BOT. CRYPT. (*Fougères.*)
La Plante qui a servi de type à ce
genre fut d'abord indiquée par Linné
sous le nom de *Polypodium Cafrorum*,
et placée ensuite par le même auteur
dans le genre *Adianthum* dont elle
se rapproche au premier coup-d'œil
par la disposition de ses capsules. Plus
tard, Lamarck et ensuite Swartz la
réunirent aux Osmondes auxquelles
elle ressemble par la structure de ses
capsules. Enfin ce dernier auteur, dans
son *Synopsis Filicum*, créa pour cette
Plante le genre *Mohria*. Il appartient
à la tribu des Osmondacées, et peut
être ainsi caractérisé : capsules arrondies, sessiles, striées à leur sommet,
s'ouvrant latéralement par une fente
qui s'étend de la base au sommet,
insérées sur le bord de la fronde et
recouvertes par ce même bord recourbé. On voit que la structure des
capsules est la même que celle des
genres *Lygodium*, *Schizœa*, *Anemia*,
et diffère de celle des vraies Osmondes par la présence d'une calotte striée
au sommet et par sa déhiscence latérale; elles diffèrent en outre de
tous ces genres par leur mode d'insertion sur le bord de la fronde et
par la manière dont elles sont recouvertes par le bord de cette fronde;
disposition assez analogue à celle des
capsules de plusieurs Polypodiacées,
tels que les *Cheilanthes*, *Notholœ-
na*, etc. Ces Fougères sont petites,
elles croissent par touffes; les frondes fertiles diffèrent des frondes stériles par leurs folioles plus petites et
enroulées en dessous; ces folioles
sont cunéiformes et lobées à leur
extrémité. Long-temps on n'a admis
qu'une seule espèce dans ce genre
sous le nom de *Mohria thurifraga*.
Desvaux en a distingué deux; l'une
à laquelle il réserve le nom précédent et qui habite le cap de Bonne-
Espérance, a les folioles des frondes
stériles, à dentelures très-aiguës,

elles sont très-velues en dehors; Sckhuhr en a donné une bonne figure. L'autre que Desvaux nomme *Mohria crenata*, croît à l'île de Mascareigne, sur les plateaux élevés des montagnes; ses folioles sont simplement crénelées, à dentelures obtuses, et elles n'offrent que quelques poils épars à leur surface inférieure.

(AD. B.)

MOIGNET. OIS. L'un des noms vulgaires de la Mésange à .longue queue. (B.)

MOINE. ZOOL. Ce nom, dérisoirement introduit dans la science, y a été donné à des Singes lubriques, à un Phoque très-gras, à des Marsouins, ainsi qu'à un Squale vorace. On l'a encore appliqué à l'acariâtre Mésange à longue queue, à un Canard glouton, au Scarabé nasicorne qu'on trouve souvent dans les boues; à un hideux Vautour, à un Faucon sanguinaire, enfin au plus triste des Mollusques du genre Cône. (B.)

MOINEAU ET **MOINEAU-FRANC.** OIS. C'est l'espèce la plus commune et peut-être la plus connue du genre Gros-Bec. On sait comme elle devient familière, et le tort qu'elle fait aux récoltes. Sa rapacité et sa multiplication ont fait mettre en plusieurs pays sa tête à prix sans qu'on y soit parvenu à diminuer le nombre des individus. C'est d'ailleurs un Oiseau courageux, provocateur, ardent en amour, et susceptible d'éducation. On le nomme vulgairement Pierrot, dans les environs de Paris et dans la France septentrionale. C'est le Passerat des départemens méridionaux. *V.* GROS-BEC ainsi que pour la plupart des petits Oiseaux à qui on a étendu le nom de Moineau.

(B.)

MOIRE. MOLL. Espèce du genre Cône, *Conus Stercus-muscarum*, L.

(B.)

MOIRE. BOT. PHAN. L'un des noms vulgaires du Chèvrefeuille. (B.)

MOISISSURE. *Mucor.* BOT. CRYPT. (*Mucédinées.*) Sous ce nom Linné et la plupart des auteurs anciens avaient réuni toutes les petites espèces de Cryptogames qui se développent sur les substances en décomposition, et dont l'aspect est filamenteux ou pulvérulent; mais ces petits Végétaux offrent, lorsqu'on les examine avec soin, des différences de structure très-remarquables qui les ont fait diviser en un grand nombre de genres; ainsi les genres Mucor et Byssus de Linné correspondent à presque toute la famille des Mucédinées, et le premier même renferme plusieurs Plantes qui font partie de celle des Lycoperdacées. Le *Mucor Mucedo* de Linné est restée le type du genre *Mucor*. C'est en effet la Moisissure la plus commune, celle qui se développe le plus fréquemment sur les substances en fermentation. Elle consiste dans des filamens rampans, entrecroisés et rameux, qui forment un réseau lâche à la surface de ces substances; de ces filamens il s'en élève d'autres simples, droits, terminés par une petite vésicule sphérique remplie d'un grand nombre de sporules libres. Ces vésicules d'abord presque transparentes deviennent ensuite opaques et noirâtres; elles se rompent et répandent au dehors les sporules qu'elles contenaient : c'est cette Plante que Bulliard a figurée (pl. 480) sous le nom de *Mucor sphærocephalus;* le *Mucor ramosus* du même auteur appartient aussi à ce genre. Dans les ouvrages plus modernes, on a décrit plusieurs autres espèces de ce genre; tels sont les *Mucor flavidus*, Pers.; *Mucor caninus*, Pers.; *Mucor murinus*, Pers.; *Mucor fimbria*, Nées; *Mucor cyanocephalus*, Mart.; *Mucor aureus*, Mart.; *Mucor armatus*, Martius. Ces trois derniers ont été découverts au Brésil; nous pensons qu'on doit réunir à ce genre celui que Tode avait désigné sous le nom d'*Ascophora*, et qui paraît différer à peine des vraies Moisissures, et surtout du *Mucor Mucedo*, que quelques auteurs ont même rapporté à cette Plante. L'*Ascophora* ne se distingue en effet des

Moisissures que parce que la vésicule se retourne à l'époque de la dispersion des sporules et reste comme une sorte de cloche au sommet du pédicelle. Le genre décrit par Ehrenberg sous le nom de *Rhizopus*, et dont il a parfaitement fait connaître la structure et le développement (*Nova Acta Acad. Nat. Cur.* T. x), nous semble aussi devoir être réuni aux Moisissures. Enfin les genres *Thelactis*, Mart., et *Thamnidium*, Link, n'en diffèrent que par des caractères assez légers, mais cependant méritent probablement d'être distingués ; ils composent avec quelques autres genres la tribu des Mucorées. *V.* ces mots.
(AD. B.)

* MOISSONE. BOT. PHAN. Variété de Figue. *V.* FIGUIER.   (B.)

* MOISSONNEUR. OIS. Syn. de Frayonne ou Freux. *V.* CORBEAU.
(B.)

* MOJOBAMBA. BOT. PHAN. Liane indéterminée qui, selon Humboldt, paraît voisine des Ménispermes, et qui fournit aux Sauvages de l'Orénoque un violent poison dont ils enduisent leurs flèches, et qu'ils appellent *Tiennas*.   (B.)

* MOKO. MAM. *V.* Moco.

MOKOKF ET MUKOKF. BOT. PHAN. Ce sont les noms japonais sous lesquels Kæmpfer, dans ses Aménités exotiques, a décrit et figuré une Plante dont Thunberg a formé son genre *Cleyera*. Ce genre a été placé définitivement par De Candolle dans la famille des Ternstrœmiacées, et Smith ainsi que Thunberg lui-même, ont cru devoir le réunir au *Ternstrœmia*. *V.* ce mot et CLEYERA.   (G..N.)

MOKOS. MAM. Nom japonais d'un Cétacé que Lacépède rapporte avec doute au Cachalot Macrocéphale.
(IS. G. ST.-H.)

* MOKSEI. BOT. PHAN. L'Arbre ainsi désigné par Kæmpfer, est l'*Olea fragrans* de Thunberg. *V.* OLIVIER.
(G..N.)

MOKUS. MAM. *V.* ECUREUIL COMMUN.

* MOKUSIN. BOT. CRYPT. (*Champignons.*) Nom vulgaire à la Chine, d'un *Phallus* de Linné, duquel Fries a formé le genre *Lysurus*. *V.* ce mot.   (AD. B.)

MOLAGO. BOT. PHAN. Syn. de Piment à la côte de Malabar.   (B.)

* MOLAIRES. ZOOL. *V.* DENTS et MAMMIFÈRES.

MOLAN. CONCH. Nom imposé par Adanson (Voy. au Sénég., pl. 19, fig. 5) à une petite espèce de Solen que Linné rapporte au *Solen Legumen*. Il paraît assez probable que la citation est exacte, autant qu'il est possible d'en juger d'après la courte description et la figure médiocre d'Adanson. *V.* SOLEN.   (D..H.)

MOLARITE ET MOLAROSILEX. MIN. Nom donné par Lamétherie à la variété de Silex employée comme pierre meulière.   (G. DEL.)

MOLDAVICA. BOT. PHAN. Tournefort avait établi sous ce nom un genre qui a été réuni par Linné au *Dracocephalum*. *V.* ce mot. (G..N.)

* MOLDENHAWERA. BOT. PHAN. Schrader (*in Gœtting. Anz.*, 1821, p. 718) a constitué sous ce nom un nouveau genre qui appartient à la famille des Légumineuses et à la Décandrie Monogynie, L. Le prince Maximilien de Neuwied l'a décrit à peu près à la même époque sous le nom de *Dolichomena*. De Candolle (*Prodr. Syst. Veg.*, 2, p. 488) l'a placé dans la tribu des Cassiées, et en a ainsi exposé les caractères : calice à cinq sépales soudés à la base ; corolle à cinq pétales presqu'égaux et pourvus de longs onglets ; dix étamines libres, glabres, dont neuf fertiles, plus petites que les ongles des pétales, la dixième stérile, trois fois plus longue que les autres, portant une anthère velue et différente de celles-ci ; légume linéaire-oblong. Ce genre est, d'après son auteur, voisin du *Cassia* et du *Tachigalia* d'Aublet. Il ne renferme

qu'une seule espèce, *Moldenhawera floribunda*, qui croît dans le Brésil. C'est un Arbre à feuilles une ou deux fois peunées, et à fleurs jaunes.

(G..N.)

* MOLE. *Orthagoriscus*. POIS. Genre de l'ordre des Plectognathes dans la méthode de Cuvier, formé aux dépens des Tétrodons de Linné pour cette espèce considérable que sa figure étrange fit aussi appeler Poisson Lune. Ses caractères sont : des mâchoires indivises, comme celles des Diodons, avec un corps comprimé, sans épines, non susceptible de s'enfler, et dont la queue est si courte et si haute verticalement qu'on dirait un Poisson dont on a coupé la moitié postérieure. La dorsale, la caudale et l'anale se confondent; il n'y existe pas de vessie natatoire; l'estomac est petit, et reçoit immédiatement le canal cholédoque. On ne connaît guère que trois ou quatre espèces de ce genre singulier, dont la principale, *Orthagoriscus Mola*, Cuv.; *Tétrodon Mola*, L., Gmel., *Syst. Nat.*, XIII. T. I, p. 1447; la Mole, Encyclop., Pois., pl. 17, f. 54, habite nos mers, particulièrement la Méditerranée; elle y acquiert une assez grande taille, et pèse jusqu'à quatre et cinq cents livres. Presque arrondie en profil, mais comme tronquée vers la queue; son dos, assez tranchant, est d'un noir brillant tirant sur le bleu, mourant en s'approchant des flancs, qui deviennent argentés. Les nageoires sont également noires, les yeux ronds, grands et munis d'une membrane clignotante. La chair est assez bonne; il faut pour la manger arracher la peau qui est épaisse et coriace. D. 9 à 17; P. 10 à 17; A. 10 à 17; C. 4, 10 à 17.

On a aussi donné vulgairement le nom de Mole au *Blennius Phycis*, L. *V*. BLENNIE.   (B.)

M O L È N E. *Verbascum*. BOT. PHAN. Genre de la famille des Solanées et de la Pentandrie Monogynie, L., très-nombreux en espèces fort difficiles à distinguer les unes des autres et offrant pour caractères communs : un calice monosépale, persistant, à cinq divisions profondes; une corolle monopétale, rotacée, à cinq lobes un peu inégaux; cinq étamines dressées, insérées à la base du limbe calycinal, ayant leurs filets libres, tantôt tous chargés de longs poils, tantôt tous ou deux ou trois seulement de glabres, généralement déclinés et un peu inégaux. L'ovaire est ovoïde, terminé insensiblement en pointe à son sommet, à deux loges, contenant chacune un très-grand nombre d'ovules attachés à deux trophospermes qui naissent de la cloison. Le style est quelquefois oblique, terminé par un stigmate simple arrondi ou réniforme. Le fruit est une capsule ovoïde pointue, enveloppée en partie par le calice, à deux loges polyspermes, s'ouvrant en deux valves par le milieu de leur cloison qui se sépare en deux parties. Les graines sont réniformes et à surface chagrinée.

Les nombreuses espèces de ce genre croissent pour la plupart dans le midi de l'Europe et l'Orient. Ce sont des Plantes bisannuelles ou vivaces, dont la tige glabre ou tomenteuse atteint quelquefois une hauteur de cinq à six pieds; elle est toujours simple inférieurement, divisée supérieurement en branches dressées qui forment une panicule, etc. Les feuilles sont les unes radicales, les autres caulinaires. Les premières généralement très-grandes sont pétiolées et étalées en rosette à la surface du sol; les secondes sont alternes, sessiles et quelquefois décurrentes. Les fleurs assez grandes sont généralement jaunes, plus rarement purpurines. Les espèces de ce genre, quoiqu'elles produisent un bel effet, par leur vaste panicule de fleurs, ne sont pas cultivées dans les jardins d'agrément. Appartenant à la famille des Solanées dont tous les Végétaux sont plus ou moins narcotiques et vénéneux, elles y forment une exception remarquable par l'innocuité de leurs propriétés médicales. En effet toutes les espèces de Molène sont émollientes et adoucissantes, et nullement narcotiques. Aussi les emploie-t-on en médecine, particulièrement les feuilles et les fleurs du Bouillon-Blanc (*Verbascum Thapsus*, L.). Nous allons mentionner ici quelques-unes des espèces qui croissent communément dans l'Europe tempérée et méridionale.

§ I. *Feuilles décurrentes sur la tige.*

MOLÈNE BOUILLON-BLANC, *Verbascum Thapsus*, L.; Rich., Bot. méd., 1, p. 294. Cette espèce connue sous les noms vulgaires de Bouillon-Blanc et de Bon-Homme, est extrêmement commune dans tous les lieux incultes et sur le bord des chemins. Sa tige simple, blanche et tomenteuse, comme toutes les autres parties, est haute de deux à quatre pieds; les feuilles sont très-grandes, sessiles et décurrentes à leur base; les fleurs jaunes, grandes, formant un épi simple et très-long à la partie supérieure de la tige. Ces fleurs sont généralement réunies en petits groupes composés de deux à quatre fleurs chacun.

A cette première section appartiennent encore les *Verbascum crassifolium*, D. C., et *V. Thapsoïdes*, L.

§ II. *Feuilles non décurrentes.*

MOLÈNE NOIRE, *Verbascum nigrum*, L. La Molène noire ou Bouillon-Noir, a sa tige haute de trois à quatre pieds, droite, cylindrique; ses feuilles alternes, pétiolées, très-grandes, crénelées, tomenteuses à leur face inférieure; ses fleurs sont jaunes, plus petites et plus nombreuses que dans le Bouillon-Blanc, formant une grappe presque simple. Les filets de ses étamines sont hérissés de longs poils purpurins. Cette espèce est commune dans les bois et sur les collines.

MOLÈNE SINUÉE, *Verbascum sinuatum*, L. Originaire des régions méridionales de la France, cette jolie espèce se distingue facilement à ses feuilles radicales oblongues, profondément sinueuses sur leurs bords, tomenteuses et blanchâtres. Celles de la tige sont presque sessiles et également sinueuses. Sa tige haute de deux à quatre pieds est simple; ses fleurs sont petites, jaunes, ayant les filamens de leurs étamines violacés.

MOLÈNE PURPURINE, *Verbascum phœniceum*, L., Jacq., Austr., t. 125. Cette espèce croît naturellement en Piémont, aux environs de Suze, de Turin, etc. Sa tige est simple, droite, offrant quelques poils rares, haute d'environ deux pieds; ses feuilles sont allongées, un peu sinueuses, glabres. Ses fleurs sont d'une couleur pourpre foncé, disposées en grappes simples ou rameuses à la partie supérieure de la tige.

Un grand nombre d'autres espèces se trouvent également en France; telles sont les *Verbascum phlomoïdes*; L.; *V. lychnitis*, L.; *V. pulverulentum*, Vill.; *V. mixtum*, Ramond; *V. alopecurus*, Thuill.; *V. Blattaria*, L. Quant au *Verbascum Myconi*, L., il forme aujourd'hui le genre *Ramondia. V.* ce mot.   (A. R.)

*MOLETTE. MOLL. Nom vulgaire que l'on donne à plusieurs espèces des genres Trochus, Monodonte et Turbo, parce que leur forme aplatie et les épines dont le dernier tour est armé, leur donnent assez de ressemblance avec la Molette d'un éperon.   (D..H.)

MOLETTE. BOT. PHAN. L'un des noms vulgaires du *Thlaspi Bursa-Pastoris*, L.   (B.)

MOLI. BOT. PHAN. Pour Moly. *V.* ce mot.   (B.)

* MOLICORIUM. BOT. PHAN. *V.* GRENADIER.

MOLINA. BOT. PHAN. Deux genres ont reçu cette dénomination, et tous deux ont été supprimés. Le premier avait été constitué par Ruiz et Pavon, sur des Synanthérées qui se distinguaient par leurs fleurs dioïques des espèces de *Baccharis* connues jusqu'alors; mais toutes les espèces américaines de Baccharis ayant offert ce caractère, ou a dû leur réunir le *Molina* de Ruiz et Pavon. L'autre genre ainsi nommé par Cavanilles (*Dissert.* 9, p. 435), est le même que l'*Hiptage* de Gaertner. *V*. ce mot. (G..N.)

MOLINÆA. BOT. PHAN. Le genre de la famille des Sapindacées, établi sous ce nom par Commerson et Jussieu (*Genera Plant.*, 245), a été réuni au *Cupania*, et en forme la seconde section dans le Prodrome du professeur De Candolle. *V*. CUPANIE. (G..N.)

MOLINIE. *Molinia*. BOT. PHAN. Genre de la famille des Graminées, et de la Triandrie Digynie, établi par Schranck et Kœler, aux dépens du *Melica* de Linné, et ainsi caractérisé : lépicène à deux valves inégales, aiguës, renfermant deux à quatre fleurs, celle de l'extrémité avortée et remplacée par un petit corps rudimentaire ; glumes coniques, beaucoup plus longues que les valves de la lépicène, lancéolées, pointues ; style à deux branches ; stigmates en goupillon ; caryopses enveloppés par les valves de la glume, et marqués d'un sillon latéral. Dans la nouvelle classification des Graminées que Raspail vient de publier (Annales des Sc. Natur., juillet 1825), le genre *Molinia* est réuni au *Cynodon* de Richard. Il ne renferme qu'une seule espèce assez commune dans les prés et les forêts humides de l'Europe. C'est le *Molinia cœrulea*, Kœl.; *Melica cœrulea*, L.; *Aira cœrulea*, Pers. Cette Plante acquiert une taille assez élevée lorsqu'elle croît dans les forêts. Elle a le port d'un petit Roseau ; son chaume semble n'avoir point de nœuds, mais on en trouve quelques-uns rassemblés à la base. (G..N.)

MOLLAVI. BOT. PHAN. Nom vulgaire de pays proposé pour désigner en français le genre dédié à la mémoire du respectable l'Héritier. *V*. HÉRITIÈRE. (B.)

MOLLE ou TANCHE DE MER. POIS. Espèce du genre Gade. *V*. ce mot. On a aussi donné le nom de MOLLE pour Mole. *V*. ce mot. (B.)

MOLLÉ. BOT. PHAN. Espèce du genre *Schinus*. *V*. ce mot. (B.)

MOLLERA. POIS. Syn. de *Phycis mediterraneus*, Delaroche, aux îles Baléares. *V*. GADE. (B.)

* MOLLIA. POLYP. Lamouroux, sans caractériser bien distinctement ce genre nouveau, formé aux dépens des Flustres, d'après deux figures données par De Moll, y renferme deux Eschares de cet observateur qui auraient leurs cellules distantes et presque pédicellées. Le genre Mollia doit être observé de nouveau sur le vivant pour être adopté. (B.)

MOLLIA. BOT. PHAN. L'*Imbricaria crenulata* de Smith, décrit primitivement par Solander, comme un *Philadelphus*, a formé le type d'un genre distinct auquel Gmelin a donné le nom de *Mollia*, et que Gaertner a reproduit sous celui de *Jungia*. Mais cette Plante paraît rentrer dans l'*Escallonia* de Linné fils. *V*. ce mot. Willdenow établit un autre genre *Mollia* fondé sur deux Plantes appartenant au genre *Polycarpœa* de Lamarck ou *Hagea* de Ventenat. *V*. ce dernier mot.

Le nom de *Mollia* restant sans emploi, Martius l'a récemment appliqué à un nouveau genre de la famille des Tiliacées, et de la Polyandrie Monogynie, L., qu'il caractérise de la manière suivante (*Nov. Gen. et Spec. Brasil.* T. I, p. 96) : calice à cinq folioles linéaires, caduques, à estivation valvaire; corolle à cinq pétales longs, onguiculés, tronqués, mucronés, à estivation quinconciale; étamines en nombre indéfini, ayant leurs filets réunis par la base en plusieurs phalanges, les extérieurs au nombre de vingt à vingt-cinq par phalange, et les intérieurs plus courts et en nombre indéterminé ; les anthères incombantes, linéaires, à deux loges s'ouvrant longitudinalement par leur partie antérieure ; ovaire supère, biloculaire, renfermant dans chaque loge plusieurs ovules fixés à la cloison ; style simple, filiforme, surmonté d'un stigmate également simple ; capsule ligneuse, obcordée, comprimée et ailée sur les deux bords, biloculaire, à deux valves loculicides, portant sur leur dos la cloison, et présentant à l'intérieur des loges plusieurs saillies transverses entre lesquelles les graines sont nichées par paires ; celles-ci sont attachées à la cloison, nombreuses, comprimées et munies d'un rebord.

Une seule espèce, *Mollia insignis*, Mart., *loc. cit.*, t. 60, constitue ce genre. C'est un Arbre qui ressemble à un petit Tilleul, dont les feuilles sont alternes, ovales, simples, pétiolées, glabres et vertes en dessus, couvertes en dessous d'une pubescence écailleuse ; les fleurs sont axillaires, pédonculées et agrégées. Cette Plante croît sur les collines boisées près de Barra, capitale de la province de Rio-Négro au Brésil.   (G..N.)

* MOLLICINE. ACAL. Espèce du genre Equorée. *V.* ce mot.   (B.)

* MOLLIENSIE. *Molliensia.* POIS. Genre établi par Lesueur (*Journ. of the Acad. of natur. sciences, of Philadelph.*, vol. II, n° 1, 1821) dans l'ordre des Malacoptérygiens abdominaux, et de la famille des Cyprins. Son corps est assez comprimé, son dos élevé, sa queue large, sa tête plate en dessus et son museau assez pointu ; sa dorsale très-haute, surtout en avant, a sa partie postérieure prolongée en un vaste lobe arrondi, qui atteint la moitié de la largeur de la nageoire caudale ; cette dernière est très-large et arrondie ; les pectorales sont moyennes, également arrondies et larges, et les ventrales très-rapprochées ; mais ce qui caractérise principalement le genre Molliensie, c'est que l'anale, qui est assez petite et pointue, se trouve placée précisément entre ces dernières. Le corps est couvert de larges écailles qui s'étendent jusque sur les opercules, les préopercules et les

joues. Il n'existe encore qu'une espèce de ce genre, le *Molliensia latipinna*, qui est un Poisson des eaux douces de la Nouvelle-Orléans, assez petit, ayant l'iris de couleur de terre de Sienne avec des reflets dorés, et une petite tache noire allongée postérieurement au milieu de chacune des grandes écailles, de sorte qu'il en résulte une huitaine de lignes noires longitudinales sur chaque flanc ; la dorsale est variée de lignes noirâtres. B. 4 ou 5 ; D. 14 ; A. 6 ; P. 16 ; V. 16.   (B.)

MOLLINEDIA. BOT. PHAN Genre de la Polyandrie Polygynie, L., établi par Ruiz et Pavon (*Syst. Veg. Flor. Peruv.*, p. 142) qui l'ont ainsi caractérisé : calice turbiné, presque fermé, à quatre divisions ; corolle nulle ; étamines nombreuses attachées sur le réceptacle, à anthères cunéiformes ; ovaires multiples surmontés de styles subulés, et qui deviennent autant de drupes sessiles sur un réceptacle plane. Ce genre a été rapporté aux Anonacées, dont en effet il offre quelques caractères. Mais il n'a pas été mentionné dans la monographie de cette famille par Dunal. Jussieu (Ann. du Mus. T. XIV, p. 133) l'a rapporté avec doute à la première section de la famille des Monimiées ou au moins l'une de ses espèces qui a les feuilles opposées. Il ne se compose que de trois Arbres ou Arbrisseaux qui croissent dans les grandes forêts du Pérou. Ruiz et Pavon les ont désignés sous les noms de *Mollinedia repanda, ovata* et *lanceolata*.   (G..N.)

* MOLLIPENNES. INS. Duméril désigne ainsi une petite famille de l'ordre des Coléoptères, section des Hétéroptères, renfermant quelques genres à élytres molles, tels que les Téléphores, les Lampyres et quelques autres analogues.   (G.)

MOLLUGINE. *Mollugo.* BOT. PHAN. Ce genre, de la famille des Caryophyllées, et de la Triandrie Trigynie, L., est ainsi caractérisé : calice à cinq folioles colorées intérieurement; corolle nulle; trois à cinq étamines; trois styles; capsule à trois valves, à trois loges, et contenant un grand nombre de graines. Dans le premier volume du *Prodromus regni vegetabilis*, publié par le professeur De Candolle, Seringe a fondu ensemble les genres *Mollugo* et *Pharnaceum* de Linné. Il en a décrit trente-trois espèces indigènes des climats équatoriaux du globe, et surtout du cap de Bonne-Espérance. Une espèce (*Mollugo Cerviana*, Ser., *Pharnaceum Cerviana*, L.) fait exception à cette distribution géographique; car on l'a trouvée sur les côtes de Guinée et du Sénégal, en Afrique, en Asie, en Espagne, et jusqu'en Russie. Les Mollugines sont de petites Plantes herbacées dont les feuilles sont verticillées ou rarement opposées; leurs fleurs sont solitaires ou ombellées. C'est d'après leur inflorescence que les nombreuses espèces de ce genre ont été classées en deux groupes. Le premier, qui est l'ancien genre *Mollugo* de Linné, a les pédoncules uniflores et verticillés. Le second, ou le *Pharnaceum* du même auteur, les a bifides, en grappes et en ombelles.

Le nom de *Mollugo* désignait chez les anciens les Plantes du genre *Galium. V.* ce mot. (G..N.)

MOLLUSQUES. *Mollusca.* Les Mollusques occupent, par leur organisation, la première place entre les Invertébrés. Les rapports qui existent entre ceux qui sont le mieux organisés et les derniers échelons des Vertébrés, sont si évidens, que les naturalistes n'ont contesté la prééminence des Mollusques sur les autres classes, que pendant le temps où ils en ignoraient l'anatomie. Aujourd'hui que des savans du premier ordre ont jeté sur cette partie longtemps négligée des sciences naturelles tout l'éclat de leurs laborieuses recherches, cette question a été complétement résolue, et dernièrement rendue plus certaine encore par le savant Mémoire de l'illustre entomo-

logiste Latreille. Aussi nous n'accumulerons pas ici les preuves de l'opinion généralement reçue, elle se déduira facilement de ce que nous exposerons plus tard sur les Mollusques. Nous avons traité aux articles CONCHIFÈRES, CONCHYLIOLOGIE et COQUILLES, de plusieurs parties des connaissances acquises sur les Mollusques. Dans le premier de ces articles, nous avons donné quelques idées générales sur cette classe, considérée en particulier et isolément; nous en traiterons ici dans ses rapports avec les autres parties de la Conchyliologie. A l'article CONCHYLIOLOGIE nous nous sommes attachés à donner d'une manière sommaire l'histoire des connaissances sur les Coquilles, considérées, comme on le faisait encore naguère, isolément, et sans y rapporter l'organisation des habitans de ces tests brillans et élégamment configurés qui font l'ornement des collections. Nous nous proposons ici d'ajouter l'histoire des progrès des connaissances anatomiques sur les Mollusques. Dans l'article COQUILLES, nous avons compris tout ce qui a rapport aux définitions technologiques; nous y avons ajouté des considérations générales sur les Coquilles, auxquelles nous renvoyons le lecteur; il y acquerra les connaissances qui servent d'introduction aux matières dont nous allons traiter.

L'étude bien entendue et systématique des Mollusques, considérée nonseulement d'après leur enveloppe, mais encore d'après les connaissances anatomiques, est toute moderne. On ne trouve dans les anciens auteurs que des recherches isolées, incomplètes, et pour ainsi dire des essais perdus et sans applications; l'esprit ne s'arrêtait dans ces temps, à ces sortes de recherches, que par pure curiosité, par admiration pour les œuvres de la création, sans penser à leur utilité réelle; aussi toutes les connaissances que nous transmettent les auteurs anciens sont-elles entachées de ce vice radical qui s'est opposé si longtemps à leur perfectionnement. Plusieurs ouvrages cependant doivent faire époque dans la science quoiqu'ils aient été publiés fort anciennement; nous citerons celui de Belon : *De Aquatilibus libri duo*, publié en 1555, et dont quelques parties sont consacrées aux Mollusques. Les planches de cet ouvrage, ainsi que du suivant, se ressentent nécessairement du temps où elles ont été faites. Rondelet, *De Piscibus*, 1554, est supérieur à Belon pour l'exactitude des observations sur les Mollusques dont il a décrit un plus grand nombre. Les Coquilles sont quelquefois représentées avec l'Animal et l'opercule; ses figures, quoique grossières, ne laissent pas d'être assez exactes pour que l'on reconnaisse assez facilement plusieurs espèces. Il a séparé en deux parties ce qui a rapport aux Mollusques; dans la première sont réunies les Coquilles bivalves, parmi lesquelles se trouve l'Oreille de mer; et dans la seconde, toutes les Coquilles univalves sont rassemblées. L'ouvrage de Gesner, intitulé : *De Piscibus et Aquatilibus, libri tres*, 1556, n'est qu'une compilation dans laquelle on retrouve exposées les idées des anciens sur les Mollusques et les Coquilles. Cet ouvrage, sous ce rapport, est fort semblable à celui d'Aldrovande : *De Animalibus et Anguibus*, etc., 1606, où sont rapportées les opinions des anciens; des figures la plupart recopiées, très-gossières, permettant à peine la reconnaissance des objets représentés, accompagnent le texte qui aujourd'hui n'est presque plus consulté. Quoique publié peu de temps après celui d'Aldrovande, le traité de la Pourpre de Fabius Columna en diffère bien essentiellement sous tous les rapports. Ce petit ouvrage fort rare, publié à Rome en 1616, est très-remarquable par l'esprit qui a dirigé son auteur. De tous les traités anciens, c'est sans contredit celui qui a été fait dans le but le plus convenable pour l'avancement de la science, et malgré l'imperfection des figures, il sera toujours

recherché comme devant faire époque dans l'histoire de la Conchyliologie. Ce ne fut que long-temps après, vers la fin du même siècle, que parurent plusieurs ouvrages d'anatomie sur les Mollusques; d'abord, en 1678, l'*Historia Animalium Angliæ* de Lister, dont la plus grande partie est consacrée aux Mollusques terrestres et fluviatiles de la Grande-Bretagne, et sur lesquels il a donné de bonnes observations utiles encore à consulter. Quelques années après, Lister que l'on peut considérer comme le père de l'anatomie des Mollusques, publia en 1694, 1695, 1696, plusieurs Mémoires d'anatomie; le premier est consacré surtout aux Coquilles terrestres et aux Limaces, dont les anatomies, bien imparfaites sans doute, sont représentées dans huit planches gravées. Le second des Mémoires traite de l'anatomie des Buccins marins et d'eau douce, c'est-à-dire des Limnées; le troisième enfin comprend l'anatomie des Coquilles bivalves d'eau douce et de mer, mais ce sont en général des dissections très-imparfaites qui ne peuvent presque plus être utiles dans l'état actuel de la science. Enfin, dans le tome XIX des Transactions philosophiques de Londres, Lister a inséré l'anatomie du Peigne avec des figures; mais, comme les précédentes, elle laisse beaucoup à désirer. Dans le même temps, Muralt donnait, dans le Recueil des Curieux de la nature, 1689, ses observations anatomiques sur la Limace rouge. Harder, en 1679, dans son *Prodromus physiologicus*, publiait son *Examen anatomicum Cochyleæ terrestris domi-portæ*; et enfin, Reisélius également dans les *Miscellanea curiosorum naturæ*, pour les années 1697 et 1698, publiait son Mémoire *de Limace in ovo*; de sorte que, surtout sur cette partie des Coquilles terrestres, on possédait un assez grand nombre de documens, qui ne se rattachaient cependant alors à aucun système, et qui long-temps furent oubliés, et ne profitèrent que peu, ou point du tout, aux auteurs qui suivirent; car, en effet, ce ne fut que fort long-temps après que l'on songea à établir un système basé sur les rapports des Animaux. Il était assez naturel, au reste, que l'étude anatomique des Mollusques commençât par ceux qui nous entourent, que nous voyons à chaque instant, et sur lesquels nous pouvons facilement multiplier nos recherches et nos observations. Rumph, qui le premier nous donna une figure de l'Animal du Nautile, figure bien insuffisante et bien imparfaite, mais qui peut cependant être de quelque utilité à l'aide des notes que l'auteur publia, augmenta par ses divers travaux le champ de l'observation, et éclaircit en plusieurs endroits les connaissances sur les Mollusques. Ce fut principalement dans le grand recueil des *Miscellanea curiosorum naturæ*, pour les années 1684 à 1688, que cet auteur inséra les Mémoires dont nous venons de parler. Nous ne mentionnons pas ici son ouvrage sur l'île d'Amboine, que Valentyn compléta, parce que nous l'avons déjà fait à l'article CONCHYLIOLOGIE. Réaumur s'occupa aussi des Mollusques, sur lesquels il publia plusieurs observations que le temps a confirmées. Il existait entre les savans une discussion à l'égard de la formation du test des Mollusques; les uns prétendaient que cette partie solide prenait son accroissement par intus-susception, comme les os des Vertébrés; les autres, au contraire, affirmaient avec beaucoup plus de raison que la Coquille n'était formée que par superposition de couches. Réaumur entreprit des expériences qui pussent décider la question, et il en fit un assez grand nombre pour la mettre hors de doute; toutes les personnes qui les ont connues, et qui n'ont point eu d'injuste prévention, se rangèrent de son avis. Outre ce sujet, qui fut savamment traité par Réaumur, cet illustre académicien s'occupa aussi de diverses autres recherches sur les Mollusques. En 1710, parut son Mémoire sur les mouvemens progressifs des Mollusques et sur quelques

autres de leurs mouvemens; Mémoire dont la suite ne fut publiée qu'en 1712. Non-seulement cet habile observateur y fait connaître le mécanisme des mouvemens des Mollusques de diverses classes, mais encore ceux des Etoiles de mer, des Oursins, etc. Un autre Mémoire, non moins intéressant que le précédent, inséré comme eux dans les Mémoires de l'Académie, pour l'année 1711, est consacré aux différentes manières dont plusieurs espèces d'Animaux de mer s'attachent au sable, aux pierres, et les uns aux autres. Le fait principal qui s'y trouve développé est relatif à la formation des byssus de la plupart des Coquilles bivalves, qui se fixent par ce moyen. Non-seulement Réaumur s'occupait avec succès d'observations longues et difficiles d'histoire naturelle proprement dite, mais il savait aussi se saisir des sujets d'application. C'est ainsi qu'il s'occupa de la teinture pourpre, que l'on peut obtenir d'une Coquille désignée alors sous le nom de Buccin, à laquelle Lamarck a donné le nom de *Purpura Lapillus*, espèce fort commune sur nos côtes, et qui fournit une liqueur pourpre dont il serait peut-être possible de tirer parti. Des deux derniers Mémoires de Réaumur dont nous ayons à parler, le premier, de 1717, est consacré aux Pinnes marines et à la formation des Perles, et le second, de 1723, traite des merveilles des Dails (Pholades) et de leur phosphorescence. Cette propriété des Pholades, qui est connue depuis très-long-temps, a été le sujet de plus d'une recherche. Nous en traiterons à l'article de ce genre.

Les travaux multipliés du savant auteur des Mémoires sur les Insectes, eurent une influence des plus marquées sur l'esprit des observateurs de cette époque. Il répandit le goût de l'observation, et son esprit, plein de justesse, de sagacité et de philosophie, peut servir d'exemple à ses successeurs, pour continuer à parcourir avec succès les routes qu'il avait ouvertes. Ce fut dans le même temps que Petiver donna, en 1713, son ouvrage intitulé : *Aquatilium Animalium Amboinæ icones et nomina*, ouvrage contenant de bonnes planches et d'excellentes observations. Il est un complément nécessaire aux travaux de Rumph et de Valentyn, son continuateur.

Un Animal qui ravage et qui détruit tous les bois employés à la construction des digues maritimes, qui le perce en tous sens, a été bien naturellement le sujet de plus d'une observation ; il fallait effectivement observer avec soin pour bien connaître un ennemi aussi redoutable, et pour apporter remède aux destructions qu'il occasione, si cela est possible. C'est dans cette intention que fut publiée, dans l'année 1720, la Dissertation de Deslandes dans les Mémoires de l'Académie ; et plus tard, 1733, celle de Roussel, intitulée : Observations sur l'origine, la constitution et la nature des Vers de mer qui percent les vaisseaux, les piliers, les jetées et les estacades. Ce fut la même année, 1733, que Massuiet publia, à Amsterdam, ses Recherches intéressantes sur l'origine, la formation, etc., de diverses espèces de Vers à tuyaux. Ces auteurs, aussi bien que Sellius, qui ne fit paraître que vingt ans après son *Historia naturalis Teredinis*, etc., commirent des erreurs graves dans les descriptions qu'ils firent des Tarets ; et, puisque nous sommes sur ce sujet, nous mentionnerons sur-le-champ le Mémoire d'Adanson, qui fut communiqué, des l'année 1756, à l'Académie, mais qui ne fut inséré parmi les Mémoires de cette société savante que trois ans plus tard. L'auteur, après avoir décrit avec exactitude le Taret qu'il avait observé au Sénégal, réfute les opinions des auteurs qui ont parlé du Taret, et démontre jusqu'à l'évidence, et en se fondant sur la plus juste analogie, que l'on avait toujours pris pour la tête de l'Animal, son pied et réciproquement, et que l'on avait eu tort de faire de ce Coquillage une classe à part ; car il a

la plus grande ressemblance avec les Pholades ; aussi, depuis ce Mémoire d'Adanson, tous les auteurs se rangèrent de son avis ; et aujourd'hui encore c'est son opinion qui est adoptée par les auteurs modernes et classiques. Pour reprendre la série chronologique que nous avons interrompue au sujet des Tarets, nous parlerons d'un ouvrage qui fait époque dans plusieurs parties de la zoologie, la *Biblia naturæ* de Swammerdam, dans laquelle on trouve peu de chose, il est vrai, sur les Mollusques, mais qui contient cependant, sur les Hélices et les Limaces, des anatomies très-bonnes, on peut dire les seules que l'on pût consulter avec avantage avant la publication des excellens Mémoires de Cuvier.

Comme on l'a dû remarquer, le goût de la saine observation se répandait de plus en plus ; on sentait le besoin de multiplier les faits, de sonder les profondeurs de la nature, pour baser enfin des théories à peine ébauchées. Ce goût, il faut le dire, était dû surtout à Réaumur et à plusieurs des observateurs que nous avons cités. Nous ne nous arrêterons pas à quelques Mémoires publiés à la même époque, qui, quoique très-intéressans, ne sont point assez importans pour nous occuper, tels que les expériences de Duhamel du Monceau sur la Pourpre, Mémoires de l'Académie des sciences pour l'année 1759 ; le travail de Mœhring sur le poisson de certaines Moules publié en 1742 ; les Observations sur les Huîtres, par OEdmann, publiées en 1744 dans le Recueil de l'*Academiæ scient. comment.*; ainsi que le Mémoire intitulé *Pisciculi testis Ostrearum inherentes*, par Heyke, inséré dans le même recueil et dans la même année. Ce fut aussi à peu près dans le même temps, 1739, que Plancus publia la première édition de son important travail sur les Coquilles microscopiques ; par ses observations un nouveau monde pour ainsi dire fut connu, et il produisit pour les Coquilles ce que l'ouvrage de Mül-

2*

ler, sur les Animaux microscopiques, effectua dans les autres parties
de la zoologie; ce furent là les premières observations dont le microscope enrichit la Conchyliologie; elles
furent fécondées plus tard par l'infatigable micrographe Soldani, dont
nous avons parlé à l'article Conchyliologie. L'ouvrage de Plancus eut
une seconde édition beaucoup plus
complète que la première, et publiée
à Rome en 1760. Cet ouvrage, ainsi
que celui de Soldani, sont encore les
seuls qui puissent servir aux recherches nécessaires à ceux qui s'occupent des Polythalames en particulier.

D'autres ouvrages d'une bien plus
grande importance pour l'étude et la
classification des Mollusques se préparaient. Guettard, rassemblant les faits
épars publiés sur les Mollusques, aper-
cevant les défauts de ces derniers, fut
le premier qui développa, dans son Mémoire intitulé : Observations qui peuvent servir à former quelques caractères de Coquillages, fut le premier, disons-nous, qui développa l'excellente
méthode qu'on négligea quelquetemps
encore, mais qui fut adoptée comme
la seule convenable. Il proposa d'é-
tablir des genres, non-seulement
d'après la coquille, comme l'avaient
fait quelques écrivains, mais encore d'après l'Animal, qu'il a considéré, avec juste raison, comme devant donner les caractères les plus
essentiels; c'est ainsi qu'il est arrivé
à des coupes véritablement naturelles. On doit singulièrement regretter
qu'il n'ait point étendu davantage ses
observations; il forme plusieurs genres dont le premier est la Limace, le
second le Limaçon (genre *Helix*),
le troisième le Buccin terrestre,
qui renferme des Clausilies et des
Maillots; le quatrième n'est qu'un
démembrement peu nécessaire des
Hélices pour celles qui sont aplaties
et ombiliquées; le cinquième qui contient le Limaçon terrestre à opercule
(Cyclostome), a été justement conservé; le sixième renferme les Planorbes;
dans le septième, sous le nom de Vi-
gneau, Demoiselle, Limaçon, Vivipa-

re, fluviatile, sont rassemblées les véritables Paludines. Guettard, comme
on le voit, avait dès-lors séparé des
Coquilles que long-temps encore
après lui on tint réunies, et que cependant, dans ces derniers temps,
Draparnaud sépara sans le citer, quoique pourtant il soit le véritable
auteur du genre Vivipare (Paludine,
Lamk.). Dans le huitième genre il
établit les caractères propres aux
Buccins, qu'il nomme aussi, d'a-
près le vulgaire, Moine, Cornet ou
Pourpre. C'est sur l'observation
de l'Animal du *Purpura Lapillus*,
Lamk., que cette division est établie. Le neuvième genre est consacré
au genre Nérite, genre conservé
depuis. Le dixième est destiné aux
Troques, qu'il nomme Guignettes ;
le onzième, auquel Guettard conserve
le nom de Patelle ou Lepas, donné
par les auteurs, renferme effectivement les véritables Patelles ; le douzième genre caractérise très-bien le
genre Lernée de Linné , Aplysie des
auteurs modernes; l'avant-dernier
genre , le treizième , sous le nom de
Conque, Buccin fluviatile, réunit les
Limnées ; le quatorzième , enfin, est
destiné au genre Valvée. D'après cet
essai, que l'on peut considérer comme la première application que l'on
ait faite pour les Mollusques de véritables principes zoologiques, on
doit voir combien Guettard pensait
juste, mais on n'aurait qu'une faible mesure de son savoir, si nous ne
rapportions textuellement un passage
de son Mémoire, dans lequel on trouve en peu de mots l'indication des caractères qui peuvent circonscrire de
bons genres. Après avoir justement
blâmé des auteurs de son époque,
qui ne voyaient dans chaque être
qu'un individu isolé de tout autre
voisin ou congénère ; après avoir
blâmé les idées métaphysiques qui
accompagnent presque de rigueur les
observations publiées alors, il adresse
les questions suivantes : « Qui peut,
en effet, se refuser aux divisions qui
ont été faites en différens genres, des
Coquillages dont il a été question plus

haut? Pourrai-je avec raison confon-dre les Coquillages dont les yeux sont posés au bout de ces espèces de tuyaux auxquels on a donné le nom de corne, avec ceux qui les ont à la base de ces tuyaux? Les Coquillages qui n'ont que deux de ces cornes, peuvent-ils se confondre avec ceux qui en ont quatre? Ceux qui ont ces espèces de cylindres attachés aux cornes, et qui portent chacun un œil, tandis que ces cornes en man-quent, ne doivent-ils pas également être rangés sous un genre différent de celui où sont placés les autres? Mettrai-je les Coquillages qui n'ont que deux yeux posés intérieurement avec ceux qui les ont à l'extérieur, d'autant plus que les cornes de ces Coquillages sont aplaties et triangu-laires? Outre cela, ces Coquillages qui forment leur coquille d'une par-tie qui la bouche exactement, et qu'on appelle communément opercu-le, ne doivent-ils pas être éloignés de ceux qui n'ont pas cette partie? Ne pourrait-on pas même dire que les Coquillages dont l'opercule est carti-lagineux, sont séparés naturellement de ceux où l'opercule est dur et com-me osseux? Ce ne sera au reste qu'en faisant attention aux plus petites dif-férences qui se trouvent dans ces Ani-maux, qu'on parviendra à découvrir, autant qu'il peut nous l'être permis, cet enchaînement que les êtres ont les uns avec les autres. » Personne, nous le pensons, ne disconviendra que les vrais principes de la Conchyliologie ne soient dès-lors posés par Guettard. Ces principes, qui furent si souvent méconnus après lui, trouvèrent ce-pendant des hommes qui les em-ployèrent habilement au profit de la science, et tentèrent, en agrandissant le champ de l'observation, d'établir sur ces principes des systèmes com-plets, systèmes que l'on apprécie d'autant plus aujourd'hui qu'ils sont restés plus long-temps dans l'oubli. Tels furent Linné et Adanson, mais ce dernier surtout.

Un esprit d'analyse et de philoso-phie s'est montré dès le temps de Linné, et a commencé même avant lui pour plusieurs parties des scien-ces naturelles; mais Linné, dont nous ne saurions trop étudier la mé-thode, a été le véritable fondateur de la réforme, le premier qui ait cherché à rattacher à un système naturel tou-tes les connaissances acquises par ses prédécesseurs et par lui-même, et à les coordonner d'après des bases so-lides appuyées sur la saine observa-tion. Pour les Mollusques, Adanson l'a précédé, et l'ouvrage de cet au-teur, encore classique aujourd'hui, fut d'un grand secours au professeur d'Upsal, qui y trouva rassemblées une foule d'observations précises, ri-goureuses sur une suite considérable de genres; il y trouva des genres faits d'après l'Animal des Coquilles, com-me Guettard en avait donné l'exemple.

A l'article Conchyliologie nous n'avons donné qu'un léger aperçu de l'ouvrage d'Adanson; nous al-lons entrer à son égard dans de plus amples détails. Adanson ne se contenta pas seulement d'un ca-ractère pour l'établissement d'un seul système, il essaya toutes les combinaisons, d'abord pour la co-quille seule, puis pour l'Animal, et divisa d'abord toutes les Coquilles en Limaçons et en Conques. Dans les Limaçons ou Coquilles univalves, il considère six choses : 1° les spires, 2° le sommet, 3° l'ouverture, 4° l'o-percule, 5° la nacre, 6° le périoste. Ces six parties principales deviennent par leurs diverses combinaisons le sujet de onze tableaux systématiques dans lesquels il les a épuisées toutes. Pour les Conques ou Coquilles bival-ves, il fait le même travail; mais il y trouve sept parties principales : 1° les battans, 2° les sommets, 3° les char-nières, 4° les ligamens, 5° les atta-ches, 6° la nacre, 7° le périoste. Sept tableaux donnent une idée des diver-ses combinaisons de ces sept choses principales. Adanson considère en-suite les divers rapports tirés de l'A-nimal; il y trouve cinq choses prin-cipales, qui sont : 1° les cornes, 2° les yeux, 5° la bouche, 4° la trachée, 5° le pied. Nous allons donner les titres seulement des tableaux qui concernent cette partie pour faire juger de leur utilité. Le premier, sur le nombre des cornes, divisé en trois sections : les Limaçons qui n'en ont point, ceux qui en ont deux, et ceux qui en ont quatre; le second, figure des cornes' (tentacules) : Limaçons dont les cornes sont coniques ou cylindriques, divisés en ceux qui ont un renflement à la base du tentacule, ceux qui en sont dépourvus; le troisième, sur la situation des cornes, à la racine de la tête ou à l'extrémité de cette partie. Deux tableaux sont consacrés à la place des yeux, soit sur la tête, soit sur les tentacules. Une première division renferme ceux qui n'ont point d'yeux, une seconde ceux dont les yeux sont sur la tête, au côté interne de la base des tentacules; la troisième ceux qui, avec la même disposition, ont les yeux à la base externe. Dans le second tableau, les Mollusques sont divisés en quatre classes : 1° ceux qui ont les yeux au côté externe, à la base des tentacules ; 2°. ceux qui ont les yeux au côté externe, un peu au-dessus de la base; 3° ceux qui ont les yeux au côté externe, vers le milieu des tentacules ; 4° enfin ceux dont les yeux sont au sommet des tentacules. La bouche n'a été considérée que de deux manières : les Limaçons à bouche sans trompe, avec des mâchoires, et ceux qui ont une trompe sans mâchoires. La forme de la trachée, ou canal respiratoire, n'a offert que deux manières d'être, ou présentant une simple ouverture sur le côté de l'Animal, ou laissant sortir de son dos un long canal qui se relève vers lui. Quant au sillon du pied, Adanson a aussi formé un tableau, dans lequel une division pour les Mollusques qui n'ont point de sillons au pied, et le second pour ceux qui en ont un sur la partie antérieure.

Les Conques, considérées d'après l'Animal seulement, n'ont présenté que quatre parties principales : les trachées, le pied, et les fils ou le byssus. Le manteau est considéré de trois manières : 1° entièrement divisé en deux lobes; 2° divisé d'un côté seulement en deux lobes; 3° formant un sac ouvert seulement dans les deux côtés opposés. Pour les trachées ou siphons : 1° il y en a une seule en forme d'ouverture ; 2° il y en a deux également en manière d'ouverture; 3° il y en a deux allongées en tuyaux séparés; 4° il y en a deux allongées en tuyaux réunis. Quant au pied, les Conques ne présentent que trois circonstances : 1° ou elles n'en ont pas; 2° ou elles en ont un qui ne paraît point au dehors ; 3° ou elles en ont un qui paraît au dehors. Les fils ou le byssus, à l'égard des Conques, n'offrent que deux choses : celles qui en ont et celles qui en sont dépourvues.

C'est ainsi qu'Adanson, avant d'entrer en matière, combine une foule de systèmes différens, basés sur un caractère unique, et par cela même insuffisant pour faire des coupes naturelles. Quelques-uns de ces systèmes servent encore aujourd'hui pour l'établissement de grandes divisions, comme dans les Conques la forme du manteau, dans les Coquilles univalves, l'existence ou l'absence de l'opercule, etc. Nous renvoyons pour la connaissance du système d'Adanson, au tableau suivant (n° I), qui en offre l'ensemble. On remarquera dans ce système plusieurs défauts; ils dépendent surtout de ce que les groupes ont été formés d'après un seul caractère. C'est pour cela que les Oscabrions se trouvent pour la première fois rapprochés des Patelles, les Haliotides des Limaçons terrestres, les Pinnes, les Moules, les Avicules confondues en un seul genre. Mais ces défauts, quelque graves qu'ils paraissent, sont rachetés par une foule d'excellentes observations et de justes rapprochemens, comme celui des Tarets et des Pholades, par exemple, que malgré cela Linné a tenus séparés et très-éloignés, les Pholades dans les Multivalves, et le Taret dans les Coquilles univalves à spire non régulière.

Ce serait ici le lieu de parler des ouvrages de Linné; mais comme nous avons rendu compte de son système conchyliologique à l'article Conchyliologie, nous y renvoyons, pour mentionner l'ouvrage de Ginnani, publié dans les années 1755 à 1757 sur les Coquilles marines de l'Adriatique, et celles terrestres et fluviatiles du territoire de Ravenne; ce travail, accompagné de nombreuses et bonnes figures, est fort rare à Paris, et ne peut être consulté autant qu'il le mérite. Ce ne fut que plus tard, en 1761, que Bohatsh donna son ouvrage intitulé : *De quibusdam Animalibus marinis.*, dans lequel il fut dirigé par de vrais principes de zoologie, tellement qu'on le consulte encore maintenant avec fruit; on y trouve des anatomies bien faites et bien représentées par de bonnes planches : les Mollusques dont il y est question sont l'Aplysie, la Téthys, la Doris, etc.

L'ouvrage d'Adanson et les observations de Guettard avaient fait sentir le profit que l'on pourrait tirer de l'étude bien faite des opercules; ils devinrent le sujet de plusieurs Mémoires dont un des plus importans est celui de Hérissant, inséré dans les Mémoires de l'Académie de Paris en 1766. A cette époque une forte impulsion a été donnée aux sciences naturelles. Pallas, pour les Mollusques, posa en homme de génie les premiers fondemens de l'édifice que l'on devait bientôt continuer. C'est dans les *Miscellanea zoologica*, surtout au sujet des Aphrodites, que l'on peut s'assurer de la justesse et de la sagacité de cet illustre observateur, lorsqu'il démontre combien Linné lui-même, en s'attachant plus spécialement aux caractères des coquilles qu'à ceux des Animaux, s'éloigne de l'ordre naturel; il fait voir, contre l'opinion du professeur d'Upsal, que les Limaces, qui comprennent pour lui un grand nombre de Mollusques nus, doivent être placées parmi les Mollusques

univalves; il divise, au reste, tous les Mollusques en deux grands ordres, les Mollusques univalves et les Mollusques bivalves, dans lesquels, à l'exemple d'Adanson, il fait rentrer les Tarets et les Ascidies.

Ce fut l'année suivante, 1767, que Geoffroy, dans son petit Traité des Coquilles terrestres et fluviatiles des environs de Paris, fit de nouveau l'application des principes de Conchyliologie établis avant lui; il se servit de l'Animal pour caractériser les genres qui, quoique peu nombreux, sont pourtant restés. Müller, ce savant auteur de plusieurs ouvrages importans pour la zoologie, outre la Faune danoise, donna aussi un système de Conchyliologie et un traité sur les Coquilles terrestres et fluviatiles; ce dernier ouvrage est plus parfait que celui de Geoffroy; il divise ces Mollusques en trois sections de la manière suivante :

† Coquille nulle.

Tentacules linéaires. Limace.

†† Coquille univalve.

α Tentacules linéaires.

1°. Au nombre de quatre. Helix.
2°. Au nombre de deux. Vertigo.

β Tentacules tronqués.

1°. Les yeux en dedans. Ancyle.
2°. Les yeux par derrière. Carychie.

γ Tentacules triangulaires. Buccin.

δ Tentacules sétacés.

1°. Les yeux en dehors. Nérite.
2°. Les yeux en dedans. Planorbe.
3°. Les yeux par derrière, Valvée.

††† Coquille bivalve.

Siphons doubles.

1°. Court. Moule (Anodonte des auteurs modernes.)
2°. Allongé. Telline (Cyclade.)
3°. Nul. Mye (Mulette.)

Le système général des Mollusques de Müller, dont nous avons parlé à notre article Conchyliologie, est loin de présenter les perfectionnemens que l'ouvrage d'Adanson et d'autres donnaient lieu d'espérer. Quelques ouvrages, publiés à peu près dans le même temps, apportèrent plusieurs matériaux à la science. Celui de Forskalh (*Descriptiones Animalium, Avium, Piscium, Amphibiorum, Vermium, Insectorum quæ in itinere orientali observavit*, 1775, et les planches du même ouvrage, publiées l'année suivante); celui d'Othon Fabricius (*Fauna Groenlandica*, etc., 1780); les divers Mémoires de Dicquemar sur plusieurs Animaux mollusques, insérés dans les Transactions philosophiques de Londres, et dans le Journal de physique, pour les années 1779 à 1786; les Observations de Murray sur la reproduction des parties enlevées aux Limaçons et aux Limaces, 1776, question curieuse et importante que Spallanzani annonça le premier, et qui fut confirmée par Bonnet et George Tarenne, en 1808, dans son Traité de Cochyliopérie, comme nous l'avons dit à l'article Hélice. Enfin nous arrivons au temps où Bruguière donna en France une nouvelle impulsion à l'étude des Mollusques, par son travail de l'Encyclopédie; mais il faut l'avouer, ce savant écrivain ne profita pas autant qu'il l'aurait pu faire des travaux qui l'avaient précédé; il aurait dû moins s'attacher à la lettre de Linné, et quoiqu'il ait perfectionné son système, il le laissa cependant encore loin de ce qu'il aurait pu devenir entre des mains aussi habiles. Nous voyons, en effet, qu'il confond, dans son ordre troisième, les Vers Mollusques, des êtres fort étrangers les uns aux autres, et qui sont loin de se trouver dans leurs rapports naturels. Avec de véritables Mollusques, on trouve des Polypes, des Hydres, des Animaux subarticulés, des Animaux radiaires, et même un genre de Poisson (*V.* Myxine); il sépare cependant dans un ordre suivant, sous le nom de Vers Echinodermes, les Oursins que Linné avait confondus

avec les Vers Mollusques. Son ordre cinquième, les Vers testacés, est divisé à la manière de Linné, en trois sections: la première, les Multivalves, la seconde, les Coquilles bivalves, et la troisième, les Coquilles univalves. La première de ces sections contient neuf genres qui, comme on peut le penser, réunis d'après la seule considération du nombre des pièces, doivent être fort étrangers les uns aux autres. Effectivement, à côté des Oscabrions, nous trouvons les Balanes et les Anatifes; à côté de ceux-ci trois genres parfaitement groupés, et que réunissent des caractères naturels, les Tarets, les Fistulanes (genre nouveau) et les Pholades, ce qui est évidemment imité d'Adanson. Après ces trois genres vient celui que Bruguière nomma Char, *Gioenia* (*V.* ces mots), établi, comme on l'a reconnu depuis, sur une supercherie de l'Italien Gioeni. Les deux derniers genres de cette section qui ne sont pas plus en rapport avec les précédens que ceux que nous venons de mentionner, sont les genres Anomie et Cranie. La deuxième section, qui comprend les Coquilles bivalves, est divisée en deux parties, l'une pour les Coquilles irrégulières, la seconde pour les Coquilles régulières. Les six genres suivans se montrent dans la première : Acarde, Came, Huître, Spondye, Placune, Perne. On sait aujourd'hui que le genre Acarde a été établi sur des épiphyses vertébrales de certains Poissons. Dans la seconde il y a treize genres établis dans l'ordre qui suit : Mye, Solen, Pinne, Moule, Telline, Bucarde, Mactre, Donace, Vénus, Trigonie, Arche, Peigne, Térébratule. La troisième section, qui renferme les Univalves, est séparée en deux grandes divisions à la manière de Breyne: les Coquilles uniloculaires et Coquilles multiloculaires; les premières sont divisées en Coquilles sans spire régulière, qui renferment neuf genres hétérogènes : Fissurelle, Patelle, Dentale, Serpule, Arrosoir, Siliquaire; et en Coquilles à spire régulière, qui comprennent vingt-trois genres : Cône, Porcelaine, Ovule, Olive, Volute, Buccin, Pourpre, Casque, Strombe, Murex, Fuseau, Cérite, Vis, Toupie, Sabot, Bulle, Bulime, Hélice, Planorbe, Natice, Nérite, Haliotide, Argonaute. Les genres de Coquilles multiloculaires qui ont été si multipliés dans ces derniers temps par Montfort et d'autres, ne sont dans Bruguière qu'au nombre de quatre : Camérine, Ammonite, Nautile, Orthocérate. On ne peut disconvenir que Bruguière n'ait apporté des améliorations bien sensibles dans le système de Linné, que les genres plus nombreux n'y soient mieux circonscrits et mieux caractérisés. Outre ces changemens favorables, Bruguière en opéra encore d'autres par l'arrangement des figures de l'Encyclopédie; il y institua plusieurs genres que sa mort prématurée l'empêcha de caractériser; mais tous ont été adoptés par Lamarck, qui en a démembré plusieurs.

Pendant que Bruguière publiait le commencement du Dictionnaire encyclopédique par ordre de matières, que nous sommes chargés de finir avec notre collaborateur Bory de Saint-Vincent, Gmelin donnait une treizième édition du *Systema Naturæ*, dans laquelle il ne produisit presque aucun changement notable. Cependant les genres sont un peu mieux en rapport, et il en adopte quelques-uns de Forskahl et un de Müller; et du reste, pour les Testacés proprement dits, il ne fait qu'en indiquer un plus grand nombre d'espèces parmi lesquelles il a commis beaucoup d'erreurs de synonymie et beaucoup de doubles emplois. Ce fut seulement dans la même année que l'on introduisit en France, par une traduction, l'ouvrage de Molina, intitulé : Essai sur l'Histoire naturelle du Chili, dont l'original date de 1782. Plusieurs des objets décrits dans cet ouvrage ne furent retrouvés que dans ces derniers temps par les naturalistes pleins de zèle et de savoir qui accompagnèrent le ca-

pitaine Duperrey dans son voyage de circumnavigation.

Un auteur, auquel la Conchyliologie doit d'immenses recherches anatomiques, qui le premier tenta de caractériser les genres de Mollusques d'après les Mollusques seuls, abstraction faite de la coquille, qui chercha à établir sur ce système une classification méthodique, Poli, médecin italien, commença, en 1791, la publication de deux volumes de son ouvrage qui furent terminés en 1795; ces deux volumes comprennent les Multivalves et les Bivalves, dont l'arrangement est le suivant : le premier de ces genres, *Hypogæa*, rassemble les Solens, les Pholades et le *Tellina inæquivalvis* de Linné; le second, *Paronœa*, les Tellines de Linné; le troisième, *Calista*, les Vénus de Linné; le quatrième, *Arthemis*, *Venus exoleta*, *Cytherœa exoleta*, Lamk.; le cinquième, *Cerastes*, le genre *Cardium*. La seconde famille contient deux genres qui nous semblent devoir s'éloigner beaucoup : le premier, *Loripes*, pour le *Tellina lactea*, L., *Lucina lactea*, Lamk., à laquelle il se rattachera sans doute par la suite; une grande partie ou la totalité du genre Lucine et *Limnœa*, pour les genres Mulette, Brug., et Anodonte, Lamk. Les deux genres suivans, *Chimera Pinna*, L., et *Callitriche* (les genres Moule, Modiole, Lamk., et Lithodome, Cuv.), forment une famille très-naturelle. Le genre *Argus*, qui correspond aux Peignes, aux Spondyles et aux Limes, forme à lui seul une famille. Il en est de même du genre *Axinœa* (genre Pétoncle, Lamk.) Des quatre derniers genres, le genre *Daphne* répond à une partie du genre Arche; le genre *Peloris* aux Huîtres, Lamk.; le genre *Echion* aux Anomies, et le genre *Criopus* à l'*Anomia imperforata*. Cette manière dont Poli a envisagé les Mollusques l'a conduit à des groupemens très-naturels. Ses familles sont basées d'après la considération d'organes importans à l'Animal, et nullement d'après les coquilles.

Il suivit donc une méthode diamétralement opposée à celle de la plupart de ses prédécesseurs. (*V*. le tableau n° II.)

C'est ainsi que, par des travaux de cette importance, s'accumulaient les matériaux préparateurs de l'ère nouvelle à laquelle nous touchons. Depuis la publication de l'ouvrage de Poli jusqu'à l'apparition du Tableau élémentaire de l'Histoire Naturelle des Animaux, 1798, par Cuvier, rien ne parut sur les Mollusques. La nouvelle classification proposée par ce savant est le résultat, non-seulement de ses propres observations, mais encore de celles qui furent faites avant lui et des principes justement appréciés des Guettard, des Adanson, des Pallas, des Poli, etc. Cuvier le premier rapprocha convenablement les Mollusques des Poissons, et les releva ainsi d'un degré dans la méthode, ce à quoi il fut conduit par les connaissances anatomiques. Il ne considéra plus la coquille comme indispensablement nécessaire pour établir les rapports, et l'existence ou l'absence de ce corps protecteur ne le détermina plus à séparer les Vers Mollusques des Vers testacés, comme l'avait fait Linné, et Bruguière sur ses traces; il suivit en cela l'opinion de Pallas, qui dès-lors demeura adoptée. Dans ce premier essai de Cuvier, les Mollusques sont divisés en trois grands ordres, les Céphalopodes, les Gastéropodes et les Acéphales. Les Céphalopodes contiennent quatre genres, les Sèches, les Poulpes, les Argonautes et les Nautiles. Ce dernier, outre les vraies Nautiles, renferme aussi comme sous-genres les Ammonites, les Orthocératites et les Camérines de Bruguière. Les Mollusques gastéropodes sont divisés en Nus et en Testacés; c'est dans la première de ces divisions que l'on trouve réunis pour la première fois les vrais Mollusques sans coquille que Linné et d'autres avaient séparés sans autres motifs des Mollusques testacés. Nous trouvons ici avec les Limaces les Téthys, les Aplysies, les Doris, les

Tritonies ayant pour sous-genres les Éolides, les Phyllidies, les Scyllées, les Thalides et les Lernées. Les Gastéropodes testacés sont divisés en cinq parties; dans la première, on trouve le genre Oscabrion lui seul, parce que sa coquille est composée de plusieurs pièces. L'opinion d'Adanson, qui le premier avait proposé ce rapprochement des Oscabrions, des Patelles et autres genres voisins, quoique mal fondée, fut admise alors par Cuvier, et, depuis, presque tous les auteurs l'imitèrent. Dans la seconde, sous la dénomination générique de Patelle, il rassembla toutes les Coquilles patelloïdes qu'il distingua cependant en plusieurs groupes principaux que l'on peut considérer comme pouvant servir d'origine à autant de genres qui furent adoptés depuis. Dans le premier groupe, sont les véritables Patelles; dans le second, les Cabochons; dans le troisième, les Crépidules avec lesquelles sont confondues les Navicelles; dans le quatrième, sont rassemblées les Calyptrées à appendice intérieur; dans le cinquième, les Calyptrées à lame spirale, et dans le sixième enfin, les Patelles perforées au sommet dont Bruguière avait fait son genre Fissurelle. La troisième division des Gastéropodes testacés comprend un assez grand nombre de genres réunis, il faut le dire, sur des caractères beaucoup trop étendus qui sont : coquille d'une seule pièce en spirale, à bouche entière, sans échancrure ni canal. Les genres Ormier, Nérite, Planorbe, Hélice, Bulime divisé en trois sections qui comprennent distinctement : la première, les Limnées et les Mélanies confondues; la seconde, les Auricules; la troisième, les Agathines; Bulle, Sabot et Toupie. Ces deux derniers genres sont partagés en plusieurs parties; le genre Sabot en six : la première, pour le genre Scalaire; la seconde, pour les Dauphinules; la troisième, pour les Turritelles; la quatrième et la cinquième, pour les Turbos proprement dits, et la sixième, pour le

genre Éperon, *Calcar*, de Montfort.
Le genre Toupie est sous-divisé en
quatre parties ; la première, pour les
Cadrans ; la seconde, pour les Monodontes ; la troisième, pour les Roulettes, et la quatrième, pour les Fri-
pières. Dans la quatrième sous-division des Mollusques Gastéropodes testacés, sont rassemblés tous ceux dont
la coquille a un canal à la base. Sous
le nom générique de *Murex* sont
réunis le genre Cérite, le genre
Fuseau, les Rochers de Bruguière
et le genre Pyrule. Sous le nom
de Strombes, on trouve les vraies
Strombes et les Ptérocères ; cette
division contient encore les Casques.
La cinquième et dernière division
des Gastéropodes dont la coquille
est munie seulement d'une échancrure, comprend les Buccins avec
l'indication des genres Tonne, Licorne, Harpe, Ricinule, Eburne et
Vis ; les Volutes, les Olives, les Porcelaines et les Cornets. Quoique plusieurs de ces genres, surtout dans
la troisième sous-division, soient
assez hétérogènes et peu en rapport,
on doit voir cependant une amélioration bien sensible dans le système
et surtout dans ses divisions principales.

Le troisième ordre des Mollusques,
ou les Acéphales, renferme, comme
dans les Mollusques céphalés, une
première division ; pour ceux qui
sont sans coquilles, on y trouve
deux genres, les Ascidies et les Biphores dont Lamarck plus tard a
fait un ordre à part, sous le nom de
Tuniciers. La seconde division renferme les Acéphales testacés sans
pied et à coquille inéquivalve, les
genres Huître, Spondyle, Placune,
Anomie et Peigne ; dans la troisième,
on trouve les Limes, les Pernes, les
Avicules avec l'indication des genres Pintadine et Marteau, les Moules, les Jambonneaux, les Anodontites, Brug. ; les Unios, et, ce qui
est assez étonnant lorsque l'ouvrage
de Poli est publié depuis plusieurs
années, on y trouve aussi les Tellines, les Bucardes, les Mactres, les

Vénus, les Cames, avec l'indication
des Tridacnes et des Cardites de
Bruguière, et les Arches. Cette division est certainement celle qui
dans l'ouvrage de Cuvier contient
les élémens les plus hétérogènes.
Les Acéphales testacés de la quatrième division sont tous pourvus
d'un pied ; les valves sont égales ; la
coquille est ouverte par les deux
bouts ; le manteau est fermé pardevant. Les Solens, les Myes, les
Pholades, les Tarets, et comme sous-
genres de ce dernier, les Fistulanes
de Bruguière, sont les seuls qui s'y
trouvent rassemblés d'une manière
fort naturelle ; la section suivante n'a
pas beaucoup de rapports avec celle-
ci ; elle contient en effet les Acéphales testacés sans pied, munis de
deux tentacules charnus, ciliés, roulés en spirale. Cette section, qui
conduit assez naturellement à la suivante et dernière, contient le genre
Térébratule, dans lequel se retrouve
la coquille de l'Hyale, et, avec toute
celle de la Cranie, le genre Lingule,
établi par Bruguière, et le genre Orbicule, découvert par Müller et confondu jusque-là parmi les Patelles,
sous le nom de *Patella anomala*.
La dernière division des Acéphales
testacés comprend des êtres dont on
a fait depuis un ordre à part sous le
nom de Cirrhipèdes. Cuvier n'y admet encore que les deux genres de
Bruguière, les Anatifes et les Balanites. Enfin, dans ce nouveau système de Cuvier, disparaît cette
division artificielle d'Univalves, de
Bivalves et de Multivalves ; disparaît aussi cette séparation arbitraire
des Mollusques mous des autres
Mollusques à coquille, et commence
à s'établir un véritable arrangement
méthodique, on peut même dire philosophique des Mollusques.

Cette méthode était sans doute
susceptible de perfectionnement, et
le temps est venu où les travaux de
Lamarck l'ont considérablement amé-
liorée. Celui-ci, que Bory de Saint-
Vincent a si justement salué du titre
de Linné français, était, depuis 1794,

professeur de zoologie au Jardin des Plantes; il y commença ses ouvrages sur les Mollusques par un Mémoire touchant les Sèches, dans lequel est démontrée la nécessité de séparer les Sèches de Linné en trois genres : Sèches, Calmars et Poulpes. Ce fut parmi les Mémoires de la Société d'Histoire Naturelle que celui-ci fut inséré aussi bien que le suivant, qui ne parut que l'année d'après. Ce Mémoire important, qui est le prodrome de la nouvelle classification que Lamarck proposa en 1801 dans le Système des Animaux sans vertèbres, présente des définitions génériques beaucoup plus rigoureuses que celles qui avaient été faites jusqu'alors, et quoique Lamarck se soit plu à suivre la méthode de Bruguière, il doubla tout d'un coup le nombre des genres de l'Encyclopédie, et tout en se servant des observations de Cuvier sur les Animaux, il conserva cependant encore la division linnéenne de Coquilles univalves, bivalves et multivalves. Lamarck ne se contenta pas d'imiter Bruguière sur ce point, il le suivit encore dans les principales divisions. Ainsi les Coquilles univalves sont divisées en uniloculaires et en multiloculaires. Ces premières sont partagées ensuite d'après la forme de l'ouverture qui est versante, canaliculée ou échancrée à la base, ou qui est entière, ce que n'avait pas fait Bruguière, mais ce qui avait été parfaitement indiqué par Cuvier. On trouve les genres nouveaux suivans parmi ceux dont la bouche est versante, échancrée ou canaliculée : Tarière, Pyrule, séparés des Bulles, Ancille aujourd'hui Ancillaire, Colombelle, Marginelle, Cancellaire, Turbinelle, séparés des Volutes; les Fuseaux, les Pleurotomes, les Fasciolaires des Rochers, les Nasses des Pourpres, les Harpes des Buccins, les Ptérocères et les Rostellaires des Strombes. Dans les Coquilles à ouverture entière, il sépare les Cadrans des Toupies; les Monodontes, les Scalaires, les Turritelles, les Pyramidelles, les Cyclostomes des Sabots; les Héli-

cines, les Sigarets et les Janthines, qui étaient confondus avec les Hélices, en sont judicieusement retirés; les Agathines, les Lymnées, les Mélanies, les Ampullaires et les Auricules qui faisaient autant de sousdivisions du genre Bulime de Bruguière, sont élevés à la qualité de genres; il sépare encore les Stomates des Haliotides, les Crepidules et les Calyptrées des Patelles; mais, ce qui est singulier, Lamarck rejeta encore à la fin des Coquilles uniloculaires, et comme dans un *incertæ sedis*, les genres Dentale, Siliquaire, Vermiculaire, Arrosoir et Argonaute, qui n'ont entre eux aucun lien, aucun rapport. Les genres de Multiloculaires sont augmentés seulement des Spirules et des Orthocères démembrés des Nautiles ainsi que des Planorbites, des Baculites et des Orthocératites, qui forment autant de genres nouveaux.

Les Coquilles bivalves offrent aussi un certain nombre de genres nouveaux; elles sont divisées, comme dans Bruguière, en régulières et en irrégulières; dans ces dernières il n'y a que deux genres nouveaux, Vulselle et Marteau; parmi les premières, il s'en remarque un plus grand nombre, les Glycimères, démembrés des Myes; les Sanguinolaires, des Solens; les Cyclades, des Tellines; Mérétrice ou Cythérée, des Vénus; Lutraire, Paphie, Crassatelle, des Mactres; Isocarde, des Cardites de Bruguière; Hippope, des Tridacnes; les Pétoncles et les Nucules des Arches; les Modioles, des Moules; et séparant ensuite les Anomies et les Cranies des Multivalves, il les reporte, avec juste raison, parmi les Coquilles bivalves irrégulières. Les genres Calcéole et Hyale sont également séparés des Anomies. Par la réforme que nous venons de mentionner, la section des Multivalves se trouve moins hétérogène; quoique non naturelle par son arrangement, elle est ici séparée en trois groupes convenables. Ce système, encore imparfait comme il est facile de le voir par le simple exposé qui vient d'être fait, devait recevoir en 1801 un perfectionnement considérable dans l'ouvrage publié sous le titre de Système des Animaux sans vertèbres.

Lamarck employa avec avantage alors les observations de Cuvier et de Poli, et en fit l'application à son système, en y rapportant, dans un ordre assez naturel, les nouveaux genres qu'il avait proposés. Le tableau ci-contre sera plus propre à donner une juste idée du système de l'auteur, et à en présenter l'ensemble. Dans ce système, où il est facile de remarquer un assez grand nombre de perfectionnemens, on voit d'abord qu'à l'exemple de Cuvier, Lamarck met les Mollusques au premier rang parmi les Invertébrés, et les divise dès-lors en deux grands ordres, d'après l'existence ou l'absence de la tête, ce qui avait été plutôt indiqué par Poli et par Cuvier d'après lui, qu'établi définitivement et de cette manière. Lamarck a encore admis, d'après Cuvier, les Mollusques sans coquilles, dont il a fait une division à part, aussi bien dans les Céphalés que dans les Acéphales. Dans les Céphalés ils sont divisés d'après le mode de locomotion, ce qui n'avait pas encore été fait; ils renferment d'ailleurs plusieurs nouveaux genres, et assez bizarrement les Oscabrions qui sont loin d'être nus, mais que Lamarck a placés près des Phyllidies, entraîné sans doute pas les rapports qu'il leur trouvait. Les Mollusques céphalés sont divisés en deux grandes familles, ceux qui sont nus et les Conchilifères. Nous avons parlé des premiers; les seconds sont sous-divisés en trois parties, celles qui ne sont point en spirale et qui recouvrent l'Animal, comme les Patelles; on trouve ici les Concholépas, qui ne sont autre chose que des Buccins. Mais si dans cet ouvrage Lamarck les a mal placés, c'est à lui aussi que l'on doit d'avoir saisi leurs véritables rapports dans un autre de ses ouvrages. La seconde division contient les Coquilles uniloculaires spirivalves,

engaînant l'animal; on retrouve ici deux sous-divisions d'après la forme de l'ouverture, comme Cuvier, le premier, en avait montré l'exemple; ou elle est échancrée ou canaliculée à sa base, ou elle est entière. Dans ces deux grandes familles, nous voyons une série assez nombreuse de genres qui ne sont pas toujours dans leurs rapports naturels, et qui forment dans chacune de ces familles une série simple et continue. C'est à la fin de la seconde que se voient encore, après les Haliotides, les genres Vermiculaire, Siliquaire, Arrosoir, Carinaire, démembrés des Argonautes pour la première fois, et Argonaute. Les Dentales ne s'y trouvent plus quoiqu'elles aient dû bien plutôt rester parmi les Mollusques que les Vermiculaires, par exemple. La troisième division, qui renferme les Coquilles multiloculaires, est encore bien imparfaite quoiqu'elle renferme un genre de plus, Hippurite, qui fut introduit bien à tort dans cette section, car ce sont des Coquilles bivalves. Les Mollusques acéphalés sont divisés comme les Céphalés en Nus et Conchilifères. Ces premiers, outre les genres Ascidie et Biphore, contiennent de plus le genre Mammaire de Müller; dans les seconds, ce n'est plus de l'Animal que sont tirés les principaux caractères, mais de la coquille seule. Ainsi les deux grandes divisions reposent sur l'égalité ou l'inégalité des valves. Dans les Coquilles équivalves sont introduites les Pholades, séparées des Tarets, malgré l'opinion si connue et si juste d'Adanson; elles forment, du reste, une masse sans coupure dans laquelle les genres sont arrangés dans un ordre souvent peu naturel mais décroissant. Les Coquilles inéquivalves, qui contiennent aussi les Cirrhipèdes, sont divisées en trois groupes; dans le premier, par une erreur assez grave, Lamarck, considérant le tube des Tarets et des Fistulanes comme le développement d'une valve, les place dans les Coquilles inéquivalves, quoique ce tube, comme l'avait fait voir

Spengler et Adanson, contînt deux valves égales. Dans le second groupe, caractérisé par deux valves inégales, opposées ou réunies en charnière, se voit encore le genre Hyale, et après lui pour faire passage à la section suivante, sont placées à la fin les Orbicules et les Lingules, comme l'avait fait Cuvier. La dernière section contient les Anatifes et les Balanes. (*V.* le tableau n° III.)

Ce système qui, dès l'époque de sa publication, fut généralement adopté, fut long-temps le seul suivi pour l'arrangement des collections, et quoiqu'imparfait sous bien des rapports, il a cet avantage d'être facile à comprendre. Jusqu'à présent, depuis l'époque de Linné, nous n'avons point vu s'établir de familles parmi les Mollusques ; des séries plus ou moins naturelles de genres groupés d'après un caractère très-étendu, voilà ce que nous trouvons ; c'est encore à Lamarck que l'on doit, comme nous le verrons plus tard, l'introduction de cette amélioration. Malgré ces changemens favorables dans la méthode, cependant plusieurs auteurs n'en tiennent presque pas compte, et s'attachant à la lettre de Linné ou au système linnéen perfectionné par Bruguière, ils cherchent à y introduire quelques genres plus ou moins bien faits. Bosc, dans le Buffon de Déterville, est dans ce cas, puisqu'il conserve la méthode de Bruguière, dans laquelle il ajoute les genres Fodie, très-voisin des Ascidies, et Oscane, près des Patelles, et dans les Bivalves les genres *Onguline, Erodone* et *Hiatelle* adoptés de Daudin.

Ce fut la même année que Cuvier donna son Mémoire sur l'anatomie du *Clio borealis;* il ne trouva dans cet Animal aucun des caractères de ses Céphalopodes, avec lesquels Lamarck l'avait provisoirement placé; il y rencontra des conditions d'organisation particulières, ayant plus de rapports avec celles des Gastéropodes qu'avec celles des Céphalopodes, et d'après cela il sentait la nécessité de ne point

appliquer le nom de Gastéropodes à cet être, puisqu'il n'avait point de pied pour ramper, et il ne le fit pas alors; ce ne fut que deux ans après, lorsqu'il eut recueilli de nouveaux matériaux du voyage de Péron, qu'il eut connu l'Animal de l'Hyale et celui dont il fit son genre Pneumoderme, qu'il institua un ordre nouveau sous le nom de Ptéropodes. Ces Animaux ont en effet sur les parties latérales du corps des nageoires en forme d'ailes qui servent à leur locomotion. A peu près à la même époque, 1803, Draparnaud publia le Prodrome de son grand ouvrage sur les Coquilles terrestres et fluviatiles de France, ouvrage qui ne parut qu'après sa mort. Guidé par de bons principes de zoologie, Draparnaud n'admit et n'institua que de bons genres. Pour la distribution générale il suivit la méthode de Cuvier, il établit ou adopta les genres Vitrine, Clausilie, Ambrette, Physe et Valvée; on doit aussi à cet auteur d'avoir été le premier à abandonner la manière peu naturelle dont Linné considérait les Coquilles pour la désignation de leurs diverses parties. C'est en les plaçant dans la position qu'elles conservent sur l'Animal marchant devant l'observateur que l'on doit les étudier; et cette méthode rationnelle, convenable surtout pour les Coquilles bivalves, a été généralement adoptée.

En 1802 commença à se publier, dans le Buffon de Sonnini, la partie des Mollusques par Montfort. Quoiqu'il en ait donné quatre volumes, à peine si on peut la considérer comme commencée, puisque ces quatre volumes sont consacrés uniquement à l'histoire des Sèches, des Poulpes, des Calmars et de quelques Coquilles multiloculaires. De Roissy, qui continua ce travail, et qui le termina en deux volumes qui parurent en 1805, rassembla et recueillit les faits nouvellement acquis dans la science, et les rattacha d'une manière fort convenable au système de Cuvier, qui lui servit de base fondamentale, dans lequel il fit entrer tous les genres de Lamarck, le nouvel ordre des Ptéropodes de Cuvier, qu'il place entre les Céphalopodes et les Gastéropodes, ainsi que les genres de Daudin adoptés par Bosc, et ceux nouvellement établis par Lamarck sous le nom de Coronule et Tubicinelle, démembrés des Balanes de Linné. De Roissy ne fit aucun genre nouveau; il proposa seulement de changer le nom d'Ancille, donné par Lamarck à un démembrement des Volutes de Linné, en celui d'Anaulace, parce que Geoffroy avait déjà donné le nom d'Ancille à un autre genre, et de substituer le nom d'Egérie à celui de Galathée, employé par les entomologistes.

On présumait déjà, par la description de Rumph, que les Coquilles des Polythalames appartenaient aux Céphalopodes; mais ce fait avait besoin d'être confirmé, et c'est ce que fit De Roissy par la description qu'il donna de l'Animal de la Spirule que Péron avait rapporté de son voyage autour du monde, et qu'il eut occasion d'examiner avec soin. L'ouvrage de De Roissy est rempli au reste d'excellentes observations, d'aperçus ingénieux bien capables de favoriser l'avancement de la science.

La seconde édition du Traité élémentaire d'Histoire Naturelle, par Duméril, parut en 1807, et put recueillir les nouveaux faits publiés sur les Mollusques. Cette partie, quoique traitée en peu de pages, contient cependant une innovation qu'il est bon de mentionner. En admettant le système de Cuvier il en conserve les principales divisions; seulement dans les Gastéropodes, il se sert des organes de la respiration pour les diviser en trois groupes: le premier, les Dermobranches, a les branchies externes en forme de lames ou de panaches, et il renferme les Doris, les Tritonies, les Scyllées, les Eolides, les Phyllidies, les Patelles, les Haliotides et les Oscabrions; il est bien certain que les Haliotides n'appartiennent nullement à cette famille.

Le second groupe est nommé Adélobranches: les Animaux qu'il contient ont un trou propre à l'admission de l'air sur les branchies, et les Aplysies que nous trouvons en première ligne, sont loin d'avoir ces caractères, car elles ont le manteau fendu largement, portent des branchies en panaches, et ne respirent point l'air. Duméril y place aussi les Sabots, les Nérites et probablement tous les genres dont la coquille a l'ouverture entière, et certes aucuns ne respirent l'air en nature. On y trouve aussi les Limaces, les Hélices et les Planorbes, les seuls qui puissent réellement rester dans cette division. Le troisième groupe des Gastéropodes, qu'il nomme Siphonobranches, est beaucoup plus naturel que le précédent; il répond parfaitement à la quatrième division des Gastéropodes du premier système de Cuvier. Dans les Acéphales, au lieu d'y réunir les Balanes et les Anatifes, il en fait justement un ordre à part sous le nom de Brachiopodes, dans lequel il admet à tort les Lingules, les Orbicules et les Térébratules, sur l'analogie desquels il était difficile de commettre une erreur, puisque Poli, dans les belles planches de son ouvrage, avait donné l'anatomie des uns et des autres. Le savant voyageur Olivier ne se contenta pas de rassembler une foule d'observations curieuses sur plusieurs branches d'histoire naturelle; il en recueillit aussi sur les Mollusques, et enrichit la science d'un assez grand nombre d'espèces nouvelles. Ce fut la même année, 1807, que Férussac fils donna une nouvelle édition d'un opuscule de son père, et quoiqu'il n'y soit question que de Coquilles terrestres et fluviatiles, nous devons dire que ce petit ouvrage contient plusieurs faits curieux et deux nouveaux genres, le genre Mélanopside, fait avec les Coquilles nommées Mélanies par Olivier, et le genre Septaire, confondu avec les Crépidules, et qui en est certainement bien distinct.

Lamarck cependant cherchant toujours à perfectionner le système des

Mollusques, dans lequel, comme nous l'avons fait apercevoir, on n'avait point encore établi de famille, fit enfin cette amélioration importante dans la Philosophie zoologique, publiée en 1809. Il partage le Règne Animal en plusieurs degrés d'organisation, ce qui groupe d'abord les êtres analogues d'une manière plus ou moins exacte. Dans le quatrième degré sont compris les Crustacés, les Annélides, les Cirrhipèdes et les Mollusques; ces derniers sont cependant beaucoup plus avancés dans l'organisation que tous les autres. Les Cirrhipèdes ne comprennent toujours que quatre genres, les Tubicinelles, les Coronules, les Balanes et les Anatifes. Pour établir le passage de cette classe à la suivante, Lamarck suit une marche progressive, et commence par les Mollusques acéphales qui sont le premier ordre de Mollusques, et par une famille à laquelle il adapte, d'une manière fort convenable, le nom de Brachiopodes, appliqué par Duméril aux Cirrhipèdes et aux Brachiopodes mélangés et confondus; ici, cette famille des Brachiopodes comprend les trois genres Lingule, Térébratule, Orbicule. La seconde famille, les Ostracées, qui correspond assez bien au genre Huître de Linné, renferme onze genres dans l'ordre suivant: Radiolite, Calcéole, Cranie, Anomie, Placune, Vulselle, Huître, Gryphée, Plicatule, Spondyle et Peigne. Cette famille, hétérogène dans ses élémens, a été divisée depuis en plusieurs autres; la suivante ou la troisième est désignée sous le nom de Byssifères; elle renferme, par le seul caractère d'un pied propre à filer un byssus des genres fort analogues que Poli avait rapprochés les uns des autres. Cette famille, d'après l'indication de De Roissy, se trouve interposée entre les Huîtres et les Anodontes, que Cuvier avait rapprochés. Elle se compose des neuf genres, Houlette, Lime, Pinne, Moule, Modiole, Crénatule, Perne, Marteau, Avicule. La quatrième famille, celle des Camacées, contient,

avec le genre Came, les genres Ethérie et Dicérate, tous deux nouveaux, et de plus, hors leurs rapports naturels, et seulement sur le seul caractère de l'inégalité des valves, les deux genres Corbule et Pandore.

Les deux genres Mulette et Anodonte forment à eux seuls la cinquième famille, les Nayades. Elle est suivie de celle des Arcacées (genre *Arca* de Linné), qui aurait été très-naturellement composée des genres Nucule, Pétoncle, Arche et Cucullée, auxquels se trouvent réunis les Trigonies, qui n'ont point avec eux de rapports suffisans. La septième famille, les Cardiacées, est encore composée de genres dont les rapports ne sont pas bien établis. Les genres Tridacne et Hippope sont beaucoup plus voisins des Cames que des Cardites, qui diffèrent à peine des Vénéricardes, et surtout des Isocardes et des Bucardes, les deux seuls genres qui soient assez voisins. Les Conques, qui constituent la neuvième famille, sont formées des genres Vénéricarde, Vénus, Cythérée, Donace, Telline, Lucine, Cyclade, Galathée, Capse. A l'exception du genre Vénéricarde tous les autres constituent une famille assez naturelle, et il en est à peu près de même de la suivante, les Mactracées, où on trouve les genres Erycine, Onguline, Crassatelle, Lutraire et Mactre; le genre Erycine est ici établi pour la première fois, et pour la première fois aussi, Lamarck adopte celui des Ongulines de Daudin. Les Crassatelles et les Mactres, malgré le ligament intérieur et d'autres rapports qui les lient aux Lutraires, sont plus voisins des Vénus d'après l'opinion la plus généralement reçue aujourd'hui. La famille des Myaires, qui est la dixième, se compose des genres Mye, Panopée et Anatine. Ces deux derniers sont nouveaux, l'un, les Panopées, établi par Ménard de la Groye, à son retour d'Italie, et l'autre, les Anatines, proposé par Lamarck et adopté depuis. Dans un ordre bien naturel viennent, après les Myaires, les Soléna-

A IV. TABLEAU DES MOLLUSQUES CÉPHALOPODES

D'APRÈS D'ORBIGNY FILS.

MOLLUSQUES CÉPHALOPODES.

ORDRES.	FAMILLES.	GENRES.
	OCTOPODES. Huit bras sessiles, munis de ventouses.	Argonaute, Bellérophe, Poulpe, Eledon, Calmaret.
CRYPTODIBRANCHES. Blainv. Quelquefois un test monothalame, ou un rudiment testacé interne; jamais de coquille polythalame; quatre ou cinq paires d'appendices tentaculiformes à la tête, et entourant la bouche.	DÉCAPODES. Huit bras sessiles et deux bras pédonculés, ordinairement repliés dans le sac, tous munis de ventouses.	Cranchie, Sépiole, Onychoteuthe, Colmar, Sepioteuth., Sèche.
	SPIRULÉES. Huit bras sessiles, deux bras pédonculés, garnis de ventouses, et se repliant dans le sac; test simple, spiral; cavité supérieure de la dernière cloison presque nulle; cloisons unies; siphon au bord antérieur.	Spirule.
	NAUTILACÉES. Bras sessiles en grand nombre autour de la bouche; ventouses? test, simple, spiral ou droit; cloisons unies; cavité supérieure de la dernière cloison engainante; siphon central ou situé au bord antérieur.	Nautile, Lituite, Orthocératite.
SIPHONIFÈRES. D'Orbigny. Un test polythalame interne, en partiellement recouvert par l'Animal, qui peut alors rentrer à volonté, en tout ou en partie, dans une loge supérieure à la dernière cloison. Siphon toujours continu d'une loge à l'autre. Dix appendices tentaculaires ou plus, entourant la bouche.	AMMONÉES. Bras? ventouse? test simple, spiral ou droit; cloisons découpées; cavité supérieure à la dernière cloison, grande et engainante; siphon marginal.	Baculite, Hamite, Scaphite, Ammonite, Turrilite.
	PERISTELLÉES. Bras? ventouses? test présumé tout interne, composé d'un noyau divisé en loges, et d'une enveloppe souvent très-épaisse, formée par un réseau analogue à celui du rudiment testacé des Sèches; cloisons unies; dernière cavité peu profonde; siphon communément marginal.	Ichthyosarcolite, Bélemnite.
	STICHOSTÈGUES. Loges empilées ou superposées sur un seul axe bout-à-bout, soit qu'elles débordent ou non en se recouvrant plus ou moins latéralement; point de spirale.	Nodosaire, Linguline, Frondiculaire, Nummuline, Vaginuline, Marginuline, Planulaire, Pavonine.
	ÉNALLOSTÈGUES. Loges assemblées en tout ou en partie par alternance, ou enfilées sur deux ou trois axes distincts de diverses manières, mais sans former de spirale régulière et nettement caractérisée.	Bicenterine, Textulaire, Vulvuline, Dimorphine, Polymorphyne, Virguline, Sphéroidine.
FORAMINIFÈRES. D'Orbigny. Un test polythalame totalement interne; dernière cloison terminale; point de siphon, mais seulement une ou plusieurs ouvertures donnant communication d'une loge à l'autre. Un grand nombre de loges.	HÉLICOSTÈGUES. Loges assemblées sur un ou deux axes distincts, mais formant une volute spirale, régulière et nettement caractérisée, turriculée ou discoïdale. — 1re Section. Turbinoïdes. Test libre ou fixé; loges empilées sur un seul axe; spire plus ou moins élevée; tours apparens d'un seul côté.	1re Section: Clavuline, Uvigérine, Bulimine, Valvuline, Rosaline, Rotalie, Calcarine, Globigérine, Gyroidine, Troncatuline.
	2e Section. Ammonoïdes. Test libre ou fixe, discoïdal; loges enfilées sur un seul axe; tours de spire apparens de chaque côté.	2e Section: Planuline, Plécarbuline, Operculine, Soldanie.
	3e Section. Nautiloïdes. Test libre ou assemblé sur un ou deux axes distincts, alternans ou non; spire embrassante en tout ou en partie; point de tours visibles.	3e Section: Cassiduline, Anomaline, Vertébraline, Polystomelle, Dendritine, Pénéraple, Spiroline, Robuline, Cristellaire, Nonionine, Nummuline, Sidéroline.
	AGATHISTÈGUES. Loges pelotonnées de diverses manières sur un axe commun.	Biloculine, Spiroloculine, Triloculine, Articuline, Quinquéloculine, Adélosine.
	ENTOMOSTÈGUES. Loges divisées en plusieurs cavités, et formant une spirale.	Amphistégine, Hétérostégine, Orbiculine, Alvéoline, Fabulaire.

(N° I.)   **TABLEAU DES MOLLUSQUES D'APRÈS ADANSON.**

LES COQUILLAGES.

1re Famille.

Section 1re. Les Limaçons univalves.
- Point de cornes et point d'yeux. — *La Gonaale.*
- Deux cornes; les yeux placés à leur racine ou côté externe. — *Le Bulin, Le Coret, Le Piétin.*
- Quatre cornes, dont les deux extérieures portent les yeux au sommet. — *Le Limaçon, L'Ormier.*
- Deux cornes; les yeux à la racine, au côté externe ou par derrière. — *Le Lépas, L'Yet, La Vit.*
- Deux cornes; les yeux un peu au-dessus de la racine, au côté externe. — *La Porcelaine, Le Pucelage, Le Mantelet.*

Section 2me. Les Limaçons operculés.
- Deux cornes avec un renflement, et qui portent les yeux ordinairement au-dessus de leur racine et à leur côté externe. — *Le Rouleau, La Pourpre, Le Buccin, Le Cérithe.*
- Deux cornes sans renflement; les yeux à leur racine, au côté externe. — *Le Vermet, La Toupie, La Natice.*
- Quatre cornes, dont les deux extérieures portent les yeux au sommet. — *Le Sabot, La Nérite.*

2me Famille.

Section 1re. Les Conques bivalves.
- Les deux lobes du manteau séparés dans tout leur contour. — *L'Huître.*
- Les deux lobes du manteau forment trois ouvertures sans aucun tuyau. — *Le Jataron, Le Jambonneau.*
- Les deux lobes du manteau forment trois ouvertures, dont deux prennent la figure d'un tuyau assez long. — *La Came, La Telline, Le Pétoncle, Le Solen.*

Section 2me. Les Conques multivalves.
- Aucune des pièces de la coquille ne prend la forme d'un tuyau. — *La Pholade.*
- Une des pièces de la coquille prend la forme d'un tuyau qui enveloppe toutes les autres. — *Le Taret.*

(N° II.)

TABLEAU

DES MOLLUSQUES BIVALVES D'APRÈS LA MÉTHODE DE POLI.

MOLLUSCA TESTACEA SUBSILENTIA.

- 1re Famille. Mollusques à double trachée, et munis d'un pied. — 1. *Hypogea,* 2. *Peronea,* 3. *Callista,* 4. *Arthemis,* 5. *Cerastes.*
- 2me Famille. Mollusques à une seule trachée, et munis d'un pied. — 6. *Loripes,* 7. *Limnea.*
- 3me Famille. Mollusques à une seule trachée. — 8. *Chimæra,* 9. *Callitricha.*
- 4me Famille. Mollusques à une trachée abdominale et sans pied. — 10. *Argus.*
- 5me Famille. Mollusques sans trachée, mais pourvu d'un pied. — 11. *Axinœa.*
- 6me Famille. Mollusques sans trachée et sans pied. — 12. *Daphne,* 13. *Peloris,* 14. *Echion,* 15. *Criopus.*

(N° III.)   **TABLEAU DES MOLLUSQUES** ^{T. XI, p. 32.}

D'APRÈS LE SYSTÈME DE LAMARCK (1801).

LES MOLLUSQUES.

Mollusques céphalés.

Mollusques céphalés nus.
- Ceux qui nagent vaguement dans les eaux. — *Sèche, Calmar, Poulpe, Lernée, Firole, Clio.*
- Ceux qui rampent sur le ventre. — *Laplysie, Dolabelle, Bullée, Téthys, Limace, Sigaret, Onchide, Tritonie, Doris, Phyllidie, Oscabrion.*

Mollusques céphalés conchylifères.
- Coquille univalve, uniloculaire, non spirale, recouvrant l'Animal. — *Patelle, Fissurelle, Emarginule, Concholepas, Crépidule, Calyptrée.*
- Coquille univalve, uniloculaire, spirale, et engainant l'Animal.
  - Ouverture échancrée ou canaliculée à sa base. — *Cône, Porcelaine, Ovale, Tarrière, Olive, Ancille, Volute, Mitre, Columbelle, Marginelle, Cancellaire, Nasse, Pourpre, Buccin, Eburne, Vis, Tonne, Harpe, Casque, Strombe, Ptérocère, Rostellaire, Rocher, Fuseau, Pyrule, Fasciolaire, Turbinelle, Pleurotome, Clavatule, Cérite.*
  - Ouverture entière et sans canal à sa base. — *Toupie, Cadran, Sabot, Monodonte, Cyclostome, Scalaire, Maillot, Turritelle, Janthine, Bulle, Bulime, Agathine, Limnée, Mélanie, Pyramidelle, Auricule, Volvaire, Ampullaire, Planorbe, Hélice, Hélicine, Nérite, Nasse, Testacelle, Stomate, Haliotide, Vermiculaire, Siliquaire, Arrosoir, Carinaire, Argonaute.*
- Coquille univalve, multiloculaire, engainant ou renfermant l'Animal. — *Nautile, Orbulite, Ammonite, Planulite, Nummulite, Spirule, Turrilite, Baculite, Orthocère, Hippurite, Bélemnite.*

Mollusques acéphalés.

Mollusques acéphalés nus. — *Ascidie, Biphore, Mammaire.*

Mollusques acéphalés conchylifères.
- Coquille équivalve, composée de deux valves égales, avec ou sans pièces plus petites et accessoires. — *Pinne, Moule, Modiole, Anodonte, Mulette, Nucule, Pétoncle, Arche, Cucullée, Trigonie, Tridacne, Hippope, Cardite, Isocarde, Bucarde, Crassatelle, Paphie, Lutraire, Mactre, Pétricole, Donace, Mérétrix, Vénus, Vénéricarde, Cyclade, Lucine, Telline, Capse, Sanguinolaire, Solen, Glycimère, Mye, Pholade.*
- Coquille inéquivalve, composée de deux ou plusieurs valves, dont les principal. sont inégales.
  - Valve principale tubuleuse. — *Taret, Fistulane.*
  - Deux valves inégales, opposées ou réunies en charnière. — *Acarde, Radiolite, Came, Spondyle, Plicatule, Gryphée, Huître, Vulselle, Marteau, Avicule, Perne, Placune, Peigne, Lime, Houlette, Pandore, Corbule, Anomie, Crania, Térébratule, Calcéole, Hyale, Orbicule, Lingule.*
  - Plus de deux valves inégales, et point en charnière. — *Anatife, Balane.*

cées qui, outre les trois genres Sanguinolaire, Solen et Glycimère, contiennent aussi, et dans des rapports très-
naturels dans le voisinage des Pholades, les genres Pétricole, Rupellaire
et Saxicave. Les Pholadaires les suivent, et elles pourraient fort bien être
séparées en deux groupes, l'un pour
les Tarets et les Pholades, l'autre
pour les Fistulanes et les Arrosoirs.
Ce singulier genre, que nous avons
vu précédemment confondu avec les
Serpules, a été examiné avec beaucoup de soin par De Roissy, qui le
premier a jugé qu'il devait se rapprocher des Fistulanes, et trouva en effet sur le tube des Arrosoirs, deux
petites valves incluses dans l'épaisseur
du tube, tandis que ces deux valves
sont libres dans le tube des Fistulanes. La découverte que l'on fit depuis
du genre Clavagelle a confirmé cette
opinion. La dernière famille ou la douzième, est consacrée tout entière aux
Acéphalés nus, réunis sous le nom
d'Ascidiens, et qui se composent
toujours des trois genres Ascidie,
Biphore et Mammaire.

Le deuxième ordre des Mollusques est consacré aux Céphalés, divisés en trois grandes sections : les
Ptéropodes, les Gastéropodes et les
Céphalopodes. Les Ptéropodes ne
se composent toujours que de trois
genres : Hyale, Clio et Pummo-
derme. Lamarck, qui ordinairement
cherche à établir les rapports et les
passages aussi bien entre les grandes
divisions qu'entre les genres, aurait
dû suivre les indications de De Roissy
qui pensait avec juste raison que les
genres voisins des Patelles et les Patelles elles-mêmes faisaient cette transition d'un ordre au suivant. Les
Gastéropodes viennent immédiatement après les Ptéropodes, et sont
subdivisés en trois sections : la première, pour ceux dont le corps est
droit, réuni au pied dans toute ou
presque toute sa longueur. Cette section contient quatre familles qui renferment tous les Mollusques nus : la
première, les Tritoniens, contient les
genres Glaucie, Eolide, Scyllée, Tri-

tonie, Téthys, Doris. La seconde, les
Phyllidiens, réunit les Pleurobranches, les Phyllidies, les Oscabrions,
les Patelles, les Fissurelles, les Emarginules. Cette seconde famille est
peu naturelle; d'abord les Oscabrions
y sont tout-à-fait étrangers aussi
bien que les Patelles, les Fissurelles
et les Emarginules. Dans les Laplysiens se trouvent avec les Laplysies
et les Dolabelles, les Bullées fort
éloignées des Bulles, et les Sigarets
qui n'ont avec elles aucun rapport.
Les Limaciens qui suivent se composent des Onchidies, des Limaces,
des Parmacelles, des Vitrines et des
Testacelles.

Les Gastéropodes qui ont le corps
en spirale et qui n'ont point de siphon,
sont partagés en huit familles : 1° les
Colimacés qui suivent les Limaciens
pour marquer les rapports des deux
familles ; on y trouve les genres Hélice, Hélicine qui s'en éloigne beaucoup puisqu'il est operculé; Bulime,
Amphibulime, qui ne diffère point
des Ambrettes de Draparnaud ; Agathine et Maillot. 2°. Les Orbacées,
les quatre genres Cyclostome, Vivipare, Planorbe, Ampullaire. 5°. Les
Auriculacées, famille composée des
genres les plus hétérogènes, les Auricules, les Mélanopsides, les Mélanies et les Lymnées. 4°. Les Néritacées; celle-ci est tout-à-fait naturelle,
et elle a été conservée par les auteurs ;
elle renferme les genres Néritine, Navicelle (Septaire de Férussac), Nérite
et Natice. Quoique l'on ne connût
alors en aucune manière l'anatomie des Navicelles, Lamarck cependant par ce tact particulier qui lui
avait fait deviner des rapports si intéressans, ne s'était point trompé
dans celui-ci ; car l'anatomie l'a confirmé depuis. 5°. Les Stomatacées,
groupe naturel des genres Haliotide,
Stomate et Stomatelle; ce dernier
nouvellement proposé et publié pour
la première fois. 6°. Les Turbinacées,
dont les Troques et les Cadrans sont
éloignés fort à tort, comprennent les
genres Phasianelle, Turbo, Monodonte, Dauphinule, Scalaire, Tur-

rifelle, Vermiculaire (Vermet d'A-
danson). 7°. Les Hétéroclites portent
justement le nom qui leur est imposé;
car quels rapports y a-t-il en effet entre les Volvaires, les Bulles et les
Janthines? 8°. Les Calyptracées réunissent des genres dont les caractères sont évidemment mal appréciés;
les Crépidules et les Calyptrées ont
des rapports entre eux; mais ils n'en
ont nullement avec les Trochus et les
Cadrans qui cependant sont voisins
l'un de l'autre.

La troisième division des Gastéropodes qui ont le corps en spirale et un
siphon n'est partagée qu'en cinq familles. La première, les Canalifères,
contient les genres Cérite, Pleurotome,
Turbinelle, Fasciolaire, Pyrule, Fuseau et Murex; le genre Clavatule paraît être oublié. La seconde, les Ailées,
les genres Rostellaire, Ptérocère,
Strombe. La troisième, les Purpuracées, les genres Casque, Harpe, Tonne,
Vis, Eburne, Buccin, Concholepas
rapporté à sa véritable place; Monocéros, Pourpre et Nasse. La quatrième,
les genres Cancellaire, Marginelle,
Colombelle qui n'a cependant point
de plis à la columelle, Mitre et Volute. Enfin la cinquième, les Enroulées, famille très-naturelle qui contient les six genres Ancille, Olive,
Tarière, Ovule, Porcelaine et Cône.

La troisième grande division des
Mollusques est consacrée aux Céphalopodes dans l'arrangement desquels nous trouverons des changemens notables : ils sont divisés en
trois groupes. Le premier pour les
tests multiloculaires; le second pour
les tests uniloculaires, et le troisième pour ceux qui n'ont point de
test; ils présentent cinq familles
dont les trois premières pour le premier groupe, la quatrième pour le
second, et la cinquième pour le
troisième. La première famille, sous
le nom de Lenticulacées, renferme
les genres Miliolite, Gyrogonite,
Rénulite, Rotalite, Discorbite, Lenticuline et Nummulite. A l'exception des genres Rotalite et Nummulite, tous les autres sont nouveaux.

La seconde famille comprend les
genres Lituolite, Spirolinite, Spirule, Orthocère, Hippurite et Bélemnite. Les deux genres Lituolite et
Spirolinite sont nouveaux. La troisième renferme les genres Baculite, Turrilite, Ammonocéralite, genre nouveau, Ammonite, Orbulite et Nautile. Les Argonautacées qui ne sont
nullement des Céphalopodes réunissent très-naturellement les Carinaires et les Argonautes. Enfin la
dernière famille, les Sépialées, qui
n'ont point de test, ne présente
toujours que les trois genres Poulpe,
Calmar et Sèche.

Tel est le système que Lamarck
donna en 1809; quoiqu'il présente
beaucoup moins d'imperfections que
le premier, il n'était cependant point
sans défauts, et nous les avons signalés à mesure que nous les avons rencontrés; nous avons dû rendre compte
d'une manière assez détaillée de ce
système, parce qu'ayant servi de base
aux travaux que Lamarck a faits depuis, nous n'aurons plus par la suite
qu'à indiquer les perfectionnemens
que ce savant y aura apportés.

Nous ne nous arrêterons pas à l'ouvrage de Denys Montfort qui parut en
1808 et 1810. Dans ce travail, purement conchyliologique, l'auteur s'est
borné à multiplier les genres de
Multiloculaires microscopiques, d'a-
près l'ouvrage de Soldani et celui
de Fichtel et Moll; mais on doit avoir
peu de confiance dans un ouvrage où
l'on reconnaît à chaque page des su-
percheries et des changemens souvent
notables dans les figures qu'il copie
de ces auteurs. Pour la partie des Coquilles uniloculaires, partant d'un
principe faux, et faisant de ce principe une application rigoureuse, il a
dû tomber dans beaucoup d'erreurs.
Toutes les Coquilles qui dans les
genres ne s'y rapportent pas rigoureusement, ou qui présentent avec
le type de ce genre la moindre différence, Montfort en fait un genre distinct; nous pouvons citer un exemple
de cet abus dans le genre Rocher qu'il
divise en douze genres, d'après le

nombre des varices, la longueur du canal, la forme plus ou moins arrondie ou rétrécie de l'ouverture, ou autres caractères d'aussi peu de valeur; cependant il y a dans cet ouvrage plusieurs genres à conserver, car depuis ils furent proposés sous d'autres noms et généralement adoptés.

Lamarck, continuant toujours à perfectionner sa méthode, y fit des changemens assez notables, et voulut prendre époque de ces améliorations. Il publia en conséquence une petite brochure intitulée : Extrait d'un Cours de zoologie, etc.; Paris, 1812. Avant de parler de cet ouvrage, nous devons mentionner le Mémoire de Péron et Lesueur, inséré dans le tome xv des Annales du Muséum; dans ce Mémoire, les auteurs confondent tous les Animaux qui nagent librement dans les eaux, et qui n'étant point Céphalopodes, sont munis, soit de nageoires latérales, soit de nageoires verticales, placées ou sur le dos ou sur le ventre. Des êtres de types fort différens furent associés, et la plupart des nouveaux genres que ces naturalistes proposèrent, ne purent rester parmi les Ptéropodes où ils croyaient devoir les placer.

Cuvier avait donné, dans les Annales du Muséum, plusieurs Mémoires anatomiques sur les Mollusques, et ceux dont l'organisation fut entièrement dévoilée, ne durent plus laisser le moindre doute à Lamarck; ces matériaux habilement réunis contribuèrent puissamment au perfectionnement et aux modifications qu'il apporta dans son Système. Les Mollusques sont toujours divisés en deux ordres, les Mollusques acéphalés et les Mollusques céphalés.

Les Mollusques acéphalés sont eux-mêmes divisés en Testacés et en Nus; comme dans le premier Système, il les partage en Monomyaires et en Dimyaires : les Monomyaires contiennent, sans nul changement, les familles suivantes : Brachiopodes, Ostracées et Byssifères. Les Acéphalés dimyaires, ou à deux muscles, sont divisés en Inéquivalves et en Equivalves; dans les Inéquivalves on ne trouve qu'une seule famille, les Camacées, qui renferme toujours les Corbules et les Pandores. Les Equivalves contiennent le même nombre de familles : 1° les Naïades, 2° les Arcacées, 3° les Cardiacées, dans laquelle le genre Hyatelle est admis; 4° les Conques, divisées en fluviatiles et marines; dans ces dernières on trouve les deux genres Cyprine et Donacille, qui sont entièrement nouveaux; 5° les Mactracées; 6° les Myaires, desquels on a éloigné le genre Panopé pour le reporter à la suivante; 7° les Solénacées, desquels est démembrée la huitième famille, les Lithophages, entièrement nouvelle, composée des quatre genres Rupicole, Saxicave, Pétricole, Rupellaire; celui-ci est nouveau; 9° les Pholadaires, parmi lesquels est introduit le genre Clavagelle, qui fait le passage des Fistulanes aux Arrosoirs. Les Acéphalés nus n'ont éprouvé aucun changement.

Dans les Mollusques céphalés on remarque un plus grand nombre de changemens, et ils sont plus importans; d'abord, au lieu de trois, on y voit cinq sections, qui sont dans l'ordre suivant : 1° les Ptéropodes, 2° les Gastéropodes, 3° les Trachélipodes, section nouvelle, 4° les Céphalopodes, 5° les Hétéropodes, section également nouvelle.

Les Ptéropodes, au lieu de trois genres, en offrent cinq. Les genres Cléodore et Cymbulie sont adoptés de Péron. Les Gastéropodes sont distingués des Trachélipodes d'après le lieu de l'insertion du pied sur tout le ventre, dans les premiers seulement au col, et par un pédicule dans les seconds. Les Gastéropodes contiennent, outre les familles indiquées dans le précédent système, les Tritoniens, les Phyllidiens, séparés en nus et en Conchylifères; ces derniers composés des Oscabrions, des Ombrelles, nouveau genre, des Patelles et des Haliotides, mais avec un point de doute; et de plus, les Calyptra-

3*

ciens, qui se trouvent ici justement parmi les vrais Gastéropodes débarrassés des genres Cadran et Trochus, mais contenant de plus les genres Cabochon, pris de Montfort, Fissurelle et Emarginule, séparés des Phyllidiens. Les Laplysiens contiennent les Acères de Cuvier, et les Bulles rapprochées des Bullées, les Sigarets qui y sont placés à tort, les Dolabelles et les Laplysies; enfin les Limaciens.

Les Trachélipodes contiennent tous les Mollusques à coquille spirale avec ou sans siphons; ils sont partagés en deux grandes sections, les Trachélipodes sans siphons et les Trachélipodes avec un siphon. Dans la première se voient six familles: 1º Colimacées, dans lesquelles sont introduits à tort, puisqu'ils sont operculés, les Cyclostomes, les Hélicines ainsi que les Auricules; 2º les Lymnéens, famille nouvelle faite avec les Lymnées rapprochées des Physes, des Planorbes et des Conovules; mais ceux-ci, avec juste raison, suivis d'un point de doute; 3º les Mélaniens, famille nouvelle, dans laquelle sont rassemblés les genres Mélanie, Mélanopside et Pyrène, genre nouveau; 4º les Péristomiens au lieu d'Orbacées, desquels on a ôté les genres Planorbe et Cyclostome pour y mettre le genre Valvée; 5º les Néritacées; 6º les Janthines formant à elles seules une famille sans nom particulier; 7º les Plicacés, famille nouvelle dans laquelle se trouvent les deux nouveaux genres Tornatelle et Pyramidelle; 8º les Scalariens, également famille nouvelle, faite avec les genres Vermet, Scalaire et Dauphinule, démembrée de la famille des Turbinacées; 9º les Macrostomes, encore nouvelle famille, pour les genres Stomate et Stomatelle, séparés, on ne sait trop pour quels motifs, des Haliotides; 10º enfin les Turbinacées, auxquelles sont joints les Cadrans et les Troques, séparés des Calyptraciens. Les Trachélipodes à siphon saillant, dont la coquille est munie à la base d'un canal ou d'une échancrure, contiennent les familles suivantes: 1º les Canalifères, où sont rétablies les Clavatules oubliées dans le précédent système, et de plus les deux genres nouveaux Ranelle et Struthiolaire, démembrés des Rochers: Montfort avait indiqué le premier sous le nom d'Apollon et de Crapaud; 2º les Ailés, 3º les Purpurifères, avec les deux nouveaux genres, Cassidaire démembré des Casques, et Ricinule des Pourpres; 4º les Columellaires, dans lesquels Lamarck a fort judicieusement placé les Volvaires, qui faisaient antérieurement partie des Hétéroclites; 5º les Enroulées ou les Ancilles ont changé leur nom contre celui d'Ancillaire.

Les Mollusques céphalopodes sont toujours divisés en Testacés multiloculaires ou monothalames, et en Céphalopodes non testacés. Les Céphalopodes multiloculaires renferment les Orthocérées dont la coquille est droite ou presque droite et sans spirale; il s'y trouve les genres Bélemnite, Orthocère, Nodosaire, genre nouveau, et Hippurite; les Lituolées, dont la coquille est en partie spirale; le dernier tour se terminant en ligne droite. Elle ne contient que les trois genres Spirule, Spiroline, Lituole; les Cristacées, famille nouvelle, formée des genres Rénulite, Cristallaire et Orbiculine; ces deux derniers entièrement nouveaux; la quatrième famille est nouvelle sous le nom de Sphérulées; elle renferme les genres Miliolite, Gyrogonite et Mélonite, genre nouveau; la cinquième, les Radiolées, est créée pour la première fois pour les genres Rotalie, Lenticulaire et Placentule; ce dernier n'avait point encore été fait. Les genres qui constituent les Nautilacées, ne contiennent plus que les Coquilles dont les cloisons sont simples; dans ce nombre sont les Discorbes, les Sidérolites, genre nouveau, Vorticiale, également nouveau, Nummulite et Nautile. La dernière famille, les Ammonées, est consacrée aux Coquilles dont les cloisons sont profondément sinueuses, et nous y trouvons, depuis les Coquilles discoïdes jusqu'à celles qui sont droites, les genres Ammonite, Orbulite, Turrilite, Ammonocératite et Baculite. La seconde division des Céphalopodes, celle qui ne contient que des Coquilles monothalames, renferme un seul genre, le genre Argonaute. La troisième division est destinée aux Céphalopodes non testacés qui, outre les trois genres que nous avons indiqués dans le premier système, renferment de plus le genre Calmaret, nouvellement institué.

La cinquième et dernière section des Mollusques, que Lamarck regarde comme celle qui contient les Animaux les plus parfaits des Invertébrés, et les plus voisins des Poissons, contre l'opinion généralement reçue, a été désignée par le nom d'Hétéropodes : elle ne renferme que les trois genres Carinaire, Firole, Phylliroë. Ces deux derniers ont été confondus par Péron et Lesueur parmi les Ptéropodes, dont ils diffèrent essentiellement.

Dans ce Système de Lamarck, où l'on trouve des changamens notables, surtout dans les Mollusques céphalés, et, parmi ceux-ci, dans les Céphalopodes, où la méthode s'est accrue d'un assez grand nombre de genres, de familles mieux caractérisées, et dans un ordre plus naturel, ce savant zoologiste a su profiter des travaux faits avant lui. Loin de négliger la connaissance des Mollusques, il a cherché au contraire à s'appuyer sur leur organisation, pour créer ses divisions principales, souvent de plus secondaires comme les familles, et le plus souvent ne faisant le genre que d'après la coquille seule, quoique cependant un grand nombre se soient confirmés par l'anatomie. Il faut dire que Lamarck avait eu, pour arriver à ce perfectionnement, des matériaux bien précieux, les excellens Mémoires de Cuvier sur les Mollusques, répandus dans les Annales du Muséum. Depuis le commencement de la publication de ce recueil important, ces Mémoires furent recueillis et réunis à d'autres qui n'avaient point encore

été publiés, et ils formèrent un volume intitulé : Mémoires pour servir à l'histoire et à l'anatomie des Mollusques, qui a paru en 1817, et dont nous rendrons compte lorsque nous serons arrivés à cette époque. Nous n'avons point de travaux bien importans à mentionner ; quelques Mémoires qui ont éclairci plusieurs points d'anatomie méritent d'être cités. En 1813, le Mémoire de Meckel sur les Mollusques pleurobranches, ainsi que celui sur l'ordre des Ptéropodes ; en 1814 et années suivantes, plusieurs Mémoires d'anatomie comparée, dans lesquels il est souvent question des Mollusques, par sir Everard Home : ils furent insérés dans les Transactions philosophiques ; en 1816, le Mémoire d'Erman sur le sang de quelques Mollusques, publié à Berlin ; en 1815, celui de Lesueur et Desmarest, sur le Botrylle étoilé de Pallas ; il est inséré dans le Journal de physique, tome LXL ; celui de Stiebel intitulé : *Dissertatio de anatome Limnei stagnalis*, Goett., 1815. Un travail beaucoup plus important, qui parut dans le Journal de physique en 1814, est celui du savant professeur de Blainville. Il fut le premier qui donna une importance réelle et justement appréciée aux organes de la respiration. Dans sa Méthode de classification, il reconnaît que la coquille, pour les Mollusques qui en ont, est un corps essentiellement protecteur de ces organes. Il distingue les Mollusques d'après la symétrie ou la non symétrie des branchies, ce qui entraîne la symétrie ou la non symétrie de la coquille ; et d'après cette considération comme d'après celle de la position et de la forme des branchies, ce savant zoologiste a établi plusieurs ordres nouveaux qui plus tard devinrent le sujet de Mémoires particuliers qui furent insérés dans le Bulletin de la Société philomatique. Ils ont pour objet les Ptérodibranches, Polybranches, Cyclobranches et Inférobranches. Quelques genres nouveaux furent en même temps proposés.

On a dû remarquer que depuis

l'époque de Bruguière, c'est-à-dire celle où la Conchyliologie a pris en France un nouvel et plus puissant essor, nous n'avions eu aucune occasion de citer des ouvrages systématiques produits par des savans étrangers; c'est qu'en effet, en Angleterre aussi bien qu'en Allemagne, on eut une si grande vénération pour les travaux du grand Linné, qu'ils devinrent pour ainsi dire l'objet d'un culte; on aurait regardé comme sacrilége la main qui y aurait touché. Il est bien facile de sentir le résultat de l'application d'un tel principe; la science resta stationnaire, et ce n'est que depuis un petit nombre d'années que l'Allemagne a produit quelques ouvrages dans lesquels leurs auteurs ont cherché à faire adopter les améliorations apportées dans la science. L'ouvrage d'Oken se présente le premier. L'auteur entraîné par une idée première, celle de la combinaison quaternaire, y a moulé son système des Mollusques; ainsi on y trouve quatre ordres dans la classe, dans chaque ordre quatre tribus, dans chaque tribu quatre familles, et dans chaque famille quatre genres. On prévoit d'avance quel a dû être le résultat d'un pareil système, qui, en opérant une diminution considérable dans le nombre des genres, n'a pourtant rien apporté d'utile à la Conchyliologie; on y trouve des changemens dans des noms génériques adoptés depuis long-temps en France, et quelques changemens de rapports qui sont loin d'être naturels; quelques familles même présentent une confusion dont il est difficile de se rendre compte; une entre autres qui contient les Anomies, les Térébratules, les Lernées et les Balanes; une autre, celle des Limacées, qui réunit la Cimbulie, le *Clio borealis*, les Argonautes et les Sèches. Les nouveaux genres qui se remarquent dans ce système, sont ou mauvais ou peu importans; ce sont en général des démembremens de genres déjà faits et qui n'en avaient nullement besoin.

En 1814 parut à Palerme le Traité de Somiologie de Rafinesque, où il proposa quelques changemens dans l'arrangement des Mollusques, et quelques nouveaux genres; le plus important est l'Ocythoé pour les Poulpes, où la paire supérieure des pieds est élargie en une membrane assez large comme cela se remarque dans le Poulpe de l'Argonaute, qui s'en sert, dit-on, comme de voile pour voguer à la surface des eaux.

L'étude des Mollusques agrégés avait été long-temps négligée, ou pour mieux dire on ne connaissait encore presque rien de positif sur ces Animaux singuliers, lorsque Lesueur et Desmarest publièrent leurs travaux sur cette partie des Mollusques. Ce fut d'abord Lesueur qui démontra que le genre Monophore de Bory de Saint-Vincent que, sans égard à l'antériorité et à la propriété du nom, Péron avait mal à propos nommé Pyrosome, n'était que l'assemblage d'un grand nombre de petits Animaux, ce qu'il confirma ensuite avec Desmarest, par l'examen des Botrylles; et Savigny, dont l'ouvrage est de 1816, donna une nouvelle importance à ce sujet par son excellent travail sur les Alcyons, que l'on désignait ordinairement par le nom d'Alcyons à double ouverture, et qui sont des réunions d'une foule de petits Animaux voisins des Mollusques par leur organisation. Non-seulement Savigny jeta un jour nouveau sur ces êtres, mais il étendit encore son travail à tous les Mollusques agrégés qu'il partagea en deux ordres, les Ascidies téthides et les Ascidies thalides; les premières sont partagées en deux familles selon qu'elles sont fixées ou qu'elles sont libres; cette famille, sous le nom de Téthyes, est divisée en Téthyes simples et en Téthyes composées, qui renferment un grand nombre de genres nouveaux. La deuxième famille, les Lucies, est également divisée en Lucies simples et en Lucies composées; mais il n'y en a que de cette dernière section, qui contient à elle seule le genre Pyrosome ; le deuxième ordre ne contient qu'une seule famille, les Thalides, qui elle-même renferme le seul genre Biphore et ses deux sous-genres.

Nous touchons enfin à une époque où deux célèbres zoologistes français, Cuvier et Blainville, proposèrent aussi leurs travaux sur les Mollusques.

Cuvier, comme nous avons déjà eu occasion de le dire, publia, dès le premier volume des Annales du Muséum, en 1802, ses Mémoires sur les Mollusques : la manière claire et précise dont il les décrit, l'histoire du genre dont il traite qu'il ajoute à son travail, et les anatomies qui sont faites avec une perfection et une clarté dont Poli seul avait donné l'exemple, ces Mémoires dont on a fait un précieux recueil, doivent servir de modèles à tous les zoologistes qui, jaloux de faire faire à la science des progrès assurés, voudront s'occuper des mêmes matières. Ce ne fut qu'en 1816 que ces divers Mémoires de Cuvier furent rassemblés ; nous allons les indiquer sommairement : 1° sur l'Animal de la Lingule, 2° sur celui de la *Bullœa aperta*, 3° sur le *Clio borealis*, 4° sur le genre Tritonie, ces quatre Mémoires publiés en 1802 ; 5° sur le genre Aplysie en 1803, et en 1804, 6° sur la Phyllidie et le Pleurobranche, 7° sur la Dolabelle, la Testacelle et la Parmacelle, 8° sur l'Onchidie ; en 1805, 9° sur la Scillée, l'Eolide, le Glaucus, avec des additions au Mémoire sur la Tritonie ; en 1806, 10° sur la Limace et le Colimaçon, sur le Limnée et le Planorbe ; en 1808, 11° sur le genre Thétis, 12° sur la Janthine et la Phasianelle, 13° sur la Vivipare d'eau douce, les Turbos, les Trochus, etc., 14° sur le *Buccinum undatum*; en 1810, sur les Acères ou Gastéropodes sans tentacules apparens. A ces divers Mémoires furent ajoutés, lors de la publication du recueil, plusieurs autres Mémoires, celui sur les Haliotides, les Sigarets, la Patelle, la Fissurelle, l'Emarginule, la Crépidule, la Navicelle, le Ca-

bochon, l'Oscabrion et la Ptérotrachée ; celui sur les Thalides et les Biphores, et celui sur les Ascidies. Ces précieux matériaux donnés à la science furent bientôt mis en œuvre par leur savant auteur ; ils servirent de base pour établir le système des Mollusques qui fait partie du Règne Animal, et dont nous avons présenté le tableau à l'article Conchyliologie ; il est nécessaire de l'y consulter. Les Mollusques sont divisés en six ordres, les Céphalopodes, les Ptéropodes, les Gastéropodes, les Acéphales, les Brachiopodes et les Cirrhopodes. Ces ordres, qui sont placés sur la même ligne, devraient présenter entre eux des degrés égaux d'organisation, soit en remontant, soit en descendant. On conviendra cependant qu'il existe une plus grande distance entre les Gastéropodes et les Acéphales, par exemple, qu'entre les Ptéropodes et les Gastéropodes, qu'il en existe également plus entre les Acéphales et les Cirrhopodes, qu'entre les Acéphales et les Brachiopodes. Les Céphalopodes ne sont point encore divisés en Décapodes et en Octopodes ; ils présentent seulement une série de sept genres et un grand nombre de sous-genres. Les Ptéropodes, qui suivent, sont partagés en deux sections, la première pour ceux qui ont une tête apparente, et la seconde pour ceux qui sont sans cette partie ; on y trouve le seul genre Hyale, qui, d'après Blainville, est pourvu cependant d'une véritable tête.

Les Gastéropodes sont divisés en sept familles, les Nudibranches, les Inférobranches, les Tectibranches, les Pulmonés, les Pectinibranches, les Scutibranches et les Cyclobranches, divisions qui sont établies essentiellement sur l'organe de la respiration, sur la position, la forme et la nature du fluide qu'il assimile. Dans les Nudibranches nous trouvons deux genres nouveaux démembrés des Doris, et qui en sont voisins. Dans le Traité d'anatomie comparée, les Patelles étaient placées avec les

Phyllidies dans la même famille; elles en sont justement rejetées ici, et les Inférobranches ne se composent plus que des Phyllidies et des Diphyllides; ce dernier genre est nouveau. Dans les Tectibranches on trouve un nouveau genre, le Notarche avec les Acères de Müller, qui comprennent les deux genres Bulle et Bullée. Les Pulmonés se divisent en Pulmonés aquatiques et Pulmonés terrestres, d'après la nature du fluide dans lequel les Mollusques vivent; tous respirent l'air. Dans ces derniers on remarque l'Onchidie, l'Auricule, le Mélampe, l'Actéon et les Pyramidelles, qui ont une organisation assez différente des Planorbes, des Limnées et des Physes, du moins pour ceux de ces genres dont l'organisation est connue; les Pectinibranches se distinguent en Trochoïdes, Buccinoïdes et en Cachés. Les Trochoïdes, avec les genres Sabot, Toupie et Nérite, contiennent aussi le genre Conchylie qui présente d'une manière peu rationnelle et à titre de sous-genres, les Ampullaires, les Mélanies, les Phasianelles et les Janthines. Dans le genre Sabot, et comme sous-genre, nous trouvons les Cyclostomes terrestres, qui, quoique pourvus d'une cavité pulmonaire dans laquelle ils reçoivent l'air, ayant du reste beaucoup de rapports par l'opercule, et les mêmes caractères avec les autres Mollusques pectinibranches de ce genre sont là placés plus naturellement que dans le voisinage des Hélices. La sixième famille des Gastéropodes, les Scutibranches, est nouvelle; ces Scutibranches sont divisés en symétriques et en non symétriques; dans ces derniers se trouvent les genres Hormier, Cabochon et Crépidule, et dans les seconds, et bien à tort, hors de tous les rapports, les genres Septaire, Carinaire et Calyptrée, avec les Fissurelles et les Émarginules. Dans les Cyclobranches, nouvelle et dernière famille des Gastéropodes, on voit les genres Patelle et Oscabrion. De ce premier genre, Cuvier indique dans

une note qu'il faudra en séparer les genres Pavois et Ombrelle, ce qui avait déjà été fait par Montfort et par Lamarck. Il est certain que les Oscabrions présentent des différences si notables qu'ils ne sont point dans leurs rapports.

Les Acéphales, comme dans l'origine, sont divisés en Testacés et en Nus (1). Les Testacés, d'après la méthode de Lamarck, se partagent en ceux qui n'ont qu'un muscle et ceux qui en ont deux. Les premiers sont contenus dans la seule famille des Ostracées, les seconds le sont dans quatre familles, les Mytilacés, les Béniticrs, qui font partie des Monomyaires de Lamarck, les Cardiacés et les Enfermés. Les Acéphales sans coquille présentent deux sections qui ne sont point basées, comme Savigny l'avait proposé, sur la fixation ou la liberté de ces Animaux, mais bien d'après leur manière d'être; ainsi la première contient les Biphores et les Ascidies, et la seconde les Botrylles, les Pyrosomes et les Polyclinum, adoptés pour la plupart de Lesueur et Desmarest, et de Savigny; les genres de ce dernier surtout restreints à un fort petit nombre.

Les Brachiopodes n'offrent rien de nouveau; ils forment l'avant-dernier ordre ou le passage des Acéphales aux Cirrhopodes qui terminent les Mollusques, et établissent fort bien le passage des Animaux articulés. Ce système des Mollusques, que Cuvier aurait pu rendre plus parfait s'il avait profité davantage des travaux de Lamarck, est fondé sur ce que l'observation a de plus précis et de plus positif; il diffère essentiellement de ceux proposés par Lamarck, et la raison en est facile à connaître. Lamarck a attaché une importance assez grande aux caractères de la coquille; au

(1) Dans le Tableau systématique des Mollusques, d'après la méthode de Cuvier, que nous avons donné à l'article CONCHYLIOLOGIE, on voit dans les Acéphales trois divisions, ce qui vient de ce que les Enfermés qui devraient être sous la même accolade que les Testacés à deux muscles, se trouvent par erreur hors du plan.

contraire, Cuvier ne les a considérés que très-secondairement; l'un a admis des sous-genres; l'autre, plus rationnellement peut-être, d'après notre manière de penser, n'en a point fait, ce qui, nous le croyons, est mieux pour la simplicité d'un système.

Ce fut vers la même époque que Blainville publia ses Mémoires sur les Mollusques dans le Journal de Physique, en les rattachant cependant à son système général du Règne Animal. Il commence d'abord par détacher des Mollusques, comme devant former un sous-type qui fait le passage des Animaux articulés aux Mollusques, les Cirrhopodes, ce qui avait été fait avant lui; mais il propose, et nous pensons comme lui, d'en rapprocher les Oscabrions qui, sous bien des rapports, sont fort éloignés des Patelles ou des Phyllidies. Dans les vrais Mollusques, Blainville admet sous la dénomination de Céphalophores et d'Acéphalophores, la division de Lamarck de Céphalés et d'Acéphales. Les autres divisions, comme nous l'avons déjà dit, sont tirées de la symétrie ou de la non symétrie de l'organe de la respiration et de la coquille. Les Acéphalophores sont partagés en trois sections ou ordres, toujours d'après la forme et la disposition des organes de la respiration : le premier les Palliobranches; le second les Lamellibranches et le troisième les Hétérobranches. Nous avons parlé de ce travail à l'article CONCHYLIOLOGIE et nous y renvoyons.

Par une singularité qu'il est difficile d'expliquer, la plupart des Mollusques Ptéropodes et Hétéropodes, d'après l'opinion du savant dont nous citons les travaux, avaient été étudiés à l'envers, c'est-à-dire que l'on avait constamment pris la face abdominale pour le dos et réciproquement. Cette opinion appuyée sur l'analogie de position des organes dans les Mollusques, paraît bien probable pour beaucoup de ceux dont il est ici question; pour la Carinaire cependant, il paraît qu'il n'en est pas ainsi,

comme le dit Blainville. Nous apportons d'abord les observations de notre savant collaborateur et ami Bory de Saint-Vincent, celle de Péron et Lesueur confirmée par une autre qui nous a été communiquée manuscrite par Marmin, amateur fort distingué de Conchyliologie, qui lui-même l'avait reçue d'un pharmacien de Nice, qui lui envoya tout à la fois l'Animal, la coquille, les dessins faits sur le vivant et en couleur, ainsi que plusieurs observations faites pendant la vie de l'Animal qu'il vit nager, et se tenir constamment dans la même position, la coquille en bas, ainsi que le cœur, les branchies, etc., qu'elle contient; et la nageoire que Blainville considère comme une modification du pied, est constamment tournée en haut. Il serait bien nécessaire, et les voyageurs seuls le pourraient facilement, de recueillir de nouvelles observations sur cette question assez importante; quoi qu'il en soit, les observations de Blainville, en ramenant la discussion sur ce point, ne sont pas moins intéressantes et même nécessaires.

Dans un Mémoire publié par le même auteur sur l'ordre des Polybranches, il y rapporte le genre Glaucus qu'il décrit complétement, et il ajoute dans cette famille le nouveau genre Laniogère intermédiaire entre les Glaucus et les Cavolines.

Dans deux autres Mémoires, le premier sur les Cyclobranches, qui réunissent les Doris et les Onchidies, on trouve un nouveau genre très-voisin de ce dernier, sous le nom d'Onchidore; dans le second, sur les Inférobranches dont les Oscabrions ne font plus partie; un nouveau genre y est établi sous le nom de Linguelle. Nous pourrions ajouter à ces divers travaux de Blainville, les articles qu'il a publiés dans les volumes du Dictionnaire des Sciences Naturelles, parmi lesquels on en remarque plusieurs où sont décrits pour la première fois des Mollusques nouveaux peu ou mal connus; pour ceux-là , nous aurons occasion un peu plus tard d'en parler et de les rapporter. Si à ces divers travaux nous ajoutons ceux de Leach sur les Cirrhipodes où les tests de ces Animaux sont soumis à une rigoureuse analyse et pour lesquels plusieurs genres nouveaux sont établis , nous connaîtrons à peu près tout ce qui a été publié d'important sur les Mollusques , avant que le dernier ouvrage de Lamarck ait paru ; ainsi ce grand zoologiste , dans l'établissement de son nouveau Système , put profiter d'une foule de bons travaux, et son esprit, plein de justesse et de sagacité, sut s'emparer de ces matériaux, les coordonner pour arriver enfin à un Système qui , en admettant les connaissances anatomiques nouvellement acquises , n'a pourtant pas eu le tort de rejeter tout-à-fait les rapports des coquilles, lorsque surtout ceux des Animaux eux-mêmes manquaient. Quoiqu'on trouve encore quelques imperfections dans cette œuvre du profond génie et du vaste savoir de Lamarck, la lucidité de ce Système est telle qu'il y a fort peu de savans en France qui ne l'aient adopté, et il a décidé en Angleterre et en Allemagne la réforme que plusieurs hommes s'efforçaient en vain de faire arriver parmi les sectateurs trop zélés de l'immortel Linné.

D'abord Lamark a séparé des Mollusques , sous le nom de Tuniciers, les Mollusques Acéphalés nus que tous les auteurs avaient admis parmi ceux-ci ; non-seulement il en fait une classe à part, mais il les éloigne de tous les Animaux articulés. Cette méthode qui a été blâmée récemment par Blainville, dans son Traité de Malacologie, est pourtant appuyée de la part de Lamarck de faits nombreux et de judicieux raisonnemens, forcé, dit-il, de conserver une série simple et de coordonner les divers Animaux, d'après le degré d'organisation, quoique réellement la nature ait produit deux séries. Il était évident que les Tuni-

ciers étaient très-rapprochés des Radiaires Fistulides, et avaient une organisation bien moins avancée que les Vers et les Insectes. Blainville convient qu'il existe de grands rapports entre les Actinozoaires et les Tuniciers, et s'il en existe, comme cela n'est pas douteux entre ceux-ci et les Mollusques, il est bien évident qu'en admettant une série simple, Lamarck se trouvait dans la nécessité de rompre des rapports , soit en rapprochant les Tuniciers, et avec eux les Actinozoaires, des Mollusques , soit en éloignant les Tuniciers pour les rapprocher des Actinies, ce qui lui a paru plus conforme à la nature. Lamarck est loin de rejeter les rapports qui existent entre les Tuniciers et les Mollusques ; mais il faudrait les détacher en rameau latéral. Pour le prouver , nous rapporterons textuellement ce qu'il a dit, Tom. III, pag. 90, Animaux sans vertèbres : « Ainsi se montre la série des Animaux inarticulés, commençant par les Infusoires , se continuant par les Polypes, les Tuniciers , les Acéphales , et se terminant avec les Mollusques dont les derniers ordres sont les Céphalopodes et les Hétéropodes. »

Lamarck a aussi séparé des Mollusques et dans des classes de la même valeur, les Cirrhipèdes et les Conchyfères, les anciens Acéphales. Il en a été question aux deux articles de ce Dictionnaire qui les concernent, et nous y avons ajouté un tableau des familles , d'après Lamarck ; ainsi sous la dénomination de Mollusques , ce savant zoologiste n'entend plus que les Mollusques Céphalés dont nous avons présenté le tableau à l'article Conchyliologie. En comparant ce tableau à ce que nous avons dit précédemment du système établi dans l'Extrait du Cours, on se formera une idée suffisante des changemens qui ont été apportés dans la méthode , changemens qui sont presque tous des améliorations. Quoi que l'on puisse dire, et quoique les bases du Système paraissent quelquefois artificielles, il n'en est pas moins constant que de toutes les méthodes, c'est celle de Lamarck qui est la plus naturelle, celle qui offre les rapports les mieux établis, celle qui est la plus simple, d'une application plus facile, et dont la mémoire se charge sans se fatiguer ; elle présente l'avantage de la méthode linnéenne, quoiqu'elle soit sans comparaison beaucoup plus complète, et qu'elle présente un nombre considérable de genres. Le défaut le plus grave que l'on ait reproché à la méthode de Lamarck, c'est de n'avoir pas employé des caractères de même valeur pour séparer, soit les familles, soit les genres : on voit en effet quelques inégalités que le temps et de nouvelles observations feront disparaître. D'autres zoologistes, comme nous l'avons dit, reprochent à Lamarck d'avoir donné trop d'importance aux caractères des coquilles, ce qui est vrai pour plusieurs genres ; mais il faut ajouter que la plupart de ceux-là sont peu ou point connus sous ce rapport ; enfin il faut ajouter que la presque totalité des Mollusques du grand ouvrage de Lamarck a été publiée lorsque déjà le célèbre professeur, à la suite de ses longues et laborieuses recherches, était tombé dans la cécité la plus absolue, ce qui l'a empêché de revoir par lui-même ses travaux, à mesure de leur publication, et d'y apporter les changemens que les découvertes récentes rendaient nécessaires.

Pendant que l'ouvrage de Lamarck se continuait et se terminait, Férussac entreprit un ouvrage général sur les Mollusques terrestres et fluviatiles ; mais ce travail d'un prix excessif paraît être interrompu. Les premières livraisons sont composées de planches admirablement exécutées par Huet et Bessa, nos plus habiles peintres d'histoire naturelle, et gravées par Coutant ; mais nul ordre n'est établi dans ces planches où l'on dirait que de belles figures sont jetées au hasard, puisque, dès le commencement, il s'en trouve de supplémentaires, et qui souvent ne sont point accompa-

gnées de texte explicatif ; plusieurs parties de discours, qui dans les dernières livraisons servent déjà de supplément à ce qui a été dit dans les précédentes, s'y contrarient à chaque page ; on y trouve un système nouveau pour le genre Hélice lui seul, auquel on réunit presque tous les genres qui en ont été successivement démembrés par les zoologistes modernes, en leur donnant de nouveaux noms formés des racines *Helico* et *Cochlo*, auxquels sont ajoutées des épithètes caractéristiques, et un système général des Animaux Mollusques, créé pour mettre en rapport des Hélices et autres genres terrestres et fluviatiles avec le reste des Mollusques. Tel est l'aperçu d'une entreprise qui a besoin d'être terminée pour être jugée convenablement.

Ce fut aussi en 1820 que Schweigger publia en Allemagne un Traité sur les Animaux sans vertèbres inarticulés ; les Mollusques y sont distribués d'après le Règne Animal de Cuvier, mais dans un ordre inverse, c'est-à-dire croissant en organisation, dans lequel il a introduit les genres de Lamarck ; quelques noms nouveaux et particulièrement pour les ordres des Gastéropodes de Cuvier, et pour quelques genres, sont les seules choses notables qu'il y ait dans cet ouvrage, qui du reste pour les Mollusques n'a apporté aucun fait nouveau.

Nous pourrions presque en dire autant de la méthode de Goldfuss ; elle est cependant plus parfaite, et présente l'introduction d'un principe qui serait fort bon s'il pouvait s'appliquer rigoureusement à tous les Mollusques ; c'est de la forme du pied que sont tirées les principales divisions ; aussi ce savant zoologiste a-t-il soin d'adopter toutes les divisions qui ont été faites antérieurement par les auteurs d'après ce caractère : il conserve donc les Céphalopodes, les Ptéropodes, les Brachiopodes, les Gastéropodes et les Cirrhipodes, auxquels il ajoute les Pélécipodes pour les Acéphales testacés, et les Apodes pour les Acéphales nus; enfin les Crépidopodes pour l'ordre qu'il établit uniquement pour les Oscabrions. On doit blâmer Goldfuss d'avoir fait une innovation peu heureuse, celle d'avoir placé hors de tous les rapports les Brachiopodes entre les Ptéropodes et les Gastéropodes; quelques autres innovations plus heureuses parmi les Gastéropodes surtout, et son ordre des Pélécipodes se remarquent dans cette méthode.

Plusieurs Mémoires de différens auteurs ont paru à peu près à la même époque; en Italie, un très-bon travail de Ranzani sur les Mollusques articulés et les Acéphales; en Amérique, aux Etats-Unis, les Mémoires de Say, ceux de Lesueur qui habite maintenant ce pays où il a découvert plusieurs genres nouveaux parmi les Céphalopodes, quelques autres parmi les Nucléobranches et un grand nombre d'espèces nouvelles; le même auteur nous a donné aussi dans les Mémoires de la Société des Sciences Naturelles de Philadelphie une anatomie détaillée et bien faite de la Firole. Nous pourrions citer aussi le Mémoire de Rafinesque inséré dans le T. IV des Annales des Sciences Naturelles de Bruxelles, dans lequel sont poussées à l'extrême les divisions génériques dans les genres Mulette et Anodonte de Lamarck, et sur de simples modifications dans les formes qui varient beaucoup. En Angleterre nous pouvons mentionner les différens ouvrages de MM. Sowerby qui ont introduit, plus qu'aucun autre, les méthodes nouvelles, en adoptant les genres de Lamarck, dans le *Mineral Conchology* d'abord, qui renferme un assez grand nombre de genres nouveaux qui seront conservés, et ensuite dans le *Genera of Shells*, où ils font connaître, par de bonnes figures et des descriptions bien faites, tous les genres qui ont été publiés jusqu'ici, à moins que ces genres ne soient trop artificiels; ils en ajoutent même quelques-uns qu'ils proposent, tels que Pholadomye, Oniscie, Co-

nélix, Piléole, Siphonaire et Astarté (Crassine, Lamk). Le premier de ces genres est un des plus intéressans à tous égards, il fait connaître positivement la place que doivent occuper dans la série générique une quantité de Coquilles pétrifiées des terrains secondaires dont on ne savait que faire; le second est moins important, il est démembré des Cassidaires de Lamarck; il en est de même du troisième, établi pour les Mitres qui ont la forme d'un cône. Le quatrième est fort voisin des Navicelles, et intermédiaire entre ce genre et les Nérites; le cinquième est démembré des Patelles; il est établi sur de bons caractères, et il en est de même du genre Astarté que Lamarck a proposé depuis sous le nom de Crassine.

L'Angleterre doit aussi à Gray une Classification méthodique des Mollusques, d'après leur structure interne; ce fut en 1821 qu'elle fut insérée dans le *London medic. Reposit.*

Cette méthode qui, nous pouvons l'assurer, ne sera jamais adoptée à cause de la longueur et de la difficulté des noms, divise les Mollusques en sept classes : 1° les Anthobrachiophora (Céphalopodes); 2° Gastéropodoféra (Gastéropodes); 3° Gastéroptérophora; 4° Stomatoptérophora (Ptéropodes); 5° Saccophora (Acéphalés nus); 6° Conchophora (Acéphalés testacés); 7° Spirobrachiophora (Brachiopodes). Ces ordres répondent à ceux de Cuvier; il n'est pas question des Cirrhopodes, mais les Gastéropodes sont divisés en deux ordres, les Gastéropodoféra pour la presque totalité de Gastéropodes, et les Gastéroptérophora pour le genre Ptérotrachea qui rassemble les Carinaires et les Argonautes; un autre changement que l'on doit remarquer, et qui est loin d'être rationnel, est d'avoir placé les Acéphalés nus avant ceux qui ont une coquille, et de les avoir mis ainsi en rapport avec le dernier ordre des Mollusques, les Ptéropodes. La plupart des sous-divisions de ces ordres sont établies d'après la considération des organes de la respiration, et les groupemens de genres ou les familles, surtout parmi les Gastéropodes, sont formés assez rigoureusement sur l'opercule, ce qui conduit à des rapports fort naturels. Nous ne pouvons rendre compte complétement de cette méthode qui, du reste, n'offre pas d'autres aperçus nouveaux. On y remarque plusieurs genres non connus, tels que *Phythia* pour l'*Auricula Myosotis* de Draparnaud, genre que nous croyons inutile ; *Bithynia* pour quelques Paludines; *Velutina* pour la *Bulla velutina*; *Mitrula* pour le *Patella chinensis*, aujourd'hui dans les Calyptrées, *Diodora* pour la *Patella apertura*, *Laminaria* pour quelques Pleurobranches. Dans le même temps que Gray publiait l'ouvrage dont nous venons de parler, il paraissait dans le Journal des Sciences de la littérature et des arts à Londres, les genres des Coquilles de Lamarck, dans l'excellente intention de faire adopter par les zoologistes anglais, les divisions nouvelles, et de les substituer au système de Linné qui était presque uniquement suivi.

Des travaux qui n'ont qu'un intérêt local, dont les bases sont les mêmes que celles de Draparnaud, ont été entrepris en 1821, l'un pour la Suède, l'autre pour l'Allemagne, sur les Coquilles terrestres et fluviatiles de ces deux pays; l'auteur du premier est Nilson, son ouvrage porte le titre d'Histoire des Mollusques terrestres et fluviatiles de la Suède; celui du second est Pfeiffer dont l'ouvrage est intitulé : Arrangement systématique des Coquilles terrestres et fluviatiles de l'Allemagne ; de bonnes planches où plusieurs Animaux sont représentés ainsi que toutes les Coquilles de l'Allemagne, quoique le plus grand nombre ait été figuré par Draparnaud, accompagnent le texte; on y trouve même un nouveau genre sous le nom de Pisidium pour quelques Cyclades dont les siphons sont à peine saillans.

De retour d'un voyage long et périlleux, pendant lequel ils avaient rassemblé d'immenses collections zoologiques qu'ils eurent la douleur de perdre au moment de venir en enrichir leur patrie, Quoy et Gaimard rapportèrent cependant quelques débris précieux pour les Mollusques ; ils les décrivirent et les firent figurer dans le magnifique Atlas du Voyage de l'Uranie. La plupart furent communiqués par eux à Blainville qui en fit de très-bonnes anatomies qui se trouvent dans le même ouvrage. Les genres Hyponice, Cône, Volute, Porcelaine, Ovule, Vis, Ricinule, Ptérocère, Navicelle, sont depuis lors suffisamment connus ; les genres Cliodite et Timorienne furent établis sur des Mollusques nouveaux, l'un très-voisin des Clios, l'autre nous a semblé peu éloigné des Biphores. Nous ne parlerons pas ici des espèces nouvelles dont ils enrichirent plusieurs genres, surtout ceux des Hélices et des Biphores. Les mêmes naturalistes ont publié successivement et principalement dans les Annales des Sciences Naturelles plusieurs Mémoires sur divers Mollusques, mais surtout sur ceux des classes inférieures que Lamarck a réunis sous le nom de Tuniciers. Ces Mémoires sont extraits de l'ouvrage précité.

Pendant la même année parurent, à quelques mois de distance, deux ouvrages importans sur les Mollusques : le premier est l'article *Mollusque* du Dictionnaire des Sciences Naturelles par Blainville; le second est un Tableau systématique des Mollusques par le célèbre entomologiste Latreille, qui le communiqua d'abord à l'Académie des Sciences, et le publia ensuite dans le T. III des Annales des Sciences Naturelles. Ces deux ouvrages importans furent complétés plus tard par leur auteur. Blainville, de son article *Mollusque* auquel il apporta des changemens notables, fit son Manuel de Malacologie qui ne parut qu'en 1825, et Latreille fondit son Tableau dans les familles du Règne Animal qu'il publia également en 1825.

Nous rendrons compte d'abord du système de malacologie proposé par Blainville, dans lequel son savant auteur cherche à faire accorder les caractères des coquilles avec ceux des Mollusques qui les habitent. Il donne le nom de Malacozoaires aux Mollusques, et celui de Malacologie à la science qui en traite; il rassemble dans cette classe des êtres, les mêmes Animaux que Cuvier; il nomme type des Mollusques les vrais Mollusques, c'est-à-dire les Céphalés et les Acéphalés de Cuvier, et sous-type les Cirrhopodes du même auteur qu'il nomme Malentozoaires ou Mollusarticulés. Les Malacozoaires sont divisés en trois classes ou en trois degrés d'organisation : la première, les Céphalophores (Céphalopodes); la seconde, les Paracéphalophores (les Gastéropodes), et la troisième, les Acéphalophores (les Acéphales).

La première classe, les Céphalophores, est divisée en trois ordres ; le premier, les Cryptodibranches, renferme deux familles caractérisées d'après le nombre des tentacules ou des pieds. La première, sous le nom d'Octocère, renferme les Poulpes avec les sous-divisions des Eledones de Leach et des Ocythoés de Rafinesque. La seconde famille ou les Decacères réunit les deux genres Calmar et Sèche dont le premier est divisé en six sous-sections pour les genres Sépiole, Cranchie de Leach; les Onychotenthis de Lichtenstein; les Calmars, Flèches, Plumes et Spiotenthis de Blainville. Le genre Sèche n'a aucune sous-division. Ce premier ordre très-naturel ne renferme aucun corps sur lequel Blainville ait conservé le moindre doute; il a séparé dans le second ordre qui porte le nom de Cellulacées, presque toutes les Coquilles polythalames que Férussac avait placées parmi les Décapodes; ces Cellulacées sont partagées en trois familles, les Sphérulacées pour les genres Miliole, Mélonie, Saracinaire et Textulaire, tous deux nouveaux genres proposés par De-

france pour de petites Coquilles fossiles. C'est en vain que nous avons cherché le rapport des Milioles et des Mélonies, soit d'après le mode d'enroulement, soit d'après la structure; la forme seule a quelque rapport. Les deux autres genres en ont moins peut-être encore que les deux premiers; car ils ne sont point enroulés, mais à loges alternes. Ces deux genres au reste, Saracinaire et Textulaire, autant du moins que l'on peut en juger d'après les figures, pourraient bien n'en faire qu'un seul, et ce petit genre que Defrance a trouvé à l'état fossile dans les sables d'Italie, se trouve vivant dans les mers de l'Inde, et nous pouvons assurer que la dernière cloison est ouverte. La seconde famille, les Planulacées, contient les deux genres Rénuline de Lamarck et Pénérople de Montfort, auxquels sont rapportés dans le premier le genre Frondiculaire de Defrance, et au second son genre Plumulaire. La troisième famille, les Nummulacées, contient des genres plus naturellement groupés : 1° les Nummulites parmi lesquels sont rapportées les Licophres de Montfort, qui sont des Polypiers ; 2° les Hélicites de Guettard, les espèces dont la surface est marquée d'ondulations profondes et dont la structure interne est la même que celle des Nummulites ; il y rapporte aussi l'Égéone de Denys Montfort; 3° les Sidérolites desquels sont rapprochés les Tinopores de Montfort; 4° l'Orbiculine qui rassemble les genres Ilote, Hélénide et Archidie de Montfort, qui nous paraissent des Coquilles cellulées assez éloignées des Nummulites ; 5° le Placentule dans lequel se trouvent les genres Eponide et Florilie de Montfort, dont l'ouverture est à la base, comme dans les Rotalites, et non symétrique sur la carène, comme dans les Nummulites; 6° enfin les Vorticiales qui comprennent les genres Cellulie, Théméone, Sporulie et Andromède de Montfort. L'ordre troisième des Céphalopodes porte le nom de Polythalamacées ; il est divisé en sept familles ; les Orthocères qui comprennent les Bélemnites, les Conulaires, nouveau genre proposé par Miller, les Conilites pour les genres Achéloïte, Animome et Thalamule de Montfort; les Orthocères qui, avec les Coquilles qui appartiennent véritablement à ce genre, réunissent encore les Nodosaires, les Réophages et les Molosses qui ont une organisation différente; les Baculites se trouvent ici former le dernier genre de cette famille, quoiqu'elle appartienne bien plutôt, ce nous semble, à celle des Ammonées. La seconde famille, celle des Lituacés, est partagée en deux sections; la première pour les genres dont les cloisons sont simples, et la seconde pour ceux dont les cloisons sont sinueuses; ainsi dans la première se trouvent les genres Ichthyosarcolithe, genre encore mal connu et d'une organisation particulière, Lituole, Spirule, auquel sont rapportés les genres Hortole de Montfort, Spiroline et Lituite. Dans la seconde section se trouvent, sur un caractère mal apprécié selon nous, comme pour les Baculites, les genres Hamite et Ammonocératite, ce dernier est le double emploi du précédent. Il nous semble qu'il serait naturel de séparer les Cloisonnés en deux parties qui ne devraient jamais se confondre : ceux dont les cloisons sont simples, qui forment une série dans laquelle toutes les formes, depuis la discoïde jusqu'à la droite, se rencontrent, et l'autre pour ceux dont les cloisons sont sinueuses et qui offrent une série non moins complète. La troisième famille est celle des Cristacés ; elle renferme des corps dont les cloisons sont simples et qui n'ont plus que des rapports fort éloignés avec les Coquilles qui terminent la famille précédente. Le genre Crépiduline est nouveau, il contient d'une manière fort naturelle les genres Astacole, Cancride et Périple de Montfort; le genre Oréade adopté de Montfort, ainsi que le genre Linthurie, qui représente sans doute ici les Cristellaires de

Lamarck, et dont se trouvent séparés pour être reportés dans une autre famille, les genres Sphicutérule, Hérione, Rhinocure et Lampadie, qui ont pourtant avec lui les rapports les plus intimes. La quatrième famille de cet ordre, les Ammonacées, n'est plus caractérisée à la manière de Lamarck, d'après le mode d'articulation du test; aussi, comme dans les familles précédentes, elle renferme des genres à cloisons sinueuses et à cloisons unies, tel que le premier genre, par exemple, les Discorbites de Lamarck proposées par Lamarck pour une Coquille microscopique de Grignon, qui, outre qu'elle manque de siphon, caractère très-essentiel que Blainville semble avoir oublié, est fermée par une dernière cloison, et ne pouvait conséquemment contenir l'Animal ni en partie ni en totalité. Après ce genre, vient celui des Scaphites qui n'a avec lui aucun rapport, mais qui avoisine les Ammonites qui suivent. Après ce genre, vient celui des Simplégades adopté de Montfort, genre qui n'a pas les cloisons simples, puisqu'elles sont sinueuses et même subarticulées. A ce genre est joint et véritablement hors de tous les rapports, le genre Ammonie du même auteur, établi, comme tout le monde sait, pour le Nautile ombiliqué ; le genre Planulite s'y trouve également réuni, et à l'égard des cloisons de cette Coquille que Monfort dit être simples, nous avons quelques motifs d'en douter ; d'autant que ce serait, ce nous semble, le seul exemple d'un Nautile à siphon marginal, et nous avouons n'en avoir point encore vu. Il en est de même du genre Ellipsolite qui est si voisin des Ammonites. Comment Blainville s'en est-il uniquement rapporté à Montfort, lorsque les belles planches de l'ouvrage de Brongniart sur les environs de Paris font voir les cloisons des Ellipsolites plus profondément découpées que la plupart des Ammonites ! Le genre Amalté de Montfort est encore ajouté avec les précédens parmi les Simplégades et peut-être avec plus de raison, si la description et la figure de Monfort sont suffisamment exactes pour qu'on doive y avoir une entière confiance.

Toujours conduit par les caractères tirés de la forme du test, Blainville rassemble, dans la cinquième famille, les Nautilacées, des genres assez hétérogènes; ainsi on y trouve le genre Orbulite de Lamarck, dans lequel sont rapportés les Aganides et les Pélaguses de Montfort. Ce genre Orbulite n'est qu'un démembrement très-artificiel des Ammonites dont il termine ou commence la série. C'est à tort qu'est rapporté à ce genre le Nautile zig-zag qui doit rester parmi les véritables Nautiles. Le genre Nautile vient après celui de l'Orbulite; dans ce groupe, Blainville réunit justement les Angulites et les Océanies de Montfort, ainsi que son Bisiphite qui ne porte point deux véritables siphons; mais qui offre sur le retour de la spire une dépression médiane qui, dans la séparation des cloisons, se casse toujours dans les espèces pétrifiées, et offre ainsi l'apparence de deux siphons, quoiqu'il n'en existe réellement qu'un seul, comme nous nous en sommes assuré plusieurs fois.

A côté des Nautiles et dans la même famille, se trouve le genre Polystomelle adopté de Lamarck, qui rassemble les genres Géopone, Pélore, Elphide, Phouème, Chrysole et Mélonie de Monfort, genres dont aucun n'est siphoné, mais seulement perforé. Cette famille se termine par le genre Lenticuline qui ne peut être adopté, puisque c'est absolument le même que le Nummulite, et dans lequel Blainville accumule un grand nombre de genres de Montfort dont les uns sont perforés, les autres ne le sont pas. Il nous suffira de les citer pour montrer qu'ils sont loin d'être dans leurs rapports naturels : Patrocle, Nonione, Macrodite, Robule, Lampadie, Pharame, Anténore, Clisiphonte, Rhinocure, Hérione, Sphicutérule.

La sixième famille, les Turbina-cées, contient deux genres seulement, les Cibicides et les Rotalites; ce dernier genre réunit, outre le Rotalite trochidiforme de Lamarck, les genres Storille, Cidarolle et Cortale. La dernière famille enfin est pour le genre Turrilite qui est un des derniers degrés des Coquilles Siphonophores, à cloisons sinueuses, qui se trouve ainsi isolé de ses véritables rapports naturels.

Il est bien évident, d'après ce que nous venons d'exposer, que Blainville a pris des caractères sur des choses trop variables pour arriver à des coupes naturelles; il a trop donné d'importance à la forme extérieure, d'où il résulte un assez grand nombre de rapprochemens forcés; et n'ayant aucunement pris garde à la présence, à l'absence et à la position du siphon, caractère que nous pensons devoir être de première importance, on voit dans une même famille, des Coquilles qui diffèrent aussi essentiellement que d'avoir ou de ne pas avoir de siphon, de l'avoir marginal, central ou abdominal.

La dernière classe des Malacozoaires est nommée Paracéphalophores; elle représente les Mollusques Gastéropodes de Cuvier, et elle comprend trois sous-familles : 1° les Paracéphalophores dioïques, les Paracéphalophores monoïques et les Paracéphalophores hermaphrodites. Cette division est certainement des meilleures; car elle indique d'une manière claire et précise des termes particuliers dans l'organisation. La première sous-classe contient deux ordres, les Siphonobranches qui équivalent aux Pectinibranches buccinoïdes de Cuvier, et renferment toutes les Coquilles canaliculées ou échancrées à leur base, et les Asiphonobranches qui contiennent toutes les Coquilles à ouverture entière. Ce premier ordre des Siphonobranches se compose de trois familles : la première, les Siphonostomes, comprend dans l'ordre suivant les genres Pleurotome avec les Clavatules, Rostellaire, qui a certainement plus de rapports avec les Strombes ; l'Animal étant inconnu, on pouvait suivre rigoureusement l'indication des coquilles : Fuseau, Pyrule, Fasciolaire, Turbinelle, qui ont tous entre eux les rapports les plus évidens. Les genres qui ont un bourrelet persistant au bord droit sont dans cette famille; on y voit les Colombelles qui nous semblent bien plutôt appartenir aux Coquilles échancrées ; Triton, dans lequel sont confondus, il nous semble à tort, les Struthiolaires qui avoisinent les Rostellaires par la manière dont le canal de la base se termine, Ranelle et Rocher.

La seconde famille de l'ordre est consacrée aux Entomostomes qui rassemblent les genres suivans : Cérite, dont notre genre Tristome, le genre Nérinée de Defrance, ainsi que les Pyrènes de Lamarck, font partie à titre de sous-sections dans le genre : de ces différentes coupures, le genre Potamide seul nous semble rapproché naturellement. Notre genre Tristome, qui offre la particularité remarquable d'avoir une ouverture dorsale sur le dernier tour, et qui a certainement des rapports de forme avec les Cérites, pouvait cependant bien en être séparé d'après ce caractère. Le genre Nérinée est plus rapproché des Pyramidelles que des Cérites; le genre Pyrène enfin a une analogie beaucoup plus marquée avec les Mélanopsides qu'avec tout autre genre. Les Mélanopsides, il est vrai, viennent après, aussi bien que les Planaxes qui ne sont peut-être que des Mélanopsides marins; le genre Alène est nouveau, il fut proposé sur la connaissance de l'Animal d'une espèce du genre Vis de Lamarck, et comme cet Animal a présenté des différences notables avec celui auquel Adanson avait aussi donné le même nom, on a dû créer pour lui un nouveau genre; ainsi toutes les Coquilles allongées, turriculées du genre Vis de Lamarck, passent dans le nouveau genre, tandis que les espèces Buccinoïdes, qui ne sont peut-être que des Buccins, restent dans le genre

Vis. Après les Vis viennent les genres Eburne, Buccin, Harpe, Tonne, Cassidaire, Casque, Ricinule, Cancellaire, Pourpre, Concholepas.

La troisième famille est consacrée aux Angistomes; sous cette dénomination sont réunies toutes les Coquilles à ouverture étroite; on y trouve d'abord les Strombes, auxquels sont joints les Ptérocères, et par l'analogie qu'il y a entre les jeunes coquilles des Strombes avec les Cônes on arrive à ce genre. Cette comparaison n'est certainement point exacte; les coquilles doivent se comparer, pour en établir le rapport, sur des individus de même âge, puisque tous les zoologistes savent combien, dans certains genres, elles offrent de différences. Les Cônes viennent donc après les Strombes, les Tarières, les Olives, les Ancillaires, les Mitres, les Volutes, les Marginelles, les Péribolles, que Blainville a reconnu depuis avoir été fait pour de très-jeunes Porcelaines; les Porcelaines et les Ovules suivent dans l'ordre que nous venons d'indiquer.

Le second ordre, les Asiphonobranches, renferme tous les Pectinibranches trochioïdes de Cuvier. Ils sont divisés en cinq familles : la première, les Goniostomes, renferme les genres Cadran, auquel sont réunis les genres Eumphale de Sowerby, et Maclurite de Lesueur, qui sont absolument semblables, et Toupie, où se trouvent rapportés les genres Entonnoir, Fripière, Eperon de Montfort; Roulette de Lamarck; Tectaire, Télescope et Cantharide de Montfort. Parmi ces genres, nous pensons que les Roulettes doivent être conservées en genre; que les Télescopes ayant un très-grand sinus sur la lèvre droite, sinus qui caractérise plusieurs espèces de Cérites, et que les Trochus n'offrent jamais, doivent bien plutôt faire partie de ce genre; quant aux Cantharides, elles ont des rapports avec le Vignau, comme l'a indiqué Férussac, et ce doit être vers ce genre que ce démembrement doit se trouver. La seconde famille qui rassemble les Coquilles à ouverture ronde, porte à cause de cela le nom de Cricostomes. Le premier genre est celui des Sabots, qui réunit les Monodontes, les Littorines de Férussac, et un assez grand nombre d'autres sous-divisions. Viennent ensuite les genres Pleurotomaire, dont les coquilles sont aussi bien trochiformes que turbiniformes; Dauphinule, Turritelle, Proto, Scalaire, Vermet, Siliquaire, Magile, ces deux derniers pour la première fois rapprochés des Vermets, avec lesquels ils ont sans contredit de l'analogie, mais qui n'est point confirmée par la connaissance des Animaux; Valvée, Cyclostome, Paludine, et on arrive ainsi à la troisième famille des Ellipsostomes qui se compose des genres Mélanie, Rissoaire, Phasianelle, Ampullaire, Hélicine et Pleurocère. Les Hémicyclostomes, qui forment la quatrième famille, se composent des genres Natice, Nérite (les genres Néritine de Lamk., et Péléole, compris dans ce dernier) et Navicelle. Cette famille, comme on le voit, est absolument semblable à celle des Néritacées de Lamarck. Ainsi se sont confirmés les rapports que Lamarck avait indiqués depuis long-temps entre les Néritines et les Navicelles, rapports que nous avions adoptés contre l'opinion de Cuvier et Férussac, et que ce dernier a vivement défendue contre nous. Le genre Janthine, qui forme à lui seul la famille des Oxistomes, qui est la cinquième et dernière de l'ordre, présente effectivement, soit dans sa coquille, soit dans son Animal, des traits particuliers qu'il est fort difficile de mettre en rapport avec les autres Mollusques.

Ici commence la deuxième sous-classe, qui est destinée aux Paracéphalophores monoïques; tous les individus portent les deux sexes, mais ils ont besoin d'un accouplement réciproque.

Deux grandes sections partagent cette sous-classe; la première pour les Mollusques dont les organes de la respiration et la coquille, quand elle existe, ne sont point symétriques; la seconde pour ceux dont les organes de la respiration sont symétriques, et par suite le corps protecteur lorsqu'il existe. Trois ordres partagent cette première section : 1° les Pulmobranches (Pulmonés terrestres et fluviatiles de Cuvier), 2° les Chismobranches, 3° les Monopleurobranches.

Les Pulmobranches contiennent trois familles : la première, les Limnacées, correspond exactement aux Limnéens de Lamarck, et elle renferme les mêmes genres Limnée, Physe et Planorbe. La seconde famille, les Auriculacées, est bien séparée des autres Pulmonées, comme Férussac en a donné l'exemple; nous ne trouvons ici que les genres Piétin, auquel sont rapportés les Tornatelle et Conovule; Auricule renfermant les genres Scarabe et Carychie; enfin les Pyramidelles, qui sont rapprochées des Auricules, aussi à l'exemple de Férussac, et seulement d'après quelques analogies tirées des coquilles, car l'Animal n'est point connu. La troisième famille est celle des Limacinées; elle est divisée en deux sections : la première renferme les Mollusques dont le bord antérieur du manteau est renflé en bourrelet et non en bouclier : ils ont une coquille; les genres Ambrette, Bulime, Agathine, Clausilie, Maillot, qui comprend les Grenailles de Cuvier les Gibbes de Montfort, les Vertigos de Cuvier, et Partule de Férussac. Ce dernier genre nous semble plus voisin des Bulimes, Tomogère (Anastome, Lamk.) et Hélice. La seconde section est pour les Mollusques dont le bord antérieur du manteau est élargi en une espèce de bouclier, la coquille nulle ou presque membraneuse; les genres qui composent cette section sont les suivans : Vitrine, auquel est réuni l'Hélicarion de Férussac, Testacelle, Parmacelle, Limacelle, genre nouveau mais douteux de Blainville, comme il se plaît à l'avouer lui-même; Limace renfermant le genre Arion que Férussac a établi sur un caractère de trop peu de valeur, et les deux genres Philomique et Eumèle de Rafinesque; Onchidie auquel est rapporté le genre Véronicelle de Blainville, et par conséquent le genre Vaginule de Férussac; Blainville ne pouvant admettre ce que dit Buchanam, que son Onchidie du Typha a les sexes séparés, avouant au reste qu'il a pu se tromper sur l'existence de la coquille.

L'ordre second, les Chismobranches, ne contient qu'un fort petit nombre de genres; Coriocelle, genre nouveau établi par Blainville, et fort voisin du Sigaret qui suit; celui du Cryptostome vient ensuite : il a été également proposé pour un Mollusque voisin des Sigarets par Blainville; le genre Oxynoé de Rafinesque, genre douteux comme le plus grand nombre de ceux qu'il a proposés; Stomatelle qui n'y est rapporté que par analogie, car l'Animal en est inconnu; enfin le genre Vélutine, proposé par Blainville et par Gray, sous le même nom, termine cet ordre.

L'ordre suivant, qui est le troisième, les Monopleurobranches, commence par la famille des Subaplysiens, qui se compose des genres Berthelle, genre nouveau proposé par Blainville pour le *Bulla Plumula* de Donovan; Pleurobranche, Pleurobranchidie, également nouveau, établi par Blainville pour un Mollusque voisin des Pleurobranches, mais qui n'a point de coquille.

La seconde famille de cet ordre, sous le nom d'Aplysiens, est consacrée aux genres Aplysie, Dolabelle, Bursatelle, nouveau genre des mers de l'Inde, qui n'a aucune trace de coquille, Notarche qui n'en a point non plus, et Elysie, genre observé d'abord par Risso, et rapporté par lui au genre Notarche, mais que Blainville en sépare provisoirement sur le doute qu'il conserve à l'égard de la terminaison de l'anus et de l'organe mâle.

La troisième famille est celle des Patelloïdes; elle contient les genres Ombrelle, Syphonaire dernièrement proposé par Sowerby, et auquel Blainville rapporte le Mouret d'Adanson; Tylodine, genre douteux de Rafinesque.

Les genres Bellérophe, très-judicieusement rejeté par Defrance des Coquilles multiloculaires, Bulle, Bullée, Lobaire, Sormet adopté d'Adanson, Gastéroptère et Atlas, composent la quatrième famille, celle des Acères, qui termine la première section de la deuxième sous-classe. La deuxième section qui contient des Animaux symétriques, est partagée en cinq ordres : le premier, les Apdrobranches, correspond assez bien aux Ptéropodes de Cuvier; il contient les genres Hyale, Cléodore, Cymbulie et Pyrgo, nouveau genre proposé par Defrance, qui le met parmi les Polythalames, et que Blainville rapporte ici à une place moins convenable. Les genres que nous venons de citer forment la première famille de l'ordre des Thécosomes; la seconde famille, les Gymnosomes, est composée des genres Clio, qui contient le genre Cliodite de Quoy et Gaimard, et Pneumoderme. La troisième famille, les Psilosomes, est composée d'un seul genre, du genre Phylliroë, que Lamarck place dans les Hétéropodes avec les Carinaires et les Firoles. Les Polybranches composent le second ordre; ils sont divisés en deux familles, d'après le nombre des tentacules; la première, les Tétracères, renferme les genres Glaucus, Laniogère, genre nouveau proposé par Blainville pour un Mollusque de la collection britannique, Tergipe, Cavoline, Eolide. La seconde famille, les Dicères, contient les genres Scyllée, Tritonie et Théthys. L'ordre troisième, celui des Cyclobranches, est formé des genres Doris, Onchidore, genre nouveau observé à Londres par Blainville, Péronie, auquel ce savant réunit les Onchydies marines de Cuvier. Le quatrième ordre, quoique renfermant les deux genres Phyllidie et Linguelle, est très-différent de la famille des

Phyllidiens de Lamarck. Le genre Linguelle est fort curieux; il est voisin des Phyllidies, et Blainville, qui l'a établi pour la première fois, présume que ce pourrait bien être le même que le genre Diphyllide de Cuvier.

L'ordre cinquième, les Nucléobranches, quoique présentant des Animaux symétriques, semble assez éloigné, quant à l'organisation, des Mollusques précédens, car ceux-ci sont essentiellement nageurs; les autres, au contraire, pour le plus grand nombre, rampent sur un pied plus ou moins grand. La première famille de cet ordre porte le nom de Nectopodes, et représente les Hétéropodes de Lamarck, moins le genre Phylliroé que nous avons vu ailleurs; il reste dans celle-ci les genres Firole et Carinaire; les genres Firoloïde et Sagittelle de Lesueur sont rapportés à ce premier.

Le nom de Ptéropodes, donné ici à la seconde famille, ne s'applique plus du tout aux mêmes Animaux que Cuvier et Lamarck avaient désignés sous ce nom, puisqu'elle renferme les genres Atlante, découvert par Lesueur, Spiratelle, genre Limacine de Lamarck, ôté des connexions, indiqué par ce zoologiste avec les Clios, les Cléodores, etc., pour être reporté ici avec le genre que nous venons de citer, et les Argonautes que, d'après l'analogie de la coquille, Blainville rejette des Céphalopodes.

La troisième sous-classe des Mollusques paracéphalophores, contient ceux qui sont hermaphrodites, et pour lier cette sous-classe à la précédente, elle commence par ceux des Animaux s'y rapportant qui sont symétriques et dont la forme du corps allongé a quelques rapports avec ceux qui terminent le dernier ordre. Cette sous-classe se divise aussi, comme la précédente, en Mollusques symétriques et en Mollusques non symétriques. L'ordre premier de la première section, les Cirrhobranches, contient celui de tous les Mollusques qui est le plus symétrique, et dont nous avons fait connaître en détail l'anatomie singulière; nous voulons parler du genre Dentale, dont l'intestin médian et droit se termine à la partie postérieure et médiane du corps de l'Animal; nous renvoyons au mot DENTALE, au Supplément, pour plus de détail. L'organisation de ce genre est si particulière, on peut le dire en passant, que c'est bien justement que Blainville en a fait un ordre particulier, et son examen ultérieur nous a confirmé dans la place qu'il lui a assignée.

Le second ordre renferme les Cervicobranches, et la première famille, sous le nom de Rétifères, contient le genre Patelle lui seul; Blainville, dont nous n'admettons pas l'opinion, croit que la série de lames qui sont dans les Patelles, entre le pied et le manteau, ne sont point des organes branchiaux, qu'il trouve, à ce qu'il prétend, dans les parois de la cavité cervicale en forme de petites lignes très-fines qui s'entrecroisent, et qui paraissent n'être autre chose que des fibres musculaires. La seconde famille, sous le nom de Branchifères, rassemble naturellement les genres Fissurelle, Emarginule et Parmophore.

La deuxième section de cette sous-classe n'a qu'un seul ordre, les Scutibranches, qui est partagé en plusieurs familles, 1° celle des Otidés, composée des genres Haliotide et Ancyle, rapprochés peut-être pas très-naturellement, comme Blainville le dit lui-même, mais il l'a fait d'après la considération des branchies qui sont placées du même côté, c'est-à-dire à gauche; 2° les Calyptraciens, famille adoptée de Lamarck, et formée des genres Crépidule, Calyptrée, dont nous avons donné une anatomie, Cabochon, Hipponice et Notrême, ce dernier, fort douteux, proposé par Rafinesque; mais les précédens, surtout les Cabochons et les Hipponices, forment le passage le plus naturel entre les Univalves et les Bivalves, rapports qui avaient été déjà sentis par Roissy dans le Buffon de Sonnini.

Les Acéphalophores, ou la troisième classe des Mollusques, renferment les mêmes Animaux que celle de Cuvier, à l'exception des Cirrhopodes, c'est-à-dire qu'ils réunissent les Conchifères et les Tuniciers de Lamarck. Cette classe est divisée en quatre ordres de même valeur : le premier, sous la dénomination de Palliobranches (Brachiopodes des auteurs), rassemble en deux sections, pour les Coquilles symétriques et les non symétriques, les genres Lingule , Térébratule, Thécidée, Strophonème, Pachyte, nouveau genre de Defrance, démembré des Plagiostomes pour ceux qui sont symétriques; Dianchore , nouveau genre de Sowerby, bien voisin du précédent, et Podopside pour la première section , Orbicule et Cranie pour la seconde.

L'ordre suivant correspond à la famille des Rudistes de Lamarck , et il en porte le nom : les Sphérulites, les Hippurites, qui en sont rapprochées, ainsi que les Radiolites qui ne sont qu'un seul et même genre , comme nous l'avons démontré dans une note où nous établissons le même rapprochement que Blainville , avant que son Traité eût paru ; Birostrite qui nous semble être le même genre que la Sphérulite, et Calcéole qui est une Coquille libre et beaucoup plus régulière que les précédentes dont la plupart vivaient fixées.

Le troisième ordre le plus considérable, qui contient la presque totalité des Acéphales Conchilifères, est distribué en familles, d'après la forme du manteau , surtout en y combinant aussi la présence ou l'absence du pied , etc. La première famille, les Ostracées, correspond assez bien à celle qui a reçu de Lamarck le même nom ; elle renferme les Anomies, les Placunes ; le genre Harpace adopté de Parkinson, mais doublement à tort; car il a été établi pour une espèce de Plicatule que Lamarck plaçait dans les Placunes , et doit en conséquence appartenir à la famille suivante ; celle-ci se termine par les deux genres Huître et Gri-

phée. La seconde famille, les Subostracées, se rapporte fort bien à celle que Lamarck a nommée Pectinides ; les caractères tirés de la disposition des branchies qui ne cachent pas entièrement l'abdomen , et ceux tirés d'un pied rudimentaire et byssifère , réunissent très-bien et invariablement les genres Spondyle, Plicatule, Hinnite, genre nouveau proposé par Defrance pour des Coquilles adhérentes et intermédiaires entre les Spondyles, les Plicatules et les Peignes , Peigne, Houlette et Lime. La famille des Margaritacées, qui est la troisième, est la même que les Malléacés de Lamarck ; elle admet ici quelques genres de plus proposés nouvellement, et en outre le genre Vulselle justement rapproché ; outre les genres Vulselle, Marteau, Perne, Crénatule et Avicule, comprenant le genre Pintadine, on trouve les genres Inocérame, Catille, Pulvinite de Defrance et Gervilie du même auteur. La quatrième famille, les Mytilacées, est aussi semblable à la même de Lamarck ; elle contient les Moules auxquelles sont réunies les Modioles et les Pinnes. Dans ces quatre familles, Blainville a suivi presque rigoureusement l'arrangement de Lamarck; mais pour la cinquième il s'en écarte notablement, puisqu'elle est formée par les Arcacées qui contiennent le même nombre de genres , à l'exception du genre Cucullée qui est placé comme section parmi les Arches. La sixième famille, les Submytilacées, comprend sous le seul caractère de manteau fendu et d'une ouverture pour l'anus, des genres qui, par leur aspect, semblent s'éloigner beaucoup ; Lamarck avait cru devoir les séparer , malgré l'exemple de Poli , et Blainville revient à l'idée du zoologiste italien; mais il a soin de diviser cette famille en deux parties : la première qui comprend les Naïades, et la seconde une partie de ses Cardiacées. Les Naïades sont réduites à deux genres , les Anodontes et les Mulettes; parmi les premiers figurent le genre Iridine dont nous avons vu l'Animal que nous a communiqué le savant voyageur Cailliaud, et qui par l'organisation de son manteau est fort différent des Anodontes, puisqu'il a deux siphons. Dans le genre Mulette, les Hyries et les Castalies de Lamarck y sont rapportées. La seconde section de la famille est formée du genre Cardite lui seul ; il est vrai qu'à ce genre sont rattachées les Vénéricardes et les Cypricardes de Lamarck.

Quoique les Acéphales, dont les lobes du manteau ne sont point réunis, se terminent ici, cette particularité si remarquable, qui semblerait suffisante pour établir pour eux une division, n'est nullement indiquée, et elle ne l'est pas non plus pour ceux qui suivent, qui commencent à avoir réunis en plusieurs endroits les bords de ce manteau. La famille des Camacées, qui est la septième de l'ordre, se compose de Coquilles régulières et irrégulières ; les irrégulières comprennent les genres Came, Dicérate et Ethérie ; les régulières contiennent les genres Tridacne et Hyppope ; mais nous pensons que c'est à tort que ce dernier genre se trouve dans cette famille ; car outre qu'il est réellement monomyaire, la charnière présente aussi des différences considérables, et la régularité des valves doit l'éloigner aussi des Camacées : il en est de même, ce nous semble, des genres Isocarde et Trigonie. La huitième famille, celle des Conchacées, correspond à plusieurs de celles de Lamarck ; elle est sous-divisée en trois sections : la première renferme les Coquilles régulières à dents latérales écartées, et la forme du pied n'est pas prise en considération pour la séparation des groupes, comme l'avait fait Lamarck. Le genre Bucarde, qui commence, se trouve à côté des Donaces avec les Capses comprises, des Tellines qui renferment le genre Tellinide de Lamarck, Lucine auquel est justement réuni le Loripes de Poli, mais à tort, selon nous, l'Amphidesme, et plus à tort le genre Corbeille ; Ciclade qui présente comme sous-

section les genres Cornée de Megerle, Cyrène de Lamarck, et Galathée du même. Dans cette même section, se trouvent encore les genres Mactre, Cyprine et Erycine ; ainsi le caractère du ligament interne ou externe, qui avait servi à Lamarck pour établir des rapprochemens assez naturels, n'est pas employé ici ; et la seconde section, qui est destinée aux Coquilles régulières sans dents latérales écartées, commence par le genre Crassatelle qui est suivi du grand genre Vénus dans lequel on trouve seize groupes dont les genres Cythérée, Lamk. ; Arthémis, Poli, Vénus, Lamk. ; Astarté, Sow. ; Micoma et Nicania, Leach, font partie. La troisième section renferme les Coquilles irrégulières, et on y trouve rassemblés, d'une manière certainement peu naturelle, les genres Vénérupe comprenant les Saxicaves, Coralliophage, genre nouveau formé aux dépens des Cypricardes de Lamarck, pour celles qui sont perforantes ; Clotho établi par Faujas, tous trois naturellement groupés, mais dont on a rapproché à tort les Corbules, les Sphènes et les Ongulines.

Dans la neuvième famille, les Pyloridées, Blainville s'est servi du ligament interne ou externe pour y établir deux groupes ; dans le premier où sont rassemblées les Coquilles à ligament intérieur, on trouve les genres Pandore, Anatine, Thracie ; deux genres sur lesquels nous avons des observations curieuses relatives à la charnière, Mye et Lutricole, nouvelle dénomination pour rassembler les genres Ligule de Leach, et Lutraire de Lamarck. Dans la seconde section, pour les Coquilles dont le ligament est extérieur, on trouve le genre Psammocole, dénomination nouvelle au moyen de laquelle les genres Psammobie et Psammotée sont réunis ; le genre nouveau Soletelline démembré des Solens pour les espèces ovales voisines des Tellines et des Psammobies ; Sanguinolaire, Solecurte, également genre nouveau démembré des Solens pour les espèces ovales dont le *Solen strigillatus* fait partie ; enfin les genres Solen, Solémye, Panopée, Glycimère, Saxicave, Byssonrie de Cuvier ; Rhomboïde, genre nouveau établi sur l'*Hypogæa barbata* de Poli ; Hyatelle, Gastrochène (Fistulane, Lamk.), Clavagelle et Arrosoir. Ces deux derniers genres qui ont, quant à la coquille, une organisation si particulière, s'éloignent par leurs rapports des genres précédens, et peut-être que le genre Fistulane devrait être compris avec les deux autres. La dernière famille des Acéphalophores testacés, sous le nom d'Adesmacés, réunit d'une manière fort naturelle des genres dont Lamarck, avec les trois derniers de la précédente famille, avait fait deux familles assez hétérogènes. Ces genres sont : Pholade, Térédine, Taret, Fistulane pour quelques espèces du même genre de Lamarck, et Cloisonnaire. Nous ferons observer que le genre Fistulane, tel que Blainville le conçoit, ne devra pas être conservé ; on en verra les motifs à notre article Fistulane de ce Dictionnaire auquel nous renvoyons.

C'est ainsi que se termine ce grand ordre des Lamellibranches, dans l'arrangement duquel il y a des améliorations nombreuses, des rapprochemens fondés sur une grande connaissance des Mollusques.

Le quatrième ordre contient les Mollusques Acéphales nus, sous le nom d'Hétérobranches ; ils sont divisés en deux familles, les Ascidiens et les Salpiens ; l'une et l'autre de ces familles est partagée ensuite en deux tribus. Dans la famille des Ascidiens, la première tribu est pour ceux qui sont simples ; on y trouve les genres Ascidie, Bipapillaire, Fodie, genre établi par Bosc. Dans la seconde tribu qui ne contient que des Ascidiens agrégés, on rencontre les genres Pyure, Distome, Botrylle, auquel sont rapportés les genres Diazoma, Polycline de Savigny, et Polycycle de Lamarck;

Synoïque, qui réunit les genres *Aplidium*, *Eucœlium* et *Didermum* de Savigny. Les Salpiens ne comprennent que deux genres, et chaque genre forme une tribu : la première pour les Salpiens simples qui renferment le genre Biphore divisé en huit groupes parmi lesquels se voient les genres Monophore et Timorienne de Quoy et Gaimard. Les Salpiens agrégés contiennent le genre Pyrosome lui seul.

Le sous-type des Mollusques, que Blainville nomme Malentozoaires ou Mollusarticulés, se compose de deux classes fort différentes d'êtres ; les Animaux que renferme la première sont intermédiaires entre les derniers Acéphales et les Entomozoaires, tandis que ceux de la seconde, dans laquelle Blainville rapporte les Oscabrions, lient les Mollusques Céphalés aux Entomozoaires ; aussi voici à cet égard ce que dit ce zoologiste, pag. 592 de son Manuel : « Le passage des Malacozoaires aux Entomozoaires se fait dans deux lignes, des Malacozoaires Acéphalés aux Entomozoaires Hétéropodes par les Nématopodes, et des Malacozoaires Céphalés aux Entomozoaires Chétopodes par les Polyplaxiphores ; en sorte que les deux classes, que nous réunissons dans notre sous-type des Malentozoaires, sont nécessairement fort différentes. »

La classe première porte le nom de Nématopodes, elle correspond aux Cirrhipodes des auteurs, et elle est divisée en deux familles qui coïncident avec les genres Anatife et Balane de Bruguière ; dans la première, se voient les genres : Gymnolèpe de Leach, auquel est joint le genre Cinéras du même auteur ; Pentalèpe qui réunit les genres Pentalasmis et Pollicipède de Leach ; Polylèpe qui est presque le même que le Scalpellum de Leach ; et enfin Litholèpe, genre nouvellement proposé par Sowerby. La famille des Balanides contient les genres Balane, Ochthosie, nouveau genre de Ranzani, Conie, Creusie, Chtamale établi par

Ranzani, et Coronule; ce dernier genre est sous-divisé en Chélonobies de Leach, Cétopire de Ranzani, Diadème de Ranzani, et Tubicinelle de Lamarck.

La seconde classe, sous le nom de Polyplaxiphores, ne contient que le seul genre Oscabrion auquel est réuni le genre Oscabrelle de Lamarck.

De tous les systèmes établis jusqu'à ce jour, c'est sans contredit celui de Blainville qui repose sur le plus grand nombre d'observations anatomiques, les seules sur lesquelles on doive à l'avenir faire de nouveaux essais. Il a rendu de très-grands services à cette partie des sciences naturelles, en faisant connaître un grand nombre d'Animaux sur lesquels il restait du doute, et quoiqu'il en existe encore un certain nombre sur lesquels nous sommes dans l'ignorance la plus complète ou sur lesquelles nous avons seulement quelques données incertaines, nous devons considérer le Manuel de Malacologie comme une mine précieuse dans laquelle les zoologistes puiseront d'utiles matériaux, et trouveront une méthode qui, à l'exception de quelques rapports de détails et quelques autres évidemment forcés, suivant notre manière de voir, restera à la science comme une base solide à laquelle on pourra rattacher désormais les faits nouveaux, et fera honneur aussi bien à son auteur qu'au siècle qui l'a produit. Ce que l'on voit aussi avec plaisir, c'est la bonne foi que Blainville a mise dans la rédaction de son *Genera*, et qui doit inspirer plus de confiance aux zoologistes. On reconnaît aussi dans la marche qu'il a suivie, la route tracée par Adanson, Lamarck et Cuvier; on voit également qu'il a partout cherché à appliquer les principes posés par ces grands maîtres, principes que Blainville a rendus plus certains et plus rigoureux.

Nous nous proposions de rendre compte de la méthode de Latreille, de la même manière que nous l'avons fait pour celle de Blainville, mais cela nous entraînerait trop loin, et nous craignons déjà d'avoir trop étendu cette partie de notre article. Nous nous contenterons de donner le tableau analytique de la méthode du savant entomologiste, qui du reste rentre assez dans celle de Lamarck sous beaucoup de rapports. On pourra facilement comparer ce tableau avec ceux que nous avons donnés à l'article CONCHYLIOLOGIE pour le système de l'illustre professeur.

Deux ouvrages importans ont été publiés à peu de distance sur le même sujet; l'un parut à Leyde en 1825. De Haan en est l'auteur; il a pour titre : *Monographiæ Ammoniteorum et Goniatiteorum specimen.* L'autre a paru dernièrement dans les Annales des Sciences naturelles. C'est un grand travail de D'Orbigny fils sur les Céphalopodes et spécialement ceux qui ont une coquille microscopique. Nous terminerons cette histoire des Mollusques par ces deux ouvrages.

De Haan divise tous les Céphalopodes en ceux, 1° qui sont adhérens à leur coquille par un ligament postérieur, ou parce que celle-ci est retenue dans l'intérieur de l'Animal; 2° en ceux qui sont libres, c'est-à-dire qui ont une coquille non adhérente ou qui n'en ont pas du tout; l'Argonaute est ici placé. Les Céphalopodes adhérens, qui renferment tous les Céphalopodes à coquille, sont divisés, d'après l'existence ou la non existence du siphon, en deux grandes familles, les Siphonoïdes et les Asiphonoïdes, qui elles-mêmes sont partagées en plusieurs tribus; la première famille en trois, les Ammonités, les Goniatités et les Nautilacés; la seconde en deux seulement, les Microscopiques et les Contabulés. Ce caractère si saillant et si bon tiré du siphon est employé dans la méthode de De Haan pour la première fois et avec le plus grand avantage. D'Orbigny, sans avoir eu connaissance de l'ouvrage dont il est ici question, a employé le même caractère. Après avoir proposé cette classification générale, De Haan abandonne tous les Céphalopodes qui ne sont point siphonophores, pour s'occuper spécialement de ceux-ci. Nous avons vu qu'ils étaient divisés en trois familles : la première, celle des Ammonites, commence par le genre Turrite (Turrilite, Lamk.), qui est suivi du nouveau genre Planite de De Haan qui correspond aux genres Planulite et Ellipsolite de Montfort ; le troisième est le genre Ammonite, le quatrième le genre Globite pour les Orbulites de Lamarck ; le cinquième, le genre Hamite de Sow. ; le sixième pour les Baculites ; le septième pour un nouveau genre démembré des Ammonites sous le nom de Cératite, commence la famille des Goniatités ; le genre Goniatite établi pour les genres Pelagus et Aganide de Montfort. Dans son genre *Rhabdita*, qui est le troisième et dernier de la famille des Goniatités, De Haan comprend le genre Tiranite de Montfort et le genre Ichthyosarcolite de Desmarest. Nous pensons que cette réunion n'est fondée que sur la connaissance imparfaite de ce dernier genre, car si De Haan avait su que l'Ichthyosarcolite est une Coquille enroulée à la manière des Spirules, avec cette différence cependant que les loges ne sont pas percées par le siphon, qui paraît être en dehors dans l'épaisseur d'un test qui semble avoir été composé de petits tubes adossés et réunis, il ne l'aurait pas joint aux Tiranites qui sont des Coquilles droites d'une structure fort différente.

La famille des Nautiles se compose d'une série de genres qui commence par les Nautiles, les Discites, qui est proposée pour des Coquilles très-aplaties qui se trouvent dans les Chistes et que l'on considère ordinairement comme des Ammonites accidentellement comprimées ; le genre suivant, *Omphalia*, était peu nécessaire, puisqu'il est fait pour un Nautile ombiliqué ; le genre qui suit ceux que nous venons de mentionner et qui se trouve ici absolument hors de ses rapports naturels, est le Sca-

phite, car il ne suffit pas que ni Sowerby ni Parkinson, n'aient pas figuré les cloisons profondément découpées de cette Coquille ; il faut que l'observation directe confirme cette opinion, et De Haan a été complétement dans l'erreur. Nous possédons une Scaphite sur laquelle on voit plusieurs parties de cloisons semblables en tout à celles des Ammonites. Les genres Spirule, Lituite et Bélemnite terminent la famille des Nautiles, et le dernier genre est d'autant mieux placé qu'il fait le passage, par notre genre Béloptère, aux Sèches et aux autres Céphalopodes libres. Le système des Céphalopodes dont nous venons de rendre compte, est certainement un des meilleurs que l'on ait encore proposé pour cette partie difficile des Mollusques, et la classe que De Haan n'a point traitée d'une manière spéciale, celle qu'il a désignée par le nom d'Asiphonoïdes, a fait le sujet d'un très-grand travail de D'Orbigny fils, qui a jeté un grand jour sur l'arrangement des Céphalopodes microscopiques, sur lesquels il a fait une foule d'observations du plus grand intérêt.

Cette méthode cependant, quelque parfaite qu'elle paraisse, et quoique Férussac ait eu soin, en la présentant à l'Académie, de la montrer, dans une sorte d'avant-propos, comme un objet de reconnaissance offert aux savans qui s'occupent de Conchyliologie, ne laisse pas que d'avoir besoin d'être examinée dans ses détails. L'auteur divise tous les Céphalopodes en trois ordres, les Cryptodibranches, les Siphonifères et les Foraminifères. Latreille a justement reproché à D'Orbigny d'avoir adopté pour le premier ordre la dénomination de Cryptodibranches, attendu que les Céphalopodes qui y sont tous compris ne sont pas les seuls auxquels cette épithète convienne. Les dénominations des ordres prises sur des caractères différens, ont le grave inconvénient de mettre souvent une grande inégalité dans la valeur des coupes, puisqu'elles reposent sur des caractères de l'organisation opposés ou comparés à d'autres pris de la coquille. Ces Cryptodibranches renferment deux familles, les Octopodes et les Décapodes empruntés de Leach; dans la première se voient les genres Argonaute, Bellérophe, Poulpe, Elédon et Calmaret, ce dernier avec un point de doute. Ce rapprochement, sans aucune coupure de genres à coquille engaînante, comme on le suppose pour les Argonautes, et d'autres sans coquilles comme les Poulpes, etc., est évidemment peu naturel; en supposant même que le Poulpe de l'Argonaute soit le constructeur de la coquille, on pourrait encore en faire une sous-famille avec le genre Bellérophe qui en est voisin. La preuve que cela pourrait se faire se trouve dans le système de D'Orbigny, qui, sur un caractère de coquille, a séparé les Spirules des Décapodes. Pourquoi, d'après des caractères équivalens, n'avoir pas séparé les Argonautes et les Bellérophes des Octopodes? Cette famille des Décapodes se compose des genres Cranchie, Sépiole, Onychoteuthe, Calmar, Sépioteuthe et Sèche. Le second ordre est bien justement dénommé; les Siphonifères se groupent en effet d'une manière fort naturelle d'après ce seul caractère. Dans l'arrangement adopté par D'Orbigny, le genre Spirule qui fait à lui seul la famille des Spirulées, se trouve le premier et suit immédiatement les Sèches; après lui vient la famille des Nautilacées qui comprend les genres Nautile, Lituite et Orthocératite, qui sont suivis de la troisième famille, les Ammonées, dans laquelle se trouvent les genres Baculite, Hamite, Scaphite, Ammonite et Turrilite. La quatrième et dernière famille de cet ordre a été nommée par D'Orbigny les Péristellées. Elle se compose seulement des deux genres Ichthyosarcolite et Bélemnite. Si D'Orbigny eût apprécié convenablement notre genre Béloptère (V. ce mot au Suppl.) qui est un passage évident des Sèches aux Bélemnites, il aurait certainement

disposé les familles et les genres différemment; c'est ainsi qu'après les Sèches seraient venus les Béloptères et les Bélemnites que leurs rapports font présumer appartenir aux Octopodes; après ces deux genres seraient arrivés l'Ichthyosarcolite, la Spirule, la famille des Nautilacées et celle des Ammonées, qui auraient terminé l'ordre des Siphonifères. L'ordre troisième, celui dont s'est occupé le plus spécialement D'Orbigny, sous le nom de Foraminifères, contient toutes les Coquilles microscopiques, polythalames, dont les cloisons sont percées et ne sont point munies d'un siphon. Déjà par une très-heureuse idée, D'Orbigny, après avoir étudié les Coquilles microscopiques, pendant plusieurs années, après les avoir dessinées avec le plus grand soin sous toutes leurs faces, entreprit de rendre leur caractère sensible à tous les yeux, en sculptant sur une échelle de grossissement d'un pouce et plus, une coquille de chaque genre, de manière à la faire servir de matrice pour en mouler en plâtre un nombre indéterminé; ces modèles de Céphalopodes au nombre de cent, ont été donnés en quatre livraisons; ils renferment les types des genres, des sous-genres et souvent les principales espèces de chacun d'eux, ce qui rendra leur étude désormais aussi facile qu'agréable; outre cela, D'Orbigny a accompagné son Prodrome d'un certain nombre de figures où tous ses genres malheureusement ne sont pas figurés; quoi qu'il en soit, avec les modèles, les figures et le texte du Mémoire, on a les matériaux suffisans pour se rendre compte de l'ensemble du travail.

Ce grand ordre des Foraminifères est divisé en deux sections inégales; la première pour les Coquilles dont chaque loge est formée d'une seule cavité; la seconde pour celles où les loges sont composées de plusieurs cavités. Dans la première section se rencontrent les quatre familles suivantes : les Stichostègues, les Enallostègues, les Hélicostègues et les Agathistègues; la seconde section contient une famille seulement ; elle porte le nom d'Entomostègues. Sur soixante-cinq genres que l'on avait établis sur ces corps avant D'Orbigny, vingt-deux seulement sont conservés par lui ; il en ajoute trente-un, d'après ses propres observations, ce qui en porte le nombre total à cinquante-trois ; dans la première famille des Stichostègues, il y en a huit : Nodosaire, Linguline, Frondiculaire, Rimuline, Vaginuline, Marginuline, Planulaire, Pavonine. Le premier de ces genres renferme quarante - neuf espèces partagées en cinq sous-genres ; les genres Orthocère et Nodosaire de Lamarck sont compris dans celui-ci ; le second genre, Frondiculaire, est adopté de Defrance, et quoiqu'il semble fort éloigné du précédent par sa forme générale, ainsi que par celle des loges, il a cependant un accroissement semblable, et, comme lui, des loges simples et une ouverture centrale. Les deux genres suivans, Linguline et Rimuline, sont nouveaux ; mais ce dernier et les suivans sont compris dans une section qui renferme toutes les Coquilles à ouverture marginale. Le genre cinquième, Vaginuline, contient encore quelques Coquilles du genre Orthocère de Lamarck ; l'*Orthocera Legumen*, qui, d'après le mode d'accroissement, est bien placé, mais qui, d'après l'ouverture en fente au milieu des cloisons, ne se rapporterait pas très-bien aux caractères des autres genres qui ont cette ouverture ronde ; le suivant, Marginuline, démembré également des Orthocères de Lamarck, *Orthocera Raphanus* de cet auteur, présente très-bien ce caractère, aussi bien que le genre suivant, Planulaire de Defrance, dont les loges sont plus obliques, mais du reste d'une forme très-voisine du genre précédent. Le dernier genre de cette famille, Pavonine, ne nous semble point à sa place, puisque la dernière loge est garnie d'un grand nombre d'ouvertures, et la coquille à l'intérieur paraît être celluleuse entre les loges,

ce qui serait, à ce que nous pensons, des motifs suffisans pour reporter ce corps vers la dernière famille de l'ordre. Ainsi dans cette première famille, nous trouvons des Coquilles à ouverture ronde sur un prolongement de l'axe, soit que cet axe soit central ou latéral, une ouverture ronde sans prolongement, une ouverture en fente, et enfin un grand nombre d'ouvertures sur la dernière. Cet arrangement ne nous semble pas naturel, puisque des caractères aussi importans ne se trouvent pas d'accord.

La deuxième famille, sous le nom d'Enallostègues, contient sept genres partagés en deux sections : le premier, Bigénérine, est fort singulier : après avoir commencé sa coquille par des loges alternes, il la termine en ligne droite avec l'ouverture centrale semblable à celle des Orthocères de D'Orbigny. Le genre suivant est adopté de Defrance, et porte le nom de Textulaire ; il est composé de loges alternes d'un bout à l'autre, et il a une ouverture semi-lunaire au bord interne de chaque loge. Le genre Vulvuline vient ensuite ; les loges sont également toutes alternes, mais la fente est au sommet dans l'axe médian de la coquille. Le quatrième genre, Dimorphine, d'après les caractères que lui donne D'Orbigny, aurait beaucoup de rapports avec le second ; comme lui, il commence avec des loges alternes et finit en ligne droite et en loges simples sur un seul axe central. Les Polymorphines forment le cinquième genre ; toutes les loges sont alternantes, embrassantes et d'une manière plus ou moins complète, la dernière portant au centre une ouverture ronde. Le sixième genre, Virguline, en diffère par l'ouverture qui est en forme de virgule ; le genre Sphéroïdine, qui est le septième et dernier, s'éloigne un peu des précédens par sa forme.

La troisième famille, les Hélicostègues, est la plus considérable ; elle renferme vingt-six genres séparés naturellement en trois sections, d'après la forme et l'élévation de la spire ; la première est pour les Turbinoïdes, la seconde pour les Ammonoïdes et la troisième pour les Nautiloïdes. Les genres, pour le plus grand nombre nouveaux, sont rangés dans l'ordre indiqué par le tableau ; les Coquilles dont la spire est la plus élancée commencent la série qui se termine par celles qui sont discoïdales, et qui n'offrent plus d'ouverture, tels que les Nummulites, les Sidérolites, etc. La quatrième famille, les Agathistègues, ne contient plus de Coquilles en spirale proprement dite, mais à loges diversement pelotonnées sur un axe ayant deux, trois ou cinq loges apparentes, les loges ayant une ouverture terminale. Les six genres Biloculine, Spiroloculine, Triloculine, Articuline, Quinquéloculine, Adélosine, qui y sont compris, sont presque tous des démembremens du genre Miliolite de Lamarck. Il y a certainement plusieurs de ces genres qui ne seront point admis, le nombre des loges visibles étant un caractère de fort peu d'importance. La dernière famille, les Entomostègues, rassemble toutes les Coquilles multiloculaires dont chaque loge est divisée en plusieurs petites cavités ou par un grand nombre de tubes plus ou moins réguliers ; dans les unes, il y a une simple ouverture contre le retour de la spire ; dans les autres, il y a un grand nombre de pores terminaux qui se voient à la place d'une ouverture unique. Dans notre manière d'apprécier la valeur des caractères, nous aurions de cette famille composé un ordre de valeur égale à celle des Foraminifères, et nous l'aurions divisé en deux familles : la première pour les Coquilles qui ont une ouverture unique, et la seconde pour celles qui en ont un grand nombre qui correspondent aux tubes dont leurs loges sont formées. Les cinq genres que D'Orbigny place dans cette famille ne sont point naturellement rapprochés, puisqu'il n'existe entre eux qu'un seul caractère qui

est pris trop exclusivement. Nous nous serions plus exclusivement étendu sur ce travail de D'Orbigny, excellent et patient observateur, si nous ne nous proposions de traiter de chacun de ses genres en particulier, soit dans le reste de ce Dictionnaire, soit dans son Supplément. (*V.* le tableau n° IV.)

Nous avons donné à l'article Coquille la définition de toutes les parties qui constituent le test des Mollusques ; nous terminerons celui-ci en présentant celle des différens organes ou des différens appareils dont sont pourvus les Mollusques, en y ajoutant quelques considérations générales. Nous suivrons dans la distribution des matières l'ordre anatomique ; ainsi nous examinerons : 1° l'enveloppe charnue extérieure, la peau et ses dépendances ; 2° le système musculaire ; 3° les organes de la circulation ; 4° ceux de la respiration ; 5° le système nerveux ; 6° les organes de la digestion ; 7° enfin les organes générateurs.

La peau dans les Mollusques se compose presque généralement de deux parties : la peau proprement dite, qui adhère à la surface du corps du Mollusque, et qui en revêt directement les organes, et le manteau qui n'en est qu'une dépendance, et qui est destiné à revêtir les Mollusques plus ou moins complétement. Il n'est pas de Mollusque sans peau, il en existe un certain nombre sans manteau. Ce nom de manteau fut d'abord donné à l'enveloppe cutanée et charnue qui revêt l'intérieur des Coquilles bivalves, et qui, ployée en deux sur le dos de l'Animal, semble le revêtir comme un manteau. On a fait ensuite l'application du même mot à cette partie considérablement modifiée dans les Mollusques céphalés conchifères ou nus. Dans les Mollusques acéphales, le manteau est une membrane mince, transparente, vasculaire et cellulaire, composée de deux feuillets réunis par des mailles assez petites qui se communiquent. Les Mollusques conchifères sont symétriques dans presque toutes leurs parties, et le manteau lui-même, formé de deux parties semblables, une à droite et l'autre à gauche de l'Animal, est symétrique aussi; on nomme *lobes* ces deux parties du manteau. Les bords sont épaissis, musculaires, contractiles; ils correspondent aux bords de la coquille; ils présentent plusieurs modifications; ils sont *libres* lorsqu'ils n'adhèrent entre eux que par le dos de l'Animal, dans les Huîtres, par exemple; ils sont *adhérens*, lorsqu'ils se réunissent plus ou moins complétement dans leur étendue, en laissant cependant une ou plusieurs ouvertures. Ou le manteau est simplement *perforé*, c'est-à-dire que dans l'endroit de la réunion des deux lobes, il existe deux ou trois trous sans prolongemens, ou il est *siphonifère*, c'est-à-dire qu'une ou deux de ces ouvertures (les postérieures) se prolongent en tubes contractiles et rétractiles; le bord libre de ces ouvertures ou de ces tubes est *simple* ou *tentaculaire*, selon qu'il est muni ou non de petits appendices charnus contractiles, en forme de tentacules. Lorsque les tubes existent, il est de règle générale, qui souffre cependant quelques exceptions, qu'ils sont retirés en dedans par un muscle particulier, étalé, rayonnant, dont l'impression se voit très-bien en dedans des valves, comme dans les Mactres, les Vénus, etc.; le manteau est *fermé* lorsque la suture des deux lobes a lieu dans tout le bord inférieur; les trois ouvertures subsistent, deux pour les *siphons*, et une pour le *pied;* mais ces ouvertures sont opposées : l'une est antérieure, les deux autres postérieures; toute la partie ventrale des lobes du manteau est réunie comme dans les Solens. Le manteau devient plus tubuleux encore dans les Tarets où il ne montre plus les traces de la réunion de ses deux parties. Sous le rapport de la forme tubuleuse de cet organe, on pourrait arriver aux Mollusques céphalés par les Dentales dont le manteau, ainsi que le pied,

ont des rapports avec ces organes dans les Solens. Dans les Mollusques céphalés, le manteau n'a plus la même forme, il n'a même plus sous ce rapport la moindre ressemblance avec celui des Acéphales. Dans les Mollusques nus limaciformes, il se présente d'abord sous forme rudimentaire. Dans les Limaces, il forme sur le dos un épaississement charnu auquel on a donné le nom de *bouclier;* il s'étend davantage dans les Parmacelles, les Vitrines; il s'empare de tout le dos, en se confondant avec la peau, se reconnaissant seulement par un sillon qui le sépare du pied dans les Doris et autres genres analogues; il dépasse même quelquefois beaucoup le pied ou se confond avec lui, comme dans les Aplysies.

Dans les Mollusques conchifères, le manteau adhère et se confond en s'amincissant beaucoup avec la membrane qui recouvre la partie des viscères ordinairement tournée en spirale; il enveloppe l'Animal dans tout son contour, revêt la coquille vers son ouverture, et quand il est épaissi dans son bord libre, on donne à ce bord le nom de *collier*, comme dans les Hélices. Ce manteau contient ordinairement dans une cavité qui lui est propre, une poche qui renferme les branchies ou organes de la respiration, qui communique avec le fluide ambiant, soit par un simple trou comme dans les Hélices, soit par une fente, soit enfin par un canal plus ou moins long, droit ou recourbé, se prolongeant en avant au-dessus de la tête de l'Animal. Ce canal n'existe que dans les Mollusques dont la coquille est canaliculée ou échancrée à la base, comme les Fuseaux, les Casques, les Volutes, etc. Quelquefois le manteau, qui est très-ample et très-contractile, recouvre la coquille dans son entier, la polit en y déposant successivement plusieurs couches de matières calcaires diversement coloriées, comme les Porcelaines, les Ovules, sans doute les Olives, les Ancillaires, les Tarières et les Marginelles. Dans les Mollusques céphalopodes, le manteau est redevenu presque rudimentaire, et il disparaît entièrement dans les Hétéropodes, à moins qu'on ne veuille en retrouver des traces dans l'enveloppe du nucléus de cette classe.

La peau des Mollusques est d'une nature particulière propre à cette partie des êtres; elle est molle, visqueuse, et susceptible de prendre presque toutes les formes, de s'appliquer exactement sur tous les corps; elle paraît jouir d'une grande sensibilité, et elle est si intimement unie au système musculaire cutané, qu'elle en reçoit tous les mouvemens et les moindres contractions : cette propriété se remarque surtout au plan locomoteur. La peau, dans certains Mollusques, est entièrement lisse, comme celle de la plupart des Mollusques Acéphalés et de plusieurs Mollusques Céphalés; elle est rugueuse et tuberculeuse, selon la grosseur des aspérités qui la recouvrent; elle paraît plus épaisse sur les flancs, le dos, ou sous le pied de l'Animal, que dans la partie qui est constamment couverte de la coquille et qui contient les viscères. Dans les Mollusques sans coquille, la peau est d'une égale épaisseur, se confond souvent avec le manteau d'une manière intime; la peau des Mollusques est toujours imprégnée pendant leur vie d'une quantité assez notable de mucosités, qui en est constamment sécrétée, aussi bien que par les bords du manteau. Malgré l'abondance de cette sécrétion; on n'a point encore reconnu une quantité de cryptes muqueux qui soit en rapport. Dans les Limaces et même certaines espèces de ce genre, on voit postérieurement, dans une petite cavité, la réunion de plusieurs glandes muqueuses qui rendent plus abondante la traînée muqueuse que ces Animaux laissent derrière eux. La peau et ses annexes déterminent la forme du corps et limitent le Mollusque dans l'espace; sous ce rapport de la forme, le Mollusque est très-variable, puisqu'il a un corps contractile dans tous les

sens. Cependant cette forme chez lui est toujours déterminable d'une manière générale en ce que l'Animal de chaque espèce est forcé par son organisation de conserver celle qui lui est propre; ainsi il pourra s'allonger, se raccourcir, se contracter, et prendre, suivant les circonstances, une forme différente; mais elle découle toujours de sa configuration première qui est constamment la même dans l'état de repos. D'après la forme, les Mollusques sont plats, linguiformes, étroits, allongés, bossus, turriculés, etc., etc., dénominations qu'il serait inutile de rapporter toutes; il suffit d'en citer quelques-unes pour faire comprendre toutes les autres lorsqu'elles se présenteront, sans qu'il soit nécessaire d'en donner les définitions.

Le système musculaire est fort différent et dans les Conchifères et dans les Mollusques Céphalés. Dans les Acéphales composés essentiellement de deux parties principales, qui, par leur écartement, permettent à l'Animal de jouir de toutes ses fonctions, on trouve un ou deux muscles dont les efforts sont en opposition avec un ligament élastique qui tend sans cesse à ouvrir la coquille; il suffit en effet que les muscles adducteurs soient dans le relâchement pour que la coquille s'entr'ouvre; ce muscle, ou ces deux muscles, que l'on nomme adducteurs des valves, forment la partie la plus simple du système des Mollusques Acéphalés; l'épaississement du manteau qui constitue son bord est contractile, aussi y observe-t-on une foule de petits faisceaux charnus destinés à opérer cette rétraction. Ceux qui n'ont pas de pied, tels que les Huîtres, par exemple, ont un système musculaire visible, borné au seul muscle adducteur des valves; presque toutes les autres parties du corps sont contractiles; mais la fibre est répandue et confondue d'une manière inextricable. Ceux qui ont un pied, soit pour filer un byssus, soit pour ramper dans le sable, outre que cet organe est essentiellement musculaire et coriace, susceptible de prendre diverses formes, et qu'il a, malgré cela, une forme déterminée, suivant les genres et les familles, il est pourvu de plusieurs paires de muscles destinés à opérer certains mouvemens et surtout ceux de porter le pied en avant, en arrière, ou de le retirer tout entier en dedans de la coquille. Un autre muscle dont sont pourvus les Conchifères, mais seulement ceux qui ont des siphons, est le muscle rétracteur de ces parties dont les fibres rayonnantes laissent sur la coquille une impression particulière, quoique cependant quelques-uns d'entre eux aient des siphons et ne paraissent point avoir de muscles particuliers pour leurs mouvemens.

Dans les Mollusques Céphalés, dans ceux qui ont l'organisation la plus simple, on trouve, comme dans les Hipponices, un muscle d'attache qui a beaucoup d'analogie avec ceux des Conchifères; il sert à opérer les mêmes mouvemens, mais le reste du système musculaire est déjà fort différent; il existe une tête, et plusieurs faisceaux charnus sont chargés d'en opérer le mouvement; il y a une bouche, des mâchoires, une véritable mastication qui ne peut s'exécuter qu'à l'aide de muscles propres situés de chaque côté de la tête; la tête a des tentacules qui sont rétractiles ou contractiles, qui jouissent quelquefois en même temps de ces deux propriétés; il faut encore des muscles particuliers pour exécuter ces mouvemens; la tête elle-même et une partie du corps sortent et rentrent dans la coquille; un muscle puissant, qui s'attache à la columelle, opère ces mouvemens.

On pourrait diviser les muscles des Céphalés en plusieurs groupes, d'après les régions qu'ils occupent, nommer Céphaliques ceux qui sont pour la tête; on les diviserait en buccaux et en tentaculaires; Trachéliens ceux du col; Abdominaux, ceux du corps; mais dans ces deux régions, à l'exception du muscle co-

lumellaire qui les traverse, les muscles sont intimement confondus avec la peau, de manière qu'il n'est point possible d'en reconnaître des faisceaux particuliers, et qu'ils agissent tous dans l'acte de la progression qui se fait presque uniquement par reptation et quelquefois par natation.

Si le système musculaire offre des différences notables dans les différentes classes de Mollusques, le système des organes de la circulation n'en offre pas moins. Dans les Conchifères, nous voyons ces organes composés d'un cœur et de ses oreillettes, de vaisseaux artériels et de vaisseaux veineux; le cœur est presque toujours symétrique, placé vers le dos dans la ligne médiane, où il est traversé presque constamment par l'intestin rectum; il est charnu, de forme assez peu variable, fusiforme; il est composé d'un seul ventricule, d'une oreillette, soit simple et non symétrique comme dans les Huîtres, soit double et symétrique comme dans les Vénus, les Mactres, les Bucardes, etc., etc., en un mot, dans tous les genres à coquille régulière. C'est de ses extrémités que partent antérieurement et postérieurement deux aortes, la postérieure au-dessous du rectum pour se répandre dans les parties postérieures du corps, et l'antérieure, beaucoup plus grosse, se distribue aux parties antérieures et à presque tous les viscères. Des extrémités capillaires des artères, aussi bien que par des radicules, naissent les veines dont les rameaux et les branches se réunissent de tous les points du corps en plusieurs troncs qui se rendent dans le réservoir commun des veines; il est placé au-dessous du cœur dans la ligne médiane. C'est de ce réservoir que sortent deux gros vaisseaux pulmonaires qui se distribuent à l'une des faces des feuillets branchiaux d'une manière fort régulière, et donnent naissance à un autre ordre de vaisseaux qui reçoivent le sang vivifié par l'acte de la respiration, et le portent dans les oreillettes ou dans l'oreillette qui s'insère par un pédicule plus ou moins long sur le ventricule, à la partie antérieure, lorsqu'il n'est point symétrique, dans les parties latérales, quand il est symétrique; le sang rentre ainsi dans la circulation aortique, pour recommencer à l'aide des pulsations du cœur un trajet semblable. Cette circulation, comme on le voit, présente une grande simplicité; c'est un cercle unique que le sang doit parcourir, et cette circulation, quant à la simplicité, est la même dans tous les Mollusques quels qu'ils soient. Si les Mollusques Acéphalés ont en général le cœur symétrique et deux oreillettes symétriques aussi, les Mollusques Céphalés n'ont point ces organes symétriques, lorsque la coquille ne l'est pas; ils le sont au contraire lorsque la coquille est parfaitement symétrique. Nous avons vu que dans les Mollusques Céphalés, le manteau formait au-dessus du col ou sur le dos et quelquefois sur les parties latérales de l'Animal une cavité destinée à contenir les branchies. On doit être sûr, d'une manière générale, que le cœur est voisin de ces parties; il est placé ordinairement vers le dos enveloppé d'un péricarde dans lequel il se meut. Si les branchies sont plus en arrière ou plus en avant, le cœur lui-même est aussi plus postérieur ou plus antérieur; le cœur, ainsi que les oreillettes, n'offre point de valvules comme dans des types d'Animaux d'une organisation plus avancée, à l'exception cependant des Sèches et des Poulpes; les gros vaisseaux même à leur entrée ou à leur sortie du cœur en sont dépourvus, et ce défaut de valvules s'expliquerait très-bien si la circulation était dans les Mollusques acéphalés ou céphalés, ce qu'elle est dans les biphores, d'après les Observations de Kuhl et Van-Hasselt qui prétendent que la circulation, après s'être exécutée pendant quelque temps du cœur par l'aorte vers les parties du corps, s'arrête un moment pour reprendre par les veines et leurs anastomoses un sens tout-à-

fait contraire. La distribution des vaisseaux est fort différente dans les Céphalés de ce que nous l'avons vue dans les Acéphalés; le cœur fournit une aorte unique qui se divise bientôt en deux troncs, l'un pour la partie antérieure et l'autre pour la partie postérieure du corps, et quelquefois ces deux troncs naissent immédiatement du cœur. Le tronc antérieur fournit les branches à la tête, au col et souvent à une partie des organes de la génération; le tronc postérieur les distribue au reste des viscères et à la partie postérieure du corps, au foie, aux intestins, à l'ovaire, etc.; il fournit aussi une branche pour le manteau, quelques autres pour la peau et pour le pied. Nous avons dit ailleurs, et Blainville l'avait fort bien senti, que les Patelles et les genres qui les avoisinent ont des rapports avec les Acéphales; nous en avons déjà fait remarquer plusieurs, et les organes de la circulation qui sont symétriques, ainsi que les organes de la respiration, nous offrent une nouvelle analogie. Dans les Mollusques qui respirent l'air en nature, on trouve une cavité pulmonaire qui remplace les branchies; les vaisseaux branchiaux s'y étalent, s'y divisent un grand nombre de fois; mais pour le reste, le système vasculaire se distribue comme dans les autres Mollusques. Dans les Céphalopodes, du moins dans les Poulpes et probablement aussi dans les Sèches, l'organisation beaucoup plus compliquée et beaucoup plus parfaite a rendu nécessaires des organes de circulation beaucoup plus parfaits que dans les autres types; ainsi, outre un cœur central qui envoie le sang dans toutes les parties, il existe aussi des cœurs latéraux, un de chaque côté, qui donnent une impulsion particulière à la circulation pulmonaire, puisqu'ils se trouvent à l'origine des vaisseaux branchiaux, et de plus on trouve dans ces Mollusques de véritables valvules à l'entrée des veines dans ces cœurs.

Les organes de la respiration sont, comme tout le monde sait, en rapports intimes avec ceux de la circulation, et ils existent dans une telle dépendance, que dès que la circulation paraît dans les êtres, la respiration commence; sans cela, la destruction de l'être serait prompte, ce qui rendrait la fonction nuisible : on ne peut le supposer d'après les lois immuables de la nature. Les Mollusques vivent dans l'eau pour le plus grand nombre; leur respiration a dû être appropriée à l'assimilation du liquide ambiant; aussi est-ce d'une respiration branchiale qu'ils sont presque tous pourvus. Les branchies sont fort différentes, selon les diverses classes de Mollusques dans lesquels on les examine. Dans les Brachiopodes, la Lingule, par exemple, les branchies sont sérialement disposées dans le manteau et dans chacun de ses lobes; dans les autres Mollusques Acéphalés, les branchies forment des paires de lames qui s'étendent de chaque côté du corps; elles sont symétriques, et forment deux paires, une de chaque côté : cette forme lamellaire a fait donner aux Mollusques qui les offrent, le nom de Lamellibranches. Dans les groupes inférieurs des Mollusques Céphalés, les branchies restent encore symétriques et elles tiennent un peu de la nature de celles des Lamellibranches, par la disposition des cirres dont elles sont composées; d'autres Mollusques comme les Patelles, au lieu de grandes lames continues comme les Lamellibranches, ont pour branchies et tout autour du pied une foule de petites lames verticales qui sembleraient être une décomposition ou une modification de celles que nous venons de citer. Les branchies, de symétriques qu'elles étaient, deviennent bientôt impaires en conservant leur simplicité et leur roideur, comme dans les Calyptrées et les Crépidules; elles forment des espèces de peignes cirrheux dans la cavité branchiale; cette nature de branchies est un passage

manifeste à celles qui, en conservant la forme pectinée, sont plus molles et plus charnues : Cuvier a donné aux Mollusques qui les portent le nom de Pectinibranches. Toutes les branchies dont nous venons de parler sont placées en dedans du manteau dans une cavité particulière de cette partie; mais il existe des Mollusques qui portent leurs branchies tout-à-fait au dehors, soit sur le dos, soit sur les côtés, comme dans les Scyllées, les Tritonies, les Doris, etc. Dans les Mollusques qui respirent l'air, les branchies sont fortement modifiées, ou plutôt elles n'existent plus; à leur place, on voit une cavité plus ou moins spacieuse tapissée de toutes parts de nombreux vaisseaux sur lesquels l'air parvient par un simple trou ou par une échancrure. Les Mollusques Céphalopodes sont Pectinibranches, aussi bien que la plupart des autres Mollusques qui ne rentrent pas cependant dans l'ordre que Cuvier a nommé ainsi. Le nombre de branchies est peu variable; elles sont presque toujours paires; il y en a une ou deux paires dans les Conchifères, dans les Céphalés une paire, dans les Fissurelles, Emarginules, etc. Il n'existe plus qu'une seule branchie dans les Calyptrées, Crépidules, etc. Tout en restant impaire, la branchie se dédouble en plusieurs parties, comme dans les Aplysies; la branchie devient sériale par le grand nombre de ses divisions, comme dans les Patelles, les Phyllidies, etc.; ou bien elles forment des arbuscules extérieurs, soit autour du corps, soit autour de l'anus, et leur nombre est alors encore assez considérable; quant à leur position, elle est également assez variable dans les familles ou dans les ordres; elles sont latérales dans les Acéphalés, excepté dans les Brachiopodes où elles sont supérieures et inférieures, et elles sont en général supérieures dans les Céphalés; mais elles peuvent être cervicales, c'est-à-dire placées sur le col, ou dorsales, placées sur le dos; elles sont latérales, soit à droite, soit à gauche, quelquefois médianes, rarement ventrales ou pendantes sous le ventre. Les branchies ont fourni de bons caractères pour le groupement des ordres et des familles ; ce caractère a été d'autant plus utile, qu'il repose sur des organes en général faciles à observer dans les Animaux Mollusques ; on s'est servi de leur nombre, de leur position et de leur nature ; on a combiné ces divers états avec d'autres caractères pris de différens organes, et on a établi ainsi, en donnant à l'un de ces caractères ou à plusieurs une prédominance sur les autres, divers systèmes dans lesquels on s'est efforcé de placer ces Animaux dans l'ordre le pus naturel.

Le système nerveux est beaucoup plus avancé dans les Mollusques que dans les autres Invertébrés ; on leur trouve en effet, outre un anneau cérébral, des ganglions diversement répandus, mais ils sont dépourvus du cordon ganglionnaire médian des Insectes et des autres Animaux articulés. Dans les Acéphales, le système nerveux est si difficile à étudier, qu'on a douté pendant long-temps qu'il existât réellement ; aujourd'hui il ne reste plus le moindre doute à cet égard, et Blainville qui, à ce sujet, a fait des recherches assidues sur les Moules où les nerfs sont plus faciles à apercevoir que sur d'autres Mollusques Acéphales, dit, page 144 de son Traité de Malacologie : « Il est composé (le système nerveux de la Moule) de trois paires de ganglions. La première, la plus antérieure, est certainement placée sous l'œsophage, ou mieux sous le muscle rétracteur antérieur du pied, en partie recouverte par le bord postérieur de la réunion de la seconde paire de tentacules labiaux. Les ganglions qui la constituent sont de forme triangulaire et de couleur blanche, opaque ; ils fournissent, 1° un filet transversal très-fin qui leur sert de commissure entre eux ; 2° plus en arrière, un

rameau plus gros qui se distribue au muscle adducteur antérieur et aux appendices labiaux ; et 3° enfin, en arrière, un très-gros filet qui se porte en dehors, s'applique sur la membrane du foie, traverse obliquement le muscle rétracteur antérieur du pied, suit les côtés de l'abdomen au-dessous de la terminaison de l'ovaire, et va se réunir au ganglion postérieur. La seconde paire de ganglions, la seule qui puisse être regardée comme à peu près supérieure au canal intestinal, est placée au-dessus du muscle rétracteur antérieur du pied, appliquée immédiatement sur lui, au-dessous du foie contre lequel elle est collée. C'est un ganglion géminé ou divisé en deux parties latérales par un sillon médian d'une consistance plus molle, d'un aspect plus pulpeux que les deux autres paires. On en voit sortir en avant un filet très-fin qui va peut-être se joindre au ganglion antérieur, ce que nous ne voulons pas assurer ; et en arrière un autre filet qui se rend aux muscles de l'abdomen. La troisième paire des ganglions est tout-à-fait en arrière, au-dessous et un peu en dehors, à la partie antérieure du muscle adducteur postérieur. Celui d'un côté est séparé de celui de l'autre par toute l'épaisseur du muscle. Ils fournissent, 1° un filet de commissure transversal très-fin ; 2° en arrière, un filet plus gros qui pénètre dans le muscle lui-même ; 3° de leur angle externe et postérieur, deux filets qui se portent en arrière, probablement aux bords du manteau. Enfin leur angle antérieur et externe reçoit le gros cordon d'anastomose du ganglion antérieur. »

Cette disposition du système nerveux décrit par Blainville doit peu différer dans les autres Mollusques Acéphales, et quoiqu'on ne le connaisse point encore dans les différentes familles de cette classe, on doit s'attendre à le trouver conforme à ce que Blainville rapporte avec les variations que la disposition différente ou le manque des organes doit apporter dans les divers groupes. Jusqu'à présent, et ce serait un sujet fort intéressant de recherches et d'observations, on n'est pas encore certain que l'anneau nerveux cervical soit complet dans les Acéphales, ce qui semble probable; mais l'observation manque. Dans les classes inférieures des Céphalés, dans ceux qui se rapprochent le plus des Acéphales, le système nerveux, quoique plus avancé, reste cependant encore dans une plus grande simplicité. Néanmoins et sans aucun doute l'anneau cérébral se complète, les filets nerveux et les ganglions sont plus isolés, plus solides, beaucoup plus distincts des parties qui les environnent, et ils offrent des systèmes bien constans et bien réguliers pour chaque ordre de fonctions. Dans les Patelles, les Emarginules, les Fissurelles et les genres voisins, le cerveau se compose d'un anneau qui embrasse l'œsophage; il présente deux petits renflemens ganglionnaires, latéraux, peu sensibles, qui fournissent des filets aux tentacules et à la masse buccale. La partie inférieure de l'anneau cérébral offre une autre paire de ganglions beaucoup plus gros qui donnent des nerfs aux viscères, au manteau, aux branchies et aux muscles. A mesure que l'on arrive à des Animaux plus parfaits, le système nerveux se perfectionne; aussi dans les Haliotides, par exemple, le ganglion des viscères se détache du cerveau pour descendre jusqu'à la partie antérieure du muscle d'attache, pour envoyer des filets aux muscles de la locomotion, ainsi qu'à l'estomac, aux intestins et aux autres viscères. Dans les Mollusques Turbinés, il diffère peu de ce que nous l'avons vu dans les Haliotides; cependant il est assez constant que les principaux filets partent des ganglions cérébraux pour fournir ensuite des ganglions viscéraux, suivant les systèmes où ils se répandent; ainsi il y en a un oculo-tentaculaire qui distribue des filets aux tentacules et à la bouche, un autre péni-vaginal pour les organes antérieurs de la génération. Des filets sont particulièrement destinés au pied, les autres au cœur, aux vaisseaux dont ils suivent les ramifications, et se répandent ainsi profondément dans tous les viscères.

Dans les Céphalopodes, le système nerveux est encore plus parfait que nous ne venons de le voir dans les Gastéropodes et les Trachélipodes; il existe pour la première fois une cavité crânienne, il est vrai, cartilagineuse, qui contient un ganglion cérébral fort gros. Ce ganglion se joint avec celui qui est sous-œsophagien par des branches latérales qui complètent l'anneau cérébral; ce cerveau fournit des nerfs acoustiques, une paire de gros nerfs ophtalmiques, des nerfs nombreux pour les muscles et pour l'enveloppe commune en forme de sac; d'autres particuliers pour le cœur et les branchies; enfin chaque viscère important a le sien propre, plusieurs rameaux pour la masse buccale, deux fort gros pour l'estomac, l'intestin et le foie; un autre enfin pour les organes de la génération.

Nous avons vu se perfectionner successivement les divers systèmes que nous avons rapidement examinés dans les Mollusques, et le système nerveux a suivi en cela la loi commune; il se montre plus parfait lorsque les organes eux-mêmes le sont devenus. A peine sensible dans les Mollusques des classes inférieures, il est presque aussi parfait que celui des Vertébrés dans les classes supérieures; cette relation des organes est tellement constante et soumise à des lois si peu variables, que le zoologiste connaissant un système d'organes, peut en déduire *à priori* tout le reste de l'organisation; si en effet on parle d'un Mollusque qui a une tête, des tentacules, des yeux, une masse buccale, un système digestif, un cœur, nous avons sur-le-champ l'idée des muscles propres au mouvement de la tête, de la bouche, et conséquemment des muscles masticateurs, de déglutition, des muscles propres, des tentacules, etc., des nerfs pour leur sensibilité; d'un cerveau pour en transmettre l'impression; l'œil entraîne un nerf optique; le système digestif, des glandes et des sécrétions, etc.; un cœur veut des branchies ou une respiration, etc.

Les organes de la digestion, dans les Acéphales, se composent d'une ouverture buccale sans mâchoires, ordinairement ronde, petite, profondément placée antérieurement, garnie de lèvres fort courtes qui se continuent à deux paires de palpes labiaux, une de chaque côté. Cette ouverture communique sans intermédiaire avec l'estomac, qui est plus ou moins pyriforme, très-mince, enveloppé de toute part par le foie, qui est dépourvu de canaux biliaires; il verse dans l'estomac le produit de la sécrétion par des pores béants assez nombreux; l'estomac se termine postérieurement en un cul-de-sac, au-dessus duquel se trouve l'ouverture pylorique où commencent les intestins qui, après plusieurs circonvolutions dans le foie et dans l'ovaire, se continuent par un rectum qui est toujours dorsal et médian; ils se terminent par une ouverture anale qui transmet au dehors les excrémens, soit au moyen d'un tube ou siphon anal, soit qu'il soit libre ou dépourvu de tube.

Dans les Mollusques Céphalés la partie antérieure du système digestif se complique : d'abord dans les classes inférieures, on trouve une bouche souvent armée de mâchoires, pourvue d'une langue cartilagineuse. Les alimens broyés et goûtés passent dans un œsophage plus ou moins long avant de parvenir jusque dans l'estomac; cet estomac est assez ample, encore enveloppé par le foie, qui commence à avoir des canaux de sécrétion; il existe des glandes salivaires dont les Acéphales sont dépourvus; les intestins plus ou moins longs se replient dans le foie et l'o-

vaire, sont quelquefois diversement boursoufflés et se terminent par un anus ordinairement flottant, soit antérieurement, comme dans les Patelles, soit sur le côté gauche de l'Animal, dans le sac branchial. Cet arrangement est à peu près le même dans les Mollusques Gastéropodes et Trachélipodes; seulement quelques-uns ont la bouche munie d'une trompe. Un seul Mollusque fait exception à cette règle, c'est l'habitant des Dentales qui a les organes digestifs symétriques; l'intestin, droit dans sa direction, est terminé postérieurement dans la ligne médiane. Quelques Mollusques ont deux estomacs, l'un souvent garni de pièces osseuses ou cartilagineuses, a quelques ressemblances avec le gésier des Oiseaux; l'autre est simple et membraneux, et communique avec le premier par un second œsophage. Cette disposition se remarque dans les Aplysies, les Bulles, etc., etc. Dans les Céphalopodes, la tête est armée de mâchoires solides, cornées, semblables à un bec de Perroquet. On trouve dans ce bec une langue épaisse, charnue, ayant des mouvemens propres, étant musculaire comme celle des Quadrupèdes; elle est garnie de crochets au moyen desquels les alimens descendent lacérés dans l'œsophage; cet organe est assez long et grêle; il se termine par une première poche que Cuvier nomme *jabot*. C'est un estomac membraneux, long, légèrement boursoufflé, qui se rend à un autre estomac charnu et très-musculeux, qui a une organisation semblable à celle du gésier des Oiseaux. Il est revêtu à l'intérieur d'une membrane subcartilagineuse qui se détache facilement, pareille en tout à celle des Oiseaux. L'intestin ne commence pas encore après cet appareil, déjà fort considérable; le duodénum après le gésier se gonfle en une troisième poche tournée en spirale, qui, recevant les vaisseaux biliaires, est destinée sans aucun doute à opérer le mélange de ce fluide avec les alimens soumis à une lacération et à une digestion stomacale complète ; c'est de cette dernière cavité que naît l'intestin assez régulier dans sa grosseur. Après avoir fait plusieurs replis il se termine par l'anus placé antérieurement dans l'entonnoir.

La disposition des organes de la digestion est telle dans les Mollusques que l'on peut en déduire presque *à priori* la nature des alimens qu'ils sont susceptibles de prendre. Ainsi, dans les Acéphalés, on prévoit qu'il n'y a ni suçoirs, ni mâchoires, ni masses buccales, que cette partie est formée d'une simple ouverture ; les alimens ne peuvent être que des parties animales ou végétales atténuées par la putréfaction et réduites presqu'à l'état moléculaire. Dans les Céphalés, au contraire, l'existence de mâchoires, d'une bouche compliquée, de muscles, de crochets cornés, d'une trompe, de mâchoires puissantes semblables à un bec d'Oiseau, indiquent, dès le premier aperçu, que les Animaux qui sont pourvus de pareils organes doivent mâcher, déchirer des alimens, soit végétaux, soit animaux.

Les organes de la génération réduits dans les Conchifères à l'organe femelle seulement, ce qui rend impossible toute espèce d'accouplement, se composent d'un ovaire qui occupe l'intervalle des muscles du pied et les interstices des lobes du foie ; il forme la presque totalité de la masse abdominale. Cet organe considérable communique en dehors par un oviducte qui s'ouvre entre les feuillets branchiaux. Dans le temps de la ponte des œufs, les oviductes se gonflent, et souvent s'accroissent entre les deux feuillets du manteau. Pendant ce temps l'oviducte se remplit d'un liquide laiteux à travers lequel les œufs sont obligés de passer avant d'entrer dans l'épaisseur des feuillets branchiaux où ils sont déposés jusqu'au moment où le petit Acéphale, pourvu de sa coquille, peut sortir vivant du sein de sa mère. Dans les Acéphales qui vivent fixés aux corps sous-marins, le petit Animal, en tombant hors de la coquille de sa mère, se fixe dans l'endroit où il s'arrête. Cette simplicité de la fonction de reproduction dans les Acéphales, a été contestée il y a peu de temps par Prévost de Genève, qui a annoncé avoir découvert des Animaux spermatiques dans certains individus de la Mulette des peintres, ce qui supposait l'existence d'un organe mâle. C'est en vain que Blainville a cherché cet organe sur un grand nombre de la même espèce de Mollusques ainsi que sur des Anodontes, il n'y a rien trouvé ; nous avons fait les mêmes recherches sur un assez grand nombre de Mulettes de notre rivière, et toutes ont été sans résultat à cet égard. Bory de Saint-Vincent qui, à cette époque, s'occupait de la recherche des Zoospermes dans toutes les classes d'Animaux, nous a déclaré n'avoir, pas plus que nous et Blainville, réussi à trouver ce qu'avait annoncé Prévost. Il serait du plus grand intérêt que l'observateur genevois nous donnât de nouveaux détails et nous mît à même de répéter sûrement ses expériences.

Les Mollusques Céphalés, dans les genres qui avoisinent le plus les Conchifères, n'ont aussi qu'un organe femelle, un ovaire unique terminé par un seul oviducte toujours d'un seul côté, dirigé d'arrière en avant et se terminant, le plus souvent à droite, rarement à gauche dans la cavité branchiale ; nous n'avons pas dit collectivement la classe des Céphalophores hermaphrodites de Blainville, parce que, parmi les genres qu'il y rapporte, il y en a quelques-uns, et la Calyptrée entre autres, qui sont Céphalés dioïques puisqu'ils portent les deux sexes. Dans les Céphalés dioïques, on trouve les deux sexes réunis sur un même individu qui a besoin pourtant d'un accouplement réciproque de la part d'un autre individu de la même espèce ; les deux individus accouplés sont également fécondés. Chaque individu porte donc à la fois des organes mâles et des organes femelles. Les organes mâles se composent d'une verge ou organe excitateur qui est le plus souvent rétractile, à la manière des tentacules des Limaces et des Limaçons ; dans d'autres elle est seulement contractile ; extérieur alors et de forme assez variable selon les genres et même les espèces, cet organe est ordinairement placé sur le col, ou sort du col près du tentacule droit, qui, dans l'état de repos, offre un petit mamelon à sa base. À la base de la verge se voit un canal déférent qui se colle au second oviducte en faisant des plis nombreux, et se termine à un testicule. Tel est l'état de simplicité de l'organe mâle des Mollusques Céphalés dioïques ; dans quelques-uns d'entre eux on trouve de plus à la terminaison du canal déférent, un organe multifide que plusieurs zoologistes considèrent comme une vésicule séminale ; Blainville est porté à croire que ce n'est qu'une glande prostate.

L'organe femelle principal est un ovaire généralement assez gros placé dans la partie postérieure du corps avec le foie. Cet ovaire donne naissance à des canaux dont la distribution et l'accroissement successif, par la réunion de leurs diverses branches, ressemble beaucoup à ceux d'un organe sécréteur d'un fluide, plutôt qu'à celui qui, dans d'autres Animaux, est destiné à contenir les œufs. Ces divers canaux donnent naissance à un oviducte plus ou moins infléchi sur lui-même, qui se lie intimement avec la partie mâle, s'élargit en une sorte de poche que quelques-uns pensent être une matrice, et que les autres croient être une continuation de l'oviducte. Cette opinion, au reste, paraît fort plausible, et nous l'adopterions de préférence à la première. Cette seconde partie de l'oviducte sécrète une liqueur visqueuse et s'en remplit ; dans l'endroit où se termine à l'extérieur la seconde partie de l'oviducte, aboutit aussi un canal qui descend d'une sorte de vessie dont on ignore l'usage, et qui est contenue

dans la cavité commune aux viscères. Dans quelques Mollusques, et uniquement dans ceux qui sont pulmonés, on remarque, outre les parties que nous avons indiquées, une cavité particulière qui contient une tige osseuse qui est lancée par l'Animal contre celui avec qui il va s'accoupler, pour l'exciter sans doute à un plus haut degré. Les Mollusques qui portent les deux sexes séparés, offrent dans les organes de la génération peu de différences avec ce que nous les avons vus. Dans les Mollusques dioïques, les femelles ont le renflement de l'oviducte ou matrice beaucoup plus constant ; les mâles ont la verge toujours extérieure, contractile et non rétractile, et les vésicules multifides sont remplacées par une seule cavité placée à la terminaison du canal déférent. Quoique l'on connaisse en général assez bien les organes de la génération des Mollusques, l'observation n'a pu encore répandre sur le mode de cette fonction un jour suffisant. On ne sait pas dans l'acte de la génération quelles sont les parties qui entrent en contact immédiat ; on ne sait point quelle part chaque organe prend pendant la copulation ; quelle est la nature du fluide qu'il sécrète, s'il est versé en une ou plusieurs fois ; quels sont les organes du sexe femelle qui le reçoivent. Nous pensons cependant qu'à l'aide de la grosseur des Zoospermes des Mollusques qui sont, par cela même, plus faciles à observer, comme l'ont constaté les savantes observations de Dumas et de Bory de Saint-Vincent, qu'on pourrait, après l'accouplement des Hélices ou des Limaces, par une dissection bien faite, retrouver la liqueur du mâle dans certaines parties des organes femelles et constater par-là quelles sont celles qui entrent en contact avec l'organe mâle. Quant à la manière dont les œufs se conduisent dans les organes femelles avant d'être déposés par la mère, quels sont les contacts qu'ils éprouvent pour qu'ils soient fécondés, on l'ignore aussi presque entièrement.

Les organes de relation ou des sens paraissent en général peu développés dans les Mollusques, quoique cependant ceux des classes supérieures les aient tout aussi parfaits que certains Vertébrés. Le toucher paraît être le sens le plus parfait dans les Mollusques. Répandu dans toute leur peau molle et muqueuse, il perçoit le moindre attouchement, le moindre choc, et le transmet bientôt à l'Animal. Ce sens, dans les Conchifères, réside, à ce qu'il paraît, plus particulièrement dans les bords du manteau, qui au moindre attouchement se retirent, et l'Animal se renferme dans sa coquille; le pied peut être touché sans que l'Animal paraisse le sentir aussi vivement. Dans les Mollusques Céphalés, le sens du toucher réside dans tout le corps comme dans les Acéphales, et, de plus, il a les organes spéciaux, dans les tentacules, placés sur la tête, aussi bien pour porter les organes de la vue que pour avertir l'Animal par le toucher des obstacles qui se présentent devant lui. La sensibilité de la peau des Mollusques Céphalés doit être peu développée dans ceux qui ont le corps nu et la peau continuellement exposée à différentes impressions. Parmi ces Mollusques, ceux qui ont la peau rugueuse doivent l'avoir moins sensible encore, d'autant que dans ce cas elle devient dure et subcoriace.

La préhension des alimens se fait de deux manières fort différentes dans les deux grandes divisions des Mollusques; les Acéphales, comme nous l'avons dit, n'ont point de mastication; ils doivent donc éprouver fort peu de sensations par le goût; cependant il faut qu'ils en éprouvent, car sans cela ils avaleraient indistinctement toutes les substances qu'ils rencontreraient. Il est à présumer que les palpes labiaux, qui garnissent l'ouverture buccale, et qui reçoivent un gros rameau nerveux du ganglion cérébral, sont destinés aux perceptions du goût, ou tout au moins ils sont destinés à faire rejeter les substances nuisibles ou inutiles à la nutrition. Dans les Céphalés, il se fait un broyement des alimens dans une cavité buccale munie d'une langue cornée et quelquefois charnue, ce qui suppose une sensation plus développée; ce qui le prouve, c'est que ces Animaux font choix des alimens, comme on peut le remarquer dans les Hélices et les Limaces, etc. Dans les Céphalopodes, cette sensation doit être plus développée encore, puisqu'ils ont une langue charnue.

La vision dans les Acéphales est entièrement nulle, et elle doit être bien faible dans les Mollusques Céphalés qui ont simplement des points oculaires, et quoique ces organes soient déjà assez compliqués, malgré la petitesse de leur volume, ils sont, à ce qu'il paraît, d'une utilité bien peu considérable aux Mollusques qui en sont pourvus; les yeux sont toujours placés sur la tête et sur les tentacules, soit à la base, soit au milieu sans pédoncules, soit au milieu et pédonculés, soit enfin au sommet de ces organes : quand il y a une seule paire de tentacules, ils sont oculifères; mais quand il y en a deux paires, les inférieurs sont buccaux et les supérieurs portent les yeux. Dans les Céphalopodes, l'organe de la vue est porté à un degré de perfection vraiment étonnant; les yeux sont grands, couverts de paupières formées de la même manière que ceux d'Animaux déjà très-avancés dans l'échelle organique, dépourvus cependant de cornée transparente, de chambre antérieure et conséquemment d'humeur aqueuse, et, ce qui étonne davantage, d'une véritable choroïde.

Le sens de l'ouïe n'existe dans aucun Mollusque, à l'exception des Céphalopodes qui offrent un rudiment de l'organe de l'audition; aussi voit-on que les Mollusques sont absolument insensibles au bruit, quelque rapproché et quelque fort qu'il soit. Si en frappant l'eau, on les voit quelquefois se contracter, cela dépend de la vibration ou du mouvement du liqui de, et non du son qu'il leur a transmis. L'oreille des Céphalopodes consiste en deux cavités creusées dans la partie la plus épaisse de l'anneau cartilagineux; ces cavités sont hémisphériques, lisses, et contiennent un bulbe de même forme qui reçoit un nerf acoustique, et qui contient, fixé à sa paroi postérieure, un osselet hémisphérique; cette oreille n'a aucune communication avec le dehors et ne présente sur la tête aucun signe de son existence.

Un assez grand nombre d'observations tendraient à faire croire que les Mollusques sont pourvus de l'odorat; on voit en effet que les Hélices et les Limaces sont attirées par les odeurs de certaines substances qu'elles préfèrent pour leur nourriture. Cette perception se produit-elle par toute la surface cutanée qui a quelque ressemblance avec une membrane muqueuse? ou se fait-elle par un endroit déterminé du corps? c'est ce que l'on ignore et ce que l'on ignorera sans doute long-temps encore; mais il est certain qu'il n'existe chez eux aucun organe spécial de l'odorat.

La locomotion des Mollusques varie autant que les organes qui sont destinés à la produire; elle est complétement nulle dans les Acéphalés fixés par leur coquille, comme dans les Huîtres, les Spondyles, etc. Le Mollusque a quelques mouvemens très-bornés, il est vrai, lorsqu'il est fixé par un byssus, et ce mouvement est plus borné encore dans les Acéphalés lithophages qui se creusent des loges plus ou moins profondes dans les pierres ou dans les Polypiers; aussi dans tous ces Animaux, on ne trouve que des rudimens des organes de la locomotion. Les Mollusques qui vivent dans le sable ont aussi peu de mouvemens; ils se réduisent en général à monter et à descendre dans un trou qui contient juste l'Animal et sa coquille, comme dans les Solens, par exemple; dans d'autres, comme les Mactres, les Vénus, les Cythérées, les Mulettes, etc., le

Mollusque, à l'aide de son pied et de l'entrebâillement des valves, rampe sur le sable en y creusant un sillon; mais ce mouvement n'est pas une véritable reptation, comme dans les Gastéropodes. Il s'exécute par un mouvement de bascule opéré par le pied qui prend son point d'appui dans le sable et pousse, comme un levier, la coquille en avant. Dans les Bucardes, outre cette progression qui est la plus ordinaire, la longueur du pied ployé dans son milieu donne au Mollusque, en l'appuyant sur le sable et en le redressant promptement, la faculté de faire un saut, comme s'il était mû par un ressort. Quelques Mollusques Céphalés vivent fixés aux rochers comme les Coquilles bivalves : nous citerons les Hipponices; aussi le pied est à l'état rudimentaire et remplace le second lobe du manteau des Acéphales. Les Mollusques Céphalés désignés par le nom de Gastéropodes rampent tous comme les Limaces, par exemple, à l'aide du disque charnu que l'on nomme pied; dans les Ptéropodes, la locomotion est une véritable natation qui s'opère au moyen d'appendices latéraux ou de nageoires. Les Hétéropodes sont aussi des Mollusques nageurs qui ont une nageoire dorsale verticale, et une autre caudale ou postérieure, verticale aussi. Les Céphalopodes enfin ont une natation fort active; ils se dirigent dans tous les sens, comme le peuvent faire des Poissons; quelques-uns cependant sont dépourvus de nageoires, comme les Sèches; d'autres en sont munis d'une paire seulement, à l'extrémité postérieure du corps; mais les bras, ces moyens puissans de préhension, servent aussi à la natation et aux divers mouvemens du Mollusque.

Nous aurions pu terminer cet article par des considérations sur l'importance que les divers zoologistes donnent aux différens organes pour établir des principes de classification méthodique et naturelle; le peu d'uniformité qui existe, à cet égard, dans les divers travaux des naturalistes, fait désirer une discussion approfondie de la valeur des caractères les plus essentiels devant être pris sur les organes les moins variables. Nous nous proposons de traiter cette question à l'article Système.   (D..H.)

MOLOBRE. *Molobrus*. INS. Genre de l'ordre des Diptères, famille des Némocères, tribu des Tipulaires, établi par Latreille aux dépens du grand genre *Tipula* de Linné et auquel Meigen a donné le nom de *Sciara*. Les caractères de ce genre sont : des yeux lisses, distincts, rapprochés sur le vertex; palpes filiformes; antennes sétacées, simples, beaucoup plus longues que la tête, de quinze à seize articles; ailes couchées sur le corps; yeux composés, presque en forme de croissant. Ce genre se distingue des Mycétobies qui en sont très-voisins, par les yeux qui dans ces derniers sont ovales et sans échancrure, et par la disposition des petits yeux lisses. Les genres Platyure, Sciophile et Campilomyze en sont séparés par des caractères tirés des yeux, des formes du corps et du port des ailes. Enfin les Céroplates en sont éloignés par leurs antennes en massue perfoliée et presque en forme de râpe. L'espèce qui sert de type à ce genre est la *Tipula Thomœ*, L.; elle est très-commune dans les lieux frais et humides des jardins et des bois. Elle est longue d'environ trois lignes, toute noire, avec l'abdomen conique, et a, de chaque côté, une ligne d'un jaune safran. Meigen et Fabricius la rapportent au genre *Sciara*. Le premier l'a figurée, Dipt., part. 1, tab. 5, fig. 15-17.   (G.)

MOLOCHIA. BOT. PHAN. (Sérapion.) Le Mouron.   (B.)

MOLOCHITES. MIN. Lémau, le premier, a reconnu un Jade dans cette pierre arabique mentionnée par Pline.   (B.)

MOLON. BOT. PHAN. (Plinc.) La Filipendule selon C. Bauhin.   (B.)

* MOLONA. BOT. PHAN. Les habitans de la province de Truxillo, au Pérou, donnent ce nom au *Rhamnus senticosa* de Kunth, que Rœmer et Schultes ont mal à propos rapporté au genre *Colletia* de Ventenat. (G..N.)

MOLOPS. *Molops*. INS. Genre de l'ordre des Coléoptères, section des Pentamères, famille des Carnassiers terrestres, tribu des Carabiques, établi par Bonelli, et ayant pour caractères : les deux tarses antérieurs des mâles seuls dilatés; crochets des tarses simples ou sans dentelures; point d'étranglement ou de dépression brusque à l'origine de la tête; articles dilatés des tarses antérieurs des mâles, en forme de cœur ou de triangle, ne formant point de palette, soit carrée, soit orbiculaire; antennes composées d'articles courts et presque en forme de chapelet. Le genre Molops se distingue du genre *Percus* qui en est le plus voisin, parce que le rebord extérieur des étuis de ces derniers se termine à l'angle extérieur de leur base et ne se replie point, comme dans tous les autres genres, sur elle. Les Ptérostiques, les Abax et les Platysmes en différent par leurs antennes qui ont des articles plus allongés et par les formes du corps et du corselet. Ce genre est formé aux dépens du grand genre Carabe de Linné et de Fabricius, ou des Harpales et des Féronies de Latreille. On peut y rapporter les *Carabus elatus*, Fabr.; *Scarites gagates*, Panz., *Faun. Ins. Germ.* XI, 1; *Carabus terricola*, Fabr.; *Scarites piceus*, Panz., *loc. cit.*, 11.   (G.)

MOLORQUE. *Molorchus*. INS. Genre de l'ordre des Coléoptères établi par Fabricius et comprenant les Nécydales de Latreille qui ont les étuis très-courts. *V.* NÉCYDALE. (G.)

MOLOSSE. MAM. *V.* VESPERTILION.

* MOLOSSE. REPT. OPH. Espèce du genre Couleuvre. *V.* ce mot. (H.)

MOLOSSE. *Molossus.* MOLL. Blumenbach, dans son *Specimen archœologiæ telluris*, etc., pag. 21, pl. 2, fig. 6, a mentionné et figuré un corps fort singulier qu'il a confondu avec les Orthocératites, sous le nom d'*Orthoceratites gracilis.* C'est avec ce corps que Montfort a fait son genre Molosse qu'il caractérise de la manière suivante : coquille libre, univalve, cloisonnée, droite, conique, fistuleuse et intersectée ; cloisons unies, faites en tambour ; siphon latéral continu, rond, servant de bouche ; sommet pointu ; base horizontale. Cette coquille, changée en fer sulfuré, est-elle dans son entier? le test a-t-il été remplacé par la matière étrangère? les cloisons seules existent-elles, le test ayant disparu, ou bien l'inverse est-il arrivé? Il faudrait pouvoir répondre à ces questions d'une manière satisfaisante pour pouvoir se faire une idée exacte du Molosse. Ne serait-ce pas un corps semblable à ceux figurés par Schlotheim dans son *Petrefactenkunde*, troisième cahier, pl. 19, fig. 8, 9, sous le nom de *Tentaculites*, et qui aurait été mal figuré ou mal vu par Blumenbach, et par suite plus mal recopié par Montfort? Lamarck n'a pas mentionné le Molosse; Cuvier a imité Lamarck. Férussac l'a placé dans la famille des Nodosaires, et si ce corps est suffisamment connu, c'est là la seule place qu'il doit occuper. Blainville, dans son Traité de Malacologie, a reporté les Molosses ainsi que les Nodosaires dans le genre Orthocère, ce qui rend celui-ci, à bien dire, un *incertæ sedis* par les différentes Coquilles qu'il renferme. Latreille a mentionné les Molosses dans la tribu des Orthocérates, à la fin, dans la dernière section, qui comprend les Coquilles noueuses ou annelées transversalement; ils sont en rapport avec les Echidnées, les Raphanistres, Réophages, Nodosaires et Spirolines. Nous renvoyons à ORTHO-CÉRATES, ORTHOCÈRES et NODOSAIRES.

(D..H.)

MOLOSSUS. MAM. Nom scienti-fique du Dogue, race ou espèce de Chiens domestiques. (B.)

* **MOLOXITA.** OIS. Et non *Moloxima.* Espèce du genre Merle. (B.)

MOLPADIE. *Molpadia.* ECHIN. Genre d'Échinodermes sans pieds, établi par Cuvier (Rég. Anim. T. IV, p. 25), dont les caractères sont : corps coriace, en forme de gros cylindre ouvert aux deux bouts ; organisation intérieure à peu près semblable à celle des Holothuries ; bouche privée de tentacules et garnie d'un appareil de pièces osseuses moins compliqué que celui des Oursins. Ce genre ne renferme qu'une espèce dont l'extrémité où est l'anus finit en pointe ; Cuvier l'a nommée *Molpadia holothurioides*; elle vit dans la mer Atlantique. (E. D..L.)

* **MOLPADIE.** *Molpadia.* BOT. PHAN. Genre de la famille des Synanthérées, et de la Syngénésie superflue, L., établi par Cassini (Bulletin de la Soc. Philom., novembre 1818) qui ne savait pas ce mot consacré dans la zoologie, et qui l'a placé dans la section des Inulées-Prototypes, en fixant ainsi ses caractères : involucre presque orbiculaire, formé d'écailles imbriquées; les extérieures ovales-oblongues, coriaces et appliquées dans leur partie inférieure, foliacées et étalées en forme d'appendice à leur sommet; les intérieures appliquées, linéaires-oblongues, terminées par un appendice étalé, arrondi, légèrement scarieux et frangé sur les bords; réceptacle très-large, plane, garni de paillettes subulées; calathide radiée; les fleurs du centre nombreuses, régulières et hermaphrodites; celles de la circonférence sur un seul rang, nombreuses et femelles; corolle des fleurs centrales ayant le tube très-aigu en dehors; celles de la circonférence en languettes linéaires très-longues ; anthères munies à la base d'appendices longs et barbus ; ovaires oblongs, cylindriques, glabres, surmontés d'une aigrette très-courte, cartilagineuse, offrant quelquefois une lon-

gue soie à peine plumeuse. Ce genre est fondé sur une Plante qui offre des rapports avec les *Inula* et les *Buphtalmum*; aussi les auteurs l'ont–ils placé dans ces deux genres. Tournefort en faisait le type de son genre *Asteroides*, mais il lui associait un véritable *Buphtalmum.*

La MOLPADIE ODORANTE, *Molpadia. suaveolens*, Cass., *Buphtalmum cordifolium*, Waldst. et Kitaib., *Inula macrophylla*, Marsch., *I. Caucasica*, Pers., est une fort belle Plante herbacée dont toutes les parties exhalent une odeur agréable. Sa tige élevée, presque simple, pubescente, porte des feuilles alternes ou opposées. Les feuilles radicales sont très-grandes, pétiolées, cordiformes, irrégulièrement dentées en scie, ridées et glabres sur leur face supérieure, marquées de nervures sur leur face inférieure et parsemées de poils et de glandes remplies d'huile volatile odorante. Les fleurs sont jaunes, très-grandes, solitaires au sommet de la tige ou des rameaux axillaires. Cette Plante croît dans les contrées orientales de l'Europe, et au Caucase.

(G..N.)

* MOLTKIE. *Moltkia.* BOT. PHAN. Genre de la famille des Borraginées et de la Pentandrie Monogynie, L., établi par Lehmann (*N. Schrift. der Naturf. gesellsch. z. Halle*, 3, 2, p. 4) qui l'a ainsi caractérisé : calice à cinq divisions profondes, linéaires, lancéolées, dressées; corolle cylindracée, presqu'infundibuliforme, plus longue que le calice; gorge nue; cinq étamines dont les filets plus longs que la corolle, les anthères oblongues, incombantes; stigmate échancré; akènes grands, ovés, difformes, uniloculaires, rugueux, fixés au fond du calice, non perforés à la base; deux ordinairement plus grands. Ce genre est formé aux dépens des *Onosma* de Willdenow, et ne paraît pas en être très-distinct. Il comprend seulement deux espèces : la première, *Moltkia punctata*, Lehm., est une plante de la Galatie dont les feuilles radicales sont obovées, lan-

céolées, obtuses, hérissées de poils nombreux; les fleurs sont presque sessiles, alternes, tournées du même côté, accompagnées de bractées lancéolées, aiguës, plus longues que le calice. Les akènes ou noix sont marqués d'impressions punctiformes. L'autre espèce, *Moltkia cærulea*, était l'*Onosma cæruleum* de Willdenow, Plante d'Arménie, à feuilles caulinaires, oblongues, lancéolées, aiguës, presque soyeuses, à corolles beaucoup plus longues que le calice, et à noix rugueuses. Lehmann a donné deux bonnes figures de ces Plantes dans l'ouvrage publié sous le titre d'*Icones rariorum Plantarum è familiâ Asperifoliarum*, t. 43 et 44. (G..N.)

MOLUCCA. BOT. PHAN. D'anciens botanistes désignaient sous ce nom le genre appelé *Molucella* par Linné. *V.* MOLUCELLE.   (B.)

MOLUCELLE. *Molucella.* BOT. PHAN. Genre de Plantes de la famille des Labiées et de la Didynamie Gymnospermie, caractérisé par un calice campanulé évasé, plus grand que la corolle, et à cinq ou dix dents épineuses; par une corolle à deux lèvres écartées; la supérieure convexe, entière ou légèrement échancrée; l'inférieure à trois lobes, dont le moyen est plus grand et obcordiforme. Le style est de la longueur des étamines, et le fruit se compose de quatre coques placées au fond du calice.

Ce genre dont on ne connaît qu'un petit nombre d'espèces se distingue surtout par la grandeur de son calice. Une seule espèce croît en Europe, c'est la Molucelle ligneuse, *Molucella frutescens*, L., Allion., Ped., n. 122, T. II, fig. 2. C'est un petit Arbuste haut d'un à deux pieds, croissant dans les lieux arides et sur les rochers, en Provence, en Italie. Sa tige est carrée, rameuse et dichotome, munie d'aiguillons géminés. Ses feuilles opposées sont pétiolées, ovales, pubescentes, marquées de trois à cinq grosses dents. Les fleurs sont blanchâtres, réunies en petit nombre à l'aisselle des feuilles supérieures.

On cultive encore dans les jardins de botanique la *Molucella lœvis*, L., qui est annuelle et originaire de la Syrie. (A. R.)

MOLUE. POIS. Vieux nom français de la Morue. *V*. GADE. (B.)

MOLUGINE. BOT. PHAN. Pour Mollugine. *V*. ce mot. (B.)

MOLUQUE. BOT. PHAN. Pour Molucelle. *V*. ce mot. (B.)

MOLURE. REPT. OPH. Espèce du genre Couleuvre. *V*. ce mot. (B.)

MOLURIS. *Moluris*. INS. Genre de l'ordre des Coléoptères, section des Hétéromères, famille des Mélasomes, tribu des Piméliaires, établi par Latreille et ayant pour caractères : mâchoires découvertes en dessous jusqu'à leur base et point cachées par le menton ; corselet presque rond ; abdomen ovale ; antennes un peu plus grosses vers leur extrémité, terminées par un article ovoïde. Ce genre se distingue des Pimélies, des Eurychores, des Akis et des Érodies par le dernier article des antennes qui, dans ceux-ci, est très-petit comparativement au précédent, à peine saillant dans quelques-uns et en forme de cône très-court. Les Tentyries s'en distinguent par les antennes qui finissent par deux à trois articles globuleux et qui sont partout de la même grosseur ; les Tagénies en sont éloignées par leur corps linéaire et leurs antennes presque perfoliées, et les Sépidies en sont séparées par la forme du troisième article de leurs antennes et par celle du corselet. Le corps des Moluris est allongé, ovale, très-convexe ; leur tête est plus étroite que le corselet, inclinée perpendiculairement, enfoncée jusqu'aux yeux dans le corselet ; les antennes sont filiformes, insérées sous un rebord de la tête, composées de onze articles ; le premier assez long, gros ; le second très-court, conique ; le troisième le plus long de tous, cylindrique ; les suivans obconiques ; les quatre derniers un peu plus gros que les autres ; les dixième et onzième turbinés ; ce dernier ovale, globuleux. Le labre est coriace, avancé, entier, en carré transversal ; les mandibules sont échancrées vers leur extrémité ; les mâchoires ont leur lobe intérieur muni d'un onglet ; leurs palpes sont filiformes, de quatre articles ; le dernier un peu plus court que le précédent, presque triangulaire, comprimé ; les palpes labiaux sont de trois articles. La lèvre est crustacée, avancée, fortement échancrée ; le menton est court, large, en carré, transversal ; son bord supérieur est presque droit. Le corselet est plus étroit que l'abdomen, convexe, presque globuleux, tronqué en avant et à sa partie postérieure. L'écusson est nul, les élytres sont très-convexes, soudées ensemble et embrassant l'abdomen. Les ailes n'existent pas. L'abdomen est grand, ovale, tronqué antérieurement ; les pates sont assez fortes, avec les jambes étroites ; les postérieures longues, un peu cambrées ; toutes les jambes ont deux courtes épines à leur extrémité. Les mœurs des Moluris nous sont inconnues ; il est très-probable qu'ils ont les mêmes habitudes que les Pimélies ; ces Insectes sont originaires de l'Afrique et des contrées de l'Asie qui en sont voisines ; le genre est assez peu nombreux en espèces, parmi lesquelles nous citerons :

Le MOLURIS STRIÉ, *M. striata*, Latr.; *Pimelia striata*, Fab., Oliv., Entom. T. III, Pimel., pag. 4, n. 2, pl. 1, fig. 11. Il est long de quinze à seize lignes, d'un noir foncé luisant, avec les élytres lisses, ayant chacune la suture et trois lignes d'un rouge de sang. Cette espèce se trouve au cap de Bonne-Espérance. On peut encore rapporter à ce genre les *Pimelia gibbosa, brunnea, hispida, lœvigata, hirtipes* et *globularis* d'Olivier. (G.)

MOLVA ET MOLVE. POIS. (Rondelet.) *V*. GADE.

MOLY. BOT. PHAN. Homère mentionne le premier cette Plante qui préservait des enchantemens et dont les fleurs étaient blanches; on ne sait ce qu'entendait désigner par ce nom le prince des poëtes grecs. Le Moly de Théophraste a été rapporté à l'*Alium magicum*. Pline en cite deux qui ont les fleurs jaunes, mais il est douteux qu'aucun soit notre *Alium Moly*, surtout celui qu'on découvrit aux environs de Rome, parmi les rochers dans lesquels s'enfonçait si bien sa racine, qu'il fallut les briser par de grands efforts pour l'obtenir, encore ne l'eut-on pas toute, ce qu'on en put extraire n'ayant guère que trois pieds. Pline ne dit pas ce qu'on fit de cette racine, mais on est forcé de convenir même au sujet des Moly, qu'il n'est pas une production naturelle que le compilateur romain ne rende méconnaissable par les contes populaires et les impossibilités dont il surcharge ses descriptions. Quelques modernes ont donné le nom de Moly à l'Éphémère de Virginie qui n'était pas connue des anciens. (B.)

MOLYBDÈNE. MIN. Métal qui a beaucoup d'analogie avec le Titane et le Tungstène, et qu'on trouve dans la nature à l'état d'Acide libre, de sulfure et de combinaison avec l'oxide de Plomb. On n'a pu encore l'obtenir qu'en petits grains détachés, grisâtres, cassans et infusibles, qui se transforment par la chaleur en oxide blanc. L'Acide molybdique se rencontre sous la forme d'un enduit jaunâtre à la surface du sulfure de Molybdène : il est formé d'un atome de Molybdène et de trois atomes d'Oxigène, ou, en poids, de soixante-sept parties de Molybdène et trente-trois d'Oxigène. Il est un peu soluble dans l'eau, qui prend une belle teinte bleue quand on y plonge un barreau de Zinc. Pour ce qui concerne la combinaison de cet Acide avec l'oxide de Plomb, *V.* PLOMB MOLYBDATÉ.

MOLYBDÈNE SULFURÉ, *Wasserbley*, W. Substance métalloïde, d'un gris de Plomb, facile à gratter avec le couteau ; composée de lames séparables ; flexible sans élasticité ; onctueuse au toucher ; tachant le papier en gris métallique, et formant des traits verdâtres sur la porcelaine ; pesant spécifiquement 4,7 ; cristallisant en prismes hexaèdres réguliers, très-courts et semblables à des lames hexagones ; volatile en fumée blanche par l'action du chalumeau, en donnant une odeur sulfureuse. Elle est composée de deux atomes de Soufre et d'un atome de Molybdène, ou, en poids, de quarante parties de Soufre, et soixante de Molybdène. On la trouve toujours en cristaux, ou en lames disséminées dans les roches, quelquefois en rognons ou petites couches à structure feuilletée. Elle appartient en général aux terrains anciens, principalement à ceux de Granite et de Micaschiste, et sa gangue immédiate est ordinairement une matière quartzeuse. On la trouve aussi dans les gîtes métallifères, surtout dans ceux d'Étain d'Altenberg, de Zinnwald, de Cornouailles; dans le Greisen des montagnes de Blon, près de Limoges. Cordier l'a observée dans la roche du Talèfre, au pied du Mont-Blanc. Enfin on la rencontre très-fréquemment dans les terrains primitifs de l'Etat de New-Yorck, dans l'Amérique septentrionale.   (G. DEL.)

MOLYBDÉNITE. MIN. (Kirwan.) Syn. de Molybdène sulfuré. (G. DEL.)

*MOLYBDIQUE. MIN. *V.* ACIDE et MOLYBDÈNE.

MOMBIN ET MONBIN. BOT. PHAN. Noms d'une espèce du genre *Spondias* de Linné, et que dans le Dictionnaire de Déterville on a étendu au genre lui-même. *V.* SPONDIAS. (A. R.)

*MOMIE. MOLL. Espèce du genre Maillot. *V.* ce mot.   (B.)

MOMORDIQUE. *Momordica.* BOT. PHAN. C'est un genre de la famille des Cucurbitacées et de la Monœcie Monadelphie, L., caractérisé par

des fleurs unisexuées et monoïques ;
les mâles ont un calice campanulé à
cinq divisions profondes, ovales, allongées, aiguës; une corolle monopétale, également campanulée,
ayant ses cinq incisions extrêmement
profondes. Les étamines au nombre
de cinq sont, comme dans le plus
grand nombre des autres Cucurbitacées, réunies en trois faisceaux ;
deux des faisceaux composés chacun
de deux étamines, et le troisième
seulement formé d'une étamine dans
les fleurs femelles. Le calice est
ovoïde, allongé à sa base où il adhère
avec l'ovaire infère ; la corolle est la
même que dans les fleurs mâles. Le
style est court, trifide et portant
trois stigmates légèrement échancrés.
Le fruit est une sorte de baie ou
péponide charnue ou desséchée, s'ouvrant en trois valves et avec élasticité. Les Momordiques sont des Plantes herbacées, grimpantes ou étalées,
munies de vrilles tordues en spirale.
Les feuilles sont alternes, pétiolées,
découpées en lobes palmés. Les fleurs
sont pédonculées, munies chacune
d'une bractée, plus ou moins rapprochée de leur base.

La *Momordica Elaterium*, L., ayant
été retiré de ce genre pour former
le genre *Ecballium* (*V*. ce mot),
toutes les autres espèces de Momordiques sont exotiques.

Parmi ces espèces, nous citerons
ici la Momordique Balsamine, *Momordica Balsamina*, L. Cette espèce
est originaire de l'Inde. Elle est annuelle. Sa tige est rameuse, divisée
en ramifications nombreuses, grimpantes au moyen des vrilles dont
elles sont armées. Ses feuilles sont
pétiolées, orbiculaires, divisées assez
profondément en cinq lobes, grossièrement dentées et aiguës, luisantes
à leur face supérieure. Les fleurs
d'un jaune pâle sont solitaires, munies d'une petite bractée sessile,
cordiforme et denticulée. Les fruits
sont des baies ou péponides tuberculeuses, du volume d'une grosse
prune, d'une belle teinte jaune
orangé, ou d'un rouge vif, s'ouvrant

irrégulièrement en trois valves. Ces
fruits sont vulgairement connus sous
le nom de *Pommes de Merveille*.
(A. R.)

MOMOT. ois. *Prionites*, Illig.;
Momotius, Briss. ; *Baryphonus*, Vieillot. Genre de l'ordre des Omnivores.
Caractères : bec robuste, dur, long,
épais, convexe en dessus, fléchi
vers la pointe qui est comprimée ;
bords des mandibules dentelés en
scie ; narines situées à la base du
bec, un peu obliquement, en partie
cachées par les plumes du front ;
quatre doigts; trois en avant, inégaux : l'interne très-court, soudé à
la base ; l'externe uni à l'intermédiaire jusqu'à la seconde articulation; ailes courtes, les trois premières rémiges étagées, les quatrième et cinquième les plus longues.

La défiance naturelle des Momots
et leur caractère tout-à-fait sauvage
se sont jusqu'ici opposés à l'étude
suivie de leurs mœurs et de leurs
habitudes, de manière que leur histoire est encore très-peu connue.
Plusieurs auteurs en ont parlé en sens
divers, mais les traits principaux
qu'ils allèguent contradictoirement
ne se trouvant ni les uns ni les autres entièrement d'accord avec la conformation de l'Oiseau, nous avons
préféré les passer sous silence, plutôt que de nous exposer à répéter des
erreurs. Le peu de faits que nous
rapporterons, nous les puiserons
dans des notes que nous avons extraites des journaux de différens voyageurs dont le talent d'observation et
la véracité ne sont point contestés.
Les Momots habitent les forêts les
plus épaisses des contrées équatoriales du nouveau continent ; rarement ils se montrent dans des plaines qui confinent les forêts ; leur vol,
en raison de la longueur des deux
rectrices intermédiaires et de la brié-
veté des ailes, est lourd et très-li-
mité; aussi ces Oiseaux condamnés
en quelque sorte à terminer leur
existence aux lieux où ils l'ont reçue,
sont-ils essentiellement casaniers, et
paraissent-ils avoir perdu toute con-

tenance lorsqu'un événement quelconque les a transportés subitement hors du cercle borné dans lequel les restreint une habitude journalière. On a vu de ces Momots égarés, livrés à toutes les inquiétudes de leur position, s'abattre épuisés de besoin et de fatigue, après de vaines et pénibles excursions dans le voisinage, peut-être de l'endroit même qu'ils cherchaient avec des efforts que leur naturel trop sédentaire rendait impuissans. On a toujours considéré les Momots comme Omnivores, et même dans la classification méthodique que nous avons adoptée, ils sont rangés comme tels; néanmoins cela n'est pas conforme à l'observation, car l'on n'a jamais pu faire manger des graines à ceux que l'on a cherché à élever en captivité; et cette observation avait été faite déjà depuis long-temps par D'Azara. Ils paraissent préférer à toute autre nourriture et même aux fruits, les Insectes, les Vers et les lambeaux de chair; ils avalent aussi les petits Quadrupèdes, après leur avoir brisé les os en les foulant avec les pieds; et de jeunes Oiseaux trouvés dans l'estomac de quelques-uns de ceux que l'on a écorchés, portent à croire qu'ils visitent les nids pour dévorer la progéniture qui les habite. Ils ne s'occupent point de la nidification : des trous pratiqués en terre et dans lesquels on a surpris des couveuses, prouvent qu'ils s'emparent de quelque terrier abandonné et qu'ils y déposent leur ponte consistant en trois œufs d'un blanc verdâtre, tachetés de brun. Le chant de ces Oiseaux est tout-à-fait désagréable; il est en même temps aigu et grave, selon les diverses inflexions; c'est sans doute de ce chant ou de ce cri que les Momots ont été primitivement nommés par les aborigènes *Houtou* dans divers cantons et *Tutu* dans d'autres. Les Momots avaient été d'abord confondus avec les Toucans par Linné. D'Azara le premier en a invoqué la séparation, et depuis elle a été effectuée dans les différentes distributions méthodiques qui ont paru.

Momot du Brésil. *V.* Momot Houtou.

Momot de Dombey. *V.* Momot a tête rousse.

Momot Houtou, *Momotus Brasiliensis*, Lath.; *Baryphonus cyanocephalus*, Vieill., Buff., pl. enl. 370. Parties supérieures vertes; espace oculaire nu d'un noir profond, entouré d'un trait bleu dans sa partie postérieure; sommet de la tête étant d'un bleu d'aigue-marine brillant; nuque d'un bleu de saphir, séparé du précédent par une tache noire; quelques traits d'un brun marron sur le haut du cou; grandes tectrices alaires et rémiges primaires d'un bleu changeant en aigue-marine; petites tectrices alaires et rémiges secondaires vertes; rectrices très étagées, vertes à leur origine; puis dans les intermédiaires surtout d'un bleu changeant en violet; les deux du milieu beaucoup plus longues, ébarbées à un pouce environ de leur origine, jusqu'à un pouce ou deux de leur extrémité dans cet intervalle; les barbules paraissent avoir été usées par le frottement, car on observe que dans les jeunes, les barbes sont entières dans toute la longueur des rectrices; parties inférieures d'un vert obscur, avec quelques taches longitudinales noires et souvent bordées de bleu sur la poitrine; bec noir; pieds bruns. Taille, dix-huit pouces.

Momot a tête rousse, *Momotus ruficapillus*, Dum. Parties supérieures vertes; sommet de la tête d'un brun rougeâtre; tectrices alaires vertes frangées de verdâtre; rémiges d'un bleu verdâtre, brillant; rectrices bleuâtres, les deux intermédiaires dépassent de beaucoup les autres qui sont étagées; parties inférieures d'un vert roussâtre; bec et pieds noirâtres. Taille, quatorze à quinze pouces.

Momot Tutu, *Baryphonus Cyanogaster*. Nom que Vieillot a imposé à une variété du Momot à tête rousse, dont la moitié inférieure de la poi-

trine et le reste des parties inférieures sont d'un bleu assez vif.

MOMOT VARIÉ. Même chose que le
Momot Houtou dont il n'est qu'une
variété. (DR. Z.)

MOMOUL. ois. (Sonnini.) Pour
Monaul. *V.* ce mot. (B.)

MONA, MONO, MONINA et
MONNINA. mam. Noms et diminu-
tifs sous lesquels on a désigné les
petits Singes dans beaucoup de relations de voyages, et qui purement
espagnols n'ont qu'une signification
vague et arbitraire, dont les naturalistes empruntèrent celle de MONE
qui désigne une espèce de Guenon.
(B.)

MONACANTHE. *Monacantha.*
pois. Sous-genre de Baliste. *V.* ce
mot. (B.)

MONACHELLE. pois. Espèce du
genre Spare. *V.* ce mot. (B.)

MONACHNE. bot. phan. Palisot
Beauvois (*Agrost.*, p. 49, t. 10, fig.
9, 10) appelle ainsi un genre nouveau qu'il établit pour le *Saccharum
reptans* de Lamarck, qui en effet
n'appartient pas au genre *Saccharum.*
Mais ce nouveau genre *Monachne* ne
diffère des *Panicum* que par l'absence d'une des écailles de la lépicène,
et Trinius dans son Agrostographie
l'y a réuni. *V.* PANIC. (A. R.)

* MONACTINERMA. bot. phan.
C'est-à-dire qui n'a qu'un seul rang
de rayons. Genre proposé par Bory de
Saint-Vincent (Ann. gén. des Scien.
phys. T. 11, pag. 138), pour les Passiflores à calices quinquéfides, et munis d'un nectaire ou couronne à un
seul rang. *V.* PASSIFLORE. (A. R.)

* MONACTIS. bot. phan. Ce
genre établi par notre collaborateur
Kunth (*Nov. Gen. et Spec. Plant.
æquin.*, 4, p. 236), appartient à la
famille des Synanthérées, tribu des
Hélianthées, et à la Syngénésie superflue, L. Il est ainsi caractérisé : involucre cylindracé, tubuleux, composé
d'un petit nombre de folioles presque imbriquées, lancéolées, aiguës,

membraneuses; les extérieures plus
petites : réceptacle plane, couvert de
paillettes lancéolées, linéaires, aiguës, carenées et diaphanes; calathide radiée; les fleurs du disque au
nombre de cinq à dix, hermaphrodites, ayant une corolle tubuleuse,
renflée à la base, et dont le limbe
est campanulé à cinq lobes ovés, lancéolés et réfléchis; les étamines ont
des filets capillaires, des anthères
linéaires, à peine cohérentes, nues à
la base, terminées au sommet par
des appendices ovales et légèrement
obtus. L'ovaire est linéaire, depour-
vu d'aigrette, surmonté d'un style
filiforme que terminent deux branches stigmatiques saillantes. Le rayon
ne se compose que d'une seule fleur
femelle, dont la corolle offre un tube
court, comprimé, à languette elliptique, oblongue et tridentée; l'ovaire est comme celui des fleurs hermaphrodites. Les akènes ne sont point
connus. Ce genre est très-voisin du
Flaveria de Jussieu et de l'*Oglera*
de Cassini; il se distingue du premier par son réceptacle paléacé et du
second par son port, et la fleur solitaire qui compose son rayon et qui lui
a fait imposer le nom de *Monactis.*
Le *Monactis flaverioides*, Kunth,
loc. cit., tab. 403, est un Arbre à
rameaux alternes qui se divisent en
petites branches flexueuses, légèrement glabres. Ses feuilles sont alternes, pétiolées, ovales-oblongues,
cunéiformes à la base, se terminant
légèrement en pointe, offrant quelques petites dents très-éloignées, coriaces, marquées de nervures réticulées et proéminentes, vertes et rugueuses supérieurement, tomenteuses et blanchâtres en dessous. Les
fleurs presque sessiles et de couleur
jaune, sont disposées en corymbes
terminaux et très-rameux. Cet Arbre
croît dans la province de Bracamora,
sur les rives du fleuve des Amazones.
Une seconde espèce a été décrite par
l'auteur du genre sous le nom de *Monactis dubia.* Mais cette Plante qui
habite le royaume de Quito, est
dioïque, et dans l'opinion de Kunth

lui-même, elle pourrait peut-être faire partie du genre *Bailliera* d'Aublet.   (G..N.)

*MONADAIRES. MICR. Première famille de l'ordre des Gymnodés, de la classe des Microscopiques, c'est-à-dire celle qui, dans un *Systema naturæ*, doit commencer ou terminer le catalogue des êtres vivans, selon qu'on y procède dans l'ordre ascendant ou descendant. Ce sont les plus simples des créatures vivantes; chaque individu, infiniment petit, parfaitement translucide, sans la moindre apparence d'organe quelconque, de forme parfaitement arrêtée, et ne paraissant ni contractile ni extensible, n'offre au plus fort grossissement, aucune apparence d'une molécule constitutrice; les infusions seules ou les liquides corrompus en produisent d'innombrables quantités. Il est impossible d'y reconnaître même le mode de reproduction tomipare. Résultat d'une génération spontanée, dans le sens raisonnable qu'on doit attacher à ces mots unis, tous les individus d'une même espèce y apparaissent à la fois absolument de la même taille; on dirait donc une molécule vivante individualisée; c'est-à-dire notre troisième forme primitive de la matière (*V*. ce mot) rendue à sa liberté par la dissolution des corps organisés qui en tenaient les individus moléculaires captifs. L'existence des Monadaires est donc encore l'une des merveilles par lesquelles se manifeste le grand cercle que se traça cette création qu'ils commencent, comme premier principe agissant qui se puisse développer, et qu'ils terminent lors de la dissolution des corps. Nous voyons ces Monadaires reprendre la liberté propre à chacun d'eux dès qu'ils cessent d'être asservis à quelque existence de communauté. L'on peut conséquemment dire de ces Microscopiques en considérant le rôle qu'ils jouent dans l'ensemble de l'univers, qu'ils en sont comme l'alpha et l'oméga. Si le temps venait jamais de substituer des formules philosophiques aux paroles impropres qui font dans une haute leçon de morale intervenir les cendres de nos foyers, le ministre de la Religion pourrait rappeler l'Homme superbe à la petitesse de son origine en lui disant : Souviens-toi que tu n'es que Monadaires et que tu te dissoudras en Monadaires.

Les genres de la famille des Monadaires sont les Lamellines, les Monades, les Ophthalmoplanides et les Cyclides. *V*. ces mots.   (B.)

MONADE. *Monas*. MICR. Genre de la famille des Monadaires, dans l'ordre des Gymnodés, et de la classe des Microscopiques, caractérisé par l'extrême simplicité du corps, parfaitement sphérique dans les espèces qui le composent. Les Monades sont des sortes d'atomes bien dignes d'intéresser les naturalistes philosophes à qui on ne saurait trop en recommander l'étude. Première modification de la matière passant à l'existence animale, les différences qui en singularisent les espèces sont fort difficiles à saisir; cependant nous sommes parvenus à connaître exactement plusieurs d'entre elles. Beaucoup de figures données par les micrographes, sont accompagnées de points qui les représentent confusément observées. Leur mobilité est prodigieuse; on dirait que la plupart roulent les unes sur les autres. En mourant sur le porte-objet du microscope par desséchement, elles semblent, avonsnous déjà dit, affecter une disposition sériale, comme l'a fort bien représenté Müller, tab. 1, fig. II, *a a*. Les principales espèces de ce genre sont :

Le MONADE PRINCIPE, *Monas* (*Termo*) *spherica, bullata, continuo motu quasi in olla igni superposita discurrens*, N.; Bonnan., *Obs.*, p. 174; *Monas Termo*, Müll., *Inf.*, p. 1, t. 1, f. 1; Encycl., Vers. Ill., pl. 1, f. 1; Gmel., *Syst. Nat.* XIII, T. 1, p. 3908; Animalcules du dernier ordre, Spall., Opusc. phys. T. 1, p. 55 et 36. Cet être, terme ou principe de l'existence organique, apparaît par myriades et très-promptement dans les infusions de substances animales et végétales; il y disparaît à mesure que des corps organisés moins simples ou plus grands se développent, comme s'ils étaient la molécule dont ces créatures se forment; il est le type de cette modification primitive de la matière que dans le T. x de ce Dictionnaire nous avons appelée AGISSANTE.

Le MONADE POUSSIER, *Monas* (*Pulvisculus*) *margine vivente.*, N.; Müll., *Inf.*, p. 7, t. 1, fig. 5, 6; Encycl., pl. 1, fig. 9, A C. Plus grosse que la précédente, obronde, vacillante et courant sur le porte-objet; déjà compliquée d'un peu de matière verte, elle finit par s'en saturer au point d'en perdre le mouvement; et c'est elle qui, enchaînée alors dans de la matière muqueuse, finit par perdre toute vie et par former, avec d'autres individus de son espèce, des membranes vertes qui ont tellement l'apparence de petites Ulvacées, qu'il est souvent impossible de_les distinguer de ces Végétaux mêmes avec le secours du plus fort microscope.

Les *Monas Enchélioides*, N.; *Precatoria*, N.; *Lens*, Müll.; *Punctum*, Müll., et *Bulla*, N., que nous avons décrits dans le Dictionnaire de l'Encyclopédie méthodique, sont les autres espèces constatées de ce genre. (B.)

MONADELPHIE. BOT. PHAN. Nom de la seizième classe du système sexuel de Linné, ayant pour caractères : plusieurs étamines réunies en un seul faisceau ou tube par leurs filets, dans une étendue plus ou moins considérable. Cette classe, à laquelle appartiennent toutes les Malvacées, se compose de cinq ordres, savoir : Monadelphie *Pentandrie*, Monadelphie *Décandrie*, Monadelphie *Ennéandrie*, Monadelphie *Dodécandrie* et Monadelphie *Polyandrie*. *V.* SYSTÈME SEXUEL. (A. R.)

* **MONADINE.** MICR. Espèce du genre Enchélide. *V.* ce mot. (B.)

MONANDRIE. BOT. PHAN. Nom de la première classe du Système sexuel de Linné, qui renferme tous les Végétaux phanérogames ayant une seule étamine. On compte deux ordres seulement dans cette classe peu nombreuse, savoir : la Monandrie *Monogynie* et la Monandrie *Digynie*. *V.* SYSTÈME SEXUEL. (A. R.)

MONARDE. *Monarda.* BOT. PHAN. Genre de la famille des Labiées et de la Décandrie Monogynie, composé d'un assez grand nombre d'espèces, presque toutes originaires des diverses contrées de l'Amérique septentrionale. Ce sont des Plantes vivaces, ayant les fleurs rouges ou jaunes, axillaires ou réunies en tête ou au sommet des ramifications de la tige. Leur calice est tubuleux, cylindrique et à cinq dents; leur corolle, également cylindrique, a son limbe divisé en deux lèvres, la supérieure étroite, dressée et entière, enveloppant les étamines; l'inférieure plus large, réfléchie et à trois lobes, celui du milieu étant plus long. Les étamines sont au nombre de deux dressées contre la lèvre supérieure de la corolle, qui les enveloppe. Parmi les espèces de ce genre, dont un grand nombre sont cultivées dans les jardins comme Plantes d'agrément, nous citerons les suivantes :

MONARDE A FLEURS ROUGES, *Monarda didyma*, L.; *M. purpurea*, Lamk., Ill., t. 19. Cette espèce vulgairement désignée sous les noms de Thé d'Oswego ou de Pensylvanie, est une très-belle Plante, ayant sa tige haute d'environ deux pieds; ses feuilles opposées, ovales, acuminées, aiguës, dentées, finement pubescentes en dessous, parsemées à leur face supérieure de points glanduleux. Les fleurs sont d'un rouge écarlate, ainsi que les bractées qui les accompagnent; elles forment au sommet des tiges, une sorte de tête globuleuse. Les feuilles de cette Plante répandent une odeur très-agréable. Dans quelques parties de l'Amérique septentrionale on se sert de leur infusion pour remplacer celle du Thé de la Chine.

Monarde fistuleuse, *Monarda fistulosa*, L., Gaertner, *de Fruct.*, t. 66. Originaire du Canada, cette Monarde est plus grande que la précédente. Sa tige rameuse, articulée, velue, porte des feuilles pétiolées, ovales, lancéolées, arquées, dentées, très-longues, d'un vert pâle. Les fleurs qui sont violacées et tubuleuses forment des capitules terminaux. (A. R.)

MONARRHÈNE. *Monarrhenus.* BOT. PHAN. Genre de la famille des Synanthérées et de la Syngénésie nécessaire, L., établi par Cassini qui l'a placé dans la tribu des Vernoniées. Il présente les caractères essentiels suivans : involucre oblong campanulé, formé d'écailles imbriquées ; les extérieures ovales, oblongues, obtuses, concaves, appliquées, coriaces et velues au sommet ; les intérieures étalées, longues, linéaires, scarieuses, luisantes et légèrement frangées sur les bords et au sommet ; réceptacle petit, plane et absolument nu ; calathide oblongue, n'ayant au centre qu'une fleur régulière et mâle, et à la circonférence un grand nombre de fleurs tubuleuses et femelles. La fleur centrale mâle offre un rudiment d'ovaire extrêmement court et surmonté d'une longue aigrette soyeuse ; sa corolle est à cinq divisions munies de glandes sur leur face extérieure ; leurs étamines ont le filet large et membraneux ; le tube des anthères saillant hors de la corolle, et pourvu d'appendices au sommet ainsi qu'à la base. Les fleurs de la circonférence présentent un ovaire oblong, un peu aminci inférieurement, strié, pourvu à la base d'un gros bourrelet cartilagineux, et surmonté d'une aigrette comme celle de la fleur centrale. La corolle est tubuleuse, grêle, divisée en trois ou quatre divisions longues et étroites. Le style est à deux branches, longues, grêles, glabres et divergentes. Le genre *Monarrhenus* se rapproche beaucoup du *Tessaria* de Ruiz et Pa-

von ou *Gynheteria* de Willdenow. Il se compose de deux espèces que Lamarck a décrites, dans l'Encyclopédie, comme variétés d'une même espèce qu'il nommait *Conyza salicifolia* ; Cassini les a nommées *Monarrhenus pinifolius*, et *M. salicifolius*. Ce sont des Plantes ligneuses à rameaux couverts de feuilles linéaires et entières, à fleurs nombreuses disposées en panicules ou en corymbes. Elles croissent dans les îles de France et de Mascareigne. (G..N.)

MONAS. MICR. *V.* MONADE.

MONASE. *Monasa.* OIS. (Vieillot.) Syn. de Barbacan. *V.* TAMATIA. (B.)

MONAUL. *Monaulus.* OIS. Genre de la méthode de Vieillot qui correspond à notre genre Lophophore. *V.* ce mot. (DR..Z.)

MONAVIA. BOT. PHAN. (Adanson). Syn. de Mimulus. *V.* ce mot. (B.)

MONAX. MAM. Espèce du genre Marmotte. *V.* ce mot. (B.)

MONBIN. BOT. PHAN. *V.* MOMBIN et SPONDIAS.

MONDAIN. OIS. Race de Pigeons domestiques. (B.)

*** MONDÉ ET MONDI.** MAM. *V.* COATI.

MONE. MAM. *V.* GUENON et MONA.

MONEDULA. OIS. Nom scientifique du Choucas. *V.* CORBEAU. (B.)

MONÉDULE. *Monedula.* INS. Genre de l'ordre des Hyménoptères, section des Porte-Aiguillons, famille des Fouisseurs, tribu des Bembecides, établi par Latreille et ayant pour caractères : labre en triangle allongé ; mâchoires et lèvre formant une promuscide fléchie ; côté interne des mandibules ayant deux ou trois dentelures ; palpes maxillaires atteignant au moins l'extrémité des mâchoires, de six articles ; les labiaux de quatre ; cellule radiale et la dernière des cubitales séparées par un intervalle remarquable.

Ces Hyménoptères ressemblent, au

premier coup-d'œil , aux Bembex ;
mais ils en diffèrent cependant d'une
manière très-facile à distinguer, par
les palpes dont les maxillaires n'ont
que quatre articles et les labiaux que
deux. Les Stizes en sont bien séparés
par leurs parties de la bouche qui ne
forment point de fausse trompe ou
de promuscide. Les Monédules sont
propres à l'Amérique ; leur organisation est entièrement la même que
celle des Bembex, et il est probable
que leurs habitudes sont aussi semblables. Nous citerons :

La MONÉDULE VESPIFORME, *Monedula vespiformis*, Latr.; *Bembex sig-
nata*, Fabr., Rœm., Gen. Ins., tab.
27 , fig. 9. Son corps est noir , le
corselet a quatre raies jaunes longitudinales , l'abdomen a des taches
jaunes ondées. On la trouve à Cayenne
et à Surinam. (G.)

* MONENTELES. BOT. PHAN.
Genre de la famille des Synanthérées
et de la Syngénésie frustranée, L. ,
récemment établi par Labillardière
(*Sertum Austro-Caledonicum*, p. 42,
t. 43 et 44) , et caractérisé ainsi :
involucre composé de folioles dont
les extérieures sont nombreuses, disposées sur plusieurs rangs , oblongues, acuminées , presque égales ,
couvertes d'une laine épaisse ; les intérieures du double plus longues ,
lisses , colorées , scarieuses , appliquées ; réceptacle plane et nu ; calathide composée de fleurons nombreux, tous femelles ou stériles, à
l'exception d'un seul qui est placé au
centre , et renferme des étamines et
un pistil ; la corolle de ce fleuron est
infundibuliforme , à cinq divisions
peu profondes ; ses étamines syngénèses sont à peine saillantes , et le
style est à deux branches stigmatiques ; l'akène est obové , surmonté
d'une aigrette poilue , ainsi que les
akènes des fleurons femelles ou stériles. Ce genre est placé par son auteur auprès de l'*Elychrysum*, à cause
de la forme de l'involucre et de son
unique fleur centrale et hermaphrodite , au milieu de tant de fleurs fe-

melles et stériles. Ce dernier caractère se présente aussi dans le *Tessaria* de la Flore du Pérou ; mais les
deux genres diffèrent par leur réceptacle et leur involucre. D'après les
caractères, le genre *Monenteles* est
aussi très-voisin du *Monarrhenus* de
Cassini. L'auteur a décrit et figuré
deux espèces , sous les noms de *Monenteles spicatus* et *M. sphacelatus*. Ce
sont des Plantes herbacées , à racines
vivaces , à tiges dressées touffues, et
ailées par la décurrence des feuilles.
Les calathides de fleurs sont disposées
en capitules formant des épis continus
ou interrompus. Elles croissent dans
la Nouvelle-Calédonie.

Le *Gnaphalium redolens* de Forster
pourrait bien être une espèce de ce
genre. (G..N.)

MONERMA. BOT. PHAN. Genre de
la famille des Graminées , établi par
Palisot-Beauvois (*Agrost.*, p. 116 ,
t. 20, f. 10) pour quelques espèces
de *Rottboella* qui offrent les caractères
suivans : les fleurs sont disposées en
épis simples et articulés. Les épillets
sont uniflores, sessiles et alternes à
chaque dent de l'axe. Chaque épillet
à moitié enfoncé dans une excavation
de l'axe commun, se compose d'une
lécipène à deux valves , dont l'intérieure, plus petite et plus mince, est
le plus souvent soudée en partie avec
le rachis , et l'externe est cartilagineuse et striée; d'une glume formée
de deux paillettes minces et mutiques,
d'une à trois étamines, de deux paillettes lancéolées , et d'un ovaire surmonté de deux styles et de deux
stigmates plumeux. Le fruit est nu.

A ce genre Beauvois rapporte les
Rottboella repens, subulata et *mo-
nandra. V.* ROTTBOELLE. (A. R.)

MONET. OIS. L'un des noms vulgaires du Moineau et du Mouchet.
(DR..Z.)

MONETIA. BOT. PHAN. *V.* AZIMA.

* MONGOLES. MAM. *V.* HOMME.

MONGOUS. MAM. Espèce du
genre Maki. *V.* ce mot. (B.)

MONGUL. MAM. (Vicq-d'Azyr.) Syn. d'Alagtaga. Espèce de Gerboise. *V.* ce mot.   (B.)

MONIÈRE ou **MONNIÈRE**. *Moniera*, *Monieria* et *Monniera*. BOT. PHAN. Les auteurs varient sur la manière d'écrire ce mot; nous avons cru devoir suivre de préférence Aublet qui le premier a établi ce genre. Il appartient à ces Rutacées anomales dont quelques botanistes ont proposé de faire soit une tribu, soit même une famille distincte, sous le nom de Cuspariées. Son calice persistant présente cinq divisions profondes, toutes inégales entre elles, dont trois très-courtes et deux plus longues que la corolle. Celle-ci est tubulée et son limbe se partage en cinq lobes, qui sont comme disposés en deux lèvres; la supérieure unilobée, l'inférieure quadrilobée : telle est son apparence, mais l'analogie fait reconnaître ici cinq pétales inégaux qui se sont soudés en partie. Au tube de la corolle sont accollés cinq filets alternant avec ses lobes, aplatis et barbus; deux seulement portent adossées à leur sommet des anthères cordiformes; les trois autres sont stériles. On remarque aussi au dedans et à côté de ces dernières une écaille hypogyne, allongée et bidentée au sommet; cinq ovaires sessiles, rapprochés, glabres, renfermant chacun deux ovules, et de leur sommet naissent autant de styles soudés en un seul que termine un stigmate en tête, quinquélobé. Le fruit se compose de cinq capsules monospermes par avortement. La graine sous un test tuberculeux présente un embryon dépourvu de périsperme et dont les cotylédons sont lisses, bifides à leur base, pliés dans leur longueur, de manière que l'un embrasse l'autre, et que tous deux à leur sommet recouvrent en partie la radicule dirigée obliquement en avant et en bas, vers le point correspondant au hile. Le *Moniera trifolia* est la seule espèce connue de ce genre; c'est une Plante herbacée et velue qui croît dans la Guiane et se retrouve à Cumana et au Brésil; elle est commune sur les rivages de la mer. Ses feuilles alternes ou presque opposées se composent de trois folioles parsemées de points transparens extrêmement fins. De leurs aisselles naissent des pédoncules simples et nus inférieurement, puis bifurqués et chargés de fleurs presque sessiles et disposées d'un seul côté. *V.* Aublet, Plant. Guian., tab. 293, et Adr. de Juss., Rutac., tab. 22, n. 31. (A. D. J.)

MONILIE. *Monilia*. BOT. CRYPT. (*Mucédinées*.) Ce genre établi par Persoon, a été divisé par Link en plusieurs autres genres tels que *Aspergillus*, *Alternaria*, *Torula*, *Oideum*, *Epochnium*; les caractères qui distinguent ces genres sont si légers que plusieurs d'entre eux nous paraîtraient devoir être réunis; tels sont les genres *Torula* et *Monilia* de Link et *Hormiscium* de Kunze, qui ne diffèrent que par la forme des articulations ovales dans les *Monilia* et sphériques dans les *Torula* et les *Hormiscium*. Le genre *Monilia* peut être ainsi caractérisé : filamens simples, roides, droits, légèrement entrecroisés, rapprochés par touffes, composés d'articles moniliformes qui se séparent à l'époque de la maturité en autant de sporidies globuleuses ou ovales. Le genre *Alternaria* de Nées ne diffère des Monilies qu'en ce que les articles ovoïdes, au lieu d'être contigus, sont séparés par des espaces plus grêles. Toutes ces Plantes qui appartiennent au groupe des Byssoïdées croissent sur les Végétaux morts et souvent en partie pourris. Leur couleur est en général noirâtre ou d'un brun foncé.   (AD. B.)

MONILIFÈRA. BOT. PHAN. (Séb. Vaillant.) Syn. d'Ostéosperme. *V.* ce mot.   (B.)

✦ **MONILIFORME.** BOT. PHAN. C'est-à-dire en forme de chapelet. On donne ce nom adjectif à des organes allongés, divisés en petites masses par des étranglemens rapprochés les uns des autres. C'est dans ce sens qu'on dit vaisseaux moniliformes, poils et légumes moniliformes. (A. R.)

*MONILIFORMIE. *Moniliformia.* BOT CRYPT. (*Hydrophytes.*) Dans un des articles dont il enrichit ce Dictionnaire (T. VII, p. 71), feu notre ami et collaborateur Lamouroux avait mentionné sous ce nom, à la suite du genre Fucus, et dans la liste des genres de la famille des Fucacées, un genre qu'il n'a pas eu le temps de faire connaître ; nous supposons que le *Fucus moniliformis* de Labillardière qu'Agardh rapporte à son *Cystosceira Banskii,* en devait être le type. Cette Plante singulière paraît en effet être bien déplacée parmi les Cystoceires. (B.)

* MONILINE. *Monilina.* BOT. CRYPT. (*Confervées.*) Genre confondu avec les Conferves proprement dites par Lyngbye, et qu'il serait facile de confondre avec la plupart de nos Salmacides, après que l'accouplement totalement achevé a fait disparaître les filamens internes à spirale pour ne laisser subsister que ceux qui sont remplis de gemmules, si l'on n'observait que ces Moniliñes ne présentent aucune sorte de trace de stigmates qui puissent faire supposer le moindre rapprochement de deux filamens. Des valvules comme dans les Conferves proprement dites y interceptent des articulations bien visibles, et celles-ci contiennent une matière colorante disposée en boules ou glomérules sphériques qui présentent parfaitement l'aspect des Zoocarpes d'un Tirésias, mais qui n'en ont pas l'animalité. Si ces Moniliñes s'accouplaient, elles ne différeraient du genre Léda, que parce que la gemmule serait solitaire au lieu d'être deux par deux entre chaque valvule. Vus au microscope, les filamens des Moniliñes ont parfaitement l'air des colliers de perles, ce qui leur mérite le nom par lequel nous les désignons. Le *Conferva floccosa* de Lyngbye et le véritable *punctalis* de Müller sont des exemples de ce genre. (B.)

* MONILINES. Sous-genre de Batrachospermes. *V.* ce mot. (B.)

MONIME. *Monimia.* BOT. PHAN. Genre établi par Du Petit-Thouars, aux dépens de l'*Ambora,* formant le type de la nouvelle famille des Monimiées et offrant les caractères suivans : les fleurs sont dioïques. Les fleurs mâles se composent d'un involucre globuleux à quatre dents, s'ouvrant en quatre lobes profonds, étalés et réfléchis. La face interne de cet involucre qui est charnu, est toute couverte d'étamines, à filamens courts et à anthères composées de deux loges distinctes, s'ouvrant chacune par un sillon longitudinal. Les fleurs femelles se composent également d'un involucre ovoïde, ouvert seulement à son sommet, où il se termine par quatre ou cinq dents. Cet involucre creux intérieurement, a toute sa face interne tapissée de poils roides, et de son fond naissent huit à dix pistils dressés, sessiles, entremêlés de poils et dont les stigmates linéaires sont saillans au-dessus de l'orifice de l'involucre. Le fruit se compose de l'involucre devenu charnu et à peu près de la grosseur d'une cerise, ombiliqué à son sommet, par l'orifice duquel sortent encore les restes des stigmates, et contenant dans son intérieur les pistils devenus les véritables fruits. Ceux-ci sont irrégulièrement ovoïdes, un peu anguleux, à cause de la pression qu'ils exercent les uns sur les autres. Ce sont autant de petites drupes un peu charnues extérieurement, contenant un noyau osseux, épais, uniloculaire et monosperme. La graine qui remplit exactement la cavité du péricarpe est pendante ; on voit régner sur un de ses côtés un raphé qui va aboutir à une chalaze placée à son extrémité opposée. Le tégument propre recouvre un gros endosperme charnu, huileux, qui contient dans sa partie supérieure un embryon renversé comme la graine, très-court, ayant sa radicule conique et obtuse, ses deux cotylédons écartés l'un de l'autre par une partie de l'endosperme.

Ce genre ne se compose que de deux espèces : *Monimia ovalifolia*, Petit-Thouars, Pl. Afriq., t. 9, f. 1, et *Monimia rotundifolia*, id. Cette dernière espèce a été décrite et figurée par notre collaborateur Bory de Saint-Vincent le premier, sous le nom d'*Ambora tomentosa*, dans son Voyage aux îles australes d'Afrique. L'une et l'autre croissent aux îles de France et de Mascareigne. Ce sont des Arbres de moyenne taille, à feuilles opposées très-entières, rudes au toucher et couvertes de poils étoilés. Les fleurs sont dioïques, disposées en grappes à l'aisselle des feuilles. Le genre *Monimia* vient naturellement se placer auprès de l'*Ambora*. Il en diffère surtout par ses fleurs femelles qui sont distinctes les unes des autres et en petit nombre dans l'involucre, tandis qu'elles sont plongées dans les parois de l'involucre et en très-grand nombre dans l'*Ambora*. (A. R.)

MONIMIÉES. *Monimieæ.* BOT. PHAN. Cette famille qui a pour type les genres *Monimia* et *Ambora*, primitivement placés dans l'ordre des Urticées, a été d'abord indiquée par Du Petit-Thouars, puis établie par Jussieu qui a publié sur ce sujet un mémoire intéressant, Ann. du Mus., XIV, p. 116. Jussieu dans ce mémoire forme la famille des Monimiées, non-seulement des deux genres que nous venons de citer, mais il y réunit encore les genres *Ruizia* ou *Boldea*, *Pavonia* ou *Laurelia*, *Citrosma* et *Atherosperma*. Néanmoins il forme une section séparée du *Pavonia* et de l'*Atherosperma*, en disant que cette section pourra former une famille distincte. Il y ajoute, comme type d'une section supplémentaire, le genre *Calycanthus*, placé auparavant à la suite des Rosacées. Mais ce genre constitue, avec le *Chimonanthus* de Lindley, une petite famille très-éloignée de celle-ci, et connue sous le nom de Calycanthées. *V.* ce mot.

Dans ses Remarques générales sur la végétation des Terres-Australes, Robert Brown établit sous le nom d'Athérospermées une famille distincte pour le *Pavonia* et l'*Atherosperma*, et quelques autres Plantes de la Nouvelle-Hollande dont cet illustre botaniste n'a pas encore donné la description. Il résulte delà que la famille des Monimiées, telle que l'entend le célèbre botaniste anglais, se trouverait réduite aux seuls genres *Monimia*, *Ambora* et *Ruizia*. Voici quels sont ses caractères : ce sont des Arbres ou des Arbrisseaux à feuilles opposées dépourvues de stipules, et à fleurs unisexuées. Ces fleurs offrent un involucre globuleux ou caliciforme et dont les divisions sont disposées sur deux rangées ; dans le premier cas, cet involucre qui présente seulement quatre ou cinq petites dents à son sommet, se rompt et s'ouvre en quatre divisions profondes et assez régulières, et toute leur face supérieure est recouverte d'étamines à deux loges et à filamens courts. Dans le second cas (*Ruizia*), les étamines tapissent seulement la partie inférieure et tubuleuse de l'involucre ; les filamens sont plus longs, et vers leur partie inférieure ils portent de chaque côté un appendice irrégulièrement globuleux et pédicellé. Les fleurs femelles se composent d'un involucre absolument semblable à celui des fleurs mâles, c'est-à-dire globuleux ou ovoïde et à quatre dents pour les deux genres *Monimia* et *Ambora*, et presque campanulé et à divisions disposées sur deux rangs dans le genre *Ruizia*. Dans les genres *Monimia* et *Ruizia*, on trouve au fond de cet involucre huit à dix pistils dressés, entremêlés de poils, entièrement distincts les uns des autres. Dans l'*Ambora* au contraire, ces pistils sont extrêmement nombreux, entièrement renfermés dans l'épaisseur même des parois de l'involucre, dans toute son étendue de la base au sommet, ne se manifestant dans sa cavité que

par autant de petits mamelons conoïdes allongés, irréguliers et à surface tuberculeuse, qui sont les véritables stigmates. Du reste chacun
de ces pistils est à une seule loge
qui contient un seul ovule pendant
du sommet de la loge. Dans les genres *Ambora* et *Monimia*, l'involucre
est persistant. Dans le premier, il
prend beaucoup d'accroissement,
devient charnu et s'évase dans sa
partie supérieure, de manière à prendre la forme d'une coupe. Dans le
second, il prend peu d'accroissement
et reste clos. Les fruits qui dans l'*Ambora* sont retenus dans l'épaisseur
même des parois de l'involucre, sont
autant de petits drupes dont le
noyau est uniloculaire et monosperme. La graine est renversée; de
son point d'attache à sa base, règne
sur l'un de ses côtés un raphé légèrement proéminent qui va se terminer à la chalaze apparente extérieurement sous la forme d'une tache
brunâtre. Cette graine se compose
d'un tégument propre assez mince,
recouvrant un très-gros endosperme
charnu. L'embryon est placé à la
partie supérieure, mais dans l'intérieur de l'endosperme, il offre la
même direction que la graine, c'est-
à-dire qu'il est renversé comme elle.
Dans les deux genres *Monimia* et
Ruizia, il offre un caractère particulier dont il existe assez peu d'exemples dans le règne végétal : les deux
cotylédons sont écartés l'un de l'autre, et leur écartement est rempli par
l'endosperme. L'*Ambora* n'offre pas
ce caractère.

Maintenant si nous comparons les
caractères de la famille des Monimiées ainsi limitée, à ceux de la famille des Athérospermées exposés
dans le second volume de ce Dictionnaire, nous verrons que les différences qui existent entre ces deux groupes
sont si peu importantes ou se nuancent tellement de l'une à l'autre, que
probablement il faudra revenir à l'o-
pinion de Jussieu et n'en former que
deux sections d'un même ordre naturel. En effet les seuls caractères

distinctifs entre ces deux familles
consistent : 1° dans la structure des
étamines ; 2° dans la position de la
graine. Les étamines en effet, dans le
Pavonia et l'*Atherosperma*, ont la
même organisation que dans les Laurinées, c'est-à-dire qu'à la base des
filets on trouve deux appendices irrégulièrement globuleux et à surface
glanduleuse, et que les anthères s'ouvrent par le moyen d'une sorte de
plaque qui s'enlève de la partie inférieure vers le sommet. Mais déjà l'un
de ces caractères s'observe dans le
Ruizia, dont les filets staminaux
sont munis vers leur base de deux
appendices pédicellés. Quant à l'ad-
nexion de la graine, elle est entièrement opposée dans les deux familles,
c'est-à-dire qu'elle est dressée dans
les Athérospermées. Mais l'organisation est absolument la même dans
l'une et dans l'autre, et les deux caractères du mode de déhiscence des
anthères et de la position de la graine,
ne nous paraissent pas suffisans pour
former deux familles. Nous croyons
donc que la famille des Monimiées
doit être rétablie telle que Jussieu
l'avait proposée, c'est-à-dire formée de deux sections ainsi caractérisées :

Sect. 1re. AMBORÉES.

Anthères s'ouvrant par un sillon
longitudinal ; graines renversées.
Ambora, Juss.; *Monimia*, Du Petit-
Thouars; *Boldea*, Juss., ou *Ruizia*,
Ruiz et Pavon.

Section 2. ATHÉROSPERMÉES.

Anthères s'ouvrant de la base au
sommet par le moyen d'une plaque
ou valvule; graines dressées.
Laurelia, Juss., ou *Pavonia*,
Ruiz et Pavon ; *Atherosperma*, La-
billard.; *Citrosma*, P.

Les Monimiées ont beaucoup d'affinité, d'une part avec les Urticées
auxquelles l'*Ambora* avait d'abord
été réuni ; mais elles en diffèrent surtout par leurs graines munies d'un
endosperme ; elles se rapprochent
aussi des Laurinées par le groupe

des Athérospermées; mais les Laurinées manquent également d'endosperme.   (A. R.)

MONINE. BOT. PHAN. Pour Monnine. *V.* ce mot.   (G..N.)

MONITOR. REPT. OPH. On lit dans l'un des Dictionnaires d'Histoire naturelle antérieurs au nôtre : « Cuvier, dans son ouvrage sur le Règne Animal, a prouvé que le genre Tupinambis devait porter ce nom. » Dans l'Histoire du Règne Animal, nous trouvons en effet que l'illustre professeur propose ce changement, mais nous ne trouvons pas qu'il en ait prouvé l'utilité : « les MONITORS, dit-il, sont appelés nouvellement, par une erreur singulière, TUPINAMBIS, » et ce savant ajoute en note : « Marcgraaff, parlant du Sauve-Garde d'Amérique, dit qu'il se nomme *Teyu-Guaçu*, et chez les Topinamboux *Temapara Tupinambis.* Séba a pris Tupinambou pour le nom de l'Animal, et tous les autres naturalistes l'ont copié. » Séba a certainement eu tort de prendre un nom de peuplade pour un nom de Lézard; mais enfin, ce nom, indifférent en lui-même, avait été à peu près consacré en français depuis Lacépède, et l'on ne voit pas pourquoi *Monitor* lui devrait être préféré, puisque ce dernier nom est fondé sur un préjugé ridicule qu'il est bien plus dangereux d'adopter que le mot Tupinambis; *Monitor* vient de l'idée où sont les sauvages, qu'ennemis des Crocodiles et amis de l'Homme, les grands Lézards avertissent celui-ci par leur sifflement de l'approche d'un dangereux ennemi ; Cuvier convient lui-même qu'une telle assertion « n'est rien moins que constatée; mademoiselle Mérian, ajoute-t-il, a la première fait mention du nom de Sauve-Garde (autre synonyme non moins impropre de Tupinambis), en avouant qu'elle en ignorait la raison; Séba paraît être celui qui a imaginé cette raison, ou l'a apprise de quelque voyageur, lequel l'aura probablement inventée pour expliquer le nom. » Pour-

quoi donc préférer ce nom, qui se trouve le résultat d'une invention mensongère, à celui qui ne manque qu'à l'observation d'un génitif; appeler Monitor ou Sauve-Garde un Reptile qui n'avertit pas, ou qui ne sert de sauve-garde à personne; et supposé que Tupinambis soit un si mauvais nom qu'il ne puisse être conservé, pourquoi s'en tenir à un plus mauvais encore? En attendant que ces questions soient résolues, nous renverrons à TUPINAMBIS pour ce qui concerne l'histoire des Monitors, que nous ne saurions consentir à regarder comme des sentinelles avancées contre les Crocodiles. (B.)

MONJOLI. BOT. PHAN. Nom proposé par quelques botanistes français pour désigner le genre Varronia. *V.* ce mot.   (B.)

MONKA. BOT. CRYPT. (*Champignons.*) Genre établi par Adanson, caractérisé trop imparfaitement pour qu'on ait pu l'adopter. Il paraît, d'après la figure de Batarra qu'il cite, correspondre au genre *Verpra* de Fries. *V.* ce mot.   (AD. B.)

MONNAIE. MOLL. Espèce du genre Cranie. *V.* ce mot. On a aussi appelé MONNAIE DE GUINÉE le *Cypræa Moneta*, L.   (B.)

MONNIERA. BOT. PHAN. Patrick Browne, dans son Histoire de la Jamaïque, avait constitué un genre *Monniera* que Linné réunit aux Gratioles. Il a été rétabli par Michaux et Persoon pour quelques espèces de l'Amérique du Nord, de l'Afrique et de Java. Si ce genre mérite d'être adopté, il sera nécessaire d'en changer la dénomination, vu l'admission du genre *Moniera* d'Aublet.   (G..N.)

MONNIÈRE. BOT. PHAN. Pour Monière. *V.* ce mot.   (G..N.)

MONNINE. *Monnina.* BOT. PHAN. Et non *Monina.* Ce genre, créé par Ruiz et Pavon (*Syst. Flor. Peruv.*, 1, p. 169), appartient à la famille des Polygalées et à la Diadelphie Octandrie. Kunth (*Nov. Gen. et Spec. Plant. œquin.*, 5, p. 409) en a ainsi exposé les caractères : fleurs résupinées ; calice irrégulier, caduc, à cinq folioles imbriquées pendant la préfloraison ; trois extérieures petites, deux intérieures et latérales très-grandes, pétaloïdes ; corolle à cinq pétales insérés au-dessous d'une glande hypogyne, irréguliers et caducs ; le pétale supérieur très-grand et en forme de casque ; les latéraux très-petits, ayant l'apparence de petites écailles, quelquefois nuls ; les deux pétales inférieurs carénés, contigus, terminés en languettes, libres sur les côtés, soudés par leurs autres bords et formant, avec les étamines, un tube comprimé, munis intérieurement et vers leur partie moyenne d'une sorte de repli transversal et en forme de sac ; étamines au nombre de huit, presqu'égales entre elles et cachées sous le pétale supérieur, insérées au même point que les pétales inférieurs ; filets soudés avec ceux-ci dans toute leur longueur ; anthères oblongues, dressées, s'ouvrant à l'intérieur par une fente transversale située près du sommet ; ovaire supère appuyé sur une glande hypogyne épaisse du côté externe, uniloculaire, renfermant un ovule suspendu près du sommet ; style terminal courbé et caduc ; stigmate à deux lobes, le supérieur dentiforme, l'inférieur plus grand, arrondi, hérissé de papilles ; fruit drupacé, oblong, presque rond ou obové, muni dans quelques espèces d'un rebord membraneux, uniloculaire, indéhiscent, pourvu d'un sarcocarpe mince et d'un endocarpe ligneux coriace ; graine solitaire pendante, recouverte de deux tégumens très-minces, l'extérieur membraneux, l'intérieur (qui est peut-être l'endosperme) charnu et adhérent le plus souvent au tégument extérieur ; cotylédons oblongs, charnus ; radicule supère presque ronde.

Ce genre a été reproduit comme nouveau sous le nom d'*Hebeandra* par Bonpland dans le Magasin des Curieux de la Nature pour 1808. Il renferme environ trente espèces que De Candolle (*Prodrom. Syst. Veget.*,

1, p. 340) a disposées en deux sections : la première caractérisée par le fruit aptère, à laquelle il donne le nom d'*Hebeandra*, pour rappeler les Plantes décrites par Bonpland, et qui renferment la majeure partie des Monnines ; la deuxième nommée *Pterocarya*, remarquable par ses drupes ceints d'une aile membraneuse, et qui se compose des *M. macrostachya* et *M. pterocarpa* de Ruiz et Pavon, ainsi que d'une nouvelle espèce à laquelle De Candolle donne le nom d'*angustifolia*. Cette dernière section mériterait, selon Kunth, d'être distinguée comme genre particulier ; mais on ne saurait lui conserver le nom de section que le professeur de Genève lui a imposé, attendu qu'il existe un genre *Pterocarya* récemment établi dans la famille des Juglandées. Les Monnines sont des Arbrisseaux, des Arbustes ou des Herbes, indigènes de l'Amérique méridionale. Leurs feuilles sont éparses, simples, entières, portées sur des pétioles articulés à la base. Il n'existe point de stipules. Les fleurs forment des épis tantôt simples, tantôt composés, axillaires au sommet des petites branches. Ces fleurs sont éparses, bleuâtres, ou violacées, portées sur des pédicelles accompagnés de trois bractées caduques. Parmi les espèces dont Kunth a donné d'excellentes descriptions, nous citerons celles qu'il a figurées (*loc. cit.*, tab. 501-505) sous les noms de *M. revoluta, cestrifolia, phytolaccœfolia, nemorosa* et *pubescens*. Aux belles figures de ces Plantes, sont joints les détails d'analyse propres à éclaircir les caractères singuliers que nous avons exposés plus haut. (G..N.)

MONNOYÈRE. BOT. PHAN. Du vieux français Monnoie pour Monnaie. L'un des noms vulgaires du *Thlaspi arvensis* et de la Lysimache Nummulaire. (B.)

MONO. MAM. Même chose que Mona. *V.* ce mot. (B.)

*** MONOCARYUM.** BOT. PHAN. Sous ce nom, R. Brown (*Observ. on*

the Plants of Afric. collect. by d' Oudney) constitué une section dans le genre *Colchicum*, fondée sur l'*Hypoxis fascicularis* de Linné, dont l'ovaire n'est pas adhérent au tube du périanthe.   (G..N.)

MONOCENTRIS. pois. (Schneid.) Syn. de Lépisacanthe.   (B.)

* MONOCERA. bot. phan. Le genre établi sous ce nom par Elliot (*Sketch of botany*), et qui a pour type le *Chloris monostachya*, Michx., avait été nommé précédemment *Campulosus* par Desvaux. *V.* ce mot. (G..N.)

MONOCERAS. bot. phan. Pour Menoceras. *V.* ce mot au Supplément.   (G..N.)

MONOCÉROS. zool. C'est-à-dire n'ayant qu'une corne. Ce nom, synonyme de Narwal et de Licorne (*V.* ces mots) pour la plupart des auteurs, a été étendu, par plusieurs naturalistes, à d'autres Animaux qui ne sont point des Mammifères. Ainsi on a appelé MONOCÉROS, le Manucode parmi les Oiseaux; le Nason Licornet et diverses Balistes parmi les Poissons; plusieurs Coquilles qui forment aujourd'hui un genre parmi les Mollusques; un Coléoptère du genre Oryctes parmi les Insectes, etc. (B.)

* MONOCERQUE. *Monocerca.* micr. Genre de la famille des Thikidées, de l'ordre des Stomoblépharés, voisin des Furculaires, dont il diffère en ce que la queue par laquelle se termine le corps postérieurement, est simple et non double; du reste, les caractères sont les mêmes. Le corps libre, contractile, est contenu dans un fourreau; la queue, qui consiste en un seul appendice, est évidemment articulée vers l'extrémité postérieure et amincie du fourreau. Nous n'en connaissons encore que deux espèces constatées; où l'orifice buccal est circulairement garni de cirres vibratiles : 1° *Monocerca vorticellaris*, N.; *Vorticella tremula*, Müll., *Inf.*, p. 289, tab. 41, fig. 4, 7; Encycl., Vers. Ill., pl. 21, fig. 20, 23. Fort voisine, quant à la forme gé-

nérale, de la Furculaire frangée, elle en diffère principalement par son appendice caudal, simple, court, ordinairement infléchi en virgule; l'ouverture antérieure lobée; audessous, vers une sorte de rétrécissement, se distingue un point noir toujours agité qui semble avoir quelque rapport à la circulation; cette espèce, très-contractile, se déforme et nage avec rapidité; on la trouve dans les infusions de Plantes marines, particulièrement dans celle de l'*Ulva Linza*; 2° *Monocerca longicauda*, N.; *Trichoda Rattus*, Müll., Inf., p. 205, tab. 29; Encycl. Vers. Ill., pl. 15, fig. 15, 17; *Rattulus carinatus*, Lamk., Anim. sans vert. T. II, p. 24. Voisine, quant à la forme générale, de la Furculaire à longues soies; ayant le corps cylindracé en cône allongé, dont l'orifice très-ouvert, quand l'Animal ne se ferme point, formerait la base au côté tronqué; postérieurement atténué en pointe que termine une queue filiforme plus longue d'un tiers que le corps et fléchie sur un côté selon un angle de cinquante degrés environ. Cette espèce se trouve dans l'eau douce des fossés marécageux.   (B.)

* MONOCHAME. *Monochamus.* ins. Genre de l'ordre des Coléoptères, section des Tétramères, famille des Longicornes, établi par Megerle et adopté par Latreille qui ne donne pas ses caractères. Les Insectes qui servent de type à ce genre, sont les *Lamia sutor*, *dentator* et *farinosus* de Fabricius, et quelques autres espèces d'Olivier.   (G.)

* MONOCHÈLE. *Monocheles.* ins. Genre de Coléoptères lamellicornes, mentionné par Latreille (Fam. Nat. du Règne Anim.) et dont il ne donne pas les caractères : il est voisin du genre Hoplie.

MONOCHIRE. *Monochirus.* pois. Sous-genre de Pleuronecte. *V.* ce mot.   (B.)

MONOCLE. *Monoculus.* crust. Linné a formé sous ce nom un genre

qui compose à présent un ordre en‑
tier, celui des Branchiopodes. *V.* ce
mot et Entomostracés.   (G.)

* MONOCLEA. bot. crypt. (*Hé‑
patiques.*) La Plante qui seule com‑
pose jusqu'à présent ce genre, a été
découverte par Forster dans les îles
de la mer du Sud et nommée par lui
Anthoceros univalvis. Hooker en a
formé le genre *Monoclea*, dont il a
donné une figure et une description
excellente dans ses *Musci exotici* ; il
est caractérisé ainsi : capsule sortant
d'un calice sessile sur la fronde,
portée sur un pédoncule simple plus
long que le calice, uniloculaire, à
une seule valve, s'ouvrant longitudi‑
nalement d'un seul côté ; columelle
nulle. Ce genre diffère beaucoup,
comme on peut le voir, de l'*Antho‑
ceros*, dont il se rapproche cepen‑
dant par son aspect général ; sa fronde
est rampante, appliquée sur la terre,
lobée comme celle des *Marchantia* ou
du *Jungermannia epiphylla* ; les cap‑
sules sortent d'une gaîne ou calice
placée près du bord de la fronde ;
elles sont portées sur un pédoncule
long et grêle ; la capsule est ovoïde,
allongée, et s'ouvre latéralement par
une fente longitudinale ; les sporules
sont nombreuses, entremêlés d'éla‑
ters ou fils en double spirale. (AD. B.)

* MONOCLINES. bot. Ce mot est
quelquefois employé par opposition
à celui de Diclines, pour désigner les
Plantes qui ont les deux sexes réunis
dans la même fleur ; il est consé‑
quemment synonyme d'Hermaphro‑
dites.   (G..N.)

* MONOCLONOS. bot. phan.
L'un des synonymes d'Armoise chez
les anciens.   (B.)

* MONOCONCHA. moll. Cette
section, dans le système de Klein
(Méthod. Ostrac., p. 114), réunit
comme passage des Univalves aux
Bivalves toutes les Coquilles patel‑
loïdes ; c'est encore aujourd'hui l'o‑
pinion des plus savans zoologistes.
    (D..H.)

MONOCOTYLÉDONS. bot. phan.
On nomme ainsi les Végétaux dont
l'embryon n'offre qu'un seul cotylé‑
don, et, que pour cette raison, on ap‑
pelle embryon monocotylédoné. Ces
Végétaux, qui constituent l'un des
trois groupes primordiaux du règne
végétal, indépendamment de la struc‑
ture de leur embryon, offrent, dans
leur port, leur organisation et leur
accroissement, des caractères qui ser‑
vent à les faire distinguer facilement,
sans avoir recours à l'inspection de
leurs graines. L'embryon, dans les
Plantes monocotylédonées, est pres‑
que toujours accompagné d'un en‑
dosperme charnu ou farineux, avec
lequel il forme la masse de la graine.
Quelquefois cependant il est épisper‑
mique, c'est-à-dire immédiatement
recouvert par l'épisperme ou tégu‑
ment propre de la graine, ainsi qu'on
l'observe dans les Naïades, les Hy‑
drocharidées, les Juncaginées, les
Butomées, etc. L'embryon, accom‑
pagné d'un endosperme, varie beau‑
coup et dans sa forme, et dans sa po‑
sition relativement à ce corps. Ainsi
tantôt il est simplement appliqué sur
un des points de la surface externe,
qui, dans cet endroit, est creusée
d'une fossette plus ou moins pro‑
fonde, comme dans les Graminées
par exemple ; tantôt il est renfermé
dans l'intérieur même de l'endosper‑
me. L'embryon monocotylédoné exa‑
miné à l'extérieur ne présente aucune
fente ni division. Il est assez géné‑
ralement cylindroïde, mais néan‑
moins sa forme est très-variable.
Comme l'embryon dicotylédoné, il
offre deux extrémités, l'une radicu‑
laire, l'autre cotylédonaire. A l'état
de repos, c'est-à-dire avant la ger‑
mination, il est fort difficile de dis‑
tinguer et de reconnaître ces deux
extrémités, qui sont tout-à-fait sim‑
ples et indivises. Cependant cette dis‑
tinction est très-importante, puisque
c'est elle qui sert à déterminer la po‑
sition de l'embryon relativement à
la graine. Lorsque l'embryon est
accompagné d'un endosperme, le
professeur Richard a indiqué, d'après
sa longue expérience dans l'étude

des graines, un moyen certain de reconnaître les deux extrémités de l'embryon. En effet, l'extrémité radiculaire est toujours celle qui est la plus voisine de l'extérieur de l'endosperme. Mais ce moyen certain, dans tous les cas d'embryon endospermique, ne pouvant servir pour les embryons épispermiques, on est fréquemment forcé d'avoir recours à la germination pour arriver au même résultat.

L'embryon des Végétaux monocotylédons est essentiellement composé de trois parties, savoir : 1ᵉ le corps cotylédonaire qui est, en général, plus ou moins allongé, tantôt mince, tantôt épais et charnu, toujours parfaitement simple et indivis; 2ᵉ la gemmule qui est toujours renfermée dans l'intérieur du cotylédon, lequel lui forme quelquefois une sorte d'étui ou de gaîne. Généralement elle est très-petite et sous la forme d'un corps conique placé, non au milieu du cotylédon, mais plus rapproché d'un de ses côtés, excepté dans le cas où le cotylédon est mince et en forme de gaîne, recouvrant la gemmule. Cette gemmule présente intérieurement les rudimens de petites feuilles emboîtées les unes dans les autres; 3ᵉ le corps radiculaire qui est également simple. A l'époque de la germination ce corps se tuméfie, se rompt, et de son intérieur sortent une ou plusieurs radicelles, qui s'allongent et deviennent les véritables racines de la Plante. Avant la germination, ces radicelles étaient recouvertes par le prolongement de la base de l'embryon, formant en quelque sorte un petit sac, auquel on a donné le nom de *Coléorhize*. La coléorhize n'est donc pas un organe particulier, c'est simplement une partie de l'embryon. Quelquefois, outre les trois parties que nous venons de décrire, le cotylédon, la gemmule ou la radicule, l'embryon présente encore une autre partie généralement épaisse, tantôt sous la forme d'un disque ou d'un écusson, tantôt renflée et plus ou moins globuleuse. Cet organe, sur la

nature duquel tous les botanistes ne sont pas encore d'accord, a été considéré par Gaertner comme l'analogue du jaune de l'œuf chez les Oiseaux, qui lui a donné pour cette raison le nom de *Vitellus;* Jussieu considère cet organe comme le cotylédon. Mais le professeur Richard, soit dans son Analyse du fruit, soit dans son Mémoire sur les embryons endhorizes, a prouvé que ce corps n'est qu'une dépendance de la radicule.

Le caractère que présente la radicule dans les Plantes unilobées, d'être constamment renfermé dans une poche ou coléorhize, c'est-à-dire d'être intérieure, tandis qu'elle est nue et extérieure dans les Dicotylédonés, a suggéré au professeur Richard, qui le premier avait fait cette observation, l'idée de puiser dans ce caractère la distinction des Végétaux phanérogames en deux grandes divisions, les ENDORHIZES, qui ont leur radicule intérieure et coléorhizée, et les EXORHIZES, chez lesquels la radicule est nue et extérieure. Cette division correspond exactement à celle des Monocotylédonés et des Dicotylédonés, puisque les Végétaux à radicule coléorhizée sont tous monocotylédonés, et ceux à radicule nue, dicotylédonés. Ce mode de division des Végétaux, sous un autre point de vue que celle fondée sur le nombre des cotylédons, a été combattu par plusieurs botanistes. Mais les faits qu'on a cités contre, nous paraissent pour la plupart ou avoir été inexactement observés ou mal interprétés. Ainsi Henri Cassini a publié, dans le Bulletin des Sciences de la Société philomatique, une description de la germination des graines du Radis, d'après laquelle ces graines auraient leur radicule coléorhizée. Mais nous pouvons assurer que ce fait est tout-à-fait inexact, et voici probablement ce qui y a donné lieu. Les racines de Radis que nous mangeons offrent, à leur partie supérieure, deux espèces d'oreillettes membraneuses, naissant du collet de la racine, immédiatement appliquées contre elle, au point qu'au premier abord celle-ci paraît être primitivement sortie du milieu de ces deux corps. Mais si l'on observe les phases successives de la germination de ces graines, on voit comment se sont formées ces deux oreillettes. D'abord le corps radiculaire s'allonge, prend un accroissement de deux ou trois pouces, sans qu'on voie la moindre trace de coléorhize et de déchirement. Si l'on coupe la radicule en longueur, peu de temps après qu'elle est sortie de la graine, on ne voit aucun indice ni de poche, ni de mamelon coléorhizé. La racine continue à s'accroître, elle se renfle et prend la forme qu'elle doit conserver. C'est alors que l'on voit se former sur ses côtés deux fentes irrégulières et longitudinales, qui n'entament que sa partie corticale, et qui, se joignant l'une à l'autre par une sorte de déchirure irrégulière, détachent l'écorce de la racine dans sa partie supérieure et forment ces deux oreillettes qui persistent à la partie supérieure de la racine. C'est donc une véritable *décortication*, mais qui n'a rien d'analogue à la sortie d'une racine coléorhizée de la poche qui la contenait. Plus récemment un ingénieux expérimentateur, que nous avons plusieurs fois cité dans le cours de cet ouvrage, Dutrochet enfin a publié des observations dont il nous paraît avoir tiré des conséquences inexactes ; s'occupant du mode d'accroissement des racines, il a observé que les radicelles qui naissent du corps des racines dans les Dicotylédones comme dans les Monocotylédones percent l'épiderme pour pouvoir se développer à l'extérieur, et de-là il a conclu que toujours la racine était coléorhizée. C'est ici le cas de faire voir combien dans les sciences il est important de bien définir le sens que l'on doit attacher aux mots qui représentent les organes ; car autrement on peut appliquer le même nom à des parties entièrement différentes. Tous les botanistes, jusqu'à présent, ont défini la coléorhize : la partie inférieure de l'embryon, contenant dans son intérieur les rudimens de la radicule. D'après cette définition, qui n'est pas arbitraire, mais qui est fondée sur la nature même de cet organe, peut-on donner le nom de coléorhize à une partie n'appartenant plus à l'embryon, à une portion d'épiderme recouvrant un bourgeon radicellaire ? Nous ne le pensons pas. Autrement le langage de la science ne serait plus que confusion et désordre. Nous ne nous sommes étendu sur ces deux observations, que parce que, récemment encore, le patriarche de la botanique française les a citées comme des faits qui s'élèvent contre la division des *Endorhizes* et des *Exorhizes*. Il nous a paru nécessaire de les réduire à leur juste valeur.

Ainsi que nous l'avons dit précédemment, ce n'est pas seulement par la structure de leur embryon que les Monocotylédons diffèrent des Plantes dicotylédonées, ils offrent encore dans leur port, dans la disposition extérieure et intérieure de leurs divers organes, des différences qui servent à les distinguer. Les Monocotylédons, dans lesquels on trouve très-peu d'Arbres, à l'exception de la famille des Palmiers, ont en général les nervures de leurs feuilles simples et parallèles, tandis que, dans les Dicotylédons, elles sont rameuses et anastomosées. Cependant cette règle n'est pas sans exception, et dans les Dioscorées, les Aroïdées, qui sont monocotylédones, on trouve des espèces dont les feuilles ont leurs nervures irrégulièrement rameuses. Dans le nombre assez limité de Monocotylédons qui ont leur tige ligneuse, cette tige diffère beaucoup de celle des Arbres de nos forêts qui sont Dicotylédonés. Elle est cylindrique, c'est-à-dire aussi grosse à son sommet qu'à sa base, quelquefois même plus renflée dans sa partie moyenne, généralement simple et sans ramifications, très-rarement divisée en branches qui offrent les mêmes caractères que le corps principal de la tige que l'on désigne alors généralement sous le nom de Stipe.

La différence de l'organisation intérieure et du mode d'accroissement n'est pas moins grande lorsque l'on compare le stipe d'un Palmier au tronc du Chêne ou du Tilleul. Au lieu d'un canal central contenant la moelle, et de couches concentriques de bois disposées autour de ce canal, au lieu d'une écorce formée également de plusieurs lames distinctes, le stipe d'un Palmier n'est qu'une masse de tissu cellulaire, au milieu de laquelle sont épars et sans ordre des faisceaux de fibres longitudinales. Ici plus de canal médullaire, plus de bois disposé par zônes, plus d'écorce distincte. Dans les Dicotylédons l'accroissement se fait à l'extérieur, c'est-à-dire que chaque année il se forme entre le bois et l'écorce une nouvelle production qui s'organise en un feuillet d'écorce et en une couche de bois. Dans les Monocotylédons, au contraire, l'accroissement se fait par le centre même de la tige, d'où il part chaque année un nouveau bourgeon central et terminal, qui prolonge la tige à sa partie supérieure. Il résulte de-là que les fibres les plus anciennement formées, et par conséquent les plus dures, doivent se trouver à l'extérieur de la tige, tandis que le contraire a lieu dans les Dicotylédons où le bois le plus dur occupe le centre du tronc. Assez récemment notre ami, le professeur Lestiboudois de Lille, a publié un Mémoire très-intéressant sur l'organisation de la tige des Monocotylédonés. Loin d'admettre l'opinion générale des botanistes qui regardent le stipe comme dépourvu de système cortical, il le considère au contraire comme uniquement formé par ce système. En effet, dit-il, le caractère essentiel du système cortical, c'est de s'accroître par sa face interne, tandis que le système ligneux ou central s'accroît extérieurement. Or, dans les Monocotylédons, la tige s'accroît uniquement par son centre. Quelque ingénieuse que soit cette opinion,

nous ne saurions la partager en entier. Car pour bien apprécier la nature du stipe des Palmiers, il faut examiner comment il se forme. Or nous voyons que c'est par la soudure successive de la base des feuilles entre elles que se développe et se forme le stipe des Monocotylédons. Il est évident dès-lors qu'un pareil organe ne doit rien avoir qu'on puisse comparer à la tige des Dicotylédons. Ce n'est pas une tige, en effet, c'est bien plutôt une sorte de bulbe très-allongé, dont les écailles ou feuilles, en s'entregreffant et se développant successivement les unes au-dessus des autres, finissent par former une sorte de colonne analogue à la tige. Cette ressemblance, nous dirions presque cette identité de nature du stipe avec le bulbe, nous paraît bien facile à prouver. En effet, un bulbe proprement dit est une sorte de bourgeon radical formé d'écailles, et du centre duquel s'élève chaque année une nouvelle pousse. Mais ces écailles ne sont pas toujours distinctes les unes des autres; elles sont quelquefois soudées et confondues comme dans le Colchique, les Glayeuls, etc.; par conséquent, sous ce rapport, il n'y a aucune différence entre le stipe et le bulbe. D'autres fois les écailles qui forment le bulbe, au lieu de rester courtes et de ne constituer qu'un corps ovoïde ou arrondi, s'allongent considérablement, et le bulbe est cylindrique et analogue à la tige, quoique formé d'écailles encore distinctes les unes des autres. Ainsi il n'est aucun botaniste qui ne reconnaisse avec nous que la prétendue tige des Bananiers ne soit un véritable bulbe formé de tuniques très-allongées. De ce bulbe au stipe des Palmiers la nuance est presque insensible. Nous pensons donc que l'on peut considérer le stipe des Monocotylédons comme une sorte de bulbe, dont les écailles se sont soudées, et, en se développant les unes au-dessus des autres, ont fini par former un corps cylindroïde ayant l'apparence extérieure de la tige, mais la même organisation et le même mode de développement que les bulbes en général, qui, comme on sait, ne se rencontrent que dans les Plantes monocotylédonées.

Le groupe de Végétaux dont il est question dans cet article, présente un caractère fort remarquable. Toutes les Monocotylédonées n'ont jamais qu'une seule enveloppe florale ou périanthe simple. Quelquefois ce périanthe est formé de parties délicates et colorées à la manière des pétales, d'autres fois elles sont vertes et foliacées ; dans le premier cas, Linné considérait ce périanthe comme une corolle et il le nommait calice dans le second cas. Mais la nature d'un organe ne peut être appréciée d'après un caractère aussi vague que sa couleur. Dans les Végétaux, c'est la position relative qui détermine la véritable nature des parties; et d'après cette considération l'enveloppe unique des Monocotylédons a été reconnue par Jussieu et par tous les botanistes sectateurs des familles naturelles, comme un véritable calice (*V.* ce mot). Cependant il est quelques familles de Monocotylédonées, où les divisions calicinales étant disposées sur deux rangs, celles qui composent la rangée intérieure sont minces, colorées comme les parties de la corolle, tandis que celles de la rangée extérieure sont vertes, foliacées et analogues au calice. Ainsi dans les Tradescantes, les Hydrocharidées, on serait tenté d'admettre un calice et une corolle, si en examinant les choses de plus près, on ne reconnaissait que les trois divisions internes et pétaloïdes naissent absolument du même point que les externes et par conséquent constituent avec ces dernières un seul et même organe. Le professeur De Candolle, sans se prononcer sur la nature du périanthe simple des Végétaux à un seul cotylédon, a proposé de lui donner le nom de *périgone*, qui ne préjuge rien sur sa nature calicinale ou pétaloïde.

Tels sont les caractères les plus saillans qui distinguent les Plantes monocotylédonées et en forment un groupe si distinct. Doit - on, à l'exemple de quelques botanistes modernes, réunir à ce groupe quelques familles de Plantes cryptogames, telles que les Fougères, les Lycopodiacées, les Marsiléacées et les Equisétacées ? Nous ne le pensons pas : car ces Végétaux n'ont réellement pas d'organes sexuels, et par conséquent pas de graines et pas d'embryon. Elles se reproduisent au moyen d'organes particuliers, analogues dans leur nature aux bulbilles ou bourgeons libres. Et de ce que ces corpuscules reproducteurs en se développant ont quelque ressemblance avec la germination de l'embryon, il ne nous paraît pas rigoureusement nécessaire de les considérer comme entièrement semblables. Nous croyons donc que dans l'état actuel de la science, les familles précédemment nommées doivent encore être classées parmi les Plantes acotylédones ou cryptogames.

L'étude des familles de Plantes monocotylédones présente beaucoup de difficultés, soit à cause de la délicatesse de leurs parties, soit parce qu'elles se conservent moins facilement dans les herbiers. Aussi cette grande division du règne végétal est-elle celle où le nombre et les limites des familles sont le moins bien déterminés. Nous allons présenter ici la liste des familles qui ont été proposées dans cette grande division, en prévenant toutefois que nous ne regardons pas comme définitivement établies toutes les familles que nous allons citer. *V.*, pour de plus grands détails, chacun des noms de ces familles.

Etamines hypogynes.

MONOHYPOGYNIE.

Fluviales, *Juss.* ; Aroïdées, *Juss.* ; Cyclanthées, *Poiteau* ; Balanophorées, *Rich.* ; Saururées, *Rich.* ; Typhinées, *Juss.* : Pandanées, *R. Br.* ; Graminées, *Juss.* ; Cypéracées, *Juss.*

Etamines périgynes.

MONOPÉRIGYNIE.

Restiacées, *R. Br.* ; Joncées, *R.*

Br.; Alismacées, *Rich.*; Cabombées, *Rich.*; Nymphéacées, *Rich.*; Nélumbiacées, *Rich.*; Commelinées, *Vent.*; Juncaginées, *Rich.*; Butomées, *Rich.*; Podostémées, *R. Br.*; Colchicées, *Juss.*; Pontédériées, *Kunth*; Liliacées, *Juss.*; Broméliacées, *Juss.*; Palmiers, *Juss.*; Asparaginées, *Juss.*; Hémérocallidées, *R. Br.*; Hypoxidées, *R. Br.*; Narcissées, *Juss.*; Iridées, *Juss.*; Hœmodoracées, *R. Br.*

Etamines épigynes.
MONOÉPIGYNIE.

Dioscorées, *R. Br.*; Musacées, *Juss.*; Amomées, *Rich.*; Orchidées, *Juss.*; Hydrocharidées, *Juss.*

(A. R.)

*MONOCULUS. CRUST. *V.* MONOCLE.

MONODACTYLE. POIS. (Lacépède.) *V.* ACANTHOPODE et FALCIFORME.

* MONODACTYLUS. MOLL. Les Strombes, dont l'aile se termine en arrière par une pointe ou un canal plus ou moins long, comme le Strombe Aile-d'Ange, l'Oreille de Diane, etc., ont servi à Klein (*Nov. Method. Ostrac.*, p. 98, pl. 6, n° 106) pour établir ce genre qui ne peut être aujourd'hui considéré que comme une sous-division des Strombes. *V.* ce mot.   (D..H.)

MONODELPHES. MAM. (Blainville.) *V.* MAMMALOGIE et MARSUPIAUX.

MONODON. MAM. *V.* NARWAL.

MONODONTE. *Monodonta.* MOLL. Ce genre créé par Lamarck est un des plus artificiels qu'ait proposé le savant auteur des Animaux sans vertèbres ; il l'a démembré des Turbos et des Troques, et il a pris dans ces deux genres de Linné toutes les espèces dont le bord gauche est séparé du bord droit par une et quelquefois par plusieurs éminences ou dents columellaires. Ce genre est d'autant plus artificiel que l'on a reconnu depuis sa création, que les Animaux ne différaient en rien de ceux des Turbos ou des Troques. Cet unique caractère d'une ou plusieurs dents columellaires ne peut servir en en joignant d'autres tirés de la forme , qu'à établir dans les genres Turbo, Monodonte et Trochus réunis, différens groupes que l'on peut arranger de manière à arriver insensiblement de la forme des Turbos à celle des Troques, par tous les intermédiaires. *V.* TURBO et TROQUE.   (D..H.)

MONODONTIER. MOLL. Nom donné par Lamarck, dans le Système des Animaux sans vertèbres, 1801, à l'Animal des Monodontes. *V.* ce mot ainsi que TURBO et TROQUE. (D..H.)

MONODORE. *Monodora.* BOT. PHAN. Genre de la famille des Anonacées , établi par Dunal (Monographie des Anonacées , p. 54) qui l'a ainsi caractérisé : calice à trois parties; pétales au nombre de six , disposés sur deux rangs ; les extérieurs oblongs , lancéolés, très-ondulés; les intérieurs ovales plus épais et plus courts que les extérieurs ; anthères nombreuses , presque sessiles, ramassées autour de l'ovaire et plus petites de la moitié que celui-ci ; ovaire unique , ovale , rétréci au sommet, glabre et couronné par un stigmate sessile; baie simple, presque globuleuse , glabre , uniloculaire, renfermant un grand nombre de graines ovales – oblongues , placées sans ordre apparent dans la substance pulpeuse qui occupe l'intérieur du fruit. Dans ce genre , la structure du fruit s'éloigne totalement de celle qu'on observe dans les autres genres de la famille des Anonacées ; aussi sera-t-il intéressant d'examiner les ovaires et les jeunes fruits. Les deux espèces qui le constituent , avaient été placées parmi les *Anona* par Gaertner et Jacquin. Celle qu'on doit regarder comme type est le *Monodora Myristica* , Dunal, ou *Anona Myristica* de Gaertner (*De Fruct.*, 2 , p. 194, t. 125). C'est un Arbre indigène de la Jamaïque, dont les rameaux sont cylindriques et glabres; les feuilles alternes, portées sur de courts pétioles, glabres, oblongues, légèrement obovales, coriaces, luisantes en dessus, glaucescentes en dessous et marquées de nervures pinnées. Les fleurs sont grandes, solitaires sur des pédicelles latéraux, et accompagnées de bractées. L'auteur du genre *Monodora* n'y a réuni l'*Anona microcarpa* de Jacquin (*Fragm. Bot.*, p. 40, t. 44, fig. 7), que d'après la description et la figure du fruit de cette Plante qui croît à la Nouvelle-Hollande ; les autres parties de la Plante sont inconnues. (G..N.)

MONODYNAMIS. BOT. PHAN. Gmelin (*Syst. Veget.*, 1, p. 10) nommait ainsi, d'après Willdenow, un genre qui a reçu de Schreber le nom d'*Usteria*. Quoique cette dernière dénomination soit venue plus tard, elle n'en a pas moins été universellement adoptée. *V*. USTÉRIE. (G..N.)

MONOECIE. *Monœcia*. BOT. PHAN. Vingt-unième classe du Système sexuel de Linné, renfermant tous les Végétaux phanérogames à fleurs unisexuées, portées sur un même individu. Linné a divisé cette classe en onze ordres, savoir : 1° Monœcie *Monandrie* ; 2° Monœcie *Diandrie* ; 3° Monœcie *Triandrie* ; 4° Monœcie *Tétrandrie* ; 5° Monœcie *Pentandrie* ; 6° Monœcie *Hexandrie* ; 7° Monœcie *Heptandrie* ; 8° Monœcie *Polyandrie* ; 9° Monœcie *Monadelphie* ; 10° Monœcie *Syngénésie* ; 11° Monœcie *Gynandrie*. *V*. SYSTÈME SEXUEL.
(A. B.)

*MONOÉPIGNIE. BOT. PHAN. *V*. MONOCOTYLÉDONS.

*MONOGAMIE. *Monogamia*. BOT. PHAN. L'un des ordres de la dix-neuvième classe du Système sexuel de Linné ou de la Syngénésie, contenant les Plantes syngénèses dont les fleurs sont distinctes les unes des autres et munies chacune d'un calice propre. *V*. SYSTÈME SEXUEL. (A. B.)

MONOGRAMMA. BOT. CRYPT. (*Fougères.*) Ce genre, d'abord établi par Schkuhr, a été étudié avec plus

de soin depuis par Desvaux (Journal de Botanique, 1813, T. III, p. 21). La Plante qui lui sert de type, avait d'abord été indiquée par Poiret, d'après Commerson, sous le nom de *Pteris graminea*. Commerson, dans ses manuscrits, lui avait donné le nom de *Pteris monogramma*. Ce nom spécifique a été adopté depuis par Schkuhr et Desvaux comme nom de genre ; enfin le *Cœnopteris graminea* de Schkuhr et le *Grammitis pumila* de Swartz sont encore la même Plante : cette Plante, ainsi transportée de genre en genre, offre les caractères distinctifs suivans : les capsules sont réunies en un seul groupe linéaire, le long de la nervure moyenne de la feuille qu'elles couvrent entièrement ; deux tégumens épais naissant de chaque côté de la fronde, se touchent vers la ligne médiane et s'ouvrent de dedans en dehors. Le genre dont le *Monogramma* nous paraît se rapprocher le plus est le *Vittaria* ; la forme des frondes et la texture des tégumens sont les mêmes ; mais les groupes de capsules, au lieu d'être marginaux, sont réduits à un seul sur la ligne médiane. Desvaux a décrit trois espèces de ce genre : le *Monogramma linearifolia*, espèce nouvelle de la Guiane ; le *M. graminea*, Schkuhr, de l'île Maurice, et le *M. furcata*, *Grammitis graminoides*, Swartz, *Syn. Filic.*, qui habite la Jamaïque. Toutes ces espèces ont la fronde simple ou seulement légèrement divisée au sommet. (AD. B.)

*MONOGRAPHIS. BOT. PHAN. Du Petit-Thouars (Hist. des Orchidées des îles d'Afrique) donne ce nom à l'une des Plantes de son genre *Graphorchis*. Cette Plante, selon la nomenclature universellement admise, doit être nommée *Limodorum concolor*. Elle croît à l'île de Mascareigne. (G..N.)

*MONOGYNIE. BOT. PHAN. Nom du premier ordre des treize premières classes du Système sexuel de Linné, caractérisé par l'unité de pistil ou de stigmate. *V*. SYSTÈME SEXUEL. (A. B.)

*MONOHYPOGYNIE. BOT. PHAN.
V. MONOCOTYLÉDONS.

MONOIQUES. BOT. PHAN. On appelle ainsi les Végétaux qui ont les fleurs unisexuées, mais réunies sur un seul individu; tels sont : le Noyer, les Pins, le Blé de Turquie, etc.
(A. R.)

MONOMÈRES. *Monomera.* INS. Dernière section de l'ordre des Coléoptères, établie par Latreille, et renfermant des Insectes qui n'ont qu'un seul article aux tarses. Cette section ne se compose que d'un seul genre formé du *Dermestes armadillo* de Degéer, auquel Leclerc de Laval a reconnu ce caractère. Fischer en a formé le genre *Clambus. V.* ce mot au Supplément. (G.)

* MONOMYAIRES. CONCH. Lamarck a divisé les Conchifères en deux grands ordres, les Dimyaires et les Monomyaires. Cette division est fondée sur le nombre des impressions musculaires que l'on observe dans l'intérieur des valves et qui indiquent si l'Animal qui les habitait avait un ou deux muscles adducteurs. Cette méthode qui semble ne pouvoir donner lieu à aucune discussion, est pourtant susceptible de controverse à l'égard de plusieurs genres que Lamarck range parmi les Monomyaires, et d'autres auteurs parmi les Dimyaires; il y a peu de naturalistes qui aient adopté cette division de Lamark. *V.* CONCHIFÈRES et MOLLUSQUES. (D..H.)

MONOMYCES. BOT. CRYPT. (Battara.) Synonyme d'Agaric. *V.* ce mot.

*MONONYCHE. *Mononychus.* INS. Genre de Charanson mentionné par Latreille (Fam. Nat. du Règne Anim.) et dont il ne donne pas les caractères. Il est voisin des Cryptorhinques et des Orobitis. (G.)

* MONOPÉRIGYNIE. BOT. PHAN. *V.* MONOCOTYLÉDONS.

*MONOPÉTALE. BOT. PHAN. Ce terme s'applique soit à la corolle lorsqu'elle est d'une seule pièce, et dans ce cas on dit corolle *monopétale*; soit aux Plantes qui ont une corolle monopétale. C'est dans ce dernier sens que les Végétaux dicotylédonés ont été divisés en trois grandes sections, les Apétales, les Monopétales et les Polypétales. *V.* COROLLE et MÉTHODE NATURELLE.
(A. R.)

* MONOPHLÈBE. *Monophlebus.* INS. Genre de l'ordre des Hémiptères, section des Homoptères, famille des Gallinsectes, établi par Latreille (Familles Naturelles du Règne Animal) et dont il ne donne pas les caractères; il dit seulement qu'il diffère des Dorthésies et des Cochenilles, parce que les antennes sont moniliformes et composées d'environ vingt-deux articles. (G.)

MONOPHORE. *Monophora.* MOLL. Dans son Voyage aux îles d'Afrique, Bory de Saint-Vincent eut le premier occasion d'observer et de figurer l'agrégation d'Animaux qui, formant un tube avec une seule ouverture, lui parut devoir porter le nom de Monophore. Depuis, Péron les ayant aussi observés, changea ce nom significatif et toujours convenable pour celui de Pyrosome, parce que les Monophores ont la propriété phosphorescente; mais ce nom ne leur convient pas, car ils ne sont pas les seuls qui jouissent de la faculté de répandre de la lumière. Cependant Cuvier ayant, sans citer l'auteur de la découverte du genre, adopté le nom vicieux donné par Péron, celui-ci a prévalu. *V.* MER, SALPA et PYROSOMES.

* Enfin, pour utiliser le nom introduit par notre collaborateur, Quoy et Gaymard, dans le Voyage de l'Uranie, ont nommé Monophore un genre très-voisin des Salpa et qui paraît n'avoir, comme son nom l'indique, qu'une seule ouverture vers l'extrémité la plus grosse. Comme ces deux savans naturalistes n'ont pu conserver que des dessins de ce genre, il serait possible, ainsi que le

croit Blainville, et par analogie, que la seconde ouverture qui est quelquefois très-petite dans quelques Biphores, ait échappé à leurs recherches assidues. On doit rester dans le doute jusqu'au moment où on aura fait de nouvelles observations. Pour se convaincre du rapport qui existe entre ces genres, il suffira de voir la fig. 4 et 5 de la pl. 17 de l'Atlas du Voyage de l'Uranie.

(D..H.)

*MONOPHYLLE. BOT. PHAN. Ce mot est employé pour désigner tout organe foliacé qui n'est pas divisé jusqu'à sa base. Ainsi, un calice est dit monophylle lorsqu'il n'offre pas plusieurs folioles distinctes. Ce terme entraîne souvent dans de fausses idées sur la structure des organes. Qu'un organe, par exemple, soit formé par l'assemblage de plusieurs folioles légèrement soudées dans la partie inférieure, on le dira monophylle, et le lecteur croira qu'il s'agit d'une seule pièce diversement découpée. Aussi la plupart des botanistes modernes préfèrent-ils se servir d'une périphrase qui exprime l'état exact de l'organe, que d'employer un adjectif aussi impropre que Monophylle.

(G..N.)

MONOPHYLLUM. BOT. PHAN. Nom que Lobel, Gesner et d'autres anciens botanistes donnaient au *Convallaria bifolia*, L., dont on a fait le genre *Maianthemum*, et qui quelquefois n'a qu'une seule feuille. *V.* MAIANTHÈME.

(G..N.)

*MONOPHYLLUS. MAM. Nom donné récemment par Leach à un genre qu'il propose d'établir parmi les Chauve-Souris. *V.* VESPERTILION

(IS. G. ST.-H.)

MONOPIRA. POLYP. Rafinesque, avec sa brièveté ordinaire, propose sous ce nom un genre formé de deux Polypiers des mers de Sicile qu'il dit avoir le corps simple et la bouche unique. L'un est le *Monopira recurvata*, et l'autre le *globulosa*.

(B.)

MONOPLEUROBRANCHES. *Monopleurobranchiata*. MOLL. Ce mot qui signifie Animal portant une seule branchie sur le côté, a été proposé et employé par Blainville dans son Traité de Malacologie pour son troisième ordre des Mollusques qu'il caractérise de la manière suivante : organes de la respiration branchiaux, situés au côté droit du corps et mis à couvert plus ou moins complétement par une partie du manteau operculiforme, dans laquelle se développe souvent une Coquille plane plus ou moins involvée, à ouverture très-grande et constamment entière ; tentacules nuls, rudimentaires ou auriculiformes. Blainville partage son ordre des Monopleurobranches en quatre familles ; la première, sous le nom de Subaplysiens (*V.* ce mot), renferme les genres Berthelle, Pleurobranche et Pleurobranchidie. La seconde famille, les Aplysiens, contient les genres Aplysie, Dolabelle, Bursatelle, Notarche et Élysie. La troisième, les Patelloïdes, comprend les trois genres Ombrelle, Siphonaire et Tylodine. La quatrième enfin, sous le nom d'Acère, renferme les genres Bulle, Bellérophe, Bullée, Lobaire, Sormet, Gastéroptère et Atlas. Nous renvoyons pour plus de détails aux familles et aux divers genres qu'elles renferment. (D..H.)

MONOPTÈRE. *Monopterus*. POIS. Ce genre a été établi par Lacépède d'après un dessin de Commerson, qui représente un Poisson dépourvu de toute nageoire, si ce n'est la caudale. Cuvier ne paraissant pas croire qu'une image suffit pour établir un genre solide, ne l'a même pas mentionné. Il paraît que le Monoptère, long de deux pieds, est un excellent manger. Il est commun dans le détroit de la Sonde et doit être rangé dans le sous-genre Sphagebranche parmi les Murènes. *V.* ce mot. (B.)

MONOPTERHIN. *Monopterhinus*. POIS. Blainville établit sous ce nom un sous-genre de Squales. *V.* ce mot.

(B.)

MONORCHIS. BOT. PHAN. Nom spécifique d'une Orchidée d'Europe (*Ophrys Monorchis*, L.) qui est devenue le type d'un genre nouveau, nommé *Herminium* par R. Brown, et adopté par le professeur Richard dans son travail sur les Orchidées d'Europe. *V.* HERMINION. (A. R.)

MONORCHITE. FOSS. *V.* PRIAPOLITE.

* MONOSÉPALE. BOT. PHAN. On désigne, par cet adjectif, le calice lorsqu'il est d'une seule pièce, ou pour parler plus exactement lorsqu'il est composé de plusieurs pièces soudées en tout ou en partie. (G. N.)

MONOSPERMALTHÆA. BOT. PHAN. (Isnard.) Syn. de Waltheria. *V.* cemot. (B.)

* MONOSTICHA. BOT. CRYPT. (Persoon.) *V.* SPHÆRIE.

MONOSTOME. *Monostoma.* INT. Genre de l'ordre des Trématodes, ayant pour caractères : corps mou, aplati ou cylindroïde; pore antérieur solitaire. Les Monostomes ressemblent beaucoup aux Amphistomes par leurs formes et leur organisation; seulement ils n'ont qu'un suçoir ou pore qui est antérieur; il est même incertain si, parmi les Monostomes, il n'y a point quelques espèces qui soient de véritables Amphistomes, mais dont on n'a pu distinguer le pore postérieur à cause de sa petitesse ou parce qu'il était fortement contracté. Comme tous les Trématodes, ce sont des Animaux mous, contractiles dans tous leurs points, couverts d'une peau mince renfermant un parenchyme parcouru par trois sortes de vaisseaux diversement disposés suivant les espèces. Les uns, destinés à la nutrition, ont une communication directe avec le pore antérieur : ils sont en général très-grêles, très-nombreux, et souvent anastomosés; ils ne sont pas toujours entièrement visibles; on n'aperçoit que leurs principales branches, à moins qu'ils ne soient remplis par des matières colorées. Les deux autres sortes de vaisseaux sont destinés à la génération; les uns, et ce sont les plus grands, renferment des œufs à différens degrés de maturité; ils sont plus ou moins repliés et tortueux, et en général colorés, ou plutôt ce sont les œufs qu'ils contiennent; les vaisseaux séminifères sont également repliés; les uns et les autres aboutissent probablement au cirrhe qui, dans les Monostomes, est placé à peu de distance du pore, et rarement saillant; il ressemble à une petite papille diversement configurée. Le pore est conformé comme ceux des Distomes et des Amphistomes; il est affermi par un anneau musculeux; sa forme varie suivant les espèces et lors des mouvemens; dans quelques espèces, il est tout-à-fait terminal, et dans d'autres, quoique placé à l'extrémité antérieure, son ouverture est située en dessous; on dit alors qu'il est infère. Le corps des Monostomes est souvent tout d'une venue ou sans aucunes marques particulières; il y a quelques espèces dont la tête est distinguée du corps par un rétrécissement ou un renflement qu'on désigne alors sous le nom de col. Les Monostomes ne parviennent qu'à de petites dimensions; la plus grande espèce connue, *Monostoma filicolle*, atteint environ quatre pouces; ils sont hermaphrodites ou peut-être androgynes; ils sont en général assez rares; on les trouve dans les intestins, les cavités abdominale et thorachique, et même entre les muscles des Animaux vertébrés. Rudolphi les partage en deux sections : les Monostomes à pore infère ou *hypostomes*, et ceux dont le pore est terminal; il y a en outre les espèces douteuses. Ce genre renferme environ vingt-cinq espèces connues.

Dans nos recherches helminthologiques, nous n'avons trouvé qu'un très-petit nombre d'espèces de Monostomes parmi lesquelles il y en a une qui n'est point décrite dans les ouvrages de Rudolphi, et que nous ferons connaître; elle est remarquable par la forme de sa tête, qui ressemble à un petit chapeau à trois cornes : nous l'avons trouvée dans les cœcums de l'Huîtrier d'Europe (*Hæmatopus ostralegus*), et lui avons donné l'épithète spécifique de *Trigonocephalum*, à cause de la forme de sa tête ; nous la caractérisons ainsi : tête cachée et subtrigone, ayant le pore mitoyen orbiculaire, inférieur, avec le corps égal et allongé. (E. D..L.)

* **MONOSTROITES.** ECHIN. Nom donné par Mercati à un Echinoderme fossile qui doit probablement se rapporter à la variété β du *Clypeaster oviformis* de Lamarck. (E. D..L.)

* **MONOTHALAME.** MOLL. Expression synonyme de Coquille uniloculaire. *V.* COQUILLES et MOLLUSQUES. (D..H.)

* **MONOTHYROS.** MOLL. L'un des anciens synonymes d'Univalves. (B.)

MONOTOCA. BOT. PHAN. Genre de la famille des Epacridées, établi aux dépens du grand genre *Styphelia* par R. Brown (*Prodrom. Flor. Nov.-Holland.*, 1, p. 547) qui l'a ainsi caractérisé : calice muni de deux bractées ; corolle infundibuliforme dont le limbe et la gorge sont imberbes ; disque hypogyne, cyathiforme, lobé ; ovaire monosperme ; drupe bacciforme. Ce genre se compose d'Arbrisseaux ou d'Arbustes indigènes de la Nouvelle-Hollande. Leurs feuilles sont éparses ; leurs fleurs sont petites, blanches, souvent dioïques par avortement ; elles forment des épis axillaires rarement terminaux. Les cinq espèces décrites par R. Brown sont distribuées en deux sections. La première renferme des Arbrisseaux dioïques, ayant des bractées caduques. Ce sont les *Monotoca elliptica*, Br., ou *Styphelia elliptica* de Smith ; *M. albens*, Br. ; et *M. lineata*, Br., ou *Styphelia glauca*, Labill. (*Nov.-Holl.* 1, p. 45, t. 61). La seconde section, où les fleurs sont hermaphrodites, et les bractées persistantes, se compose du *M. scoparia*, Br., ou *Styphelia scoparia* de Smith ; et du *M. empetrifolia*, Br. (G..N.)

MONOTOME. *Monotoma.* INS. Genre de Coléoptères établi par Herbst et dont nous ne connaissons pas les caractères. Il ne renferme qu'une espèce, c'est le *Lyctus picipes* de Paykul. (G.)

MONOTRÊMES. MAM. Ce nom, créé il y a quelques années par Geoffroy Saint-Hilaire, et aujourd'hui adopté par presque tous les zoologistes, désigne d'une manière générale un petit nombre d'espèces récemment découvertes à la Nouvelle-Hollande, et chez lesquelles on retrouve le plan d'organisation qui caractérise la classe des Mammifères, mais avec des modifications si remarquables et des anomalies si nombreuses, qu'on est encore incertain sur la véritable place qui leur est assignée dans la série animale par leurs rapports naturels. On ne connaît, dans cette singulière famille, que deux genres, celui des Echidnés (*Echidna*) et celui des Ornithorhynques (*Ornithorhynchus*), qui tous deux ne se trouvent composés, dans l'état présent de la science, que d'un très-petit nombre d'espèces, mais qui néanmoins, suivant Latreille, devraient être considérés comme formant deux ordres particuliers. Cette opinion de notre célèbre compatriote ne sera peut-être pas admise par tous les naturalistes ; mais du moins doit-on convenir qu'elle exprime bien mieux le degré d'affinité qui existe entre les Ornithorhynques et les Echidnés, et qu'elle est ainsi beaucoup plus juste que celle d'Everard Home, suivant laquelle on devrait réunir tous les Monotrêmes dans un seul et même genre. Les différences organiques que l'on remarque entre l'Ornithorhynque et l'Echidné, sont en effet très-nombreuses, et en même temps d'une haute importance ; et cela est si vrai que la plupart des auteurs qui ont eu à décrire ces deux Animaux, même sous le point de vue le plus général, ont fait successivement, et non pas en même temps, l'histoire de chacun d'eux, tant ils trouvaient peu de caractères communs à l'un et à l'autre. Nous suivrons leur exemple à cet égard : il nous a semblé plus convenable en effet de faire connaître avec tout le détail nécessaire, chaque genre dans son article spécial, en nous bornant ici à indiquer les opinions émises par les plus célèbres naturalistes sur les rapports naturels des Monotrêmes.

L'Echidné épineux, *Echidna Hystrix*, est le plus anciennement connu des Animaux de cette famille : Shaw le décrivit vers 1792 dans ses *Naturalist's Miscellany*; mais, sans se douter des nombreuses anomalies qui signalent l'organisation de l'espèce qu'il avait eu le bonheur de publier le premier, ce naturaliste la considéra seulement comme une nouvelle espèce de Fourmiliers, et la décrivit sous le nom de *Myrmecophaga aculeata*. Au reste, suivant cette manière de voir elle-même, la découverte de l'Echidné était déjà d'un assez grand intérêt pour la zoologie : car jusqu'alors tous les Fourmiliers connus se rapportaient à deux sections, celle des Fourmiliers ordinaires ou des Fourmiliers d'Amérique, et celle des Fourmiliers écailleux ou des Fourmiliers de l'ancien continent (les Pangolins); et la nouvelle espèce devenait ainsi le type d'un troisième sous-genre non moins remarquable par la nature de ses tégumens, celui des Fourmiliers épineux ou des Fourmiliers de l'Australasie. La publication de l'Ornithorhynque suivit de près celle de l'Echidné; elle fut faite quelques années plus tard, à peu près en même temps et par Blumenbach (Manuel d'Hist. Nat.) et par Shaw (*loc. cit.*) : tous deux considérèrent le nouveau Quadrupède comme le type d'un genre particulier, qui fut appelé par ce dernier *Platypus*, et par Blumenbach *Ornithorhynchus* : on a déjà vu que le nom donné par l'illustre naturaliste allemand est celui qui a prévalu. Les deux auteurs que nous venons de citer avaient l'un et l'autre assigné au nouveau genre les mêmes caractères; et la phrase

dans laquelle ils avaient renfermé les principaux d'entre eux, était presque textuellement la même : tous deux avaient principalement remarqué *ses mandibules aplaties en forme de bec de canard, et ses pieds palmés :* mais ils ne s'étaient pas accordés sur la famille dans laquelle il convenait de le placer. Blumenbach l'avait, à cause du caractère que présentent ses pieds, rapproché des Mammifères palmipèdes; mais Shaw avait été plus heureux; il l'avait mis à la suite des *Myrmecophaga*, et parce que l'Echidné était toujours considéré comme appartenant à ce genre, le *Platypus* ou l'Ornithorhynque se trouva occuper la place que lui assignaient ses véritables rapports naturels. Au reste ce rapprochement était moins le fruit d'une étude savante de ces rapports qu'un simple effet du hasard : ce ne fut en effet que lorsqu'Everard Home eut fait ses belles recherches sur l'organisation de l'Echidné et de l'Ornithorhynque, que l'on comprit enfin la nécessité de réunir ces deux Animaux. L'illustre zootomiste anglais s'occupa d'abord de ce dernier dans une Dissertation qu'il lut à la Société royale de Londres, vers la fin de 1801, et qu'il publia dans les Transactions philosophiques, en 1802 : ce travail fut bientôt suivi d'un Mémoire sur l'Echidné, qui parut dans le même recueil et dans la même année. Home porta enfin l'attention des naturalistes sur les organes sexuels des Monotrêmes; il montra qu'ils différaient par un grand nombre de caractères de la plus haute importance de ceux des Mammifères normaux; et pensant qu'ils se rapprochaient davantage de ceux des Squales et de certains Reptiles, il alla jusqu'à émettre l'opinion que l'Ornithorhynque et l'Echidné devaient être Ovovivipares, comme eux. Il ne les considérait plus comme de véritables Mammifères, mais bien comme une tribu intermédiaire à la classe des Mammifères, à celle des Oiseaux et à celle des Reptiles, et formant ainsi une sorte de passage de l'une à l'autre.

C'est en rendant compte (dans le Bulletin de la Société philomatique, n° 77, p. 125) de ces idées d'Everard Home, que Geoffroy Saint-Hilaire sépara l'Ornithorhynque et l'Echidné des Edentés, parmi lesquels on les avait généralement placés jusqu'alors, et qu'il établit pour eux, sous le nom de Monotrêmes, un ordre particulier auquel il assigna ces caractères indicateurs : *Doigts unguiculés; point de véritables dents; un cloaque commun, versant à l'extérieur par une seule issue.* C'est, comme on le voit, à ce dernier caractère que se rapportait la nouvelle dénomination de Monotrêmes. Cet ordre, établi par Geoffroy Saint-Hilaire, fut adopté quelques années après par le savant Desmarest (nouveau Dictionnaire d'Histoire Naturelle), qui le plaça, d'après des vues particulières, entre les Rongeurs et les Edentés; et nous le retrouvons encore plus tard dans le *Prodromus* d'Illiger (1811), mais avec une nouvelle dénomination, celle de *Reptantia*, par laquelle le naturaliste allemand rappelait à la fois et la marche rampante des Monotrêmes, et leurs rapports avec les Reptiles.

Ainsi ces Animaux, placés d'abord dans l'ordre des Edentés, furent eux-mêmes regardés comme constituant un ordre distinct : on alla bientôt plus loin encore, et on les considéra comme une classe distincte: opinion que nous avons vu naître des recherches de Home, et qui ne pouvait manquer de trouver faveur parmi les naturalistes, puisque la plupart d'entre eux étaient disposés à croire les Monotrêmes ovipares, et que l'absence des mamelles passait aux yeux de tous pour un fait presque démontré. On voit donc que l'idée qui fait de cette tribu une cinquième classe de Vertébrés, devait naturellement être adoptée par un grand nombre de zoologistes; et elle a été en effet développée successivement depuis 1806 jusqu'à nos jours par Duméril, Tiedemann, Lamarck, Geoffroy Saint-Hilaire, Van der Hoeven, La-

treille et Quoy. Plusieurs de ces naturalistes n'osèrent pas, il est vrai, prononcer le nom de classe nouvelle, mais tous remarquèrent que l'Ornithorhynque et l'Echidné ne sont pas de véritables Mammifères. Ainsi Tiedemann (1808) pense qu'on ne peut les rapporter à aucun des ordres établis, à cause des nombreuses anomalies de leur organisation, et il les place dans une sorte d'appendice ; et Duméril, dans sa Zoologie analytique, publiée deux années auparavant, montre qu'ils s'éloignent des Mammifères par une foule de considérations d'une haute importance, au nombre desquelles il cite les suivantes : 1° point de mamelles, 2° un cloaque, 3° point de dents enchâssées, 4° point de lèvres charnues, 5° palais osseux, à os intermaxillaires séparés, 6° point de méat auditif, 7° deux os claviculaires, dont un analogue à la fourchette des Oiseaux, 8° les bras articulés en charnière sur les deux os de l'épaule, 9° le péroné beaucoup plus long que le tibia, 10° les phalanges très-courtes, à doubles poulies, 11° un sixième doigt unguiculé au pied de derrière. « Tous ces caractères, ajoute le célèbre naturaliste, semblent éloigner l'Ornithorhynque et l'Echidné de l'ordre dans lequel ils sont placés; on observe au contraire des dispositions semblables dans plusieurs Oiseaux, et surtout chez un grand nombre de Reptiles. »

On voit que ces deux savans s'expriment avec doute ; l'illustre auteur de la Philosophie zoologique fut plus hardi : il créa pour les Monotrêmes une classe nouvelle qu'il caractérisa de la manière suivante : « Point de mamelles; point de dents enchâssées; point de lèvres ; un cloaque ou orifice commun pour les organes génitaux, pour les excrémens et les urines, et le corps couvert de poils ou de piquans. » Ce ne sont pas, ajoute-t-il, des Mammifères; car ils sont sans mamelles, et probablement Ovipares : ce ne sont pas des Oiseaux; car les poumons ne sont pas percés, et ils n'ont pas les membres en forme d'ailes : ce ne sont pas des Reptiles ; car ils ont un cœur à deux ventricules. » Ces idées ont été depuis développées par divers naturalistes, et confirmées par diverses recherches de Geoffroy Saint-Hilaire et de Van der Hoeven ; tout récemment Latreille les a trouvées assez bien établies pour ne pas craindre de les adopter dans son ouvrage sur les *Familles naturelles du Règne Animal.* Toutefois on doit bien se garder de les admettre comme ayant tout le degré de certitude désirable ; car, d'une part, les mamelles ont été récemment trouvées par Meckel chez l'Ornithorhynque, ce qui le prive de l'un de ses caractères distinctifs les plus remarquables ; et, de l'autre, avant même cette découverte, plusieurs naturalistes non moins éminens que ceux qui penchent pour l'opinion contraire, avaient déjà essayé de démontrer que les anomalies que présente le groupe des Monotrêmes, ne sont pas d'une assez haute importance pour motiver son élévation au rang d'une classe distincte. Cette manière de voir est principalement celle de Spix, de Blainville, de Cuvier et de Meckel qui a apporté en sa faveur une preuve de la plus haute importance par sa découverte des mamelles chez l'Ornithorhynque. Dès 1811, le premier de ces naturalistes s'était élevé contre les idées de Lamarck, en remarquant au sujet des Monotrêmes, que leur corps couvert de poils, leurs poumons librement suspendus, la présence du diaphragme, l'existence de rudimens de dents mâchelières, et la grande ressemblance qui existe, selon lui, entre leur squelette et celui des Mammifères, et particulièrement celui des Tatous, ne semblent pas permettre de les placer dans une classe particulière. Telle est aussi l'opinion de Cuvier, qui fait des Monotrêmes une simple famille dans son ordre des Edentés, et celle de Blainville qui l'a surtout développée avec beaucoup de détail.

Ce célèbre zootomiste (dans sa Dissertation sur la place que la famille des Ornithorhynques et des Échidnés doit occuper dans les séries naturelles, 1812), après avoir décrit tous les organes des Monotrêmes, et les avoir comparés à ceux des autres Vertébrés, arrive à ces conclusions : « Avec les Mammifères, les rapports deviennent tellement nombreux et sont tirés d'organes si importans ; les dissemblances sont au contraire en si petit nombre et de si peu de valeur, qu'il sera de toute évidence pour l'observateur qui pèsera les uns et les autres, que l'Ornithorhynque et l'Echidné doivent appartenir évidemment à la classe des Mammifères. » Il montre ensuite que les Marsupiaux sont les êtres dont ils se rapprochent davantage : les ressemblances avec eux sont, dit-il, « un trou au condyle interne du fémur ; la longueur du péroné et son articulation plus ou moins immédiate avec le fémur ; les os marsupiaux ; la symphyse pubienne fort longue, l'ischion en formant une assez grande partie ; un orifice extérieur commun au rectum et aux organes de la génération ; l'appareil de la génération femelle séparé en deux portions distinctes qui s'ouvrent chacune dans le vagin sur les côtés de l'ouverture de la vessie ; le vagin et l'urèthre ne formant qu'un seul et unique canal ; l'épididyme très-gros et très-séparé du testicule ; la portion membraneuse de l'urèthre extrêmement longue ; le pénis constamment renfermé dans l'intérieur du bassin et dirigé en arrière ; sa racine libre et suspendue dans les chairs ; la forme très-singulière du gland, et le foie sans ligament falciforme. » Enfin Blainville indique de la manière suivante les caractères qui écartent les Monotrêmes des Mammifères : « L'absence d'apophyse transverse aux vertèbres dorsales ; le passage des nerfs vertébraux dans le corps d'une seule vertèbre ; les côtes articulées par leur tête seulement et composées de deux portions osseuses réunies par un petit

cartilage intermédiaire ; l'élargisse-
ment et l'aplatissement considérable
des côtes asternales ; la modification
de la première pièce du sternum ; la
présence d'un os particulier sur les
parties latérales de celle-ci ; la modification des os de l'épaule ; un ergot
corné aux pieds postérieurs des mâles ;
la séparation des os incisifs dans une
espèce, et, dans l'autre, au contraire,
l'ouverture extérieure des narines entièrement formée par ces os ; deux
souls osselets à l'ouie ; la saillie de
deux des canaux semi-circulaires et
de l'ampoule de l'un d'eux, dans
l'intérieur du crâne de l'Ornithorhynque ; l'échancrure de la partie
supérieure du grand trou occipital ;
la valvule tricuspide en grande partie charnue ; la terminaison des uretères au-delà de l'ouverture de la
vessie dans l'urèthre ; les cornes de
la matrice s'ouvrant dans le vagin
près de l'ouverture de l'orifice de
la vessie et des uretères ; la terminaison du canal de l'urèthre par plusieurs ouvertures à l'extérieur. »
C'est en pesant la valeur de ces caractères qui tous éloignent les Monotrêmes des Mammifères et de ceux qui
les rapprochent au contraire de cette
classe, que Blainville a conclu que
la masse des ressemblances l'empor-
tait de beaucoup sur celle des dissemblances, et que les Monotrêmes ne
doivent pas ainsi former une classe
distincte. Quant à la question de savoir à quel groupe ils doivent être
rapportés parmi les Mammifères,
Blainville pense qu'ils forment une
petite famille distincte dans l'ordre
des Édentés, si l'on veut continuer
à se baser pour les divisions secondaires sur les organes de la digestion ;
ou bien dans la sous-classe des Marsupiaux ou Didelphes, si l'on croit
devoir considérer en première ligne
l'appareil de la génération. C'est à
cette dernière opinion que ce savant
zootomiste s'est définitivement arrêté,
ainsi que nous l'avons dit ailleurs
(*V.* Mammalogie et Marsupiaux) ;
et son exemple a même été suivi tout
récemment par un autre zoologiste.

MON

Telles sont les principales opinions
émises sur les rapports naturels des
Monotrêmes et sur la place qu'ils
doivent occuper dans la série animale. On voit que la question a été
résolue de plusieurs manières fort
différentes et même contradictoires ;
mais qu'elle ne peut véritablement
être décidée d'une manière définitive,
que lorsque le mode de génération
de l'Ornithorhynque et de l'Echidné
sera enfin bien connu, et lorsqu'on
saura avec certitude s'ils sont Vivipares, à la manières des Mammifères, ou Ovipares. A la vérité les
naturels de la Nouvelle-Hollande
affirment avoir connaissance des œufs
de l'Ornithorhynque (*V.* ce mot), et
ils en ont même donné au chirurgien
anglais Patrick-Hill, une description
assez détaillée pour que l'on soit disposé à la regarder comme exacte.
Mais comment concevoir que ces œufs
puissent avoir, comme ils le prétendent, la grosseur de ceux de la Poule,
quand on sait qu'ils doivent, dans
la ponte, traverser le bassin, et que
le diamètre de cette cavité est de
beaucoup moindre que celui qui leur
est ainsi attribué? Cette objection très-
bien fondée et qui semblait même
donner gain de cause à ceux qui ne
voient dans les Monotrêmes que de
véritables Mammifères, n'est cependant pas péremptoire : car une disposition très-remarquable des organes
femelles de la génération a fourni à
Geoffroy Saint-Hilaire la preuve qu'il
n'est pas impossible de concilier avec
l'étroitesse du bassin, le volume considérable des œufs (*V.* Ornithorhynque). Ainsi le témoignage des
naturels de la Nouvelle-Hollande,
absolument inadmissible suivant les
uns, ne doit nullement être rejeté
comme faux, suivant les autres ; et
nous ne trouvons encore ici qu'incertitude, doutes et contradictions.
Espérons cependant que cette importante question ne tardera pas à
être résolue d'une manière définitive : lorsqu'on sait que les côtes
de la Nouvelle-Hollande vont être
explorées par Quoy et Gaimard, ne

doit-on pas avoir la presque certitude que la science va être redevable à leur zèle de tous les documens dont elle a besoin, de renseignemens recueillis avec autant d'empressement que de soin, et d'observations faites avec autant d'exactitude que de talent?

(IS. G. ST.-H.)

MONOTROPE. *Monotropa.* BOT. PHAN. Linné a constitué sous ce nom un genre de la Décandrie Monogynie, dans lequel il réunissait des Plantes très-remarquables par un port particulier et analogue à celui des Orobanches. Nuttall (*Genera Plant. of north Amer.*, 1, p. 271) qui a repris avec soin l'étude de ces Plantes, en a de nouveau séparé l'*Hypopithys* de Dillen confondu par Linné avec les *Monotropa*. *V.* HYPOPITHYS. Ainsi l'espèce européenne du genre dont il est ici question, s'en trouve exclue, et il n'y reste que celles de l'Amérique du nord. Après cette réforme, Nuttall exprime de la manière suivante les caractères du *Monotropa* : calice nul ou remplacé par deux ou trois bractées ; corolle marcescente, pseudo-polypétale, c'est-à-dire monopétale, profondément divisée en cinq segmens offrant chacun à la base un capuchon nectarifère ; anthères réniformes, horizontales, uniloculaires, émettant leur pollen par deux trous transversaux et situés vers le milieu de chaque anthère ; stigmate orbiculaire, nu ; capsule à cinq loges et à cinq valves, renfermant des graines nombreuses très-petites et subulées. Les *Monotropa Morisoniana*, Michx., et *M. uniflora*, L., sont les seules espèces légitimes de ce genre ; le *M. lanuginosa*, Michx., fait partie des Hypopithys. Ce sont des Plantes parasites sur les racines des Arbres, dépourvues de feuilles vertes, et ne présentant à la place de celles-ci que des écailles blanchâtres ou jaunâtres. Leurs tiges n'ont pas l'odeur musquée des Hypopithys auxquels elles ressemblent par la couleur, la consistance et le mode d'inflorescence qui les termine.   (G..N.)

* **MONOTROPÉES.** *Monotropeæ.* BOT. PHAN. Dans son *Genera of north Amer. Plants*, vol. 1, p. 272, Nuttall a proposé d'établir, sous ce nom, une petite famille naturelle qu'il a ainsi caractérisée : calice supère, à cinq divisions persistantes, quelquefois nul, ou ne se présentant que sous la forme de bractées irrégulières ; corolle périgyne, monopétale, persistante, divisée très-profondément de manière à sembler polypétale ; étamines en nombre défini et double de celui des pétales, insérées à la base de ceux-ci, à filets distincts, à anthères horizontales adnées aux filets, ordinairement uniloculaires, s'ouvrant de diverses manières, mais jamais par des pores terminaux ; ovaire supérieur surmonté d'un seul style, et d'un stigmate simple discoïde ; fruit capsulaire, à cinq loges et à cinq valves, les cloisons se réunissant à la base et formant un axe ; graines nombreuses très-petites, situées au centre d'un épisperme membraneux et samaroïde, quelquefois ailées au sommet. Les Plantes qui forment le type de cette petite famille ont un port singulier qui ressemble à celui des Orobanches. La structure de leurs anthères et de leurs graines est semblable à celles des *Pyrola* qui étaient placés dans la famille des Éricinées. En conséquence Nuttall a proposé de composer le nouvel ordre naturel des Monotropées, avec les trois genres *Monotropa*, *Hypopythis* et *Pyrola*.

(G..N.)

MONSIEUR. BOT. PHAN. Variété de Prunes.

MONSONIE. *Monsonia.* BOT. PHAN. Genre de la famille des Géraniacées, et de la Monadelphie Dodécandrie, L., établi par Linné fils (*Supplem.*, p. 342), et qui présente les caractères suivans : calice à cinq sépales égaux mucronés au sommet, corolle à cinq pétales égaux oblongs, élargis supérieurement, et du double plus grands que le calice ; quinze étamines monadelphes à la base, souvent réunies dans le reste de leur étendue en cinq faisceaux de trois étamines chacun, portant des anthères ovales; ovaire supère, pentagone, surmouté d'un style conique, et d'un stigmate à cinq lobes un peu épais; fruit à cinq carpelles capsulaires dont les arêtes ou styles persistans se tordent en spirale après la fleuraison. Toutes les espèces de ce genre croissent au cap de Bonne-Espérance. Elles sont au nombre de huit, et De Candolle (*Prodrom. Syst. Veget.* 1, p. 738) les a disposées en trois sections de la manière suivante.

Sect. 1. SARCOCAULON. Tige frutescente, charnue, hérissée d'épines; feuilles ovales ou oblongues entières ou à peine dentées; pédoncules uniflores munis à leur base de deux bractées extrêmement petites; pétales entiers; étamines seulement réunies par la base et ne formant pas cinq faisceaux. Cette section mériterait peut-être d'être élevée au rang de genre. Elle se compose de trois espèces, savoir: 1° *Monsonia l'Héritieri*, D. C., ou *M. spinosa* de l'Héritier et Lamarck; 2° *M. Patersonii*, D. C.; 3° *M. Burmanni*, D. C. Cette dernière espèce est le *Geranium spinosum* de Burmann (*Geran.*, n. 2), figuré par Cavanilles (*Dissert.*, 4, p. 195, t. 76), et qui, malgré ses dix étamines, est voisin, par son port et la structure de son fruit, des espèces précédentes.

Sect. 2. OLOPETALUM. Tige herbacée; feuilles presque ovales dentées; stipules et bractéoles subulées, endurcies; pédoncules à une ou deux fleurs portant sur leur milieu deux à quatre bractéoles; pétales obovales entiers; étamines à cinq faisceaux. Cette section renferme le *Monsonia ovata* de Cavanilles (*Dissert.* 4, p. 193, t. 113, fig. 1); et le *M. biflora*, espèce nouvelle rapportée du Cap par Burchell.

Sect. 3. ODONTOPETALUM. Tige herbacée; feuilles lobées ou multifides; pédoncules uniflores, très-longs, portant sur leur milieu six à huit bractées verticillées; pétales

oblongs grossièrement dentés au sommet; étamines pentadelphes. Cette section se compose des trois espèces suivantes: 1° *Monsonia lobata*, Willd., figuré dans le *Botanical Magazine*, t. 5. C'est le *M. Filia* de Linné fils; 2° *M. pilosa*, Willd.; *M. Filia* de Persoon, *Geranium Monsonia* de Thunberg; 3° *M. speciosa*, Linné fils, Cavan., *loc. cit.*, 3, t. 74, fig. 1. C'est le *Geranium speciosum* de Thunberg.   (G..N.)

MONSTERA. BOT. PHAN. (Adanson). Syn. de Dracontium. *V.* ce mot.   (B.)

MONSTRE. ZOOL. Ce mot imaginé dans des temps de superstition grossière, fut d'abord étendu à tout ce qu'il est possible de rencontrer de plus effrayant et de plus horrible à considérer. Mais enfin on l'employa dans une acception plus restreinte pour désigner tout enfantement extraordinaire, toute production prétendue désordonnée, toute chose insolite; sujet d'épouvante d'autant plus grand que l'ignorance l'interprétait en y faisant concourir les conjectures les plus singulières, les suppositions les plus absurdes. Cependant il n'est point de Monstres dans le sens de ces opinions exagérées et ridicules. Nous allons demander à la science de l'établir.

I. SOMMAIRE HISTORIQUE DES FAITS DE LA MONSTRUOSITÉ.

L'antiquité, effrayée de l'apparition des Monstres, en avait pris l'idée qu'ils étaient placés hors du domaine des choses naturelles. Sur la nouvelle d'une naissance extraordinaire, les populations s'en affligeaient comme d'un malheur universel: on notait d'infamie, ou même l'on punissait de mort les mères de ces productions réprouvées. L'indignation publique croissait en raison de l'origine attribuée à ces désordres d'organisation; car ils étaient regardés comme un signe de la colère des dieux, comme la punition d'une dépravation portée à son comble. Ainsi un Monstre ne

fut point seulement d'abord un être
vicié par des imperfections corporel-
les, mais de plus, dans l'idée que
l'on s'en formait, on y faisait entrer
des notions puisées dans le monde
moral, le soupçon de copulations
coupables, et nombre d'autres préoccupations d'esprit enfantées par l'ignorance et le fanatisme. Un Monstre a
donc paru quelque chose d'affreux et
d'indéfinissable, quelque chose que
la nature, abandonnée sans doute à
d'inexplicables caprices, voulait et
ne voulait pas, qu'elle faisait et dé-
faisait aussitôt; ébauches informes
qui naissaient pour mourir au même
moment, réalisant ainsi ce qui ne
peut être, montrant, ensemble confondus, les deux termes inconciliables
de l'existence.

Cependant au sortir des ténèbres du moyen âge, on ne prit
point les choses autant au sérieux.
Ce qui avait paru si affreux ne fut
considéré dans la suite que comme
propre à en imposer à l'imagination.
Mais alors rechercher les Monstres
dans ce but, ce n'était rien apprendre touchant leur essence : s'étonner
en les voyant n'est pas savoir. Toutefois on entrait déjà de cette manière, mais sans s'en douter, dans
des voies d'investigation. On sut que
les Monstres étaient assez souvent
reproduits : cette fréquence de leur
apparition les fit regarder comme
compris dans les desseins impéné-
trables de la Providence : ces réflexions excitèrent le zèle ; mais enfin tout cela n'aboutit qu'à faire rechercher les Monstres pour en faire
des pièces de cabinet. A ce moment
d'en juger, on comprit qu'il les fallait cataloguer, nommer, expliquer
même, et c'est alors que l'on inscri-
vit, au bas de chaque sujet, en
changeant de l'un à l'autre les dénominations qualificatives, des définitions comme la suivante : *Monstrum, seu ludus naturæ informis,
horribilis, incomprehensibilis, ex fe-
minâ natus.* C'était agir comme si
l'on eût réellement découvert que la
nature fût susceptible de caprices,

qu'elle voulût se jouer de notre
espèce, et qu'il lui arrivât de s'accorder des jours de saturnales pour
produire hors d'à-propos, et pour
donner lieu à des existences ridiculement établies (1). Cependant des
objets rassemblés, que l'on peut embrasser dans leur ensemble, qui laissent saisir des vues de rapports et de
différences, parlent trop vivement à
l'esprit pour que l'on ne s'empresse
bientôt de les comparer et de les étudier sérieusement. Quelques esprits
privilégiés comprirent de fort bonne
heure quel parti la science saurait un
jour en tirer. Les Monstres étaient
déjà devenus pour eux une création
insolite, mais qui, à quelques égards,
était établie dans la règle, ou du
moins dont on pouvait déduire de
hautes et importantes conséquences
physiologiques. Ainsi l'on vit de savans académiciens, de 1700 à 1720,
contre-éprouver par des études de la
Monstruosité quelques théories que
l'on cherchait à introduire dans la
science ; les uns s'autorisant de l'absence du système cérébro-spinal chez
quelques Monstres pour rejeter la doctrine des esprits animaux qu'on supposait s'engendrer dans le cerveau, et
d'autres citant l'absence du cœur chez
les Acéphales, pour s'élever contre le
sentiment que le cœur est le premier
organe formé et le principal régula-
teur de la machine. Cette troisième
époque passa inaperçue, et l'on revint sur ses pas, pour tomber, par
rétrogradation, dans une quatrième
où le demi-savoir fit naître des doutes et des perplexités sans nombre.

---

(1) Jusque dans un des ouvrages du grand
Leibnitz, de ce sage si sévère dans la recherche
de la vérité, on trouve une semblable manière
de concevoir les désordres de la Monstruosité.
Venant à rappeler un certain renversement de
viscères, chez un soldat des Invalides disséqué
par Méry en 1686, et dont le public s'occupa
beaucoup alors, Leibnitz dans ses Nouveaux
Essais de l'entendement humain, page 280, dit
à ce sujet que la nature

Peu sage et sans doute en débauche
Plaça le foie au côté gauche
Et de même *vice versâ*
Le cœur à la droite plaça.

Les mouvemens de Vallisniéri qui repousse les observations de son élève Vogli, qui profite de son caractère de maître pour nier à celui-ci qu'il eût vu un Monstre privé du cœur, font connaître ces temps d'indécision. Mais bientôt la question de la Monstruosité est examinée avec plus de fermeté : une lutte vive s'engage entre Winslow et Lémery : leur débat roule sur la question de savoir si la cause de la Monstruosité est dans le germe avant son développement, ou si, sous l'influence de circonstances étrangères, elle vient saisir le germe, pendant que celui-ci poursuit le cours de ses développemens. Les faits nécessaires dans une aussi haute question manquant à chacun, la science profita peu de ce débat qui, ayant occupé dix ans le monde savant, devint célèbre, puis demeura presque oublié. Nous considérons, au contraire, comme un événement remarquable, une thèse inaugurale soutenue en 1762, et qui nous a été conservée par Sandifort; elle est de Charles Werner Curtius, et fait très-bien connaître un Monstre acéphale. Nous n'hésiterions point à désigner ce travail comme pouvant à lui seul caractériser une sixième époque, si l'auteur eût agi sous l'influence d'un esprit affranchi des idées de son temps, et s'il se fût douté de la révolution que ses procédés préparaient pour les âges futurs. Encore aujourd'hui le travail de Curtius n'est qu'un germe, au point que son nom est à peu près resté inconnu. Nous allons nous expliquer à ce sujet. Nous ne marcherons véritablement sur les faits de la Monstruosité que s'il nous arrive d'en présenter nettement les réelles conditions. Or, c'est ce qu'on ne fait point par le plan d'études qui est suivi, et bien mieux, ce que ne sauraient faire les anatomistes, seulement occupés de l'étude particulière de l'Homme; avançant cette proposition, c'est, nous le savons, nous écarter beaucoup du sentiment de Dugès, professeur nommé à l'une des chaires de la Faculté de Montpellier, celle des ac-

couchemens. Il est d'avis de rejeter les lumières à demander aux études de l'histoire naturelle, de repousser *toute* intervention de la part des naturalistes : il croit qu'il n'y a encore rien de fait relativement à la Monstruosité; que tout doit être repris et remanié à neuf; mais que surtout la reconstruction de l'édifice ne doit être entreprise et n'est possible avec chance de succès que par un maître habile dans l'art des accouchemens.

Cependant si l'on se prive de considérer son sujet d'une certaine hauteur, que donnera l'investigation anatomique, même la plus attentive? Qu'y a-t-il de possible que n'ait déjà fait Curtius avec une rare habileté? Je vois l'anatomiste humain très-bien informé des conditions de l'organisation de l'Homme normal, je le vois se laissant prévenir par un fait irrécusable, c'est-à-dire par l'idée que le sujet qu'il examine est né d'une femme. Dès-lors il est sous le joug des raisonnemens suivans : « Le produit utérin d'une Femme, c'est un être humain ; dans toute production ayant cette origine, on doit en toute place explorée trouver l'Homme, rencontrer des organes humains : là doit être le cœur, mais il manque ; ici se doivent trouver le foie, le pancréas, la rate, les organes des sens, la tête ; et tous ces organes manquent entièrement. » La seule conclusion où mène cette recherche attentive, c'est que dans un tel Monstre, l'on trouve l'Homme, moins le plus grand nombre de ses organes fondamentaux. Or, que sérieusement l'on se rende compte d'un tel fait, on ne saurait se refuser à la conclusion suivante : on est allé demander à cet être de montrer ce qu'il ne possède point, de manifester des conditions humaines qui ont disparu ou qui ne lui ont jamais été attribuées. Mais attendez ; car voici d'autres conséquences.

1°. Que vous auraient appris les détails recueillis par l'investigation anatomique, que vous n'ayez su déjà d'avance par l'observation de l'ensemble? Réellement vous n'êtes plus, quant aux points envahis par la Monstruosité, vous n'êtes plus sur rien d'humain : c'est un tout autre ensemble organique, et c'est uniquement ce qu'il vous importe de considérer sans préoccupation, sans le souvenir décevant qu'une Femme avait cependant engendré cette totalité d'organes. En effet, si le savoir se fonde uniquement sur les considérations de *ce qui est*, c'est cela seul qu'il faut étudier ; cela seul, dès qu'il existe là une essence *sui generis*, un ensemble de propre et personnelle valeur, un groupe enfin de faits anatomiques et physiologiques liés les uns aux autres.

2°. Mais l'on ne doit point s'en tenir à cet aperçu ; car inutilement vous cherchez l'Homme dans un système d'organes où le cœur, la tête, le cerveau, les organes des sens, les poumons, la rate, le pancréas, le foie, l'estomac lui-même manquent. Il y a mieux : cet être engendré par la Femme, n'offre pas même un équivalent du dernier des Mammifères pour le degré de l'organisation ; que disous-nous ! pas même l'équivalent d'un Reptile, d'un Poisson, d'un Mollusque, d'un Crustacé : ce qu'a donc produit la Femme, c'est quelque chose de plus descendu dans l'ordre des compositions organiques. Suivez et arrivez plus bas, par conséquent, pour chercher et pour espérer de rencontrer des êtres aussi près de conception et qui ressemblent à un Acéphale ; voyez s'il n'y a pas de ces êtres dits Invertébrés, qui comme lui manquent des organes centraux, au moyen desquels certaines conformations plus compliquées et pleinement pourvues, existent et prennent la tête des Animaux. Certes ce n'est point ainsi que Curtius aborda, en 1762, la question de la Monstruosité : mais s'il ne s'est point porté avec autant de fermeté et de résolution sur le cœur même de la question, il a pourtant fait tout ce qui était alors véritablement nécessaire : il est à son insu entré dans la seule voie de recherches qui était alors praticable ;

afin qu'il fût rendu un nouveau témoignage à ses assertions sur le manque d'une partie des principaux viscères, Curtius appela à son secours l'art du dessin : il accompagna son travail de plusieurs planches. Or le dessin ne donne point des faits généraux et n'établit aucune théorie ; il s'en tient à exposer *ce qui est* ; et, en effet, pendant qu'on l'emploie et qu'on se tourmente pour établir une longue et fidèle énumération de ce qui manque, le dessin dit ce qu'il fallait considérer ; il le dit en montrant *ce qui est* à la place de tant de choses cherchées : il présente un système complet d'organisation ; il donne enfin un tableau exact de toutes les parties qui sont les moyens d'existence des Monstres acéphales. Curtius, en multipliant et en soignant ses dessins comme il l'a fait, a donc rendu à la science un véritable service. Mais enfin ses recherches, et tant d'autres faites auparavant et suivies depuis, ont fait voir la Monstruosité comme une perturbation de l'organisation régulière susceptible de deux modes différens : on a reconnu que les dissemblances des monstres, à l'égard de leurs parens, provenaient ou d'organes absens ou d'organes surnuméraires ; ce que l'on a exprimé par les noms de Monstres par défaut et Monstres par excès : et comme l'on n'admettait que deux classes d'êtres, les uns réguliers et les autres irrégulièrement conformés, ceux-là tenant l'esprit dans une principale et continuelle préoccupation, l'on ajoutait à l'égard de ceux-ci qu'ils *péchaient* par le moins ou par le plus d'organisation.

Toutes ces idées prirent plus de fixité et se développèrent avec plus de netteté, quand elles vinrent à être fécondées par les travaux mémorables de Tiedemann, Meckel et Serres. L'idée de *Monstruosité par défaut* exprime un fait sensible ; mais celle d'une Monstruosité par retardement dans le développement de quelques parties organiques, présentait quelque chose de plus précis, de plus profondément étudié, et s'élevait jusqu'à un certain point au caractère d'une explication. Nos propres recherches nous avaient amené sur ces conséquences que nous exposâmes et discutâmes dans un écrit (1) lu le 19 mars 1821 à l'Académie royale des Sciences : Meckel, qui habitait alors Paris, était présent à cette séance; les travaux de ce savant sur les Monstres nous étaient alors inconnus : il voulut bien nous faire part de ses droits à la priorité de la théorie du retardement du développement; et, de plus, il prit la peine de les établir dans une phrase qu'il rédigea lui-même, et que nous plaçâmes textuellement à la fin de notre Mémoire. Nous reproduisons cette phrase pour faire connaître les progrès que la science avait faits en 1812. « Meckel aurait, dès 1812, établi que l'Hydrocéphalie de naissance est toujours, ou du moins le plus souvent, un retardement du développement du cerveau, qui ne s'élève pas à la forme qu'il devrait prendre conformément au type de l'espèce. » Nous devons ici une explication, non pour établir que les conséquences auxquelles nous étions arrivé étaient plus explicites, mais pour nous excuser de ne nous être point tenu alors au courant de ce qui avait été fait avant nous.

Notre but ne fut point d'abord de nous occuper des questions de la Monstruosité pour elles-mêmes; naturaliste, nous craignions au contraire de nous détourner d'anciens travaux pour lesquels nous nous sentions plus de goût et de capacité. Cependant, pour donner à ces travaux une direction plus générale, nous nous étions livré à des recherches d'anatomie comparative, dont les résultats nous parurent assez importans pour être de toute manière vérifiés. Ces soins, dont nous nous occupions trop ardemment, nous in-

(1) Des faits anatomiques et physiologiques de l'anencéphalie : Philosophie anatomique, T. II, p. 125. *V.*, pour la phrase citée, p. 153.

terdirent tout retour à notre point de départ. En effet, les recherches que nous nous étions bien promis de restreindre à la considération des seuls Animaux vertébrés, nous avaient fait découvrir une méthode rigoureuse, des règles que nous jugions certaines pour arriver, mieux qu'on ne l'avait fait et qu'on n'avait pu encore le faire, sur la détermination des parties organiques, base de l'étude de toute anatomie générale; c'était même bien moins les organes, que les matériaux dont les organes sont constitués, que cette méthode mettait en évidence. Or il nous parut que tout l'avenir des travaux sévères en organisation dépendrait de cette découverte. Cette méthode avait-elle en effet le caractère de généralité et de certitude que nous lui avions reconnu? elle formait un véritable instrument de découvertes. La vérifier, l'éprouver sur tous les êtres les plus détournés du plan général, sur toutes les conformations dites désordonnées, voilà ce que nous fûmes vivement excité à faire. Nous étions entraîné malgré nous. Ainsi nous nous portâmes sur les Insectes, les Crustacés et tous leurs analogues, pour essayer, par l'emploi de cette méthode, de leur trouver quelques rapports, jusqu'alors inaperçus, avec les Animaux déclarés seuls en possession du système vertébral : et c'est aussi pour ce besoin, et dans le même esprit, que nous nous avisâmes d'étudier les êtres de la Monstruosité, persuadés que nous ne pouvions trouver d'organisation plus remplie d'élémens contradictoires, et plus désordonnés. C'était une méthode que nous voulions éprouver, mais elle à son tour nous mena bientôt, et d'abord presqu'à notre insu, sur les rapports les plus singuliers, les plus nouveaux et les plus nécessaires dans l'état actuel de la science. Voilà comme nous entrâmes dans l'examen des faits de la Monstruosité: préoccupé de recherches *de visu*, nous ne nous détournâmes point pour celles d'érudition; bien entendu qu'il n'était nullement entré dans notre pensée de nuire aux droits d'autrui, et l'ayant au même moment montré, quand nous reçûmes, avec une bien sincère reconnaissance, l'avis et les renseignemens que nous tînmes de la complaisance de Meckel. Nous écrivîmes donc, de 1820 à 1822, plusieurs Mémoires, dans le but unique de poursuivre la vérification de notre méthode de détermination (1), quant à son exactitude et à sa valeur intrinsèque : puis, cette méthode, réagissant à son tour par sa faculté toute-puissante d'investigation, nous porta sans hésitation sur la connaissance précise de beaucoup de faits de monstruosité, qu'il n'était venu encore à l'esprit de personne d'examiner. Nous avons réuni ces travaux en un volume, le second de notre *Philosophie anatomique* : or c'est en écrivant les dernières pages de cet ouvrage que nous nous sommes aperçu (et nous l'avons dit alors avec sincérité) que nous venions de donner un traité sur plusieurs points de la question elle-même, sur une partie des faits organiques embrassés sous le nom de Monstruosité. Nous avons continué, depuis 1822 jusqu'à ce jour, à écrire sur ces mêmes questions; mais depuis cette époque, nous avons traité de ces matières *ex-professo* et pour elles-mêmes : et ce sont en effet les conséquences de ces curieuses questions de physiologie, que nous nous sommes proposé de suivre et de multiplier.

II. Classification et Nomenclature.

Porter son attention sur les Monstres pour les réserver à titre de pièces de cabinet, pour provoquer la surprise ou les offrir comme un objet de spectacle, fut de peu de durée ; car l'étonnement cesse par le retour des mêmes faits, comme l'intérêt des spectacles s'use par la jouis-

sance. On vit donc alors les Monstres comme un sujet d'instruction. Mais il fallut d'abord établir ce qu'ils étaient : on se prit ainsi à les décrire. Cependant ces êtres paradoxaux n'arrivaient ordinairement qu'à des médecins plus exercés dans la pratique des accouchemens qu'occupés à de véritables recherches scientifiques, et de plus les Monstres n'apparaissaient qu'à d'assez longs intervalles. Comme il n'existait ni antécédent, ni modèle à suivre, les faibles travaux qui furent successivement publiés restaient sinon inconnus, du moins indifférens à chaque auteur. Chacun donc s'abandonna à ses propres inspirations ou le plus souvent aux impressions que le sujet se trouvait fournir. En définitive, on vint à décrire un grand nombre de défauts de conformation, à signaler les modifications les plus variées de l'organisation régulière. Or il arriva que ces travaux, bien qu'isolés les uns des autres, eurent quelques résultats communs : ils se rencontrèrent dans deux idées qui devinrent dominantes.

1°. Le mot *Monstre* avait changé d'acception ; car on ne l'employait plus que pour rappeler un état de l'organisation frappée de perturbations et viciée par l'excès, l'altération ou le défaut de certains organes. Cela étant, tout Animal se maintenant partout dans des rapports d'ordre et d'harmonie et naissant sous les mêmes conditions que ses parens, était l'opposé de celui-là, et formait l'être normal, quand un Monstre se définissait par des qualités contraires : un Monstre par conséquent était cet être normal, que diverses perturbations dans le développement de certains organes altéraient quelque part et rendaient vicieux sur un ou plusieurs points. Bonnet exprima cette idée dans la définition suivante :« Un Monstre, a-t-il écrit, est une production organisée, dans laquelle la conformation, l'arrangement ou le nombre de quelques-unes des parties ne suivent pas les règles ordi-

---

naires. » C'était étendre cette définition jusqu'aux plus légères anomalies ; mais en voyant comment de
réelles monstruosités et de simples
variétés se suivent dans un ordre
continu et insensiblement gradué,
on trouve que le vice apparent de la
définition de Bonnet disparaît devant
un examen physiologique. Cependant
dant Andral fils, dans son excellent
article *Monstruosité* du Dictionnaire
de médecine, rejette dans une classe
à part tous les vices peu considérables de conformation qui persistent
après la naissance. « Il désigne sous
le nom de *monstruosité* toute aberration congéniale de nutrition ; d'où
résulte, pour l'être qui la présente,
une conformation d'un ou de plusieurs de ses organes différens de la
conformation qui appartient à son
existence extra-utérine, à son espèce,
ou à son sexe. »

2°. En parcourant tous les travaux sur les Monstres, chaque description qu'on en a donnée, on croit
s'apercevoir que le nombre des difformités est infini, pouvant à peu
près s'étendre à tous les points profonds ou superficiels des organes.
Dans leur article *Monstruosité* du
grand Dictionnaire de médecine, les
professeurs Chaussier et Adelon en
ont pris cette opinion : « Insistant sur
la bizarrerie de tant d'apparences
diverses, on est jeté dans des différences sans fin, ont dit ces savans
professeurs, en sorte qu'il faudrait
décrire tous les genres de Monstres
qui ont paru, puisqu'il n'en est aucun qui n'offre quelque chose de
spécial. » Des travaux aussi nombreux, des diversités aussi considérables ont fait désirer d'y introduire
de l'ordre. Les Monstres peuvent-ils
être classés? On ne s'est point fait pré-
paratoirement cette question, qu'on
aurait nécessairement fait suivre de
recherches sur la meilleure méthode
de ranger ces productions ; mais on
y a de suite voulu appliquer les procédés des naturalistes qui distribuent
les Animaux en ordres, genres et
espèces. Cependant y avait-il parité?

Un Animal est un être à part, bien
isolé, parfaitement circonscrit eu
égard à toutes les conditions de son
existence. En peut-il être de même
d'un Monstre? D'après ce que nous
avons dit plus haut, c'est un être
bien conformé dans le plus grand
nombre de ses organes, et vicieux
dans le surplus; un être qui a résisté
à sa tendance pour une parfaite et
prédestinée construction : un tel être
vicieusement établi est ainsi le contraire de l'être normal.

Que de questions secondaires dépendent de cet énoncé? Car con-
fondrez-vous les parties conservées
dans l'état régulier avec celles transformées par des altérations désordonnées? Il devient alors difficile
d'adopter pour des Monstres ainsi
composés une classification qui s'é-
tende aux divers Animaux. N'em-
brasserez-vous au contraire que les
faits mêmes de la monstruosité? Il
ne vous reste que des qualités né-
gatives peu propres à fournir des
élémens pour un édifice. Dans ce
qui fut entrepris, on se régla d'après
des idées *à priori* dont quelques-
unes donnent avec quelque bonheur de premières coupes. Bonnet
et Blumenbach divisèrent les Monstres en quatre classes; les uns, parce qu'ils possédaient en organisation au-delà du type ordinaire ;
d'autres, parce qu'ils étaient restés
en deçà; ceux-ci à cause d'altérations dans la structure des parties ; et
ceux-là en raison de connexions in-
terverties. Buffon fit preuve de goût
en écartant cette dernière considération, et en restreignant à trois l'ancienne subdivision : mais depuis, Meckel, d'accord sur ce point avec Buffon, adopta pourtant une quatrième
classe qu'il composa des sujets hermaphrodites. Ceci était bien loin de
pourvoir à tous les besoins : puis, en
admettant qu'il y eût quelque parité
avec les procédés des naturalistes, de
telles coupes pouvaient tout au plus
correspondre aux divisions primordiales, au moyen desquelles les Animaux vertébrés sont partagés en qua-

tre classes; elles pouvaient servir à distinguer des systèmes organiques aussi dissemblables entre eux que le sont les groupes dits Mammifères, Oiseaux, Reptiles et Poissons ; mais ces partages faits de haut rendaient toutefois nécessaire pour chacun des groupes un arrangement de subdivision, qui permît de poser les élémens caractéristiques de chaque sorte de Monstruosité en particulier. On a cru dans ces derniers temps qu'étendre les données déjà introduites dans la science, que multiplier les premières divisions, ce serait adopter pour les Monstres un mode de classification analogue à celui pratiqué pour les êtres de la zoologie. Mais combien au contraire on s'éloignait du but! Ce n'est pas tout que d'emprunter à une langue morte des racines, que d'arriver sur les faits avec des mots grecs : en faire un signe pour un nombre quelconque de combinaisons que l'on distingue et que l'on établit *à priori*, ce n'est pas suivre la méthode des naturalistes : c'est imaginer un cadre à l'avance qui appelle les faits disponibles selon une règle quelconque et voulue arbitrairement, et qui en délaisse le plus grand nombre, lesquels y appartiennent par la liaison des faits. La différence est manifeste; les naturalistes, au début de leurs recherches, ne descendent jamais des hauteurs de leur sujet jusqu'aux faits particuliers ; mais partant de conditions acquises sévèrement touchant chaque être en particulier, ils remontent de l'espèce au genre, du genre à l'ordre et de l'ordre à la classe; et c'est quand ils ont successivement groupé des faits isolément et soigneusement examinés, qu'ils voient d'ensemble tous les êtres du même rang, et qu'ils jugent des hautes conditions qui en établissent les communs rapports.

Ce qu'on a fait pour les êtres de la monstruosité est tout le contraire. Ainsi Malacarne admet seize classes de Monstres; on trouve que de sages combinaisons de son esprit avaient d'abord formé ses motifs, comme cela résulte par exemple des considérations, qu'il met en avant et qui se rapportent à de certaines proportions des parties ou de tout l'ensemble du corps ; mais l'exécution ne fut pas heureuse. En effet la petitesse du corps entier caractérise ses *Microsomies*, la petitesse d'un seul membre ses *Micromélies*, le contraire ou l'excès de volume du corps ses *Macrosomies*, le trop de grandeur d'un seul membre ses *Macromélies*, l'absence d'un membre ses *Atelies*, la multiplication du corps entier ses *Polysomies*, etc. Le docteur Breschet a repris et étendu cette méthode au mot *Déviation organique*, dans le sixième volume du nouveau Dictionnaire de médecine. A la première vue, cette nouvelle classification, qui est fondée sur plusieurs sortes de subdivisions et qui s'étend à tous les cas présumés possibles, promet de mieux saisir chaque fait particulier ; mais loin de là, nous devons en convenir : puisque, quand cette classification parcourt plusieurs degrés, qu'elle descend des généralités, et que, chemin faisant, elle signale quelques conditions organiques, elle n'en vient point au but principal d'une classification, lequel est finalement l'énoncé net et précis d'un être en particulier : elle arrive au dernier terme des subdivisions pour apprendre qu'il est définitivement une telle sorte d'affection susceptible de modifier le sujet normal. Mais un Monstre comprend le plus souvent jusqu'à six à huit de ces sortes d'affections. Les signalerez-vous toutes par les six ou huit noms grecs créés *ad hoc* et qui expriment chacune d'elles? Il le faudra bien sans doute; car vous vous êtes privé du droit de vous en tenir à une seule considération, dès que toutes les conditions organiques qu'expriment vos dénominations se trouvent cumulées dans le même être. Cent mots grecs, dont plusieurs avaient déjà des équivalens dans la science, comme par exemple le terme *hypodiastématocaulie* qui est beaucoup trop long et qui n'est pas plus clair que l'ancien mot *hypospa-dias*, ne sont qu'une suite de formes inutiles à apprendre et d'ailleurs trop difficiles à retenir pour remplacer dans des descriptions les termes simples et ordinaires, dont chacun dans sa langue trouve abondamment et sans efforts à faire usage. Ainsi, qu'on place les uns après les autres les noms suivans, *Acéphalocarpie*, *Acéphalodactylie*, *Symphysodactylie*, *Macrodactylie* et plusieurs autres, on énoncera bien moins clairement les conditions organiques d'un Monstre *Acéphale*, que si l'on se borne à l'emploi de la phrase suivante et correspondante : *Un tel Monstre est sans tête, sans bras, et se distingue encore par les doigts de ses pieds réunis et volumineux.*

Si tous ces essais de classification n'ont été qu'une apparente et défectueuse imitation des procédés des naturalistes, c'est qu'on a toujours négligé l'idée - mère d'une pareille question ; c'est qu'il n'est venu à l'esprit de personne de se demander, s'il devenait possible de *ramener chaque Monstre à l'idée abstraite d'un être de la Monstruosité.* Leibnitz, dans ses *Nouveaux Essais sur l'Entendement humain*, page 270, discute ce point. « On devra, dit-il, déterminer si les Monstres forment réellement une espèce distincte et nouvelle ; et cependant, ajoute-t-il, un Monstre sera nécessairement de son espèce, si la nature intérieure d'aucune autre ne s'y trouve ; car que l'on ne s'arrête point à la naissance ; c'est aux marques intérieures à prononcer. » Ainsi ce grand philosophe est conduit, par la rigueur de ses raisonnemens, à exclure l'une des deux indications que l'on consulte pour juger de l'essence des espèces, celles de la race et de la forme, quand, ce qui a lieu chez les Monstres, ces indications se contredisent, et à préférer les notions de la forme, seules propres à exposer *ce qui est*, à celles de l'origine, décevantes et trompeuses dans les déviations orga-

niques. Nous sommes arrivé, non spéculativement, mais par une étude approfondie et directe du sujet, aux mêmes conséquences ; nous y voyons concourir deux ordres de considérations.

1°. Qu'y a-t-il à conserver et à éliminer dans l'examen d'un Monstre? Ainsi qu'on l'a vu plus haut, un Monstre est un être régulier dans la plus grande partie, et irrégulier dans la moindre partie de ses organes. Là où le Monstre est dans la règle, sa condition d'un être à part et normal se fonde sur une certaine somme d'organes dans des rapports donnés, et, nous le supposons, parfaitement connus : là, au contraire, où il s'écarte de la règle, c'est une autre somme d'organes dans des rapports fort compliqués, inconnus et qu'il convient de rechercher. Voilà par conséquent deux parts distinctes, bien qu'associées dans le même être, bien que, par une sorte de génération, l'une dépende de l'autre. Cependant qui vous empêcherait de saisir ces distinctions? pourquoi n'en profiteriez-vous pas pour simplifier votre problème ; pour, à l'instar des géomètres, éliminer ce qui est connu, et pour vous en tenir enfin aux seules choses de la monstruosité, lesquelles au fond constituent l'unique sujet de vos recherches? Nous ne demandons que ce qui est tout naturellement indiqué et universellement pratiqué dans de certaines affections pathologiques. Car est-il question de décrire tous les phénomènes morbides d'un ulcère, on s'en tient aux considérations du tissu nouvellement transformé, et il ne vient à l'esprit de personne de comprendre tout le reste du sujet normal parmi les élémens d'un pareil travail, quoique l'être régulier soit la gangue et qu'il ait fourni la matière de la déviation morbide. Les Monstres ne diffèrent en effet de l'exemple que nous invoquons ici, que, parce que, à leur égard, la déviation organique date du développement fœtal et qu'elle se trouve embrasser une plus grande étendue de la périphérie de l'être. Pour présenter notre idée sous une image grossière, mais qui parle nettement aux sens, nous comparerons les faits de la monstruosité aux faits de pourriture qui attaquent les fruits pulpeux. Si les phénomènes de la pourriture suivent une marche régulière et indépendante de la nature des fruits générateurs, il est inutile de revenir sur les gangues, poires, pommes, abricots et pêches; il suffit d'en détacher idéalement les portions pathologiquement affectées. On peut donc, et on doit alors, examiner à part le tissu et la composition de cette nouvelle pulpe; en définitive tous les faits à observer forment un ensemble de circonstances susceptibles d'être étudiées et méditées séparément. Cependant pour que ces réflexions soient en tous points applicables aux faits de la monstruosité, il faut encore que ceux-ci soient assujettis à une marche régulière et en quelque sorte indépendante, dont la preuve soit fournie par le retour des mêmes faits dans des circonstances données. C'est cela que nous allons examiner.

2°. Sans avoir fondé nos recherches sur les données précédentes, nous avions déjà fixé notre attention sur l'apparition fréquente de certaines monstruosités : ce retour des mêmes aberrations, en se faisant remarquer par la fixité de leurs caractères, semblait reproduire des formes aussi arrêtées que toutes celles de la zoologie normale, que les formes produites par la succession des êtres réguliers : à la place de l'organisation prédestinée, d'un arrangement conforme au type normal, c'est un autre ordre de régularités : c'est réellement une autre création que l'on peut et opposer et comparer aux développemens toujours conditionnels de la première, à ces enlacemens d'organes, à toutes ces formations incommutables qui composent le mouvement et qui assurent le retour périodique des productions régulières. La somme d'organes constituant les cho-

ses de la monstruosité forme ainsi une œuvre à part, bien limitée, bien circonscrite, et établie suivant certaines règles. De-là, à l'idée d'un être à part, d'une espèce établie en raison de *ses marques intimes* (Leibnitz) ou de ses propres caractères, la conclusion nous paraît logique ; mais enfin pour que cela devînt une proposition inattaquable, il fallait en outre démontrer que tous ces rapports ne tenaient point à une coïncidence accidentelle ; or l'investigation anatomique nous a donné ce fait péremptoirement. Qu'un organe tombe dans l'atrophie ou même vienne à disparaître entièrement; tous ceux de son pourtour sont de proche en proche repoussés de la circonférence au centre ; ils s'appuient les uns sur les autres, ils entrent dans de nouvelles connexions, et donnent ainsi naissance à des composés nouveaux, à des formes insolites, enfin à du merveilleux pour notre ignorance ; à quoi en effet les espèces régulières, les seules jusqu'alors qui aient été étudiées, ne nous avaient pas accoutumé. Voilà ce que nous avons souvent observé, ce que nous avons vu dans les *Anencéphales*, chez lesquels il arrive, au système cérébro-spinal, d'être remplacé par un fluide d'un volume énorme. A l'ordinaire, la pulpe contenue n'est autre qu'un simple filet médullaire renflé pardevant ; et le contenant, ou la tige vertébrale qui en suit les contours, est disposé en un étui resserré en arrière et dilaté en avant, sous la forme connue et nommée boîte crânienne. Cet arrangement, les faits de la monstruosité qui caractérisent les Anencéphales le rendent impossible ; la poussée de la masse volumineuse du fluide, tenant lieu de la pulpe médullaire, fait que l'étui vertébral et la boîte crânienne apparaissent comme fendus longitudinalement, renversés sur les côtés et définitivement établis en table. Nous avons vu plusieurs de ces Monstres et nous en avons décrit jusqu'à dix espèces.

Nous citerons encore le cas où ce

sont des parties nerveuses olfactives qui manquent. Les yeux sont-ils privés de leur diaphragme ordinaire ? eux et toutes les parties qui s'y rapportent s'approchent au contact, et viennent se confondre sur la ligne médiane pour ne former plus qu'un seul œil : ce qui n'empêche pas que les vaisseaux nourriciers dépendant de la carotide externe ne continuent de servir à l'accroissement de la face et du museau ; actions discordantes, d'où résultent des formes bizarres et surprenantes ; et en effet les tégumens nasaux sont prolongés et établis sous l'apparence d'une trompe. Nous connaissons l'ensemble de ces désordres ou de ces nouveaux arrangemens, sous le nom générique de *Rhinencéphale*. Nous nous bornerons à la citation de ces exemples : ils suffisent pour faire voir que la Monstruosité prend généralement ses motifs dans l'atrhophie ou l'hyperthrophie d'organes profonds et fondamentaux. Les diverses espèces d'une classe entière en sont donc pareillement susceptibles, et nous l'avons effectivement vérifié pour les Rhinencéphales, que nous avons trouvés établis de la même façon dans les espèces Homme, Chat, Chien, Cochon, Cheval, Brebis et Veau ; mais de plus, il résulte encore de ce qui précède, qu'un ordre nouveau remplace l'ordre ancien, ou l'arrangement du type normal, c'est-à-dire qu'un ordre qui se fonde sur le concours d'organes diversement proportionnés, reproduit un autre système, et l'on peut ajouter un nouvel être. Si l'on en doutait, c'est qu'on aurait négligé de réfléchir à ce qu'exige de combinaisons la moindre formation animale. Mais il y a mieux ; nous n'en sommes pas réduit à rendre probable la possibilité d'établir une zoologie pour les êtres de la monstruosité sur les mêmes bases qu'est fondée la zoologie des êtres réguliers : nous n'avons qu'à rappeler ce qui a déjà reçu un commencement d'exécution. Déjà en effet plusieurs genres ont été traités avec les formes et dans

l'esprit de la zoologie générale. Nous citerons les genres Anencéphale, Notencéphale, Hypérencéphale, Podencéphale, Thlipsencéphale, Aspalosome, Hypognathe, etc. Nous avons décrit huit espèces d'Anencéphales dans le douzième volume des Mémoires du Muséum d'Histoire Naturelle, et deux de plus dans les Annales des sciences naturelles, T. VII, page 557 : ces espèces sont *Anencéphalus drocensis*, *A. sequanensis*, *A. icthyoides*, *A. sannensis*, *A. mosensis*, *A. occipitalis*, *A. mumia*, *A. perforatus* et *A. evisceratus ;* les caractères du genre et ceux des espèces sont exprimés dans les formes et le langage linnéens, en même temps que figurés avec le plus grand soin. Nous renvoyons également à notre Dissertation des Hypognathes, comme à un autre exemple de l'emploi de cette méthode : on trouve cette Dissertation dans le treizième volume des Mémoires du Muséum d'Histoire Naturelle : le genre Hypognathe n'est composé que des trois espèces suivantes ; *Hypognathus rupealis*, *Hypogn. capsula*, *Hypogn. monocephalus*. Ces travaux sont de l'ordre de ceux que les naturalistes connaissent sous le nom de Monographies, et l'on sait quelle importance y attachent les hommes qui s'intéressent aux réels progrès de la science. L'esprit, en se concentrant sur un petit nombre d'êtres dont les rapports et les différences sont plus facilement appréciés et discutés, saisit dans ce positif des faits jusque aux plus petites nuances. En supposant que nous ayons adopté avec quelque bonheur ce même mode pour les êtres de la monstruosité, viendrons-nous à conclure qu'enfin une classification des Monstres existe ? Non, telle n'est, ni ne saurait être notre conclusion. Nous ne possédons encore que quelques élémens pour une classification qui embrasse tous les faits : gardons-nous donc de leur demander au-delà de ce qu'ils contiennent. Mais continuons à décrire et à déterminer les êtres de la monstruosité : multiplions à leur sujet les travaux monographiques et laissons faire au temps et à nos successeurs ; car il ne faut pas oublier que nous ne faisons qu'ouvrir cette voie, que nous sommes à peine entrés dans cette nouvelle carrière. Plus tard des rapports seront saisis : on s'apercevra que de semblables caractères conviennent à plusieurs monographies : on réunira celles-ci, d'après leurs communs rapports : c'est ainsi qu'en leur temps, ces travaux seront liés par l'utile échafaudage et les ressources des classifications, que seront formés des groupes de plus en plus élevés, les ordres et les classes ; et l'on y procédera avec d'autant plus de facilités et de certitude de succès, qu'au point de départ les faits auront été plus sévèrement établis, c'est-à-dire que les monographies de genres auront été le fruit d'observations plus attentives et plus persévérantes. Tout ce que nous pouvons conclure pour le moment, c'est que la méthode des naturalistes est applicable aux êtres de la monstruosité. Les plus grandes déviations ou les écarts qui portent sur les parties les plus essentielles, constituent les faits principaux ou les faits génériques ; et les déviations au contraire qui ne modifient l'organisation normale, qu'en des parties moins liées aux fonctions de la vie, constituent des faits de deuxième ordre, ou les faits spécifiques. Ne pourrait-on traiter des Monstres que pour en présenter une sévère détermination et que pour les inscrire avec rigueur parmi les êtres de la zoologie pathologique, ces recherches ne seraient point indignes des plus grands talens : les naturalistes, occupés de faire connaître les êtres de la zoologie normale, ne se proposent point un but plus élevé.

III. Considérations anatomiques.

Les études de la monstruosité sont de plus appelées à répandre de grandes lumières sur les hautes conditions de l'organisation. Une seule anatomie, celle de l'Homme, avait d'abord presque uniquement occupé, et avait donné lieu, vers la fin du siècle dernier, aux plus grandes découvertes qu'il fût possible de faire dans un champ qui imposait de trop étroites limites aux observateurs. Mais tout-à-coup ce théâtre vint à s'agrandir. L'anatomie des Animaux, devenue le sujet des plus heureuses investigations, accrut et féconda par de nombreux objets de comparaison une étude jusque-là beaucoup trop circonscrite. Ce fond, où il nous était donné de venir puiser les élémens des connaissances physiologiques, donna facilement de premiers fruits : cependant scruté et comme interrogé de nouveau, les réponses devinrent plus difficiles à obtenir et moins satisfaisantes : un état stationnaire fit connaître que l'on s'était comme épuisé dans cette direction. Il fallut donc ouvrir de nouvelles routes, et l'on en vint à distinguer plusieurs sortes d'anatomie comparative, au nombre desquelles figurent en première ligne l'anatomie pathologique, mais surtout l'anatomie des êtres de la monstruosité. Ce qu'il parut désirable de savoir, on demanda aux déviations organiques de le dire (1). Quel spectacle en effet que celui de l'organisation dans ses actes irréguliers, de la nature soumise à des troubles, embarrassée dans ses évolutions, surprise enfin comme dans des momens d'hésitation et d'impuissance ? Pour quiconque en effet a examiné et s'est rendu compte de toutes les modifications possibles de l'organisation, il est évident que ses formes diverses se nuancent et sortent toutes d'un seul et même type. Mais quelle preuve en sauriez-vous alléguer, qui ne vous exposât à la contradiction, si vos supputations embrassent uni-

______

(1) Corréa de Serra nous écrivait un jour : « Je me plais et m'instruis avec vos Monstres ; ce sont d'aimables et francs bavards, qui racontent savamment les merveilles de l'organisation, disant toujours fort à propos et ce qui est et ce qui ne saurait être. »

quement des Animaux réguliers ? Que vous remplaciez au contraire ces élémens, en demeurant fixé sur les êtres de la monstruosité, que de variétés dans les faits ! que d'heureux contrastes ! que de moyens de recherches et de convictions ! que de preuves enfin à fournir ! Car vous savez où tendait l'effort pour bonne et régulière formation (*nisus formativus*) : tel organe eût été produit, et vous voyez ce que la monstruosité vient au contraire vous donner en remplacement. Ainsi pour le peu que vous soyez aidé ou seulement heureusement inspiré sur l'obstacle intervenu, vous savez sans difficulté et avec certitude ce qui devait arriver, et vous pouvez y comparer ce qui est, ce qu'a rendu nécessaire une autre condition donnée. L'esprit qui domine tant d'élémens divers, les oppose les uns aux autres et finit par acquérir la conscience du jugement qu'il en devra porter. Cependant quelles sont les perturbations qui luttent avec succès contre l'action du *nisus formativus* (tendance à formation régulière), quelle est effectivement la nature de l'obstacle, dont l'intervention fait dévier l'organisation de sa direction normale et la prive de sa forme attendue pour la soumettre à une nouvelle marche, pour la reproduire sous une toute autre forme? Cette recherche fut une des premières dont nous nous occupâmes. Nous trouverons à faire plus tard une très-heureuse application du principe que tout développement organique procède d'abord et se répand de la circonférence au centre (1). Mais c'est tout le contraire qu'on observe dans les monstruosités dites *éventrations*, c'est-à-dire dans les monstruosités chez lesquelles les viscères font hernie à l'extérieur du tronc. Or le *nisus formativus*, ou le cas d'une formation régulière, ne se maintient

---

(1) L'illustre médecin de l'hôpital de la Pitié, le docteur Serres a fait de cette loi l'une des bases de sa nouvelle doctrine physiologique.

dans ses allures habituelles, que s'il parvient, en y appliquant la liaison intime et l'engrénage continu des divers organes, à développer une action de tirage ; laquelle range et retient ces organes dans l'intérieur des cavités du tronc. Pour qu'il en soit autrement, il faut qu'une contre-action s'exerce avec plus d'énergie, et une telle contre-action n'est et ne peut être qu'un autre et plus puissant tirage s'exerçant en sens contraire. Voilà ce qu'il nous restait à trouver et ce qu'il ne fallait pas désespérer de rencontrer, même après quelques essais infructueux, attendu qu'il y a deux époques à distinguer dans le développement des faits de la monstruosité : une première, pendant laquelle commencent les phénomènes et se règlent les conditions des déviations organiques, et la dernière, quand le Monstre, long-temps après qu'il est définitivement établi, quitte sa gangue nourricière ou le domicile maternel. Or il arrive le plus souvent que, dans l'intervalle de ces deux époques, les moyens du tirage extérieur s'usent et se détruisent, sans anéantir de plus anciens effets, sans rendre à l'état normal la position respective des viscères. Il y a persévérance des difformités primitives, celles-ci n'étant plus même conservées en vestiges. Nous ne devions, ni ne pouvions nous en tenir à ces déductions, à ces prévisions de l'esprit ; mais heureusement nous n'avons point tardé à les remplacer par des observations positives. L'Hypérencéphale, l'un des genres que nous avons décrits dans le deuxième volume de notre Philosophie anatomique, nous a le premier montré des brides tégumentaires étendues du sujet à la périphérie formant les enveloppes de l'œuf : elles existaient chez ce Monstre, sous la forme d'une lame mince et très-large, allant d'abord de la tête au placenta, puis se continuant en festons fraîchement déchirés sur toute la longueur des viscères. Nous avons retrouvé, depuis, de pareilles brides ou membranes sur d'autres sujets ; et de plus, dans de très-récentes expériences, nous étant proposé d'agir sur des œufs que nous faisions couver par la chaleur artificielle, il nous est souvent arrivé, en élevant au-delà de 32° la température du four, de porter le trouble dans le développement fœtal et d'amener plusieurs Poulets à s'approcher d'une des extrémités de leur coquille et à y contracter adhérence. Des brides, lames ou membranes, interposées entre le sujet en développement et entre les membranes ambiantes du placenta, paralysent l'action vitale, ou l'entraînent violemment dans des voies détournées : or ces membranes sur-ajoutées par la monstruosité exercent leur influence de deux manières ; d'abord mécaniquement, ainsi que nous l'avons déjà dit plus haut, en tant qu'elles font l'office d'une lame de suspension quant au fœtus. Effectivement on conçoit que fixées d'une part aux membranes ambiantes de l'œuf ou du placenta, et attachées de l'autre à quelques organes du fœtus, elles tiennent ces organes en particulier dans un tiraillement qui est d'autant plus puissant et plus efficace pour les entraîner au dehors, que le poids, les mouvemens et peut-être les soubresauts du fœtus agissent en sens contraire. Les lames placentaires ont, en second lieu, ce résultat, qu'insérées sur plusieurs organes du sujet et s'y distribuant à la manière d'un diaphragme vertical, elles privent les vaisseaux qui ordinairement rampent à la surface de ces organes, de revenir les uns sur les autres, de s'y anastomoser et de s'y employer à une sorte de tissage : elles exercent en outre une influence toute contraire, s'il leur arrive de servir de véhicule au système vasculaire pour entraîner celui-ci du sujet au placenta, ou *vice versâ*, d'où résultent les plus singulières et les plus fâcheuses aberrations. A l'existence de pareilles brides ou membranes, cause prochaine et manifeste de la monstruosité, se rattachent natu-

rellement plusieurs explications : 1° considérées comme lames de suspension et comme exerçant un tirage à l'égard de quelques organes, elles ne sont que momentanément dans ce rôle : elles marchent à dépérissement, quand le sujet passe de l'état d'embryon pour entrer dans celui de fœtus : ce n'est plus alors le placenta qui est une ordonnée toute-puissante à l'égard du sujet ; le contraire a lieu : le fœtus est proportionnellement plus nourri et croît davantage, le placenta bien moins : arrive alors une époque de réaction et de lutte, où les viscères obéissent à d'autres tractions ; celles intérieures et normales essaient de se soustraire à leurs primitives adhérences : car à ce moment, le fœtus devient plus lourd, et il est en outre, par une plus grande vitalité, sujet à des sursauts brusques et violens : c'est le moment où les brides placentaires se déchirent. Voilà le fœtus rendu à ses conditions normales, occupant le centre de la cavité placentaire, étant également et de toutes parts entouré des eaux de l'amnios. Ses liens se trouvant rompus, les tégumens communs viennent se répandre sur les parties qui en étaient dépourvues. Toutefois ce retour aux conditions normales ne produit son effet que pour les nouvelles couches dont les développemens successifs viennent accroître l'organe monstrueux : comme celui-ci a crû d'abord, il se maintient avec plus ou moins de fixité. Ainsi se renferment dans l'intérieur de l'être des organes mal conformés ou rangés dans un ordre inverse de celui de leurs véritables connexions ; ainsi, sans qu'il soit nécessaire de déclarer à cet effet la nature peu sage et dans un excès de débauche, s'explique le cas cité par Leibnitz, lequel avait paru si extraordinaire; le cas du soldat des Invalides, chez lequel Méry avait trouvé le foie à gauche et le cœur à droite. Nous connaissons beaucoup d'exemples semblables ; et, chose admirable! les faits bien examinés et bien sentis ne dérogent en rien à notre théorie sur les connexions : car c'est la masse entière des viscères qui est atteinte : tout entière, elle a roulé comme autour d'un axe, de telle sorte que chaque viscère garde respectivement et à l'égard de ses voisins sa propre et véritable connexion : il n'y a d'anomalie qu'en ce qui concerne le contenu par rapport à tout le contenant, ou à la cavité du tronc.

2°. Si nous considérons les brides ou lames placentaires comme devant empêcher les rameaux vasculaires qui s'étendent sur leurs flancs, de se rencontrer, de s'anastomoser et de travailler de concert à la formation des organes, là où ces vaisseaux auraient dû apporter le fluide assimilable ; ce sont d'autres effets non moins énergiques, et non moins susceptibles de produire les plus grands désordres. Ces rameaux reçoivent de leurs troncs, maintenus dans l'état normal, un sang qui est lui-même dans l'état de règle. Ce n'est donc qu'à partir des dernières ramifications que commencent les désordres de la monstruosité; dès qu'en effet c'est seulement en ce lieu que se fait une distribution irrégulière des fluides. Or à ces causes répondent des effets nécessaires : les organes que ces fluides eussent nourris et fait prospérer, ne sont point produits. Mais remarquez : ils manquent à l'un des points de la périphérie de l'être, à l'extérieur et comme dans une région écartée et terminale: Cette aberration si grande qu'elle consiste dans un fait de non existence, n'influe cependant en rien sur le reste du sujet ; l'organe monstrueux se construit et par le fait ou de l'atrophie, ou de l'absence d'une partie, et en même temps par une réunion insolite des organes qui entourent la partie absente, sans que tout le reste du sujet soit empêché de céder à l'essence du *nisus formativus :* et en effet, il ne saurait y avoir de réaction possible ou du moins nécessaire pour ce qui arrive à l'extrémité d'une branche rameuse. En définitive

sur quelques points, il y a retardement dans le développement, quand dans tout le reste du sujet il y a au contraire continuation des phénomènes vitaux, marche soutenue et constante dans la distribution des fluides assimilables, enfin œuvre tout entière abandonnée à l'influence du *nisus formativus*, et par conséquent œuvre parfaite. Nous suivons, comme on le voit, pas à pas dans ce qui précède tous les faits de la célèbre théorie de l'arrêt du développement; mais nous voyons plus loin sans doute qu'on ne l'avait fait jusqu'à présent, si nous ne nous en tenons point à n'y remarquer qu'un fait, si nous réussissons à montrer que l'arrêt des développemens dépend de causes aussi simples. Ces explications mènent à plusieurs autres. Toute monstruosité étant, comme on l'a d'abord aperçu, une désorganisation effective eu égard à ce qui devait avoir lieu, une constitution irrégulière remplaçant ce qui devait être régulier, n'est cependant désorganisation ou irrégularité que relativement. Effectivement, si nous n'avons pas le type attendu, n'est-il pas quelqu'autre chose qui vient le remplacer? S'il en est ainsi, c'est seulement quitter une forme pour retomber dans une autre : et en considérant ce résultat en soi, c'est un simple événement pathologique, auquel il n'aurait manqué jusqu'ici que d'avoir été embrassé sous son vrai point de vue. La monstruosité fournie par l'Homme ne crée point nécessairement des organes de structure humaine. L'Homme, dans ce cas, est comme une gangue sur laquelle l'organe monstrueux s'est construit et développé : mais, quoi qu'il arrive, la monstruosité ne saurait recevoir de cette circonstance son vrai caractère, son caractère primitif; car il n'est pour elle, s'il s'agit d'une monstruosité par défaut, il n'est, disons-nous, pour elle rien d'essentiel que dans l'absence d'une partie et que dans le mode de rapprochement et de soudure des bords ayant dû servir d'enceinte à la partie absente. Toutefois, dans l'hypothèse donnée, la spécialité des formes humaines ne peut manquer d'arriver à son tour, mais évidemment pour n'être plus qu'un sujet de considérations secondaires; puisque la monstruosité fait concourir à l'événement des parties qui se soudent les unes aux autres, qui acquièrent ainsi de nouvelles relations, et qui, au-delà du point où elles sont respectivement en contact, conservent plus ou moins décidément les formes de l'état normal, et, dans ce cas-ci, les formes humaines. Cependant un Monstre qui périt en naissant à cause d'un arrêt dans le développement de quelques parties essentielles, succombe-t-il à titre d'être souffrant et malade? nous ne le croyons point, quant aux cas précédemment exposés : nous dirons plus bas sur quoi se fonde cette réserve. Un Monstre n'est alors qu'un fœtus sous les communes conditions, mais chez lequel un ou plusieurs organes n'ont point participé aux transformations successives qui font le caractère de l'organisation. L'être organisé qui se présente sous cette forme, n'est point malade dans l'acception reçue de ce mot, il est seulement monstrueux, en ce sens qu'il ne jouit pas d'une organisation aussi perfectionnée, aussi riche que celle qui appartient au type de l'espèce dont il fait partie. Il ne lui est donné, par les conditions de sa viabilité réglées par une somme quelconque et le concert plus ou moins parfait de ses organes, d'exister que dans un milieu aquatique; par conséquent quand il quitte le domicile maternel et qu'il cesse d'être baigné par les eaux de l'amnios, la force et la prospérité de ses organes l'abandonnent; et il meurt, comme fait le Poisson le plus vigoureux, après que le pêcheur l'a retiré des eaux. Ce n'est point un malade qui succombe; et il est facile de s'en convaincre aux formes rebondies et brillantes de santé, aux chairs vives et bien nourries, et à l'abondance du tissu graisseux, qui caractérisent les Monstres faisant partie de nos genres *Anencéphale, Notencépha-*

le, etc. Ajoutons qu'une essentielle différence à saisir entre les Monstres, entre un Acéphale, par exemple, et les êtres réguliers, c'est que ceux-ci doivent à une plus grande complication d'organes une viabilité qui s'étend à deux ordres d'existence, lorsque, tout au contraire, un Acéphale privé de certains organes qui le puissent mettre en relation avec les fluides du monde aérien, n'est susceptible que de l'une de ces existences, celle de la vie intra-utérine. A examiner ces constructions organiques sous ce point de vue, ni celle-ci, ni aucune production quelconque ne sont absolument défectueuses; chacune est nécessairement renfermée dans les limites de ses propres forces actives, et elle est par conséquent soumise à une puissance de développement toujours et également réglée; un Monstre, dans le cas de nos précédentes explications, et un être régulier, ne diffèrent que pour être établis avec ou sans entraves du côté des membranes ambiantes et placentaires : ce sont donc deux œuvres parfaites, si l'on juge d'elles en elles-mêmes, par elles-mêmes, et conformément à leurs données premières; car ces constructions organiques se sont développées depuis la première molécule jusqu'à l'être des dernières journées de la gestation, avec aisance et méthode, dans un ordre admirable sans doute, puisque le principe des formations a vaincu souverainement toutes les difficultés que fait naître une complication infinie. Ce n'est que quand les deux fœtus quittent le domicile maternel que la scène change de l'un à l'égard de l'autre. D'abord tous deux cessent de vivre à la manière des Animaux qui sont plongés dans un fluide aquatique : ils y avaient respiré au moyen de leurs vaisseaux cutanés. L'un des fœtus (l'Acéphale) est-il sans poumon, il ne vivra pas une seconde fois : c'est pour toujours qu'il a cessé d'exister. Mais le fœtus, que nous distinguons en le disant établi régulièrement, possède au contraire un organe vierge, ce poumon; organe tenu en quelque sorte en réserve pour le moment où l'être régulier parviendra dans le monde aérien ; il profite, à ce second moment, de ce qu'il est arrangé sur les données des deux milieux respiratoires, de ce qu'il peut par conséquent respirer dans l'air et y venir puiser le feu de la vie; il continue d'exister, ou plutôt une nouvelle et deuxième existence commence pour lui. Cela posé, c'est donc voir l'Acéphale comme un être complet? Oui, sans doute, nous ne reculons point devant cette conséquence, dès que l'Acéphale a satisfait aux conditions qui ont décidé de sa formation. Mais, dira-t-on, quelle est donc l'existence d'un être qui commence et qui continue de croître dans une bourse fermée jusqu'à ce que celle-ci en soit affectée et réagisse pour l'expulser? Nous répondrons que c'est déplacer la question que de la faire dépendre de choses en dehors du sujet; ni le milieu qu'il habite, ni la durée de la vie n'importent ici : qu'il ait vécu un certain temps, c'est assez. Or un Acéphale humain vit plus long-temps que beaucoup d'Animaux réguliers, moins il est vrai que certains autres, bien moins sans doute qu'il eût pu le faire s'il lui avait été donné de vivre après sa sortie de la bourse utérine. Des jours, des années d'existence, qu'est cela pour la nature? nos plus grandes longévités, que sont-elles en effet eu égard à son essence d'éternité? Considéré sous un autre rapport, un Acéphale est aussi un être complet; on admet généralement aujourd'hui que toutes les organisations sont des modifications d'une seule et même; donc nous avons dû et pu conclure qu'une anomalie ou une monstruosité dans une espèce donne le plus souvent l'état normal d'une autre. Ces vues effectivement coïncident merveilleusement avec cet autre principe entrevu par nous en 1807, et si bien démontré par le docteur Serres dans son Exposition du développement du cerveau, avec ce principe d'embryogénie; savoir, que le fœtus humain

s'organise peu à peu, qu'il passe successivement d'une structure simple à une plus compliquée, et qu'il suit, dans son développement, une progression dont tous les degrés sont en rapport avec ceux de l'échelle animale. Or voyez ce qui établit la distance de l'Acéphale à l'être régulier; il est évident que c'est une moindre quantité d'artères, et, à cause de celles-ci, que c'est décidément l'absence de quelques parties qu'eût produit l'alimentation de ces vaisseaux. Le sujet monstrueux existe donc alors sous la condition d'un Animal régulier, avant que celui-ci fût pourvu de ce système vasculaire ; l'être monstrueux correspond ainsi à l'un des états par lesquels l'être utérin passe d'une structure très-simple à une structure plus compliquée; or, tout aussi bien qu'un Animal des séries inférieures, celui-là est un être complet. Mais arrivons cependant à la plus notable de ses différences. Les êtres monstrueux, qui meurent en naissant, n'existent dans le sein de leur mère que sous la raison d'un accroissement continuellement progressif; c'est même l'excès de cet accroissement qui fatigue et qui contraint le sac utérin à se débarrasser d'un fardeau que l'utérus, au terme de son extension possible, n'est plus capable de contenir. Les êtres réguliers, au contraire, n'ont pas plutôt fourni à tout leur accroissement possible, qu'une portion de leur système organique est consécutivement mise en jeu, et que sa plénitude amène des rénovations d'organes, et en définitive la reproduction d'êtres nouveaux. Ainsi d'un côté, c'est une réaction d'organes qu'un concours fortuit et singulier de circonstances et de chances fait éclore et qui ne laisse après soi aucune trace; et de l'autre c'est un système plus compliqué, à la fois mieux concerté, et qui doit à un jeu vital plus énergique et plus persévérant, d'être reproduit par voie de génération.

Notre célèbre ami, le docteur Serres, fait dépendre d'une autre cause les phénomènes des déviations organiques : « Il considère (Essai sur une Théorie des monstruosités animales , 1821) que l'hypertrophie d'une partie organique et que l'atrophie d'une autre en correspondance tiennent toujours à l'*antagonisme* de leurs artères nourricières , quand il arrive à ces artères d'avoir le diamètre de leur calibre établi différemment qu'à l'ordinaire. Cela posé , poursuit l'auteur, les variations nombreuses que présentent les monstruosités des Animaux et de l'Homme, ou les embryogénies animales sont circonscrites dans de certaines limites , et relatives aux deux principes suivans ; savoir : le système sanguin, 1° excédant ses limites ordinaires ; 2° ce système resté en deçà sans pouvoir atteindre au terme moyen. » Toutefois cette manière de voir a été contredite par Béclard le premier (Leçons orales sur la Monstruosité, 1822), par Ollivier, Dugès, Andral fils, et en dernier lieu par le baron Cuvier, dans son Analyse des Travaux de l'Académie des Sciences , juin 1826. Cette controverse fut fondée sur le principe qu'effectivement dans tous les organes le volume des artères est toujours dans un rapport direct avec le volume de ces mêmes organes ; que, si ces organes deviennent accidentellement plus volumineux, leurs artères augmentent aussi, et qu'enfin s'ils viennent à s'atrophier, les vaisseaux qui leur apportent le sang s'atrophient également. On a donc pensé qu'il devenait trop difficile de décider ce qui , dans cette connexion de phénomènes, est cause ou effet, et que l'auteur de la nouvelle théorie n'avait point suffisamment établi, à l'égard des rapports qui existent entre le développement des artères et celui des parties dans lesquelles celles-ci se distribuent, que le premier de ces phénomènes est la cause du second. Cependant ces objections et les observations qui les ont motivées doivent-elles véritablement prévaloir sur des études spéciales et aussi approfondies que celles entre-

prises par le docteur Serres ? et, en effet, son travail long-temps réfléchi et dû à un très-laborieux emploi du scalpel , serait-il détruit par ce recours à des considérations générales , par l'application de principes de physiologie aussi peu certains ? Nous croyons au contraire ce savant anatomiste dans de grandes voies d'investigations : il n'a point songé à imiter , mais il reproduit toutefois des procédés mémorables. Ainsi Coulomb suppose deux courans de fluides électriques , et il comprend dans la plus heureuse explication tous les phénomènes d'électricité connus de son temps. Serres n'en est pas réduit à supposer ; seulement il distingue ; il a saisi le fait prédominant, selon lui, de la structure des Monstres par excès : frappé des conséquences de la duplicité de leurs principaux troncs artériels, il voit, sous la dépendance de cette cause, un ordre admirable , là où , avant lui , on ne croyait qu'à des désordres incompréhensibles. Mais ce n'est point encore ici le lieu de nous expliquer sur cela davantage.

Nous arrivons présentement à l'un des points vivement controversés parmi les physiologistes, et sur lequel nous avons annoncé que nous reviendrions. Les faits de la monstruosité dépendraient-ils plutôt d'autres causes, ou bien , au moins , tous dépendraient-ils d'une seule et même ? L'on n'a sans doute point oublié ce que nous avons dit au commencement de ce chapitre, de l'arrêt du développement, des brides répandues du fœtus à ses membranes ambiantes , et généralement de ces obstacles d'une grande simplicité, que nous avons pu et que nous avons cru devoir considérer comme des élémens divers pour une ordonnée nouvelle, comme servant d'intervention sur un point pour entraîner l'organisation dans d'autres voies, et comme l'occasion enfin d'une altération, non dans la santé du sujet, mais seulement dans les formes. Avant que nous eussions exposé ces idées, la plupart des médecins n'avaient aperçu dans les déviations de la monstruosité qu'un sujet d'affection pathologique ; ils voyaient le fœtus sous les communes conditions de tous les êtres de la nature vivante, et par conséquent ils le jugeaient passible des mêmes maladies que ses parens. Un travail morbide très-compliqué et des guérisons malheureuses ne pouvaient-ils point désordonner l'organisation, occasioner des vices de conformation, enfin ce que l'on nomme des événemens ou des faits de monstruosité? Ajoutons que théoriquement parlant, il eût été absurde de prétendre qu'il n'en pût être jamais ainsi. Ces idées, les seules qui eussent autrefois répondu d'une manière satisfaisante aux recherches des physiologistes, furent exposées et soutenues par des savans du plus grand mérite : Morgagni, Haller, Sandifort, Lecat, Ackermann, Chaussier, Adelon, Béclard, etc. Or, en choisissant quelques faits (1) parmi ceux de la monstruosité, il devenait difficile de se refuser à croire que ces idées ne reposaient point sur une démonstration évidente. Mais cela, dont nous convenons aujourd'hui, nous ne le sûmes pas d'abord ; et, au contraire, nos études ne nous avaient donné de faits que pour les vues et les explications que nous avons présentées plus haut. C'est donc d'après leur influence exclusive que nous avons écrit le deuxième volume de notre Philosophie anatomique. Car du fait général, qu'établissent la simplicité et l'unité d'action et de moyens, qui forment le principal caractère des lois primordiales auxquelles l'éternelle sagesse a soumis la marche de l'univers, nous avions conclu aux faits particuliers de la monstruosité. Mais nous avons dû abandonner cette opinion exclusive, quand d'autres faits nous eurent éclairé. Ce fut il y a

---

(1) Le célèbre académicien Chaussier a rapporté un fait de scission du bras arrivé dans le sein maternel ; l'enfant était né avec un moignon et l'on a trouvé les débris de ses os d'avant-bras engagés dans le placenta. Ce fait ne pouvait s'expliquer par la théorie de l'arrêt de développement.

trois ans, et à l'occasion d'un genre de Monstres que nous avons nommé *Thlipsencéphale*. Nous pouvons dire aujourd'hui un genre ; car nous avons sous les yeux les fruits de quatre enfantemens reproduits exactement de la même façon ; c'est par conséquent un genre composé de quatre espèces distinctes. Nous avons publié dans le neuvième volume des Actes de la Société médicale d'Emulation, l'un de ces faits de monstruosité sous ce titre : Sur un Fœtus né à terme, blessé dans le troisième mois de son âge, et devenu monstrueux à la suite d'une tentative d'avortement. Nous ne devons entrer ici dans aucun détail, mais nous ne nous ferons cependant point difficulté d'agir différemment aujourd'hui. Outre l'intérêt du sujet, les faits propres aux *Thlipsencéphales* procurent de plus l'avantage d'offrir une sorte de type pour de nouvelles généralités ; ils commencent effectivement pour nous une autre série d'événemens : ils nous révèlent une autre classe de déviations organiques.

Nous n'avons connu de pareils désordres que dans l'espèce humaine. Un vouloir criminel, des pratiques coupables les produisirent. On veut détruire, frapper de mort un embryon qui, sous l'influence de la tendance à bonne et parfaite formation, se développe régulièrement dans le sein maternel. Cependant cet attentat n'a pu être entièrement consommé : l'on n'a réussi à introduire, parmi les élémens et le travail de l'organisation, qu'une cause de perversion, que le germe d'une lésion persévérante. Voilà ce que nous avons su, à n'en point douter, ayant obtenu la confiance et l'aveu des mères étant dans ce cas ; voilà ce que nous avions en effet pressenti, quand nous eûmes observé, chez les sujets eux-mêmes, les ravages d'une maladie flagrante. Un *Thlipsencéphale* a toutes les parties de son corps établies selon la règle, hors le système placé sous l'affection de la lésion morbide ; lequel système est le cérébro-cervical :

bien différent à cet égard de ce que sont tous les Monstres *Hypérencéphale*, *Anencéphale* et *Notencéphale* simplement arrêtés dans leur développement; ses formes sont belles; son corps, les bras, les jambes, les mains, les pieds, même le bas de la figure, conservent les proportions harmonieuses de l'être régulier; et comme celui-ci, il naît aussi au terme ordinaire de la gestation; les autres Monstres toujours plus tôt. Une partie de la moelle épinière, les portions répandues dans les vertèbres cervicales, sont fortement injectées : l'encéphale disparaît presque entièrement, étant à peine reconnaissable dans ses différens lobes rudimentaires, affaissés et écartés; car alors ceux-ci ne sont guère formés que de vaisseaux sanguins évidés et devenus squirrheux; la boîte cérébrale est enfin amenée aux formes qui caractérisent le crâne des *Anencéphales*; elle est ouverte à sa partie supérieure et composée de parties réduites qui se partagent en deux masses, et qui se rangent l'une à droite et l'autre à gauche. Nous ne croyons pas nous tromper, en attribuant à l'action de la maladie cette atteinte portée aux formes régulières qui préexistaient à celle-là; en y attribuant ainsi tous les désordres qui surviennent successivement plus tard. Parfaitement informé, nous avons suivi et nous avons pu comprendre tous les progrès de la maladie. Nous avons avancé que les *Thlipsencéphales* sont d'abord des fœtus réguliers qui se désordonnent à la suite de tentatives criminelles; nous prouvons sans doute qu'il en est ainsi, en faisant remarquer qu'on ne peut songer et qu'on ne s'occupe en effet à agir sur l'embryon qu'après les premiers mois de son existence, que si la grossesse est décidément reconnue. Dans les deux cas qui éveillèrent notre attention, le résultat fut le même; toutefois les moyens différens. Une des mères a cru qu'elle réussirait à se faire avorter, et peut-être qu'elle périrait elle-même, chance qu'elle envisageait sans horreur, si elle se couvrait le bas-ventre de plaques et buscs, de manière à empêcher le libre accroissement de son fruit. Nous avons donné tout au long l'histoire de sa douloureuse agonie dans notre Mémoire précité et imprimé parmi ceux de la Société médicale d'Emulation. L'autre mère fut plusieurs fois et violemment frappée par son mari, que l'idée de l'augmentation de sa famille avait rendu furieux, et qui dirigeait ses coups meurtriers vers la région utérine. La malheureuse épouse était grosse de deux à trois mois; après ce traitement barbare, son ventre grossit extraordinairement durant quinze jours; elle fut, à l'expiration de ce temps, dans la situation d'une femme qui allait accoucher : il lui parut que les eaux perçaient. Elle consulta; on prévit une fausse couche; mais laborieuse, forte et courageuse à l'excès (1), elle conserva jusqu'au neuvième mois son fruit, lequel fut un Thlipsencéphale, conformé exactement comme celui dont nous avions précédemment donné l'histoire. Aucune bride tégumentaire, aucune membrane n'attachent et ne suspendent ces Monstres au placenta : leurs moyens de déviation sont autres; nous ne faisons encore que de les entrevoir, et nous ne pouvons nous permettre d'en faire ici mention. A ce mode de déviations organiques appartiennent grand nombre de faits dont nous sommes informé par la littérature médicale; une monstruosité de Cheval, dont nous avons traité dans les Annales des Sciences naturelles, avril 1825, sous le nom d'Hématocéphale, et sans doute toutes les acéphalies complètes.

De ce qui précède, nous croyons pouvoir conclure que les faits de la monstruosité se placent sous deux considérations différentes : que les

---

(1) C'était une Marchande de comestibles (volailles et légumes), chargée pesamment à dos tous les jours et allant de rue en rue offrir sa marchandise.

uns reconnaissent pour cause un arrêt dans le développement sur quelques points, et les autres une rétrogradation dans des effets déjà produits. Ainsi la monstruosité tiendrait dans le premier cas à un affaiblissement de l'action vitale, à une sorte d'impuissance de produire, et dans le second, à un excès d'énergie, pervertissant ce qui est bien, et créant des conditions morbides dont le dernier terme d'activité est ordinairement une transformation des parties envahies, et cette sorte d'altération des organes connue sous le nom de squirrhe.

Nous terminerons ce chapitre par quelques considérations sur la manière dont le système osseux se comporte sous l'influence des faits de la monstruosité. Or voici ce qu'en thèse générale nous avions d'abord trouvé par rapport à ce système : nul autre ne donne des indications aussi certaines sur les réelles affinités zoologiques; nul autre n'explique mieux le rapport et les réactions réciproques des divers élémens entre eux. Cette prédominance s'étend aussi beaucoup plus loin, puisque plusieurs systèmes peuvent manquer, et qu'il reste néanmoins plus ou moins de traces des pièces osseuses.

Premièrement. Nous avons vu cette prédominance persister des Animaux vertébrés aux Crustacés; quand, en janvier 1820, nous fîmes de ces rapports l'objet d'une communication à l'Académie des Sciences, on nous écouta à regret, avec quelque peine ; le dirons-nous ? ceci alla même jusqu'à une certaine révolte des esprits. Le moyen effectivement de croire à la composition d'un squelette, à l'existence d'une série de vertèbres chez des Animaux qu'on avait toujours nommés Invertébrés ? Cependant Cicéron a dit (*de Divinat.*, *lib.* 21, *cap.* 22) : « Voit-on souvent une chose, on ne l'admire point, quoiqu'on en ignore la cause; mais si ce qu'on n'avait point encore vu arrive, on le regarde comme un prodige. » Une idée nouvelle est

ainsi traitée, et la première disposition des esprits n'est point de l'examiner, mais de la rejeter ; cependant nous sommes revenu sur notre communication, et dans une suite de Mémoires (imprimés aussitôt dans le Journal Complémentaire, et repris de là spontanément par les Journaux de Bruxelles et de Leipsick), nous sommes parvenu à rendre expressifs et sensibles les premiers rapports que nous avions saisis. Ceci, il est vrai, avait sa difficulté ; en effet, si l'on compare les êtres d'un genre bien établi, tout-à-fait naturel, on observe entre eux des rapports si nombreux, que cela va jusqu'à presque ressemblance ; les différences très-minimes dans ce cas, sont évidemment recherchées et deviennent les élémens des caractères spécifiques : mais si ce sont des Animaux de classes diverses que l'on vienne à comparer, les différences comme les rapports sont moyennement et réciproquement nombreux; il y a presque balance : au contraire si vous comparez les êtres de deux embranchemens, tels que sont, par exemple, un Mammifère et un Crustacé, les rapports diminuent de plus en plus, et les différences augmentent dans une proportion notable. Dans ce dernier cas, les rapports ne s'aperçoivent plus tout d'abord ; mais plus ils sont masqués, plus ils sont difficilement observables, et plus aussi il est du devoir du naturaliste de s'occuper à les chercher, de s'exercer à les découvrir, et d'être persévérant jusqu'à ce qu'il en ait doté la science et la philosophie.

Cependant on ne formait plus qu'une seule objection contre nos aperçus de 1820, au sujet du squelette retrouvé dans l'essentiel chez les Crustacés, comme on le sait établi chez les hauts Animaux vertébrés ; c'était que les tégumens recouvraient immédiatement toutes les parties osseuses. Or ce n'était là chez les Crustacés, répliquait-on, ce n'était-là que de la peau osseuse. En vain nous répliquâmes qu'on voyait ainsi conformés quelques-uns des Animaux supérieurs; que les derniers anneaux coccygiens, aussi bien que tout ou partie des élémens crâniens, se trouvaient de même constitués par de la peau appliquée sur les os; et qu'enfin le tronc tout entier du genre si remarquable des Tortues réalisait à tous égards, les mêmes conditions controversées, tout le pareil système tégumentaire des Crustacés. On exigeait plus et d'autres preuves; et la monstruosité fut appelée à en donner de très-positives, on pourrait ajouter, de surabondantes. Effectivement, des arrêts de développement, résultats des faits de la monstruosité, amènent et produisent chez les Animaux supérieurs des arrangemens qui, au lieu d'élever l'organisation au degré de complications et de richesses propres aux êtres parfaits et normaux, la laissent dans les imperfections et les incapacités de l'état embryonnaire. Nous pourrions citer un grand nombre de faits à l'appui de cette proposition; mais nous nous en tiendrons à un seul que nous fournissent certains Monstres, dont nous avons entretenu l'Académie royale des Sciences, le 28 août 1826, et auxquels nous avons donné le nom générique d'Hétéradelphes (frères jumeaux très-dissemblables). Ce nom s'applique à des Monstres formés de deux individus, dont l'un, ayant déjà subi toutes les transformations de la vie utérine, est entré dans le monde extérieur, où il s'est définitivement enrichi de tous les organes que les progrès successifs des âges développent chez les Animaux parfaits; et dont l'autre individu au contraire, retenu et persévérant dans une des formes ou existences de la vie utérine, étant de plus privé d'un ou de plusieurs tronçons corporels, quelquefois seulement de la tête, et d'autres fois de la tête et d'autres tronçons adjacens, semble sortir du centre de la région épigastrique de son grand frère. Ce second individu est un parasite qui n'a point ou fort peu de viscères, qui n'existe point par lui-même, qui consiste en tégumens, et dont les tégumens sont nourris par les vaisseaux cutanés du sujet adulte. Dans l'*Hétéradelphe Ake* vu en Chine par le docteur Livingstone (*V. London medical and physical Journal*, 46, p. 258), et sur lequel nous avons donné notre article d'août 1826, comme dans celui décrit par Montaigne (Essais, lib. 2, chap. 30), dans celui de Winslow (Acad. des Scienc., ann. 1734), et dans l'Hétéradelphe de Moreau (Descript., pl. 21), l'individu imparfait consiste dans un système tégumentaire entier, simulant en dehors un enfant qu'on croirait complet, s'il ne lui manquait la tête. En effet, là sont uniquement les quatre tronçons du système tégumentaire, comme ils existent chez l'embryon, sauf que les lames profondes de la peau sont élevées au maximum de composition, c'est-à-dire ont passé à l'état osseux; mais d'ailleurs les conditions subséquentes et qui signalent l'âge suivant ou l'époque fœtale, comme la formation des viscères, principalement du cœur en dedans des tronçons, et celle des muscles entre les lames tégumentaires, manquent entièrement; tous les os eux-mêmes ne sont pas produits. Tels sont ceux de l'épine dorsale; les périostes, comme dans la Lamproie, où ceux-ci sont nommés la corde, existent, fort près de donner les étuis osseux, ou en fournissent effectivement en plus ou moins grande quantité chez quelques individus. Nous tenons ces faits non-seulement de Winslow et de quelques autres anatomistes, mais plus particulièrement de nos propres expériences et recherches sur des Hétéradelphes de l'espèce du Chat. Dans ces divers cas de monstruosité, où l'arrêt de développement se balance en dedans de certaines limites, et se prononce surtout assez près de l'époque des premières formations, nous lisons clairement dans les faits de premier âge utérin ou d'embryon; nous le faisons avec d'autant plus de bonheur que nous procédons sur un produit et à la fois stationnaire et de plus amené sous l'œil de l'observateur à un volume assez considérable. Or, ce que nous venons à savoir ici d'important, c'est que le système osseux fait partie du système tégumentaire, qu'il en est l'état complétif ou celui de son maximum de composition, et que chacun des cinq tronçons tégumentaires en produisant plus tard des os distincts, montre une composition particulière. Il n'y a donc plus lieu d'être surpris qu'il en soit des embryons Hétéradelphes comme des Crustacés, qu'ils aient les uns et les autres la peau sur les os ; dans ce cas, loin de conclure à l'hétérogénéité de leur nature, on doit les tenir pour comparables, les embrasser sous le même aspect, comme des Animaux qui appartiennent au même degré organique. Si plus tard des fibres musculaires sont produites par des conditions de second âge ou de l'âge fœtal, elles arrivent entre les lames externes des tégumens, alors simplement composées de tissu cellulaire, et entre les lames profondes, étant transformées et déjà ossifiées ; les os sont alors successivement repoussés du dehors en dedans. Voilà ce qui se voit en vestiges chez de certains parasites Hétéradelphes, quand cela ne se montre point ainsi chez les Crustacés ; ceux-ci restent toujours dans la vie d'embryon. Il n'est pas entre eux d'autres différences essentielles qui les distinguent.

Secondement. D'autres faits touchant l'essence du système osseux que nous révèlent aussi les conditions variables de la monstruosité, ce sont de certains modes dans la précocité de soudure des diverses sortes d'élémens osseux. Chaque embranchement zoologique montre une conduite propre à cet égard ; le premier, qui se compose des Mammifères, des Oiseaux, des Reptiles et des Poissons, a sa vertèbre formée de neuf élémens ; l'impair est le corps vertébral ou l'anneau central répandu autour de la moelle épinière ;

cette pièce porte dans notre Tableau synoptique, dit Système crânien, le nom de *Cycléal.* Le second embranchement, dans lequel sont les Insectes, les Crustacés, etc., montre une toute semblable vertèbre, sauf que l'élément impair ou le cycléal, est étendu à quatre pièces différentes. Il y a quelque chose qui forme ici une ordonnée générale, et c'est un motif fort simple. Chez les Animaux du premier embranchement, l'être ou les tronçons dont il est formé, sont construits autour du cycléal ; à l'égard des Animaux du deuxième embranchement, c'est au contraire en dedans du cycléal que sont leurs viscères et généralement tous leurs appareils. Dans le premier cas, les élémens osseux sont extrêmement petits et se soudent dès leur première apparition ; de tels Animaux ont le cycléal en un bloc que la théorie entrevoit seulement comme composé de quatre parties ; mais dans le second cas, le cycléal est un anneau très-étendu ; chaque portion trouve sur son périoste, qui est le derme, un appui qui en favorise l'isolement ; il y a ainsi moyen de constater chez les Animaux du deuxième embranchement un développement lent, que ne peuvent presque jamais montrer les Animaux du premier. Il faut distinguer quant à cette dernière proposition. Elle est vraie en l'appliquant aux conditions normales des hauts Animaux vertébrés ; elle ne l'est plus sous l'influence des faits de la monstruosité. En effet les séparations et distinctions que la théorie, comme nous l'avons vu plus haut, laissait entrevoir, la monstruosité les montre parfaitement. Des arrêts de développement, qui sont venus apporter une passive influence sur le derme, avant que celui-ci soit parvenu à son état complétif, avant qu'il ait acquis son maximum de composition, lequel nous savons être l'ossification de ses lames profondes ; des arrêts de développement, disons-nous, ont prédisposé des conditions, de façon à contraindre les élémens de chaque cycléal à paraître assez écartés les uns des autres pour ne point d'abord, et s'il y a persévérance, pour ne jamais se souder. Nous citerons en preuve de ce que nous avançons présentement l'*Anencephalus perforatus*; c'est le Monstre qu'a le premier, et dans sa thèse inaugurale, décrit le professeur Lallemand de Montpellier, et que nous avons appelé de ce nom, de ce qu'il présente un double *spina bifida*, ayant porté ses effets sur treize vertèbres, sur les sept cervicales, et les six premières du dos. L'œsophage, ou le point qui le devrait un jour produire, avait été attaché aux portions dorsales du derme : une monstruosité s'en est suivie ; et en ce qui concerne notre présente question, les portions droites du cycléal se sont distribuées à droite de l'obstacle qui avait ainsi commandé d'aussi nombreuses déviations ; les portions à gauche se sont de même placées sur la gauche ; et le tout ensemble a fait un anneau osseux dont chaque moitié était composée de treize demi-corps vertébraux. Le docteur Serres cite plusieurs autres cas semblables ; il les a recherchés avec un soin extrême, fondant sur la considération de ces curieuses anomalies, de ces faits de Monstruosité, sa doctrine du développement excentrique, de laquelle sortait comme une loi secondaire que toute production organique, placée sur la ligne médiane, devait sa condition d'élément impair, à la rencontre et à la précoce soudure de deux parties, l'une arrivant de la droite et l'autre de la gauche.

Troisièmement. La Monstruosité se refuse le plus possible à la suppression d'un ou de plusieurs os appelés à une coexistence commune par les conditions normales ; avant qu'elle en vienne là, elle les tourmente de bien des manières ; et véritablement on dirait qu'elle agit avec un discernement exquis pour profiter des plus petites chances, afin de faire admettre un élément que des voisins devenus trop volumineux tendent à re-

pousser, ou même semblaient s'accorder pour condamner à une totale exclusion. Cependant que cette suppression soit décidément effectuée par quelque prédominance accidentelle, ou que chaque os soit seulement restreint et rendu rudimentaire, vous trouvez à lire dans les conditions nouvelles, dans les irrégularités des pièces adjacentes, les réels motifs de ce qui est advenu ; principalement si, de plus, en venant à réfléchir à ce que seraient devenues ces mêmes pièces, si elles se fussent maintenues dans la règle ; disposition qu'au surplus on est parfaitement à même de connaître par les êtres normaux. La loi, dont nous avons traité dans le paragraphe précédent, préside invariablement à ces arrangemens. Car les os sont-ils extrêmement atténués, ils se joignent et se soudent de bonne heure, et souvent même à leur première apparition, avec d'autres très-petits os qui sont dans leur système de connexion ; voilà ce que les Hypognathes nous ont montré à l'égard de leur tête imparfaite. Ce qu'ont montré encore les mêmes Animaux, c'est un système plus ou moins complet de parties osseuses sans aucune trace de fibres musculaires. Nous ne pouvons nous permettre d'entrer ici dans aucun détail ; sans quoi nous devrions citer les formes très-variées de plusieurs pièces crâniennes des Anencéphales, celles qui nous ont engagé à nommer l'une de ces espèces *Anencephalus icthyoides*, celles de l'An. de Got., etc. En dernière analyse dans le jeu des formes, variables à l'infini, sous lesquelles la monstruosité fait apparaître les pièces osseuses, il y a tant d'influences parfaitement manifestes à considérer, tant de résultats certains à recueillir, et en général une si grande instruction à retirer de ces nouveaux arrangemens et autres règles, que nous ne pouvons trop recommander d'y donner la plus grande attention.

IV. Physiologie.

Nous ne nous sommes encore, dans

le chapitre précédent, occupé qu'à présenter les causes les plus prochaines, et si nous pouvons nous permettre cette expression, les seules et simples causes anatomiques, celles que des recherches attentives nous ont permis de poursuivre et d'aller observer dans le spectacle des infinies modifications de la structure organique. Nous allons présentement essayer d'entrer plus avant dans ce sujet, discuter de hautes questions qui ont long-temps exercé la sagacité des hommes les plus éclairés, que ne purent résoudre les plus illustres physiologistes du siècle dernier. Ce qui aura toujours lieu, surtout s'il s'agit de matières très-difficiles à pénétrer, on n'avait recueilli que fort peu de faits, et ceux-là ne se prêtaient point encore aux spéculations d'une saine philosophie, que l'on s'était cependant formé des opinions sur les causes de la monstruosité ; or ces opinions étaient émises, qu'on entreprit après coup des recherches pour essayer de les prouver. On doit principalement se rappeler, comme pouvant porter sur ces souvenirs, le célèbre débat qui de 1724 à 1743 intervint entre Winslow et Lémery. Toute l'Europe savante y prit part, et nous citerons en particulier deux grandeurs intellectuelles de cette époque; d'abord Haller qui, après avoir, a-t-il dit, soigneusement examiné quatre à cinq cents relations de Monstres, se prononça, dans deux dissertations publiées *ad hoc*, en faveur de Winslow; et en second lieu Fontenelle, qui, avec le goût et l'heureuse facilité de son talent, écrivit un résumé des plaidoyers prononcés devant l'Académie des Sciences par les célèbres anatomistes qu'une aussi belle thèse avait excités l'un contre l'autre.

Fontenelle, dans son penchant en faveur de Winslow, ne se montra pourtant point aussi décisif qu'Haller: loin d'admettre qu'il ait mis la question hors de doute, « il reconnaît que c'est à peine s'il a agi par une

espèce d'enchère, là où il ne faut effectivement que donner la préférence à celui des deux partis qui allègue les meilleures raisons, c'est-à-dire les plus vraisemblables ; car, ajoute-t-il, de preuves sans réplique, ou de démonstrations absolues, il ne saurait y en avoir. »

Nous avons dit plus haut (Sommaire historique) que cette discussion était prématurée et avait précédé les faits : on peut en juger par le morceau élégamment écrit de Fontenelle et qu'il lut dans la séance publique de l'Académie des Sciences pour l'année 1742 ; on peut, disions-nous, en juger par les bases que lui offraient les idées de son siècle et qu'il fut très-scrupuleux à reproduire, par les bases dont il a fortifié ses raisonnemens. « Le cœur, dit-il, est la première de toutes les parties où l'on aperçoit le mouvement, *punctum saliens* : c'est vraisemblablement le principe du mouvement à l'égard de toutes les autres; » puis faisant de cet axiome une application aux faits de la monstruosité : « Comment alors, ajoute Fontenelle, le cœur viendrait-il à se détruire dans une poitrine naissante ?» C'est encore un des principes de cette époque qu'il n'y a pas « de génération, à moins que les corps organisés ne proviennent d'œufs ou de germes qui les contiennent en raccourci ; en sorte qu'on ne pouvait ouvrir de réelles disputes sur les Monstres, ou qu'en admettant que l'auteur de la nature si sage, si régulier et si constant dans toutes ses œuvres, se fût réservé de produire directement des Monstres, ayant créé dans cette vue et à l'avance des germes monstrueux; ou bien qu'en admettant la confusion de deux ou plusieurs germes dans le sein maternel. »

Duverney, long-temps avant, en 1706, avait le premier émis, ou plutôt avait renouvelé, l'opinion que les Monstres viennent d'œufs ou de germes primitivement monstrueux, et qu'ils sont organisés avec autant d'art et de sagesse et pour une fin aussi déterminée , que ce que nous appelons les Animaux parfaits. Lémery opposa d'abord (1724) à Duverney et plusieurs années après (1743) à Winslow, son illustre antagoniste, une vue toute différente en termes nets et bien tranchés ; car il exclut absolument toute conformation monstrueuse d'origine : cependant Lémery succomba bientôt, et dès qu'il eut exposé en détail les causes accidentelles, qui formaient, suivant lui, obstacle aux développemens organiques : aucune de ses preuves, dans l'extension qu'il leur donna, n'était admissible. Ainsi Buffon conçut heureusement, et de haut, une grande idée, sa belle loi sur la patrie des Animaux, lequels habitent chacun exclusivement la zône torride d'un continent ; et, entré dans les détails, il ne s'aperçut pas de l'insuffisance de ses preuves, de la faiblesse des étais qu'il proposait à la conviction de ses lecteurs.

Winslow se montra plus indécis : conduit par ses faits à des idées qu'il supposait se contredire , il modifia dans la suite de premiers aperçus, et enfin il crut devoir s'arrêter aux propositions suivantes. Il pensa : 1° qu'en général les deux systèmes des fœtus monstrueux d'origine et des fœtus monstrueux par accident, pouvaient être employés selon les différens cas des conformations extraordinaires ; 2° que dans d'autres cas , on ne doit employer qu'un de ces deux systèmes, lorsqu'on n'a pas de raison suffisante à donner en faveur de l'autre ; 3° qu'il y a des cas où l'on est obligé de recourir à l'un et à l'autre, en ce qu'aux conformations extraordinaires d'origine, il peut en être survenu d'autres par accident ; 4° et qu'enfin il se trouve plusieurs cas où les plus habiles physiciens et anatomistes se voient fort embarrassés à choisir entre les deux systèmes.

Les Monstres par défaut n'entraient point ou peu dans ces supputations. Le mélange et la confusion de plusieurs germes présentaient quelque chose que l'esprit devait concevoir, mais non cependant sans difficulté ; car Fontenelle, qui avec Lémery principalement, et généralement avec toute l'école dominante alors , faisait de cette théorie dériver l'explication des monstruosités par excès, ne sait finalement qu'en penser. Essayant d'appliquer ces idées théoriques aux Monstres sexdigitaires , il est entraîné à attribuer la production des quatre doigts surnuméraires à la livraison qu'en aurait faite un second fœtus ayant depuis disparu : mais cependant il s'arrête devant cette explication ; en venant à réfléchir aux chances minimes de probabilités, pour qu'il arrivât que les quatre doigts surnuméraires se détachassent à point nommé, et vinssent se placer et se coordonner près et avec les doigts normaux.

Nous rappelons, mais nous ne discutons point ces explications : nous nous bornerons à remarquer qu'elles survivent à la ruine d'un ancien édifice physiologique qui leur avait donné naissance. L'on avait perdu de vue la connexion , la filiation de celles-ci à celui-là ; et sans s'en douter, l'on continuait à employer ce qu'on pourrait nommer des conséquences présentement privées de leurs prémisses. Cependant montrons que l'ancien édifice physiologique avait croulé : 1°. adoptant l'idée de germes primitivement viciés, l'on avait mêlé aux questions de la monstruosité l'une des théories les plus ardues de la science ; ce qui prouvait qu'on n'apercevait point là de difficultés. Or expliquer avec le secours de pareilles théories, n'était-ce point s'abandonner à des abstractions, recourir à de pures suppositions ? L'on est au contraire bien éloigné aujourd'hui d'accorder autant de confiance qu'on le faisait autrefois à la doctrine de l'évolution des germes, c'est-à-dire de croire à leur préexistence éternelle, de les voir comme contenant tout l'être en raccourci.

L'étude plus approfondie qu'on a faite des développemens organiques, y fait à chaque succession apercevoir plutôt des effets qui se produisent les uns à la suite des autres, des causes absolument prochaines et actives d'échelon en échelon. Dans cet état, l'hypothèse des germes originairement monstrueux tombe d'elle-même. Bien mieux, c'est que ce sont les faits eux-mêmes de la monstruosité qui, examinés dans toute leur valeur, mettent à même d'entrer dans la question de la préexistence des germes en général, tout autant du moins qu'il y a prise pour examiner cette question physiologiquement. Nous avons traité ce sujet avec soin dans notre ouvrage sur les Monstruosités humaines, et nous nous bornerons ici à y renvoyer.

2°. Ce que les physiologistes, du temps de Fontenelle, pensaient du cœur, de sa première et subite apparition, de sa prédominance d'action dans la composition de l'embryon, est aujourd'hui reconnu faux. Le savant et illustre anatomiste Serres a ajouté à ce qu'on était à ce sujet parvenu à connaître, que bien loin que le cœur (ce que cet organe fait seulement beaucoup plus tard) soit d'abord dans le cas, par ses nombreuses artères dont on le disait autrefois l'unique centre, d'aller se distribuer et porter la nourriture à la périphérie de l'être; loin, disons-nous, que le cœur remplisse d'abord ces hautes fonctions, il est au contraire le point où aboutissent des vaisseaux séparés, arrivant sur lui des membranes ambiantes et externes. Ce fait sans doute est fondamental pour la théorie des Monstres, puisqu'un grand nombre (entre autres les sujets qui ont double ou le train de devant ou le train postérieur) doivent recevoir les conditions de leur difformité future, bien avant que le cœur soit formé. On ne fit point entrer en ligne de compte une considération d'une aussi grande importance (1), quand on se

décida contre la théorie qui faisait dépendre dans une condition secondaire et prochaine certaines modifications de l'être organique, des influences du système sanguin resté en-deçà, ou porté au-delà de ses dimensions et limites naturelles.

Nous passerons légèrement sur cet ordre de faits, dont le docteur Serres s'est occupé et donnera plus tard les développemens; non que l'intérêt du sujet ne le recommande la circulation. Il observe les premiers rudimens du cœur du poulet : il imagine aussitôt que ce point qu'il voit palpiter est la racine de tout l'être : il croit lui voir projeter ses rameaux dans tous les organes, et il annonce que l'Animal se forme du centre à la circonférence. » C'est ainsi que dans le discours préliminaire, page xxii, de son Anatomie du cerveau, le docteur Serres signale le premier établissement de la loi générale du développement central des Animaux. On avait interprété la nature en sens inverse : Serres le reconnut, en venant étudier plusieurs cas de la monstruosité; mais Harvey, Malpighi, Boerhaave, Haller, Albinus, etc., durent faire autorité, tant que les études furent restreintes aux faits qu'ils avaient observés : or c'est le développement du poulet qu'ils avaient examiné. On a cru jusqu'ici qu'en effet nul autre développement ne devait présenter à l'observateur plus d'avantages, dès qu'on peut d'heure en heure, et jusqu'à son éclosion, examiner un fœtus d'Oiseau. La vérité est que c'est l'être organique le plus ingrat, si les études doivent tendre à rechercher les premières époques de formation : il n'y en a point de propres à l'embryon qui soient discernables chez un Oiseau, chez l'Animal qui a le système respiratoire élevé comme fonction au plus haut degré : mais d'un autre côté, les travaux d'Harvey et de ses illustres successeurs ne restent pas moins recommandables, si on les emploie selon leur portée et qu'on les intercalle dans l'ordre des développemens. Ainsi ils sont sans valeur et ils le cèdent à l'heureuse découverte de Serres, quand il s'agit d'expliquer la formation de l'embryon : le développement excentrique seul y pourvoit. Mais si l'embryon est entré dans les époques suivantes, s'il est constitué fœtus par l'acquisition du cœur et de beaucoup d'autres principaux organes, il est évident alors qu'il faut reprendre les théories d'Harvey, que le cœur pourvoit à l'accroissement des parties de la périphérie du corps, et que les deux développemens, le concentrique et l'excentrique, agissent respectivement. Nous ne pouvons en dire davantage pour le moment; mais nous croyons avoir assez fait pour répondre à de certaines observations et pour calmer quelques irritations, lesquelles puisaient cependant d'honorables motifs dans le juste respect dû à d'anciens et mémorables travaux.

---

(1) Nous y revenons dans cette note. « Harvey porte, dans la Zoogénie, cet esprit investigateur qui lui dévoile le mécanisme admirable de

puissamment, mais uniquement parce que nous n'avons point fait, comme ce savant, assez d'études pour en traiter aussi convenablement. Une semblable réserve, comme on l'a déjà vu plus haut, n'a point arrêté autrefois; et en effet, du moment que l'on eut pris le parti d'attribuer, sans examen et tout-à-fait *à priori*, au phénomène de la greffe, toutes les parties multiples des Monstres par excès, on fut disposé à admettre toutes les combinaisons de soudure les plus étranges, comme si toutes les artères d'un lieu pouvaient confusément s'aboucher avec les artères d'une toute autre région : le docteur Serres, appuyé sur le principe des connexions, s'est avec juste raison élevé contre une telle conséquence. Si l'on pouvait désirer de plus amples renseignemens, on les trouverait dans un extrait de ses travaux sur la monstruosité que nous avons fait, et qui est imprimé, T. xiii des Mémoires du Muséum d'Histoire Naturelle.

3°. Ce qui rentre dans la théorie du docteur Serres, et ce que nous en donnons comme une de ses plus heureuses applications, ce sont les conséquences que nous avons trouvé à déduire du fait suivant. Il n'en est pas, nous croyons, qui soit plus important pour montrer combien de combinaisons, de révélations instructives et d'indices certains, la monstruosité apporte et apportera surtout un jour à l'esprit, pour apprécier le principe des formations organiques et pour en suivre les effets successifs.

Un rein est descendu dans le bassin d'un enfant, et son artère, renonçant au point de son insertion ordinaire, quitte l'aorte plus bas et naît du milieu des iliaques primitives (Observation d'un de nos élèves, Joseph Martin, consignée dans les Annales des Sciences Naturelles, janvier 1826). Est-ce là un fait qui contredise la généralité, que nous désignons sous le nom de Principe des connexions? Nous en avons pris d'abord effectivement quelque souci, ce qui nous a rendu désireux de faire sui-

vré l'observation même de remarques et d'une discussion à ce sujet. Mais enfin nous n'avons point tardé à faire rentrer cette anomalie dans la loi générale, en venant à considérer que toutes les premières formations se répandent de la circonférence au centre. Et en effet, une artère n'est épanouie et génératrice qu'à son extrémité diffluente. Il suffit que là, elle, ses dérivés et ses résultats ne manquent point à leurs relations réciproques, pour qu'on doive reconnaître qu'il n'est nullement dérogé au principe des connexions. S'il est un obstacle, une bride qui retienne l'organe éloigné du lieu, où ses vaisseaux vont se réunir et s'insérer sur le tronc aortique, ces vaisseaux gagneront l'aorte au plus près, par conséquent différemment qu'à l'ordinaire. Ainsi et l'observation et les remarques dont celle-là a fourni le sujet, nous ont révélé une voie de plus et des ressources d'explication, qu'on peut appliquer à la plupart des monstruosités par excès.

4°. C'est très-heureusement que nous avons pu étendre ce point de doctrine à des considérations de Veaux à deux têtes, à nos Hypognathes, que nous avons décrits dans le treizième volume des Mémoires du Muséum d'Histoire Naturelle; ainsi le fait curieux des Hypognathes nous avait déjà procuré quelques inspirations conduisant sur cette interprétation. Car c'est à l'occasion de ces Monstres et à cause de ce qu'ils nous ont appris, que nous nous permettons de dire que ce n'est pas toujours servir utilement les sciences que de laisser son esprit planer sur la surface d'un certain nombre de faits, et que mieux vaut souvent en examiner un seul plus profondément, et en déduire, dans des cas d'extrêmes difficultés, des conséquences d'une grande influence par la suite. Or voilà ce que les Hypognathes nous ont montré, répété trois fois. De la mâchoire inférieure d'un Veau complet, naît à elle adossée, en partant de sa symphyse, une autre mâchoire inférieure, laquelle se termine comme à l'ordinaire à ses condyles ; puis, sur ceux-ci, comme sur un pédicule, s'établit un crâne plus ou moins réduit et plus ou moins rudimentaire. Ainsi une tête privée des organes des sens et du cerveau, uniquement formée des systèmes osseux et tégumentaires, devient, elle seule, l'addition dont s'enrichit ou plutôt dont vient à souffrir le sujet entier : on ne peut attribuer cet excédant d'organes à une rencontre fortuite, à un effet de bizarre amalgame; la répétition des mêmes faits montre là l'indice d'un choix, une action soutenue et concertée des systèmes vasculaires, un arrangement qui, sous une condition donnée, est dans un ordre absolu de nécessité. Voilà ce que ne put admettre Winslow ; ses travaux sont considérables ; il disséquait et observait parfaitement; il essayait ensuite de conclure avec ses faits; mais il était bientôt découragé et arrêté dans cet élan ; ce qu'il ne se dissimulait pas, finissant presque toujours, au contraire, par convenir des difficultés qui assaillaient son esprit, et ce qu'il racontait, en les énumérant par 1°, 2°, 3°, etc.

Le mécompte de Winslow provint de ce qu'il n'aperçut pas qu'il n'avait examiné que des faits incomplets, et qu'il attribuait aux conséquences finales du phénomène de la monstruosité des effets qui appartenaient à ses commencemens. L'anatomiste ne pouvait observer et n'observait en effet que des résultats. Il faut dans ce cas remonter plus haut, presque gagner le commencement des formations animales, si l'on veut reconnaître ce qui est susceptible d'en troubler les fonctions. Nous fîmes surtout ces réflexions quand nous en vînmes à étudier anatomiquement les Hypognathes. Nous n'entreprîmes jamais, sans doute, un sujet plus désespérant par ses difficultés ; cependant nous nous rassurâmes, dès que nous eûmes compris que nous avions sous les yeux des faits consécutifs, et que, physiologiquement parlant, nous ne devions presque aucune attention aux faits observables, n'étant compétens dans leur insuffisance que pour un résultat exprimant l'état du moment, mais non les motifs d'anciens désordres. Et, en effet, nous vîmes que celle des deux têtes des Hypognathes qui forme comme un hors-d'œuvre chez ces Monstres, semblait, par la distribution de ses vaisseaux, et par la continuité de ses parties tégumentaires, émaner de la tête grande et régulière du sujet entier, ressortissant à un système actif et tout-puissant, et en étant avivée et parfaitement entretenue. Or, rechercher dans de telles circonstances, les seules manifestées à l'observateur, les faits et les motifs de l'ancienne soudure de ces deux têtes, c'était sans doute se placer sous les diverses impossibilités aperçues par Winslow, et dont il composait sa série de difficultés. Nous aurions dû dans ce cas expliquer comment les vaisseaux artériels, après leur distribution dans la tête et la mâchoire normales, avaient le discernement de recommencer en sens contraire, et par une distribution inverse, une autre élaboration pour la seconde tête, qui toute réduite qu'est celle-ci, a cependant exigé tout autant d'efforts et les mêmes combinaisons et complications que la grande.

De pareilles difficultés n'existent point au contraire, si nous admettons que les faits de la monstruosité ont précédé la composition des principaux systèmes du sujet normal, principalement celle du cœur. Les élémens tégumentaires des deux têtes ont d'abord distinctement existé. Or, puisque toutes les premières formations se répandent de la circonférence au centre, les tégumens de chaque tête renferment, au dedans de leurs feuillets, de premiers vaisseaux qui les établissent et qui les nourrissent un temps quelconque, avant que ces vaisseaux rentrent dans d'autres acquérant un plus grand calibre, et que ceux-ci, par une ramification convergente, viennent se perdre dans un tronc principal. Cela posé, et seulement dans ce cas, se conçoit le travail régulier, isolé et bien distinct, d'où sortent deux têtes organisées séparément; et c'est encore sous cette même raison que l'on comprend comment les vaisseaux semblables de chaque tête, s'ils se rencontrent et se touchent, s'anastomosent, et finalement opèrent ces greffes ou réunions de parties 'si bien systématisées, tellement bien coordonnées, qu'il n'y a de plausible que cette explication pour en rendre compte. Il n'est point temps encore d'en dire plus à cet égard.

Cependant, dira-t-on, il n'y aurait de produit à l'égard des *Hypognathes*, pour l'un des sujets, que le tronçon tégumentaire qui se rapporte à la tête informe. Voudrait-on présenter cette circonstance à titre d'objection? il est facile et il suffit de donner cette réponse : *C'est un fait, et il le faut bien accepter comme tel, comme ayant reçu ce caractère.* Mais de plus, c'est un fait qui se justifie en outre par sa répétition dans des fœtus isolés, comme, par exemple, dans les différens cas d'acéphalies complètes. Et en effet, veuillez consulter la dissertation d'Elben (1), savante compilation dans laquelle le plus grand nombre de ces faits connus sont rassemblés, et vous trouverez des Acéphales dans les cinq conditions possibles; savoir : 1° l'Acéphale publié par Bonn, et représenté dans la Dissertation d'Elben, pl. 7, fig. 1, lequel, formé d'un seul tronçon, renferme les organes générateurs et urinaires; 2° l'Acéphale publié par Guignard, pl. 4, fig. 1, qui est composé du dernier et de l'avant-dernier tronçon; 3° l'Acéphale de Vogli, pl. 20, fig. 1, réunissant les tronçons sacré, abdominal et thoracique; 4° l'Acéphale de Katzki, pl. 1, fig. 4, ayant de plus que le précédent le tronçon brachial ou cervical; et enfin l'Acé-

phale de Curtius, pl. 4, fig. 1, qui réunit aux quatre autres le tronçon crânien; car la tête ne manque point dans ce Monstre, elle y est seulement réduite, rentrée et cachée.

Voyez d'autres Monstres par excès, ou les Hermaphrodites complets; c'est l'inverse comme situation des parties qu'ils présentent, et cependant ils ne réalisent pas moins, à cela près, les faits de monstruosité propres aux *Hypognathes*, puisqu'un Hermaphrodite complet est, en dernière analyse, un sujet entier, auquel s'ajoutent les organes du dernier tronçon d'un autre individu. Que l'on réfléchisse aussi à ce qu'apportent à l'esprit les conformations décrites par Bénivenius, Columbus, Schenkius, Ambroise Paré, Aldrovande, Licétus, Winslow, Moreau de la Sarthe, Montaigne, auxquelles il faut joindre un dernier exemple, observé vivant à Macao et à Canton en 1825. Nous voulons parler de ces sujets, bien conformés d'ailleurs, de la région épigastrique desquels pend un frère avec l'apparence, la structure, et généralement toutes les imperfections d'un Acéphale dans l'état d'embryon. Tous ces faits de monstruosité qu'Aldrovande a réunis sous les noms de *Monstrum bicorpor monocephalon*, et dont nous avons dit plus haut avoir formé le genre *Heteradelphus* (frères jumeaux dissemblables), sont, dans une autre manière, une exacte et parfaite répétition des différens degrés de composition que montrent les Acéphales isolés, dont nous venons de parler d'après Elben. Il est de ces *Heteradelphus*, comme le sujet (1) vu à Naples, en 1742, par le marquis de L'Hôpital, qui ne présentent que la croupe; il en est d'autres, comme la fille dite aux deux ventres, décrite par Winslow, dans l'Académie des Sciences, année 1733, p. 366, lesquels présentent et la croupe et le

---

(1) *De Acephalis, sive Monstris corde carentibus, auctore Elben, Berolini*, 1821.

(1) Cet *Heteradelphus* est figuré, pl. 21, dans la Description des principales monstruosités, etc., publiée par Moreau de la Sarthe.

bas-ventre; enfin sont aussi d'autres *Heteradelphus*, comme l'individu dernièrement vivant en Chine, et trois autres qu'Aldrovande a figurés dans son Histoire des Monstres, p. 611, 613 et 614, chez lesquels tout le sujet, moins la tête, est apparent (1). Nous avons lu dans un Traité récent sur la monstruosité, à l'occasion des *Heteradelphus*, que le plus petit sujet est ou renfermé dans la substance de l'autre, ou aurait été détruit. Cela ne résulte en aucune façon des précieuses observations d'anatomie que Winslow nous a laissées, et qu'il a insérées dans le Recueil de l'Académie des Sciences, année 1734. C'est, nous pensons, à d'autres conséquences que mènent ces faits d'acéphalies, soit qu'il arrive aux Acéphales de rester séparés de leur jumeau normal (les Acéphales décrits par Elben), soit qu'ils parviennent à se souder ensemble et à croître très-inégalement (les *Heteradelphus*). Si nous pouvions invoquer ici tous les faits que nous ont procurés l'ensemble de nos recherches sur les Animaux des moyens rangs de l'échelle zoologique, Animaux si peu connus quant aux rapports de leur structure, nous arriverions, en y réunissant toutes nos observations sur la monstruosité, à la démonstration de ce fait;

---

(1) Les parties osseuses du petit frère acéphale sont immédiatement revêtues par la peau, à moins que celle-ci, ce qui arrive fréquemment, ne soit soulevée et distendue par quelqu'amas de substance graisseuse; nous avons déjà remarqué plus haut qu'il en était ainsi de la deuxième tête petite et, incomplète des Hypognathes, et nous rapportons comme appartenant au même fait, l'adhérence du derme et du tissu osseux chez les Crustacés et chez les Insectes. La raison de ces rapports est dans le degré organique de ces productions; toutes sont des embryons qui ne se forment encore que de la peau et du tissu osseux subjacent, celui-ci n'étant qu'un état plus avancé et complétif de la composition de celle-là; et alors ce n'est que plus tard que des viscères sont surajoutés chez les embryons en dedans du tronc, puis des muscles entre les lames tégumentaires. Ce progrès dans le développement n'a lieu ni chez l'Acéphale hétéradelphe, ni chez le Crustacé, uniquement de ce qu'ils restent, l'un comme l'autre, toute la vie dans la condition d'un embryon.

savoir, *en premier lieu*, que l'être en général commence par un sac que l'on peut idéalement distribuer en cinq compartimens essentiellement distincts; lesquels, produisant plus tard, de chaque côté de leur surface, les organes de l'état régulier, finissent par donner, *d'abord*, quant au squelette, simultanément, mais distinctement, les vertèbres crâniennes, les cervicales, les thoraciques, les lombaires, et puis les sacrées ou coccygiennes; et *ensuite*, les organes qui correspondent à ces segmens de système osseux, et qui se composent des organes des sens, de la respiration, de la circulation, de la digestion et de la génération.

Passant de ces considérations à celles des déviations organiques, il reste sensible qu'il suffit d'un froncement, d'un repli, d'une contraction quelconque et persévérante sur un point, ou enfin de la moindre affection pathologique, pour changer la loi de développement de chacun des cinq compartimens, c'est-à-dire pour y introduire un élément de monstruosité qui d'abord est de peu d'importance, mais qui en prendra dans la suite en développant ses fruits; car dans ce cas, le système osseux et les viscères intérieurs en retiendront des causes de déviations, des ordonnées pour des formes insolites. Cela posé, qu'un seul, ou si l'on veut, deux, trois et quatre compartimens ou tronçons, soient séparément saisis par une de ces causes capables d'interrompre ou de changer le cours naturel des développemens, il n'y aura plus d'exposé au *nisus formativus*, que les quatre cinquièmes, ou les trois cinquièmes, ou les deux cinquièmes, ou seulement un cinquième de l'être ayant dû être produit.

5°. Nous arrivons enfin à l'explication admise généralement, et qui est appliquée indistinctement à tous les cas de monstruosité par excès. Sur l'idée que la nature tend dans toutes ses œuvres à la simplicité et à l'unité de ses voies et moyens, et que rien n'autorise à croire que cette marche doive être interrompue, quand il s'agit de l'agglutination et de la pénétration des êtres, soit Végétaux, soit Animaux, on s'est cru fondé à rapporter la réunion des parties multiples des monstruosités par excès, à ces phénomènes que l'on connaît sous le nom de *greffe des Végétaux*. Quand ce sujet est embrassé de haut et dans toute sa généralité, on ne peut disconvenir que les procédés soient les mêmes. Cependant l'on ne saurait y accorder la même confiance dans les applications particulières, ainsi qu'on l'a fait. La greffe est bien connue des jardiniers qui la pratiquent journellement, mais elle l'est sans doute moins sous le point de vue physiologique. En importer les idées théoriques d'ensemble et comme tout d'une pièce pour expliquer les soudures des parties animales, c'est n'avoir pas donné d'attention à la différence des matériaux mis en jeu. Or, voici quelques remarques à ce sujet. D'abord à l'égard des Végétaux eux-mêmes la greffe ne s'accommode pas de toute rencontre fortuite. Il n'y a point en effet caprice dans un phénomène qui exige des préparations assez minutieuses, ou bien qui s'effectuant naturellement dans les bois, n'a lieu que si quelques circonstances déterminées lui sont spontanément fournies. La règle est que le liber de l'un des Végétaux soit à nu et mis en contact avec le liber de l'autre; l'homogénéité des parties qui se touchent les porte à se réunir et à se confondre. Or, est-ce bien en tous points cela qui a lieu à l'égard des monstruosités animales par excès? et doit-il suffire que l'épiderme soit d'un et d'autre côté soulevé, pour que deux membres, je suppose, s'attachent et demeurent greffés? C'est ce qu'en adoptant, *à priori*, la doctrine de la greffe des Végétaux pour en faire aux Animaux une application, sans avoir réfléchi à la différence des cas particuliers; c'est, disons-nous, ce que l'on a malheureusement supposé. De tels cas particuliers montrent d'abord des chances infiniment

nombreuses pour que la greffe des Végétaux réussisse, quand, au contraire, il n'est que des chances fort rares pour opérer celle des Animaux. C'est que le liber, tissu homogène dans toute son étendue, est partout composé de matériaux similaires; un nœud vital est dans chaque point de la trame alvéolaire, et il ne peut manquer d'arriver que toutes ces parties rencontrent dans l'autre liber une combinaison toute semblable; d'où leur aptitude à se réunir.

Les choses se passent autrement et plus difficilement quant à la greffe de deux fœtus; la périphérie de leur corps n'est point composée de parties similaires; c'est, suivant chaque région, un système à part de vaisseaux et de nerfs quant à l'entrelacement de chaque élément. Approchez, mettez en contact deux appareils de vaisseaux et de nerfs qui se rencontrent par le travers de leurs filets; nous le demandons, quelle force, quels motifs les porteraient à se prendre, à se conjoindre? Ils sont superposés, ils restent adossés les uns à l'égard des autres; mais d'ailleurs il y aura refus d'entrelacement, d'agglutination; ce que l'on conçoit ne pouvoir s'exercer qu'aux extrémités mêmes des cimes vasculaires et nerveuses. Mais qu'au contraire il arrive à deux appareils semblables de s'approcher face à face, qu'on me passe cette expression; qu'il arrive aux bouches terminales d'un nombre quelconque de filets vasculaires et nerveux de rencontrer de semblables bouches terminales, qui gardent respectivement les mêmes distances, de façon qu'il y ait coïncidence entre tous les élémens similaires; il y aura le même entraînement que dans les parties homogènes du liber, la même disposition à la soudure des contenans et au mélange des fluides contenus, la même nécessité à s'anastomoser. Or, pour qu'il y ait une aussi exacte coïncidence entre deux houppes de cimes vasculaires et nerveuses, il faut que chaque houppe provienne de sujets différens; c'est ce que donnent en effet deux jumeaux contenus dans l'utérus de leur mère. Que le diaphragme qui les sépare soit pathologiquement rompu, et que ces jumeaux se rencontrent dos à dos, ou ventre à ventre, ou tête contre tête, ou face contre face, ou par l'entredeux des jambes, etc., et vous aurez tous ces singuliers accouplemens que vous présentent les Traités iconographiques sur les Monstres. Observez qu'il n'y est question que de tels accouplemens, bien qu'il passe pour avéré qu'en ce genre de désordres l'on trouve réalisés tous les cas imaginables. Une revue de ces Traités, faite dans cet esprit, peut fournir une preuve péremptoire en faveur de notre proposition. Or nous ne craignons point d'affirmer qu'aucun de leurs Monstres doubles ne soit le produit de fausses correspondances, dans le sens que nous attachons à ce mot. Là en effet ne se rencontrent jamais deux sujets approchés et soudés par des parties diverses; là ne se voit aucune alliance du ventre avec une extrémité, du ventre avec le dos, de la tête avec une partie du tronc, etc.; si, comme dans le double Monstre décrit, en 1706, par Duverney, les deux individus conjoints sont opposés l'un à l'autre, ils se sont cependant rencontrés par des ramifications vasculaires et nerveuses de même nature : on connaît plusieurs exemples de cette singulière monstruosité et toujours les têtes étaient placées du même côté; ce qui sans doute était inévitable, pour que les cimes vasculaires et nerveuses ne se rencontrassent point à contre-sens, mais le fissent au contraire dans une mesure parfaite d'homogénéité. Que ces faits présens à l'esprit, vous veniez à considérer toutes les monstruosités par excès bien authentiques, d'après les vues de la loi que nous venons d'exposer, et que vous vous rappeliez en même temps que les fluides, dans les premiers momens de la gestation, se répandent de la circonférence au centre, second principe pour l'explication des monstruosités par excès,

vous ne serez plus surpris que chaque Monstre soit le nécessaire résultat de ces sortes d'action? Sans doute; il paraîtra et il demeure maintenant superflu que nous insistions, comme nous le faisions autrefois, sur la singularité que tant et de bizarres déviations organiques soient si exactement répétées que c'était le cas d'y voir une association parfaitement distribuée d'organes et d'y donner un nom générique. Quelque chose au milieu de ces confusions trahissait en effet un ordre admirable ; on ne pouvait presque plus dire que c'étaient des aberrations organiques; il devenait nécessaire d'y voir un autre ordre quelconque, venant remplacer l'ordre et les arrangemens attendus. Il sera donc effectivement inutile aujourd'hui d'insister sur de telles et d'aussi curieuses conséquences, s'il est manifeste que celles-ci découlent naturellement des nécessités ou de l'effet des deux lois que nous venons d'exposer. Nous prévoyons des objections tirées de quelques pratiques chirurgicales ou de quelques renversemens de parties visibles à l'extérieur; mais nous nous réservons de les établir et d'y répondre ailleurs. Enfin la remarque suivante ne sera sans doute point considérée comme superflue; notre illustre ami, le docteur Serres, ne manqua point de dire ce qu'il puisa d'inspirations dans nos vues sur l'unité de formation des systèmes organiques, quand il écrivit son bel ouvrage sur le cerveau ; mais il nous a, nous nous plaisons à le déclarer, vraiment payé au centuple, ayant fourni à ce qui précède son admirable loi du *développement excentrique.*

Nous ne pouvons renvoyer à aucun de nos écrits, qui donnât le complément de ces nouvelles idées, puisque nous publions celles-ci aujourd'hui pour la première fois. Extraites d'un Mémoire assez étendu et qui pour paraître attend la confection des dessins et gravures qui doivent l'accompagner, nous avons le regret de nous en tenir ici à énoncer seulement ce qu'il serait si important d'amener à parfaite démonstration. Nous n'userons d'aucune dissimulation et nous dirons avec franchise que nous ne pensons pas être encore parvenu, dans nos recherches, à un résultat plus utile par ses nombreuses conséquences. Car, quand nous n'annoncions tout à l'heure qu'une loi trouvée pour l'explication des phénomènes de la monstruosité, c'est que nous nous plaisions à rester dans la spécialité de notre sujet. On voudra par la suite et l'on saura un jour considérer les choses de plus haut; et, celles-ci étant embrassées sous ce plus haut point de vue, la monstruosité n'y interviendra plus que comme un cas particulier, eu égard au phénomène plus général de la formation des organes. Car, à vrai dire, en quoi consiste effectivement l'essence de la monstruosité? Evidemment sans doute à offrir un heureux mélange de circonstances, la coïncidence d'une multitude de parties respectivement semblables à droite et à gauche, leur terminaison en filets et ramifications capillaires, et le double concours de tous ces élémens agissant en vertu de rapports mutuels dans une parfaite correspondance, et finalement obtenant de se saisir et de se pénétrer même, en vertu de l'attraction que la matière manifeste toujours pour elle-même, s'il y a homogénéité entière dans ses élémens en contact (1).

____

(1) Y a-t-il une autre loi pour la composition de tous les autres corps naturels? Nous ne le croyons pas. L'attraction newtonienne nous paraît au contraire devoir exercer son action aussi bien à petite distance que dans les grands espaces de l'univers. On ne le pense point ainsi aujourd'hui en physique, parce qu'on n'a point encore trouvé les lois secondaires d'arrangement des molécules, qui puissent déterminer celles-ci à bien s'offrir face à face, à multiplier de l'une à l'autre et vis-à-vis l'une de l'autre le plus de points exactement similaires et à les mettre par-là dans le cas de se saisir et de s'enchevêtrer. Ceci, que nous avons le très-grand tort de placer ici sans rendre compte des idées intermédiaires qui s'y rapportent, conduirait à penser qu'il n'y a qu'une seule loi pour la consolidation de la matière, ou autrement, pour la composition de tous les corps solides inorganiques ou organisés, et que ce serait la loi même de gravita

Toute anastomose de deux vaisseaux similaires, sortis chacun d'une mère-branche, si elle est secondée par les relations respectives et le concours actif de toutes les parties de son système, est formatrice des organes, en tant qu'elle donne lieu au phénomène de l'assimilation des fluides nourriciers. Le fœtus (nous ne disons pas l'embryon, parce qu'il n'y a point encore moment propice pour étendre à celui-ci les mêmes explications), le fœtus offre une disposition de vaisseaux et de nerfs qui amène sur les lignes médianes, des cimes vasculaires et nerveuses, venues, celles-ci des parties droites et celles-là de gauche, étant respectivement semblables et prolongeant leurs ouvertures terminales les unes sur les autres, et, si l'on peut se permettre de le dire dans ce cas-ci, face à face. Voilà donc, dans un sujet unique et simple, dit l'être normal, une disposition qui reproduit exactement celle dont nous avons fait dépendre les phénomènes de la monstruosité par excès : c'est que chaque Animal est la réunion de deux moitiés semblables. L'axe qui les sépare, compose par conséquent une série de points, où de chaque côté aboutissent nécessairement de semblables extrémités, soit vasculaires, soit nerveuses ; dans ce cas, et conformément à de telles données, les fonctions assimilatrices se poursuivent sans trouble. C'est donc et toujours inévitablement, comme dans les phénomènes de la monstruosité par excès, que s'établissent les organes des deux moitiés d'un sujet simple. Alors voilà ramenés au même point et les phénomènes qui produisent les êtres uniques et réguliers, et ceux qui donnent les êtres doubles et monstrueux, c'est-à-dire voilà que nous n'apercevons plus entre eux d'autres différences, savoir : « Que les premiers sont formés par une sorte de minimum d'action, le concours de deux parties semblables,

____

tion des corps, sur laquelle se fondent les explications du système de l'univers planétaire.

quand les seconds le sont au contraire par l'emploi quadruple de cette même action ; laquelle consiste dans la réunion accidentelle et le jeu de quatre systèmes du même rang. Il faut prévenir une sorte d'objection. L'on s'étonnera et l'on voudra peut-être argumenter de ce qu'une loi d'une application aussi universelle, nous voulons dire, de ce que le principe de la composition des organes n'est révélé que par un cas particulier et ne ressorte point encore clairement de l'ensemble des théories de l'organisation, principalement des faits normaux. On pourrait déjà répliquer à ce sujet que jusqu'à présent la physiologie s'est à peu près contentée de connaître quelques résultats des fonctions et ne s'est d'ailleurs point enquise des motifs qui y donnent lieu ; mais cette autre réponse satisfera probablement davantage. En effet, l'organisation variée des êtres de la monstruosité était seule dans le cas de nous donner à la fois et le premier sentiment d'opérations aussi simples et des preuves pour notre conviction. En connaissant d'abord le but, vers lequel tendent les efforts de certains développemens organiques, quand ils se poursuivent sans obstacles, les Animaux réguliers étant l'objet à produire, et en connaissant ensuite toutes les formes diversement imparfaites de la monstruosité dans une même espèce, nous avons une échelle d'organes pour ainsi dire successivement essayés. Nous voyons tel sujet frappé au plutôt d'un arrêt de développement, tel autre qui l'est plus tard, un troisième qui offre un plus grand degré de développement, et ainsi de suite. Ces caractères d'imperfection dans une série graduée deviennent des termes de comparaison, que l'esprit peut saisir et dont il tire tout naturellement des conséquences bien autrement instructives que d'un fait unique, alors seulement visuel et n'étant le plus souvent de ressources que pour une donnée d'anatomie, que pour une description anatomique.

Nous nous arrêtons ici quant à la monstruosité par excès ; nous ne nous dissimulons pas ce qu'il faut encore faire d'études et recueillir d'observations pour développer et pour perfectionner, ainsi que le réclament les besoins de la science, les idées sommaires que nous venons de présenter. En traitant dans le chapitre précédent des causes prochaines de la monstruosité par défaut, nous ne nous sommes étendu que sur celles de ces causes qui agissent mécaniquement et directement d'organes à organes. Mais il en est d'autrement provocatrices pour entraîner l'organisation dans des voies de désordres, et qu'il nous reste ici à faire connaître. Nous parlerons d'abord d'une de ce genre, qu'une opinion très-répandue considère comme principalement prédisposante : c'est l'influence attribuée à l'imagination de la mère sur le développement du fœtus. De-là vient qu'on a presque toujours cru trouver dans les marques empreintes d'origine sur la peau, connues sous le nom d'envies, d'essentiels rapports avec des objets que la mère prétendait avoir désirés pendant sa grossesse ; de-là vient encore qu'on a aussi souvent insisté, à l'occasion de diverses défectuosités, sur une ressemblance avec certaines choses du dehors qui avaient été un grand sujet d'effroi pour une mère enceinte. Quand un Monstre survient au sein d'une famille, il étonne, excite et trouble toutes les imaginations. Winslow ni personne n'auraient connu le cas de la fille hétéradelphe, observée en 1735, sans la circonstance que les scrupules d'une religieuse de garde à l'hôpital auprès de cette fille monstrueuse provoquèrent. Cela donna lieu à l'examen de cette question, si l'ecclésiastique chargé de distribuer les secours spirituels donnerait l'extrême-onction aux deux corps ou seulement à l'un des deux ; on appela à cet effet Winslow en consultation.

Le premier soin d'une famille où paraît une monstruosité est donc d'empêcher que la nouvelle ne s'en répande. Un aussi grave événement, quand il accable une malheureuse mère, s'empare de ses sentimens et de toutes ses facultés ; le spectacle de son enfant dégradé la porte à un retour sur elle-même, et elle succombe presque toujours sous l'humiliation d'avoir ainsi fourni le sujet de la plus rare et de la plus affligeante exception. Cette infortunée, sans songer que ses habitudes intellectuelles et des connaissances très-bornées la rendent peu propre à aborder un aussi important sujet de méditation, ne se donne au contraire point de cesse qu'elle n'ait découvert ce qui l'aura extraordinairement agitée durant sa grossesse, et ce qui aura causé par conséquent le développement désordonné de l'être que ses flancs ont porté. La part qu'elle a à l'événement, les agitations de son esprit qui l'y ramènent sans cesse, et un certain besoin d'en reparler continuellement, font qu'elle se persuade qu'à sa seule perspicacité est réservé d'en démêler la cause. Ces préoccupations gagnent même les amis et les personnes appelées à donner des soins aux femmes en couche. Ainsi la mère de l'*Anencéphale de Bras* (Mém. du Mus. d'Hist. Nat. T. xii, p. 233 et 273), est la victime de quelques brutales plaisanteries ; son beau-père la veut guérir de son aversion pour les Crapauds, et croit y procéder efficacement en la venant surprendre un matin, et en la réveillant avec un de ces Animaux qu'il lance inopinément sur son lit. Cette violence s'adresse à une femme jeune et que rendaient intéressante les grâces et les aimables qualités de son sexe ; elle en est bouleversée, et reste malade jusqu'au terme de sa grossesse ; enfin elle met au jour un enfant mal conformé que son accoucheur et plusieurs femmes présentes s'accordent à dire semblable à un Crapaud. Nous avons vu ce Monstre et nous l'avons décrit et classé selon ses affinités organiques : c'était un *Anencéphale*.

Toutes ces opinions particulières, conçues et propagées dans de semblables conjonctures, ont successivement servi à fonder la croyance populaire touchant l'influence des regards sur le développement des embryons. Attentif à ce qui en pouvait être, toutes les fois que nous l'avons pu, nous n'avons point trouvé que cette croyance supportât un examen sévère ; car d'une part, il n'y a jamais une réelle ressemblance entre les produits de la monstruosité et les objets dont on prétend que l'imagination d'une mère aurait été occupée ; et de l'autre, ce n'est guère qu'après l'événement que les femmes parlent de la coïncidence de ces ressemblances ; on ne cite effectivement aucune monstruosité qui ait été soupçonnée à l'avance et prédite. Enfin il faudrait étendre cette influence des regards jusqu'aux Animaux, auxquels il serait sans doute dérisoire d'attribuer un semblable pouvoir d'imagination, et qui cependant engendrent des Monstres tout autant et dans les mêmes conditions que les êtres de race humaine.

Mais on peut, nous croyons, arriver sur cette question avec des faits embrassés de plus haut et à tous égards parfaitement concluans : c'est en comparant dans quelle proportion aux enfans légitimes naissent les enfans naturels. Les contentions de l'esprit, le chagrin et les maladies qui en peuvent résulter, seraient-elles en effet prédisposantes à la difformité des fœtus, comme on devrait conclure de la théorie qui accorde une si grande influence aux regards ? Ceci admis, il faudrait, parce que l'imagination exerce sur nos sens une influence toute-puissante, que cette cause agît également sur le fœtus, où n'existe cependant encore aucune faculté de perception, comme sur sa mère, c'est-à-dire que cette cause se propageât dans la même raison sur un commencement d'opérations organiques, s'élaborant péniblement vers un point reculé de la tige maternelle, comme sur cette tige elle-même, riche d'organisation et douée des moyens les plus étendus. Une vive et subite émotion, un dégoût momentané, auraient donc plus de prise sur l'ame qu'une continuelle préoccupation de l'esprit, que les mouvemens désordonnés d'une conscience toujours en reproche. Que de tourmens d'esprit, que de remords, et par conséquent que d'altérations dans toutes les voies organiques chez une jeune fille timide et séduite ! Toutefois le bourgeon en développement sur cette tige qui se flétrit, ne s'en ressent en aucune façon; tout au contraire, le plus souvent ces excitations n'en favorisent que mieux la production.

Il faut en effet que les peines morales n'influent pas autant qu'on l'a cru, sur le développement des germes. Il suffit, pour en être convaincu, de consulter les registres de naissance d'une grande population. Ainsi les Recherches statistiques sur la ville de Paris, en nous donnant exactement le nombre des naissances à Paris pendant l'année 1821, nous établissent celles-ci distribuées comme il suit ; enfans légitimes 15,980; enfans naturels 9,176, formant un total de 25,156 naissances. Le rapport des premiers chiffres aux seconds est donc, à peu de chose près, la proportion 3 à 2. Par conséquent plus de neuf mille femmes ou les 2/5 du nombre total sont devenues mères à Paris, sans avoir craint d'encourir la réprobation de la société. On doit croire que sur ce nombre le quart ou deux à trois mille le devinrent pour la première fois, roulant sans doute continuellement dans leur esprit les déplorables circonstances de leur séduction, et restant de cette manière pendant les longues journées de leur grossesse sous l'accablement des émotions les plus dangereuses. Maintenant qu'on vienne à réfléchir au petit nombre de Monstres, qui ont paru pendant l'année 1821; est-ce un ou deux? on l'ignore. Dans ce cas sans doute l'on sera disposé à conclure qu'un profond chagrin n'est point une cause prédispo-

sante à la monstruosité. Ajoutons que si les tourmens d'une ame déchirée, en causant le dépérissement de la mère, devaient réagir sur son fruit, ce serait d'une manière générale sur tous ses organes au *prorata* et non séparément, et uniquement sur une seule partie organique, comme cela se voit chez les Monstres.

Mais si nous ne pouvons apercevoir dans ce qui précède que les choses se gouvernent par les sentimens moraux, et si au contraire nous restons persuadés que ni les agitations de l'esprit ni les douleurs de l'ame n'ont aucune prise sur l'organisme pour l'entraîner dans des voies insolites et désordonnées, il n'en peut être de même d'avis ou de nouvelles dites sans précaution et pouvant précipiter une femme enceinte dans un trouble des sens. Trois Monstres *Anencéphales* sont très-certainement dus à ces causes accidentelles, savoir : l'*Anencéphale de Bras* dont la mère se trouva mal, étant surprise et épouvantée par la vue d'un Crapaud; l'*Anencéphale de Patare* dont la mère ne fut jamais bien remise d'une frayeur qu'elle éprouva, quand deux femmes appostées vinrent l'assaillir dans l'obscurité, et l'*Anencéphale de la Seine* dont la mère tomba évanouie à la nouvelle, dite sans ménagement, que son mari aurait péri dans l'incendie de Bercy, village des environs de Paris. La grossesse de ces femmes, jusqu'à ces causes provocatrices, était dans un état prospère ; mais leur bonne santé fut dès-lors altérée et continua de décliner jusqu'à leur fâcheuse délivrance. Nous avons raconté ces faits en détail dans le Mémoire déjà cité et inséré parmi ceux du Muséum d'Histoire Naturelle et dans notre Philosophie anatomique, T. II, page 518.

Nous appliquons principalement aux *Anencéphales* les causes prochaines de la monstruosité, dont nous avons parlé dans le précédent chapitre, savoir : le retardement dans le développement et l'explication que nous avons donnée de ce phénomène, lorsque nous l'avons vu dépendre de l'existence de brides placentaires ; mais entre l'action de ces causes et celle des causes premières produisant un ébranlement dans l'organisme, on peut saisir différens temps, et l'on doit en effet suivre pied à pied chaque fonction intermédiaire, si l'on veut bien comprendre la relation de ces causes diverses, dont nous n'avons encore aperçu que les termes extrêmes. Or voici comme nous concevons cette marche : nous ne voyons de prise à ces phénomènes qu'à l'époque où l'embryon est à peine formé et où il occupe déjà le centre de ses membranes ambiantes ; les eaux de l'amnios étant pour le surplus répandues autour de lui. Qu'une Femme enceinte et dans cet âge de gestation soit subitement et vivement impressionnée, et que la perturbation générale ainsi survenue dans les fonctions de ses organes procure en particulier une sur-excitation violente à l'utérus, il y a dès-lors et nécessairement contraction et par conséquent plissement de cette poche musculeuse. Les membranes de l'œuf répandues à sa périphérie intérieure s'en ressentent à leur manière, c'est-à-dire s'en détachent vers un ou plusieurs points de leur superficie ; cette séparation opérée violemment y occasione des déchirures, des percées, de légères fissures sans doute, mais à travers lesquelles suinte et se répand le fluide amniotique. Cependant là matrice ne cesse de peser de tout l'ascendant de ses contractions ordinaires sur le noyau en voie de développement dans son sein ; voilà par conséquent l'œuf qui se vide de ses eaux, et les enveloppes ambiantes qui pour cette raison se replient, s'affaissent et retombent sur l'embryon ; enveloppant, touchant et pressant celui-ci de toutes parts, les membranes placentaires contractent inévitablement quelques adhérences avec l'embryon ; et cela marche d'autant plus vite et se répand sur d'autant plus de surface, qu'il est plus de perforations aux enveloppes fœtales, plus

de points rompus et sanguinolens. C'est le moment où commence la monstruosité ; car tous les développemens successifs continuant à avoir lieu conformément à deux ordonnées, que la nature des choses soumet à se faire de mutuelles concessions ; ordonnées qui sont la tendance à formation régulière (*nisus formativus*) et de nouvelles exigences ou un tirage des brides placentaires ; l'organe qui croît empreint de ces mutuelles actions et concessions paraît sous une condition nouvelle, laquelle atteste ainsi la puissance des déviations organiques. Ainsi se montrent une renovation de choses, et comme un être refait, puisque celui-ci est réellement reconstruit sous ces formes qui nous surprennent toujours et que nous disons celles de la monstruosité, par opposition à la forme attendue et normale ; ici donc où la cause provocatrice n'est que faiblement modificatrice, il n'intervient qu'un léger dérangement dans les membranes de l'œuf, mais non un trouble grave ou une maladie de l'embryon ; il n'y a que retardement de développement dans les parties atteintes par des adhérences.

Mais si la cause perturbatrice a un caractère d'une intensité telle, qu'elle agisse encore plus sur l'embryon que sur les membranes de l'œuf, ou tout à la fois sur les deux, la monstruosité se ressent des violences qui l'ont provoquée (1). Ce n'est plus un sim-

---

(1) Dès le commencement du seizième siècle, ou avait déjà eu recours à des causes mécaniques pour expliquer les altérations, les vices, les déplacemens des organes et généralement les nombreux désordres qui constituent les faits de la monstruosité. Cette vue fait honneur aux physiologistes de cette époque ; ainsi Ambroise Paré, à la date de 1533, avait aperçu treize causes possibles de ces désordres, dont la huitième correspond aux motifs que nous avons ci-dessus allégués. Nous citerons en entier le passage qui s'y applique : il est curieux. Disons d'abord qu'il était inévitable que ce grand chirurgien ne se laissât surprendre par quelques opinions de son temps et qu'il ne leur payât ainsi un tribut : mais dans les points où il s'est abandonné à son génie, on rend justice à l'un

ple dérangement, une ordonnée quelconque pour l'avenir des développemens qui en résultent , c'est une maladie grave qui accable le fœtus ; il succombe le plus souvent ; événement dont on ne s'occupe guère que dans l'intérêt de la mère et que l'on connaît sous le nom d'avortement. Cependant si le fœtus survit aux vicissitudes dont il est l'objet, à une lutte très-singulière qui s'engage entre les effets de la bonne santé de sa mère et les excitations de ses propres souffrances, il s'ensuit un Monstre d'une condition et de formes particulières ; nous en avons déjà parlé sous le nom de *Thlipsencéphale*. De tels Monstres ont cela de particulier qu'ils sont, hors la partie placée sous l'influence morbide , parfaitement conformés ; nous n'avons traité que de l'un d'eux dans notre Mémoire imprimé parmi ceux de la Société médicale d'Emulation. Julie sa mère, ayant atteint le troisième mois de sa grossesse , ne peut plus se dissimuler sa position, qui est à ses yeux le plus grand des malheurs ; elle rêve aux moyens de s'y soustraire. Ne pourrait-elle pas prévenir , ou même empêcher l'accroissement de l'être qu'elle porte en son sein ? Elle s'arrête à l'idée de se plastronner le ventre, de manière à placer au dehors une force vive , réagissante et destructive des développemens intérieurs. Nous avons vu le corset bardé de buscs épais em-

---

des plus grands talens qui aient honoré la France. Voici ce passage qu'on lit livre 25, pag. 753 :

« Les causes des Monstres sont plusieurs : la première , la gloire de Dieu. La seconde, son ire. La troisième, la trop grande quantité de semence. La quatrième, la trop petite quantité. La cinquième, l'imagination. La sixième , l'angustie ou petitesse de la matrice. La septième , l'assiette indécente de la mère, comme si, étant grosse , elle se fut tenue trop longuement assise, les cuisses croisées ou serrées contre le ventre. La huitième, chûte ou coups donnés contre le ventre de la mère étant grosse d'enfant. La neuvième, les maladies héréditaires ou accidentelles. La dixième, pourriture ou corruption de la femme. La onzième, mixtion ou mélange de semence. La douzième, l'artifice des méchans bélîtres de l'ostière. La treizième, les démons et les diables. »

ployé à cet usage ; la mère et l'enfant périront sans doute, se disait-elle souvent ; mais cet avenir faisait l'unique consolation de son affreux désespoir. Cependant il n'en fut point ainsi ; ces coupables manœuvres n'aboutirent qu'à frapper d'une lésion profonde le système cérébro-spinal du fœtus et principalement son encéphale. Nous croyons inutile de rappeler ce que nous en avons dit dans notre Mémoire, ayant d'ailleurs à raconter d'autres événemens de ce genre , à l'égard desquels nous avons des renseignemens plus détaillés et plus instructifs.

Une femme de la commune de Montmartre, dite Thérèse , mit depuis au monde un *Thlipsencéphale* , si semblable au Monstre enfanté par Julie, que nous avons peine à saisir un caractère pour les différencier comme espèce. Thérèse était déjà mère de cinq enfans, ayant de vingt-huit à trente ans ; elle fut un jour indignement maltraitée, frappée violemment du genou vers la région utérine et ensuite foulée aux pieds par son mari , qui, la sachant grosse d'un sixième enfant, avait conçu l'affreux dessein de la blesser et de faire périr son fruit. Ces cruautés n'atteignirent aussi qu'en partie , comme dans l'exemple précédent, le résultat attendu. Thérèse se sentit blessée , et n'en put douter quelques jours après en voyant son ventre grossir extraordinairement. Elle voit la sage-femme qui lui donnait ordinairement des soins ; tout porte à croire qu'elle est au moment de faire une fausse couche. Ceci se serait sans doute réalisé à l'égard de toute autre Femme ; mais Thérèse est le plus rare exemple d'énergie morale, de courage et de force de tempérament. Elle est malade , mais son travail est la seule ressource de sa famille, de ses cinq enfans, de sa mère infirme, et même du malheureux artisan de ses maux ; elle souffre, et n'en continue pas moins à aller de rue en rue offrir des comestibles, légumes et volaille, qu'elle porte à dos et dans une hotte ;

quelquefois elle succombe sous le poids d'une charge énorme, surtout dans la quinzième journée après sa blessure. Elle était alors aussi grosse que le sont les femmes entrées dans leur neuvième mois. Tout-à-coup elle est surprise par une crise violente, le col de l'utérus s'est ouvert, et Thérèse est inondée; ce qui coule est un fluide sanguinolent mêlé de matières épaisses et un peu consistantes. Le ventre est à la fin réduit au volume correspondant à celui de son âge de gestation; elle atteint le sixième mois de cette époque, après trois mois d'un état de malaise pendant lesquels elle reste sujette à un écoulement; au neuvième mois elle était extraordinairement grosse. Exposons ce qui est propre au *Thlipsencéphale*, lequel naquit au terme ordinaire de la délivrance des Femmes. La moelle allongée est dans un état d'extrême inflammation: on n'aperçoit point de cervelet; mais on voyait à sa place, et au lieu de son insertion, une capsule membraneuse qui paraissait les racines d'un arrachement récent de la bourse cérébelleuse, et au centre de la capsule étaient deux orifices, sans doute à cause et par suite de la rupture et séparation des artères vertébrales. Le cerveau proprement dit était composé de ses lobes comme à l'ordinaire, mais ils étaient réduits à une petitesse extrême, et ne se composaient guère que des vaisseaux affaissés les uns sur les autres, avec apparence et caractère de squirrhe; quelque peu de matière cérébrale était là disséminé, un peu plus dans la glande pinéale. La boîte cérébrale était ouverte; et ses parties, ordinairement ouvertes, étaient renversées à droite et à gauche; les rochers, non retenus par l'occupation réagissante des organes encéphaliques, avaient crû extraordinairement, et formaient en travers un relief très-sensible qui tenait à distance les vestiges du cervelet et les parties cérébrales.

Or voici ce qui nous paraît résulter de ces faits: il y a eu, non plus suspension et retard, mais *rétrogradation de développement* dans le temps où la maladie avait exercé ses ravages. Cette condition inattendue dans les phénomènes de la monstruosité, mérite sans doute qu'on s'en occupe. Nous disons inattendue dans un point de vue particulier; car nous croyons bien qu'on en avait entrevu quelque chose, et que c'est cela qui avait porté quelques physiologistes à n'admettre que des maladies du fœtus pour expliquer les prétendus désordres de la monstruosité. Quoi qu'il en soit, nous ne fûmes parfaitement au courant des faits qu'à dater de la naissance du second de nos *Thlipsencéphales*, et nous avons dû en effet adopter la conclusion précédente, dès qu'il paraît certain que la connaissance de leur état ne fut révélée aux mères de ces Monstres que trois mois après qu'elles étaient enceintes, et que jusque-là aucune perturbation n'était venue déranger le cours naturel des choses. L'encéphale à trois mois, et principalement les lobes cérébraux, sont plus considérables que nous ne les avons observés à neuf mois, ou au terme de la grossesse; mais de plus les méninges renfermaient alors une quantité relativement plus considérable de pulpe cérébrale qu'au moment de la naissance. Les cimes des artères carotides internes et vertébrales auront été ébranlées, dérangées et peut-être rompues : elles auront produit un fluide séreux dans lequel les parties pulpo-cérébrales se seront dissoutes; rénovations et actions de tous les momens, qui auront fourni aux pertes quotidiennes éprouvées par la mère du deuxième *Thlipsencéphale*, durant trois mois consécutifs. La *rétrogradation du développement* est surtout un fait manifeste à l'égard du système osseux. Le crâne d'ordinaire est déjà à trois mois établi à peu près sous les formes qu'il doit conserver à toujours; les frontaux s'étendent en arrière; les pariétaux sont répandus sur les flancs, et l'occipital supérieur forme à la nuque, et sur la ligne médiane, un os ample et complet, que les analogies concernant les pièces du cerveau nous disent composé de quatre parties élémentaires. Il faut donc que d'anciennes soudures viennent à se rompre; car nous avons vu qu'à neuf mois les quatre élémens de l'occipital étaient séparés et renversés sur les côtés : le pariétal avait perdu sa forme carrée et bombée et avait passé à celle d'une bandelette étroite; et enfin les frontaux n'avaient plus ou presque plus en arrière de parties de recouvrement. Il y a eu donc rétrogradation et transformation de toute la boîte cérébrale. Dans des expériences où nous avons fait couver par la chaleur artificielle des œufs de Poule, nous avons plusieurs fois été à même de nous convaincre de ce résultat. Nous avons vu le fœtus se coller par l'un de ses flancs à la membrane de la coquille, et l'œil, ainsi renfermé, diminuer successivement, et se réduire au point de nous faire croire d'abord qu'il était tout-à-fait atrophié; ce ne fut qu'après une anatomie fort attentive que nous en avons retrouvé toutes les parties constituantes. Or, ce phénomène de rétrogradation nous a incontestablement apparu avec toutes ses circonstances, ayant pu les suivre visiblement, et ayant vu en effet très-distinctement à travers les parois de la coquille, le fœtus quitter le centre du sphéroïde, s'approcher successivement du gros bout, gagner la cloison membraneuse qui circonscrit l'espace rempli d'air, y adhérer, puis y périr d'hémorrhagie. Sous une condition donnée et que nous avions pu régler, le fœtus était entraîné dans un mouvement de circulation.

Il faudrait, dira-t-on, pour que cette suite de corollaires obtînt le crédit qu'on ne doit qu'à la vérité, qu'on eût établi, sans qu'on pût le moins du monde en douter, que pendant les premiers temps de la gestation l'être organique se fût développé régulièrement. Car enfin, puisqu'une théorie qui a long-temps dominé dans la science, avait accoutumé les esprits à concevoir et à admettre des germes monstrueux de toute éternité, c'était aux nouvelles opinions à faire d'abord table rase : l'on devait effectivement commencer par montrer la fausseté des anciennes, et tirer avantage de ce que la thèse anciennement et si généralement soutenue alors, ne reposait que sur de simples spéculations de l'esprit. Nous avons cru au contraire possible d'en examiner les fondemens au moyen, soit d'observations directes, soit d'expériences répétées et même persévérantes. En premier lieu, nous devons considérer, comme autant d'expériences tout aussi concluantes que si nous les avions nous-mêmes dirigées, les malheurs qui ont accablé plusieurs des femmes dont nous avons parlé dans le cours de cet article. Ainsi une nouvelle douloureuse donnée sans ménagement (*Anencéphale de la Seine*), une surprise nocturne (*Anencéphale de Patare*), et un sursaut violent à la vue effrayante d'un Crapaud (*Anencéphale de Bras*) apportent, dans des développemens utérins qui se poursuivaient selon la règle, des troubles qui sont ressentis plus ou moins vivement jusqu'à la fin de la grossesse. De plus cruels traitemens, soufferts par les mères des *Thlipsencéphales*, sont suivis des mêmes effets. Il est ainsi évident que sans les circonstances que nous venons de rappeler tous les fruits utérins sur lesquels elles ont porté, et qui leur doivent d'avoir été entraînés dans les affligeans désordres qui les ont constitués monstrueux, seraient restés abandonnés à l'action persévérante du *nisus formativus* : ils eussent tous poursuivi dans le sein maternel le cours habituel de leurs développemens possibles ; et par conséquent alors, si nous n'avons donné là que de justes déductions, nous sommes parfaitement autorisé à ajouter comme la dernière et définitive conclusion de ce qui précède, que la monstruosité n'est point inhérente au germe. En second lieu, nous nous sommes occupé de la produire elle-même, et y ayant réussi, nous pouvons nous appuyer sur des considérations dont nous nous sommes rendu maître, et qui nous paraissent décisives pour confirmer ce dernier résultat. Nous avons profité d'un four d'incubation artificielle établi au village d'Auteuil près Paris, et qui est en plein rapport ; nous avons mis auprès d'œufs destinés à donner et donnant effectivement des poulets bien venans, une certaine quantité d'autres œufs que nous soumettions à diverses épreuves. Notre but était de mal produire, d'entraîner l'organisation dans des voies insolites et, sous des conditions notées, mesurées et bien distinctes, de créer à volonté des Monstres. Nous en avons obtenu de plusieurs sortes, comme on peut le savoir en consultant un article que nous avons publié sur cela, et que nous avons intitulé : Sur des Déviations organiques provoquées et observées, etc. (Mém. du Mus. d'Hist. Nat. T. XIII). Nous avons plus haut parlé d'un fœtus de poulet qui se portait du centre à la circonférence : nous rappelons ce fait sous le rapport des adhérences du fœtus avec ses membranes ambiantes. Nous avons encore observé, dans un autre établissement du même genre, à Bourg-la-Reine, près Paris, un résultat non moins satisfaisant. Cet établissement commence ; il n'est pas encore gouverné avec les lumières nécessaires pour en assurer le plein succès. On s'est d'abord contenté de placer au centre d'une grande chambre un poële que l'on chauffe de façon que la température du pourtour de la pièce soit à une certaine hauteur maintenue à trente-deux degrés. L'air de la pièce privée par cette action desséchante de l'humidité nécessaire à l'acte de la respiration, n'est point d'abord un obstacle aux premiers effets de l'incubation, mais il le devient, dès que le fœtus, bientôt formé, éprouve le besoin de respirer : les huit dixièmes des œufs saisis par ces conditions défavorables n'éclosent point ; et dans le nombre des poulets qui échappent,

près de moitié naissent avec les doigts recourbés en dehors. Ce résultat fut étendu à deux mille œufs mis en expérience ; or, soit dans mes recherches à Auteuil, soit dans l'essai pratiqué plus en grand à Bourg-la-Reine, il n'y eut très-certainement, à quelques-uns près, que des œufs sains et prédestinés à une éclosion normale, d'employés. Les conditions dans lesquelles ces œufs furent placés les ont donc seules entraînés dans les déviations et désordres observés ; car ce n'est jamais un nombre aussi considérable d'œufs que l'on suppose être monstrueux de toute éternité. On a dû le restreindre, et on l'a fait correspondre en effet au nombre des individus mal conformés que l'on rencontre. Enfin nous ajouterons que la répétition de la même sorte de monstruosité, observée en grand à Bourg-la-Reine, forme une dernière preuve en faveur de notre conclusion, que ce sont les conditions défavorables, tantôt prescrites et tantôt accidentelles de l'incubation, qui ont fait dévier l'organisation de sa marche habituelle. Dans quelques argumens dirigés contre la proposition précédente, on a invoqué des exceptions bien connues : il est des œufs mal conformés, et qui alors contiennent nécessairement en eux-mêmes la raison de leur ultérieur et vicieux développement. Ainsi deux jaunes contenus dans une même coquille doivent, malgré l'exiguité de leur cellule, donner deux Oiseaux, ou, à cause même de cette exiguité, une monstruosité par excès. Cette conclusion est juste, et nous avons nous-même un travail prêt, une planche toute gravée où nous rendons compte de ces faits avec des circonstances nouvelles et très-curieuses. Qu'un jaune soit à chaque bout de la coquille maintenu par des chalazes inégales ou incomplètes, il est encore vraisemblable que cette disposition des membranes aura de l'influence sur le développement du fœtus ; mais ces faits ne prouvent rien en faveur de la thèse des germes monstrueux de toute éternité ; ils établissent seulement que les poules qui produisent de ces œufs mal conformés ont leur oviductus affecté pathologiquement.

Il est tout simple que certaines maladies des mères influent sur le développement des embryons qu'elles nourrissent ; ceux-ci peuvent être malades consécutivement, comme nous avons vù qu'ils le deviennent par des blessures du dehors. Ces remarques sont sans doute minutieuses, mais nous les avons crues nécessaires pour enlever les derniers appuis à l'ancienne opinion des germes monstrueux et des germes contenant en raccourci tout l'être comme il doit un jour apparaître.

Nous terminerons cet article, en désirant fixer l'attention de nos lecteurs sur les deux réflexions suivantes.

Premièrement. Si l'on venait à trouver que nous eussions donné dans le cours de cet écrit quelques nouveaux et judicieux aperçus sur la monstruosité, nous aurions dû entièrement ce succès à la méthode d'investigation que nous avons suivie, aux règles qui en font partie, et surtout au principe qui forme la conclusion la plus élevée de nos recherches ; haute manifestation de l'essence des choses que nous avons exprimée et proclamée sous le nom d'*Unité de composition organique*.

Secondement. La nécessité d'un ordre quelconque dans la production d'organes et de formes insolites, et généralement la place que doivent occuper les êtres de la monstruosité parmi les diverses existences de l'univers, ont de tout temps singulièrement et différemment embarrassé les philosophes. Un seul trait de Montaigne paraît comme un fidèle résumé de tout ce qui précède : ce célèbre moraliste donne (Essais, liv. 2, chap. 30) une fort bonne description d'un Enfant monstrueux, lequel se rapporte à notre genre Hétéradelphe ; puis, passant de ce fait particulier à toutes les hauteurs de son sujet, il prouve qu'il a profon-

dément senti les phénomènes de la monstruosité, quand il ajoute : « Ce que nous appelons MONSTRES ne le sont pas à Dieu, qui voit dans l'immensité de son ouvrage l'infinité des formes qu'il y a comprises. » Cet admirable résumé de tout ce qu'il est possible d'apprendre sur la monstruosité, Montaigne le dut entièrement à sa force de méditation. Les Anciens, qu'il fut par ses contemporains tant accusé d'avoir reproduit, d'avoir copié jusqu'à la satiété, lui avaient donné leurs faits, mais nullement imposé leurs folles doctrines. Car il ne lui est pas arrivé de dire avec Aristote que les Monstres sont des manquemens aux lois générales, et pour ainsi dire des actes de prévarication ; et avec Pline, que la nature, ingénieuse à produire, les avait formés pour nous étonner et pour se divertir : *ludibria sibi, nobis miracula ingeniosa fecit natura*. Le plus éloquent écrivain du siècle, Châteaubriand, s'est aussi expliqué au sujet des Monstres. « Il les voit (Génie du Christianisme, liv. 5, chap. 5) comme privés de quelques-unes de leurs causes finales : ce sont, ajoute-t-il, autant d'échantillons de ces lois du hasard, qui, selon les athées, doivent enfanter l'univers. Dieu aurait permis ces productions de la matière, pour nous apprendre ce qu'est la création *sans lui*. » Ainsi le doigt de Dieu, manifeste dans la production des êtres réguliers et parfaits, se serait retiré des êtres de la monstruosité, chez qui l'on peut au plus apercevoir des différences d'âges ou d'espèces, et qui semblent exister pour montrer la très-grande aptitude et l'infinité de ressources de l'organisation pour la diversité ? Ainsi le doigt de Dieu n'interviendrait en aucune façon dans la production des derniers, pourtant non moins que les premiers, assujettis à une règle fixe, mais chez lesquels seulement une autre règle, un nouvel ordre et des faits non moins nombreux et non moins admirables par leur savante complication, remplacent les règles, ordre et arrangement de ce que, jugeant d'après nos habitudes et notre degré d'instruction, nous nommons l'état normal? Montaigne, arrivé à d'autres conclusions que Châteaubriand, nous paraît renfermé plus heureusement dans le cercle d'une philosophie plus indépendante. C'est qu'il se serait tenu constamment en garde contre toute philosophie *sub imperio magistri*, surtout contre la philosophie *dite* des causes finales, dont le moindre inconvénient est, pour qui l'admet et qui s'y confie, d'agir sans mission, et de se porter pour interprète de faits incomplétement observés et conséquemment inexplicables actuellement.

Les Monstres ne le sont pas à Dieu; oui, sans doute, dès qu'ils sont entrés dans l'ordonnance et la composition de l'univers au même titre que les Animaux réguliers, dès que les uns comme les autres sont également des degrés divers d'organisation. Ainsi ramenés à leur véritable essence, les Monstres ont aussi une utilité pratique; et par conséquent il est logique et nécessaire d'ajouter que bien loin qu'ils doivent et puissent être considérés comme en dehors de la main de Dieu et comme une objection contre la Providence, ils rendent le plus éclatant témoignage à la bonté et aux sages prévisions de l'Intelligence suprême : car amenés de temps à autre sur la scène des productions vivantes et s'y montrant avec des caractères d'imperfection dans une série graduée, ils deviennent de précieuses ébauches à consulter. Ce sont autant de moyens d'étude offerts à la faiblesse de notre intelligence, des combinaisons plus simples, tenues comme en réserve, pour doter l'Homme de plus de lumières, pour développer progressivement le ressort de sa pensée, et pour le rendre digne enfin de sa plus haute destination ici bas, celle de connaître et de rendre de moins en moins impénétrable pour son esprit l'action du Créateur sur les objets créés.   (Geof. st.-h.)

* **MONSTRUOSITÉ.** *Monstrum, Monstrositas.* BOT. PHAN. Dans son excellente Théorie élémentaire de la botanique, De Candolle définit ainsi la Monstruosité : tout dérangement dans l'économie végétale qui altère sensiblement la forme des organes, qui semble originel et qui n'est presque jamais dû à une cause accidentelle visible. Il nomme simplement déformation, toute altération dans la forme des organes due à une cause accidentelle et visible. Plus généralement, on confond sous le nom de Monstruosités, tout ce qui sort de l'état habituel des êtres, et qui paraît avoir subi un dérangement dans l'organisation; c'est alors une fausse notion de la nature réelle des êtres et qui peut entraîner dans de graves erreurs de physiologie et de classification. En effet, la symétrie et la forme des organes sont altérées naturellement dans une infinité de Plantes; et comme cette altération se reproduit presque constamment, on en a faussement conclu qu'elle représente leur état normal; tandis qu'il serait exact de dire que la structure habituelle de ces organes est une véritable Monstruosité. Toutes les fleurs irrégulières, tous les fruits à carpelles simples et à cordons pistillaires unilatéraux, par exemple, ne sont que des anomalies constantes, et quand on les a vus quelquefois se régulariser ou s'élever au nombre qu'affectent ces mêmes organes dans des Plantes analogues, on a dû reconnaître dans ces changemens, au lieu de Monstruosités, des retours de la nature vers l'ordre symétrique et primitif. Ainsi la Pélorie de plusieurs Linaires est l'état normal de ces fleurs; les Légumineuses et les Rosacées à carpelles multiples, comme certaines variétés de *Gleditsia inermis*, de *Cerasus caproniana*, nous donnent la véritable structure des fruits dans ces familles. C'est par l'étude des avortemens, des dégénérescences et des soudures d'organes, qu'on parvient à reconnaître ce qui est la nature véritable ou ce qui, au con-

traire, constitue la Monstruosité d'une Plante. Afin d'éviter d'inutiles répétitions, nous renvoyons le lecteur à chacun de ces mots où la question est traitée avec tous les développemens nécessaires. *V.* AVORTEMENT, DÉGÉNÉRESCENCES et SOUDURE. (G..N.)

* MONTABIER ET MONTABÉE. BOT. PHAN. Orthographe vicieuse de *Moutabea. V.* MOUTABIER. (B.)

MONTAGNARD. OIS. Variété présumée de la Cresserelle. Elle se trouve en Afrique. *V.* FAUCON. C'est aussi le nom d'un Couroucou, d'un Accenteur d'Europe et d'un Grèbe. (DR..Z.)

* MONTAGNARDE. OIS. Espèce du genre Chouette. *V.* ce mot. (B.)

MONTAGNES. GÉOL. On entend généralement par ce mot un ensemble d'inégalités plus ou moins considérables, élevées sur la croûte du globe; il s'étend à la généralité de ces grandes masses qui, toutes imposantes qu'elles puissent paraître, ne sont immenses que relativement à notre petitesse. En effet les plus sourcilleuses cimes de ces gigantesques reliefs ne sont pas à la surface anfractueuse de notre planète, ce que les plus petites aspérités d'une Orange sont à la peau de ce fruit; du moins, selon le Traité de Géognosie de J.-F. d'Aubuisson des Voisins, où l'on n'en lit pas moins à quatre lignes de-là : « Que les Montagnes montrent à découvert la structure intérieure de la terre. » La plus haute Montagne de l'univers n'équivaut guère au trois millième de son diamètre. Peut-on d'après une telle donnée déduire raisonnablement la moindre conjecture sur la nature de ses profondeurs ? Si l'on voulait figurer les cavités et les élévations du sol sur la grande sphère de carton qui se voit dans une des salles de la Bibliothèque royale, les Andes tant citées ne s'y élèveraient pas d'une ligne au-dessus de l'Océan verni qui en borderait les bases.

On sent bien que nous ne perdrons pas de place et de temps à définir ce que sont dans les Montagnes la cime, les flancs et les pieds; pour ceux qui ne le sauraient pas, nous renverrons encore au Traité de Géognosie de J.-F. d'Aubuisson des Voisins, où l'on trouve, entre autres nouveautés, que les cimes des Montagnes varient quant à la forme!...

Comme l'aspect de la mer, pour qui l'aperçoit la première fois, est un objet d'étonnement profond, de même les Montagnes produisent sur qui n'en avait jamais vu, un sentiment indéfinissable d'admiration. Il faudrait être de roche comme ces Montagnes même pour ne pas trouver de délices véritables à s'égarer dans les vallons qu'y creusèrent les eaux dont le murmure semble être un langage; à gravir sur leurs pentes variées, aux faîtes desquelles l'œil embrasse l'espace ; à se reposer enfin sur les altiers sommets où se présente au voyageur un spectacle si nouveau, qu'oubliant le reste des Hommes dont il est séparé par mille précipices, son imagination s'exalte involontairement pour planer à la surface du globe, comme si rien ne l'attachait plus à cette terre qui fuit sous ses pas et s'arrondit au loin en un vaste cercle. Au centre d'un panorama pompeux, d'abord entouré de glaces éternelles et de neiges durcies, on voit aux limites inférieures de l'éblouissante solitude, des rocs énormes s'élever ou s'abîmer les uns sur les autres comme pour donner l'idée de la nature en débris ; une verdure tendre commence à tapisser les intervalles de tels fracassemens, tandis que d'autochtones et obscures forêts en ombragent les racines entassées. Des cimes sans nombre, distinguées les unes des autres par quelque physionomie particulière, qu'impriment mille brisures, se confondent cependant au loin en s'abaissant vers la plaine, ou en s'élevant fièrement vers le ciel; les rayons du jour et de longues ombres portées y produisent les plus étranges effets d'opposition ; des teintes générales de rose au soleil levant, et d'azur plus ou moins vif à l'approche du soir, répandent sur leur ensemble, en l'animant d'une certaine mobilité, un jeu de coloration alternative qui triomphe de la monotonie résultant de la fixité des masses. On dirait, au dernier crépuscule, les vagues bleuâtres d'une mer où le mouvement serait subitement suspendu, et lorsqu'on a long-temps promené d'avides regards sur les merveilles atmosphériques et terrestres qui font d'une masse de Montagnes un tableau si imposant, loin d'en être fatigué, on ne s'arrache point à leur contemplation sans une sorte de regret. Au moment de descendre des pics chenus qu'il a si souvent gravis en tant de climats divers, l'auteur de cet article n'a jamais pu se soustraire au sentiment le plus pénible; il lui semblait quitter le ciel pour se replonger dans une vallée de larmes; aussi n'est-il pas surpris que tous les voyageurs qui visitèrent comme lui des montagnes, en aient toujours écrit avec enthousiasme et se soient complus dans la description poétique de ces beautés qu'accompagne un majestueux désordre. Nous avons partagé ce laisser-aller; parvenu autrefois au-dessus des régions où gronde la foudre, où se heurtent dans leur allure errante, les nuages poussés par les vents, et vers les limites de l'atmosphère où sa raréfaction, agissant sur nos organes respiratoires, volatilise pour ainsi dire les idées, nous essayâmes autre fois de rendre ce que nous avions éprouvé, lorsque recueilli pour y passer la nuit dans une grotte silencieuse sur le faîte presque inaccessible d'un pic immense, le calme de tous les élémens vint plonger la nature dans le repos, et cacher à nos yeux tout ce qui nous pouvait être un objet de distraction. Nous éprouvions comme une sorte de fièvre, comme une tempête d'esprit, en nous retraçant tant de grandes scènes offertes à nos regards émerveillés durant une journée de marche pénible; les grands effets nous en étaient restés comme les ta-

bleaux fugitifs offerts dans un songe où la lumière est douteuse et mêlée d'ombres indéfinissables. En lisant depuis Spallanzani, nous avons été frappés du rapport des sensations qui nous furent communes en des lieux pareils, et nous transcrivons le passage où ce savant raconte ce qu'il éprouva au faîte du mont dont les éruptions ébranlent quelquefois la Sicile. « Assis sur ce grand théâtre, j'éprouvai, dit Spallanzani, un plaisir indicible à contempler tous ses différens points de vue; je jouissais au-dedans de moi-même d'un singulier contentement..... j'éprouvais la température la plus amie de l'Homme, et l'air subtil que je respirais, comme s'il avait été entièrement vital, produisait une vigueur, une gaieté, une agilité, une vivacité telle dans mes idées, qu'il me semblait presque que j'étais devenu céleste. » (Voy. dans les Deux-Siciles, T. 1, p. 278.) Et qu'on ne croie pas que les ténèbres ôtent aux régions alpines leur grand caractère; elles le rendent au contraire plus imposant, s'il est possible. Qu'elles sont belles ces nuits paisibles du sommet des hautes Montagnes où règne en tout temps un silence que rend plus austère la scintillation des astres parlant en quelque sorte à la pensée; l'imagination domine toute autre faculté. A peine éprouve-t-on le besoin du sommeil; le vent glacial qui agite les rameaux des humbles buissons, ou qui vient à siffler dans les fentes du rocher, incommode à peine; on ne s'en aperçoit qu'au frémissement plaintif qu'il occasione de temps à autre, et si l'oreille y devient attentive, le cœur est tenté d'y répondre; on voudrait parler, converser avec des choses qui ne semblent plus être muettes; mais rien ne répond, et rentrant en lui-même, l'observateur ému y trouve la conviction d'un néant que l'orgueil humain se dissimule.

Si le voyageur parvient au sommet culminant d'une île, tel que le pic de Ténériffe, par exemple, ou sur les Salazes de Mascareigne, il y jouira de plusieurs beautés que nos hautes Alpes, nos pompeuses Pyrénées, ou tout autre système continental, ne lui montreraient pas. Aux idées d'immensité qu'inspirent ces sites dominateurs, se mêle la pensée d'un étrange isolement; la mer paraissant s'unir au loin avec les cieux, sépare le naturaliste du reste de l'univers et forme, pour rapporter toutes ses facultés morales sur le point qu'il occupe, un cadre que son esprit n'ose franchir. Les Monts volcaniques présentent des accidens plus dignes encore d'admiration, lorsque des éruptions viennent animer leur comble et leurs flancs entr'ouverts, par les ardeurs d'un incendie. Nous avons joui plus d'une fois de ce spectacle admirable, et pour en donner une idée, nous citerons le dôme de Mascareigne, tel que nous le distinguions de la cime du Piton rond, il y a plus de vingt ans; son image nous est toujours présente ; s'élevant fièrement, il cachait le soleil brillant encore pour l'autre côté de l'île; sa croupe boisée et toute parsemée de Vésuves éteints qui ne sont que des monticules par rapport à la masse de l'énorme fournaise, contrastait par une belle verdure avec la teinte sombre et fuligineuse de la région brûlée s'étendant sur notre gauche, comme un désert aride, scorieux, de couleur matte, ou diapré de reflets métalliques : ce dôme imposant, d'une singulière régularité, surmonté d'un mamelon tronqué, couronnait le tableau ; il était la cheminée du volcan, par laquelle les feux souterrains semblent communiquer avec ceux du ciel ; et quand la nuit vint envelopper le pays de ses ombres les plus épaisses, une horreur nouvelle accrut notre surprise. Les crêtes et la masse des Monts se dessinèrent en encre sous un ciel ténébreux ; un cratère exhala des colonnes de fumée ardente qui se dissipaient dans les airs, ou coloraient en feu quelques nuages errans dans les régions les plus élevées de l'atmosphère ;

au loin , et parmi des crêtes confuses, éclairées par une lueur sanglante , un fleuve embrasé, dont on ne pouvait apercevoir la source, promenait lentement ses flots incandescens sur un sol en deuil dont l'éclat des matières fondues rendait la teinte d'autant plus sinistre. Nulle magnificence descriptive , ni les tableaux qu'en pourraient essayer les plus habiles peintres, ne suffiraient pour rendre les effets majestueux que produit dans les éruptions volcaniques le contraste étonnant de la lumière et des ténèbres, luttant pour éclairer ou obscurcir les formes de la Montagne en travail. *V.* VOLCANS.

Il n'est pas surprenant que , dans leur admiration pour les Montagnes et dans l'effroi qu'inspirent de tous temps celles qui s'embrasent, les géologues aient donné tant d'importance au rôle que ces inégalités de notre terre remplissent dans son histoire. On a regardé les unes comme la charpente et l'ossature du globe, on attribua aux autres des révolutions physiques par lesquelles la contexture de l'univers aurait été bouleversée ; mais pour qui se sera familiarisé avec les Montagnes à force de les revoir, les idées changeront totalement. L'importance de leur étude, par rapport aux données qu'on en pourrait obtenir pour l'histoire physique de l'univers, diminuera beaucoup, et lorsqu'on sera parvenu par la réflexion à se prémunir contre toute espèce d'illusions, et surtout contre ce penchant qui entraîne trop souvent les géologues à tirer des conséquences générales des faits de localité ; on sentira combien des théories publiées sur la contexture des Montagnes, sur les causes de leur figure et de leur subordination géographique, sur leur enchaînement ou leur distribution à la surface de la terre, avec les variations atmosphériques qui doivent résulter de leur élévation ; on sentira , disonsnous, combien de pareilles théories, tant célébrées qu'elles aient été, sont vaines et assises sur des bases mal assurées. On a vu des physiciens et des géologues, pour avoir gravi sur le Mont-Blanc, et pour avoir visité quelques autres points des Alpes proprement dites, décider quelle devrait être la constitution de toutes les autres inégalités de la terre. On en a vu, pour avoir mesuré d'autres points plus éloignés et compilé quelques relations de voyages, assigner l'influence de l'élévation du sol en Islande ou au Thibet, sur la totalité de la nature organisée; enfin, il en fut qui, au retour d'une promenade au Vésuve ou dans le Vivarais, firent l'histoire des Volcans par les efforts desquels, si on les en croit, toute notre planète aurait changé de face. L'examen d'une étendue de la terre toujours très-bornée par rapport à l'immensité de sa surface, de quelques couches confuses, et d'un ou deux systèmes de Montagnes, ne suffit pas pour discourir sur la formation de l'univers et sur les substances dont il est composé intérieurement; la science sous ce rapport est tout-à-fait dans l'enfance; ceux qui font de la géologie sur de telles données, construisent la tour de Babel au sommet de laquelle se trouvera nécessairement la confusion des langues; ils seront probablement démentis par les voyageurs à venir dans la plupart de leurs assertions, avant que le siècle présent se soit écoulé. Nulle branche de la géographie physique n'a été encore plus imparfaitement traitée, et la principale cause des erreurs où l'on est tombé, à l'égard de l'importance des Montagnes, est l'esprit dans lequel on se hâta d'en discourir et de les tracer sur les cartes. On a vu au mot Bassin, combien il était irréfléchi d'en marquer aux sources des moindres cours d'eaux ou pour circonscrire les régions qu'arrosent les fleuves et les rivières. Dans l'article Mer, nous avons prouvé combien il était déraisonnable de faire faire le tour du monde à des chaînes qui ne sauraient exister, et lorsqu'on s'est occupé dans ce Dictionnaire de la

géographie physique, sous le rapport de l'histoire naturelle, on a démontré combien l'influence des Montagnes, toute importante qu'elle puisse être sur les productions de la nature, est loin d'être soumise à des règles aussi fixes qu'on l'a prétendu; le peu de données certaines auxquelles on puisse s'arrêter dans l'état actuel de nos connaissances, sont les suivantes.

Les Montagnes ne sont point liées les unes aux autres, de manière à y former de grandes chaînes non ou peu interrompues. Elles s'y distribuent au contraire ordinairement en masses irrégulièrement ramifiées, la plupart du temps s'appuyant à des plateaux que leurs cimes surmontent, mais qui paraissent en être comme les noyaux. Peu d'îles montueuses ont fait partie des grandes terres voisines: ce ne sont que les plus rapprochées qui dans certains cas en purent être arrachées par suite de commotions locales survenues à diverses époques. On ne saurait trouver dans les Montagnes, de preuve qu'elles aient été formées à la fois. La plus grande confusion se montre partout dans leur ensemble. Les unes doivent être beaucoup plus modernes que les autres, et n'ont pas dû s'élever aux mêmes époques. Chercher dans leurs flancs entr'ouverts et dans les accidens qui en caractérisent les coupures, les pentes ou les cimes, à reconnaître l'état primitif des choses, est une occupation à peu près vaine, en ce sens qu'elle ne peut rien établir de réellement commun à toutes, et qui puisse décider de la composition de la masse planétaire, par rapport à laquelle on a vu qu'elles n'étaient presque rien; et puisqu'un géologue a comparé les Montagnes aux inégalités de la peau d'une Orange, nous ferons remarquer à l'auteur de la comparaison, combien il aurait une idée fausse de la contexture interne d'un tel fruit, s'il ne lui était donné que d'en connaître l'écorce. Eût-il compté toutes les petites glandes qui s'y élèvent, sondé la profondeur de chaque pore, et pénétré au-dessous de la couche colorée, sans passer les limites de la partie blanchâtre qui vient au-dessous, il ne pourrait se faire la moindre idée de la pulpe et des semences. On a eu tort d'imaginer que les Montagnes nécessairement enchaînées les unes aux autres, ou enfilées pour ainsi dire en manière de colliers de perles, suivissent des directions générales et différentes dans l'Ancien et le Nouveau-Monde. C'est Buffon qui crut découvrir qu'en Amérique les grandes chaînes couraient du nord au sud, et dans l'ancien de l'est à l'ouest. La fausseté de cette proposition bizarre est tous les jours de plus en plus démontrée. Il est pourtant assez constant que les enchaînemens de Montagnes ont l'un de leurs côtés plus escarpé que l'autre; à cet égard, les Pyrénées donnent une idée palpable de cette disposition générale; vers le midi, ils s'élèvent presque partout, principalement le long du royaume de Léon, comme des murailles aussi énormes que brusques, tandis que du côté du nord ils s'abaissent en pentes souvent fort adoucies. Une telle disposition dans les masses montagneuses, paraît indiquer un soulèvemênt propre à chacune, dont l'action eût été directe sous la base de l'escarpement; il arrive ordinairement que des contre-chaînes plus basses s'élèvent à peu près parallèlement, vis-à-vis le flanc abrupte, et lui opposent au loin des escarpemens bien moins considérables, comme si ces contre-chaînes étaient l'autre côté du sol rompu par le soulèvement qui produisit chaque système. Ailleurs de vastes contrées montagneuses n'offrent point d'escarpement général sur l'un des côtés de leur longueur; elles s'abaissent indifféremment de tous les côtés en monticules; on peut y reconnaître alors d'anciennes bosses de la croûte terrestre sillonnées par les cours d'eaux, qui en rayonnant pour ainsi dire, de la circonférence au centre, y ont causé les anfractuosités par lesquelles un plateau plus ou moins étendu devint un composé de gorges,

de pics, de contre-forts et d'anastomoses.

Nous avons, en parlant de la diminution des eaux de la mer (T. x, p. 415), indiqué quelle fut la cause de l'élévation de ces Montagnes dont les sommets durent saillir d'abord au-dessus des flots pour faire de la terre d'alors divers archipels, représentés aujourd'hui, à quelques modifications près, par l'ancien et le nouveau continent; nous ne reviendrons pas sur ce chapitre, n'entendant point donner une théorie de la terre. Nous n'examinerons pas non plus quel rôle la charpente pierreuse, d'où résulte la solidité des montagnes, joue dans l'ensemble de celles-ci, c'est au mot ROCHES qu'il en sera traité; il suffit dans cet article de dire un mot sur la distinction qu'on a dès long-temps établie entre divers ordres de Montagnes, sous les noms de PRIMITIVES, de SECONDAIRES, de TERTIAIRES, etc. Encore que la propriété de telles désignations ne pût soutenir l'examen grammatical, elles sont généralement adoptées; exprimant d'ailleurs à certains égards ce que voulurent dire leurs inventeurs, force nous est de les conserver. Ces noms prouvent en outre qu'au fond, tout le monde est frappé des preuves multipliées que fournissent les Montagnes, à la manière de voir de ceux qui croient fermement à la diminution lente, continue et graduelle des eaux. En effet, on entend par Primitives, les Montagnes les plus élevées, celles conséquemment dont les sommets apparurent avant tout autre à la superficie de l'amnios terrestre; par Secondaires, Tertiaires (et l'on pourrait augmenter ce nombre de noms comparatifs), celles à qui leur hauteur ne permit d'apparaître que dans un ordre successif de diminution. Quant au mot de FORMATION très-employé aujourd'hui en géologie, il est moins propre à l'histoire des Montagnes qu'à celle des TERRAINS, et c'est à ce mot qu'il en sera question; nous préviendrons seulement le lecteur qu'on a plusieurs fois, en divers ouvrages, sous la désignation de Terrains, traité des Roches, des substances métalliques, et d'autres corps très-distincts qui se trouvent à la vérité être des élémens nécessaires d'un terrain quelconque, mais qui ne sont pas les terrains même, selon l'acception française du mot. Comme nous ne croyons pas que l'étude des sciences naturelles dispense du respect qu'on doit aux lois du langage, une pareille négligence sera soigneusement évitée dans ce Dictionnaire classique.

Les Montagnes dites primitives étant les plus élevées, atteignant aux seraines limites de l'atmosphère où les conditions nécessaires à l'organisation végétale et animale n'existent plus, leurs sommets demeurent frappés de mort, silencieux et dépouillés, lorsqu'un froid rigoureux ne les revêt pas de frimas éternels pareils à ceux des pôles. Ces hautes régions demeurent ordinairement encombrées de glaciers qui ne se fondent jamais et de neiges durcies dont la masse, en beaucoup d'endroits, paraît augmenter parce que chaque hiver en ajoute plus que les étés n'en rendent à l'état aqueux. Ces glaciers et ces amas de neiges sont comme des réservoirs placés au-dessus de la terre pour son arrosement; ce n'est jamais par leur surface qu'on les voit diminuer; cette surface au contraire est la plupart du temps très-dure, inégale comme une mer clapoteuse, polie et brillante; le pied le mieux affermi risque d'y glisser, et l'on ne peut la parcourir qu'à l'aide d'une chaussure armée de crampons; nous l'avons souvent vue aussi résistante, aussi sèche aux rayons du soleil de midi qui la rendaient éblouissante, et faisaient monter le thermomètre de Réaùmur jusqu'à quinze degrés au-dessus de zéro, qu'elle l'était pendant la nuit où le mercure descendait au-dessous de six. Aux-mêmes lieux, quelque cassure profonde dans la masse du glacier, quelque écartement de ses parois, quelque affaissement général, laissaient entrevoir des espaces du sol

mis à nu, exposés au jour, et devenus de petites prairies de mousses et autres timides Plantes alpines, ou bien des lagunes d'une admirable pureté. On reconnaissait, dans ces lagunes; et dans les filets d'eau courante qui arrosait la végétation, le résultat d'une fonte inférieure, s'opérant aux limites contiguës du glacier et du sol. C'est toujours par-dessous que les couches de neige se fondent sur les monts où leur séjour est très-long ou continuel. C'est par l'influence de la chaleur exhalée du globe même que cette opération a lieu, et peu ou point par l'influence solaire annihilée pour ainsi dire à la surface des glaciers. Ce fait, que nous donnons pour certain, est donc encore une preuve de l'erreur étrange que nous avons déjà trouvé occasion de relever (T. x, p. 408), et dans laquelle tomba un voyageur qui, n'ayant jamais gravi sur une Montagne de deux cent toises, n'en imprimait pas moins : « La source unique de la chaleur de notre globe, c'est le grand astre qui l'éclaire; sans lui, sans l'influence salutaire de ses rayons, bientôt la masse entière de la terre congelée sur tous les points ne serait qu'une masse inerte de frimas et de glaçons. Alors l'histoire de l'hiver des régions polaires serait celle de toutes les planètes. » Nous ne savons pas ce qui se passe dans les autres planètes où nous n'avons jamais été, et quelles y peuvent être les effets de l'influence du grand astre qui les éclaire; mais nous savons fort bien, pour l'avoir éprouvé sur quelques-unes des grandes hauteurs de la nôtre, que le grand astre, dont la présence radieuse fait resplendir la surface des glaciers, la fait rarement fondre; c'est de la planète au contraire que vient évidemment la chaleur; aussi voit-on les Primevères, les Saxifrages, les Androsaces, les Sablines, les Silènes, les Violettes, et autres mignonnes parures d'une nature plus hâtée de former des fleurs que du feuillage, s'épanouir avec une surprenante promptitude à la racine des glaciers, à mesure que leur masse se fond pour découvrir le sol, tandis qu'on voit geler ces Plantes dans nos jardins de botanique quand on a l'imprudence de les y cultiver en pleine terre. Dans nos régions inférieures où le grand astre exerce une si grande puissance, ce n'est pas la chaleur qui tue de tels Végétaux ; elle peut les y modifier seulement s'ils parviennent à s'y acclimater, c'est le froid au contraire qui les fait périr, parce qu'ils ne le connaissaient pas sur leurs Montagnes, où la neige et la glace les tenaient abrités comme en orangerie, et réchauffées par la douceur de la température émanée du sol. C'est encore à cette chaleur terrestre qu'on doit attribuer la chute des avalanches ou lavanges si fréquentes dans les Montagnes à glaciers. Si la chaleur attribuée au grand astre par Péron, était l'agent unique qui rend l'eau congelée à sa forme liquide, celle-ci accumulée sur les Montagnes où le soleil brille du plus vif éclat, fondant en sa présence de l'extérieur à l'intérieur, s'écoulerait naturellement sans entraîner la moindre partie de la masse concrète ; mais la surface pétrifiée du glacier repousse, en les réfléchissant, les rayons du jour, tandis qu'en dessous s'opèrent par une fonte perpétuelle qui a souvent lieu dans une complète obscurité à d'assez grandes profondeurs, des cavités considérables, d'où suivent les plus épouvantables affaissemens ; d'énormes quartiers d'eau solide ainsi déplacés et se détachant, vont rouler avec fracas vers les régions inférieures, entraînant avec eux d'autres glaçons, des forêts, et jusqu'aux rochers gissans dans le trajet. Ce sont encore ces affaissemens du dessous qui causent, dans l'étendue des amas de neiges éternelles durcies, ces larges fissures qui ne permettent guère d'en parcourir la totalité, et qui, dans leur profondeur, présentent comme des précipices où le bleu le plus beau passe par toutes les teintes, depuis celle de l'azur du ciel le plus tendre jusqu'à celle de l'indigo. Dans

certains aspects les cassures des grandes masses d'eau congelée offrent constamment la même couleur, et les lagunes qui se forment à leur base ou dans plusieurs de leurs cavités partagent cette propriété de ne transmettre que des rayons bleus ; la surface réfléchissant probablement les autres.

Autant on est frappé de la dureté des parties extérieures d'un glacier brillant à l'ardeur du soleil, autant on l'est de voir le sol sur lequel il repose, lorsque des rochers nus ne lui servent pas immédiatement de support, réduit en boue, qu'entraînent en coulant des milliers de petits filets d'eau formés par les gouttes de la glace fondant intérieurement ; c'est ce que dans certains cantons on nomme le *sourcillement*, c'est-à-dire l'effet de très-petites sources, et cette expression, pour n'être point admise, n'en rend pas moins fort bien la chose ; c'est ce sourcillement qui forme bientôt, à peu de distance, d'innombrables ruisselets, et qui alimente ces beaux lacs d'azur, origine et premiers réservoirs des rivières. Le rôle de ce sourcillement, dans l'économie du globe terrestre, peut être comparé à celui que remplissent, dans l'économie animale, ces premières ou dernières ramifications veineuses en préparant le retour du sang vers l'organe qui en est le réservoir ; nous n'y trouvons point d'analogie directe avec un système artériel ; c'est l'évaporation, exercée sur les mers, qui remplit invisiblement les fonctions de ce dernier appareil, et qui ne se met pas plus directement en rapport avec les sourcilles, sortes d'oscules veineux, que les extrémités artérielles ne s'y mettent avec les sources de nos veines.

Voici comment a lieu la circulation par l'intermédiaire des glaciers ; l'eau, après s'être évaporée à la surface des mers et des terres humides, se cristallise en neige qui vient se déposer à la surface des glaciers, sous forme d'une couche destinée quelque jour à se trouver l'inférieure, quand celles où elle s'est superposée se seront successivement fondues. Les pluies demeurent étrangères à cet intarissable phénomène ; elles sont, comme on l'a vu au mot Météores, le résultat de la fonte des neiges déterminée souvent par l'étincelle électrique ; elles ne tombent point ou ne tombent que très-extraordinairement au-dessus de la région des neiges éternelles, où l'atmosphère raréfiée semble s'être purgée de ces vapeurs que leur poids retient flottantes sur les couches assez épaisses pour les soutenir, et que le vulgaire appelle l'air. Les pluies étaient d'ailleurs inutiles où nulle végétation n'avait besoin d'arrosement ; elles sont réservées pour ces pentes inférieures où la nature paraît se montrer d'autant plus prodigue de Végétaux magnifiques, qu'à peu de mètres au-dessus elle devient totalement stérile.

Le voyageur qui, descendant du sommet d'un Mont primitif, s'arrache à la majesté d'un spectacle où le ciel avec ses astres et l'eau sous ses formes concrètes, brillent à l'envi dans un silence de mort, voit la nature changer graduellement de physionomie à mesure qu'il rentre dans cette sphère inférieure où il vit habituellement. Ayant déjà fait connaissance pendant son ascension avec les objets qu'il va retrouver, les changemens qui s'opèrent autour de lui sont moins frappans au retour que lorsqu'il gravissait. Il ne reverra plus de glaces solennelles ; celles des plaines, durant l'hiver, ne sont que les tristes et passagers résultats d'une saison rigoureuse dont le printemps le dédommagera. Au faîte des Monts à glacier, il n'existe à proprement parler jamais de printemps, une seule saison y règne, on la pourrait appeler polaire, car la nature s'y montre comme aux pôles, muette, aride, resplendissante, invariablement monotone ; aussi nous avons dit ailleurs : « Qu'on pourrait considérer les deux moitiés du globe comme deux Montagnes immenses, opposées base à base, dont la ligne équatoriale serait le vaste pourtour, et dont les deux pôles seraient les cimes arrondies avec leurs éternels glaciers. » Et

comme à mesure qu'on s'élève dans les Alpes, on trouve sur leurs flancs des régions variées, où selon l'exposition, les abris, la nudité, la sécheresse, l'arrosement et autres causes d'humidité et de chaleur, mille observations climatériques se peuvent observer ; de même à mesure qu'on s'élève sur l'une des deux grandes Montagnes terrestres de leur base commune à leurs sommets distincts, c'est-à-dire de l'équateur aux pôles, on est frappé des perturbations occasionées, dans des proportions plus considérables, par les mers, par les bassins, par les déserts dépouillés ou par les ramifications des Montagnes sur la physionomie des lieux. De telles variations par rapport aux hauteurs respectives de la surface du globe les moins imparfaitement observées jusqu'à ce jour, ont été soigneusement traitées par notre collaborateur Guillemin dans la section botanique à l'article Géographie du présent Dictionnaire, et pour éviter toutes répétitions inutiles, nous y renvoyons le lecteur.

La limite des neiges éternelles et des glaciers n'est pas la même sous toutes les latitudes dans les hautes Montagnes primitives ; elle commence à diverses élévations, selon qu'on s'éloigne de la zône torride pour remonter vers le nord. On a imaginé que cette limite marquait une grande courbe partant des pôles et passant entre deux mille quatre et deux mille cinq cents toises au-dessus de la surface de l'Océan sous l'équateur ; on a ensuite imaginé au-dessous de cette ligne d'autres lignes, dites *Isothermes* ou d'égale température annuelle moyenne, en supposant que ces isothermes circonscrivaient exactement les zônes de propagation ascendante des Plantes et des Animaux. Cette théorie a fait fortune, mais on n'y doit pas accorder plus d'importance que ne lui en accorde sans doute son auteur même, qui a fort bien senti que le phénomène de la hauteur à laquelle se conservent les neiges dans la saison la plus chaude de l'année, est très-compliqué et dépend autant des inflexions de ses lignes isothermes, que de celle des inflexions des isothères, lesquelles sont des lignes de température égale des étés. Tant de circonstances locales influent sur l'état de l'atmosphère, qu'il est presqu'impossible d'établir des règles certaines sur de tels points de géographie physique. Les observations exactes ne sont d'ailleurs pas assez nombreuses. Quelques faits partiels recueillis par Pallas, Saussure, Dolomieu, Ramond, Deluc, Cordier, Humboldt, Bréislak, de Buch, et par nous-même, pourraient un jour servir de matériaux à quelque bon ouvrage de ce genre; mais quel voyageur vit et compara assez de Montagnes pour étendre à toutes celles de l'univers des raisonnemens faits d'après l'examen de quelques points élevés des Cordilières du Mexique, des îles africaines, de la péninsule Ibérique y compris les Pyrénées, de l'Auvergne, des Alpes, de l'Italie, de l'Etna, du Hartz, des Monticules de la Saxe ou de la Bohême, des chaînes scandinaves et des hauteurs de l'empire britannique? Que sait-on de très-positif sur le Caucase dont pourtant on a beaucoup écrit, sur le plateau d'Asie, sur les sommets de la Chine, sur cet Hymalaya dont on exagère probablement la hauteur? Qui mesura les Gâtes, le Bélour, ou le Bucktiri, et qui nous pourrait dire à quels systèmes se rattachent ces Monts asiatiques ou s'ils sont isolés? Sait-on rien des chaînes de l'Arabie ou de ces sommets de l'Abyssinie dont Bruce rapporte que les entassemens sont si étranges, et que nous croyons avoir fait primitivement partie de la même terre que la presqu'île arabique? Quant aux autres inégalités de l'Afrique et de l'Atlas lui-même, si voisin de nous, ces Montagnes, dont aucune ne fut mesurée, sont tracées au hasard sur les cartes. En jetant les yeux sur le catalogue des hauteurs connues du globe, on ne trouvera qu'une soixantaine de points connus pour le Nouveau-Monde, dont près des deux tiers, vers

son milieu seulement, ont été déterminés par Humboldt. Le reste, soit au sud soit au nord, moins quatre ou cinq sommets des Etats-Unis ou de la côte nord-est, est absolument inconnu. Une telle pauvreté de renseignemens ne commande-t-elle pas la plus grande économie de comparaison entre le connu et l'inconnu?

Pour préciser l'élévation à laquelle telle ou telle ligne isotherme exerce son influence sur telle ou telle production organisée de la nature, il ne suffit pas d'avoir mesuré avec un baromètre ou géodésiquement, à quelle hauteur sur telle ou telle Montagne on a rencontré un Végétal plutôt qu'un autre, et jusqu'où le même Végétal a persévéré; selon les diverses expositions sur une même Montagne, la même Plante commencera et finira d'y paraître plus bas ou plus haut. Nous avons vu dans beaucoup de chaînes où n'existaient pas de glaciers véritables, mais où persévéraient toute l'année des masses de neiges indestructibles, ces masses, nommées *ventisqueros* sur les Monts d'Andalousie, résister sur certains points à deux et trois cents toises au-dessous des lieux où elles persévéraient ailleurs. Nous avons encore vu, en traversant les parties les plus élevées des grandes Pyrénées du groupe asturien, à l'est de la vallée de Navia de Suarna, des neiges amoncelées aux mois de juillet et d'août, à la lisière inférieure de plusieurs massifs d'Arbustes, tandis que les sommets élevés de plus de trois cents toises au-dessus de ces neiges en étaient totalement dépouillés. On observe souvent, en allant directement de Madrid à Saint-Ildefonse, à travers une partie du système carpétano-vettonique, où la neige ne fond pas tous les ans, que c'est dans quelques fondrières situées bien au-dessous des points culminans que cette neige se conserve. On sait que sur l'Etna, les neiges permanentes commencent dès 1300 toises et au-dessous, lorsque par la latitude de la Sicile elles ne devraient commencer que vers 1418.

L'exposition générale vers le nord ou vers le sud, exerce nécessairement une grande influence sur la permanence ou la fonte des neiges ; néanmoins sous la même latitude, sur un même contre-fort et du même côté d'une chaîne, une espèce alpine peut se rencontrer bien au-dessous, ou bien au-dessus de la ligne où elle se rencontre à de faibles distances, et nous pourrions même citer beaucoup de ces Plantes qui descendues en plaine, par certaines vallées, s'y perpétuent, mais toujours sous l'influence alpine, car elles ne se reproduiraient pas si on les semait en des lieux éloignés des cimes d'où elles émigrèrent.

Il est bien vrai qu'au-dessus d'une certaine élévation disparaissent quelques formes végétales ; que les forêts n'ombragent les pentes des Montagnes que jusqu'à certaine hauteur ; et que peu après la ligne des neiges permanentes, cesse ordinairement toute végétation ; mais on tomberait dans une multitude d'erreurs si l'on prétendait trop préciser les choses ; aussi suffit-il d'avoir voyagé et observé pour sentir, par exemple, combien se compromettrait un géologue qui, ayant visité Ténériffe, après tant de voyageurs qui herborisèrent dans cette île, sans parler des voyageurs qui doivent y herboriser encore, appelant la botanique au secours de ses systèmes, fixerait rigoureusement une région des Dragoniers, des Lauriers ou des Fougères, attendu premièrement que cette dernière n'existe pas, et que les autres sont très-irrégulièrement étendues. Nous croyons devoir conséquemment engager tout savant qui préparerait un grand travail sur les Canaries, à imiter sur le chapitre des zônes végétales la sage circonspection de Humboldt, auquel on pourrait peut-être reprocher d'avoir mis ailleurs trop de rigueur dans quelques-uns de ses calculs touchant les Plantes, mais qui au sujet des cinq régions végétales du Pic (Voyage, T. 1, p. 403 et suiv.), a dit des choses excel-

lentes, et dont nous pouvons garantir l'exactitude. Dans cette circonstance, Humboldt a laissé à chacune de ses zônes la latitude nécessaire pour que leurs limites se pussent confondre avec celles des zônes voisines ; le savant voyageur ne les a pas précisées à une toise près ; il a dû reconnaître qu'on ne peut citer une créature qui soit pour ainsi dire emprisonnée entre deux nivaux barométriques. Le Végétal que nous avons trouvé être le plus étroitement soumis à la règle des hauteurs, est le Calumet de Mascareigne (*Nastus*, Juss.), magnifique Bambusacée alpine, qui ne commence à se montrer dans l'île qu'elle orne, qu'à six cents toises environ au-dessus du niveau de l'Océan, pour cesser entre huit ou neuf cents et former ainsi, l'île étant ronde, une ceinture tempérée entre la région torride et la région froide ; ceinture qu'interrompt, seulement en un point, l'aride pays brûlé du Volcan. Si l'île eût eu cinq ou six cents lieues du nord au sud, et qu'ayant vérifié le fait du cantonnement du Nastus sur vingt lieues de son contour, nous eussions décidé que ce phénomène se reproduirait exactement d'une extrémité à l'autre du pays, nous eussions commis au moins une imprudence. Mascareigne étant trop circonscrite pour que de l'une de ses extrémités à l'autre on puisse reconnaître d'effet climatérique subordonné au parallélisme, nous n'hésitérions point à tracer la ceinture formée par les Nastus sur une carte, les hauteurs du pays y étant suffisamment reconnues.

Au moment où nous achevions ce paragraphe de notre article Montagnes, on nous remet un Mémoire de Ramond sur l'état de la végétation du Pic-du-Midi de Bagnères, ouvrage digne de la plume de l'un de nos meilleurs écrivains, et rempli d'observations excellentes qui, en confirmant ce qui vient d'être dit, ajoutent de nouveaux faits à l'histoire des grandes inégalités du globe ; nous procurerons à nos lecteurs un véritable plaisir, en substituant à ce que nous voulions encore en dire, quelques passages extraits d'un travail auquel nous engageons les naturalistes à recourir, parce que toutes les parties en sont également bien traitées. « On s'est plu depuis long-temps, dit l'infatigable investigateur des Pyrénées, à considérer la distribution des Plantes sur le penchant des Montagnes, comme une représentation de l'échelle végétale, prise de la base de ces Montagnes au pôle. C'est un de ces grands aperçus qui naissent d'un premier coup-d'œil jeté sur l'ordonnance de la nature, et qui appartient à l'instinct de la science, plutôt qu'à ses méditations..... Nul doute que l'abaissement progressif de la température ne dispose les Végétaux à se ranger sur les divers étages des Monts comme aux différentes zônes de la terre. Il est reconnu par exemple que les Arbres s'arrêtent à certaines hauteurs, comme à certaines latitudes, et qu'il y a une analogie remarquable entre les Plantes voisines des glaces arctiques; mais on doit s'attendre aussi à trouver cette conformité plus ou moins modifiée par la nature des deux stations et les circonstances qui les distinguent. Des températures qui semblent pareilles, à ne considérer que leur terme moyen, sont loin d'avoir la même marche et d'être pareillement graduées. On ne retrouve au nombre de leurs élémens, ni le même ordre de saisons, ni une succession semblable des jours et des nuits. L'état de l'air, le poids de ses colonnes, sa constitution et ses mélanges, la nature des météores dont l'atmosphère locale est habituellement le théâtre, viennent encore apporter, dans la similitude générale, des dissemblances particulières. Ensuite les terrains ont leurs exigences; la dissémination, les migrations des Végétaux ont leurs caprices; et les diverses régions du globe, diversement dotées dans les distributions primitives, livrent à l'influence de climats analogues des séries d'espèces

toutes différentes. Ainsi la similitude qui paraît régner entre la végétation alpine et la végétation polaire, doit se borner à des ressemblances générales, et porter plus rarement sur les espèces, plus souvent sur certains genres et certaines classes. Les observations de détail qui tendent à spécifier exactement les faits parviendraient seules à fixer le caractère de ces classes. Considérée sous ce point de vue, la végétation des hautes cimes acquiert un nouvel intérêt, et celle du Pic-du-Midi devient un objet de comparaison de quelque importance, par le nombre des espèces qui se trouvent réunies sur un point aussi caractéristique et dans un espace aussi borné. Ce Pic est situé sur la lisière de la chaîne Pyrénaïque, et les longues crêtes dont il forme le comble, n'offrent à la vue aucune autre sommité saillante, si ce n'est le Pic-de-Montaigu qui en est éloigné de deux lieues, et lui est inférieur de 560 mètres. »

On voit que Ramond ne pouvait choisir un lieu plus heureusement situé pour point de départ des comparaisons à l'aide desquelles on le voit jeter un si grand jour sur la végétation des grands sommets. Le Pic-du-Midi de Bagnères, tel qu'il nous le dépeint, est une île dans l'océan atmosphérique; sous le 42° 56' de latitude, son élévation est de 2924 mètres au-dessus des mers. Le maximum thermométrique en assimile le climat à celui des contrées fort avancées vers le pôle, mais pour compléter la certitude, il faudrait en outre avoir constaté le minimum. La chose ne paraît guère praticable sur un écueil jeté dans la région des tempêtes; cependant Ramond, qui n'y a guère observé son thermomètre qu'à 16 ou 17 degrés, évalue qu'il doit descendre annuellement à 26 ou 28, et même à 30 et 35 dans les hivers rigoureux : « Ainsi, dit-il, sous le rapport des extrêmes de la température, ce n'est rien exagérer que de comparer le climat du Pic-du-Midi à celui des contrées comprises entre le 65e et le 70e degré de latitude. » C'est donc avec pleine raison que notre illustre confrère compare le théâtre déjà méridional de ses observations avec cette île Melville dont l'intrépide capitaine Parry récolta les Plantes sous le ciel des Ourses, pour les rapporter au savant R. Brown qui nous les a fait connaître. Ramond a remarqué combien les hivers de cette île affreuse sont plus âpres que ceux du Pic-du-Midi; mais on sait que pour les Végétaux, l'abondance des neiges annulle les différences, et les étés des deux points comparés ont beaucoup de ressemblance. Le caractère du vrai savoir étant la circonspection, Ramond ajoute : « Je conviens que ces analogies sont incomplètes, et que le caractère des climats ne réside pas uniquement dans les extrêmes de la température; mais ce sont au moins des ressemblances qui ont leur valeur. L'île Melville nous fournit cent seize Végétaux : c'est dix-sept de moins que n'en possède le seul sommet du Pic-du-Midi; mais nonobstant son indigence, cette Flore hyperborée est une flore générale et complète. » Selon nous, celle du Pic-du-Midi ne l'est pas moins, quoique l'auteur, dans l'esprit de modestie qui brille en son talent, ne la proclame pas irréprochable; voilà donc deux termes connus, d'après lesquels on peut enfin introduire l'arithmétique dans la science des Plantes; toute autre tentative fut jusqu'ici aussi futile que prétentieuse; un savant français aura, pour ne pas s'être trop pressé de se singulariser par de vaines assertions, indiqué la véritable voie qu'il faut suivre, afin de ne plus s'égarer dans le dédale où nous poussaient ses devanciers. Cette voie doit être, pour ainsi dire, jalonnée par la composition de Flores soigneusement étudiées; tous les essais de ce genre où les moindres espèces seraient omises, ne peut être qu'un élément d'erreurs. Mais pour qu'on puisse les compléter, les Flores ne doivent pas embrasser de vastes régions, telles que l'espace contenu entre deux tropiques. Quiconque voudra contribuer aux progrès de cette branche de la géographie physique dont la station des êtres organisés dépend, doit désormais travailler à la composition rigoureuse de Flores et de Faunes de points de globe parfaitement circonscrits, et d'abord peu étendus, comme Gaudichaud et D'Urville l'ont fait pour les Malouines, le docteur Antomarchi pour l'accusatrice Sainte-Hélène, Ramond et le capitaine Parry pour le Pic-du-Midi et pour l'île Melville. Les catalogues bien faits des productions naturelles de Tristan d'Acuna, de l'Ascension, de Belle-Ile, d'une Orcade, de deux ou trois petites Antilles, de trois ou quatre rochers de l'océan Pacifique, et de quelques Kourilles, comparés à ceux des principales cimes de l'univers, considérés à la manière de Ramond, comme autant d'îles au milieu des flots de l'air, apporteraient plus de connaissances positives dans la géographie naturelle, que ces vastes, mais incomplets catalogues, audacieusement publiés comme l'état de situation des cohortes vivantes à la surface de quelque empire que la politique circonscrivit contre nature.

Le Pic-du-Midi n'a point de neiges permanentes; rarement quelques-uns de ces tas appelés *Ventisqueros* par les Espaguols, y persistent d'une année à l'autre, quand, à peu de distance, sur les flancs de Neouvieille et du Pic-Long, existent des glaciers fort étendus à une hauteur bien moindre. Ramond en explique fort bien la raison, et passant au chapitre de la végétation sur une Montagne qu'il a escaladée trente-cinq fois en quinze années différentes, il déclare qu'il lui serait néanmoins difficile de fixer précisément l'instant où l'on voit poindre les premières fleurs. « En juin et souvent au milieu de juillet selon lui, les pentes sont encombrées de frimas, et quand même telle ou telle pointe de Rocher s'en trouverait accidentellement dégagée, l'accès des cimes est trop périlleux pour qu'on soit tenté d'y aller épier les premiers développemens de la végétation ; d'ailleurs les années diffèrent beaucoup entre elles , soit pour la quantité de neiges accumulées , soit pour l'époque de déblaiement ; ces variations avancent ou retardent la floraison d'une quinzaine de jours. Cependant il paraît qu'il n'y a point de fleurs avant le solstice, et qu'il y en a quelques-unes vers le premier de juillet. C'est donc avec notre été que le printemps du Pic commence. Les premières fleurs appartiennent principalement aux familles des Véroniques et des Primulacées. En août la floraison devient générale : on entre en été. Elle se soutient en septembre ; plusieurs espèces même ne s'épanouissent qu'alors. C'est le mois le plus favorable à l'ascension du Pic, celui où le temps est le plus assuré, le ciel le plus pur, l'air le plus transparent, l'horizon le plus net ; ces avantages sont ceux de l'automne ; ils ne se prolongent guère au-delà du terme marqué par les bourrasques de l'équinoxe. Dès les premiers jours d'octobre la floraison a achevé de parcourir son cercle. Passé le 10 ou le 15 il n'y a plus rien. L'automne du Pic a cessé quand le nôtre a commencé. Ainsi trois mois et demi constituent à peu près toute la belle saison de cette cime. Le reste appartient à l'hiver, et sa rigueur est loin encore de s'épuiser dans les huit à neuf mois qui lui sont dévolus ; il gèle en juillet, en août il tombe de la neige ; et rien de moins extraordinaire que de voir au milieu de l'été le Pic blanchir à la suite d'un orage. »

Sous un tel climat existent cent trente-sept espèces de Végétaux, dont soixante-deux Cryptogames et soixante-onze Phanérogames. Quelques minces Lichens ont peut-être encore échappé à l'auteur, et cependant les espèces de cette grande famille entrent pour cinquante-une dans la Cryptogamie du Pic-du-Midi, où il ne reste, afin de compléter le nombre soixante-deux, que onze pour

une Hépatique, six Mousses et quatre Fougères. Les Plantes phanérogames excitant surtout l'intérêt de Ramond, il pense que peu lui sont échappées ; elles constituent cinquante genres appartenant à vingt-trois familles : « Les Syngénèses, dit-il, forment à elles seules plus d'un sixième du total ; les Cypéracées, réunies aux Graminées, un sixième ; les Crucifères un douzième ; les Lysimachies, les Joubarbes, les Saxifrages, les Rosacées, les Légumineuses, chacune un dix-huitième. Les autres familles sont réduites à une ou deux espèces, et au terme de la liste figure une Amentacée, le *Salix retusa*, Arbre par la conformation, sous-Arbrisseau par la stature, Herbe par l'aspect et les dimensions, unique représentant de sa tribu à une élévation qui laisse loin au-dessous d'elle ces grands Végétaux dont la résistance échouerait contre les ouragans des cimes : ici rien ne subsiste que ce qui rampe, se cache, ou plie. » Ayant tracé ce tableau, l'auteur, toujours étranger à l'esprit de système, reconnaît que les nombres qui expriment le rapport des diverses familles entre elles, sont loin de s'accorder avec ceux que des comparaisons plus étendues ont fournies aux laborieuses recherches des Brown, des Wahlenberg, et surtout aux vastes considérations développées par Humboldt dans la partie de ses travaux sur la distribution des formes végétales. Il en devait être ainsi : Ramond opéra sur des faits, les autres sur des hypothèses. Cependant il faut en convenir, de telles différences n'auraient rien qui dût nous surprendre, les calculs faits par ceux qui prennent des herbiers pour base fussent-ils exacts ? Un groupe de cent trentetrois espèces, examiné en un seul et même lieu, est loin d'offrir des données assez larges aux compensations qui ramèneraient les exceptions à la règle ; les rochers appelant les Lichens, il n'est pas surprenant que de telles Plantes aient acquis une si grande prépondérance sur un pic où n'existe ni terre substantielle, ni ombrage, ni humidité interne. L'île Melville offre donc dix-sept espèces de moins que le sommet si parfaitement décrit par Ramond, et le rapport des familles et des genres dans lesquels se rangent ces espèces change considérablement; sur quarante-neuf Cryptogames il n'y a que quinze Lichens au lieu de cinquante-un, tandis que trente Mousses y verdoient au lieu de six. En poussant plus loin la comparaison, nous entrerions dans le domaine de la géographie botanique; il est temps de résister au plaisir de citer Ramond pour nous restreindre à ce qui concerne plus directement les Montagnes.

Notre passion pour les recherches de tout genre en histoire naturelle, le devoir qui plus tard nous commanda des reconnaissances sans nombre, depuis le Niémen jusqu'à l'extrémité méridionale de l'Espagne, afin de figurer les formes du sol, nous ont également porté, durant près de vingt ans, à observer soigneusement les Montagnes sous tous les points de vue, et nous avons presque partout reconnu qu'il n'existait pas la moindre ressemblance entre ce que sont plusieurs d'entre elles et ce qu'on en trouve imprimé dans beaucoup de livres. Il n'était réellement en Europe que les points pyrénaïques, dès long-temps si bien observés par le savant Ramond, le centre volcanique de la France exploré par Desmarest père, Faujas et l'illustre Montlosier, les Hautes-Alpes et le reste de la Suisse, l'Etna, diverses parties des Apennins, les anfractuosités plus ou moins élevées de la Germanie, où l'étude bien dirigée de la minéralogie a formé de bonne heure d'excellens géologues, enfin les chaînes Scandinaves et les inégalités des îles Britanniques, qui pussent être réputées passablement connues avant que nous eussions ajouté à la masse des faits recueillis par nos prédécesseurs et nos maîtres, ceux que nous avons publiés sur les systèmes alpins de la péninsule Ibérique, systèmes qui

ne sont pas des ramifications des Pyrénées, comme on l'imprimait encore naguère, et comme on le grave toujours sur les cartes routinières reproduites par les spéculateurs en géographie. Les hauteurs, en quelques points de l'Amérique, ont été fort bien décrites par Humboldt; mais nous le répétons parce que la vérité doit être souvent répétée, il n'existe pas dans tout cela de matériaux suffisans pour établir des théories qui puissent satisfaire celui dont la vérité est l'unique besoin. La publication hâtive de systèmes conçus d'après des faits de localités, entraîne dans mille fausses routes les jeunes voyageurs qui n'ont pas encore secoué l'autorité d'une école; n'observant qu'à travers les idées qu'on y développe, ils voient trop souvent les choses moins comme elles sont que comme on leur a dit qu'il les faut voir, et ne cherchant que des preuves à l'appui des vues qu'on leur donna comme les meilleures, ils négligent long-temps les voies que semble leur indiquer la nature même.

Pour terminer ce qui concerne le chapitre des Montagnes primitives, généralement les plus hautes du globe, nous donnerons un aperçu de l'élévation des limites de la neige permanente sur leurs pentes ou sur leurs cimes, et selon les climats géographiques, qu'il ne faut pas confondre avec ce que, dans notre Résumé de la Géographie d'Espagne, nous avons appelé climats naturels. Nous devons faire observer que cette ligne des neiges permanentes n'a guère été calculée que pour l'hémisphère boréal; qu'elle sera probablement plus basse pour l'hémisphère austral; qu'elle s'abaisse ou s'élève sur les mêmes systèmes de Montagnes, selon l'exposition du nord ou du sud; et qu'il se trouve des cimes sous un même parallèle, où se remarquent de grandes variations, ainsi que nous l'avons signalé tout à l'heure en parlant de l'Etna. Nous avons de fortes raisons de croire qu'on renoncera quelque jour à l'idée de mesurer la limite dont il est question, d'après la latitude des lieux, et qu'on se bornera à exprimer ce phénomène si remarquable dans l'histoire des Montagnes, en signalant, pour chacune individuellement, la hauteur du zéro perpétuel, sauf à faire monter ou descendre ce terme sur chaque sommet, selon que l'été aura été plus ou moins chaud.

	toises.	mètres.
Sous l'équateur aux Andes. . . .	2460 —	4795
Sous le 19e degré, au Mexique. . .	2350 —	4580
Sous le 28° 17', au pic Ténériffe.	1700 —	3313
Sous le 30 degré, pentes méridionales de l'Hymalaya.	1950 —	3800
—— pentes septentrionales des mêmes Montagnes.	2605 —	5077
Sous le 37° 10', à la Sierra-Névada d'Andalousie, pentes septentrionales seulement. . . .	1300 —	2534
Sous le 37° 45', à l'Etna.	1418 —	2763
Entre les 41 et 43°, au Caucase.	1650 —	3216
Entre les 42 et 43°, sur les Pyrénées, pentes méridionales. .	1300 —	2534
—— pentes septentrionales. . .	1450 —	2826
Entre les 45 et 47°, dans les Alpes.	1370 —	2670
Entre les 61 et 62°, en Norvège.	850 —	1657
Sous le 65°, en Islande.	550 —	1072
Entre les 65 et 70°, en Laponie. .	366 —	713
Entre les 75 et 78°, à la Nouvelle-Zemble et au Spitzberg. . . .	150 —	296

Contre les Monts primitifs, au noyau desquels on ne saurait retrouver les moindres indices de rien qui ait vécu, s'appuient des Montagnes moins élevées, où se lient et s'anastomosent des chaînes, des contre-forts, et des éperons qu'isolent en partie des cols et des vallées plus ou moins larges. Ces systèmes dont le Calcaire semble former la masse, sont appelés *Secondaires*. Ils durent être, en effet, postérieurs à l'élévation des nœuds primitifs qui viennent de nous occuper, et auxquels l'observation prouvera tôt ou tard que tous les systèmes secondaires se rattachent ou furent originairement subordonnés. La substance constitutrice s'y montre souvent tellement homogène et compacte, qu'en la désignant sous le nom de Calcaire alpin, on lui étendit le nom de *primitif;* en effet, le Calcaire ainsi désigné, est primitif par rapport à tout autre Calcaire que nous offre la croûte terrestre; mais de ce qu'on n'y retrouve

nulle trace reconnaissable d'êtres organisés quelconques, il ne s'ensuit pas qu'une création d'êtres organisés, absolument effacés quant aux formes, n'en ait pas préparé la modification matérielle, c'est-à-dire la masse. Buffon avait pensé que tout Calcaire possible devait l'existence aux débris animaux. Cette grande idée, qui a trouvé des approbateurs et des antagonistes, nous paraît fondée à certains égards. L'animalité ne crée point le Calcaire, mais elle l'extrait des fluides qui en tiennent les élémens en solution; et quand le globe fut recouvert par les eaux, des Animaux marins ayant commencé le départ de cette substance, il est très-possible que des changemens survenus plus tard dans la nature de ces eaux par quelque catastrophe physique dont nous n'essaierons pas de rendre raison, aient opéré son remaniement; comme il arrive dans ces fosses où des maçons éteignent des pierres calcinées remplies de Cérites ou autres Coquilles parfaitement reconnaissables, lesquelles disparaissent à jamais pour se délayer en une masse de Chaux parfaitement homogène. C'est postérieurement à une telle opération, faite en grand dans la nature, que la vie put recommencer pour servir d'agent à la reconstruction d'un nouvel univers autour d'un premier monde dissous et précipité en dépôts sédimenteux sur les rochers qui formaient son noyau. Ces rochers servant de support aux sédimens du vieux monde, soulevés au-dessus de l'Océan d'alors, comme on l'a vu à l'article MER, portaient sur leurs pentes de vastes couches de ce Calcaire de remaniement, aujourd'hui nommé primitif, et à travers lesquelles les eaux pluviales ne tardèrent pas à creuser des vallées, tandis que le desséchement y causait d'immenses crevasses; celles-ci, agrandies par le temps, séparent aujourd'hui de plusieurs lieues des fragmens qui furent autrefois contigus, ou sont devenues ces vastes cavernes propres au Calcaire alpin; de tels accidens prouvent que la masse pâteuse a éprouvé un retrait considérable par le desséchement; l'affaissement des souterrains résultés d'une telle cause, a changé et modifié à plusieurs reprises la croûte terrestre, dans le silence des âges effacés. D'innombrables débris, détachés par des milliers de convulsions, ont recouvert en glissant des espaces où la Roche primitive présentait originairement sa surface aride, et l'on dit aujourd'hui que tel ou tel Calcaire y est superposé à telle ou telle autre Roche primitive; d'autres fois, de ces Roches éternelles, dont les parties constitutives semblent présenter le type de la matière brute, ont au contraire roulé en masses considérables, et loin des cimes qu'elles couronnaient; leurs quartiers anguleux ont tracé des sillons profonds quand ils ne bondissaient point, et s'étant plus ou moins enfoncés aux lieux où les retint enfin leur poids, y formèrent ces blocs usés par les influences atmosphériques, et qu'on trouve épars ou entassés dans certains cantons granitiques comparables au champ de bataille des Titans. De-là cette idée bizarre qu'une certaine école de géologie tente d'accréditer, que les Granites sont partout supérieurs aux Calcaires; on établit cette théorie en généralisant les conséquences de deux ou trois accidens partiels dont la cause s'explique cependant d'une manière très-contraire. On s'étaie pour prouver la prétendue disposition superficielle au Calcaire de Roches primitives, de ce que l'on a trouvé des fragmens de celles-ci gissans jusque sur des coulées de lave. Pour nous qui avons vu des masses de Basalte très-dur et très-compacte, grosses comme l'arc de triomphe du Carrousel, soulevées majestueusement par les flots incandescens d'un courant en marche, demeurer surnageantes au-dessus des scories, s'y encroûter à moitié, tandis que le courant se refroidissait à leur base; s'y élever en forme de monticule d'un bleu ardoisé, quand la surface sonore et spongieuse

des scories fut entièrement figée, nous pensons qu'il est très-imprudent de prétendre renverser une théorie reçue comme incontestable, à l'aide de faits qui ne prouveraient rien, les exemples en fussent-ils plus multipliés qu'ils ne le sont. Nous le répétons, les auteurs qui écrivent sur ce qu'on appelle Formations et sur les Montagnes, se font une idée trop importante des points du globe qu'ils ont examinés; ils n'ont donc pas vu le beau plan en relief d'une partie de la Suisse et des Hautes-Alpes, qu'avait très-habilement construit le général Pfyffer, et dont il y a quelques vingt ans environ, on montrait à Paris, sur le quai Voltaire, une copie perfectionnée. Ce chef-d'œuvre topographique représentait avec une merveilleuse perfection, quatorze lieues environ de pays, à une telle échelle que les grands sommets s'y élevaient de deux à trois pouces au-dessus d'une table supposée le niveau de la mer; les lacs et les cours d'eau y étaient représentés par de petites portions de miroirs parfaitement ajustées; les forêts y étaient très-bien marquées avec de la râclure de draps verts de diverses nuances; la végétation inférieure s'y trouvait exprimée avec discernement; les glaciers surtout étaient distinctement rendus avec leur teinte de neige et d'azur; on avait poussé l'exactitude jusqu'à tailler les pentes abruptes dans les mêmes Roches qui composent les coupures correspondantes sur les Alpes.

Dans ce temps on bâtissait quelques maisons à côté du lieu où se voyait la Suisse en miniature; des tombereaux y venaient bouleverser le sol et transporter des décombres sur un pavé culbuté. Après tout le désordre causé par les pieds des chevaux et par les roues des voitures, survint une pluie d'orage; du sable, de la boue, de la chaux, du mortier délayé, des pierres de diverse nature avec les crêtes des ornières, ne tardèrent pas à former des Alpes en diminutif parfaitement pareilles à celles de Pfyffer. On y voyait leurs cimes, leurs contre-forts, leurs rocs, leurs vallées, leurs rivières avec leurs lacs; et quand deux jours de soleil eurent occasioné, dans cette formation d'un cataclysme de l'avant-veille, des crevasses et des éboulemens, la ressemblance devint complète. Nous avons depuis observé bien souvent de ces Alpes du moment, et pris, en considérant sérieusement ce qui n'était que de méprisables tas de boue aux yeux des passans, une profonde idée du néant et de l'orgueil humain; nous avons toujours reconnu les substances qui concouraient aux Formations nées sous nos pas, et suivi leurs transports au point de pouvoir nous dire : Ce petit attérissement a été créé aux dépens de telle ou telle élévation ; ce fragment appartient à cet autre; ce caillou qui représente ici un rocher s'est détaché de cette pierre; mais lorsque multipliant l'échelle de nos Monts de Pygmées, nous la portions à celle du Mont-Blanc par exemple, quelques pouces de distance devenant des milliers de toises, nous concevions comment des terrains qui, séparés de plusieurs lieues, et placés à des niveaux très-différens, eussent été regardés, par les géologues, comme d'époque et d'origine diverses dans un vaste système de hauteurs, se trouvaient dans le gâchis, objet de nos méditations, le résultat des affaissemens et des transports occasionés par quelques gouttes de pluie. Ailleurs des quartiers de pierre arrachés du pavé, tout en désordre, formaient des pics saillans à nos pieds; et comme nous connaissions leur origine, nous résolûmes de nous tenir en garde contre quiconque viendrait soutenir que les Roches, constitutrices du noyau des Monts primitifs, doivent être partout superposées à des Roches qui ont vécu, parce que ces Roches qui ont vécu nous cachent quelquefois les racines de celles dont la composition précéda toute existence organique.

Les Montagnes où se distinguent des débris d'êtres autrefois animés, souvent tellement bien conservés qu'on peut reconnaître à quelles espèces ces débris durent appartenir, méritent plus particulièrement le nom de *Secondaires*, qui néanmoins ne saurait être employé que relativement aux systèmes primitifs desquels dépendent ou dépendirent originairement, ces Montagnes de formation nécessairement postérieure. On a vu aux mots CALCAIRE, FOSSILES et GÉOLOGIE, quelle est la nature et la composition des couches et des bancs pénétrés de débris marins. Férussac, dans notre article GÉOGRAPHIE (p. 268), essaya de réduire en axiomes, d'après ce qui avait été dit dans plusieurs autres parties du présent Dictionnaire, la théorie de telles formations. Aux mots ROCHES et TERRAINS, on achèvera l'histoire anatomique des Montagnes, qu'on nous passe cette expression; il n'en reste plus à dire que quelques mots sur ce qui concerne leur disposition extérieure et l'influence qu'elles exercent sur les créatures réparties à leur surface. On sait que leur masse jouit d'une force d'attraction considérable qui se manifeste particulièrement sur les vapeurs; nous avons vu comment elles deviennent par-là les nourricières de la plaine pour laquelle on les voit très-distinctement préparer des rivières et des fontaines; outre l'arrosement du globe dont la nature les établit comme les principaux agens, elles sont encore destinées, par le dépouillement qu'y occasionent les cours d'eau, à augmenter la surface des régions basses qui les supportent; leurs cimes attirant les résultats de toute évaporation, les vapeurs se condensent autour d'elles en nuages et leur forment ordinairement un diadème de brumes condensées (*V.* MÉTÉORES). C'est en s'élevant au-dessus de ce couronnement céleste que l'auteur de cet article vit son ombre portée à la face d'une mer de lait; le profil de sa tête y était environné d'une auréole formée des suaves couleurs de l'iris.

Ce phénomène avait été auparavant observé dans les Andes par Bouguer; nous l'avions décrit, dès l'an 1802, dans un de nos ouvrages. Ramond rapporte que Mirbel, Du Petit-Thouars et Baunier ont vu la même chose; et puisqu'au sujet d'une auréole nous trouvons une nouvelle occasion de citer cet élégant et savant écrivain, nous renverrons encore le lecteur à ce beau Mémoire dont il a été plus haut rapporté quelques excellens passages.

Nous avons observé sur le faîte des Montagnes de Ténériffe et de Mascareigne, que le thermomètre s'élève ou s'abaisse très-brusquement selon que le soleil se lève ou se couche; la température y change avec une excessive rapidité. Ainsi, à une hauteur de près de dix-huit cents toises, sous la Zône-Torride, le mercure étant à trois et quatre au-dessous de zéro, à l'instant où le disque de l'astre levant commençait, sans crépuscule, à montrer son bord radieux, le métal liquide montait jusqu'à cinq au-dessus de glace avant la fin de l'apparition totale; nous avons observé plus tard le même phénomène, sur le pic de Veléta dans le système Bétique en Espagne, et trouvé dans le mois d'août de l'année 1810, célèbre par son excessive chaleur, que le thermomètre qui, un peu avant la pointe du jour, où la nuit est le plus froide, marquait de quatre à cinq au-dessous du point de congélation, montait presqu'à 6° durant le lever du soleil; la progression était moins prompte ensuite jusque vers le point le plus chaud du jour, qui à deux cents toises au-dessus des amas de neiges non fondantes, égalait douze, quatorze et même quinze, selon le calme ou les brises qui régnaient dans l'atmosphère. Une progression descendante moins considérable, mais non moins remarquable, s'observait durant le coucher du soleil.

Les géographes, qui jusqu'ici n'ont pas adopté une nomenclature uniforme, ainsi que nous l'avons fait sentir à l'article MER, ayant appelé *Chaînes* des massifs de Montagnes, quelques-uns ont imaginé que toutes les Montagnes s'enchaînaient; cette erreur provenue d'un abus de mots, a donné lieu à ces bizarres planisphères où nous avons déjà dit qu'on fit faire aux Alpes le tour du monde, tantôt par dessus, tantôt par dessous les flots. En dépit de telles rêveries, on observe chez la plupart des groupes de Montagnes qu'on liait les unes aux autres, des séparations très-considérables qui proscrivent toute idée d'unité. La division la plus naturelle qu'on en puisse faire doit consister en Systèmes, et nous comprenons par ce mot : des amas de grandes inégalités de la surface du globe, composés de points culminans d'une même formation de Roches, d'où rayonnent ou descendent parallèlement, causés par des fracassemens ou séparés par l'action des eaux courantes, des contre-forts de nature diverse, lesquels s'abaissent graduellement jusqu'aux coteaux qui en forment comme les racines, et que limitent des plaines ou des mers. Chaque système fut originairement une île et apparut à la place continentale qu'il domine à son tour et en raison de la quantité d'eau dont l'Océan environnant s'était appauvri. Qu'on suppose une diminution de deux ou trois cents toises encore, plusieurs archipels seront métamorphosés en systèmes de Montagnes, où des îles actuelles se trouveront des sommets et les détroits des cols; ce qui cependant n'établit pas que ces systèmes existent déjà tout formés sous les eaux; il faudra, pour en compléter les formes alpines, que le desséchement y cause des crevasses au moyen desquelles plus d'une couche calcaire que préparent horizontalement des Animaux sera soulevée, renversée et déchirée par les eaux pluviales après l'exondation.

Les Montagnes ont jusqu'ici été si légèrement observées, les faiseurs de cartes en ont guilloché le globe dans un tel esprit de caprice et d'invention, qu'il est très-difficile d'établir s'il s'en trouve en beaucoup de contrées où l'on en marqua, et s'il ne s'en trouve pas dans plusieurs autres où l'on n'en a point buriné; il suffisait qu'un voyageur eût signalé quelque colline sur une plage nouvelle par un nom propre, pour qu'on gravât des Alpes où n'existent peut-être que de simples monticules; avait-on entrevu l'embouchure d'une rivière sur une côte inconnue, on lui dessinait aussitôt un beau bassin environné d'un grand mur de hachures : existait-il une pointe de terre avancée dans la mer, il lui fallait aussitôt une charpente, et comme la Bretagne est, par exemple, formée d'un système granitique très-prononcé, on la liait aux Vosges et aux Alpes par un chaînon imaginaire destiné à séparer le bassin de la Loire de celui de la Seine, tandis que d'un autre côté on poussait un puissant contrefort des Pyrénées de Bigorre à la Tour de Cordouan pour charpenter le pays de Médoc, baigné par la Gironde et par l'Océan. Cependant l'espace qui s'étend de Bordeaux à la Tête de Buch, et sur lequel on dessinait des Montagnes dans les cartes antérieures à celle de Cassini, est uni comme une table; son point le plus élevé ne l'est pas de six toises audessus des moyennes eaux du bassin d'Arcachon ou de la Gironde. C'est dans cet esprit que, vers l'est, on a uni les Pyrénées aux Cévennes, pour en faire un éperon des Alpes, et qu'on a poussé la chaîne Pyrénaïque jusqu'à Cadiz pour l'unir à l'Atlas, aux monts de la Lune, etc. ; de même en Amérique on a épandu les Andes sans interruption, d'un côté jusqu'au cap Horn, et de l'autre jusque vis-à-vis le Kamtschatka, où par les Kourilles on les rattache aux volcans d'une presqu'île à peine connue, puis au grand plateau de la Tartarie, puis au Caucase, puis enfin jusqu'à nos chaînes européennes!..... Toutes ces liaisons sont imaginaires, l'avenir le prouvera. Nous ne pouvons cependant assigner encore la circonscription des di-

vers systèmes telle qu'elle résultera d'une connaissance plus approfondie de la surface du globe; mais nous croyons entrevoir l'existence de plusieurs systèmes principaux isolés les uns des autres ; de plus petits leur sont intermédiaires, ou sont épars çà et là. Il serait maintenant impossible d'énumérer ces derniers, les grands eux-mêmes étant fort mal déterminés quant aux formes et à l'étendue ; on s'est jusqu'ici bien plus occupé de leur hauteur et de leurs productions botaniques ou minérales, que de leur disposition topographique, qui fut long-temps si mal rendue, que la confusion s'en augmenta; on les représentait de profil quand on était sensé voir le pays à vol d'oiseau ; on en chargeait le papier partout où restait du blanc ; selon la place qui demeurait à la disposition du dessinateur, se traçaient des pics et des rochers plus ou moins élevés, tantôt enchaînés les uns aux autres pour former une sorte de rampart, tantôt jetés au hasard, de façon à imiter les vagues d'une mer clapoteuse ou des taupinières. Ce n'est guère que vers le milieu du siècle dernier qu'on essaya de rendre raisonnablement la topographie ; ce sont des ingénieurs et des officiers français qui en eurent l'honneur, et le dépôt de la guerre, établissement d'une grande utilité, formé durant la révolution, perfectionna l'art de représenter raisonnablement le terrain. On n'en disputa pas moins, et l'on n'en dispute pas moins encore, pour savoir comment les ombres doivent être projetées, et s'il faut ou non un côté de jour avec un côté sombre afin d'exprimer convenablement les pentes selon des coupes horizontales. Pour nous qui avons fait une étude suivie de ce genre de dessin, sans maître et constamment d'après nature, nous pensons que l'une et l'autre méthode a ses inconvéniens quand on s'y tient exclusivement; il les faut savoir combiner. Nous donnâmes un premier essai de notre manière dans une carte de

Mascareigne publiée dès l'an xi de la république; cette carte produisit quelque effet chez les graveurs; plusieurs ont eu le bon esprit de profiter de l'excellente leçon qui leur fut donnée en cette occasion par le burin de Blondeau, l'un des premiers artistes en ce genre, et dont notre plan de la Réunion commença la belle réputation méritée. Depuis, nous avons eu beaucoup d'occasions de constater la supériorité d'une méthode combinée qui consiste à représenter avec vigueur les points censés les plus voisins de l'œil, en décroissant de ton selon les abaissemens, et en traçant des hachures mourantes qu'on doit diriger selon la route que prendrait une goutte de pluie tombée sur le terrain et coulant selon sa déclivité. Quelques tons clairs pourront être jetés avec goût et économie çà et là dans les sommets, lorsqu'on n'aura pas à craindre qu'ils y produisent à l'œil l'effet de pentes douces ou de plateaux; quant aux escarpemens à pic formés de rocs, on peut y ménager tous les blancs qu'on jugera nécessaires à l'effet, parce que les accidens qu'on y représentera donneront suffisamment l'idée de leur importance, sans qu'il soit nécessaire de recourir à des tons foncés pour la faire apprécier. Il n'est pas d'accident de Montagne qu'une main exercée ne puisse très-bien exprimer, et que l'auteur de cet article ne soit parvenu à rendre parfaitement reconnaissable, selon le témoignage des grands capitaines sous les ordres immédiats desquels il eut l'honneur de servir sa patrie, et qui jugèrent plus d'une fois, la veille d'une bataille, et d'après ses reconnaissances, du terrain sur lequel ils devaient opérer et vaincre.

On a appelé *Tertiaires* les hauteurs dont la formation paraît être plus moderne, que celle des systèmes secondaires; la confusion qui règne souvent dans les fragmens dont ces Montagnes tertiaires se composent, prouve que leur origine résulte de ré-

volutions physiques qui ne pouvaient avoir lieu avant que des Monts antérieurs eussent existé, et qu'il se fût même opéré de grands fracassemens dans ceux-ci. Des Montagnes de ce genre, c'est-à-dire postérieures à toutes autres, se peuvent aussi former chaque jour aux dépens d'un sol qui s'élève ou qui s'affaisse, et que travaillent les eaux pluviales ou quelqu'un de ces débordemens appelés déluges par les historiens. Quant à l'élévation ou bien à l'abaissement du sol que nous croyons pouvoir changer la physionomie de la croûte du globe en divers lieux, il est impossible d'en révoquer en doute les immenses effets. Nous ne connaissons pas assez la nature des couches dont se forme le globe, même à peu de profondeur, pour prononcer qu'il n'est pas de ces couches qui, sur de grandes étendues, ne puissent absorber de l'eau, et s'en pénétrer au point de se gonfler comme le font des éponges préparées introduites dans les plaies d'un blessé et qui les dilatent; on sent que par un pareil mécanisme opéré en grand dans l'univers, des contrées entières ont dû se soulever, et nous avons ouï dire qu'un géologue, dont plusieurs opinions ont acquis beaucoup de poids, attribuait à de telles causes le soulèvement général des régions scandinaves, en expliquant par elles la diminution en profondeur des eaux de la Baltique. Quoi qu'il en puisse être de l'élévation générale attribuée à ces régions du Nord, on en eut des exemples ailleurs, tandis qu'au contraire des couches inférieures plus facilement pénétrables par l'eau que celles où cet élément ne produisit que de la dilatation, ont dû, en se délayant, être entraînées; il est alors demeuré des vides inférieurs dont l'effondrement a produit en petit ce que nous retracent en grand les systèmes primitifs, c'est-à-dire des cassures abruptes, des précipices, et l'élévation de quartiers de terrain qui ont plus tard reproduit toutes les formes que nous reconnaissons dans les

Montagnes antérieures. Il n'est pas jusqu'aux vents qui n'aient le pouvoir de modifier le terrain au point de produire des espèces de Montagnes; mais celles-ci sont mobiles et changeantes comme la cause qui les élève, qui les abaisse ou qui les promène. *V*. DUNES.

Les plus hautes Montagnes connues paraissent être celles de l'Asie mitoyenne sur les confins du Thibet et des Indes; les Andes, dans l'Amérique méridionale, sont les secondes en élévation; nos Alpes, si imposantes, ne viennent qu'ensuite. Pour connaître les différences qui existent entre elles sous le rapport de leur hauteur, et pour les mesurer, on a imaginé divers procédés. Le meilleur est, sans contredit, celui du nivellement; mais comme c'est une opération longue et difficile, on ne l'emploie que dans le cas où pour établir quelque canal à travers des cols et ce que le général Andréossy a proposé de nommer *Dépressions*, il est essentiel d'obtenir des résultats de la dernière rigueur. Au reste, on peut simplifier cette méthode, ou du moins la généraliser à de grandes distances autour de soi, en notant, à chaque station, à quel point des lieux où s'étend la vue, correspond la station. C'est par ce moyen que nous avons essayé avec succès de déterminer quelle devait être la forme des rivages de la Caspienne desséchée, représentée de nos jours par le bassin de Grenade, en Andalousie, à mesure que l'eau s'en retirait de cent mètres en cent mètres. Une seconde manière de déterminer la hauteur des Montagnes consiste dans les opérations géodésiques. On devrait croire que celles-ci ne sauraient tromper, cependant on voit les hommes les plus habiles qui en ont fait usage dans la détermination d'un même point, ne pas être tombés d'accord; ainsi, Feuille, Pingré et de Borda, qui mesurèrent le pic de Ténériffe par des triangles, ne l'évaluèrent pas de la même façon, et les deux derniers trouvèrent eux-mêmes des résultats différens entre plusieurs de leurs travaux. Pour obtenir plus de célérité dans la mesure des hauteurs du globe, c'est le baromètre qu'on emploie ordinairement. La commodité de cet instrument le rend préférable; il faut seulement prendre garde de le casser dans les excursions alpines où les chemins ne sont pas ordinairement faciles.

On sait que si l'on plonge dans un petit vase rempli de mercure, l'extrémité d'un tube de verre, fermé par le haut, et dans lequel on a opéré le vide, la pression atmosphérique exercée à la surface du métal liquide, contraint celui-ci à refluer dans le tube où rien ne lui oppose de résistance, et à s'y élever jusqu'à ce que le poids de la colonne de mercure introduite dans ce tube contrebalance la pression, c'est-à-dire que le mercure monte jusqu'à ce que le poids de sa colonne soit égal à celui de la colonne de l'atmosphère reposant sur le vase où le tube plonge. La découverte de ce fait illustra Toricelli. Pascal l'appliqua à la détermination de ces Monts de l'Auvergne, dont nous devons à l'éloquent et savant Montlosier une si bonne description; il sentit qu'à mesure qu'on élèverait le baromètre au-dessus de la surface du globe, les colonnes atmosphériques qui agiraient sur lui devenant plus courtes, et conséquemment plus légères, le mercure, moins pressé par leur poids, baisserait dans son tube. Il ne s'agissait plus que de trouver des règles ou formules qui donnassent le plus exactement possible les élévations correspondantes à des longueurs de colonnes barométriques connues; c'est à les établir que plusieurs géomètres et l'illustre Laplace particulièrement ont mis tous leurs soins, et ils y sont parvenus. On consultera utilement à ce sujet la note XI qui termine le tome Ier de la Géognosie de D'Aubuisson-des-Voisins, auteur dont nous ne partageons pas toutes les idées, mais qui nous paraît être à l'abri de la critique en ce qui concerne l'application du tube de Toricelli à la mesure de la hauteur des Montagnes.

Quelques essais ont été faits pour rendre sensibles à l'œil les rapports d'un grand nombre de hauteurs calculées ; le premier qui en forma un tableau comparatif de quelque mérite fut, en 1806, Méchel, à Berlin ; cent quarante – quatre points sont relatés en toises, dans son travail, avec une échelle sur les côtés du cadre, où la hauteur du mercure dans le baromètre est exprimée en pouces pour les hauteurs correspondantes. Le ballon dans lequel le célèbre Gay-Lussac s'éleva à trois mille six cents toises dans l'atmosphère, y montre la plus grande hauteur où l'Homme soit encore parvenu. La disposition du tableau de Méchel est claire, mais disgracieuse, les Montagnes y étant rendues par des pointes qui ressemblent aux dents d'un vieux peigne ébréché. Après Méchel, quelques graveurs ont reproduit des tableaux comparatifs, et les coupes de terrains et de Montagnes ont pris faveur sous les auspices d'un savant qui sans doute aujourd'hui en reconnaît l'inconvénient par les raisons qu'on trouve déduites dans notre Résumé Géographique d'Espagne (*V.* p. 73). Il faut distinguer des essais malheureux qui ont été faits dans ce genre, celui de Louis Bruguière, si bien gravé par Ambroise Tardieu, et celui de Perrot. Ces deux compilations assez ingénieuses ont paru en 1826 ; on n'en saurait trop recommander l'acquisition aux géologues qui veulent, d'un coup-d'œil, juger des principales Montagnes de la terre. Dans le tableau de Perrot on en trouve un plus grand nombre, mais il s'y est glissé un peu du défaut que nous avons signalé dans celui de Méchel et plusieurs noms mal orthographiés. Bruguière a fort habilement évité l'inconvénient qui déplaît à l'œil, en donnant à chaque sommet sa forme réelle ; le tableau dont il est question représente un rideau de Montagnes artistement groupées, que couronnent leurs neiges à la hauteur requise, et parmi lesquel-

les se distinguent les cratères avec les fumées qui s'en exhalent.

Hauteurs déterminées de quelques points du globe, entre lesquelles se trouvent celles des principales Montagnes.

DANS L'OCÉAN ARCTIQUE.

	toises.	mètres.
Pointe-Noire (Spitzberg)...	703	1370
Le Parnasse (île St.-Charles).	618	1204
Snœfiels-Jockul (Islande). .	800	1559
Rouaberg (île Schéland). . .	644	1255
L'Heckla (Islande)..	519	1013
Mont Skaling (îles Féroër).	340	662
Ile Kilda..	300	585

DANS L'OCÉAN ATLÁNTIQUE.

	toises.	mètres.
Pic de Ténériffe.	1920	3742
Monton de Trigo (Ténériffe).	1482	2888
Pic des Açores..	1237	2412
Monts de Guimar (Ténériffe).	1225	2387
Pic de los Muchachos (île de Palme dans les Canaries).	1193	2326
Pic de San-Antonio (îles du Cap-Vert)	1157	2255
Pico Ruivo (île Madère). . .	965	1880
Volcan de Fuégo (îles du Cap-Vert)	667	1319
Sommet de Tristan d'Acuna.	550	1072
Pic de Diane (île Sainte-Hélène).	420	819
Enchold.	419	816
Mont de Hallay.	386	752
Montagne St.-Pierre (l'Ascension).	347	676
Volcan de Lancerotte (Canaries).	292	569
Pic de la Corona (île de Palme dans les Canaries). .	292	569
Longwood.	275	537
Laguna (Ténériffe).. . . .	264	514

DANS L'OCÉAN INDIEN.

	toises.	mètres.
Piton des Neiges (île de Mascareigne).	1955	3810
Le Bénard.	1900	3703
Montagne d'Ambotismène (Madagascar).	1800	3508
Cimandef (île Mascareigne).	1700	3313
Le Volcan.	1400	2729
Plaine des Chicots, au sommet.	1200	2339
Pic d'Adam (île Ceylan). .	1166	2273

	toises.	mètres.
Plaine des Fougères, au sommet (Mascareigne). .	872	1700
Couli-Candy (île Ceylan). .	847	1651
Morne du Bras-Panon (île Mascareigne).	800	1559
Piton de Viller, sur la plaine des Caffres.	625	1217
Piter-Bot (île de France). .	432	842
Le Pouce.	424	826
Montagne du Corps-de-Garde, au signal	394	769

DANS L'OCÉAN PACIFIQUE ET LA POLYNÉSIE.

	toises.	mètres.
Mowna-Roa (îles Sandwich).	2577	5024
Mont Egmon (Nouvelle-Zélande).	2371	4621
Ophir (île de Sumatra). . .	2026	3950
Principal sommet d'Otahiti.	1704	3323
Parmazan (île Banca). . . .	1572	3063
Mont Tobronu (Otahiti). .	1500	2923
Mont d'Arfack (Nouvelle-Guinée).	1488	2901
Mont Gété (île Java). . .	1327	2588
Pic de Jesso (empire du Japon).	1184	2307
Sommet de Bourou (Moluques).	1088	2121
Sommet de la Nouvelle-Calédonie.	533	1030
Corne du Buffle (île Waigiou).	485	945
Piton de Borabora (îles de la Société).	365	712
Piton d'Oualan (îles Carolines).	337	657

DANS LE CONTINENT AUSTRALASIEN.

	toises.	mètres.
Plateau dans la terre de Van-Diémen.	1000?	1950?
Plus haute cime des Montagnes Bleues (Nouvelle-Hollande).	591	1152
La Tête-Noire dans les mêmes Montagnes. . . .	548	1068
Hauts de la rivière des Poissons.	415	809
—de celle de Cambell. . .	347	676
—de celle de Cox.	336	661
Lac George.	331	645
Lac Barthurst.	326	636

DANS LE CONTINENT AMÉRICAIN MÉRIDIONAL.

	toises.	mètres.
Le Chimborasso (dans les Andes).	3350	6530
Le Cayambé.	3120	6083

	toises.	mètres.
L'Antisana.	2992	5832
Le Cotopaxi.	2950	5750
L'Altar de los Collados. . .	2730	5320
Hinissa.	2717	5294
Le Sangay.	2678	5219
Le Sinchulahua.	2570	5009
Le Cotocachi.	2570	5009
Le Tingarahua	2543	4958
Le Rucu-Pichincha. . . .	2490	4853
El Corazon.	2469	4814
El Carguairazo.	2450	4776
Plaine de Tapia.	1490	2904
Volcan d'Aréquipa. . . .	1371	2693
Sommet du Turimiquiri (Montagnes de la Nouvelle-Andalousie). . . .	1050	2046
Cuchilla de Guana-Guana. .	548	1068
Plateau de San-Augustin. .	533	1039
Plateau du Cocollar. . . .	408	795
Cerro del Impossible. . .	297	579
Pic Duida (dans la Sierra de Parima).	1309	2551
La Silla (Caracas).	1350	2631
Le Brigantin.	1255	2446
Collado de Buenavista. . .	835	1627
Point le plus élevé du chemin de la Guayra à Caracas.	763	1487
La Venta.	622	1212
El Salto.	465	906
Paramo de Mucuchies (Sierra-Névada de Mérida). .	2120	4132

Quelques lieux habités des mêmes régions.

	toises.	mètres.
Métairie d'Antisana (dans les Andes).	2104	4101
Potosi.	2052	4000
Ville de Micuipampa (au Pérou).	1856	3618
Tusa (sur le plateau de Quito).	1517	2957
Quito, sur la grande place.	1491	2908
Ville de Caxamarca (au Pérou).	1467	2860
Santa-Fé de Bogota (Colombie).	1365	2661
Cuenca.	1351	2633
Popayan.	910	1775
Mérida.	826	1610
Village de San-Pedro. . . .	584	1138
Caracas.	446	869
Truxillo.	420	818
Tocuyo.	322	627
La Vittoria.	284	583
Villa de Cura.	266	518
Nueva Valencia.	247	481

DANS LES ANTILLES.

	toises.	mètres.
Montagnes Bleues (Jamaï-que)	1137	2218
La Soufrière (Guadeloupe).	778	1557
Montagne pelée (Martini-que).	665	1298
Volcan de Saint-Vincent. .	500	975

DANS LE CONTINENT AMÉRICAIN SEPTENTRIONAL.

Le plus haut pic des Monts-Rocailleux.	2905	5662
Le Mont Saint-Élie (côte nord-ouest).	2828	5513
Volcan de Propocatepetl (Mexique).	2771	5400
Pic d'Orizaba.	2717	5295
Sierra-Névada.	2255	4786
Névado de Toluca.	2372	4621
Montagnes du Beau-Temps (côte nord-ouest)	2334	4549
Pic James (Montagnes-Rocailleuses).	1873	3652
Le Washington (États-Unis).	1037	2021
Pic d'Otter (Virginie). . .	666	1297

Quelques lieux habités des mêmes régions.

Mexico.	1168	2277
Valladolid.	1001	1951
Xalapa.	677	1319
Cincinnatus (Etats-Unis)..	85	165

(Les lacs Supérieur, Erié et Ontario, dans le bassin du fleuve Saint-Laurent, sont à 100, 88 et 34 toises ou 195, 171 et 68 mètres)

DANS L'ANCIEN CONTINENT MÉRIDIONAL.

AFRIQUE.

Point culminant des monts Geesh.	2553	4679
L'Atlas, au sud d'Alger.	1231	2400

(La hauteur moyenne des cols de la chaîne de l'Atlas est évaluée à 500 toises.)

Monts Karrec (Afrique méridionale).	1050	2046
Schwecberge.	917	1787
Montagne de la Table. . .	601	1199
Kamberg.	452	882
La Sierra-Léone (Guinée).	435	848
Pic de Sucre (dans la Sierra-Léone)	394	769
La Tête du Lion.	370	721
La Croupe du Lion (cap de Bonne-Espérance).	178	347

DANS L'ANCIEN CONTINENT SEPTENTRIONAL.

ASIE.

	toises.	mètres.
Dhawalagiri (Hymalaya). .	4390	8556
Jawahir.	4026	7848
Jamautri	3987	7772

(La hauteur moyenne des cols de ce système est de 2462 toises.)

Petcha ou Hamar (Chine). .	3286	6404
Autre pic sur la frontière de Chine.	2634	5135
Montagnes de Sochouda. .	1988	3874
L'Altaï, au sommet d'Italitz-Koi (Tartarie).	1678	3270
Petit Altaï.	1093	2130
Elhurz (dans le Caucase). .	2795	5447
Kasbeck.	2399	4677
Mont Ararat.	1800	3500
Plateau de Daba.	2334	4549
Mont Olympe (Malaca). . .	1900	3703
Volcan d'Awatscha (Kamt-schatka).	1501	2925
Tumel-Mazech.	1482	2910
Montagne de Me-Lin. . . .	1282	2498
Mont Ida (dans l'Anatolie).	907	1768
Le Liban.	1500	2924
Mont-Carmel.	344	670
Mont-Thabor.	313	610

(En Asie, le désert de Coby, qui représente le fond d'une antique Caspienne, est élevé de 550 toises ou 1072 mètres, et le plateau du pays de Mysore a 400 toises ou 779 mètres : les steppes de Bucharie passent pour avoir 186 toises ou 362 mètres seulement.)

Quelques lieux habités de l'Asie.

La ville de Beidara.	1185	2309
Le village de Kergen (Caucase).	911	1834
La vallée du Népaul. . . .	640	1247
La ville d'Aunenour (Caucase).	445	865

EUROPE.

Nous ne pouvons mieux faire, pour donner une idée des élévations calculées dans ce fragment de l'ancien continent septentrional, que d'estraire d'un excellent chapitre de la Géographie universelle de Malte-Brun (tome VI, page 28 et suivantes) une liste des points principaux, où nous réduirons en toises et en mètres les hauteurs qui s'y trouvent exprimées en pieds, sans tenir compte des fractions ; nous n'y changeons qu'en quelques points la nomenclature avec la distribution des systèmes de montagnes.

Système Ouralien qui, séparant l'Asie de l'Europe, s'étend du sud au nord, depuis le cinquantième degré de latitude environ jusque vers le cercle polaire arctique.

	toises.	mètres.
Pawdinskoi-Kamen.	1057	2036
Komchesfskoi.	1416	2761

(Le plateau de Waldaï, au centre de la Russie d'Europe, dont les eaux s'écoulent dans la Caspienne, dans la mer Noire et dans la Baltique, passe pour avoir 208 toises, ce qui nous paraît être fort exagéré.)

Système Hyperboréen, parfaitement isolé du reste des Montagnes de l'Europe; il s'étend de l'extrémité sud-ouest de la Norvège jusqu'au cap Nord. Le centre, appelé chaîne Dofrine, en est le point le mieux caractérisé. Le reste se compose de hauts plateaux sur lesquels s'élèvent çà et là quelques chaînes à peu près indépendantes les unes des autres.

	toises.	mètres.
Dofre (Norvège centrale, glacier).	1161	2263
Snée-Hœttan ou Bonnet-de-Neige.	1389	2606
Sylt-Field.	1109	2161
Kœl-Field.	1069	2073
Tron-Field.	1004	1957
Swucku (Mont Sévons)..	803	1565
Transtrund.	549	1070

(Entre la Suède et la Norvège existe ici le désert de Svarteborg, élevé de 300 toises.)

	toises.	mètres.
Sogne-Field (glacier dans la Norvège occidentale).	1229	2395
Folgefond.	1131	2204
Lang-Field.	1128	2179
Fille-Field.	1007	1963
Hallingdal.	1002	1953
Snée-Breen ou Dôme-Neige.	1000	1949
Hardanger	984	1818
Suletind	920	1793
Gousta.	846	1649
Guta-Field.	816	1592

(Le plateau qui supporte cette chaîne entre environ pour 500 toises dans la hauteur de ses sommets.)

	toises.	mètres.
Sulitielma (Laponie).	960	1871
Linayegna.	948	1794
Tulpayegna.	675	1312
Saulo.	634	1235

(Le plateau de Laponie entre pour 232 toises dans la hauteur de ses Montagnes.)

Une chaîne maritime forme parallèlement à la côte de Norvège, depuis le soixante-huitième degré environ jusqu'au cap Nord, vers le soixante-dixième et demi, un système d'îles ou de promontoires fort élevés, et qui sont :

	toises.	mètres.
Joke-Field (Péninsule).	683	1331
Le glacier de l'île de Vaag.	666	1298
Le glacier de l'île de Hind.	666	1298
Le glacier de l'île de Seyland.	650	1257
Voriedader.	616	1200
Strovands - Field.	616	1200
Le cap Nord.	261	509

(La Suède méridionale offre des plateaux élevés entre lesquels la Ramsgilla et le Taberg dans le Smoland ont 179 et 172 toises, et le Kinekulle dans la Westrogothie, 156. Les lacs Vetter et Venner y sont à 49 et 24. L'île de Bornholm, dans la Baltique, en a 66.)

Montagnes Britanniques.

Ces Montagnes en méritent à peine le nom. Dans l'Ecosse, qui est toute hérissée, elles sont les plus considérables et paraissent former un système complétement isolé, composé de chaînes à peu près parallèles du nord-est au sud-ouest, et auxquelles se rattachent les Orcades et les Hébrides. L'Irlande n'offre guère que des collines prononcées.

	toises.	mètres.
Ben-Nevis (Écosse).	686	1337
Cairn-Grom.	675	1315
Ben-Lawer.	625	1218
Ben-Mor.	602	1174
Ben Wevis.	581	1132
Ben Lomond.	504	982
Ben-Vorleih.	530	1033
Cheviot-Hill.	414	807
Sommet de Hoy (îles Orcades).	270	523
Cross-Fell (en Angleterre, comté de Cumberland).	522	1017
Hellwyl.	511	995
Snewdon et Shéhalien (au pays de Galles).	533	1039
Cader-Idris.	555	1082

	toises.	mètres.
Skiddan.	392	697
Pen-Ladi.	515	1004
Blacklarg.	451	887
Macgillicuddy (en Irlande).	532	1037
Sliabh-Donard.	525	1023
Knockmeldown.	450	877
Chroug-Patrick.	444	865

(On prétend qu'un sommet appelé Cahir-Canningh s'élève à près de 700 toises, mais le fait est douteux. Les îles d'Arran et de Mann, l'une à l'ouest, l'autre à l'est de l'Irlande, passent pour avoir à leur point culminant 460 et 272 toises.)

Montagnes Germaniques.

Système Sclavonique. Encore que plusieurs savans, et Beudant entre autres, aient fort bien fait connaître certains points de ce système, sa masse et sa circonscription sont cependant des choses hypothétiques sur nos meilleures cartes, tant la géographie physique est peu avancée, même dans les Etats européens. On y rattache les monts qui, formant les parties orientales de la Transylvanie, ont fait évidemment partie des Monts de la Grèce avant l'époque où le Danube en opéra la séparation vers Neu-Orschova. Il serait possible qu'une grande dépression qui existerait vers les limites de la Buchowine, partie de la Gallicie, séparât encore les monts Transylvains des Krapacks qui distinguant, en forme d'arc, la Hongrie de l'ancienne Pologne, sont le noyau du système Sclavonique. Malgré qu'on ait coutume d'unir ces Krapacks au système suivant, comme dans les plus modernes traités de géographie on s'obstine à unir les Alpes aux Pyrénées, et celles-ci au mont Caucase, une vaste dépression, dans le sens où le général Andréossy emploie ce mot, ne les en sépare pas moins. Cette interruption notoire est un plateau simplement accidentel, car il ne faut pas imaginer que les premières sources de la Vistule ou des affluens opposés de l'Oder et de la Waag, tributaire du Danube, s'échappent des sommets fort élevés. Les vainqueurs d'Austerlitz, qui parcoururent la Moravie d'une extré-

mité à l'autre, et ceux qui, sur les traces des fuyards, pénétrèrent vers la Silésie autrichienne, ou qui ont été de Brunn à Cracovie, savent fort bien qu'il n'y a proprement pas de chaîne à traverser, et que le sol de ces lieux, pour être assez profondément anfractueux, ne peut être raisonnablement appelé un pays de Montagnes.

	toises.	mètres.
Ruska-Poyana (groupe oriental, appelé Alpes Bastaniques par Malte-Brun).	1550	3021
Gailuripi.	1500	2923
Buthest (du côté de la Transylvanie).	1360	2651
Buthest (du côté de la Valachie).	1066	2077
Rétirzath.	1330	2592
Leutschitz.	1323	2578
Budislaw.	1248	2433
Uénokar.	1232	2401
Sural.	1187	2322
Kukuratzo.	780	1520

(La ville de Kronstadt, vers le centre du groupe et près des frontières de la Valachie, est élevée, dit-on, de 316 toises.)

	toises.	mètres.
Lomnitz (groupe karpathique ou central, selon Beudant).	1324	2580
Krywan.	1859	3623
Pietrosz.	1137	2216
Présiba.	1004	1957
Babia-Gora.	905	1760
Krywan de Thurecz.	902	1758
Czerna-Gora.	800	1559
Gurabor.	746	1454

(Le lac Vert, dans cette région, est élevé de 790 toises environ.)

	toises.	mètres.
Alt-Vater (groupe occidental, s'abaissant vers la Moravie et la Silésie).	751	1464
La Baude.	740	1442
Peterstein.	736	1434
Lissa-Hora (près de Teschen).	711	1385
Hackscha.	680	1325

(Le plateau du pays est évalué dans ces hauteurs à près de 200 toises. Celui de la Moravie, entre les monts qui viennent de nous occuper et une partie des suivans, est, à Brunn, de 86 toises.)

Système Silésien. Celui-ci, distingué du précédent par des plateaux tourmentés qui sont loin de l'y rattacher comme système, est distingué du suivant par la coupure brusque qu'occasiona l'Elbe; il sépare le haut bassin de ce fleuve de la vallée supérieure de l'Oder, et s'étend dans une ligne à peu près droite du sud-est au nord-ouest. Un contre-fort assez puissant s'en échappe dans la direction du sud-ouest comme pour isoler la Bohême de la Moravie. Ce contre-fort s'abaisse vers le Danube qui en rompit, entre Lintz et Passau, les dernières pentes long-temps rattachées à cet autre contre-fort qui, descendu du Camergut, liait les monts de Bohême aux Alpes, frontières du Saltzbourg et de Styrie, par Wolfseck, Gmunden et Halstadt.

	toises.	mètres.
Schneeckuppe (Riegen-Ge-bürge)	825	1608
Sturmhaube ou le Grand Casque	786	1531
Hohe-Eule	557	1085
Otterstein	526	1025
Schneeberg	511	995

(La ville de Glatz, dans la principale vallée de cette région, est à 210 toises. Le Leuchberg, sommet Basaltique, en a, selon de Buch, 457 environ.)

	toises.	mètres.
Kreutzberg (dans le contre-fort entre la Bohême et la Moravie)	340	662
Rotschotte	237	462
Steinberg	546	1064
Plœckenstein	696	1357
Le Rocher d'Hohenstein	670	1306
Postling (vers le Danube, vis-à-vis de Lintz)	301	586

Dans le plateau de la Bohême s'élèvent quelques Montagnes isolées qui s'écroulèrent sans doute des systèmes voisins. La plus remarquable est le groupe appelé Mittel-Gebürge dont les sommets sont :

	toises.	mètres.
Donneberg	418	815
Hœltsch	359	700

(La ville de Budweis est sur une plaine de 196 toises; l'observatoire de Prague, vers le centre du bassin, en a 92; et l'on cite, non loin de cette capitale, un coteau de vignobles à Melnick, au-dessus du 50ᵉ degré nord, qu'on estime à 100 toises, ce qui est beaucoup sous un tel parallèle.)

Système Teutonique. Celui-ci, fort sinueux dans son étendue, séparé du Silésien par la fracture qu'occa-siona l'Oder, forme le véritable noyau central de l'ancienne Germanie. Descendant du nord-est au sud-ouest, il limite d'abord la Bohême et la Saxe et vient s'identifier au plateau de cet ancien Palatinat, qui fait maintenant la partie septentrionale de l'heureux royaume de Bavière. Le Hartz en forme le centre avec les hauteurs de la Thuringe; il vient enfin se fondre sur les rives du Rhin ou les Vosges, et les hauteurs des Ardennes en dépendirent certainement avant que ce fleuve et la Moselle l'eussent divisé dans ses extrémités occidentales, comme l'Oder en brisa les rocs orientaux. Les hauteurs de la Franconie et de la Souabe, où s'élève le groupe appelé Forêt-Noire, n'en sont que des dépendances qui s'unissaient peut-être d'un autre côté au Jura; alors le Rhin ne s'était pas violemment fait jour à Bâle ni à Bingen; l'Alsace était un grand lac, et la vallée du Rhône communiquait à celle du Danube par les parties de la Suisse que les Alpes ne surchargent pas. Les berceaux des races humaines, que nous avons appelées Celtique et Germaine dans l'espèce Japétique (*V.* Homme), étaient séparés de celui des races Pélages par un vaste bras de mer; deux cents toises au plus de diminution dans la masse des eaux, à la surface du globe, ont suffi pour faire disparaître ces premières limites posées originairement par la nature entre des peuples autochtones divers.

	toises.	mètres.
Schneekopf (groupe oriental, dit Ertz-Gebürge)	552	1076
Anersberg	492	959
Lausche	401	781
Fichtelberge (Saxe)	622	1202
Beerberg (Thuringe)	497	969
Schneekopf	495	965
Inselberg	465	906
Broëken ou Blocksberg (dans le Hartz, groupe central.)	562	1095
Bruchberg	503	980
Kreutzberg	459	894
Winterberg	447	871
Dammersfeld	421	828
Feldberg	433	844

toises. mètres.

Mont Meisner (Basaltique). 364 709
Saltzburgs-Kopf (Wester-
wald). 434 846
Lœvenberg (groupe volca-
nique de Siebenbergen). 312 608

La Forêt-Noire, que nous avons dit s'étendre dans la Souabe, et se rattacher aux monts Germaniques par le plateau de la Franconie, domine un pays généralement assez uni, mais où les moindres cours d'eau se sont creusé des vallées souvent très-profondes, dans lesquelles on se croirait en un pays de Hautes-Alpes. Entre les rivières qui s'y sont le plus encaissées depuis le Mein jusqu'au Danube, on doit citer la Taube, l'Yaxt et la Kocher. Les points les plus élevés y sont :

toises. mètres.

Le Feldberg (Forêt-Noire
proprement dite) 768 1497
Le Bœlchen 728 1419
Le Kandel. 651 1268
Le Kohlgorten. 647 1261
Le Strenberg (en Souabe) . 462 900
Le Rostberg. 448 873
Le château de Hohenzokern. 437 852

(Les sources du Danube, dans cette région, ne sont guère qu'à 200 toises ou 390 mètres.)

L'Allemagne septentrionale, terre d'alluvion, récemment sortie des eaux, ne présente aucune Montagne ; quelques monticules, qui ne sont que des rocs épars ou de hautes dunes fixées, y sont jetées çà et là ; les plus remarquables sont au-dessus des lacs voisins ou dans la Baltique.

toises. mètres.

Perleberg (dans le Mecklen-
bourg. 104 203
Le cap Stubben-Kammer
(dans l'île de Rugen).. . 92 179

(Le Jutland a aussi un sommet de 200 toises appelé l'Himmerbierg. L'Eiffeld, entre la Meuse et la Moselle, est un groupe dont plusieurs cimes atteignent 270 toises que rémplissent des volcans éteints fort bien conservés ; il s'appuie contre un plateau considérable, depuis Montjoie, non loin d'Aix-la-Chapelle, jusque dans le pays de Luxembourg dans les Ardennes. Ce plateau est couvert de vastes et profonds marais appelés Fanges où les neiges persistent durant près de huit mois quand les étés ne sont pas trop chauds, fait très-remarquable à une telle latitude. Le plateau des Ardennes n'a guère moins de 300 toises.)

Monts de la Grèce.

« De toutes les parties de l'Europe, c'est la Grèce, dit l'auteur de l'un des volumes de nos Résumés de Géographie (de la Turquie d'Europe, page 11), dont la géographie est la moins certaine ; la science naquit chez les Grecs, et c'est leur pays qui nous demeure précisément presque inconnu sous le rapport de sa constitution topographique. » L'Hellène auquel nous devons l'ouvrage dont on vient de citer quelques lignes, dit son pays fort montagneux, déchiré par d'innombrables torrens, et présentant quelques vallées riantes de loin en loin. « On peut assurer, ajoute-t-il, qu'un seul système de Montagnes sert de charpente à la contrée, et qu'on n'imagine pas, comme l'ont représenté les graveurs, jusqu'à ce jour où M. Lapie nous a donné une excellente carte, que ce système énorme se lie étroitement et sans interruption aux Alpes devenues presque entièrement autrichiennes : les monts Illyriens n'en font nullement partie, ils sont au contraire sensiblement séparés de l'éperon des Alpes Carniques, projetées vers le nord-ouest par les plaines de la Croatie turque et de la Dalmatie méridionale qui avaient jusqu'ici disparu sous le burin des artistes. Le système des Montagnes grecques est donc un noyau isolé qui, lorsqu'il fut détaché de l'Asie-Mineure, devint évidemment une île à laquelle s'unirent peu à peu d'autres îles aux dépens des archipels qui l'environnaient. » Ici, d'après le témoignage d'un homme du pays, il est arrivé un échange de territoire entre deux parties de l'ancien continent, au moyen duquel la Grèce devint un morceau de l'Europe, d'asiatique qu'elle était. Nous renverrons pour de plus amples détails à l'excellent petit volume du citoyen grec qui divise les Montagnes de sa patrie :

1º. En *Dardaniennes*, lesquelles s'étendant du sud-est au nord-ouest, séparent dans toute sa longueur la Bosnie et la Servie de la Dalmatie et de l'Albanie ; elles sont granitiques, contiennent des sommets de 8 à 900 toises, et comprennent les pays des Monténégrins.

2º. En *Helléniques*, dont la chaîne descend presque directement vers le Midi, jusques et y compris ce que les anciens appelaient le Pinde, aujourd'hui Metzovou-Vouna, séparant ainsi le bassin de l'Aspropotamos ou Achéloüs de celui de Salamarria qui fut le Pénée. Cette chaîne se courbe ensuite presque à angle droit pour s'étendre directement vers l'est où, sous le nom de Délacha, ses racines orientales semblent correspondre avec le nord de l'Eubée qui en est comme une continuation. L'Olympe, antique séjour de dieux discrédités par d'autres dieux modernes, et dont la direction est parallèle aux côtes de la mer Ægée, paraît en être une dépendance. Les monts Acrocérauniens à l'opposé, qu'on dit présenter des neiges éternelles et qui contribuent à rétrécir le canal de Tarente, dépendent du système Hellénique.

3°. En *Thraciennes*, qui comprennent les monts Rhodopes sur une longueur de près de cent vingt lieues, et par lesquelles se lia l'Asie-Mineure à la Grèce lorsque la Propontide ne les séparait pas. La presqu'île Chalcédique, dont l'Athos termine l'un des trois caps, s'y unit par le Pangée.

4°. En *Cimmériennes*. Celles-ci comprennent, sur une étendue à peu près égale au système précédent, l'Hémus, depuis le Scardus jusqu'à la mer Noire, et, séparant la Macédoine de la Bulgarie, sont appelées en général monts Balkan par les Turcs. « Au point de jonction du système Cimmérien, et du nœud central des monts de la Grèce, dit l'auteur du Résumé de Géographie que nous citons, se rattache un puissant contre-fort dont les sinuosités et les brisemens divers affectent d'abord une direction générale vers le nord-ouest, comme pour séparer le bassin de la Morava de celui du Danube inférieur dont les plaines furent sans doute un golfe de l'Euxin, quand cette mer, pesant de tout le poids de ses eaux sur le point où se voit aujourd'hui le Bosphore, ne s'y était pas encore ouvert un dégorgeoir. » L'extrémité de ce contre-fort, après avoir décrit une sorte d'arc, correspond

aux monts d'Orchova qui s'élèvent dans le territoire d'Hermanstadt en Transylvanie et dépendans des monts Karpathes, comme on l'a vu plus haut (p. 177 du présent article).

La hauteur d'aucune Montagne continentale de la Grèce n'a été encore régulièrement calculée; nous ne trouvons à ce sujet que de simples évaluations qui portent :

	toises.
Les monts Acrocérauniens, à	17 ou 1800
L'Orbélus (en Macédoine), à	15 ou 1650
Les points culminaus de l'Hémus, à	1000 ou 1200
L'Olympe, à	9 ou 1100
Le mont Athos, à	1000 ou 1100
Le Pinde, à	12 ou 1300

On a déterminé beaucoup plus exactement les principales îles dépendantes de la Grèce, savoir :

	toises.	mètres.
Mont-Noir (Céphalonie)	666	1298
Mont Ida (aujourd'hui Pristorit), en Crète	1220	2378
Ligrestosowo , ou Mont-Blanc	1184	2307
Lassite	1166	2272
Kentros	575	1121
Vrisina	441	859
Sommet de Naxos	516	1006
Cocyla (Scyros)	405	789
Mont Saint-Élie (Mylos)	400	780
Sommet de Paros	395	770
Delphi (Scopélos)	359	600
Sommet de Théra	301	586
Veglia (Astypalæa)	228	444

Les Alpes proprement dites.

Le plus important de l'Europe par la hauteur de ses sommets, ce système paraît être, quant à l'élévation, le troisième du globe. Il forme la distinction naturelle des bassins du Danube, du Rhône et du Pô; son étendue de l'est à l'ouest, depuis le Kahlenberg, en Autriche, jusqu'au mont Ventoux, en France, est d'environ deux cents lieues ; son massif principal est situé entre la Suisse, l'Italie et la France. Les pentes méridionales en sont bien plus longues que celles qui regardent le nord, et leurs racines de ce côté sont très-basses, et à peine élevées au-dessus du niveau de l'Adriatique, tandis que, vers la Germanie, elles consistent en plateaux qui, tels que ceux de Bavière, de Souabe et d'Helvétie, atteignent de cent à deux cents toises. Quelques géographes ont rattaché au système dont il est question, toutes les hauteurs de l'Europe, ainsi que nous l'avons dit plus haut. Il est, en effet, possible que ces hauteurs aient fait originairement partie d'un même fragment de la croûte du globe, brisé plus tard, et l'on pourrait reconnaître la grande cassure qui les disjoignit, dans l'intervalle régnant aujourd'hui en arc de cercle entre les Alpes, durant toute leur longueur, le système Celtique séparé par le Rhône, et le système Germanique qui l'est par le Danube. L'écartement considérable opéré dans cette direction, vers l'époque où les crêtes des monts apparurent à la face des flots, des fragmens de rocs y demeurèrent épars; ils y sont devenus des sommets et des contre-forts; mais ils furent des îles d'antiques caspiennes et de lacs que nous représentent aujourd'hui de vastes plaines; les barrières qui interceptaient ces eaux captives se sont brisées en divers points, et les parois en sont devenues celles de la vallée du Rhône jusqu'à l'extrémité du Léman, de L'Aar jusqu'au confluent de cette rivière avec le Rhin, du Rhin lui-même; depuis le fond du lac de Constance jusque vers Bâle; enfin du Danube, depuis les sources de ses premiers affluens, jusqu'au-dessus de Budé où ce fleuve change tout-à-coup de direction à angle droit, parce qu'à ce point de torsion fut long-temps son embouchure, quand la Hongrie était une caspienne alimentée par les eaux du grand fleuve.

Les *Apennins* sont évidemment un rameau du grand système alpin, que nulle dépression ne sépare suffisamment pour qu'on en puisse traiter sous un autre titre. Il forme la charpente de la presqu'île italique, sur deux cent quatre-vingts lieues de longueur dans une direction sinueuse du sud-est au sud-ouest, depuis la pointe la plus méridionale des Calabres, jusqu'entre Savone, Gênes et Acqui où l'Apennin se rapproche plus que jamais des rivages pour s'unir au groupe appelé des Alpes maritimes. Quelques points, dans son étendue, présentent des volcans éteints ou brûlans, entre lesquels l'Etna, le plus considérable de tous ceux de l'Europe, paraît en avoir détaché la Sicile que nous croyons appartenir au groupe dont il est question.

	toises.	mètres.
Colmo di Lecco (Apennin septentrional)	546	1064
Monte-Simone	1091	2126
San-Pelegrino	807	1573
Alpes de Doccia	690	1345
Monte-Barigazo	619	1206
Boseo-Lemgo	696	1356
Sasso-Simone	633	1234
Monte-Amiata	906	1776
Radicofani (Toscane)	478	933
Mont Socrate	355	692

(Les villes de Viterbe et de Sienne, dans cette région appelée de l'Anti-Apennin, sont à 206 et 177 toises.)

Monte-Velino (Etats de l'E-glise)	1312	2557
Monte-Sybilla	1178	2296
Sasso-d'Italia	1492	2908
Monte-Cavo (près Frosinone)	654	1275
Monte-Amoro ou La Majella (royaume de Naples)	1428	2783
Monte Castria	968	1887
Monte-Pennino	808	1575
Terminillo	1100	2144
Monte Génaro	654	1275
Roca di Papa	372	725
Le Vésuve	584	1138
Monte Bolgario (près Salémi)	582	1134
Monte Calvo (sommet du Gargano)	800	1559
Sila (Calabre)	772	1505
L'Etna (Sicile)	1711	3335
Pizzo di Case	1018	1984
Coro di Mofera	977	1904
Portella dell Aréna	805	1569
Piano di Troglio	775	1510

	toises.	mètres.
Monte-Cuccio (près Palerme).	5o3	98o
Monte-Giuliano (l'Erix des anciens).	421	82o

Les sommets de quelques îles dépendantes physiquement de l'Italie ont aussi été mesurés ; mais on n'a aucune donnée certaine sur les Montagnes de la Sardaigne dont les plus considérables appelées de Limbara , de Villa-Nova, de Génarente, d'Arizzo et de Fonny, passent pour conserver leurs neiges durant l'été. Les hauteurs insulaires déterminées sont les suivantes.

	toises.	mètres.
Monte Rotondo (Corse).	1377	2684
Monte d'Oro.	1367	2664
Monte Capanna (île d'Elbe).	6oo	1169
Epoméo (île Ischia).	394	768
Anacapri.	3o6	596
Montagnuolo (île Felicudi).	478	922

Les *Alpes maritimes*, établissant une continuation à l'Apennin par le nord-ouest, forment une séparation naturelle, que ne respecta pas toujours la politique, entre la France et l'Italie, en se ramifiant d'un côté vers le Dauphiné et de l'autre vers le Piémont. Les points déterminés de ce groupe sont :

	toises.	mètres.
Caoume (près de Toulon).	4o8	795
Saint-Pilon.	5o5	984
Mont de Lure.	9oo	1754
Mont Ventoux.	1133	22o8
Mont Charance (près Gap).	8oo	1559
Col de Tende.	91o	1773
Le Parpaillon (près Barcelonnette).	14oo	2729
Le Siolane.	1512	2947
Mines de charbon de Saint-Olup	1o8o	21o5
Le Chaliol le Vieux.	17o4	3321
Le Loucira.	2258	44o1
Le Loupilon.	221o	43o7
Le Pelou de Vallomse.	2218	4322
Le Joselmo.	2167	4223
Plus grand sommet du Mont-Viso.	2162	4213
Mont-Viso de Ristolas.	2o54	4oo3
Mont Genèvre.	1843	3592
Mont-Cénis.	1792	3493

	toises.	mètres.
Pic de Pelladonne (chaîne du Dauphiné qui aboutit au Rhône).	16oo	3118
Le Chevalier.	1167	2274
Les Richardières.	12o7	2352
La Chamechaude.	1o73	2o91
Le Gardgros.	75o	1462

(Les sources du Pô, dans ce groupe, sont à 1oo1 toises de hauteur ; le passage du Mont-Cenis , qui est l'une des grandes communications de la France, s'élève à 1o59, et le lac de cette Montagne est à 982.)

On appelle *Pennines* les Alpes les plus élevées ; leurs sommets altiers, couverts de glaciers éternels, sont encore dominés par le Mont-Blanc qui en forme le centre.

	toises.	mètres.
Mont Iseran.	2o76	4o46
Mont Valaisan.	17o9	3331
Mont Saint-Bernard.	15oo	2923
Le Cramont.	14o2	2732
Mont-Blanc.	2465	48o4
Le Buet.	1579	3o77
Aiguille de l'Argentière.	2o94	4o81
Le Grand-Saint-Bernard.	173o	3372
Mont Rosa.	24o5	4687
Mont Cervin ou Malter-Horn.	231o	45o2
Breithorn.	2oo2	39o2

(Dans ce groupe , le passage du Saint-Bernard est de 1123 toises ; le col de la Seigne a 1258 ; celui du Bonhomme a 1255 ; celui du Géant a 1o63 ; le passage du Grand-Saint-Bernard a 1279 ; celui du mont Cervin a 175o, et la route du Simplon a 1o39 ; le Prieuré de Chamouny est à 542.)

Du *Groupe du Saint-Gothard*, descendent le Rhône dont la vallée supérieure est appelée Valais , la Reuss ou Vallée d'Uri , jusqu'au lac de Lucerne, les deux sources du Rhin au pays des Grisons , et les affluens du Pô qui forment le lac Majeur ; ce groupe est lié au précédent, et occupe le point central du midi de la Suisse; on y distingue les sommets suivans :

	toises.	mètres.
Petchiroa.	1662	3239
Pettina.	1431	2788
Fieuda.	1591	31o2
Furca (ou Montagne de la Fourche).	2195	4273
Stella.	1747	34o5
Piz-Pisoc.	2ooo	3898

(Le passage du Saint-Gothard, à travers ces Montagnes, est élevé de 1065 toises, et les sources de la Reuss, de l'Aar et du Rhône, y sont à 1108, 913 et 832.)

Du Groupe du Saint-Gothard descendent trois chaînes principales, la première entre le canton de Berne et le Valais; la seconde entre les cantons de Berne et d'Uri; la troisième entre les quatre petits cantons et le pays des Grisons; les principaux sommets de ces chaînes sont les suivans :

	toises.	mètres.
Grimselberg (première chaîne helvétique , entre Berne et le Valais)	1597	3113
Finsteraarhorn (pic sombre d'Aar)	2204	4296
Schreckhorn (pic Terrible).	2195	4278
Wetterhorn.	1956	3812
Pieschhorn.	2083	4060
Eiger.	2044	3984
Monch (le Moine).	2111	4114
Jungfrau (la Vierge).	2145	4181
Doldenhorn.	1881	3666
Blumli.	1882	3668
Breithorn.	1949	3799
Oldenhorn.	1605	3128
Diablerets.	1664	3243
Dent de Morcle.	1491	2906
Niésen (éperon septentrional).	1223	2384
Muthorn (deuxième chaîne helvétique, entre les cantons de Berne et d'Uri).	1633	3183
Gallenstock.	1920	3742
Sussenhorn.	1818	3545
Spitzli (ou la Petite-Aiguille).	1780	3469
Titlis.	1785	3479
Steinberg (chaînon qui s'étend au nord-ouest).	1556	3033
Bisistock.	1095	2134
Jauchlistock.	1244	2433
Scheinberg.	1019	1986
Hoch-Gant,	1135	2212
Mont-Pilat (près de Lucerne).	1180	2300
Schlossberg (chaînon qui s'étend au nord-est).	1694	3302
Wollenstok.	1346	2623
Wendistock.	1597	3113
Trithorn (troisième chaîne helvétique, qui se rattache au pic de Stella).	1191	2321
Ober-Alpstock.	1707	3327

	toises.	mètres.
Crispalt.	1091	2126
Piz-Russein (partage de la chaîne).	2166	4222
Dœdi (branche orientale à l'est de Glaris).	1972	3843
Bistenberg.	1605	3128
Hausstock.	1478	2881
Hoe-Kisten.	1714	3341
Martinsloch.	1596	2952
Scheibe.	1561	3042
Twistols (branche qui accompagne le Rhin jusque vers le lac de Constance).	1629	3155
Groskuhfirst.	1159	2259
Kamor.	636	1239
Hochsentis.	1269	2473
Leistkamm.	1075	2095
Schnee-Alp.	672	1310
Silter (près d'Appenzel).	356	694
Mont Zurich.	373	727
Scharhorn.	1699	3311
Klaridenberg.	1671	3257
Ross-Stock.	1341	2614
Ruffi ou Rossberg.	806	1571
Rigi.	946	1843

(Les régions alpines , dont nous venons de signaler les hauteurs , abondent en lacs soit vers leurs régions supérieures, soit vers leurs racines; l'élévation des principaux, remarquables par leur étendue, par leur situation ou par les beautés de leurs rivages agrestes, a été mesurée.)

	toises.	mètres.
Le lac de Thun	296	576
—— de Sempach.	265	516
—— de Lucerne	225	438
—— de Zug	220	428
—— de Zurich.	213	415
—— de Constance	181	353
—— du Beat.	353	688
—— de Bienne.	221	431

Les *Alpes Rhétiennes* sont cet amas qui se ramifie depuis le pays des Grisons jusque dans la Bavière et le pays de Salzbourg par le Tyrol qui en est à peu près le centre. L'Inn s'en échappe vers le nord pour grossir le Danube; et les pentes méridionales sont tributaires du Pô.

	toises.	mètres.
Dachberg (la grande chaîne).	1609	3136
Vogelberg.	1712	3337
Muschelhorn.	1713	3339
Aporthorn.	1712	3337
Reinwald (forêt du Rhin).	802	1583

	toises.	mètres.
Le Bernardin.	1551	3023
Tomba-Horn.	1640	3196
Septimer.	1500	2924
Longino.	1463	2843
Err (sommet des monts Ju-		
liens).	2166	4212
Ortelles.	2402	4682
Hoch-Theroy.	1945	3796
Platey-Kogel.	1624	3165
Greiner.	962	1890
Scheneiber.	1394	2717
Brenner.	1010	1968
Habicht.	1375	2680

(Dans cette chaîne, qui se rattache encore au mont Stella, le passage d'Airolo à Medel, est à 1120 toises; celui de Splugen à 993, celui du Julier à 1140, et le lac de Refen à 957.)

	toises.	mètres.
Malixerberg (petite chaîne		
du nord).	1256	2448
Rothe-Horn.	1496	2916
Secsaplana.	1534	2990
Kamm (près Magenfeld).	1266	2467
Piz-Linard.	2100	4097
Hochwogel (entre le Tyrol et		
la Bavière).	1366	2662
Zugspitze.	1291	2517
Wetterstein.	1269	2474
Solstein.	1517	2957
Almenspitze.	1343	2617
Watzmann (où la chaîne a		
été brisée par l'Inn).	1509	2941
Breithorn.	1212	2362
Sasso del Fero (petites chaî-		
nes du sud).	505	984
Pizzo di Onsera.	501	976

(Tandis que du côté du nord le lac de Tegera se trouve à 388 toises, du côté du sud, ceux de Lugano et de Côme ne sont qu'à 146 et 109, et lorsque le plateau de Munich est à 261, celui de Milan n'est qu'à 81.)

	toises.	mètres.
Mont Gario (Valteline).	1838	3582
Mont Legroncino.	970	1891
Mont Lignone.	1355	2641
Mont Baldo (monts Euga-		
néens).	1157	2255
Mont Magloire.	1143	2228
Monte di Nago.	1065	2076

Les *Alpes Noriques* composent le groupe qui, s'étendant en Autriche, y limite au sud la vallée du Danube et se ramifie entre cette province, la Styrie et la Carinthie. Il y existe des glaciers éternels que nous avons entrevus.

	toises.	mètres.
Le Grand Glockner.	2159	4208
Le Hohenwart.	1732	3376
Wisbac-Horn.	1801	3510
Gross-Kogel.	1516	2955
Le Taurn de Rauris.	1343	2617
Hohe-Narr (au nord de la		
Carinthie).	1772	3454
Rauh-Eckberg (à l'est de		
Saltzbourg).	1226	2479
Wilden-Kogel.	909	1772
Traunstein.	1506	2927
Kappeinkarstein.	1263	2462
Kalmberg.	926	1805
Grossemberg.	1397	2723

(Dans cette partie des Alpes Noriques, la ville de Salzbourg est à 218 toises, et les lacs d'Halstadt et de Gmunden à 259 et 200.)

	toises.	mètres.
Pics de Winnfeld (chaînon		
séparant la Styrie de la		
basse Autriche et venant		
expirer au Kahlemberg		
contre le Danube un peu		
au-dessus de Vienne).	1242^{t}	2361
Hoch Gailing.	970	1891
Schneeberg.	1087	2119
Semmering.	736	1434
Kahlemberg.	226	440

Les *Alpes Carniques* et *Juliennes*, qui se ramifient sur les frontières du pays vénitien en Carniole et en Illyrie, jusque vers la Croatie, terminent à l'est le système Alpin, et comme nous l'avons vu en parlant des monts de la Grèce, ne paraissent pas se lier immédiatement à ces monts par ce qu'on appelle Alpes Dinariennes, ainsi qu'on l'a supposé. Leurs sommets connus sont les suivans :

	toises.	mètres.
Mont Maréro.	787	1534

(Les sources du Tagliamento et de la Piave sont ici à 690 et 663 toises.)

	toises.	mètres.
Kranneriegen.	974	1898
Terglow.	1549	3019
Karst (au nord de Trieste).	247	484
Snisnik (sommet presque tou-		
jours couvert de neiges		
des Alpes Dinariennes).	1103	2148
Kleck.	1047	2041
Plissavisza.	900	1754
Mont Bardani.	694	1353
Mont Biocava.	813	1585

Montagnes de la France.

Nous ne comprendrons point, sous cette dénomination générale, les Pyrénées qui forment un système à part et commun à l'Espague. Il ne sera question ici que des hauteurs propres à la France, évidemment séparées vers le sud du système Pyrénaïque, comme nous l'avons prouvé dans notre Résumé de Géographie de la Péninsule (chap. I, p. 8 et suivantes), par les bassins opposés de l'Aude et de la Garonne, qui offrent les traces du détroit par lequel la Méditerranée communiquait originairement avec l'océan Atlantique (*V.* MER,): Les véritables Montagnes de la France nous paraissent constituer un grand système principal que nous appellerons Celtique et duquel les systèmes Jurassique et Armorique, bien moins considérables, demeurent indépendans.

Système Celtique. La crête de ce système interrompue par plusieurs dépressions, selon le sens qu'a donné à ce mot le général Andréossy, commençant au sud-ouest par les Montagnes Noires entre le Tarn, l'Aude et l'Hérault, devient ensuite les Cévennes; elle fut fracassée vers le milieu de son étendue par de violentes commotions volcaniques, dont Faujas, l'illustre Montlosier et Desmarest ont savamment décrit les vestiges; se liant aux Vosges par les hauteurs adossées au plateau de Langres, elle vient enfin expirer au mont Tonnerre vers le Rhin mitoyen. Dans son exposition occidentale, ses versans s'allongent en s'adoucissant; la Dordogne, la Loire, la Seine et l'Escaut s'en échappent avec quelques chaînons interposés qui se ramifient çà et là comme pour former de petits bassins particuliers à divers affluens des fleuves principaux; mais il est faux, malgré l'expression vigoureuse que donnent encore certaines cartes célèbres, au terrain compris entre plusieurs de nos grands bassins occidentaux, que les ramifications du système Celtique forment entre la Loire et la Seine ou la Somme et l'Escaut, par exemple,

de ces contre-forts destinés à unir sans interruption les petites cimes granitiques de Bretagne par les hauteurs de l'Orne, ou l'Angleterre par le Pas-de-Calais, avec les Alpes de la Suisse. Il suffit d'avoir couru la poste de Paris à Orléans par le pavé, ou d'avoir été de Lille à Bruxelles par la grande route, pour être convaincu de la non-existence des monts que l'on avait coutume de graver entre ces villes et dont les canaux de Briare et de Flandre ont fait pour ainsi dire justice. Autant le versant occidental du système Celtique est allongé, autant l'oriental est brusque ou raccourci; en supposant les eaux de la mer élevées de deux cents toises de plus qu'elles ne le sont maintenant, et portées au niveau qui leur faisait baigner les racines des monts éteints du centre de la France, ce versant ne serait pas sillonné par un cours d'eau qui eût vingt lieues depuis sa source jusqu'à son embouchure. Les bords occidentaux du bassin du Rhône, dans la direction de la Saône et du Doubs, en marqueraient les rivages, jusqu'à la dépression qui a fourni passage au canal de Montbéliard, et par laquelle le bassin des deux départemens Rhénans de la France formaient la continuation avec les mers septentrionales quand leurs flots couvraient les plaines germaniques. Une telle conformation indique encore un brisement dans le sens de la direction générale que nous venons de trouver par deux grandes vallées, opposées vers ce qu'on nomme le plateau du Rangier, situé au-dessus du coude du Doubs à Sainte-Urzanne. L'espace marécageux, rempli de lacunes entre Bourg et le confluent du Rhône avec la Saône, est encore l'humide témoignage d'un plus long séjour des eaux vers le milieu du détroit ou canal qui existait entre le système Celtique et celui dont il sera question dans le paragraphe suivant. En procédant du nord-est au sud-ouest et passant par les Vosges dont le savant et modeste Mougeot nous fait connaître la géographie botanique dans ses excellens fascicules de Cryptogamie ; nous trouvons pour l'élévation des principaux lieux du système Celtique :

	toises.	mètres.
Hasselberg (près Bingen).	253	493
Mont Tonnerre.	420	822
Ballon de Sultz (Vosges proprement dites).	728	1419
Hoeneck.	688	1341
Monts de Chaumes.	657	1280
Ballon d'Alsace.	645	1257
Montagne du Brésoir.	640	1247
Ballon de Servance.	621	1210
Ballon de Guebvillier.	619	1206
Ballon de Lure.	582	1134
Ballon de Giromagny.	550	1072
Haut de Thou ou Neuve-Roche.	510	994
Grand Venturon.	494	963
Béherenkopf ou la Tête d'Ours.	474	924
Mont d'Ormon.	447	871
Mont Saint-Arnoux.	387	754
Mont Parmon.	308	600
Partages des eaux près de Langres.	394	768
Mont Marceiselois (Côte-d'Or).	360	702
Cime de Tasselot.	307	598

(Les sources de la Seine sont, dans cette région, à 223 toises d'un côté, et la ville de Dijon à 104 ou 111 de l'autre.)

	toises.	mètres.
Le Mont Mésin (Cévennes).	909	1772
Le Puy-Mory.	849	1655
La Margueride.	779	1519
La Lozère.	764	1490
La Vérune.	500	975

(Aux Cévennes se rattache le groupe des Montagnes d'Auvergne, la plupart volcaniques, et dont les pentes opposées forment les hauts bassins de l'Allier, grand affluent de la Loire, et de la Dordogne, qui grossit la Garonne au Bec-d'Ambez pour en faire la Gironde. Les sources de cette dernière sont sur le Mont-d'Or, à 849 toises.)

	toises.	mètres.
Le Puy de Sancy (sommet du Mont-d'Or.	972	1895
Le Puy Ferrand.	955	1861
Le Puy des Aiguilles.	948	1849
Le Puy Gros.	925	1804
Le Cantal.	952	1957
Le Puy de Dôme.	752	1467

(La ville de Clermont, presqu'au pied de cette dernière Montagne, est à 260 toises. Lyon

au confluent du Rhône et de la Saône, de l'autre côté de la chaîne et vers sa base, n'est qu'à 79.)

	toises.	mètres.
Pic du Montant (Montagnes noires).	533	1040
Roc qui domine Sorèze.	286	557
Pic du Faux-Moulinier.	318	622

(Après ce dernier point, les hauteurs qui s'élèvent entre les bassins de l'Aude et de l'Agout, affluent du Tarn, s'abaissent vers Toulouse, où le monticule dont le maréchal Soult éternisa le nom, n'a plus que 145 mètres. Le point le plus élevé, par lequel passe le canal du Midi, sur une dépression qui n'appartient point au même système que les Montagnes Noires ; mais à un fragment jeté comme une île entre les monts Celtiques, et les monts Pyrénées, est à 189 mètres seulement au-dessus de la Méditerranée.)

Le *système Jurassique* est comme un amas de fragmens des deux plus grands systèmes qui l'environnent et qui dut former, au milieu d'eux, une ou plusieurs îles sillonnées de vallons parallèles, lorsque le niveau des eaux plus élevé de deux cents et quelques toises seulement, mettait en communication, ainsi que nous l'avons dit plus haut, la mer du Nord et celle qui devint notre Méditerranée ; du côté de Porentruy et de Montbéliard où le Doubs a causé tant de brisures, et vers Lauzanne, sur le lac de Genève, étaient les détroits opposés par où s'opérait la communication. Ces détroits sont devenus deux simples dépressions, comme il en sera un jour pour le Pas-de-Calais, ainsi que l'a prouvé le général Andréossy dans l'excellent Mémoire qu'il lut au mois de février 1826, devant l'Académie des Sciences. Le système dont il est question, long de vingt-quatre à vingt-cinq lieues du nord-est au sud-ouest, sépare la France de la Suisse ; on y rattache, dans les Traités de Géographie, pour l'unir aux Alpes Bernoises, le mont Jorat qui s'élève entre les lacs de Genève et de Neuchâtel, mais que des dépressions profondes isolent néanmoins.

	toises.	mètres.
Le Reculet.	881	1717
Le Colombier.	864	1684
Montagne de la Dôle.	859	1674
Montendre.	855	1666

	toises.	mètres.
La Chasseralé	824	1606
La Dent de Vaulion	760	1481
Le Hassematte	747	1455
Le Macharu	726	1415
Rouge-Rœty	718	1399
Wissenstein (au-dessus de Soleure)	660	1286
Gros Toreau (près Pontarlier)	676	1317
Le Breberg	620	1210
Mont Pélerin (Jorat)	638	1244

(Dans ce système, où se trouvent de beaux lacs aux racines orientales, celui de Joux est à 115 toises, celui de Neuchâtel à 223, et celui de Genève à 191. Le dernier passe pour avoir, en certains endroits, 125 toises ou 243 mètres de profondeur.)

Le *système Armorique* mériterait à peine une place dans cet article, si sa constitution granitique et schisteuse, et si la circonscription la mieux arrêtée ne prouvaient qu'il fut d'abord totalement indépendant du reste de la France à qui l'ont incorporé, dans la suite des siècles, les terrains calcaires paisiblement préparés entre ses racines et celles du système Celtique durant l'immensité de siècles écoulés. Peut-être aussi fut-il détaché de l'Angleterre avec laquelle sa physionomie présente les plus grands rapports, et comme l'Espagne le fut de l'Afrique. La coupure abrupte des côtes opposées des îles Britanniques et de la France, la nature identique des substances qui en forment les falaises et des fossiles qu'on y reconnaît, autorisent pleinement cette conjecture. Nous ajouterons un fait de plus pour lui servir de preuve. Les rives de l'Océan présentent partout une flore particulière ; on appelle maritimes les Plantes qui la composent; cependant en herborisant, avec feu notre ami, collaborateur et compatriote Lamouroux, sur les côtes escarpées du Calvados, nous remarquâmes que pas une des Plantes que produisent les plateaux, même ceux aux pieds desquels se brisent les vagues, n'appartenaient à la flore maritime. Nous ne rencontrâmes pas un Végétal qui ne fût également de l'intérieur des plaines normandes. Il n'existait tout au plus que cinq ou six Végé-

taux propres aux rivages dans les lieux où quelque arène formait une étroite plage. Si le même fait s'observe sur les côtes opposées depuis Cornouailles jusqu'en Sussex, il faudra bien reconnaître que les eaux de la Manche remplissent l'intervalle occasioné par la rupture d'un plateau dont les deux bords de la cassure ne se sont point revêtus de végétation propre aux bords maritimes plus anciens. Quoi qu'il en soit, le système dont il est question s'étend du département de l'Orne jusqu'à l'extrémité du Finistère, c'est-à-dire de l'est à l'ouest sur environ quatre - vingts lieues. Entre l'ancien Perche et la Normandie, il commence par des hauteurs de 150 à 170 toises; vers Mortain, son élévation atteint à 200 environ; nous l'avons autrefois évaluée à 160, à son entrée en Bretagne, près Saint-Aubin-du-Cormier ; ce qu'on appelle les Monts d'Arès et les Monts Noirs qui se bifurquent à son extrémité occidentale, passent pour avoir 156 et 126 toises.

Les Pyrénées.

Nous avons donné en ces termes, dans notre Résumé de Géographie de la péninsule Ibérique (pag. 12 et suiv.), une idée de l'important système que forment ces Montagnes : « Il sépare la France de l'Espagne ; ses points saillans établissant d'abord les frontières des deux royaumes. Des plaines du Roussillon et du cap Creux, le plus oriental de la Péninsule, naissent ses racines ou premières pentes méditerranéennes. Des sources de la Nive, qui vient à Bayonne se jeter dans l'Adour au côté opposé de l'Aquitanique, la chaîne se contourne légèrement; courant toujours vers l'ouest, parallèlement à quelque distance des côtes du golfe de Gascogne, elle sépare le versant Cantabrique du Lusitanique; elle s'étend ensuite jusqu'en Galice, où, se ramifiant en tout sens, elle pénètre par ses contreforts méridionaux dans les deux provinces de Portugal, qui sont situées au nord du Duero inférieur. Ce système est d'une extrémité à l'autre, de constitution granitique : on peut le diviser en cinq masses distinctes : 1° la méditerranéenne (orientale), dont le point culminant est le Canigou, séparé de la suivante par la Cerdagne, d'où naissent, pour s'écouler suivant deux pentes opposées, le Tet et la Sègre ; 2° l'Aquitanique, où la Garonne et l'Adour prennent leur source dans des monts à glaciers, pour couler en France ; 3° la Cantabrique (centrale), charpente des provinces Vascongades, séparée de la suivante vers les sources de l'Ebre ; 4° l'Asturienne, presque aussi haute que l'Aquitanique, coupée à pic du côté du sud, qui regarde le royaume de Léon ; 5° enfin la Portugaise (occidentale), celle dont les ramifications s'abaissent par le sud-ouest vers l'embouchure du Duero. » La partie la plus élevée du système Pyrénaïque qui domine les provinces méridionales de la France, fut explorée sous les rapports géologiques par le respectable Palassou avec beaucoup de persévérance. La Peyrouse en donna une flore estimée, malgré les personnalités qui en ternissent la rédaction ; Ramond, sous le double rapport des trois branches de l'histoire naturelle et de la physique, doit être considéré comme l'historien de ces belles Montagnes déjà si célèbres par leurs eaux minérales, et bien plus célèbres depuis qu'une plume élégante entreprit de les décrire.

	toises.	mètres.
Canigou (groupe méditerranéen)	1441	2808
Pic de Néthou (groupe aquitanique)	1786	3481
Mont Posatz	1764	3438
Mont Perdu	1749	3410
Le Cylindre	1728	3369
La Maladetta	1720	3355
Vignemale	1719	3354
Le Pic-Long	1655	3227
Le Marboré	1636	3189
Néouvieille	1619	3155
Pic du Midi de Bigorre	1506	2935
Pic du Midi de Pau	1467	2859
Pic d'Arbizon	1441	2808
Mont Saint-Barthélemy	1136	2214

	toises.	mètres.
Montagne d'Arlas (Basses-Pyrénées)	980	1910
Sommet de Saint-Sauveur	840	1687
La Rhune (près Saint-Jean-de-Luz)	600	1169

Cols principaux du groupe aquitanique.

	toises	mètres
Port de la Paz	1692	3298
— d'Oo	1540	3002
— Viel d'Estaubé	1313	2559
— de Pinède	1282	2499
— de Gavarnie	1196	2339
— de Govorere	1149	2241
— de Canfranc	1050	2046
— de Roncevaux	900	1759
— d'Arraiz	680	1325
— d'Etchalar	550	1072

(Les lieux habités les plus élevés de cette partie des Pyrénées sont le village de Heas à 751 toises, celui de Gavarnie à 741, et Barèges à 651. Le passage du Tourmalet, si connu des curieux que la saison des eaux y attire, est à 1116 toises.)

	toises	mètres.
Sierra d'Aralar (groupe cantabrique)	1100	2144
Sierra de Salinas (à droite et à gauche du col)	950	1754
Sierra de Altube	1000	1949
Point le plus élevé près le port de l'Escudo	980	1910

(Ici existe la dépression qui sépare le groupe cantabrique du suivant. Elle est, selon l'exacte définition, déterminée par l'existence de deux cours d'eau opposés deux à deux et coulant en sens contraire ; ces cours d'eau sont les sources du Rio Suancès, tombant dans le golfe de Gascogne, et de l'Ebre qui coule dans la Méditerranée.)

	toises.	mètres.
Sierra de Séjos (groupe asturique)	900	1754
Point le plus élevé de Las Sierras-Albas	1100	2144
Point culminant à l'est de la route de Léon pour Oviedo	1350	2631
Peñas de Europa	1500	2924
Peña de Péñaranda (vers le nœud de la Sierra d'Elstrédo)	1720	3362
Sierra d'Elstrédo	1130	2202
Sierra de Péñamarella (vers le col de Piédrahita)	1480	2885
Sierra de Mondoñédo (Galice)	460	897
Peña Trévinca (groupe occidental)	1500	2924
Sierra de San-Mamed	1206	2351

Monts de la péninsule Ibérique.

Les géographes répétaient encore naguère que toutes les chaînes de l'Espagne et du Portugal étaient des ramifications des Pyrénées ; il suffit d'avoir parcouru ces contrées sur quelques points pour se convaincre du contraire, et c'est être déjà en arrière de la science, que de faire graver le passage suivant dans un tableau comparatif des hauteurs du globe. « Les monts de la péninsule Ibérique traversent toute l'Espagne du nord au sud et se terminent au cap Sula. Les grandes ramifications de cette chaîne forment à l'ouest les bassins du Duero, du Tage, de la Guadiana et du Guadalquivir, et à l'est de l'Ebre, du Xucar et du Ségura ; la chaîne des Asturies qui se détache des Pyrénées entre la vallée de Roncal et de Batzau, se dirige de l'est à l'ouest, et se termine par plusieurs branches aux caps Ortégal et Finistére. » Il n'est pas un mot dans tout cela qui ne soit une erreur, parce que l'orthographe des noms y est presque partout estropiée, et qu'il n'existe pas de vallée de Batzau, mais de Bastan qui n'a aucun rapport avec la chaîne de Asturies, etc., etc... D'après un examen scrupuleux des monts de la péninsule Ibérique, nous avons établi ailleurs que ces monts sont distribués en systèmes très-distincts, parfaitement indépendans des Pyrénées, et pour lesquels nous avons, dans l'un de nos précédens ouvrages, proposé les noms d'Ibérique, de Carpétano-Vettonique, de Lusitanique, de Marianique, de Cunéique et de Bétique. Ce dernier qui, après le groupe des Alpes centrales, présente la plus haute sommité de l'Europe, se liait originairement par la Serranie de Ronda aux monts Africains, du moins nous croyons l'avoir prouvé dans notre Résumé de Géographie de la Péninsule où nous renvoyons le lecteur. Nous n'ajouterons dans cet article, à ce qu'on trouvera dans notre traité sur la géographie physique du pays, que quelques hauteurs dont plusieurs ont été depuis plus exactement déterminées. Celles de Catalogne se rattachant au système Pyrénaïque, opérèrent la liaison de celui-ci avec le système Ibérique, mais le cours de l'Ebre occasiona une grande interruption entre ces Montagnes.

	toises.	mètres.
Estella (Catalogne)	908	1770
Puig-se-Calm-Rodos	776	1513
Le mont Serrat	635	1218
Morello	302	589
Mont-Jouic (fort de Barce-lone)	105	205
Sierra de Oca (système Ibé-rique)	850	1657
Sierra de Molina	700	1368
Muéla, ou Dent de Arias	677	1322
La Peña Golosa	376	733
Collado de Plata	684	1333
Sierra d'Espadan	564	1099

(Le grand plateau central auquel s'adosse le système Ibérique d'un côté, et d'où part, à une certaine distance, le système Carpétano-Vettonique, est fort élevé, et présente en beaucoup de points l'aspect désolé des Steppes de Bukarie dans l'Asie centrale. Il a, selon les lieux, de 7 à 900 mètres.)

	toises.	mètres.
Somma-Sierra (système Carpétano-Vettonique.)	1100	2144
Peña-Lara	1741	3393
Paraméras d'Avila	500	975
Sierra de Villa-Franca	700	1364
Cime de la Sierra de Grédos (où existent, dit-on, des neiges permanentes)	1650	3216
Peña de Francia	890	1734
Principale chaîne de la Sierra de Estrella (Portugal)	1076	2097
Seconde chaîne parallèle	740	1442

. (Dans ce système le col de Somma-Sierra passe pour être à 600 toises; celui du Guadarrama au Lion à 760, et celui de Bagnos à 400. Madrid, sur le plateau qui lui sert de base méridionale, est sur la Plaça-Mayor, à 380 ; de l'antre côté Saint-Ildephouse, non loin de Ségovie, est à 576)

	toises.	mètres.
Point culminant de la Sierra de Guadalupe (système Lusitanique)	800	1559
Sierra Sagra (système Marianique)	928	1793
Picacho d'Almuradiel	410	769
Sommet de la Sierra de Constantina	550	1072
Gombre de Aracéna	860	1676

(Le col célèbre appelé Despégua-Perros, au

centre de ce système, est à 280 toises. Celui Del Rey, peu éloigné, à 272. Celui de Monasterio, par où l'Andalousie communique avec l'Estramadure, à 250. Le Saut du Loup, près de Serpa, où le Guadiana forme une sorte de cataracte, de 25 à 30.)

	toises.	mètres.
Sierra Caldérona (système Cunéique)	420	818
Foya.	639	1245
Pic dans la Sierra de Monchique.	620	1208
Le Mula-Hacen (système Bétique dans la Sierra-Névada).	1815	3539
Picacho de Véléta.	1795	3499
Autre grand sommet de la Sierra-Névada, aux sources de la rivière de Guadix).	1433	2793
Sierra Téjada.	1200	2339
Sierra de Alhama.	920	1793
Autre sommet près Lanjaron (Alpuxaras).	1300	2534
Sierra de Gador.	1130	2202
Sierra de Lujar.	1094	2132
La Contraviesa.	920	1794
Cerrajon de la Muerta. . .	837	1631
Jabalcol.	500	974
Point culminant au-dessus d'Antéquerra.	660	1286
Nuestra Señora de las Niéves (Serranie de Ronda).	940	1832
Picacho de San-Cristoval ou Sierra del Pinar.	880	1715
Sierra de Algodonales. . . .	560	1091
Sierra de Ubrique.	750	1462
Sierra de Moron.	280	546

(Le rocher de Gibraltar, qui n'est qu'un fragment détaché de la Serranie de Ronda et des monts qui lui correspondent en Afrique, est élevé de 250 toises. Le bassin dans lequel est située la ville de Grenade, se trouve enclavé entre la Sierra-Névada et les monts opposés, dont le Génil brisa un contre-fort; il est à 200.)

Telles sont les mesures des hauteurs du globe réputées connues et d'après l'évaluation desquelles nous avons tracé les cartes annoncées dans l'article MER de ce Dictionnaire. De leur comparaison résulte, qu'avec moins de cinq cents toises d'eau, ajoutées à la masse de l'Océan actuel, on trouve, en tenant compte de quelques fracassemens probablement postérieurs à l'absorption d'une masse proportionnelle , une quin-

zaine de vastes îles, ou de grands archipels qui purent être les berceaux des espèces du genre Homme ainsi que des races qui dérivent de ces espèces et dont nous avons essayé de tracer les caractères dans le tome IX du présent ouvrage. Ces îles primitives furent aussi les points où apparurent beaucoup d'autres espèces animales et végétales dont les lois imposées par la puissance créatrice commandèrent l'existence , et qui descendant de leurs patries respectives, à mesure que la retraite des flots en augmentait les limites, se familiarisèrent et se confondirent les unes avec les autres , ou se firent la guerre à mesure qu'elles se rencontraient, en raison de leurs affinités ou des antipathies que leur mode d'organisation nécessitait. Parmi ces êtres d'espèce différente dans un même genre, qui naquirent ainsi sur chacune des grandes îles, furent, par exemple, divers Rhinocéros, les uns glabres dans les régions de l'Abyssinie ou de l'Inde; les autres velus vers les pentes sibériennes , où ils ont disparu, mais où notre système explique plus naturellement leur antique existence, que cette irruption des mers équatoriales vers les mers du Nord, imaginée par Pallas et qui aurait passé par-dessus l'Hymalaya, le Thibet, le Bélour et l'Altaï, pour transporter dans un climat polaire des cadavres noyés sous les Tropiques. Mais ce serait trop perdre les Montagnes de vue, que de s'étendre ici sur de tels aperçus ; ils seront le sujet d'un article DISPERSION, que nous réservons pour le Supplément de ce Dictionnaire par les raisons qu'a données A. Brongniart au mot MYLIA.   (B.)

* MONTAGUI. POIS. Espèce du genre Cycloptère. *V.* ce mot. (B.)

MONTAIN. OIS. Espèce du genre Bruant. *V.* BRUANT.   (DR..Z.)

* MONTALBANIA. BOT. PHAN. (Necker.) Syn. d'*Ovieda mitis.*   (B.)

MONTANT. ois. Syn. vulgaire de l'Ortolan des roseaux. *V.* Bruant.
(DR..Z.)

MONTBRÉTIE. *Montbretia.* BOT. PHAN. Genre de la famille des Iridées et de la Triandrie Monogynie, L., établi par De Candolle (Bulletin de la Société Philomatique, n. 80) qui l'a ainsi caractérisé : spathe diphylle, scarieuse ; périanthe supère, infundibuliforme, à six divisions peu profondes ; trois oreillettes calleuses, sessiles, perpendiculaires, placées sur la surface interne des trois divisions inférieures ; trois étamines libres insérées au sommet du tube ; style unique, surmonté de trois stigmates grêles ; capsule triloculaire. Ce genre a pour type une Plante que les uns avaient placée parmi les *Gladiolus*, les autres parmi les *Ixia*, ce qui pouvait déjà faire soupçonner qu'elle devait être distinguée de l'un et de l'autre de ces genres. Ce qui le caractérise éminemment, c'est la présence des trois oreillettes calleuses sur la surface interne du périanthe, organes que l'on a considérés comme des étamines avortées, mais qui selon l'auteur du genre, n'ont point de rapport avec la nature des étamines, puisque celles-ci ne s'insèrent pas toutes à la base des lanières dépourvues d'oreillettes, et que l'une d'elles est placée sur la même nervure longitudinale, qui vers le milieu de sa longueur porte l'une des oreillettes.

La Montbrétie Porte-Hache, *Montbretia securigera*, D. C., *Gladiolus securiger*, Curt., *Ixia gladiolaris*, Lamk., est figurée dans les Liliacées de Redouté, tab. 55. Cette Plante, qui croît au cap de Bonne-Espérance, a une racine composée de deux petits bulbes blanchâtres, arrondis, déprimés, émettant à leur base des radicelles simples et cylindriques. La tige est solitaire, herbacée, droite, simple, cylindrique, glabre, garnie à sa base seulement de cinq ou six feuilles un peu engaînantes, oblongues, ensiformes, pointues, presque disposées sur deux rangs. Au sommet de la tige, se trouvent trois à cinq fleurs disposées en épi simple, sessiles, distantes entre elles, et chacune munie de deux bractées scarieuses. Le *Gladiolus flavus* d'Aiton et de Willdenow, est cité avec doute par De Candolle comme synonyme de cette Plante ; mais la plupart des auteurs l'ayant admis comme espèce suffisamment distincte, ce sera la seconde espèce de *Montbretia*, si ce genre est conservé. (G..N.)

*MONTE. BOT. PHAN. Ce nom que Flacourt nous dit désigner à Madagascar le Tamarinier, est aussi donné quelquefois au même Arbre dans les îles de France et de Mascareigne.
(B.)

MONTÉE. POIS. *V.* Anguille au mot Murène.

*MONTE-AU-CIEL. BOT. PHAN. L'un des noms vulgaires du *Polygonum orientale. V.* Renouée. (B.)

*MONTÉZUMA. BOT. PHAN. Genre de la famille des Bombacées et de la Monadelphie Polyandrie, L., établi par Mocino et Sessé, auteurs d'une Flore inédite du Mexique, et publié par le professeur De Candolle (*Prodrom. System. Veget.*, 1, p. 477) qui en a ainsi tracé les caractères : calice nu, hémisphérique, tronqué, sinueux, denté ; cinq pétales très-grands et un peu sinueux ; étamines nombreuses placées en spirale autour du style et dont les filets monadelphes forment un long tube marqué profondément de cinq sillons ; style terminé par un stigmate en massue allongée ; baie globuleuse à quatre ou cinq loges polyspermes.

Le *Montezuma speciosissima* est un grand Arbre qui croît près de Mexico. Ses feuilles sont glabres, cordiformes, aiguës, entières et pétiolées. Les fleurs très-grandes et d'une belle couleur purpurine, sont solitaires sur des pédoncules qui naissent sur les rameaux et au-dessous des feuilles. (G..N.)

MONTIA. BOT. PHAN. *V.* Montie.

MONTICULAIRE. *Monticularia.*
POLYP. Genre de l'ordre des Méan-
drinées dans la division des Polypiers entièrement pierreux, ayant
pour caractères : Polypier pierreux,
fixé, encroûtant les corps marins ou
se réunissant soit en masse subglobuleuse, gibbeuse ou lobée, soit en
expansions subfoliacées, à surface
supérieure hérissée d'étoiles élevées
pyramidales ou collinaires ; étoiles
élevées en cône ou en colline ayant
un axe central solide, soit simple,
soit dilaté, autour duquel adhèrent
des lames rayonnantes. Les Polypiers
de ce genre ont beaucoup de rapports avec les Méandrines ; leur structure est analogue ; seulement, les lamelles, par leur réunion, forment
des cônes saillans ou monticules étoilés au lieu de former des collines allongées comme dans les Méandrines,
et les enfoncemens qui les séparent
forment autour des monticules des
sillons circulaires, profonds, et non
des vallons prolongés ; au premier
aspect, on prendrait les Monticulaires
pour des Astrées à étoiles saillantes ;
mais la position présumée des Polypes de celles-là ne permet pas d'é-
tablir ce rapprochement. Tout porte
à croire, en effet, qu'ils sont placés
dans les vallons, autour des monticules, tandis que dans les Astrées ils
sont placés au centre de l'étoile.

On ne connaît qu'un petit nombre
de Monticulaires vivantes qui viennent probablement de la mer des Indes. Fischer de Moscou avait également distingué ce genre et l'avait
nommé *Hydnophora*. Il y rattache
quelques espèces fossiles que Lamarck
a mentionnées également, et, à ce
qu'il paraît, d'après Fischer. Defrance (Dict. des Sc. Nat. T. xxxii,
p. 499) observe judicieusement qu'il
est plus que probable que l'on a commis une erreur à l'égard de ces espèces, au moins pour celles que l'on
rapporte aux figures de Guettard,
et que l'on a pris pour « des Monticulaires fossiles, des morceaux pétrifiés qui n'étaient que le moule en
relief ou l'empreinte d'Astrées ou au-

tres Polypiers stellifères dont les étoiles étaient concaves, et qui ont disparu depuis que la pâte s'est moulée
ou pétrifiée sur leur surface. » Il suffit de jeter les yeux sur les figures citées de Guettard et sur le texte qui
s'y rapporte, pour rester convaincu
que les objets décrits par cet auteur
n'étaient que des empreintes. Ces pré-
tendues Monticulaires fossiles ne sont
pas rares aux environs de Caen, et nous
avons vu plusieurs fois des fragmens
de Calcaire à Polypiers de cette localité, où l'on remarquait, sur le même
morceau, des empreintes en forme
de monticules et des fragmens reconnaissables de l'Astrée qui les avait
produits. Nous sommes certain que
Lamouroux s'est également mépris
au sujet de sa Monticulaire obtuse,
décrite page 86 et figurée tab. 82,
fig. 13, 14, de son Exposition méthodique des genres des Polypiers. Nous
avons vu et revu cent fois dans sa
collection l'échantillon figuré ; les
étoiles saillantes et lamelleuses existent seulement à la surface ; la masse
est compacte et sans la plus légère
apparence de lamelles prolongées
dans l'intérieur ; quelques-uns des
monticules sont plus ou moins usés
par le frottement ; il est facile de se
convaincre, en les examinant atten-
tivement, que leur *coupe* ne présente
aucun vestige de lamelles prolongées, et qu'ils ne sont que des empreintes.

Ce genre renferme les *Monticularia
Folium*, *lobata*, *polygonata*, *micro-
conos* et *meandrina*.   (E. D. L.)

MONTIE. *Montia.* BOT. PHAN.
Ce genre de la famille des Portulacées
et de la Triandrie Trigynie, L., était
nommé *Alsine* et *Alsinoides* par les
anciens auteurs et par Vaillant qui
en a donné une bonne figure (*Botanicon Paris.*, tab. 3, f. 4). Ses caractères essentiels sont : calice persistant, divisé en deux ou trois lobes
peu profonds ; corolle monopétale à
cinq parties, dont trois alternes et
plus petites ; étamines au nombre de
trois ou cinq : ovaire surmonté d'un

style unique, caduc, très-court, partagé à peu près jusqu'à la moitié en trois branches stigmatiques ; cet ovaire est glabre, trilobé, uniloculaire, et porte, sur sa paroi interne, les rudimens de trois cloisons qui disparaissent totalement à la maturité ; il est entièrement traversé par un axe composé de trois filets, et à sa base sont attachés trois ovules ; mais pendant la maturation, cet axe filiforme se rompt au-dessus du milieu, s'oblitère ; il n'en reste plus aucune trace, de sorte que les graines paraissent attachées au fond de la loge. C'est à Auguste Saint-Hilaire (Mém. sur le Placenta central, p. 43) que nous empruntons ces détails sur la structure de l'ovaire du *Montia*, qui n'avait pas été exactement exprimée par les auteurs. Ce genre ne renferme qu'une seule espèce, à laquelle Linné a donné le nom de *Montia fontana*. C'est une petite Herbe faible un peu charnue, dont la tige très-divisée est garnie de feuilles opposées, oblongues ou spatulées, très-entières. Ses fleurs sont axillaires, pédonculées, petites, blanches et penchées après la floraison. Cette Plante croît en Europe dans un grand nombre de localités aquatiques. Elle offre deux variétés que plusieurs auteurs allemands ont élevées au rang d'espèces, mais dont les différences résultent évidemment de la nature plus ou moins humide des localités où elles croissent. Il est juste néanmoins de dire que, selon Gmelin, auteur de la Flore de Bade, il y a des différences dans leur germination. La première variété est très-petite, de couleur un peu jaunâtre ou même quelquefois rougeâtre, et ses tiges sont presque droites ; on la trouve sur les bords des marais desséchés. L'autre variété est du double plus grande ; ses rameaux sont couchés et ses feuilles d'un vert assez vif ; elle croît le long des eaux vives.   (G..N.)

MONTIFRINGILLA. ois. Nom cientifique du Pinson d'Ardennes.
(DR..Z.)

MONTINIE. *Montinia*. bot. phan. Ce genre de la Diœcie Tétrandrie, établi par Thunberg et Linné fils, a été rapporté par Jussieu à la famille des Onagraires. Il est caractérisé de la manière suivante : Plante dioïque ; calice à quatre dents ; quatre pétales alternes avec les dents calicinales (corolle monopétale selon Gaertner). Les fleurs mâles ont quatre étamines. Les fleurs femelles présentent quatre filets stériles ; un ovaire infère, surmonté d'un style bifide ; une capsule oblongue, couronnée par les quatre petites dents calicinales, biloculaire, déhiscente longitudinalement, renfermant plusieurs graines attachées à un placenta central quadrangulaire, imbriquées, obovées, comprimées et ailées d'un côté. Une seule Plante constitue ce genre. Linné fils lui a donné le nom de *Montinia acris*, auquel Thunberg et Gaertner ont substitué ceux de *Montinia cariophyllata* et *fruticosa*. Cette Plante a une tige frutescente, droite, rameuse et légèrement anguleuse. Ses branches sont effilées, alternes, dressées, et portent des feuilles alternes pétiolées, lancéolées, entières, un peu éparses, glabres, vertes des deux côtés, marquées d'une forte nervure médiane de laquelle partent obliquement plusieurs autres nervures presque longitudinales. Les fleurs sont dioïques, blanchâtres, pédonculées et assez petites. Les mâles forment ordinairement des panicules terminales munies de courtes bractées. Les femelles paraissent solitaires et disposées au sommet de la Plante, sur des pédoncules terminaux ou axillaires. Les fruits, dont la couleur est d'un brun foncé, sont très-âcres au goût. Cette Plante croît sur les coteaux sablonneux au cap de Bonne-Espérance.   (G..N.)

MONTIRE. *Montira*. bot. phan. Sous le nom de *Montira guianensis*, Aublet (Plantes de la Guiane, vol. 2, p. 637, t. 257) a décrit et figuré une Plante constituant un genre particulier de la Didynamie Angiospermie, L. , et placé par Jussieu dans la famille des Scrophularinées. Ce genre offre les caractères suivans : calice divisé profondément en cinq parties longues et aiguës ; corolle infundibuliforme, dont le tube est courbé, le limbe ouvert, divisé en cinq lobes égaux et pointus ; quatre étamines didynames, attachées à la partie inférieure du tube, à filets grêles et à anthères biloculaires ; ovaire arrondi, didyme, surmonté d'un style et d'un stigmate large, concave, marqué d'un sillon ; capsule didyme, biloculaire, à quatre valves, renfermant un grand nombre de petites graines. La racine du *Montira guianensis* est fibreuse ; elle émet une tige herbacée haute de deux à trois décimètres, noueuse et tétragone. Les feuilles sont opposées, sessiles, très-entières, oblongues et terminées en pointe. Les fleurs naissent par trois à l'extrémité des branches et des rameaux ; l'une d'elles est presque sessile, tandis que les deux autres sont longuement pédonculées. Quoique Jussieu ait rapporté cette plante à la famille des Scrophularinées, il a néanmoins indiqué son affinité avec les Gentianées. L'inspection de la figure donnée par Aublet, rappelle en effet le *Spigelia anthelmintica* qui appartient aux Gentianées, et l'on ne serait pas éloigné de rapprocher ces genres, si l'on connaissait mieux la structure du fruit des Montires.   (G..N.)

MONT-JOLI. BOT. PHAN. L'un des noms vulgaires aux Antilles du *Lantana involucrata*, L.   (B.)

*MONTLIVALTIE. *Montlivaltia.* POLYP. Genre de l'ordre des Actiniaires dans la division des Polypiers sarcoïdes, ayant pour caractères : Polypier fossile, presque pyriforme, composé de deux parties distinctes, l'inférieure ridée transversalement, terminée en cône tronqué ; la supérieure presque aussi longue que l'inférieure, un peu plus large, presque plane en dessus, légèrement ombili-

quée et lamelleuse ; lames verticales, rayonnantes, au nombre de plus de cent. Ce que Lamouroux désigne, dans ces Polypiers, sous le nom de partie inférieure, est une sorte de tunique extérieure, ridée transversalement, peu épaisse, quelquefois interrompue, et laissant apercevoir, dans ces intervalles, le bord des lames perpendiculaires qui se remarquent à la surface supérieure. Ces Polypiers paraissent avoir adhéré aux corps sous-marins par un point peu étendu de leur extrémité inférieure ; toutes leurs parties sont changées en Spath calcaire ; souvent l'intérieur est creux et tapissé de Cristaux. Nous avons observé quelques échantillons à la surface desquels se trouvent des Serpules. Lamouroux était persuadé que ces Polypiers étaient entièrement mous et contractiles à l'état vivant : il les compare aux Isaures de Savigny. Nous ne pouvons regarder cette opinion comme probable, et renvoyons à l'article LYMNORÉE, où nous avons indiqué les principales raisons entièrement applicables aux Montlivalties, qui nous portent à rejeter l'idée que des corps entièrement mous aient pu se conserver dans les terrains calcaires. Nous croyons plutôt que les Montlivalties étaient des Polypiers lamellifères qui peuvent se rapporter aux Caryophyllies, et qui ne diffèrent pas essentiellement de celle que Lamouroux a nommée *C. truncata*, que l'on trouve fossile dans les mêmes localités que les Montlivalties.

Ce genre ne renferme qu'une espèce fossile dans le terrain à Polypiers des environs de Caen et autres localités à formations analogues ; elle est décrite et figurée dans l'exposition méthodique des Polypiers par Lamouroux, qui la nomme *Montlivaltia caryophyllata*.   (E. D..L.)

* MONTMARTRITE. MIN. Nom donné par Jameson à la variété de Gypse calcarifère qui se trouve principalement à Montmartre, aux environs de Paris. *V.* CHAUX SULFATÉE.   (G. DEL.)

MONT-VOYAU. ois. Espèce du genre Engoulevent. *V.* ce mot. (B.)

* MOOKNA. mam. *V.* Eléphant.

* MOOSE-DER. mam. L'Elan, *Cervus Alces*, est ainsi nommé dans le nord de l'Amérique. *V.* Cerf. (is. g. st.-h.)

MOPSE. mam. De l'allemand *Mops*. Syn. de Doguin ou Carlin, race de Chiens domestiques. (B.)

MOPSÉE. *Mopsea.* polyp. Genre de l'ordre des Isidées dans la division des Polypiers corticifères, ayant pour caractères : Polypier dendroïde à rameaux pinnés; écorce mince, adhérente, couverte de mamelons très-petits, allongés, recourbés du côté de la tige, épars ou subverticillés. Lamouroux est le seul auteur qui ait distingué des Isis les deux espèces dont il a formé son genre Mopsée. Elles pourraient se rapprocher des Milétées par le peu d'épaisseur et la persistance de leur écorce; mais les entre-nœuds des articulations sont cornés et peu saillans au lieu d'être saillans et subéreux comme dans celles-ci. Par la nature cornée de leurs entre-nœuds, les Mopsées se rapprochent des Isis dont semble les éloigner leur écorce mince et persistante; elles forment conséquemment un passage naturel entre ces deux genres. Leurs articulations pierreuses, de couleur fauve ou blond terne, ont une dureté assez grande pour recevoir un beau poli; leur surface est couverte de stries fines et longitudinales; les cellules polypifères de l'écorce sont saillantes, recourbées en dessus, et présentent quelque ressemblance avec celles de la Gorgone verticillée.

Ce genre renferme les *Mopsea verticillata* et *dichotoma.* (E. D..L.)

MOQUEUR. ois. Espèce type d'un sous-genre de Merle. *V.* ce mot. (B.)

MOQUILIER. *Moquilea.* bot. phan. Aublet (Plantes de la Guiane, 1, p. 521, t. 208) a constitué sous ce nom un genre de l'Icosandrie Monogynie, L., et qui fait partie de la tribu des Chrysobalanées dans la famille des Rosacées. Voici ses principaux caractères : calice turbiné à cinq dents aiguës; corolle à cinq pétales presque arrondis; environ quarante étamines longues, un peu inégales, insérées sur le calice au-dessous des pétales; ovaire hérissé, surmonté d'un style filiforme velu inférieurement, et d'un stigmate obtus; fruit inconnu. Le *Moquilea guianensis*, Aubl., est un Arbre indigène des forêts de la Guiane française. Ses feuilles sont ovales, acuminées, glabres, lisses, très-entières. Ses fleurs forment des grappes ou des panicules lâches, axillaires et terminales. (G..N.)

* MORADILLA. bot. phan. *V.* Almizquena.

* MORÆA. bot. phan. *V.* Morée.

* MORÆNULE. pois. Espèce du genre Saumon, sous-genre Ombre. *V.* Saumon. (B.)

MORBRAN ou MORVRAN. ois. Syn. vulgaire de Corbeau noir, en Basse-Bretagne plus particulièrement. *V.* Corbeau. (DR..z.)

MORCHELLA. bot. crypt. *V.* Morille.

MORDELLE. *Mordella.* ins. Genre de l'ordre des Coléoptères, section des Hétéromères, famille des Trachélides, tribu des Mordellones, établi par Geoffroy et adopté par tous les entomologistes avec ces caractères: tous les articles des tarses entiers; palpes maxillaires terminés par un article beaucoup plus grand que les précédens, en forme de hache; antennes simples ou seulement en scie dans les mâles. Ces Insectes ressemblent beaucoup aux Anaspes avec lesquels Fabricius les a confondus; mais ils en diffèrent d'une manière tranchée par les tarses antérieurs qui, dans les dernières, ont le pénultième article bilobé; les Scrapties s'en éloignent par la forme du corps et parce que leurs antennes sont insérées dans une petite échancrure des yeux, ce qui n'a pas lieu dans les Mordelles ; enfin les Ripiphores, les Pélécotomes et les Myodites en sont séparés par leurs antennes qui sont en éventail ou très-pectinées dans les mâles. Le nom de Mordelle était employé par les anciens pour désigner des Insectes qui provenaient de larves ou de Vermisseaux se nourrissant de la tige du Chou. Linné consacra cette dénomination dans les premières éditions de son *Systema Naturæ*, à un assemblage des Mordelles, Anaspes, Altises et de quelques autres Insectes fort différens ; ce n'est que plus tard qu'il a présenté le genre Mordelle parfaitement naturel et correspondant à la tribu des Mordellones de Latreille. Ces Insectes ont le corps comprimé sur les côtés, un peu aplati en dessus, très – convexe en dessous ; leur tête est petite, arrondie à sa partie supérieure, très-inclinée sous le corselet ; les antennes sont de la longueur du corselet, composées de onze articles dont les quatre premiers sont filiformes, les autres sont en forme de dents de scie ; le corselet est convexe, plus étroit antérieurement, terminé postérieurement par trois pointes assez saillantes ; les élytres sont dures, oblongues, un peu aplaties en dessus, et recouvrent deux ailes membraneuses ; les pates sont assez longues avec leurs tarses filiformes ; l'abdomen est conique, ses derniers anneaux se prolongent et forment une queue dans les femelles qui s'en servent pour enfoncer leurs œufs dans les cavités du vieux bois.

Les Mordelles sont très-vives et très-agiles ; elles se trouvent sur les fleurs ; lorsqu'on les prend, elles glissent entre les doigts, et si elles parviennent à se dégager, elles prennent leur vol avec une promptitude étonnante. Ce sont, en général, des Insectes de petite taille dont les couleurs sont peu variées. Nous citerons :

La Mordelle a tarière, *Mordella aculeata*, L., Fabr., Oliv. (Col., III, 64, 1-2) ; la Mordelle veloutée à pointe, Geoff., Deg., etc. Longue de deux lignes ; noire, lui-

sante sans tache, avec un duvet soyeux ; antennes en scie ; tarière de la longueur du corselet. Cette espèce est commune dans toute l'Europe.
(G.)

MORDELLONES. *Mordellonæ.* INS. Tribu, auparavant famille, de l'ordre des Coléoptères, section des Hétéromères, famille des Trachélides, établie par Latreille et renfermant les Insectes qui composent le genre Mordelle de Linné. Cette tribu est composée de Coléoptères généralement petits et très-agiles qui se trouvent sur les fleurs ; leurs tarses varient sous le rapport de la forme de leurs articles et des crochets du dernier ; le corps est élevé, arqué, avec la tête basse ; le corselet trapézoïde ou demi-circulaire ; les élytres soit très-courtes, soit de longueur ordinaire, mais alors rétrécies et finissant en pointe ainsi que l'abdomen ; les antennes sont le plus souvent en scie ; celles de plusieurs mâles sont en panache ou en peigne ; la forme des palpes varie. La plupart des femelles paraissent déposer leurs œufs dans le bois, d'autres les placent dans les nids de Guêpes.

Latreille divise ainsi cette tribu :

1. Antennes des mâles en éventail ou très-pectinées ; palpes presque filiformes.

Genres : Ripiphore, Pélécotome, Myodite.

Les crochets des tarses sont bifides dans les Ripiphores.

2. Antennes, même celles des mâles, tout au plus dentées en scie ; palpes maxillaires terminés par un article plus grand, triangulaire ou sécuriforme.

Genres : Mordelle, Anaspe, Scraptie. *V.* tous ces mots. (G.)

MORDETTE. INS. L'un des noms vulgaires des larves de Hanneton.
(B.)

MORÉE. *Morœa.* BOT. PHAN. Genre de la famille des Iridées et de la Triandrie Monogynie, L. Depuis

Linné à qui on en doit l'établissement, les auteurs ne se sont guère accordés sur les caractères à lui imposer, ainsi que sur les Plantes qu'on devait y faire entrer. Aussi le nombre des espèces de *Morœa* est-il très-considérable suivant les uns, et fort limité suivant les autres. Voici les caractères qui lui sont assignés par Jussieu : périanthe ou calice dont le tube est court, le limbe étalé à six divisions égales, dont trois surtout sont très-étalées, velues intérieurement ou imberbes, portant les étamines à leur base; style simple, surmonté de trois stigmates pétaloïdes, bifides, inclinés sur les étamines. Ce genre est très-voisin des Iris; il s'en rapproche surtout par son port, et n'en diffère essentiellement que par les trois divisions intérieures de son périanthe, qui sont petites et non conniventes comme celles des Iris. Il se distingue des *Sisyrinchium* et des *Vieusseuxia* par ses étamines libres; cependant plusieurs espèces ayant été décrites comme possédant les étamines réunies par la base, ce caractère ne serait plus important ou du moins il serait nécessaire d'en exclure les espèces qui le présenteraient. C'est surtout avec le genre *Vieusseuxia* que le *Morœa* tend à se confondre. Le port et les caractères, sauf celui que nous venons d'indiquer, en sont absolument les mêmes; aussi quelques auteurs sont-ils d'avis de ne pas admettre le *Vieusseuxia*. Plusieurs genres ont été formés sur des Plantes qui faisaient partie du *Morœa*. Le *Belamcada* de Rhéede, rétabli par De Candolle dans les Liliacées de Redouté, est constitué sur le *Morœa chinensis* de Thunberg. L'*Aristea* d'Aiton a pour type le *Morœa Aristea* de Lamarck, et renferme en outre plusieurs Plantes qui étaient autrefois des *Morœa*. Labillardière a créé son genre *Diplarrhena* sur une Plante que Vahl a réunie au *Morœa* sous le nom de *Morœa diandra*. Le *Bobartia indica*, L., est synonyme du *Morœa spathacea* de Vahl. Enfin le genre *Marica* de Willdenow, ou *Cipura*

d'Aublet, renferme plusieurs espèces qui ont été rapportées au genre dont il est ici question.

Après tous ces changemens et beaucoup d'autres que nous ne pouvons signaler (car il est peu de genres d'Iridées dont quelques espèces n'aient pas été nommées *Morœa*), il est difficile de dire quelles sont les véritables espèces qui doivent être regardées comme types. C'est pourquoi nous nous bornerons aux courtes descriptions de celles que l'on rencontre le plus fréquemment dans les jardins des amateurs.

MORÉE FAUSSE-IRIS, *Morœa Iridioides*, Thunb.; De Candolle et Redouté, Liliac., 1, t. 45. De ses racines fibreuses naissent des feuilles analogues à celles des Iris, c'est-à-dire disposées en éventail, engaînantes à la base, et très-fortement comprimées. La tige s'élève à côté des feuilles; elle est simple ou rarement branchue, garnie d'écailles engaînantes, et supporte un petit nombre de fleurs qui s'épanouissent successivement et sortent d'une spathe foliacée. Ces fleurs n'ont point d'odeur, mais elles sont agréablement mélangées de blanc, de bleu et de jaune. Leurs stigmates sont grands, colorés, en un mot pétaloïdes comme ceux des Iris. Cette Plante est originaire du Levant, et surtout des environs de Constantinople. Sa culture est extrêmement facile; on la multiplie par la division des racines ou la séparation des jeunes pousses. Elle fleurit au commencement de l'été; pendant cette saison, elle peut rester long-temps privée d'eau sans paraître en souffrir, et se plaît particulièrement à une exposition en plein soleil.

MORÉE A LONGUE GAINE, *Morœa vaginata*, De Cand. et Redouté, *loc. cit.*, t. 56; *Morœa Northiana*, Andrews (*Reposit.*, t. 255); *Iris Northiana*, Persoon. Ses feuilles radicales sont, comme celles des Iris, gladiiformes, disposées sur deux rangs opposés en forme d'éventail. La feuille supérieure offre ceci de remarquable, que dans toute sa longueur elle tient la hampe enfermée, phénomène qui s'observe également, mais bien moins complétement sur quelques espèces d'Ixia. Les fleurs sortent de la feuille au sommet de la gaîne; elles sont ordinairement au nombre de deux accompagnées d'une spathe à deux valves pointues et carénées. Cette Plante croît naturellement au cap de Bonne-Espérance avec plusieurs autres belles espèces que l'on cultive en Europe, ainsi que celle-ci, dans les jardins de botanique. C'est aussi de cette contrée qu'est originaire le *Morœa vegeta*, L., ou *M. iriopetala* de Vahl, qui a été reporté parmi les *Iris* par Thunberg et Linné lui-même. Cette belle Plante porte des fleurs bleues avec une tache jaunâtre et une raie barbue.

Toutes les autres espèces de *Morœa* croissent dans les Indes-Orientales et dans l'Amérique méridionale. Kunth en a décrit cinq espèces rapportées du Pérou et de Caraccas par Humboldt et Bonpland.   (G..N.)

MORELLA. BOT. PHAN. (Loureiro.) *V*. ASCARINE.

MORELLANE. BOT. PHAN. Pour Morella. *V*. ce mot.   (B.)

MORELLE. OIS. Syn. vulgaire de la Foulque Macroule, L. *V*. FOULQUE.   (DR..Z.)

MORELLE. POIS. L'un des noms vulgaires du Véron. *V*. ABLE. (B.)

MORELLE. *Solanum*. BOT. PHAN. Ce genre, qui a donné son nom scientifique à une grande famille de Dicotylédones monopétales, appartient à la Pentandrie Monogynie, L. Il offre les caractères suivans : calice divisé en dents ou lobes au nombre de quatre à cinq, persistant et même croissant après la floraison; corolle monopétale, rotacée, dont le tube est court, le limbe grand, ouvert, plissé, à lobes anguleux, ordinairement au nombre de cinq, quelquefois de quatre à six; étamines en nombre égal aux lobes de la corolle, à filets subulés, très-courts, à anthères oblon-

gues, rapprochées ou distantes, s'ouvrant par deux pores situés au sommet; ovaire ovoïde, surmonté d'un style filiforme et d'un stigmate obtus presque simple ou divisé légèrement en deux, trois ou quatre lobes; baie arrondie, quelquefois ovoïde ou oblongue, glabre, ombiliquée au sommet, à deux, trois ou quatre loges; graines nombreuses, ovées, portées sur des placentas charnus, convexes, tantôt unis avec la cloison, tantôt séparés de celle-ci par un processus laminaire et longitudinal qui les fixe à l'axe du fruit. Ainsi caractérisé, le genre *Solanum* ne renferme qu'une partie des Plantes que les auteurs y ont réunies à différentes époques. Nous ne parlerons pas non plus de celles décrites par les botanistes antérieurs à Tournefort; car pour ces temps d'ignorance, le mot de *Solanum*, que les scholiastes font dériver du latin *solari*, consoler, signifiait une foule de Plantes qui jouissaient de propriétés sédatives. Ainsi Dodœns, C. Bauhin, Plukenet, Camerarius, Morison, etc., ont nommé *Solanum* non-seulement d'autres Plantes appartenant aux Solanées, comme des *Atropa*, des *Datura*, des *Physalis*, mais encore des *Menispermum*, des *Phytolacca*, des *Trillium*, etc., dont les feuilles et certaines qualités narcotiques offraient quelque analogie avec celles des Morelles. Tournefort distribua toutes les espèces, citées par C. Bauhin, en trois genres qu'il nomma *Solanum*, *Melongena* et *Lycopersicon*; mais comme l'organographie végétale était peu avancée à cette époque, les caractères différentiels qui furent assignés à ces genres par Tournefort, se trouvèrent par la suite de nulle valeur. Ce fut sans doute la raison qui détermina Linné à les réunir en un seul auquel il conserva le premier des noms, celui de *Solanum*, et dont le caractère principal fut d'avoir les anthères s'ouvrant par deux pores terminaux. Adanson réunit en un seul les genres *Solanum* et

Melongena de Tournefort, mais il conserva le *Lycopersicon* qu'il caractérisa seulement par les anthères soudées et les graines velues, croyant, comme Linné, que les anthères, dans ce dernier genre, s'ouvraient par des pores terminaux comme celles des véritables *Solanum*. Ce fut Dunal qui, dans une excellente Monographie des genres dont il est ici question, assigna au *Lycopersicon* (*V.* ce mot) ses caractères différentiels. Il réunit au genre *Whiteringia* de l'Héritier le *Solanum crassifolium* de Lamarck, qui avait été confondu avec le *S. Dulcamara*. Il n'admit point le genre *Aquartia* de Jacquin fondé sur des espèces de *Solanum* dont les divisions du calice et de la corolle ainsi que les étamines sont au nombre de quatre au lieu de cinq, comme dans la plupart des autres espèces. Le genre *Nycterium*, établi par Ventenat sur le *Solanum Vespertilio* d'Aiton, qui n'offre d'autre différence que les anthères de ces Plantes un peu arquées, et une d'entre elles un peu plus longue que les autres, n'a pas non plus été adopté. A plus forte raison, les genres *Dulcamara* et *Pseudocapsicum* de Mœnch ainsi que le *Psolanum* de Necker, fondés sur des caractères encore plus légers, ne méritent pas d'être pris en considération. Ayant ainsi épuré et circonscrit le genre *Solanum*, Dunal a donné les descriptions de près de deux cent cinquante espèces qu'il a rassemblées en deux grands groupes caractérisés par leurs tiges pourvues ou dépourvues d'aiguillons. Il a ensuite subdivisé ceux-ci en plusieurs sections d'après les formes de leurs feuilles.

Les Morelles sont des Plantes herbacées ou frutescentes, inermes ou munies d'aiguillons, à feuilles simples, entières ou diversement sinueuses, lobées et décomposées, alternes, géminées dans la plupart des espèces, rarement alternes. Nous ne possédons en Europe qu'un petit nombre d'espèces de ce genre immense; toutes les autres sont indigènes des contrées équatoriales de l'un et l'autre hémisphère. Nous allons décrire celles qui présentent le plus d'intérêt, soit par leur utilité comme Plantes comestibles, soit par la beauté ou plutôt par la singularité de leurs formes.

La MORELLE TUBÉREUSE, *Solanum tuberosum*, L. Vulgairement Pomme de terre, et très-improprement Patate dans quelques parties de la France. Ses racines sont longues, fibreuses, chargées de distance en distance de gros tubercules qui présentent diverses formes, mais qui ordinairement sont arrondis ou oblongs. Sa tige est herbacée, creuse, divisée en plusieurs rameaux, garnie de feuilles irrégulièrement pinnatifides, à lobes séparés jusqu'à la côte principale, inégaux en grandeur, ovales et souvent même un peu pétiolés. Les fleurs forment des corymbes droits ou légèrement penchés et situés à l'extrémité des rameaux. Leur corolle est blanche ou un peu violette. Cette Plante a été introduite vers l'année 1587, par l'amiral Walter Raleigh, en Angleterre, d'où elle s'est répandue par toute l'Europe. Il est probable qu'à cette époque les Espagnols l'avaient aussi rapportée du Pérou et qu'ils la cultivaient déjà dans leur pays. Son origine américaine n'a jamais été contestée; mais quoiqu'on sût que les Péruviens la cultivaient de temps immémorial, qu'ils en préparaient une fécule nourrissante à laquelle, selon J. d'Acosta, ils donnaient le nom de *Chuno*, on n'avait aucune certitude sur le lieu précis de son origine. Dans le cours de leur mémorable voyage, Humboldt et Bonpland la trouvèrent cultivée en tous les lieux où ils pénétrèrent, et ne purent savoir de personne si elle croissait sauvage dans les localités reculées des Cordilières. Cette question de la patrie originaire de la Pomme de terre, vient d'être résolue par l'envoi de plusieurs tubercules à la société horticulturale de Londres. On sait maintenant que ces tubercules ont été récoltés dans le Chili sur des plants de Pomme de terre absolument sauvages, et qu'elle y est fort abondante dans une vallée peu distante de la ville de la Conception. La première description de la Pomme de terre est due à l'Ecluse qui en avait reçu, en 1588, deux tubercules et des fruits. Depuis ce temps, elle s'est propagée avec une grande rapidité dans certaines contrées d'Europe, tandis que plusieurs pays voisins de celles-ci l'ont complétement ignorée. Ainsi, ce ne fut que pendant le cours du dix-huitième siècle qu'elle se répandit en Allemagne, en France et en Italie; et il est singulièrement remarquable qu'une Plante, dont l'utilité était aussi palpable, ne fût pas accueillie avec empressement, surtout par les hommes grossiers et ignorans qui ne semblent vivre que pour leur estomac et leur ventre; au contraire, le retard à son introduction chez les divers peuples a été en raison directe de leur ignorance et des préjugés que celle-ci enfante ou perpétue. Les efforts que fit en France le vénérable philanthrope Parmentier, furent enfin couronnés du succès; mais il ne fallut rien moins qu'une horrible circonstance, celle de la disette qui désola notre patrie pendant les troubles de la révolution, pour faire sentir l'importance de ce précieux Végétal, et pour détruire les ridicules préjugés qui s'opposaient à l'extension de sa culture. Aujourd'hui la Pomme de terre est cultivée sur presque toute la surface du globe; elle paraît jouir d'une constitution assez robuste pour s'accommoder de tous les climats, depuis les tropiques jusqu'aux contrées arctiques. Cette Plante est également indifférente pour le sol et l'exposition. Cependant elle vient mieux, et ses tubercules sont d'une qualité supérieure dans certains terrains; ils sont tendres et farineux, par exemple, dans les lieux dont le sol est sablonneux et gras; ils sont au contraire pâteux dans un terrain humide et glaiseux. Le choix des variétés n'est pas une chose indifférente,

car il en est qui se développent mieux dans certains terrains donnés, qui sont plus ou moins hâtives, qui ont des tubercules plus ou moins riches en fécule amilacée, etc. D'après ces qualités diverses, l'agriculteur doit choisir les variétés qui sont le mieux appropriées à son climat, à son terrain et à l'usage qu'il voudra faire des Pommes de terre. Le nombre de ces variétés est extrêmement considérable; voici celles qui sont le plus généralement cultivées :

La Blanche longue ou Blanche Irlandaise; corolles blanches, feuilles d'un vert obscur; tubercules presque cylindriques.

La Pomme de terre a Vaches ou Pomme de terre d'Howard; fleurs d'abord rouges, panachées, puis gris de lin; tubercules grands, presque cylindriques. C'est la variété la plus commune.

La Rouge longue ou Pomme de terre rouge; fleurs blanchâtres; feuilles d'un vert obscur; tubercules oblongs, couverts d'un épiderme rouge.

La Jaunatre ronde; fleurs panachées; feuilles crépues; tubercules jaunâtres, presque arrondis.

La Violette Hollandaise; fleurs violacées; tubercules d'abord presque arrondis, devenant un peu cylindriques, parsemés de taches jaunâtres et violettes.

La Petite Chinoise ou Sucrée d'Hanovre; fleurs bleues; tiges et feuilles grêles; tubercules petits, presque ronds.

Les principes constituans des tubercules de *Solanum tuberosum*, sont les mêmes dans toutes les variétés, mais leurs proportions varient dans chacune d'elles. D'après l'analyse chimique de la Pomme de terre rouge, par Einhof, elle contient à peu près les trois quarts de son poids d'eau. Sur 7680 parties, il obtint : Amidon, 1153; Matière fibreuse amilacée, 540; Albumine, 107; Mucilage à l'état de sirop épais, 312. Le suc de la Pomme de terre renferme en outre un Acide qui paraît être un mélange d'Acide tartarique et d'Acide phosphorique. Les cendres ont donné du carbonate de Potasse, de la Silice, de la Chaux, de l'Alumine, de la Magnésie avec du Manganèse et de l'oxide de Fer. Comme la famille des Solanées est remarquable par les propriétés narcotiques de la plupart des Plantes qui la composent, on s'est beaucoup étonné de ne pas rencontrer dans les Pommes de terre aucun principe nuisible; cependant on a dit qu'elles ne faisaient pas exception à la règle, et que le suc de Pomme de terre n'était pas exempt de ce principe actif; que l'eau dans laquelle elles avaient bouilli, produisait un fâcheux effet sur l'économie animale, surtout lorsqu'elle avait servi à plusieurs décoctions. Quelques expériences tentées sur des Cochons d'Inde et d'autres Animaux, n'ont point confirmé ce résultat, de sorte que toutes les parties des tubercules du *Solanum tuberosum* n'ont aucun mauvais effet sur la santé. En plusieurs cantons d'Allemagne la Plante même est donnée en vert aux Vaches et aux autres bestiaux. Mais nous croyons qu'il n'en est pas de même pour les baies qui sans doute participent aux propriétés de la famille des Solanées.

La fécule de la Pomme de terre en est la substance éminemment alimentaire; mais, malgré son analogie avec l'amidon des farines de Céréales, la farine de ces tubercules ne peut être assimilée à celles-ci sous le rapport des propriétés nutritives, car elle n'est pas accompagnée du gluten ou de la substance végéto-animale qui assure au pain de Froment sa supériorité sur toutes les autres nourritures tirées du règne végétal. La composition chimique de la fécule étant presque identique avec celle du sucre, puisqu'elle n'en diffère que par des nuances dans les proportions de ses élémens, on est parvenu par l'intermède des agens chimiques les plus actifs, tels que l'Acide sulfurique, la Potasse caustique, etc., à convertir cette substance en matière sucrée susceptible de donner une grande quantité d'Alcohol par la fermentation. Cet emploi de la fécule ajoute encore beaucoup à l'importance de la Pomme de terre qui, comme tout le monde sait, est un des alimens les plus agréables et les plus convenables à la santé. Quelques économistes ont publié divers procédés pour fabriquer un pain de Pommes de terre destiné à remplacer avec avantage celui fait avec la farine des Céréales; ils en ont peut-être trop exalté la bonne qualité, et par cela même ils ont nui à la propagation de cette ressource dans les temps de disette. Le pain fabriqué avec les Pommes de terre seules, auxquelles on a fait subir une légère fermentation, ne vaut pas celui des Céréales, ni sous le rapport de la saveur ni sous celui de la quantité de matière nutritive; mais la farine de Pommes de terre, ou plutôt la pulpe amilacée de celle-ci mélangée en proportions convenables avec de la farine de Blé, d'Orge ou de Seigle, fait un pain économique, et qui a cela d'agréable qu'il se maintient frais beaucoup plus long-temps que tout autre.

Les Pommes de terre sont d'une utilité majeure pour la nourriture des Animaux domestiques auxquels elles conviennent, soit qu'ils les mangent crues et divisées, soit qu'on les leur donne cuites. C'est sous ce rapport que leur culture en grandes masses dans les assolemens est une chose extrêmement avantageuse, car autrement le marché s'en trouverait promptement surchargé, et les champs s'épuiseraient parce qu'il n'y aurait pas une production d'engrais proportionnée à la quantité de ces tubercules. Mais lorsqu'on les cultive pour la nourriture des bestiaux, elles sont : 1° un moyen de nettoyer la terre et de préparer de beaux produits en Plantes céréales et en foins artificiels; 2° un grand moyen de multiplier les Animaux domestiques en procurant la facilité de les nourrir, et par conséquent l'avantage de se procurer plus de lait, de laines, de viandes et d'autres produits animaux; 5° et surtout un point de sécurité dans les disettes de grains, parce que, dans les circonstances critiques, on peut appliquer à la nourriture de l'Homme les masses considérables de Pommes de terre qui devaient nourrir les bestiaux.

MORELLE AUBERGINE, *Solanum esculentum*, Dunal, *S. Melongena*, L. Vulgairement Aubergine, Béringène, Mélongène, Mayenne et Vérangeane. Sa tige est rameuse, dressée, épaisse, ligneuse à la base, herbacée supérieurement, ordinairement garnie d'aiguillons peu nombreux. Ses feuilles sont ovales-oblongues, presque aiguës, sinueuses et anguleuses, tomenteuses surtout à la face inférieure; la nervure médiane est ordinairement munie d'aiguillons. Les fleurs, de couleur violette, ont leurs parties en nombre plus considérable de ce qu'il est ordinairement dans les autres espèces, en sorte que chacune de ces fleurs paraîtrait composée de deux soudées ensemble. Ainsi les divisions du calice et de la corolle, les étamines sont au nombre de six à neuf; l'ovaire offre aussi quatre, cinq et six loges, lesquelles s'oblitèrent et se réduisent à un plus petit nombre dans le fruit, qui est une baie cylindrique, renfermant des graines dépourvues de pulpe. Il paraît que l'absence de pulpe est ce qui rend comestible le fruit de cette Plante; car cette pulpe existe abondamment dans le *Solanum ovigerum*, Dunal, espèce si voisine du *S. esculentum* qu'on les avait confondus sous le nom commun de *S. Melongena*, et le fruit de cette espèce est certainement très-dangereux. On ne sait pas précisément quelle est la patrie de l'Aubergine, mais il paraît qu'elle est indigène de l'Arabie ou des Indes-Orientales. Depuis longtemps elle est cultivée dans ces régions, d'où probablement elle a été transportée dans nos climats méridionaux. En France, on la rencontre presque exclusivement dans la ré-

gion des Oliviers. Semée au commencement du printemps, elle commence à donner des fruits en abondance vers le milieu de l'été; depuis cette époque jusqu'à la fin d'octobre, on voit ses fruits sur toutes les tables. L'Aubergine crue est fade et insipide; aussi ne la mange-t-on qu'après l'avoir fait cuire et apprêtée avec de l'huile d'olive, ou à diverses sauces, selon les goûts des différens peuples. Un usage aussi général atteste l'innocuité de ces fruits. Il semblerait pourtant d'après leur nom ancien, *Mala insana* (d'où *Melongena*), qui signifiait baie ou pomme nuisible, que l'on croyait autrefois qu'ils étaient dangereux; mais Dunal a fait voir que l'on avait confondu l'Aubergine avec le *Solanum ovigerum* qui, comme nous l'avons dit plus haut, a des qualités délétères.

La MORELLE FAUX QUINQUINA, *Solanum Pseudoquina*, Aug. St.-Hil. (Plantes usuelles des Brésiliens, 5° livr., tab. 21), est un petit Arbre droit, rameux, entièrement dépourvu d'aiguillons; ses rameaux sont glabres; son écorce mince, peu ridée ou presque lisse, d'un jaune pâle et roussâtre; ses feuilles sont alternes, sans stipules, portées sur de courts pétioles, lancéolées, oblongues, étroites, aiguës, très-entières, un peu décurrentes sur le pétiole, glabres en dessus, couvertes en dessous et dans les angles des nervures de touffes de poils; les fleurs sont inconnues; les fruits sont peu nombreux, disposés en grappes extra-axillaires, fort courtes. Cette Plante est commune dans les bois du district de Curitiba, au Brésil. Son écorce, d'une extrême amertume, est un fébrifuge très-employé par les habitans de cette partie de la province de Saint-Paul, qui la nomment *Quina*, parce qu'ils la croient identique avec les véritables Quinas de l'Amérique espagnole. Le célèbre Vauquelin a fait l'analyse chimique de cette écorce et l'a trouvée composée: 1° d'un principe amer dans lequel paraît résider la propriété fébrifuge; 2° d'une matière résinoïde, amère , légèrement soluble dans l'eau ; 3° d'une petite quantité de matière visqueuse grasse; 4° d'une substance animale très-abondante combinée à la Potasse et à la Chaux; 5° d'une petite quantité d'Amidon ; 6° d'oxalate de Chaux et d'autres Sels à base de Magnésie, de Chaux, de Fer et de Manganèse.

Deux espèces de Morelles sont très-communes dans les haies et le long des murs des villages de toute l'Europe tempérée. Ce sont les *Solanum Dulcamara* et *S. nigrum*, L. La première, connue vulgairement sous le nom de Douce-Amère, a une tige grimpante, des feuilles ovales, pointues, entières ou trilobées, et des fleurs violettes disposées en grappes vers le sommet des tiges. La saveur des tiges est d'abord amère, puis elle laisse dans la bouche une impression sucrée. Elle a sur l'économie animale une action excitante modérée, par suite de laquelle telle ou telle sécrétion est provoquée suivant les diverses circonstances. Ainsi elle aide tantôt la transpiration , tantôt l'excrétion des urines; dans les maladies cutanées, elle favorise les éruptions. Les médecins l'ont administrée dans une foule de maladies, et comme ils en ont obtenu des succès assez constans par les effets immédiats qu'elle produit sur le corps et que nous venons d'indiquer, ils l'ont regardée comme anti-arthritique, anti-dartreuse, anti-syphilitique, etc.

Le *Solanum nigrum*, L. , la Morelle par excellence du vulgaire, est une Plante dont la tige herbacée, branchue, étalée, est garnie de feuilles molles, pétiolées, entières, ovales, légèrement anguleuses vers la base, les fleurs petites, blanchâtres; les baies d'abord rouges, puis noires à leur maturité. Long-temps on a regardé cette Morelle comme extrêmement dangereuse ; en certains pays, néanmoins, elle sert de nourriture aux Hommes après avoir été bouillie. *V*. BRÈDES. Quant à ses effets thérapeutiques, observés par les anciens médecins , on est maintenant persuadé qu'ils doivent être attribués à la Belladone , qu'ils nommaient *Solanum lethale*. Ce fut ainsi que la confusion dans la nomenclature devint une source d'erreurs et de contradictions pour les médecins qui, ignorant les détails de l'histoire naturelle , attribuèrent à une Plante inerte les propriétés énergiques d'une autre que l'on avait confondue mal à propos avec elle sous la même dénomination générique.

On cultive avec facilité , dans les jardins de botanique, une foule d'espèces de *Solanum*, très-remarquables par la beauté de leur feuillage, et les vives couleurs de leurs aiguillons; telles sont entre autres les *S. Pyracantha*, *marginatum*, *igneum*, etc. Comme elles sont originaires des climats tropiques , il faut les rentrer pendant l'hiver dans l'orangerie ou dans la serre tempérée. Leur terre doit être consistante et substantielle; les arrosemens fréquens en été, rares en hiver, et pendant cette saison, il faut autant que possible, les favoriser de la lumière. Comme leurs graines mûrissent dans nos climats , il est facile de les multiplier par ce moyen. On les sème en terrine sur couches aux mois de mars ou d'avril, et quand les jeunes plants sont assez forts, on les place chacun dans un pot qu'on plonge dans une couche ombragée pour accélérer leur reprise. Au bout d'un mois, il peuvent être traités comme les vieux pieds. Toutes les Morelles qu'on cultive en serre doivent être changées de vase au moins chaque année; il en est même qu'il faut dépo er deux fois par an , car elles produisent toutes une quantité excessive de racines.　　(G..N.)

MORELLIER. BOT. PHAN. Nom proposé pour une espèce du genre *Garcinia*. *V*. MANGOUSTAN.　　(B.)

MORÈNE. BOT. PHAN. Nom vulgaire du genre *Hydrocharis*, L. *V*. HYDROCHARIDE.　　(B.)

MORÉNIE. *Morenia*. BOT. PHAN. Genre de la famille des Palmiers et de la Diœcie Hexandrie, **L.**, établi par Ruiz et Pavon (*Prodrom. Flor. Peruv. et Chil.*, p. 140, t. 32), et offrant les caractères suivans : fleurs dioïques, sessiles, renfermées dans plusieurs spathes incomplètes. Les mâles ont un calice monophylle, à trois dents ; une corolle à trois pétales ; six étamines, et un pistil rudimentaire. Les fleurs femelles ont un calice monophylle, bifide ; une corolle à trois pétales ; trois ovaires adhérens par la partie interne, surmonté de trois stigmates. Le fruit se compose de trois baies ; l'embryon est basilaire et l'albumen égal. Le genre *Morenia* ne renferme qu'une seule espèce qui croît au Pérou. C'est un Palmier élégant, grêle, dont les frondes sont pinnées, les spathes membraneuses, et le régime simplement rameux. Les fleurs sont jaunes comme celles des *Chamædorea*, genre établi par Willdenow, et qui, par les caractères, semblerait beaucoup se rapprocher de celui dont il est ici question. (G..N.)

MORESQUE. MOLL. Nom marchand de l'*Oliva Maura*, Lamk., et du *Fusus Morio*, **L.** (B.)

MORET. BOT. PHAN. L'un des noms vulgaires du Myrtille, espèce d'Airelle. *V.* ce mot. (B.)

MORETON. OIS. Syn. vulgaire de Canard Milouin, ou du Canard siffleur. *V.* CANARD. (DR..Z.)

*** MORETTIE.** *Morettia.* **BOT. PHAN.** Genre de la famille des Crucifères et de la Tétradynamie siliculeuse, **L.**, établi par De Candolle (*Syst. Veget. nat.* ; 2, p. 426), qui l'a ainsi caractérisé : calice égal à la base, à sépales linéaires, un peu redressés ; pétales linéaires, entiers ; étamines libres, à filets non denticulés ; silicule oblongue, un peu comprimée, surmontée d'un style court conoïde, à valves concaves, dont la paroi intérieure s'avance dans les loges en forme de petites cloisons qui séparent les graines ; celles-ci sont planes, orbiculées, à cotylédons accombans.

Ce genre est constitué sur une Plante que Delile, dans la Flore d'Égypte, avait placée parmi les *Sinapis*. Il diffère extrêmement de ce dernier genre, et par son port, et par la pubescence étoilée que l'on remarque sur toutes ses parties, et par ses cotylédons accombans. De Candolle observe qu'on pourrait le rapprocher de la tribu des Alyssinées, si ce n'était la singulière structure de son fruit, qui a de l'analogie avec celui de l'*Anastatica*. Aussi c'est à la suite de ce genre, dans la tribu des Anastaticées, que De Candolle a placé le *Morettia*, auquel il avait d'abord donné le nom de *Nectouxia*, qu'il s'est vu dans la nécessité de changer à cause de l'existence d'un genre ainsi nommé et établi par Kunth. Le *Morettia Phileana*, De Candolle, *Sinapis Phileana*, Delile (Fl. d'Égypte, p. 99, t. 33, f. 3), unique espèce du genre, croît dans la Haute-Égypte, près de l'île de Philœ. C'est une herbe rameuse, hérissée de poils cendrés et étoilés, à feuilles obovales, cunéiformes à la base, grossièrement dentées au sommet. Les fleurs sont pédicellées, accompagnées de bractées semblables aux feuilles, et disposées en grappes dressées. (G..N.)

MORFEX. OIS. (Gesner.) Syn. de grand Cormoran, **L.** *V.* ce mot. (DR..Z.)

MORFIL. MAM. Les dents d'Éléphant dans le commerce. (B.)

MORGANIE. *Morgania.* **BOT. PHAN.** Genre de la famille des Scrophularinées, et de la Didynamie Angiospermie, **L.**, établi par R. Brown (*Prodrom.* Flor. Nov.-Holland., p. 441) qui l'a ainsi caractérisé : calice divisé profondément en cinq parties égales ; corolle très-inégale oblique, la lèvre supérieure bilobée, l'inférieure trifide, à lobes presque égaux, obcordés ; étamines didynames, incluses ; lobes des anthères écartés et mutiques ; stigmate à deux lamelles ; capsule à deux loges et à deux valves bipartites ; cloison formée par les rebords rentrans des valves. Ce genre est voisin de l'*Herpestis*, dont il diffère par son calice égal et sa corolle plus inégale. Les deux espèces décrites par l'auteur ont reçu les noms de *Morgania glabra* et *M. pubescens*. Ce sont des Plantes herbacées, indigènes des contrées de la Nouvelle-Hollande situées entre les tropiques, à tige droite, tétragone, garnie de feuilles linéaires et opposées. Les fleurs sont bleues, et portées sur des pédoncules axillaires, munies de deux bractées.   (G..N.)

MORGELINE. *Alsine.* BOT. PHAN. Ce genre de la famille des Caryophyllées, et de la Pentandrie Trigynie, L., a été caractérisé de la manière suivante : calice divisé profondément en cinq parties ; cinq pétales bifides ; étamines au nombre de trois à huit ; trois styles ; capsule uniloculaire, s'ouvrant par trois à six valves. Tel que Linné l'établit, ce genre renfermait des Plantes qui ne pouvaient demeurer réunies. On en est même venu à le supprimer complétement ; car l'*Alsine media*, considérée jusqu'à présent comme type, a été rapportée au *Stellaria* par Smith. Les autres espèces ont été distribuées dans les genres *Arenaria* et *Holosteum*.

La MORGELINE MOYENNE, *Alsine media*, L., vulgairement Mouron blanc, Mouron des petits Oiseaux, est peut-être la Plante la plus commune de l'Europe, et celle qui végète et qui fleurit le plus long-temps. Cette Herbe forme des gazons verts et épais dans les fossés, sous les buissons, et jusque sur les toits des habitations, soit des villes, soit des campagnes. Ses tiges sont alternativement velues sur les entre-nœuds ; ses feuilles sont ovales-cordiformes, et ses pétales fendus profondément en deux parties. Cette petite Plante plaît infiniment aux Oiseaux, qui mangent surtout ses graines avec avidité.   (G..N.)

* MORHUE. *Morhua.* POIS. Pour Morue. *V.* GADE.   (B.)

* MORICANDIE. *Moricandia.* BOT. PHAN. De Candolle (*Syst. Veget. nat.*, 2, p. 626) a établi ce nouveau genre sur des Plantes rapportées aux *Brassica*, *Turritis* et *Hesperis* par les auteurs. Il appartient à la famille des Crucifères, tribu des Brassicées, et à la Tétradyuamie siliqueuse, L. Voici ses caractères : calice fermé, dont deux sépales présentent des protubérances à la base ; pétales onguiculés, à limbe oboval, ouvert et entier ; étamines dont les filets sont libres, dépourvus de dents ; glandes situées entre les étamines latérales et l'ovaire ; silique comprimée ou un peu tétragone, c'est-à-dire dont les valves sont planes ou légèrement carénées, allongée, linéaire, biloculaire, bivalve, à cloison membraneuse, surmontée d'un style comprimé, conique, privé de graine ou rarement en renfermant une solitaire. Graines des loges, disposées sur deux rangs, petites, ovées, à cotylédons conduplicués. Ce genre tient le milieu entre le *Brassica* et le *Diplotaxis* ; il diffère du premier par ses graines bisériées dans chaque loge, et par ses siliques qui ne sont point cylindriques ; son calice fermé à deux bosses à la base, ainsi que ses fleurs pourpres, le distinguent suffisamment du *Diplotaxis*. Les espèces de Moricandies, au nombre de trois seulement, sont des Herbes annuelles, bisannuelles, ou vivaces et suffrutescentes à la base, glabres, ordinairement un peu glauques. Leurs tiges sont blanchâtres, dressées et rameuses, garnies de feuilles un peu épaisses. Les fleurs très-grandes, purpurascentes, forment des grappes lâches et terminales. L'espèce qui forme le type du genre est le *Moricandia arvensis*, De Candolle, ou *Brassica arvensis*, L. Cette Plante a une tige dressée, rameuse, munie de feuilles glauques ou un peu grasses, les inférieures obovales, sinueuses, rétrécies à la base, les caulinaires cordées, amplexicaules et très-entières. Elle est indigène de l'Europe méridionale. Une variété qui croît sur les collines arides, et entre les rochers, a été

distinguée par Desfontaines (*Flor. Atlant.*, 2, p. 94) sous le nom de *Brassica suffruticosa*. Le *Moricandia hesperidiflora*, De Candolle, est l'*Hesperis acris* de Forskahl et Delile (Flore d'Egypte, t. 55, f. 2); cette Plante, qui croît dans les déserts de l'Egypte et de l'Arabie, plaît beaucoup aux Chameaux, malgré son odeur forte de Roquette. Enfin la dernière espèce de ce genre est le *Moricandia teretifolia*, De Candolle, ou *Brassica teretifolia*, Desfontaines (*Flor. Atlant.*, 2, p. 94, t. 164). Elle croît dans les lieux humides de l'Afrique boréale, et en Egypte auprès des Pyramides. (G..N.)

MORILANDIA. BOT. PHAN. Et non *Movilandia*. Genre proposé par Necker (*Elem. Bot.*, n. 766) pour les espèces de *Cliffortia* à feuilles composées. Il n'a pas été adopté. (G..N.)

MORILLE. MOLL. Nom marchand du *Murex Hystrix* de Linné, qui appartient aujourd'hui au genre Pourpre. *V.* ce mot. (D..H.)

MORILLE. *Morchella.* BOT. CRYPT. (*Champignons.*) Les Champignons connus vulgairement sous le nom de Morilles, forment un genre très-naturel voisin des Helvelles, et qui présente les caractères suivans : chapeau formant une masse elliptique ou en cloche, irrégulière, composée de plis réticulés et de cavités nombreuses, et de forme variable, couvert sur toute sa surface par la membrane fructifère, adhérent au pédicule qui est creux et dont la surface est caverneuse. Tous ces Champignons sont assez grands; ils croissent sur la terre au printemps; leur consistance est sèche et cassante, leur odeur agréable; tous sont bons à manger, et l'on peut dire qu'ils sont en même temps les Champignons les plus sains et les plus faciles à reconnaître. Il paraît que c'est à ces Champignons que les anciens donnaient le nom de *Boletus*, nom appliqué à tort par Linné à un genre très-différent, mais que Batarra, Vaillant, Micheli, avaient conservé aux Mo-

rilles. Plus tard ces Plantes furent réunies, d'après une analogie de forme extérieure bien trompeuse, avec les *Phallus* dont elles n'ont ni le mode de fructification ni aucune des propriétés. Enfin Persoon rétablit le genre *Morchella* de Dillenius, et cette distinction a depuis été admise par tous les botanistes; en effet ce n'est qu'avec le genre *Helvella* que ces Champignons ont de l'analogie, et ils en diffèrent suffisamment par leur chapeau caverneux et irrégulier. Fries énumère douze espèces de ce genre; mais les plus connues sont la Morille commune, *Morchella esculenta*, dont Bulliard a donné une bonne figure, pl. 218. Elle offre plusieurs variétés de forme et de couleur, mais elle est le plus souvent à peu près elliptique, portée sur un pédicule court, épais et fistuleux; le chapeau adhère complétement à ce pédicule; il est couvert d'aréoles très-creuses et fort irrégulières; sa couleur est d'un fauve clair. Les autres espèces ne diffèrent de celle-ci que par leur chapeau plus ou moins allongé, complétement adhérent ou libre à la base, par leurs lames de forme variable; enfin par leur couleur d'un jaune plus ou moins foncé, ou tirant sur le brun; toutes sont saines et bonnes à manger, et ne varient que par leur goût plus ou moins délicat. (AD. B.)

*** MORILLES DE MER.** POLYP. Ce nom a été donné à des Polypiers de la famille des Eponges, par les anciens naturalistes. (E. D..L.)

MORILLON. OIS. Espèce du genre Canard. *V.* ce mot. (B.)

MORILLON BLANC ET NOIR. BOT. PHAN. Fruits de deux variétés de la Vigne commune. (B.)

MORINDE. *Morinda.* BOT. PHAN. Ce genre de la famille des Rubiacées, et de la Pentandrie Monogynie, L., avait été anciennement proposé par Plumier sous le nom de *Royoc*. Il offre pour caractères essentiels : des fleurs agglomérées en tête, et portées sur un réceptacle sphérique ; un calice urcéolé, persistant, et à cinq dents très-courtes ; une corolle à peu près infundibuliforme, dont le limbe est étalé à cinq lobes courts, et la gorge garnie de poils ; cinq étamines incluses, dont les anthères sont linéaires ; un seul style surmonté d'un stigmate bifide ; drupes agrégées, ombiliquées, et à quatre noyaux cartilagineux-crustacés ; chacun d'eux a une ou deux loges monospermes, l'une d'elles vide. Ce genre se compose d'un petit nombre d'espèces qui sont des Arbres ou des Arbustes indigènes des climats équatoriaux. Leurs fleurs forment des capitules très-denses, terminaux, axillaires ou opposés aux feuilles. Parmi les principales espèces, nous décrirons les deux suivantes comme les plus remarquables, et parce qu'elles peuvent être considérées comme les types du genre.

La MORINDE ROYOC, *Morinda Royoc*, L. et Jacq. (*Hort. Schœnbrunn.* 1, t. 16), est un Arbrisseau dont la tige faible et pliante est divisée en rameaux courts étalés, sarmenteux, garnis de feuilles glabres, lancéolées, acuminées et portées sur de courts pétioles. Ses fleurs sont blanches, disposées en capitules axillaires. Cette Plante croît dans les provinces méridionales de la Chine, et dans la Cochinchine. Elle se trouve aussi au Mexique et dans la Guiane. Ses racines y sont employées pour faire de l'encre.

La MORINDE OMBELLÉE, *Morinda umbellata*, L. et Lamk. (*Illustr. Gen.*, t. 153) est un Arbrisseau moins grand que le précédent. Ses rameaux sont étalés, garnis de feuilles lancéolées, aiguës, rudes au toucher. Ses fleurs sont blanches, portées sur des pédoncules presqu'en ombelles et réunies en une tête globuleuse. Cette Plante croît aux Moluques et à la Cochinchine ; son bois est blanc dans la partie supérieure du tronc, et rouge à la base ainsi que la racine. C'est avec cette racine que les naturels du pays teignent leurs toiles en jaune safran ; pour cela ils la font bouillir

tout simplement dans l'eau. Quand ils y ajoutent du bois de Sappan (*Cæsalpinia Sappan*, L.), ils obtiennent une couleur rouge fort belle et presque inaltérable. Le fruit de cet Arbrisseau est pulpeux, aromatique, amère et astringent ; il est employé dans le pays comme anthelmintique.

(G..N.)

MORINE. *Morina.* BOT. PHAN. Tournefort est l'auteur de ce genre qui appartient à la famille des Dipsacées, et à la Diandrie Monogynie, L. Vaillant, dans les Mémoires de l'Académie des sciences pour 1722, le publia sous le nom de *Diototheca* ; mais Linné lui restitua le nom proposé par Tournefort. Voici ses caractères : involucelle (calice extérieur des auteurs) tubuleux terminé par des dents épineuses et inégales, deux étant beaucoup plus larges que les autres ; calice (intérieur de Jussieu) supère à deux lobes obtus, et persistant ; corolle monopétale, irrégulière, dont le tube est très-long, un peu arqué, élargi au sommet, le limbe divisé en deux lèvres obtuses, la supérieure à deux lobes, l'inférieure plus longue, à trois lobes inégaux ; deux étamines saillantes, à filets velus, et à anthères cordiformes ; ovaire globuleux, supère, surmonté d'un style filiforme plus long que les étamines, et d'un stigmate en tête aplatie ; akène arrondi, solitaire, couronné par le calice. Tous les auteurs avaient considéré comme un calice extérieur l'organe le plus extérieur des tégumens floraux. Le docteur Th. Coulter, dans un mémoire publié récemment sur la famille des Dipsacées, a fait voir que ce prétendu calice extérieur n'est autre chose qu'un involucelle analogue à celui des Ombellifères ; il a en outre établi que cet involucelle est libre, quoique dans quelques cas, étant appliqué immédiatement sur l'akène et le véritable calice, il puisse contracter une adhérence partielle avec ces organes.

La MORINE DE PERSE, *Morina Persica*, L. ; *M. Orientalis*, Miller, a été rapportée des environs d'Erzérum en

Perse par Tournefort, qui en a donné une figure dans le troisième volume de ses Voyages. On l'a retrouvée dans plusieurs autres contrées du Levant, et particulièrement sur le Parnasse. Cette Plante a une racine épaisse, perpendiculaire, qui émet plusieurs fibres très-grosses. Sa tige, haute d'environ un mètre, est garnie à chaque nœud de trois à quatre feuilles verticellées, sinuées et épineuses comme celles des Carlines. Les fleurs sont verticillées, axillaires, très-serrées, et forment un épi terminal.

(G..N.)

MORINGA. BOT. PHAN. Genre placé dans la famille des Légumineuses, et qui appartient à la Décandrie Monogynie, L., établi par Burmann, et adopté par la plupart des botanistes modernes. De Candolle (*Prodrom. Syst. Veget.*, 2, p. 478) le caractérise ainsi : calice à cinq sépales presqu'égaux, oblongs, caducs, légèrement soudés à la base ; corolle à cinq pétales presqu'égaux, oblongs, le supérieur ascendant; dix étamines inégales, à filets séparés, cinq d'entre elles quelquefois stériles; style filiforme aigu ; légume en forme de silique à trois valves; graines trigones, attachées au centre du fruit, dépourvues d'albumen ; embryon droit, à cotylédons épais, huileux, renfermés dans le spermoderme pendant la germination. La structure de ce fruit est très-singulière pour un genre de Légumineuses ; les trois valves dont il se compose représentent, selon De Candolle, trois carpelles étroitement soudées, dont les parties intérieures, minces et membraneuses, se sont oblitérées pendant la maturité, et n'ont laissé au centre que les sutures séminifères sous l'apparence d'un filet. En admettant cette explication, le fruit du Moringa n'est pas aussi anomal qu'il le semble au premier coup-d'œil. De Candolle place ce genre dans la tribu des Cassiées ; mais il l'indique comme pouvant former le type d'une tribu nouvelle, ou être réuni au Géoffrées. Dans ses observations sur les Plantes de l'Afrique australe recueillies par le docteur Oudney, R. Brown a isolé le genre *Moringa* et en a constitué une nouvelle famille pour laquelle il a proposé le nom de MORINGÉES (*Moringeæ*). Linné l'avait supprimé, et le confondait avec le *Guilandina;* rétabli postérieurement par plusieurs auteurs, il reçut diverses dénominations qui n'ont point été adoptées. Ainsi l'*Hyperanthera* de Forskahl et de Vahl, l'*Anoma* de Loureiro, l'*Alandina* de Necker, sont synonymes du *Moringa*. Quatre espèces ont été décrites par les auteurs sous les noms de *Moringa pterygosperma*, Gaertn.; *M. polygona*, D. C.; *M. aptera*, Gaertn., et *M. Arabica*, Persoon. La première est le *Guilandina Moringa* de Linné, espèce qui a reçu tant d'autres noms. Ses légumes sont triquètres, ses semences trigones, à angles saillans en forme d'ailes. Elle croît dans les Indes-Orientales et dans l'Amérique équatoriale, où elle a été vraisemblablement introduite. La seconde espèce ne se distingue de celle-ci que par ses légumes polygones et non pas toujours triquètres. Elle paraît en être une simple variété. C'était l'*Hyperanthera decandra* de Willdenow. Sa patrie est le Bengale, ainsi que quelques autres localités de l'Inde. Le *Moringa aptera* de Gaertner est probablement la Plante figurée par Blackwell (Herb., t. 386) sous le nom de *Balanus Myrepsica*. Il ne diffère des espèces précédentes que par ses graines non munies d'ailes. Enfin le *Moringa Arabica*, qui, comme son nom l'indique, croît en Arabie, est remarquable par son légume à six saillies carénées, et par les glandes que l'on observe sur le pétiole commun entre les pinnules des feuilles. C'était l'*Hyperanthera semidecandra* de Forskahl, réuni à tort, par Lamarck, au *Gymnocladus*.

Les trois premières espèces de Moringa fournissent une huile douce sans odeur et qui se rancit difficilement. Une qualité aussi précieuse l'a fait rechercher des parfumeurs ; ils l'imprègnent des odeurs suaves et fugaces comme celles du Jasmin, de la Tubéreuse, etc. Cette huile est connue dans le commerce sous le nom d'Huile de Ben. (G..N.)

* **MORINGÉES.** *Moringeœ.* BOT. PHAN. R. Brown (*Observ. on the Plants of Afric. central collect. by Dr. Oudney*) propose de former sous ce nom un nouvel ordre naturel formé du seul genre *Moringa* (*V.* ce mot); sa place dans la série des ordres naturels n'est pas encore déterminée. Elle se distingue surtout par son ovaire à trois placentas pariétaux et par les anthères uniloculaires. (G..N.)

MORIN-JALMA. MAM. Nom sous lequel les Kalmouks connaissent l'Alactaga. *V.* ce mot à l'article GERBOISE. (IS. G. ST.-H.)

MORIO. MOLL. Nom latin donné par Montfort à son genre Heaulme ou plutôt Haume, qui n'est rien autre chose que le genre Cassidaire de Lamarck, généralement adopté. *V.* CASSIDAIRE. (D..H.)

MORION. *Morio.* INS. Genre de l'ordre des Coléoptères, section des Pentamères, famille des Carnassiers terrestres, tribu des Carabiques bipartis, établi par Latreille qui l'avait placé parmi ses Harpales et ayant pour caractères : menton articulé, concave, très-fortement échancré et ayant, dans son milieu, une dent peu saillante, obtuse et presque bifide; lèvre supérieure assez avancée et fortement échancrée; derniers articles des palpes labiaux presque cylindriques, un peu ovalaires et tronqués à l'extrémité; antennes plus courtes que la moitié du corps, moniliformes, à articles distincts et ne grossissant presque pas vers l'extrémité; corps plus ou moins allongé; corselet plane, presque carré, plus ou moins rétréci postérieurement: jambes antérieures non palmées. Ce genre est très-rapproché des Scarites, mais il s'en distingue par les jambes antérieures qui

sont palmées dans ces derniers. Les Ozènes ont les articles des antennes lenticulaires et le dernier est plus gros; les Aristes s'en distinguent par la forme du corps et surtout du corselet; enfin les Harpales s'en éloignent par leurs tarses antérieurs qui sont dilatés dans les mâles, ce qui n'a pas lieu dans les Morions. Le menton de ces Carabiques est concave, large, assez avancé, très-fortement échancré, et il a, dans son milieu, une petite dent obtuse et peu saillante, qui paraît presque bifide. La lèvre supérieure est assez avancée, assez étroite et fortement échancrée. Les mandibules sont fortes, peu avancées, arquées et aiguës. Les palpes sont peu saillans; le dernier article des labiaux est presque cylindrique, un peu ovalaire et tronqué à l'extrémité. Les antennes sont moniliformes, plus courtes que la moitié du corps; leur premier article est à peu près de la longueur du second et du troisième réunis; tous les autres sont presque égaux, distincts, lenticulaires, et ils ne grossissent presque pas vers leur extrémité. La tête est un peu rétrécie derrière les yeux; ceux-ci sont assez saillans. Le corselet est plane, presque carré et plus ou moins rétréci postérieurement. Les élytres sont plus ou moins allongées, plus ou moins parallèles et planes. Les pates sont assez fortes, mais elles ne sont pas très-grandes. Les jambes antérieures s'élargissent vers l'extrémité; elles sont terminées par deux épines fortes, et elles sont fortement échancrées intérieurement, mais elles n'ont aucune dent sur le côté extérieur; les intermédiaires et les postérieures sont simples. Les espèces de ce genre sont propres à l'Amérique et à l'Inde, nous citerons entre elles :

Le MORION MONILICORNE, *Morio monilicornis,* Latr.; *Harpalus monilicornis,* Latr.; *Scaritis nigerrimus,* Herbst., Coléopt., tab. 76, fig. 2; *Scaritis Georgiœ,* Palisot-Bauv., 7, p. 107, t. 15, fig. 5. Il est noir, luisant; ses élytres sont allongées, presque parallèles, profondément striées, avec les stries de leur base légèrement ponctuées; il se trouve à Cayenne.

Le nòm de *Morio* est celui que l'on donne vulgairement au *Papilio Antiopa*, L.   (G.)

MORION. BOT. PHAN. (Dioscoride.) Une petite variété de Mandragore.—(Pline.) L'*Atropa Belladona*, L.   (B.)

* MORIQUE. MIN. *V*. ACIDE.

* MORISIEN. POIS. Espèce du genre Leptocéphale.   (B.)

MORISONIE. *Morisonia*. BOT. PHAN. Genre de la famille des Capparidées, et de la Monadelphie Polyandrie, L., établi par Plumier (*Genera*, p. 36, t. 23), et présentant les caractères suivans : calice ovoïde, obtus, marcescent, se déchirant profondément en deux découpures inégales et concaves; corolle à quatre pétales ovales, allongés, obtus, très-ouverts, une fois plus longs que le calice ; environ vingt étamines, à filets droits subulés, plus courts que la corolle, réunis par la base en un tube infundibuliforme; ovaire supérieur, pédicellé; et surmonté d'un stigmate sessile, convexe et élargi ; baie sphérique, uniloculaire, à peu près de la grosseur d'une pomme, couverte d'une écorce dure parsemée de points calleux, renfermant une pulpe blanche, dans laquelle sont éparses plusieurs graines réniformes. Ce genre avait été réuni au *Capparis* par Swartz. Il ne se compose que de l'espèce suivante :

La MORISONIE D'AMÉRIQUE, *Morisonia Americana*, L. et Jacq., *Pl. Amer.*, t. 97; Arbre droit qui ne s'élève pas au-delà de cinq mètres. Ses branches sont garnies de feuilles extrêmement grandes, alternes, pétiolées, ovales ou oblongues, entières, coriaces, glabres et luisantes. Les fleurs sont d'un blanc sale, peu odorantes, pédicellées et rassemblées, au nombre de quatre et plus, en peti-

les ombelles, supportées par des pédoncules communs, épars sur les rameaux. Cet Arbre croît sur les montagnes de l'Amérique méridionale ; ses racines longues, grosses, noueuses, compactes et pesantes, servent aux sauvages pour faire des massues. Les habitans de la Martinique le nomment Arbre du Diable ou Bois-Mabou, d'où l'on a fait le mot Mabouier, sous lequel ce genre est décrit dans l'Encyclopédie.   (G..N.)

MORME. POIS. Syn. de *Sparus monopterus* sur les côtes de la Méditerranée, particulièrement aux îles Baléares. *V*. SPARE.   (B.)

* MORMOLYCE. *Mormolyce*. INS. Genre de l'ordre des Coléoptères, section des Pentamères, famille des Carnassiers, tribu des Carabiques, division des Thoraciques, établi par Hagenbach sur un Insecte rapporté de Java par Kulh et Van-Hasselt, et ayant pour caractères : antennes de onze articles, dont le premier épais, court ; le second beaucoup plus court ; le troisième deux fois plus long que les deux premiers pris ensemble ; le quatrième un peu moins long que le précédent, et les sept derniers plus courts et presque égaux; mandibules cornées, fortes, aiguës et ayant une dent au milieu du côté intérieur; mâchoires cornées, avec le lobe intérieur très-aigu, recourbé et muni de cils très-serrés; palpes maxillaires intérieurs composés de deux articles égaux, minces, les extérieurs en ayant quatre; le premier très-petit et peu apparent; le second le plus grand de tous, épais, un peu comprimé ; le troisième moins long, et le dernier un peu plus long que le troisième, arrondi et ovoïde ; labre presque carré avec son bord antérieur légèrement échancré; lèvre cornée, étroite, divisée en trois lobes dont les deux latéraux larges et arrondis, et l'intermédiaire petit et pointu ; languette spongieuse, déprimée au milieu, échancrée en forme de cœur antérieurement, et portant deux pal-

pes de trois articles dont le premier très-court et les deux autres presque égaux ; le dernier finit en pointe arrondie ; menton corné, très-court, avec le bord antérieur échancré. La forme du Mormolyce est très-extraordinaire, et aucun Carabique connu jusqu'à présent ne peut lui être comparé. Sa tête est très-longue, déprimée, et va en diminuant vers le corselet ; les yeux sont placés à sa partie antérieure ; ils sont saillans, hémisphériques et très-luisans. Le corselet est allongé, dilaté, avec ses bords latéraux relevés et dentés en scie ; l'écusson est petit, allongé et aigu. Les élytres sont un peu membraneuses, très-larges antérieurement, allant en diminuant postérieurement et coupées en arc rentrant, ce qui laisse l'anus à découvert et forme une échancrure profonde quand les élytres sont fermées et dans leur état de repos. Chaque élytre a un appendice de la même consistance attaché à son bord extérieur, aussi large qu'elle, arrondi, descendant beaucoup plus bas et s'arrondissant pour venir finir à l'angle extérieur de l'échancrure postérieure ; cette partie donne à l'Insecte l'aspect de certains Lycus dont les élytres sont quelquefois très-dilatées. Les pates sont très-longues, grêles, comprimées et égales ; les antérieures ont une échancrure au côté intérieur ; les trochanters des quatre premières sont petits ; ceux des postérieures sont très-grands et en ovale allongé. Les tarses sont allongés, composés de cinq articles ; le premier est long et les autres presque égaux entre eux et beaucoup plus courts. Ils sont terminés par deux crochets recourbés. L'abdomen est en ovale cylindrique, un peu comprimé. La seule espèce connue de ce genre est :

Le Mormolyce Phyllode, *Mormolyce Phyllodes*, Hag. Il est long de plus de deux pouces et entièrement d'un brun luisant ; ses élytres ont neuf stries enfoncées ; sur la cinquième ligne on observe deux ou trois tubercules obtus et peu ap-

parens ; il y en a quelques autres sur le bord extérieur. La dilatation est toute sillonnée de légères nervures ; elle est couverte de petites dépressions arquées qui lui donnent un aspect légèrement rugueux. (G.)

MORMON. mam. Syn. de Mandrill. *V.* Cynocéphale. (B.)

MORMON. ois. (Illiger.) Syn. de Macareux. *V.* ce mot. (B.)

* **MORMOPS.** mam. Nom donné récemment par Leach à un genre qu'il propose d'établir parmi les Chauve-Souris insectivores. *V.* Vespertilion. (IS. G. ST.-H.)

MORMYRE. *Mormyrus.* pois. Genre formé par Gmelin d'après Forskahl, dans l'ordre des Branchiostèges, adopté par Cuvier qui le place à la suite de la famille des Esoces, dans son ordre des Malacoptérygiens abdominaux, et duquel les espèces, dont Geoffroy Saint-Hilaire a beaucoup augmenté le nombre et donné d'excellentes descriptions, habitent le Nil. Le nom de Mormyre, d'origine grecque, désignait dans l'antiquité un Poisson de mer varié de couleurs diverses ; on ne voit pas les motifs qui en valurent l'application chez les modernes à des Poissons d'eau douce dont les teintes sont uniformes. Les caractères des Mormyres de Linné, de Geoffroy et de Cuvier, sont : corps comprimé, oblong, écailleux ; queue mince à la base, renflée vers la nageoire ; tête couverte d'une peau nue épaisse qui enveloppe les opercules et les rayons des ouies, ne laissant pour l'ouverture de celles-ci qu'une fente verticale ; dents menues et échancrées au bout ; une seule dorsale. Les intestins sont plus longs que chez les Esoces, et il y a deux cœcums. Il existe cinq ou six rayons à la branchie, encore que d'après Forskahl on n'y en comptât qu'un dans le *Systema Naturæ* de Gmelin. Des dents menues et échancrées au bout garnissent les intermaxillaires et la mâchoire inférieure, et il existe sur la langue et sous le vomer une longue bande de dents en velours. La vessie est longue, ample et simple. Les formes générales de ces Poissons rappellent celles des Cyprins; leur chair est délicate, fort estimée des Égyptiens, et passe pour la meilleure du Nil. Les principales espèces de ce genre qui en renferme neuf ou dix, sont :

L'OXYRHYNQUE, *Mormyrus Oxyrhynchus*, Geoff., *Ægypt.*, pl. 6, f. 1; *Centriscus Niloticus*, Schn., pl. 5o. Il a son museau cylindrique, pointu et droit, avec la mâchoire inférieure un peu plus avancée que la supérieure. Sa dorsale est longue, et s'étend d'une extrémité à l'autre du dos. La caudale est écailleuse à sa base. C'est un Poisson bleuâtre, plus foncé sur le dos, pâle sous le ventre, avec la tête rouge, surtout vers le museau, et des points bleus en dessus. Il a quelque chose du Brochet pour l'aspect, et fut plusieurs fois confondu avec ce Poisson. Paul Lucas en avait anciennement donné une figure médiocre, mais reconnaissable. Il est très-commun dans le Haut-Nil qui en alimente les marchés du Caire. Les anciens Égyptiens l'avaient mis au nombre de leurs divinités. On l'appelle aujourd'hui *Kaschoué* dans le pays.

Le KANNUMÉ, *Mormyrus Kannume*, Gmel., *Syst. Nat.*, XIII, T. 1, p. 144o. Ce Poisson, que Forskahl fit connaître en introduisant son nom arabe dans la science, a, comme le précédent, sa dorsale fort longue, mais en même temps bien plus basse; sa caudale est fourchue, son corps à peine comprimé, et sa couleur blanchâtre.

Le HERSÉ, Sonnini, Voy., pl. 22, f. 1; *Mormyrus Dendera*, Geoff., *Ægypt.*, pl. 7, f. 2; *Mormyrus Anguiloides*, L., Gmel., *Syst. Nat.*, XIII, T. 1, p. 144o (*Syn. Hasselq. excl.*) Cette espèce avec laquelle on a mal à propos confondu le Caschivé, autre espèce du même genre, a sa dorsale courte, son museau obtus et cylindrique, avec des lèvres épaisses. Il ne dépasse guère six à huit

pouces de longueur; ses parties supérieures, d'un noir luisant, sont ponctuées de gris, ses flancs et le dessous sont grisâtres avec ses nageoires obscures. (B.)

MOROCARPUS. BOT. PHAN. (Ruppi.) Syn. de *Blitum capitatum*. (B.)

MOROCHITE. MIN. *Morochthus, Galactia*. Terre blanche que les anciens tiraient de l'Égypte, et dont ils se servaient pour blanchir les étoffes. C'était probablement une sorte de Terre à foulon ou de Terre magnésienne. Le *Morochton* ou *Morochtus*, que Dioscoride nous dit avoir été aussi appelé *Galaxia* et *Leucographida*, était probablement la même Terre qu'on employait aussi médicinalement dans le flux de ventre, etc. (G. DEL.)

MORON. BOT. PHAN. Qu'il ne faut pas confondre avec Mouron (*Anagallis*). Nom vulgaire de la Morgeline (*Alsine*). (B.)

MORONGUE. BOT. PHAN. De Morunga et Moringa. On nomme ainsi dans les colonies françaises, au-delà du cap de Bonne-Espérance, les feuilles de cet Arbre qui se mangent en Brèdes. *V.* ce mot. (B.)

MORONGUE - MARIAGE. BOT. PHAN. L'un des noms vulgaires de l'Erythrine des Indes. (B.)

MORONOBÉE. *Moronobea*. BOT. PHAN. Genre de la famille des Guttifères et de la Monadelphie Pentandrie, L., établi par Aublet (Plantes de la Guiane, 2, p. 789, t. 313), et ainsi caractérisé : calice à cinq sépales imbriqués et coriaces; corolle à cinq pétales tordus pendant la préfloraison; étamines nombreuses, dont les filets forment trois ou cinq faisceaux réunis par la base en un urcéole; les anthères sont adnées aux faisceaux des filets et simulent des stries; ovaire strié surmonté d'un style simple et de cinq stigmates; baie couverte d'une écorce épaisse à cinq loges monospermes. Linné fils (*Suppl.*, p. 3o2) a donné à ce genre le nom de

Symphonia, que Willdenow et Persoon ont adopté. Le *Moronobea coccinea* d'Aublet, *Symphonia globulifera*, L. fils, *loc. cit.*, est un Arbre qui croît dans les forêts montueuses de la Guiane. Son tronc est épais et élevé; ses feuilles sont oblongues et glauques. Les fleurs, dont les pétales sont connivens et forment une corolle globuleuse, sont peu nombreuses et disposées en ombelle terminale et simple. Les Perroquets sont très-friands des graines de cette Plante. Dans le premier volume des Mémoires de la nouvelle société d'Histoire Naturelle de Paris, p. 250, Choisy a décrit une nouvelle espèce de ce genre, qu'il a nommée *Moronobea grandiflora*. Cette Plante a été rapportée de la Guiane par Richard père, et elle est caractérisée par ses feuilles elliptiques, lancéolées, un peu acuminées, par ses grandes fleurs en corymbes, ses étamines réunies en trois faisceaux, et, de même que le style, remarquables par leur longueur. Cette forme des étamines dans le *Moronobea grandiflora* rappelle, selon Choisy, celle des *Magnolia*, avec lesquelles les Guttifères ont plus d'un rapport.
(G..N.)

* MORONOBÉES. *Moronobeæ*. BOT. PHAN. Choisy (Mémoires de la nouvelle société d'Histoire Naturelle de Paris, T. I, p. 229) a nommé ainsi la quatrième section de la famille des Guttifères. *V.* ce mot. (G..N.)

* MORONOBO. BOT. PHAN. *V.* CORONOBO.

* MORO-SPHYNX. INS. (Geoffroy.) La chenille du *Sphynx Galii*, L. (B.)

* MOROTOTONI. BOT. PHAN. (Aublet). Espèce de Panax. *V.* GENSEN ou GINSENG. (B.)

MOROXITE. MIN. Nom donné à une variété de Chaux phosphatée d'un bleu-verdâtre, qu'on trouve à Arendal en Norvège. *V.* CHAUX PHOSPHATÉE. (G. DEL.)

* MORPHÉE. INS. Syn. de Morpho. *V.* ce mot. (G.)

MORPHINE. Substance alcaline, blanche, cristallisée en prismes aciculaires, amère, presque insoluble dans l'eau froide, un peu plus dans l'eau bouillante, très-soluble dans l'Alcohol, fusible à une douce chaleur et se prenant par le refroidissement en une masse transparente, où se laissent apercevoir des signes de cristallisation. La Morphine est contenue dans l'Opium où elle est combinée avec l'Acide méronique. Pour l'obtenir, on fait bouillir une infusion d'Opium avec de la Magnésie; il se forme un dépôt grisâtre que l'on fait sécher pour le traiter ensuite et à plusieurs reprises, par l'Alcohol faible d'abord, puis concentré, lequel laisse précipiter, par le refroidissement, la Morphine cristallisée. Cette substance jouit de toutes les propriétés des Alcalis; elle n'a qu'une action presque insignifiante sur l'économie animale; mais les sels qu'elle forme avec les Acides et l'acétique en particulier, sont des poisons d'autant plus dangereux, qu'ils agissent par absorption, à très-forte dose, et qu'ils laissent des traces encore fort équivoques de cette action. La composition de la Morphine est : Carbone, 72,62; Oxigène, 14,84; Hydrogène, 7,01; Azote, 5,53. (DR..Z.)

MORPHNUS. OIS. (Cuvier.) Syn. d'Autour. *V.* AIGLE. (B.)

MORPHO. INS. Genre de l'ordre des Lépidoptères, famille des Diurnes, tribu des Papilionides, division des Nacrés, établi par Fabricius et ayant pour caractères : palpes inférieurs très-comprimés, avec la tranche antérieure étroite ou aiguë; cellule discoïdale et centrale des ailes inférieures fermée postérieurement; antennes presque filiformes, légèrement et insensiblement plus grosses vers leur extrémité. Ce genre se distingue des Brassolides, des Pavonies, des Eurybies et des Satyres par les antennes qui, chez ceux-ci, sont terminées par un bouton gros et bien distinct, et par d'autres caractères tirés des cellules des ailes et de la longueur des palpes. Les Nymphales en sont aussi distingués par un fort bouton au bout des antennes, et parce que leurs palpes ne sont pas comprimés. Ce sont des Lépidoptères de très-grande taille, souvent ornés des couleurs les plus brillantes; ils faisaient partie des Chevaliers (*Equites*) de Linné. Leurs pates antérieures ne sont pas ambulatoires, et leurs ailes inférieures reçoivent dans un canal de leur bord intérieur l'abdomen. Leurs chenilles sont nues ou presque rases, quelquefois terminées postérieurement par une pointe fourchue. Ces Papillons sont propres aux contrées chaudes de l'Amérique méridionale; leur vol n'est pas très-élevé, et ils se tiennent de préférence le long des haies ou contre les rochers. Ils se posent et étendent leurs ailes au soleil comme le font souvent les Satyres. Fabricius avait composé avec les Morpho de Latreille plusieurs genres qui n'ont pas été adoptés. Ce genre est assez nombreux en espèces; Godart (Encycl. méth., art. *Papillon*) en décrit quarante-deux espèces que l'on peut partager en deux coupes, ainsi qu'il suit :

1. Cellule discoïdale ou centrale des secondes ailes ouverte en arrière.

MORPHON ADONIS, *Morpho Adonis*, Fabr., Latr., God.; *Papilio Adonis*, Cram., pl. 61, fig. A, B. Il a de trois pouces et demi à quatre pouces d'envergure. Le dessus des ailes est du bleu azuré le plus brillant, avec le limbe postérieur noir (et tacheté de blanc dans la femelle). Le dessous est d'un gris lavé de brun avec des bandes plus claires et des yeux séparés. Il se trouve au Brésil et à Cayenne.

2. Cellule discoïdale des secondes ailes fermée en arrière.

MORPHON ACTORION, *Morpho Actorion*, God., Latr.; *Papilio Actorion*, L., Clerck, Icon., t. 36, fig. 2; Séba, Mus., tab. 41, fig. 17, 18. Il a deux pouces d'envergure; ses ailes sont entières, couleur de terre d'ombre

en dessus; les supérieures ont une bande rousse à l'extrémité avec un espace d'un violet luisant vers l'angle interne. Il se trouve au Brésil et à Surinam. *V*. pour les autres espèces, Crammer, Esper, Hubner, Fabricius, Godart, etc.   (G.)

MORPION. ARACH. Nom bas et vulgaire qui devrait être repoussé des dictionnaires, où il désigne le *Pediculus pubis*, L., espèce du genre Pou. *V*. ce mot.   (B.)

MORRHUE ET MORRUDE. POIS. Pour Morue. *V*. GADE.   (B.)

MORS-DU-DIABLE. *Morsus-Diaboli*. BOT. PHAN. Espèce du genre Scabieuse, dont la floraison annonce la mauvaise saison. Sa racine, échancrée et comme mordue, l'a fait appeler ainsi. On a appelé MORS-DE-GRENOUILLE l'*Hydrocharis Morsus-Ranæ*.   (B.)

MORSE. *Trichechus*. MAM. Genre encore très-imparfaitement connu, qui compose, avec les Phoques, la tribu si remarquable des Carnassiers Amphibies. Les modifications de l'appareil de la locomotion le rendent voisin de cette dernière famille, à laquelle il ressemble aussi par ses formes générales; mais dont il s'éloigne au contraire à plusieurs autres égards, et spécialement par son système dentaire. Les deux mâchoires ont ordinairement l'une et l'autre huit mâchelières, et la supérieure a en outre quatre incisives et deux canines, qui manquent à l'inférieure, du moins chez l'adulte. Le nombre des dents est en effet sujet à varier chez les Morses, soit par l'effet de l'âge, soit même par d'autres causes; fait qu'il est important de remarquer parce qu'il explique les nombreuses contradictions que présentent les diverses descriptions données par les voyageurs et les naturalistes. Il paraît que, dans le jeune âge, on trouve à la mâchoire inférieure deux petites incisives très-rudimentaires, et dont il n'existe plus de vestiges chez les adultes. Les deux incisives médianes de la mâchoire supérieure manquent elles-mêmes chez un grand nombre d'individus ; elles sont d'ailleurs, lorsqu'elles existent, coniques et crochues, mais toujours très-petites et rudimentaires. Les externes, dont le volume est beaucoup plus considérable, sont cylindriques et coupées obliquement de dehors en dedans : elles diffèrent peu des mâchelières par leur forme, et c'est ce qui avait porté quelques auteurs à les compter parmi les molaires, quoiqu'elles soient bien réellement de véritables incisives. Les canines sont d'énormes défenses qui se recourbent en bas et en arrière : elles sont arrondies en dehors, mais creusées d'un sillon longitudinal à leur face interne. On ne voit point sur leur coupe de lignes courbes comme dans l'ivoire de l'Eléphant, mais de simples granulations. Les trois premières molaires de chaque côté sont plus fortes et plus grosses que les incisives externes, avec lesquelles elles ont, comme nous l'avons déjà remarqué, beaucoup de ressemblance ; la dernière n'est au contraire qu'une petite dent rudimentaire, et qui tombe avec l'âge : elles n'ont d'ailleurs toutes qu'une racine conique très-courte, et sont formées d'une seule substance très-dure, très-compacte, et analogue à celle des défenses. Les mâchelières inférieures sont toutes à peu près de même forme; elles sont plus étendues de devant en arrière que de dedans en dehors, et leur couronne paraît légèrement convexe. En général, le système dentaire des Morses, remarque Fr. Cuvier, « ne paraît pas plus convenir pour broyer des matières végétales que pour couper des substances animales. On dirait que les dents de ces Amphibies sont spécialement destinées à briser, à rompre des matières dures ; car elles semblent, par leur structure et leurs rapports, agir les unes sur les autres, comme le pilon agit sur son mortier. » Les membres très-courts, et disposés comme chez les Phoques, sont terminés par cinq doigts réunis par une forte membrane et armés d'ongles assez robustes; le corps, allongé, conique et généralement assez semblable à celui des autres Amphibies, est terminé par une queue très-courte; la tête est arrondie, et les narines, au lieu d'être terminales, sont dirigées en haut; disposition qui dépend de la forme de la mâchoire supérieure relevée et modifiée d'une manière très-remarquable à cause de la grandeur des alvéoles qui logent les défenses.

Les mœurs et les habitudes des Morses sont aussi imparfaitement connues que leur organisation. On sait cependant que ces Amphibies vivent par troupes assez nombreuses sur les côtes désertes ou peu habitées. Ils se nourrissent de Fucus et de matières animales, mais surtout de coquillages qu'ils brisent au moyen de leurs mâchelières, que leurs formes et leur structure rendent, comme nous l'avons dit d'après Fr. Cuvier, très-propres à cet usage. Les femelles portent neuf mois environ, et ne produisent ordinairement qu'un seul petit.

On ne connaît encore, d'une manière bien certaine, que le Morse du Nord, *Trichechus Rosmarus*, L., ou l'Animal connu vulgairement sous les noms de Vache marine, de Cheval marin et de Bête à la grande dent. Cette espèce, répandue dans toutes les parties de la mer Glaciale, est couverte d'un poil ras, de couleur brunâtre : elle atteint quelquefois jusqu'à vingt pieds de longueur, et on a trouvé des individus du poids de deux milliers. Sa graisse, sa peau et l'ivoire de ses défenses sont employés à divers usages.

On croit qu'il existe dans ce genre une seconde espèce qui serait propre aux mers équatoriales; mais on n'a encore sur elle que des notions très-vagues. Quant aux Lamantins et au Dugong, long-temps placés dans le genre *Trichechus*, il est bien démontré aujourd'hui que ce sont des êtres d'une organisation très-différente de celle des vrais Morses, et que c'est avec juste raison que Cuvier les a reportés vers les Cétacés. *V*. Du-GONG et LAMANTIN. (IS. G. ST.-H.)

MORSEGO. BOT. PHAN. Sous ce nom est décrit et figuré dans Rumph (*Herb. Amboin.*, vol. VII, p. 17, t. 10) un petit Arbre très-rameux, à feuilles opposées et dentées. Les fruits, disposés en grappes terminales, sont des baies sèches ou capsules qui s'ouvrent d'un seul côté, et renferment un noyau. Quoique l'Arbre ait le port de certains genres de Verbénacées, il n'est cependant pas possible d'en déterminer les affinités naturelles, attendu que l'on ne connaît aucunement sa fleur. (G..N.)

MORSURE DE PUCE. MOLL. Nom marchand du *Conus pulicarius*, L. (B.)

MORT. ZOOL. BOT. Cessation totale des fonctions vitales. *V*. ORGANISATION.

On a appelé vulgairement :

MORT-AU-CHANVRE, l'Orobanche rameuse.

MORT-AUX-CHIENS, le Colchique d'automne.

MORT-DE-FROID, l'*Agaricus procerus*.

MORT-AU-LOUP, l'*Aconitum Lycocthonum*.

MORT-AUX-POULES, la Jusquiame noire.

MORT-DE-SAFRAN, un Champignon du genre *Sclerotium*.

MORT-AUX-VACHES, la Renoncule scélérate.

MORT-AUX-POUX, la Staphisaigre, etc. (B.)

*MORTEFÉRIE. OIS. Nom vulgaire du grand Plongeon jeune. *V*. PLONGEON. (DR..Z.)

*MORTON. BOT. CRYPT. L'un des noms vulgaires de l'*Agaricus necatorius*, L. (B.)

MORUE. POIS. Espèce d'un sous-genre Gade. *V*. ce mot. (B.)

*MORUNGA ou MORUNGU. BOT. PHAN. Syn. de Moringa. *V*. ce mot. (B.)

MORUS. BOT. PHAN. *V*. MURIER.

*MORVAN. MAM. *V*. MOUTON.

MORVÈQUE. BOT. PHAN. Variété de Raisin noir.

MORVRAN. OIS. *V*. MORBRAN.

*MORYSIE. *Morysia*. BOT. PHAN. Genre de la famille des Synanthérées, et de la Syngénésie égale, L., récemment proposé par Cassini (Dict. Sc. nat. T. XXXIII, p. 59) qui l'a ainsi caractérisé : involucre oblong, formé d'écailles imbriquées, appliquées, ovales-oblongues, obtuses, concaves et coriaces; réceptacle petit, planiuscule, garni de paillettes planes, presque membraneuses, et irrégulièrement denticulées; calathide sans rayons, composée de fleurons nombreux, égaux, réguliers et hermaphrodites; corolle à tube cylindrique, droit, articulé sur l'ovaire et non prolongé par sa base sur le sommet de celui-ci, à limbe partagé en cinq divisions privées de bosse derrière le sommet; ovaires oblongs, glabres, à dix côtes longitudinales saillantes, dépourvues d'aigrettes. Cassini a placé ce genre dans le groupe des Santolinées, qui se compose des genres de la tribu des Anthémidées, où le réceptacle est garni de paillettes, et la calathide non radiée. Le *Morysia* ne diffère du *Diotis* que par sa corolle non décurrente sur l'ovaire, caractère si léger que nous ne concevons pas comment on a pu lui donner assez d'importance pour motiver une distinction générique. Il s'éloigne davantage du *Santolina* par son port et par la structure de son involucre et de sa corolle. Enfin on peut encore moins le confondre avec les genres *Hymenolepis*, *Athanasia*, *Lonas*, *Lasiospermum* et *Anacyclus*, qui appartiennent aussi au groupe des Santolinées; mais qui offrent, les uns des ovaires aigrettés, les autres des fleurs femelles marginales. Une seule espèce constitue ce nouveau genre. C'était l'*Athanasia dentata*, L., que Cassini nomme maintenant *Morysia diversifolia*. Cette Plante, indigène du cap de Bonne-Espérance., est un Arbuste inodore, haut d'environ un mètre, dont la tige est tortueuse et très-rameuse ; les feuilles inférieures sont sessiles , décurrentes , oblongues , lancéolées, dentées sur les bords , et charnues ; les supérieures sont sessiles , courtes, arquées, presque cordiformes , et à bords légèrement dentés. Les fleurs, de couleur jaune, forment des cala-thides nombreuses et agglomérées en petits corymbes terminaux. (G..N.)

MOSAIQUE. moll. Nom marchand d'une espèce du genre Cône, *Conus tessellatus*, L.   (B.)

MOSAMBÉ. bot. phan. Nom indien de quelques espèces de Cléomé, adopté dans quelques ouvrages pour désigner ce genre. *V.* Cléomé.   (B.)

* MOSAT. conch. (Adanson.) *V.* Bucarde.

* MOSCARIA. bot. phan. Pour *Moscharia. V.* ce mot.   (G..N.)

MOSCATELLINE. *Adoxa.* bot. phan. Genre de la famille des Saxifragées et de l'Octandrie Tétragynie; L., ainsi caractérisé : calice adhérent à l'ovaire, à quatre ou cinq divisions, muni extérieurement de deux à quatre folioles courtes ; corolle nulle ; étamines en nombre double de celui des divisions calicinales, c'est-à-dire de huit à dix , à filets subulés portant des anthères arrondies ; ovaire infère, surmonté de quatre à cinq styles ; baie globuleuse à quatre ou cinq loges monospermes.

La Moscatelline printanière, *Adoxa Moschatellina*, L., est l'unique espèce de ce genre. Cette petite Plante a une racine vivace, blanche, succulente, munie d'écailles et de radicelles. De cette racine naissent une ou plusieurs petites tiges simples, portant deux feuilles opposées, pétiolées, d'un vert glauque, découpées en plusieurs folioles elles-mêmes incisées; outre ces feuilles caulinaires, on en voit encore de radicales semblables à celles-ci. Les fleurs sont réu-

nies au nombre de quatre à cinq, en une petite tête placée au sommet des tiges. La fleur terminale est pourvue d'un calice à cinq divisions, de dix étamines et de cinq styles , tandis que le nombre quaternaire s'observe dans les fleurs latérales. Cette humble Plante fleurit au printemps dans les lieux ombragés d'une grande partie de l'Europe. Ses fleurs ont une légère odeur de Musc, qui lui a valu les noms vulgaires de petite Musquée, Herbe du Musc, etc.   (G..N.)

MOSCH. bot. phan. Graine d'Ambrette. *V.* Abel-Mosch.

MOSCHARIA. bot. phan. Ruiz et Pavon (*Prodrom. Flor. Peruv.*, p. 103) ont proposé sous ce nom un genre de la famille des Synanthérées, tribu des Chicoracées, et de la Syngénésie égale, L., auquel ils ont imposé les caractères suivans : involucre ovoïde, composé de six folioles ovales, concaves, presque membraneuses et sur un seul rang; réceptacle plane, garni de paillettes, les extérieures carénées , les autres linéaires, lancéolées ; calathide composée de fleurs hermaphrodites, à corolle en languette linéaire lancéolée, tronquée et tridentée; les fleurs extérieures au nombre de huit, enveloppées par des écailles carénées; les intérieures placées entre des écailles linéaires-lancéolées; style filiforme, de la longueur des étamines ; deux stigmates un peu étalés ; akènes obovés , les extérieurs couronnés d'une aigrette courte et plumeuse, les intérieurs dépourvus d'aigrette. Ce genre ne renferme qu'une seule espèce, *Moscharia pinnatifida*, Plante herbacée, dont les feuilles sont amplexicaules , pinnatifides , à segmens profondément incisés. Elle croît dans les lieux arides et sablonneux du Chili.

Forskahl (*Flor. Ægypt. – Arab.*, p. 158) avait donné ce même nom de *Moscharia* à un genre qui, selon Vahl, n'est autre chose que le *Teucrium Iva*, L.

Le genre *Rhaponticum*, formé aux

dépens du *Centaurea*, L., avait aussi été nommé *Moscharia* par Heister.

(G..N.)

MOSCHATELLA. BOT. PHAN. D'anciens botanistes nomment ainsi la Moscatelline. *V*. ce mot. (B.)

MOSCHELAPHUS. MAM. L'un des syn. de Bubale. *V*. ANTILOPE. (B.)

MOSCHUS. MAM. *V*. CHEVROTAIN.

MOSILLE. *Mosillus.* INS. Genre de l'ordre des Diptères, famille des Athéricères, tribu des Muscides, division des Scatophiles, établi par Latreille aux dépens du grand genre *Musca* de Linné, et ayant pour caractères : antennes plus courtes que la tête, insérées près du milieu de sa face antérieure, composées de trois articles, dont le dernier en palette presque triangulaire ou demi-orbiculaire, n'est pas beaucoup plus long que le second, avec une soie latérale; cuillerons petits; balanciers nus; tête presque globuleuse ou transverse; ailes couchées sur le corps ; pieds propres au saut.

Latreille avait d'abord établi ce genre dans son *Genera Crustaceorum et Insectorum*. Plus tard (Règne Animal) il le confondit avec les Oscines, et ce n'est que dans ces derniers temps qu'il l'en a de nouveau distingué (Fam. Nat., etc.). Il en diffère essentiellement par la forme de la tête qui, dans les Oscines, est triangulaire au lieu d'être globuleuse. Les habitudes de ces petits Diptères sont encore peu connues : on sait cependant qu'une espèce (la Mouche aux yeux rouges de Panzer) dépose ses œufs dans les liqueurs fermentées; c'est cette espèce que l'on voit voltiger en si grand nombre aux environs des cuves où l'on fait le vin; on la trouve souvent morte dans le vin et le vinaigre. Une autre espèce, *Mosillus casei*, Latr., dépose ses œufs dans le fromage; la larve s'en nourrit et exécute des sauts en rapprochant en forme d'arc les deux extrémités de son corps et en le débandant ensuite avec force pour produire l'effet d'un res

sort. Goëdart, Lister, Mérian et Frisch ont parlé de cet Insecte. Linné en fait une variété de son *Musca putris;* mais elle en diffère essentiellement. La larve d'une autre espèce nommée *Musca frit* par Linné, vit dans les balles de l'orge : elle est un des plus grands fléaux pour les habitans de la Suède, en détruisant souvent la dixième partie des grains de cette Plante. Le dommage occasioné annuellement par ce Diptère est évalué à plus de cent mille ducats, suivant le calcul de Linné. Enfin une autre espèce dépose sa larve dans la chair des Nègres qui sont attaqués de l'horrible maladie appelée éléphantiasis. Linné la nomme *Musca lepræ*. Ce genre se compose d'un assez grand nombre d'autres espèces ; mais peu sont connues. Nous citerons :

Le MOSILLE ARQUÉ, *Mosillus arcuatus*, Latr. Noir bronzé; ailes transparentes, sans taches ; balanciers blancs. Latreille a trouvé cette espèce sur le sable des fentes des murs : il pense qu'elle y pratique des enfoncemens pour s'y cacher la nuit. On la trouve fréquemment à Paris.

(G.)

MOSINA. BOT. PHAN. (Adanson.) Syn. d'Ortégia. *V*. ce mot. (B.)

* **MOSKOKARYON.** BOT. PHAN. (Dioscoride.) Syn. de Muscade. *V*. MUSCADIER. (B.)

* **MOSOSAURE.** *Mososaurus.* REPT. FOSS. Genre de Saurien dont il n'existe plus d'espèces vivantes, et dont on ne connaît que des restes fossiles qui indiquent combien les proportions des Animaux qu'on y comprend étaient gigantesques. Pierre Camper, qui le premier en vit des ossemens, regarda ceux-ci comme ayant appartenu à quelque Cétacé, et cette idée s'était accréditée jusqu'à l'instant où Faujas Saint-Fonds, ayant acquis pour le Muséum d'Histoire Naturelle de Paris, la collection de pétrification faite à Maëstricht par le chanoine Goddin, décrivit tant bien que mal, mais fit graver

en perfection une belle tête du grand Reptile qu'il prétendit avec une sorte d'obstination être celle d'un Crocodile. Ce fut seulement Cuvier, auquel la zoologie fossile doit tant de belles découvertes et dont la critique judicieuse a tout examiné et tout pesé, qui prouva combien l'Animal de Maëstricht, devenu si célèbre par les controverses de Camper et de Faujas, était différent des créatures qu'on y prétendait reconnaître. Ce savant en reproduisant (Oss. Foss. T. v, part. 11, pl. 18, f. 1) les mâchoires du prétendu Crocodile de Faujas, en a habilement et minutieusement établi les caractères ; l'exposition de ceux-ci l'a déterminé à considérer le Saurien dont il est question comme ayant dû former un genre voisin des Tupinambis. (*V.* ce mot et Monitor.) Nous renverrons au magnifique ouvrage où Cuvier semble s'être attaché à prouver que l'un de ses confrères au Muséum d'Histoire Naturelle n'entendait rien à l'anatomie comparée; on y trouvera l'histoire de son nouveau genre. Il n'est pas de la nature de ce Dictionnaire d'analyser des choses qui tiennent principalement de la polémique; il suffit de rapporter que le nom de Mososaure signifie Saurien de la Meuse; il indique que l'Animal qui le portera désormais s'est trouvé d'abord dans les régions qu'arrose le principal des affluens du Rhin. Cependant il paraît qu'on en a encore revu quelques dents ailleurs. Le docteur Mitchill, de New-York, en possède qui viennent, dit ce naturaliste, des marnières du comté de Montmouth dans l'État de New-Jersey en Amérique. On ne peut dans l'état actuel de la science rien ajouter au lumineux Mémoire de Cuvier, si ce n'est que nous eussions désiré voir ce savant donner une idée plus exacte qu'il ne le fait des lieux où furent découverts les débris du Mososaure. Un ouvrage que nous avons présenté à l'Académie, sous le titre de VOYAGE SOUTERRAIN, et dont Cuvier fut lui-même nommé rapporteur, les décrit par-

faitement si nous nous en rapportons aux termes du rapporteur lui-même. Cependant cet illustre professeur de qui le cinquième volume est postérieur au Voyage souterrain dont il parla avec éloge, sans oublier de s'égayer sur Faujas, s'est borné à reproduire, sur le gisement du Mososaure, les erreurs de plusieurs voyageurs qui en ont très-imparfaitement parlé avant nous. Nous ne chercherons pas, au sujet des routes caverneuses de Maëstricht, à pénétrer les raisons de l'oubli de Cuvier à cet égard ; il doit suffire dans cet article, où après tout il n'est question que d'un Reptile, d'établir que celui-ci fut certainement des plus considérables. On est loin d'en connaître toutes les parties; il ne se présente à nous qu'à travers mille ambiguités ; le temps et les recherches des naturalistes intéressés à le bien mettre au jour pourront fournir les moyens de ne rien laisser à désirer à la postérité sur les points délicats de son histoire. Dans une seconde édition de l'ouvrage où nous avons décrit le plateau de Saint-Pierre, édition qui nous est depuis long-temps demandée par notre libraire et que nous ne tarderons peut-être pas à publier, nous reviendrons sur ce sujet et nous espérons ne rien laisser alors à desirer au lecteur curieux de s'instruire sur le Reptile en question.   (B.)

MOSQUILLES, MOSQUITES et MOUSQUITES. ins. Par corruption de Moustiques. *V.* ce mot.   (B.)

MOSQUILLON. ois. L'un des noms vulgaires de la Bergeronnette grise.   (B.)

* MOSQUITE. ois. Syn. vulgaire de la Sylvie à tête noire. *V.* SYLVIE.   (DR..Z.)

MOTACILLA. ois. *V.* BERGERONNETTE.

MOTELLE. pois. L'un des noms vulgaires de la Gade-Lotte.   (B.)

MOTERELLE ou MOTTE-

RELLE. ois. Syn. vulgaire de Motteux. *V*. Traquet. (dr..z.)

MOTTEREAU. ois. Syn. vulgaire d'Hirondelle de rivage. *V*. Hirondelle. (dr..z.)

MOTTELLE. pois. L'un des noms vulgaires du *Cobitis fossilis. V*. Cobite. (b.)

MOTTEUX. ois. Espèce du genre Traquet. *V*. ce mot. (dr..z.)

MOUCHARRA. pois. Espèce du genre Glyphisodon. *V*. ce mot. (b.)

MOUCHE. pois. Nom vulgaire et de pays du *Salmo notatus*, L. *V*. Saumon. (b.)

MOUCHE. *Musca*. ins. Genre de l'ordre des Diptères, famille des Athéricères, tribu des Muscides, établi par Linné qui l'avait caractérisé d'une manière si vague, qu'il renfermait d'abord jusqu'à des familles et une grande quantité de genres différens. Dans les dernières éditions de son *Systema Naturæ*, il partageait son genre Mouche en plusieurs sections et en deux coupes principales, dont l'une renfermait les Diptères à antennes effilées, grenues ou terminées en massues ; cette coupe comprend actuellement la famille des Tanystômes de Latreille, et une grande partie de la famille des Notacanthes. L'autre coupe comprenait toutes les espèces à antennes terminées par une palette, et portant une soie sur leur dos : elle renferme les genres *Musca* et *Syrphus* de Fabricius. Depuis Linné, plusieurs auteurs ont démembré son genre Mouche, et ont établi à ses dépens plusieurs autres genres. Scopoli a préparé le premier les améliorations qui ont été apportées dans ce grand genre; il a examiné les parties de la manducation de ces Insectes, et s'en est servi pour caractériser ses genres. Geoffroy, Degéer, Fabricius, etc., ont ensuite travaillé ces Insectes, et depuis Meigen a formé plusieurs nouveaux genres, en employant pour base de sa classification les ailes et quelques parties extérieures du corps et de la

bouche. Enfin Latreille, Duméril et Fallen, ont encore beaucoup éclairci cette matière dans leurs ouvrages, et le genre Mouche, tel qu'il a été restreint par Latreille, peut être ainsi caractérisé : ailes écartées, les deux premiers articles des antennes beaucoup plus courts que le troisième; celui-ci formant une palette allongée et prismatique qui porte une soie mince et souvent plumeuse.

Le genre Mouche, tel qu'il est caractérisé par Latreille, se distingue des Echinomyies et Ocyptères, genres qui en sont les plus voisins, par les antennes, qui, dans ces derniers, n'ont point le troisième article beaucoup plus long que les deux premiers pris ensemble. Le genre Célyphe de Dalman en est suffisamment distingué par son écusson qui recouvre tout le corps; les genres Phasie, Trichopode, Ivie, Métopie et Mélanophore, en sont séparés par leurs antennes, qui sont beaucoup plus courtes que la face antérieure de la tête, tandis qu'elles sont presque aussi longues qu'elle dans les Mouches; les Lispes ont des ailes couchées sur le corps ; le genre Achias a les yeux portés sur des prolongemens de la tête en forme de cornes; enfin il existe un grand nombre de genres qui ont le même port, mais qui s'en distinguent par des caractères tirés de la forme des antennes, de la tête, des palpes, etc. Les Mouches proprement dites, dont on peut considérer comme type du genre la Mouche domestique, ont le corps oblong, à peu près cylindrique; leur tête est globuleuse, un peu plus large que longue, avec deux yeux très-grands et à réseaux, et trois petits yeux lisses distincts. La partie antérieure, ou le front, est aplatie et présente un espace arrondi au haut duquel sont insérées les antennes qui sont composées de trois articles, dont le premier et le second très-courts, plus larges que longs, hérissés de quelques longs poils rudes ; le troisième est à peu près trois fois plus grand que les deux premiers ensemble; il est presque prismatique, c'est-à-dire que sa partie extérieure est composée de deux faces arrondies et que le côté intérieur est aplati ; il donne attache, à sa base, et un peu extérieurement, à une soie plus longue, couverte de longs poils ou plumeuse dans la plupart, et simple dans d'autres. La cavité buccale est située à la partie inférieure de la tête, elle contient une trompe membraneuse, coudée, rétractile et terminée par deux grandes lèvres. Les palpes sont insérés presque à la base de cette trompe, et dirigés vers sa naissance ; ils sont filiformes, ou un peu plus gros vers leur extrémité et hérissés de longs poils : cette trompe, ainsi que ses palpes, sort et rentre dans la cavité buccale à la volonté de l'Animal. Le corselet est cylindrique, il ne paraît composé que d'un seul segment apparent. Les ailes sont grandes, horizontales ; leurs nervures longitudinales sont fermées par des nervures transversales ; les cuillerons sont grands, ils recouvrent en majeure partie les balanciers qui sont assez courts ; les pates sont assez longues, grêles, elles sont terminées par deux crochets et deux pelotes, et sont généralement couvertes de longs poils rudes. L'abdomen est ovalaire, composé de quatre segmens apparens, et terminé, dans les femelles, par un oviducte un peu saillant.

Les larves des Mouches sont apodes et cylindriques ; elles sont molles, et leur tête est garnie d'un ou deux crochets écailleux ; du reste, nous n'insisterons pas plus sur l'organisation de ces larves, puisqu'il en sera parlé avec détail à l'article Muscides, nous dirons seulement qu'elles vivent dans différentes matières, telles que les excrémens, la viande en décomposition, et que celles de la Mouche domestique habitent les fumiers et les lieux fangeux et sales. Les Mouches, dans leur état parfait, sont très-abondantes pendant tout l'été, surtout en juillet et août ; ce sont des Insectes très-incommodes dans nos maisons, où ils gâtent tout en y dé-

posant leurs excrémens, qui sont mous et durcissent en forme de petite tache aux endroits où ils ont été posés. Soit que l'on mange, soit que l'on travaille, on est continuellement assailli par les Mouches, qui viennent se placer sur les mets, qui y tombent même, ou qui s'attachent à vous pour sucer la transpiration. On ne parvient à s'en préserver dans les appartemens qu'en ne laissant que très-peu de jour ; dans les provinces méridionales, où elles sont encore plus abondantes, on en détruit beaucoup en les prenant par milliers au moyen d'un appareil très-simple : on suspend au plancher un paquet de branches et de feuilles de Saule ou de Fougère ; pendant la nuit toutes les Mouches vont s'y placer, et on n'a qu'à faire entrer ce faisceau dans un sac pour en prendre une énorme quantité. Plusieurs espèces de Mouches aiment à sucer le miel des fleurs, d'autres attaquent les cadavres, et y déposent leurs œufs ; il y en a même une espèce qui est vivipare, c'est-à-dire qu'elle ne pond pas des œufs, mais bien des petites larves toutes formées qu'elle dépose sur la viande et qui y grossissent très-rapidement. Ces habitudes carnassières de la larve et de l'Insecte parfait forment un caractère assez général des Mouches. Ce genre est très-nombreux en espèces, mais il a été très-peu travaillé ; nous mentionnerons seulement les espèces les plus incommodes.

La Mouche domestique, *Musca domestica*, L. Longue d'environ trois lignes et demie ; antennes noires avec la soie barbue ; yeux d'un rouge brun ; devant de la tête d'un blanc satiné, le reste noir ; corselet d'un noir cendré avec quatre raies longitudinales noirâtres ; abdomen d'un brun noirâtre en dessus avec des taches noires allongées, et d'un jaunâtre pâle en dessus avec une ligne brune au milieu ; ailes transparentes avec la base jaunâtre très-pâle. L'accouplement de cette espèce est fort remarquable ; c'est la femelle qui introduit son organe générateur, conformé en long tuyau, dans le corps du mâle.

MOUCHE BLEUE DE LA VIANDE, *Musca vomitoria*, L., Fabr. Longue de quatre lignes et demie à cinq lignes; tête brune à reflets jaunâtres dorés; yeux d'un brun rougeâtre; corselet noir; abdomen gros et court, d'un bleu foncé, brillant et garni de longs poils noirs autour de chaque segment; pattes noires; ailes légèrement enfumées. On trouve cette espèce dans toute l'Europe; on la voit pendant l'été voler en bourdonnant autour de la viande où elle cherche à déposer ses œufs, ce qui fait corrompre celle-ci dans un très-court espace de temps.

MOUCHE CARNASSIÈRE, *Musca carnaria*, L., Fabr. Longue de six lignes; tête d'un jaune doré antérieurement; yeux rouges; antennes terminées par une soie plumeuse; corps couvert entièrement de poils noirs assez longs et épais; corselet gris avec quatre lignes longitudinales noires; abdomen noir, luisant, avec quatre taches carrées et blanchâtres sur chaque anneau; extrémité du dernier anneau rougeâtre. Cette espèce est très-commune en Europe; elle se trouve aussi en Pensylvanie. C'est cette espèce qui est vivipare, ses larves sont déposées sur la viande; arrivées au dernier terme de leur accroissement, elles se cachent en terre pour se changer en nymphes.

MOUCHE CÉSAR, *Musca Cæsar*, L., Fabr. Elle est de la grandeur de la Mouche domestique, d'un vert doré très-brillant. La larve vit dans les charognes. Elle est commune dans toute l'Europe (1).

(1) Robineau Desvoidy vient de présenter à l'académie des Sciences, un travail neuf sur la famille des Muscides qu'il érige en ordre sous le nom de Myodaires; il résulte de ce travail que le genre Mouche se trouve encore restreint, et que des quatre espèces que nous décrivons dans cet article, il n'y a que la Mouche domestique qui appartienne à son genre Mouche proprement dit; les autres espèces rentrent dans des genres différens. *V.* MYODAIRES.

Latreille avait divisé le genre Mouche de Fabricius en douze petites familles dont il a depuis simplement formé des genres, et qui doivent former autant d'articles particuliers. Voici les noms de ces familles et leur correspondance avec les genres qu'on en a formés :

MOUCHE ÉPAISSIE. *V.* ÉCHINOMYIE.

MOUCHES APLATIES. *V.* PHASIE.

MOUCHES INARTICULÉES et MOUCHES LATÉRICOLORES. *V.* OCYPTÈRE.

MOUCHES A QUEUE. *V.* TÉPHRITE.

MOUCHES VIBRANTES. *V.* MICROPÈZE et TÉPHRITE.

MOUCHES CARNASSIÈRES. *V.* MOUCHE.

MOUCHES TÉTANOCÈRES. *V.* TÉTANOCÈRE.

MOUCHES CURVIPENNES. *V.* OSCINE.

MOUCHES DIVARIQUÉES. *V.* SPHÉROCÈRE.

MOUCHES OCCULTICORNES. *V.* THIRÉOPHORE.

MOUCHES LONGIPÈDES. *V.* LOXOCÈRE et CALOBATE.

Le nom de Mouche a été appliqué à beaucoup d'Insectes appartenant à des genres et à des ordres bien différens; en général le peuple et les gens du monde donnent le nom de Mouche à tous les Insectes volans.

On a appelé vulgairement :

MOUCHE ABEILLIFORME, un Elophile.

MOUCHES APHIDIVORES, des Syrphes et des Hémérobes.

MOUCHES ARAIGNÉES, les Hippobosques et les Ornithomyies.

MOUCHES ARMÉES, les Stratiomides.

MOUCHES ASILES ou PARASITES, les OEstres, des Taons et des Mélophages.

MOUCHES D'AUTOMNE, les Stomoxes.

MOUCHES BALISTES. L'abbé Préaux a donné ce nom à un Insecte à quatre ailes qu'il a observé près de Lisieux, et qui lance ses œufs à diverses reprises, et comme par un ressort, lorsqu'on le saisit. Suivant lui cet Insecte est long de dix-sept lignes et large de deux; sa tête est brune, son dos d'un vert d'olive et son ventre d'un rouge de grenade avec une ligne jaune longitudinale.

Mouches a bateau, des Notonectes.

Mouche a bec, un Rhingie.

Mouche Bécasse, un Empis.

Mouches Bombardières, les Brachines.

Mouches Bourdons, les Volucelles.

Mouche Bretonne, l'Hippobosque du Cheval.

Mouches du Cerisier et Mouches du Chardon, des Téphrites.

Mouche a Chien, l'Hippobosque des Chevaux.

Mouche cornue, Mouche Taureau-Volant. Le Scarabée-Hercule chez quelques voyageurs.

Mouches a corselet armé, des Stratiomides.

Mouches a coton, *Ichneumon glomeratus*. Cet Insecte dépose ses œufs dans le corps des chenilles de Papillon, et sa larve se file des coques d'une matière blanche ou jaune qui a l'apparence du coton.

Mouche dévorante. Un Insecte que l'on prétend venir d'une larve qui a la forme de chenille, et qui se nourrit sur l'Orme. Après avoir passé l'automne, l'hiver et le printemps sous la forme de chrysalide, il devient Insecte parfait et ailé, et commence à faire la chasse aux Araignées, en s'élançant avec une grande rapidité sur celles qu'il aperçoit. Latreille pense que ce pourrait être un Pompile ou un Sphex.

Mouches Éphémères, les Éphémères.

Mouches d'Espagne, un Méloé, la Cantharide et l'Hippobosque du Cheval.

Mouche a faux, la Raphidie.

Mouches a feu, les Lampyres, quelques Fulgores et Taupins.

Mouches de feu, Mouches a drague, une espèce de Poliste de Cayenne, dont la piqûre cause une douleur semblable à celle que produit la brûlure.

Mouche du Fourmilion, le *Myrmileo formicarius*.

Mouche du fromage, un Mosille.

Mouches des Galles, des Diplolèpes et des Cinips.

Mouches Gallinsectes et Progallinsectes, des Cochenilles et des Kermès.

Mouche Géant, une Echinomyie.

Mouche de la gorge du Cerf, un OEstre.

Mouche Guêpe, un Conops.

Mouches Ichneumones, les Ichneumons.

Mouches des intestins des Chevaux, les OEstres.

Mouche jaune, le *Polistes Hebræa* de Fabricius, qui fait son nid dans les Arbres, et dont la piqûre est très-redoutée. Au rapport de notre collaborateur Bory de Saint-Vincent, dans son très-savant Voyage dans les principales îles d'Afrique, les petits Nègres mangent ses larves.

Mouche du Kermès, le genre Kermès.

Mouche ou Demoiselle du Lion des Pucerons, l'Hémérobe.

Mouches Loups, les Asiles.

Mouches luisantes, les Lampyres, quelques Fulgores ou des Taupins.

Mouche lumineuse, l'*Elater noctilucus* de Linné; il est nommé *Cucuyos* ou *Coyouyou* par les naturels de l'Amérique méridionale; et *Cucujo* par les Espagnols.

Mouches merdivores, les Scatophages.

Mouche a miel, l'Abeille.

Mouche de l'Olivier, un Téphrite.

Mouches a ordure, les Scatopses.

Mouches papilionacées, les Phriganes et les Perles.

Mouches papilionaires, les Hémérobes.

Mouche Pétronelle, un Calobate.

Mouche piqueuse, un Stomoxe.

Mouche Plante. *V*. Mouche Vé-
gétante.

Mouche Pourceau, l'Eristale tenace.

Mouche de rivière, les Ephémères, et peut-être d'autres Insectes
dont la larve vit dans l'eau.

Mouche de Saint-Jean, la Cantharide en Allemagne.

Mouches de Saint-Marc, les Bi-
bions.

Mouche sautante, le Psylle.

Mouches sautillantes, les Mo-
silles.

Mouches a scie, les Tenthrédines.

Mouche Scorpion, le Panorpe.

Mouches stercoraires, les Scatophages.

Mouches a tarière, les Hyménoptères de la section des Térébrans
de Latreille.

Mouches des teignes aquatiques,
les Phrigaues.

Mouche des Truffes, une petite
espèce que Latreille présume appartenir au genre Scatophage de Fabricius, ou au genre Oscine; dans le
premier état, elle ronge l'intérieur
des truffes, et on voit des essaims
de l'Insecte parfait voltiger au-dessus des truffières; c'est même un
bon moyen de reconnaître les lieux
qui en produisent.

Mouches des tumeurs des bêtes
a cornes, les OEstres.

Mouches végétantes des Caraïbes ou Mouches Plantes. On a donné ce nom à la nymphe morte et
desséchée d'une Cigale d'Haïti et
de Cuba, qui porte sur son dos
une espèce de Champignon du genre Clavaire. On a trouvé depuis ce
temps beaucoup d'Insectes morts
qui avaient de ces Champignons,
et notre collaborateur Audouin s'occupe d'un travail sur ce sujet et
sur un autre phénomène qu'on
n'a fait que signaler jusqu'à présent. Ce sont des Insectes qui portent sur le devant de leur tête deux
ou trois pédicules mous, jaunes,
d'une ligne de long, et terminés
par un bouton. Nous possédons dans

notre collection des environs de Paris, une Lepture et une OEdémère
qui présentent ce singulier phénomène.

Mouches du ver de nez des Moutons, les OEstres.

Mouches vibrantes, les Ichneumons.

Mouche du vinaigre, un Mosille.
(G.)

MOUCHEROLLE. *Muscipeta.*
ois. Genre de l'ordre des Insectivores. Caractères : bec très-déprimé,
plus large que haut, souvent un peu
dilaté sur les côtés; une arête vive
sur la mandibule supérieure qui est
crochue et recourbée même sur l'inférieure qui est très-déprimée, pointue, garnie à sa base de poils qui souvent en surpassent la longueur; narines placées à la surface du bec et
près de sa base, ouvertes et cachées
par des poils qui les recouvrent à
claire-voie; pieds courts et faibles;
quatre doigts, trois en avant, inégaux, l'externe uni à l'intermédiaire
jusqu'à la seconde articulation, l'interne soudé à la base; ailes médiocres;
les trois premières rémiges étagées,
la quatrième ou la cinquième la plus
longue. Ce qui a été dit en passant
des Gobe-Mouches, dont les Mou-
cherolles sont un démembrement,
pouvant convenir à celles-ci, nous
ne le répéterons point dans cet article; il ne doit y être question que
des espèces qu'on a détachées d'un
genre autrefois trop nombreux.

Moucherolle d'Acadie. *V*. Gobe-
Mouche de la Nouvelle-Ecosse.

Moucherolle aux ailes dorées.
V. Sylvie aux ailes dorées.

Moucherolle altiloque. *V*. Sylvie altiloque.

Moucherolle ardoisé et jaune
d'Edwards. *V*. Moucherolle tic-
tic.

Moucherolle Azurou. *V*. Gobe-
Mouche Azuror, mis en place d'A-
zurou.

Moucherolle a bec bleu, *Muscicapa cyanirostris,* Vieill. Tout le plumage noir avec le bord des rémiges
blanchâtre; bec bleu terminé de noir;

pieds noirâtres. Taille, six pouces. De l'Amérique méridionale.

MOUCHEROLLE BLEU, *Muscicapa cyanea*, Vieill. Parties supérieures, gorge et poitrine d'un bleu foncé; un trait noir sur le *lorum*; ventre et tectrices anales d'un roux vif; bec noir; pieds bruns. Taille, cinq pouces. La femelle a les parties supérieures d'un bleu grisâtre, avec le bord des rémiges roussâtre; les rectrices sont bordées de bleu céleste; elle a en outre toutes les parties inférieures rousses. Des Moluques.

MOUCHEROLLE BLEU D'EDWARDS. *V.* SYLVIE BLEUATRE.

MOUCHEROLLE A BRACELETS, *Muscicapa armillata*, Vieill. Parties supérieures d'un gris ardoisé; une tache blanche sur les côtés de la gorge et sous le menton; auréole des yeux d'un blanc pur; rémiges et rectrices noires, bordées de gris; les trois latérales de ces dernières terminées de blanc; poitrine d'un noir bleuâtre; parties inférieures rousses; bas de la jambe jaune; bec et pieds bruns. Taille, six pouces trois lignes. De l'Amérique septentrionale.

MOUCHEROLLE BRUN, *Todus fuscus*, Lath. Parties supérieures d'un brun roussâtre, les inférieures olivâtres, tachetées de blanc; une bande noirâtre sur les tectrices alaires; rectrices d'un brun ferrugineux; bec et pieds noirs. Taille, quatre pouces. De l'Amérique septentrionale.

MOUCHEROLLE BRUN ET BLANC, *Muscicapa phœnoleuca*, Vieill. Parties supérieures brunes; sommet de la tête jaune, entouré d'une bordure blanche; le reste de la tête ainsi que les rectrices noirs; celles-ci étagées; parties inférieures blanches; bec et pieds noirs. Taille, six pouces. De l'Amérique méridionale.

MOUCHEROLLE BRUN A GORGE BLANCHE, *Todus novus*, L.; *Todus gularis*, Lath. Parties supérieures brunes; gorge blanche; devant du cou et poitrine tachetés de brun; le reste des parties inférieures blanchâtre; bec et pieds bruns; ongles jaunes. Taille, huit pouces.

MOUCHEROLLE BRUN DE LA MARTINIQUE, *Muscicapa petechia*, Lath., Buff., pl. enl. 568, fig. 2. Parties supérieures d'un brun noirâtre, les inférieures variées de blanc, de gris et de roussâtre; rectrices latérales frangées de blanc; tectrices anales rougeâtres, bordées de blanc; bec et pieds noirs. Taille, six pouces six lignes.

MOUCHEROLLE A CALOTTE NOIRE, *Muscipeta atricapilla*. Parties supérieures d'un gris varié d'olivâtre et de noirâtre; sommet de la tête garni de plumes longues et d'un noir parfait; rémiges d'un brun noirâtre, les secondaires bordées de blanchâtre; tectrices alaires bordées de gris cendré; rectrices brunes, bordées de cendré; gorge et poitrine grises: le reste des parties inférieures d'un blanc grisâtre; bec noirâtre, gris à sa base en dessous; pieds bruns. Taille, sept pouces six lignes. Du Brésil.

MOUCHEROLLE DE CAYENNE. *V.* MOUCHEROLLE A VENTRE JAUNE.

MOUCHEROLLE COLON, *Muscicapa Colonus*, Vieill. Tout le plumage noir à l'exception du sommet de la tête et des sourcils qui sont d'un blanc mêlé de bleuâtre, du croupion et du bord extérieur des rectrices latérales, qui sont blancs; les deux rectrices intermédiaires sont plus longues que les autres, elles ont les barbes courtes aux deux extrémités et sont en quelque sorte dénudées au milieu; bec et pieds noirs. Taille, huit pouces neuf lignes. De l'Amérique méridionale.

MOUCHEROLLE A COU JAUNE, *Muscicapa flavicollis*, Lath. Parties supérieures vertes; front et moustaches noirs; tache oculaire jaunâtre; sommet de la tête jaune; rémiges et rectrices noirâtres, bordées de jaune; les deux rectrices intermédiaires terminées de blanc; devant du cou jaune; côtés de la poitrine rougeâtres; abdomen vert, tacheté de jaune; bec et pieds rouges. Taille, six pouces; queue très-fourchue. De Chine.

MOUCHEROLLE COURONNÉ, *Todus regius*, Lath.; Buff., pl. enl. 289.

Parties supérieures d'un brun foncé avec les tectrices alaires d'un brun fauve; front surmonté d'une large huppe d'un rouge bai avec l'extrémité des plumes noire; sourcils blanchâtres; rectrices rousses; gorge jaune; un collier noirâtre; poitrine blanchâtre, tachetée de brun; abdomen roussâtre; bec et pieds noirs. Taille, sept pouces. De l'Amérique méridionale.

Moucherolle a croupion jaune de Cayenne, *Muscicapa spadicea*, Lath. Parties supérieures d'un brun rougeâtre; tectrices alaires bordées de roux; rémiges et rectrices brunes; croupion jaune; parties inférieures jaunâtres; bec et pieds bruns. Taille, six pouces six lignes.

Moucherolle a croupion jaune d'Edwards. *V.* Sylvie a tête tachetée.

Moucherolle des déserts, *Muscicapa deserti*, Lath. Le plumage d'un jaune obscur; rémiges et rectrices noirâtres; bec jaunâtre; pieds noirs. Taille, cinq pouces. D'Afrique.

Moucherolle Djou, *Muscicapa crepitans*, Lath. La majeure partie du plumage noire; des lignes blanchâtres sur la gorge; plumes de la nuque assez longues et susceptibles de se relever en huppe; bec et pieds noirs. Taille, six pouces. De l'Australasie. Espèce douteuse.

Moucherolle doré. *V.* Gobe-Mouche (petit) noir-aurore.

Moucherolle a dos blanc, *Muscicapa melanoleuca*, Lath. Parties supérieures blanchâtres; rémiges, tectrices alaires, extrémité des rectrices et parties inférieures noires; cuisses rayées de noir et de blanc; la femelle est cendrée où le mâle est blanc. Taille, six pouces. D'Asie.

Moucherolle a face noire, *Muscicapa melanopsis*, Vieill. Parties supérieures d'un gris foncé; front et joues d'un noir velouté; devant du cou noirâtre; parties inférieures rousses; bec verdâtre, bleu à sa base; pieds bruns. Taille, six pouces. De la Nouvelle-Galles du Sud.

Moucherolle fauve de Cayen-ne, *Muscicapa cinnamomea*, Lath. Parties supérieures d'un brun fauve; tectrices alaires terminées de jaune, ce qui forme une bande de cette couleur sur les ailes; rémiges noirâtres, bordées de roux; croupion et parties inférieures jaunâtres; bec et pieds noirs. Taille, six pouces six lignes.

Moucherolle ferrugineux, *Todus ferrugineus*, Lath. Parties supérieures brunes, ondées de noirâtre; joues variées de noirâtre et de blanc; une moustache blanche; rémiges bordées de jaunâtre qui forme aussi sur les ailes une bande étroite; rectrices d'un brun sombre; parties inférieures d'un roux ferrugineux; bec et pieds noirs. Taille, cinq pouces. De l'Amérique méridionale.

Moucherolle Gillit, *Muscicapa bicolor*, Lath., Buff., pl. enl. 675, fig. 1. Parties supérieures brunes, noires sur le sommet de la tête, le croupion, les rémiges et les rectrices; une sorte de cercle blanc sur le dos; grandes tectrices alaires bordées de blanc qui est la nuance des parties inférieures; bec et pieds noirs. Taille, quatre pouces six lignes. La femelle est entièrement grise. De l'Amérique méridionale.

Moucherolle gris. *V.* Sylvie des Etats-Unis.

Moucherolle gris-brun, *Muscicapa obscura*, Vieill. Parties supérieures d'un gris foncé; gorge, devant du cou et haut de la poitrine gris; le reste des parties inférieures d'un brun roussâtre; bec noir, cendré à sa base; pieds noirâtres. Taille, sept pouces quatre lignes. De Cayenne.

Moucherolle gris de fer d'Edwards. *V.* Sylvie gris de fer.

Moucherolle gris de plomb, *Todus plumbeus*, Lath. Parties supérieures d'un gris bleuâtre; sommet de la tête noirâtre; rémiges et rectrices noires; tectrices alaires bordées de blanc; parties inférieures blanches; bec et pieds noirâtres. Taille, quatre pouces. De l'Amérique méridionale.

Moucherolle huppé a croupion orangé, *Muscicapa fuscescens*, Lath.

V. Gobe-Mouche orangé et noir, femelle.

Moucherolle huppé de l'ile Bourbon, *Muscicapa Borbonica*, Lath., Buff., pl. enl. 573, fig. 2. Parties supérieures d'un rouge-bai; tête d'un noir irisé; tectrices alaires brunes bordées de rougeâtre; rémiges noirâtres, bordées de rougeâtre et blanches intérieurement; rectrices d'un rouge brun, variées de noirâtre; parties inférieures cendrées; tectrices anales blanches; bec noir; pieds bruns. Taille, cinq pouces quatre lignes. La femelle a la tête cendrée.

Moucherolle a huppe blanche, *Muscicapa Martinica*, Lath.; *Muscicapa albicapilla*, Vieill. Parties supérieures d'un gris verdâtre; les plumes du sommet de la tête blanches à leur origine; tectrices alaires terminées de blanc; rémiges et rectrices noirâtres, bordées de verdâtre; gorge d'un gris bleuâtre; poitrine blanche, jaunâtre sur les côtés; flancs gris; bec et pieds noirâtres. Taille, cinq pouces neuf lignes. De l'Amérique septentrionale.

Moucherolle jaune, *Muscicapa Cayennensis*, Lath.; *Muscicapa flava*, Vieill. Parties supérieures brunes; sommet de la tête ceint d'un trait blanc en partie bordé de noir, le centre formé de plumes longues, orangées et striées de noir; joues noirâtres; rémiges et rectrices brunes, bordées de roux; parties inférieures jaunes avec la gorge blanche; bec et pieds noirs. Taille, six pouces trois lignes. De l'Amérique septentrionale.

Moucherolle jaune d'ocre. *V.* Echenilleur ochracé.

Moucherolle jaune d'Otahiti, *Muscicapa lutea*, Lath. Parties supérieures d'un jaune sale, nuancé de noirâtre, les inférieures d'un jaune d'ocre; extrémité des rectrices noire; bec et pieds cendrés. Taille, cinq pouces six lignes. De l'Océanique.

Moucherolle jaune tacheté, *Muscicapa afra*, Lath. Parties supérieures d'un jaune sale, varié de taches noirâtres; sommet de la tête roux, rayé de noir; moustaches noi-res; quelques traits semblables sur les côtés du cou; rémiges et rectrices rousses bordées de brun; parties inférieures jaunes, rayées de noirâtre; bec et pieds cendrés. Taille, sept pouces six lignes. Du cap de Bonne-Espérance.

Moucherolle mélanops, *Muscicapa melanopsis*, Vieill. Parties supérieures brunes; sommet de la tête noir, orné d'une sorte de huppe d'un jaune orangé; tectrices alaires et rémiges noirâtres; rectrices noires, une tache transversale sur les troisième et quatrième; parties inférieures d'un roux blanchâtre; bec et pieds d'un noir bleuâtre. Taille, six pouces trois lignes. De l'Amérique méridionale.

Moucherolle a moustaches, *Muscicapa barbata*, Lath. Parties supérieures d'un vert pâle; une large moustache noire, frangée de jaune; parties inférieures d'un vert jaunâtre; gorge jaune; bec et pieds noirs. Taille, neuf pouces. De l'Australasie.

Moucherolle noir du Brésil, *Muscicapa nigerrima*, Vieill. Tout le plumage d'un noir brillant, à l'exception du dessous des rémiges qui sont blanches dans leur plus grande partie; bec et pieds noirs. Taille, six pouces neuf lignes.

Moucherolle noir de l'ile de Luçon, *Muscicapa Lucionensis*, Lath. Parties supérieures noires, irisées en violet; une tache blanche sur le milieu des tectrices alaires; parties inférieures d'un cendré foncé; bec et pieds brunâtres. Taille, cinq pouces.

Moucherolle de l'ile de Tanna, *Muscicapa Passerina*, Lath. Parties supérieures d'un noir mat, les inférieures blanchâtres.

Moucherolle noiratre du Paraguay, *Muscicapa nigricans*, Vieill. Parties supérieures noirâtres; sourcils blancs; bords des plumes de la tête et du cou cendrés; petites tectrices alaires frangées de brun, les grandes rousses; rémiges rougeâtres, terminées de noir; rectrices latérales bordées de blanc; parties inférieures variées de noirâtre et de blanc roussâtre; bec et pieds noirs. Taille, six pouces dix lignes. De l'Amérique méridionale.

MOUCHEROLLE DE LA NOUVELLE-CALÉDONIE, *Muscicapa Caledonica*, Lath. Parties supérieures olivâtres; rémiges et rectrices d'un brun ferrugineux; gorge et tectrices anales jaunes; le reste des parties inférieures jaunâtre; bec et pieds noirâtres. Taille, cinq pouces six lignes.

MOUCHEROLLE DE LA NOUVELLE-HOLLANDE, *Muscicapa Novæ-Hollandiæ*, Lath. Parties supérieures brunes; moustache jaune; parties inférieures blanchâtres; rémiges intermédiaires plus courtes que les autres; bec jaune; pieds bruns. Taille, sept pouces.

MOUCHEROLLE OBSCUR, *Muscipeta obscura*. Parties supérieures d'un brun noirâtre avec une teinte d'olivâtre; rémiges et tectrices alaires bordées de brun roux; rectrices brunâtres frangées de roussâtre; gorge, devant du cou et poitrine d'un noir cendré; le reste des parties inférieures d'un cendré olivâtre; tectrices anales d'un blanc roussâtre; bec noir avec la base de la mandibule inférieure d'un gris corné; pieds noirâtres. Taille, huit pouces. Du Brésil.

MOUCHEROLLE OLIVE. *V.* GOBE-MOUCHE DE LA CAROLINE.

MOUCHEROLLE PEWIT, *Muscicapa fusca*. Parties supérieures d'un gris foncé; sommet de la tête noirâtre; rémiges secondaires bordées de blanc; parties inférieures blanches; côtés de la poitrine gris; bec noir; pieds noirâtres. Taille, six pouces six lignes. La femelle a le sommet de la tête d'un brun foncé. De l'Amérique septentrionale.

MOUCHEROLLE DES PHILIPPINES, *Muscicapa Philippensis*, Lath. Parties supérieures d'un gris brun; sourcils blancs; parties inférieures blanchâtres; bec et pieds bruns. Taille, cinq pouces six lignes.

MOUCHEROLLE PLAINTIF. *V.* PLATYRHYNQUE PLAINTIF.

MOUCHEROLLE POINTILLÉ, *Muscicapa punctata*, Vieill. Parties supérieures d'un brun verdâtre, pointil-

lées de blanc; rémiges frangées de vert; tectrices alaires frangées de blanc; rectrices latérales bordées de blanchâtre; parties inférieures jaunâtres; bec et pieds noirâtres. Taille, six pouces trois lignes. De l'Amérique méridionale.

MOUCHEROLLE A POITRINE NOIRE, *Muscicapa pectoralis*, Lath. Parties supérieures olivâtres; nuque, côtés du cou et poitrine noirs; gorge et devant du cou blancs; le reste des parties inférieures jaune; rémiges et rectrices noires, terminées de verdâtre; bec et pieds noirs. Taille, sept pouces six lignes. De l'Australasie.

MOUCHEROLLE PROMERUPE, *Upupa paradisea*, Lath. Parties supérieures d'un rouge bai; sommet de la tête garni d'une huppe noire, qui est aussi la couleur de la gorge et du devant du cou; parties inférieures d'un cendré clair; queue fort longue à rectrices inégales; bec et pieds noirs. Taille, queue comprise, dix-neuf pouces. De Ceylan.

MOUCHEROLLE A QUEUE EN AIGUILLE, *Muscicapa caudacuta*, Lath. Parties supérieures noirâtres avec le bord des plumes roussâtre; sommet de la tête noir, rayé de brun; trait oculaire noir; moustache blanche; croupion roussâtre; rectrices bordées de blanchâtre; parties inférieures d'un jaune roussâtre; bec et pieds noirs. Taille, quatre pouces trois lignes. De l'Amérique méridionale.

MOUCHEROLLE A QUEUE EN ÉVENTAIL, *Muscicapa flabellifera*, Lath. Parties supérieures d'un brun olivâtre; tectrices alaires noirâtres, terminées de blanchâtre; tête, nuque et côtés du cou noirs; gorge et devant du cou blancs; le reste des parties inférieures roussâtre; rectrices longues, étagées et susceptibles de se déployer dans le vol; les deux intermédiaires noires, les autres blanches; bec noir; pieds bruns. Taille, six pouces trois lignes.

MOUCHEROLLE A QUEUE FOURCHUE, *Muscicapa forficata*, Lath.; Buff., pl. enl. 677. Parties supérieures d'un gris tirant sur le rougeâtre ; petites tectrices alaires noirâtres, bordées de blanchâtre ; rémiges et rectrices noires , bordées de roussâtre ; de celles-ci les deux latérales frangées de blanc , et beaucoup plus longues que les autres ; parties inférieures blanches avec les flancs rougeâtres ; bec et pieds noirs. Taille, dix pouces. Du Mexique.

MOUCHEROLLE A QUEUE JAUNE. *V.* GOBE-MOUCHE AURORE.

MOUCHEROLLE ROUGE, *Muscicapa rubra*, Vieill. Parties supérieures d'un rouge cramoisi ; rémiges brunes, bordées de cramoisi ; devant du cou d'un blanc roussâtre ; le reste des parties inférieures jaunâtre ; bec violet ; pieds gris. Taille, six pouces dix lignes. De l'Amérique méridionale.

MOUCHEROLLE RUFIPENNE, *Muscipeta rufipennis.* Parties supérieures d'un brun noirâtre ; sommet de la tête et joues d'un noir ardoisé ; sourcils blancs ; tectrices alaires noirâtres terminées de brun roux ; rémiges noires bordées de roux ; rectrices d'un roux vif ; menton noir ; gorge et devant du cou blancs , variés de noirâtre ; poitrine d'un cendré noirâtre ; le reste des parties inférieures d'un brun roussâtre ; bec noir ; pieds bruns. Taille , six pouces six lignes. Nous avons reçu cette espèce de Java.

MOUCHEROLLE SCHET , *Muscicapa mutata* , Lath. ; Buff., pl. enl. 248, fig. 1 et 2 ; Levaill., Ois. d'Afrique, pl. 148. Parties supérieures d'un noir irisé ; tectrices alaires bordées de blanc ; rémiges noirâtres bordées de blanc ; nuque garnie de plumes longues et effilées, susceptibles de se relever en huppe ; rectrices intermédiaires blanches et beaucoup plus longues que les autres, qui sont noirâtres et bordées de blanchâtre ; gorge et poitrine d'un noir irisé ; ventre cendré ; abdomen blanchâtre ; bec et pieds noirâtres. Taille , six pouces, non compris l'excédant des rectrices intermédiaires. D'Afrique. Des Oiseaux, que l'on assure n'être qu'une simple variété de cette espèce, ont tout le plumage d'un roux bai ;

à l'exception de la huppe et des rémiges qui sont d'un noir irisé, et des bords des tectrices alaires qui sont blancs. Chez l'un et l'autre les femelles ont toutes les rectrices égales et uniformes.

MOUCHEROLLE SIFFLEUR, *Muscicapa sibilator* , Vieill. Parties supérieures brunes avec le bord des plumes d'un noir verdâtre ; tectrices alaires et rémiges noirâtres frangées de blanchâtre ; sommet de la tête noirâtre ; gorge et devant du cou d'un gris bleuâtre ; le reste des parties inférieures d'un blanc nuancé de cendré verdâtre ; bec et pieds noirâtres. Taille , sept pouces trois lignes. De l'Amérique méridionale.

MOUCHEROLLE A SOURCILS BLANCS, *Muscicapa superciliosa* , Lath. Parties supérieures d'un brun foncé ; sourcils blancs ; rectrices latérales d'un brun ferrugineux, bordées et terminées de brun noirâtre ; bec et pieds noirs. Taille, dix pouces.

MOUCHEROLLE A SOURCILS JAUNES, *Muscicapa icterophrys*, Vieill. Parties supérieures d'un vert foncé ; sourcils jaunes ; un trait parallèle verdâtre sur les joues ; rémiges et tectrices alaires brunes , bordées de jaune et de cendré ; rectrices d'un brun noirâtre, les latérales tachetées de blanc ; parties inférieures jaunes ; bec et pieds noirâtres. Taille , six pouces trois lignes. De l'Amérique méridionale.

MOUCHEROLLE A SOURCILS NOIRS , *Muscicapa melanophrys*, Vieill. Parties supérieures cendrées ; sourcils noirs ; rectrices intermédiaires noires, les latérales entièrement ou en partie blanches ; parties inférieures d'un blanc rougeâtre ; bec noir ; pieds bruns. Taille, sept pouces. De l'Amérique méridionale.

MOUCHEROLLE SYLVAIN , *Todus Sylvia*, Desm. Parties supérieures olivâtres ; sommet de la tête d'un gris foncé ; rémiges d'un brun noir, bordées de jaunâtre ; tectrices alaires noirâtres, bordées de jaune ; rectrices d'un brun olivâtre et d'un gris brun en dessous ; gorge blanche ;

parties inférieures d'un blanc jaunâtre ; bec et pieds noirâtres. Taille, trois pouces six lignes.

MOUCHEROLLE TACHETÉ , *Todus maculatus*, Desm. Parties supérieures d'un brun olivâtre ; tête noirâtre ; rémiges et rectrices brunes , bordées de jaunâtre ; gorge et devant du cou blancs , finement tachetés de brun ; ventre jaune ; bec et pieds bruns. Taille, trois pouces six lignes. De la Guiane.

MOUCHEROLLE TACHETÉ DE LA NOUVELLE-CALÉDONIE, *Muscicapa nævia*, Lath. Parties supérieures d'un noir terne ; les inférieures noirâtres ; milieu du dos et épaules tachés de blanc ; bec et pieds noirs. Taille, huit pouces trois lignes.

MOUCHEROLLE TACHETÉ DU PARAGUAY, *Muscicapa varia*, Vieill. Parties supérieures noirâtres avec le bord des plumes brun ; sommet de la tête garni de plumes jaunes et blanches à la base, noirâtres à l'extrémité ; sourcil blanchâtre ; trait oculaire noirâtre ; deux autres traits en dessous, l'un noirâtre tacheté de blanc, l'autre entièrement blanc ; tectrices alaires , rémiges et rectrices noirâtres bordées de rougeâtre ; parties inférieures variées de noirâtre et de blanchâtre ; ventre jaune ; bec noir ; pieds bleuâtres. Taille, six pouces six lignes.

MOUCHEROLLE TCHÉTRECBÉ, *Muscicapa paradisi*, Lath.; Buff., pl. enl. 234, fig. 1; Levail., Ois. d'Afrique, pl. 144. Parties supérieures d'un rouge bai clair ; tête, gorge et dessus du cou d'un noir irisé ; plumes du sommet de la tête formant une huppe ; rémiges et rectrices terminées de blanc ; les deux intermédiaires de celles-ci plus longues ; dessous du cou et poitrine d'un gris blanchâtre ; le reste des parties inférieures blanc ; bec et pieds noirs. Taille, sept pouces six lignes, non compris l'excédant des rectrices intermédiaires dont l'étendue est très-variable , et nulle chez la femelle. Du cap de Bonne-Espérance.

MOUCHEROLLE TCHITREC , *Muscicapa cristata*, Lath.; Buff., pl. enl.

573, fig. 2. Parties supérieures d'un roux mordoré ; tectrices alaires et rémiges brunes , bordées de marron ; rectrices d'un marron pourpré ; sommet de la tête garni de plumes longues, effilées , d'un noir verdâtre, qui est aussi la couleur du cou et de la poitrine ; sternum d'un gris bleuâtre ; parties inférieures blanches ; bec bleu avec la pointe noire ; pieds bleuâtres. Taille , six pouces, non compris l'excédant des deux rectrices intermédiaires qui sont très-longues. D'Afrique.

MOUCHEROLLE A TÊTE JAUNE DORÉE , *Muscicapa ochrocephala* , Lath. Parties supérieures d'un vert jaunâtre ; croupion cendré ; tête , cou et poitrine d'un jaune doré ; parties inférieures blanches ; bec et pieds noirs. Taille, cinq pouces trois lignes. De l'Australasie.

MOUCHEROLLE A TÊTE ROUSSE , *Muscicapa ruficapilla* , Vieill. Parties supérieures d'un brun roussâtre ; tête d'un roux foncé ; tectrices alaires et rémiges brunes terminées de roux ; rectrices intermédiaires brunes ; les autres rousses en dessous ; parties inférieures tachetées de blanc et de noirâtre ; bec noir en dessus et bleuâtre en dessous ; pieds noirs. Taille , cinq pouces neuf lignes. De l'Amérique méridionale.

MOUCHEROLLE TIOTIC , *Todus cinereus* , Lath. ; Buff., pl. enl. 585, fig. 3. Parties supérieures cendrées, mêlées de bleuâtre ; sommet de la tête noirâtre ; rémiges noirâtres, bordées de jaune ; rectrices intermédiaires noirâtres , les latérales brunes , terminées de blanc ; parties inférieures jaunes ; bec et pieds noirs. Taille, quatre pouces. De l'Amérique méridionale.

MOUCHEROLLE VARIÉ , *Todus varius* , Lath. Parties supérieures variées de bleuâtre , de noir et de vert ; tête, gorge et cou d'un bleu noirâtre ; rémiges vertes ; rectrices noires bordées de vert ; parties inférieures semblables aux supérieures , mais d'une nuance plus claire ; bec et pieds noirâtres. Taille, quatre pouces.

MOUCHEROLLE A VENTRE JAUNE, *Todus flavigaster*, Lath. Parties supérieures d'un brun cendré; tectrices alaires brunes bordées de cendré; parties inférieures jaunes; bec et pieds noirâtres. Taille, cinq pouces six lignes. De la Nouvelle-Hollande.

MOUCHEROLLE A VENTRE JAUNE D'HAÏTI, *Muscicapa flaviventris*, Vieill. Parties supérieures d'un gris roussâtre; rémiges et rectrices brunes bordées d'olivâtre; gorge et poitrine grises; le reste des parties postérieures jaune; bec et pieds bruns. Taille, six pouces.

MOUCHEROLLE DE VIRGINIE. *V.* MERLE CATBIROT.

MOUCHEROLLE DE VIRGINIE A HUPPE VERTE. *V.* GOBE-MOUCHE VERDATRE.

MOUCHEROLLE YIPÉRU, *Muscicapa Yetapa*, Vieill. Parties supérieures noirâtres, variées de brun; une tache d'un roux vif derrière l'œil, descendant sur le cou; tête, cou et poitrine d'un cendré bleuâtre; un collier roux; gorge, devant du cou et ventre blancs; rectrices brunes avec l'extrémité noire; les latérales très-longues; bec et pieds noirâtres. Taille, quinze pouces, dont dix pour les rectrices latérales. De l'Amérique méridionale.   (DR..Z.)

MOUCHERONS. INS. Nom vulgaire et collectif des petits Diptères.

On donne plus particulièrement ce nom aux Cousins, et surtout au *Culex pipiens* des auteurs. *V.* COUSIN. (G.)

MOUCHET. OIS. Syn. vulgaire de Pégot. *V.* ACCENTEUR.   (DR..Z.)

MOUCHETÉ. ZOOL. On a donné ce nom à une espèce de Serpent du genre Couleuvre ainsi qu'à un Ostracion.   (B.)

MOUCHETÉS. BOT. CRYPT. *V.* GRIVELÉS.

MOUCHETS. OIS. Pour Emouchet. *V.* ce mot.   (B.)

MOUCHU. BOT. PHAN. *V.* ANISSILO.

MOUCLE. CONCH. Syn. de Moules sur les côtes méridionales de la France.   (B.)

* MOUCLIER. OIS. L'un des syn. vulgaires de Morillon. *V.* CANARD.   (B.)

MOUETTE. *Larus.* OIS. Genre de l'ordre des Palmipèdes, aux espèces duquel le vulgaire donne le nom de Mauves qui doit être soigneusement proscrit du langage scientifique où il fait double emploi. Ses caractères sout: bec assez long et fort, dur, comprimé et tranchant; mandibule supérieure courbée vers la pointe, l'inférieure renflée, formant un angle saillant; narines placées au milieu du bec, de chaque côté, fendues longitudinalement, étroites et percées de part et d'autre; pieds grêles, dénudés jusqu'au-dessus du genou; tarse long; quatre doigts dont trois en avant entièrement palmés, et un pouce libre, court, plus ou moins visible, s'articulant très-haut sur le tarse; rectrices d'égale longueur; rémiges longues, la seconde ne surpassant que de très-peu la première. A l'apparente douceur qu'exprime le facies de tous les Oiseaux qui composent ce genre; à la gracieuse légèreté de leur vol; à l'extrême propreté de la robe, chez la plupart des espèces, éblouissante de blancheur, on se ferait difficilement une idée des mœurs réelles des Mouettes; cependant une lâche férocité semble faire la base de leur caractère, et leurs habitudes dégoûtantes en font en diminutif les Vautours de la mer. Munies des appareils de vol les plus infatigables, elles poussent leurs excursions très-avant dans l'Ocean, et peuvent parcourir en assez peu de temps des étendues de pays fort considérables; aussi les retrouve-t-on sur presque toutes les côtes, où souvent leurs bandes innombrables autant que leurs cris importuns et désagréables, fatiguent les marins et les pêcheurs qui les dédaignent comme proie inutile. La voracité de ces Oiseaux est telle, qu'on les voit d'habitude se disputer un lambeau de charogne infecte, repoussé par les flots; l'acharnement qu'ils mettent à le déchirer ainsi qu'à le défendre, cause entre eux les combats les plus rudes, et qui ne cessent pas que l'un des champions se dessaisisse de ses prétentions, ce qu'il ne fait que lorsque ses forces sont épuisées par la fatigue de la lutte ou qu'il a reçu des blessures quelquefois mortelles; poursuivi par le vainqueur, il en est bientôt déchiré et dévoré, tandis que le prix de ce premier combat, abandonné involontairement à des spectateurs non moins avides, devient, entre ces derniers, la cause de nouvelles querelles. Ils mangent indistinctement tous les débris d'Animaux qu'ils aperçoivent soit à la surface des flots, soit sur le sable, soit enfin dans les bourbiers marécageux. Quand les matières dures et osseuses qu'ils ne sauraient digérer, sont accumulées dans leur estomac, au point de n'y plus laisser accès aux véritables alimens, ils les rejettent et se livrent incontinent à de nouveaux excès de gloutonnerie. Il est possible que cette habitude de se gorger outre mesure d'alimens, soit un acte de prévoyance pour ces Oiseaux souvent exposés à des jeûnes prolongés; on a vu en effet des Mouettes et des Goêlands captifs rester, après un très-ample repas, sept à huit jours sans prendre de nourriture, et n'en point paraître incommodés. Les Mouettes, vêtues d'un épais plumage, semblent destinées à supporter la rigueur des frimas; effectivement, elles y paraissent insensibles et se retirent même de préférence vers les lieux les plus rapprochés des pôles qu'elles n'abandonnent que lorsque les glaces leur cachent toute nourriture; elles couvrent la surface des arides rochers, où elles peuvent en sécurité faire leur ponte qui consiste en deux ou quatre œufs qu'elles déposent dans un trou faiblement abrité et où elles n'ont qu'à les défendre de la rapacité de leurs congénères; elles pondent aussi sur les plages sablonneuses. Les œufs sont blanchâtres, tachetés de noir ou de brun; les petits naissent couverts d'un duvet bleuâtre qu'ils conservent assez long-temps; insen-

siblement paraissent les fourreaux d'où sortent bientôt quelques plumes d'une teinte brunâtre, plus ou moins intense; ces plumes sont peu à peu remplacées par d'autres d'une nuance moins foncée, et ce n'est qu'à la troisième année qu'ils acquièrent la véritable livrée; aussi y a-t-il peu de genres qui offrent autant de confusion dans la distinction des espèces. Ces Oiseaux éprouvent annuellement une double mue au printemps et en automne : la première surtout est très-marquée en ce qu'elle change totalement la couleur de la tête et celle du cou. Le plumage parfait se reconnaît assez généralement, lorsque la queue est entièrement dépouillée de taches ou bandes brunes ou noires, qu'elle est absolument blanche, quand encore on n'aperçoit plus de marques noires au bec.

Ces Oiseaux courent sur le sable avec assez de vitesse et de légèreté; ils volent avec beaucoup d'aisance et de rapidité; ils nagent peu et s'abandonnent plutôt au balancement des flots pour se reposer des fatigues d'une longue course aérienne; ils s'aventurent aussi très-avant dans l'intérieur des terres où on les aperçoit quelquefois, les petites espèces surtout voltigeant, au-dessus des lacs et des rivières. Ces apparitions sont presque toujours des pronostics certains de tempêtes ou de gros temps.

On est depuis très-long-temps dans l'habitude de diviser les Mouettes en deux sections : les grosses espèces qui sont vulgairement connues sous le nom de Goêlands, et les petites qui le sont plus particulièrement sous celui de Mouettes. Comme ces limites ne reposent sur aucun caractère essentiel et vrai, mais sur une simple différence de taille, et qu'elles disparaissent par une transition insensible, nous n'avons pas cru devoir adopter une telle division qui n'est d'aucun secours pour l'étude.

Mouette Audouin, *Larus Audouinii.* Cette espèce qui est dédiée à l'un des rédacteurs de ce

Dictionnaire, a été découverte récemment en Corse, par Payraudeau qui l'a décrite dans les Annales des Sciences naturelles. Tête, cou, poitrine, ventre, abdomen et queue d'un blanc pur; grandes rémiges noires; dos, scapulaires, couvertures des ailes et rémiges secondaires d'un cendré bleuâtre; ailes pliées dépassant de trois pouces le bout de la queue; bec d'un rouge foncé, portant deux lignes noires en travers; bord des paupières d'une nuance orangée; pieds noirs, les tarses mesurant deux pouces. Taille, dix-huit pouces. On trouve aussi cette espèce sur les côtes de Sardaigne.

MOUETTE A BEC VARIÉ, *Larus ichtyœtus*, Lath. Tête et moitié du cou noirs, de même que les cinq premières rémiges; le reste du plumage blanc; bec rouge au centre, jaune à la base et vers la pointe avec une bande transversale brune; pieds variés de brun et de rouge. Taille, vingt à vingt-deux pouces. De la mer Caspienne.

MOUETTE BLANCHE, *Larus eburneus*, L., Buff., pl. enl. 994. Tout le plumage d'un blanc parfait; bec gros, d'un gris bleuâtre à sa base, jaune sur tout le reste de la longueur; iris brun; pieds noirs. Les jeunes ont le front et une partie du sommet de la tête d'un gris plombé, quelques taches cendrées sur les scapulaires, l'extrémité des rémiges et des tectrices noire. Des mers glaciales, accidentellement en Hollande et en Suisse.

MOUETTE BLANCHE D'ALBIN. *V.* MOUETTE CENDRÉE.

MOUETTE BLANCHE DU PARAGUAY, Azzara. Même espèce que la PETITE MOUETTE CENDRÉE de Brisson.

MOUETTE BRUNE. *V.* STERNE NODDI.

MOUETTE BRUNE D'ALBIN. C'est la Mouette rieuse dans son plumage d'amour.

MOUETTE BOURGUEMESTRE (Goëland), *Larus glaucus*, Brunn.; *Larus leuceretes*, Schleep. Dos, manteau, ailes d'un gris bleuâtre clair; extré-mité et baguettes des tectrices, des rémiges et des rectrices d'un blanc pur; le reste du plumage blanc; bec très-fort, d'un jaune vif, avec l'angle de la mandibule inférieure d'un rouge vif; iris jaune; auréole des yeux rouge; pieds d'un jaune livide. Taille, vingt-six pouces. Les jeunes ont toutes les parties du plumage diversement mélangées de gris et de brun; on ne les distingue des jeunes de quelques autres grandes espèces, que par les baguettes des rémiges qui sont toujours blanches et la nuance des ailes qui est constamment d'un brun livide, jamais noirâtre; enfin par le bec plus fort et plus long que dans aucune autre espèce.

MOUETTE A CAPUCHON BRUN. *V.* MOUETTE RIEUSE.

MOUETTE A CAPUCHON CENDRÉ, *Larus poliocephalus*. *V.* Temminck pour la description de cette espèce.

MOUETTE A CAPUCHON NOIR, *Larus melanocephalus*, Nutt. Plumage d'hiver des adultes : dos, tectrices alaires et base des rémiges d'un gris bleuâtre très-clair; bec robuste, assez court, d'un rouge vif; iris et auréole des yeux bruns; pieds d'un jaune orangé; le reste du plumage blanc. Les jeunes ont toute la robe variée de brun, de brunâtre et de blanc; les bords externes des rémiges noirs, ainsi qu'une bande terminale aux rectrices. Dans le plumage d'amour, ils ont la tête et la partie supérieure du cou, qui ne se prolonge pas plus au-delà de la nuque que sur le devant du cou, d'un noir profond; l'extrême moitié des rémiges blanche; le devant du cou et le ventre d'un beau rose, dans l'état de fraîcheur; le bec d'un rouge carmin et les pieds d'un rouge vermillon. Taille, quinze pouces un quart. De la mer Adriatique.

MOUETTE A CAPUCHON PLOMBÉ, *Larus atricilla*, L. Plumage d'amour : tête d'un gris bleuâtre qui s'étend davantage sur le devant du cou que sur la nuque; une tache blanche au-dessus et une autre au-dessous des yeux; dos et ailes d'un gris bleuâtre avec l'extrémité des grandes tectrices blanche; rémiges entièrement noires et dépassant de beaucoup les rectrices qui sont blanches, de même que le cou et les parties inférieures; bec et pieds d'un rouge foncé. Taille, quatorze pouces. Sur les côtes de la Méditerranée, de l'Océan et sur les grands lacs de l'Amérique septentrionale, où Wilson l'a observée et décrite sous le nom de *Larus ridibundus;* Brisson l'a aussi donnée sous le nom de Mouette rieuse.

MOUETTE CENDRÉE. *V.* MOUETTE A MANTEAU BLEU dans son plumage d'amour.

MOUETTE CENDRÉE DE BRISSON. *V.* MAUVE TRIDACTYLE, plumage d'hiver.

MOUETTE A FRONT GRIS (Goéland), *Larus frontalis,* Vieill. Dos, manteau, tectrices alaires et caudales brunes avec le bord de chaque plume roussâtre; front d'un gris cendré; tête, cou, gorge et parties inférieures brunes avec la base des plumes blanche; menton blanchâtre, tacheté de brun; rémiges et tectrices noires; bec très-épais, noirâtre, d'un jaune orangé à sa base; pieds jaunâtres. Taille, vingt-quatre pouces. Les autres états de ce Goéland ne sont pas connus. De la terre de Diémen.

MOUETTE (GRANDE) BLANCHE DU SPITZBERG. *V.* MOUETTE BLANCHE.

MOUETTE (GRANDE) CENDRÉE. *V.* MOUETTE A PIEDS BLEUS.

MOUETTE (GRANDE) NOIRE ET BLANCHE. *V.* MOUETTE A MANTEAU NOIR.

MOUETTE GRISE. *V.* MOUETTE A PIEDS JAUNES.

MOUETTE GRISARDE. *V.* MOUETTE A MANTEAU NOIR, jeune.

MOUETTE D'HIVER, *Larus hybernus,* Gmel. *V.* MOUETTE A PIEDS BLEUS, jeune.

MOUETTE KITTIWAKE. *V.* MOUETTE TRIDACTYLE, en robe d'amour.

MOUETTE KUTGEGHEF, Briss. *V.* MOUETTE TRIDACTYLE, jeune.

MOUETTE A MANTEAU BLEU (Goéland), *Larus argentatus,* Brunn., Gmel; *Larus marinus,* Var., Lath.

Plumage d'hiver des adultes : sommet de la tête, nuque et côtés du cou blancs, avec le milieu de chaque plume marqué d'un trait longitudinal brun; haut du dos, scapulaires et tectrices alaires d'un gris bleuâtre; rémiges bleuâtres terminées de noir au milieu duquel se trouve un espace blanc; front, gorge et parties inférieures d'un blanc pur; bec d'un jaune sale; iris et auréole des yeux d'un jaune vif; pieds d'un blanc rougeâtre, livide; taille, vingt-deux pouces, les rémiges dépassant de très-peu les rectrices; leurs baguettes noirâtres. Les jeunes ont les plumes des parties supérieures d'un brun clair, bordé de roussâtre, les rémiges brunes avec très-peu de blanc à la pointe; la tête, le cou et les parties inférieures d'un gris foncé, tacheté de brun; le bec, l'iris et l'auréole des yeux d'un brun noirâtre, les pieds d'un brun livide. En plumage d'amour (*Larus glaucus,* Benicken, Goéland à manteau gris ou cendré, Briss., Buff., pl. enl. 253), ils ont le sommet de la tête, la région des yeux, l'occiput et le cou d'un blanc pur; le dos, les scapulaires et les ailes, d'un gris bleuâtre; les rémiges noires et tachées de blanc à l'extrémité; les parties inférieures blanches. Sur les bords de la Méditerranée, de l'Océan et des grands lacs.

MOUETTE A MANTEAU GRIS, Buff. *V.* MOUETTE A MANTEAU BLEU, en robe d'amour.

MOUETTE A MANTEAU GRIS ET BLANC, Buff.; *Gavia grisea,* Briss. *V.* MOUETTE A MANTEAU BLEU, jeune.

MOUETTE A MANTEAU GRIS BRUN. *V.* MOUETTE BOURGUEMESTRE.

MOUETTE A MANTEAU NOIR (Goéland), *Larus marinus,* L. Plumage d'hiver des adultes : sommet de la tête, région des yeux, occiput et nuque blancs avec un trait longitudinal d'un brun clair, sur le milieu de chaque plume; haut du dos, scapulaires, ailes d'un noir profond, à reflets bleuâtres; tectrices blanches vers l'extrémité; rémiges terminées par un espace blanc entouré de noir ; front, gorge, cou, parties inférieures et dos blancs ; bec d'un jaune pâle avec le renflement anguleux de la mandibule inférieure d'un rouge vif ; iris jaune, veiné de brun ; auréole des yeux rouge ; pieds blancs. Taille, vingt-quatre à vingt-sept pouces. Les jeunes (*Larus nævius*, Gmel., Goêland varié ou Grisard, Buff., pl. enl. 266) ont les plumes des parties supérieures d'un brun noirâtre, bordées et terminées de blanc roussâtre, ce qui forme des bandes et des zig-zags roussâtres sur un fond brun ; la tête et le devant du cou d'un blanc grisâtre, tacheté de brun, les parties inférieures grises, rayées en zig-zags et tachetées de brun ; les rémiges noirâtres avec peu de blanc à l'extrémité ; les rectrices bordées et terminées de blanchâtre ; le bec noir ; l'iris et l'auréole bruns, les pieds d'un brun livide. En plumage d'amour (Goêland noir-manteau, Buff., pl. enl. 990), le sommet de la tête, la région des yeux, l'occiput et la nuque sont d'un noir profond, l'auréole est orangée, le reste est semblable au plumage d'hiver. Sur les côtes de l'Océan et de la Méditerranée.

Mouette a masque brun, *Larus çapistratus*, Temm. Plumage d'hiver : tête, cou et queue blancs ; une tache noire près des yeux en avant et une autre noirâtre en arrière, près des oreilles ; dos, scapulaires et tectrices alaires d'un cendré bleuâtre, clair ; rémige extérieure blanche, bordée longitudinalement de noir ; parties inférieures d'un blanc rosé ; bec petit et grêle, d'un brun rougeâtre, ainsi que les pieds. Taille, treize pouces quatre lignes. Dans leur robe d'amour, ils ont le front d'un gris brun sale, le sommet de la tête, les joues, l'orifice des oreilles et la gorge d'un brun clair ; l'occiput, la nuque et le devant du cou d'un blanc pur ; le bec et les pieds d'un brun rougeâtre clair. Des côtes des régions arctiques.

Mouette des mers australes (Goêland), *Larus pacificus*, Lath. Parties supérieures d'un brun foncé, les inférieures d'un brun beaucoup plus pâle ; tectrices alaires bordées de blanchâtre ; bec orangé avec la pointe qui est renflée, noirâtre ; pieds noirs. Taille, vingt-deux pouces. Espèce douteuse.

Mouette de Nangasaki (Goêland), *Larus crassirostris*, Vieill. Tectrices alaires d'un gris ardoisé ; rémiges et tectrices noires, bordées de blanc ; le reste du plumage blanc ; bec très-gros et très-long, jaune à sa base, rouge à l'extrémité avec un trait noir : mandibule inférieure rouge au centre et noire à l'extrémité. Taille, vingt-deux pouces. Espèce douteuse.

Mouette petit Goêland. *V.* Mouette rieuse.

Mouette (petite) cendrée, *Larus cinerarius*, Gmel. *V.* Mouette rieuse, en robe d'hiver.

Mouette (petite) grise, *Gavia grisea minor*, Briss. *V.* Mouette rieuse, jeune.

Mouette aux pieds bleus, *Larus canus*, Linn. ; *Larus cyanorhynchus*, Meyer ; grande Mouette cendrée, Buff., pl. enl. 977. Plumage d'hiver des adultes : dos, scapulaires, ailes d'un cendré bleuâtre ; tête, occiput, nuque et côtés du cou blancs, fortement tachetés de brun ; extrémité des rémiges noire, à l'exception des deux extérieures qui ont un grand espace blanc et dont la baguette est noire ; tectrices terminées de blanc ; parties inférieures, croupion et rectrices d'un blanc pur ; bec petit d'un jaune obscur à la pointe, verdâtre à la base ; iris et auréole des yeux d'un brun rougeâtre ; pieds d'un cendré bleuâtre, tachetés de jaunâtre ; tarse long de deux pouces ; ailes dépassant la queue. Taille, seize pouces. Les jeunes (*Larus hybernus*, Gmel. ; *Larus procellosus*, Juv., Bechst. ; Mouette d'hiver, Buff. ; grande Mouette, Ger.) ont les parties supérieures d'un gris brun avec le bord des plumes roussâtre ; un croissant noir en avant des yeux ; le front et les parties inférieures blanchâtres, tachetés de gris; les rémiges d'un brun noirâtre; les rectrices brunes dans le milieu; le bec noir, livide à sa base; les pieds jaunâtres. Les taches disparaissent insensiblement, et après la seconde mue d'automne, il ne reste ordinairement qu'une bande brunâtre près de l'extrémité de la queue et un peu de noirâtre vers le milieu du bec. En robe d'amour, ils ont la tête, l'occiput, la nuque et les côtés du cou absolument blancs, le bec jaune, l'auréole des yeux rouge, les pieds jaunâtres, tachetés de bleuâtre. Le reste du plumage est le même que dans la robe d'hiver. Sur les côtes de l'Océan et de la Méditerranée.

Mouette a pieds fendus. *V.* Sterne tachetée.

Mouette a pieds jaunes (Goêland), *Larus fuscus*, L. Plumage d'hiver des adultes : parties supérieures d'un gris bleuâtre presque noir; sommet de la tête, région des yeux, occiput, nuque et côtés du cou blancs, striés de brun clair; front, dos, queue, gorge et parties inférieures d'un blanc pur; rémiges dépassant la queue de deux pouces, noires, terminées de blanc; cette teinte forme une tache à l'extrémité des deux externes qui, sans elle, seraient entièrement noires; tectrices alaires terminées de blanc; bec jaune avec l'angle de la mandibule inférieure rouge; iris jaune; auréole des yeux rouge; pieds jaunes; tarse long de deux pouces deux lignes. Taille, dix-huit à vingt pouces. Les jeunes (Mouette grise, Briss.) ont les parties supérieures d'un brun noirâtre, avec le bord des plumes jaunâtre, les rectrices d'un noir foncé, terminées de blanc et variées de gris à leur base; les rémiges entièrement noires, les parties inférieures et même le cou parsemés de grandes taches brunes, le bec noir avec la base brune, les pieds d'un jaune sale. En robe d'amour (*Larus fuscus*, Gmel.; *Larus flavipes*, Meyer; Goêland gris, Briss.), ils ont le sommet de la tête, la région des yeux, l'occiput et le cou d'un blanc pur;

le reste du plumage est comme en hiver. Sur les côtes de l'Océan, même en Amérique; sur celles de la Méditerranée.

Mouette aux pieds rouges, *Larus erythropus*, Gmel. *V.* Mouette rieuse, jeune.

Mouette Pulo-condor, *Larus Pulocondor*, Lath. Parties supérieures cendrées, variées de jaunâtre et de brun, les inférieures blanches; tête variée de blanc et de cendré; occiput, nuque et scapulaires noires; bec noir; pieds jaunes. Des côtes de la Chine.

Mouette Pygmée, *Larus minutus*, Pallas. Plumage d'hiver des adultes : parties supérieures d'un cendré bleuâtre clair; occiput, nuque, tache en avant des yeux et sur l'orifice des oreilles d'un cendré foncé; rémiges bleuâtres terminées par un grand espace blanc; baguettes brunes; front, joues, tache derrière les yeux; parties inférieures et rectrices d'un blanc pur; bec et iris d'un brun noirâtre; pieds rouges; longueur du tarse, onze lignes; ailes dépassant la queue d'un pouce. Taille, dix pouces deux lignes. Les jeunes ont le front, la région des yeux et les deux tiers de la queue blancs; le sommet de la tête et l'occiput noirâtres; la nuque et les parties supérieures d'un gris-brun; les grandes tectrices alaires blanchâtres extérieurement et à l'extrémité, les moyennes d'un gris foncé bordées de brunâtre, et les petites tachetées de gris et de noirâtre; les quatre premières rémiges noirâtres extérieurement et à l'extrémité, blanches à l'intérieur, les trois suivantes cendrées en dehors et blanches au bout. La queue est un peu fourchue et terminée de noir; le bec d'un brun noirâtre et les pieds d'un blanc rougeâtre. En robe d'amour (*Larus atricilloides*, Falk.; la plus petite des Mouettes; Mouette de Sibérie, Buff.), les parties supérieures sont d'un cendré bleuâtre pur et très-clair, toute la tête est enveloppée par un capuchon noir; un croissant derrière les yeux, le croupion et la queue sont d'un blanc pur ; les rémiges et les tectrices sont cendrées, terminées de blanc ; le bec et les pieds d'un rouge cramoisi foncé ; l'iris brun. En Europe.

MOUETTE A QUEUE BLANCHE ET NOIRE, *Larus leucomelas*, Vieill. Ailes et scapulaires noires ; rémiges noires ; tectrices blanches terminées de noir ; le reste du plumage blanc. Bec et pieds jaunes, l'extrémité du premier rouge ; longueur du tarse, trois pouces. Taille, vingt-trois pouces. De la terrre de Diémen.

MOUETTE RIEUSE, *Larus ridibundus*, Leisl. ; *Larus cinerarius*, Gmel. ; *Larus procellosus*, Bechst. Petite Mouette cendrée, Briss., Buff., pl. enl. 969. Plumage d'hiver des adultes : parties supérieures d'un cendré bleuâtre très-clair ; tête, cou et rectrices d'un blanc parfait ; une tache noire en avant des yeux et une autre sur l'orifice des oreilles ; bord extérieur des tectrices alaires et des rémiges d'un blanc pur ; le reste du plumage d'un blanc rosé ; bec et pieds rouges ; iris brun ; longueur du tarse, un pouce neuf lignes. Taille, quatorze pouces. Les jeunes (*Sterna obscura*, Lath., *Larus erithropus*, Gmel., *Larus canescens*, Bechst. ; petite Mouette grise, Briss.) ont les plumes des parties supérieures d'un brun foncé, bordées de jaunâtre ; la tête et l'occiput d'un brun très-clair ou d'un blanc tacheté de brun ; une grande tache blanche derrière les yeux ; le bord supérieur de l'aile, le croupion et la base des rémiges et des rectrices blancs ; l'extrémité des rémiges et des rectrices noire ; les parties inférieures et un collier d'un blanc qui prend une teinte roussâtre sur le devant du cou ; les flancs ornés de croissans bruns ; la pointe du bec noire ; les pieds jaunes. En robe d'amour (*Larus ridibundus*, Gmel., Mouette rieuse à pates rouges, Briss., Mouette rieuse, Buff., pl. enl. 970), les parties supérieures sont d'un cendré bleuâtre clair ; la tête et le haut du cou d'un brun très-foncé ; les paupières entourées de plumes blan-

ches ; les parties inférieures d'un blanc rosé ; le bec et les pieds rouges de carmin foncé. En Europe.

MOUETTE RIEUSE DE SIBÉRIE. *V.* MOUETTE PYGMÉE.

MOUETTE TACHETÉE. *V.* MOUETTE TRIDACTYLE.

MOUETTE A TÊTE CENDRÉE, *Larus cirrocephalus*, Vieill. Parties supérieures, gorge et cou d'un cendré bleuâtre ; front blanchâtre ; les sept grandes rémiges noires et blanches à la base ; la première a la pointe blanche ; elle dépasse de deux pouces les rectrices ; celles-ci de même que leurs tectrices sont blanches ; le reste du plumage est aussi d'un blanc pur. Bec et pieds rouges. Taille, quatorze pouces. Du Brésil.

MOUETTE TRIDACTYLE, *Larus tridactylus*, Meyer ; Mouette cendrée, Briss. Plumage d'hiver des adultes : parties supérieures d'un cendré bleuâtre ; joues finement striées de noir ; rémige extérieure bordée de noir dans toute sa longueur et terminée de noir, ainsi que les trois suivantes dont deux ont aussi à l'extrémité une petite tache blanche : la cinquième a une bande noire vers l'extrémité qui est blanche ; front, région des yeux et parties inférieures, d'un blanc pur. Bec d'un jaune verdâtre ; auréole des yeux rouge ; pieds bruns et olivâtres : longueur du tarse, un pouce quatre lignes : un moignon dépourvu d'ongle remplaçant le pouce. Les jeunes (*Larus tridactylus*, Gmel., Mouette cendrée tachetée ou Kutgeghef, Briss., Buff., pl. enl. 387) ont les plumes des parties supérieures d'un cendré bleuâtre foncé, tachetées de noir et terminées de brun noirâtre ; le pli et le bord supérieur de l'aile noirs ; un croissant noir en avant des yeux ; un grand espace gris bleuâtre foncé sur la région des oreilles, une tache noirâtre vers l'occiput, une large plaque en croissant noirâtre sur la nuque ; les rémiges noires ; l'extrémité des rectrices noire bordée de blanchâtre, l'extrémité toute blanche ; le bec, l'iris et l'auréole des yeux noirs. En robe d'amour, ils ont toute la tête et le cou d'un blanc pur, et le reste du plumage comme en hiver. Dans toute l'Europe.

MOUETTE VARIÉE, *Larus nœvius*, Gmel., Buff., pl. enl. 266. *V.* MOUETTE A MANTEAU NOIR, jeune. (DR..Z.)

*MOUFETTA. BOT. PHAN. C'est le nom d'un des genres établis par Necker aux dépens du *Valeriana* de Linné, et qui n'a pas été adopté. (G..N.)

MOUFETTE. *Mephitis.* MAM. (On écrit aussi Mouffette.) Genre de Carnassiers, très-voisin du genre Marte, et particulièrement du sous-genre Zorille, dont il se distingue cependant à plusieurs égards, et particulièrement par son système dentaire. La mâchoire inférieure a, comme chez les Putois, six incisives, deux canines et dix mâchelières, parmi lesquelles on compte six fausses molaires, deux carnassières et deux tuberculeuses ; et toutes ces dents sont généralement semblables à celles de ce sous-genre : seulement les carnassières sont divisées par une cavité assez prononcée en deux parties à peu près égales, dont l'antérieure est formée de trois tubercules pointus disposés en triangle, et la postérieure, d'un talon terminé par deux tubercules aigus et assez minces. Les incisives, les canines, et, parmi les mâchelières, les carnassières et les tuberculeuses sont à la mâchoire supérieure, en même nombre qu'à l'inférieure ; mais les fausses molaires sont (de même encore que chez les Putois) au nombre de quatre seulement. Les incisives sont semblables à celles de toutes les Martes, et il en est de même des canines. La première fausse molaire de chaque côté est très-petite et rudimentaire ; la seconde a deux racines et une pointe, et ne présente rien de bien remarquable. « La carnassière (dit Cuvier, Dents des Mamm., XXVIII) se fait remarquer par le grand développement du tubercule interne, qui lui donne une grande épaisseur et

une forme triangulaire ; et la tuberculeuse, par ses dimensions qui sont à peu près les mêmes du bord antérieur au bord postérieur que du côté interne au côté externe. Chez les Martes, au contraire, cette dent n'avait quelque étendue que dans ce dernier sens, et ses tubercules, peu saillans et arrondis, ne se marquaient pas nettement. Chez les Moufettes, ces tubercules sont devenus très-forts et anguleux, ce qui en fait vraiment une dent triturante : il y en a quatre principaux, séparés par des creux assez profonds ; mais l'extrême irrégularité de leur figure ne permet pas de les décrire. » Les membres sont pentadactyles, comme chez toutes les Martes ; et les doigts sont terminés par des ongles arqués, robustes et propres à fouir, comme chez les Zorilles. C'est encore de ces derniers que les Moufettes se rapprochent par les couleurs de leur pelage ordinairement rayé de blanc sur un fond noir ou noirâtre ; et la ressemblance entre ces Animaux est si grande, que le Zorille avait été regardé comme une véritable Moufette par Sparrman et par quelques autres naturalistes qui regardaient même son existence en Afrique, comme une preuve certaine contre la grande loi de géographie physique établie par Buffon (*V.* MAMMIFÈRES). Les Moufettes ne sont pas, comme les Martes, de véritables Digitigrades : elles ont les talons de derrière fort peu relevés dans la marche, et sont, comme on a coutume de le dire, demiplantigrades. Leurs organes génitaux ne sont point connus, et leurs organes des sens ne le sont que très-peu ; les oreilles sont arrondies, et le mufle est assez étendu. La queue, assez courte, est couverte de très-longs poils, et il paraît que l'Animal la tient habituellement relevée en panache sur son dos. Nous ajouterons que les apophyses post-orbitaires du frontal et du jugal sont presque effacées, caractère qui distingue ce genre de celui des Martes ; que le nombre des vertèbres caudales est de vingt-trois, et celui des dorsales, de quinze ; elles ont ainsi une paire de côtes de plus que le Putois, ce qui n'empêche pas que leur corps ne soit beaucoup plus trapu et beaucoup moins vermiforme que celui de ce carnassier, parce que les vertèbres sont généralement beaucoup plus courtes (Cuvier, Oss. Foss. T. vi).

On voit que l'organisation des Moufettes est encore très-imparfaitement connue; il en est à peu près de même de leurs habitudes. On sait cependant que ce sont des Animaux nocturnes, qui vivent dans des terriers, mais qui, du reste, ont à peu près les mœurs des Putois, et se nourrissent comme eux de petits Quadrupèdes, d'œufs, de miel, etc. Leur nom de Moufette (*Mephitis*), et ceux de Bêtes puantes, d'Enfans du diable, etc., qu'ils ont reçus en divers lieux, leur sont venus de l'odeur véritablement infecte qu'ils répandent, surtout lorsqu'ils sont irrités : cette odeur est produite par un liquide onctueux, sécrété par deux glandes qui le versent dans l'anus, et non pas, comme chez les Civettes, dans une poche particulière. On trouve de même chez les Putois deux semblables glandes, en sorte que les Moufettes sont encore à cet égard en rapport avec eux ; mais elles les ont beaucoup plus grosses, et plus développées, et leur odeur est aussi beaucoup plus fétide : « elle est si forte, dit Kalm (Voyage dans l'Amérique septentrionale), qu'elle suffoque : s'il tombait une goutte de cette liqueur empestée (de l'urine) dans les yeux, on courrait risque de perdre la vue ; et quand il en tombe sur les habits, elle leur imprime une odeur si forte qu'il est très-difficile de la faire passer.... En 1749 il vint un de ces Animaux près de la ferme où je logeais : c'était en hiver et pendant la nuit ; les Chiens étaient éveillés et le poursuivaient : dans le moment il se répandit une odeur si fétide, qu'étant dans mon lit, je pensai être suffoqué ; les Vaches beuglaient de toutes leurs forces. Sur la fin de la

même année, il s'en glissa un autre dans notre cave.... Une femme qui l'aperçut la nuit à ses yeux étincelans, le tua, et dans le moment il remplit la cave d'une telle odeur que non-seulement cette femme en fut malade pendant quelque jours, mais que le pain, la viande et les autres provisions qu'on conservait dans cette cave, furent tellement infectés qu'on ne put en rien garder, et qu'il fallut tout jeter au dehors. » De semblables faits sont attestés par un grand nombre de voyageurs, et particulièrement par Azzara, qui ne donne même de son Zorillo ou Yagouare qu'une description assez incomplète, parce qu'il ne s'est point, dit-il, « exposé à le toucher ni à l'examiner avec détail, redoutant d'être empesté. »

La détermination et la distinction des diverses espèces du genre Moufette est encore impossible dans l'état présent de la science : tous les individus que possèdent les collections zoologiques de l'Europe, et que les naturalistes ont pu comparer entre eux, et tous ceux qui se trouvent décrits dans les ouvrages des voyageurs, sont assez différens par les couleurs de leur pelage pour faire regarder comme probable l'existence de plusieurs espèces ; mais ils ne le sont pas assez pour que le nombre de ces espèces puisse être fixé avec quelque certitude. Aussi presque tous ceux qui ont cherché à résoudre cette question difficile, en ont-ils donné une solution différente. Buffon pensait qu'il existe cinq Moufettes, et il les indiquait sous les noms de Coase, de Conépate, de Chinche, de Zorille (T. xiii) et de Moufette du Chili (Suppl. vii); mais le Coase, auquel il assignait pour caractères d'avoir le pelage généralement brun, et la queue non touffue, ne paraît pas être une véritable Moufette, et doit être rapporté au genre Marte suivant les uns, au genre Coati suivant les autres. Le Conépate a sur un fond noir cinq bandes longitudinales. Le Chinche est blanc sur le dos, et noir sur les flancs et sur la tête; sa queue est très-touffue et fournie de très-longs poils blancs mêlés d'un peu de noir. Le Zorille (dont le nom a été depuis transporté à un Carnassier du cap de Bonne-Espérance et du Sénégal, *V.* MARTE) a des bandes blanches longitudinales sur un fond noir et d'autres bandes blanches transversales sur les flancs : sa queue est noire dans sa première moitié, blanche dans sa portion terminale. Enfin la Moufette du Chili, envoyée au Cabinet du Roi par Dombey, a sur un fond noir deux lignes blanches qui se réunissent vers l'occiput : la queue est blanche. Cette dernière espèce habite, comme son nom l'indique, le Chili : le Conépate est répandu dans la Nouvelle-Espagne, la Louisiane, la Caroline, etc.; le Chinche et le Zorille sont au contraire propres à l'Amérique méridionale. Au reste Buffon remarque lui-même que le Chinche et le Zorille qui ont, comme on le voit, la même patrie, pourraient bien n'être que des variétés du même Animal; et comme le Coase n'est d'ailleurs pas une véritable Moufette, le nombre des espèces de Buffon se réduit à trois, le Conépate, le Chinche ou Zorille, et la Moufette du Chili. Les deux dernières ont seules été admises par Geoffroy, qui ne donne comme espèces distinctes que le Chinche (*Viverra Mephitis* des auteurs systématiques) qu'il appelle *Mephitis laticaudata*, et la Mouffette du Chili, qu'il nomme *Mephitis Chilensis*. Cette manière de voir a été adoptée par plusieurs naturalistes, et tout récemment encore par Fr. Cuvier (Dict. des Sciences Naturelles, T. XXXIII). Enfin Desmarest et Ranzani remarquant, d'après Cuvier, que les différentes variétés qu'indiquent les descriptions des voyageurs, rentrent tellement par nuances les unes dans les autres, qu'on est presque tenté ou de n'admettre qu'une seule espèce ou d'en admettre dix-huit, réunissent ensemble toutes les Moufettes sous le nom

de *Mephitis Americana*. « Nous ferons observer néanmoins, ajoute Desmarest (dans sa Mammalogie, 1ʳᵉ partie) que les variétés qu'elles présentent dans la disposition des bandes blanches de leur pelage, sont le plus souvent assez constantes dans une même contrée, et que l'espèce (s'il n'y en a réellement qu'une) s'étend dans toute l'Amérique depuis le centre des États-Unis jusqu'au Paraguay, dans les plaines comme dans les pays de montagnes, dans les endroits boisés comme dans les lieux découverts. » Desmarest donne ensuite, d'après Cuvier, le tableau des Moufettes décrites par les voyageurs et les naturalistes, et indique leurs caractères avec autant d'exactitude qu'il a été possible de le faire d'après le peu de détails qu'on trouve dans les auteurs originaux : nous croyons donc ne pouvoir mieux faire que de renvoyer à son ouvrage, ou aux Recherches sur les Ossemens Fossiles de Cuvier (T. IV), en remarquant seulement que les nombreuses variétés admises par ces savans ont reçu, en outre des noms que nous avons déjà fait connaître, ceux de Polécat, de Conépatl, de Mapurito, de Mapurita, d'Isquiepatl, de Zorra, d'Yagouare, d'Ortohula, de Tamaxla, etc. Au reste il ne serait pas impossible, comme on l'a déjà remarqué, que quelques-uns de ces Animaux dussent être, lorsqu'ils seront mieux connus, reportés dans d'autres genres.

Nous avons vu qu'on trouve des Moufettes dans presque toute l'étendue de l'Amérique; il n'en existe point au contraire dans l'Ancien-Monde : la prétendue Moufette du Cap est, comme nous l'avons déjà remarqué, le Zorille; et la Moufette de Java, espèce découverte il y a quelques années par Leschenault de la Tour, est devenue le type du nouveau genre Mydas. *V.* ce mot.

(IS. G. ST.-H.)

MOUFETTE. BOT. PHAN. L'un des noms vulgaires du *Thlaspi Bursa-pastoris*, L.   (B.)

MOUFETTES. géol. chim. Même chose que Mofette. *V.* ce mot. (b.)

MOUFLON. mam. Ce nom, qui appartient en propre à une espèce du genre *Ovis*, est donné maintenant d'une manière générale à tous les Moutons sauvages. *V.* Mouton.

(is. g. st.-h.)

MOUGEOTIA. bot. phan. Ce genre établi par Kunth (*Nov. Gen. Amer.*, 5, p. 326), avait été précédemment publié par Ventenat sous le nom de *Riedlea. V.* ce mot. (g..n.)

* MOUGESTIA. zool. ? bot.? (*Arthrodiées.*) Dans une compilation informe où sont comme au hasard confondues, dans les coupes le plus mal caractérisées, des productions disparates, un algologue du Nord désigna ainsi en 1824 celui des genres auquel, dès l'an 1821, nous avions restreint le nom de *Zygnema* dans un Mémoire lu à l'Institut. L'année suivante, nous reproduisîmes l'extrait de notre Mémoire dans le tome premier du présent Dictionnaire à l'article Arthrodiées, et le genre *Zygnema* s'y trouvait toujours invariablement consacré. Cet article fut immédiatement tiré à part avec les planches qui s'y rapportent, et envoyé entre autres à l'auteur du *Systema Algarum* qui le cite parfois, mais qui dans cette circonstance n'est pas censé l'avoir connu, puisqu'il n'a pas conservé un nom qui avait bien certainement l'antériorité. L'algologue de Lund voulait sans doute payer un tribut de reconnaissance en inscrivant le nom d'un savant respectable dans son livre; cette manière de s'acquitter des plus magnifiques envois botaniques devient aujourd'hui fort en usage. Comme un souverain donne un cordon en retour des bras et des jambes que les militaires se font casser pour eux, les faiseurs de genres répandent à tort et à travers les distinctions de l'empire de Flore à qui veut bien épuiser ses herbiers pour enrichir le leur. Il serait cependant à souhaiter que ces dispensateurs de la gloire scientifique se donnassent la peine d'examiner sur quelles bases se fondent les témoignages de leur gratitude, afin de ne les placer que sur des choses qui n'auraient pas déjà porté d'autres noms. Quant à celui de *Mougestia*, nous pensons qu'il doit être réservé pour un genre réellement nouveau, et qui par la beauté ou l'utilité de ses espèces soit digne de rappeler la mémoire d'un naturaliste du premier mérite, dont les vastes connaissances et les vertus n'ont de comparable que l'extrême modestie et l'amabilité. Nous engageons les botanistes français à ne consacrer le nom de Mougeot, dans le catalogue des êtres naturels, que d'une manière qui soit digne de ce nom qu'on ne doit pas abandonner aux caprices des spéculateurs en nomenclature. (b.)

MOULE. *Mytilus.* conch. Quoique Rondelet, dès 1558, ait distingué les véritables Moules, cela n'a pas empêché des auteurs plus modernes de confondre indistinctement, sous le même nom, des Coquilles entièrement différentes et de formes et d'habitation. Lister, en séparant les Moules véritables ou marines de celles qu'il nomme d'eau douce, a aussi commis une faute en ne les désignant pas par des noms différens, et les auteurs qui suivirent n'auraient eu aucun prétexte de confondre des Coquilles qu'il est si facile de distinguer. Cette erreur, qui depuis ce moment est restée dans la science jusqu'à l'époque où Linné plaça les Mulettes (*V.* ce mot) parmi les Myges, est passée dans le vulgaire qui désigne encore nos Mulettes et nos Anodontes par le nom de Moules de rivière. Poupart et Réaumur, dans les Mémoires de l'Académie, d'Argenville et Favanne dans leurs ouvrages, suivirent l'opinion commune qu'Adanson commença à rectifier ainsi que Linné. Le premier de ces auteurs confondit avec les Pinnes, les Moules, les Modioles et les Avicules. Linné ne tomba pas dans la même faute, il réserva le nom de Pinne à une seule des espèces d'Adanson, et donna le nom de Moule pris du vulgaire aux espèces de ce genre qui vivent dans la mer; seulement, des Moules d'eau douce il en fit des Myges, ce qu'adoptèrent ses imitateurs jusqu'à Lamarck. Bruguière, autant qu'on en peut juger par les caractères qu'il donne à son genre Moule, aima mieux le composer comme d'Argenville et d'autres, et le caractérisa en conséquence, comme il suit, dans les tableaux qui sont en tête de la première partie du volume de l'Encyclopédie : coquille fermée partout; charnière non dentée où composée d'une ou deux dents. Bruguière sentit plus tard que des élémens si différens ne pouvaient composer un même genre, et dans l'arrangement des planches de l'Encyclopédie, il institua le genre Mulette qui fut adopté depuis par les savans qui virent bientôt combien elles différaient des Myges. Bruguière, en instituant les genres Avicule et Pinne aux dépens des Moules de Linné, opéra un changement très-utile qui le rendit bien plus naturel; Lamarck n'eut qu'à adopter les travaux de Bruguière auxquels il n'ajouta que le genre Modiole(*V.* ce mot), lequel est très-artificiel ; depuis cette époque, on n'a apporté aucun changement au genre Moule, quant à sa composition ; mais on a assez varié dans la place qu'on lui a assignée dans la série générique. Lorsque Lamarck eut proposé de partager les Mollusques Acéphalés, d'après le nombre des impressions musculaires; en examinant les Coquilles des Moules, il ne fit point sans doute attention à la petite impression antérieure qui est assez fugace, ce qui le détermina à placer ce genre parmi les Monomyaires. Cuvier n'eut pas la même opinion que Lamarck, et effectivement on trouve en le cherchant avec soin un petit muscle antérieur, ce qui les place sous ce rapport dans la limite des deux familles; Blainville depuis a conservé la manière de penser de Cuvier, ce que Férussac a fait également; c'est véritablement parmi les Dimyaires que doit maintenant se placer le genre Moule.

L'anatomie des Moules a été faite depuis fort long-temps; comme certaines espèces sont très-abondantes dans nos mers, qu'elles sont un aliment assez agréable à l'Homme, on a cherché à connaître en détail un Animal utile, facile à observer par la quantité considérable que certains parages en fournissent; nous ne citerons pas les travaux qui ont précédé ceux de Poli et ceux des zoologistes modernes ; ils contiennent des erreurs et sont peu complets quant à l'anatomie. Ainsi que tous les Lamellibranches, les Moules qui ont une coquille symétrique et équivalve sont également symétriques dans leurs parties; le manteau a les lobes égaux, les bords sont libres, excepté sur le dos où ils se réunissent, cette réunion se prolongeant au-delà de la longueur du ligament de la coquille pour donner naissance à une ouverture complète qui est celle où se décharge l'anus; au-dessous et postérieurement, les bords des lobes sont assez épais, garnis de tentacules, et leur rapprochement simule assez bien l'ouverture du siphon branchial ; cependant on ne peut nommer cette partie un siphon, puisque le manteau reste ouvert depuis l'anus jusqu'à la partie antérieure de l'Animal ; les bords de cet organe sont épais, charnus, fortement adhérens au limbe de la coquille ; le reste des lobes est celluleux et souvent chargé d'une substance d'un blanc jaunâtre qui remplit toutes les cellules. Le système musculaire se compose de deux parties distinctes, les muscles adducteurs et les muscles du pied ; les adducteurs sont fort inégaux, l'antérieur étant très-petit, comme nous l'avons déjà dit, comparativement au postérieur qui est aussi grand que l'impression qu'il laisse; les muscles du pied se partagent en trois faisceaux principaux : les muscles antérieurs qui se fixent presque dans la cavité du crochet les muscles moyens, que l'on pourrait nommer muscles intrinsèques du pied, qui se bifurquent et sont pour ainsi dire à cheval au centre de la masse commune, à l'endroit de la réunion de tous, et concourent principalement à la formation du pied ; les postérieurs enfin forment une masse assez considérable divisée en trois faisceaux fibreux qui s'attachent en rayonnant à la coquille, depuis le muscle adducteur postérieur, en remontant jusque vers le milieu de la longueur du bord. Ce muscle donne principalement naissance au byssus qui est à la base du pied dans l'endroit où les fibres des rétracteurs antérieurs et des postérieurs se réunissent et s'entre-croisent d'une manière inextricable en donnant un grand nombre de fibres au pied proprement dit.

Les organes de la digestion se composent d'une ouverture buccale cachée par des plis labiaux transverses qui se continuent à des palpes, une paire de chaque côté assez grande, charnue, finement striée; par un œsophage très-court, on arrive à une cavité stomacale, ovalaire, remplie de lames ou cryptes hépatiques ; cet organe, aussi bien que la plus grande partie des intestins, est enveloppé par le foie, de la même manière que, dans les autres Lamellibranches, l'intestin, après plusieurs circonvolutions, remonte vers le dos, ou il se place dans la ligne médiane, ou il est enveloppé par le cœur, et se termine par un orifice qui se décharge par l'ouverture anale du manteau. Les organes de la circulation sont semblables à ceux des autres Lamellibranches : un cœur fusiforme sur le rectum, deux oreillettes fort minces, deux aortes, etc., comme dans les autres Mollusques du même ordre. Les branchies se composent de deux paires de feuillets très-minces et faciles à déchirer transversalement, l'externe est plus grand que l'interne. Les organes de la génération sont semblables à ceux des autres Lamellibranches (*V.* Mollusque). Le

systême nerveux a été examiné par Blainville, et il l'a trouvé composé de trois ganglions ; nous avons rapporté textuellement, dans notre article Mollusque, ce que dit ce savant anatomiste à l'occasion du système nerveux considéré d'une manière générale dans les Mollusques bivalves.

Les Moules vivent ordinairement par bancs souvent considérables dans le voisinage des côtes, fixées les unes aux autres, ou aux sables ou aux galets du fond de la mer; le plus souvent elles préfèrent les endroits où les basses marées les tiennent à découvert, quelquefois cinq ou six heures; mais celles-ci pour la nourriture sont moins estimées que celles qui restent constamment couvertes par les eaux; certaines espèces vivent plus isolément, s'attachent dans le creux des rochers où elles vivent suspendues par leur byssus.

La coquille des Moules est d'un tissu serré, compacte, composé quelquefois d'une très-belle nacre, le plus ordinairement d'une matière calcaire violette plus ou moins foncée, revêtue d'un épiderme brun, corné, tenace, très-adhérent à la coquille ; quelquefois il est d'un beau vert, ou il n'existe pas du tout sur les espèces, surtout celles qui ont de fines stries. Le genre Moule est caractérisé de la manière suivante : Animal ayant un corps ovalaire plus ou moins convexe; le manteau ouvert dans tout son bord inférieur, depuis les sommets jusqu'à l'ouverture anale, simulant un siphon branchial par son épaississement garni de tentacules dans cet endroit seulement ; appendice abdominal, linguiforme, canaliculé dans son milieu, uni par plusieurs muscles rétracteurs qui donnent attache à un byssus placé à la partie postérieure de la base du pied; bouche simple, labiée, garnie de palpes épais et grands. Coquille longitudinale, équivalve, régulière, pointue aux sommets, se fixant par un byssus; les crochets presque droits, terminaux, pointus ; charnière latérale, le plus souvent édentée, quelquefois une ou deux dents obsolètes sur le crochet ; ligament marginal, sub-intérieur ; une impression musculaire allongée, en massue, postérieure, une autre très-petite sous les crochets, antérieure. Les Moules sont presque toutes des Coquilles marines, quelques-unes cependant vivent dans les fleuves ; on en trouve une dans le Danube, quelques-autres habitent les eaux peu salées de l'embouchure des rivières. Quelques localités où on trouve des Moules uniquement avec des Coquilles d'eau douce, fossiles, font présumer avec quelque raison, malgré leur grand nombre, qu'elles ont vécu dans l'eau douce. On trouve des Moules dans presque toutes les mers ; mais les plus grandes espèces sont propres aux climats chauds. Les espèces de ce genre peuvent être divisées, comme l'a fait Lamarck, en deux sections.

† Espèces striées.

Moule de Magellan, *Mytilus magellanicus*, Linné ; Lister, Conchyl., tab. 356, fig. 193 ; Favanne, Conchyl., tab. 50, fig. n, 2 ; Chemnitz, Conchyl. T. VIII, tab. 83, fig. 742 ; Encyclop., pl. 217, fig. 2. Coquille oblongue violette, à crochets blancs, pointus et droits, chargée de gros sillons longitudinaux grossiers et ondulés. Comme son nom l'indique, c'est principalement au détroit de Magellan que cette espèce se trouve ; elle habite aussi d'autres mers d'Amérique.

Moule septifère, *Mytilus bilocularis*, Lin. ; Chemnitz, Conchyl. T. VIII, tab. 82, fig. 736, a, b, 737, et tab. 83, fig. 744, a, b ; Encyclop., pl. 218, fig. 5, a, b, et pl. 220, fig. 1, a, b. Espèce remarquable par les stries nombreuses et fines qui la couvrent, aussi bien que par les variétés vertes, brunes ou rouges qu'elle présente ; elle est très-reconnaissable par la lame septiforme qui couvre à l'intérieur une partie de la cavité du crochet, de manière qu'une valve isolée a quel-

ques ressemblances avec certains Crépidules.

†† Espèces lisses.

Moule comestible, *Mytilus edulis*, Linné ; Chemnitz, Conchyl. T. VIII, tab. 84, fig. 750 ; Pennant, Zool. Britann. T. IV, tab. 63, fig. 73 ; Encyclop., pl. 218, fig. 2 ; Lamk., Anim. sans vert. T. VI, pag. 126, n° 29. Espèce très-commune sur nos côtes, assez abondante pour fournir aux besoins des habitans des côtes et à la consommation de Paris ; elle est d'une taille médiocre, blanche en dedans, excepté le limbe et l'impression musculaire postérieurs qui sont violets, foncés en dehors ; elle est couverte d'un épiderme brun corné ; quand elle est polie, elle est quelquefois d'un violet foncé uniforme, et le plus souvent ornée de rayons d'un violet obscur sur une teinte plus pâle de la même couleur.

Moule d'Afrique, *Mytilus afer*, Linn. Gmel., n° 28 ; Lamk., Anim. sans vert. T. VI, pag. 124, n° 21 ; Chemnitz, Conchyl. T. VIII, tab. 83, fig. 739 à 741 ; Encyclop., pl. 218, fig. 1 ; *Bornn. Mus. Cæs. Vind.*, tab. 7, fig. 7. Espèce commune dans les collections, couverte d'un épiderme fauve ou vert, subdiaphane ; à travers, on voit les lignes anguleuses, brunes, en zig-zag, qui ornent la coquille ; la charnière offre sur les crochets une dent sur une valve et deux sur l'autre. Cette Coquille se trouve sur les côtes de Barbarie. (D..H.)

Les marchands de Coquilles ont appelé :

Moules des Canards ou d'étangs, les Anodontes.

Moules cylindriques, les Pholades.

Moules fichées ou Pieux, les Jambonneaux.

Moules des Papous ou Tulipes, la Coquille qui forme aujourd'hui le type du genre Modiole, *Mytilus Modiolus*, L.

Moules des Peintres, les Mulettes, *Unio*.

Moules aux Perles ou Perliè-
res, l'*Unio margaritifera*, et les Pin-
tadines. *V.* tous ces mots.　　(E.)

MOULE DE BOUTON. bot. crypt.
Nom d'un Agaric dans Paulet. (B.)

MOULLAVA. bot. phan. Rhéede
(*Hort. Malab.*, vol. 6, t. 6) a décrit
et figuré sous ce nom une Plante
de la famille des Légumineuses,
dont Adanson a fait un genre qui
n'a pas été admis par les botanistes
modernes. Cette Plante, d'après l'inspection de la figure et la mauvaise
description donnée par Rhéede, nous
semble appartenir à la tribu des
Cassiées de De Candolle, non loin
des *Cœsalpinia*.　　　　(G..N.)

* MOUREAU. ois. Syn. vulgaire
du Rouge-Gorge. *V.* Sylvie.
　　　　　　　　　　(DR..Z.)
MOUREILLER. bot. phan. Ce
mot a été proposé par Palisot-Beauvois pour désigner en français le
genre *Malpighia*. *V.* Malpighie.
　　　　　　　　　　(B.)
MOURERA. bot. phan. Sous le
nom de *Mourera fluviatilis*, Aublet
(Plantes de la Guiane, p. 582, t. 233)
a décrit et figuré une Plante qui
forme le type d'un genre de la Polyandrie Digynie, L., auquel Schreber et Willdenow ont substitué sans
motifs le nom de *Lacis*. Cette Plante
a une racine rampante, charnue et
divisée en radicelles nombreuses attachées sur les rochers; les tiges
sont herbacées, simples, cylindriques, garnies de feuilles alternes,
sessiles, rudes, sinuées, divisées
profondément en plusieurs lobes
arrondis et crépus comme ceux des
feuilles de l'Acanthe, munies en dessous d'aiguillons; les tiges élargies
au sommet, convexes d'un côté et
creusées en gouttière de l'autre; portent sur leurs bords une longue suite
de fleurs très-serrées; à la base du
pédicelle de l'ovaire est une gaîne tubulée et entourée de trois bractées;
il n'y a point de calice ni de corolle;
les étamines sont nombreuses, placées sur un disque garni de longs

aiguillons, à filets violets, dilatés à
la base et portant des anthères sagittées; l'ovaire est strié, pédicellé,
surmonté de deux styles recourbés;
la capsule est membraneuse, à huit
stries, à une seule loge et à deux
valves, renfermant plusieurs graines
très-petites attachées à un réceptacle
central. Cette Plante croît à Cayenne
sur les rochers qui barrent la rivière
de Sinamari. Elle est entièrement
submergée, excepté la partie de la
tige qui porte les fleurs.

Martius (*Nov. Gen. et Spec. Plant.
Brasil.* T. 1, p. 5, t. 2) a décrit et
figuré sous le nom de *Lacis fucoides*
une autre Plante à laquelle il est
juste de restituer le nom générique
de *Mourera* proposé par Aublet. Cette
espèce a une tige rameuse dressée
ou flottante, des feuilles planes laci-
niées, et des fleurs axillaires solitaires; elle nage à la surface des eaux,
attachée aux pierres, dans la rivière
d'Itahype, de la province de Bahia
au Brésil. Martius réunit à ce genre
le *Marathrum* de Humboldt et Bonpland, genre placé dans la famille
des Podostémées de Richard et de
Kunth.　　　　　　　(G..N.)

MOURET. moll. Adanson, dans
son Voyage au Sénégal, pl. 2, a
donné ce nom à une Coquille que
les auteurs ont placée dans les Patelles, mais qui appartient bien plutôt au genre Siphonaire nouvellement créé par Sowerby. *V.* ce mot.
　　　　　　　　　　(D..H.)
* MOURICOU. bot. phan.
(Rhéede, *Malab.* 6, tab. 7.) Syn. d'E-
rythrine des Indes. *V.* Erythrine.
　　　　　　　　　　(B.)
MOURIER. ois. (Charleton.) Syn.
de Mésange à longue queue. *V.* Mésange.　　　　　　　　(DR..Z.)

MOURINE. *Myliobatis.* pois. (Duméril.) *V.* Raie.

MOURIRIA. bot. phan. Genre de
la Décandrie Monogynie, L., établi
par Aublet (Plantes de la Guiane,
p. et t. 180), et dont le nom a été
changé par Swartz en celui de *Petaloma*. Il offre pour caractères es-

senticls : un calice urcéolé à cinq dents et muni de deux écailles à la base; une corolle à cinq pétales très-larges inférieurement et attachés sur le bord du calice; dix étamines inégales dont les anthères sont oblongues; un ovaire infère surmonté d'un seul stigmate; une baie couronnée par les dents du calice resserré dans sa partie supérieure, globuleuse, uniloculaire et renfermant quatre graines. Le *Mouriria guianensis*, Aubl., *Petaloma Mouriri*, Swartz (*Flor. Ind.-Occ.*, 2, p. 855), est un grand Arbre dont les branches sont noueuses, garnies vers les nœuds de feuilles opposées; les fleurs peu nombreuses sont disposées en Corymbes sur des pédoncules bractéolés. Cet Arbre croît dans les forêts de la Guiane.

Une seconde espèce a été décrite par Swartz sous le nom de *Petaloma myrtilloides*. C'est un Arbrisseau qui atteint un mètre au plus d'élévation, et dont les rameaux diffus portent des feuilles sessiles, ovales-acuminées et très-entières. Les fleurs sont solitaires et axillaires. Cette Plante est indigène de la Jamaïque et du Mexique.

Plusieurs autres espèces sont inédites dans les herbiers, et notamment dans celui de notre ami Achille Richard, qui, ayant examiné avec soin les fleurs de ces espèces de *Mouriria*, s'est assuré qu'elles offraient les plus grands rapports avec celles des *Melastoma*, et même les regarde comme congénères. Le professeur De Candolle a une opinion assez conforme à celle-ci touchant les affinités du *Mouriria*. Il le considère comme très-rapproché du *Memecylon* qui forme une nouvelle famille voisine des Mélastomacées. (G..N.)

MOURON. BOT. PHAN. Nom vulgaire des diverses espèces du genre *Anagallis*, L. *V.* ANAGALLIDE. On a étendu ce nom à diverses autres petites Plantes; ainsi l'on a appelé :

MOURON D'ALOUETTE, le *Cerastium vulgare*.

MOURON BLANC ou simplement MOURON, la Morgeline, *Alsine media*.

MOURON D'EAU, le *Samolus valerandi*.

MOURON DE FONTAINE, le *Montia fontana*.

MOURON DES GALIBIS, le *Cordia Collococca*.

MOURON DE MONTAGNE, le *Mœhringia muscosa*.

MOURON DES OISEAUX, la Morgeline.

MOURON VIOLET, la Cymballaire. L'*Anagallis phœnicea* est plus particulièrement appelé MOURON MALE, et le *cœrulea* MOURON FEMELLE. (B.)

MOURONGUE. BOT. PHAN. Pour Morongue. *V.* ce mot. (B.)

MOUROUCOA. BOT. PHAN. Genre établi par Aublet pour un Arbuste sarmenteux qu'il décrit et figure sous le nom de *Mouroucoa violacea*, Aublet, Guian., 1, p. 142, t. 54. Cet Arbrisseau, qui s'élève et s'enlace autour des grands Arbres, offre des feuilles alternes, ovales, glabres, très-entières, coriaces, pétiolées, presque pliées en deux par leur face supérieure. Les fleurs sont très-grandes, bleues, disposées en un corymbe axillaire porté sur un pédoncule commun long et épais. La corolle est monopétale, campanuliforme, à cinq lobes obtus, et les cinq étamines, selon la description et la figure d'Aublet, sont placées devant chacun de ses lobes. Le fruit est une capsule environnée à sa base par le calice. Cette capsule est ovoïde, allongée, terminée en pointe à son sommet. Elle offre trois loges contenant chacune une seule graine.

Cet Arbrisseau qui porte ses fleurs et ses fruits dès le mois de mai, a été trouvé par Aublet dans les forêts de Sinamari. (A. R.)

MOURRIDE. BOT. PHAN. Syn. vulgaire d'*Arum maculatum*, L. *V.* GOUET. (B.)

MOURVENC. BOT. PHAN. L'un des syn. vulgaires d'Oxycèdre dans le midi de la France. (B.)

MOUSSA. bot. phan. (Gouan.) L'un des noms vulgaires du *Zostera marina*, sur les côtes provençales de la Méditerranée.   (b.)

MOUSSE. bot. crypt. *V.* Mousses. Pour Mousse de Corse, *V.* Coralline et Helminthochorton.
               (b.)

* **MOUSSEL.** mam. Espèce du genre Lièvre. *V.* ce mot.   (b.)

MOUSSELINE. bot. crypt. L'un des noms vulgaires de la Chanterelle, *Merulius Cantharellus.*   (b.)

MOUSSERON. bot. crypt. (*Champignons.*) On désigne par ce nom vulgaire plusieurs espèces de Champignons comestibles fort recherchés des amateurs de bonne chère, et qui croissent en général sur les friches et les pelouses parmi les Mousses. La distinction de ces Mousserons est en général difficile, la limite des variétés et des espèces, déjà fort embarrassante à fixer dans les Végétaux plus parfaits, l'étant encore plus dans des êtres aussi polymorphes que les Champignons.

Le véritable Mousseron, *Agaricus Mousseron*, Bull., pl. 142; *Agaricus prunulus*, Fries, etc., est le plus délicat. Il est commun dans toute l'Europe, mais plus particulièrement dans les provinces un peu méridionales de la France, dans la Suisse et l'Italie. Il est d'une couleur fauve claire, uniforme; son stipe est court, charnu, renflé, sans volva ni collier; le chapeau, très-convexe et épais, a la chair blanche et de petits feuillets d'un jaune sale; il croît au printemps.

Le Faux-Mousseron, *Agaricus Pseudo-Mousseron*, Bull., t. 144, ou Mousseron d'automne, diffère du précédent par son pied grêle également plein, cylindrique, assez élevé, par son chapeau plus plat et moins épais, par ses feuillets beaucoup plus grands. Sa couleur est ordinairement un peu plus foncée. L'un et l'autre ont un goût et un parfum très-agréables, mais le premier est plus charnu et plus tendre, le second est plus mince et plus sec, le dernier porte, suivant Paulet, le nom de Mousserons-Godailles, ou de Mousserons de Dieppe. On fait sécher le vrai et le faux Mousseron, et on les conserve tous deux dans cet état pour les mettre dans les sauces.

Outre ces deux espèces qui sont les vrais Mousserons de France ou du moins les plus communes, il y en a quelques autres souvent confondues avec elles. Ainsi Persoon regarde les *Prunoli* ou *Prugnoli* des Italiens, comme une espèce distincte du Mousseron de France, et c'est à cette espèce qu'il donne le nom d'*Agaricus prunulus*, tandis que Fries a réuni sous ce nom les deux espèces. On emploie encore sous le nom vulgaire de Mousseron l'*Agaricus Orcella* de Bulliard, t. 573, f. 1, et t. 591. Il est fort sain, mais moins estimé et plus facile à confondre avec d'autres espèces peut-être nuisibles. Parmi les vrais Mousserons, Paulet a distingué sept espèces sous les noms de Mousseron d'Armas, de Mousseron gris ou vrai Mousseron, de Mousseron de Suisse, de Mousseron de Bourgogne, de Mousseron blanc, de Mousseron Palomet, et de Mousseron Saint-George; mais il est bien difficile d'admettre ces Plantes pour des espèces; il est plus probable que ce ne sont que des variétés. On peut en dire autant des deux espèces qu'il distingue dans les faux Mousserons ou Mousserons-Godailles; l'un est le faux Mousseron de Bulliard; l'autre le Mousseron cheville ou tire-bourre de Paulet, qui ne diffère du précédent que par son stipe aminci du bas et se tordant en spirale vers la base par la dessiccation; quant aux Champignons que le même auteur désigne sous les noms de Mousserons d'eau et de Mousserons-Godailles des bois, et parmi lesquels il distingue plusieurs espèces ou variétés, ils diffèrent beaucoup plus des vrais Mousserons, leur goût n'a rien d'agréable et leur qualité est suspecte; aussi ne sont-ils employés que par erreur et doit-on les éviter.   (AD. B.)

* **MOUSSERONNE.** BOT. PHAN. Variété de Laitue.   (B.)

MOUSSES. *Musci.* BOT. CRYPT. On a d'abord désigné sous ce nom la plupart des Cryptogames terrestres qui n'étaient ni des Champignons ni des Fougères ; mais depuis longtemps on en a séparé les Lichens et les Hépatiques; les premiers n'ayant avec les Mousses proprement dites aucune analogie de structure; les seconds, malgré les rapports nombreux qui les unissent aux Mousses, devant former une famille distincte, mais voisine de celle-ci. Les Mousses véritables sont des Plantes cryptogames dépourvues de vaisseaux, présentant une tige et des feuilles distinctes, et dont les séminules sont renfermées dans une capsule traversée intérieurement par un axe ou columelle et s'ouvrant au moyen d'une opercule ordinairement caduque, mais qui dans quelques genres ne se détache jamais.

Tel est le caractère distinctif de cette famille ; sa structure a été l'objet des recherches d'un grand nombre de botanistes ; les auteurs anciens qui ont commencé à prêter attention à ces petits Végétaux sont principalement Dillen, Micheli et Vaillant. Linné, voulant les soumettre à son système sexuel, regarda l'urne comme une étamine, les séminules comme du pollen; il avoua d'abord son ignorance par rapport aux organes femelles ; mais ensuite il voulut les trouver dans des organes verdâtres granuleux groupés aux aisselles des feuilles, ou en têtes terminales ; d'après les modifications de ces organes ; il divisa la famille des Mousses en six ou sept grands genres, et y adjoignit les Lycopodes dont la structure est si différente. Hedwig, à la fin du dernier siècle, soumit tous ces Végétaux à un examen attentif, et l'on peut dire que c'est lui qui le premier nous a donné des notions exactes sur leur organisation ; on lui doit la connaissance de la structure de la capsule, l'histoire de son développement, la découverte d'organes très-curieux qu'il regarda comme les organes fécondans, des preuves évidentes que la capsule est un organe femelle renfermant des séminules; enfin de bonnes coupes génériques établies parmi ces Végétaux que leur petitesse et la complication de leur structure rendent encore plus singuliers. Peu de temps après, Palisot de Beauvois chercha à renverser le système d'Hedwig, et à prouver que les organes mâles et femelles sont réunis dans la capsule elle-même; mais ce système fondé sur des observations la plupart inexactes ne fut adopté par personne ; plus tard divers botanistes et particulièrement Richard, et de nos jours Hooker, Greville et Arnott, admirent que ces Végétaux étaient privés d'organes fécondans, qu'ils étaient de vrais Agames. D'un autre côté, Schwægrichen en Allemagne et R. Brown en Angleterre, paraissent soutenir complétement les opinions d'Hedwig, et ce dernier dont l'exactitude et l'esprit judicieux sont bien connus, a donné surtout une attention particulière aux organes mâles de ces Plantes, dans les derniers travaux qu'il a publiés sur cette famille. Enfin, à ces auteurs qui se sont occupés d'une manière philosophique de l'étude de cette famille, nous devrions ajouter quelques botanistes qui, en multipliant les genres et les espèces sans un examen suffisant, ou d'après des caractères de peu d'importance, n'ont fait qu'embrouiller l'histoire de cette famille. Avant de discuter les deux opinions qui partagent maintenant les botanistes à l'égard des Mousses, celle d'Hedwig et celle des agamistes, commençons par faire connaître avec soin la structure des organes de la fructification.

On trouve, soit à l'aisselle des feuilles, soit à l'extrémité des tiges, des bourgeons composés de feuilles souvent un peu différentes des autres et auxquelles on a donné le nom de feuilles *périchœtiales* ; elles renferment des organes de deux sortes, tantôt réunis dans le même involucre, tantôt séparés, mais sur la même Plante, tantôt portés sur des Plantes différentes. L'un de ces organes consiste en une sorte d'utricule membraneux, fusiforme, se terminant en un col allongé, évasé au sommet, traversé d'un canal étroit; dans son intérieur se trouve un corps allongé, sétacé, inséré au fond de cet utricule, charnu et dans lequel on ne peut alors distinguer aucune organisation intérieure. Bientôt cet utricule se renfle, le corps qu'il renferme augmente et s'allonge ; l'utricule se rompt vers la base, le corps intérieur s'allonge toujours de plus en plus sous la forme d'un filament grêle, emportant à son sommet la partie supérieure de l'utricule qui prend alors le nom de *coiffe*; dans cet état, il est membraneux, renflé, et on ne voit que rarement quelque trace de l'ouverture qu'il présentait à son sommet; l'*urne*, renfermée dans son intérieur, qui jusqu'alors ne s'était offerte que sous la forme d'un filament grêle et d'un diamètre égal, se renfle vers le sommet, et bientôt on distingue parfaitement le pédicelle qui la supporte, l'urne renfermée dans la coiffe et l'*opercule* qui la ferme. C'est à cette époque qu'on commence à pouvoir bien étudier la structure de cet organe ; la paroi externe de l'urne est formée par une membrane composée de cellules hexagonales très-régulières ; cette membrane s'étend jusqu'à l'opercule, mais elle est parfaitement distincte de celle qui compose cette partie, et dont le tissu est formé de cellules hexagonales beaucoup plus petites. C'est de son bord supérieur en dedans de l'opercule, que naît le *péristome* qui peut presque être considéré comme sa terminaison. Intérieurement cette membrane externe est tapissée par une autre membrane qui lui est unie vers son bord supérieur, près de l'orifice de la capsule, et au fond de cette capsule où elle est même portée sur un pédicelle plus ou moins long; du reste elle n'adhère pas à la membrane externe, ou du moins elle n'est unie à elle que très-faiblement par quelques filamens; dans quelques genres même, tels que les *Buxbaumia, Diphyscium, Bartramia*, ces deux membranes sont séparées par un grand intervalle vide ; dans tous les cas, elle est très-distincte de la membrane externe par son tissu qui est formé de petites cellules quadrilatères qui, sous le microscope, lui donnent presque l'aspect d'un damier; cette membrane, qu'on a nommée le *sac sporulifère*, parce qu'elle renferme immédiatement les sporules ou séminules, est continue inférieurement et supérieurement avec la *columelle*, sorte d'axe celluleux qui traverse la capsule depuis sa base jusqu'à son sommet. Cette columelle est formée d'un tissu cellulaire analogue à celui de la membrane interne, c'est-à-dire de cellules quadrangulaires très-petites qui sont assez faiblement unies entre elles ; elle se continue inférieurement avec le centre du pédicelle et supérieurement elle adhère fortement, à cette époque, à l'opercule : ces deux parties de la columelle ont un aspect très-différent; la partie inférieure presque jusqu'à son point d'union supérieure avec le sac sporulifère est verte, les cellules étant toutes remplies de substance verte granuleuse; la partie supérieure qui occupe toute la cavité de l'opercule est au contraire d'un blanc jaunâtre sans aucun granule vert; c'est entre cette columelle et la membrane interne, et dans une cavité fermée de toute part, que se développent les séminules; elles sont libres dès l'époque où on peut les apercevoir, et ne paraissent d'abord formées que par quelques cellules réunies entre elles d'une manière constante et régulière, et remplies de substance verte granuleuse. On voit d'après cela qu'on peut se représenter l'urne des Mousses comme formée extérieurement d'une membrane celluleuse à cellules grandes et solides, renfermant un sac qui adhère à la membrane externe inférieurement et supérieurement, et qui est traversé par un axe celluleux de même nature que ce sac, autour duquel se trouvent disposées les séminules. A l'époque de la maturité, la coiffe qui recouvrait cette urne se détache, l'opercule se sépare de la columelle au sommet de laquelle il adhérait et tombe; la columelle se contracte dans la plupart des cas et reste cachée au fond de l'urne; dans quelques genres, tels que le *Splachnum*, le *Systylium*, elle continue à faire saillie au dehors de l'orifice de la capsule; enfin dans quelques cas sa partie supérieure reste adhérente aux dents du péristome, et donne lieu à cette membrane qui couvre l'orifice de la capsule dans les Polytrics, et à laquelle on a donné le nom d'*épiphragme*. Le péristome, quoique remplissant des fonctions probablement moins importantes que la plupart des parties que nous venons de faire connaître, a été étudié avec plus de soin, parce que ses modifications ont offert aux classificateurs des moyens pour distinguer les genres; il manque entièrement dans certains genres dont l'orifice de l'urne est nu; dans un grand nombre, il est formé par un seul rang de dents assez fortes, ordinairement jaunes ou rougeâtres; enfin dans d'autres on trouve, outre ce rang de dents externes, un second rang à l'intérieur de cils beaucoup plus ténus, blanchâtres, ou quelquefois une membrane entière ou laciniée. Ce péristome, soit simple, soit double, prend toujours naissance de la membrane externe de l'urne et jamais du sac sporulifère, excepté dans le *Dawsonia*, où une partie des filamens naissent de ce sac ou même de la columelle, ce qui paraît dépendre de l'adhérence primitive de ces organes avec la membrane externe de l'urne, dans le point d'où

naissent les filamens du péristome.

Telle est la structure de l'organe femelle des Mousses, organe dont les fonctions ont été bien déterminées, puisque la germination des séminules qu'il renferme a été observée plusieurs fois; outre ces organes, on trouve réunis à l'aisselle des feuilles, ou à l'aisselle des sortes de bractées qui composent les rosettes terminales de plusieurs Mousses et particulièrement des Polytrics, de petits corps cylindriques ou fusiformes, d'un blanc grisâtre, portés sur un court pédicelle; ces petits corps sont des sacs formés par une membrane très-mince et remplis d'une infinité de granules sphériques ou ovoïdes; lorsqu'on jette ces organes sur l'eau, ces granules commencent par s'accumuler vers l'extrémité libre du sac; bientôt ils le rompent et s'échappent dans l'eau, sans se mêler avec elle et en formant un nuage de granules; ces organes qu'on a comparés à des grains de pollen en diffèrent beaucoup en ce qu'ils sont fixés par un bout, par leur déhiscence irrégulière, enfin par la grosseur beaucoup plus considérable des granules qu'ils renferment. Ils ont beaucoup plus d'analogie avec les organes mâles de la Pilulaire et du Marsiléa, dont ils ne diffèrent que par le plus grand nombre et la plus grande ténuité des granules qu'ils renferment. Ils paraîtraient par ces caractères ressembler plutôt à des anthères uniloculaires à pollen très-fin, comme celles de certains Conifères. Ces organes ont été observés dans un assez grand nombre d'espèces différentes, pour qu'on puisse être presque certain qu'ils existent dans toutes les Mousses; mais quelles sont leurs fonctions? Hedwig les a regardés comme des organes fécondans; R. Brown paraît être de la même opinion, car il les décrit toujours comme les fleurs mâles, dans ses Observations sur la Flore de l'île Melville. D'autres auteurs n'ont voulu voir dans ces parties que des bourgeons ou des gemmules. On ne conçoit pas, s'ils les ont examinés, qu'ils aient pu soutenir une semblable opinion; en effet, ni leur structure, ni leur mode de développement n'a la moindre analogie avec celui des gemmes de certaines Plantes auxquelles on les a comparés; et comment concevoir le développement de bourgeons qui, dès qu'on les met en contact avec de l'eau, se rompent et répandent au dehors la substance qu'ils renferment? Au contraire, ces organes ont tous les caractères des organes mâles, caractères que nous voyons successivement se dégrader dans les familles qui forment, pour ainsi dire, le passage des Phanérogames aux Cryptogames; et la seule chose que, dans l'état actuel de la science, il nous semble qu'on peut se demander, c'est de savoir si ce ne sont pas des organes mâles imparfaits, et dont le concours n'est peut-être pas indispensable au développement des germes. Quant à ces germes eux-mêmes que nous avons désignés par le nom de séminules ou de sporules, leur organisation et leur mode de développement nous paraît les éloigner, sous beaucoup de rapports, des graines des Plantes phanérogames et leur donner beaucoup plus d'analogie avec les embryons de ces Végétaux qui, comme eux, deviennent promptement libres dans l'intérieur de la graine. Dans ce cas, l'urne entière devrait être regardée comme analogue à la graine; ce serait une graine renfermant un grand nombre d'embryons, structure qui n'est pas sans exemple même parmi les Plantes phanérogames. Sans prétendre adopter complétement cette opinion qui a encore besoin d'être confirmée par de nouvelles recherches, il est toutefois fort remarquable de trouver dans l'urne des Mousses et dans ses enveloppes presque toutes les parties qui composent l'ovule des Plantes phanérogames, et cette manière de la considérer devient surtout très-vraisemblable si on adopte l'opinion de R. Brown sur la structure des fleurs femelles des Conifères; ainsi la coiffe, d'abord perforée au sommet, correspondrait au testa ou à la membrane interne de l'ovule, l'urne tout entière à l'amande, sa membrane externe à la membrane du chorion; le sac sporulifère au sac de l'amnios, l'opercule au mamelon qui termine l'amande; la pédicelle ne serait qu'un développement de la chalaze; la columelle serait formée par l'extension du tissu du mamelon d'imprégnation et de la chalaze, extension devenue nécessaire pour la formation et la nutrition d'un grand nombre d'embryons, et dont nous avons déjà une sorte d'indice dans la graine multiembryonée des Cycas.

Le développement des séminules des Mousses est un des faits les plus curieux de leur histoire, et il a été l'objet des observations d'un grand nombre de botanistes allemands, et particulièrement de Nées d'Esenbeck qui a publié récemment un excellent travail sur ce sujet. Ces séminules commencent par donner naissance à un ou deux filamens confervoïdes, mais non articulés, ressemblant beaucoup aux Ectospermes de Vaucher; ces filamens se ramifient, et du point d'où naissent les ramifications, s'élève bientôt la jeune Mousse, dont ces filamens deviennent les radicelles; la tige qui se développe est composée de cellules allongées, et porte des feuilles diversement disposées, mais toujours formées par une membrane composée d'un seul rang de cellules, sans épiderme distinct et sans pores corticaux. Tels sont les traits principaux de l'organisation de ces Végétaux.

Linné ne distingua que sept genres parmi les Mousses, et il les fonda plutôt sur le port et sur la position des capsules que sur de véritables caractères d'organisation. Ces genres, parmi lesquels étaient compris les Lycopodes, étaient les suivans: *Porella* qui est une Hépatique, *Sphagnum*, *Buxbaumia*, *Phascum*, *Fontinalis*, *Splachnum*, *Polytrichum*, *Mnium*, *Bryum* et *Hypnum*. Hedwig, par l'étude qu'il fit du péristome, augmenta beaucoup le nombre des divisions et arriva presque toujours à des groupes assez naturels; mais il donna peut-être trop d'importance à la position relative des organes mâles qu'on a renoncé à faire entrer dans les caractères génériques à cause de la difficulté de les observer sur beaucoup d'espèces. Depuis, Hooker a employé avec beaucoup de succès les caractères fournis par la forme de la coiffe et par la position latérale ou terminale de l'urne, caractères employés également par Bridel dans son *Methodus Muscorum*, mais qu'il a en général appliqués avec beaucoup d'inexactitude. Quant à la distribution naturelle des genres, peu de personnes s'en étaient occupées jusqu'à présent, leur classification ayant été en général fondée seulement sur le péristome; les Mémoires publiés sur ce sujet par Greville et Arnott, et le tableau général des espèces de Mousses inséré par ce dernier dans les Mémoires de la Société d'Histoire Naturelle de Paris, T. ii, nous paraissent cependant avoir atteint presque complétement ce but, et c'est suivant cette méthode que nous allons énumérer les genres de cette famille.

SPHAGNOIDÉES.

Andræa, Ehrh.; *Sphagnum*, Hedw.

PHASCOÏDÉES.

Phascum, Schreb. (*Phascum* et *Pleuridium*, Brid.); *Bruchia*, Schw.; *Voitia*, Hornsch.

GYMNOSTOMOÏDÉES.

Gymnostomum, Hook. (*Gymnostomum*, *Glyphocarpa* et *Anyctangii* spec., Schw.); *Schistostega*, Web. et Mohr. (*Drepanophyllum?* Hook.); *Anictangium*, Hook. (*Schistidium*, Brid.); *Hedwigia*, Hook.

BUXBAUMOÏDÉES.

Diphyscium, Mohr.; *Buxbaumia*, Haller.

SPLACHNOÏDÉES.

Splachnum, Grev. et Arn. (*Splach-* *num* et *Aplodon*, R. Brown); *Dissodon*, Grev. et Arnott (*Cyrtodon*, Brown; *Systilium*, Hornsch.); *Tayloria*, Hook. (*Hookeria*, Schw.)

ORTHOTRICHOÏDÉES.

Tetraphis, Hedw. (*Tetraphis* et *Tetradontium*, Schw.); *Octoblepharum*, Hedw.; *Orthodon*, Bory; *Calymperes*, Hook.; (*Calymperes* et *Syrrhopodon*, Schw.); *Zygodon*, Hook. (*Gymnocephalus* et *Codonoblepharum*, Schw. (*Amphidium*, Nées); *Gagea*, Raddi); *Orthotrichum*, Hook. et Grev. (*Orthotrichum*, *Macromitrion*, *Schlotheimia*, Schw. et Brid.; *Ulota*, Brid.)

GRIMMOÏDÉES.

Glyphomitrion, Hook. et Grev.; *Grimmia*, Hook. (*Grimmia* et *Campylopus*, Brid.); *Trichostomum*, Hook. (*Trichostomum*, *Racomitrion* et *Campylopi* spec., Brid.); *Cinclidotus*, Beauv. (*Racomitrion*, Brid.); *Encalypta*, Schw.

DICRANOÏDÉES.

Weissia, Hedw. (*Weissia* et *Entosthodon*, Schw.; *Weissia* et *Coscinodon*, Brid.); *Trematodon*, Brid.; *Dicranum*, Schw. (*Dicranum* et *Fissidens*, Hedw.); *Thesanomitrion*, Schw.; *Dydimodon*, Hook. (*Cynodontium*, Schw.; *Didymodon* et *Desmatodon*, Brid.); *Tortula*, Hook. (*Tortula* et *Barbula*, Schw.; *Syntrichia*, Brid.)

BRYOÏDÉES.

Conostomum, Swartz; *Bartramia*, Hedw.; *Funaria*, Hedw.; *Leptostomum*, R. Brown (*Gymnostomi* spec., Hook.); *Ptychostomum*, Hornsch.; *Brachymenium*, Hook.; *Bryum*, Hook. (*Bryum*, *Mnium*, *Meesia*, *Arrhenopterum*, *Leptotheca*, *Webera*, *Gymnocephalus* et *Pollia*, Schw.); *Cynclidium*, Swartz; *Timmia*, Hedw.

HYPNOÏDÉES.

Fabronia, Raddi; *Pterogonium*, Schw. (*Pterogonium* et *Lasia*, Brid.); *Sclerodontium*, Schw.; *Leucodon*, Schw.; *Macrodon*, Arnott; *Dicne-*

mum, Schw.; *Astrodontium*, Schw.; *Neckera*, Hook. ; *Anomodon*, Hook. ; *Anacamptodon*, Brid. ; *Daltonia*, Hook. (*Pilotrichum* et *Cryphæa*, Brid.); *Spiridens*, Nées; *Hookeria*, Smith (*Chætophora*, *Racopilum* et *Pterigophyllum*, Brid.); *Hypnum*, Hook. (*Hypnum*, *Leskea* et *Climacium*, Schw.); *Fontinalis*, Hedw.

POLYTRICHOIDÉES.

Lyellia, Brown ; *Polytrichum*, Hedw. (*Polytrichum* et *Catharinea*, Brid.); *Dawsonia*, Brown.

Plus de huit cents espèces de cette famille sont décrites dans les divers ouvrages consacrés à leur étude. Il nous resterait à dire quelques mots de leur distribution géographique ; mais il serait fort difficile, d'après les données que nous possédons, de rien établir de précis et de général sur ce sujet. En effet, les Mousses étrangères à l'Europe sont connues d'une manière très-imparfaite, et nous n'avons encore aucune Flore cryptogamique un peu complète des régions équatoriales ou australes. La plupart ont été rapportées par des voyageurs dont l'attention était fixée sur des objets plus brillans, et ne peuvent être regardées que comme une portion très-petite de la Flore muscologique de ces contrées. Nous ne pouvons donc rien dire sur les rapports numériques de ces Végétaux dans ces diverses régions ; mais il est cependant quelques faits dignes d'être remarqués. On a observé en général que plus les Végétaux appartiennent à des groupes d'une structure plus simple, et plus ils sont susceptibles de supporter des climats différens, ou, en d'autres termes, que c'est dans les familles de Végétaux les plus simples qu'on trouve le plus grand nombre d'espèces communes à des lieux très-différens du globe, et croissant sous des climats très-divers. La famille des Mousses présente des exemples nombreux d'espèces qui croissent en même temps non-seulement dans des contrées très-diverses et séparées par d'im-

menses intervalles, mais même dans des régions dont le climat est des plus différens. Ainsi, pour n'en citer qu'un exemple, sur dix-neuf espèces de Mousses rapportées des environs de Rio-Janeiro à Walker-Arnott, huit sont des espèces qui croissent aussi en Europe ou dans l'Amérique septentrionale : les onze autres n'ont jusqu'à présent été observées que dans les régions équatoriales. Dans la Relation que notre confrère Bory de Saint-Vincent a donnée, il y a plus de vingt-cinq ans, de son voyage aux îles australes de l'Afrique, on voit que les hautes régions de l'île de Mascareigne offrent plusieurs Mousses identiques avec celles de nos climats, entre autres l'*Hypnum proliferum*, l'*Hypnum molluscum* et le *Sphagnum latifolium*. On voit, par cet exemple et par plusieurs autres analogues, que fournissent chaque jour les collections faites par les botanistes voyageurs, que les Végétaux de cette famille sont comme plusieurs autres Cryptogames susceptibles de se plier facilement aux différens climats sans en éprouver des modifications très-remarquables dans leur organisation. Il ne faut pas croire cependant que toutes les espèces et même tous les genres soient dans ce cas ; il en est plusieurs au contraire dont l'habitation est limitée à des régions très-bien déterminées ; il est des genres même qui paraissent ne pas sortir de certaines zônes. Ainsi les genres *Andræa*, *Voitia*, *Splachnum* ; *Tayloria*, *Dissodon*, *Conostomum*, sont presque entièrement limités aux régions arctiques ou aux hautes montagnes.

Les genres *Dawsonia* et *Leptostomum* sont propres aux régions australes, telles que la Nouvelle-Hollande, la Nouvelle-Zélande et l'extrémité de l'Amérique méridionale.

Toutes les espèces des genres *Calymperes*, *Octoblepharum*, *Orthodon*, *Lyellia*, croissent dans les régions équatoriales, et c'est aussi dans cette zône que se trouvent la majorité des *Neckera*, *Daltonia* et *Hookeria*.

D'autres, tels que les *Sphagnum, Phascum, Gymnostomum, Tetraphis, Dicranum, Weissia, Grimmia, Trichostomun, Polytrichum*, paraissent avoir leur maximum dans les régions tempérées ; enfin quelques genres semblent également répartis sur presque toute la surface de la terre : tels sont les *Tortula, Orthotrichum, Bryum, Hypnum*. (AD. B.)

MOUSSES DE MER. POLYP. On a quelquefois appliqué cette dénomination aux Polypiers flexibles à tissu corné. (E. D..L.)

MOUSSEUX. BOT. CRYPT. (*champignons.*) L'un des mille noms impropres que Paulet a tenté d'introduire dans la botanique pour désigner divers Bolets. Il ne saurait être adopté plus que tout le reste de ceux qui remplissent son ouvrage, que le défaut de synonymie raisonnable rend tout-à-fait inutile. Nous prendrons conséquemment le parti de ne plus citer une telle nomenclature, véritablement dérisoire, pour ne pas perdre une place qui peut être mieux employée. (B.)

MOUSSOLE. CONCH. Tel est le nom qu'Adanson a donné dans le Voyage au Sénégal (pag. 250, pl. 18) à une Coquille bivalve nommée Arche de Noé par les auteurs. *V.* ARCHE. (D..H.)

MOUSSONS. *V.* MÉTÉORES.

MOUSTAC. MAM. Espèce du genre Guenon. *V.* ce mot. (B.)

*MOUSTAC. OIS. Espèce du genre Sterne. *V.* ce mot. (B.)

MOUSTACHE. OIS. Espèce du genre Corbeau. On a aussi donné ce nom à une espèce du genre Drongo. C'est encore ce nom qui a été imposé à une espèce du genre Mésange. (DR..Z.)

MOUSTEILLE. MAM. L'un des vieux noms français de la Belette, par corruption du latin *Mustella*. (B.)

MOUSTIQUES. INS. Nom vulgaire et collectif dérivé de l'espagnol *Mos-* quitos, qui veut dire petites Mouches, des colonies françaises passé en Europe pour désigner les Diptères du genre *Culex*. *V.* COUSIN, MARINGOUINS, BIGAYE, etc. (B.)

MOUTABIÉ. *Moutabea.* BOT. PHAN. Genre de la Pentandrie Monogynie, L., créé par Aublet (Plantes de la Guiane, p. 679, t. 274) et dont le nom a été inutilement changé par Schreber en celui de *Cryptostomum*.

Une erreur typographique s'étant glissée dans l'Encyclopédie Méthodique relativement à l'orthographe du nom donné par Aublet, la plupart des auteurs, copistes négligens, qui n'ont pas vérifié les caractères génériques dans Aublet, ont écrit *Montabea*; quelques-uns ont même blâmé le compilateur Gmelin d'avoir été plus exact qu'eux, et ils ont osé affirmer que c'était une erreur d'écrire *Moutabea*. C'est ainsi que la science s'embrouille par le fait de ceux-là même qui par devoir sont chargés de rectifier les fautes de synonymie échappées aux auteurs originaux. Le genre *Moutabea* est ainsi caractérisé : calice tubuleux renflé à sa base, à cinq divisions inégales ; corolle monopétale à cinq divisions profondes, inégales, conniventes, ayant un tube très-court, et inséré sur l'entrée du tube calicinal ; cinq étamines dont les filets sont soudés en un seul, large, courbé au sommet, bouchant entièrement l'orifice de la corolle, à cinq dentelures sous chacune desquelles est placée une anthère ; ovaire supère, arrondi, surmonté d'un long style, et terminé par un stigmate obtus ; baie jaune, ayant l'apparence d'une prune, à trois loges et trois graines marquées d'un hile très-grand, arillées et recouvertes d'une pulpe gélatineuse. Ces graines ressemblent à celles des *Chrysophyllum*; c'est ce qui a fait rapprocher le genre *Moutabea* des Sapotées. On lui a réuni le genre *Acosta* de la Flore du Pérou.

Le MOUTABIÉ DE LA GUIANE, *Moutabea guianensis*, Aubl., est un Arbrisseau qui pousse plusieurs tiges sarmenteuses, rameuses , et qui forme des buissons épais , par l'assemblage de ces tiges. Les feuilles sont alternes, presque fossiles, lisses, vertes , entières , fermées , ovales , et terminées en pointe. Les fleurs naissent par petits bouquets aux aisselles des feuilles ; elles exhalent une odeur semblable à celles du *Philadelphus coronarius*. Cet Arbrisseau croît dans les terrains défrichés de la Guiane. Les Galibis lui donnent le nom d'*Aymoutabou*.   (G..N.)

MOUTAN. BOT. PHAN. Belle espèce frutescente et chinoise de Pivoine. *V.* ce mot.   (B.)

MOUTARDE. *Sinapis.* BOT. PHAN. Genre de la famille des Crucifères , et de la Tétradynamie siliqueuse, L., placé par De Candolle dans la tribu des Brassicées , et offrant les caractères suivans : calice dont les sépales sont étalés et égaux à la base ; pétales à limbe oboval ; étamines à filets libres et entiers ; silique un peu cylindrique , biloculaire , bivalve ; les loges polyspermes ; les valves concaves ou légèrement carenées , terminées par le style sous l'apparence d'un appendice tantôt court et aigu, tantôt subulé, conique, en forme de bec ou d'épée, lequel appendice renferme quelquefois une graine , mais souvent en est privé ; graines disposées sur un seul rang, presque globuleuses, à cotylédons condupliqués, c'est-à-dire formant une double plicature. Ce genre est très-nombreux en espèces. De Candolle (*Syst. Veget. nat.*, 2, p. 607) en a décrit cinquante et une dont trente-cinq seulement sont assez connues. Il a éliminé de ce genre plusieurs Plantes que les auteurs y avaient placées mal à propos et qui font maintenant partie de quelques genres nouveaux. Ainsi le *Sinapis bipinnata* de Desfontaines a été placé dans le genre *Didesmus* ; le *Sinapis Philœana* de Delile est le type du *Morettia* ; les *Sinapis crassifolia* de Rafinesque , et *Sinapis Harra* de Forskahl , sont des *Diplotaxis ,* etc. *V.* ces mots. D'un autre côté on trouve dans les divers auteurs plusieurs Plantes qu'ils ont apportées aux *Sinapis* , mais qui doivent être réunies à quelques genres voisins, tels que *Brassica* et *Sisymbrium*.

Les Moutardes sont des Plantes herbacées , rarement sous – frutescentes , ordinairement bisannuelles , dressées , rameuses , souvent couvertes de poils rares ayant le port des *Brassica* ou des *Sisymbrium*. Leurs feuilles affectent diverses formes , mais le plus souvent elles sont lyrées ou incisées et dentées. Leurs fleurs sont jaunes, disposées en grappes terminales et dépourvues de bractées. La plupart des espèces ont des graines qui possèdent au plus haut degré les propriétés âcres de la famille des Crucifères.

Les trente-cinq espèces suffisamment connues, et qui ont été publiées par De Candolle , *loc. cit.*, forment cinq sections tellement distinctes entre elles qu'il sera difficile de les conserver sous un même nom générique, car elles ne sont unies que par le seul caractère d'avoir le calice très-ouvert, et même la dernière section y fait exception. Nous allons donc tracer les caractères essentiels de ces sections , et nous en ferons connaître les espèces remarquables.

§ 1. MELANOSINAPIS. Silique cylindrique ou légèrement tétragone , c'est-à-dire dont les valves sont un peu carenées sur la nervure médiane , apiculée par le style qui est très-court. Cette section se compose de six Plantes dont deux habitent le cap de Bonne-Espérance, une en Perse, deux en Barbarie et une en Europe. Cette dernière, *Sinapis nigra*, L., y est excessivement commune dans les champs, les prés et le bord des rivières ; elle est connue sous le nom vulgaire de Moutarde noire. Ses usages sont assez importans pour que nous donnions la description de la Plante. Elle est annuelle ; sa tige s'élève à près d'un mètre ; elle est cylindrique, glabre et d'un aspect glauque ;

ses feuilles sont alternes, sessiles, grandes, lyrées, un peu épaisses et charnues; les supérieures sont entières, lancéolées et étroites; les fleurs sont petites, jaunes, pédonculées, formant de longs épis au sommet de la tige. A ces fleurs succèdent des siliques grêles, dressées contre la tige, et renfermant de petites graines globuleuses, noires à l'extérieur, et jaunâtres intérieurement. Ce sont ces graines, désignées vulgairement sous le nom de graines de Sénevé, qui, broyées et réduites en farine huileuse, servent à préparer le condiment si universellement en usage pour exciter l'appétit, et auquel on donne le nom de Moutarde. L'étymologie latine de ce mot (*Mustum ardens*) prouve que les anciens, non moins amateurs de la Moutarde que les modernes, la délayaient avec du moût ou jus de raisin. C'est encore de cette manière qu'on la prépare dans plusieurs provinces de France; mais plus ordinairement on augmente ces qualités et on en varie l'odeur, en délayant la farine de Moutarde avec du vinaigre diversement aromatisé, et en lui ajoutant d'autres assaisonnemens. Ce condiment stimule l'appétit et relève le goût des viandes fades; son usage immodéré peut devenir funeste; il détruit les forces digestives de l'estomac, et souvent produit un état de maigreur qui paraît dépendre d'une altération dans les fonctions assimilatrices. La farine de Moutarde a été autrefois administrée à l'intérieur, dans les fièvres intermittentes, la chlorose et l'hydropisie. Son action irritante aura sans doute déterminé quelque altération dans les tissus qui tapissent les organes de la digestion, et par suite aura pu opérer quelque changement dans toute l'économie; mais un moyen aussi dangereux est généralement rejeté par les médecins prudens et éclairés. D'un autre côté, la thérapeutique en fait un usage très-fréquent sous forme de cataplasmes nommés sinapismes. Appliqués sur la peau, ils ne tardent pas à produire une vive rubéfaction, et même à

soulever l'épiderme par l'accumulation de la sérosité. L'âcreté de la graine de Moutarde est due à une huile volatile qui paraît y être assez abondante. Cette graine contient en outre : une huile fixe de laquelle Henry fils a récemment retiré un Acide nouveau qu'il a nommé *sulfo-sinapique* et dont le Soufre est un des élémens; une grande quantité de mucilage, du Soufre et de l'Azote. Le Phosphore que Marcgraaff y a le premier découvert, existe à l'état de Phosphate; il se dégage de ses combinaisons par l'action du feu et l'intermède du carbone qui est un des élémens des matières végétales contenues dans les graines. La Moutarde et le Poivre sont deux des productions végétales dans lesquelles Bory de Saint-Vincent a observé le plus grand nombre d'espèces diverses de Microscopiques.

§ 2. CÉRATONISAPIS, Silique surmontée d'un bec conique, lequel est dépourvu de graine. Parmi les dix-neuf espèces qui composent cette section, six croissent en Chine, au Japon, et dans les Indes orientales; les autres sont indigènes du bassin de la Méditerranée, et surtout de l'Egypte, des côtes de Barbarie et de l'Espagne. Aucune n'est employée à des usages économiques, quoique les graines de la plupart soient douées des mêmes propriétés que celles de la Moutarde noire.

§ 3. HIRSCHFELDIA. Silique cylindrique, à deux loges, renfermant chacune à peu près quatre graines, terminée par un bec ovoïde monosperme et indéhiscent. Cette section a été considérée par Mœnch comme un genre distinct. Elle est pour ainsi dire le lien qui unit la tribu des Brassicées à celle des Raphanées; cependant elle est plus rapprochée des premières. Les deux espèces qui la composent sont les *Sinapis incana*, L., et *Sinapis heterophylla*, Lagasca. Celle-ci est une Plante bisannuelle que l'on trouve dans l'Europe méridionale, et particulièrement en Espagne.

§ 4. LEUCOSINAPIS. Silique hispide ou glabre, surmontée d'un bec ensiforme, à valves toruleuses. Cette section doit - elle être réunie au genre *Eruca*, ou plutôt former un genre particulier qui se distingue du *Sinapis*, comme l'*Eruca* se distingue du *Brassica?* Le *Sinapis alba*, L., en est le type ; c'est une Plante annuelle très-commune dans les champs de l'Europe méridionale et tempérée. Ses graines sont très-grosses, blanchâtres, et pourraient suppléer à celles de la Moutarde noire. Cinq autres espèces peu intéressantes croissent dans les contrées méditerranéennes, à l'exception du *Sinapis hastata*, Desf., que l'on cultive dans le Jardin des Plantes de Paris, et qui est originaire de la Nouvelle-Hollande.

§ 5. DISACCIUM. Calice à demi-étalé, à deux protubérances en forme de sac à la base. Cette section forme probablement un genre particulier, mais l'insuffisance des caractères connus n'a pas permis de l'établir. Elle renferme deux espèces, savoir : *Sinapis frutescens*, Aiton (*Hort. Kew.*, ed. 1, vol. II, p. 404), et *Sinapis angustifolia*, D. C., qui n'est peut-être qu'une variété de la précédente. Ces deux Plantes sont indigènes de Madère. Leurs fleurs sont grandes comme celles de la Giroflée, pâles au commencement de la floraison, et plus tard versicolores.   (G..N.)

MOUTARDIER. ois. (Belon.) Nom donné au Martinet noir. *V.* MARTINET.   (DR..Z.)

MOUTON. *Ovis.* MAM. Genre de Ruminans à cornes creuses, auquel les auteurs les plus modernes assignent les caractères suivans : les cornes anguleuses, ridées en travers, contournées latéralement en spirale, et se développant sur un axe osseux, celluleux, qui a la même direction ; trente-deux dents en totalité, savoir : huit incisives inférieures formant un arc, et se touchant toutes régulièrement par leurs bords, les deux intermédiaires étant les plus larges, et les deux latérales les plus petites ; six molaires à couronnes marquées de doubles croissans d'émail, dont trois fausses et trois vraies de chaque côté et à chaque mâchoire ; les vraies molaires supérieures ayant la convexité des doubles croissans de leur couronne tournée en dedans, et les inférieures l'ayant en dehors ; le chanfrein arqué ; le museau terminé par des narines de forme allongée, obliques, sans mufle ; point de larmiers ; point de barbe au menton ; les oreilles médiocres et pointues ; le corps de stature moyenne, couvert de poils ; les jambes assez grêles, sans brosses aux genoux ; deux mamelles inguinales ; point de pores inguinaux ; la queue (du moins dans les espèces sauvages) plus ou moins courte, infléchie ou pendante (Desmarest, article *Mouton* du Dictionnaire des Sciences Naturelles).

Dans l'état sauvage, les Moutons habitent les parties élevées des hautes montagnes : plusieurs se tiennent même habituellement près de leur sommet, tandis que d'autres (et c'est le plus grand nombre) se trouvent seulement dans les régions inférieures à celles où sont répandues les Chèvres. Leurs habitudes sont d'ailleurs, presque sous tous les rapports, celles des espèces de ce dernier genre, et la ressemblance est même si grande que, si nous voulions les faire connaître avec détail, nous n'aurions, pour ainsi dire, qu'à répéter tout ce qui a été dit des Chèvres. « Ce Bélier, dit Geoffroy Saint-Hilaire au sujet d'un Mouflon assez récemment découvert dans l'Amérique, ne participe en rien aux habitudes des Animaux avec lesquels nous venons de le comparer (les Cerfs) ; il a exactement les mœurs du Bouquetin (*Capra Ibex*) : il habite le sommet des plus hautes montagnes, et se plaît dans les lieux les plus arides et les plus inaccessibles. On le voit sauter de rochers en rochers avec une vitesse presque incroyable ; sa souplesse est extrême, sa force musculaire prodigieuse, ses bonds très-étendus, et sa course très-rapide. Il serait impossible de l'atteindre, s'il ne lui arrivait pas fréquemment de s'arrêter au milieu de sa fuite, de regarder le chasseur d'un air stupide, et d'attendre que celui-ci soit à sa portée pour recommencer à fuir. »

L'organisation des Moutons ne les rend pas moins voisins des Chèvres que leurs habitudes; et le petit nombre de différences qu'on a observées en étudiant comparativement ces deux genres, soit sous le rapport de leur squelette, soit sous celui de leurs appareils de la digestion et de la génération, sont véritablement de simples différences spécifiques, c'est-à-dire de même valeur que celles qu'on peut rencontrer entre deux espèces congénères. On sait d'ailleurs que la Chèvre produit avec le Mouflon, et la Brebis avec le Bouc; et que les métis qui doivent la naissance à ces accouplemens hybrides, ne sont pas inféconds : ce qui ne prouve pas, selon les idées de Buffon, que ces Animaux sont de la même espèce, mais ce qui montre du moins qu'ils appartiennent à des espèces très-voisines (*V*. MAMMIFÈRES). Enfin les faits organiques, dont la réunion caractérise les Moutons, se retrouvent presque tous aussi chez les Chèvres; et la rectitude ou même la concavité de la ligne du chanfrein de ces dernières, ainsi que la direction de leurs cornes courbées en un seul arc dont la convexité est tournée en haut, sont même presque les seuls qu'on puisse dire de quelque importance pour leur distinction avec le genre que nous étudions ici : car le redressement vertical de la queue n'est point, comme on l'a déjà remarqué dans ce Dictionnaire (*V*. CHÈVRE), propre au genre *Capra;* et quant à l'existence de la barbe, qu'on peut employer avec juste raison pour la distinction spécifique d'un Animal, elle ne peut en aucune manière être placée au nombre de ses caractères génériques. Ajoutons enfin à ces considérations que plusieurs races domestiques sont véritablement intermédiaires aux

Chèvres et aux Moutons, et que les zoologistes ignorent même encore auxquels de ces Ruminans elles doivent être rapportées, nous ne dirons pas seulement comme espèces, mais même comme genres. On doit donc, malgré l'autorité de Linné, convenir que l'établissement des Chèvres comme genre distinct de celui des Moutons, n'est fondé sur aucun fait réellement important, sur aucun caractère qu'on puisse dire véritablement générique. Telle est en effet l'opinion de Pallas, de Leske, d'Illiger, de Blumenbach, de Ranzani, et de quelques autres naturalistes qui ont cru devoir réunir les Chèvres et les Moutons dans un seul genre désigné tantôt sous le nom de *Capra* (Illiger et Blumenbach), tantôt sous celui d'*Ægionomus* (Pallas et Ranzani). Nous pourrions même citer parmi ceux qui partagent cette manière de voir, plusieurs auteurs français qui, tout en adoptant les deux genre *Ovis* et *Capra* de Linné et de la plupart des auteurs systématiques, conviennent eux-mêmes qu'ils n'ont guère, pour adopter cette manière de voir, d'autres motifs que l'exemple de leurs prédécesseurs et le respect dû à l'illustre auteur du *Systema Naturæ*. « Les Moutons, dit Cuvier (Règne Animal, T. 1), méritaient si peu d'être séparés génériquement des Chèvres, qu'ils produisent avec elles des métis féconds. » Telle paraît être également l'opinion de Duméril (Elém. des Scienc. Natur. T. II); et Fr. Cuvier (article *Chèvre* du Dict. des Sciences Natur.) fait même la remarque que « le genre Chèvre est un démembrement du groupe si nombreux et si naturel des Mammifères à pieds fourchus et à cornes creuses, que jusqu'à ce jour on a tenté en vain de subdiviser naturellement en groupes plus petits; et qu'il semble bien plutôt établi par l'usage que par la considération des parties de l'organisation qui distinguent les Chèvres des autres Ruminans. »

Quoi qu'il en soit, tout en considérant comme très-fondée l'opinion des naturalistes que nous venons de citer, nous continuerons, comme quelques-uns d'entre eux, à séparer les Chèvres des Moutons, et nous ne ferons connaître ici que les Ruminans qui ont été généralement placés dans le genre *Ovis* (les Chèvres proprement dites ont été décrites dans l'article CHÈVRE. *V.* ce mot). Le genre ainsi établi, ne sera composé que d'un petit nombre d'espèces répandues dans les deux mondes, et dont la plupart sont encore assez imparfaitement connues.

Le MOUFLON (on écrit aussi Moufflon), Buff., XI, pl. 29, *Ovis Aries fera* et *Ovis Ammon* de plusieurs auteurs; désigné aussi sous le nom de Mouflon proprement dit, par opposition avec les autres Moutons sauvages généralement appelés comme lui Mouflons, et sous celui de Mouflon de Corse, parce qu'il est principalement répandu dans les montagnes de la Corse. Cette espèce, dont la taille surpasse un peu celle de nos Moutons domestiques, offre dans ses cornes des caractères qui doivent être étudiés avec soin, et sur lesquels nous croyons devoir nous arrêter quelques instans. Triangulaires, comme elles le sont le plus souvent chez les Moutons, les cornes présentent trois faces, dont l'une est postérieure et interne, la seconde inférieure et antérieure, et la troisième supérieure et antérieure; la face postérieure et interne, la plus large de toutes, est légèrement convexe dans la première portion de son étendue, mais elle devient toujours ensuite plus ou moins concave; la face inférieure et supérieure est plane dans presque toute son étendue; elle devient cependant, comme la précédente, un peu concave vers la pointe de la corne. L'arête, qui sépare ces deux faces, est très-prononcée et presque tranchante; sa première courbure est toujours, de dedans en dehors, et d'arrière en avant (du moins chez les adultes), à peu près demi-circulaire; mais la pointe n'est plus dans cette direction. La face supérieure et antérieure est convexe, et ne s'étend pas, comme les deux autres, sur toute la longueur du prolongement frontal; son arête inférieure, déjà mousse et très-peu saillante à sa naissance, disparaît peu à peu; et il n'en existe plus aucune trace vers la pointe, où ne se distinguent plus que deux faces, l'une postérieure et interne, l'autre antérieure et externe. Les cornes, triangulaires dans leur première portion, s'aplatissent donc peu à peu, et se changent enfin vers leurs pointes en de véritables lames: la largeur très-considérable qu'elles ont ainsi vers leur base, fait qu'elles couvrent presque tout le dessus de la tête; elles ne sont en effet séparées à leur origine que par une petite bande de poils qui n'a pas plus de deux ou de trois lignes de largeur en devant. On voit que les deux cornes sont presque en contact en ce point: elles forment ainsi entre elles un angle qui comprend constamment de 80 à 100 degrés, c'est-à-dire qui est toujours à peu près droit. Nous avons dit que les cornes sont ridées et annelées chez tous les Moutons: les rides ou anneaux sont assez rapprochés chez le Mouflon proprement dit: leur disposition est d'ailleurs variable suivant les individus, et toujours plus ou moins irrégulière, surtout près de la base. Quant au pelage, le corps est couvert de poils de deux sortes, les uns laineux, très-fins, très-doux au toucher, assez courts et arrangés en manière de tire-bouchon, comme la laine de nos Moutons, et les soyeux, grossiers et assez rudes: les laineux sont grisâtres; les soyeux, seuls visibles à l'extérieur, sont de différentes couleurs, les uns étant fauves, d'autres étant noirs, et d'autres enfin se trouvant annelés de noir et de fauve. Du mélange de ces trois sortes de poils résulte, pour l'ensemble du pelage de l'Animal, une nuance ordinairement d'un fauve brunâtre, mais tantôt plus claire et tantôt plus foncée, suivant que le nombre proportionnel des poils noirs vient à diminuer ou à augmenter.

17*

Ces variations ont lieu suivant les différences d'âge ou de saison : ainsi le pelage d'hiver est plus brun, et celui du jeune est au contraire d'une teinte plus éclaircie ; on voit d'ailleurs accidentellement des individus blancs, et d'autres noirs. Cette dernière couleur est aussi ordinairement celle de la ligne dorsale et de quelques autres parties du corps : ainsi on remarque également sur les flancs une ligne longitudinale noire ou noirâtre qui sépare les parties supérieures des inférieures : celles-ci sont blanches, de même que les parties internes et l'extrémité des membres, les fesses, une tache située au-dessus de l'œil, la face concave de l'oreille et la région antérieure de la face. La queue, très-courte, a les bords blancs ; les cornes qui, lorsqu'elles ont pris tout leur développement, ont près de deux pieds de long, sont d'un gris jaunâtre, et les sabots sont aussi de cette couleur ; la langue et l'intérieur des narines et de la bouche sont noirs. Suivant la plupart des auteurs, les prolongemens frontaux manquent entièrement chez les femelles ; suivant d'autres, au contraire, ils existent chez elles, mais très-petits et très-différens par leur forme de ceux des mâles ; mais cette dernière opinion pourrait bien avoir son origine dans quelque confusion entre le Mouflon et l'espèce suivante dans laquelle les deux sexes ont des cornes : du moins pouvons-nous assurer que tous les individus femelles que nous avons examinés, soit vivans, soit préparés, étaient entièrement privés de prolongemens frontaux.

Le Mouflon était bien connu des anciens : il paraît avoir été désigné par les anciens grecs sous le nom d'*Ophion*, et il est très-clairement indiqué, dans les écrits de Pline et de Strabon, sous celui de *Musmon*. L'historien latin le rapproche avec raison de la Brebis domestique, et ajoute qu'il produit avec ce dernier Animal des métis connus sous le nom d'Ombres (*Umbri*) ; il nous apprend en outre que de son temps l'espèce habitait l'Espagne et princi-

palement la Corse. Ce fait énoncé par Pline ne doit pas être omis ; car elle existe encore aujourd'hui dans les mêmes lieux, malgré l'opinion de la plupart des naturalistes qui ne lui attribuent pour patrie que les montagnes de la Grèce, et celles de la Corse, de la Sardaigne, et de quelques autres îles de l'Europe méridionale, et quoiqu'on pense généralement qu'il n'y a plus aujourd'hui de Mouflons dans aucune partie de l'Espagne. En effet, le contraire est parfaitement démontré, notre collaborateur Bory de Saint-Vincent ayant vu et même tué plusieurs individus dans la Péninsule et particulièrement dans les parties méditerranéennes de la région qu'il désigne sous le nom de Climat africain ; l'espèce est même abondamment répandue dans le royaume de Murcie, ainsi que nous l'apprend, dans son Résumé géographique, le savant naturaliste auquel nous empruntons ce fait remarquable.

Les Mouflons d'Europe ont les mêmes habitudes que les autres Moutons : ils vivent en troupes assez nombreuses, et la société de leurs semblables est même pour eux si nécessaire, qu'un individu isolé ne tarde pas à dépérir. Ces Animaux sont remarquables par le peu de développement de leurs facultés intellectuelles dans l'état de nature, et surtout par leur peu de perfectibilité dans l'état de domesticité. Nous citerons par exemple un fait que toutes les personnes qui fréquentent le Muséum d'histoire naturelle ont pu constater par elles-mêmes, et que Fr. Cuvier a rapporté avec détail dans la première livraison de son Histoire Naturelle. « Si le Mouflon est la souche de nos Moutons, on pourra, dit ce zoologiste, trouver dans la faiblesse de jugement qui caractérise le premier, la cause de l'extrême stupidité des autres, et les moyens d'apprécier avec exactitude la nature des sentimens qui portent ceux-ci à la douceur et à la docilité : car c'est sans contredit à cette faiblesse qu'on doit attribuer l'impossibilité où sont les Mouflons de s'apprivoiser ; ils nous ont souvent donné les plus fortes preuves des bornes de leur intelligence. Ces Animaux aimaient le pain, et lorsqu'on s'approchait de leur barrière, ils venaient pour le prendre : on se servait de ce moyen pour les attacher avec un collier, afin de pouvoir, sans accident, entrer dans leur parc. Eh bien ! quoiqu'ils fussent tourmentés au dernier point lorsqu'ils étaient ainsi retenus, quoiqu'ils vissent le collier qui les attendait, jamais ils ne se sont défiés du piége dans lequel on les attirait, en leur offrant ainsi à manger ; ils sont constamment venus se faire prendre sans montrer aucune hésitation, sans manifester qu'il se soit formé la moindre liaison dans leur esprit entre l'appât qui leur était présenté et l'esclavage qui en était la suite, sans qu'en un mot l'un ait pu devenir pour eux le signe de l'autre ; le besoin de manger était seul réveillé en eux à la vue du pain. Je ne connais point d'Animaux privés à un tel point de la faculté d'association. Sans doute on ne doit pas conclure de quelques individus à l'espèce entière ; mais je crois qu'on peut assurer, sans rien hasarder, que le Mouflon tient une des dernières places parmi les Mammifères, quant à l'intelligence ; et, sous ce rapport, il justifierait bien les conjectures de Buffon sur l'origine de nos différentes races de Moutons. »

L'ARGALI, Sh., *Ovis Argali ; Musimon asiaticus*, et *Ovis fera sibirica, vulgò Argali dicta*, Pallas, *Spicil. Zool., fasc.* XI ; avait été confondu par Linné avec le Mouflon, sous le nom d'*Ovis Ammon*. On doit au voyageur Gmelin et à l'illustre Pallas presque tout ce qu'on sait de cette espèce remarquable, et c'est à ces deux auteurs que nous emprunterons ce que nous dirons d'elle. L'Argali habite les régions froides ou tempérées de l'Asie : il n'est pas rare dans les montagnes de toute la Mongolie, de la Songarie, et même de la Tartarie ; et il se trouve aussi assez abondamment répandu dans le Kamtschatka, où sa chair et sa graisse sont très-recherchées. Sa taille est à peu près celle du Daim ; mais il a le corps plus épais et plus fort, et les pieds plus courts que ceux de cet Animal. Le mâle est plus grand et plus robuste que la femelle. La tête ressemble généralement à celle du Mouton, mais les oreilles sont plus courtes. Les cornes sont, chez le mâle, assez semblables à celles du Bélier, mais plus élevées, très-grandes, comprimées et triangulaires, très-rugueuses et dirigées en dehors : elles sont, chez les vieux individus, très-épaisses et très-robustes, surtout à leur base. La face supérieure est assez étroite et légèrement convexe ; elle ne se montre plus sur la corne vers la pointe qui est très-comprimée et convexe en dessus ; la face interne est un peu creusée dans sa longueur dès la base ; enfin l'externe, à peu près plane, ou même un peu convexe vers la base, devient ensuite peu à peu concave. L'angle supérieur interne est le moins saillant de tous ; l'externe est aussi assez mousse, surtout chez les individus bien adultes ; le postérieur, arrondi à la base, devient tranchant vers l'extrémité. Les rides sont assez irrégulières. La femelle adulte a des cornes plus élevées et moins divergentes qu'elles ne le sont ordinairement chez les Brebis domestiques où elles se trouvent exister ; elles sont comprimées, falciformes, rugueuses, planes sur leur face interne, convexes sur l'interne, arrondies supérieurement (ce qui tient à ce que l'angle supérieur est à peine sensible) et tranchantes dans leur concavité ; l'extrémité, lisse et aplatie, est tournée en dehors. C'est au troisième mois après la naissance que les cornes commencent à paraître, soit chez le jeune mâle, soit chez la jeune femelle : elles sont alors presque demi-ovales, très-peu pointues, et de couleur noire. L'Argali a la queue très-courte et nue en dessous ; caractères qui se retrouvent également chez le Mouflon. En hiver il est généralement d'un gris fauve, avec la ligne dorsale roussâtre, le museau et la gorge blanchâtres, les parties internes et inférieures des membres et le ventre blancs, et les fesses d'un fauve clair : en été, son pelage est généralement plus roux, mais la tache des fesses ne varie pas. Les poils, très-courts et lisses, ressemblent assez à ceux du Cerf. L'Argali est, comme tous les autres Mouflons, remarquable par une légèreté et par une rapidité de saut dont il est difficile de se faire idée : aussi les voyageurs qui ont eu occasion de l'apercevoir vivant dans l'état de nature, se refusent-ils à voir en lui un Animal qui se rapproche de nos Moutons. « Par le poil, le goût de la chair, la forme et la vivacité, dit Gmelin, cet Animal appartient à la classe des Cerfs et des Biches; mais les cornes permanentes l'en éloignent : les cornes courbées en cercle lui donnent quelque ressemblance avec les Moutons; mais le défaut de laine et la vivacité l'en distinguent absolument: le poil, le séjour sur les rochers et les hauteurs, et les fréquens combats, approchent assez cet Animal de la classe des Capricornes (Bouquetins ou Chèvres sauvages); le défaut de barbe et les cornes courbes leur refusent cette classe. Ne pourrait-on pas plutôt regarder cet Animal comme formant une classe particulière? »

Le Mouflon d'Amérique, *Ovis montana*, Geoff. St.-H. Cette espèce qu'il ne faut pas confondre avec l'*Ovis montana* du zoologiste américain Ord (*V.* Chèvre), a été découverte, vers le commencement de ce siècle, par le voyageur anglais Gillevray, et décrite et figurée en France, peu de temps après, par Geoffroy Saint-Hilaire, d'après un dessin et des notes qui lui avaient été envoyés de New-York. C'est d'après le travail de ce naturaliste que nous donnerons la description du Mouflon d'Amérique. Cet Animal est fort remarquable par les formes sveltes de son corps et par ses longues jambes; il a la tête courte et le chanfrein presque droit; sa bouche est exactement celle de la Brebis : les cornes, grandes et larges chez le mâle, sont ramenées au devant des yeux, en décrivant à peu près un tour de spirale; elles sont comprimées comme chez le Bélier domestique, et leur surface est de même transversalement striée; celles de la femelle sont beaucoup plus petites et sans courbure sensible. Le poil court, roide, grossier et comme desséché, est généralement d'un brun marron; mais les fesses sont blanchâtres, le museau et le chanfrein blancs, et les joues d'un marron clair; la queue, très-courte comme chez tous les Mouflons, est noire. Un des individus tués par Gillevray avait, suivant les mesures prises par ce voyageur, cinq pieds (anglais) de long; les cornes, mesurées en ligne droite, avaient trois pieds six pouces, les jambes trois pieds neuf pouces, et la queue quatre pouces. C'est dans le voisinage de l'Elk, vers le cinquantième degré de latitude nord, et le cent quinzième de longitude ouest, que le Mouflon d'Amérique a été découvert par Gillevray : les peuplades de sauvages les moins éloignées des lieux qu'il habite, sont les Crées ou les Kinstianeaux, chez lesquels il est appelé My-Attic (c'est-à-dire Cerf bâtard); mais il est aussi connu des Canadiens sous le nom de Bélier de montagne, nom que Geoffroy Saint-Hilaire lui a conservé. Tels sont, d'après Geoffroy, les principaux caractères du Mouflon d'Amérique; nous ajouterons quelques autres détails que nous empruntons à la Faune américaine de Richard Harlan, ouvrage que nous avons déjà plusieurs fois cité dans ce Dictionnaire. Les cornes du mâle, triangulaires surtout à la base, sont très-grandes et très-fortes; elles naissent près des yeux et se dirigent en arrière; mais elles se recourbent ensuite en avant, et ont leurs pointes tournées un peu en haut et en dehors; elles sont profondément ridées dans la première moitié de leur longueur, mais plus lisses dans leur dernière portion; leur face antérieure est la plus large. Les cornes de la femelle, plus grêles que celles du mâle, comprimées, presque droites, et presque sans sillons, ressemblent beaucoup à celles du Bouc domestique. Le col a quelques plis pendans, et la queue est très-courte. Le pelage d'été est généralement gris-fauve avec une ligne jaunâtre ou roussâtre sur le dos, et une large tache de la même couleur sur les fesses; la face interne des membres et le ventre sont d'un roussâtre clair, ou plutôt même d'un blanc sale. En hiver le pelage est plus roussâtre en dessus, et le museau, le ventre et la gorge sont blanchâtres; la tache des fesses existe d'ailleurs dans toutes les saisons. Ces Animaux vivent, selon Harlan, par troupe de vingt ou trente individus. Ils habitent principalement les montagnes rocheuses vers le quinzième degré de latitude nord et le cent quinzième de longitude ouest : on les trouve aussi dans la Californie. — Harlan termine sa description en remarquant que plusieurs naturalistes éminens pensent que le Mouflon américain et l'Argali de l'ancien continent doivent être rapportés à la même espèce, les Béliers de montagne des Etats-Unis descendant de quelques Argalis qui auraient passé la mer sur la glace. L'auteur du Règne Animal avait le premier émis cette assertion, qu'il ne regardait lui-même que comme une simple hypothèse plus ou moins probable; mais le zoologiste américain va plus loin que notre illustre compatriote, et il affirme qu'il n'existe pas la plus légère différence spécifique entre les Mouflons du nord de l'Asie et ceux du nord de l'Amérique. Ces Animaux sont encore trop imparfaitement connus des naturalistes européens pour qu'ils puissent se décider à admettre comme certaine, ou à rejeter l'opinion du savant américain, et nous ne faisons que la rapporter, sans faire à son sujet aucune observation; mais nous devons prévenir une remarque qu'on

ferait naturellement. On sait que suivant beaucoup de naturalistes, c'est à tort que l'Argali a été distingué du Mouflon; on pourrait donc être conduit à penser que le Mouflon de l'Asie septentrionale ou l'Argali, le Mouflon de l'Europe méridionale ou le Mouflon proprement dit, et le Mouflon d'Amérique, ne forment tous trois qu'une seule espèce, qui se trouverait ainsi répandue à la fois et dans le sud de l'Europe, et dans le nord de l'Asie et de l'Amérique. Ce fait serait extrêmement remarquable, et formerait, on peut le dire, une véritable exception à l'une des lois de la distribution géographique des Mammifères (*V*. ce mot). L'analogie porterait donc à ne pas admettre, ou l'identité spécifique de l'Argali et du Mouflon, ou celle de l'Argali et du Bélier de Montagne; or l'examen que nous avons fait de deux cornes qui se trouvent dans les collections du Muséum, nous a convaincu que l'analogie est encore ici un guide fidèle. Ces cornes, envoyées au Muséum par Jefferson, sous le nom de cornes du Mouflon blanc d'Amérique, appartiennent très-probablement au véritable Bélier de montagne, quoique cette dénomination, sans doute erronée, semble indiquer un animal différent; du moins elles ressemblent parfaitement à celles de l'individu qui a servi de type à la figure de Geoffroy Saint-Hilaire, avec cette seule différence, qu'elles sont plus courtes et ne forment pas un tour de spirale complet; différence qui s'explique très-bien par une simple différence d'âge. C'est ce que nous a confirmé le témoignage du voyageur Milbert, qui ayant eu occasion de voir plusieurs fois l'*Ovis montana* dans les Musées des Etats-Unis, nous a assuré que les cornes, envoyées par Jefferson, appartiennent bien véritablement à cette espèce. Or il est facile de se convaincre qu'elles diffèrent par des caractères importans de celles de notre Mouflon. A la vérité, elles se rapprochent de celles-ci pas la manière dont elles sont ridées (quoique leurs rides soient d'ailleurs un peu plus régulières), et par leur forme générale : ainsi elles sont triangulaires à leur base, et, si la face supérieure peut être suivie sur toute leur longueur, du moins devient-elle si petite et si peu distincte dans leur dernière portion, qu'on peut presque dire que la pointe n'est, comme chez le Mouflon, qu'une simple lame formée par les deux faces latérales ; celles-ci se trouvent même aussi concaves vers l'extrémité. Mais les différences sont aussi très-sensibles ; la base est d'un diamètre beaucoup plus considérable ; et, par exemple, tandis que la circonférence de la corne, mesurée près de son origine, a chez le jeune Bélier de montagne du Muséum jusqu'à treize pouces, la même mesure, prise chez le Mouflon, au même endroit et de la même manière, sur une corne de même longueur, ne donne que sept pouces, c'est-à-dire un peu plus de la moitié. Un autre caractère distinctif des deux espèces, est que les arêtes sont partout mousses et très-peu saillantes, excepté vers la pointe, chez l'*Ovis montana*. Enfin, ce que nous avons déjà dit, d'après Geoffroy Saint-Hilaire et Harlan, sur la courbure des cornes, indique également une différence spécifique entre le Bélier de montagne et le Mouflon de Corse. Ainsi on peut conclure que le Mouflon de l'Europe méridionale diffère de celui de l'Amérique du nord ; et c'est ce que nous nous contenterons de remarquer ici, n'ayant point assez de données positives pour qu'il nous soit possible de nous faire une opinion sur les rapports et les différences du Mouflon d'Europe et de l'Argali, et sur les rapports et les différences de l'Argali et du Bélier de montagne.

Le Mouflon a manchettes, Geoff. St.-H., *Ovis ornata*, est uniformément d'un beau fauve-roussâtre, et se rapproche ainsi par sa couleur générale de notre Mouflon ; néanmoins la nuance en est plus éclaircie que chez l'espèce d'Europe, parce que les poils fauves ne

sont pas mêlés de poils noirs, et que, tout au contraire, leur pointe est blanche ; ce qui donne même au pelage un aspect tiqueté, lorsqu'on l'examine de près. La couleur que nous venons d'indiquer est celle de la tête, du corps et des membres presque entiers : cependant le devant des canons et la ligne dorsale ont une teinte brunâtre, et l'on remarque entre les deux jambes, sur la ligne médiane, une tache noire longitudinale : enfin le dessous du corps et les régions internes et inférieures des membres sont de couleur blanche, comme chez notre Mouflon ; toutefois avec cette différence que la portion blanche du corps a beaucoup moins d'étendue que chez celui-ci. Mais ce qui rend cette espèce très-singulière, et ce qui lui a valu le nom de Mouflon à manchettes ; ce sont les longs poils qui garnissent les parties antérieures de son corps et de ses membres. Des poils, de six à sept pouces, naissent depuis le tiers inférieur de la jambe jusqu'au canon, sur les faces antérieure, postérieure et externe de la jambe, et tombent jusqu'au milieu du canon en formant ainsi une parure fort remarquable. En outre, vers l'angle de la mâchoire, il naît de chaque côté une touffe de poils longs de deux, trois ou quatre pouces ; et un peu au-dessous commence une bande de poils placée sur la ligne médiane, et qui se continue jusqu'au tiers inférieur du col, où elle se bifurque en deux lignes qui vont se terminer vers l'articulation de la cuisse avec la jambe. Ces poils ont un peu avant la bifurcation jusqu'à un pied ou treize pouces de long ; mais, vers le haut du col et vers l'épaule, ils sont beaucoup plus courts et n'ont qu'un demi-pied environ. Leur couleur est généralement celle du corps : seulement ceux qui avoisinent la partie interne de la jambe et du canon sont brunâtres ; et on remarque aussi une ligne de cette couleur sur ceux de la partie antérieure du col. Cet Animal, dont la taille est d'un cinquième plus cousidérable que celle de notre Mouflon, a la queue longue de sept pouces et terminée par un pinceau de poils. Les cornes paraissent assez petites, eu égard au volume de l'Animal, et chez l'individu que possède le Muséum, elles ne sont pas plus grandes que celles du Mouflon, quoiqu'il soit mâle, et qu'il paraisse bien adulte : elles présentent d'ailleurs des caractères particuliers que nous ne devons pas omettre. Leur forme les rend très-différentes de celles du Mouflon, et leur base est plutôt quadrangulaire que triangulaire ; elles n'ont aucune arête saillante, surtout vers la base ; et l'extrémité qui est dirigée en dedans, n'a presque aucune largeur (au contraire de ce qui a lieu chez les autres espèces), et forme véritablement une pointe, dans le sens que l'on attache ordinairement à ce mot. Les rides sont très-peu prononcées, si ce n'est près de la base, et l'extrémité est même presque entièrement lisse. Les deux cornes sont, comme chez les autres Mouflons, très-rapprochées sur le front, et il est même un point où elles sont presque contiguës : l'angle qu'elles comprennent entre elles est beaucoup plus aigu que chez notre Mouflon : il n'est guère que de soixante degrés environ. Enfin elles sont aussi larges à la base que dans cette espèce ; mais leur circonférence est plus grande, à cause de l'augmentation de surface qui résulte de leur forme quadrangulaire. Ce bel Animal, rapporté d'Egypte par Geoffroy Saint-Hilaire, et publié par lui dans l'Atlas du grand ouvrage sur l'Égypte, porte dans quelques descriptions le nom de Mouflon d'Afrique ; on ne sait point encore avec certitude s'il doit être rapporté à l'espèce suivante, ou s'il doit en être considéré comme distinct. L'individu que possède le Muséum et qui est le type de la figure que nous venons de citer et des descriptions données par quelques naturalistes français, a été tué près des portes de la ville du Caire ; mais il ne paraît pas qu'il se tienne habituelle-

ment dans cette partie de l'Égypte.

Le Mouton barbu (*bearded Sheep*), Penn., Quad., réuni par Cuvier et par Desmarest sous le nom d'*Ovis Tragelaphus* avec le Mouflon à manchettes, a en effet des rapports assez intimes avec lui, comme on peut le voir par la description suivante que nous empruntons à Pennant : « Mouton ayant les poils de la région inférieure des joues et de la mâchoire supérieure, extrêmement longs, formant une barbe divisée ou double ; les poils du côté du corps courts ; ceux du dessus du col plus longs et un peu redressés ; tout le dessous du col et les épaules couverts de poils grossiers qui n'ont pas moins de quatre pouces ; une véritable laine très-courte à la base des poils ; la poitrine, le col, le dos et les flancs, d'une couleur ferrugineuse pâle ; la queue très-courte ; les cornes contiguës à leur base, recourbées, longues de vingt-cinq pouces, divergentes, dirigées en dehors et écartées l'une de l'autre de neuf pouces environ à leurs pointes : leur circonférence dans l'endroit le plus renflé est de onze pouces. » Cette description malheureusement trop incomplète pour permettre de prononcer sur l'identité spécifique du Mouflon à manchettes et du Mouton barbu, a été reproduite par Shaw dans sa Zoologie générale ; mais, suivant ce dernier naturaliste, elle ne se rapporterait qu'à une simple variété de l'Argali, et non pas à une espèce distincte ; opinion qui n'a au reste aucun fondement réel. Desmarest assigne pour patrie au Mouton barbu les lieux déserts et escarpés de la Barbarie : en effet Pennant remarque qu'une assez bonne description de cet Animal avait déjà été donnée avant lui par le docteur Caïus, d'après un individu envoyé à Londres, en 1561, de cette partie de l'Afrique.

Telles sont les espèces de Moutons sauvages décrites jusqu'à ce jour : on voit qu'elles sont au nombre de cinq dans l'état présent de la science ; mais que quelques - unes n'étant, suivant plusieurs auteurs, que des espèces nominales, ce nombre devra peut-être se réduire à quatre ou même à trois; mais non pas à deux ou même à une seule, comme pourraient le donner à penser les opinions émises par divers naturalistes sur les Mouflons d'Europe, d'Asie et d'Amérique, et par Shaw sur celui d'Afrique : nous pensons en effet qu'en aucun cas on ne pourra réunir le Mouflon d'Europe à celui d'Amérique, ni le Mouflon d'Afrique à aucun des deux premiers. A ces espèces on devra sans doute en joindre une autre, qui n'a point encore été décrite, et que nous ne connaissons que par ses prolongemens frontaux envoyés récemment du mont Caucase au Muséum, par le chevalier de Gamba, consul général de France à Téflis, en Géorgie. Cette espèce, dont on remarquera les cornes dans les galeries du Muséum où elles se trouvent indiquées sous le nom de *cornes du Mouflon du Caucase*, pourra recevoir comme dénomination spécifique, celle d'*Ovis longicornis*, de la forme allongée et des dimensions de ses prolongemens frontaux dont nous donnerons ici la description. Ils ont quelques rapports avec ceux du Mouflon à manchettes par la direction générale de leur courbure, par l'angle qu'ils font entre eux sur le front et par leurs pointes lisses; mais ils présentent des caractères très-remarquables et qui leur sont exclusivement propres. Ils sont excessivement allongés, surtout si l'on compare leur longueur à leur grosseur : ainsi, par exemple, tandis que leur circonférence mesurée à la base a un pouce ou deux de moins que celle des cornes du Mouflon d'Amérique, que nous avons décrites, leur courbure supérieure a plus de deux pieds et demi, tandis qu'on ne trouve chez cette dernière espèce que vingt-trois pouces. La différence paraît d'ailleurs beaucoup plus considérable encore qu'elle ne l'est réellement, parce que les prolongemens frontaux de l'espèce américaine for-

ment d'abord à peu près un demi-cercle dont le rayon de courbure n'est que de cinq pouces environ, et que ceux de l'espèce du Caucase n'ont qu'une courbure beaucoup moins prononcée, et qui se trouve décrite sur un rayon d'un pied : il résulte de-là que les pointes des cornes ne sont éloignées des bases que de huit ou neuf pouces chez la première, et qu'elles le sont de dix-huit chez cette dernière. Ces mesures comparatives, qui ne peuvent être très-utiles en elles-mêmes, à cause des nombreuses variétés que présentent les cornes suivant les individus, sont du moins très-propres à faire ressortir les différences principales de forme et de proportion; et c'est ce qui nous a engagé à les prendre avec soin et à les donner ici. Nous avons à ajouter que les prolongemens frontaux, ridés vers la base d'une manière analogue à ce que nous avons vu chez le Mouflon, ne présentent dans une grande partie de leur étendue qu'un petit nombre de rides ou sillons séparés par des intervalles qui varient de deux à trois pouces, les plus grands se trouvant généralement au milieu. Enfin toute la partie terminale qui se dirige de dehors en dedans, est, comme chez le Mouflon à manchettes, tout-à-fait lisse. La pointe a d'ailleurs un autre rapport avec celle de la corne de cette même espèce; c'est d'être très-peu aplatie, au contraire de ce qui a lieu ordinairement. Ce caractère est même tellement prononcé chez l'*Ovis longicornis*, que la coupe de la pointe ne donnerait plus seulement un ovale comme dans l'espèce dont nous venons de parler, mais bien un cercle parfait. Au reste ces cornes sont arrondies dans presque toute leur longueur, si ce n'est dans leur première portion qui est aplatie en devant. Le Mouflon du Caucase est vraisemblablement d'une taille supérieure encore à celle du Mouflon à manchettes; du moins la portion de frontal qui supporte les cornes, indique une tête plus large : ainsi le

Mouflon du Caucase qui n'est pas sans avoir quelques rapports avec certains Bœufs par la forme de ses cornes, paraît se rapprocher également par sa taille de quelques-uns d'entre eux.

Il nous reste, pour terminer, à dire quelques mots des races domestiques de Moutons. La plupart d'entre elles, quoique leur organisation intérieure soit presque identique avec celle des Mouflons, semblent au premier coup-d'œil s'éloigner considérablement de ces Animaux, et appartenir à un genre tout différent : en effet presque tous les caractères extérieurs des espèces sauvages, c'est-à-dire ceux qui frappent les premiers l'attention de l'observateur, ont disparu dans les races domestiques. Ces formes sveltes et si gracieuses, cette rapidité, cette légèreté de mouvemens, qui caractérisent les premiers, ont fait place chez celles-ci à des formes plus ou moins lourdes, à une lenteur, et, si l'on peut s'exprimer ainsi, à une indolence, qui sont presque devenues proverbiales : en outre, ce poil rude et cassant, dont l'aspect a fait si souvent comparer les Mouflons aux Daims et aux Chevreuils, est changé en cette laine moelleuse dont l'industrie humaine a su tellement varier et multiplier les usages. Cette dernière modification a surtout semblé bien remarquable, et il n'en pouvait être autrement, puisqu'elle suffisait seule pour changer entièrement la physionomie de l'Animal. Aussi les naturalistes ont-ils de bonne heure tenté de l'expliquer; et leurs recherches ont donné ce résultat, qu'il n'y a point là, comme on aurait presque été tenté de le croire, une sorte de métamorphose ou même de création nouvelle; mais un développement de ces poils laineux qu'on sait (*V.* MAMMIFÈRES) exister chez tous les Mammifères des pays froids, et qui se trouvent même avoir déjà chez les Mouflons, comme nous l'avons remarqué, une forme et une disposition analogues à celles de la laine de nos Moutons domestiques. Mais comment et par quelles causes s'est opéré ce changement des poils laineux en une véritable laine? comment s'est opérée la disparition des poils soyeux, que nous observons en même temps ?-La simultanéité de ces deux effets s'explique bien, il est vrai, par la loi du balancement des organes (loi dont nous avons eu déjà si fréquemment les occasions de présenter d'importantes applications (*V.* INTESTINS, MAMMIFÈRES, etc.); mais dans l'état présent de la science, il est encore impossible de se rendre compte d'une manière satisfaisante des causes qui ont dû produire ici le balancement organique lui-même, c'est-à-dire qui ont pu amener, ou l'atrophie des poils soyeux au profit des laineux, ou l'hypertrophie de ceux-ci aux dépens des premiers? Au reste la nature du pelage n'a point subi, dans toutes les races domestiques, la modification dont nous venons de parler; et nous verrons que quelques-unes d'entre elles ont, sous ce rapport, conservé les caractères du type primitif, le Mouflon.

C'est en effet à cette dernière espèce, que la plupart des naturalistes ont coutume de rapporter, comme variétés, tous nos Moutons domestiques; mais on n'a d'ailleurs aucune certitude sur leur véritable origine; ce qui dépend principalement du peu de notions exactes que l'on possède encore sur la plupart des Mouflons, et des rapports intimes qui lient les unes aux autres toutes les espèces du genre. Aussi, quoique l'opinion que nous venons de rapporter comme celle de la majeure partie des naturalistes, soit la plus probable, il n'est pas impossible qu'on doive plus tard revenir aux idées de ceux qui regardent l'espèce asiatique comme la souche de toutes nos races domestiques, ou du moins comme celle de quelques-unes d'entre elles. Quoi qu'il en soit, et sans entreprendre la discussion de cette importante question que nous regardons encore comme insoluble dans l'état présent de la science, nous

nous contenterons ici d'indiquer les caractères les plus remarquables des principales variétés.

Le Mouton Morvan, Buff., *Ovis guineensis*, Lin., est connu aussi sous les noms de Bélier des Indes et de Mouton aux longues jambes ; c'est aussi de cette variété que paraissent se rapprocher l'*Ovis africana* et l'*Ovis œthiopica* de quelques auteurs. Cet Animal, chez lequel les poils soyeux recouvrent et cachent entièrement les laineux, et qui se rapproche beaucoup ainsi des Mouflons, se distingue principalement par la longueur de ses membres, et par la forme arquée de son chanfrein. La queue, longue et grêle, descend ordinairement jusqu'aux jarrets. Les poils des parties supérieures et inférieures du col sont ordinairement très-longs ; et l'on remarque souvent aussi sous la gorge des pendeloques couvertes de poils et assez allongées. Les cornes, qui sont ordinairement petites, et qui reviennent vers l'œil en formant un tour ou un demi-tour de spirale, manquent fréquemment. La couleur du pelage est aussi très-variable : on voit des individus bruns, d'autres blancs, d'autres noirs, d'autres d'un roux plus ou moins vif, et d'autres enfin variés de ces couleurs. Suivant les observations de Fr. Cuvier, cette race féconde toutes les autres, et peut aussi réciproquement être fécondée par toutes. La synonymie de cette variété indique suffisamment sa patrie ; nous ajouterons qu'elle a été naturalisée en Europe par les Hollandais.

Le Mouton a large queue, *Ovis laticaudata*, L., se distingue par la forme de sa queue, longue, et renflée sur les côtés par une accumulation de graisse dans le tissu cellulaire. Cette modification très-singulière, et qu'on n'a jamais observée que chez des Moutons, est, suivant Buffon, l'effet d'un grande abondance de nourriture. La loupe ainsi produite n'est quelquefois qu'un renflement peu considérable ; mais chez certains individus, elle devient si vo-lumineuse que son poids finit par les gêner, et qu'on est même obligé, ainsi que nous l'ont assuré des voyageurs dignes de foi, de recourir à divers moyens pour les soulager. Ainsi il n'est pas très-rare de voir, dans certains cantons de l'Afrique orientale, des individus de la race que nous décrivons, attelés à une sorte de brouette qui n'a d'autre objet que de fournir un support à leur énorme queue. Ces variations remarquables dans le volume du prolongement caudal, et quelques différences dans la nature du pelage, dans les cornes et les oreilles, ont fait subdiviser cette variété en plusieurs sous-variétés. Les plus remarquables sont : 1° l'*Ovis Steatopyga* de Pallas, qui n'a que très-peu de vertèbres dans le tronçon de la queue, et dont la loupe graisseuse est composée de deux masses plus ou moins arrondies, réunies à leur partie supérieure : elle habite la Perse, la Chine et la Russie méridionale ; 2° le *Mouton à grosse queue*, chez lequel le prolongement caudal est très-allongé, et en même temps plus large que le corps dans ses deux tiers supérieurs. On le trouve dans la Haute-Égypte. 3°. Il existe aussi dans cette même contrée une autre sous-variété qui a beaucoup de rapports avec l'*Ovis Steatopyga*, et à laquelle on pourrait donner le nom d'*Ovis ecaudata*, pour rappeler l'état tout-à-fait rudimentaire de son prolongement caudal. Elle se distingue au premier coup-d'œil par un renflement très-large, mais très-peu saillant, qui couvre les fesses, et au sommet duquel se voit la queue sous la forme d'un petit appendice extrêmement grêle et à peine long de deux pouces. Ce renflement adipeux représente avec assez d'exactitude ces renflemens d'une toute autre nature que produit, dans la saison du rut, le développement du tissu érectile des fesses chez les Cynocéphales et chez quelques Macaques. Ce Mouton est remarquable aussi par son poil soyeux, court et rude : il est entièrement blanc, avec la tête et le col noirs. Cette description est faite d'après un bel individu donné au Muséum par S. A. R. le duc d'Orléans. C'est aussi à la même variété que Desmarest rapporte le Mouton d'Astracan, dont la queue présente en effet à sa base un renflement de grosseur variable : il s'éloigne d'ailleurs des races précédentes à plusieurs égards. Il est couvert d'une laine longue mais très-grossière, et manque très-fréquemment de cornes. C'est le jeune de cette variété qui donne cette laine si connue sous le nom de *laine d'Astracan :* il est en naissant revêtu d'une fourrure composée d'un mélange de poils blancs et de poils noirs réunis en petites mèches très-frisées, d'où résulte, pour l'ensemble du pelage, une couleur grise d'une nuance assez agréable à l'œil. Une autre considération plus importante aux yeux du naturaliste, c'est qu'on retrouve encore, comme nous l'avons constaté, chez les Moutons d'Astracan, et surtout chez les jeunes individus, des poils soyeux au milieu de la laine : ces poils, qui ont même conservé les principaux caractères qui les distinguent dans le type sauvage, et qui sont les plus longs de tous comme dans l'état primitif, se trouvent d'ailleurs exister en assez petit nombre pour être aperçus seulement de ceux qui cherchent à les rencontrer.

Le Mouton de Valachie, *Ovis Strepsiceros*, L.; le Bélier et la Brebis de Valachie, Buff., se distingue par sa laine très-abondante et très-longue, et par ses longues cornes en spirale, dirigées en haut, et ressemblant ainsi (surtout chez le mâle) à celles de l'Antilope Condoma. Cette variété, dont la taille surpasse un peu celle de nos Brebis, est commune dans la Valachie et dans la Hongrie.

Le Mouton d'Islande, *Ovis polycerata*, L.; *Ovis gothlandica*, Pall., *Spic. Zool.*; le Bélier et la Brebis d'Islande, et la Brebis à plusieurs cornes, Buff., est extrêmement remarquable par les variations que présente le nombre de ses cornes; quelques individus n'en ont que deux, comme les Mouflons, et comme nos Moutons ordinaires; mais d'autres en ont trois, quatre, et quelquefois jusqu'à huit. Cette race, qui présente aussi des caractères particuliers dans la nature de son pelage formé de trois sortes de poils, dans sa queue courte et dans sa couleur qui est ordinairement d'un brun roussâtre, est répandue dans l'Islande, les îles Féroë, la Norvège et le Gothland.

Le Mouton ordinaire. Nous croyons inutile de décrire cette variété et ses nombreuses sous-variétés ou races; on en trouvera le tableau presque complet dans le Traité des Bêtes à laine de Carlier.

Le Mouton Mérinos, *Ovis hispanica*, L., se distingue par ses cornes très-grosses, très-fortes, et formant une spirale régulière sur les côtés de la tête, et sa laine contournée en manière de tire-bouchon, et remarquable par sa finesse et son moelleux : sa couleur est ordinairement le blanc sale. Cette variété, qui passe pour la plus précieuse de toutes, est répandue dans l'Espagne, mais on croit qu'elle est originaire de Barbarie : chacun sait qu'elle est aujourd'hui naturalisée en France, et que de son croisement avec nos Moutons résultent un grand nombre de races dont les laines sont fort estimées. Nous regrettons que les bornes dans lesquelles nous devons nous renfermer, ne nous permettent pas de donner ici plus de détails; mais chacun pourra puiser à la source même où nous les aurions empruntés, et consulter plusieurs ouvrages écrits spécialement sur ce sujet aussi important que plein d'intérêt, et principalement ceux du vénérable Tessier.

Le Mouton anglais, *Ovis anglica*, Desm., se rapproche beaucoup du Mérinos, dont il paraît en effet tirer son origine. Il est caractérisé par l'absence des cornes, par la finesse de sa laine et par la longueur de sa queue. On distingue plusieurs sous-variétés de même que chez notre Mouton ordinaire : celle du Sussex a la laine courte, mais d'une extrême finesse : d'autres présentent les qualités inverses.

Telles sont les principales variétés admises par la plupart des auteurs, et particulièrement par Desmarest, qui a donné avec un grand soin et avec beaucoup de détails tout ce que l'histoire des Moutons domestiques offre d'intéressant. (Mammalogie de l'Encyclopédie, et Dictionnaire des Sciences Naturelles, au mot *Mouton*). Suivant quelques naturalistes, on doit ajouter d'autres variétés d'abord rapportées à l'espèce de la Chèvre; telles sont celles publiées par Blainville et par Frédéric Cuvier, sous les noms de CHÈVRE Cossus et de BOUC DE LA HAUTE-EGYPTE. La première est, d'après la description de Blainville, entièrement blanche; et couverte de poils fort longs, soyeux, non frisés et tombant sur les côtés du corps; les cornes sont courbées en arrière; le front est assez busqué, et la barbe manque. Le Bouc de la Haute-Egypte manque également de barbe; son corps est couvert d'un poil soyeux, d'un roux-brunâtre, sa queue est courte, et ses cornes sont variables. Mais ce qui rend cette race extrêmement remarquable, c'est la forme de son chanfrein, plus arqué qu'il ne l'est chez aucun Mouton, et chez le Morvan lui-même : il l'est surtout chez le mâle, à tel point qu'il est impossible de se faire idée de la forme de tête de cet Animal, à moins de l'avoir vu. Le Bouc de la Haute-Egypte se rapproche ainsi des Moutons, dont il présente même, comme on le voit, les caractères dans un degré d'exagération très-remarquable; mais il s'en éloigne aussi à plusieurs égards, comme l'a montré Frédéric Cuvier. Ainsi le mâle a cette odeur désagréable qu'exhalent tous les Boucs, et les mamelles sont tellement allongées chez les femelles, pendant la lactation, qu'elles pendent presque jusqu'à terre, et entravent la marche de l'Animal.

Le nom de Mouton a aussi quelquefois été appliqué à différens Ani-

maux qui doivent être rapportés à d'autres genres, et particulièrement à celui des Lamas : ainsi on pense que l'*Ovis peruana* de Jonston n'est autre que le *Camelus Llama*. *V*. LAma au mot CHAMEAU. (IS. G. ST.-H.)

MOUTON DU CAP. OIS. Syn. d'Albatros. *V*. ce mot. (B.)

* MOUTOUC. INS. Même chose à l'Ile-de-France que Ver-Palmiste. *V*. ce mot. (B.)

MOUTOUCHI. BOT. PHAN. Sous le nom de *Moutouchi suberosa*, Aublet (Plantes de la Guiane, 2, p. 748, t. 299) a décrit et figuré un Arbre de la Guiane qui a été réuni par Persoon au genre *Pterocarpus* de Linné. En adoptant cette réunion, le professeur De Candolle (*Prodr. Syst. Veget.*, 2, p. 418) a constitué sous le nom de *Moutouchia* une section du genre *Pterocarpus* qui renferme, outre l'espèce ci-dessus désignée, le *P. Draco*, L., et une nouvelle espèce du Mexique, nommée *P. crispatus*. *V*. PTÉROCARPE. (G..N.)

MOVIN. CONCH. On ne saurait douter, d'après la description d'Adanson (Voyage au Sénég., pag. 246, pl. 18) que la Coquille qu'il nomme Movin n'appartînt au genre Bucarde; mais les auteurs modernes ne l'ont pas mentionnée dans leurs catalogues. (D..H.)

MOXA. On donne ce nom à une sorte de cylindre ou de cône formé de matières combustibles qu'on brûle sur la peau, et qui offre un mode d'action très-puissant dans certaines maladies. Les Chinois, qui passent pour en être les inventeurs, se servent d'un duvet qu'ils obtiennent en pilant les sommités de plusieurs espèces d'Armoises, et en les tordant comme de la corde. Une foule de matières combustibles, tirées des trois règnes, peuvent servir de Moxa. Tels sont le Chanvre, le Lin, le Coton, les tiges de l'*Helianthus tuberosus*, la laine de Mouton, le poil de Chèvre, la bourre de Chameau, les mèches d'artillerie, etc. (G..N.)

MOWA. ois. Même chose que Pécpée. *V.* ce mot.   (B.)

MOYA. min. Tuf argileux rejeté par les cratères de certains volcans du Mexique et de la chaîne des Cordilières.   (G..N.)

MOZAN. bot. phan. Pour Mocan. *V.* Mocanère.   (B.)

MOZINNA. bot. phan. Genre de la famille des Euphorbiacées, et de la Diœcie Monadelphie, L., établi sous ce nom par Ortéga dans ses Décades (p. 105, tab. 13); mais que Cavanilles, sous celui de *Loureira*, a voulu consacrer à l'auteur de la Flore de la Cochinchine. Ses fleurs sont dioïques; les mâles comme les femelles présentent un calice quinquéparti; une corolle urcéolée à cinq lobes et cinq glandes au-dedans : les premières ont des étamines au nombre de huit à treize, dont les filets sont soudés inférieurement entre eux, et dont cinq extérieures sont plus courtes. Dans les femelles, on trouve un style bifide terminé soit par deux stigmates larges et échancrés, soit par quatre stigmates linéaires; une capsule environnée du calice persistant, s'ouvrant en deux valves et formée de deux coques monospermes dont une avorte quelquefois. Les deux espèces connues de ce genre, originaires l'une et l'autre du Mexique, et qu'on peut voir figurées dans les *Icones* de Cavanilles (T. v, tab. 429 et 430), sont des Arbrisseaux remplis d'un suc gommeux. Leurs feuilles sont stipulées, alternes, entières ou plus rarement lobées; les fleurs, qu'accompagnent des bractées, axillaires ou terminales; les femelles solitaires ou géminées; les mâles en faisceaux ou en corymbes. (A. D. J.)

MUCÉDINÉES. bot. crypt. Nous avons déjà indiqué à l'article Champignons les caractères comparatifs de cette famille et des autres familles comprises autrefois sous le nom commun de Champignons, et qui forment nécessairement autant de groupes distincts analogues à ceux qu'on a établis parmi les Algues. Celui des Mucédinées est un des plus curieux et l'un de ceux qui mériteraient le plus de fixer l'attention d'un observateur judicieux, mais malheureusement les Plantes qui le composent n'ont presqu'été étudiées que sous le rapport de leurs caractères génériques et spécifiques, et leur structure interne, leur développement et leur mode de reproduction n'ont été examinés que superficiellement. Cependant aucune tribu dans la Cryptogamie ne mérite plus d'être observée avec soin, car ces Végétaux, comme les Conferves, nous offrent pour ainsi dire les élémens qui entrent dans la composition des Végétaux plus parfaits, isolés et disséqués par la nature.

Comme les Conferves, les Mucédinées se présentent sous la forme de tubes plus ou moins allongés, simples ou rameux, continus ou divisés en plusieurs loges par des cloisons transversales. Ces filamens se développent à la surface de corps de nature très-diverse, le plus souvent sur des substances organiques qui commencent à se décomposer, sur les bois et les feuilles qui se pourrissent, sur les matières fermentescibles, quelquefois sur les pierres humides; enfin un petit nombre de genres croissent sur les feuilles vivantes. Leur mode d'adhésion sur ces corps et la manière dont elles s'y développent, ne sont pas encore parfaitement connus; leur organisation assez compliquée, l'identité des espèces qui croissent sur des substances souvent fort différentes, ne permettent guère d'admettre pour ces Végétaux la génération spontanée, et presque tous les auteurs sont d'accord pour attribuer leur production à des séminules très-fines, de Plantes semblables qui, portées par l'air, se développent lorsquelles ont été déposées sur une substance propre à favoriser leur croissance; d'ailleurs l'existence de ces séminules est une chose bien certaine ainsi que nous le verrons plus tard. Mais ces petits Végétaux se développant ainsi sur des substances diverses, puisent-ils, au moyen de radicelles, leur nourriture dans le sein même de ces substances, ou ne se nourrissent-ils qu'au moyen de l'atmosphère qui les environne ? Les moisissures ne paraissent pas, comme d'autres Cryptogames, se développer indifféremment sur des substances très-diverses, et plusieurs, au contraire, ne croissent que sur certains corps, ce qui prouve que ces matières concourent à leur nutrition. Cependant dans la plupart des cas on ne voit presque aucuns filamens radicellaires pénétrer dans l'intérieur de ces substances, et l'influence des matières sur lesquelles elles croissent, paraîtrait avoir lieu surtout en modifiant la nature de l'atmosphère dans laquelle ces petites Cryptogames végètent, ce qui expliquerait pourquoi elles ne se développent que sur les substances qui commencent à se décomposer, et qui par conséquent donnent continuellement naissance à des gaz différens suivant la nature de ces substances. Ces Plantes, malgré l'affection qu'elles montrent pour certains corps, se trouveraient ainsi dans le même cas que la plupart des Cryptogames sans feuilles qui paraissent se nourrir presqu'uniquement par l'absorption des gaz ou des liquides dans lesquels elles végètent, et non pas par la succion de leurs racines qui ne semblent destinées qu'à les fixer. Les filamens qui composent entièrement à eux seuls ces Végétaux, s'étant ainsi développés, acquièrent presque toujours, en peu de temps, leur accroissement complet ; leur forme varie alors suivant qu'ils sont droits ou couchés, simples ou rameux, enfin suivant la manière dont se forment les séminules qui doivent les reproduire. Dans l'origine, ces séminules semblent toujours prendre naissance dans l'intérieur même des tubes ; mais plus tard on les trouve épars à la surface, souvent libres et sans aucune connexion avec les filamens auxquels elles sont entremêlées ; cette disposition est due à divers change-

mens qui s'opèrent dans la Plante pendant le développement des séminules, et il est probable que lorsqu'on suivra avec attention leur mode de formation, on verra que les séminules sont toujours d'abord renfermées dans l'intérieur des filamens. En passant en revue les divers groupes que renferment les Mucédinées, nous allons faire connaître la disposition des séminules dans les genres qu'ils renferment et la manière dont elles paraissent se former.

Dans les deux premières tribus, celle des Phyllériées et celle des Mucorées, les séminules sont évidemment contenues dans l'intérieur des tubes ; dans les dernières surtout on voit les filamens transparens et cloisonnés qui les composent se renfler à leur extrémité, de sorte que la dernière cellule forme une vésicule ordinairement sphérique. Cette vésicule est d'abord remplie d'un liquide laiteux, qui bientôt devient grumeleux et forme les séminules ; ou dans lequel du moins les séminules se développent à peu près comme les granules qui remplissent les grains de pollen se forment ou se déposent dans les cellules qui remplissent les loges de l'anthère. Les séminules sont parfaitement libres dans l'intérieur de ces vésicules, aucun filament ne les fait communiquer avec les parois de ces tubes ; bientôt la vésicule membraneuse qui les renferme se rompt, et les sporules se répandent au dehors ; dans ce cas les sporules, ainsi échappées de l'intérieur de la vésicule, sont évidemment nues ; aucune partie de la Plante qui les a produites ne les recouvre. Outre la vésicule terminale, dont nous venons de décrire le développement, il existe dans quelques genres de la même tribu, tels que les *Thammidium*, *Thelactis*, etc., des filamens secondaires, beaucoup plus petits que le filament principal qui porte la vésicule ; ces filamens se renflent également à leur extrémité ; mais au lieu de former une grosse vessie arrondie, ils ne présentent qu'un petit renflement qui ne paraît contenir qu'une seule sporule. On dirait dans ce cas que toute la force végétative s'étant portée sur le filament principal, les filamens latéraux n'ont pu recevoir qu'un développement beaucoup moins considérable : cette disposition est, sous quelques rapports, analogue à ce qui a lieu dans les inflorescences à fleur terminale dans lesquelles celle-ci se développe toujours avant les fleurs latérales. Le même mode de formation des sporules que nous venons de remarquer dans les rameaux latéraux de quelques Mucorées, a lieu sur tous les rameaux de beaucoup de genres de vraies Mucédinées, tels que les genres *Acremonium*, *Verticillium*, etc., dans lesquels les rameaux se renflent au sommet et forment une petite vésicule qui ne paraît renfermer qu'une seule sporule, et qui se détache plus tard des filamens principaux en entraînant avec elle la portion du tube dans laquelle elle s'est formée et qui lui sert de tégument. C'est ainsi que dans les Plantes phanérogames, lorsque l'ovaire est monosperme, il est le plus souvent indéhiscent, et le péricarpe enveloppe la graine même après qu'elle est détachée de la Plante mère. Le mode de formation des sporules, que nous venons d'indiquer dans les genres *Acremonium* et *Verticillium*, existe aussi probablement dans plusieurs autres, tels que les *Fusisporium*, *Epochnium*, *Cladobotryum*, dans lesquels cependant on n'a pas vu aussi bien ce développement, mais dont les sporules sont probablement recouvertes par la membrane des filamens, et seraient par conséquent des sporidies (en réservant ce nom aux corps reproducteurs qui sont contenus dans une membrane dépendant de la Plante mère) renfermant une ou plusieurs sporules. Dans d'autres genres ce n'est pas seulement le dernier article des filamens qui se renfle et renferme les sporules; mais chaque article ou du moins tous ceux qui sont vers les extrémités des filamens se renflent

légèrement, s'arrondissent, et le filament prend l'aspect moniliforme; il se développe une sporule dans chacun de ces articles qui bientôt se séparent et forment autant de sporules distinctes recouvertes par la membrane qui composait le filament. Ce mode de formation des sporules s'observe dans les genres *Oideum*, *Acrosporium*, *Geotrichum*; il est probable qu'il existe également dans beaucoup de genres où on a seulement vu des sporules nues et éparses à la surface des filamens, sans qu'on ait pu étudier le mode de développement; dans un petit nombre de genres de cette famille, ce ne sont point des articles simples qui se détachent pour former les sporidies, mais de petits rameaux cloisonnés et renflés, dont chaque loge renferme probablement une ou plusieurs sporules. On observe très-clairement cette structure dans le genre *Dactylium*; il est probable que la même chose a lieu dans les genres à sporidies biloculaires, tels que les genres *Scolichotrichum* et *Trichothecium*. Enfin dans quelques genres où les sporules sont beaucoup plus petites que les filamens, et sont en général réunies au sommet des rameaux, il paraîtrait que ces sporules sont sorties de l'intérieur des filamens comme celles des Mucorées; ces Plantes ne différeraient de celles de cette tribu, qu'en ce que les filamens ne se renflent pas au sommet, et n'ont pas encore offert aussi distinctement les sporules dans leur intérieur; tels sont les genres *Aspergillus*, *Botrytis*, etc. Ces différences dans le mode de développement et de dissémination des sporules, auraient pu certainement fournir de très-bons caractères pour subdiviser le groupe nombreux des vraies Mucédinées; mais malheureusement on manque encore d'observations suffisantes à cet égard pour pouvoir se servir de ces caractères, et nous serons obligés, dans le tableau des genres que nous allons présenter, de suivre en grande partie la division de Nées d'Esenbeck qui est fondée uniquement sur un caractère réellement très-peu important, mais qui, d'accord avec le port général de ces petits Végétaux, fournit des groupes assez naturels.

Dans la tribu des Byssacées, les filamens sont généralement plus forts, plus solides, persistans, opaques ou peu transparens, et le plus souvent non cloisonnés. Dans un grand nombre de genres qui font partie de cette tribu, on n'a jamais observé de sporules, soit que quelques-uns de ces genres ne soient que des ébauches imparfaites d'autres Champignons, comme on l'a présumé pour les genres *Byssus*, *Himantia*, *Dematium*, *Racodium*, *Ozonium*, soit qu'on ne les ait pas observées avec assez de suite et d'attention, soit enfin que leurs sporules ne sortent des filamens qui constituent ces Plantes que par suite de leur décomposition. Dans plusieurs des genres de cette tribu, on observe cependant des sporules; tantôt ces sporules sont petites, globuleuses, et paraissent sorties de l'intérieur des filamens; tantôt elles sont renfermées dans des sporidies transparentes, cloisonnées, ressemblant beaucoup à celles de certaines Urédinées, et qui ne paraissent être que des rameaux différemment développés et renfermant les sporules. Un dernier groupe de cette tribu présente une structure analogue à celle des genres *Acrosporium*, *Oideum*, etc., de la tribu précédente; les filamens moniliformes se séparent par articles qui forment autant de sporidies, c'est ce qu'on observe dans les genres *Torula*, *Monilia*, *Alternaria*, etc., mais dans ces Plantes chacune de ces sporidies paraîtrait renfermer plusieurs sporules.

La dernière tribu des Mucédinées forme le passage de cette famille à celle des Lycoperdacées d'une part, et à celle des vrais Champignons de l'autre. Jusqu'à présent nous avons toujours vu les Cryptogames que nous étudions, formées de filamens simples ou rameux, mais toujours libres et non réunis entre eux : dans

quelques genres seulement, tels que les *Racodium*, ils sont très-entrecroisés, mais sans être soudés en une masse régulière. Dans les Isariées qui forment la dernière tribu de la famille des Mucédinées, les filamens, analogues du reste à ceux des autres genres de la même famille, sont réunis soit en membrane, soit en un capitule arrondi, simple ou rameux, sessile ou porté sur un pédicule également formé par des filamens entrecroisés. Ces filamens soudés, plus ou moins complétement deviennent en général libres vers la périphérie, et sont couverts de sporules libres très-fines ou peut-être de sporidies très-petites; car on n'a jamais suivi leur développement, et on n'a pas déterminé si elles sont d'abord fixées aux filamens, ou si elles sont sorties de leur intérieur. Ce dernier groupe des Mucédinées se lie donc d'une part aux Lycoperdacées dont il ne diffère qu'en ce que les filamens se dirigent en divergeant, de manière que les sporules sont éparses à la surface extérieure, tandis que, dans les Lycoperdacées, les filamens extérieurs sont stériles et forment le péridium, et enveloppent les filamens intérieurs et les sporules que ces filamens supportent; d'un autre côté, les Isariées se rapprochent des Champignons anomaux ou trémelloïdes qui sont privés de thèques; ces Champignons dans lesquels les sporules se trouvent éparses à la surface ou immédiatement sous l'épiderme, ne diffèrent de quelques-uns des genres du groupe des Isariées, que par l'absence complète de toute structure fibreuse.

Après avoir exposé les principaux traits de l'organisation de ces petits Végétaux, nous allons résumer en peu de mots le caractère de la famille, et donner le tableau méthodique des genres qu'elle renferme.

MUCÉDINÉES, *Mucedines*, Link; *Hyphomycetes*, Fries; *Nematomycetes*, *Trichomyci*, Pers. Sporules simples, nues, portées sur des filamens simples ou rameux, continus ou cloisonnés, quelquefois renfermés dans leur intérieur et formant des sporidies monospermes ou rarement polysporées.

I. PHYLLERIÉES. Filamens simples, continus, renfermant les sporules dans leur intérieur, naissant sur les feuilles vivantes.

Taphria, Fries; *Erineum*, Fries; *Rubigo*, Fries; *Phyllerium*, Fries; *Cronartium*, Fries.

II. MUCORÉES. Filamens transparens, cloisonnés, fugaces, se renflant à l'extrémité en une vésicule membraneuse qui renferme les sporules.

Pilobolus, Pers.; *Diamphora*, Mart.; *Didymocrater*, Mart.; *Mucor*, Link (*Mucor* et *Rhizopus*, Ehrenb.); *Ascophora*, Tode; *Thelactis*, Mart.; *Thamnidium*, Link; *Aspergillus* (*Aspergillus* et *Polyactis*, Link); *Zyzygites*, Ehrenb.; *Eurotium*, Link.

III. MUCÉDINÉES VRAIES. Filamens distincts ou lâchement entrecroisés, transparens, fugaces, souvent cloisonnés; sporules renfermées dans les derniers articles des filamens qui se séparent à la maturité ou libres à la surface.

§ 1. *Botrytidées*. Filamens dressés; sporidies ou sporules ordinairement réunies par groupes.

Aerophyton, Eschw.; *Dactylium*, Nées; *Penicillium*, Link; *Botrytis*, Link.; *Cladobotryum*, Nées; *Stachylidium*, Link; *Verticillium*, Nées; *Virgaria*, Nées; *Haplaria*, Link; *Acladium*, Link; *Polythrincium*, Kunze; *Acrosporium*, Nées (*Alysidium*, Kunze).

§ 2. *Sporotrichées*. Filamens décombans; sporidies ou sporules éparses.

Oideum, Link; *Geotrichum*, Link; *Sporotrichum*, Link (*Aleurisma*, *Collarium*, *Sporotrichum*, *Asporotrichum*, Link); *Byssocladium*, Link; *Fusisporium*, Link; *Arthrinium*, Kunze; *Scolichotrichum*, Kunze;

Trichothecium, Link; *Sepedonium*, Link; *Mycogone*, Link; *Epochnium*, Link; *Acremonium*, Link.

IV. BYSSACÉES. Filamens distincts, souvent très-entrecroisés, opaques, continus ou rarement cloisonnés; sporidies éparses à la surface des filamens ou formés par leurs articles.

§ 1. *Chloridiées*. Filamens continus ou rarement cloisonnés; sporidies éparses, extérieures.

Actinocladium, Ehrenb.; *Conoplea*, Pers.; *Chloridium*, Link; *Campsotrichum*, Ehrenb.; *Myxotrichum*, Kunze (*Oncidium*, Nées): *Circinotrichum*, Nées; *Helicosporium*, Nées; *Helmisporium*, Link (*Helminthosporium*, Pers.); *Spondylocladium*, Mart.

§ 2. *Moniliées*. Filamens ou rameaux moniliformes; articles se séparant et se disséminant sous forme de sporidies.

Clisosporium? Fries; *Cladosporium*, Link; *Torula*, Link; *Monilia*, Link (*Monilia* et *Hormiscium*, Kunze); *Alternaria*, Nées.

§ 3. *Byssinées*. Filamens continus ou cloisonnés, généralement décombans et entrecroisés, dépourvus de sporidies extérieures et ne se divisant pas par articles.

Helicomyces? Link; *Herpotrichum*, Fries; *Byssus*, Link (*Hypha*, Pers.; *Hyphasma*, Rebent.); *Himantia*, Pers.; *Dematium*, Link; *Racodium*, Link; *Amphitrichum*, Nées; *Gliotrichum?* Eschw.; *Haplotrichum?* Eschw.; *Ozonium*, Link; *Acrotamnium*, Nées; *Sarcopodium*, Ehrenb.

V. ISARIÉES. Filamens réunis et soudés entre eux d'une manière régulière et constante; sporules éparses à leur surface.

Athelia, Pers.; *Hypochnus*, Fries; *Epichysium*, Tode; *Dacryomyces*, Nées; *Ceratium*, Alb. et Schw.; *Isaria*, Pers.; *Coremium*, Link; *Periconia*, Tode; *Cephalotrichum*, Link; *Stilbum?* Pers.; *Tubercu-*

laria? Pers.; *Atractium?* Link; *Calicium?* Pers.

La position des derniers genres qui terminent cette série est fort douteuse; les uns ont été placés parmi les Lichens, d'autres auprès des Tremelles, quelques-uns parmi les Urédinées. Nous les avons placés à la suite des Isariées dont ils se rapprochent par plusieurs caractères.
(AD. B.)

* MUCHINA. pois. Qui se prononce *Moutchina*. Nom donné sur les marchés de Barcelone à une espèce de Squale indéterminée et peut-être nouvelle qui ne se pêche avec un autre Squale appelé *Cochino*, c'est-à-dire Cochon, que dans les plus grandes profondeurs de la Méditerranée, et presque jamais au-dessus de trois ou quatre cents brasses.
(B.)

* MUCIDA. zoöl.? bot.? Genre que nous avons, d'après des envois algologiques du savant docteur Grateloup, mentionné dans notre article ARTHRODIÉES comme pouvant appartenir aux êtres de cette famille, mais dont nous n'avons pu sur le sec étudier suffisamment l'organisation. Il pourrait bien être le même que les genres *Lepiomitus* et *Higrocrocis* d'Agardh (*V.* ces mots); il aurait alors l'antériorité sur l'un et sur l'autre. Nous le supposons aussi être fort voisin des Mycodermes. *V.* ce mot.
(B.)

* MUCIDÉES. bot. crypt. Pour Mucédinées. *V.* ce mot.
(B.)

MUCILAGE. bot. chim. On désigne ainsi la matière gommeuse qu'on retire de la graine de Lin, de la racine de Guimauve, des bulbes de Liliacées, des semences de Coings, etc. C'est un état particulier de la Gomme ou plutôt une Gomme non élaborée, et qui n'en présente pas toutes les qualités physiques et chimiques, peut-être la modification muqueuse de la matière. *V.* ce mot. Cette substance abonde dans toutes les parties des Végétaux de certaines famil-

les, comme, par exemple, celles des Malvacées et des Tiliacées. Les graines huileuses des Crucifères, les amandes émulsives des Amygdalées, des Juglandées, des Amentacées, etc., contiennent beaucoup de Mucilage qui facilite la suspension de leur huile dans l'eau, lorsqu'on les broye pour en former des émulsions. Le terme de Mucilage est aussi employé en pharmacie pour exprimer les solutions aqueuses et fort épaisses des différentes Gommes. Ainsi, on dit Mucilage de Gomme arabique, de Gomme adraganth, etc. *V.* GOMME.
(G..N.)

MUCILAGO. bot. crypt. (*Lycoperdacées.*) Micheli a donné ce nom à un genre dans lequel il réunissait plusieurs espèces de Lycoperdacées déliquescentes; son *Mucilago æstiva*, pl. 96, fig. 1, est le *Reticularia Lycoperdon* de Bulliard ou *Strongilium* de Link. Le *Mucilago crustacea alba*, pl. 96, fig. 2, paraît être le *Spumaria Mucilago* de Persoon. Les autres espèces figurées sur la même planche comme appartenant également au genre *Mucilago*, s'éloignent beaucoup des deux précédentes. La figure 3 paraît un *Himantia*; les fig. 4, 5, représentent deux espèces de Trichiacées; les fig. 6, 7, 8 9, sont indéterminables. Ce genre Mucilago a été adopté par quelques auteurs tels que Haller, Gmelin, Adanson; mais les espèces qu'on y a rapportées se rangent ou dans le genre *Spumaria* ou dans les autres genres voisins de la tribu des Fuliginées.
(AD. B.)

* MUCIQUE. min. *V.* ACIDE.

* MUCO. bot. phan. L'Arbre que Læfling (*Iter hispanicum et americanum*) a cité sous ce nom, est remarquable par son fruit plus gros qu'un œuf d'oie, acuminé, recouvert d'une écorce un peu épaisse, et rempli d'une chair blanche bonne à manger, dans laquelle sont nichées des graines oblongues et réniformes, à cotylédons plissés irrégulièrement. Quoique ces renseignemens soient

incomplets, Jussieu pense que le *Muco* pourrait bien être rapporté au *Matisia* de Humboldt et Bonpland qui a un fruit à peu près semblable. *V.* MATISIE.   (G..N.)

MUCOR. BOT. CRYPT. *V.* MOISIS-SURE.

MUCORÉES. BOT. CRYPT. Seconde tribu des Mucédinées. *V.* ce mot.   (AD. B.)

* MUCRONÉ. POIS. L'un des noms spécifiques donnés par Lacépède à son Odontognate. *V.* CLUPE. (B.)

* MUCRONÉ, MUCRONÉE. BOT. PHAN. Ce mot se dit d'une feuille ou de tout autre organe plane, terminé brusquement à son sommet par une petite pointe, qui paraît être la continuation et la prolongation de la nervure médiane.   (A. R.)

MUCU. POIS. Espèce du genre Trichiure. *V.* ce mot.   (B.)

MUCUNA. BOT. PHAN. Genre de la famille des Légumineuses et de la Diadelphie Décandrie, L., établi primitivement par Adanson et adopté par De Candolle qui l'a ainsi caractérisé : calice à deux lèvres dont la supérieure large, entière et obtuse, paraît formée de deux soudées ensemble, et dont l'inférieure est à trois lobes pointus. Corolle dont l'étendard est ascendant, plus court que les ailes et la carène, et dépourvu de bosses calleuses ; les ailes sont oblongues, la carène droite et pointue. Étamines diadelphes ; cinq d'entre elles ont des anthères oblongues, et les cinq autres alternes, ou les précédentes les ont ovales et velues. Légume oblong, toruleux, bivalve, divisé transversalement par des cloisons celluleuses. Graines arrondies, entourées par une cicatricule linéaire. Ce genre, réuni par Linné aux *Dolichos*, est un exemple remarquable de la confusion qui s'introduit dans la nomenclature, lorsqu'on ne s'astreint pas aux lois de la priorité. Loureiro le nommait *Citta*, Ruiz et Pavon ainsi que Kunth *Negretia*, Persoon *Stizolobium*, Raddi *Macroceratides*, Roxburgh *Carpopogon*,

etc. Dans son Histoire des Plantes de la Jamaïque, P. Browne avait constitué à la vérité deux genres sous le nom de *Stizolobium* et de *Zoophtalmum*, qui réunis sont identiques avec le *Mucuna* d'Adanson, établi un peu plus tard ; mais cette dernière dénomination a été donnée à un groupe mieux circonscrit que ceux de P. Browne, et d'ailleurs elle avait été employée anciennement par Marcgraaff pour désigner l'espèce principale.

Douze espèces de ce genre ont été décrites par De Candolle (*Prodrom. Syst. Veget.*, 2, p. 405), qui les a distribuées en deux sections auxquelles il a donné les noms de *Stizolobium* et *Zoophtalmum*, dont s'était servi P. Browne. Ce sont des Herbes ou des Arbustes très-longs et sarmenteux, à feuilles pinnées-trifoliées, à fleurs disposées en grappes axillaires, ordinairement pendantes. La plupart ont la gousse hérissée de poils nombreux et très-fragiles qui pénètrent dans la peau et excitent de vives démangeaisons. Tels sont les *Mucuna urens* et *pruriens*, espèces distinctes entre elles, et par leurs formes, et par leurs parties respectives ; la première croît dans les Antilles et l'Amérique méridionale, et la seconde dans l'Inde-Orientale. Plusieurs espèces sont aussi remarquables par les énormes dimensions de leurs gousses, et sous ce rapport nous citerons les *Mucuna gigantea*, *elliptica* et *platycarpa*, dont les fruits se voient assez communément dans les collections.   (G..N.)

MUCUS. ZOOL. BOT. *V.* MATIÈRE.

MUDE. POIS. Nom de pays proposé par Bosc pour désigner le genre Amic. *V.* ce mot.   (B.)

* MUD-INGUAFA. REPT. OPH. Syn. de Syrène Lacertine à la Caroline. *V.* SYRÈNE.   (B.)

MUE. ZOOL. Les Animaux sont à certaines époques de leur vie sujets à deux sortes de changemens, les uns connus sous le nom de Métamorphoses, et les autres sous celui de

Mues. La Métamorphose, *Metamorphosis*, est, comme l'indique la composition de ce mot, le changement dans lequel il y a transformation, c'est-à-dire où la forme nouvelle que revêt l'Animal, est différente de celle qu'elle remplace. La Mue, *Mutatio*, est le changement dans lequel il n'y a pas transformation, c'est-à-dire dans lequel la forme primitive de l'Animal s'est conservée. L'altération ou la persistance de la forme primitive de l'Animal, est donc ce qui distingue la Métamorphose et la Mue; mais du reste, il n'y a entre l'une et l'autre aucune différence essentielle, aucune autre différence que celle qui existe entre le plus et le moins : toutes deux sont des phénomènes de même ordre, des phénomènes produits par une même cause, c'est-à-dire par une métastase qui dépend elle-même de l'antagonisme de deux artères; en sorte que nous retrouvons encore ici cette loi d'une application si universelle dont nous avons déjà plusieurs fois parlé, sous le nom de loi du Balancement des organes (*V*. INTESTINS et MAMMIFÈRES). Tel est, suivant nous, le véritable point de vue sous lequel doivent être envisagées les ressemblances par lesquelles les Mues se rapprochent des Métamorphoses, et les caractères par lesquels elles s'en distinguent; caractères sur lesquels nous devons faire encore quelques autres remarques.

Quelles sont les causes de la persistance de la forme primitive dans un cas, et de son altération dans l'autre ? c'est que dans le dernier, la métastase se produit à l'égard d'organes d'une haute importance, et qu'au contraire, dans l'autre, elle a lieu entre des organes d'une importance bien secondaire, et qui appartiennent même le plus souvent au système tégumentaire : nous disons le plus souvent, parce que le remplacement des dents de lait par celles de la seconde dentition, chez les Mammifères; la reproduction annuelle d'un nouveau bois chez les

MUE

Ruminans à prolongemens frontaux caduques, et quelques autres phénomènes de même ordre, sont de véritables Mues. Une autre différence qu'entraînent nécessairement les définitions que nous avons données, est la suivante : dans la Mue comme dans la Métamorphose, il y a bien, comme nous venons de le dire, métastase d'un organe à un autre : mais dans le premier cas, le nouvel organe est essentiellement analogue à celui qu'il remplace, et il y a toujours entre le premier et le second, sinon une similitude parfaite, du moins beaucoup de ressemblance : ainsi un poil ou une plume est toujours remplacé par un poil ou par une plume, et la différence qui peut exister entre la couleur, la grandeur et la forme même de l'un et de l'autre, n'empêche pas qu'il n'y ait entre eux, non-seulement de l'analogie, mais même beaucoup de ressemblance. De même une dent de la seconde dentition, quelque différente qu'elle puisse être de la dent de lait à laquelle elle a succédé, a toujours avec elle beaucoup de rapport; et le Cerf, dont le bois a déjà quelques andouillers, diffère encore peu du Daguet. Au contraire, dans la Métamorphose, la métastase s'effectue, du moins le plus souvent, à l'égard de deux organes entre lesquels il n'y a pas d'analogie, et entre lesquels on ne peut trouver d'autre relation que celle qui existe entre deux organes dépendant du même appareil, et appartenant à la même fonction ; encore peut-on très-bien concevoir une métastase entre deux parties étrangères l'une à l'autre, même sous ce dernier point de vue. Enfin, dans la Mue, et cette dernière différence n'est en quelque sorte qu'un simple corollaire de la précédente, les deux organes à l'égard desquels se fait la métastase, ont la même position, et l'un se développe à la place qu'occupait l'autre, ou du moins près de cette place, en sorte que tous deux ne se ressemblent pas moins par leur position que par leur essence. Au contraire, il n'en est point ainsi de la Métamorphose, comme le montre si bien l'exemple des Batraciens Anoures, chez lesquels la métastase a lieu de la queue aux membres. On ne saurait en effet imaginer entre deux organes une différence de position plus grande que celle qui existe entre le prolongement caudal, placé sur la ligne médiane et appartenant à la colonne vertébrale, et les membres, appendices situés latéralement : remarquons d'ailleurs que ces derniers sont appelés à remplir la même fonction que remplissait primitivement la queue, et qu'ils appartiennent au même appareil (celui de la locomotion), comme nous avons dit qu'il en était ordinairement.

Il y a donc des différences notables entre la Mue et la Métamorphose; mais cela n'empêche pas que ces deux phénomènes ne soient, comme nous l'avons déjà indiqué, produits par la même cause, et souvent de la même manière; et nous pourrions dire même que la Mue n'est qu'une sorte particulière de Métamorphose, si la composition étymologique de ce mot permettait de le détourner de l'acception dans laquelle on le prend ordinairement. Cette analogie est même si réelle, que les considérations générales présentées dans l'article Métamorphose (*V.* ce mot), sont presque entièrement applicables aux phénomènes de la Mue.

Sans tenir compte de toutes les différences que nous venons de signaler, on se sert ordinairement du mot Mue à l'égard des Vertébrés supérieurs, les Mammifères et les Oiseaux, et du mot Métamorphose à l'égard des Insectes, parmi les Invertébrés, et des Batraciens, parmi les Vertébrés inférieurs : on ne sait pas en effet si ces derniers muent, et on ne croit pas que les premiers se métamorphosent. Cependant, comme on le verra, la Mue présente des faits très-curieux chez les Invertébrés; et, d'une autre part, les Vertébrés supérieurs et l'Homme lui-même se métamorphosent aussi bien que ceux-ci : c'est ce qui a déjà été dit par plusieurs auteurs, et ce que nous avons montré nous-même. (*V.* Mammifères) en rapportant les intéressantes observations de Serres sur les transformations de l'embryon de l'Homme et de tous les Mammifères sans queue. On voit donc combien est peu fondée l'opinion vulgaire suivant laquelle on n'observerait que de simples Mues chez les Vertébrés supérieurs et chez l'Homme : ceux-ci se métamorphosent aussi bien que les Batraciens, c'est-à-dire, suivant ce que nous avons dit au commencement de cet article, qu'ils subissent, aussi bien que ces derniers, des changemens dans lesquels la forme primitive éprouve d'importantes modifications. Bien plus, lorsque Geoffroy Saint-Hilaire, Serres, Meckel, Tiedemann, et quelques autres zootomistes, auront complété leurs recherches sur la ressemblance primitive de l'embryon et du fœtus des Animaux supérieurs avec les êtres des degrés inférieurs, on sera peut-être même obligé d'admettre, que de toutes les classes du règne animal, les plus élevées en organisation sont précisément celles qui subissent les Métamorphoses les plus nombreuses et les plus complètes : résultat directement contraire à ce que pouvait faire supposer l'opinion générale, et qui pourra paraître singulier au premier abord. En effet, chez le Mammifère, par exemple, toutes les Métamorphoses se faisant avant la naissance, elles ne peuvent être aperçues que lorsqu'on vient à remonter jusqu'aux premiers jours de la formation de l'être; et tous ceux qui se contentent de l'étudier lorsque, jeté dans le monde extérieur, il devient facilement accessible à l'observation, ne peuvent plus voir en lui qu'un Animal sujet à de simples Mues.

Les considérations générales que nous venons de présenter sont propres à bien faire concevoir les phénomènes de la Mue dans leurs rapports avec ceux de la Métamorphose; nous ferons maintenant quelques autres remarques. On peut distinguer deux sortes de Mues, celles qui s'effectuent au passage d'un âge à un autre, et celles qui s'effectuent au passage d'une saison à une autre. Ces dernières sont peu sensibles dans quelques espèces ; elles produisent chez quelques autres des changemens d'une haute importance. Ainsi l'on sait que beaucoup d'Animaux blanchissent en hiver, et qu'un très-grand nombre d'Oiseaux revêtent à l'approche de la saison d'amour de riches parures qu'ils dépouillent bientôt après. De-là d'immenses différences entre le plumage de deux individus de la même espèce, pris à différentes époques de l'année : de-là aussi une source de graves difficultés et d'erreurs sans nombre pour ceux qui aborderaient l'étude de l'ornithologie sans une sage défiance. C'est ainsi qu'un très-grand nombre d'espèces nominales avaient été établies dans le *Systema Naturæ*, faute dans laquelle il était impossible de ne pas tomber dans un temps où l'on manquait encore presque entièrement d'observations exactes, mais dont on peut espérer que la science sera préservée à l'avenir par les travaux de Temminck, de Vieillot, de Baillon, et de plusieurs autres ornithologistes distingués.

Nous n'entrerons ici dans aucun détail sur les Mues des Oiseaux, des Reptiles et des Poissons, dont il sera parlé dans d'autres articles (*V.* Oiseaux, etc.) : nous dirons seulement quelques mots de celles des Mammifères. La Mue ne produit point ordinairement chez ceux-ci de changemens bien remarquables : seulement le poil, pendant l'hiver, est souvent plus touffu, plus fin et plus moelleux, ce qui s'observe surtout chez les Animaux des pays froids, et ce qui fait que les fourrures de cette saison sont ordinairement plus recherchées que celles d'été (*V.* Marte). On trouve cependant des modifications beaucoup plus remarquables chez les espèces qui blanchissent dans la saison froide, tels que l'Hermine, le

Lièvre variable, et plusieurs autres, dont le poil d'hiver est ainsi entièrement différent de celui d'été : cependant les parties noires du pelage conservent ordinairement la même couleur pendant toute l'année, comme nous l'avons remarqué ailleurs au sujet de plusieurs Mammifères et de quelques Oiseaux (*V.* Mammifères). La blancheur de la fourrure d'hiver, chez ces Animaux, semble destinée par la nature à diminuer pour eux l'intensité du froid ; on sait en effet, depuis long-temps par l'expérience, que les vêtemens blancs, plus frais que ceux de toute autre couleur pendant les chaleurs de l'été, sont au contraire les plus chauds pendant les temps froids ; et la physique a donné de ces faits une excellente explication fondée sur les recherches de Rumford et de Leslie.

Parmi les Animaux des pays froids chez lesquels la Mue des saisons produit des changemens notables, nous citerons encore quelques races ou variétés de Chevaux chez lesquelles le poil, court et entièrement lisse en été, devient en hiver très-long et frisé : tel est le Cheval de Norvège. Au contraire, chez les Mammifères des pays chauds, le pelage est le même avant et après la Mue, ou du moins ne diffère pas sensiblement ; et c'est en vain que la philosophie des causes finales chercherait à ce phénomène des motifs d'utilité qui pussent compenser les souffrances et les dangers dont il est l'occasion. En effet le temps de la Mue est pour beaucoup d'Animaux un temps de malaise et de maladie ; et on voit même, dans les grandes ménageries, périr à cette époque un assez grand nombre d'individus, surtout parmi ceux qui, récemment éloignés des pays où ils ont pris naissance, n'ont point encore pu s'acclimater dans leur nouvelle patrie.

C'est au printemps et à l'automne que se fait la Mue chez les Animaux sauvages, et elle a lieu chez eux périodiquement et d'une manière régulière : mais il n'en est plus de même chez plusieurs espèces domestiques, et particulièrement chez celles que leur genre de vie soustrait aux rigueurs du froid, et pour lesquelles les soins de l'Homme ont rendu inutiles les précautions prises par la nature; ainsi les Chats et les Chiens qui vivent dans nos maisons, n'ont pas d'époques de Mue bien marquées, ou, pour parler plus exactement, ils muent pendant presque toute l'année. Tel est aussi le cas de l'Homme lui-même, chez lequel il n'y a que des Mues partielles, parce que ses vêtemens et son genre de vie le mettent à l'abri des variations de la température, et que son régime de nourriture est à peu près le même en tout temps de l'année. Ainsi il n'y a pas pour l'Homme de saison de Mue, de même qu'il n'y a pas pour lui de saison d'amour; deux époques qui, dans la plupart des espèces, se trouvent liées par les rapports les plus intimes, et dont l'une est constamment amenée par l'autre.

Les Mues qui s'effectuent au passage d'un âge à l'autre, ont beaucoup d'analogie avec celles dont nous venons de parler; en effet, chez les Oiseaux, par exemple, le mâle, en hiver, ressemble, dans beaucoup d'espèces, au jeune; et le premier, lorsqu'il prend le plumage d'été, subit à peu près le même changement que le second, lorsqu'il prend les couleurs de l'adulte. On voit donc que les deux sortes de Mues méritent d'être étudiées avec la même attention et le même soin par les zoologistes, et surtout par ceux qui s'occupent plus spécialement d'ornithologie. C'est en effet à l'égard des Oiseaux, cette classe dans laquelle il n'y a le plus souvent d'autres caractères spécifiques que ceux fournis par les couleurs des parties tégumentaires, qu'il devient très-important de constater les modifications qui peuvent être pour elles des résultats d'une différence d'âge.

Les jeunes des deux sexes ressemblent ordinairement chez les Oiseaux à la femelle adulte, et leur plumage est aussi ordinairement beaucoup moins orné que celui du mâle. Chez les Mammifères le contraire a quelquefois lieu : car d'une part les jeunes des deux sexes ressemblent dans certains cas au mâle adulte, comme cela a lieu chez le Maki Vari (*V.* Maki); et d'une autre part, la livrée du premier âge est le plus souvent, comme nous l'avons remarqué ailleurs (*V.* Mammifères), un ornement que l'Animal perd avec l'âge pour prendre des couleurs plus simples et plus uniformes; c'est ainsi que les Faons de presque toutes les espèces de Cerfs, les Lionceaux, les jeunes Couguars, les jeunes Sangliers et les jeunes Tapirs ont le pelage varié de deux couleurs disposées de la manière la plus agréable à l'œil et la plus gracieuse, tandis que les adultes de leurs espèces sont unicolores. Il est à observer que dans le cas de l'existence d'une livrée, les jeunes représentent d'une manière transitoire ce qui a lieu dans d'autres espèces du même genre d'une manière permanente, comme nous l'avons montré par quelques exemples dans notre article Mammifères *V.* ce mot et Livrée. C'est ainsi que les taches de livrée sont noires chez les Lionceaux et blanches chez les Faons de Cerfs, de même que la plupart des Chats sont rayés ou tachetés de noir, et que l'Axis et plusieurs autres Cerfs le sont de blanc. On pourrait même, à l'égard de ces dernières espèces, au lieu de dire qu'elles ne portent pas de livrée dans leur premier âge, admettre qu'elles conservent leur livrée pendant toute la durée de leur vie.

On voit par ces exemples qu'il existe de très-grandes différences entre les jeunes et les adultes dans la même espèce; c'est par un certain nombre de Mues (nombre variable suivant les familles et les genres) que ces différences s'effacent peu à peu, et que le jeune prend les caractères de l'adulte. L'histoire de chaque classe et de chaque espèce fera connaître ce qui concerne chacune d'elles, et nous nous bornerons ici à une seule remarque sur les Mues considérées d'une manière générale chez les Oiseaux.

On dit ordinairement que le jeune des deux sexes a les couleurs de la femelle; peut-être serait-il plus vrai en théorie de dire que la femelle a les couleurs du jeune. En effet le plumage qu'on nomme ordinairement le plumage du mâle, parce que le mâle le présente seul pendant presque toute la durée de sa vie, appartient véritablement aux deux sexes, suivant les observations que nous avons faites sur plusieurs espèces d'Oiseaux, et particulièrement sur le Faisan argenté, le Faisan à collier et le Faisan commun (*Mémoires du Muséum*, T. xii, et *Annales des Sciences Naturelles*, T. vii).

Nous avons montré en effet que dans leur vieillesse, et après qu'elles ont cessé de pondre, les femelles d'un grand nombre d'espèces perdent le plumage propre à leur sexe pour prendre celui de leurs mâles, auxquels elles peuvent, après un certain nombre de Mues, devenir parfaitement semblables. Ces faits fort curieux nous font voir dans la femelle un être qui conserve, pendant presque toute la durée de sa vie, la livrée du premier âge, et chez lequel les parties excentriques ont été arrêtées dans leur développement, parce que le sang s'est détourné de la circonférence pour se porter sur les organes génitaux; et cela est si vrai, que c'est toujours vers le temps de la cessation des pontes que la femelle subit les changemens dont nous venons de parler. A cette époque les afflux sanguins ne se font plus sur l'ovaire, et le fluide nourricier peut enfin reprendre le même cours que chez le mâle, à cette époque aussi, la vieille femelle se retrouve dans les conditions du jeune mâle au moment de la Mue; les développemens de son plumage, interrompus si long-temps, se continuent de nouveau, et après un certain nombre d'années, elle a acquis les couleurs, les parures et tous les caractères que l'on regarde ordinai-

rement comme propres à l'autre sexe.

(IS. G. ST.-H.)

Dans les Animaux sans vertèbres, la Mue est un phénomène général, mais qui n'est pas également sensible chez tous. En effet, si la peau est très-peu consistante et très-mince, si le renouvellement s'effectue sans que l'Animal paraisse en souffrir, s'il ne s'opère pas à des époques déterminées, on conçoit qu'il ne pourra être apprécié que très-difficilement; aussi n'admet-on de Mue proprement dite que dans certaines classes d'Animaux sans vertèbres, particulièrement dans ceux qu'on désigne sous le nom d'Articulés. *V.* ce mot. L'accroissement périodique de la coquille dans les Mollusques, et des enveloppes calcaires cornées ou tout-à-fait molles des Zoophytes, bien qu'il indique d'une manière graduelle les différens âges de ces Animaux, ne saurait être rapporté au phénomène dont il s'agit. Il forme une classe à part.

La Mue, dans les Animaux articulés, a lieu toutes les fois que le corps a acquis plus de volume que ne le comporte l'enveloppe extérieure; celle-ci alors se déchire et fait place à une autre peau qui, plus tard, sera remplacée par un nouveau tégument, et ainsi de suite jusqu'à ce que l'Animal ait atteint son dernier degré de croissance, ou, en d'autres termes, qu'il soit devenu adulte. Dans cet intervalle plus ou moins long, on remarque souvent des changemens d'un même ordre, mais plus marqués et qu'on désigne sous le nom de Métamorphoses. Il n'est question ici que du renouvellement de la peau; l'Animal reparaissait toujours, à peu de chose près, sous la même forme. C'est particulièrement dans les Crustacés, dans les Arachnides et dans les Insectes, que ces changemens de peau ont été observés.

Les Crustacés, comme tous les Animaux, subissent des métamorphoses, mais elles ont lieu généralement dans l'intérieur de l'œuf, de sorte qu'à leur naissance ils ont une forme bien déterminée. Toutes les modifications qu'ils éprouvent ensuite ne consistent plus qu'en des Mues successives qui s'effectuent à des époques différentes et à des intervalles plus ou moins éloignés. C'est ordinairement vers le milieu du printemps que les Crustacés décapodes opèrent le renouvellement de leur test. Ils cherchent un lieu tranquille et abrité, puis à la suite de violens efforts, ils viennent à bout de se débarrasser de leur enveloppe. Plusieurs périssent dans la durée de l'opération. Ceux qui y résistent ne sont plus recouverts que d'une peau mince et très-molle qui ne tarde pas à devenir aussi solide que l'ancienne. Quelques espèces, telles que les Tourlourous, subissent leur Mue dans des terriers qu'ils creusent eux-mêmes, et dont ils bouchent avec soin l'entrée; ils y restent plusieurs semaines. La Mue a surtout été observée dans les Ecrevisses. Nous ne reproduirons pas ici ce qui a été dit à cet article. Dans les Branchiopodes, les Mues sont fréquentes et très-rapprochées. Dans les Monocles elles sont très-laborieuses. Jurine, qui a traité fort au long l'histoire du Monocle Puce, nous apprend que l'Animal semble très-souffrant pendant la durée de l'opération. « Quand il veut quitter sa dépouille, ajoute-t-il, il se fixe avec les bras contre une tige de Conferve ou descend au fond du vase, et y reste dans la plus grande tranquillité. En l'observant de près, on ne tarde pas à lui voir soulever son capuchon et l'écarter ainsi du reste de la coquille; le cou pénètre dans cette ouverture, et en un clin-d'œil la tête a déjà abandonné sa vieille enveloppe. Mais un travail plus pénible et plus surprenant attend ce petit Animal qui doit faire sortir de leurs fourreaux les bras ramifiés, les pates chargées de tant de filets, les mandibules avec leurs dépendances. Quoique cette opération puisse nous paraître difficile à concevoir, elle se fait néanmoins avec une telle célérité, qu'il ne faut pas perdre un instant de vue le *pulex* pour en être

le témoin. La nouvelle coquille est transparente et nette; son guilloché paraît très-bien; l'Animal, loin d'être fatigué, est d'une vivacité étonnante; d'un coup de bras, il s'élance plus loin qu'il ne le faisait auparavant; en un mot, il jouit de toute l'agilité dont il peut être susceptible. »

Les Mues sont peu variables dans leur marche. Le petit Monocle, en général, depuis le moment de la naissance jusqu'à l'âge adulte, c'est-à-dire jusqu'au moment où il est apte à la fécondation, en subit au moins trois. Ordinairement, c'est entre la troisième et la quatrième que naissent les petits. Immédiatement après la ponte, l'Animal renouvelle encore son enveloppe; il répète cette opération jusqu'au moment de la mort, et tout cela, dans un espace de temps très-court, car des individus nés le 3o juin étaient déjà arrivés à leur huitième Mue le 19 juillet. Dans la saison froide, la marche des Mues est infiniment retardée; elles n'ont lieu qu'à des intervalles de dix jours.

On doit rattacher aux Mues le phénomène singulier de la reproduction des membres. Il en a été fait mention à l'article Ecrevisse. Nous ajouterons à ce que nous avons dit une observation qui nous est commune avec notre ami Milne Edwards. En 1826, et à l'occasion des recherches que nous avons entreprises sur l'anatomie et la physiologie des Crustacés, nous avons remarqué que dans certains Crabes (les Tourteaux) il existait un lieu d'élection pour la rupture des pates; que si, par exemple, on en brisait une dans un endroit autre que ce lieu, fût-ce même dans une articulation, l'Animal ne tardait pas à effectuer une seconde fracture près de la base du thorax et sur la seconde pièce de la pate. Mais ce qui paraîtra curieux, c'est la manière dont l'Animal exécutait cette opération. Il n'employait point ses pinces ni aucune partie de son corps pour arracher le moignon dont il voulait se débarrasser; il se contentait de le roidir fortement, et à l'instant le second article de la pate éclatait vers son milieu.

Nous nous bornons à mentionner ce fait. On pourra suivre, dans les travaux que nous publierons, tous les phénomènes qui accompagnent la Mue et la reproduction des membres. Il n'est pas encore temps de mentionner les résultats auxquels nous sommes déjà arrivés; nous désirons les compléter, afin de les offrir dans leur ensemble.

Les Arachnides possèdent aussi la faculté de reproduire leurs membres, pourvu que la rupture ait eu lieu primitivement à la base de la pate, ou que l'Animal ait pu détacher le moignon vers ce point, sans quoi l'Araignée ne tarde pas à périr par suite de l'hémorragie qui se déclare. Les expériences curieuses de Lepelletier ne laissent aucun doute à cet égard. Il a observé : 1° que les membres des Araignées peuvent se reproduire quand ils sont arrachés ; 2° que cette reproduction n'a lieu qu'autant que le membre a été emporté dans toute son intégrité jusqu'à la base non mobile, qu'autrement il survient une hémorragie qui fait périr l'Animal dans le courant de la journée ; 3° que la pate naît d'abord plus grêle, mais avec toutes ses pièces ou articulations, et que plus tard elle atteint la longueur des autres membres. Un autre résultat curieux, et qu'on ne doit pas négliger de remarquer, c'est que le renouvellement du membre n'a lieu, comme nous nous en sommes assuré pour les Crustacés, qu'à l'époque de la Mue. Les Arachnides sont donc sujettes aussi à des Mues, c'est-à-dire à un renouvellement total de leur enveloppe extérieure ; et ces changemens, qui se reproduisent, indiquent les différens degrés de leur croissance ; enfin elles deviennent aptes à la fécondation, et après la ponte elles se dépouillent encore au moins une fois de leur peau. Degéer (Mém. sur les Insectes, T. 7, p. 183) a décrit la manière dont s'exécute cette opération importante. Ces détails sont trop

concis pour être tronqués. « J'ai eu un jour occasion, écrit-il, de voir une petite Araignée occupée à se défaire de sa vieille peau, étant suspendue par le derrière à un fil de soie, comme elles le sont alors toujours ; j'observai d'abord que la vieille peau s'était fendue tout le long du milieu du corselet, et que le corps fut d'abord tiré hors de l'ouverture de cette fente ; après quoi l'Araignée tenait les pates élevées en haut et étendues en ligne droite, les unes tout près des autres en paquet, ayant le dos dirigé en dessous, ou tourné en bas. Ensuite elle tira peu à peu et lentement toutes les pates à la fois de leurs enveloppes, continuant toujours de les tenir dirigées en haut et en ligne droite et parallèles les unes auprès des autres, parce qu'alors elles étaient encore trop faibles pour être mises en mouvement. Quelques instans après elle les pliait et les appliquait contre le corps, restant cependant long-temps dans cette dernière posture, et toujours suspendue au fil qui partait de son derrière ; mais enfin elle commençait à se donner des mouvemens et à marcher. » On peut dire que dès ce moment la Mue était achevée, car il ne se montre plus ensuite d'autres phénomènes que le durcissement graduel de toutes les parties du corps.

La Mue est surtout sensible dans les Insectes, mais elle n'a lieu que dans leur premier âge, et depuis l'instant de leur naissance jusqu'à celui où ils subissent leur métamorphose. C'est donc particulièrement à l'état de larve qu'on l'observe, et ce sont les chenilles qui, sous ce rapport, ont été le mieux étudiées. Les maladies ou changemens de peau du Vér-à-Soie sont parfaitement connus dans leur nombre, leur durée, et dans les phénomènes qu'ils présentent. Ne pouvant exposer en détail les particularités de la Mue dans les larves, nous nous bornerons à en relater les phénomènes principaux, en prenant pour objet de cet examen les chenilles. La plupart renouvellent leur peau trois ou quatre fois; mais il en est qui en changent jusqu'à huit et neuf fois avant leur transformation en chrysalide. De même que dans les Crustacés et les Arachnides, la dépouille offre toutes les parties extérieures du corps que présente l'Animal, un jour ou deux avant cette grande opération, la chenille cesse de prendre de la nourriture. Plusieurs espèces se mettent à couvert dans des sortes de nids ou sur des toiles qu'elles se pratiquent avec art, tandis que d'autres restent à découvert. Bientôt elles perdent l'usage de leurs membres, et n'ont plus que des mouvemens généraux de la partie antérieure de leur corps qu'elles redressent quelquefois avec brusquerie, en même temps qu'elles gonflent et resserrent les anneaux de leur corps, et l'agitent de manière à décoller petit à petit la peau qui les recouvre. Cette peau qui a déjà perdu ses couleurs, ne tarde pas à se dessécher, et lorsque l'Animal gonfle de nouveau son corps, elle commence à se déchirer sur le milieu, vers le point qui correspond au deuxième ou au troisième anneau; la fente gagne la tête, et se prolonge en arrière presque sur le quatrième anneau. Elle s'est ainsi augmentée successivement parce que la larve a d'abord fait sortir en entier la partie antérieure de son corps; dès-lors il lui devient assez facile d'opérer complétement sa dépouille en contractant successivement, et en ramenant en avant ses anneaux postérieurs. La nouvelle peau est reconnaissable à la vivacité de ses couleurs, elle est couverte de poils tout formés; nous remarquerons à cet égard que ces prétendus poils n'étaient pas renfermés dans ceux qui garnissent l'ancienne dépouille, car une chenille à laquelle on enlèverait tous ses poils quelque temps avant la Mue, n'en serait pas moins velue après son changement d'enveloppe. En constatant, avec notre ami Edwards, ce fait dans les Crustacés, nous en avons démontré anatomiquement la cause. Les phénomè-

nes de la Mue offrent donc dans les Crustacés, les Arachnides et les Insectes, où ils sont particulièrement inappréciables, une similitude parfaite qui se reproduit presque dans les moindres détails.   (AUD.)

MUET. ois. Syn. vulgaire du Tétras des Saules. *V.* Tétras. (DR..Z.)

MUET. rept. oph. Espèce du genre Scytale.   (B.)

MUFLE. mam. On désigne sous ce nom cette portion de la peau, nue et percée d'un grand nombre de pores muqueux, qui termine le museau chez un grand nombre de Mammifères, et dans laquelle se trouvent placés les orifices des narines. Son existence ou son absence sont caractéristiques pour quelques genres. Son étendue présente d'ailleurs d'importantes variations, suivant les groupes où on l'étudie; ce qui a fait distinguer plusieurs sortes de Mufles, telles que le Mufle proprement dit, le Sous-Mufle et le Demi-Mufle.   (IS. G. ST.-H.)

MUFLE DE VEAU. bot. phan. L'un des noms vulgaires de l'*Antirrhinum majus. V.* Muflier.   (B.)

MUFLIER. *Antirrhinum.* bot. phan. Genre de la famille des Scrophularinées et de la Didynamie Angiospermie, L., ainsi caractérisé : calice divisé en cinq folioles ovales et persistantes; corolle monopétale, irrégulière, tubulée, ventrue, ayant à sa base une bosse ou protubérance obtuse; le limbe est à deux lèvres, la supérieure bifide, l'inférieure trifide, sur laquelle est un renflement convexe qui tient close l'entrée de la corolle; quatre étamines didynames, à anthères biloculaires; ovaire supérieur presque arrondi, surmonté d'un style simple de la longueur des étamines et d'un stigmate obtus; capsule oblongue, ovale, oblique à la base, s'ouvrant au sommet par trois trous peu réguliers; à deux loges renfermant un grand nombre de graines membraneuses sur les bords. Le nom de Muflier a été donné à ce genre, à cause de la singulière ressemblance que les corolles de la plupart des espèces offrent avec le Mufle d'un Lion ou d'autres Animaux. Linné y avait réuni le genre *Linaria* de Tournefort, c'est-à-dire toutes les espèces munies d'un long éperon à la base de la corolle. Jussieu et la plupart des botanistes modernes en ont de nouveau prononcé la séparation. Divers genres ont même encore été formés aux dépens de l'*Antirrhinum* de Linné; ainsi l'*Anarrhinum* de Desfontaines, le *Nemesia* de Ventenat, l'*Asarina* de Tournefort rétabli par Miller, ont pour types des Plantes confondues avec les *Antirrhinum*. Le dernier de ces genres n'a pas été admis, il doit rester uni à celui que nous traitons en ce moment, et qui a été nommé *Orontium* par Persoon. Après avoir éliminé toutes les espèces qui constituent les genres *Linaria*, *Anarrhinum* et *Nemesia* dont nous venons de parler, les Mufliers ne sont pas très-nombreux. Les auteurs en ont décrit une vingtaine d'espèces qui croissent en général dans les contrées méridionales de l'Europe. Nous ne mentionnerons ici que les plus remarquables.

Le MUFLIER A GRANDES FLEURS, *Antirrhinum majus*, L., vulgairement nommé Mufle de Veau, a une tige haute de six à neuf décimètres, rameuse, lisse inférieurement, légèrement velue dans sa partie supérieure. Ses feuilles sont lancéolées ou peu obtuses, alternes sur la tige et opposées sur les rameaux, d'une couleur verte sombre. Les fleurs sont disposées en épis, très-grandes, de couleur blanche rose ou purpurine avec le palais jaune. Cette belle Plante sert à l'ornement des parterres. Elle croît spontanément sur les vieux murs et dans les localités pierreuses.

Le MUFLIER RUBICOND, *Antirrhinum Orontium*, L., ne s'élève pas à plus de cinq décimètres. Ses feuilles sont glabres, assez longues, plus étroites que dans l'espèce précédente, un peu distantes et la plupart opposées; celles qui sont placées près des fleurs sont alternes. Les fleurs sont

solitaires, presque sessiles dans les aisselles des feuilles supérieures, et d'une belle couleur purpurine. La capsule, d'une forme pyramidale, est renflée vers un des côtés de la base, et elle s'ouvre par trois trous placés au sommet; on lui a trouvé quelque ressemblance avec la tête d'un nègre. Cette espèce, qui croît dans les champs, est signalée par Linné comme vénéneuse.

Le MUFLIER FAUX-ASARET, *Antirrhinum Asarina*, L., *Asarina procumbens*, Miller, a des tiges velues divisées en rameaux faibles et rampans. Ses feuilles ressemblent à celles du Lierre terrestre, c'est-à-dire qu'elles sont opposées, pétiolées, arrondies, échancrées en cœur à leur base, et crénelées ou lobées sur leur bord. Les fleurs naissent solitaires aux aisselles des feuilles; elles sont pédonculées, assez grandes, de couleur mêlée de jaunâtre. Cette espèce croît sur les rochers des contrées méridionales de l'Europe, et principalement dans les montagnes qui avoisinent Montpellier. (G..N.)

MUGAN. BOT. PHAN. (Gouan.) L'un des noms vulgaires du *Cistus albidus* dans certains cantons du midi de la France. (B.)

MUGE. *Mugil*. POIS. Genre de la seconde section de la famille des Persègues, dans l'ordre des Acanthoptérygiens, et qui, dans Linné, appartenait à celui des Abdominaux. Ses caractères consistent dans la situation des ventrales sous l'abdomen, ou des dorsales courtes et écartées, dont la première ou l'épineuse est loin de la nuque et plus en arrière que les ventrales; la seconde répondant à l'anale; dans la forme de la tête, qui est déprimée, large, toute écailleuse, avec de grands opercules bombés qui s'enveloppent et qui servent à renfermer un appareil pharyngien plus compliqué que dans les autres Poissons, et offrant pour le passage de l'eau des conduits assez tortueux. La bouche fendue en travers, garnie de lèvres charnues et crénelées, est faite en chevron, c'est-à-dire que la mâchoire inférieure a au milieu un angle saillant qui correspond à un angle rentrant de la supérieure. La membrane branchiostège ne présente que trois rayons. Il n'y a pas de dents proprement dites, à moins qu'on ne considère comme dents quelques arêtes sur les côtés de la langue. Cuvier ajoute que l'estomac de ces Poissons est singulier par sa forme de toupie et l'excessive épaisseur de ses parois charnues; leur canal est d'une longueur extraordinaire, fort replié, avec deux très-petits cœcums au commencement. Encore que dans la méthode ichthyologique adoptée dans les articles de ce Dictionnaire, le genre Exocet se trouve assez éloigné du genre Muge, les Poissons qui se groupent dans l'un et dans l'autre, et que Duméril avait rapprochés sous la désignation commune de Lépidopomes, présentent une sorte d'analogie quant à l'aspect, qui semble s'étendre jusque dans les mœurs. Les Muges agiles, grands nageurs, voyagent par troupes souvent innombrables, et s'ils ne peuvent voler, ils ne s'en élancent pas moins hors de l'eau avec force et vivacité; mais leurs pectorales, qui paraissent être assez fortes pour leur procurer de vigoureux moyens d'élancement, n'étant pas prolongées, ne peuvent leur ouvrir les routes de l'air parallèlement à la surface des vagues, où les pêcheurs les voyant aussitôt retomber après avoir franchi leurs filets, ont encore les moyens de les reprendre. C'est aux dépens des Muges que Lacépède forma ses genres Mugilomore, Mugiloïdes et Chanos, que Cuvier n'adopte pas, et qu'il ne mentionne que peu ou point. « Je n'ai pu, dit-il, me procurer encore les Muges de la mer Rouge de Forskahl. Je suis également obligé de passer sous silence le Mugilomore Anne-Caroline, décrit par M. de Lacépède d'après M. Bosc, faute de renseignemens assez complets. » Si Cuvier a pleinement raison, dans l'exactitude qui le

caractérise, de ne point adopter des genres légèrement établis d'après des peintures chinoises que n'accompagne aucune description, c'est pousser un peu trop loin le scrupule que de rejeter des genres fondés sur les descriptions de son collègue l'illustre Bosc, et sur celles de Forskahl, non moins habile naturaliste. Certainement les Mugiloïdes, les Mugilomores et les Chanos, ne peuvent être des Muges, parmi les caractères desquels Cuvier compte deux dorsales, puisque dans ces trois genres il ne s'en trouve qu'une, mais ils sont bien certainement des êtres existans, et qu'on doit réputer connus. Si les naturalistes que leur étoile plaça à la tête des plus riches collections de l'univers comme pour faciliter leurs recherches par des secours qui ne sont pas donnés à tout le monde, s'arrogeaient de rejeter ainsi tout ce qui n'existe pas dans les galeries de leur muséum, il s'en suivrait une sorte de monopole scientifique en leur faveur, puisque nul naturaliste ne pourrait aspirer à fonder un genre nouveau, ou bien à établir la moindre espèce qui pût demeurer conservée dans les ouvrages des savans privilégiés, s'ils n'en obtenaient l'insertion par quelque offrande. On sait, par exemple, que le Chanos a ses pectorales non prolongées, comme les Exocets, avec lesquels il présente quelques rapports généraux; qu'il n'a qu'une dorsale sans appendices, et que les côtés de sa queue sont garnis d'ailes membraneuses avec tous les caractères des Muges pour le reste; peut-on bannir ce Poisson du catalogue des êtres connus? Il habite la mer Rouge, sa tête est plus étroite que le corps, aplatie, dénuée de petites écailles, et d'un vert mêlé de bleu, tandis que le reste est argenté et brillant; on en trouve des individus qui ont de deux à quatre pieds.

Parmi les véritables Muges nous devons citer :

Le MULET DE MER, *Mugil Cephalus*, L., Gmel., *Syst Nat.*, XIII,

t. 1, p. 1597; le Muge, Encycl., Pois., pl. 73, fig. 504. Ce Poisson, dont il existe plusieurs variétés, est fort commun dans la Méditerranée ; on le retrouve sur nos côtes océanes tempérées, où il remonte vers le commencement de l'été l'embouchure des fleuves assez loin de la mer. Ils y entrent par bandes innombrables, dont les individus pressés donnent souvent à l'eau une couleur d'un bleu obscur. Leur dos est brunâtre avec des teintes d'un bleu foncé qui s'efface sur les flancs pour passer à la teinte argentée la plus éclatante sous le ventre; il y a sur le flanc, au-dessus de la ligne mitoyenne, quelques raies parallèles longitudinales plus foncées que la teinte du fond. Il parvient au poids de dix à douze livres. On en pêche de telles quantités, que le superflu de leur chair, qu'on ne pourrait consommer fraîche, devient l'objet d'un commerce assez considérable, après qu'on l'a salée et même fumée. Les côtes d'Espagne et les Baléares surtout en fournissent immensément. On prétend que les Muges sont plus délicats et d'un meilleur goût après qu'ils ont séjourné quelque temps dans l'eau douce. C'est avec leurs œufs préparés au sel et séchés qu'on compose cette *Boutargue* ou *Potargue* dont l'Italie et même la Provence consomment d'assez grandes quantités, comme on se nourrit de Caviar en certains cantons de la Russie. L'ancienne médecine attribuait des propriétés extraordinaires à plusieurs parties du Muge réduit en cendre; aujourd'hui, pour être réduit à ses vertus culinaires, ce Poisson n'en doit pas moins intéresser.—D. 5, 1/9, P. 16, V. 1/6, A. 5/13, C. 12.

On avait confondu avec le *Mugil Cephalus* plusieurs espèces très-distinctes que le savant ichthyologiste Risso en a le premier parfaitement distinguées, et qui se trouvent dans les mers de Nice. Ce sont les *Mugil auratus, saliens* et *provincialis.* Le Tang de Bloch appartient au même genre et se trouve à l'embouchure des

fleuves de Guinée. L'Albule (Encyclop., pl. 75, f. 505), commun en Caroline, y a été fort bien observé par Bosc qui en dit la chair excellente et les mœurs semblables à celles de nos Muges européens. Il en existe un autre des Antilles, le *Plumerii*, et plusieurs de la mer Rouge.

On a quelquefois appelé Muges volans les Exocets. (B.)

MUGHÉ. BOT. PHAN. L'un des noms vulgaires de la Jacinthe dans quelques cantons méridionaux de la France. (B.)

MUGHO ou MUGO. BOT. PHAN. Espèce du genre Pin. *V.* ce mot. (B.)

MUGIL. POIS. *V.* Muge.

MUGILOÏDE. *Mugiloides.* POIS. Ce genre établi ou plutôt mentionné par Lacépède (Pois. T. V, p. 294), a été formé aux dépens des *Mugil* du *Syst. Nat.* de Gmelin, pour l'espèce qui s'y trouvait sous le nom de *Chilensis* (T. 1, p. 1398), et dont on doit la connaissance à Molina (*Hist. Nat. Chil.*, p. 198). Il diffère des Muges véritables, dont il a le reste du caractère et les habitudes, en ce qu'il n'a qu'une dorsale. Il a les formes du *Mugil Cephalus*, atteint quinze pouces au plus de longueur, et sa chair est excellente. Il habite les côtes du Chili d'où il remonte dans les fleuves. B. 7, D. 1/8, P. 12, V. 1/6, A. 3/7, C. 16. (B.)

MUGILOMORE. *Mugilomorus.* POIS. La composition de ce mot indique assez qu'il fut imaginé par Lacépède pour désigner un genre tellement voisin des Muges, qu'il s'y confondrait s'il avait deux dorsales. Ses caractères consistent, outre ceux qui lui sont communs avec le genre *Mugil*, dans les appendices qui sont à chaque rayon d'une seule dorsale; dans l'implantation des ventrales sous l'abdomen; dans les opercules des branchies qui sont écailleux ainsi que la tête. On en connaît une seule espèce, découverte par Bosc dans les mers de Caroline, « et comme ce Poisson brille du plus doux éclat de l'argent le plus pur, qu'une teinte d'azur est répandue sur son dos, que ses proportions sont agréables et sveltes, qu'il est extrêmement recherché pour la délicatesse de sa chair. » Lacépède lui appliqua pour nom spécifique celui d'Anne-Caroline-Hubert Jubé, son épouse. La teinte de sensibilité dont s'empreint la dédicace d'un Poisson paraît trop déplacée dans un ouvrage d'histoire naturelle pour qu'on ne remarque pas à ce sujet combien de telles appellations sont ridicules. Qu'on applique des noms d'homme et de femme à des genres de Plantes, l'usage en est consacré et n'a d'ailleurs rien de choquant, mais ces applications de noms humains à des bêtes, soit génériquement, soit spécifiquement, peuvent être prises pour des sarcasmes ou pour des fadeurs. Des auteurs qui n'imitent les grands modèles que par leurs défauts, ont, à la manière de Lacépède, fait à leurs protecteurs des hommages d'Animaux, qui prêtent parfois trop à la plaisanterie pour qu'un tel usage ne doive point être proscrit.   (B.)

MUGO. BOT. PHAN. *V.* MUGHO. Ce même nom est aussi donné au Ciste ladanifère, dans les cantons de la France méridionale où croît cet Arbuste.   (B.)

MUGUET. BOT. PHAN. *V.* CONVALLAIRE. On a quelquefois appelé PETIT MUGUET l'*Aperula odorata*, L.   (B.)

MUHLENBERGIA. BOT. PHAN. *V.* BRACHYÉLYTRE.

* MUISSON. OIS. L'un des noms vulgaires du Moineau-Franc dans certains cantons de la France.   (B.)

MULAMBEIRA. BOT. PHAN. Nom de pays de l'*Ophelus* de Loureiro. *V.* ce mot.   (B.)

MULAR OU MULLAR. MAM. Espèce du genre Cachalot. *V.* ce mot.   (IS. G. ST.-H.)

MULARS. OIS. Nom donné aux métis qui proviennent du croisement de diverses races de Canards.   (DR..Z.)

MULAT. POIS. Espèce du genre Holacanthe. *V.* ce mot.   (B.)

* MULATE. OIS. Syn. de Mouette. *V.* ce mot.   (DR..Z.)

MULATRE. MAM. *V.* HOMME.

* MULCION. *Mulcio.* CRUST. Genre de l'ordre des Décapodes, famille des Macroures, tribu des Schizopodes, établi par Latreille (Fam. Nat. du Règn. Anim.) sur une espèce de l'Amérique septentrionale, et auquel il donne pour caractères : corps trèsmou sans yeux distincts, à antennes et pates comprimées; antennes au nombre de quatre, courtes, les latérales sétacées, de deux articles, de la longueur au moins de la moitié du corps; les intermédiaires plus courtes, coniques et inarticulées; pieds terminés par un petit onglet; la quatrième paire et ensuite la troisième plus longue; post-abdomen terminé par une nageoire à cinq feuillets. Nous ne connaissons pas l'espèce qui sert de type à ce genre, et Latreille n'a pas encore publié sa description.   (G.)

* MULE-DEER. MAM. *V.* CERF-MULET, au mot CERF.

MULE ET MULET. MAM. *V.* CHEVAL. On a donné par extension ce nom à tous les métis censés inféconds qui résultent de l'accouplement de deux Animaux d'espèces différentes.   (B.)

On donne aussi le nom de Mulet à des Insectes privés de sexes, ou plutôt à des femelles dont les organes générateurs ont avorté. Tels sont les Abeilles travailleuses, les Fourmis ouvrières, et quelques autres Insectes. *V.* NEUTRE et GÉNÉRATION.   (AUD.).

MULET DE MER. POIS. Qu'il ne faut pas confondre avec Mullet ou Mulle, *Mullus.* Espèce du genre Muge. *V.* ce mot. On l'a aussi donné à une Perche.   (B.)

MULETTE. *Unio.* MOLL. Abondamment répandues dans nos rivières, les Mulettes furent connues par

les anciens. Rondelet, dans son Histoire des Poissons, les désigna sous le
nom de Moules d'eau douce, pour
les séparer des Moules de mer ; mais
il paraît confondre sous ce nom de
Moules d'eau douce, et les Anodontes,
et les Mulettes. Lister en figura un
assez grand nombre dans son grand
ouvrage ; Gualtierri en représenta
quelques-unes. Lister sépara, comme
Rondelet, les Moules d'eau douce des
marines, mais confondit comme lui
les deux genres. Peut-être devrait-on
attribuer à Klein la séparation des
deux genres ; mais si l'on considère
que le genre *Musculus* de cet auteur
contient aussi bien des Anodontes
que des Mulettes, on devra restituer
à Bruguière le mérite de les avoir
nettement séparés dans les planches
de l'Encyclopédie ; car Linné partagea les coquilles des Mulettes et
des Anodontes, partie entre les Moules et partie entre les Myes. Quoique
Bruguière eût séparé ces deux genres,
Poli les réunit de nouveau sous le
nom de *Limnæa* d'après les caractères de l'organisation. Il n'existe en
effet aucune différence entre l'Animal des Anodontes et celui des Mulettes, comme nous le verrons à l'article Nayades, auquel nous renvoyons
pour les détails anatomiques des deux
genres. Cette opinion de Poli appuyée cependant sur l'anatomie n'a
pas prévalu. Lamarck a adopté les
deux genres de Bruguière ; il les
plaça d'abord dans le Système des
Animaux sans vertèbres, 1801, entre
les Modioles et les Moules, n'ayant
point encore établi la séparation
des Monomyaires des Dimyaires. De
Roissy, dans le Buffon de Sonnini,
n'imita point Lamarck ; tout en conservant les deux genres, il dit qu'ils
n'ont été séparés que d'après les coquilles, et il les place non loin des
Pernes Crénatules et autres genres
analogues. Dans la Philosophie zoologique, la famille des Nayades fut
créée pour les deux genres Mulette et
Anodonte, et elle fut placée entre les
Camacées et les Arcacées, rapports
qui furent conservés les mêmes dans

l'Extrait du Cours. Cuvier (Règne
Animal) les plaça plus convenablement à la suite des Moules dans les
Acéphalés à deux muscles ; mais ce
qui étonne, c'est que Cuvier ait
adopté les deux genres à titre de
genre, quoique ce savant zoologiste
reconnût la similitude des Animaux
de l'un et de l'autre. Lamarck, dans
son dernier ouvrage, a démembré des
Anodontes le genre Iridine qui est
venu augmenter la famille des Nayades placée toujours dans les mêmes
rapports. Tous les auteurs qui ont
suivi Lamarck l'ont blâmé d'avoir
créé ce genre Iridine sur des caractères en apparence de peu de valeur ;
mais ces personnes étaient loin de
penser que, sous plusieurs rapports,
l'Animal des Iridines différait entièrement de celui des Mulettes, comme
nous l'avons fait voir dans notre Mémoire anatomique sur les Iridines
(*V.* Iridine au Supplément). Rafinesque, dans le T. v des Annales des
Sciences de Bruxelles, a adopté le nom
de Mulette pour les espèces qui paraissent appartenir à ce genre et qu'il a
trouvées dans l'Ohio. Ces espèces très-
nombreuses ont été divisées par lui
en plusieurs genres et sous-genres ;
car l'auteur dont nous parlons a fait
une famille des Mulettes ; il lui
a donné le nom de Pédifères (*V.* ce
mot). Le genre Mulette devient le
premier de cette nouvelle famille ;
mais si l'on considère que l'auteur
a poussé beaucoup trop loin le désir
d'établir de nouveaux genres, qu'il a
les a fondés sur des caractères de peu
d'importance, on sera forcé de rapporter non-seulement le genre Mulette de Rafinesque, mais encore la
famille tout entière au genre Mulette des auteurs. Si les figures qui
accompagnent le Mémoire de Rafinesque avaient été bonnes, on aurait
pu sans doute juger des différences
organiques qui existent entre les Animaux des Mulettes de l'Ohio et celles
de l'Europe ; mais elles sont tellement mauvaises qu'on est obligé de
s'en rapporter uniquement à la description. D'après cette description,

elles diffèrent assez notablement des Mulettes de l'Europe, et on peut en juger par la propre phrase de Rafinesque que nous rapportons textuellement : « Corps blanc ou un peu incarnat ; manteau mince , lisse, tapissant les valves , bilobé et échancré postérieurement sans franges ; second manteau intérieur branchial , strié obliquement , mince , bilobé postérieurement, beaucoup moindre que l'extérieur et enveloppant le pied ; pied comprimé, musculeux, coriace, oblong, dilatable ; bouche antérieure ; anus postérieur , à l'extrémité du ligament ; siphons antérieurs, latéraux, égaux ; un de chaque côté , derrière la bouche en forme de tubercule perforé ; et encore plus en arrière , également de chaque côté un appendice bilamellaire obtus , à lames inégales , plates , ovales ou oblongues ; l'intérieure plus grande. » Ce sont apparemment les organes de la génération. Rafinesque ajoute : « D'après cette description exacte et que j'ai vérifiée sur plus de vingt espèces et trois cents individus , on verra qu'il y a une différence notable entre ces Mollusques et ceux des *Unio* européens , tels qu'ils sont décrits par les auteurs et notamment par Férussac. (Essai d'une méthode conchyliologique) qui se pique d'une scrupuleuse exactitude dans l'énonciation des caractères des Mollusques fluviatiles. » Cette description de Rafinesque que l'on peut croire exacte , puisqu'il dit l'avoir faite après l'examen de plus de vingt espèces et sur plus de trois cents individus , nous fait voir que les Mulettes de l'Ohio ont un manteau semblable à celui des nôtres si ce n'est qu'il n'est pas frangé postérieurement. Les branchies paraissent peu différer aussi , cependant elles semblent un peu plus antérieures et plus enveloppant le pied ; ce pied est très-semblable à celui de nos espèces. La bouche et l'anus sont situés de même ; mais pour ce qui regarde les siphons placés de chaque côté derrière la bouche en forme de tubercule per-

foré , nous ignorons totalement à quoi rapporter ces organes qui ne sont point de véritables siphons tels que nous les entendons ordinairement ; il n'y a rien dans nos Mulettes qui puisse nous donner à cet égard la moindre analogie. Quant aux appendices bilamellaires que Rafinesque prend pour les organes de la génération , nous ne pouvons douter que ce ne soit simplement les palpes labiaux. Malgré ces différences organiques que nous ne pouvons encore ni admettre ni rejeter , ayant besoin d'être pour la plupart reproduites par de nouvelles observations ; nous admettrons toujours les genres et sous-genres des Mulettes de Rafinesque , et la presque totalité de sa famille des Pédifères dans le genre Mulette. Férussac, dans ses Tableaux Systématiques des Animaux Mollusques, a opéré cette réunion , ce que Sowerby a fait après lui dans le *Zoological Journal*. Ces deux auteurs ont admis, à titre de sous-genres , plusieurs des genres de Rafinesque, et ont cherché à établir une chaîne non interrompue depuis les Mulettes jusqu'aux Anodontes ; le premier conservant cependant les Anodontes et les Mulettes, à titre de genre , ce qui n'est point rationnel. Blainville (Traité de Malacologie, pag. 539), sous le nom de Submytilacées, réunit dans une même famille les Anodontes et les Mulettes avec les Cardites ; il admet aussi comme Férussac les deux genres de Bruguière ; il dit cependant dans la caractéristique du genre Mulette : « Animal entièrement semblable à celui des Anodontes. » Blainville , après avoir établi sa classification d'après les Animaux , abandonne pour ce genre un principe qu'il était plus nécessaire que partout ailleurs de mettre en pratique. Les caractères de ce genre sont les suivans : Animal plus ou moins ovale, plus ou moins épais ; le manteau à bords libres et épais , le plus souvent simples, quelquefois ciliés, ouvert dans toute son étendue sans former une ouverture particulière pour l'anus, cette ouverture de l'anus étant uniquement produite par l'adhérence de la base des feuillets branchiaux au manteau, et nullement par les lobes du manteau entre eux; la partie postérieure de ces lobes épaissis, frangés et imitant le siphon branchial des Mollusques siphonifères. Coquille transverse, équivalve, inéquilatérale, libre; à crochets écorchés, presque rongés : quatre impressions musculaires; deux grandes pour les muscles adducteurs, deux petites à côté des grandes pour les Muscles rétracteurs du pied. Charnière à deux dents sur chaque valve : l'une cardinale, courte, irrégulière, simple ou divisée en deux, substriée; l'autre allongée, comprimée, latérale, se prolongeant sous le corselet. Ligament extérieur.

Nous ferons observer que, d'après notre opinion, Latreille, dans ses Familles Naturelles, a eu tort de placer les Mulettes dans la famille des Manteaux biforés, car il n'existe en effet qu'une seule ouverture continue, depuis le muscle adducteur antérieur jusqu'à l'anus, c'est-à-dire jusque sur le dos de l'Animal. On a comparé la cavité où se décharge l'anus dans les Mulettes, au siphon anal des Moules; mais il y a une grande différence, les Moules offrent une véritable commissure, une entière réunion de deux lobes, ce qui sépare nettement le siphon anal de la grande ouverture palléale; mais dans les Mulettes, cette commissure, cette réunion des deux lobes n'a pas lieu, l'espèce de cavité en cul-de-sac dans laquelle aboutit l'anus, étant formée par l'adhésion de la base des branchies en manteau et nullement par la réunion de ses deux lobes, circonstance d'organisation qu'il faut bien distinguer, car elle tendrait à faire rapprocher les Mulettes des Arches et à les mettre avant les Moules, en raisonnant d'après le système de Cuvier.

Il est fort difficile de distinguer entre elles les espèces de Mulettes; les transitions presque insensibles par lesquelles on passe de l'une à l'autre, feraient presque croire à une espèce unique variant à l'infini, selon les climats et les localités; un passage pareil existe entre les Mulettes et les Anodontes par des nuances insensibles, depuis les Mulettes qui ont la coquille la plus épaisse et la charnière la mieux prononcée, jusqu'à celles qui deviennent minces et qui offrent à peine quelques traces rudimentaires de la charnière, et l'on arrive aux Anodontes qui n'en ont plus du tout. L'identité de l'Animal des deux genres devait faire prévoir ce résultat, résultat dont nous pourrions trouver d'autres exemples dans des familles de la même classe.

Toutes les Mulettes sont nacrées à l'intérieur, le plus souvent d'une nacre argentine, quelquefois cette nacre a les couleurs les plus belles et les plus brillantes en pourpre ou en rose plus ou moins foncé, quelquefois d'une teinte brunâtre et cuivreuse en dehors; elles sont revêtues d'un épiderme brun, noirâtre, presque toujours écorché sur les crochets où la coquille est elle-même plus ou moins profondément cariée. On pourrait diviser les Mulettes en plusieurs groupes, d'après divers caractères; mais il faut pour cela en avoir sous les yeux un très-grand nombre de divers pays, ce qu'il est fort difficile de rassembler dans nos collections. Il manque encore à la science une bonne monographie de ce genre, et nous nous contenterons de donner comme exemples quelques-unes des espèces les plus remarquables de France.

Mulette sinuée, *Unio sinuata*, Lamk., Anim. sans vert. T. VI, pag. 70, n° 1; *Unio margaritifera*, Drap., Hist. des Moll., pag. 132, pl. 10, fig. 8, 16, 19; *Mya margaritifera*, Lin., pag. 3219, n° 4; Encyclop., pl. 248, fig. 1, *a*, *b*. Grande espèce fort remarquable des rivières de l'Europe; la nacre est blanche et son bord inférieur est assez fortement sinué lorsqu'elle est adulte.

MULETTE LITTORALE, *Unio litto-ralis*, Lamk., Anim. sans vert. T. VI, pag. 76, n.º 25; *Unio littoralis*, Drap., Hist. des Moll. , pag. 133, n° 3, pl. 10, fig. 20; Encyclopédie, pl. 248, fig. 2. Elle se trouve communément dans la Seine et la plupart des rivières de France.

MULETTE DES PEINTRES, *Unio pictorum*, Lamk. , Anim. sans vert. T. VI, pag. 77 , n° 32; *Mya pictorum*, L., Gmel. , pag. 3218, n° 3; Encyclopédie, pl. 248, fig. 4; Drap., Hist. des Moll. , pag. 131 , n° 1 , pl. 11, fig. 1, 2, 3, 4. Espèce commune dans toutes les rivières de France; elle est assez variable.

(D..H.)

*MULGEDIUM. BOT. PHAN. Genre de la famille des Synanthérées, tribu des Chicoracées ou Lactucées, et de la Syngénésie égale, L. , établi par Cassini (Diction. des Sc. Natur. T. XXXIII, p. 295) qui l'a ainsi caractérisé : involucre oblong, renflé inférieurement, campanulé, formé d'écailles imbriquées, appliquées, obtuses, membraneuses sur les bords; les extérieures ovales ou lancéolées, les intérieures oblongues; réceptacle plane et nu; calathide composée de demi-fleurons nombreux et hermaphrodites; akènes plus ou moins aplatis, elliptiques, oblongs, prolongés après la fleuraison en un col très-court, très-épais, continu avec la partie séminifère, couronné par une aigrette longue, blanche, composée de poils très-fins, à peine plumeux. Le genre *Mulgedium* semble destiné à former le passage entre les genres *Sonchus* et *Lactuca*; il est, en effet, essentiellement caractérisé par la structure de son fruit qui est parfaitement intermédiaire entre celles des fruits de ces deux genres. Sans l'admission du *Mulgedium* on ne trouverait plus de caractères propres à distinguer ceux-ci d'une manière franche, et dès-lors la plus grande confusion naîtrait du mélange des espèces de *Sonchus* et *Lactuca*, décrites par les auteurs. Cassini observe à ce sujet que la mul-

tiplicité des genres, loin d'être un abus ridicule, est le seul moyen de donner à la classification toute l'exactitude dont elle est susceptible. Cette remarque est peut - être applicable au cas dont il s'agit; mais il faudrait se garder de l'adopter comme thèse générale pour tout le règne végétal, et même pour le reste de la famille des Synanthérées, où il n'est pas toujours absolument nécessaire de multiplier à l'excès les coupes, afin de donner plus de certitude au diagnostic.

L'auteur du genre dont il est question en a décrit trois espèces sous les noms de *Mulgedium runcinatum*, *lyratum* et *integrifolium*. La première est peut-être le *Sonchus sibiricus*, L., quoiqu'il soit nommé au Jardin du Roi *Sonchus tataricus*. La seconde a pour synonyme douteux le *Sonchus floridanus*, L. La troisième est probablement le *Sonchus pallidus* de Willdenow, ou *Lactuca canadensis*, L. Ces trois Plantes sont cultivées au Jardin des Plantes de Paris

(G..N.)

MULINUM. BOT. PHAN. Genre de la famille des Ombellifères, et de la Pentandrie Digynie, établi par Persoon et réuni au *Bolax* par Sprengel. *V*. BOLAX.

(A. R.)

MULION. *Mulio*. INS. Genre de l'ordre des Diptères, famille des Tanystomes, tribu des Anthraciens, établi par Fabricius sous le nom de Cythérée et auquel Latreille a donné le nom qu'il porte à présent pour le distinguer des Cythérées de Müller qui sont des Crustacés. Latreille caractérise ainsi ce genre : palpes retirés dans la cavité buccale; trompe aussi longue que la tête, saillante; les deux premiers articles des antennes presque de la même longueur ; le dernier allongé, d'abord cylindrique, puis terminé en forme d'alène courte; stylet du sommet peu distinct. Ce genre se distingue des Némestrines de Latreille, parce que les palpes de ces derniers sont insérés à la base extérieure de la trompe, tandis qu'ils sont intérieurs dans le premier. Les Hirmoneures, les Anthrax, les Stygydes et les Tonomyzes en sont distingués par la longueur de la trompe et par d'autres caractères tirés des antennes et des palpes. Le corps des Mulions est court, leur tête est presque globuleuse et assez grosse, le corselet est un peu bossu. Leurs ailes sont grandes, écartées et horizontales, les balanciers sont petits ; les pates sont longues, menues avec des tarses sans pelottes distinctes. Les antennes sont très-écartées entre elles. Ce genre est peu nombreux en espèces ; la seule connue en Europe est :

Le MULION OBSCUR, *Mulio obscurus*, Latr., *Cytherea obscura*, Fabr., figurée par Coquebert (Illustr. icon. des Ins., pl. 20, f. 6) ; long de cinq à six lignes ; corps noir, couvert d'un duvet cendré ; trompe, antennes et pates d'un brun noirâtre à la base. Il se trouve dans le midi de la France.   (G.)

MULLA. BOT. PHAN. (Rhéede.) Syn. de Jasmin, ou de Mogori, à la côte de Malabar.   (B.)

* MULLAR ou TURSIO. MAM. Même chose que Mular du sousgenre Physeter. *V.* CACHALOT. (B.)

MULLE. *Mullus*. POIS. Genre de la famille des Percègues, et de la division de celles qui ont deux dorsales, dans l'ordre des Acanthoptérygiens de la méthode ichthyologique de Cuvier, classé par Linné entre les Thoraciques, caractérisé de la manière suivante : corps épais, comprimé ; opercules des branchies lisses ; écailles larges, grandes, faciles à détacher ; front décliné ; deux longs barbillons sous le menton ; les yeux rapprochés ; dents petites, à peine sensibles, disposées sur deux rangs et manquant même parfois entièrement à la mâchoire supérieure. Il y a trois rayons à la branchiostège. Ce sont des Poissons remarquables par l'éclat de leurs couleurs rouges foncées ou jaunâtres, et par la délicatesse de leur chair. On n'en connaît point encore d'espèces constatées propres au Nouveau-Monde, car il est douteux que le *Pirametara* de Marcgraaff (*Brasil.*, 181, *Pis.*, Ind., p. 60), soit le Surmulet auquel on l'a rapporté comme synonyme, et il n'est pas moins douteux que ce soit le même Poisson qu'ait pêché le commodore Byron sur les côtes patagones, vers le détroit de Magellan.

† Espèces dépourvues de dents au bord de la mâchoire supérieure, c'est-à-dire aux intermaxillaires.

Le SURMULET, *Mullus Surmuletus*, L., Gmel., *Syst. Nat.* XIII, T. I, p. 1339 ; Bloch, pl. 47 ; Encycl., Pois., pl. 233. L'un des Poissons les plus connus, décrit dès l'antiquité et figuré chez les premiers ichthyologistes, le Surmulet n'a guère que de six à quinze ou dix-huit pouces, et dépasse rarement sept livres de poids ; c'est donc encore un conte de Pline, que ces Surmulets de quatre pieds qu'on pêchait dans la mer Rouge. Les anciens avaient dédié ce Poisson à Diane. Il abonde dans la Méditerranée et sur les côtes océanes tempérées de l'Europe. On le retrouve aux mêmes latitudes dans les mers du Japon. Partout il quitte, deux ou trois fois au printemps, et dans le reste de la belle saison, les profondeurs qu'il habite ordinairement, pour venir, par bandes nombreuses, frayer sur les rivages à l'embouchure des fleuves, dans lesquels on ne le voit néanmoins pas s'enfoncer. Tout le monde connaît le Surmulet dont la chair feuilletée est blanche, ferme et des plus savoureuses. D. 7-9, P. 15, V, 6, A. 7, C. 22.

Le ROUGET, *Mullus barbatus*, L., Gmel., *Syst. Nat.* XIII, T. 1, p. 1538 ; Bloch, pl. 348, f. 2 ; Encycl., Pois., pl. 59, fig. 232. Qui ne connaît ce beau Poisson, non moins éclatant que la Dorade de la Chine, et duquel pour rendre le rouge plus vif encore les pêcheurs enlèvent, en le râclant à contre-sens, les grandes écailles vitrées et peu adhérentes au moment où ils le prennent ! On le trouve en très-grande abondance dans la mer Noire et la Méditerranée ; il n'est pas moins commun sur les côtes de Gascogne où, avec les petites Sardines appelées Royans, il forme la principale richesse du bassin d'Arcachon qui alimente les marchés de Bordeaux, où sa chair est estimée au-dessus de celle de tout autre Poisson sans exception. Bloch dit qu'on le retrouve aussi dans l'Inde à Tranquebar. Quoi qu'il en soit, le Rouget est bien certainement le meilleur des Poissons de la mer ; cuit presque vivant, avec une sauce composée simplement d'huile, de vinaigre et d'échalottes, on ne saurait imaginer un mets plus exquis ; mais cette merveilleuse délicatesse qui flatte le palais et cause la destruction d'un si grand nombre de ces Animaux, peut-elle autoriser l'abus d'éloquence introduit dans la description du Rouget par un prosateur qui vient nous dire : « Ce Poisson, que la nature semble avoir traité avec une faveur toute particulière, joint la richesse de la parure et l'élégance des formes, à l'excellence de sa saveur ; un riche manteau d'or et de pourpre admirablement nuancé semble avoir été étendu par elle sur son dos, etc., etc. » Quelle faveur de la nature que cette excellence de saveur qui fait qu'on mange les Rougets par préférence à tout autre Poisson ? Et d'ailleurs les Rougets n'ont point de manteau. Il faut espérer que Cuvier, dans sa grande Histoire des Poissons, fera disparaître avec ce fatras de peintures emphatiques d'où ne résultent que des idées fausses, les contes dont Pline transmit un si grand nombre, la plupart basés sur des propos de gourmands, et qui ont servi de texte à des pages de bavardage capables de déshonorer tout livre où on les reproduit. A quoi bon répéter longuement pour alimenter des déclamations usées contre la bonne chère, « que les Romains pratiquaient sur leurs tables pour faire cuire les Rougets vivans et les voir mourir, de petits ruisseaux dans des parois de cristal : cruauté d'autant plus révoltante qu'elle était froide et vaine dans ces dégoûtantes orgies où l'on voyait se donner le plaisir barbare de faire expirer des malheureux Poissons dont les nuances de cinabre éclatant devenaient successivement pourpres, violettes, bleuâtres et blanches, à mesure que l'Animal passait par tous les degrés de la diminution de sa vie, dont la fin était annoncée par les mouvemens convulsifs qui venaient se joindre à la dégradation des teintes (Hist. Nat. des Poissons, T. III, p. 387). » Nous ne saurions trouver à redire au bel élan de sensibilité par lequel l'auteur d'une longue phrase, dont nous supprimons au moins la moitié, prétend toucher nos cœurs et nous apitoyer sur le sort des Rougets infortunés ; mais cet auteur eût dû savoir que si dans Pline les Rougets passent, pour mourir, par des nuances diverses, il n'en est pas de même dans la nature où ils vivent rouges, meurent rouges en cuisant, et demeurent encore rouges dans la sauce où ils nagent sur nos tables. Qu'un poëte satirique de mauvaise humeur, peut-être parce qu'on ne l'avait pas invité à manger des Rougets chez quelque grand seigneur de son temps, stigmatise dans ses vers mordans celui qui mettait quatre cents sesterces à quatre Rougets ; ce qui peut être bon dans une pièce de poésie est déplacé dans l'histoire d'un Poisson, et l'on ne saurait croire davantage aux Rougets de Suétone, payés trente mille sesterces les trois. Il faut avoir bien du temps à perdre pour lire de pareils amas de paroles, et le besoin de tirer à la feuille pour les reproduire. Tout ce qu'on peut trouver de positif en quatre pages écrites dans un tel goût, est que le Rouget et le Surmulet ayant beaucoup de rapports pour les teintes et la saveur, les Romains les ayant souvent confondus et célébrés l'un et l'autre, la plus grande confusion a régné dans leur synonymie, et les modernes ont souvent rapporté à l'un ce que l'antiquité avait dit de l'autre. D. 7-9, P. 16, V, 6, A. 7, C. 17.

Le MULLE JAPONAIS, *Mullus japonicus*, mentionné dans Gmelin d'après Houttuyn, paraît n'être qu'une simple variété du Rouget.

†† Qui ont des dents aux deux mâchoires.

Les Mulles de cette division sont ceux des mers des Indes, et l'on n'en trouve point en Europe. Les espèces qui s'y groupent, sont : 1° l'Auriflamme, *Mullus Auriflamma*, Gmel., *Syst. Nat.* XIII, T. 1, p. 1340, décrit par Forskahl comme un Poisson de la mer Rouge, complétement méconnu par Lacépède qui a donné ce nom à une espèce toute différente ; 2° le Barberin, décrit par Lacépède d'après une figure de Commerson, et dont cet écrivain a fait trois espèces distinctes sous les noms de Macronème, de Barberin et d'Auriflamme, représentées toutes les trois sur une même planche (la troisième du T. III) sans que le continuateur de Buffon ait été lui-même frappé de l'identité ; 3° le *Mullus vittatus*, Gmel., *loc. cit.*, p. 1541, décrit d'après Forskahl comme de la mer Rouge et figuré par Lacépède, T. III, pl. 14, f. 1; 4° le Mulle à deux bandes, Lac., *loc. cit.*, f. 2; 5° le Mulle Cyclostome, Lac., *ibid.*, f. 3; 6° enfin le Mulle à trois bandes, Lac. T. III, pl. 15, f. 1. Les *Mullus chryserydros*, *rubescens*, *flavolineatus*, etc., de Lacépède, établis d'après des dessins, et tous de l'Ile-de-France, peuvent être jusqu'à nouvel ordre considérés comme des espèces douteuses. (B.)

MULLÈRE. *Mullera*. BOT. PHAN. Ce genre de la famille des Légumineuses et de la tribu des Lotées de De Candolle, a été constitué par Linné fils (*Supplém.*, p. 55), et placé dans la Diadelphie Décandrie, quoiqu'il fût réellement monadelphe. Il offre les caractères suivans : calice campanulé, à cinq dents, fendu transversalement après l'anthèse; corolle papilionacée, à cinq pétales caducs ; huit à dix étamines réunies en une seule gaîne comprimée et qui tombe avec le calice ; ovaire sessile, surmonté d'un style filiforme ; légume moniliforme, composé d'un à cinq segmens uniloculaires, monospermes et indéhiscens; graines comprimées, réniformes. Ce genre offre la fleur du *Robinia*, excepté la monadelphie des étamines, le fruit des *Sophora* et le port des *Pterocarpus*. Il ne renferme qu'une seule espèce nommée par Linné fils *Mullera moniliformis*. C'est une Plante à feuilles imparipinnées, dont les folioles sont ovales, aiguës, glabres, pétiolulées; ses fleurs sont disposées en grappes axillaires simples et accompagnées de petites bractées subulées. Elle croît à la Guiane. Le *Coublandia frutescens* d'Aublet est, selon Richard père, une Plante imaginaire, puisque sa description a été faite d'après un mélange des fleurs du *Mullera moniliformis* avec le feuillage de quelque espèce de Mimosa.

Le *Mullera verrucosa* de Richard et Persoon (*Enchirid.*, 2, p. 311) est devenu le type du genre *Ormocarpum* de Beauvois et Desvaux. *V.* ce mot.

(G..N.)

* MULLÉRIE. *Mulleria*. CONCH. Genre établi par Férussac dans le premier volume des Mémoires de la Société d'Histoire Naturelle, pag. 368, à la suite d'une notice qu'il publia sur les Coquilles découvertes par Cailliaud de Nantes. La Coquille qui a servi à l'établissement de ce genre est de la collection du duc de Rivoli ; elle a l'aspect extérieur de l'Ethérie plombée, Lamk., et pourrait se confondre avec elle si elle n'était, à ce que dit Férussac, d'une autre famille, puisqu'elle serait monomyaire, aurait un ligament marginal semblable à celui des Anodontes ou des Mulettes, et aurait une charnière crénelée à peu près semblable à celle des Crénatules. Elle ne peut être placé dans la famille des Malliacées de Lamarck, à cause de cette disposition singulière du ligament et surtout parce qu'elle se fixe sur les corps sous-marins à la manière des Huî-

tres. Voici les caractères que Férussac donne à ce genre : coquille adhérente, inéquivalve ; valves réunies par un ligament extérieur, court, latéral, et par une charnière sinueuse, munie de fossettes obliques, dans lesquelles s'emboîtent des proéminences correspondantes parmi les unes et les autres par un appendice ligamenteux. Férussac ne donnant point de nom spécifique à l'unique espèce de ce nouveau genre, nous proposons de la dédier au duc de Rivoli qui en est possesseur.

MULLÉRIE DE RIVOLI, *Mulleria Rivoli*, Desh. Coquille à laquelle s'appliquent les caractères que Férussac a donnés au genre ; à l'extérieur elle offre des lignes sinueuses et concentriques semblables à celles des Éthéries ; elles résultent de l'érosion des bords des lames dont la Coquille est composée; elle est d'un vert noirâtre à l'intérieur ; elle a un talon semblable à celui des Huîtres. Cette Coquille est certainement fort singulière, et il serait à souhaiter que l'on en donnât une bonne figure.
(D..H.)

* MULLINGONG. MAM. C'est, au rapport du chirurgien anglais Patrick-Hill, le nom que porte, dans la Nouvelle-Galles du Sud, l'Ornithorhynque roux.   (IS. G. ST.-H.)

* MULLUS. POIS. *V*. MULLE.

MULOT. MAM. Espèce du genre Rat. *V*. ce mot. On a quelquefois étendu ce nom aux Campagnols. (B.)

MULOT - VOLANT. MAM. *V*. VESPERTILION.

*MULTIFLORE. BOT. PHAN. Cette expression s'emploie pour désigner soit une Plante, soit une partie de la Plante portant beaucoup de fleurs, comme le pédoncule, par exemple.
(A. R.)

*MULTILOCULAIRE. MOLL. Nom donné aux Coquilles cloisonnées, que l'on nomme aussi Polythalames. *V*. COQUILLE et MOLLUSQUE.   (D..H.)

*MULTILOCULAIRE. BOT. PHAN. On dit qu'un ovaire ou un fruit sont multiloculaires, lorsqu'ils présentent un grand nombre de loges.
(A. R.)

*MULTINERVÉE (FEUILLE). BOT. PHAN. Quand une feuille offre un très-grand nombre de nervures. Cette expression s'emploie généralement par opposition à celle de FEUILLE UNINERVÉE, et c'est la raison qui fit quelquefois appeler le grand Plantain *Multinervia*.   (A. R.)

* MULTIPÈDES. CRUST. Latreille désigne sous ce nom collectif l'ordre des Phyllopodes dans la classe des Crustacés. *V*. PHYLLOPODES.   (G.)

MULTIVALVES. *Multivalvia*. MOLL. Quand on chercha à former des divisions parmi les Mollusques, un des premiers caractères qui frappa, fut le nombre des parties constituant l'ensemble de la Coquille; de-là les dénominations d'univalves, bivalves et multivalves. Les deux premières dénominations pouvaient rester à la science, mais la dernière a dû rassembler des êtres fort différens; c'est ce que l'on sentit à mesure que les connaissances s'agrandirent. Aussi, on y apporta successivement des changemens. D'Argenville y avait d'abord fait entrer les Oursins, Linné les réduisit à trois genres, Bruguière en augmenta beaucoup le nombre, et Lamarck les détruisit en remettant dans leurs rapports naturels les êtres qui composaient cette agglomération informe. *V*. CONCHYLIOLOGIE et MOLLUSQUES.   (D..H.)

MULUS. MAM. *V*. MULET.

* MUNACADA. POIS. *V*. LÉPIMPHIS.

MUNCHAUSIE. *Munchausia*. BOT. PHAN. Linné est l'auteur de ce genre qui appartient à la famille des Salicariées et à la Polyandrie Monogynie. Voici les caractères qu'il lui attribue : calice turbiné, toruleux extérieurement, persistant, à six divisions très-courtes; six pétales ondulés à onglets filiformes ; étamines nombreuses dont les filets sont rassemblés en six faisceaux de quatre à cinq étamines chacun, et dont les anthères sont réniformes. Jussieu qui a admis ce genre, dans son *Genera Plantarum*, en a décrit le fruit de la manière suivante : capsule ovée, acuminée par le style, entourée inférieurement par le calice, à six loges et à six valves septifères sur leur milieu, renfermant plusieurs graines planes, ailées, fixées à un placenta central. Ce genre a été réuni au *Lagerstrœmia* par la plupart des auteurs ; ses différences sont en effet si légères, qu'il est fort douteux qu'on en conserve la séparation. Il a pour type une Plante de la Chine que Murray a nommée *Munchausia speciosa*, et à laquelle on a proposé d'adjoindre les *Lagerstrœmia Reginæ* et *hirsuta* qui forment le genre *Adamboa* de Lamarck. On a encore donné comme synonyme du *Munchausia* le *Calyplectus* de la flore du Pérou et du Chili ; mais les caractères de ce genre tracés par Kunth (*Genera nov. et spec. Plant. æquin.*, 6, p. 185, t. 548) nous paraissent présenter quelques différences suffisantes pour ne pas admettre la fusion de ces genres. *V.* CALYPLECTE au Supplément.

Le nom de *Munchausia* a été employé par Heister pour désigner le genre *Hibiscus. V.* KETMIE. (G..N.)

MUNDIA. BOT. PHAN. Kunth fait du *Polygala spinosa* de Linné, un genre séparé qu'il caractérise de la manière suivante : fleurs renversées ; calice persistant, irrégulier, composé de cinq sépales, les trois extérieurs petits, les intérieurs grands et pétaloïdes ; trois pétales insérés au-dessous d'un disque hypogynique, irréguliers, caducs ; le supérieur courbé en casque, muni d'une crête dorsale, adné aux deux inférieurs par le moyen du tube des étamines ; celui-ci formé par la réunion inférieure de sept à huit filets, fendu en avant, terminé par des anthères uniloculaires et bâillantes à leur sommet, embrassé par le pétale supérieur ; ovaire à deux loges uni-

ovulées ; style simple ; stigmate composé de deux lobes ; l'un dressé, l'autre réfléchi ; drupe elliptique, accompagnée à sa base du calice persistant, bi ou plus rarement uniloculaire ; graine pendante, attachée au-dessous de son sommet, et composée d'un périsperme charnu qui entoure un embryon renversé.

L'unique espèce de ce genre croît au cap de Bonne-Espérance. C'est un Arbrisseau dont les rameaux nombreux se terminent en manière d'épine, dont les feuilles sont très-entières et coriaces, les fleurs axillaires portées sur des pédoncules accompagnés de trois bractées à leur base. De Candolle en distingue deux variétés.

(A. D. J.)

* **MUNDULEA.** BOT. PHAN. Sous ce nom, De Candolle (*Prodrom. Syst. Veget.*, 2, p. 249, et Mém. sur les Légumineuses, p. 266) a établi une section dans le genre *Tephrosia*, laquelle devra peut-être former un genre distinct, quand les Plantes qui la composent seront mieux connues. Elle renferme toutes les espèces décrites par Roxburgh, dans le Catalogue des Plantes du jardin de Calcutta, sous le nom de *Robinia*, mais qui sont différentes des vrais *Robinia*. Ce sont des Arbres ou des Arbrisseaux indigènes de l'Inde-Orientale, à feuilles pennées avec impaire, à fleurs roses ou blanches, disposées en grappes axillaires droites, quelquefois paniculées. Le calice est presque tronqué ou à cinq dents larges, courtes, un peu pointues ; les étamines sont constamment monadelphes ; le style est glabre, filiforme ; les gousses sont très-planes, et ne s'ouvrent pas facilement à leur maturité. (G..N.)

MUNGO. MAM. et BOT. Nom scientifique de la Mangouste de l'Inde (*V.* CIVETTE), et d'un Haricot du même pays. (B.)

MUNGOS. BOT. PHAN. Espèce du genre Ophiorrhize. *V.* ce mot. (B.)

MUNGUL. OIS. Espèce du genre Gros-Bec. *V.* ce mot. (B.)

MUNIS. BOT. PHAN. *V.* CHAA.

MUNNOZIA. BOT. PHAN. Genre de la famille des Synanthérées , Corymbifères de Jussieu et de la Syngénésie superflue, L. , établi par Ruiz et Pavon (*System. Veget. flor. Peruv.*, p. 195) qui lui ont donné pour caractères essentiels : un involucre campanulé, composé d'écailles imbriquées, très-étroites, trifides ; réceptacle alvéolé , garni de paillettes ; akènes tronqués, striés , surmontés d'une aigrette poilue. Ce genre se compose de quatre espèces décrites par les auteurs de la Flore du Pérou et du Chili , sous les noms de *Munnozia corymbosa , trinervis , venosissima* et *lanceolata.* Ce sont des Arbustes tomenteux , à feuilles opposées , et qui croissent sur les rochers dans les lieux élevés du Pérou. (G..N.)

MUNTINGIE. *Muntingia.* BOT. PHAN. Genre de la famille des Tiliacées et de la Polyandrie Monogynie , établi par Linné , d'après Plumier , et présentant les caractères suivans : calice caduc , divisé profondément en cinq ou rarement en sept folioles égales , à préfloraison valvaire ; pétales en même nombre que les divisions calicinales , plus longs que celles-ci et égaux entre eux ; étamines nombreuses , hypogynes et libres , à anthères elliptiques , émarginées des deux côtés , biloculaires et longitudinalement déhiscentes ; ovaire supère , sessile , entouré à la base de poils très-nombreux , à six ou sept loges pluriovulées ; style nul ; stigmate persistant , capité , pyramidal et obscurément-anguleux ; baie globuleuse ressemblant à une cerise , ombiliquée par le stigmate , à plusieurs loges polyspermes ; graines nageant dans une pulpe , munis d'un albumen charnu , et d'un petit embryon. Ce genre, voisin de l'*Apeiba* d'Aublet , ne renferme qu'une seule espèce , *Muntingia Calabura,* Linn. et Jacquin (*Amer.*, p. 166 , t. 107). Cet Arbrisseau se trouve dans les îles Caraïbes et sur la côte de Cumana

où les habitans lui donnent le nom de *Mahaujo.* Ses feuilles sont alternes, presque sessiles, oblongues, acuminées , obliques à la base , accompagnées de stipules géminées. Les fleurs sont blanches , solitaires , géminées ou ternées , et munies de bractées. (G..N.)

MUNT-JAC. MAM. Espèce du genre Cerf. *V.* ce mot. (B.)

MUQUEUX ou **MUQUEUSE.** REPT. OPH. Espèce du genre Couleuvre. *V.* ce mot. (B.)

MURADA. POIS. (Delaroche.) Syn. de *Sparus acutirostris* aux îles Baléares. *V.* SPARE. (B.)

MURÆNA. POIS. *V.* MURÈNE.

MURALTA. BOT. PHAN. Adanson (Familles des Plantes, vol. II, p. 460) donnait ce nom à un genre formé sur le *Clematis cirrhosa*, L. Ce genre n'a pas été admis par De Candolle , qui en a seulement constitué une section dans le genre *Clematis*, à laquelle il a imposé une nouvelle dénomination, celle de *Cheiropsis*, de peur que la similitude du nom de *Muralta* avec le *Muraltia* de Necker n'occasionât de la confusion. (G..N.)

***MURALTIE.** *Muraltia.* BOT. PHAN. Genre de la famille des Polygalées et de la Diadelphie Octandrie, L., établi par Necker et adopté par De Candolle (*Prodrom. Syst. nat. Veget.*, 1 , p. 355) qui l'a ainsi caractérisé : calice glumacé, à cinq sépales presque égaux ; corolle à trois pétales soudés, celui du milieu bifide à lobes obtus ; huit étamines dont les filets sont soudés inférieurement avec les pétales et se divisent supérieurement en deux faisceaux portant des anthères uniloculaires et déhiscentes au sommet par des pores; ovaire surmonté de quatre cornes ou tubercules ; capsule également à quatre cornes ou à quatre tubercules , bivalve et biloculaire. Ce genre avait été primitivement établi par Bergius (*Flor cap.*, 185), sous le nom de *Heisteria* , qui n'a pas été admis, parce qu'il existe un genre de même

nom appartenant à une autre famille.
V. HEISTERIE. Linné, Thunberg,
Poiret et Willdenow l'ont confondu
avec les *Polygala.* Le nombre des
espèces de Muralties est assez considérable. De Candolle (*loc. cit.*) en
a décrit vingt-quatre espèces, sans
compter treize autres qui ne sont pas
assez connues. Ce sont des sous-Arbrisseaux très-rameux, qui croissent tous au cap de Bonne-Espérance. Le type du genre est le *Muraltia Heisteria*, De Cand.; *Heisteria pungens*, Berg.; *Polygala Heisteria*, L., dont les feuilles sont triquètres, épineuses, roides, fasciculées, les fleurs d'un rouge vif, et
sessiles. On cultive cette Plante dans
les serres de quelques jardins de botanique.   (G..N.)

MURE. MOLL. On donne vulgairement ce nom à des Coquilles tuberculeuses d'une forme assez semblable à celle du fruit du Mûrier;
c'est ainsi que les *Cerithium Morus*,
Ricinula Morus, *Purpura Mansi-
nella*, etc., et plusieurs autres Pourpres, ont reçu ce nom des marchands.   (D..H.)

MURE. BOT. PHAN. Fruit du
Mûrier. On a aussi étendu ce nom
dans le midi de la France aux fruits
de diverses espèces de Ronces dont
les enfans sont fort avides, et dont
plusieurs ne laissent pas que d'être
agréables.   (B.)

MURÈNE. *Murœna.* POIS. Genre
type de la famille des Anguilliformes,
dans l'ordre des Malacoptérygiens
Apodes, qui se distingue d'abord par
la forme de Serpent de toutes les
espèces qui le composent, et dont les
caractères sont : opercules petits, en-
tourés concentriquement par les
rayons, et développés aussi bien
qu'eux dans la peau, qui ne s'ouvrent
que fort en arrière par un trou ou
une espèce de tuyau; disposition qui,
abritant mieux les branchies, permet
aux Murènes de demeurer plus long-
temps qu'aucun autre Poisson hors de
l'eau sans périr; écailles presque insensibles et comme encroûtées dans
une peau grasse et épaisse; point de
ventrales ni de cœcums; ayant l'anus
percé fort en arrière.

Toutes les Murènes sont des Poissons carnivores et voraces; et leur
chair est en général tendre, blanche
et agréable à manger. Leurs yeux sont
grands; leurs teintes livides ou sombres; la mucosité qui transsude de
leur peau les rend difficiles à saisir, et
leur premier aspect inspire une certaine horreur. On a de bonne heure
senti la nécessité de diviser les Murènes, mais dans les genres où les
répartirent les ichthyologistes, Cuvier n'a reconnu que les sous-genres
suivans, auxquels nous nous arrêtons
sur les traces de cet illustre savant.

† ANGUILLE, *Anguilla.* Les Anguilles, dit Cuvier (Règn. Anim. T. II,
p. 23o), se distinguent par le double
caractère des nageoires pectorales et
des ouïes s'ouvrant de chaque côté
sous ces nageoires. Leur estomac est
un long cul-de-sac, et leur intestin est
à peu près droit; la vessie aérienne,
allongée, porte vers son milieu une
glande propre. La dorsale, qui commence à une assez grande distance en
arrière des pectorales, et qui est très-
prolongée, se joint à l'anale pour
ne former qu'une nageoire caudale,
pointue, régnant tout autour de la
partie postérieure du corps.

* Ayant la mâchoire supérieure plus
     courte que l'inférieure.

L'ANGUILLE VULGAIRE, *Murœna
Anguilla*, L., Gmel., *Syst. Nat.*, XIII,
T. I, p. 1133; Bloch, pl. 73; Encycl.,
Pois., pl. 24, fig. 1. Qui ne connaît
l'Anguille? Nous ne perdrons donc
point de pages à décrire ce Poisson,
mais nous ne le bannirons pas de
notre Dictionnaire comme il l'a été
de celui des Sciences Naturelles,
où l'on trouve dans le vol. XI, en
1816, qu'il en sera question au mot
MURÈNE, lorsqu'au mot MURÈNE,
dans le tome XXXIII, en 1824, il
n'en est pas dit un mot. On sait assez
que la chair de l'Anguille est savou-
reuse, mais indigeste, qu'on en trouve

des individus depuis quelques pouces de longueur, jusqu'à trois, quatre, et même six pieds. Ce sont alors des espèces de monstres hideux à voir, dont les mouvemens tortueux rappellent avec moins de souplesse ceux des Serpens. Leurs couleurs sont tristes ; un brun noirâtre tirant quelquefois sur le fauve s'étend sur le dos, et les parties inférieures du corps sont plutôt plombées qu'argentées. La mucosité dont se couvre la peau est véritablement dégoûtante. Les mœurs de l'Anguille sont d'ailleurs analogues à sa tournure suspecte. Nageant avec autant de facilité en arrière qu'en avant, le plus souvent rampant au fond des mares sur la vase qu'elle sillonne ; nocturne, sauvage, vorace, elle se vautre dans la boue qui semble être son élément, afin d'y passer la saison froide ou pour y surprendre sa proie. Par quel malheureux tour de force Lacépède a-t-il donc essayé de peindre l'Anguille dans le style qu'eût employé le poëte le plus amphigouriquement sentimental pour tracer le portrait d'une maîtresse adorable ? Ce morceau est certainement l'un des plus extraordinaires qui aient jamais été imprimés ; nous en citerons les dix premières lignes, dont la lecture doit suffire pour faire ouvrir les yeux à quiconque serait tenté de s'égarer dans une aussi détestable voie. On ne saurait assez signaler de pareilles fautes dans les auteurs qu'on a proclamés, probablement sans les avoir lus, comme des modèles de style, et nous y reviendrons jusqu'à ce que nul n'y retombe. « Il est peu d'Animaux, dit donc Lacépède, T. xi, p. 226, dont on doive se retracer l'image avec autant de plaisir que celle de la Murène Anguille ; elle peut être offerte, cette image gracieuse, et à l'enfance folâtre que la variété des évolutions amuse, et à la vive jeunesse que la rapidité des mouvemens enflamme, et à la beauté que la grâce, la souplesse, la légèreté intéressent et séduisent ; à la sensibilité que les affections douces et constantes touchent si

profondément, et à la philosophie même qui se plaît à contempler et le principe et l'effet d'un instinct supérieur, etc., etc. » L'instinct supérieur, les affections douces et constantes des Anguilles !..... La chute de trois ou quatre pages composées de six à huit périodes dans ce goût, est que cette Anguille si légère, si gracieuse, et dont on peut offrir l'image à la beauté que la rapidité des mouvemens enflamme, etc., « a les nageoires du dos et de l'anus si basses qu'on la confondrait avec un Serpent, et qu'elle a le museau pointu. » En déplorant qu'un homme de talent ait donné de tels exemples de galimatias, nous nous bornerons à dire que l'Anguille vulgaire se trouve dans les eaux douces vaseuses, mais pures de tout l'univers. Le Gange en fournit ; nous en avons trouvé à l'Ile-de-France où elles deviennent énormes. On nous a assuré en avoir mangé aux Moluques et au Japon. Le Volga en est tout rempli ; les lacs de la Prusse ducale passent pour fournir les plus grosses ; nos mares en sont abondamment peuplées ; l'Islande et le Kamtschatka en fournissent également ; celles d'Angleterre pèsent fréquemment dix-huit livres. Elles ont la vie dure, et peuvent nager encore quelques instans après qu'on les a écorchées ; on les trouve parfois à de grandes distances des eaux dans les prairies humides de rosée, rampant, à la manière des Couleuvres, à travers l'herbe, pour passer d'un étang à un autre. Leur chair prend facilement le goût des lieux qu'elles fréquentent. On les voit souvent remonter certains ruisseaux ou rivières en troupes innombrables. Elles descendent très-rarement dans la mer, sur les bords de laquelle on trouve parfois des individus égarés ; ce n'est pas que l'eau salée leur soit contraire, puisque nous en avons vu élever d'immenses quantités dans les fosses des marais salans de Lauton, alimentés par le bassin d'Arcachon, et dans lesquels la salure était insupportable. Elles s'y engraissaient beaucoup, et s'y multipliaient.

Pour peu qu'on creuse un puits ou même un trou dans les Landes aquitaniques, et qu'il s'y rassemble quelques pintes d'eau, des Anguilles ne tardent pas à s'y montrer. Elles s'enfoncent dans le sol humide si cette eau vient à s'évaporer, pour reparaître dès que l'eau revient. On a long-temps cru que les Anguilles n'avaient pas de sexes, et qu'elles s'engendraient spontanément de la vase. Cependant dès long-temps Rondelet avait fort bien su ce qui en était, et dit que, s'accouplant à la manière des Serpens, les femelles ne produisaient qu'un petit nombre d'œufs qui éclosaient dans leur corps à la manière de ceux des Vipères, et qu'elles déposaient leurs petits dans la boue. Comme les Anguilles peuvent produire de tels petits plusieurs fois par an, que leur vie atteint, dit-on, jusqu'à un siècle, leur multiplication est extraordinaire, et on les verrait remplir les eaux si les Brochets, les Loutres, les Hérons et les Cigognes n'en détruisaient une immense quantité. A leur tour les Anguilles détruisent beaucoup de Poissons; elles vivent dans leur jeunesse de larves, de Lombrics et autres faibles Animaux; puis elles attaquent les petits Poissons et les Grenouilles, enfin elles finissent par se jeter sur les Carpes et même sur les Canards qu'elles saisissent par les pates quand ils nagent, et qu'elles noyent à la façon des Crocodiles, pour s'en repaître ensuite sous les eaux. Leur pêche est fort productive, et dans certains lieux on en prend assez pour en faire des salaisons. La trop grande chaleur de l'été, quand elle pénètre dans le fond de leurs retraites, les fait souvent mourir; dans certains étés brûlans, on a vu mourir presqu'à la fois les quantités innombrables d'Anguilles qu'on nourrisait dans les lagunes de Venise.

Il est probable que plusieurs espèces fort distinctes sont confondues avec le Poisson qui nous occupe; ainsi le SARDIAT du département des Landes qu'avait distingué Thore, doit être de nouveau examiné pour occuper une place à part dans les *species*; il est plus comprimé sur les côtes, plus brun et plus grand que l'Anguille des environs de Paris, et sa peau un peu rugueuse est bien plus épaisse. On le trouve dans les ruisseaux, où il encombre quelquefois les écluses des moulins. Le PIMPERNEAU, qui a la tête bien plus menue et longue, est encore une autre Anguille commune à l'embouchure de la Seine, et qui se retrouve dans la rivière de Caen, où elle s'enfonce par bandes nombreuses qu'on appelle *montée*. Le GUISEAU, enfin, dont la chair passe, à Rouen et vers l'embouchure de la Seine, pour être plus délicate encore que celle des espèces du même genre. D. A. C., 1100, p. 19.

On a étendu le nom d'Anguille à la plupart des Poissons anguilliformes; c'est ainsi qu'on a appelé ANGUILLE AVEUGLE la Myxine, ANGUILLE DE MER la Murène commune, ANGUILLE DE SABLE l'Ammodyte Appaat, ANGUILLE ÉLECTRIQUE les Gymnotes, etc. *V.* tous ces mots.

** Ayant la mâchoire supérieure plus longue.

On ne connaît encore qu'une Murène, le *Murœna longicollis* de Cuvier, à laquelle ce caractère se puisse appliquer; c'est celle que Lacépède (*loc. cit.*, p. 266) a décrite comme le Myre de l'antiquité, et qu'il a fait figurer sous ce nom (pl. 5, fig. 3). Son museau est fort pointu; les bords des mâchoires et le milieu du palais sont garnis de deux ou trois rangées de petites dents égales; deux appendices très-courts et cylindriques sont placés sur la lèvre supérieure. L'unique nageoire, formée de la dorsale et de l'anale tout autour du corps, fort longue, est blanche avec un liséré noir. On la trouve dans la Méditerranée.

††CONGRE, *Conger*. Les Murènes de ce sous-genre ont comme l'Anguille commune l'ouverture des ouïes derrière les pectorales, au-dessus desquelles commence la dorsale. Leur

corps est parfaitement cylindrique, et
le mâchoire supérieure est plus longue que l'inférieure. Tous les Congres sont marins et véritablement fé-
roces.

Le Congre commun ou proprement
dit, *Muræna Conger*, L., Gmel., *Syst.
Nat.* T. 1, p. 1135; Bloch, pl. 155;
Encycl., Pois., pl. 24, fig. 82, est la
plus grande espèce de Murène; il n'est
pas rare d'en trouver de six pieds de
long et de huit pouces de diamètre.
Nous en avons vu pêcher sur les côtes
d'Arcachon qui allaient jusqu'à huit,
et presqu'à près d'un pied de grosseur.
L'aspect de ces sortes de monstres
semblait d'autant plus effrayant, que
leurs yeux étaient énormes. Leur
nageoire circonférencielle blanchâtre,
bordée de noir, leur dos d'un cendré bleuâtre avec des teintes verdâtres ou plombées, leur ventre d'un
blanc jaunâtre offrent pourtant des
teintes assez douces. On dit en avoir
vu de deux et même de trois toises. Leur agilité égale leur audace;
ils attaquent les plus gros Poissons,
et dévorent jusqu'à leurs pareils. Ils
mangent, disent les pêcheurs du
golfe de Gascogne, la chair des
Hommes noyés avec une sorte de
prédilection, et ce qui confirmerait
cette idée, c'est que nous avons une
fois, en disséquant un Congre à la
Teste de Buch, trouvé deux doigts
humains dans l'estomac de ce Poisson. Ils mangent aussi des Mollusques, même avec leurs coquilles
lorsqu'ils sont petits, et des Crustacés. Leur chair est ferme, blanche, très-savoureuse et même saine; aussi les anciens l'estimaient-
ils, en recherchant particulièrement
celle des Congres de Sicionnes; mais
soit que ce Poisson paraisse hideux,
soit qu'il abonde partout, on le
repousse des bonnes tables; on en
prend en certains lieux de telles quantités qu'on en fait des salaisons. Le
Congre se trouve non-seulement dans
les mers de l'Europe, mais jusqu'aux
Antilles. Nous nous souvenons que
dans notre grande jeunesse, dans
une baronie de Saint-Magne, pos-

sédée anciennement par notre famille
sur les confins des grandes Landes
aquitaniques, à plus de douze lieues
de la mer, dans une lagune d'eau
pure et douce, profonde mais peu
considérable, qui ne put jamais avoir
la moindre communication avec la
mer, au hameau nommé Braud, nous
vîmes pêcher à la seine un Congre
véritable de cinq pieds de long. On
n'avait jamais jeté le filet dans cette
lagune appelée Lahucau, et l'effroi
des paysans fut grand en voyant ce
que plusieurs d'entre eux appelaient
un Serpent d'eau. Plusieurs tentatives pour en reprendre un pareil furent inutiles; mais dix ans plus tard,
lorsque la baronie de Saint-Magne
était passée à d'autres propriétaires
par suite de la révolution, nous
eûmes occasion de visiter ce lieu
chéri de notre enfance; le nouveau
maître céda au désir que l'auteur de
cet article manifesta de faire une partie de pêche à Lahucau; on y porta
en charrette à bœufs un esquif et des
filets; au troisième coup de seine
on ramena avec quelques Tanches
et beaucoup de petits Cyprins, deux
Congres, dont l'un avait deux pieds
de longueur et l'autre quatre. Plusieurs personnes se rappelèrent alors
celui que nous y avions vu pêcher autrefois. Comment des Congres
sont-ils venus dans une lagune de
l'intérieur des terres, et comment s'y
sont-ils conservés? Il serait curieux
de vérifier s'il y en existe encore, et
si l'on n'en trouverait pas dans d'autres eaux douces stagnantes du département des Landes. Le Congre a
la vie très-dure, il se défend contre
le pêcheur; s'il mord un objet quelconque, et que d'un autre côté il se
cramponne par la queue, il se laisse
plutôt arracher la mâchoire que de
lâcher prise. Les anciens, et Oppien
particulièrement, croyaient qu'il s'ac-
couplait à la manière des Serpens; ce qui serait très-possible, puisque l'on a vu que les Anguilles se
reproduisaient par le même mode de
génération. B., 10, D. A. C., 5o6,
P., 19.

Le MYRE, *Murœna Myrus*, L., Gmel., *loc. cit.*, p. 134. Ce Poisson fut connu des anciens qui le regardaient comme le mâle de la Murène commune, et Rondelet l'observa fort bien; mais confondu depuis avec d'autres espèces de la Méditerranée, c'est Risso qui nous l'a fait distinguer parfaitement, mais il ne l'a pas encore figuré. Semblable au Congre commun pour la forme, il est cependant plus petit; il est d'ailleurs blanchâtre avec des taches ou points noirs au museau ainsi qu'à la nuque, et une bande foncée transversale sur l'occiput. On le nomme vulgairement *Muro*. Forskahl décrit comme une variété de ce Poisson (β, *tota cinerea*) une espèce de la mer Rouge qui passe pour vénéneuse. On a vu que la Murène mentionnée et figurée par Lacépède sous ce nom n'était pas elle.

Les *Murena balearica*, *Mystax*, *Cassini*, *nigra* et *Strongylodon*, que Delaroche, Schneider et Risso ont fait connaître, sont les autres espèces du sous-genre Congre. Ce dernier ichthyologiste a découvert encore d'autres Murènes tout récemment; elles seront décrites dans un bel ouvrage qu'il va livrer incessamment au public.

†† OPHISURE, *Ophisurus*. Les Murènes de ce sous-genre diffèrent des Anguilles en ce que la dorsale et l'anale se terminent avant d'arriver à la queue, qui, de la sorte, se trouve en forme de poinçon et dépourvue de nageoire.

* Ayant les pectorales de la grandeur des autres Murènes, avec les dents aiguës et tranchantes.

Le SERPENT DE MER, *Murœna Serpens*, L., Gmel., *loc. cit.*, p. 1133, qu'avait antérieurement fort bien connu et figuré Salvien, p. 57, dépasse souvent deux toises. Il fait le passage, pour les formes, des Poissons aux Ophidiens. Il est gros comme le bras, brun dessus et argenté dessous avec le museau grêle. Il est fort agile; on le trouve sur les côtes d'Italie, particulièrement des Etats Romains, où il se propage jusque dans les lagunes de l'intérieur. On compte vingt rayons à la branchiostège.

Le *Murœna Ophis* de Bloch, pl. 154, et le *guttatus* de Cuvier, espèce nouvelle de Surinam, doivent se placer après le Serpent de mer.

** Espèces où les pectorales sont si petites qu'elles ont échappé à certains ichthyologistes, et qui ont les dents obtuses.

On doit rapporter à cette section des Ophisures le Colubrin, qui est le *Murenophis colubrina*, Lacép., Pois. T. v, pl. 19, f. 1; la *Murœna maculosa* de Cuvier, décrite et figurée mal à propos par Lacépède, T. II, pl. 6, fig. 2, comme l'Ophis; et le *Murœna fasciata* de Thunberg. On trouve dans la relation de Leguat la description d'un Poisson appelé Serpent de mer, que ce voyageur pêcha sur les récifs de l'île Maurice, où il était exilé, et qui paraît devoir être placé ici.

††† MURÉNES proprement dites, appelées Gymnothorax par quelques ichthyologistes. Ces Poissons manquent entièrement de pectorales; leurs branchies s'ouvrent par de petits trous latéraux; leurs opercules sont si minces et leurs rayons branchiostèges si grêles et tellement cachés sous la peau, que d'habiles naturalistes, dit Cuvier, en ont nié l'existence. Leur estomac est un sac court, et leur vessie aérienne, petite et ovale, est placée vers le haut de l'abdomen. Lacépède a formé de ces Murènes proprement dites trois genres que Cuvier n'a pas même conservés comme sous-genres, et qui, en effet, ne méritent pas qu'on les adopte : 1° MURENOPHIS, où la dorsale et l'anale sont bien visibles, et les dents tranchantes; 2° GYMNOMURÈNES, où l'on n'aperçoit pas de nageoires bien distinctes, et qui ont leurs dents très-petites et serrées; 3° MURÉNOBLENNES, qui répandent beaucoup de mucosité par toute la surface de leur corps.

Nous citerons comme type de ce sous-genre :

La Murène commune, *Murœna Helena*, L., Gmel., *Syst. Nat.*, XIII, T. 1, p. 1152; Bloch, pl. 152; la Flûte, Encycl., Pois., pl. 23, fig. 79. Pour exprimer la ressemblance de cet Animal avec les Serpens, Lacépède ajouta à son nom la terminaison *ophis* qui signifie Serpent en grec, transportant et restreignant aux Anguilles le nom de Murène, consacré de toute antiquité pour désigner le Poisson qui nous occupe. De tels changemens non motivés en nomenclature ne pouvaient être adoptés; les Anguilles ne sont pas moins serpentiformes que les autres Murènes, et les plus brillantes phrases ne feront jamais que des Poissons que la nature créa congénères puissent être, dans une méthode ichthyologique, séparés comme par caprice pour être placés à une grande distance les uns des autres, sous des noms divers, mal définis, et capables de produire la plus grande confusion. La Murène commune est un Poisson rusé, carnassier et vorace. Il a son corps tout diapré de vert et de noir, des formes agiles qui ne sont pas sans élégance, mais avec des airs de Reptile qui inspirent un certain effroi; ses mœurs sont à peu près celles de l'Anguille commune, qu'en rapproche la délicatesse de la chair; mais elle habite la mer et les eaux saumâtres de ses bords tandis que l'Anguille ne s'y trouve qu'accidentellement. Cependant la Murène vit et prospère dans les viviers qu'on lui prépare, pourvu qu'on y ménage des retraites sombres pour qu'elle s'y puisse soustraire aux ardeurs du jour. Les anciens Romains en élevaient beaucoup pour en couvrir leur table. Aussi n'est-il sorte de contes qu'on ne trouve sur ce Poisson dans les livres de l'antiquité, où les modernes vont encore les pêcher tous les jours, s'il est permis d'employer cette comparaison, avec plus de soin que les pêcheurs de la Méditerranée n'en mettent à prendre aujourd'hui les Mu-

rènes, qui sont beaucoup moins estimées qu'autrefois, et auxquelles il n'est plus de Pollions qui donnent des esclaves à manger. On ne croit plus guère aux Murènes qu'élevait Licinius Crassus, qui venaient à sa voix, « et qui s'élançaient vers leur maître pour recevoir poliment ce qu'il leur présentait; » mais on peut croire que si Quintus Hortensius fut grand orateur, d'après le témoignage de Cicéron qui s'y connaissait, il fut en même temps le plus ridiculement tendre des gourmands de l'époque, puisqu'il pleurait sur ses chères Murènes qui venaient à mourir dans ses viviers. Laissant de côté de telles niaiseries historiques, et nous bornant à recueillir des faits utiles à connaître, nous ajouterons seulement à ce que nous avons à dire de la Murène, qu'elle peuple la Méditerranée, surtout les côtes d'Italie et de Sardaigne. Nous ne l'avons jamais observée dans l'étendue des côtes océaniques, depuis la Galice jusqu'à Belle-Ile-en-Mer, où nous avons eu souvent et assez long-temps occasion d'observer les productions maritimes. Il nous est démontré que la Murène décrite par Catesby (*Carol.* 2, t. 20, 21), regardée comme une simple variété de la Murène dont il s'agit, ainsi que les individus de cette espèce qu'on dit avoir trouvé aux Antilles, sont des Poissons fort différens. Sa morsure est terrible, et cause souvent des accidens fort graves, ce qui la fait suspecter de venin.

Les *Murœna reticularis* et *Afra* de Bloch, pl. 416 et 417; *favaginea* et *punctata* de Schneider, pl. 105 et 526; *unicolor* de Delaroche, Ann. du Mus., 13, pl. 25, fig. 15, qui est le *Christini* de Risso; enfin les *Murenophis Hauy* de Lacépède, T. v, pl. 17, fig. 2; *grisea*, pl. 19, fig. 3, et la Panthérine de Lacépède, sont les autres Murènes de cette division.

Les *Murenophis undata* et *stellata* de Lacépède, la première représentée sous la fig. 2 de la pl. 19, T. v de son Histoire des Poissons, et la seconde dans Séba, T. II, pl. 69, fig.

1 ; le *Murœna sordida* de Cuvier, représenté dans le même Séba, *loc. cit.*, fig. 4, et le *Murœna catenata* de Bloch, pl. 415, sont les Murènes proprement dites, qui ont les dents obtuses, l'estomac plus allongé, et leur vessie natatoire encore plus petite. Risso a fait connaître un *Murena Saga* qui a les dents menues et serrées, avec le museau pointu et la bouche très-peu fendue. Ce savant vient d'ajouter encore de nouvelles espèces de ce sous-genre au catalogue des Poissons méditerranéens.

Le *Murena Zebra* de Schneider, qui est encore une Murène, est le Gymnomurène cerclé de Lacépède, T. v, pl. 19, fig. 4. Sa Murène bleue olivâtre, T. v, p. 653, doit aussi se placer dans cette division. Ce Poisson, rapporté du détroit de Magellan, n'est guère connu que par une phrase de Commerson, qui le dit être long de quinze à dix-huit pouces, avec les formes du Congre, sans tache, et d'un verdâtre tirant sur l'olive; il est enveloppé d'une telle mucosité qu'il en est comme formé; un individu de cette espèce mis dans un flacon d'Alcohol s'y trouva, au bout de deux mois, comme réduit en une masse muqueuse, huileuse et gluante.

††††† Sphagébranches, *Sphage-branchus*. Ces Poissons diffèrent des précédens en ce que les ouvertures des ouïes y sont rapprochées l'une de l'autre sous la gorge; les nageoires verticales ne commencent dans la plupart à devenir apparentes que vers la queue, mais manquent parfois totalement; le museau est avancé et pointu. Il en est qui manquent de pectorales, tels que le *Sphagebranchus rostratus* de Bloch, pl. 419, fig. 2, dont Risso avait fait son Leptocéphale de Spallanzani, et le Monoptère de Lacépède, T. v, p. 159. D'autres en présentent de petits vestiges, comme le *Sphagebranchus imberbis* de Delaroche, Ann. du Mus. T. xiii, pl. 25, fig. 18. D'autres enfin sont totalement nus, et ressemblent conséquemment à des Serpens par

l'absence de toute nageoire apparente. Ce sont les Murènes dont Lacépède a fait son genre Cécilie, appelé Aptérichte par Duméril; on ne connaît encore dans cette section que la Branderienne, qui est la Murène aveugle, *Murœna cœca*, Gmel., *Syst. Nat.*, xiii, T. 1, p. 1135, figurée par Delaroche, Ann. du Mus. T. xiii, pl. 21, fig. 6.

†††††† Synbranche, *Synbranchus*, que Lacépède appelait Unibranchaperture, est un sous-genre où les branchies ne communiquent plus au dehors que par un seul trou percé sous la gorge et commun aux deux côtés. Ces Murènes n'ont pas de pectorales, et leurs nageoires verticales sont entièrement adipeuses. La tête est grosse et le museau arrondi; les dents sont obtuses, les opercules en partie cartilagineux; les rayons des ouïes sont forts et au nombre de six. Il n'y a pas de cœcums. Le canal intestinal est tout droit, l'estomac s'en distingue à peine par un peu d'ampleur et une valvule au pylore. On en connaît cinq ou six espèces, entre lesquelles le *marmoratus* de Bloch, pl. 418, est commun dans les marais et les eaux douces de la Guiane, où ce Poisson semble représenter notre Anguille, tandis que l'*immaculatus* de Bloch, pl. 419, qu'on prétend se trouver à Surinam, se rencontre dans l'Inde, surtout aux environs de Tranquebar.

L'Alabès, que Cuvier regarde encore comme un simple sous-genre de Murène, a déjà été décrit comme formant un genre particulier au premier tome du présent Dictionnaire.

Qui croirait que le compilateur Gmelin a grossi le genre Murène, tel qu'il le concevait, de la Syrène Lacertine, qui n'est pas même un Poisson, mais bien un véritable Batracien?

Le nom de Murène a quelquefois été confondu avec celui de Marène ou Morène que porte un Poisson bien différent, aujourd'hui commun dans certains lacs de la Poméranie, où le grand Frédéric les fit natura-

liser, et dont la chair est délicieuse.
(B.)

MURÉNOBLENNE. POIS. (Lacépède.) *V.* MURÈNE.

MURÉNOIDE. POIS. Espèce de Blennie, dont Lacépède fit un genre. *V.* BLENNIE. (B.)

MURÉNOPHIS. POIS. (Lacépède.) *V.* MURÈNE.

MURÉNOT. POIS. (Delaroche.) C'est aux îles Baléares le *Murenophis unicolor*, qui rentre dans le sous-genre des Murènes proprement dites. *V.* MURÈNE. (B.)

MURER. BOT. PHAN. L'un des noms vulgaires du *Cheiranthus Cheiri*, L. (B.)

MUREX. MOLL. Klein, dans sa méthode, avait établi une classe sous cette dénomination qui est scientifiquement employée pour désigner le genre Rocher. *V.* ce mot. Cette classe répond assez bien au genre *Murex* de Linné; il la divise en deux genres : le premier, *Murex frondosus*, renferme les Coquilles rameuses ou à longues épines; le second, *Murex costosus*, comprend seulement celles du même genre qui n'ont pas les varices armées d'épines : ces caractères très-vagues l'ont porté à réunir dans ces genres un bon nombre de Coquilles qui ne pouvaient y convenir. (D..H.)

MURIACITE. MIN. Ce nom a été employé par plusieurs minéralogistes, pour distinguer la Chaux sulfatée anhydre. *V.* CHAUX. (G..N.)

MURIATES. MIN. CHIM. On donnait ce nom à un genre de Sels dont l'un des générateurs était l'Acide muriatique, aujourd'hui nommé Hydrochlorique. Ces Sels ont, par conséquent, été nommés Hydrochlorates; mais, comme dans plusieurs combinaisons, l'Acide hydrochlorique perd son Hydrogène, qui se porte sur l'Oxigène de la base, le Sel produit est un Chlorure, c'est-à-dire l'union du Chlore avec la substance métallique, ou quelquefois avec son oxide.
(G..N.)

MURIATES OXIGÉNÉS ET MURIATES SUROXIGÉNÉS. MIN. CHIM. C'était ainsi qu'on nommait les Sels formés par l'Acide muriatique suroxigéné, combiné sur les diverses bases. La nature de cet Acide ayant été mieux connue, on en a changé la dénomination en celle d'Acide chlorique, et par suite les Sels qu'il produit ont été nommés Chlorates. (G..N.)

MURICAIRE. *Muricaria.* BOT. PHAN. Genre de la famille des Crucifères et de la Tétradynamie siliculeuse, L., établi par Desvaux (Journal de Botanique, 3, p. 159), et ainsi caractérisé : calice à quatre sépales presque dressés, égaux à la base; corolle à quatre pétales entiers et égaux; six étamines tétradynames, dont les filets sont dépourvus de dents; style court surmonté de deux stigmates formant une pointe mousse et conique; silicule coriace, globuleuse, indéhiscente, uniloculaire, monosperme, hérissée d'aiguillons; graine globuleuse, insérée latéralement, à cotylédons probablement condupliqués. Ce genre est formé sur une Plante placée parmi les *Bunias* par Desfontaines, et que Persoon avait réunie à son genre *Lœlia* qui n'a pu être admis tel que l'avait constitué ce botaniste. Comme ses cotylédons ne sont pas bien connus, c'est avec quelque doute que De Candolle (*System. Veget. natur.*, 2, p. 647) l'a placé dans sa tribu des Zillées, caractérisé par les cotylédons condupliqués.

Le *Muricaria prostrata*, Desv., *loc. cit.*; *Bunias prostrata*, Desfont., *Fl. Atlant.* 2, p. 76, t. 160, est une Plante herbacée, dont la racine émet plusieurs tiges couchées, garnies de feuilles pinnatilobées et alternes. Ses fleurs, de couleur blanche, sont disposées en grappes opposées aux feuilles ou terminales. Cette Plante croît dans le royaume de Tunis. (G..N.)

* MURICÉE. *Muricea.* POLYP. Genre de l'ordre des Gorgoniées, dans la division des Polyppiers Corti-

cifères, ayant pour caractères : Polypier dendroïde, rameux; axe corné, cylindrique, souvent comprimé à l'aisselle des rameaux; écorce cylindrique, d'une épaisseur moyenne; cellules en forme de mamelons saillans, épais, couverts d'écailles imbriquées et hérissées; ouverture étoilée à huit rayons. Ce genre a été établi par Lamouroux (Exp. Méth. des Polyp.) pour le *Gor. muricata* d'Ellis et Solander; il y rapporte encore une espèce voisine qui n'est peut-être qu'une variété. Nous disons le *Gorg. muricata* d'Ellis et Solander, parce qu'il ne nous paraît pas certain que le Polypier auquel les autres auteurs donnent ce nom, appartienne à la même espèce; au moins n'ont-ils pas fait mention de la structure singulière des cellules dont les parois sont constituées par de petites écailles fusiformes, imbriquées. Il est présumable que les auteurs ont réuni sous le nom de *Gorg. muricata* toutes les espèces à cellules nombreuses, éparses, tubuleuses, serrées, ressemblant, comme le dit Pallas, aux cellules du *Madrepora muricata*, sans distinguer celles qui sont formées d'écailles imbriquées, et celles dont la surface est lisse. Sans discuter ici si ce caractère est suffisant pour constituer un genre, nous ferons observer que Lamouroux ne rapporte aux Muricées que les espèces qui offrent des écailles imbriquées; que dans la description de la Gorgone muriquée, Solander et Ellis indiquent positivement ce caractère : *Full of cylindrical little months, which stand erect, and defended by stony spiculæ or spines*, et qu'ils ne citent pas de synonymes. La planche 59 d'Esper représente une variété de la Gorgone muriquée où les cellules grossies sont munies d'écailles imbriquées, et qui doit être rapportée, nous pensons, au genre *Muricea* de Lamouroux; mais Lamarck rapporte cette figure, quoique avec doute, à sa Gorgone faux-antipate (*Tunicea pseudo-antipates*, L.) et cite, également avec doute, pour sa Gorgone

muriquée, la planche 59 A d'Esper, qui représente encore une variété de la Gorgone muriquée, mais dont les cellules grossies n'indiquent point d'écailles. Quand la science possédera-t-elle une bonne monographie des Gorgones avec une synonymie critique assez établie, pour ne plus nous laisser cette incertitude et cette fluctuation que nous éprouvons lorsque nous voulons étudier la plupart des espèces de ce genre intéressant? L'axe des Muricées est légèrement aplati, davantage aux bifurcations et aux extrémités des rameaux qui sont presque régulièrement dichotomes. L'écorce est assez épaisse, de couleur blanche ou jaunâtre, dans l'état de dessiccation, et toute couverte de cellules tubuleuses, petites, serrées, éparses, redressées, munie en dehors d'écailles fusiformes, imbriquées, qu'on n'aperçoit distinctement qu'au moyen d'une loupe. Ces écailles sont de grosseurs inégales; les plus volumineuses, vues au microscope, sont demi-transparentes et couvertes de petites aspérités. Ce genre renferme les *M. spicifera* et *elongata*. (E. D..L.)

MURICIE. *Muricia*. BOT. PHAN. Loureiro (*Fl. Cochinch.*, 2, p. 752) a constitué sous ce nom un genre de la Monœcie Triandrie, L., auquel il a donné les caractères suivans : fleurs monoïques; calice à cinq divisions striées, subulées, égales; corolle à cinq pétales ovales, lancéolés; trois étamines dont les filets sont courts, épais, dilatés et soudés par la base; deux anthères à deux lobes écartés, munis d'un appendice basilaire, la troisième simple. Les fleurs femelles ont un ovaire ovoïde, allongé, surmonté d'un style épais, cylindrique et de trois stigmates; baie d'un rouge pourpre, uniloculaire, hérissée, contenant plusieurs graines orbiculaires et tuberculeuses sur leurs bords. Ce genre qui n'a pas encore été placé dans l'une des famille naturelles connues, ne se compose que d'une seule espèce nommée par l'auteur *Muricia Co-*

chinchinensis. C'est un Arbrisseau à tiges grimpantes et munies de vrilles. Ses feuilles sont alternes, pétiolées, glabres, veinées, denticulées, et divisées en cinq lobes, les trois supérieurs acuminés, les deux inférieurs plus courts et obtus. Les fleurs d'un jaune pâle sont éparses, solitaires, portées sur de longs pédoncules, et enveloppées chacune d'une spathe verdâtre. Cet Arbrisseau croît à la Chine et à la Cochinchine, où l'on emploie ses baies pour colorer les alimens.   (G..N.)

MURICIER. MOLL. L'Animal des *Murex. V.* ROCHER.   (B.)

* **MURICITES.** MOLL. Ce nom désigne dans quelques oryctographes des espèces fossiles du genre Rocher, *Murex.*   (B.)

MURIER. *Morus.* BOT. PHAN. Genre de la famille des Urticées, tribu des Artocarpées, et de la Monœcie Tétrandrie, L., composé d'un assez grand nombre d'espèces, originaires du nouveau et de l'ancien continent, et offrant pour caractères distinctifs : des fleurs unisexuées, monoïques, rarement dioïques, disposées en chatons ovoïdes ou globuleux, ayant un calice à quatre divisions profondes ; les mâles, quatre étamines à filamens grêles, et recourbés vers le centre de la fleur avant son épanouissement ; les femelles, un ovaire libre, un peu comprimé, lenticulaire, à une seule loge monosperme, surmonté de deux stigmates linéaires, glanduleux et pointus sur leur face interne. Le fruit se compose du calice persistant dont les écailles sont devenues charnues et recouvrent le fruit lui-même qui est un akène un peu comprimé, dont la graine offre un embryon recourbé, dépourvu d'endosperme. Les Mûriers sont des Arbres le plus souvent lactescens, portant des feuilles alternes, rarement opposées, munies de deux stipules caduques à leur base. Les fleurs forment des chatons qui tantôt sont axillaires, tantôt terminent les ramifications de la tige. Plusieurs des espèces de ce genre sont cultivées dans les jardins ; nous mentionnerons les suivantes :

MURIER NOIR, *Morus nigra*, L. On ne sait pas encore positivement aujourd'hui quelle a été la patrie primitive de cet Arbre, si commun dans nos jardins. Les uns le font originaire de la Chine, d'où il aurait été transporté en Perse et dans l'Asie-Mineure, avant d'arriver en Europe ; les autres croient que c'est dans l'Asie-Mineure qu'il croît naturellement. Dans nos jardins le Mûrier noir est un Arbre de moyenne taille, pouvant atteindre celle de vingt-cinq à trente pieds. Son tronc est couvert d'une écorce noirâtre. Ses feuilles alternes, pétiolées, sont cordiformes, aiguës, dentées en scie, pubescentes et rudes au toucher ; elles se divisent quelquefois en trois ou cinq lobes plus ou moins profonds. Les deux stipules sont opposées, membraneuses, lancéolées et pubescentes. Les fleurs sont généralement dioïques, et dans les jardins on ne cultive que l'individu femelle, sans mâles, parce qu'alors ses fruits sont plus gros et sans graines. Ces fruits, lorsqu'ils sont parvenus à leur maturité complète, sont ovoïdes, allongés, d'un rouge pourpre, presque noir, mamelonnés comme les framboises, mais avec cette différence, que leur partie charnue est formée par le calice, tandis que dans le fruit du Framboisier, c'est le péricarpe lui-même qui est succulent et charnu. Les fruits du Mûrier noir, lorsqu'ils sont bien mûrs, ont une saveur aigrelette, sucrée et mucilagineuse. On ne les sert guère sur nos tables, mais en médecine on fait avec le suc qu'on en exprime des boissons rafraîchissantes. On en prépare aussi un sirop, qu'on emploie particulièrement dans les inflammations légères de la gorge. Le Mûrier noir se cultive surtout dans les cours ou au voisinage des murs. Il est du nombre des Arbres que l'on taille rarement.

MURIER BLANC, *Morus alba*, L. ; Lamk., Ill., t. 762, fig., 2. Le Mûrier blanc, originaire de la Chine, et naturalisé dans les contrées méridionales de l'Europe, est un Arbre qui dans sa patrie peut acquérir une hauteur de quarante à cinquante pieds; mais dans nos climats il est rare que le Mûrier blanc s'élève au-delà de vingt-cinq à trente pieds. Ses feuilles alternes et pétiolées sont cordiformes, aiguës, simplement dentées ou plus ou moins profondément et irrégulièrement lobées; leur face supérieure est glabre et luisante, l'inférieure est un peu pubescente. Les fleurs sont monoïques, disposées en chatons pédonculés. Les fruits sont semblables à ceux de l'espèce précédente, mais blancs.

Le Mûrier cultivé produit plusieurs variétés, qui se distinguent par la figure, la grandeur, la couleur de leurs feuilles, par la grosseur de leurs fruits et par plusieurs autres caractères d'un ordre inférieur. Les variétés principales sont celles que l'on désigne sous les noms de Mûrier feuille rose, Mûrier romain, Mûrier grosse reine, Mûrier langue de Bœuf, Mûrier nain, Mûrier lacinié, etc. Mais ces noms des variétés ne sont pas les mêmes dans les différentes contrées de la France où l'on cultive le Mûrier. Cet Arbre est fort intéressant, et sa culture est un objet de grande importance dans quelques contrées de la France et de l'Europe méridionale, à cause de ses feuilles qui servent à nourrir les Vers-à-Soie. C'est de la Chine que nous sont venus et le Mûrier blanc et la Chenille précieuse qu'il nourrit. De la Chine ils passèrent successivement dans l'Inde, la Perse et l'Asie-Mineure. Sous le règne de Justinien, vers le milieu du sixième siècle, deux moines apportèrent de l'Inde à Constantinople et le Mûrier blanc et des œufs du Ver-à-Soie. La Grèce les reçut ensuite de la capitale de l'empire d'Orient, et le nom de Morée que prit ensuite le Péloponèse, vient, selon quelques auteurs, de l'énorme quantité de Mûriers qu'on y cultivait alors. En 1130, Roger, roi de Sicile, ayant

conquis la plupart des villes de la Morée, transporta dans son royaume le Mûrier blanc, y introduisit en même temps l'éducation des Vers-à-Soie et les ouvriers propres à mettre en œuvre le produit de ces Insectes précieux. Ce fut en 1494, sous le règne de Charles VIII, que quelques seigneurs qui avaient accompagné ce prince en Italie, rapportèrent de Naples des Mûriers blancs, qui furent plantés aux environs de Montélimart. Il y a encore peu d'années, qu'on montrait avec un respect religieux, ces premiers pieds de Mûriers qui ont enrichi la France d'une branche d'industrie où elle a aujourd'hui peu de rivaux. Non-seulement le Mûrier fut cultivé dans le midi de la France, mais Henri IV en fit venir à Paris un grand nombre, qu'on cultiva dans le jardin des Tuileries, où l'on fonda un établissement destiné à l'éducation des Vers-à-Soie et à la préparation de leur produit. Aujourd'hui il ne reste plus aucun vestige de cette plantation.

Pendant long-temps on a cru qu'il fallait au Mûrier blanc une température assez élevée pour croître et prospérer. Cependant aujourd'hui cet Arbre est cultivé avec succès dans plusieurs provinces septentrionales de l'Allemagne, et même jusqu'en Russie où il réussit fort bien. Néanmoins en France on ne le cultive guère en grand et pour l'éducation du Ver-à-Soie, que dans les provinces du centre et du midi jusqu'aux environs de Lyon. Mais nous ne doutons pas qu'avec des soins on ne puisse facilement l'acclimater dans presque toutes les parties de la France, et il serait à désirer que le gouvernement encourageât les essais qu'on pourrait tenter à cet égard.

Le Mûrier blanc n'est pas difficile sur la nature du terrain. Il peut réussir dans des terres de nature très-différente. Néanmoins la nature du terrain et sa situation influent sur le produit du Ver-à-Soie qu'on nourrit avec les feuilles du Mûrier. La soie est d'autant plus fine, plus abondante et plus résistante, que les Mûriers ont crû dans des terrains plus secs et plus élevés. Dans le midi de la France on est dans l'habitude de couper chaque année toutes les branches moyennes du Mûrier, afin de faciliter le développement d'un plus grand nombre de jeunes rameaux, qui portent des feuilles plus larges et plus nombreuses. Les feuilles du Mûrier noir, comme en général toutes celles des autres espèces du même genre, peuvent servir à la nourriture des Vers-à-Soie. Mais non-seulement ils s'y plaisent beaucoup moins, mais ils donnent un produit beaucoup inférieur en quantité et en qualité.

On cultive encore dans les jardins plusieurs autres espèces de Mûriers ; telles sont : le Mûrier rouge d'Amérique, *Morus rubra* de Michaux ; le Mûrier de Constantinople, *Morus Constantinopolitana* de Poiret, etc. Le Mûrier de la Chine ou Mûrier à papier forme le genre *Broussonetia* de l'Héritier. *V.* BROUSSONETIE. (A. R.)

On appelle vulgairement MURIER DE HAIE le *Rubus fruticosus*, L., et MURIER DE RENARD le *Rubus cæsius*. *V.* RONCE. (B.)

*MURIERS, OIS. On donne collectivement et vulgairement ce nom à divers Becfigues, Fauvettes et autres petits Oiseaux qu'on prend dans les haies où ils s'engraissent vers l'automne des fruits de la Ronce ou d'Insectes, et qui sont recherchés sur les meilleures tables. (B.)

MURINS. MAM. Espèces des genres Loir et Vespertilion. *V.* ces mots. Vicq-d'Azyr et Illiger avaient donné le nom de MURINS à une famille de Rongeurs. (B.)

* MURMIDIE. *Murmidia.* INS. Genre de l'ordre des Coléoptères, section des Pentamères, famille des Clavicornes, tribu des Byrrhiens, établi par Leach, et dont nous ne connaissons pas les caractères ; il doit avoisiner les Byrrhes et les Aspidiphores. (G.)

*MURO. POIS. *V.* MYRE au mot ANGUILLE de l'article MURÈNE.

MURRAYA. BOT. PHAN. Genre de la famille des Aurantiacées et de la Décandrie Monogynie, L., qui présente : un calice petit, quinquéparti, persistant ; cinq pétales connivens inférieurement en cloche, étalés à leur sommet ; dix étamines dont les filets, quelquefois légèrement soudés entre eux par leurs bases élargies, portent des anthères arrondies ; un petit disque à la base de l'ovaire ; une baie revêtue d'une écorce mince et ponctuée, divisée intérieurement en deux loges monospermes dont l'une avorte quelquefois ; une graine qui sous une tunique épaisse et laineuse offre un embryon droit. On trouve deux espèces de ce genre dans les Indes-Orientales, ainsi qu'à la Chine et au Japon. Ce sont des Arbrisseaux à feuilles pennées avec une impaire, à fleurs disposées en corymbes ou en panicules axillaires ou terminales. L'une d'elles, connue sous le nom de Buis de la Chine, est figurée dans le Voyage aux Indes de Sonnerat (t. 159), qui lui donne le nom générique de *Marsania*. Elles portent celui de *Chalcas* dans la Flore cochinchinoise de Loureiro. Quelquefois le nombre des pétales est porté à six, celui des étamines à onze ou douze. (A. D. J.)

MURRHINE. *Murrina, Murra, Murrhina.* MIN. Ces noms désignent dans les ouvrages des anciens naturalistes les vases Murrhins, qui étaient fort estimés, et dont la matière paraît avoir été le Spath-fluor. (G. DEL.)

*MURSE. POIS. Espèce du genre Cyprin. *V.* ce mot. (B.)

* MURSIE. *Mursia.* CRUST. Genre de l'ordre des Décapodes, famille des Brachyures, tribu des Orbiculaires, établi par Leach et adopté par Latreille (Fam. Nat. du Règne Anim.). Ce savant ne donne pas les caractères de ce genre qui ne diffère des Hépates que parce que les pieds-mâchoires extérieurs ont, comme

ceux des Crabes, leur troisième article court, presque carré et échancré intérieurement.   (G.)

MURUCUIA. BOT. PHAN. Tournefort avait déjà séparé des Passiflores le *Murucuia* de Saint-Domingue. Jussieu, dans son Mémoire sur les Passiflorées (Ann. du Mus., 6, pag. 105), l'a de nouveau considéré comme un genre, qui a été adopté par Persoon. Ce genre ne diffère des vraies Passiflores que par sa couronne ou nectaire qui est simple et tubuleuse, au lieu d'être formée de filamens distincts. Mais ce caractère nous paraît trop peu important pour former un genre distinct. *V.* PASSIFLORE. Les espèces qui avaient été rapportées à ce genre sont : les *Passiflora Murucuia*, L.; *aurantia*, Willd.; et *orbiculata*, Willd.   (A. R.)

MURUME. BOT. PHAN. Nom de pays du *Borassus flabelliformis.* (B.)

MUS. MAM. *V.* RAT.

MUSA. BOT. PHAN. *V.* BANANIER.

*** MUSACÉES.** *Musaceæ.* BOT. PHAN. Famille naturelle de Plantes monocotylédones, à étamines épigynes, ayant pour type le genre *Musa* (Bananier) et offrant les caractères suivans : un calice irrégulier, coloré, pétaloïde, adhérent avec l'ovaire, à six divisions, dont trois extérieures et trois intérieures; dans le genre *Musa*, il y a cinq divisions externes réunies ensemble et formant en quelque sorte une lèvre supérieure, et une seule division interne et formant une lèvre inférieure. Les étamines sont au nombre de six, insérées à la partie interne des divisions calycinales; les anthères sont linéaires, introrses, à deux loges, surmontées en général par un appendice membraneux, coloré, pétaloïde, qui est la terminaison du filet. L'ovaire est infère, à trois loges contenant chacune plusieurs ovules attachés à leur angle interne. Dans le genre *Heliconia*, on compte un seul ovule, partant du fond de chaque loge. Le style est simple, terminé par un stigmate à trois lobes ou à trois lanières et quelquefois concave. Le fruit est ou une capsule à trois loges polyspermes, s'ouvrant en trois valves portant chacune une cloison sur le milieu de leur face interne, ou un fruit charnu et indéhiscent. Dans le premier cas, au côté interne de chaque cloison, on trouve les graines qui sont plus ou moins nombreuses, et qui sur chaque cloison, appartiennent à deux loges. Ces graines quelquefois portées sur un podosperme, et environnées d'une touffe de poils disposés circulairement à sa base, se composent d'un tégument quelquefois crustacé, d'un endosperme farineux, contenant un embryon axile, allongé et dressé.

Les Musacées sont toutes des Plantes herbacées et vivaces, dépourvues de tiges proprement dites, ou ayant un bulbe d'une organisation et d'une forme toute particulière. Ce bulbe est en forme de tige, cylindrique et jusqu'à présent il a été considéré comme une tige ou stipe; mais nous croyons avoir démontré à l'article MONOCOTYLÉDONS, que la prétendue tige désignée jusqu'à présent sous le nom de stipe, n'est qu'un véritable bulbe. *V.* MONOCOTYLÉDONS. Les feuilles sont longuement pétiolées, entières, très-grandes, offrant une côte ou nervure médiane très-saillante, d'où partent des nervures secondaires parallèles et très-peu saillantes. Les fleurs, qui sont très-grandes et souvent ornées des couleurs les plus brillantes, sont réunies par petits groupes, enveloppés chacun dans un spathe monophylle en forme de carène.

Les genres qui forment cette famille sont seulement au nombre de quatre, savoir : *Musa*, *Heliconia*, *Strelitzia* et *Urania* ou *Ravenala*. Ils ont la plus grande affinité avec les Amomées qui n'en diffèrent essentiellement que par leur étamine unique.   (A. R.)

*** MUSANGA.** MAM. Le Carnassier figuré par Horsfield dans ses *Zoological Researches in Java*, sous le nom de *Viverra Musanga*, paraît être le *Paradoxurus typus* de Fr. Cuvier. *V.* PARADOXURE.

(IS. G. ST.-H.)

MUSARAIGNE. *Sorex.* MAM. Genre de Carnassiers Insectivores, voisin par ses rapports naturels de celui des Desmans, et non moins remarquable à plusieurs égards. Ses dents sont ordinairement au nombre de trente, savoir : douze à la mâchoire inférieure et dix-huit à la supérieure; mais celle-ci en a quelquefois, comme l'ont remarqué Geoffroy Saint-Hilaire et Desmarest, deux de moins, ce qui réduit le nombre total à vingt-huit. Le système dentaire des Musaraignes mérite toute l'attention des zoologistes, soit parce qu'il semble intermédiaire à plusieurs égards entre celui des véritables Carnassiers ou des Carnivores et celui des Rongeurs, et qu'il lie ainsi ces deux familles ; soit à cause de l'extrême difficulté que présente son étude, lorsqu'on cherche à le ramener à celui des Mammifères normaux. La difficulté est même si grande que chacun des auteurs qui ont tenté de résoudre le problème, a, pour ainsi dire, adopté une solution différente, et qu'il n'y a presque aucun rapport entre les résultats auxquels ils sont tous arrivés. On s'est seulement accordé à voir de véritables molaires dans les trois dents qui terminent de chaque côté les deux mâchoires ; et, à cet égard, leurs couronnes larges et hérissées de pointes, et surtout leur ressemblance avec celles des autres Insectivores, ne permettent pas de les méconnaître pour telles. Ces trois molaires, et nous pouvons leur donner ce nom sans crainte d'erreur et sans hésitation, sont précédées par de petites dents semblables par leurs formes à ce qu'on a coutume de nommer fausses molaires, et qui se trouvent, de chaque côté, au nombre de deux pour la mâchoire inférieure, et de cinq, ou quelquefois, comme nous l'avons indiqué,

de quatre seulement pour la supérieure. Enfin chaque mâchoire est terminée en avant par deux longues dents (une de chaque côté) dont la disposition est très-remarquable : les supérieures sont de forts crochets, terminés en pointes, et présentant, à leur base et en arrière, une dentelure très-prononcée et assez semblable, lorsqu'elle est bien entière, aux dents qui la suivent postérieurement, ou, ce qui revient au même, assez semblable à une fausse molaire : nous ajouterons que ces crochets sont très-comprimés, et qu'ils peuvent être comparés à des lames dont les deux faces seraient latérales, et qui ne présenteraient ainsi en avant qu'un bord ou une arête. Il est inutile de dire que, par cette disposition, la face interne de l'un regarde celle de l'autre ; mais il est très-important de remarquer qu'elle en est séparée par un petit intervalle vide. Les dents inférieures présentent, comme les supérieures, des caractères très-singuliers : elles diffèrent d'ailleurs de celles-ci en ce qu'elles sont moins crochues, et surtout en ce qu'elles sont très-proclives, c'est-à-dire dirigées dans le sens de la ligne alvéolaire, au lieu de lui être perpendiculaires. Ces dents, soit à l'une, soit à l'autre mâchoire, ressemblent beaucoup, comme on le voit, aux dents antérieures, ou, comme on les appelle ordinairement, aux incisives des Rongeurs; mais il y a cette différence qu'au lieu d'être séparées par un intervalle plus ou moins considérable de celles qui les suivent en arrière, elles leur sont immédiatement contiguës, et que les inférieures sont même un peu recouvertes par la partie antérieure des secondes dents.

On voit donc que les dents antérieures des Musaraignes sont, par leurs formes et leur disposition, fort différentes des incisives des véritables Carnassiers : néanmoins elles ont été regardées presque généralement comme leurs analogues. Quelle détermination doit-on maintenant adopter à l'égard des dents qui se trouvent intermédiaires entre les postérieures ou les molaires, et les antérieures ou celles qu'on a regardées comme les incisives? Il suffit, pour faire comprendre combien il est difficile de résoudre ce problème, d'indiquer les solutions admises par les divers auteurs qui se sont occupés de la recherche de leurs rapports. Considérées il y a peu d'années encore comme des canines, le nom d'incisives latérales a ensuite été proposé pour elles, et on le trouve en effet dans un assez grand nombre d'ouvrages : mais cette seconde opinion a été, aussi bien que la première, rejetée par les naturalistes les plus récens, qui les considèrent comme de véritables fausses molaires ; en sorte qu'on les a successivement déterminées, comme canines, comme incisives et comme molaires, et qu'ainsi, fait bien remarquable, toutes les idées qu'il était possible de concevoir à leur égard, ont été tour à tour en faveur. Enfin, au milieu de tant d'incertitudes et de contradictions, si l'on essaie, afin de jeter quelque jour sur cette difficile question, de comparer le système dentaire des Musaraignes à celui de la Taupe chez laquelle les trois sortes de dents existent bien distinctes, on obtient encore des résultats qui ne s'accordent complétement avec aucune des opinions le plus ordinairement admises, comme nous allons le montrer. Nous avons déjà dit que les trois dernières dents des Musaraignes ressemblent à celles des autres Insectivores, et par conséquent de la Taupe, et qu'elles sont ainsi de véritables mâchelières : nous voyons ensuite chez celle-ci, de chaque côté de la mâchoire supérieure, quatre dents, l'une assez grande et tranchante, puis deux autres fort petites, et enfin une autre un peu plus grande. Si maintenant nous venons à examiner le genre *Sorex*, nous retrouvons toutes ces mêmes dents, et presque avec les mêmes formes et les mêmes proportions : c'est d'ailleurs exacte-

ment le même nombre chez toutes les Musaraignes qui n'ont que vingt-huit dents, et il n'y a chez les autres qu'une si légère différence, qu'il est inutile d'insister sur elle. Il semble donc qu'on ne puisse se refuser à considérer comme analogues ces dents que nous venons de trouver si semblables chez les Musaraignes et chez la Taupe, et à leur donner dans le premier de ces genres le même nom qu'elles portent dans le second, celui de fausses molaires. Cette analogie peut encore être rendue plus évidente par d'autres comparaisons avec divers Insectivores ; mais si on l'adopte, il en est une autre qu'il devient également difficile de rejeter, celle de la dent qui suit la grande fausse molaire, soit chez la Taupe, soit chez les Musaraignes, c'est-à-dire de la canine de la Taupe, et de ce qu'on nomme l'incisive de la Musaraigne : on trouve en effet la plus grande ressemblance entre elles pour leur forme et leur position ; faits qui tendent tous à faire voir que la dent nommée incisive chez les Musaraignes est bien véritablement une canine, et que les véritables incisives manquent dans ce genre. Tels sont les résultats auxquels on est conduit par l'examen comparatif des dents de la mâchoire supérieure de la Taupe et de celles des Musaraignes : il suffira d'ailleurs de rapprocher les inférieures de celles-ci, pour se convaincre que la même chose a lieu à l'une et à l'autre mâchoire.

Ces rapports fort curieux, que Geoffroy Saint-Hilaire avait déjà indiqués dans ses cours, nous semblent expliquer d'une manière satisfaisante la position très-remarquable des dents antérieures : leur position, qui se trouve à la mâchoire supérieure entièrement semblable à celle des canines de la Taupe, et la direction de leurs faces tournées en dehors et non pas en devant, ne semblent-elles pas indiquer en effet des dents appartenant essentiellement à la rangée latérale, et devenues accidentellement antérieures, parce que, les véritables dents antérieures se trouvant absentes, elles ont pu se rapprocher l'une de l'autre sur la ligne médiane, comme le font, soit chez les êtres normaux, soit chez les Monstres, tous les organes latéraux, lorsqu'il y a atrophie des parties intermédiaires? Les deux canines des Musaraignes ne sont d'ailleurs pas contiguës : il reste entre elles un vide qu'on peut regarder comme un vestige de l'espace occupé dans l'état normal, par les incisives. Supposons en effet qu'il existe dans ce vide quelques dents si petites qu'on les distingue difficilement sans le secours d'une loupe : cette différence bien peu importante nous donnerait exactement le cas d'un grand nombre de Chauve-Souris chez lesquelles les canines sont au moins aussi rapprochées que chez les Musaraignes. Ajoutons que ces Cheiroptères nous présentent souvent eux-mêmes les caractères dentaires propres à ce dernier genre : il arrive en effet très-fréquemment que les incisives viennent à tomber, en sorte que les deux canines, placées, comme nous venons de le dire, presque sur la ligne médiane, se trouvent à la fois médianes et antérieures, à peu près comme dans ces espèces dont Rafinesque a proposé de faire, sous le nom d'Atalaphe, un genre caractérisé par l'absence des incisives aux deux mâchoires. A ces considérations, nous pourrions en ajouter une foule d'autres, que nous fourniraient l'étude des Marsupiaux, celle des Quadrumanes eux-mêmes, et surtout, celle des Rongeurs : mais nous nous écarterions trop de notre sujet en traitant ici avec plus de détail une question sur laquelle nous devons d'ailleurs revenir dans un autre article (*V*. Rongeurs). Remarquons toutefois qu'une assez grave difficulté s'élève contre les idées que nous venons de présenter : c'est que dans le genre *Sorex*, l'os intermaxillaire est très-étendu, et se prolonge de côté tout autant que les petites dents latérales ; fait qui paraît au surplus également

ment contraire à l'opinion de ceux qui admettent des fausses molaires et des incisives, et que, jusqu'à ce jour, les anciennes théories n'ont pas mieux que la nouvelle, réussi à expliquer d'une manière parfaitement satisfaisante.

L'examen des membres des Musaraignes nous offrira moins d'intérêt que celui de leur système dentaire : ils sont courts, et le paraissent encore plus qu'ils ne le sont réellement, parce qu'étant plantigrades, ils se trouvent raccourcis de toute la longueur du métacarpe ou du métatarse. Les pieds sont tous terminés par cinq doigts libres, et entre lesquels on ne voit aucune trace de membranes, même chez les espèces les plus aquatiques : l'interne ou le pouce et l'externe sont surtout profondément divisés et susceptibles de s'écarter avec beaucoup de facilité des trois intermédiaires. Cette disposition, dans laquelle on retrouve, ainsi que l'a remarqué Geoffroy Saint-Hilaire, quelque chose d'analogue à ce qui a lieu chez plusieurs Marsupiaux (les Péramèles et les Phascolomes), tient à ce que les phalanges métacarpiennes ou métatarsiennes des doigts latéraux, sont beaucoup plus courtes que celles des intermédiaires qui se trouvent ainsi moins séparés. Les ongles sont assez courts, mais d'ailleurs pointus, comprimés, crochus et relevés. La plante et la paume sont nues, et ont six tubercules, savoir : deux à la base des trois doigts intermédiaires, un à celle du pouce, et deux plus reculés en arrière. La queue, presque toujours plus courte que le corps, est d'ailleurs variable pour sa longueur, sa forme et la nature de ses tégumens : ainsi elle est tantôt velue et comprimée, presque nue, écailleuse et arrondie.

Les organes des sens présentent presque tous des caractères remarquables, soit par l'extrême richesse de développement où ils sont arrivés, soit au contraire par le degré d'atrophie où ils sont tombés. Les narines se prolongent beaucoup au-delà des os maxillaires, et forment une petite trompe qui nous représente déjà, mais avec moins de grandeur, celle des Desmans; et leurs orifices se voient au milieu d'un mufle divisé sur la ligne médiane par un sillon très-profond. La petite trompe des Musaraignes n'est d'ailleurs point de même forme que dans le genre Mygale, et ne se détache point du reste de la tête : elle est comparable à un cône fort allongé, dont le sommet correspond au mufle, et la base à l'occiput. Les organes du goût sont peu connus : la langue est grosse, de figure à peu près conique, et pointue à son extrémité; on voit ordinairement sur sa surface, dans l'endroit où elle a le plus d'épaisseur, l'empreinte d'un certain nombre de sillons qui traversent le palais. L'ouïe a beaucoup de finesse chez les Musaraignes, soit à cause de l'organisation de l'oreille interne, soit parce que la conque auditive est le plus souvent membraneuse et très-développée. Ces Quadrupèdes se trouvent ainsi en rapport avec la plupart des Chauve-Souris; ils se rapprochent également, et d'une manière bien remarquable, de ces mêmes Animaux, par la faculté qu'ils ont de se rendre sourds à volonté, et de pouvoir ainsi se soustraire au bruit, que, sans cette précaution de la nature, la perfection de leurs organes leur rendrait souvent incommode. Les Musaraignes peuvent en effet boucher les orifices de leurs trous auditifs, non plus au moyen du tragus, comme les Chauve-Souris, mais au moyen de l'antitragus : « Cette partie remarquable par sa grandeur, dit Geoffroy Saint-Hilaire (Mém. du Muséum, T. 1), vient se placer au devant du conduit auditif, comme une porte dans sa baie ; les poils qui en garnissent l'extérieur, sont en outre foulés par l'hélix qui se renverse dessus, et forme là un deuxième feuillet; double épaisseur qui ne permet ni au son ni à quoi que ce soit de pénétrer dans

l'intérieur de l'oreille. » Enfin l'œil présente ces anomalies si remarquables qui constituent, on peut presque le dire, l'état normal pour la famille des Carnassiers subterranéens : c'est véritablement un organe tombé en atrophie; le nerf optique a disparu, les muscles oculomoteurs et tous les nerfs, à l'exception de la branche ophthalmique de la cinquième paire, manquent également, et le globe lui-même se trouve réduit à un petit point noirâtre que l'on distingue à peine. Mais ce qui rend surtout bien digne d'attention cet état rudimentaire de l'organe de la vision et cette absence complète du nerf de la première paire (*V.* MAMMIFÈRES), c'est qu'ils coïncident avec le développement très-considérable des tubercules quadrijumeaux ou lobes optiques, parties dont le volume se trouve ordinairement en rapport avec celui du globe de l'œil et des nerfs oculaires, et sur lesquelles s'insère même, lorsqu'il existe, le plus important d'entre eux, ou l'optique. On conçoit combien ce fait a dû paraître anomal, suivant les anciennes théories qui faisaient naître de l'axe cérébro-spinal tous les nerfs de la vie animale; et ce n'est en effet que dans ces dernières années, que les belles idées de Serres, sur le développement excentrique des organes (*V.* MAMMIFÈRES), en ont fourni une explication satisfaisante.

Enfin les Musaraignes sont encore remarquables par leurs glandes odoriférantes, dont on doit la connaissance à Geoffroy Saint-Hilaire (Mémoire sur les glandes odoriférantes des Musaraignes, Mémoires du Muséum, T. 1er). On savait depuis long-temps que ces Insectivores répandent une odeur très-forte, et qui ressemble à celle du Musc; mais on pensait, d'après Pallas, que la sécrétion qui la produit, se faisait dans la région anale, comme cela a lieu chez la plupart des Carnassiers, et même chez les Desmans. Il n'en est point ainsi dans le genre *Sorex* : les glandes odoriférantes sont situées sur les flancs, un peu plus près des jambes de devant que de celles de derrière, et se trouvent ainsi avoir, par leur position, de l'analogie avec celles de la ligne latérale des Poissons. « Elles se composent, dit Geoffroy (*loc. cit.*), de deux masses distinctes, d'un noyau lenticulaire elliptique qui adhère fortement au derme, et qui est en outre remarquable par son tissu serré, ses molécules homogènes et sa teinte chocolat; et d'une très-grande quantité de points glanduleux répandus autour, isolés et d'un rouge vif. Le noyau lenticulaire est opposé à l'arête en biseau, qui se voit à l'extérieur; ou mieux, c'est dans sa propre substance que se plongent et se perdent les racines des poils composant cette arête. Il m'a paru que plusieurs de ces racines s'insèrent dans un même godet.... Je n'ai point aperçu de ces pores ou orifices qu'on distingue si facilement à l'œil nu dans la Taupe et dans plusieurs espèces de Rongeurs. Il faut alors admettre que l'humeur du musc sécrétée dans les Musaraignes par tout l'appareil glanduleux, arrive finalement à ces godets pour traverser le derme le long des poils formant l'arête du dehors. » On aperçoit sans peine à l'extérieur, du moins chez les individus revêtus de leur robe d'été, des traces de cet arrangement intérieur « dans un bourrelet en biseau, qui se compose de deux rangées de poils courts et roides : chaque rangée, en cherchant à se renverser sur l'autre, y est retenue et adossée. Ces poils, constamment enduits de la viscosité fournie par l'appareil intérieur, ont un aspect gras et huileux; une aréole, produite autour par le nu des parties, contribue à rendre encore plus distincte cette singulière disposition des poils. » (*V.* la planche qui accompagne le Mémoire cité.)

Les Musaraignes ressemblent beaucoup, soit par leurs formes extérieures, soit par la nature et les couleurs de leur pelage, soit même à plusieurs égards, par leur organisation intérieure, aux petites espèces du genre Rat, dont on les distingue d'ailleurs facilement, au premier coup-d'œil, par la forme allongée de leur tête et par leur petite trompe. Les hémisphères cérébraux sont petits et sans circonvolutions; ce qui n'empêche pas que le volume de l'encéphale ne soit assez considérable, ainsi qu'on peut en juger par l'examen de la boîte cérébrale qui a beaucoup de longueur, et qui est même assez élargie dans sa portion postérieure. Les mamelles ne sont guère visibles qu'au temps de la gestation et de l'allaitement. Daubenton en a trouvé dix dans l'espèce qui porte son nom, savoir, la première paire près des cartilages des fausses côtes, et les autres près de l'orifice vulvaire; mais ses recherches, sur deux Musaraignes vulgaires, ne lui ont fait apercevoir que six mamelons placés sur la partie postérieure du ventre. Le rectum et le vagin s'ouvrent très-près l'un de l'autre, et l'anus n'est séparé de la vulve que par une cloison qui s'aperçoit fort peu à l'extérieur.

Le genre *Sorex* doit être mis au nombre de ceux qu'on a coutume de désigner sous le nom de cosmopolites : on le retrouve dans toutes les parties du monde, et sous presque tous les climats, et on devrait même admettre, suivant les naturalistes américains, que quelques espèces sont communes aux deux continens. Nous avons déjà indiqué que les Musaraignes n'ont pas toutes le même genre de vie : quelques-unes vivent dans les lieux secs, d'autres se plaisent dans les prairies humides ou sur les bords des fontaines. Elles se tiennent ordinairement dans des trous; mais quelques espèces pénètrent aussi dans les greniers à foin et dans les caves où leur présence se manifeste souvent par l'odeur qu'elles répandent. Elles se nourrissent d'Insectes, ainsi que nous l'avons fait voir en décrivant leurs dents, et elles ressemblent généralement aux petites espèces du genre Rat par leur port et leurs habitudes, comme par leur extérieur, mais, toutefois, avec cette différence qu'elles ont beaucoup moins de vivacité. Les Chats les poursuivent aussi bien que la Souris, mais ils se contentent de les tuer, et ne les mangent pas, à cause de leur odeur musquée. Enfin, la plupart des espèces de ce genre sont fort petites, et c'est même parmi elles que se trouvent ceux de tous les Mammifères dont le volume est le moindre. Ainsi, celles que nous allons faire connaître sous les noms de *Sorex religiosus* et de *Sorex personatus*, et celles qui ont été récemment décrites par Savi et par Lichtenstein sous ceux de *Sorex etruscus* et de *Sorex pulchellus*, ont une taille qui surpasse à peine celle du plus petit des Oiseaux-Mouches, et qui est même inférieure à celle de plusieurs Insectes. On conçoit combien des Animaux d'une aussi extrême petitesse se dérobent aisément aux recherches des naturalistes : aussi la plupart des Musaraignes sont-elles très-peu connues, et peut-on présumer qu'il en reste encore un grand nombre à découvrir dans diverses régions, et peut-être même en France.

Linné et plusieurs auteurs systématiques avaient réuni aux véritables *Sorex*, plusieurs Quadrupèdes qui ont été depuis reportés dans d'autres genres, et quelquefois même dans d'autres familles : ainsi le *Sorex brasiliensis* est considéré comme ne différant pas du Didelphe Touan (*V.* DIDELPHE), et les quatre Animaux qu'on avait appelés *Sorex aquaticus* ou *fuscus*, *S. auratus* ou *asiaticus*, *S. cristatus* et *S. moschatus*, sont devenus les types des quatre genres Scalope, Chrysochlore, Condylure et Desman. (*V.* ces mots.)

La MUSARAIGNE VULGAIRE ou MUSETTE, *Sorex araneus*, L.; la Musaraigne, Buff. T. VIII, pl. 10; Geoff. St.-Hil., Ann. du Mus. T. XVII, est d'un gris brun, plus ou moins roussâtre en dessus, avec le dessous cendré, ces deux couleurs se fondant insensiblement l'une avec l'autre sur les flancs : on trouve des individus chez lesquels le pelage est d'un brun presque pur, et d'autres chez lesquels il est presque fauve. Au reste, la pointe seule présente les couleurs que nous venons d'indiquer, les poils étant dans presque toute leur longueur, soit en dessus, soit en dessous, d'un gris bleuâtre ; caractère qui se retrouve également dans presque toutes les espèces. Le bout du museau est d'une nuance un peu plus éclaircie que le corps, et il en est de même de la queue, qui est toutefois un peu plus brunâtre vers son extrémité, mais seulement sur une étendue extrêmement petite. Les oreilles, nues, très-grandes et arrondies, se distinguent très-bien au milieu des poils des parties latérales de la tête, qu'elles excèdent toujours (si ce n'est lorsque l'Animal les replie de la manière que nous avons indiquée). Les dents sont blanches ; les moustaches sont extrêmement allongées, et quelques-unes des soies qui naissent vers l'angle des lèvres, atteignent l'occiput ; ce qui, du reste, a également lieu dans les autres espèces. La queue, couverte de poils courts, et à peu près arrondie, a un pouce et demi, ce qui forme à peu près le tiers de la longueur totale de l'Animal. Le jeune ressemble beaucoup à l'adulte ; son pelage est seulement d'un brun plus pur. Cette espèce présente, comme nous l'avons vu, quelques variations pour les couleurs de sa robe. Quelques individus sont aussi remarquables par leurs flancs dépouillés, et présentant un espace nu de forme elliptique et d'une étendue variable : on en voit plusieurs dans les collections du Muséum, où se trouve aussi un Albinos. La Musette est assez commune en France et dans quelques autres parties de l'Europe, et elle existerait aussi aux Etats-Unis, selon Harlan. Elle se trouve ordinairement dans les bois où elle se tient cachée dans des troncs d'Arbres, sous des feuilles, ou dans des trous creusés par d'autres petits Quadrupèdes : elle vient aussi en hiver dans les écuries, dans les granges et dans les cours à fumier, où on la trouve assez fréquemment. Il est inutile de montrer combien est peu fondée la croyance populaire suivant laquelle sa morsure serait venimeuse et très-dangereuse pour le bétail.

La Musaraigne de Toscane, *Sorex etruscus*, Savi, la plus petite de toutes les espèces d'Europe, a été récemment découverte par Savi; elle a environ un pouce dix lignes du bout du museau à l'origine de la queue, celle-ci ayant environ un pouce. Elle se distingue d'ailleurs également par la grandeur de ses oreilles, par sa queue à peu près semblable pour la forme à celle de la Musette, et par son pelage brun-grisâtre en dessus, grisâtre en dessous. Cette jolie espèce, qui habite l'Italie, se tient ordinairement sous les racines et dans les troncs des vieux arbres, dans des amas de paille ou de feuilles, et dans les trous des digues. Elle se plaît, particulièrement pendant la saison froide, dans les tas de fumier, où elle trouve à la fois une nourriture abondante et un abri contre le froid.

La Musaraigne gentille, *Sorex pulchellus*, Lichtenstein (Appendice zoologique au Voyage d'Orembourg à Boukhara, du colonel de Meyendorf), est aussi, comme nous l'avons déjà remarqué, l'une des plus petites espèces du genre. Elle n'a qu'un pouce dix lignes du bout du museau à l'origine de la queue, celle-ci ayant neuf lignes. Les flancs sont d'un blanc de neige, et le dessus de la tête est d'un gris clair qui se continue sur le dos en devenant plus foncé, et forme presque exactement un parallélo-gramme nettement séparé du blanc de la région caudale et des flancs. Au milieu de ce parallélogramme, et à égale distance de la nuque et de la queue, on remarque aussi une tache blanche. Les oreilles sont d'un gris d'ardoise, et le museau est très-pointu. Cette jolie espèce a été trou-vée pendant le voyage d'Orembourg à Boukhara, dans un désert sa-

blonneux, d'où elle a été envoyée à Berlin par le docteur Eversmann.

La Musaraigne masquée, *Sorex personatus*. Nous décrirons sous ce nom une petite espèce que le voyageur Milbert a rapportée des États-Unis, et qui est assez semblable à la Musette par ses proportions et par les cou-leurs de son pelage. Elle est ce-pendant un peu plus brune, princi-palement sur la partie inférieure du dos, sur la croupe et sur la queue. Les oreilles ont à peu près la même forme que chez la Musette, mais elles sont beaucoup plus petites et entièrement cachées dans les poils. La queue, qui est d'un brun foncé en dessus, comme nous l'avons indiqué, et d'un blanc roussâtre en dessous, est terminée par d'assez longs poils d'un brun noirâtre; elle est peu ve-lue et écailleuse en dessous, mais elle paraît tout-à-fait velue en dessus. La gorge et le dessous du corps sont cendrés, et les pates sont d'un rous-sâtre clair. Les dents antérieures sont blanches dans presque toute leur lon-gueur; mais la pointe des inférieures est noirâtre, et celle des supérieures rougeâtre. Les ongles sont d'un blanc jaunâtre, et les moustaches sont de couleur variable. Enfin, et ce der-nier trait, quoique sans importance réelle, doit être noté avec soin parce qu'il peut servir à caractériser l'espè-ce, toute la portion antérieure du mu-seau est, à l'exception de la lèvre, d'un brun noirâtre. Cette espèce a deux pouces du bout du museau à l'origine de la queue, longue elle-même d'un pouce. — Say a donné le nom de *Sorex parvus* à une petite Mu-saraigne trouvée dans le Missouri, et qui aurait les caractères suivans : pe-lage cendré-brunâtre en dessus, cen-dré en dessous; oreilles cachées dans le poil; dents antérieures noires, les latérales brunâtres; pieds blanchâ-tres; ongles blancs, aigus; queue blanchâtre en dessous, courte, sub-cylindrique, d'une épaisseur moyen-ne, légèrement renflée dans son mi-lieu. Longueur du corps, deux pouces trois huitièmes (mesures anglaises);

longueur de la queue, trois quarts de pouce. Le *Sorex parvus* différerait, à plusieurs égards, comme on le voit, de notre *Sorex personatus* avec lequel il aurait aussi quelques rapports. Malheureusement les indications données par les auteurs américains sont trop vagues pour que nous sachions s'il forme réellement une autre espèce.

La MUSARAIGNE A COURTE QUEUE, *Sorex brevicaudus*, Say, n'est encore connue en France, de même que le *Sorex parvus*, que par les ouvrages de Say et de Harlan, mais elle a été décrite d'une manière beaucoup moins incomplète. Le pelage est en dessus d'un noirâtre plombé, et en dessous, d'une nuance assez claire ; il est d'ailleurs épais et bien fourni. Les oreilles, de couleur blanche, et entièrement cachées sous le poil, sont très-larges, et ont deux demi-cloisons distinctes. Les dents, dont la plupart sont brunâtres, avec le sommet noir, sont au nombre de trente, comme chez le *Sorex constrictus*. Les incisives supérieures comprimées latéralement, crochues, sont blanches et séparées à leur base, mais noires et rapprochées à leur sommet. Les fausses molaires sont toutes noires à leur sommet, à l'exception de la postérieure. Les pieds sont blancs ; les trois doigts intermédiaires sont presque égaux, mais les latéraux sont beaucoup plus courts ; les ongles des membres antérieurs sont presque aussi longs que les doigts. Enfin la queue est courte, robuste, peu velue, un peu renflée dans son milieu, déprimée, et à peu près de la longueur des pieds de derrière. Le *Sorex brevicaudus* a été trouvé dans le Missouri : il est très-bien caractérisé par les proportions de sa queue, si les dimensions données par Harlan sont bien exactes : car, suivant ce naturaliste (*Fauna americana*, p. 28), le corps aurait trois pouces cinq huitièmes (mesures anglaises), et le prolongement caudal, seulement un pouce.

La MUSARAIGNE CARRELET, *Sorex tetragonurus*, Herm., est à peu près de la même taille que la Musette. Elle s'en distingue d'ailleurs facilement par la forme de sa queue : celle-ci, parfaitement carrée, et présentant quatre faces planes séparées par des angles très-prononcés, offre à sa partie inférieure un léger sillon, et se termine tout-à-coup en une pointe fine, ce qui l'a fait comparer à l'aiguille désignée ordinairement sous le nom de *Carrelet*. Les oreilles sont beaucoup plus courtes que chez la Musette, mais non pas entièrement cachées dans les poils, comme elles le sont dans beaucoup d'espèces. Le pelage est ordinairement noirâtre en dessus et cendré-brun en dessous. Tels sont les caractères qu'on assigne ordinairement à la Musaraigne Carrelet ; mais nous avons examiné plusieurs individus qui paraissent devoir lui être rapportés, et chez lesquels le noirâtre passe insensiblement au brun, en même temps que les flancs varient du brun-grisâtre au gris-brunâtre : on aperçoit aussi quelquefois vers l'œil une petite tache plus pâle que le fond du pelage, et sur le chanfrein, deux petites raies brunâtres, l'une transversale sur la base du museau, et l'autre longitudinale sur la ligne médiane. Au reste, il n'est pas certain que tous ces individus soient de véritables Carrelets, et en effet, quoiqu'ils aient entre eux trop de ressemblance pour que leur distinction spécifique puisse être regardée comme probable, on peut dire aussi qu'ils sont assez différens pour que la nécessité de leur réunion ne soit pas rigoureusement démontrée. Le Carrelet vit à peu près dans les mêmes lieux que la Musette : on le trouve assez fréquemment dans les jardins et dans les granges.

La MUSARAIGNE PLANON, Daub. ; *Sorex constrictus*, Hermann, *Obs. Zool.*; *S. cunicularius*, Bechst. ; Geoff. St.-Hil., Annal. du Mus. T. XVII, est de la taille de la Musette, et sa queue est aussi à peu près de la même longueur. Geoffroy Saint-Hilaire lui assigne les caractères suivans : poils droits répandus sur les cartilages du nez, et faisant paraître le boutoir plus gros et plus court ; oreilles velues et entièrement cachées dans les poils ; boîte cérébrale plus large et moins bombée que dans le Carrelet ; queue plate, étroite, et comme étranglée à son origine, épaisse, renflée et ronde dans son milieu, aplatie à son extrémité où les poils se réunissent en pointe comme dans un pinceau ; poil assez long et doux au toucher, noirâtre dans sa plus grande longueur et roux à sa pointe ; ventre grisâtre ; gorge cendrée. A cette description très-exacte nous n'ajouterons rien, si ce n'est que le museau est plus clair que le reste de l'Animal, excepté sur la ligne médiane où se remarque, du moins chez certains individus, une petite ligne rousse longitudinale. Le Plaron habite l'Europe, et particulièrement les environs de Strasbourg, de Chartres et d'Abbeville où ont été pris les individus décrits par Hermann et Geoffroy Saint-Hilaire. Harlan affirme que cette espèce se trouve aussi, de même que la Musette, aux Etats-Unis. Ses mœurs sont peu connues. Les sept jeunes sujets d'Hermann avaient été trouvés dans une prairie peu éloignée d'un ruisseau, par le célèbre docteur Gall, alors élève de ce naturaliste.

La MUSARAIGNE LEUCODE, *Sorex Leucodon*, a été ainsi nommée par Hermann qui regardait la blancheur des dents antérieures comme un des traits caractéristiques de l'espèce. Ces dents ont en effet cette couleur dans le premier âge, mais, suivant Geoffroy Saint-Hilaire, leur pointe brunit chez les adultes. La Musaraigne Leucode est de la taille du Plaron, mais sa queue est un peu plus courte. Elle se distingue par son dos brun, et par ses flancs et son ventre blancs : sa queue, assez semblable pour la forme, à celle de la Musette, est, en dessus, de la couleur du dos, et en dessous de celle du ventre. Ses habitudes ne sont pas connues : Hermann nous apprend seulement que

les individus, types de sa description, avaient été pris aux environs de Strasbourg.

La MUSARAIGNE RAYÉE, *Sorex lineatus*, Geoff. St.-Hil., Ann. du Mus. T. XVII, est une espèce qui ressemble, par les proportions de son corps et de sa queue, au Plaron, mais qui se distingue au premier coup-d'œil de toutes les Musaraignes connues par une ligne blanche s'étendant sur le chanfrein depuis le front jusqu'aux narines : sa queue, imparfaitement carrée, est fortement carénée en dessous, et ses incisives sont brunes à leur extrémité. Son pelage est généralement d'un brun noirâtre en dessus, avec le ventre un peu plus pâle et la gorge blanche : enfin, on remarque à l'oreille une petite tache blanche formée par de longs poils naissant de l'intérieur de la conque auriculaire. Cette espèce habite les environs de Paris où elle paraît très-rare. Ses mœurs ne sont pas connues.

La MUSARAIGNE PORTE-RAME, *Sorex remifer*, Geoff. St.-H., Ann. du Mus. T. XVII, est une espèce assez voisine de la précédente, dont elle se distingue d'ailleurs facilement par sa taille ; elle a près de quatre pouces de long, sans compter la queue qui a elle-même deux pouces et demi environ, et elle doit ainsi être placée au nombre des plus grandes espèces que possède la France. Son pelage est généralement d'un noir brunâtre ou d'un brun très-foncé en dessus avec le dessous du corps d'un cendré foncé et la gorge d'un cendré clair, légèrement lavé de roussâtre. On remarque vers l'oreille une tache d'un blanc roussâtre ; mais cette tache est souvent peu marquée, et ne s'aperçoit même quelquefois que d'un seul côté. Cette espèce est remarquable par la forme de sa queue exactement carrée dans les deux premiers tiers de sa longueur : « Chaque face est parfaitement plane, dit Geoffroy, hors celle de dessous qui est sillonnée ; de la fin de ce sillon naît dans l'autre portion une carène qui se prolonge d'autant plus en dessous que la queue s'amincit davantage; celle-ci finit par être comprimée et tout-à-fait plate, en sorte qu'elle rappelle assez bien dans cet état la forme de certains avirons de chaloupe. » C'est, comme on voit, ce dernier caractère qui a valu à la Musaraigne Porte-rame, le nom qui lui a été imposé; au reste, comme l'a remarqué Geoffroy, « il paraît que toutes les Musaraignes qui vont à l'eau participent plus ou moins de cette organisation, et que c'est cette conformation plutôt qu'une certaine disposition des poils des doigts, comme on l'avait cru jusqu'ici, qui détermine les habitudes de ces petits Animaux et la préférence qu'ils donnent aux lieux marécageux. » Le *Sorex remifer* a ordinairement les pates d'un blanchâtre sale avec le carpe et une portion du tarse roux, et la queue d'un gris brun lavé de roussâtre; enfin on remarque aux quatre extrémités, des poils rudes naissant de chaque côté des bords du pied et se dirigeant latéralement, de manière à augmenter la surface de la paume ou de la plante, et à faciliter ainsi la natation; ces rangées de poils ou ces brosses sont brunâtres. Tels sont les caractères que présente ordinairement la Musaraigne Porte-rame; et nous avons vu en effet plusieurs individus chez lesquels on les retrouve tous facilement; mais nous en avons aussi examiné d'autres qui, en nous offrant les principaux d'entre eux, offraient aussi des différences que nous devons mentionner ici. Les quatre extrémités, les brosses et la queue étaient presque entièrement noires; c'est à peine si l'on apercevait quelques poils blancs avec le secours de la loupe. Le museau paraissait plus allongé, la queue écailleuse et moins velue, le poil un peu moins long, et les dimensions étaient généralement un peu moins considérables. La tache auriculaire était d'un blanc pur, et non pas d'un blanc roussâtre, et on n'apercevait non plus sur les parties inférieures aucune trace de brunâtre ou de roussâtre; le dessous du corps était d'un cendré noirâtre,

et la gorge d'un cendré pur. Tandis que toutes les dents sont presque entièrement blanches chez la Musaraigne Porte-rame ordinaire, et qu'on remarque seulement une légère teinte rosée sur la pointe des antérieures, elles sont chez les individus que nous venons de décrire en dernier lieu, d'un rouge vif à leur extrémité : les incisives supérieures et inférieures sont même, à leur face antérieure, de cette couleur dans leur dernière moitié tout entière. Enfin il nous a paru aussi que dans la variété aux dents rouges, la mâchoire inférieure est un peu plus longue, que son apophyse coronoïde est plus saillante et plus grêle, et que les fausses molaires sont moins serrées les unes contre les autres et plus exactement verticales. Telles sont les principales différences que nous a fait connaître un examen attentif : doit-on admettre qu'elles se rapportent à des différences de sexe, d'âge ou de saison ? Ou bien, doit-on les considérer comme assez importantes ou assez nombreuses pour penser qu'il existe en France une espèce voisine du *Sorex remifer*, et non encore distinguée par les naturalistes ? C'est ce qu'il nous est impossible de décider dans l'état présent de la science : l'examen de plusieurs individus des deux sexes pris dans le même âge et dans la même saison, peut seule en effet permettre de prononcer avec certitude sur cette question; et nous n'avons encore réussi à nous procurer qu'un très-petit nombre de sujets dont nous ignorons les sexes, et que nous avons au contraire constaté appartenir à des âges différens.

La Musaraigne de Daubenton, *Sorex Daubentonii*, Erxl.; *Sorex fodiens*, Pallas; *Sorex carinatus*, Hermann; la Musaraigne d'eau de Daubenton, est une espèce assez voisine de la Musaraigne Porte-rame, mais qui se distingue facilement par plusieurs caractères : son pelage est d'un brun noirâtre en dessus, d'un blanc légèrement gris roussâtre en dessous; et ces deux couleurs ne se fondent pas l'une avec l'autre sur les flancs, comme cela avait lieu dans l'espèce précédente. La face externe des cuisses et des bras, et toute la croupe, sont de la même couleur que le dos; la lèvre supérieure et une petite tache correspondant à l'œil, sont blanches; et il y a également quelques vestiges de la tache auriculaire, mais celle-ci est très-peu visible, et chez beaucoup d'individus, où ne l'aperçoit pas, ou bien on ne l'aperçoit que d'un seul côté. Les incisives sont rouges dans leur portion terminale, et les mains sont généralement brunes avec les doigts blanchâtres. La queue ressemble beaucoup à celle du *Sorex remifer*; mais elle diffère en ce que sa face inférieure présente une ligne blanche très-distincte, et formée à son extrémité d'assez longs poils, disposée d'ailleurs, comme dans l'espèce précédente, en manière d'aviron. Cette espèce, découverte par Daubenton, a, selon cet illustre naturaliste, trois pouces une ligne du bout du museau à l'origine de la queue, celle-ci ayant deux pouces trois lignes; et Baillon a trouvé récemment un individu qui a même environ trois pouces et demi : au contraire un autre qui existe au Muséum depuis plusieurs années, n'a pas tout-à-fait trois pouces de long; il ressemble du reste parfaitement au précédent. La Musaraigne de Daubenton a été trouvée dans les mêmes lieux que la Musaraigne Porte-rame, et ces deux espèces ont les mêmes habitudes. L'individu dont nous venons de parler en dernier lieu, a été vu combattant pendant plus d'une demi-heure une Grenouille qu'il avait saisie à la pate.

C'est à cette espèce que quelques auteurs ont rapporté la Musaraigne fossile trouvée, il y a quelques années, dans les brèches osseuses de Sardaigne, et dont l'existence a été révélée à Cuvier par l'examen d'un humérus et de trois dents, « parcelles à peine visibles, dit-il, pour tout autre qu'un naturaliste, et qui n'en disent pas moins dans un langage

très-clair à quel Animal elles ont dû appartenir. » Ces dents, provenant du côté gauche de la mâchoire supérieure, sont colorées à leur sommet, et ont exactement les formes propres au genre *Sorex :* leur grandeur répond à peu près à celles de la Musaraigne de Daubenton. Ces débris que leur extrême ténuité n'a pas empêché de traverser les siècles, ont été trouvés avec des ossemens de Lagomys, de Campagnols et de Lézards.

La Musaraigne noire a collier blanc, *Sorex collaris*, Geoff. St.-Hil., Mém. du Muséum, T. 1, est encore une espèce d'Europe : on en doit la connaissance à l'abbé Manesse qui a eu souvent occasion de la voir en Hollande. Elle n'a d'ailleurs jamais été décrite d'une manière complète, et le nom que lui a donné Geoffroy indique les seuls de ses caractères qui soient encore connus. Nous avons cru cependant ne devoir pas l'omettre, puisque son collier blanc la distingue parfaitement de toutes ses congénères.

La Musaraigne sacrée, *Sorex religiosus*, Nob. On savait depuis long-temps par les témoignages des anciens, que les Egyptiens honoraient d'un culte les Musaraignes : ce fait curieux est aujourd'hui constaté de la manière la plus authentique par une découverte que vient de faire le savant antiquaire Passalacqua; découverte non moins intéressante pour la zoologie que pour l'histoire des coutumes et des mœurs si remarquables du peuple qui a transmis à l'Europe les lumières des sciences et de la civilisation. Ce voyageur a trouvé dans un tombeau de la Nécropolis de Thèbes, vingt-sept Musaraignes embaumées, savoir : deux d'une taille gigantesque, dont nous parlerons plus bas, deux assez semblables par leurs dimensions et leurs formes à la Musette, mais sur lesquelles nous ne nous arrêterons pas, parce qu'elles n'offrent aucun trait qui puisse permettre de les caractériser avec précision, et enfin un grand nombre d'autres, beaucoup plus pelites encore, parmi lesquelles quelques individus se sont trouvés dans un état de conservation assez parfait, pour qu'il nous ait été possible, après un examen attentif, de les déterminer comme se rapportant à une espèce encore inconnue, soit à l'état de momie, soit à l'état vivant. La Musaraigne sacrée, *Sorex religiosus* (nous adoptons à son égard le système de nomenclature généralement usité à l'égard de la plupart des Animaux sacrés, tels que l'Ibis), se distinguera facilement par sa taille à peu près égale à celle de notre *Sorex personatus*; par sa queue fort longue, et dont l'extrémité pourrait atteindre et peut-être même dépasser l'occiput; par ses oreilles fort développées, et par son pouce assez court. Ces caractères se voient chez la plupart des individus rapportés par Passalacqua; le suivant, fort digne d'attention, ne s'aperçoit d'une manière bien distincte que chez ceux qui se trouvent le mieux conservés : la queue est aussi exactement carrée que chez le *Sorex tetragonurus* et le *Sorex remifer*; et ses quatre faces sont, comme dans ces espèces, séparées par des angles très-saillans. Telle est la Musaraigne sacrée dont nous avons déjà fait connaître les principaux caractères dans le Catalogue raisonné des antiquités égyptiennes de Passalacqua, p. 294. Les notes que ce savant voyageur a bien voulu nous communiquer, nous apprennent que les divers individus de cette espèce, et les autres Musaraignes embaumées dont nous avons parlé, se trouvaient mêlés avec différens Animaux, tels que des Crapauds, des Hirondelles, un Hobereau, une petite Couleuvre et un Scarabée, sans qu'aucun d'eux eût un bandage à part, comme cela a lieu ordinairement. Il est à remarquer que les naturalistes de l'expédition d'Egypte n'ont trouvé dans cette contrée aucune Musaraigne, et que toutes celles découvertes jusqu'à ce jour soit en Afrique soit aux Indes, sont, comme on va le voir, de très-grande taille, tandis que le *Sorex religiosus* doit être

mis au nombre des plus petites espèces du genre.

La MUSARAIGNE BLONDE, *Sorex flavescens*, Nob., est peut-être de toutes les espèces de ce genre, celle qu'il est le plus facile de distinguer au premier coup-d'œil; en effet la couleur de son pelage, c'est-à-dire celui de tous les caractères qui est le plus apparent, lui est exclusivement propre. Tout le dessus du corps et de la tête est d'un blond roussâtre d'une nuance fort agréable à l'œil, et qui se change sur la face supérieure de la queue en un cendré roussâtre très-clair. Toutes les parties inférieures du corps, de la tête et de la queue, la région interne et la partie inférieure des membres soit antérieurs soit postérieurs, et le tour de la bouche, sont d'un blanc légèrement cendré. On remarque sur le chanfrein, une ligne longitudinale brunâtre qui tranche avec la couleur claire des parties environnantes de la tête. Les dents sont entièrement blanches, et les ongles sont blanchâtres : les oreilles, aussi longues, mais proportionnellement un peu moins larges que celles du *Sorex araneus*, sont aussi à peu près de cette couleur. Cette belle espèce a quatre pouces et demi du bout du museau à l'origine de la queue, et celle-ci, plus courte que chez la plupart des Musaraignes dont nous avons déjà parlé, n'a qu'environ un pouce et demi, c'est-à-dire qu'elle forme le quart de la longueur totale de l'Animal : on y voit quelques longues soies dirigées postérieurement. Les jeunes sujets, lorsque leur taille n'est encore égale qu'à celle de notre Musaraigne commune, diffèrent des adultes par la nuance plus foncée des parties supérieures du corps, et au contraire, par la nuance plus claire des inférieures; ainsi tout le dessus de la tête, du corps et de la queue, de même que les parties externes et supérieures des membres, sont d'un brun presque pur, et la ligne du chanfrein est d'un brun noirâtre, tandis que toute la région inférieure du corps et le tour de la bouche, sont d'un blanc presque pur. Les dents sont de même couleur dans tous les âges. Nous avons remarqué chez le jeune, que les oreilles blanches à leur base, sont brunes à leur partie supérieure; le même système de coloration se retrouve chez l'adulte, mais il s'aperçoit moins facilement à cause de la couleur plus claire du fond du pelage. Nous devons ajouter que la tête est plus allongée dans cette espèce que chez la plupart de ses congénères. La Musaraigne blonde habite la Cafrerie et le pays des Hottentots; elle doit être ajoutée à la liste déjà si nombreuse des espèces dont la science est redevable à l'infortuné voyageur Delalande.

La MUSARAIGNE DE L'INDE, *Sorex indicus*, Geoff. St-Hil., est ainsi décrite par Geoffroy (Ann. du Mus. T. XVII) : « Longueur du corps, 140 millimètres (5 pouces 2 lignes); de la queue, 42 mill. (1 p. 6 lig.). Le poil est partout extrêmement court et d'un gris-brun, teint en dessus de roussâtre, parce que la pointe de chaque poil est de cette couleur. Toutes les dents sont blanches. Sa queue ronde annonce un Animal terrestre, et Buffon nous dit en effet que cette espèce habite dans les champs, d'où elle se répand quelquefois dans les maisons. Elle y trahit bientôt sa présence par l'odeur musquée qu'elle exhale. » C'est à la suite de cette description que Geoffroy Saint-Hilaire a fait connaître, sous le nom de Musaraigne du Cap, *Sorex capensis*, une Musaraigne au sujet de laquelle il s'exprime ainsi : « Longueur du corps, 100 mill. (3 p. 8 lig.); de la queue, 48 mill. (1 p. 9 lig.) On ne pourrait confondre cette Musaraigne qu'avec la précédente. Elle s'en rapproche par la taille, la couleur des dents, la forme arrondie et épaisse de la queue, la grandeur et le nu des oreilles et l'odeur de musc qu'elle exhale; mais elle paraît cependant en différer essentiellement. Aucune Musaraigne n'a le museau plus long et plus effilé, et sa queue, qui n'est que moitié

plus courte que le corps, est proportionnellement beaucoup plus longue que dans la Musaraigne de l'Inde. Elle est aussi d'une toute autre couleur, rousse, qui tranche avec celle du pelage; sa surface est couverte de poils ras et de quelques soies répandues çà et là. Les côtés de la bouche sont roussâtres. » Le *Sorex capensis* différerait ainsi du *Sorex indicus*, 1° par la couleur de sa queue; 2° par sa plus grande longueur; 3° par une taille généralement moins considérable. Or un examen attentif des individus même qui ont servi de types aux descriptions que nous venons de citer, nous a convaincu que les différences de taille et de proportions que l'on remarque entre eux, tiennent uniquement à des différences dans le mode de préparation employé à l'égard de chacun d'eux. Ainsi toutes les parties dans lesquelles les os ont été laissés, et qui, de cette manière, ont conservé leurs dimensions naturelles, comme les pieds et les mains, sont exactement de même grandeur chez le *Sorex capensis* et le *Sorex indicus*. Ces deux espèces se distingueraient donc uniquement par la nuance de la queue qui se trouve être d'un roux vif chez le premier, d'un roux brun chez le second. Mais n'est-il pas possible que cette différence elle-même, d'ailleurs peu prononcée, soit seulement l'effet de la vétusté et du mauvais état de conservation de ce dernier, rapporté de l'Inde, il y a un demi-siècle, par le voyageur Sonnerat? C'est du moins ce qui nous paraît très-probable, et si nous ne donnons pas ce fait comme rigoureusement démontré, du moins nous semble-t-il assez vraisemblable pour que nous nous croyions autorisé à conclure que le *Sorex capensis* n'est très-probablement qu'une espèce nominale, et doit être rapporté au *Sorex indicus*. Observons d'ailleurs que dans une figure de la Musaraigne de l'Inde, publiée dans les Supplémens de Buffon, d'après un individu rapporté par Sonnerat, le même qui a depuis servi de type à la description de Geoffroy Saint-Hilaire, cet Animal est représenté exactement avec les proportions assignées au *Sorex capensis* dont il ne paraît différer sous aucun rapport. Enfin, nous ferons une autre remarque qui vient encore à l'appui de notre opinion. On pourrait objecter que la grande distance qui sépare l'Inde de l'Afrique australe, rend présumable la distinction spécifique des Musaraignes qui se trouvent dans ces deux contrées ; mais, sans répondre comme nous le pourrions, en citant l'existence bien constatée de quelques espèces sur ces deux points éloignés du globe, nous dirons, à l'égard du *Sorex capensis*, que le seul individu que possède le Muséum, a été rapporté par Péron et Lesueur, de l'Ile-de-France, et non pas du Cap. Ainsi, en admettant que la même espèce se trouve à la fois, et dans l'Afrique australe, et dans l'Inde, son existence constatée sur des points intermédiaires nous permettrait mieux de concevoir ce fait. On sait d'ailleurs que la Musaraigne de l'Inde n'est pas seulement répandue dans le continent, mais qu'elle habite aussi Sumatra (Raffles, Trans. Linn. T. VIII) et plusieurs autres îles de l'archipel Indien. Mais de plus, ne serait-ce pas d'après de fausses indications que le Cap aurait été désigné par Geoffroy Saint-Hilaire comme la patrie de l'Animal objet de cet article ? Du moins sommes-nous porté à croire qu'il y a erreur dans une note communiquée à ce naturaliste par Péron et Lesueur, et où nous voyons que le *Sorex capensis* habite les caves, et qu'on se donne au Cap beaucoup de soins pour le détruire, parce qu'il y est extrêmement incommode, tant pour le dégât qu'il y fait que pour l'odeur qu'il exhale. Cette phrase se rapporterait-elle à notre Musaraigne blonde ? ou plutôt contiendrait-elle une fausse indication de lieu ? Et en effet, si la Musaraigne de l'Inde était aussi commune au Cap que nous la représente cette remarque, comment concevoir qu'elle soit restée inconnue à Kolbe, à

Sparrmann, et généralement à tous les auteurs qui ont décrit les Animaux de l'Afrique australe, et qu'aucun individu n'ait été rapporté depuis l'expédition du capitaine Baudin, ni par Quoy et Gaimard, ni par Lesson et Garnot, ni même par Delalande, ce voyageur qui a enrichi le Muséum de plus de quatorze mille Animaux, et qui, non moins zélé qu'intrépide, savait mettre autant de patience à recueillir les plus petites espèces, qu'il avait de courage pour se procurer les plus grandes ?

La Musaraigne géante, *Sorex giganteus*, N., est une espèce confondue jusqu'à ce jour avec le *Sorex indicus* dont elle se rapproche par les couleurs de son pelage, mais dont elle se distingue parfaitement par deux caractères fort remarquables. Elle a près d'un demi-pied de l'extrémité du museau à l'origine de la queue, et celle-ci a trois pouces et demi environ ; c'est-à-dire qu'elle forme à peu près les deux cinquièmes de la longueur totale : au contraire chez le *Sorex indicus*, le corps a un peu moins de quatre pouces, et la queue a environ un pouce et demi, c'est-à-dire qu'elle forme seulement un peu plus du quart de la longueur totale. Ces différences de taille et de proportions sont très-prononcées, comme on le voit, et il deviendra très-facile de distinguer l'une de l'autre les deux espèces de l'Inde : néanmoins, comme elles ont été longtemps confondues, nous ajouterons ici l'indication des figures et des descriptions qui se rapportent à chacune d'elles. Deux figures très-soignées du *Sorex giganteus* se trouvent publiées, l'une par Geoffroy dans les Mémoires du Muséum, T. I, sous le nom de Musaraigne de l'Inde, *Sorex indicus* ; la seconde par Fr. Cuvier dans son Histoire Naturelle des Mammifères, sous le nom de Monjourou, *Sorex indicus*. Quant aux descriptions du *Sorex indicus* données par Desmarest (Mammalogie) et par Fr. Cuvier (*loc. cit.* et Dictionn. des Sc. Natur.), elles se rapportent en partie à cette espèce, en partie à l'autre, ce qui ne pouvait être autrement, puisque toutes deux n'avaient point été distinguées. Il paraît aussi que le nom de *Monjourou*, ou bien, pour le conserver tel qu'il existe dans la langue malabare, le nom de *Mondjourou*, appartient en commun aux deux espèces de l'Inde. Enfin la grande Musaraigne indiquée par Geoffroy (dans le Catalogue déjà cité de Passalacqua), et celle dont Olivier a figuré le crâne (Atlas du Voyage en Égypte), ne diffèrent pas, comme nous le verrons plus bas, du *Sorex giganteus*. Quant au *Sorex indicus*, il a été, ainsi que nous avons essayé de le démontrer, deux fois décrit par Geoffroy, savoir: sous le nom de *Sorex capensis*, et sous celui de *Sorex indicus*. On a pu voir quel motif nous a porté à adopter de préférence le second de ces noms, quoique l'espèce à laquelle nous le conservons, ne se trouve pas seulement dans l'Inde, et qu'elle ne soit pas la seule qui habite cette contrée. La description donnée sous ce dernier nom est d'ailleurs, ainsi que nous l'avons dit, faite d'après un individu détérioré et mal préparé, et contient par conséquent quelques erreurs. On peut au contraire prendre une idée exacte de l'espèce d'après celle donnée sous le nom de *Sorex capensis*, et d'après la planche qui l'accompagne. Enfin la figure de la Musaraigne musquée de l'Inde, qui se trouve dans les Supplémens de Buffon, T. VII, représente aussi le *Sorex indicus*, dont elle donne très-bien les formes et les proportions. Quant à celle qui existe dans l'ouvrage de Petiver (pl. 23, fig. 9) sous le nom de *Sorex araneus capensis maximus*, et qui a été rapportée par Geoffroy au *Sorex capensis*, nous sommes plus porté à voir en elle notre *Sorex flavescens*, mais sans avoir pour cela d'autre motif que l'opinion où nous sommes que le premier n'existe pas au Cap. Cette figure informe ne ressemble pas plus en effet au *Sorex flavescens* qu'au *Sorex capensis* ou *indicus*; et sans les

formes si remarquables et les caractères si prononcés des Musaraignes, il serait même tout-à-fait impossible de reconnaître qu'elle représente une espèce de ce genre. Petiver donne à son *Sorex araneus maximus capensis* une trompe au moins égale à celle des Desmans, des membres très-développés, et une queue qui surpasse en longueur le corps tout entier.

La Musaraigne géante vit dans les mêmes lieux que la précédente, ainsi que nous l'ont appris les Catalogues de Leschenault qui avait bien su, par ses propres observations, reconnaître l'existence, dans l'Inde, de deux espèces distinctes : du reste, toutes deux paraissent confondues dans la langue malabare sous le nom de *Mondjourou*, et elles ont les mêmes habitudes. Elles sont communes dans les maisons de Pondichéry où elles se rendent incommodes par l'odeur musquée qu'elles exhalent. Cette odeur est si pénétrante, que si elles passent sur une gargoulette (sorte d'alcarazas), elles la communiquent à l'eau contenue dans le vase ; et l'on prétend que les Serpens les fuient et s'éloignent des lieux où elles se trouvent. Elles sont nocturnes et font fréquemment entendre dans leurs courses un petit cri aigu que l'on rend à peu près par la syllabe *kouïk*.

La Musaraigne géante n'a encore été trouvée que dans l'Inde, ou plutôt, l'Inde est la seule contrée où on l'ait trouvée vivante ; car il est très-probable qu'on doit rapporter à cette espèce une grande Musaraigne découverte à l'état de momie en divers lieux de l'Égypte par Olivier et par Passalacqua. Ce dernier, ainsi que nous l'avons déjà dit, a rapporté deux sujets très-bien conservés, et qui viennent d'un tombeau de la Nécropolis de Thèbes, où on les avait placés avec un grand nombre d'Oiseaux, de Reptiles et d'Insectes, et particulièrement avec plus de vingt individus de cette petite espèce de *Sorex* que nous avons fait connaître plus haut sous le nom de *Religiosus*. Tous ces Animaux se trouvaient mêlés ensemble, ainsi que nous l'a appris Passalacqua, sans qu'aucun d'eux eût un bandage à part, selon la coutume ordinaire. Ce fait est digne d'attention; et en effet, Olivier (Voyage en Egypte, T. II) remarque aussi que les Musaraignes qu'il a trouvées dans un des puits des Oiseaux sacrés d'A-quisir, près Memphis, étaient mêlées avec des coquilles d'œufs brisés qui appartenaient probablement à des Ibis, des graines de Graminées et la tête d'une petite espèce de Rat. Au reste, il existe entre les Musaraignes découvertes par Olivier à Aquisir, et celles découvertes par Passalacqua à Thèbes, la même différence que l'on a dès long-temps remarquée entre les Ibis de Memphis et ceux de Thèbes. Les individus de Passalacqua sont très-bien conservés, ainsi que nous l'avons dit, tandis qu'Olivier n'a guère trouvé que des ossemens dont une portion était même brisée, comme on peut le voir dans son ouvrage, et particulièrement des crânes, dout il a fait représenter quelques-uns dans son atlas. C'est par un examen attentif de ces figures et des individus rapportés par Passalacqua, que nous avons reconnu que la grande Musaraigne des anciens Egyptiens n'est autre que notre *Sorex giganteus.* Or, si l'on se rappelle que les naturalistes de l'expédition d'Egypte n'ont, comme nous l'avons dit, trouvé dans cette contrée aucune Musaraigne, et si l'on songe que la taille considérable du *Sorex giganteus* ne lui permettait guère de se dérober à des recherches continuées pendant plusieurs années, il semble difficile de se refuser à admettre que cette espèce n'existe pas de nos jours en Egypte, à l'état vivant. Nous avions également reconnu, avant d'avoir connaissance de ce fait, que plusieurs des Oiseaux sacrés des anciens Egyptiens, au nombre desquels nous citerons l'Ibis blanc lui-même (*Ibis religiosus*, Cuv.), se trouvent aujourd'hui uniquement dans l'Inde; et une semblable remarque a aussi été faite au sujet de plusieurs Insectes par le célèbre Latreille.

Ces faits méritent toute l'attention des naturalistes et des archéologues; car ils prouvent rigoureusement, ou bien qu'une partie des Animaux qui peuplaient l'Egypte dans les temps anciens, n'existent plus de nos jours dans cette contrée, ou bien que les anciens Egyptiens empruntaient à l'Inde une portion des objets de leur culte. Telle est l'importante question à laquelle conduit l'examen des Animaux sacrés de l'antique Egypte; question sur laquelle il ne nous appartient pas d'émettre une opinion, et qui ne pourra être résolue que par celui qui, aux connaissances d'un savant archéologue, réunira les lumières d'un profond naturaliste.

La Musaraigne a queue de Rat, *Sorex myosurus*, Pall., Act. de Pétersb., 1791, et Geoff. St.-Hil., Ann. du Mus. T. XVII, est un Animal dont la patrie est inconnue, et qui n'est vraisemblablement qu'une variété albine. Elle ressemble beaucoup à la Musaraigne de l'Inde dont elle se rapproche par la forme et la grandeur de ses oreilles, et par sa taille; mais elle paraît avoir le museau plus court et la queue plus longue, plus épaisse, et couverte de poils moins rapprochés et de soies plus nombreuses. Le pelage est entièrement blanc. C'est ainsi que Geoffroy caractérise le *Sorex myosurus;* mais Pallas rapporte aussi à cette même espèce une autre Musaraigne dont le pelage est d'un brun noirâtre, et dont la queue paraît plus courte.

Telles sont les espèces du genre *Sorex* assez connues pour qu'il nous soit possible de donner à leur égard quelques détails, et les seules sur lesquelles nous croyons devoir nous arrêter. Nous nous bornerons en effet, à l'exemple de Geoffroy et de Desmarest, à mentionner : 1° le *Sorex murinus* de Java qui doit sans doute être rapportée à l'une des deux espèces indiennes que nous avons décrites; 2° le *Sorex minimus*, espèce établie sur un passage de Pallas où cet illustre naturaliste (Voyag. T. II) dit avoir vu une Musaraigne brune à

queue ronde et étranglée à la base;
3° le *Sorex cæcutiens* de Laxmann,
établie d'après une Musaraigne de
Sibérie, trop brièvement décrite pour
qu'il soit possible de décider si elle
doit être distinguée du *Sorex Daubentonii*; 4° le *Sorex exilis*, trouvé
également en Sibérie, et qui serait la
plus petite de toutes les espèces de ce
genre, et conséquemment le moindre
de tous les Mammifères; 5° le *Sorex
pusillus*, trouvé par Gmelin dans les
déserts du nord de la Perse, et
qui n'est pas, suivant Geoffroy, une
véritable Musaraigne; et 6° enfin le *Sorex minutus*, Quadrupède entièrement
privé de queue, de très-petite taille,
et dont le museau est excessivement
prolongé. Ce dernier est, suivant
Geoffroy, le même que le *Sorex
pygmæus* de Laxmann, et devra, comme le *Sorex pusillus*, être séparé des
véritables Musaraignes. (IS. G. ST.-H.)

MUSC. MAM. Espèce du genre
Chevrotain. *V.* ce mot. (B.)

MUSCA. INS. *V.* MOUCHE.

MUSCADE. MOLL. Nom vulgaire
que les marchands donnent à la Bulle
Ampoule, *Bulla Ampulla*. (D..H.)

MUSCADE. BOT. PHAN. La graine
du Muscadier. *V.* ce mot. On a appelé MUSCADE DE PARA le fruit du
Pichurim, espèce du genre Laurier.
V. ce mot. (B.)

MUSCADIER. *Myristica.* BOT.
PHAN. Genre d'abord placé dans les
Laurinées, mais formant aujourd'hui
le type d'une nouvelle famille que
R. Brown a désignée sous le nom de
Myristicées. *V.* ce mot. Les caractères du genre Muscadier sont les suivans : ses fleurs sont unisexuées,
dioïques, composées d'un calice globuleux monosépale, denté à son sommet; les étamines dont le nombre varie de trois à douze sont réunies à la
fois par leurs filets qui sont très-courts,
et par leurs anthères, et forment une
sorte de colonne au centre de la fleur;
les anthères sont extrorses et s'ouvrent
par un sillon longitudinal. Dans les
fleurs femelles, le calice est caduc,

urcéolé; l'ovaire libre, à une seule
loge contenant un ovule dressé;
le style très-court, surmonté d'un
stigmate à deux lobes peu marqués.
Le fruit est tantôt charnu et tantôt
sec, il s'ouvre naturellement en deux
valves à l'époque de sa maturité. La
graine est recouverte par un arille
charnu et découpé en un très-grand
nombre de lanières étroites et irrégulières. Les Muscadiers sont des
Arbres quelquefois assez élevés, ayant
des feuilles alternes, simples, entières et pourvues de stipules, persistantes et luisantes; des fleurs petites, dioïques, tantôt axillaires et
en petit nombre, tantôt réunies en
grand nombre et formant une panicule axillaire ou terminale. On doit
réunir à ce genre le *Virola* d'Aublet,
qui ne diffère des véritables Muscadiers que par ses fleurs disposées en
panicule, et ses étamines au nombre
de trois seulement. Il faut également
y joindre le genre *Horsfieldia* de Willdenow, qui n'en diffère par aucun
caractère.

MUSCADIER AROMATIQUE, *Myristica aromatica*, Lamk., Ill., t. 852;
Myristica officinalis, L. C'est un
Arbre d'environ trente pieds de hauteur, très-touffu, et ayant par son
port beaucoup de ressemblance avec
un Oranger. Ses feuilles sont alternes,
ovales, acuminées, entières, longues
de deux à trois pouces, larges d'environ un pouce et demi, courtement
pétiolées, coriaces, glabres, d'un
vert brillant en dessus, blanchâtres et
glauques à leur face inférieure. Les
fleurs sont dioïques, disposées en
faisceaux pédonculés à l'aisselle des
feuilles; chaque faisceau se compose
d'environ quatre ou six fleurs portées
sur des pédicelles grêles. Les fleurs
mâles ont un calice urcéolé à trois
dents ovales, aiguës, pubescentes;
neuf ou plus souvent douze étamines
soudées ensemble par les filets et par
les anthères. Le fruit est une drupe ou
noix charnue, pyriforme, de la grosseur d'une moyenne pêche, pouvant
se rompre en deux valves incomplètes,
et renfermant une seule graine, recou-

verte par un arille nommé *Macis*, découpé en lanières charnues et couleur de pourpre vif, et tirant sur le carmin le plus éclatant. Le tégument de la graine est brunâtre, épais et crustacé, et l'amande d'une couleur brune rougeâtre claire, est marbrée intérieurement de veines plus foncées. Le Muscadier est originaire des Moluques, et particulièrement des îles de Banda, où les Hollandais le cultivent en abondance. Il a été transporté aux îles de France et de Mascareigne, en 1770 et 1772, par le philantrope Poivre, auquel nos colonies doivent l'introduction d'un si grand nombre de Végétaux précieux. Depuis ce temps il s'y est cultivé avec succès, et en a été transporté à la Guiane-Française et dans quelques-unes des Antilles. Il paraît que le Muscadier se plaît de préférence dans les terrains frais et à l'ombre d'autres Arbres. Il est en toutes saisons chargé à la fois de fleurs et de fruits dans tous les états; ces fruits demandent neuf mois pour parvenir à leur maturité complète. Comme il ne faut qu'un individu mâle pour féconder cent femelles, et qu'on ne peut les distinguer que quand ils sont en fleurs, ce qui n'arrive qu'au bout de sept ou huit ans, la culture du Muscadier offrait sous ce rapport un très-grand inconvénient. On doit donc savoir beaucoup de gré à Joseph Hubert, riche habitant de Mascaraigne, pour le procédé sûr et expéditif qu'il a inventé. Il consiste à greffer, au bout de deux ou trois ans, tous les jeunes plants de Muscadier avec du Muscadier femelle. Par ce moyen, il existe un rameau mâle qui féconde tous les autres immanquablement, et l'on épargne beaucoup de temps outre qu'on ne perd pas de terrain occupé par des individus qui ne donneraient aucun produit; l'on hâte d'ailleurs la récolte d'un ou deux ans, et la floraison des mâles coïncide avec celle des femelles, ce qui n'arrive pas toujours dans les pieds de sexes séparés.

La Noix-Muscade est un objet de commerce assez important. On l'emploie surtout comme aromate, et peu comme médicament. Elle a une odeur et une saveur fortes, piquantes, aromatiques et agréables; celle du Macis est plus agréable, parce qu'elle est moins poivrée. La Muscade contient deux sortes d'huiles; l'une grasse et fixe, l'autre volatile. La substance connue sous le nom d'huile de Muscade est un mélange de ces deux huiles, qu'on retire par expression.

MUSCADIER PORTE-SUIF, *Myristica sebifera*, Lamk.; *Virola sebifera*, Aublet, Guian., 2, p. 904, t. 345. C'est un Arbre qui acquiert quelquefois une grande hauteur, et qui croît dans la Guiane. Ses feuilles alternes, oblongues, aiguës, entières, sont vertes à leur face supérieure, et couvertes inférieurement d'un duvet court et ferrugineux. Les fleurs sont extrêmement petites, dioïques, ferrugineuses, disposées en grappes rameuses et axillaires. Les fruits sont globuleux, de la grosseur d'une petite prune, presque secs, et s'ouvrant en deux valves. Les graines de cette espèce contiennent une huile grasse et solide, que l'on en retire par le moyen de l'eau bouillante. On en compose des chandelles dont on fait communément usage dans les pays où cet Arbre croît naturellement. (A. R.)

MUSCADIN ou MUSCARDIN. MAM. Espèce du genre Loir. *V.* ce mot. (B.)

MUSCADINE. BOT. PHAN. Nom vulgaire et de pays du *Vitis verrucosa*. *V.* VIGNE. (B.)

MUSCARDIN VOLANT. MAM. (Daubenton.) Espèce du genre Vespertilion. *V.* ce mot. (B.)

MUSCARI. BOT. PHAN. Genre de la famille des Asphodélées et de l'Hexandrie Monogynie, L., établi par Tournefort, puis réuni au *Hyacinthus* par Linné. Rétabli par Miller, Desfontaines et De Candolle, il est ainsi caractérisé essentiellement : périgone ovoïde, renflé dans son milieu, resserré en grelot, à six dents;

six étamines insérées sur le milieu du tube du périgone ; capsule à trois angles très-saillans. Ce genre est assez distingué, par son port, du *Hyacinthus* dont il diffère d'ailleurs par la structure de son périanthe et de sa capsule.

Les espèces de Muscari, en petit nombre, sont pour la plupart indigènes du bassin de la Méditerranée. Ce sont d'assez jolies petites Plantes bulbeuses, à fleurs bleues ou violettes, agréablement odoriférantes. Deux seulement croissent dans l'Europe tempérée; ce sont les *Muscari comosum*, et *M. racemosum* de Miller. On trouve très-abondamment dans les lieux cultivés, la première de ces Plantes, jusque sur les versans océaniques. Elle a une tige nue, cylindrique, lisse et haute de trois à quatre décimètres; ses feuilles sont radicales, longues, un peu épaisses et planes supérieurement; les fleurs, d'un bleu rougeâtre, sont disposées en un épi fort long et lâche dans sa partie inférieure; les pédoncules inférieurs qui soutiennent les fleurs fertiles sont très-ouverts et de même couleur que la tige; les supérieurs sont redressés, colorés, fort longs, et supportent des fleurs stériles. La seconde, moins brillante par sa couleur, ayant les corolles d'un brun violâtre, le Muscari par excellence, croît principalement en France, en Espagne, en Sicile et en Grèce, dans les lieux secs, et parfume l'air.

(G..N.)

* **MUSCARIA.** BOT. PHAN. C'est le nom d'un des nombreux genres établis par Haworth (*Saxifrag. Enumeratio*, p. 56) aux dépens du genre *Saxifraga* de Linné. Il est, selon cet auteur, essentiellement caractérisé par son ovaire infère, déprimé supérieurement; par ses styles divergens à stigmates en forme de spatules, et par ses pétales étroits, distans et jaunes. L'auteur de ce groupe qu'il est bien difficile d'admettre comme genre distinct, y comprend des espèces herbacées, petites, en gazon, à feuilles entières,

ou trifides linéaires. Ce sont les *Saxifraga muscoides*, Jacq.; *S. cespitosa*, L.; *S. acaulis*, Seringe; *S. magellanica*, Pers.; *S. moschata*, Sternb.; et *S. aphylla*, Sternb. On pourrait y réunir encore plusieurs autres espèces, si ce genre méritait d'être adopté.

(G..N.)

MUSCAT. BOT. PHAN. Variété de Raisins. (B.)

MUSCATELLA. BOT. PHAN. (C. Bauhin.) Syn. d'*Adoxa Moschatellina*, L. (B.)

MUSCI ET **MUSCUS.** BOT. CRYPT. *V.* MOUSSES.

MUSCICAPA. OIS. *V.* GOBE-MOUCHE.

* **MUSCIDA.** ZOOL.? (Grateloup.) *V.* ARTHRODIÉES et MYCODERMES.

MUSCIDES. *Muscides.* INS. Tribu de l'ordre des Diptères, famille des Athéricères, établie par Latreille, et ne renfermant qu'une partie du grand genre *Musca* de Linné. Latreille lui donne pour caractères : antennes de deux ou trois articles, le plus souvent de trois, le dernier en forme de palette, inarticulé, avec une soie simple ou plumeuse sur le dos, près de sa base; une trompe très-distincte, grande ou moyenne, membraneuse, rétractile, terminée par deux grandes lèvres, coudée, retirée entièrement, lorsqu'elle est en repos, dans la cavité buccale, et renfermant dans une gouttière supérieure un suçoir de deux soies.

Les Muscides qui correspondent au genre Mouche des premiers ouvrages de Fabricius, ont éprouvé beaucoup de modifications depuis cet auteur; plusieurs savans entomologistes ont travaillé cette tribu, mais malgré tous ces travaux, son étude est encore fort difficile, et les caractères des genres qu'on y a établis sont peu tranchés et souvent minutieux. Fallen, entre autres, s'étant plus dirigé dans sa méthode, d'après les ailes que d'après l'examen des parties de la bouche, et les rapports des métamorphoses, a divisé les Muscides en cinq familles. Ainsi il n'a conservé dans sa famille des Muscides, que les genres Ocyptère, Tachine, Mouche et Lispe; sa famille des Scatomyzides est formée des genres *Scatomyza* (*Musca scybalaria*), et *Cordylura* (*M. pubera*), L. Ses Ortalides embrassent les divisions des Carpomyzes, des Dolichocères, et une partie des Gonocéphales de Latreille. La famille des Micromyzides comprend les genres *Helcomiza* (*Musca serrata*), L., *Copromiza*, *Madiza*, *Gymnomyza*, *Piophila* (*Musca casei*), L.; *Dipsa*, *Phillomyza*, *Oscinis*, *Agromyza*, *Phytomyza* et *Trineura* (*Phora*), Latr. Enfin sa famille des Hydromyzides comprend les genres *Calobata*, *Ochtera*, *Ephidra*, *Nothiophila* et *Dolichopus*. *V*. tous ces mots. Le port des Muscides est en général le même que celui de la Mouche domestique. Ces Insectes ont la tête hémisphérique, leurs yeux sont grands et à réseau, et on aperçoit entre eux, et au-dessus du front, trois petits yeux lisses très-distincts. Le front présente, de chaque côté, une fossette pour recevoir les antennes; il est ordinairement plus membraneux que le derrière de la tête. Les antennes sont le plus souvent inclinées et plus courtes que la tête; leur dernier article, qui a la forme d'une palette de figure variée, est ordinairement plus grand que les autres; il porte, près de son articulation, une soie ou une aigrette dorsale; le corselet des Muscides est cylindrique et d'un seul segment apparent; leurs ailes sont grandes, horizontales; les balanciers sont courts, avec les cuillerons fort grands dans plusieurs. Les pates ont deux crochets et deux pelottes dans lesquelles il existe un organe pneumatique propre à faire le vide, et permettant à ces Insectes de marcher sur les corps les plus polis et dans toutes les positions. Les jambes de beaucoup sont épineuses; l'abdomen est ovalaire, triangulaire ou oblong; quelquefois il est cylindrique, d'autres fois il s'aplatit.

L'accouplement des Muscides est assez simple; cependant celui de la Mouche domestique présente une particularité assez remarquable : la femelle de cette espèce, au lieu de recevoir l'organe du mâle, introduit au contraire dans son corps un long tube charnu dans une fente qu'il a au derrière; ordinairement on voit les mâles s'élancer sur le corps des femelles, et les solliciter à l'accouplement; mais il n'a lieu que quand celles-ci y sont disposées; on voit alors ces Insectes joints ensemble et volant ainsi l'un sur l'autre. Les œufs des Muscides sont très-petits et en très-grand nombre chez presque toutes les espèces; elles les déposent ordinairement dans les matières tant animales que végétales en putréfaction. Il n'y a qu'une seule espèce du genre Mouche qui soit vivipare et qui ponde des larves toutes formées. Les larves des Muscides se nourrissent des matières dans lesquelles les œufs ont été déposés; celles qui vivent sur la chair en accélèrent la corruption en y formant un grand nombre de cavités; il en est beaucoup qui vivent dans le fumier, dans la terre grasse, etc. Les Champignons, les feuilles, les graines et les fruits nourrissent un grand nombre de larves de Mouches; ces larves sont apodes, allongées, et ordinairement cylindriques; elles sont molles et flexibles, le devant de leur corps est pointu et conique, et leur partie postérieure est grosse et arrondie. Elles ont une tête molle et charnue qui est garnie de deux crochets écailleux; ils sont accompagnés quelquefois de mamelons et d'une sorte de langue propres à recevoir les sucs nutritifs : il n'y a point d'yeux. Les stigmates sont au nombre de quatre ordinairement; deux sont situés sur le premier anneau, et on pourrait les prendre au premier abord pour des yeux; les autres sont placés au milieu d'une plaque circulaire, souvent écailleuse, terminant le dernier anneau; les chairs de son contour peuvent envelopper comme une bourse ces organes, et empêcher l'introduction des humeurs ou des matières nuisibles : quelquefois chaque stigmate est composé de trois petites fentes rapprochées. Ces larves ne quittent point leur peau pour se métamorphoser ; cette peau se durcit, devient écailleuse, et forme le cocon dans lequel la nymphe passe un certain temps avant de se métamorphoser et de devenir Insecte ailé. Cette coque est en général d'une couleur marron ou d'un brun rougeâtre : elle est à peu près aussi grosse antérieurement que postérieurement ; avant que la larve se soit métamorphosée en nymphe dans cette coque, elle prend la figure d'une boule allongée à laquelle on ne voit aucune partie distincte ; ce n'est que quelque temps après que cette boule se développe et prend la figure d'une nymphe à laquelle on voit toutes les parties extérieures de l'Insecte parfait ; ces nymphes restent plus ou moins long-temps dans cet état, selon que la saison est plus ou moins favorable à leur développement ; enfin l'Insecte parfait sort de sa coque après l'avoir brisée et fait sauter, avec sa tête qui se gonfle à cet effet, une portion de son enveloppe ; à la sortie les ailes sont plissées, chiffonnées et si courtes qu'elles paraissent être des moignons ; mais bientôt elles s'étendent, deviennent planes et unies ; l'Insecte les agite légèrement, il prend son essor, voltige dans l'air, et cherche bientôt à remplir les fonctions pour lesquelles la nature l'a formé. Quelques espèces de Mouches, et surtout la Mouche domestique, sont sujettes à une maladie très-remarquable et dont on ne connaît pas la cause. Leur ventre enfle d'une manière considérable, les anneaux se déboîtent, et les pièces qui les recouvrent s'éloignent les unes des autres. Dans cet état leur ventre est rempli d'une matière grasse, onctueuse, d'une couleur blanche. Cette matière pénètre la peau et s'accumule sur la surface du corps. Les Mouches attaquées de cette maladie s'accrochent avec leurs pates sur les murailles et

dans d'autres lieux, et on les trouve mortes dans cet état. On voit aussi très-souvent les cadavres de plusieurs petites Mouches suspendus aux filets des étamines des fleurs du Laurier-Rose (*Nerium Oleander*), et on avait cru que ces Diptères étaient empoisonnés par cette fleur ; mais il est bien reconnu qu'ils ont été collés aux filets où ils adhèrent par une liqueur visqueuse qui suinte de ces parties, et qu'ils y ont péri ne pouvant plus s'en détacher. D'autres Mouches, trompées par l'odeur cadavéreuse qu'exhale le Gouet — Serpentaire (*Arum Dracunculus*), vont y déposer leurs œufs, croyant le faire dans de la chair en putréfaction.

Les Muscides renferment actuellement un assez grand nombre de genres ; Latreille divise cette tribu ainsi qu'il suit :

† Des ailes.

1. Les Cryptogastres, *Cryptogastræ*.

Ecusson recouvrant tout le dessus de l'abdomen.

Genre : Célyphe (Dalman.)

2. Les Créophiles, *Creophilæ*.

Cuillerons grands, recouvrant en majeure partie les balanciers. Ailes le plus souvent écartées.

A. Côtés de la tête non prolongés en manière de cornes portant les yeux.

a. Ailes écartées.

* Antennes allongées ou de longueur moyenne.

Genres : Echinomyie, Ociptère (*Eryotrix*, *Exoriste*, *Cylindromye*, Maig.), Mouche.

** Antennes de moitié au moins plus courtes que la face de la tête.

Genres : Phasie, Trichopode, Idie, Métopie, Mélanophore.

β. Ailes couchées sur le corps.

Genre : Lispe.

B. Côtés de la tête prolongés en cornes portant les yeux.

Genre : Achias.

5. Les Carpomyzes, *Carpomyzæ.*

Cuillerons petits; balanciers nus; ailes écartées, vibratiles; antennes toujours courtes.

Genres : PLATYSTOME, TÉPHRITE, DICTIE, DACUS, MICROPÉZE.

4. Les Dolichocères, *Dolichoceræ.*

Cuillerons petits; balanciers nus; ailes ordinairement couchées sur le corps; antennes de la longueur au moins de la face de la tête.

Genres : LOXOCÈRE, LAUXANIE, SÉPÉDON, TÉTANOCÈRE.

5. Les Gonocéphales, *Gonocephalæ.*

Cuillerons petits; balanciers nus; ailes couchées; antennes plus courtes que la face de la tête; tête, vue en dessus, plane, presque triangulaire.

Genres : OTITE, OSCINE, CALOBATE, NERIUS.

6. Les Scathophiles, *Scathophilæ.*

Cuillerons petits; balanciers nus; ailes couchées sur le corps; antennes plus courtes que la face de la tête. Tête presque globuleuse ou transverse.

A. Yeux et antennes situés à l'extrémité de deux prolongemens latéraux, et en forme de cornes.

Genre : DIOPSIS.

B. Tête non prolongée de chaque côté en manière de cornes, portant les yeux et les antennes.

a. Antennes insérées entre les yeux.

* Pieds antérieurs ravisseurs.

Genres : OCHTÈRE.

** Tous les pieds simplement ambulatoires.

Genres : ANTHOMYIE, MOSILLE, SCATHOPHAGE, THYRÉOPHORE, SPHÆROCÈRE. Dans cette division se classent probablement les genres *Ropalomera* et *Timia* de Wiedmann.

β. Antennes insérées près de la cavité buccale.

Genre : PHORE.

†† Point d'ailes.

7. Les Aptères, *Apteræ.*
Genre : CARNUS.

Robineau Desvoidy, docteur en médecine, qui préparait depuis longtemps un travail sur les Muscides, vient de le présenter à l'Académie des Sciences, et il en a été fait un rapport très-avantageux par Blainville dans la séance du lundi 2 octobre 1826. Dans ce nouveau travail, la famille des Muscides est érigée en ordre sous le nom de MYODAIRES, et l'auteur, subdivisant son ordre en familles, conserve le nom de Muscides à celle qui renferme le genre Mouche dont le type est le *Musca domestica* de Linné. Nous entrerons dans quelques détails sur cette nouvelle classification des Mouches, au mot MYODAIRES, auquel nous renvoyons. (o.)

* MUSCIPETA. OIS. (Cuvier.) *V.* MOUCHEROLLE.

MUSCIPULA. BOT. PHAN. Nom scientifiquement spécifique d'une Dionée, donné à des Silènes ainsi qu'à d'autres Végétaux, sur quelques parties desquelles les Mouches trouvent la mort en s'y collant par les pates. (B.)

MUSCLES. ANAT. Les Muscles sont des organes charnus, irritables, contractiles, composés de fibres, d'ordinaire fixés à des parties solides par l'intermédiaire de tendons ou d'aponévroses. Il y a production de mouvement partout où se trouvent des Muscles : ce sont des organes moteurs par excellence. Mais on rencontre des mouvemens en des organes et chez des Animaux où les Muscles ne sont pas appréciables. Les Polypes, les Infusoires, les Radiaires ont des mouvemens sensibles, et néanmoins l'existence de leurs Muscles est un problème que nos observations les plus assidues ne peuvent résoudre. Dans les Animaux vertébrés, certains organes où rien de musculeux ne s'observe, sont doués de mouvemens très-manifestes : le scrotum et les vésicules séminales des Mammifères, la crête des Oiseaux, les parties composées de tissu érectile sont dans ce cas, aussi bien que les feuilles de la Sensitive et les organes sexuels de beaucoup de Plantes. En vain Tournefort a voulu démontrer des Muscles dans les parties irritables des Végétaux, personne n'a partagé son erreur, fruit de ses premières études d'anatomiste et de médecin.

Tout Muscle est composé de fibres, diversement colorées, selon l'ordre de l'Animal, plus ou moins ridées selon qu'il agit peu ou beaucoup. Ces fibres sont liées par du tissu cellulaire dont la laxité varie selon leur force et leur fonction. Elles reçoivent des vaisseaux; elles sont abreuvées de sang ou de lymphe; elles sont animées par des nerfs dont l'existence a quelquefois été contestée; enfin elles se terminent en s'entrelaçant fibres et fibres, ou en s'unissant à des organes tendineux attachés à des parties solides.

Il y a des Muscles soumis à la volonté, il en est d'autres entièrement soustraits à son empire. Les Muscles volontaires sont ceux des membres et du corps qui exécutent les mouvemens de déplacement exigés par les besoins de la nutrition, ou qui s'exercent pour la culture des différens arts. Mais ces mouvemens sont bien moins volontaires encore qu'instinctifs; presque toujours ils ont lieu à notre insu; ils s'exécutent presque tous, nous parlons des mouvemens mis en jeu pour les premiers besoins, aussi ponctuellement chez les Animaux que chez l'Homme, malgré sa noble origine. Mais l'Homme reconnaît le pouvoir et l'énergie de sa volonté dans la faculté qu'il a, et qu'il a seul, d'arrêter ou de modifier ces mouvemens que l'instinct est habitué de diriger. Et c'est à cet empire sans bornes de la volonté, c'est à cette extrême docilité des Muscles que sont dus tous nos arts, toutes nos manières, toutes nos industries admirables, qui font rivaliser les produc-

tions de l'Homme avec les productions de la nature.

Il est des Muscles que la volonté n'influence qu'accidentellement, ce sont les Muscles de la respiration. Nuit et jour, sans cesse, mais non sans relâche, ils agissent. Que la volonté veille ou s'assoupisse, leur jeu n'en éprouve que d'imperceptibles changemens; cependant la volonté les gouverne, car elle peut les accélérer, les ralentir, les modifier diversement, les arrêter même dans leur jeu, presque jusqu'à ce degré où la mort surviendrait par leur inaction. Des mouvemens tout-à-fait involontaires, c'est le mouvement du cœur; c'est le mouvement de l'estomac et des intestins. Celui de la vessie est en partie volontaire. L'estomac agit toujours à notre insu : ce mouvement même, nous ne l'apprécions que par ses effets. Le cœur agit sans repos, sans intervalle, depuis la première existence du fœtus animal jusqu'à la mort consommée. Ces mouvemens involontaires loin d'être relatifs à la force totale de l'individu, sont d'autant plus marqués que la faiblesse est réellement plus grande. C'est dans les extrêmes faiblesses, dans les évanouissemens, que l'action du cœur et de l'estomac est plus manifeste. Il y a des palpitations, et souvent des vomissemens dans la syncope, et après les pertes excessives de sang ou d'autres humeurs. Le cœur bat plus énergiquement, et l'estomac rejette tout ce dont il est rempli dans la plupart des attaques d'apoplexie. A l'instant du sommeil tous les Muscles se convulsionnent légèrement, surtout les Muscles volontaires, qui éprouvent une espèce de tressaillement. Quand la vie est près de finir, les Muscles de la poitrine, de l'estomac, de la matrice, de la vessie et des intestins éprouvent des convulsions remarquables, principalement dans l'agonie des maladies aiguës; mais tout cela est involontaire et non ressenti. Les mouvemens musculaires ne sont donc pas tous ni toujours proportionnés à l'énergie de la vie ni au développement de la sensibilité.

Rien ne développe les Muscles, ni ne les colore et ne les fortifie comme l'exercice. Ils sont plus pâles et plus mous dans le premier âge et chez les Animaux femelles; plus huileux dans les Animaux aquatiques; plus durs, plus noirs et plus putrescibles dans les espèces carnivores. Souvent on voit chez le même Animal, des Muscles qui tiennent de deux espèces et de deux âges. Ainsi les Muscles de l'aile des Oiseaux ressemblent rarement aux Muscles des cuisses : ceux des ailes sont plus développés, plus colorés et plus nourrissans, si l'Oiseau est sauvage et aérien; c'est le contraire s'il est terrestre et apprivoisé : l'aile de la Perdrix ressemble, pour la qualité de ses Muscles, à la cuisse des Oiseaux de basse-cour.

L'action des Muscles volontaires est intermittente; le sommeil consiste surtout dans leur repos. C'est précisément le temps où les Muscles involontaires agissent davantage : le cœur ne se repose que pendant les évanouissemens; le diaphragme, que dans la syncope et l'asphyxie; l'estomac n'a de relâche que durant la diète des maladies aiguës, ou l'abstinence volontaire ou forcée. La compression du cerveau, l'opium, le vin, l'acide prussique, les solanés, toutes choses qui procurent un repos total aux Muscles volontaires, qui souvent même les paralysent, accroissent la tâche et la fatigue des Muscles involontaires.

Durant le sommeil, le corps prend la position qui favorise davantage le repos et la détente de tous ses Muscles fatigués : l'Homme malade ou affaibli par de trop grands exercices, se couche en supination; c'est un des caractères distinctifs de l'espèce humaine. Mais il n'est pas de signe plus satisfaisant dans le cas de maladie, que de voir le sommeil arriver, le corps reposant latéralement. C'est toujours un présage de salut. Au nombre des influences qui énervent les Muscles, nous aurions dû citer la chaleur, cause puissante de lâcheté,

de débauche et d'esclavage. Cette même chaleur du climat, qui fait vendre à vil prix, comme inutile, une liberté sans force et sans vouloir, qui rend stérile un sol cultivé par des esclaves, le dépeuple par la polygamie.

Le principe de la contraction des Muscles est tout-à-fait inconnu. Tout ce qu'on a pu faire à cet égard a été d'étudier cette contraction, et de nombrer les causes qui la peuvent exciter, augmenter, amortir ou faire cesser. L'hypothèse la plus raisonnable est toute récente; elle est due à Prévost et Dumas (*V.* MYOTILITÉ). Un Muscle qui se contracte, oscille, se ride, se fronce sur lui-même, et se raccourcit ordinairement d'un quart ou d'un tiers de sa longueur totale. On peut juger des oscillations d'un Muscle contracté par le bruit que font entendre dans l'oreille, durant le bâillement, les Muscles internes des osselets de l'ouïe. Les contractions musculaires sont excitées ou par la volonté, ou par l'instinct pur, ou par la répétition habituelle d'un acte primitivement volontaire, ou par l'excitation directe des fibres musculeuses, ou par la dilacération des nerfs ou de la moelle épinière et allongée, par l'électricité, par le magnétisme, ou par certains poisons comme la Noix Vomique et l'Upas; ou par certaines maladies dont la douleur est le principal élément.

Il y a toujours des Muscles qui prédominent sur les autres Muscles, et qui produisent la position du corps et des membres rendus à l'inaction; ce sont ordinairement les plus longs, mais non pas les plus forts. Cela même est un moyen de repos plus parfait pour les Muscles extenseurs plus courts, sur qui reposent les grands efforts. Ils se délassent d'autant mieux que les Muscles opposés attirent les membres de leur côté. Tout ce qui se fait évidemment dans le corps est l'ouvrage des Muscles, si l'on excepte les sécrétions, les absorptions, les divers modes de sentir et la pensée. Il y a du mouvement dans la presque universalité des actes vitaux, et presque tous les mouvemens sont musculaires. Mais ces actions des Muscles sont rarement isolées : elles s'associent, s'enchaînent et se coordonnent pour produire des mouvemens d'ensemble. Nous avons signalé autrefois une de ces Synergies musculeuses les plus importantes; nous avons montré comment l'occlusion de la glotte s'associait et concourait à tous les grands efforts ; efforts de volonté ou d'instinct quel qu'en soit le but (Mémoires sur la Respiration et les Efforts, etc., 1820). Flourens a pensé (1822) que le cervelet était le nœud de ces Synergies. Desmoulins a montré des Animaux manquant de cervelet, où pourtant les mêmes Synergies s'opéraient. Charles Bell a départi aux plexus nerveux l'influence qu'on avait prêtée très-gratuitement au cervelet. Autant de savans, autant d'hypothèses, ingénieuses quelquefois, mais toujours vaines.

Il resterait à parler des différences des Muscles selon les classes d'Animaux; différences de couleur, de force, de fonctions, etc. Il faudrait montrer comment ils se convertissent en adipocire lorsqu'ils sont plongés pendant un temps considérable dans l'eau, quoi qu'en ait dit un chimiste moderne. Il faudrait dire comment ils se roidissent après la mort, aussitôt que la chaleur vitale les a abandonnés, et comment ils redeviennent mous, un peu avant que la putréfaction s'en empare ; comment les Muscles des espèces herbivores et timides, servent de pâture aux espèces voraces. Mais nous écrivons cet article pour un Dictionnaire, où la chose essentielle est d'être bref et concis sans divagations hors du domaine de l'histoire naturelle proprement dite. *V*. MYOTILITÉ.

(ISID. B.)

MUSCULITES. CONCH. Syn. de Moules fossiles.   (B.)

MUSCULUS. ZOOL. Dans Pline une Baleine; chez d'autres vieux natura-

listes la Souris. Les anciens employaient aussi ce mot pour désigner les Moules. Klein s'en est servi pour une des classes de sa méthode (*Ostrac.*, pag. 127); il l'a divisé en trois genres : le premier, *Musculus acutus*, ne renferme que des Modioles et des Moules : il est donc bon et il a été conservé jusque dans ces derniers temps. Le second, *Musculus latus*, s'éloigne beaucoup du premier, il comprend des Anodontes seulement sans mélange d'autres Coquilles, ce qui est très-remarquable : ce groupe se trouvait donc établi en genre bien avant Bruguière, qui en avait fait ses Anodontites; le troisième, enfin, *Musculus mammarius*, a été fait sur une figure de Lister, sur laquelle on conserve des doutes : il est difficile de la rapporter à un genre connu.   (B.)

MUSCUS. BOT. CRYPT. *V*. MUSCI.

MUSEAU. ZOOL. Le prolongement des mâchoires dans les Animaux. De sa configuration dans diverses espèces, on a appelé :

MUSEAU DE BROCHET (Rept. Saur.), une espèce de Crocodile du sous-genre Caïman.

MUSEAU ALLONGÉ (Pois.), les Chelmons.

MUSEAU POINTU (Pois.), une Raie, etc.   (B.)

* MUSELIER. INS. Espèce du genre Cychre. *V*. ce mot.   (B.)

MUSERAIN ET MUSETTE. MAM. Vieux noms français de la Musaraigne vulgaire. *V*. ce mot.   (B.)

MUSETTE. OIS. (Salerne.) Syn. vulgaire du Cujelier. *V*. ALOUETTE.   (DR..Z.)

MUSICIEN. OIS. Espèce du genre Gros-Bec. *V*. ce mot.   (B.)

MUSIQUE. MOLL. Plusieurs espèces du genre Volute qui offrent des lignes parallèles semblables à la portée sur laquelle sont placées les notes, et des points plus ou moins multipliés dans l'intervalle de ces lignes. Elles ont présenté quelque ressemblance avec de la Musique écrite, d'où le nom que les marchands donnent, surtout au *Voluta Musica*. On a désigné par le nom de Musique de Guinée, le *Voluta Guinaica*, Lamk.; de Musique lisse, le *Voluta lævigata*, Lamk.; de Musique marbrée et de Musique rouge, deux variétés du *Voluta Musica*; enfin la Musique verte est le *Voluta polyzonalis*.

(D..H.)

MUSMON ET MUSIMON. MAM. Le Mouflon dans le vieux langage. *V*. MOUTON.   (B.)

MUSOPHAGE. *Musophaga*. OIS. Genre établi dans Latham et adopté ensuite par divers ornithologistes pour y placer quelques espèces qui sont encore des Touracos dans la méthode de Temminck. *V*. TOURACO.

(DR..Z.)

*MUSSA. POLYP. Oken a formé sous ce nom une petite coupe ou sous-genre parmi les Madrépores; elle rentre parmi les Caryophyllies de Lamarck, *V*. ce mot.   (B.)

MUSSENDE. *Mussænda*. BOT. PHAN. Genre de la famille des Rubiacées et de la Pentandrie Monogynie, L., offrant les caractères essentiels suivans: calice divisé en cinq parties inégales plus ou moins longues; l'une d'elles extérieure, développée en une grande feuille pétiolée et semblable à celles de la tige, mais discolore et à cinq ou sept nervures. Corolle infundibuliforme ou presque campanulée, à tube allongé et à limbe divisé en cinq segmens ovales et égaux. Anthères non saillantes, presque sessiles sur la base du tube. Capsule oblongue, à deux loges et à deux valves polyspermes; les graines très-petites attachées à un réceptacle qui partage incomplétement chaque loge en deux. Plusieurs espèces de *Gardenia* avaient été placées dans ce genre, et réciproquement les auteurs avaient réuni quelques véritables *Mussænda* à d'autres genres distincts, ou formé des genres nouveaux pour ces espèces. Ainsi les *Macrocnemum candidissimum* et *coccineum* de Vahl, qui ont une foliole très-longue dans leur ca-

lice, et le genre *Pinckneya* de Michaux, sont définitivement réunis au genre *Mussænda*. Le *Landia* de Commerson en est aussi congénère, quoiqu'il ne présente pas cette grande foliole si caractéristique du calice; mais il a tant de rapports par une de ses espèces avec le *Pinckneya*, et par une autre avec le *Mussænda glabra*, qu'on se voit forcé de le placer dans ce genre plutôt qu'avec les *Macrocnemum* qui comme lui n'offrent pas d'anomalie dans le calice. Après ces réformes, le genre *Mussænda* se trouve composé d'environ quinze espèces qui croissent, pour la plupart, dans les Indes-Orientales et dans les îles australes d'Afrique; quelques-unes seulement habitent l'Amérique équinoxiale. Ce sont des Arbrisseaux à fleurs terminales, ordinairement en capitules, rarement en grappes ou fasciculées. Nous ne mentionnerons ici que l'espèce suivante qui peut être regardée comme type générique.

La MUSSENDE APPENDICULÉE, *Mussænda frondosa*, L., *Gardenia frondosa*, Lamk., est un Arbrisseau qui forme un buisson de deux à trois mètres, et dont les rameaux sont, comme dans le Sureau, remplis de moelle. Les feuilles sont opposées, pétiolées, ovales et pointues; les fleurs forment une cime branchue au sommet des rameaux, et sont ornées de belles feuilles colorées très-particulières. Cette Plante croît dans les Indes-Orientales. Rumph (*Herb. Amboin.*, 4, p. 3, t. 51) l'avait décrite et figurée sous le nom de *Folium principissæ*; et Rhéede (*Hort. Malab.*, 2, p. 27, t. 18) sous celui de *Belilla* qui a été reproduit par Adanson.   (G..N.)

MUSSINIA. BOT. PHAN. Ce genre établi par Willdenow pour le *Gorteria rigens* auquel ce botaniste a réuni plusieurs autres espèces de *Gorteria* décrites par Thunberg, avait reçu antérieurement de Gaertner le nom de *Gazania*. *V*. GAZANIE.   (G..N.)

MUSSITE. MIN. Nom donné par Bonvoisin à une substance minérale en longs prismes d'un gris verdâïre et d'une forme peu prononcée, que l'on trouve à la Mussa en Piémont, et que Haüy a reconnu appartenir à l'espèce du Pyroxène diopside. *V*. PYROXÈNE. (G. DEL.)

MUSSOLA. POIS. Syn. de *Squalus Mustelus*, L. , aux îles Baléares. *V*. SQUALE. (B.)

MUSSOLE. MOLL. *V*. MOUSSOLE.

MUSTELA. MAM. *V*. MARTE.

MUSTÈLES. POIS. Sous-genre de Gade dont le type est le *Gadus Mustela*, L. *V*. GADE. (B.)

MUSTELIA. BOT. PHAN. C. Sprengel (*Transact. Linn. Soc.*, 6, p. 152, t. 13) a donné ce nom à un nouveau genre de Synanthérées, qui est formé sur une Plante que tous les botanistes ont rapportée au genre *Stevia*. C'est le *Stevia purpurea* de Persoon qui est le *S. Eupatoria* de Willdenow. (G..N.)

MUSTÉLINS. MAM. Nom proposé par Desmarest pour un groupe composé de plusieurs genres dont la plupart appartiennent à la famille des Carnassiers Vermiformes, qui correspond au genre *Mustela* de Linné. *V*. VERMIFORMES. (IS. G. ST.-H.)

MUSTELUS. POIS. Nom scientifique du sous-genre Emissole. *V*. ce mot. (B.)

MUTEL. MOLL. On ne peut presque plus douter que le Mutel d'Adanson (*Voyag. au Sénég.*, pag. 234, pl. 17) ne soit une jeune Coquille du genre Iridine, et ce qui tend à le faire croire, c'est que la description qu'Adanson en donne se rapporte entièrement à de jeunes individus de l'Iridine que le voyageur Cailliaud a trouvés dans le Nil. *V*. IRIDINE au Supplément. (D..H.)

MUTELLINE. BOT. PHAN. Nom scientifique d'une espèce du genre *Phellandrium*. *V*. ce mot. (B.)

MUTILLAIRES. *Mutillariæ*. INS. Tribu de l'ordre des Hyménoptères, section des Porte-Aiguillons, famille des Hétérogynes, établie par Latreille et renfermant le grand genre *Mutilla* de Linné. Les caractères généraux de cette tribu sont : antennes filiformes ou sétacées, vibratiles, avec les premier et troisième articles allongés, la longueur du premier n'égalant jamais le tiers de celle de l'antenne. Pieds des femelles forts avec les jambes épineuses ou ciliées. Ces Insectes vivent solitairement, et chaque espèce se compose de mâles qui sont toujours ailés, et de femelles aptères et différant souvent des premiers par la couleur. Cette tribu diffère de celle des Formicaires par des caractères d'organisation bien faciles à saisir; le plus saillant est la forme des antennes qui sont plus grosses vers le bout et dont le premier article est aussi ou plus long que le tiers de la longueur totale de l'antenne. Dans les Formicaires il y a trois sortes d'individus, des mâles, des femelles comme dans les Mutillaires, et de plus des neutres. Les mœurs des Formicaires les distinguent encore des Mutillaires d'une manière bien tranchée; les premières vivent en sociétés fort nombreuses, tandis que les autres sont solitaires. Ainsi, quoique ces Insectes se ressemblent beaucoup au premier coup d'œil, on les distingue facilement par les caractères que nous venons d'exposer.

Latreille divise ainsi cette tribu :

I. Antennes insérées près de la bouche; abdomen cylindracé, avec le premier segment, soit séparé du suivant par une incision transverse et arrondie en dessus, soit presque en forme de selle; une ou deux cellules cubitales fermées; point de seconde nervure récurrente.

Genres : DORYLE, LABIDE.

II. Antennes insérées près du milieu de la face antérieure de la tête; abdomen soit conique, soit ovoïde-ovalaire; premier segment tantôt globuleux ou en cloche, tantôt de la forme des suivans; trois cellules cubitales complètes avec deux nervures récurrentes dans les uns; point de cellules cubitales et discoïdales fermées, dans les autres.

22*

1. Les deux premiers segmens abdominaux en forme de nœuds; point de cellules cubitales et discoïdales fermées; une radiale.

Genre : Aptérogyne.

2. Premier segment abdominal au plus en forme de nœuds; trois cellules cubitales fermées, avec deux nervures récurrentes.

† Palpes maxillaires aussi longs au moins que les mâchoires; second article des antennes découvert, point reçu dans le premier.

a. Thorax des femelles entièrement continu, presque cubique.

Genres : Mutille, Psammotherme.

β. Thorax soit noueux ou comme articulé, soit divisé par des sutures.

Genres : Myrmose, Scléroderme, Méthoque.

†† Palpes maxillaires beaucoup plus courts que les mâchoires; second article des antennes reçu dans le premier et caché.

Genre : Myrmécode. *V.* tous ces mots.   (G.)

MUTILLE. *Mutilla.* ins. Genre de l'ordre des Hyménoptères, section des Porte-Aiguillons, famille des Hétérogynes, tribu des Mutillaires, établi par Linné qui comprenait sous cette dénomination tous les Insectes qui forment à présent la tribu des Mutillaires. Ce genre, tel qu'il a été restreint par Latreille, a pour caractères : abdomen ovoïde et convexe dans les deux sexes; le premier anneau plus étroit, en forme de nœud ou de poire; le second grand, presque en cloche; corselet des femelles cubique, point noueux et sans divisions. Ce genre est distingué des Aptérogynes parce que ces derniers ont les deux premiers anneaux de l'abdomen en forme de nœuds, les Doryles et les Labides s'en séparent par le mode d'insertion des antennes; les Psammothermes ont les antennes pectinées chez les mâles; enfin les Myrmoses, Sclérodermes, Métho-

ques et Myrmécodes en diffèrent par leur thorax qui est noueux ou comme articulé, tandis qu'il paraît être d'une seule pièce et cubique dans les Mutilles. Les mâles sont ailés, leur corps est allongé, souvent velu, ordinairement varié de noir et de fauve et tacheté de blanc. La tête est arrondie, épaisse, convexe, obtuse en avant avec les yeux échancrés; entre les yeux et sur le haut de la tête on voit trois petits yeux lisses disposés en triangle. Les antennes sont filiformes, vibratiles, un peu moins longues que la moitié du corps; leur premier article est long, le second très-court, le troisième presque aussi long que le premier et les suivans plus courts et égaux entre eux; les trois premiers articles réunis forment un peu plus du tiers de la longueur totale de l'antenne. Le labre est presque membraneux et transversal; les mandibules varient de forme suivant les espèces : ordinairement elles sont fortes, arquées, plus ou moins dentées, pointues et quelquefois éperonnées. Les palpes maxillaires sont composés de six articles inégaux, filiformes et plus longs que les labiaux qui n'ont que quatre articles. Le corselet a à peu près la forme d'un cube et n'offre ni nœuds ni sutures transverses. Les ailes supérieures présentent une cellule radiale, petite, arrondie, et trois cellules cubitales presque de la même grandeur, dont les deux dernières reçoivent chacune une nervure récurrente; la troisième est presque hexagonale et donne naissance postérieurement à trois petites nervures qui ne vont pas jusqu'au bas de l'aile. Ces mâles sont encore remarquables par la grandeur des pièces écailleuses en forme de coquilles que l'on voit à l'origine des ailes supérieures; l'abdomen ressemble à celui de certaines Guêpiaires. Les Mutilles femelles diffèrent des mâles parce qu'elles n'ont point d'ailes, leurs yeux sont ronds ou ovales et entiers; on ne voit pas entre eux ces petits yeux lisses que les mâles portent sur le haut de leur tête. Le reste de leur corps est à peu près le même que dans les premiers ; mais elles ont de plus un aiguillon qu'elles portent à l'extrémité de l'abdomen et dont la piqûre cause des douleurs aussi violentes que celle des Guêpes et des Abeilles.

Les mœurs de ces Hyménoptères sont peu connues, et l'on ne sait rien de leurs métamorphoses. Ils habitent les lieux chauds et sablonneux et courent assez vite ; les femelles vivent toujours à terre, cachées sous des pierres ou dans de petits trous ; les mâles voltigent sur des fleurs, et on ne les rencontre que sur les bords des chemins arides et dans les environs des lieux habités par les femelles. Ce genre est très-nombreux en espèces ; Olivier (*Encycl. Méthod.*) en décrit soixante-neuf. Klug (*Nov. Act. Phys. Medic. Acad. Cæsar. Leopold.*, t. 10, *pars 2*) en décrit un grand nombre. Latreille a publié la Monographie des espèces de France dans les Actes de la Société d'Histoire Naturelle de Paris ; enfin Coquebert en a figuré un grand nombre dans ses Illustrations iconographiques des Insectes. Nous renvoyons à ces auteurs, à Fabricius et à Jurine pour la connaissance de toutes les espèces, et nous ne citerons que la plus connue.

La Mutille d'Europe, *Mutilla europæa*, Linn., Fabr., Oliv., Latreille, etc. Sa tête est noire ; son corselet roux, un peu noir à la partie antérieure ; l'abdomen est noir, avec la base et le bord des anneaux d'un blanc brillant un peu doré. On la trouve aux environs de Paris et dans toute l'Europe.   (c.)

*MUTIQUE. zool. bot. Par opposition à mucroné et hispide, se dit de tout organe qui n'est ni aristé, ni acuminé, ni spinescent, etc.   (b.)

MUTISIE. *Mutisia*. bot. phan. Genre de la famille des Synanthérées, et de la Syngénésie superflue, L., dédié par Linné fils (*Supplem.*, 373) au célèbre Mutis de Santa-Fé de Bogota. Il présente les caractères suivans : involucre cy-

lindracé, composé de folioles imbriquées, les extérieures ovées, les intérieures oblongues et lancéolées. Réceptacle nu. Calathide dont les fleurs offrent diverses formes ; celles du disque sont tubuleuses, bilabiées, la lèvre extérieure tridentée, l'intérieure partagée profondément en deux lanières. Les fleurs de la circonférence ligulées ou bilabiées ; la lèvre extérieure grande, plane, tridentée au sommet ; l'intérieure tantôt divisée profondément en deux lobes, tantôt simple, filiforme ; anthères munies de deux soies à la base ; akènes oblongs, tétragones, surmontés d'une aigrette plumeuse. Kunth, auquel nous avons emprunté les caractères ci-dessus exprimés, a placé ce genre dans la Syngénésie égale, L., parce qu'il croyait, avec quelque doute il est vrai, que tous les fleurons de la calathide étaient hermaphrodites. Mais les descriptions et les figures données par Cavanilles et Bonpland, et l'examen des fleurs de plusieurs espèces par Cassini, ne permettent plus de douter que les fleurs de la circonférence ne soient femelles ou qu'elles n'offrent que des étamines avortées. Le genre *Mutisia* a été subdivisé en trois groupes par Cassini, auxquels il donne les noms de *Mutisia*, *Guariruma* et *Aplophyllum*, et qui sont caractérisés par les formes diverses des folioles de l'involucre, et par celles des feuilles de la tige. Dans les vraies *Mutisia*, les folioles de l'involucre sont dénuées d'appendices, et les feuilles de la tige sont pinnées et terminées par trois vrilles. Les *Guariruma* ont au contraire les folioles extérieures et intermédiaires de l'involucre constamment surmontées d'un appendice bien distinct, lancéolé ou subulé, plus ou moins étalé ou réfléchi ; leurs feuilles sont ordinairement décurrentes, longues, étroites, dentées, terminées par une vrille simple. Enfin, dans les *Aplophyllum*, l'involucre se compose de folioles privées d'appendices comme dans les vraies *Mutisia*, mais les feuilles de la tige sont simples de même que celles des *Guariruma.* L'auteur de ces subdivisions a fort bien senti qu'elles étaient trop faiblement caractérisées pour mériter d'être admises comme genres distincts, et il paraît tenté de n'y voir que des sous-genres provisoires.

Les Mutisies sont des Plantes frutescentes, indigènes de l'Amérique méridionale. Elles font partie des Labiatiflores de De Candolle, ou Chénanthophores de Lagasca. Cassini a formé du genre *Mutisia* le type de la tribu des Mutisiées qui correspondent aux Onoséridées de Kunth. On en a décrit douze espèces, parmi lesquelles nous ne décrirons que les deux suivantes qui nous ont paru les plus remarquables.

La Mutisie Clématite, *Mutisia Clematis,* Linn. F., *loc. cit.,* Cavan., *Icon. Rar.,* 5, p. 63, t. 492, est un Arbrisseau dont les tiges sont grimpantes, tomenteuses dans leur jeunesse ; les feuilles sont pinnées, munies au sommet de vrilles trifides, et dont les folioles sont presque sessiles, oblongues et tomenteuses en dessous. Les fleurs sont axillaires, solitaires et pédonculées. Cette Plante, sur laquelle le genre a été constitué, croît dans les Andes tempérées du Pérou et de la Colombie.

La Mutisie a grandes fleurs, *Mutisia grandiflora,* Humb. et Bonpl. (*Plant. æquin.,* 1, p. 177, t. 50), est une fort belle Plante dont la tige est ligneuse, grimpante, cylindrique, à rameaux alternes, anguleux et striés. Ses feuilles sont alternes, ailées sans impaire, à deux ou trois paires de folioles, portées sur de courts pétioles, oblongues, un peu aiguës, arrondies à la base, très-entières, veinées, réticulées, vertes et glabres en dessus, et cotonneuses en dessous. Les fleurs sont extrêmement grandes, de couleur rouge, terminales, solitaires, pendantes, portées sur de longs pédoncules et accompagnées de deux bractées. Cette espèce croît à la hauteur de 2400 mètres dans les Andes de la Nouvelle-Grenade. Les autres espèces de *Mutisia* qui habitent le Chili, et que Cavanilles a figurées (*loc. cit.,* tab. 490-500), portent les noms de *M. peduncularis, viciæfolia, ilicifolia, sinuata, hastata, inflexa* et *linearifolia.*   (G..N.)

* MUTISIÉES. *Mutisieæ.* BOT. PHAN. H. Cassini a donné ce nom à la seizième des vingt tribus qui, suivant sa Classification, composent la famille des Synanthérées. Voici les caractères qui la distinguent : la calathide est ordinairement radiée ; le réceptacle est nu, muni quelquefois de fimbrilles, mais jamais de petites écailles ; les folioles de l'involucre sont disposées sur plusieurs rangs et imbriquées ; les corolles présentent deux lèvres égales en longueur ; l'extérieure plus large et à trois divisions plus courtes, l'intérieure plus étroite, et à deux divisions plus longues ; les étamines sont munies d'appendices apicilaires soudés par leur partie inférieure, et d'appendices basilaires longs et subulés ; le style est à deux stigmatophores courts, non divergens, munis à la partie interne de deux très-petits bourrelets, et à la partie externe de quelques petits poils collecteurs épars ; l'ovaire est cylindracé, ordinairement couvert de grosses papilles, quelquefois surmonté d'un bourrelet apicilaire ; l'aigrette est composée de poils soyeux, rarement plumeux.

Les Mutisiées sont des Plantes herbacées, quelquefois des Arbrisseaux, assez ordinairement cotonneux, tantôt pourvus de vraies tiges, le plus souvent munis simplement de hampes. Les feuilles sont alternes, sessiles, quelquefois indivises, mais le plus souvent lyrées ou roncinées, pinnatifides ou pennées, et accompagnées de vrilles. Les corolles sont ordinairement jaunes, rarement purpurines ou blanchâtres. Les Mutisiées et les Nassauviées, tribus très-voisines entre elles, présentent, selon Cassini, des rapports très-marqués avec les Lactucées et les Carlinées. Elles habitent pour la plupart l'Amérique méridionale ; quelques-unes se rencontrent dans l'Afrique et l'Amérique septentrionale.

Cette tribu renferme la plupart des genres dont se compose le groupe désigné par De Candolle sous le nom de Labiatiflores, et par Lagasca sous celui de Chénanthophores. Elle est également identique avec la section que Kunth a nommée *Onoserideœ*, sauf le genre *Homanthis* de cet auteur ou *Homoianthus* de De Candolle, que Cassini rejette parmi les Nassauviées.

Les genres qui constituent la tribu des Mutisiées sont répartis en deux sections de la manière suivante :

§ I. Mutisiées-Prototypes, *Mutisieœ-Archetypœ*. Elles ont une vraie tige herbacée ou ligneuse, garnie de feuilles portant plusieurs calathides. Genres : *Proustia*, Lagasc.; *Cherina*, Cass.; *Chœtanthera*, Ruiz et Pav.; *Guariruma* (*), Cass., *Aplophyllum* (*), Cass.; *Mutisia*, Linn. fils ; *Dolichlasium*, Lagasc.; *Lycoseris*, Cass.; *Hipposeris* (*), Cass. *V.* ces mots, à leur ordre alphabétique respectif, ou au Supplément pour les genres nouvellement proposés et qui sont désignés par une astérisque (*).

§ II. Mutisiées-Gerbériées, *Mutisieœ-Gerberieœ*. Dans cette section, les Plantes ont une ou plusieurs hampes, simples ou quelquefois rameuses, dénuées de vraies feuilles, mais souvent pourvues de bractées, portant une ou quelquefois plusieurs calathides, et entourées à la base de feuilles radicales. Genres : *Onoseris*, Persoon; *Isotypus*, Kunth; *Pardisium*, Burm.; *Trichocline*, Cass.; *Gerberia*, Cass.; *Lasiopus*, Cass.; *Chaptalia*, Ventenat; *Loxodon*, Cass.; *Lieberkuhna*, Cass.; *Leria*, D. C. ; *Perdicium*, Lagasc.; *Leibnitzia*, Cass. *V.* ces mots.   (G..N.)

MYACANTHOS. bot. phan. (Théophraste). Selon C. Bauhin, la Chaussetrape (Dioscoride); selon Daléchamp, l'*Asparagus acutifolius*, L.   (B.)

MYAGROIDES. bot. phan. (Barrelier.) Syn. de *Draba verna*, L.   (B.)

MYAGRUM. bot. phan. Genre de la famille des Crucifères et de la Tétradynamie siliculeuse, L. Les anciens botanistes donnaient le nom de *Myagrum* à plusieurs Crucifères siliculeuses ; mais Tournefort le restreignit à un de ses genres qui fut adopté par Linné, et dont les espèces furent considérablement augmentées. La plupart de ces espèces ajoutées au genre de Tournefort sont devenues les types de genres établis ou rétablis par les modernes, tels que *Rapistrum*, *Camelina*, *Neslia*, *Didesmus*, etc. Depuis Linné, certains auteurs ont encore multiplié les espèces de *Myagrum*, s'en servant comme d'un réceptacle où ils accumulaient toutes les Crucifères qu'ils ne pouvaient faire rentrer dans les grands genres connus. Dans son dernier travail sur la famille des Crucifères, De Candolle a réduit, d'après Brown et Desvaux, le *Myagrum* à la seule espèce anciennement décrite par Tournefort, et il en a exprimé les caractères génériques ainsi qu'il suit : calice presque dressé; pétales oblongs, à peine plus grands que le calice; étamines dont les deux plus grandes sont légèrement soudées à la base; ovaire turbiné, oblong, terminé par un style court et conique; silicule coriace, subéreuse, comprimée au sommet et dilatée en deux lacunes stériles, inférieurement amincie, uniloculaire et monosperme; graine pendante, oblongue, à cotylédons incombans, ovales, légèrement courbés. Ce genre est placé dans la tribu des Isatidées, près de l'*Isatis* dont il diffère surtout par la structure de son fruit, qui n'est pas composé, comme dans ce dernier genre, de deux valves membraneuses exactement appliquées et planes, mais de membranes renflées, et laissant entre elles une lacune. Les lacunes de la silicule, ou fausses loges supérieures, sont constamment vides , tandis que la loge inférieure est monosperme; peut-être celle-ci est-elle biloculaire dans l'ovaire, ce qui expliquerait le caractère de péricarpe quadriloculaire donné au *Myagrum* par Medicus et Mœnch, qui, d'ailleurs, auront compté comme une quatrième loge la lacune du pédicelle.

Le *Myagrum perfoliatum*, L., *Cakile perfoliata* de la Flore Française, est une Herbe annuelle, glabre, dressée, qui croît dans les champs sablonneux de l'Europe australe et tempérée. Ses feuilles inférieures sont oblongues et longuement atténuées en pétioles; les supérieures sont sessiles, sagittées, amplexicaules et munies d'oreillettes aiguës. Les fleurs sont petites, d'un jaune pâle, disposées en grappes allongées, terminales et dressées.   (G..N.)

*MYAIRES. MOLL. Lamarck le premier a institué la famille des Myaires dans la Philosophie zoologique; il la composait alors des genres Mye, Panorpe et Anatine, qui certainement ont entre eux des rapports. Seulement les Myes et les Anatines ont le ligament interne; l'autre genre, ou les Panorpes, l'a externe. Cette famille est bien placée entre les Mactracées et les Solénacées; elle tient de l'une et de l'autre. Dans l'Extrait du Cours où les familles sont mieux caractérisées, surtout d'après la position du ligament, cette famille ne se compose plus que des deux genres Mye et Anatine; les Panorpes, mieux étudiées, ayant été reportées dans la famille des Solénacées. Le dernier ouvrage de Lamarck offre des rapports et la composition de cette famille entièrement semblables; Cuvier ne l'a point adoptée. Les deux genres Mye et Anatine font partie de la famille des Enfermées, et sont des sousgenres des Myes aussi bien que les Lutraires, les Anatines, les Glycimères et les Pandores. Férussac, en admettant la famille de Lamarck, y a apporté plusieurs changemens; il y a ajouté les genres Lutraire et Solémye. C'est le dernier de ces deux genres qui est le moins naturellement rapproché. Blainville, dans son Traité de Malacologie, n'a point

adopté la famille des Myaires de Lamarck; les genres qu'elle renferme sont compris dans la neuvième famille des Lamellibranches, qu'il a nommée les Pyloridés (*V.* ce mot). Cette famille divisée en deux sections, la première pour les Coquilles dont le ligament est interne, et la seconde pour celles dont le ligament est extérieur, représente presque dans leur entier les Mactracées, les Myaires et les Solénacées de Lamarck. Latreille (Fam. Natur. du Règne Animal, p. 222) a adopté comme Férussac la famille des Myaires, à laquelle il a joint les Lutraires sans y mettre les Solémyes, comme Férussac, ce qui est beaucoup plus rationnel. Latreille a fait tenir à cette famille les mêmes rapports que Lamarck entre les Mactracées, dont la famille des Amphydesmides est séparée, et les Solénides qui répondent aux Solénacées de Lamarck. Depuis ces divers travaux nous avons observé le genre Anatine dans ses détails; nous avons trouvé que toutes les espèces étaient pourvues, dans leur état complet, d'une dent mobile et caduque à la charnière. Nous avons reconnu que cette dent ou plutôt cet osselet avait une forme constante selon les groupes d'espèces; ce qui nous a déterminé à démembrer les Anatines en plusieurs genres, et à faire avec elles une famille particulière (*V.* ANATINE au Supplément.) Ainsi la famille des Myaires, dans le cas où on l'adopterait, se trouverait réduite aux deux genres Mye et Lutraire, qui ont beaucoup d'analogie, soit pour le test, soit pour l'Animal. Lamarck caractérise ainsi cette famille : ligament intérieur; une dent élargie, et un cuilleron, soit sur chaque valve, soit sur une seule, donnant attache au ligament. La coquille est bâillante aux deux extrémités latérales ou à une seule. *V.* MYE, ANATINE et LUTRAIRE.   (D..H.)

*MYANGIS. BOT. PHAN. *V.* MIANGIS.

*MY-ATTIC. MAM. L'un des noms

de pays du Mouflon d'Amérique. *V.* ce mot à l'article Mouton. (IS. G. ST.-H.)

MYCASTRUM. BOT. CRYPT. (*Lycoperdacées.*) Genre établi par Rafinesque, mais qui est encore très-imparfaitement connu : il se rapproche beaucoup du genre *Geastrum.* Il est ainsi caractérisé : sessile, sans valve; péridium étoilé, plane; sporules pulvérulentes, réunies dans le centre de la partie supérieure, qu'se déchire irrégulièrement. On n'en connaît qu'une seule espèce, qui croît en Sicile, dans les terrains sablonneux; il est d'un brun noirâtre, divisé en cinq à neuf rayons; sa surface est glabre.   (AD. B.)

* **MYCECYTES.** POLYP. (Bertaud.) Quelques espèces de Polypiers fossiles.   (E. D..L.)

* **MYCEDIUM.** POLYP. Hill et Brown ont réuni sous cette dénomination générique quelques Polypiers lamellifères, rangés par Lamarck dans les genres Méandrine, Pavone et Monticulaire. *V.* ces mots. (E. D..L.)

* **MYCÉLIDE.** *Mycelis.* BOT. PHAN. Genre de la famille des Synanthérées, et de la Syngénésie égale, établi par Cassini (Dict. des Sciences Natur. T. XXXIII, p. 483) qui l'a placé dans la tribu des Lactucées ou Chicoracées, et l'a ainsi caractérisé : involucre cylindracé, formé de cinq folioles presque sur un seul rang, se recouvrant par les bords, égales, appliquées, oblongues, obtuses, membraneuses sur les bords, un peu carenées; la base de l'involucre entourée de quelques petites écailles inégales, appliquées, à peu près cordiformes. Réceptacle petit, plane et nu. Calathide composée de cinq fleurs ligulées, hermaphrodites, ayant leurs corolles ornées d'une touffe de longs poils très-fins autour du sommet du tube. Akènes portés sur de courts pédicelles, comprimés, obovales, à côtes nombreuses, prolongés supérieurement en un col, d'abord très-court, qui s'allonge après la floraison, terminé par un bourrelet saillant et entouré d'une couronne de

poils courts qui ceignent la base de l'aigrette; celle-ci est très-longue, blanche, composée de poils nombreux, extrêmement fins et à peine plumeux. Ce genre ressemble par ses fruits aux *Lactuca,* mais il en diffère par son involucre; il offre au contraire l'involucre des *Lampsana,* mais il s'en éloigne par la structure de ses fruits. Placé ainsi entre ces deux genres, il ne peut être associé aux *Prenanthes* ou aux *Chondrilla,* dont il faisait partie suivant Linné, Lamarck, Gaertner et De Candolle. Il ne se compose que d'une seule espèce, *Mycelis angulosa,* Cass., ou *Prenanthes muralis,* L. Cette Plante, qui habite les lieux ombragés de l'Europe, a une tige verticale, simple, garnie de feuilles alternes, sessiles, vertes en dessus, glauques en dessous; les inférieures très-profondément lyrées, les supérieures graduellement plus petites et moins divisées. Ses fleurs sont jaunes, nombreuses, disposées en une panicule terminale, divariquée et accompagnée de bractées.   (G..N.)

MYCENA. BOT. CRYPT. *V.* AGARIC.

MYCETES. MAM. (Illiger.) *V.* SAPAJOU.

* **MYCÉTOBIE.** *Mycetobia.* INS. Genre de l'ordre des Diptères, famille de Némocères, tribu des Tipulaires fongivores, établi par Meigen, et ayant pour caractères : yeux échancrés; museau point rostriforme; antennes perfoliées, de la même grosseur dans toute leur longueur. Ce genre se distingue des Platyures, Sciophiles et Campilomyzes, par les yeux qui, dans ceux-ci, sont entiers; le genre Céroplate en est distingué par les antennes qui sont en massue perfoliée, au lieu d'être de la même épaisseur dans toute leur longueur. Ces Insectes sont de taille assez petite; ils vivent, sous leur premier état, dans les Champignons.   (G.)

MYCÉTOBIES ou **FONGIVORES.** INS. Nom donné par Duméril à une famille de Coléoptères qui correspond à celle que Latreille a établie sous le nom de Taxicornes. *V.* ce mot. (B.)

* **MYCÉTOCHARE.** *Mycetochara.* INS. Genre de l'ordre des Coléoptères, section des Hétéromères, famille des Sténélytres, tribu des Cistélides, établi par Latreille (Fam. Nat. du Règn. Anim.), et que Gylenhal avait nommé *Mycetophila.* Comme ce nom de *Mycetophila* avait été donné depuis long-temps à un genre de Diptères, on a été obligé de le changer pour éviter la confusion. Les caractères du genre Mycétochare nous sont inconnus ; il se compose de cinq à six espèces dont la principale et le type est la *Cistela humeralis* de Fabricius. (G.)

MYCÉTODÉES. *Mycetodeœ.* BOT. CRYPT. (*Mucédinées.*) Link a réuni dans la section des Mucédinées, qu'il désigne sous le nom de Mycétoïdes, les deux genres *Isaria* et *Aphalotrichum.* Elle correspond à la tribu qu'il nous indique sous le nom d'Isariées, quoique Link n'y place pas tous les genres que nous rapportons à cette tribu. *V.* MUCÉDINÉES.

(AD. B.)

* **MYCÉTODÉENS.** *Mycetodei.* BOT. CRYPT. (*Lycoperdacées.*) Link a donné ce nom à une des tribus de sa famille des Gastromyciens qui correspond à nos Lycoperdacées. Cette tribu qu'il caractérise par son péridium simple et persistant, renferme presque tous les genres de cette famille que nous avons placée dans notre seconde tribu, sous le nom de Lycoperdacées vraies. *V.* LYCOPERDACÉES. (AD. B.)

*MYCÉTOLOGIE. Même chose que Mycologie. *V.* ce mot. (AD. B.)

* **MYCÉTOMYZE.** *Mycetomyza.* INS. Genre de Diptères de la famille des Athéricères, tribu des Muscides, établie par Fallen et dont nous ne connaissons pas les caractères. (G.)

MYCÉTOPHAGE. *Mycetophagus.* INS. Genre de l'ordre des Coléoptères, section des Tétramères, famille des Xylophages, tribu des Trogossitaires, établi par Fabricius, et ayant pour caractères : antennes perfoliées, grossissant insensiblement vers l'extrémité ; premier article des tarses beaucoup plus long que les suivans ; mandibules bifides à leur extrémité ; palpes maxillaires plus longs que les labiaux, avec le dernier article plus grand que les précédens, et tronqué à son extrémité. Corps ovale, déprimé ; corselet transversal plus large postérieurement ; jambes allongées, grêles, presque cylindriques, sans épines au côté extérieur.

L'espèce qui sert de type à ce genre (*Mycetophagus quadripustulatus*) a été placée par Linné avec les Chrysomèles, et ensuite avec les Carabes. Geoffroy n'ayant pas connu l'édition de la Faune Suédoise, dans laquelle Linné décrit cette espèce, en fit un genre propre sous le nom de Tritôme parce qu'il ne vit que trois articles aux tarses de cet Insecte. Enfin Fabricius a donné ce nom de Tritôme à un autre genre d'Insectes, et les Tritômes de Geoffroy ont reçu de lui le nom de Mycétophages, qui a été ensuite adopté par tous les entomologistes. Les Mycétophages se distinguent des Triphilles, Diphilles et Agathidies, dont ils sont les plus voisins, par des caractères tirés de la forme des antennes, du nombre des articles qui composent la massue, et des articles des tarses ; les Ditômes, Lictes et Diodesmes en sont séparés par leur corps qui est beaucoup plus étroit, et par la massue de leurs antennes qui n'a que deux articles. Les Mycétophages vivent sous leurs divers états dans les Bolets ou sous l'écorce des vieux Arbres. On ne connaît point leur larve. Ces Insectes se trouvent au printemps et en été. Le genre Mycétophage est peu nombreux en espèces ; nous citerons celle qui sert de type au genre.

Le MYCÉTOPHAGE QUADRIMACULÉ, *Mycetophagus quadrimaculatus,* Latr., Fabr., Oliv. ; *Chrysomela quadripustulata, Carabus quadripustulatus,* L. ; le Tritôme, Geoff. Long de deux lignes à deux lignes et demie ;

tête, dessous du corps et pates jaunes; antennes noires dans leur milieu, fauves à la base et à l'extrémité; corselet noir, avec deux enfoncemens postérieurs; élytres striées, noires, avec deux taches rouges presque carrées sur chacune, l'une vers la base et l'autre à l'extrémité.   (G.)

MYCÉTOPHILE. *Mycetophila.* INS. Genre de l'ordre des Diptères, famille des Némocères, tribu des Tipulaires fongivores, établi par Meigen, et ayant pour caractères : trompe très-courte; deux ocelles ou petits yeux lisses écartés; ailes couchées l'une sur l'autre; antennes de seize articles simples, filiformes, pas plus longues que la tête et le thorax; yeux ovales entiers; hanches grandes; jambes postérieures épineuses; tête basse; corselet élevé, comme bossu. Ces Diptères se distinguent des Macrocères et des Bolitophiles par les antennes, qui sont plus longues que la tête et le corselet dans ces derniers; le genre Leia en est suffisamment distingué par les ocelles de la tête, qui sont au nombre de trois chez ceux-ci. Les Mycétophiles ont à peu près la forme des Cousins; mais leurs pates sont moins longues; la tête est très-petite, très-penchée et presque invisible quand on regarde l'Insecte sur le dos; les antennes sont insérées entre les yeux, elles se touchent à leur base. Le corselet est grand, globuleux, ordinairement couvert d'un léger duvet. Les pates sont grandes, moins longues et moins grêles que celles des Cousins et des autres Tipulaires; leurs hanches sont très-grandes, et la jambe est terminée par deux grandes épines. Les ailes sont grandes, les balanciers sont très-distincts, libres et comme tronqués à leur extrémité. L'abdomen est assez long, plus large postérieurement qu'à la partie antérieure; les organes générateurs ont été observés sur une espèce qui vit dans les Champignons (*Tipula fungorum*, Deg.); l'extrémité postérieure du ventre du mâle est plus grosse que celle de la femelle; si on la presse on en fait sortir deux espèces de tenailles ressemblant un peu aux mandibules des Aranéides, et composées chacune de deux pièces écailleuses mobiles; l'inférieure est grosse, ovale, et sert de manche à la supérieure qui est allongée, un peu courbée en crochet, et terminée en pointe obtuse. Elle est appliquée, dans l'inaction, contre la pièce précédente; à la base du crochet sont deux éminences arrondies; les deux serres sont velues; l'on voit entre elles deux lames écailleuses, velues, courbées en haut et se rencontrant avec les crochets des serres; l'organe sexuel présumé est situé dans leur entre-deux, il est d'une forme conique et blanchâtre. En pressant le bout de l'abdomen de la femelle, on voit paraître deux parties allongées, écailleuses, placées l'une sur l'autre, formant une sorte d'étui, dont le dessus est fortifié par une lame écailleuse en forme de coquille; la pièce supérieure est composée de deux autres pièces qui se terminent en pointe mousse, tandis que l'inférieure a un crochet au bout; celle-ci est concave et un peu courbée; une plus forte compression fait sortir d'entre elles une autre pièce qui est longue, blanchâtre, terminée en pointe mousse, et au bout de laquelle est l'ouverture de l'anus.

Les larves des Mycétophiles sont apodes; leur corps est composé en général de douze anneaux; elles ont une petite tête écailleuse, et sont toujours couvertes d'une matière gluante; elles vivent ordinairement dans les Champignons où elles se trouvent en grand nombre; celles d'une espèce (*Mycetophila fusca*, Meig.), ont été observées par Degéer dans un Champignon (*Boletus luteus*, L.). Elles y sont en très-grand nombre, mangent sa substance intérieure et le criblent de petits trous. Ces larves, n'ayant point de pates, glissent dans l'intérieur du Champignon en contractant et allongeant alternativement les anneaux de leur corps. Sur chacun d'eux, les second, troisième, onzième et douzième exceptés, on voit, de chaque côté, un petit point noir élevé en forme de tubercule, et qui est un stigmate communiquant, par des conduits ou des branchies, avec deux trachées principales très-déliées, parcourant latéralement et en zig-zag la longueur du corps, et même toute son étendue, au moyen de leurs ramifications. Le nombre des stigmates est de seize, huit de chaque côté. Les larves d'une autre espèce (*Mycetophila Agarici*) se placent sur le dessous de la surface blanche de l'Agaric; elles s'établissent et se réunissent au nombre de quatre à cinq dans l'endroit concave et inégal de cette surface, tapissent le fond de cette cavité d'une couche de matière blanche et soyeuse, et se font en outre une couverture ou une espèce de tente en construisant d'une élévation à l'autre, au-dessus d'elles, une autre toile. Degéer a vu que ces larves avaient deux filières semblables à celle de la chenille, et qu'elles filaient leur soie de la même manière. Ces larves se filent en outre une coque ovale et très-mince dans laquelle elles se métamorphosent quand le temps en est venu; les nymphes sont de moitié plus courtes que les larves, d'un blanc sale grisâtre; le corselet paraît brun: on voit les yeux et les antennes placés sur les deux côtés. Ce genre est assez nombreux en espèces; nous citerons :

La Mycétophile obscure, *Mycetophila fusca*, Latr., Meig., Oliv.; *Tipula fungorum*, Deg. (Mém. Ins. T. vi, pl. 22, fig. 1-13). Longue de deux lignes, d'un brun un peu jaunâtre, garnie de quelques poils, avec des ailes sans taches, et teintées uniformément de brun; dessus de l'abdomen de la femelle ayant des taches plus foncées; celui du mâle aussi plus obscur au bout. Cette espèce se trouve dans le nord de la France et en Suède. *V*. Rhagion et Sciara.

Le nom de Mycétophile a également été donné à un genre de Co-

léoptères auquel Latreille a substitué celui de Mycétochare. *V*. ce mot.
(G)

* MYCINÈMA. bot. crypt. (*Confervées.*) Le genre formé sous ce nom par Agardh, dans son *Systema Algarum*, y a pour caractères : des filamens membraneux, opaques, tenaces, colorés, la plupart bruns. L'auteur y réunit le *Conferva Pteridis* qui est le duvet qu'on trouve parasite sur les racines du *Pteris aquilena* avec deux ou trois autres Conferves et *Byssus* de ses prédécesseurs. Nous ne croyons pas que la couleur des filamens d'une Plante puisse fournir des caractères génériques; nous avons observé la plus grande disparate dans les divers Végétaux que l'algologue de Lund a réunis sous un nom nouveau, qui nous paraît ne pas devoir être adopté, et l'on sait que le prétendu *Conferva Pteridis* n'est qu'une partie organique de cette Fougère.
(B.)

* MYCOBANCHE. bot. crypt. (*Mucédinées.*) Persoon a donné sans aucune raison ce nouveau nom au genre *Sepedonium* de Link. *V*. Sepedonium.
(AD. B.)

*. MYCODERME. *Mycoderma.* zool.? bot.? (*Arthrodiées.*) Genre formé par Persoon (*Mycologia europœa*) dans la section des Trémelloïdes où il précède les Auriculaires et les Trémelles, pour les pellicules qui se forment sur plusieurs substances humides en fermentation. Il nous paraît, d'après les caractères trop vagues donnés par l'auteur, et par les espèces qu'on a coutume d'y rapporter, être le même que l'*Hygrocrocis* d'Agardh dont il est déjà question dans notre Dictionnaire, et dont les espèces croissent également sur les liquides où sont en solution putride des substances organisées, soit végétales, soit animales. L'usage commençant à s'introduire dans l'histoire naturelle, que celui qui s'occupe de l'une de ses branches, ne se donne pas la peine de consulter les ouvrages de ceux qui en cultivent une autre, et

que chacun met une sorte d'amour-propre à grossir le catalogue des richesses de son domaine du plus grand nombre d'objets possibles ; selon que les uns s'occupent de Champignons, les Mycodermes conservant leur nom primitif demeurent des Champignons; et selon que les autres s'occupent d'Hydrophytes, les Mycodermes deviennent des Conferves sous le nom imposé par Agardh, sans que nul se donne la peine de vérifier s'il y a double emploi. Dans l'excellent article *Mycologie* du Dictionnaire des Sciences Naturelles, rédigé par un jeune naturaliste auquel nulle branche de la Cryptogamie n'est étrangère, ce genre a été fort prudemment éliminé du nombre de ceux dont les caractères sont assez connus pour pouvoir être classés avec certitude. Cependant personne ne s'était encore aperçu que Needham avait non-seulement observé les Mycodermes, mais qu'il avait parfaitement connu la particularité qui singularise les premières phases de leur existence. Les filamens confervoïdes vus par le jésuite dans diverses infusions, dans celles du blé particulièrement, et se dissolvant sous ses yeux en animalcules globuleux infiniment petits, n'étaient que les filamens de quelque Mycoderme se disloquant, s'il est permis d'employer cette expression qui nous paraît ici rendre une idée juste. Enfin Desmazières vient d'apporter dans l'étude du genre que, sur les traces de Needham, nous avions déjà examiné, cette exactitude qui caractérise tout ce qu'il fait, et ce zélé naturaliste, dans le troisième fascicule de ses Cryptogames du nord de la France, en décrit trois espèces. « Les Mycodermes, dit-il, comme les Oscillaires, les Conferves et beaucoup d'Hydrophytes, sont des productions microscopiques. Si on les aperçoit à l'œil nu, c'est parce que les individus dont elles sont composées vivent réunis en société. Ils se montrent à la surface de beaucoup de liquides, ou de corps très-humides et fermentescibles,

sous l'apparence d'une bouillie souvent blanchâtre, qui s'étend en une sorte de pellicule, comme la crême sur le lait. Observée au microscope, cette pellicule est d'abord composée de corpuscules monadaires très-simples, hyalins, gélatineux, prodigieusement petits, libres et doués d'une locomobilité très-sensible dans la plupart des espèces. Mais bientôt, comme si ces petits êtres éprouvaient une sorte de besoin d'association, ils se réunissent bout à bout en séries linéaires, soit en conservant leur dimension première, soit après avoir subi une élongation plus ou moins considérable. Par cette agrégation, ils constituent des filamens hyalins, quelquefois granulés intérieurement, très-nombreux, moniliformes ou paraissant cloisonnés à des intervalles plus ou moins grands, et presque toujours couchés sur le liquide où ils s'entrecroisent, se feutrent, pour ainsi dire, et donnent plus de consistance à la pellicule qui, par le développement de nouveaux corpuscules soumis aux mêmes destinées, augmente continuellement en épaisseur. » Desmazières eût pu appuyer son opinion sur l'origine animale des Mycodermes, des observations de Needham que nous avons cité plus haut, et de la description que nous donnâmes il y a déjà long-temps, dans notre premier Essai sur la Matière, de la manière dont l'état agissant s'introduit dans l'état muqueux pour y former de véritables membranes où ne tarde pas à se développer une sorte de végétation; il a préféré s'étayer du témoignage d'un autre observateur qui lui écrivait : « Je n'ai plus aucun doute sur l'animalité des Moisissures.... Les Mycodermes et les Moisissures ont une base commune, etc.!!!.. » Persoon voit des Champignons jusque dans certaines substances que Needham et Desmazières prouvent avoir une origine animale; Agardh y voit des Conferves; Gaillon voit au contraire des Animaux dans les Moisissures, et, dit-on, même dans les Charagnes. Nous n'entreprendrons pas de concilier ces manières de voir qui nous paraissent toutes fort extraordinaires, et nous nous bornerons à placer les Mycodermes parmi nos Arthrodiées, comme probablement identiques avec le genre mentionné dans l'article de ce Dictionnaire, sous le nom de *Muscida* proposé par Grateloup qui n'en avait pas établi les caractères d'une manière assez précise pour qu'on pût conserver l'antériorité à cette excellente désignation. Les Mycodermes se placeront dans la tribu des Zoocarpées, avant les Anthophyses, où les Zoocarpes monadaires, que produisent les filamens à certaine époque, s'échappent par l'extrémité de ceux-ci en glomérules, tandis que, dans les Mycodermes, la propagation a probablement lieu par la dislocation des filamens dont chaque article globuleux acquiert une liberté individuelle, et devient un Zoocarpe particulier comme dans le genre Tirésias. Desmazières qui paraît avoir adopté les idées de Gaillon sur ce que celui-ci appelle des Némazoaires ou des Némazoones, dit à la vérité avoir vu toute autre chose, et parle de corpuscules agissans qui, pour devenir des Mycodermes, s'allongent, se déforment, deviennent inertes et en s'agrégeant bout à bout forment une sorte de Plante. Nous ne pouvons croire à une association d'Animaux divers destinés à faire un individu quelconque; ce n'est pas ainsi que nous comprenons le passage d'un règne à un autre, et nous ne concevons pas de telles transubstantiations d'après les raisons que nous avons exposées dans l'article MÉTAMORPHOSE. *V.* ce mot. Quoiqu'il en soit de cet épaississement en forme végétative filamenteuse de la matière muqueuse pénétrée par la matière agissante, les Mycodermes durant leur phase végétale ont un aspect malpropre et dégoûtant qui les fait regarder comme une crasse; par leur consolidation ils forment bientôt une sorte de sol sur lequel ne tardent pas à se développer des Moisissures, ce

qui a sans doute fait imaginer à ceux qui voient des Animaux partout, l'animalité des Mucédinées. Persoon avait mentionné les *Mycoderma ollare*, qu'il avait trouvés sur de l'Oseille cuite conservée dans des cruches, *mesentericum* et *Lagenæ*, qui avaient été observés dans des bouteilles de vin dont le goulot s'était cassé, et *Pergamenum*, qui fut trouvé sur du jus de cerise; Desmazières y ajoute : 1° le *Cerevisiæ* appelé vulgairement fleur ou maton de bière, lequel croît sur cette liqueur; 2° le *Malti-Juniperini* qu'on trouve sur le liquide appelé drèche de Genièvre dans certains pays de distillerie; 3° le *vini* qui est selon lui la même chose que les *Mycoderma Lagenæ* et *mesentericum* de Persoon. Nous avons souvent examiné cette dernière substance quand elle nageait dans la liqueur, et nous devons déclarer n'y avoir jamais trouvé rien de vivant ni de filamenteux; nous avons bien remarqué qu'en vertu de son épaississement, elle finit par prendre l'aspect et la consistance d'un morceau de foie d'Animal; mais on n'y saurait saisir de traces d'organisation. Nous serions tenté d'y voir une modification de la matière muqueuse pénétrée par la matière cristallisable qui abonde dans le vin comme base des sels que contient cette liqueur, et qui n'étant pas pénétrée de matière agissante, dont nous n'avons jamais trouvé la moindre trace dans les liqueurs à base alcoholique, demeure inerte, parce que l'élément nécessaire pour passer à l'état de Plante ou d'Animal y manque. (B.)

MYCOGONE. BOT. CRYPT. (*Mucédinées.*) Link a fondé ce genre sur une seule espèce qui croît sur les Champignons en putréfaction. Depuis, Dittmar en a décrit une autre, et Persoon en a ajouté une troisième qui n'est peut-être que l'état plus jeune de la première. Ces Plantes, qui appartiennent au groupe des Sporotrichées, sont formées de filamens nombreux, décombans, entrecroisés, qui portent des sporidies pédicellées, solitaires, très-nombreuses. L'espèce la plus commune, *Mycogone incarnata*, Pers., ou *M. rosea*, Link, couvre les Agarics en décomposition d'une sorte de duvet d'un rouge plus ou moins vif, dû particulièrement à la couleur des sporidies. Les deux autres espèces sont moins communes, l'une est blanche et l'autre fauve.   (AD. B.)

* MYCOLOGIE. On a désigné sous ce nom la science dont l'objet est l'étude spéciale des Champignons; et depuis que ce vaste groupe de Végétaux a été subdivisé en plusieurs familles, on peut conserver ce mot pour l'histoire de toutes les Plantes comprises autrefois sous le nom de Champignons, lesquelles, malgré leur diversité, ont quelques caractères communs dans leur texture et leur mode de développement, qui engageront toujours à les grouper les uns auprès des autres. Leurs principaux caractères, et l'organisation des familles qu'elles composent, sont exposés aux articles CHAMPIGNONS, LYCOPERDACÉES, HYPOXYLONS, MUCÉDINÉES et URÉDINÉES. *V.* ces mots.   (AD. B.)

MYCONIE. BOT. PHAN. Le genre auquel La Peyrouse, dans son Abrégé des Plantes des Pyrénées, a donné ce nom, avait déjà reçu celui de *Ramondia* qui a été adopté. *V.* RAMONDIE.

Necker (*Elem. Bot.*, n° 39) avait donné le nom de *Myconia* à un genre formé des espèces de *Chrysanthemum* de Linné, auxquelles il attribuait un involucre simple, à plusieurs divisions, et une aigrette en forme de petite couronne membraneuse.

                  (G. N.)

* MYCTERIA. OIS. *V.* JABIRU.

MYCTÈRE. *Mycterus.* INS. Genre de l'ordre des Coléoptères, section des Hétéromères, famille des Sténélytres, tribu des Rhynchostomes, établi par Clairville, et auquel on peut donner pour caractères : devant de la tête allongé en forme de museau ou de petite trompe; antennes filiformes; corps oblong, assez large et épais; pates courtes; corselet plus étroit en avant en forme de trapèze; écusson arrondi. Ce genre se distingue des Sténostomes qui en sont très-voisins, par la forme du corps qui, dans ces derniers, est allongé et ressemble à celui des Odemères. Clairville ayant voulu conserver le nom de Rhinomacer à un genre formé d'un démembrement de celui que Geoffroy nommait ainsi, désigne sous le nom de Myctère le genre que Fabricius avait appelé Rhinomacer. Olivier a adopté la dénomination de Myctère et son application; mais il a fait un genre particulier, sous le nom de Rhinomacer, de quelques espèces que Fabricius avait placées dans sa coupe générique ainsi désignée. La seule espèce connue en France se trouve dans les départemens méridionaux; on en voit quelquefois une douzaine sur une ombelle de Carotte ou d'autre Plante analogue; c'est :

Le MYCTÈRE CURCULIOÏDE, *Mycterus curculioides*, Clairv., Latr.; *Rhinomacer curculioides*, Fabr. Long de deux lignes et demie à trois lignes; tête prolongée, grise. Corselet gris, chagriné ainsi que les élytres qui sont de la même couleur; quand l'Insecte n'a pas été usé par un frottement, il est couvert d'une poussière jaunâtre comme certains Charançons. On connaît une autre espèce de ce genre qui a été nommée *Rhinomacer umbellatorum* par Fabricius. Elle se trouve en Hongrie.   (G.)

* MYCTOPHE. *Myctophum.* POIS. Rafinesque a, dans son *Indice Ithiologia siciliana*, établi sous ce nom un genre dont il a figuré, sous le nom de *punctatum*, une espèce méconnaissable où nous avons néanmoins, et malgré la petite corne imaginaire qu'y a mise le graveur, cru voir le *Scopelus Humboldtii* de Risso.   (B.)

* MYDAS ou MYDAUS. *Mydaüs.*

MAM. (Et non pas *Midaüs*, comme l'ont écrit quelques auteurs.) Genre de Carnassiers plantigrades composé dans l'état présent de la science d'une seule espèce que Desmarest et Raffles avaient d'abord placée parmi les Mouffettes et décrite sous le nom de *Mephitis javanensis*, mais dont Fr. Cuvier et Horsfield ont fait le type d'une nouvelle division, sous le nom de *Mydaüs meliceps*. Cet Animal, découvert dans l'Inde il y a quelques années par Leschenault de la Tour, présente en effet quelques caractères génériques qui lui sont propres, dans sa tête conique et allongée, dans sa queue presque-rudimentaire, dans ses oreilles dépourvues de conques, et dans ses narines qui s'avancent de beaucoup au-delà des os maxillaires, et se trouvent environnées d'un mufle dont on ne peut mieux donner l'idée qu'en le comparant, avec Fr. Cuvier, au grouin du Cochon. Les dents sont en même nombre et de même forme que chez les Mouffettes; seulement la longueur plus considérable de la tête chez le *Mydaüs*, a permis aux molaires de s'écarter davantage les unes des autres; et les incisives, au lieu d'être disposées sur une ligne à peu près droite, sont placées en demi-cercle. Les mamelles sont au nombre de quatre, deux étant pectorales, deux abdominales.

L'espèce unique de ce petit genre, le TÉLAGON, *Mydaüs meliceps*, Fr. Cuvier, avait déjà été indiquée par Marsden (Histoire de Sumatra), sous le nom de *Stinckard*, qui signifie puant. Elle répand en effet, comme les Mouffettes, une odeur extrêmement fétide; et c'est aussi à cette même circonstance que se rapporte la dénomination générique de *Mydaüs*, proposée par Fr. Cuvier dans son Histoire Naturelle des Mammifères (avril 1821), et adoptée depuis par plusieurs naturalistes. Le pelage du *Mydaüs meliceps*, très-peu fourni surtout vers les parties inférieures du corps, est généralement brun avec une tache blanche longitudinale sur l'occiput, tache qui se prolonge sur le milieu du dos et jusque sur la queue en une ligne de même couleur. Telle est du moins la disposition la plus ordinaire : car ce genre est, comme celui des Mouffettes, remarquable par les nombreuses variations que présente le pelage, suivant les individus : ainsi, la ligne blanche est très-fréquemment interrompue sur une étendue plus ou moins considérable, et elle manque même quelquefois presque entièrement. Cette espèce n'est pas rare à Java, et c'est de cette île que Leschenault de la Tour, Diard et Duvaucel ont envoyé au Muséum les peaux et le squelette qu'il possède aujourd'hui : elle existe aussi à Sumatra où elle est connue sous le nom de Télagon, qui lui a été conservé en français par Fr. Cuvier. Tel est le genre *Mydaüs* fort semblable à celui des Mouffettes par le système dentaire, par les organes de la locomotion, par presque tous les caractères de premier ordre, et même par les couleurs du pelage; mais qui néanmoins se distingue très-facilement au premier coup-d'œil de ce dernier, soit par la forme très-singulière de sa tête, soit par la disposition de son mufle, soit par l'extrême brièveté de sa queue. (IS. G. ST.-H.)

MYDAS. REPT. CHEL. On a donné ce nom à une Tortue. (B.)

MYDAS. *Mydas.* INS. Genre de l'ordre des Diptères, famille des Tanystomes, tribu des Mydasiens, établi par Fabricius aux dépens du grand genre *Musca* de Linné et des Némotèles de Dégéer, et ayant pour caractères : antennes beaucoup plus longues que la tête, et dont le troisième article forme une masse ovoïde, divisée transversalement en deux articles avec un ombilic à leur extrémité renfermant un très-petit stylet; point d'yeux lisses distincts; ailes écartées. Les Diptères de ce genre se distinguent des Thérèves de Latreille, par les antennes qui, dans ces derniers, ne sont, au plus, que de la longueur de la tête, avec le troisième article en cône allongé et portant un filet distinct. Le genre Mydas est peu nombreux en espèces, et leurs mœurs sont entièrement inconnues. Cependant Latreille présume que ces Insectes sont carnassiers. Nous citerons comme type du genre :

Le MYDAS EFFILÉ, *Mydas filatus*, Fabr. ; *Nemotelus asiloides*, Degéer, Mém. sur les Ins. T. VI, p. 204, tab. 25, fig. 6 ; Drury, *Illust. of Insect.* T. I, tab. 44, fig. 1. Il est long de plus d'un pouce, d'un noir foncé par tout le corps avec les côtés et quelquefois tout le second anneau transparens et rougeâtres. Sa tête est aplatie, un peu plus large que la partie antérieure du corselet avec les yeux d'une couleur métallique sombre ; les antennes sont noires, ainsi que la trompe qui se dirige en avant après avoir formé deux coudes. Le corselet est grand, velouté, presque en trapèze, s'élargissant postérieurement et comprimé sur les flancs. Les ailes sont presque aussi longues que le corps, d'un brun enfumé plus foncé vers leur attache qui devient aussi noire que le corps. Elles sont comme finement plissées dans le sens de leur largeur, sur plusieurs points de leur surface. Les pates sont grandes, les postérieures surtout le sont beaucoup plus que les autres, la cuisse est armée en dedans de petites épines et la jambe terminée par une forte pointe. Les tarses sont assez longs, terminés par des crochets et par deux pièces membraneuses jaunes. L'abdomen est allongé, glabre et terminé par quelques poils. On trouve cette espèce en Caroline ; on en trouve une autre plus petite en Portugal ; enfin le Brésil en offre une troisième qui atteint à plus de deux pouces de longueur. (G.)

MYDASIENS. *Mydasii.* INS. Tribu de l'ordre des Diptères, famille des Tanystomes, établie par Latreille, et caractérisée ainsi : palpes manquant ou n'étant pas extérieurs ; dernier article des antennes terminé par un stylet, tantôt en massue ovoïde, divisé transversalement en deux, avec un ombilic au bout, tantôt en cône allongé ou en alène ; suçoir de quatre soies ; trompe courte, rétractée et terminée par deux lèvres saillantes, grandes, relevées, et faisant un angle avec elle. Cette tribu renferme les genres Mydas et Thérève. *V.* ces mots. (G.)

MYDAUS. MAM. *V.* MYDAS.

MYE. *Mya.* CONCH. Les Coquilles qui ont servi à l'établissement de ce genre étaient peu connues des anciens. On peut croire que la Coquille nommée *Chama Peloris* par Rondelet, ainsi que le *Chama Glycimeris*, appartiennent à ce genre. On pourrait encore, en conservant quelques doutes, y rapporter la figure 269, pl. 423 de Lister, qui a quelque analogie avec le *Mya truncata* ; mais on ne peut plus y conserver la figure de Gualtieri que Lamarck cite, parce qu'elle appartient bien plutôt à l'une des grandes Anatines. C'est donc D'Argenville, dans sa Zoomorphose, et Chemnitz, qui, les premiers, ont donné de bonnes figures de quelques espèces du genre Mye, sans que cependant ils les distinguassent d'autres Coquilles bivalves. Linné le premier institua le genre, mais il y confondait un assez grand nombre de Coquilles étrangères qui en furent successivement retranchées par Bruguière qui établit le genre Anodonte, et par Lamarck surtout, qui en démembra les Anatines, une partie des Lutraires, les Glyciméries, les Vulselles, et en sépara la plus grande partie des espèces qu'il réduisit à quatre : encore faut-il en ôter une, le *Mya solenyalis*, qui doit appartenir à notre nouveau genre Tétragonoste (*V.* ce mot), et peut-être faudra-t-il en séparer aussi le *Mya erodona*. Ménard de la Groye retrancha encore une espèce des Myes de Linné pour en faire le genre Panopée ; c'est le *Mya Glycimeris* qui a servi de type au nouveau genre. Linné plaça les Myes entre les Pholades et les Solens, lui faisant suivre les Multivalves et commencer la grande série des Bivalves. Bruguière ne l'imita pas, et sépara davantage ce genre des Multivalves ; il commença la série par la section des Coquilles irrégulières, et celles qui sont régulières vinrent après ; les Myes en forment le premier genre. Lamarck, dans le Système des Animaux sans vertèbres, les mit entre les Glycimères et les Solens, et un peu plus tard, en établissant la famille des Myaires, il les mit en rapport avec les Anatines et les Panopées, non loin des Solens, rapports qu'il conserva dans ses autres ouvrages. Cuvier adopta le genre Mye, mais ce genre représente plutôt une famille par le grand nombre de sous-genres qu'il contient. Gray, dans sa classification naturelle des Mollusques, fait, de la famille des Myaires, un deuxième ordre de ses *Conchophora* ; il nomme cet ordre *Pachypoda*, et il le compose des genres Mye et Corbule, rapports qui sont assez naturels d'après la seule considération de la charnière. Férussac a justement rapproché les Lutraires des Myes comme Cuvier l'avait fait le premier. Blainville et Latreille les ont imités. L'organisation des Myes diffère assez de celle des Mactres sous plusieurs rapports, mais elle est très-voisine de celle des Lutraires avec lesquelles elles ont la plus grande analogie. Les Myes sont fortement épidermées ; le manteau est fermé presque dans tout son contour ; deux tubes très-longs, réunis sous une même enveloppe revêtue par un épiderme rugueux, terminent l'Animal postérieurement et lui donnent une communication avec le fluide ambiant ; une troisième ouverture antérieure très-petite se trouve vis-à-vis le pied rudimentaire, et a à peine quelques lignes d'étendue ; les bords du manteau sont épais et charnus, mais dans le reste de son étendue, il est extrêmement mince et transparent ; postérieurement il contient le muscle rayonné, rétracteur des siphons ; le

muscle adducteur antérieur est fort mince, étroit, allongé sous le bord, et son impression se continue avec celle du bord du manteau ; le muscle postérieur est cylindrique, plus puissant que l'antérieur, et placé entre le bord et l'origine des tubes. Quand on a fendu le manteau dans sa commissure inférieure, on voit un pied grêle en forme de languette, sans courbure ; il adhère à la masse abdominale, il est coriace, et a des muscles rétracteurs à peine sensibles ; l'ouverture de la bouche est petite, cachée entre deux lèvres sous le muscle adducteur antérieur ; ces lèvres aboutissent à deux paires de palpes labiaux, une de chaque côté ; elles sont longues, pointues, épaisses, non appliquées l'une contre l'autre ; leur face interne est comme veloutée, toutes sont saillantes ; les lames qui la revêtent en palpes sont absolument semblables dans les Mactres ; le système digestif ne diffère pas de celui des autres Conchifères (*V.* MOLLUSQUES). Les branchies sont peu étendues ; elles s'étendent de chaque côté de la masse abdominale, principalement à sa partie postérieure où elles se réunissent et deviennent flottantes jusque vers l'orifice interne du tube branchial ; la lame externe du feuillet branchial externe se prolonge notablement au-delà du point de réunion des branchies, se repliant vers le pied comme les autres feuillets branchiaux, et flotte postérieurement avec eux, de manière que l'Animal est pourvu réellement de trois feuillets branchiaux de chaque côté, l'interne le plus grand, et le troisième le plus petit. Cette disposition est essentiellement caractéristique de ce genre, ainsi que d'un autre qui en est voisin, et nous ne pensons pas que personne ait mentionné ce fait intéressant et très-facile à vérifier ; nous l'avons observé dans les deux espèces de nos côtes, la Mye tronquée et la Mye des sables. Quoique l'ordre des Lamellibranches ait été caractérisé de manière à ne renfermer que les Mollusques à deux paires de branchies, nous pensons que cette paire de plus dans les Myes, ne doit pas empêcher de mettre ce genre dans les mêmes rapports, justement appréciés des zoologistes, et qu'il n'est pas nécessaire d'en faire un ordre à part. Peut-être qu'en observant les genres avoisinans avec attention, comme les Lutraires, on trouvera de quoi former une famille naturelle sur laquelle il ne restera plus le moindre doute. Nous pouvons annoncer que ce caractère se rencontre également dans les Mactres, mais point dans les Tellines ni les Vénus, les Donaces, les Pholades, etc. Nous ne parlerons pas du système de la circulation qui doit être fort semblable, pour ne pas dire identique, à celui des autres Mollusques Lamellibranches. Pour le système nerveux, on aperçoit facilement les ganglions antérieur et postérieur ; le premier, placé sur l'œsophage, et immédiatement sous le muscle adducteur antérieur, donne deux branches antérieures qui descendent le long de la face interne du muscle adducteur antérieur auquel elles fournissent quelques filets, gagnent le bord épais du manteau, et s'y distribuent ; deux branches latérales assez grosses qui se perdent dans les palpes labiaux ; quelques petits filets postérieurs en partent pour se rendre vers l'estomac, le foie et les intestius. Enfin, deux petits filets sortent des angles postérieurs du ganglion, descendent latéralement de chaque côté de la masse abdominale, et se rendent probablement au ganglion moyen ; mais leur extrême ténuité nous a empêché de les suivre jusque-là. Le ganglion postérieur est appliqué sur la face interne du muscle adducteur postérieur ; il fournit quatre branches, deux postérieures qui gagnent les bords du manteau pour s'y répandre après avoir donné un filet pour les siphons ; les deux branches antérieures remontent de chaque côté du corps, à la base des branchies auxquelles elles distribuent probablement des filets nombreux avant de fournir les branches d'anastomoses avec le ganglion

moyen. D'après ce que nous venons d'exposer, le genre Mye peut être caractérisé de la manière suivante : Animal ovale, plus ou moins épais, pourvu de deux tubes réunis, longs et revêtus d'un épiderme brun et rugueux ; les lobes du manteau réunis ne laissant qu'une très-petite ouverture antérieure ; pied petit, linguiforme, rudimentaire ; palpes labiaux épais, pointus, profondément striés à leur face interne ; trois feuillets branchiaux de chaque côté, l'interne le plus grand, l'externe le plus petit ; ils se réunissent postérieurement et leur masse flotte dans la cavité du manteau ; coquille transverse, ovale, sub-équilatérale, bâillante aux deux bouts ; valve gauche munie d'une dent cardinale, grande, comprimée, arrondie, saillante presque verticalement ; une fossette cardinale à l'autre valve ; ligament intérieur s'insérant sur la dent saillante et dans la fossette de la valve opposée.

Les Myes vivent enfoncées dans le sable, près des côtes ; elles y sont placées, les tubes ou siphons en haut, et l'ouverture de la bouche en bas ; il doit leur être fort difficile de quitter cette position ou de se creuser un nouveau trou lorsqu'elles sont arrachées de celui où elles ont pris leur accroissement.

MYE TRONQUÉE, *Mya truncata*, Lamk., Anim. sans vert. T. v, p. 461, n. 1 ; *Mya truncata*, L., p. 3217, n. 1 ; Chemnitz, Conch. T. VI, t. 1, fig. 12 ; Encyclop., pl. 229, fig. 2, a, b. Coquille fort commune, épaisse, subovale, bâillante aux deux extrémités, mais plus postérieurement, où elle est comme tronquée à l'endroit où sont fixés les siphons.

MYE DES SABLES, *Mya arenaria*, Lamk., Anim. sans vert. T. v, p. 461, n. 2 ; *Mya arenaria*, L. (loc. cit.), n. 2 ; Chemnitz, Conchyl. T. VI, fig. 3, 4 ; Encyclop., pl. 229, fig. 1, a, b. Se distingue de la précédente par sa forme régulièrement ovale ; elle n'est point tronquée postérieurement, elle est moins inéquilatérale, moins épaisse, et aussi moins épidermée. Toutes deux se rencontrent dans l'Océan d'Europe.

(D..H.)

MYER. conch. On a donné ce nom à l'Animal des Coquilles du genre Mye. *V*. ce mot. (B.)

MYGALE. mam. *V*. Desman.

MYGALE. *Mygala*. arachn. Genre de l'ordre des Pulmonaires, famille des Aranéides, section des Tétrapneumones, établi par Walcknaer, et ayant pour caractères : yeux au nombre de huit, presque égaux, groupés sur une élevation, et disposés ainsi : trois de chaque côté, formant par leur réunion un triangle renversé et dont la pointe est en devant; les deux autres situés sur une ligne transverse entre les précédens; mandibules horizontales, avec leur crochet terminal fléchi en dessous, et ayant, dans quelques-unes, des pointes cornées, disposées en forme de râteau ou de dents de peigne, et placées au-dessous de ce crochet; palpes insérés à l'extrémité des mâchoires; filières inégales, dont deux beaucoup plus grandes, de quatre articles, saillantes et presque cylindriques; les autres très-petites. Les espèces de ce genre démembré du genre *Aranea* de Linné et de Fabricius, avaient attiré l'attention des naturalistes avant que Walcknaer l'eût établi. Dorthes aperçut le premier que l'organisation de la bouche de ces Aranéides n'était pas la même que celle des autres Araignées; Latreille fit la même remarque en même temps, et Walcknaer, qui étudiait les Aranéides, confirma quelque temps après les observations de ses devanciers, et établit le genre Mygale tel que nous l'avons caractérisé plus haut, avec l'Araignée aviculaire de Linné et quelques autres analogues, et avec des Araignées mineuses d'Olivier. Quoique ce mot Mygale ait déjà été employé par Cuvier pour désigner un genre de Quadrupède, et que les Grecs l'aient employé au même usage, Latreille l'a conservé afin de ne

pas embrouiller la science en créant un mot nouveau et en nécessitant une synonymie.

Les Mygales se distinguent facilement des Ériodons et des Atypes de Latreille par leurs palpes insérés à l'extrémité des mâchoires, ce qui n'a pas lieu dans ces deux derniers genres qui les ont attachés à la base de ces mêmes mâchoires. Les Filistates et les Disdères, qui appartiennent à la même famille, en sont séparées par le nombre de leurs yeux, qui n'est que de six, et par leurs filières qui sont toutes très-courtes. Walcknaer (Tableau des Aran., p. 3 et suiv.) divise le genre Mygale en trois familles : dans la première, les Plantigrades, il place les espèces à pates obtuses à leur extrémité, charnues et veloutées en dessous et à onglets non pectinés, insérés en dessus et cachés par les poils; leurs mandibules sont inermes ou dépourvues de râteaux. Dans la seconde famille, les Digitigrades inermes, se rangent les espèces à pates minces à leur extrémité avec des onglets terminaux apparens et pectinés; leurs mandibules sont dépourvues de râteau comme dans la famille précédente. Enfin dans sa troisième famille, les Digitigrades mineuses, il met les espèces dont les onglets terminaux sont apparens et non pectinés, et dont les mandibules sont pourvues, à l'extrémité de leurs premières pièces, de pointes droites, cornées, et formant un râteau. Olivier (Encycl. Méthod., art. Mygale) ne fait entrer dans ce genre que les espèces qu'il a désignées dans son article Araignée sous le nom de *Mineuses*; ainsi, d'après lui, la Mygale aviculaire et ses congénères doivent former un autre genre. Quoique l'opinion de ce naturaliste soit d'un grand poids dans cette matière, Latreille a pensé qu'il était inutile d'introduire ce nouveau genre, surtout depuis qu'il a découvert des espèces qui forment la liaison entre les Araignées aviculaires et les Mineuses.

Le genre Mygale renferme les Araignées les plus grandes et les plus fortes, associées à des espèces assez faibles, mais douées d'un instinct et d'une industrie qui leur tient lieu de force. Les premières, connues dans l'Amérique méridionale sous le nom d'Araignées Crabes, sont énormes, et quelques-unes peuvent occuper, les pates étendues, un espace circulaire de huit à neuf pouces de diamètre ; elles vivent dans des troncs d'Arbres ou d'autres cavités, grimpent aux branches et saisissent quelquefois des Oiseaux-Mouches et des Colibris. Plusieurs voyageurs et naturalistes ont écrit sur ces Araignées, et c'est d'après eux que nous allons donner quelques détails sur leurs mœurs. D'après Pison (Hist. Natur. du Brésil), l'espèce qu'il nomme *Nhamdu* ou *Nhamdu guacu* (Grande Araignée) et qui est, d'après Latreille, très-voisine de l'Aviculaire, nidifie à la manière des Oiseaux dans les cavités des vieux Arbres ou dans les décombres. Pison dit encore qu'elle se construit quelquefois des toiles semblables à celles que font toutes les Araignées. Latreille pense que l'auteur n'a point vu ces toiles, et qu'il est possible qu'on l'ait induit en erreur par de faux rapports. Il paraît qu'il est dans la même erreur ou qu'il s'abandonne à des conjectures, quand il dit que dans l'accouplement ces Araignées ont leurs corps opposés l'un à l'autre. Suivant cet auteur, la piqûre de cette Mygale, la liqueur qui distille de sa bouche et même ses poils sont réputés venimeux ; le meilleur antidote, suivant lui, est la préparation du Crabe qu'il nomme *Aratu* (*Grapsus pictus*) ; on le pile et on en fait un breuvage en le mêlant avec du vin ; il agit comme vomitif. Cette Mygale, au rapport du même voyageur, se dépile avec l'âge ; alors la peau de son ventre est d'un rouge incarnat. Mérian, qui a observé les Insectes de Surinam, dit avoir trouvé plusieurs individus de la Mygale aviculaire sur l'Arbre nommé *Guajave*, y faisant leur nid et se tenant à l'affût dans le cocon que forme une chenille du même Arbre. L'auteur de l'Histoire Naturelle de la France équinoxiale place l'habitation de la Mygale aviculaire dans les fentes de rochers. Dans le Voyage à la Guiane du capitaine Stedmann, cette Araignée est appelée Araignée de buisson, et sa toile est, dit-on, de peu d'étendue, mais forte. On voit, d'après ces relations, et par la dissemblance qui règne entre elles, que des voyageurs, peu accoutumés à observer la nature, n'ont fait qu'errer dans le vague, et que leurs assertions ne sont pas propres à jeter un grand jour sur l'histoire de ces grandes Araignées. Les observations de Moreau de Jonnès, qui a fait une étude spéciale des productions naturelles de la Martinique, peuvent jeter un plus grand jour sur cette matière et doivent trouver place ici. L'espèce dont ce savant a observé les mœurs est bien déterminée par Latreille, c'est son *Mygale Cacerides*. Elle est connue aux Antilles sous le nom d'Araignée Crabe et sous celui de *Matoutou* que lui donnaient les anciens Caraïbes. Elle ne file point de toile, s'enterre et s'embusque dans les fentes de la paroi dépouillée des ravins creusés dans les tufs volcaniques ; elle s'écarte souvent beaucoup de sa demeure pour chasser, se tapit sous des feuilles pour surprendre sa proie qui se compose d'Anolis, de Fourmis, et quelquefois de petits Colibris et du Sucrier. C'est pendant la nuit qu'elle chasse. Sa force musculaire est très-grande, et quand elle a saisi un objet avec ses pates, on a beaucoup de peine à lui faire lâcher prise. Lorsque cette Mygale applique ses mandibules sur un corps dur et poli, on y voit aussitôt des traces d'un liquide qui doit être le venin qu'elle injecte et qui rend sa piqûre dangereuse. Cette liqueur est lactescente et d'une grande abondance pour le volume de l'Animal. Les œufs de cette Araignée sont renfermés dans une coque de soie blanche d'un tissu très-serré ; elle maintient cette coque sous son corselet au moyen de ses palpes, et la transporte avec elle ; quand elle est

pressée par ses ennemis, elle l'abandonne un instant, mais elle revient
la prendre aussitôt que le combat a
cessé. Les petits qui sortent de ces
œufs sont entièrement blancs ; le premier changement qu'ils éprouvent
est l'apparition d'une tache noire
qui se forme au milieu de l'abdomen
et au-dessus. Moreau de Jonnès dit
qu'un seul de ces cocons lui a fourni
dix-huit cents à deux mille petits ; il
est probable que les Fourmis détruisent une grande quantité de ces petits, car autrement la prodigieuse
fécondité de ces Animaux les rendrait plus communs qu'ils ne le sont
à la Martinique.

D'autres espèces beaucoup plus petites vivent pour la plupart dans nos
climats, et ont été observées par des
naturalistes instruits qui n'ont rien
laissé à désirer sur leur histoire.
L'abbé Sauvages, Olivier, Latreille
et Léon Dufour nous ont donné des
détails curieux sur ces Araignées
dans les divers ouvrages qu'ils ont publiés. Ces Mygales, qui sont nocturnes
comme les précédentes, se construisent dans la terre de profonds souterrains tapissés de soie et fermés par une
porte construite d'une manière très-
remarquable. L'espèce que Sauvages
a observée dans le midi de la France
(Mygale maçonne) choisit ordinairement, pour faire son nid, un endroit
où il ne se rencontre aucune herbe,
un terrain en pente ou à pic, afin
que l'eau de la pluie ne puisse s'y arrêter ; elle tâche aussi de trouver une
terre forte, exempte de roches et de
petites pierres, et y creuse un boyau
d'un ou deux pieds de profondeur,
du même diamètre partout et assez
large pour qu'elle puisse s'y mouvoir
en liberté. Elle le tapisse d'une toile
adhérente à la terre, soit pour éviter
les éboulemens, soit pour se ménager des moyens de communication,
afin de sentir du fond de son trou ce
qui se passe à sa porte. C'est surtout
dans la fermeture qu'elle construit
à l'entrée de son terrier, que brille
principalement toute l'industrie de
cette Araignée. Elle forme, avec plu-

sieurs couches de terre détrempées et
liées entre elles par des fils, une
porte ronde, de la grandeur de son
trou, dont le dessus, qui est plat et
raboteux, se trouve à fleur de terre,
et dont la partie inférieure ou le dessous est convexe, uni et recouvert
d'une toile très-forte et à tissu très-
serré ; ces fils prolongés du côté le
plus élevé du trou y attachent la porte
comme avec des pentures, de manière
que quand on ouvre cette porte, et
qu'on vient à l'abandonner ensuite,
elle se referme d'elle-même par son
propre poids ; l'entrée du trou forme
par son évasement une espèce de
feuillure contre laquelle la porte
vient battre et n'a que le jeu nécessaire pour y entrer et s'y appliquer
exactement ; ce couvercle ou opercule est absolument semblable, extérieurement, au terrain qui l'environne ; il ne présente aucune saillie
ni fissure quand il est fermé, et il est
difficile de découvrir l'endroit où il
existe. C'est dans ce trou ainsi fortifié
que la Mygale femelle dépose ses œufs,
et c'est en août que la femelle entre
en amour, du moins ce n'est qu'après
ce temps qu'on a trouvé des petits
dans les nids de Mygales. Dorthes en
a compté une trentaine dans un seul
nid. Quand on vient à inquiéter la
Mygale maçonne dans son habitation
et qu'on tente d'ouvrir la porte de
son nid, elle emploie toute sa force
et son adresse pour l'empêcher.
Dès qu'elle sent le moindre mouvement à sa porte, elle se précipite du
fond de son trou où elle se tient toujours, et accourt à l'entrée ; là, le
corps renversé et accroché par les
pates, d'un côté aux parois de l'ouverture, et de l'autre à la toile qui
tapisse le dessous de l'opercule, elle
tire fortement à elle. L'abbé Sauvages, qui faisait ces expériences, vit,
en entr'ouvrant la porte, l'Araignée
placée comme nous venons de le dire.
Chaque fois qu'il parvenait à entr'ouvrir cette porte avec une épingle, et
qu'il venait à lâcher prise, elle se re-
fermait de suite ; il l'ouvrit et la laissa
refermer plusieurs fois, sans que l'A-

raignée lâchât prise, et elle ne céda et ne s'enfuit au fond, que quand la porte fut entièrement ouverte. Si on ne force pas l'entrée de la Mygale et qu'on revienne à la charge plusieurs fois, après de courts intervalles, elle arrive sur-le-champ et répète le même manége. Tant qu'elle tient sa porte fermée, elle ne craint rien, et l'on peut travailler autour de son trou et cerner la terre pour enlever son habitation sans qu'elle abandonne son poste; si on la fait sortir de son nid, elle perd tout le courage qu'elle montrait en le défendant; le grand jour la fait disparaître, et ce n'est qu'en chancelant qu'elle parvient à faire quelques pas; elle semble dans un élément étranger. On ne l'a jamais vu sortir d'elle-même de son habitation, ce qui porte à croire qu'elle est nocturne; en effet, Olivier dit que la Mygale Ariane, qu'il a trouvée dans l'île de Naxos, ne sort de son nid que pendant la nuit. Il paraît constant que la Mygale maçonne et toutes les autres espèces analogues ne travaillent à la construction de leurs nids que la nuit, car personne, jusqu'à présent, n'en a vu pendant le jour hors de leur habitation. Il est presque certain qu'elle ne sort aussi que la nuit pour recueillir les Insectes qui se prennent dans les filets qu'elle tend à fleur de terre aux environs de son habitation. Dorthes a trouvé des débris d'Insectes et de Coléoptères assez gros au fond de son nid. Latreille pense que ces Araignées vivent dans le voisinage les unes des autres sans se nuire, et il base son opinion sur un fait incontestable : « Il existe, dit-il, dans la collection du Muséum d'Histoire Naturelle de Paris, un bloc de terre taillé en forme de parallélipipède, et dont un des côtés offre, à chacun de ses angles, un nid de la Mygale de Sauvages. »

Rossi a fait encore une observation fort curieuse sur une espèce de Mygale qui se trouve en Corse. Il a vu que si on détruit l'opercule qui ferme l'entrée de son nid, elle le reconstruit, et qu'un peu plus d'un jour suffit pour ce travail. La différence qu'il y a de cet opercule au premier, c'est qu'il n'est pas mobile. Rossi ne dit pas comment l'Insecte peut sortir de son nid et y rentrer; mais Latreille pense que l'expérience peut avoir été faite à l'entrée de l'hiver, et qu'à cette époque la Mygale pourrait bien fixer sa porte jusqu'au printemps. Enfin Olivier a observé aux environs de Saint-Tropez et aux îles d'Hières en Provence, le nid d'une Mygale qui pourrait bien être, suivant Latreille, la Mygale cardeuse. La position et la structure de ce nid diffèrent beaucoup de celles des autres espèces, et annoncent que l'Animal a des mœurs différentes; ce nid était situé dans un terrain horizontal. Sa porte, quoique de terre, et se fermant d'elle-même par une espèce de ressort, ressemblait à un cercle dont on aurait retranché une petite portion; elle était attachée à un des côtés de l'ouverture, et l'entrée était libre. Olivier ne vit pas l'Araignée qui était peut-être absente ou bien qui n'existait plus; il présume qu'elle ne ferme sa porte que dans les momens où elle est dans son nid. Boyer Fonscolombe a aussi observé ce même nid; il dit qu'il est formé d'un tuyau de soie, enfoncé verticalement en terre, et qu'il est fermé par deux battans placés d'une manière horizontale à la surface du terrain.

Le genre Mygale n'est pas trèsnombreux en espèces; on en connaît une quinzaine que Latreille place dans deux grandes coupes qu'il subdivise : nous allons donner la description des principales et les placer dans ces divisions.

† Extrémité supérieure de la première pièce des mandibules dépourvue de pointes cornées, droites et avancées.

α Extrémités inférieures des pates garnies d'une brosse épaisse et serrée, cachant en majeure partie les crochets.

Mygale Aviculaire, *Mygale Avicularia*, Latr., Walck. ; *Aranea Avi-

cularia, L., Fabr.; *Aranea hirtipes*, Fabr.; Araignée des Oiseaux, Degéer; Klein, Ins. T. 1, tab. 11, *mas*. Cette espèce est une des plus grandes connues. On l'a long-temps confondue avec plusieurs autres de la même taille, et ce n'est que depuis Latreille qu'elle en est distinguée; elle varie beaucoup pour la grandeur; on en trouve qui n'ont que seize lignes de longueur depuis le bord antérieur du corselet jusqu'à l'extrémité de l'abdomen; les plus grandes vont jusqu'à plus de deux pouces. Tout leur corps est velu, surtout chez les jeunes individus; le corselet est déprimé, grand, ovale et tronqué postérieurement; il a, vers son milieu, une petite cavité transverse, et des enfoncemens disposés en rayons; l'abdomen est ovale et porte deux filières longues et cylindriques. Les pates, couvertes de longs poils, ont en dessus quelques raies longitudinales plus claires; celles de la première et de la dernière paire sont plus longues; les jointures sont en dessus d'un rouge pâle; les deux derniers articles ont inférieurement une brosse formée par des poils très-courts et très-pressés; celle de l'article terminal est arrondie au bout et cache deux crochets petits et simples. Les griffes des mandibules sont fortes, coniques et très-noires; elles ont évidemment une petite ouverture longitudinale sur le côté extérieur près de leur extrémité. Les palpes des mâles sont terminés par un bouton écailleux replié en dessous et finissant en un crochet arqué très-fort et aigu. Cette espèce se trouve à Cayenne et à Surinam. On peut rapporter à la même division les *Mygale Blondi*, *canceridés*, *fasciata*, *atra* et *brunnea* de Latreille. Elles habitent toutes les contrées les plus chaudes de l'Amérique, de l'Afrique et des Grandes-Indes.

β Extrémités inférieures des pates sans brosses et simplement velues; crochets terminaux découverts, saillans, très-distinctement pectinés en dessous.

Mygale Notasienne, *Mygale Notasiana*, Walck., Tableau des Aran., pl. 1, fig. 5 (yeux). Longue de sept à huit lignes; corps d'un brun clair, luisant, peu velu, si ce n'est sur les pates; les deux premières aussi grandes que les dernières; tubercule des yeux peu élevé. Elle habite la Nouvelle-Hollande. Le *Mygale calpeiana* de Walcknaer appartient aussi à cette division.

†† Extrémité supérieure de la première pièce des mandibules armée de pointes cornées, droites, et dont quelques-unes forment ordinairement une sorte de râteau. Cette section renferme les Araignées mineuses d'Olivier. (Encycl. Méth.)

α Bout des tarses garni en dessous d'une brosse épaisse et serrée, cachant, en majeure partie, les crochets.

Mygale herseuse, *Mygale cratiens*, Latr. Longue de sept à huit lignes; noire, avec quelques traces d'un duvet cendré formant deux ou trois raies longitudinales sur les mandibules; leur extrémité supérieure offre un assez grand nombre de pointes avancées et parallèles. Plus petite que les espèces suivantes. Latreille ne dit pas d'où lui vient cette espèce; il pense qu'elle a beaucoup de rapports avec le *Mygale nidulans* de Walcknaer, qui habite la Jamaïque.

β Bouts des tarses sans brosses et simplement velus en dessus; crochets découverts et saillans.

* Crochets des tarses distinctement pectinés en dessous.

Mygale cardeuse, *Mygale carminans*, Latr. Corps d'un brun fauve, pâle, mêlé de cendré; corselet un peu aplati; mandibules noires, garnies d'un duvet cendré qui laisse à nu deux intervalles formant deux raies noires; râteau de quatre dents. Les mâles ont une forte épine à l'extrémité postérieure du cinquième article de la première paire de pates. L'organe sexuel est arrondi inférieurement et se termine en forme d'alène bifide et très-aiguë. Cette espèce a été trouvée en Espagne par Léon Dufour, et on l'a aussi observée aux environs d'Aix en Provence.

** Crochets des tarses sans dentelures sensibles à leur partie inférieure.

MYGALE MAÇONNE, *Mygale cementaria*, Latr., Mém. Sociét. Hist. Nat. de Paris, an VII, p. 121, pl. 6, fig. 1, A-F; Walckn., Hist. des Aran.; Dorthes, *Trans. Lin. Soc.*, tab. 2, pl. 17, fig. 6. Longue de huit à dix lignes, brune, luisante; palpes hérissés de piquans; mandibules armées en dessous de cinq dents étroites, allongées, presque égales, dont les deux plus éloignées plus courtes; corselet ayant un enfoncement transversal et postérieur; sa carène et ses bords d'un brun plus clair; abdomen obscur en dessus, moins foncé sur les côtés et en dessous, couvert d'un duvet court; poitrine et pates d'un brun plus clair que le reste du corps. Cette espèce se trouve aux environs de Montpellier; Reiche, jeune entomologiste, l'a observée dans les dunes de Dunkerque. Les *Mygale Sauvagesii* de Latreille et *Ariane* d'Olivier appartiennent à cette sous-division; elles ont les mêmes habitudes.   (G.)

* MYGALURUS. BOT. PHAN. Ce genre, établi par Link pour les *Festuca Myurus* et *bromoides*, n'a pas été adopté.   (G..N.)

MYGINDE. *Myginda*. BOT. PHAN. Ce genre, de la famille des Célastrinées de R. Brown, et de la Tétrandrie Tétragynie, L., a été établi par Jacquin (*Plant. Amer.*, p. 24, tab. 16). Swartz lui réunit le *Rhacoma* de Linné ou *Crassopetalum* de P. Browne. Etudié de nouveau en ces derniers temps, par Kunth et De Candolle, ce genre présente les caractères suivans : calice très-petit, urcéolé, persistant, à quatre divisions plus ou moins profondes; quatre pétales insérés au-dessous d'un disque, munis d'un onglet large et court, égaux et réfléchis; quatre étamines insérées entre les lobes du disque, alternes avec les pétales, et plus courts que ceux-ci, à anthères didymes, biloculaires et s'ouvrant du côté intérieur par une ligne longitudinale; disque très-grand, placé au fond de la fleur, urcéolé, profondément lobé au point où s'insèrent les étamines; ovaire supère, sessile, presque arrondi, à quatre ou rarement à trois loges, au fond de chacune desquelles est dressé un ovule solitaire; style terminal très-court, quelquefois nul, à quatre stigmates; drupe ovoïde, pisiforme, uniloculaire et monosperme, probablement par suite d'avortement.

Dans son *Prodromus systematis Vegetabilium*, le professeur De Candolle a décrit douze espèces de *Myginda*, dont deux appartiennent, avec doute, à ce genre. Ce sont des Arbrisseaux non épineux qui croissent dans l'Amérique méridionale et dans les Antilles. Leurs branches sont tétragones, garnies de feuilles opposées ou ternées, légèrement coriaces, simples, entières et accompagnées de stipules géminées. Les fleurs, d'une extrême petitesse, blanches ou roses, sont portées sur des pédoncules axillaires souvent trichotomes. Les fruits sont d'un rouge vif.

Parmi les principales espèces, nous mentionnerons seulement le *Myginda Uragoga*, Jacq., *loc. cit.*, qui doit être considéré comme le type du genre, et dont les racines, ainsi que les feuilles, sont employées par les habitans de Carthagène et de Sainte-Marthe, comme diurétiques. Le bas prix de ce remède lui a fait donner le nom espagnol d'*Yerva de maravedis*.
                                      (G..N.)

MYGRAINE. BOT. PHAN. Pour Migraine. *V.* ce mot qui vient de Mille-Graines.   (B.)

MYIOTHÈRE. OIS. Vieillot établit sous ce nom, dans la tribu des Anysodactyles, de l'ordre des Sylvains, une famille qui contient les genres Platyrhynque, Rollier, Canopophage,

Gallite, Moucherolle, Tyran, Bécarde, Pythis et Ramphocène. *V.* ces mots. (n.)

MYLABRE. *Mylabris.* INS. Genre de l'ordre des Coléoptères, section des Hétéromères, famille des Trachélides, tribu des Cantharidies, établi par Fabricius aux dépens du grand genre Méloé de Linné, et restreint par Latreille et les autres entomologistes. Les caractères de ce genre sont : antennes régulières dans les deux sexes, terminées en massue arquée et formée par les derniers articles , et composées de onze articles; tous les articles des tarses entiers.

Ce genre se distingue facilement des Décatomes et des Hyclées, auxquels il ressemble beaucoup, parce que ceux-ci ont : le premier dix articles aux antennes, et le second neuf. Les Cérocomes ont aussi neuf articles aux antennes, mais celles des mâles sont irrégulières comme cela se voit dans les Méloés. Les genres OEnas, Méloé, Cantharide, Gnathie, Némognathe, Zonitis, Apale et Sitaris en sont bien séparés par leurs antennes qui ne vont pas en grossissant vers leur extrémité. Enfin le genre Tetraonyx a le pénultième article des tarses bilobé, ce qui n'a lieu ni dans les Mylabres ni dans aucun autre genre de la tribu. Les Mylabres, qui étaient réunies aux Méloés par Linné, et aux Cantharides par Degéer, en ont été séparées par Fabricius; Geoffroy s'est servi de ce nom pour désigner un genre de Coléoptères différent, celui qui est généralement connu aujourd'hui sous le nom de Bruche. Le corps des Mylabres est oblong; leur tête est plus large que le corselet, inclinée; le labre est transversal, échancré au milieu; les mandibules sont cornées, très-dures , arquées, terminées en lames vues en dedans, mais ayant une apparence pointue quand on les regarde en dessus; les palpes maxillaires sont composés de quatre articles dont le premier est très-court et

MYL

les trois autres presque égaux; le dernier est ovoïde et comme tronqué à son extrémité. Les antennes ne sont pas plus longues que la tête et le corselet pris ensemble ; elles sont composées de onze articles; le premier est un peu plus épais et plus long que les autres, le second très-petit, les suivans grenus, à peu près de la même longueur et augmentant d'épaisseur jusqu'au dernier, qui est ovoïde, assez gros, et finit en pointe. Ces derniers articles forment une massue qui est toujours arquée. Les yeux sont placés en dehors des antennes, ils sont ovales et paraissent entiers; le corselet est petit, plus étroit que l'abdomen, oblong; sa partie dorsale est allongée, un peu plus étroite vers la tête; le dessous est extrêmement étroit, ce qui lui donne, vu de profil, une forme triangulaire; il est arrondi aux angles et assez convexe; l'écusson est très-petit, arrondi; les élytres sont oblongues, inclinées sur les côtés, de manière à donner une forme parfaitement cylindrique à l'Insecte; elles sont un peu flexibles et arrondies à leur partie postérieure; l'abdomen est mou; les pates sont assez grandes, avec les jambes terminées par deux épines, et les tarses par deux crochets bifides à leur extrémité. Les organes digestifs des Mylabres n'ont pas plus d'une fois et demie la longueur du corps; ils commencent par un jabot très-court; l'œsophage est plus long, en forme de poire, plus large vers le bas; le ventricule chylifique est de la même largeur dans toute sa longueur, et plissé transversalement; il donne attache inférieurement à six vaisseaux hépatiques longs qui vont s'insérer en deux faisceaux de trois chaque, à la fin de l'intestin grêle qui est très-mince et assez long; le cœcum s'élargit un peu et est terminé par un court rectum moins large que lui. Le corps des Mylabres est généralement noir; leurs élytres sont rougeâtres ou jaunâtres, et ont ordinairement des bandes ou des taches noires. Ces Insectes sont tous propres aux contrées chaudes de l'Europe, de l'Asie, de l'Afrique et de l'Inde. On n'en a pas encore rencontré dans l'Amérique. Ils se plaisent sur les feuilles et les fleurs de divers Végétaux, et se trouvent indifféremment sur les bords de la mer ou dans les montagnes, suivant les espèces. Nous avons eu occasion d'observer à Toulon que les *Mylabris variabilis* et *octopunctata* se trouvent exclusivement dans des prés humides et au bord de la mer, tandis que les *Mylabris decempunctata* et *geminata* ne se rencontraient que sur les hauteurs et à de grandes distances dans l'intérieur des terres. Ces Insectes sont très-timides et n'ont qu'une ruse bien commune pour se soustraire au danger. Dès qu'on s'approche pour les prendre, ils replient leurs pates et leurs antennes, et se laissent tomber à terre. Leurs métamorphoses sont entièrement inconnues.

Les Mylabres sont employées en pharmacie aux mêmes usages que les Cantharides; en Italie, et surtout à Naples, le *Mylabris Cichorii* remplace l'espèce ordinaire. Les Chinois font aussi usage du *Myl. pustulata* d'Olivier qui se trouve dans leur pays, et nous avons appris par un habitant de Rio-Janeiro que, dans ce pays, on n'avait pas d'autres vésicans que cette espèce qui est apportée de Chine pour cet usage, et forme une branche de commerce avec ce pays. D'après les passages de Pline, il paraît que les anciens donnaient le nom de Cantharides à ces Insectes, car ils disent que les meilleures Cantharides sont marquées de bandes jaunes transverses.

Les espèces de ce genre sont assez difficiles à distinguer parce qu'elles varient beaucoup par les dispositions et la grandeur des taches. On en connaît près d'une centaine, et Olivier (*Encycl. Méthod.*) en décrit soixante. L'espèce la plus commune en France, et qui se trouve quelquefois aux environs de Paris est :

Le **Mylabre de la Chicorée**, *Mylabris Cichorii*, Fabr., Oliv. (Col.,

III, 47, 1, A, E.) Long de six à sept lignes, noir, velu, avec trois bandes jaunes et dentées, dont la première divisée en deux taches sur les étuis. Elle se trouve dans toutes les parties chaudes de l'Europe, sur les Chardons, la Chicorée et d'autres Plantes. *V.* pour les autres espèces, Olivier, *loc. cit.*, et Encyclopédie Méthodique. (G.)

MYLESIS. INS. Nom donné par Pallas, dans ses *Icones*, à un nouveau genre de Coléoptères qu'il forme du *Tenebrio Gigas* de Fabricius. *V.* TÉNÉBRION. (B.)

MYLETES. POIS. Sous-genre de Saumons. *V.* ce mot. (B.)

*MYLIA. BOT. CRYPT. (*Hépatiques.*) Léman a donné ce nom au genre *Frullania* de Raddi, parce que le volume du Dictionnaire des Sciences Naturelles qui aurait dû renfermer ce mot était déjà publié. Si on adoptait un semblable principe, on arriverait à une telle confusion, que la nomenclature et la synonymie feraient négliger la science elle-même. *V.* JUNGERMANNE. (AD. B.)

MYLIOBATIS. POIS. (Duméril.) *V.* RAIE.

MYLOCARYUM. BOT. PHAN. Quoique ce nom générique ait été proposé par Willdenow (*Enumerat.*, 1, p. 454) postérieurement à celui de *Cliftonia* déjà employé par Banks, la plupart des botanistes l'ont adopté. Le genre *Mylocaryum* est placé dans la famille des Éricinées, auprès du *Clethra*, et dans la Décandrie Monogynie. Nuttall (*Genera of north Amer. Plant.*, 1, p. 276) indique une affinité bien différente; car il demande s'il n'est pas voisin du *Banisteria*. Ce genre offre pour caractères essentiels : un calice très-petit, à cinq divisions profondes; une corolle à cinq pétales; dix étamines dont les filets sont dilatés et comme anguleux dans leur milieu; un ovaire supérieur surmonté d'un stigmate sessile en tête, et trigone; une capsule à trois ou quatre ailes, et ressemblant beaucoup à celle du *Poly-*

gonum Fagopyrum, à trois ou quatre loges monospermes. Le *Mylocaryum ligustrinum*, Willd., *loc. cit.*; Pursh (*Flor. Americ. septentr.*, t. 14), est un Arbrisseau qui s'élève à plus d'un mètre, toujours vert, à rameaux cylindriques, d'un brun jaunâtre, garnis de feuilles alternes portées sur de courts pétioles, glabres, rétrécies à la base et obtuses au sommet. Les fleurs sont disposées en grappes simples, terminales, accompagnées de bractées. Cette Plante est indigène de l'Amérique septentrionale. (o..n.)

MYLOEQUE. *Mylœchus.* INS. Genre de l'ordre des Coléoptères, section des Pentamères, famille des Clavicornes, tribu des Peltoïdes, établi par Latreille aux dépens du genre Catops de Fabricius (Cholève, Latr.), et ayant pour caractères : palpes maxillaires terminés brusquement en alène; les deux premiers articles des antennes notablement plus gros que les suivans, et différant d'eux par la forme; les derniers formant une massue et étant presque égaux. Ce genre et celui des Cholèves se distinguent de tous les autres de la tribu par leurs palpes maxillaires qui sont terminés brusquement en alène, tandis qu'ils sont filiformes ou plus gros à leur extrémité dans les autres; les Cholèves s'en distinguent par les premiers articles de leurs antennes qui ne diffèrent des suivans ni par la forme ni par la longueur. Les habitudes de ce genre sont les mêmes que celles des Cholèves; on ne connaît pas ses métamorphoses : l'espèce qui lui sert de type est :

Le MYLOEQUE BRUN, *Mylœchus fuscus*, Lat. (*Gen. Crust. et Ins.* T. II, p. 3). Il est long de près d'une ligne, ovoïde, d'un brun châtain, pubescent, finement et vaguement pointillé, avec une dent peu distincte aux cuisses postérieures; Latreille pense qu'il a de grands rapports avec le Catops brévicorne de Paykull et le Catops agile de Panzer. Il se trouve aux environs de Paris, dans le bois de Vincennes. (G.)

* **MYLOSPHÆRA.** BOT. PHAN. (Necker.) Syn. de *Singana* d'Aublet. *V.* ce mot. (B.)

* **MYNOMES.** MAM. Rafinesque (*Amer. Mag.*) propose d'établir sous ce nom un genre qu'il caractérise de la manière suivante : dents semblables à celles de l'Ondatra; quatre doigts onguiculés aux pieds, et un pouce très-court; queue velue et déprimée. Le zoologiste américain place dans ce genre, sous le nom spécifique de *pratensis*, un Rongeur de la Pensylvanie, figuré dans l'Ornithologie de Wilson, et il le décrit ainsi : pelage d'un brun obscur en dessus; d'un gris tiqueté de blanc en dessous; menton et pieds blancs; oreilles plus courtes que le poil de la tête; queue ayant un cinquième de la longueur totale. Au reste il est fort douteux que le genre *Mynomes* doive être conservé. Desmarest (Mammalogie de l'Encyclopédie) a même déjà remarqué que le Rongeur de Wilson ne paraît être qu'un véritable Campagnol; et Richard Harlan, dans sa Faune Américaine, exprime la même opinion que notre savant compatriote. (IS. G. ST.-H.)

* **MYOCONQUE.** *Myochonca.* CONCH. Genre proposé par Sowerby, dans son *Mineral Conchology*, pour une Coquille de l'Oolite, qui a la forme des Modioles, et cependant deux impressions musculaires assez grandes, et, à la charnière, une dent cardinale un peu semblable à celle des Astartés. On peut, d'après cela, considérer cette Coquille comme intermédiaire entre les Mytilacées et les Conques, d'autant plus que le ligament est tout-à-fait extérieur, porté par des nymphes grandes et saillantes, ce qui n'existe pas dans les Moules ou les Modioles. Sowerby caractérise ce genre de la manière suivante : coquille bivalve oblique, équivalve; la charnière ayant un ligament externe et une grande dent oblique sur la valve gauche; les crochets se rapprochant à leur extrémité; point de sinus à l'impression du manteau.

Myoconque épaisse, *Myochonca crassa*, Sow., *Mineral Conchol.*, pl. 467. Elle est grande, épaisse, modioliforme, et elle se trouve, mais rarement, dans les Oolites de Bristol. (D..H.)

* MYOCTONON. BOT. PHAN. L'un des noms de l'Aconit dans Pline. (B.)

* MYODAIRES. *Myodariæ*. INS. Nouvel ordre de Diptères établi par Robineau Desvoidy, dans un ouvrage étendu qui va être publié très-incessamment et dont Blainville a fait un rapport avantageux à l'Académie des Sciences, le lundi 2 octobre 1826. Ce nouvel ordre est formé aux dépens du grand genre *Musca* de Linné; il correspond entièrement au genre *Musca* des premières éditions de Fabricius, ou à la famille des Muscides de Latreille en en retranchant néanmoins ses genres *Diopsis*, *Scenopina* et *Achias*. L'auteur le caractérise ainsi : trompe molle, univalve, coudée à la base, renfermant dans une gouttière supérieure un suçoir composé de deux filets; toujours deux palpes supérieurs, rarement deux ou quatre palpes inférieurs (1); antennes insérées au-dessus du péristôme, toujours formées de trois articles, dont le dernier ordinairement le plus développé, reçoit toujours sur son dos une soie composée de trois articles plus ou moins apparens; cuillerons souvent très-développés; anus des femelles terminé par une tarière intérieure ou extérieure dans les races destinées à perforer. Larves apodes, ayant la bouche armée de deux crochets et vivant de substances liquides végétales ou animales. Nymphe inactive, à coque opaque, en barillet et ne montrant aucune partie de l'Insecte parfait.

Les Myodaires diffèrent des familles de Diptères qui en sont les plus rapprochées, par des caractères faciles à saisir. Ainsi leur trompe apparente les sépare nettement d'avec les OEstrides qui n'ont que les rudimens de cet organe. Leur suçoir formé de deux soies les distingue des Syrphies qui ont quatre soies à cet organe. Enfin la soie antennaire, insérée sur les côtés ou sur le dos du troisième article, empêchera toujours de les confondre avec les Stratyomydes qui ont cette même soie continue avec le troisième article, et étagée ou annelée.

Robineau a pris pour bases de sa classification divers caractères tirés des cuillerons des antennes, de la forme et des proportions du péristôme, etc. Il a combiné ces caractères avec les mœurs et les habitudes, et ses familles se trouvent ainsi caractérisées par l'espèce de nourriture que prennent les Insectes qui les composent, par leur état de larve et celui d'Insecte parfait. Le principal caractère qu'il emploie pour former ses grandes divisions consiste dans les cuillerons; ce sont de petits appendices arrondis, squammiformes, que l'on remarque à la racine postérieure de l'aile des Mouches; c'est cet organe qui paraît produire le bourdonnement dans ces Animaux, mais dont nous ne connaissons pas encore l'utilité; il s'efface dans la série par des nuances presque insensibles. Le développement de ces cuillerons est assez bien en harmonie avec les principales habitudes des Mouches; ce développement plus prononcé détermine l'activité des Myodaires, et influe beaucoup sur leur genre d'existence; aussi voit-on que les espèces les plus grosses, les plus colorées et les plus actives, sont pourvues de cuillerons considérables, tandis que les espèces sédentaires, qui vivent aux environs du lieu qui les a vu naître, et qui ne sont pas obligées de parcourir de grands espaces pour chercher leur nourriture, les ont très-petits et même rudimentaires. Les couleurs qui parent les Myodaires indiquent d'une manière assez certaine leur manière

(1) Latreille, Duménil et Blainville pensent que Robineau s'est trompé à cet égard, et que ce qu'il prend pour des palpes inférieurs n'est que le prolongement des deux grandes lèvres qui termine la trompe des Mouches.

de vivre et leur séjour habituel ; ainsi les espèces qui sont le plus souvent exposées aux rayons du soleil et qui vivent à l'air libre, ont des couleurs bien plus brillantes que les espèces timides vivant à l'abri et sous les Champignons pourris.

Les antennes des Myodaires sont d'un grand secours pour caractériser les tribus ; Robineau regarde la soie qui les termine comme leur continuation ; les trois premiers articles de l'antenne varient de formes et de proportions entre eux ; la soie qui est elle-même composée de plusieurs articles, et dont on aperçoit les trois premiers dans beaucoup de Myodaires, sa direction, sa longueur, son état nu, villeux ou plumeux, servent de bons caractères pour distinguer les genres entre eux. L'auteur se sert encore de plusieurs autres caractères pour séparer ses genres ; ainsi il n'a pas négligé la forme générale du corps des Mouches ; cette forme se trouve en rapport plus ou moins direct avec la puissance du vol et avec les habitudes de ces Animaux, soit qu'ils pénètrent dans l'intérieur des corps dont ils se nourrissent, soit qu'ils se tiennent dans l'intervalle des feuilles de Graminées aquatiques ou d'autres Plantes. L'abdomen des Myodaires a ordinairement ses derniers anneaux rentrés l'un dans l'autre comme un tube de lunette; quelquefois ces anneaux sont toujours sortis et assez solides pour constituer une espèce d'oviductus chez les femelles qui s'en servent pour déposer leurs œufs dans les tissus de divers corps organisés. Enfin Robineau a tiré parti, pour la distinction de ses familles et de ses tribus, de la connaissance des lieux qu'habitent les différentes espèces de Mouches, de l'espèce de corps organisé qui leur sert de nourriture, soit à l'état de larve, soit à l'état d'Insecte parfait. Ces circonstances sont assez en rapport avec le système de coloration des individus, la grandeur des cuillerons, les formes des corps, etc., et cette considération

est d'une très-grande utilité pour arriver à classer les petites espèces qui sont ordinairement molles et qu'il est bien difficile et quelquefois impossible d'observer d'une manière satisfaisante et un peu positive.

Le nombre des espèces de Myodaires que Robineau fait connaître, est cinq à six fois plus grand que ce qu'on en connaissait en France avant lui ; nous savons qu'il en a décrit déjà plus de trois mille. Cet ordre est divisé en dix familles ainsi qu'il suit :

I. CALYPTÉRÉES, *Calypteratæ*. Le caractère essentiel de cette famille est d'avoir la soie antérieure distinctement triarticulée, et les cuillerons très-grands ; elle tire même son nom de ce grand développement des cuillerons, et renferme des espèces douées d'un vol puissant et soutenu, d'une assez grande taille ; leurs teintes sont le noir-brun, le brun et le métallique ; elles vivent autour de nos habitations, dans les lieux élevés et exposés à l'ardeur du soleil ; leurs larves sont coprophages, radicivores, vivipares, entomophages, etc., etc. On les rencontre plus particulièrement sur les fleurs, quelques-unes tourmentent les Quadrupèdes. Cette famille est divisée en deux sections et renferme quinze tribus.

† Soie des antennes ordinairement nue.

Macomydes, Cyclémydes, Bombomydes, Entomobies, Ocyptérées, Gastrodées, Lépidomydes.

†† Soie des antennes velue ou plumeuse.

Phasiennes, Pherbellées, Tomenteuses, Macropodées, Théramides, Muscides, Aricines et Gagatées.

II. MÉSOMYDES, *Mesomydæ*. Ce nom lui vient de ce que les Mouches qui composent cette famille sont d'une taille moyenne ; leurs cuillerons sont bien moins développés que dans la famille précédente dont elles forment la suite directe ; leur grosseur diminue beaucoup ; le système de coloration est moins vif et plus étiolé ; déjà quelques espèces

vivent sur des Végétaux déterminés ;
les larves de la plupart des races sont
mineuses de feuilles. Cette famille
renferme cinq tribus distribuées dans
trois sections.

† Cuillerons assez larges.
Limoselles, Eleuthérées.

†† Cuillerons moyens.
Chorellées.

††† Cuillerons très-rapetissés.
Hylemides et Stigmatatées.

III. MALACOSOMES, *Malacosomæ*.
Cette famille tire son nom de ce que
les espèces qui la composent ont le
corps généralement mou et peu coloré ; le jaune, le blanc sale et toutes
les teintes flavescentes appartiennent
à ces Myodaires ; elles sont en général assez petites, et vivent dans des
matières animales ou végétales en
putréfaction. Elles sont fixées ou à
peu près fixées sur un domicile spécial, et souvent on ne découvre pas
même l'apparence des cuillerons.
Cette famille renferme cinq tribus :
Pégamides, Scatophagines, Mycé-
tomydes, Térhénides et Malaco-
mydes.

IV. ACIPHORÉES, *Aciphoreæ*. Ce
nom a été donné à cette famille parce
que le ventre des femelles a ses derniers anneaux solides, non rétractiles,
et qui, produisant l'effet de la tarière des Tenthrèdes, sert à introduire les œufs sous l'épiderme des
Plantes où leur présence fait naître
des galles. Cette famille comprend
des espèces de Mouches qui ont
beaucoup de ressemblance avec les
trois dernières tribus précédentes ;
leurs ailes sont presque toujours ba-
riolées de raies et de points noirs ; le
jaune et toutes ses teintes est leur
couleur ordinaire ; ce sont des Insectes phytophages tant à l'état de
larve qu'à l'état adulte : chaque espèce est souvent fixée sur une espèce
particulière de Plantes, mais non pas
toujours, ce qui, suivant Robineau,
a causé beaucoup de confusion dans
les travaux des entomologistes. Cette
famille n'a pu être partagée en tribus ;

elle renferme vingt-quatre genres
formés d'après la considération du
péristôme.

V. PALOMYDES, *Palomydæ*. Cette
famille renferme des Myodaires
de petite taille, à corps mou et
sans cuillerons ; leur corps est plus
ou moins oblong ; leurs ailes sont
étroites, quelquefois mouchetées ; elles
ont en général des couleurs flavescentes, et c'est surtout ce caractère
qui annonce ce groupe qu'il est assez
difficile de définir autrement que par
un ensemble de caractères dont chacun se retrouve dans une autre section. Les genres qu'elle renferme sont
assez distincts quoique nombreux.
Elle ne renferme qu'une tribu, et son
nom exprime que les espèces qui la
composent vivent sur les Plantes herbacées des marais. Outre les genres
nouveaux établis par Robineau, cette
famille renferme les genres Tétanocère, Loxocère, Sépedon et Dyctie
des autres entomologistes.

VI. NAPÉELLÉES, *Napeelleæ*. Cette
famille est caractérisée par la forme
du front et de la face large et développée ; le péristôme est carré, les
antennes distantes, horizontales, avec
le troisième article tendant à s'ar-
rondir. Leurs pates sont longues et
les couleurs du corps sont d'un noir
mat. Ces Myodaires vivent sous leurs
deux états, dans les endroits humides et ombragés, sur les substances
animales et végétales en décomposition. Cette famille se compose de deux
tribus.

Napéellées et Putrellidées.

VII. PHYTOMYDES, *Phytomydæ*. Ce
nom vient de ce que les espèces qui
composent cette famille se trouvent
sur des Plantes ; elles y vivent sans se
donner de grands mouvemens, aussi
sont-elles souvent sans cuillerons ;
leur corps est mou, allongé, quelquefois même filiforme, coloré de
teintes métalliques, ce qui les rapproche des Ophyres, parmi les Calyptérées ; il s'en trouve néanmoins
quelques-unes dont le système de
coloration est plus pâle et plus étiolé.

les larves connues vivent aux dépens des Plantes herbacées et ombragées que les femelles perforent avec une tarière intro-rétractile. Cette famille se compose de quatre tribus.

Héliadées, Myodines, Thélidomyes et Hydrellées.

VIII. MICROMYDES, *Micromydæ*. Ce nom indique la petitesse extrême des Myodaires de cette famille. En effet les espèces qui la composent peuvent difficilement être piquées avec nos épingles à insectes sans en être entièrement détruites; leurs antennes sont très-courtes, le ventre des femelles est terminé par quelques anneaux formant tarière. Toutes les larves sont granivores; les femelles déposent leurs œufs dans les ovaires des fleurs. Leur corps est ordinairement noir ou flavescent. Cette famille renferme six tribus.

Anthidulées, Pherbomydes, Anthidulinées, Herbellidées, Floridulées et Ptéromydes.

IX. MUCIPHORÉES, *Muciphoreæ*. Cette famille a beaucoup de rapports avec celle des Malacosomes; mais elle en diffère par la forme des antennes et par leur petitesse qui égale celle des précédentes; leurs teintes sont plus ou moins flavescentes, étiolées; ces Myodaires se nourrissent des produits de la décomposition des Animaux et des Végétaux. Elle renferme quatre tribus.

Dorinées, Mongomydes, Gibbomydes et Mycénides.

X. CÉPHALÉMYDES, *Cephalemydæ*. Cette famille tire son nom de la grosseur de la tête des Myodaires qui la composent; le dernier article antennaire est styliforme, et la bouche très-petite; leur corps est en général cylindrique. On les trouve sur les fleurs, parmi les herbes des prairies et les gazons des champs : les larves sont totalement inconnues. Cette famille ne renferme qu'une tribu, et on peut considérer comme son type le genre *Pipunculus* de Latreille.

Comme l'ouvrage de Robineau n'est pas encore publié, nous ne pouvons développer dans ce Dictionnaire les caractères des tribus et encore moins ceux des genres dont un grand nombre se trouvent appartenir, par leur ordre alphabétique, aux volumes déjà parus; nous renvoyons donc au Supplément pour ces détails, certain qu'à l'époque où nous le composerons, l'ouvrage de Robineau sera publié, et que nous pourrions de plus établir une synonymie entre ses genres et ceux des auteurs qui ont traité cette matière avant lui.

(G.)

MYODE. INS. *V*. MYODITE.

MYODITE. *Myodes*. INS. Genre de l'ordre des Coléoptères, section des Hétéromères, famille des Trachélides, tribu des Mordellones, établi par Latreille, et ayant pour caractères : palpes filiformes; antennes flabelliformes; élytres extrêmement courtes, et ne recouvrant pas les ailes. Ce genre qu'Olivier et Fabricius plaçaient avec les Ripiphores, a été nommé *Dorthesia* par les Anglais, en l'honneur de Dorthes qui le découvrit le premier, et qui était d'avis qu'on devait le placer près des Nécydales; le nom de *Dorthesia* ayant été donné par Bosc à un genre d'Hémiptères, n'a pu être adopté pour le genre qui nous occupe, et Latreille lui a assigné celui qu'il porte actuellement, et qui signifie forme de Mouche. Les Myodites diffèrent des Ripiphores par les crochets des tarses, qui ont leur extrémité bifide dans ceux-ci, tandis qu'il est simple dans les Myodites. Les Pélécotomes en sont distingués par leurs élytres qui recouvrent tout l'abdomen, et par les antennes qui, dans les mâles, ne jettent qu'un seul rameau par article. Enfin, les Mordelles, Anaspes et Scrapties en sont suffisamment distingués par leur corps recouvert par les élytres, et surtout par leurs antennes qui sont tout au plus en scie dans les mâles. Les antennes des Myodites sont insérées sur le front, et composées de onze articles; les quatre premiers sont sans appendice latéral, les autres en ont deux dans les mâles, un de chaque côté, et un seul dans les femelles. Le labre est corné, ovale, allongé, terminé par deux soies; les mandibules sont cornées, arquées et sans dents. Les mâchoires sont membraneuses, très-courtes, obtuses; les palpes sont inégaux, filiformes; les maxillaires plus longs, composés de quatre articles allongés, le premier très-petit, le second le plus grand de tous; les labiaux sont de trois articles à peu près égaux. La lèvre est cornée postérieurement, membraneuse à la partie antérieure; la tête est arrondie supérieurement, très-inclinée sous le corselet qui est convexe, point bordé et rétréci antérieurement. Les élytres sont très-courtes, voûtées; les ailes sont découvertes et étendues. L'abdomen est grand, allongé; les pates de longueur moyenne, avec les crochets de leurs tarses entiers à leur extrémité et dentelés en peigne le long de leur côté inférieur.

Les mœurs de ces Insectes sont inconnues. Nous avons trouvé souvent le *Myodes subdipterus* dans les environs de Toulon; en fauchant soit dans les prés humides soit dans les montagnes. L'espèce qui sert de type et la seule connue jusqu'à présent, est :

Le MYODITE MUSCIFORME, *Myodes subdipterus*, Lat.; *Myodites Dorthesii*, Lat. (Nouv. Dict. d'Hist. Nat.); *Ripiphorus subdipterus*, Fabr., Oliv. (Entom. T. III, Ripiph., p. 4, n° 1, pl. 1, fig. 1, mâle et femelle); Panz. (*Faun. Germ.*, *fasc.* 97, fig. 17, femelle). Il est long de trois à quatre lignes; ses antennes, sa tête, son corselet et tout le thorax sont noirs, ainsi que les cuisses et l'extrémité de l'abdomen; celui-ci, les élytres, les jambes et les tarses sont d'un jaune d'or assez clair. Les ailes sont grandes et transparentes; leur milieu seul est taché de brun roussâtre. Cette espèce se trouve dans les provinces méridionales de la France. Nous possédons une autre espèce qui vient de Philadelphie, et que nous proposons de nommer :

MYODITE AMÉRICAIN, *Myodes americanus*. Il est entièrement noir, et ses ailes sont brunes seulement à l'extrémité, tout le reste de leur surface étant transparent.   (G.)

MYODOQUE. *Myodocha*. INS. Genre de l'ordre des Hémiptères, section des Hétéroptères, famille des Géocorises, tribu des Longilabres, établi par Latreille, et ayant pour caractères : antennes filiformes composées de quatre articles, et allant un peu en grossissant vers l'extrémité qui est terminée par un article ovoïde; tête rétrécie en arrière en manière de cou, comme dans les Réduves.

Ce genre se distingue des Réduves, des Alydes et des Bérytes, avec lesquels il a le plus de rapports, par la forme de la tête; les Myris et les Capses en sont séparés par leurs antennes qui sont effilées et en forme de soies à l'extrémité. Le corps des Myodoques est oblong, avec le corselet presque conique, plus étroit en devant et comme divisé transversalement en deux par une impression linéaire; les cuisses antérieures sont renflées et épineuses en dessous. Ce genre ne se compose jusqu'à présent que d'une espèce; à la vérité Latreille pense que deux Punaises de Degéer (*Tipuloides* et *Trispinosus*) pourraient former deux espèces du même genre.

MYODOQUE SERRIPÈDE, *Myodocha serripes*, Latr. Son corps est long d'environ quatre lignes, noir; les élytres sont d'un brun clair et bordées extérieurement de blanchâtre; les pates sont pâles avec l'extrémité antérieure des cuisses obscure. Elle se trouve dans l'Amérique septentrionale.   (G.)

*MYOMYCES. BOT. CRYPT. (*Champignons*.) Battara, dans sa Nomenclature Mycologique, a désigné sous ce nom un groupe d'Agarics dont il a figuré plusieurs espèces qu'il est difficile de rapporter avec certitude à celles qui nous sont connues. (AD. B.)

MYON. bot. phan. L'un des noms antiques de l'Asperge. (b.)

MYONIME. *Myonima*. bot. phan. Genre de la famille des Rubiacées, et de la Tétrandrie Monogynie, L., établi par Commerson pour un Arbrisseau originaire de l'île de Bourbon, où il porte le nom vulgaire de *Bois de Rat*. Ce genre offre pour caractères : un calice turbiné adhérent avec l'ovaire, ayant son limbe presqu'entier ; une corolle monopétale, à tube court, ayant son limbe à quatre divisions profondes, étalées et obtuses ; quatre étamines à anthères allongées, presque linéaires ; un style simple terminé par un stigmate renflé. Le fruit est un drupe globuleux, de la grosseur d'une petite cerise, à peine ombiliqué à son sommet, et contenant un noyau à quatre loges monospermes.

Ce genre se compose de deux espèces : la première, *Myonima obovata*, Lamk., Illustr., t. 68, est un Arbrisseau de grandeur moyenne, ayant ses feuilles obovales obtuses, courtement pétiolées, luisantes et comme vernissées ; ses fleurs axillaires au nombre de deux à trois, ses fruits globuleux, déprimés et un peu anguleux ; il croît dans l'île de Bourbon. La seconde espèce est le *Myonima myrtifolia*, Lamk., Ill., t. 68, fig. 2, qui croît à l'Ile-de-France, et diffère de l'espèce précédente par ses feuilles aiguës, ses fleurs plus nombreuses et terminales, et ses fruits nullement anguleux. (a. r.)

*MYOPE. *Myopa*. ins. Genre de l'ordre des Diptères, famille des Athéricères, tribu des Conopsaires, établi par Fabricius aux dépens du genre Conops de Linné ; et adopté par tous les entomologistes qui l'ont ainsi caractérisé : antennes plus courtes que la tête, terminées en palette, avec un stylet ; suçoir de deux soies au plus, reçu dans une trompe saillante ; corps allongé ; ailes croisées sur le corps. Les Insectes de ce genre ont beaucoup de ressemblance avec les Conops et les Zodions, mais ils en sont distingués par la trompe qui est dirigée en avant dans les deux derniers genres, tandis qu'elle se replie en dessous près de son milieu chez les Myopes. Les Bucentes et les Stomoxes s'en éloignent par la forme de leur corps qui est court, et par les articles des antennes qui ont des proportions différentes. La tête des Myopes est plus large que le corselet ; elle est grande, et sa face est revêtue d'une membrane molle, blanche et comparable à un masque. Les yeux sont grands, et on voit entre eux et au-dessus trois petits yeux lisses : la trompe est coudée à sa base, dirigée ensuite en avant, et se replie en dessous, près de son milieu, pour former un second coude : le second article des antennes est aussi long que le troisième, et forme avec lui une massue. Le corselet est presque cylindrique, un peu convexe ; il a deux points élevés aux angles huméraux ; les ailes sont couchées ; l'abdomen est sessile, presque cylindrique, un peu renflé à l'extrémité, et arqué. Les pates sont fortes avec les cuisses un peu renflées, et les tarses à deux crochets et deux pelotes.

Ces Diptères habitent les prés et les lieux un peu humides ; on les trouve sur les fleurs ; leurs métamorphoses sont encore inconnues. Ce genre est peu nombreux en espèces dont la plus grande partie habite l'Europe, et parmi lesquelles nous citerons :

Le MYOPE FERRUFINEUX, *Myopa ferruginea*, Fabr., Meig. (Dipt., 2, part. xiv, 17) ; *Conops ferruginea*, L. ; Asile, Geoff. Long de près de quatre lignes ; antennes ferrugineuses ; devant de la tête d'un jaune citron ; yeux bruns ; corselet varié de noirâtre et de ferrugineux ; abdomen d'un brun ferrugineux ; ailes noirâtres ; pates ferrugineuses ; balanciers jaunâtres. Cette espèce se trouve aux environs de Paris et dans toute l'Europe. (g.)

*MYOPHONE. ois. Genre nouveau proposé par Temminck dans la vingt-neuvième livraison des Planches coloriées, et dont le type est une espèce récemment découverte dans les îles de l'archipel Indien par le professeur Reinwardt et par notre compatriote Diard. Le genre Myophone est caractérisé par l'ornithologiste hollandais de la manière suivante : bec très-gros, fort et dur; quelques soies roides garnissant l'ouverture de ce bec, et la grande membrane qui tapisse les fosses nasales, couverte de petites plumes tournées en avant; les tarses très-longs; la queue carrée, et les ailes atteignant seulement la fin de son premier tiers. Temminck n'a pas fait connaître son opinion sur les rapports naturels de son *Myophonus;* mais ce genre devrait, suivant quelques autres ornithologistes, être placé près des Piroll (*Kitta*) du même auteur. Quoi qu'il en soit, on ne connaît encore qu'une seule espèce de Myophone, figurée dans la planche 170, sous le nom de Myophone luisant, *Myophonus metallicus.* Son plumage est généralement d'un noir bleuâtre, d'une nuance assez agréable à l'œil, et qui change suivant les diverses inflexions de la lumière; la tête et l'abdomen sont un peu plus foncés que le reste du corps, et les rémiges sont légèrement brunâtres à leur extrémité; enfin des taches à éclat métallique se remarquent sur les plumes du col, de la poitrine et des joues, et à l'extrémité de celles du dos et des couvertures des ailes. Le bec est jaune dans sa presque totalité, mais son arête est noire; et cette dernière couleur est aussi celle des pates. La longueur totale est d'un pied. Temminck n'assigne pour patrie au *Myophonus metallicus* que l'île de Java, et c'est en effet de cette contrée qu'il a été envoyé en Europe le plus fréquemment; mais l'espèce se trouve aussi à Sumatra.

(IS. G. ST.-H.)

MYOPORE. *Myoporum.* BOT. PHAN. Genre qui forme le type de la famille des Myoporinées et fait partie de la Didynamie Angiospermie, L. Ce genre établi par Banks et Solander, adopté par Forster et Rob. Brown,

a ensuite été nommé *Pogonia* par Andrews, et *Andreusia* par Ventenat. Mais le nom de *Myoporum* doit être adopté comme étant le plus ancien. Les espèces de ce genre sont des Arbustes quelquefois visqueux, portant des feuilles alternes ou opposées, sans stipules, entières ou dentées, et souvent garnies de points translucides. Les fleurs sont pédonculées et réunies plusieurs ensemble à l'aisselle des feuilles, quelquefois elles sont solitaires. Ces fleurs sont blanches ou purpurines. Leur calice est monosépale, à cinq divisions persistantes. La corolle est monopétale, presque régulière, comme campanulée, ayant son tube court et son limbe plane et à cinq lobes arrondis presque égaux. L'ovaire est libre, semi-ovoïde, appliqué sur un disque hypogyne et annulaire; il offre quatre loges contenant chacune un seul ovule pendant, ou seulement deux loges contenant chacune deux ovules. Le style est simple, un peu recourbé à sa partie supérieure qui se termine par un stigmate convexe et glanduleux. Le fruit est une baie à quatre loges monospermes ou à deux loges dispermes. Toutes les espèces de ce genre sont originaires de la Nouvelle-Hollande. Quelques-unes sont aujourd'hui cultivées dans les jardins; telles sont les deux suivantes :

MYOPORE A FEUILLES ELLIPTIQUES, *Myoporum ellipticum*, Rob. Brown, *Prodr. Nov.-Holl.*, 1, p. 515; *Pogonia glabra*, Andr., Repos., 283; *Andreusia glabra*, Vent., Jard. Malm., t. 168. C'est un petit Arbuste dressé, très-glabre, luisant, ayant ses rameaux redressés; ses feuilles alternes ou éparses, lancéolées, aiguës, entières, sans nervures marquées. Ses fleurs sont blanches, petites, pédonculées et fasciculées à l'aisselle des feuilles. *V.* l'Atlas de ce Dictionnaire.

MYOPORE DÉBILE, *Myoporum debile*, Brown, *loc. cit.*, p. 516; *Pogonia debilis*, Andr., Repos., 212. Sa tige est étalée, ses feuilles lancéolées, entières à leur base, dentées dans leur partie supérieure. Les fruits sont comprimés, plus courts que le calice qui les renferme; les pédoncules sont solitaires. Cette espèce croît aux environs du Port-Jackson. (A. R.)

MYOPORINÉES. *Myoporineæ.* BOT. PHAN. Et non *Myoporimées.* Robert Brown appelle ainsi une nouvelle famille naturelle de Plantes dicotylédones, monopétales, à corolle hypogyne, qui a pour type et genre principal, le *Myoporum* dont nous venons de tracer les caractères dans l'article précédent. Les Myoporinées forment une petite famille qui tient le milieu entre les Verbénacées et les Jasminées. Leurs caractères sont les suivans : le calice est persistant, monosépale et à cinq divisions profondes; la corolle est monopétale, hypogyne, presque égale ou comme bilabiée; les étamines au nombre de quatre sont didynames, quelquefois avec le rudiment d'une cinquième étamine avortée, mais qui se développe quelquefois; l'ovaire est libre, appliqué sur un disque annulaire, hypogyne. Il offre deux ou quatre loges, contenant chacune un ou deux ovules pendans de leur sommet. Le style est simple terminé par un stigmate également simple et glanduleux. Le fruit est une drupe contenant un noyau à deux ou quatre loges renfermant chacune une ou deux graines. Celles-ci se composent d'un endosperme contenant un embryon cylindrique, qui a la même direction que la graine. Les Myoporinées sont des Arbustes généralement glabres, portant des feuilles simples, sans stipules, alternes ou opposées, des fleurs axillaires et dépourvues de bractées. Cette famille, très-voisine des Verbénacées, s'en distingue surtout par ses graines pendantes, munies d'un endosperme; elle a aussi quelques rapports avec les Ebénacées. Les genres qui la composent sont les suivans : *Myoporum*, Banks; *Bontia*, L.; *Pholidia*, Rob. Brown; *Stenochilus*, Rob. Brown; *Eremophila*, Rob. Brown.

Robert Brown place à la fin de cette

famille, mais sans l'y adjoindre, le genre *Avicennia*, L.; qui tient en quelque sorte le milieu entre les Verbénacées et les Oléinées. (A. R.)

MYOPOTAME. *Myopotamus.* MAM. Genre de Rongeurs composé dans l'état présent de la science d'une seule espèce déjà connue depuis un assez grand nombre d'années, et indiquée même par Molina, mais sur laquelle on n'a acquis que dans ces derniers temps des notions assez approfondies pour qu'il soit possible d'apprécier d'une manière certaine ses véritables rapports naturels. Cet Animal, mentionné par Molina dans l'Histoire du Chili sous le nom de *Coypou* ou *Coypu*, décrit par Azzara, dans son ouvrage sur le Paraguay, sous celui de *Quouya*, fut aussi connu de Commerson, comme le prouve un dessin trouvé dans les papiers de ce naturaliste après sa mort; il se proposait de le publier comme type d'un nouveau genre sous le nom de *Myopotamus*. Ainsi (sans parler des travaux de Molina que l'inexactitude trop connue de leur auteur rendait naturellement suspects) l'existence et les principaux faits de l'histoire du Coypou se trouvaient bien constatés dès la fin de l'autre siècle par le témoignage de deux auteurs très-recommandables, et l'on pouvait même dès-lors, au moyen de l'ouvrage d'Azzara et du dessin de Commerson, se faire une idée très-exacte du nouveau Rongeur. Néanmoins l'attention des naturalistes ne se porta pas sur lui, et on continua, comme on aurait pu le faire si l'on n'eût possédé que les renseignemens fournis par Molina, à le reléguer parmi les espèces douteuses. Tel était encore, pour ce qui concerne le Coypou, l'état de la science il y a vingt ans environ; et cependant, fait bien remarquable, à l'époque même où son existence était encore presque problématique aux yeux des naturalistes, ses pelleteries étaient un objet important de commerce, et plusieurs milliers étaient, sous le nom de *Racoonda*, annuellement importées en France : « Ainsi, dit Geoffroy Saint-Hilaire, nos arts étaient approvisionnés, et nos vêtemens étaient formés avec le poil d'un Animal que nous ne connaissions pas. » On peut dire en effet que ce ne fut qu'en 1805, que le Coypou cessa d'être ignoré des naturalistes. S'occupant à cette époque de diverses recherches dans un de nos plus riches magasins de fourrures, Geoffroy y trouva par hasard quelques peaux d'un Animal qu'il n'avait jamais vu, et dont il apprit avec étonnement que près de cent mille fourrures avaient été envoyées d'Espagne en France depuis neuf ou dix ans, et employées particulièrement dans le commerce de la chapellerie. Cet Animal était précisément le *Myopotamus* de Commerson et le Quouya d'Azzara. Geoffroy s'occupa aussitôt de se procurer des sujets assez bien conservés pour qu'il lui fût possible d'apprécier les rapports naturels de l'espèce, et il trouva en effet quelques peaux dans lesquelles les quatre extrémités existaient encore. Il reconnut, par leur examen, que le Quouya ou Coypou, « devait en effet, ainsi que l'avait pensé Commerson, être considéré comme le type d'un genre nouveau ; qu'il appartenait à l'ordre des Rongeurs par l'existence de deux fortes incisives à chaque mâchoire, mais qu'il ne pouvait être placé dans aucun des genres de cet ordre par la considération de sa queue et de ses pieds de derrière » : il crut, au contraire, pouvoir le rapprocher de deux espèces, non encore décrites, que Péron, Lesueur et Levillain venaient de rapporter de la Nouvelle-Hollande. C'est ainsi qu'il forma (Annales du Muséum, T. VI) son nouveau genre Hydromys en réunissant le Coypou aux deux nouveaux Rongeurs. Le Coypou a en effet les plus grands rapports avec les deux Hydromys de la Nouvelle-Hollande, par ses pieds tous pentadactyles dont les antérieurs sont libres, et les postérieurs palmés, et généra-

lement par tous ses caractères extérieurs, les seuls qu'on eût alors les moyens de connaître ; et il était naturel de penser que l'examen des organes internes confirmerait plus tard ces analogies. Le genre Hydromys fut donc adopté de tous les naturalistes, et il paraissait devoir être conservé tel qu'il avait été établi primitivement. On a reconnu tout récemment le contraire : le Coypou n'a pas ce système de dentition, si remarquable par son extrême simplicité, qui caractérise les véritables Hydromys ou ceux de la Nouvelle-Hollande : ses molaires ne sont pas au nombre de deux seulement de chaque côté et à chaque mâchoire, comme chez ces derniers, mais bien au nombre de quatre comme chez les Castors. Leurs formes les rapprochent également de celles de ce dernier genre ; les supérieures, qui vont en augmentant de grandeur de la première à la dernière, présentent une échancrure à leur face interne, et trois à l'externe ; les inférieures sont très-semblables aux supérieures, dont elles diffèrent d'ailleurs en ce que leur face externe est celle qui présente une seule échancrure, et l'interne, celle qui en présente trois. A ces caractères tirés du système dentaire et qui ne permettent pas de considérer le Coypou comme une espèce du genre Hydromys, on peut aussi en ajouter quelques autres que fournissent l'examen du squelette et même celui des organes extérieurs. Les ongles sont chez l'espèce américaine, plus gros, plus obtus et beaucoup moins arqués que chez les deux Animaux de la Nouvelle-Hollande ; le corps paraît aussi moins vermiforme, et la queue est moins velue et plus écailleuse. Tels sont les caractères qui ont déterminé plusieurs zoologistes, et Geoffroy Saint-Hilaire lui-même, à considérer le Coypou comme devant être séparé des Hydromys, et devenir le type d'un genre distinct, pour lequel on a même déjà proposé deux noms, celui de *Myopotamus* et celui de *Potamys*.

Le premier a été adopté par Desmarest dans les supplémens de sa Mammalogie, et par Fr. Cuvier dans son ouvrage sur les dents des Mammifères. Quant au second, Fr. Cuvier dit seulement, après avoir décrit les dents du Coypou (qu'il appelle Myopotame, comme nous venons de le voir), qu'une personne (qu'il ne fait pas connaître) « a donné à ce genre, qu'elle a formé d'après ses propres observations, le nom de Potamys, qui est plus régulièrement formé que celui de Commerson. » Nous croyons devoir conserver le mot de *Myopotamus*, déjà ancien dans la science, et qui déjà adopté dans deux ouvrages importans, a en quelque sorte reçu la sanction de l'usage, tandis qu'on ne connaît pas même l'auteur du nouveau nom *Potamys*. Il paraîtrait cependant que Fr. Cuvier, par des motifs que nous ignorons, préfère ce dernier : car au lieu de faire connaître, dans le Dictionnaire des Sciences Naturelles, le Coypou au mot *Myopotame*, il renvoie sa description au mot *Potamys*. Quant au nom spécifique que l'on devra choisir pour ce Rongeur, quoique personne ne se soit encore occupé de le désigner, nous ne pensons pas qu'il y ait aucune difficulté à cet égard, le nom de Coypou en français, et celui de *Coypus* en latin ayant été constamment adoptés.

Le MYOPOTAME COYPOU, *Myopotamus Coypus*. Nous avons exposé les motifs qui nous ont engagé à adopter ce nom pour l'unique espèce du genre, le *Myopotamus Coypus* de Molina et de Gmelin, l'*Hydromys Coypus* de Geoffroy. Cet Animal, qui doit être mis au nombre des plus grands de tous les Rongeurs, a un pied neuf pouces six lignes de long, sans compter la queue qui mesure un pied deux pouces trois lignes ; les membres ont quatre pouces six lignes ; les incisives sont à leur face antérieure d'un roux marron, et les ongles sont noirâtres ; les oreilles, petites et arrondies comme chez les Hydromys, sont sur la face convexe, couvertes d'un poil ras

peu abondant. Quant au pelage, nous croyons ne pouvoir mieux faire que de rapporter textuellement la description de Geoffroy Saint-Hilaire ; composée après l'examen d'un nombre très-considérable de peaux, elle est nécessairement beaucoup plus complète que celle que nous pourrions nous-même tracer d'après les quatre individus que possède le Muséum. « La teinte générale des poils est sur le dos d'un brun marron ; cette couleur s'éclaircit sur les flancs, et passe au roux vif ; elle n'est plus que d'un roux sale et presque obscur sous le ventre. Cependant cette couleur est assez changeante, suivant la manière dont le Coypou hérisse ou abaisse ses poils. Cette mobilité, dans le ton de son pelage, provient de ce que chaque poil est d'un cendré brun à son origine et d'un roux vif à sa pointe. Le feutre caché sous de longs poils est cendré brun, d'une teinte plus claire sous le ventre. Les longs poils n'ont sur leur dos que leur pointe qui soit rousse, et ceux des flancs sont de cette dernière couleur dans la moitié de leur longueur. Comme dans tous les Animaux qui vont fréquemment à l'eau, les poils de la queue sont rares, courts, roides et d'un roux sale ; elle est écailleuse dans ses parties nues. Le contour de la bouche et l'extrémité du museau sont blancs ; les moustaches, qui sont longues et roides, sont aussi de cette dernière couleur, à l'exception de quelques poils noirs. Dans le grand nombre des peaux que nous avons examinées, nous en avons vu quelques-unes qui ont appartenu à des Animaux affectés sans doute de la maladie albine ; dans une d'elles, les soies étaient entièrement rousses, de manière que le dos ne paraissait pas d'une autre teinte que les flancs ou le ventre, et, dans une autre, la grande raie dorsale, au lieu d'être marron, avait passé presque à la couleur rouge, les flancs étant d'un roux très-pâle. Nous ne pouvons croire que ces variétés de couleur fussent un caractère du jeune âge ou de la femelle, d'une part, parce que ces accidens étaient très-rares eu égard au grand nombre de peaux que nous avons examinées; et de l'autre, parce qu'Azzara nous a expressément prévenu que la femelle est en tout semblable au mâle. » On voit que la pelleterie du Coypou a, sous plusieurs rapports, de la ressemblance avec celle du Castor; aussi a-t-elle été, de même que cette dernière, employée principalement dans le commerce de la chapellerie. Les mœurs du Myopotame sont peu connues; cependant Azzara et Molina nous apprennent qu'il habite les bords des rivières, et qu'il s'y creuse des terriers au moyen de ses ongles, que leur forme rend en effet, ainsi que nous l'avons indiqué, propres à cet usage; qu'il nage très-bien; qu'il est très-doux, et se laisse facilement apprivoiser; que réduit en domesticité, il mange tout ce qu'on lui donne, et qu'il paraît susceptible d'attachement envers son bienfaiteur. La femelle met bas de quatre à sept petits, suivant Azzara. Le *Myopotamus Coypus* est commun dans les États républicains du Chili, de Buénos-Ayres et du Tucuman. Il se trouve aussi au Brésil, d'où il a été récemment envoyé au Muséum par Auguste Saint-Hilaire, et au Paraguay; mais il est très-rare dans cette dernière contrée, et Azzara nous apprend même qu'il n'a pu, pendant le séjour qu'il y a fait, se procurer que trois individus.   (IS. G. ST.-H.)

MYOPTÈRE. MAM. *V.* VESPERTILION.

MYOSCHILOS. BOT. PHAN. Genre de la Pentandrie Monogynie, L., créé par Ruiz et Pavon (*Flor Peruv. et Chilens. Prodrom.*, p. 41, tab. 34), qui l'ont ainsi caractérisé: calice supère à cinq folioles ovales, étalées, persistantes et colorées; corolle nulle; cinq étamines dont les filets sont subulés, insérés au fond du calice et plus courts que celui-ci, les anthères arrondies, rapprochées après l'émission du pollen; ovaire oblong, surmonté d'un style trigone court et d'un stigmate trifide; drupe oblongue, couronnée par le calice, renfermant une seule noix arrondie, acuminée et uniloculaire; chaque fleur est munie à sa base de trois écailles ovales et concaves. Ce genre a été indiqué par Jussieu (Ann. du Muséum, vol. 7, p. 479), comme devant faire partie des Elæagnées; mais comme cette famille a été restreinte aux genres à ovaire supère, renfermé dans un calice persistant, mais auquel il n'adhère point, le *Myoschilos* prendra place probablement dans les Thésiacées, petite famille formée aux dépens des anciennes Elæagnées. *V.* THÉSIACÉES. Ce genre ne renferme qu'une seule espèce, *Myoschilos oblonga*, Ruiz et Pav. (*Flor. Peruv. et Chil.*, vol. 3, p. 20, tab. 241), qui croît sur les collines et les localités sablonneuses, près de la ville de la Conception dans le royaume du Chili. C'est un Arbrisseau dont la tige est dressée, cylindrique, très-rameuse, garnie de feuilles alternes, oblongues avec une courte pointe, pétiolées et légèrement pubescentes. Les fleurs sont disposées en épis axillaires, dressés, en forme de chatons rougeâtres. Cet Arbrisseau porte au Chili le nom vulgaire de *Codocoypu*, parce que son fruit est la nourriture ordinaire du Coypou de Molina, *Myopotamus Coypus*. L'infusion de ses feuilles est purgative, ce qui l'a fait appeler Séné par quelques habitans du Chili.   (G..N.)

* **MYOSERIS.** BOT. PHAN. Le genre proposé sous ce nom en 1822 par Link (*Enumeratio Hort. bot. Berolin.*) avait été précédemment établi par Cassini qui l'avait nommé *Intybellia. V.* ce mot.   (G..N.)

MYOSOTIDE. *Myosotis.* BOT. PHAN. Vulgairement Scorpione et Gremillet. Genre de la famille des Borraginées et de la Pentandrie Monogynie, L., ainsi caractérisé: calice à cinq divisions plus ou moins profondes; corolle hypocratériforme dont le tube est court, le limbe plane à cinq lobes obtus ou échancrés ; l'entrée de la corolle munie de cinq écailles convexes et conniventes ; cinq étamines incluses, à anthères peltées ; stigmate capité ; quatre noix distinctes ombiliquées à la base. Ce genre est extrêmement voisin de l'*Anchusa*, L., ou *Buglossum* de Tournefort. Selon R. Brown, il ne s'en distingue essentiellement que parce que ses grappes ont leurs fleurs dépourvues de bractées. Plusieurs espèces linnéennes à fruits hérissés, en ont été retirées, d'après l'insinuation de R. Brown, et elles sont devenues les types du genre *Echinospermum* de Lehmann, déjà nommé *Lappula* par Mœnch, *V*. ÉCHINOSPERME.

Les vraies Myosotides sont des Plantes herbacées, à feuilles simples, alternes, et à fleurs nombreuses, petites, bleues ou blanches, disposées en épis terminaux dépourvus de bractées. Les espèces de ce genre sont assez nombreuses; car, en faisant abstraction des *Echinospermum*, plus de trente ont été décrites par les auteurs. Ce nombre sera probablement réduit, certains auteurs ayant multiplié à l'excès ces espèces. Plusieurs croissent en Europe, mais on en trouve aussi dans les climats les plus éloignés. Peut-être ce genre n'est-il ainsi cosmopolite que parce que les espèces dont il se compose aiment les localités aquatiques; car on sait que les Plantes qui vivent sur le bord des eaux sont presque identiques en tous lieux. Parmi ces Plantes, nous ferons une mention particulière des deux suivantes que Linné confondait en une seule espèce, sous le nom de *Myosotis scorpioides*.

La MYOSOTIDE VIVACE, *Myosotis perennis*, De Candolle, Flor. Franç., 3, p. 629, est vivace par sa racine. La tige est couchée à sa base, radicante et ensuite redressée, presque simple; ses fleurs sont assez grandes, et le tube de la corolle est évasé et égale les divisions du calice. Cette espèce est une des plus jolies Plantes qui ornent les localités agrestes de l'Europe. Ses fleurs offrent une symétrie de formes et un mélange si agréable de couleurs, qu'elles charment d'autant plus l'œil de l'observateur, qu'il les regarde de plus près. Aussi cette Plante est-elle un de ces emblèmes allégoriques que les Allemands surtout ont employés pour exprimer les doux sentimens de l'amitié et de la reconnaissance. Ils la désignent par des mots que nous traduisons par *ne m'oubliez pas;* et dans le langage vulgaire, nous la nommons en France, *plus je vous vois, plus je vous aime*. La Myosotide vivace est sujette à plusieurs variétés. Dans les montagnes et les lieux un peu secs, elle est plus ou moins couverte de poils. Quand elle croît dans les bois humides et dans les localités marécageuses, elle est au contraire glabre, à feuilles larges, et à fleurs très-grandes et d'un beau bleu d'azur.

La MYOSOTIDE ANNUELLE, *Myosotis annua*, De Candolle, *loc. cit.*, vulgairement nommée Oreille de Souris, a une tige herbacée, droite, rameuse, hérissée de poils nombreux; ses feuilles radicales sont spatulées, et les caulinaires sont sessiles et oblongues. Les fleurs sont ordinairement petites, d'un bleu céleste, quelquefois jaunes ou très-pâles. Le tube de la corolle est plus court que les divisions calicinales, et le limbe est presque droit et peu évasé. Cette Plante, commune dans les champs de l'Europe, offre aussi plusieurs variétés de couleurs et de grandeurs qui dépendent, de même que dans l'espèce précédente, de l'influence du sol dans lequel elles croissent. Roth, dans sa Flore d'Allemagne, lui a donné le nom de *Myosotis arvensis* qui semble plus convenable que celui de *M. annua*, puisqu'elle est vivace par sa racine.

Parmi les Myosotides qui ne se rencontrent que dans certaines localités déterminées, nous distinguerons comme une des plus jolies Plantes, le *Myosotis nana* qui croît dans les hautes Alpes. Cette petite espèce est presque sans tige. Du milieu de ses feuilles radicales, rassemblées en rosette sur une racine vivace, s'élèvent des fleurs d'un bleu vif et très-grandes comparativement à la Plante. Les Myosotides étrangères, et particulièrement celles de l'Amérique méridionale décrites par Ruiz et Pavon, et par Kunth, paraissent se rapprocher beaucoup des *Anchusa*.

Les anciens employaient le mot de *Myosotis* pour désigner des Plantes fort différentes. Daléchamp l'appliquait à celle dont Linné a fait son *Draba verna*, type du genre *Erophila* de De Candolle. Le *Myosotis* de Tournefort est devenu le *Cerastium* de Linné; mais plus anciennement, Lobel avait nommé *Myosotis* la Plante sur laquelle le genre de Borraginées dont il a été question dans cet article, a été constitué par Linné.   (G..N.)

MYOSOTON. BOT. PHAN. (Mœnch.) Syn. de *Cerastium pentandrum.* Ce genre ne saurait être adopté.   (B.)

MYOSURE. *Myosurus.* BOT. PHAN. Ce genre de la famille des Renonculacées et de la Polyandrie Polygynie, L., est ainsi caractérisé : calice à cinq sépales dont la base de chacun offre un long prolongement appliqué sur le pédoncule au-dessous de son insertion; corolle à cinq pétales munis d'onglets filiformes et tubuleux; étamines en nombre variable de cinq à vingt; ovaires terminés en pointe par un style droit; carpelles nombreux, triquètres, ramassés en épis sur un réceptacle très-allongé. Ray et Tournefort confondaient ce genre avec le *Ranunculus* dont il est en effet très-rapproché. Il ne renferme que l'espèce suivante.

Le MYOSURE MINIME, *Myosurus minimus*, L., vulgairement Queue de Souris, est une petite Plante annuelle, glabre, munie de feuilles radicales linéaires et très-entières. Les hampes, à peu près de la longueur des feuilles, sont dressées et uni-flores. Le fruit est très-long et simule la queue d'une souris; d'où les noms générique et vulgaire. Cette Plante croît dans les champs cultivés et qui ont été inondés pendant l'hiver; dans presque toute l'Europe, depuis les contrées méridionales jusque dans le Nord aux environs de Pétersbourg.   (G..N.)

MYOTHERA. OIS. *V.* FOURMILIER.

* MYOTILITÉ. ZOOL. Nom désignant la propriété qu'ont les muscles, et qu'ils ont seuls, de se raccourcir, de se contracter, sous l'influence de la volonté ou de différens excitans. C'est surtout par cette propriété vitale que l'Animal se distingue de la Plante, qui n'a que des mouvemens purement articulaires et jamais itératifs.

Haller nommait *irritabilité* cette propriété évidente, mais inexpliquée, de la fibre musculaire. Bichat lui donnait, sinon plusieurs noms, du moins différentes épithètes, selon les causes et les agens qui la mettent en jeu. Le besoin de créer de nouvelles opinions, afin de se singulariser, l'a fait confondre avec la sensibilité, comme si la sensibilité et la contractilité étaient toujours inséparables et résidaient toujours dans les mêmes organes.

On a dit que la Myotilité résidait uniquement et résidait toujours dans les vaisseaux. On a dit que les nerfs seuls en étaient le siége ou les agens. On a dit que la fibre musculeuse, en tant que fibre, et indépendamment des autres tissus qui s'y joignent, avait seule cette propriété étonnante. D'autres ont fait jouer au sang artériel, soit comme agent chimique imprégné de gaz divers empressés de s'unir, soit comme espèce de *chair coulante* prompte à se condenser, le plus grand rôle dans ce phénomène. D'autres, plus nombreux, et leur opinion est encore aujourd'hui dans toute sa vigueur, mais déjà de vingt manières modifiée, attribuent au fluide nerveux, que personne n'a vu, qu'aucune expérience ne démontre, qu'aucun sens ne peut apprécier, que l'imagination seule conçoit, de l'existence duquel les physiologistes rigoureux ne peuvent convenir, ce même phénomène de la Myotilité qu'on devrait bien plutôt se borner à étudier dans ses circonstances, ses variétés, ses différences, ses résultats, et sa durée, sans prétendre établir *à priori* sa nature ou ses causes. *V*. MUSCLES et NERFS. (ISID. B.)

MYOXOCEPHALUS. POIS. (Steller.) Syn. de Cotte. *V*. ce mot. (B.)

MYOXUS. MAM. *V*. LOIR.

MYRACANTHOS. BOT. PHAN. (Mentzel.) Syn. de Chardon Roland, *Eryngium campestre*, L. *V*. PANICAUT. (G..N.)

* **MYRCIA.** BOT. PHAN. Sous ce nom, le professeur De Candolle a récemment indiqué la formation d'un genre aux dépens des *Myrtus. V*. MYRTÉES. (G..N.)

MYRE. *Myrus*. POIS. Espèce du genre Murène. *V*. ce mot. (B.)

MYRE. BOT. PHAN. Pour Myrrhe. *V*. ce mot.

MYRIADENUS. BOT. PHAN. Genre de la famille des Légumineuses, établi par Desvaux (Journal de Botanique, 3, p. 121, t. 4, f. 11), et offrant pour caractères essentiels : un calice tubuleux à cinq dents, presque entièrement caché entre deux bractéoles foliacées ; corolle et étamines inconnues ; légume composé d'articles cylindracés presque conoïdes, nombreux, monospermes et indéhiscens. Ce genre, quoique très-peu connu, paraît voisin du *Poiretia* de Ventenat ; néanmoins il a été adopté par De Candolle (*Prodrom. Syst. Veget.*, 2, p. 316) qui l'a placé dans la tribu des Hédysarées. Le *Myriadenus tetraphyllus*, Desv. et De Candolle, placé par Linné parmi les *Ornithopus*, est l'unique espèce de ce genre. C'est une Plante herbacée, droite, glabre, à feuilles ai-

lées dont les folioles sont ponctuées, oblongues, échancrées, au nombre de quatre, placées au sommet des pétioles. Les fleurs sont jaunes, solitaires sur des pédicelles axillaires et très-courts. Cette Plante croît dans la Jamaïque.

Cassini ayant donné le nom de *Myriadenus* à un genre de Synanthérées, s'est vu forcé de proposer ultérieurement celui de *Chiliadenus. V*. ce mot au Supplément. (G..N.)

* **MYRIANE.** *Myriana*. ANNEL. Genre de l'ordre des Néréidées, famille des Néréides, section des Néréides glycériennes, fondé par Savigny (Syst. des Annelides, p. 12 et 40) qui lui assigne pour caractères distinctifs : trompe hérissée de courts tentacules ; antennes égales ; première, deuxième, troisième et quatrième paires de pieds converties en huit cirres tentaculaires ; cirres supérieurs et inférieurs des autres pieds, longs et rétractiles ; point de branchies distinctes. Les Myrianes diffèrent des Lycoris et des Nephthys par l'absence de mâchoires ; elles partagent ce caractère avec les genres Aricie, Glycère, Ophelie, Hésione et Phyllodoce ; mais elles s'en distinguent par la trompe pourvue de tentacules, par la présence de huit cirres tentaculaires, par les cirres des pieds longs et rétractiles ; enfin par l'absence ou du moins la non apparence de branchies.

Ce petit genre, qu'on rencontre sur nos côtes, se trouve assez bien caractérisé. Le corps est linéaire, très-étroit, formé de segmens très-nombreux ; le premier n'est pas plus grand que celui qui suit ; la tête, rétrécie en arrière, est élevée sur le front en un cône court qui porte quatre antennes ; sa bouche, dépourvue de mâchoires, se compose d'une trompe grosse, longue, formée de deux anneaux ; le premier très-long, claviforme, hérissé de courts et fins tentacules ; le second plissé. On compte quatre yeux bien distincts, deux antérieurs et deux postérieurs. Les antennes sont incomplètes, on n'en voit pas d'impaire; les mitoyennes sont écartées, petites, coniques, de deux articles distincts; le second est subulé; les extérieures ont une forme et une grandeur semblables aux mitoyennes, mais elles sont insérées un peu plus en avant et divergent en croix avec elles. Quant aux pieds, ils sont très-dissemblables; les premier, second, troisième et quatrième ne sont pas ambulatoires, sont privés de soies et se trouvent couverts en huit cirres tentaculaires, deux supérieurs et six inférieurs disposés sur les côtés de trois segmens bien distincts formés par la réunion des quatre premiers segmens du corps. Ces cirres tentaculaires sont filiformes et inégaux; le supérieur de chaque côté a plus de longueur que les trois inférieurs; l'antérieur de ceux-ci est le plus court. Les autres pieds, excepté peut-être la dernière paire que Savigny n'a point connue, sont simplement ambulatoires; ils ont une seule rame pourvue de deux faisceaux de soies fines et simples, ou plutôt d'un seul divisé en deux par un acicule; de plus, ils ont des cirres allongés et rétractiles; les supérieurs sont dilatés près du sommet et plus grands que les inférieurs qui sont filiformes; les branchies paraissent avoir été suppléées par les cirres.

On ne connaît encore qu'une espèce découverte par D'Orbigny sur les côtes du golfe de Gascogne. C'est la MYRIANE TRÈS-LONGUE, *Myr. longissima*, Savig. Sa couleur générale est d'un blanc bleuâtre, avec de légers reflets, avec les cirres d'une couleur pourpre foncée; son corps a plus de vingt-sept pouces de longueur sur une ligne et demie de largeur. Il est presque cylindrique. Savigny a compté, sur un individu incomplet, trois cent trente-deux anneaux peu marqués, striés circulairement; les cirres sont plus longs que les rames; celles-ci sont ciliées par deux légers faisceaux rapprochés du sommet, l'inférieur étant le plus touffu et le mieux épanoui. Les soies sont jau-

nâtres et les acicules d'un jaune de succin.   (AUD.)

* MYRIANGIS. BOT. PHAN. Nom donné par Du Petit-Thouars (Histoire des Orchidées des îles d'Afrique) à une des espèces de son genre *Angorchis*. Cette Plante, indigène de l'île de Mascareigne, doit porter, dans la nomenclature linnéenne, le nom d'*Angræcum multiflorum*. Elle est figurée *loc. cit.*, t. 73.   (G..N.)

MYRIANTHE. *Myrianthus*. BOT. PHAN. Palisot-Beauvois (Flore d'Oware et de Bénin, 1, p. 6, t. 11 et 12) a constitué sous ce nom un genre de la famille des Cucurbitacées et de la Monœcie Monadelphie, L. Voici les caractères qu'il lui a imposés : fleurs monoïques; périanthe des fleurs mâles à quatre divisions concaves, ovales, obtuses, ciliées à leurs bords; trois étamines formant par leur réunion un axe pyramidal divisé à son sommet en trois portions dont chacune porte une anthère; fruit inférieur, en forme de baie ovale, arrondie, très-grosse, rétrécie et comme étranglée près de son sommet, divisée en douze ou quatorze loges, renfermant un grand nombre de graines ovales, aplaties, semblables à celles d'une Courge, environnées d'une aile membraneuse.

Le MYRIANTHE EN ARBRE, *Myrianthus arborea*, Palis.-Beauv., *loc. cit.*, est de la hauteur d'un Pommier ordinaire; ses branches sont étalées, garnies de feuilles alternes, pétiolées, digitées, à cinq ou six folioles inégales, lancéolées, dentées sur les bords, d'un vert pâle en dessus et blanchâtres en dessous. Les fleurs sont excessivement petites et nombreuses, disposées en panicules. Cette Plante croît aux environs d'Agathon, dans le royaume de Bénin en Afrique.   (G..N.)

MYRIANTHEIA. BOT. PHAN. Genre établi par Du Petit-Thouars (*Genera nov. Madag.*, p. 21, n° 71) et placé par De Candolle dans la famille des Homalinées de R. Brown. Il est ainsi caractérisé : calice campanulé , à dix lobes courts , les extérieurs oblongs, connivens et caliciformes , les intérieurs onguiculés, plus courts, pétaliformes ; étamines insérées sur le calice , formant cinq faisceaux composés chacun de quatre ou cinq filets grêles ; cinq écailles alternes avec les faisceaux d'étamines ; ovaire semi - adhérent , conique au sommet, contenant quatre ovules ; quatre styles ; fruit monosperme par avortement. Ce genre est, de l'aveu de son auteur lui-même , extrêmement voisin de l'*Homalium*. Ses espèces qui ne sont pas encore publiées , croissent à Madagascar. Ce sont des Arbrisseaux ou Arbustes élégans, à feuilles alternes , épaisses , portées sur de courts pétioles , et à fleurs nombreuses disposées en grappes axillaires.   (G..N.)

MYRIAPODES. *Myriapoda.* ZOOL. Troisième classe des Animaux invertébrés (Condylopes , Latr. , Fam. Nat. du Règne Animal) , établie par Latreille et ayant pour caractères, suivant lui : point d'ailes ; un très-grand nombre de pieds situés dans presque toute la longueur du corps ; une paire à chaque anneau ; mâchoires et les deux ou quatre pieds antérieurs réunis à leur base , au-dessous des mandibules.

Les Myriapodes qui tiennent, par leur organisation , le milieu entre les Arachnides et les Insectes , avaient été réunis à cette dernière classe , par Latreille qui leur adjoignait le genre *Oniscus* de Linné. Lamarck en avait fait des Arachnides ; mais comme ils troublent l'harmonie de ces classes , il était convenable de les en détacher : c'est ce que Latreille a exécuté dans son dernier ouvrage cité plus haut. Au premier aspect, les Myriapodes ont de la ressemblance avec certaines Annélides (Néréides) ou avec de petits Serpens ; leur corps est dépourvu d'ailes et composé d'une série, ordinairement considérable, d'anneaux le plus souvent égaux , et portant chacun une

ou deux paires de pieds terminés par un seul onglet : le grand nombre de pieds de ces Animaux leur a valu le nom de *Mille-Pieds* , sous lequel ils sont connus partout. Ces Animaux semblent n'être formés que d'une tête et d'un tronc continu sans distinction d'abdomen ; mais les premiers anneaux représentent le tronc et le corselet proprement dit des Insectes. La bouche des Myriapodes est composée de deux mandibules dentées, propres à broyer ou à inciser les matières alimentaires, divisées transversalement par une suture ou comme enmanchée à une sorte de lèvre sans palpes, divisée et formée de pièces soudées que Savigny considère comme les analogues des quatre mâchoires supérieures des Crustacés, mais réunies. Les deux ou quatre pieds antérieurs se joignent à leur base , s'appliquent ou se couchent sur la lèvre , et concourent, presque exclusivement, à la manducation , tantôt sans changer de forme, tantôt convertis les uns en palpes , les autres en une lèvre avec deux crochets articulés et mobiles. Ces parties semblent répondre aux pieds-mâchoires des Crustacés. Outre la bouche, la tête des Myriapodes présente d'abord deux antennes courtes, soit filiformes, ou un peu plus grosses au bout, soit sétacées et composées d'un grand nombre d'articulations ; les yeux sont composés d'une réunion d'yeux lisses , quelquefois très - nombreux (sétigères) et presque à facettes, mais dont les lentilles sont néanmoins proportionnellement plus grandes, plus distinctes et plus rondes que celles des Insectes. Les stigmates des Myriapodes sont en plus grand nombre que dans les Insectes qui en ont le plus, c'est-à-dire dix-huit ; ils sont souvent très-petits et imperceptibles même dans quelques-uns.

Les organes de la respiration des Myriapodes consistent en deux trachées principales, s'étendant parallèlement dans toute la longueur du corps, et recevant l'air par des spiracules nombreux disposés aussi sérialement dans toute cette longueur ; leurs organes sexuels sont uniques comme dans les Insectes, ils sont le plus souvent antérieurs. Ces Animaux naissent avec six pieds, et Latreille présume qu'ils donnent plusieurs générations ; ils vivent et croissent plus long-temps que les Arachnides et que les Insectes des premiers ordres ; les autres pieds et les anneaux qui les portent, dont la quantité varie selon l'espèce, se développent avec l'âge ; c'est une espèce de métamorphose que Latreille a nommée *ébauchée*, et qui leur est propre. Beaucoup de Myriapodes aiment l'obscurité ; ils habitent ordinairement dans la terre ou sous différens corps placés à sa surface, sous la mousse, les écorces des Arbres, ou entre les feuilles des Végétaux de nos jardins. Quelques-uns sont venimeux. Latreille divise cette classe en deux ordres qui étaient des familles dans ses ouvrages précédens. *V.* Chilognathes et Chilopodes.

(G.)

MYRICA. bot. phan. Ce genre, type de la famille des Myricées de Richard père, a été placé dans la Diœcie Pentandrie, L., par les auteurs systématiques, quoiqu'il fût polygame, et que le nombre de ses étamines variât de quatre à six. Voici ses caractères essentiels : fleurs disposées en chatons, mâles et femelles, sur le même individu ou sur des individus distincts, quelquefois hermaphrodites ; écailles ovales, concaves, un peu pointues, uniflores. Les fleurs mâles ont quatre à six étamines. Les fleurs femelles offrent un ovaire supérieur entouré de quelques folioles à la base, et surmonté d'un style bipartite et plus long que l'écaille du chaton. Le fruit est une drupe sèche, monosperme, granuleuse extérieurement. Gaertner fils a retiré de ce genre les *Myrica arabica*, Vahl, et *M. Nagi* de Thunberg, pour en former son genre *Nageia. V.* ce mot. Les véritables espèces de *Myrica* sont au nombre de vingt environ, pour la plupart indigènes du cap de Bonne-Espérance, ainsi que de l'Amérique, et surtout du nord de ce continent. Le *Myrica Gale*, L., est la seule espèce qui soit le représentant européen de ce genre remarquable. Nous en donnons ici une courte description, ainsi que de l'espèce exotique qui nous semble la plus digne d'attention.

Le Myrica Galé, *Myrica Gale*, L., vulgairement Galé odorant ou Piment aquatique, est un Arbrisseau rameux qui forme des buissons d'environ un mètre de haut. Ses branches nombreuses, grêles, éparses et cylindriques, portent des feuilles alternes, oblongues, ayant la forme à peu près de celles du Saule blanc, mais un peu élargies vers leur sommet où elles sont légèrement dentelées. Ces feuilles sont couvertes d'un faible duvet dans leur jeunesse ; plus tard, elles deviennent fermes et coriaces, d'un vert foncé ou brun en dessus, et d'une couleur plus pâle en dessous, à cause des points résineux jaunâtres et brillans dont elles sont couvertes. Les fleurs se composent de petits chatons sessiles, ovales ; les mâles ont leurs écailles lisses, un peu luisantes, d'un rouge brun, scarieuses et blanchâtres sur les bords. Toutes les parties du Galé odorant, et surtout ses fruits, exhalent une odeur aromatique capable d'éloigner les Insectes ; aussi les emploie-t-on à cet usage en certains pays, où l'on en met dans les armoires et les appartemens. Les feuilles ont servi autrefois en infusion théiforme ; mais l'usage en a été abandonné, aussitôt que le thé de la Chine a été introduit en Europe. Le *Myrica Gale* croît dans les localités marécageuses de l'Europe occidentale. Il est commun à Saint-Léger près Paris.

Le Myrica Cirier, *Myrica cerifera*, L., vulgairement Arbre de Cire de la Louisiane, Cirier nain de la Caroline, de la Pensylvanie, etc. C'est un petit Arbre qui ne s'élève qu'à la hauteur de deux à trois mètres. Sa tige est rameuse , couverte d'une écorce grisâtre. Ses rameaux cylindriques d'un gris roussâtre , un peu velus dans la partie supérieure , sont garnis de feuilles alternes, lancéolées, pointues, déntées en scie à leur sommet , entières et fort rétrécies à la base, presque entièrement glabres , ponctuées sur leur face inférieure. Les chatons sont axillaires , sessiles , et n'ont point leurs écailles lisses et luisantes, comme dans le *Myrica Gale.* Les fruits sont des drupes globuleuses de la grosseur des grains de Poivre noir, couvertes d'un enduit onctueux , blanc de neige , et qui leur donne absolument l'aspect de certaines dragées sphériques et granuleuses que fabriquent les confiseurs. Le *Myrica cerifera* est assez abondant dans les États-Unis de l'Amérique septentrionale et dans le Canada. Pour recueillir la cire dont les fruits de cet Arbrisseau sont enduits, les habitans de l'Amérique font bouillir ceux-ci dans de l'eau ; ils les séparent avec des écumoirs , après que la cire a été complétement fondue. Par le repos, cette substance vient ensuite surnager le liquide et elle se fige. Sa couleur est verte, sa consistance assez jaune , et on l'emploie à la fabrication de bougies qui répandent une odeur assez agréable, pendant leur combustion. Cette espèce est cultivée eu Europe dans les jardins de botanique. Nous ne doutons pas qu'elle ne réussisse très-bien dans la culture en grand, en ayant soin de lui donner une localité et un terrain analogue à celui qu'elle occupe dans son lieu natal. Non-seulement cette Plante se recommande à cause de son utilité , mais elle pourrait devenir un très-joli Arbuste d'ornement, en raison de l'aspect charmant qu'offrent ses fruits excessivement nombreux et d'une éclatante blancheur.

Nous nous contenterons de mentionner ici les *Myrica serrata,* Lamk., *M. cordifolia , M. quercifolia ,* et *M. trifoliata ,* L. Ce sont des Arbres ou Arbustes qui croissent au cap de Bonne-Espérance et qui s'écartent des *Myrica* de l'Amérique du nord par quelques légers caractères. Le *M. serrata* est surtout remarquable par ses feuilles alternes , grandes , étroites , lancéolées , fortement dentées en scie dans les deux tiers de leur longueur. Cette forme des feuilles lui a valu de la part de certains auteurs les noms spécifiques de *banksiæfolia* et *d'asplenifolia.* Kunth et Jacquin ont fait connaître plusieurs espèces nouvelles qui habitent les Antilles et les côtes du Mexique et de Caraccas.   (G..N.)

* MYRICARIA. BOT. PHAN. Genre établi par Desvaux (Ann. des Sc. Nat., mars 1825 , p. 349) qui l'a séparé du *Tamarix* de Linné , qu'il a placé dans sa nouvelle famille des Tamariscinées. Voici ses caractères essentiels : calice quinquépartite ou quinquéfide; cinq pétales; dix étamines dont les filets sont réunis à la base , cinq d'entre eux plus grands que les autres; style sessile , surmonté de trois stigmates capités; graines aigrettées, attachées aux valves; fleurs disposées en épis terminaux. Ce genre a pour type le *Tamarix germanica ,* L. , que Camerarius nommait autrefois *Myricaria.* Cette Plante est excessivement commune le long des rivières qui descendent des Alpes. Elle se trouve également en plusieurs autres lieux de l'Allemagne et de la France, et surtout de l'Espagne. Desvaux (*loc. cit.*) a donné les descriptions de quatre nouvelles espèces originaires de la Sibérie et de l'Orient.

(G..N.)

* MYRICÉES. *Myriceæ.* BOT. PHAN. Le professeur Richard a désigné sous ce nom, dans son Analyse du fruit, une famille de Plantes qui a pour type les genres *Myrica* et *Casuarina,* et à laquelle le professeur Mirbel a donné , plus tard, le nom de Casuarinées; mais le premier de ces noms, ayant l'antériorité, doit être conservé. La famille des Myricées est un démembrement de ce vaste groupe de Végétaux ligneux

que les botanistes anciens avaient réunis sous la dénomination commune d'Amentacées, et que le professeur Richard a divisés en cinq à six familles qui ont été adoptées par tous les botanistes modernes. Les caractères de la famille des Myricées sont les suivans : les fleurs sont constamment unisexuées et le plus souvent dioïques. Les fleurs mâles sont disposées en chatons. Chaque fleur se compose d'une ou de plusieurs étamines souvent réunies ensemble sur un androphore rameux et placées à l'aisselle d'une bractée. Les fleurs femelles constituent également des chatons ovoïdes ou cylindriques. Ces fleurs sont solitaires et sessiles à l'aisselle d'une bractée plus longue qu'elles. Elles se composent essentiellement d'un ovaire lenticulaire, à une seule loge contenant un ovaire unique et dressé; le style est très-court, à peine distinct du sommet de l'ovaire et terminé par deux stigmates subulés, très-longs et aigus. En dehors de l'ovaire, on trouve deux, trois, ou un plus grand nombre d'écailles hypogynes de forme variée et qu'on peut considérer comme formant le périanthe. Ces écailles sont en général persistantes et se retrouvent en dehors du fruit, avec lequel elles se soudent quelquefois en tout ou en partie (*Myrica Gale*, L.). Le fruit est généralement une sorte de petite noix monosperme et indéhiscente, quelquefois il est membraneux et ailé sur ses bords. Ce fruit renferme une seule graine dressée dont le tégument recouvre immédiatement un gros embryon ayant une direction entièrement opposée à celle de la graine, c'est-à-dire sa radicule qui est très-courte correspondante à la partie supérieure de celle-ci, et ses deux cotylédons qui sont très-épais et obtus, tournés vers le hile ou point d'attache de la graine.

Les Myricées se composent de Végétaux ligneux, ayant des feuilles alternes ou éparses, avec ou sans stipules, et des fleurs dioïques disposées en chatons. Le genre *Casuarina*,

par son port qui le rapproche si bien des *Equisetum*, n'a sous ce rapport aucune analogie avec les autres Végétaux qui composent la famille des Myricées.

Les genres qui entrent dans la famille des Myricées sont : 1º *Myrica*, qui, lorsque ses espèces auront été mieux étudiées, devra probablement être divisé en plusieurs genres distincts; 2º *Nageia* de Gaertner fils, formé aux dépens du précédent; 3º *Comptonia*; 4º *Casuarina*; 5º et probablement le genre *Liquidambar*.

Cette famille est très-voisine des Ulmacées ou Celtidées et des Bétulinées, mais cependant en diffère par des caractères tranchés. D'abord dans les Ulmacées les fleurs sont généralement hermaphrodites ou incomplétement unisexuées, et l'ovule est pendant et non dressé. Dans les Bétulinées, on trouve généralement plusieurs fleurs à l'aisselle des écailles dans les chatons femelles. Ces fleurs ont un ovaire à deux loges monospermes, et l'embryon est placé au centre d'un endosperme charnu, extrêmement mince et dont l'existence a même échappé à la plupart des observateurs. Ces différences nous paraissent bien suffisantes pour distinguer les Myricées des deux autres familles dont nous les avons rapprochées.   (A. R.)

MYRICITE. MIN. Syn. de Trilobite. *V.* ce mot.   (B.)

* MYRINE. *Myrina*. INS. Genre de l'ordre des Lépidoptères, famille des Diurnes, tribu des Papilionides, division des Argus (Latr., Fam. Nat.), établi par Fabricius et adopté par tous les entomologistes avec ces caractères : palpes très-longs, leur second article dépassant notablement le chaperon; antennes terminées insensiblement par une massue allongée; pates toutes ambulatoires et de forme semblable.

Ces Insectes ressemblent beaucoup aux Erycines, mais ils en diffèrent par les palpes qui, dans ces derniers, sont beaucoup plus courts, et parce qu'ils ont les deux pates antérieures très-courtes et point propres au mouvement, au moins dans un des sexes. Les Polyommates ont les palpes très-courts. Les Myrines sont des Papillons d'assez petite taille et ornés de couleurs quelquefois très-brillantes. Ils sont propres aux Indes-Orientales, surtout aux Moluques, à la Nouvelle-Hollande, et une seule espèce vient d'Afrique, suivant Fabricius. Les mœurs et les métamorphoses de ces Papillons nous sont inconnues. Ce genre n'est pas nombreux en espèces. Godard (Encyclop. Méthod., article *Papillon*) en décrit cinq, mais notre ami D'Urville en a rapporté trois espèces nouvelles recueillies pendant son voyage autour du monde avec son collègue le capitaine Duperrey; nous les décrirons dans le recueil des observations d'histoire naturelle de ce voyage.

MYRINE ÉVAGORAS, *Myrina Evagoras*, Donovan (*Gen. Illust. of Entom.*, part. 1, *an Epitome of the Ins. of New-Holl.*, pl. 3, fig. 1, 2); Godard (*Encycl. Méthod.*, art. *Papillon*, p. 593, n. 5). Ailes supérieures entières; ailes inférieures dentées, ayant une queue assez longue, placée entre deux dents plus grandes que les autres. Le dessus des ailes est d'une couleur argentée, verdâtre, avec le pourtour extérieur noir. Le dessous est d'un cendré jaunâtre, avec des traits et une raie ondulée transverses, d'un noir brun. L'angle anal des ailes inférieures offre de part et d'autre deux taches rouges. La femelle est d'un bleu plus pâle. Cette espèce habite la Nouvelle-Hollande. *V*. pour les autres, Godard (*loc. cit.*) et la partie d'histoire naturelle du Voyage autour du monde de Duperrey et D'Urville.   (G.)

* MYRIOCOCCUM. BOT. CRYPT. (*Lycoperdacées.*) Genre établi par Fries, et qui appartient à la tribu des Angiogastres, section des Nidulacées, où il se place auprès du genre *Polyangium* de Link. Il est caractérisé ainsi: péridium irrégulier, filamen-teux et pulvérulent, se détruisant promptement, renfermant des péridioles nombreux, mêlés aux filamens, globuleux, remplis de sporules agglomérées.

La seule espèce connue de ce genre, le *Myriococcum præcox* de Fries, a été observée par cet auteur, en Suède, où elle croît sur les bois pourris; elle naît par groupes arrondis; les péridiums sont blancs, de trois à quatre lignes de diamètre, placés sur des filamens radicaux, byssoïdes, également blancs; les péridioles intérieurs sont d'un brun rouge, charnus et solides. Elle se développe au printemps dans les bois.   (AD. B.)

* MYRIODACTYLON. BOT. CRYPT. (*Chaodinées.*) Le genre formé sous ce nom par Desvaux nous paraît devoir rentrer dans le *Chœtophora* des algologues actuels. *V*. CHŒTOPHORE.   (B.)

MYRIOPHYLLE. *Myriophyllum.* BOT. PHAN. Genre d'abord placé dans les Onagraires, mais appartenant à la nouvelle famille des Hygrobiées du professeur Richard et à la Monœcie Octandrie, L. Les Myriophylles, qu'on désigne aussi sous le nom vulgaire de Volans d'eau, sont des Plantes aquatiques, nageantes, ayant leur tige cylindrique, garnie de feuilles verticillées, découpées en lobes linéaires. Les fleurs petites, axillaires, solitaires, sessiles et réunies vers la partie supérieure des tiges. L'ovaire est adhérent, à quatre lobes; dans les fleurs mâles, on trouve une corolle formée de quatre pétales allongés; huit étamines dressées, insérées, ainsi que la corolle, à la partie supérieure du calice; les filets sont grêles et les anthères sont allongées, tétragones, à deux loges, s'ouvrant par un sillon longitudinal. Le centre de la fleur est occupé par un mamelon charnu, qui est un ovaire avorté et terminé supérieurement par quatre lobes. Dans les fleurs femelles l'ovaire est entièrement adhérent, son limbe est à quatre dents; il n'y a pas de corolle. L'ovaire est à quatre, rarement à deux loges, contenant chacune un ovule pendant. Cet ovaire est surmonté de quatre, rarement de deux stigmates sessiles, allongés et très-velus. Le fruit est formé de deux à quatre coques monospermes, indéhiscentes, surmontées par les stigmates persistans. Chaque graine qui est pendante du sommet de la loge se compose d'un tégument simple et très-mince, d'un endosperme charnu contenant un embryon axile et cylindrique.

Plusieurs espèces de ce genre croissent en France; telles sont les suivantes : *Myriophyllum spicatum*, L., *Spec.*; *Flor. Dan.*, tab. 681, remarquable par ses fleurs formant une sorte d'épi terminal; *Myrioph. verticillatum*, L., *Sp.*; *Fl. Dan.*, t. 1046; *Myrioph. pectinatum*, De Cand.; Fl. Fr.; et *Myrioph. alterniflorum*, De Cand. (A. R.)

* **MYRIOSIDRUM.** BOT. CRYPT. Le genre d'Algues aquatiques ainsi nommé par Rafinesque, nous paraît être le *Myrsidrum* du même naturaliste. *V.* ce mot. (B.)

MYRIOSTOMA. BOT. CRYPT. (*Lycoperdacées.*) Desvaux a établi sous ce nom un genre voisin du *Geastrum*, qui a pour type le *Lycoperdon colliforme* de Dickson. Son péridium est double comme celui du *Geastrum*, et l'intérieur se rompt également en plusieurs lanières inégales étoilées, mais l'intérieur est porté sur plusieurs pédicules distincts, courts, rapprochés; ses parois sont minces, membraneuses; il s'ouvre au sommet par plusieurs trous arrondis. Le péridium interne paraîtrait ainsi formé par la réunion et la soudure interne de plusieurs péridiums distincts, dont les pédicules seraient encore libres et qui conserveraient également chacun leur orifice. La Plante singulière, qui seule compose ce genre, est rare et peu connue. Elle croît en Angleterre. Bory de Saint-Vincent l'a trouvée à Bordeaux. (AD. B.)

MYRIOTHECA. BOT. CRYPT.

(*Fougères.*) Nom donné par Commerson à un genre de Fougères observé d'abord par lui dans les îles australes d'Afrique. Ce nom a été conservé par Jussieu et Bory de Saint-Vincent, mais malgré sa priorité, celui de *Marattia*, donné au même genre par Swartz, semble être plus généralement adopté. *V.* MARATTIA. (AD. B.)

* **MYRIOTREMA.** BOT. CRYPT. (*Lichens.*) Dans son bel ouvrage sur les Cryptogames des écorces officinales, notre collaborateur Fée a publié sous ce nom un nouveau genre auquel il a assigné les caractères suivans : thalle crustacé, plane, épanché, adné, uniforme, percé d'une multitude de trous; apothécion (patellule) épais, sessile, marginé, adhérent au thalle dans sa jeunesse, finissant par devenir libre, occupant la partie inférieure du thalle. L'auteur de ce genre le place parmi les Lécanorées dont il diffère cependant beaucoup, puisque ses apothécions ne sont point visibles; il semble appartenir aux Lichens Cœnothalames d'Acharius. On y voit mieux que dans tous les autres genres de Lichens, les deux parties du thalle, nommées corticale et médullaire. L'explication du mode d'accroissement des *Myriotrema* n'est pas facile. Selon Fée, les apothécions scutelloïdes se développent dans la substance même et à la partie inférieure du thalle; tandis que la lame proligère se forme aux dépens de la partie corticale qui s'amincit, se confond avec la scutelle et se sépare du thalle, lequel se perfore par suite de cette perte de substance. Deux espèces de *Myriotrema* ont été décrites et figurées par Fée (*loc. cit.*, p. 105, tab. 25) sous les noms de *M. olivaceum* et *M. album.* Elles envahissent l'écorce de l'Angusture vraie (*Bonplandia trifoliata*, Willd.). Une troisième espèce inédite se trouve sur une écorce inconnue de Saint-Domingue. (G..N.)

* **MYRIOZOUM.** POLYP. (*Donati.*) Syn. de Millépore tronqué. (E. D. L.)

* **MYRIPRISTIS.** POIS. Nous ne connaissons le genre de la famille des

Percègues, auquel Cuvier imposa ce nom, que par ce qu'en dit ce savant dans son analyse des travaux de l'Académie des Sciences pour l'année 1825. On y voit que les sous-orbitaires, les maxillaires, toutes les pièces operculaires et toutes les écailles sont dentées en scie, et que la vessie natatoire, bifurquée en avant, adhère par ses deux lobes à chacun des côtés de la base du crâne, de manière qu'elle n'est séparée de la cavité qui contient le sac et les pierres de l'oreille que par une membrane élastique soutenue par quelques filets osseux. C'est un fait à ajouter à ceux que Weber a reconnus dans les Carpes touchant les rapports de la vessie natatoire avec l'oreille.   (B.)

MYRISTICA. BOT. PHAN. *V.* MUS-CADIER.

MYRISTICÉES. *Myristiceæ.* BOT. PHAN. Le genre Muscadier, d'abord placé dans la famille des Laurinées, en a été retiré par R. Brown, qui en a formé le type d'un nouvel ordre naturel, sous le nom de Myristicées. Les caractères qui distinguent ce groupe sont les suivans : les fleurs sont complétement unisexuées et dioïques, sans aucun indice d'un autre sexe. Le calice ou périanthe simple est monosépale, tridenté à son sommet, dont l'estivation est valvaire. Dans les fleurs mâles, on trouve de trois à douze étamines, toujours en nombre fixe et déterminé, réunies, et par les filets, et par les anthères, en une sorte de colonne centrale. Ces anthères sont allongées, extrorses, à deux loges s'ouvrant par un sillon longitudinal; quelquefois les anthères sont distinctes les unes des autres. Dans les fleurs femelles le calice est caduc; l'ovaire est libre, sessile, à une seule loge contenant un seul ovule dressé; le style est très-court, surmonté d'un stigmate à deux lobes peu marqués. Le fruit est une sorte de drupe sèche et capsulaire; s'ouvrant en deux valves. La graine est dressée, enveloppée d'un arille charnu, découpé en lanières profondes et irrégulières; son tégument propre est épais et crustacé; l'amande se compose d'un endosperme très-gros, lobé et comme cérébriforme intérieurement, contenant vers sa base un embryon très-petit, dressé, ayant la radicule courte, obtuse, et qui, dans le *Myristica sebifera*, nous a offert les deux cotylédons écartés l'un de l'autre. Les Myristicées sont des Arbres croissant tous entre les Tropiques, et généralement remplis d'un suc propre, rougeâtre. Leurs feuilles sont alternes, sans stipules ni points transparens, très-entières, coriaces, pétiolées. Leurs fleurs sont axillaires ou terminales, disposées en grappes ou en faisceaux.

Cette petite famille, qui se compose seulement des genres *Myristica*, L., et *Knema* de Loureiro, n'est véritablement bien rapprochée d'aucune autre. Elle se distingue surtout des Laurinées par ses fleurs complétement unisexuées et dioïques, par son périanthe trilobé, par ses étamines soudées; par son ovaire à une seule loge contenant un seul ovule dressé; enfin, par son embryon renfermé dans un endosperme ruminé. (A. R.)

MYRMECIA. BOT. PHAN. (Schreber.) Syn. de *Tachia* d'Aublet. *V* ce mot.   (B.)

MYRMÉCIE. *Myrmecium.* ARACHN. Genre de l'ordre des Pulmonaires, famille des Aranéides, section des Dipneumones, tribu des Citigrades, établi par Latreille (Annales des Sciences Natur. T. III, p. 27), et ayant pour caractères : groupe oculaire formant un trapèze court et large, composé de huit yeux petits; six rapprochés au milieu du front, quatre au milieu formant un carré; les deux latéraux antérieurs un peu plus petits et disposés, avec les deux antérieurs des précédens, sur une ligne transverse; les deux derniers placés sur les côtés supérieurs du céphalothorax, très-écartés l'un de l'autre en arrière des précédens, un peu plus gros, insérés à l'extrémité d'une petite élévation oblique, et formant avec les deux intermédiaires et postérieurs des précédens une ligne transverse, arquée en devant; chélicères (mandibules) fortes; leur premier article épais, convexe en dessus, dentelé en dessous; mâchoires droites, un peu élargies, arrondies et très-velues à leur extrémité supérieure; palpes du mâle terminés par un article renflé à sa base, allant ensuite en pointe ou presque pyriforme; le dernier de ceux de la femelle cylindrique long; lèvre (langue) presque carrée, un peu plus longue que large, arrondie latéralement au bord supérieur, avec une ligne imprimée et transverse près de sa base; pieds longs, presque filiformes, ceux de la quatrième paire et de la première les plus longs, ceux de la seconde ensuite.

Les Oxyopes, les Ctènes, les Lycoses et les Dolomèdes, genres de la tribu des Citigrades, se distinguent du genre Myrmécie parce que, dans les deux premiers, les yeux forment un triangle curviligne, et que dans les seconds ils sont disposés en quadrilatères presque aussi longs au moins que larges. Les Myrmécies en diffèrent encore par la forme de leur corps qui est bien différente, et tout-à-fait remarquable; il est étroit, allongé; le thorax est comme articulé en apparence et n'offre d'ailleurs aucune incision transverse; plusieurs étranglemens le partagent en trois. La division antérieure, beaucoup plus grande en tous sens, est carrée, porte les organes de la manducation, les quatre pieds antérieurs et les yeux; les deux autres divisions superficielles du thorax ont la forme de nœuds ou de bosses, et servent chacune d'attache à une paire de pates, ou aux quatre postérieures. Le thorax est resserré entre ces deux nœuds, et, à la suite du second, il se rétrécit brusquement d'une manière cylindrique. La division antérieure réprésente la tête des Insectes hexapodes, réunie au prothorax, la seconde le mésothorax, et la troi-

sième le métathorax; à celle-ci est suspendu, au moyen d'un pédicule court et cylindrique, l'abdomen qui est beaucoup plus court que le thorax, recouvert depuis sa naissance jusqu'au près du milieu d'un épiderme solide ou coriace divisé en deux plaques ou lames, l'une supérieure et l'autre inférieure; il est mou et presque membraneux ensuite.

Ce genre se compose de trois espèces dont deux sont figurées dans un très-beau manuscrit de dessins d'Aranéides de la Géorgie américaine, peintes par Abbort, et que Walcknaer possède; la troisième, et celle qui a servi de type au genre, est:

Le Myrmécie fauve, *Myrmecium rufum*, Latr., *loc. cit.*, pl. 2. Long d'environ six lignes, fauve, luisant, presque glabre, avec l'extrémité des palpes, des cuisses, du premier article des pieds postérieurs et le bout de l'abdomen noirâtres. Il se trouve aux environs de Rio-Janeiro.

Le nom de Myrmécie, *Myrmecia*, avait été donné par Fabricius à un genre d'Hyménoptères, de la tribu des Formicaires, qui n'a pas été adopté par Latreille et dont les espèces rentrent dans divers genres de ce savant. *V.* Formicaires et Myrmice.

(g.)

* MYRMECITIS. min. On ignore quelle est la Pierre que Pline à prétendu désigner sous ce nom.   (b.)

* MYRMECIUM. bot. phan L'un des noms de l'Ortie dans l'antiquité.

(b.)

MYRMÉCODE. *Myrmecodes*. ins. Genre de l'ordre des Hyménoptères, section des Porte-Aiguillons, famille des Hétérogynes, tribu des Mutillaires, établi par Latreille, et ayant pour caractères: palpes maxillaires beaucoup plus courts que les mâchoires; antennes guère plus longues que la tête et dont le second article est reçu dans le premier; corselet des femelles égal en dessus, mais divisé en trois segmens par des sutures. Les Myrmécodes diffèrent des Myrmoses par le corselet qui n'a que deux segmens distincts. Les Mutilles en sont séparées, ainsi que les Aptérogynes, par leur corselet qui n'offre aucune apparence de segmens.

Olivier (Encycl. Méthod.) réunit les espèces de ce genre à ses Myzines, mais quoiqu'elles s'en rapprochent par la conformation des antennes, elles en sont bien éloignées quand on considère que les Myzines sont ailées dans les deux sexes, tandis que les Myrmécodes n'ont que les mâles dans ce cas; les mandibules des Myrmécodes sont avancées, arquées, étroites et sans dents; le tronc a la forme d'un cube allongé, un peu rétréci en avant; il est divisé en trois segmens dont l'antérieur un peu plus grand.

Ce genre ne se compose que de peu d'espèces; elles sont toutes de la Nouvelle-Hollande, et leurs mœurs sont encore inconnues. Celle qui sert de type au genre est la *Tiphia pedestris* de Fabricius. Latreille en décrit une espèce très-voisine qu'il nomme: Myrmécode à taches jaunes, *Myrmecoda flavo-guttata*. Elle est grande, d'un fauve marron, avec des taches jaunes et rondes sur l'abdomen. Il pense que la Myzine aptère d'Olivier (Encyclop. Méthod.) en forme une autre espèce. (G.)

* MYRMÉCODIE. *Myrmecodia.* BOT. PHAN. Genre de la famille des Rubiacées, et de la Tétrandrie Monogynie, L., récemment établi par Jack (*Trans. of the Linn. Soc.*, vol. XIV, p. 122) qui lui a donné pour caractères essentiels: un calice presqu'entier; une corolle quadrifide dont le tube est velu intérieurement près de l'insertion des étamines; quatre étamines plus courtes que la corolle; style plus long que les étamines, terminé par un stigmate simple; baie ovée, quadriloculaire et tétrasperme. Ce genre est fondé sur une Plante décrite et figurée par Rumph (*Herb. Amb.*, VI, p. 119, t. 55, f. 2), et à laquelle l'auteur donne le nom de *Myrmecodia tuberosa*. C'est une Plante parasite sur les

troncs des vieux Arbres, qui se présente sous la forme d'un tubercule grand et irrégulier duquel s'élèvent quelques branches courtes, à l'extrémité desquelles sont situées les feuilles qui sont opposées, pétiolées, obovales-oblongues avec une courte pointe, atténuées sur le pétiole, entières et très-lisses. Les fleurs sont sessiles, presque couvertes par les bases des pétioles. Cette singulière Plante croît à Pulo-Nias, dans les Indes-Orientales. (G..N.)

MYRMECOPHAGA ET MYRMÉCOPHAGES. MAM. *V.* EDENTÉS, FOURMILIER et PANGOLIN.

* MYRMÉCOPHILE. *Myrmecophilus.* INS. Genre de l'ordre des Orthoptères, famille des Grillones, établi par Latreille (Fam. Nat. du Règne Anim.), et dont il ne donne pas les caractères: il cite seulement comme le type du genre le *Blatta acervorum* de Panzer. (G.)

* MYRMÈGES ou FORMICAIRES. INS. Duméril désigne ainsi une famille d'Insectes hyménoptères qui correspond parfaitement à la famille des Hétérogynes de Latreille. *V.* ce mot. (G.)

MYRMÉLÉON. *Myrmeleon.* INS. Genre de l'ordre des Névroptères, section des Filicornes, famille des Planipennes, tribu des Fourmilions, établi par Linné qui l'avait confondu avec le genre Hémérobe, restreint par Fabricius et adopté par tous les entomologistes avec ces caractères: des mandibules; six palpes; tarses composés de cinq articles; antennes courtes, grossissant et courbées en crochet vers le bout. Les Myrméléons ont assez de ressemblance avec les Libellules tant par la forme du corps que par la grandeur des ailes, mais ils en diffèrent par un grand nombre de caractères, et ils n'en ont pas la légèreté et la grâce en volant. Les Hémérobes en sont bien plus voisines, mais on les distinguera toujours facilement aux antennes qui dans ces dernières sont sétacées, et par les palpes qui sont au nombre de quatre; enfin le genre Ascalaphe qui appartient seul à la même tribu en diffère par ses formes générales et principalement par ses antennes longues et terminées par un petit bouton, comme cela a lieu dans la plupart des Papillons diurnes. La tête des Myrméléons est plus large que longue et inclinée, les yeux sont fort grands, tout-à-fait sphériques et très-saillans. Les antennes sont à peu près trois fois plus longues que la tête; les palpes sont filiformes, d'inégale longueur; les maxillaires antérieurs à peine plus longs que les mâchoires, composés de trois articles; les intermédiaires un peu plus longs, composés de cinq articles; enfin les palpes labiaux sont très-longs, composés de quatre articles, dont les deux premiers très-courts, les derniers très-longs; la lèvre supérieure est membraneuse, longue, arrondie et ciliée antérieurement; les mandibules sont cornées, grosses, un peu arquées et armées de deux dents; les mâchoires sont courtes, presque cornées, comprimées et très-ciliées à leur partie interne. Enfin la lèvre inférieure est membraneuse, large, avancée et échancrée à son bord antérieur. Le corselet, qui est assez grand, un peu relevé, est séparé de la tête par un col aussi long et presque aussi large qu'elle; ce corselet donne attache aux quatre ailes qui sont très-grandes, transparentes et ordinairement tachées de noir ou de brun; les pates sont courtes, terminées par deux fortes pointes et ayant des tarses filiformes de cinq articles dont le dernier est armé de deux crochets. L'abdomen est long, cylindrique, mince, et terminé, dans les mâles par deux crochets filiformes, destinés sans doute à préparer et à faciliter l'accouplement. Les Myrméléons ne sont pas agiles et ils prennent leur vol très-lentement; dans le repos leurs ailes sont disposées en toit; en général ils se déplacent peu et terminent leur vie dans le voisinage du champ où a vécu leur larve. Leur accouplement a lieu dans le courant de l'été et la ponte aussitôt après; leurs œufs sont peu nombreux, ils sont gros et oblongs, et la femelle les dépose sur le sable ou sur la terre dans les lieux secs.

La larve a été le sujet des observations de plusieurs naturalistes, tels que Poupart, Vallisnéri, Rœsel, et surtout de l'immortel Réaumur; c'est d'après leurs observations que nous allons tracer le tableau de la vie de celle du Myrméléon formicaire, la seule qui ait été étudiée avec détail. Cette larve, généralement connue sous le nom de Fourmi-Lion (*Formica-Leo*) a reçu ce nom parce qu'elle se nourrit principalement de Fourmis et qu'elle en fait une grande destruction. Elle est longue d'à peu près six lignes, son corps est ovale, un peu déprimé et grisâtre; sa tête est très-petite, armée de deux fortes et longues mandibules, dentelées au côté intérieur et pointues au bout; ces mandibules ont plutôt l'air de deux cornes, que d'organes de la manducation; elles servent à la larve à saisir sa proie, et comme elles sont creusées intérieurement et percées au bout, elles font aussi l'office de suçoir. L'abdomen est très-volumineux proportionnellement au reste du corps; enfin elle est pourvue de six pates, et marche lentement et presque toujours à reculons. Comme cette allure n'est pas très-propre à lui faciliter la poursuite des Fourmis et autres Insectes très-agiles dont elle doit vivre, la nature a donné à cette larve une industrie singulière et admirable au moyen de laquelle elle parvient à se rendre maîtresse de sa proie sans se déplacer : c'est par le moyen d'un piége qu'elle en vient à bout; elle choisit ordinairement le pied d'un vieux mur ou d'un Arbre, le bas d'un terrain coupé et exposé au midi ; c'est là qu'elle construit dans le sable ou dans la terre très-sèche et pulvérulente, une fosse en entonnoir dont les bords sont très-mouvans et au fond de laquelle elle se tient cachée; pour construire cette fosse, elle pratique un fossé qui trace l'enceinte de l'entonnoir dont la grandeur est relative à sa croissance; puis, allant toujours à reculons, décrivant par sa marche des tours de spire, dont le diamètre diminue progressivement, chargeant sa tête de sable avec une de ses pates antérieures, et le jetant ensuite au loin, elle vient à bout, quelquefois dans l'espace d'une demi-heure, d'enlever un cône de sable renversé, dont la base a un diamètre égal à celui de l'enceinte, et dont la hauteur égale à peu près les trois quarts de ce diamètre. C'est au fond de ce précipice qu'elle attend patiemment que quelque Fourmi préoccupée des besoins de sa postérité et marchant sans défiance, vienne poser ses pates sur le terrain mobile qui forme les bords de l'entonnoir; aussitôt le sable s'éboule, roule au fond et entraîne avec lui la victime qui est aussitôt saisie par les longues mandibules du Fourmilion. Vainement elle se débat, il n'est plus temps, et les pinces de son ennemi l'atteignent, la percent et la sucent. Quand l'Insecte est mort et que le Myrméléon ne peut plus rien en tirer, il le pose sur sa tête et le lance à une grande distance du repaire pour que son cadavre n'épouvante pas les autres Fourmis qu'il attend. Il arrive quelquefois qu'un Insecte ailé ou vigoureux, une Guêpe, un Scarabée par exemple, donne dans le piége. Dès qu'il a commencé à faire ébouler le sable, il cherche à remonter et y parviendrait peut-être si le Fourmilion, averti par le sable qui tombe sur lui, ne l'en empêchait et ne le précipitait dans le gouffre au moyen d'une quantité de grains de sable qu'il fait pleuvoir sur lui. Pour cela il met du sable sur sa tête, et le lance en l'air en le dirigeant du côté où il sent que l'Insecte se trouve; le malheureux, ne pouvant résister à ces moyens, tombe au fond et est bientôt saisi par son ennemi. Alors il s'engage un combat au fond du trou, mais l'avantage reste toujours au Fourmilion qui finit

par sucer sa proie et par la jeter au loin après s'en être nourri. Le Fourmilion peut supporter de longs jeûnes sans mourir. Lorsqu'il a pris tout son accroissement, au bout de deux ans à peu près, il se file, au moyen de deux filières situées à l'extrémité postérieure de son corps, une coque soyeuse, parfaitement ronde et d'un blanc satiné qu'il recouvre extérieurement de grains de sable; l'Insecte parfait sort au bout de quinze ou vingt jours.

Le genre Myrméléon se compose d'une quarantaine d'espèces; la plus remarquable de la France est :

Le Myrméléon libelluloide, *Myrmeleon libelluloides*, Fabr., L., Latr.; *Hemerobius libelluloides*, L.; *Libella turcica*, etc., Petiv.; *Musca rarissima*, etc., Rai, Ins. 53. Il a plus de quatre pouces d'envergure; ses ailes sont grises avec des taches noirâtres; son corps est mélangé de noir et de jaune. Cette grande espèce se trouve dans le midi de la France. On rencontre souvent aux environs de Paris :

Le Myrméléon formicaire, *Myrmeleon formicarium*, L., Fabr., Latr., etc. Il a deux pouces et demi d'envergure; tout le corps est gris; les ailes sont transparentes avec quelques taches obscures et un point blanc marginal.   (G.)

* MYRMÉLÉONIDES. ins. *V.* Fourmilions.

MYRMICE. *Myrmica*. ins. Genre de l'ordre des Hyménoptères, section des Porte-Aiguillons, famille des Hétérogynes, tribu des Formicaires, établi par Latreille et auquel ce savant donne pour caractères; pédicule de l'abdomen formé de deux nœuds; antennes découvertes; palpes maxillaires longs, de six articles distincts; un aiguillon chez les mulets et les femelles. Latreille a établi ce genre aux dépens du grand genre *Formica* de Linné; Fabricius avait dispersé ses espèces dans son genre *Myrmecia* qui n'a pas été conservé, et Jurine en avait formé son genre *Manica*; les

Myrmices, telles que nous les adoptons ici, diffèrent des Ponères parce que ces derniers Formicaires n'ont qu'un seul nœud au pédicule de l'abdomen ; les Attes n'en sont séparées que par leurs palpes qui sont très-courts et dont les maxillaires ont moins de six articles ; les Fourmis proprement dites et les Polyergues en sont bien distinguées par l'absence de l'aiguillon ; enfin le genre Cryptocère en est bien distinct par l'organisation de la tête qui est grande, aplatie et qui a, de chaque côté, une rainure pour recevoir une partie des antennes. Le port des Myrmices est le même que celui des Fourmis proprement dites ; leur tête est grande, presque carrée et armée de deux mandibules plus ou moins longues et en général très-dentées intérieurement; leur corselet est long, étroit, noueux en dessus et armé le plus souvent de dents ou d'épines ; les ailes des deux sexes sont grandes, et leurs cellules varient pour le nombre et pour la disposition, de telle sorte qu'on pourrait, si l'on avait égard à ce caractère secondaire, établir plusieurs coupes dans ce genre. Les pates des Myrmices sont assez longues et grêles ; leur abdomen est globuleux et muni d'un aiguillon dont la piqûre est vive et un peu venimeuse. Ces Insectes ont des mœurs à peu près semblables à celles des Fourmis (*V.* ce mot); elles font leur habitation, soit sous des pierres, soit dans la terre, soit enfin dans les vieux Arbres où elles se font des galeries très-étendues et soutenues, de distance en distance, par des piliers ; celles qui nichent dans les vieux Arbres se construisent des galeries à plusieurs étages, soutenues par des sortes de colonnes ; les parois de ces cases sont très-minces : une particularité bien singulière et que ce genre présente seul, c'est que ses larves ne filent point de coques comme celles des Fourmis, pour passer à l'état de nymphes. Leurs dernières métamorphoses n'ont lieu qu'en automne ou au plutôt à la fin de l'été. La longueur des man-

dibules et les antennes peuvent fournir des moyens de couper ce genre en deux divisions dont Latreille avait fait deux genres propres dans son Histoire Naturelle des Crustacés et des Insectes faisant suite au Buffon de Sonnini ; nous allons présenter une espèce dans chacune de ces divisions.

a. Mandibules très-aiguës et très-longues ; antennes filiformes (genre Eciton, Latr., Hist. Nat., etc.).

Myrmice goulue, *Myrmica gulosa*, Latr., *loc. cit.*, Hist. Nat. des Fourmis, p. 215, pl. 8, fig. 49; *Formica gulosa*, Fabr., Oliv. Longue de huit lignes ; tête ovale, d'un brun marron foncé ; tout son corps de la même couleur, excepté les antennes, les pates, et les deux premiers articles de l'abdomen qui sont moins foncés ; antennes longues, filiformes, insérées sur une petite élévation en forme de ligne courte et tranchante ou en carène ; mandibules étroites, plus longues que la tête, et dentelées inégalement au côté intérieur; yeux assez grands, grisâtres; trois petits yeux lisses en triangle sur le front ; corselet étroit, aminci antérieurement, finement ridé, avec un enfoncement au milieu du dos. Les deux premiers anneaux de l'abdomen forment deux espèces de nœuds très-distincts, le premier, ou celui qui remplace l'écaille, plus étroit, un peu plus long et en forme de toupie ou de poire, vu en dessus ; le second demi-globuleux. Le reste de l'abdomen noir, très-luisant et ové. De la Nouvelle-Hollande.

β. Mandibules triangulaires, peu allongées ; antennes non filiformes. Cette division pourrait se subdiviser par les cellules des ailes des espèces qui la composent; mais l'étendue de cet ouvrage ne permet pas d'entrer dans ces détails.

Myrmice rouge, *Myrmica rubra*, Latr., *loc. cit.*, pag. 246, pl. 10, fig. 63; *Formica rubra*, Fabr., L., Degéer. Ouvrière noirâtre, finement chagrinée, pubescente, avec deux épines à l'extrémité postérieure du corselet et une plus petite sous le premier nœud du pédicule de l'abdomen qui est luisant, lisse, avec le premier anneau brun. Femelle de la même couleur, avec les ailes d'un jaune brun obscur et les stigmates d'un brun jaunâtre. Mâle d'un brun noirâtre avec les pates et les antennes d'un brun jaunâtre ou roussâtre. Cette espèce est très-commune dans toute la France; les mâles et les femelles ne paraissent qu'en septembre et octobre. Suivant Huber fils, elle est sculpteuse et maçonne; elle se loge quelquefois dans les trous de vieux Arbres et d'autres fois en terre. Elle saisit avec une adresse très-remarquable les petites gouttelettes mielleuses que les Pucerons laissent échapper de l'extrémité de leur corps; pour y parvenir elle emploie l'extrémité de ses antennes qu'elle promène alternativement sur le Puceron, et lorsqu'elles sont humectées elle les fait entrer dans sa bouche et les presse pour sucer le miel. *V.* pour les mœurs de ces Insectes l'ouvrage d'Huber fils que nous avons cité au mot Fourmi, et pour les espèces, l'excellente monographie du genre Fourmi de Latreille. *V.* aussi Olivier, Encycl. Méth.   (G.)

MYRMOSE. *Myrmosa.* ins. Genre de l'ordre des Hyménoptères, section des Porte-Aiguillons, famille des Hétérogines, tribu des Mutillaires, établi par Latreille, et ayant pour caractères : abdomen elliptique et déprimé dans les mâles, conique dans les femelles; corselet point noueux, formé dans les deux sexes de deux segmens distincts dont l'antérieur transversal. Les Myrmoses ont beaucoup de ressemblance avec les Mutilles sous le rapport des antennes et des parties de la bouche, mais elles en diffèrent par leur thorax qui est comme articulé et divisé en deux, tandis qu'il est simple dans les Mutilles. Les Sclérodermes ont le corselet divisé en trois parties distinctes; les Méthoques en sont séparés par leur corselet qui est noueux et par la

forme de leur abdomen; enfin les Myrmécodes en sont bien distincts par leurs antennes qui ont le second article caché et reçu dans le premier, ce qui n'a pas lieu dans les genres précédens. Les Myrmoses sont des Insectes assez petits; leurs ailes supérieures offrent quatre cellules cubitales dont la quatrième atteint le bout de l'aile; la précédente est carrée et la cellule radiale est plus grande que celle des Mutilles. Ces Hyménoptères ont le même genre de vie que les Mutilles, et on les trouve dans les mêmes lieux; on ne connaît que trois espèces de ce genre; nous citerons l'espèce qui lui sert de type et qui se trouve dans toute l'Europe.

Myrmose noire, *Myrmosa atra*, Latr., Panz., *Faun. Germ.*, *fasc.* 85, tab. 14; *Myrmosa nigra*, Latr.; *Mutilla nigra*, Rossi. Longue de près de quatre lignes; corps entièrement noir et légèrement velu; tête et corselet pointillés; abdomen ovale un peu déprimé; ailes ayant une légère teinte obscure. Premier anneau de l'abdomen ayant une épine courte, un peu crochue. Elle se trouve sur les fleurs dans les lieux secs.   (G.)

MYRMOTHERA. ois. (Vieillot.) Syn. de Fourmilier.   (DR..Z.)

MYROBALANOS. bot. phan. C'est-à-dire *Gland parfumé.* Ce nom composé, par lequel les Grecs désignaient plusieurs fruits qui leur venaient de l'Arabie ou de l'Inde, est devenu chez les modernes, avec une orthographe vicieuse, celui des Myrobolans. *V.* ce mot et Myrobolanées.   (B.)

MYROBATINDUM. bot. phan. Un genre formé sous ce nom par Sébastien Vaillant a été réuni par Linné au *Lantana*. *V.* Lantanier.   (B.)

MYROBOLANÉES. *Myrobolaneæ.* bot. phan. Le professeur A.-L. De Jussieu, dans le cinquième volume des Annales du Muséum, avait proposé, d'après les observations de Gaertner sur l'embryon du genre *Myrobolanus*, de séparer de sa famille des Eléagnées plusieurs genres ayant à leur tête le *Terminalia* ou *Myrobolanus*, et d'en faire une famille nouvelle sous le nom de *Myrobolanées*. Les genres qu'il y réunissait étaient les suivans : *Bucida*, *Myrobolanus* de Gaertner, qui comprend le *Badamia* du même, le *Gamea* d'Aublet, *Fatræa*, Juss.; *Terminalia*, *Chunchoa*, *Tanibouca*. Mais Robert Brown a proposé de diviser en trois groupes les genres qui formaient primitivement les Eléagnées de Jussieu, savoir : les Eléagnées proprement dites, les Santalacées et les Combrétacées. Cette dernière famille, qui renferme la plupart des genres dont Jussieu formait ses Myrobolanées, comprend en outre d'autres genres pourvus d'une corolle polypétale et réunis auparavant à la famille des Onagres. *V*. Combrétacées.   (A. R.)

MYROBOLANS. bot. phan. Qu'on devrait écrire *Myrobalans*. On donne ce nom, en Pharmacologie, à des fruits originaires de l'Inde, et employés dès l'antiquité dans l'art de guérir où ils jouissaient de la plus grande réputation. On en a distingué cinq espèces ou sortes qui ont reçu les noms de Myrobolans chébules, citrins, indiens, bellirics et emblics. Nous allons les décrire chacun l'un après l'autre.

1°. *Myrobolans chébules*. Ils sont ovoïdes, allongés, de la grosseur d'une datte, ordinairement pyriformes, quelquefois cependant ayant la forme olivaire; leur longueur est de quinze à dix-huit lignes; leur plus grand diamètre d'environ dix lignes; leur surface extérieure est brunâtre, lisse, luisante, marquée de cinq côtes longitudinales obtuses, peu saillantes, entre chacune desquelles on en remarque une autre encore moins élevée; coupés transversalement, on voit qu'ils sont composés d'une partie charnue, de deux lignes environ d'épaisseur, brunâtre et comme marbrée, croquante et acide; d'un noyau allongé, marqué de dix côtes longi-

tudinales, dont cinq plus saillantes. Ce noyau dont l'épaisseur est d'environ cinq lignes, renferme dans sa cavité centrale, qui n'a pas plus d'une ligne à une ligne et demie de diamètre, un embryon dont les cotylédons sont minces et roulés plusieurs fois sur eux-mêmes. Ces fruits sont bien certainement ceux du *Terminalia Chebula* de Roxb., ou *Myrobolanus Chebula*, Gaert., t. 97, et non ceux du *Balanites ægyptiaca* de Delile, ainsi qu'on le prétend dans le nouveau Codex des médicamens de la Faculté de Paris. Le caractère de l'embryon, roulé sur lui-même, ne permet pas de confondre le genre *Terminalia* avec le *Balanites*.

2°. *Myrobolans citrins*. Ils sont moitié moins gros que les précédens dans toutes leurs parties; rarement pyriformes; leur surface extérieure est également lisse et marquée de cinq côtes peu saillantes; leur couleur varie du jaune au brun; leur partie charnue est sèche, jaunâtre, astringente, et leur organisation intérieure est absolument la même que dans l'espèce précédente. Ces fruits ne nous paraissent être qu'une simple variété des Myrobolans chébules; néanmoins on en a fait une espèce distincte sous le nom de *Terminalia citrina*. Nous ferons remarquer ici que le fruit figuré par Gaertner (pl. 97) sous le nom de *Myrobolanus citrina*, n'est pas le véritable Myrobolan citrin du commerce; c'est une variété que nous avons souvent trouvée mélangée avec les Chébules.

3°. *Myrobolans indiques*. Ils ont une forme irrégulière, allongée, souvent pyriforme, ou terminée en pointe à ses deux extrémités. Leur longueur est de quatre à huit lignes, leur couleur noirâtre; ils sont généralement ridés longitudinalement. Leur cassure est noirâtre, compacte, n'offrant qu'une simple ébauche de noyau, sans amande. La saveur des Myrobolans indiens est encore plus astringente que celle des deux précédens. Ils nous paraissent être les fruits du *Terminalia Chebula*, cueillis long-temps avant leur maturité.

4°. *Myrobolans bellirics*. Ils sont de la grosseur d'une petite noix, ovoïdes, arrondis, ou quelquefois tout-à-fait globuleux, rarement offrant cinq côtes à peine marquées; leur surface est brunâtre, terne et comme terreuse; leur chair est moins épaisse, d'une saveur astringente, et un peu aromatique; le noyau est plus gros et son amande plus volumineuse que dans les espèces précédentes. Ils sont produits par le *Myrobolanus bellerina* de Gaertner.

5°. Enfin les *Myrobolans emblics* sont globuleux, déprimés au centre, de la grosseur d'une cerise, offrant six côtes très-obtuses, séparés par des sillons profonds, d'une couleur noirâtre; ils se composent d'une partie extérieure, charnue, épaisse d'au moins deux lignes, se séparant en six valves, et d'un noyau ou coque également à six côtes, et s'ouvrant en six parties. La chair de ces Myrobolans est très-astringente, sans aucune âcreté, circonstance assez rare dans le fruit d'une Euphorbiacée. En effet ce sont les fruits du *Phyllanthus Emblica*, L., ou *Emblica officinalis* de Gaertner.

Les cinq sortes de Myrobolans, que nous venons de décrire, sont toutes originaires de l'Inde. Ce sont les médecins arabes qui en ont introduit l'usage dans la thérapeutique. Ils ont tous une saveur astringente plus ou moins marquée, et autrefois on les employait comme un purgatif doux. Mais quelle que soit la réputation dont ils aient joui autrefois, les médecins modernes en ont entièrement abandonné l'usage. Cependant on voit encore leur nom figurer dans le nombre des drogues qui composent quelques anciennes préparations. (A. R.)

MYROBOLANUS. BOT. PHAN. Ce genre, ainsi nommé par Gaertner, est le même que le *Terminalia* de Linné. *V*. TERMINALIA. (A. R.)

MYROBROMA. BOT. PHAN. Sous le nom de *Myrobroma fragrans*, Salisbury (*Paradis. Londin.*, n. 82) a décrit et figuré une belle Orchidée que Lamarck avait nommée *Epidendrum rubrum*, et que des auteurs plus modernes ont rapportée au genre *Vanilla* de Swartz. L'existence de ce dernier genre était bien connue de Salisbury, qui, trouvant sa dénomination incorrecte, s'était cru autorisé à la changer. Néanmoins le nom de *Myrobroma* n'a pas été admis. (G..N.)

MYRODENDRUM. BOT. PHAN. (Schreber). Syn. d'Houmiri. *V*. ce mot. (B.)

MYRODIE. *Myrodia*. BOT. PHAN. Le genre ainsi nommé par Schreber, et qui appartient à la famille des Bombacées de Kunth, est le même que le *Quararibea* d'Aublet. *V*. ce mot. (G..N.)

MYROSMA. BOT. PHAN. Genre de la famille des Amomées, et de la Monandrie Monogynie, L., établi par Linné fils (Suppl. 80) pour une Plante originaire de Surinam, ayant quelque ressemblance avec le Balisier. Sa racine est charnue, ovoïde, horizontale, comme divisée en anneaux; de cette racine naissent un grand nombre de gaînes ou feuilles avortées, emboîtées les unes dans les autres, et formant ainsi une sorte de tige. La hampe est cylindrique, un peu velue, articulée vers sa partie supérieure, où elle se termine par une grappe de fleurs munies chacune d'une large bractée imbriquée. Chaque fleur se compose d'un calicule extérieure à trois divisions profondes, et d'un calice double; l'externe plus petit à trois divisions plus courtes, et l'interne à cinq divisions inégales et pétaloïdes. L'étamine est formée d'un filet pétaloïde et d'un anthère ovoïde, allongée, à deux loges. Le style est épais, fendu, et le stigmate est trilobé. Le fruit est une capsule trigone, à trois loges polyspermes, s'ouvrant naturellement en trois valves. (A. R.)

MYROSPERME. *Myrospermum*.

BOT. PHAN. Jacquin (*Amer.*, p. 120, t. 174, f. 34) avait établi un genre *Myrospermum* dans la famille des Légumineuses, pour un Arbrisseau qu'il avait observé en Amérique. Linné fils publia plus tard (Suppl., 34) un genre *Myroxylum* (*V*. ce mot), établi par Mutis pour l'Arbre qui produit le Baume du Pérou. Les auteurs qui vinrent postérieurement, entraînés à la fois par la similitude des noms et la ressemblance dans les caractères, crurent que ces deux genres devaient être réunis pour n'en former qu'un seul, que les uns, à l'exemple de Lamarck, nommèrent *Myrospermum*, comme étant le nom le plus ancien, et les autres *Myroxylum* à l'exemple de Willdenow. Mais notre savant ami et collaborateur Kunth a le premier fait voir (*Nova. Genera et Spec.*, 6, p. 571) que les deux genres de Jacquin et Linné fils, bien qu'ils aient entre eux beaucoup de ressemblance, devaient néanmoins demeurer séparés. Voici les caractères qu'il assigne au genre Myrosperme : le calice, turbiné à sa base, a son limbe dilaté à cinq dents à peine marquées ; la corolle est formée de cinq pétales un peu inégaux, et comme papilionacée ; ces pétales sont tous onguiculés ; le supérieur est ovale-arrondi, obtus, cordiforme, concave en dessus, et très-ouvert ; les quatre autres sont un peu plus courts, libres, plus étroits et inéquilatéraux. Les étamines, au nombre de dix, sont libres, déclinées, ayant leurs filets persistans. L'ovaire est stipité, renfermant cinq ovules ; le style est droit, terminé par un stigmate obtus. Le fruit est une gousse plane en forme de lame de couteau, renflée à sa partie supérieure, indéhiscente, et contenant une et rarement deux graines. Cette graine a présenté une particularité bien remarquable, c'est que son embryon est nu et sans tégument propre.

Le *Myrospermum frutescens*, Jacq., *loc. cit.*; Kunth, *loc. cit.*, p. 572, t. 570 et 571, est un petit Arbre qui acquiert parfois jusqu'à vingt-cinq pieds de hauteur. Il est dépourvu d'aiguillons. Ses feuilles sont imparipinnées à folioles alternes, marquées d'un grand nombre de points et de lignes translucides. Ses fleurs, qui se montrent avant les feuilles, sont pédonculées et disposées en grappes au sommet des rameaux. Cette Plante croît dans l'Amérique méridionale.   (A. R.)

MYROTHECIUM. BOT. CRYPT. (Tode.) *V.* DACRYDIUM.

* **MYROXYLE.** *Myroxylum.* BOT. PHAN. Il ne faut pas confondre ce genre, établi par Mutis et Linné fils pour des Arbres appartenant à la famille des Légumineuses, avec un autre genre du même nom, établi par Forster, qui l'a ensuite appelé *Xylosma*, et dont on ignore encore les véritables affinités. Le vrai genre Myroxyle offre les caractères suivans : le calice est court et campanulé, à cinq dents à peine marquées ; la corolle est irrégulière, formée de cinq pétales, très-longuement onguiculés ; le supérieur est arrondi, les quatre autres sont linéaires-aigus. Les étamines, au nombre de dix, quelquefois de huit ou de neuf seulement, sont libres et ascendantes ; leurs filets caducs. L'ovaire est longuement stipité, contenant deux ovules. Le style est court et arqué ; le stigmate obtus. La gousse est membraneuse, plane, en forme de lame de couteau, renflée et monosperme à son sommet. La graine offre la même organisation que dans le genre Myrosperme. (*V.* ce mot.) Ce genre est très-rapproché de ce dernier ; il en diffère surtout par ses étamines caduques, ascendantes, et son ovaire contenant seulement deux ovules. Nous avons prouvé, soit dans notre Botanique Médicale, soit dans les Annales des Sciences Naturelles, et d'après des renseignemens qui nous avaient été fournis par le célèbre Humboldt, que le genre *Toluifera* de Linné était une espèce de Myroxyle, et que le fruit qu'on lui avait attribué, et d'après lequel on l'avait rangé dans les Térébintacées, était imaginaire. Le genre Myroxyle

devient donc d'un grand intérêt, puisqu'il fournit les deux substances balsamiques les plus précieuses : le Baume du Pérou et le Baume de Tolu. Nous allons décrire les deux Arbres d'où on les recueille.

MYROXYLE DU PÉROU, *Myroxylum peruiferum*, L. (Suppl., p. 233). L'élégance et le port gracieux de cet Arbre ont été remarqués par tous les voyageurs. Son tronc est recouvert d'une écorce lisse, épaisse, résineuse ainsi que les autres parties de l'Arbre. Les jeunes rameaux présentent dans leur partie supérieure de petits tubercules irréguliers, qui existent aussi sur les pédoncules. Les feuilles sont alternes, imparipinnées, composées de folioles alternes, ovales, entières, obtuses, très-glabres, offrant des petits points translucides comme dans les Millepertuis. Les fleurs sont blanches, disposées en grappes rameuses. Les fruits sont légèrement pédicellés, allongés, fortement comprimés, membraneux, un peu falciformes, renflés à leur sommet, qui offre une seule loge contenant une ou deux graines. Cet Arbre croît au Pérou; c'est lui qui fournit le Baume du Pérou. Dans le commerce on en distingue deux sortes : l'une est presque sèche, d'une couleur fauve clair, et d'une odeur très-agréable. Elle est généralement renfermée dans de petites callebasses; on l'obtient simplement par incision. L'autre est liquide, d'un brun rougeâtre, et s'extrait en faisant bouillir dans l'eau les écorces et les jeunes rameaux; c'est le Baume du Pérou noir du commerce. Son odeur est forte, mais agréable, sa saveur âcre et amère. Il brûle en répandant une fumée blanche qui est produite par l'acide benzoïque; il est entièrement soluble dans l'Alcohol; l'eau bouillante lui enlève son acide benzoïque.

MYROXYLE DE TOLU, *Myroxylum Toluifera*, Rich.; *Toluifera balsamum*, L. Cette espèce est tellement semblable à la précédente, qu'il serait peut-être plus convenable de l'y réunir. Elle en diffère surtout par ses folioles moins nombreuses, lancéolées, aiguës et non obtuses. Elle croît dans la province de Carthagène, aux environs de Tolu. Le suc résineux qui s'écoule des incisions faites au tronc de cet Arbre, est reçu dans des vases où on le laisse se sécher. Il forme alors des masses solides plus ou moins volumineuses, d'une couleur fauve, se liquéfiant avec facilité, d'une saveur âcre, mais agréable, et d'une odeur très-suave. Il se ramollit facilement sous la dent, se dissout en totalité dans l'Alcohol, et cède à l'eau bouillante tout son acide benzoïque. Tantôt le Baume de Tolu nous est apporté dans de grands vases de terre qu'on nomme *postiches*, tantôt on le coule dans des calebasses, quand il est encore liquide. Il est alors fort difficile de le distinguer du Baume du Pérou sec.

Les Baumes du Pérou et de Tolu sont des substances éminemment excitantes; on les emploie dans les catarrhes chroniques, mais néanmoins on en fait assez peu usage de nos jours.   (A. R.)

MYRRHE. BOT. PHAN. On appelle ainsi une gomme résine qui nous vient de l'Arabie et de l'Abyssinie, mais sans qu'on sache positivement l'Arbre qui la produit. Les uns croient qu'elle découle d'une espèce de Mimeuse; les autres, et cette opinion nous paraît la plus probable, pensent qu'elle est produite par une espèce du genre *Amyris*, auquel nous devons déjà plusieurs substances résineuses. Quoi qu'il en soit, la Myrrhe est en morceaux peu volumineux ou en larmes irrégulières pesantes, rougeâtres, demi-transparentes, fragiles et couvertes extérieurement d'une poussière ou efflorescence blanchâtre; sa cassure est vitreuse et brillante : assez souvent les morceaux les plus gros présentent des stries courtes et semi-circulaires, que l'on a comparées à des coups d'ongle : de-là le nom de Myrrhe onguiculée. Les stries paraissent être le résultat de la dessiccation de la Myrrhe, qui était liquide quand elle découlait de l'Arbre. Sa saveur est amère et résineuse, son odeur fortement aromatique et assez agréable. Selon l'analyse qui en a été faite par Pelletier, elle est composée de trente-quatre parties de résine contenant un peu d'huile essentielle, et de soixante-dix parties de gomme. La Myrrhe est un médicament connu dès la plus haute antiquité. Les habitans de l'Arabie et de l'Egypte la mâchent continuellement comme les Turcs et les habitans de l'Archipel font pour le Mastic. La Myrrhe est un médicament tonique et excitant, que l'on emploie à l'intérieur et à l'extérieur.   (A. R.)

MYRRHIDA. BOT. PHAN. (Pline.) Syn. de *Geranium moschatum*, L. (B.)

MYRRHIDE. *Myrrhis.* BOT. PHAN. Genre de la famille des Ombellifères et de la Pentandrie Digynie, L., offrant pour caractères principaux : involucre universel nul ; involucelles formés de cinq folioles entières ; calice très-court, à cinq dents ; corolle à cinq pétales inégaux ; fruit oblong, terminé par un bec court, composé de deux akènes marqués de cinq sillons. Tournefort avait fondé ce genre sur quelques espèces que Linné réunit aux *Chœrophyllum* et aux *Scandix.* Gaertner le rétablit en y comprenant le *Sison canadense*, L., et plusieurs botanistes modernes l'ont adopté, mais sans s'accorder sur les espèces qui le constituent. Ainsi Persoon le réduit au seul *Scandix odorata*, L. ; tandis que Sprengel (*in Rœmer et Schultes Syst. Veget.*, 6, p. 509) y place non-seulement plusieurs *Chœrophyllum* et *Scandix*, mais encore le *Bunium bulbocastanum*, L. Ces additions n'ayant pas encore reçu la sanction générale, le genre *Bunium* (*V.* ce mot) a dû être décrit dans cet ouvrage comme un genre distinct du *Myrrhis.* L'espèce qui doit être considérée comme type de celui-ci est celle que Tournefort décrivit le premier sous le nom de *Myrrhis* accompagné

d'une phrase spécifique, et qui est devenu le *Chœrophyllum aromaticum* L. Cette Plante est haute d'un demi-mètre et plus. Sa tige rameuse porte des feuilles bipinnées à folioles ovales, inégales et dentées. Ses fleurs sont blanches, petites, disposées en ombelles composées. Elle croît dans l'Europe orientale. Dans un Mémoire sur les caractères généraux de la famille des Ombellifères (Annales du Muséum, T. XVI, p. 175), le professeur De Jussieu n'admet le genre *Myrrhis* que comme une section du *Chœrophyllum. V.* CERFEUIL. (G..N.)

MYRRHINE ET **MYRRHINON.** BOT. PHAN. Noms antiques du Myrte. (B.)

MYRRHITES. MIN. On a cru reconnaître dans cette petite Pierre couleur de Myrrhe, odorante quand on la frottait, et mentionnée par Pline, une variété brunâtre du Succin. (B.)

MYRSIDRUM. BOT. CRYPT. (Rafinesque.) Syn. de *Spongodium. V.* ce mot. (B.)

MYRSINE. *Myrsine.* BOT. PHAN. Ce genre avait été placé par Jussieu à la suite de la famille des Sapotacées. Ventenat, dans le Jardin de Cels, p. 86, proposa d'en former avec le genre *Ardisia* une famille nouvelle qu'il nomma *Ophiosperma.* Cette famille a été adoptée, et beaucoup mieux caractérisée par Robert Brown, qui lui a substitué le nom de Myrsinées, et par Jussieu, qui la nommait Ardisiacées. Mais le nom de Myrsinées est aujourd'hui celui qui a prévalu. Le genre Myrsine se distingue par les caractères suivans : ses fleurs sont unisexuées, dioïques et polygames. Le calice est monosépale à quatre ou cinq divisions profondes ; la corolle, monopétale-régulière, est à quatre ou cinq lobes dressés ; les étamines, en même nombre que les lobes de la corolle, et placées à la base et en face de chacun d'eux ; les anthères sont cordiformes, presque sessiles, introrses et à deux loges, s'ouvrant chacune par un sillon longitudinal. L'ovaire est libre, ovoïde à une seule loge, contenant quatre ou cinq ovules attachés à un gros trophosperme central, qui est globuleux, remplit toute la cavité de l'ovaire, offre et recouvre presqu'en totalité les ovules, qui sont nichés dans son épaisseur. Cette organisation singulière se remarque dans les autres genres de la famille des Myrsinées, et en forme le caractère distinctif. Le style est court, épais, et à peine distinct du sommet de l'ovaire; il se termine par un stigmate irrégulièrement lacinié et lobé. Le fruit est crustacé et monosperme par avortement. Les Myrsines sont des Arbrisseaux ou de simples Arbustes à feuilles alternes et coriaces, à fleurs axillaires, réunies et formant quelquefois des espèces de petites ombelles. Robert Brown (*Prodr.*, 1, p. 533), qui, le premier, a bien fait connaître la structure de ce genre, y réunit plusieurs genres qui en avaient été regardés comme distincts; tels sont les *Manglilla* de Jussieu, ou *Caballeria* de Ruiz et Pavon, l'*Athyrophyllum* de Loureiro, le *Rœmeria* de Thunberg, le *Rapanea* d'Aublet, le *Badula* de Jussieu, plusieurs espèces de *Samara* comme *Samara coriacea*, *Samara pentandra*, et les *Ardisia* qui ont l'ovaire oligosperme, et le stigmate divisé. Le genre Myrsine diffère surtout des Ardisies par ses fleurs unisexuées, son stigmate découpé, son ovaire à trois ou cinq ovules, ses anthères écartées et non conniventes. Les espèces de ce genre, au nombre d'une douzaine environ, croissent dans l'Amérique méridionale, la Nouvelle-Hollande, l'Afrique, les îles qui l'environnent, et l'Asie.

(A. R.)

MYRSINÉES. *Myrsineæ.* BOT. PHAN. Cette famille naturelle de Plantes appartient à la classe des Dicotylédones monopétales à insertion hypogyne, et présente les caractères suivans : les fleurs sont hermaphrodites ou unisexuées. Le calice, généralement persistant, est à quatre ou cinq divisions profon-

des. La corolle est monopétale régulière, hypogyne, à quatre ou cinq lobes. Les étamines, en même nombre que les lobes de la corolle, attachées à leur base, leur sont opposées. Les filets sont très-courts, quelquefois monadelphes; les anthères sont sagittées, à deux loges s'ouvrant par un sillon longitudinal. L'ovaire est libre, uniloculaire, contenant un trophosperme central, fixé au fond et au sommet de la loge, et portant sur sa surface un nombre déterminé ou indéterminé d'ovules, quelquefois entièrement enfoncés dans sa substance. Le style est simple, le plus souvent très-court, terminé par un stigmate ou simple ou découpé, et lobé. Le fruit est une sorte de drupe sèche, ou de baie contenant d'une à quatre graines. Ces graines sont peltées, ayant leur tégument simple, leur hile concave, leur endosperme charnu ou corné, et leur embryon cylindrique, un peu recourbé, placé transversalement au hile. Les cotylédons sont très-courts, la radicule est cylindrique et comme tronquée à sa base. Les Plantes qui forment cette famille sont des Arbres ou des Arbustes portant des feuilles alternes, très-rarement opposées ou ternées, sans stipules, coriaces, glabres, entières ou dentées. Leurs fleurs forment des grappes ou des espèces d'ombelles axillaires ou terminales, ou quelquefois elles sont simplement groupées à l'aisselle des feuilles. Cette famille se compose des genres *Myrsine*, Brown; *Ardisia*, Id.; *Jacquinia*, Juss.; *Samara*, L.; *Wallenia*, Sw., et *Ægiceras*, Gaertner. Elle a les plus grands rapports avec les Sapotées, aux dépens desquelles elle a été formée en grande partie, et dont elle a le port et plusieurs caractères de la fructification; elle doit être placée entre les Sapotilliers et les Guyacanées. D'un autre côté, comme l'a très-bien remarqué Auguste Saint-Hilaire, elle a les plus grands rapports, par ses étamines opposées aux lobes de sa corolle , par son ovaire uniloculaire , son trophosperme central, avec les Primulacées , mais le port de ces deux familles est tout-à-fait différent. (A. R.)

MYRSINEON. BOT. PHAN. Même chose, chez les anciens, qu'*Hippomarathrum. V.* ce mot. (B.)

MYRSINITE. MIN. (Pline.) Probablement un double emploi de Myrrhites du même compilateur. (B.)

MYRSINITES. BOT. PHAN. Comme qui dirait *ressemblant au Myrte*. Ce nom, donné par l'antiquité à divers Euphorbes, a été affecté par Linné à l'une des espèces de ce genre. (B.)

MYRSINOS. BOT. PHAN. C'est-à-dire *parfumé.* L'un des noms antiques du Myrte , étendu au Chèvre-Feuille par Galien. (B.)

MYRSIPHYLLUM. BOT. PHAN. (Willdenow.) *V.* MÉDÉOLE.

MYRSTIPHYLLUM. BOT. PHAN. Swartz (*Flor Ind.-Occid.*, 1, p. 405) a réuni au *Psychotria* le genre établi sous le nom de *Myrstiphyllum* par P. Browne, dans son Histoire des Plantes de la Jamaïque. *V.* PSYCHOTRIE. (G..N.)

MYRTACANTHA. BOT. PHAN. (Lobel.) Syn. de *Ruscus aculeatus. V.* FRAGON. (B.)

* **MYRTACÉES.** *Myrtaceæ.* BOT. PHAN. L'ordre de Plantes que nous désignons sous ce nom correspond dans son ensemble à celui que Linné désignait sous celui d'Hespéridées, Jussieu sous celui de Myrtes , et d'autres sous ceux de Myrtées , Myrtinées , Myrtoïdées et Myrtéacées. Tous ces noms tendent à désigner le Myrte comme formant le type ou le centre de l'ordre; mais autant il est facile de reconnaître que les genres analogues au Myrte forment une famille très-prononcée, autant il est difficile d'affirmer jusqu'à quelles limites on doit l'étendre ou la circonscrire. Nous exposerons ici les caractères et les sous-divisions de cette famille , d'après

un travail inédit que nous avons préparé pour le troisième volume de notre *Prodromus Systematis Vegetabilium.*

Les groupes divers que nous réunissons sous le nom de Myrtacées ont pour caractères communs de fructification, les suivans : leur calice est formé le plus souvent de cinq sépales, fréquemment quatre, rarement six ; ces sépales sont soudés entre eux par leur base en un tube adhérent à l'ovaire dans toute ou presque toute son étendue ; la partie libre forme un limbe lobé. Les pétales sont alternes avec les lobes de ce limbe insérés sur le bord du calice et en estivation quinconciale ; ils manquent dans un petit nombre de genres. Les étamines sont insérées sur le calice , ordinairement sur plusieurs séries, en nombre multiple des pétales; on en compte dix dans les genres qui en ont le moins, comme les *Beckea*, et jusqu'à une centaine dans les *Psidium* ou les *Eugenia.* Leurs filets sont tantôt libres , tantôt diversement soudés ensemble; leurs anthères sont ovales, petites, à deux loges et s'ouvrant par deux fentes longitudinales. Le pistil se compose d'un nombre de carpelles soudés intimement qui paraît devoir être égal au nombre des sépales , mais qui est souvent inférieur à ce nombre et varie de deux à six. L'ovaire qui résulte de la soudure des ovaires partiels présente donc de deux à six loges disposées en verticille autour d'un axe idéal; dans la petite tribu des Chamélauciées, qui peut-être devra être exclue de la famille , on ne trouve qu'une seule loge. Dans tous les cas , le style formé par la soudure des styles partiels est unique, simple ou indivis jusqu'à son sommet; le genre *Philadelphus*, qu'on a long-temps réuni à la famille des Myrtacées , faisait exception à cette loi, en ce que les styles partiels sont plus ou moins libres vers leur sommet. Le fruit présente de si grandes variétés dans les tribus, qu'il est presque impossible d'en rien dire dans ses généralités ;

les graines sont aussi très-variées, le plus souvent dépourvues d'albumen et munies d'un embryon très-différent dans les différens genres, mais dont les cotylédons ne sont jamais convolutés ou roulés en cornet l'un sur l'autre.

Les Myrtacées, considérées quant aux organes de la végétation, sont toutes des Arbres ou des Arbrisseaux, et aucune ne se présente à l'état herbacé; leurs feuilles sont le plus souvent opposées, quelquefois alternes, toujours dépourvues de stipules, entières ou à peine dentées, munies d'une nervure longitudinale qui émet des nervures latérales pennées; celles-ci se réunissent un peu avant le bord ou vers le bord pour former une espèce de petite nervure marginale : ces feuilles et souvent aussi les écorces ou les calices sont le plus habituellement munies de glandes transparentes pleines d'huile essentielle : ces glandes ne sont pas visibles par transparence, quand le tissu des feuilles est trop coriace; elles paraissent manquer complétement dans quelques genres qu'il est d'ailleurs impossible de séparer complétement des genres à glandes transparentes. L'inflorescence est variée dans la famille : le plus souvent les pédoncules naissent à l'aisselle des feuilles, et se divisent en trois pédicelles uniflores ou en trois branches qui sont elles-mêmes uniflores; dans ces deux cas, les fleurs centrales sont le plus souvent sessiles et fleurissent les premières. Cette disposition de fleurs qui semble normale dans la famille se modifie en apparence quand les pédoncules sont uniflores; mais alors même on reconnaît le type normal, parce que cette fleur unique porte deux bractées au sommet du pédicelle. On trouve aussi des Myrtacées à fleurs en grappe ou en épi; mais dans ces cas, les fleurs latérales sont le plus souvent opposées et se rapprochent souvent par leur disposition des véritables cymes. Les fleurs sont blanches ou rougeâtres, jamais ni jaunes ni bleues. Celles du Myrte commun en donnent assez bien l'idée.

Les Myrtacées sont presque toutes originaires des pays situés entre les Tropiques; quelques-unes, telles que le Myrte commun, les *Philadelphus* et le *Decumaria*, s'avancent dans l'hémisphère boréal, jusqu'aux régions tempérées. Le Myrte à feuilles de Nummulaire va dans l'hémisphère austral, jusqu'aux îles Malouines; la Nouvelle-Hollande en produit un grand nombre d'espèces.

L'ordre des Myrtacées est composé de cinq tribus, dont voici l'énumération et les caractères généraux.

Ire tribu. CHAMÉLAUCIÉES.—Fruit sec à une loge, même à l'état d'ovaire. Plusieurs ovules attachés à la base de la loge, à son centre ou à un placenta court et central. Cinq lobes au calice. Cinq pétales ou nuls. Étamines libres ou polyadelphes, quelques-unes sessiles. Deux bractéoles opposées sous la fleur, tantôt libres, tantôt soudées en une espèce d'opercule. Feuilles opposées, entières, ponctuées. Sous-Arbrisseaux tous originaires de la Nouvelle-Hollande et dont le port rappelle celui des Bruyères. C'est ici qu'appartiennent les genres *Calythrix*, Labill.; *Chamœlaucium*, Desf.; *Pileanthus*, Labill., et deux genres que nous y joindrons sous les noms de *Genetyllis* et de *Verticordia*. *V*. le premier de ces deux derniers mots au Supplément et le second à son ordre alphabétique.

IIe tribu. LEPTOSPERMÉES.—Fruit sec déhiscent à plusieurs loges. Graines attachées à l'angle interne des loges, dépourvues d'albumen et d'arille. Lobes du calice et pétales au nombre de quatre à six; étamines libres ou polyadelphes. Feuilles opposées ou alternes, le plus souvent ponctuées. Inflorescence variée. Arbrisseaux ou Arbres, tous de la Nouvelle-Hollande. Cette tribu se sous-divise selon la liberté ou la soudure des étamines. Les genres à étamines polyadelphes sont : *Beaufortia*, Br.; *Calothamnus*, Br. (dont le *Billiottia* de Colla fait partie); *Tristania*, Br.;

Astartea, D.C. (*Melaleuca fascicula-ris*, Labill.); *Melaleuca*, Forst., et *Eudesmia*, Br. Ceux à étamines li-bres sont : *Eucalyptus*, L'Hér. ; *An-gophora*, Cav.; *Callistemon*, Br.; *Me-trosideros*, L.; *Leptospermum*, Forst.; *Fabricia*, Gaertn. ; et *Beckea*, L. , dont le *Jungia* et l'*Imbricaria* font partie.

     IIIe tribu. Myrtées.—Fruit char-nu à plusieurs lobes au moins dans la jeunesse. Graines sans albumen et sans arille. Lobes du calice et pétales au nombre de quatre ou cinq. Étamines libres. Feuilles opposées, munies de glandes transparentes, visibles quand le tissu n'est pas trop opaque. Pédoncules axillaires, uni-flores avec deux bractéoles, triflores ou trichotomes et en cyme. Arbris-seaux presque tous originaires des régions inter-tropicales. Ce groupe qui fait le centre de la famille se compose d'un grand nombre de gen-res presque tous nombreux en espè-ces, savoir : *Eugenia* de Micheli, qui comprend le *Greggia* de Gaertner, l'*Olynthia* de Lindley, et probable-ment le *Guapurium* de Jussieu; *Jam-bosa*, Adans.; *Acmena*, D.C. (*Metro-sideros floribunda*, Smith.); *Sizygium*, Gaertn., non P. Browne; *Calyptran-thes*, Swartz; *Caryophyllus*, L.; *Myr-cia*, D.C. (qui comprend les Myrtes et Eugenia des auteurs, à cotylédons foliacés et contortupliqués); *Myrtus*, L., Gaertn.; *Nelitris*, Gaertn.; *Cam-pomanesia*, Ruiz et Pav.; *Psidium*, L. ; *Sonneratia*, Lin. fils. A ces genres qu'on peut considérer comme suffi-samment connus, il faut joindre les suivans dont les graines sont incon-nues, et sur lesquels par conséquent il est nécessaire d'appeler l'attention des observateurs, savoir : *Catinga*, Aubl.; *Petalotoma*, D. C. (*Diatoma*, Lour.); *Fœtidia*, Comm.; *Coupoui*, Aubl.; *Careya*, Roxb.; *Glaphyria*, Jack.; *Crossostylis*, Forst.; *Grias*, L. Ces deux derniers, rejetés par les au-teurs dans des familles fort différen-tes, paraissent devoir se rapporter ici, à cause de leur calice adhérent à l'o-

vaire, mais méritent ainsi que les précédens un nouvel examen.

     IVe tribu. Barringtoniées. — Fruit sec ou charnu, toujours indé-hiscent; à plusieurs loges. Lobes du calice et pétales au nombre de quatre à six, égaux entre eux. Étamines nom-breuses sur plusieurs séries , à filets monadelphes par la base en un anneau court et égal dans tout le contour de la fleur. Feuilles le plus souvent al-ternes et non ponctuées. Fleurs en grappes ou en panicules. Arbres des régions équinoxiales de l'ancien et du nouveau continens. Nous rappor-tons ici les genres : *Dicalyx*, Lour.; *Stravadium*, Juss. ; *Barringtonia*, Forst.; et *Gustavia*, Lin. , ou *Piri-gara*, Aubl.

     V^e tribu. Lécythidées. — Fruit sec s'ouvrant transversalement, à plusieurs loges au moins dans sa jeu-nesse. Lobes du calice et pétales au nombre de six; ces derniers un peu inégaux et légèrement réunis par la base. Étamines très-nombreuses, mo-nadelphes , réunies en un anneau très-court d'un côté, très-long et très-épais de l'autre. Feuilles alter-nes, non ponctuées, peut-être munies de stipules dans leur jeunesse. Fleurs en grappes axillaires et terminales. Arbres originaires des parties équi-noxiales de l'Amérique. Nous rap-portons ici les genres *Couratari*, *Cou-roupita* , *Bertholletia* et *Lecythis*.

     Les cinq tribus précédentes sont tellement distinctes , que la plupart pourraient être considérées comme des familles ; cette opinion serait sur-tout applicable :

     1°. Aux Chamélauciées qui par leur ovaire uniloculaire s'approchent des Combrétacées ; mais leur port , leurs feuilles ponctuées et la struc-ture de leurs fleurs les rattachent aux Myrtacées. La structure interne de leurs graines, lorsqu'elle sera con-nue, viendra confirmer ou infirmer ce rapprochement;

     2°. Aux Lécythidées que quelques botanistes distingués ont considérées comme une famille à raison de leurs fleurs irrégulières et à six parties , et de la structure de leur fruit; mais les Barringtoniées établissent un passage trop prononcé des Lécythidées aux Myrtées, pour qu'il nous paraisse facile de les séparer. Les Lécythidées touchent aux Nhandirobées par la structure de leur fruit.

Il résulte de l'ensemble des caractères précédens, que les Myrtacées diffèrent des Calycanthées et des Combrétacées par leur embryon dont les lobes ne sont jamais roulés l'un sur l'autre; des Mélastomées par la structure des étamines et des anthères; des Rosacées par les styles uniques ou plutôt tous soudés en un seul; des Lythraires par l'ovaire adhérent; des Onagraires par le grand nombre des étamines, et de toutes ces familles par la présence au moins très-fréquente des glandes transparentes de leur tissu.

Ces glandes, pleines d'huile essentielle odorante, donnent à celles des Myrtacées qui en sont abondamment pourvues, une odeur aromatique, et des propriétés stimulantes qui ont rendu plusieurs d'entre elles célèbres, soit comme Plantes d'agrément, soit pour leurs propriétés médicales.

Observons, en terminant cette notice extraite d'un travail considérable prêt à paraître, que l'embryon des Myrtacées présente des formes très-diverses, et ce qui est remarquable, que ces formes diverses se retrouvent dans les diverses tribus. Ainsi parmi les Myrtées, on trouve des genres tels que notre genre *Myrtus*, dont l'embryon est courbé, la radicule longue et cylindrique, les cotylédons petits et foliacés; d'autres, tels que le genre *Myrcia*, qui ont la radicule courte, les cotylédons foliacés, grands et irrégulièrement plissés, à peu près comme dans les Mauves; d'autres enfin, tels que notre genre *Eugenia*, dont l'embryon semble monocotylédone, parce que les deux cotylédons sont épais, charnus et soudés très-intimement en un seul corps. Des différences analogues se retrouvent dans les Lécythidées; le *Couroupita* et le *Coura-*

tari ont les cotylédons libres, foliacés et un peu plissés; le *Bertholletia* et le *Lecythis* les ont épais, charnus et soudés. Nous ne serions pas éloigné de croire que la même différence existe parmi les Barringtoniées; le *Barringtonia* a les cotylédons charnus et soudés; le *Gustavia* les a charnus, planes et peu ou point soudés, et nous sommes porté à croire, d'après des échantillons imparfaits, que le *Stravadium* a les cotylédons presque foliacés et plissés. Si ces considérations tendent à infirmer l'importance des caractères de l'embryon dans la coordination des familles, ils tendent aussi à confirmer la réunion des Lécythidées et des Barringtoniées avec les Myrtées.

Nous sommes forcé d'exclure des Myrtacées quelques genres anomaux et qui doivent, selon nous, faire les types d'autant de petites familles distinctes : tels sont :

1°. Les ALANGIÉES où nous rapportons le genre *Alangium* seul. Peut-être le *Patalotoma* mieux connu devra-t-il un jour s'en rapprocher.

2°. Les GRANATÉES de Don qui se composent du seul genre *Punica*, lequel est voisin des Calycanthées et des Combrétacées par la structure de l'embryon.

3°. Les MÉMÉCYLÉES qui comprennent le *Memecylon* et le *Mouriria*, et se placent très-bien entre les Combrétacées et les Mélastomées.

4°. Les PHILADELPHÉES de Don, qui, par leurs graines munies d'arille et d'albumen et leurs feuilles non ponctuées, s'écartent des Myrtacées, mais qui s'en rapprochent par leur port et leur inflorescence. On doit y rapporter le *Philadelphus* et probablement aussi le *Decumaria*.

Nous espérons donner un jour plus de développement au travail dont nous venons de faire connaître les bases; mais l'obstacle qui s'oppose le plus à une bonne coordination des Myrtacées, est la négligence apportée dans plusieurs cas à la cueillette et à la description des fruits et des graines. Nous serions bien reconnais-sant si quelques-uns des botanistes qui liront cet article, voulaient coo-pérer à éclaircir cette belle famille, soit en décrivant les fruits et les graines des espèces et des genres où ces organes sont peu connus, soit en nous communiquant des échantillons en fruit des Végétaux de cet ordre.

(D. C..E.)

MYRTE. *Myrtus.* BOT. PHAN. Genre type de la famille des Myr-tacées et qui se place dans l'Icosan-drie Monogynie, L. Le Myrte com-mun, cet Arbrisseau si célèbre par les ingénieuses allégories des poëtes de l'antiquité, par son élégance et son odeur suave, fut d'abord la seule espèce que l'on connût. Un grand nombre d'espèces exotiques et indigènes des climats équatoriaux vinrent ensuite grossir ce genre à un tel point que l'étude de ces Plantes devint excessivement embrouillée; elle se compliqua bien davantage, quand on eut établi plusieurs genres assez mal caractérisés, et qui offri-rent la plus grande analogie de struc-ture avec les véritables Myrtes. Il en résulta une telle confusion, que plu-sieurs botanistes célèbres, tels que Swartz et Kunth, proposèrent la fu-sion, dans le *Myrtus,* de la plupart de ces genres, comme les *Eugenia, Greggia, Sizygium* et *Caryophyllus.* Cependant plusieurs d'entre eux semblent très-naturels, et c'est faute d'avoir été bien définis qu'ils ont été rejetés. Le professeur De Can-dolle les ayant de nouveau examinés, en ces derniers temps, admet leur séparation et même le rétablissement de quelques autres qui avaient été unanimement négligés. *V.* les articles MYRTACÉES et MYRTÉES, rédigés par ce célèbre naturaliste. Mais comme dans cet ouvrage, on a renvoyé, d'après les observations de Kunth, à l'article MYRTE pour parler des *Eugenia,* nous allons tracer les caractères de ces deux genres, tels que De Candolle les a circonscrits; puis nous ferons connaître les principales espèces qui les constituent. Quant au *Caryophyl-*

lus, il a été traité à son lieu dans l'ordre alphabétique. *V.* GÉROFLIER.

Le genre *Myrtus* offre les caractè-res suivans : calice supère, ordinaire-ment à cinq divisions persistantes; corolle presque toujours à cinq péta-les insérés sur le calice; étamines en nombre indéfini, libres et insérées sans ordre symétrique au pourtour d'un disque épigyne, à anthères bi-loculaires, et déhiscentes longitudi-nalement; ovaire à deux ou trois lo-ges, renfermant chacune un grand nombre d'ovules ascendans; un seul style surmonté d'un stigmate simple; baie couronnée par le calice, offrant une à trois loges qui renferment des graines nombreuses courbées, com-posées d'un embryon courbé de mê-me que la graine, à radicule longue et cylindrique et à cotylédons petits, planes et un peu foliacés. En fixant ainsi, dans la structure de la graine, le caractère essentiel du genre *Myr-tus,* le professeur De Candolle s'est vu obligé d'établir un genre *Myrcia* pour les *M. coriacea* de Vahl, *M. Billardiana* de Kunth, *M. bracteo-laris* de Poiret, etc., qui n'ont que deux grosses graines à cotylédons très-grands et plissés irrégulière-ment. Le genre *Eugenia* dans lequel les auteurs ont à l'envi aggloméré une foule d'espèces qui offrent néan-moins assez de diversités dans leurs graines, doit être borné aux Myr-tées dont les graines ont des coty-lédons épais, charnus, parsemés de vésicules pleines d'huile volatile, et tellement soudés ensemble, qu'à peine aperçoit-on leur ligne de jonc-tion. A ce genre, on réunira le *Greg-gia* de Gaertner, l'*Olynthia* de Lind-ley et le *Guapurium* de Jussieu. Mais il sera nécessaire d'en éliminer l'*Eu-genia Jambos,* L., ainsi que plusieurs autres espèces qui constituent le gen-re *Jambosa* de Rumphius et d'Adan-son. Parmi les nombreuses espèces de Myrtes, nous fixerons notre atten-tion sur celle qui a servi de type au genre, et qui, sous tous les rapports, présente le plus d'intérêt.

Le MYRTE COMMUN, *Myrtus com-*

munis, L. , a une tige droite, très-rameuse, garnie de feuilles opposées, quelquefois ternées, ovales-lancéolées , lisses , d'un beau vert, parsemées de points glanduleux. Les fleurs sont blanches, quelquefois légèrement rosées sur les bords des pétales , solitaires dans les aisselles des feuilles, et portées sur des pédoncules à peu près de la longueur de ces feuilles. Cet Arbrisseau croît naturellement dans les parties méridionales de l'Europe, dans l'Orient, en Asie et en Afrique où il atteint d'assez grandes dimensions. On en connaît plusieurs variétés ; les unes sont remarquables par leurs baies aussi grosses que des cerises et d'un goût très-agréable; elles sont cultivées comme Arbres à fruit sur les côtes de Syrie. Une variété naine et à petites feuilles dont on a fait, peut-être avec raison, une espèce , sous le nom de *Myrtus microphylla*, est excessivement commune en Espagne où , selon Bory de Saint-Vincent, elle ne se trouve que dans la partie méridionale, c'est-à-dire jamais au nord de la ligne oblique qui sépare en deux climats la péninsule Ibérique. Elle y remplit le même rôle que les Bruyères et les Ulex dans les landes des contrées de l'Europe tempérée; c'est une de ces Plantes sociales qui semblent avoir usurpé le terrain , et ne laissent croître dans le voisinage qu'un petit nombre d'autres Végétaux. Enfin la culture du Myrte a fait naître une variété à fleurs doubles qui est celle qu'on rencontre le plus fréquemment dans les jardins.

Comme le Myrte est très-abondant dans tout le bassin de la Méditerranée, qu'il orne surtout les côtes et les îles que baigne cette mer, il n'est pas étonnant que les Grecs et les Romains aient accordé une certaine préférence à cet Arbrisseau pour leurs cérémonies religieuses. C'était la Plante, par excellence, consacrée au culte de Vénus et de l'Amour ; dans les festins joyeux, dans les fêtes publiques, toujours une branche de Myrte était le symbole des plaisirs, et il fallait en avoir une à la main lorsqu'on récitait les vers des poëtes érotiques. Mais ce n'est pas seulement l'abondance du Myrte qui le faisait préférer aux autres Arbrisseaux; son odeur suave et surtout sa verdure perpétuelle devaient être aussi des causes de prédilection , de même que chez nous les Arbrisseaux toujours verts , tels que les Sapins, les Ifs et les Buis, sont les ornemens de nos processions religieuses à défaut de Palmiers qui étaient les Arbres sacrés des Juifs et des premiers chrétiens.

Toutes les parties du Myrte contiennent beaucoup de principe astringent ainsi qu'une huile volatile ; ces principes immédiats annoncent des propriétés astringentes et stimulantes dont autrefois les pharmacopoles tiraient un grand parti , soit en composant une eau distillée cosmétique , employée par les dames sous le nom d'eau d'Ange , soit en préparant une huile et une pommade auxquelles on attribuait de merveilleuses propriétés. C'était avec ces eaux et ces pommades qu'on s'imaginait pouvoir rendre à la nature sa fraîcheur, sa fermeté et son coloris flétris par les ravages du temps ou par l'abus des voluptés.

Dans les pays chauds où le Myrte croît spontanément, sa culture n'exige pas de soins. On en fait des haies et des rideaux de verdure qu'il suffit de tondre tous les ans , afin qu'ils restent bien garnis. A Paris et dans les contrées septentrionales où il est cultivé comme Arbuste d'agrément , on l'élève communément sur une seule tige, et l'on fait prendre à sa tête une forme arrondie en le taillant bien soigneusement. On conserve ainsi les pieds de Myrtes dans des pots ou des caisses que l'on rentre dans l'orangerie pendant l'hiver. Une terre substantielle leur convient, et il faut les arroser fréquemment durant les chaleurs de l'été. Quoique les Myrtes se reproduisent facilement par les graines , on emploie rarement ce moyen de multiplication, parce que ses résultats sont très-tardifs , les boutures et les marcottes sont plus généralement usitées, parce qu'elles donnent des pieds qui fleurissent beaucoup plus tôt, et qu'on peut ainsi conserver les variétés à fleurs doubles qui sont les plus recherchées.

Plusieurs espèces de Myrtes exotiques mériteraient, par la beauté de leur feuillage et de leurs fleurs, une mention particulière; mais comme elles sont en nombre très-considérable, ce serait excéder les limites assignées aux articles de cet ouvrage; d'ailleurs, la plupart de ces Plantes ne sont connues que par les descriptions et les figures qu'en ont données les botanistes, ou bien elles existent seulement dans les herbiers, et on ne les cultive pas dans les jardins d'Europe. Nous ne pourrions cependant passer sous silence quelques espèces célèbres par leurs usages économiques. Ainsi le *Myrtus Ugni*, Lamk., Arbrisseau qui croît dans l'Amérique méridionale, a des baies rouges arrondies ou ovales et de la grosseur d'une petite prune. Les habitans du Chili préparent avec ces fruits une liqueur aromatique et qui a de l'analogie avec les meilleurs vins muscats. On emploie aux mêmes usages les *Myrtus Lüma* et *maxima* de Molina, qui, en outre, offrent un bois excellent pour faire des voitures. On cultive depuis un demi-siècle en Europe le *Myrtus tomentosa*, originaire des provinces méridionales de la Chine. C'est un Arbrisseau peu élevé, quoique dans sa patrie il devienne un Arbre assez beau; ses feuilles sont pétiolées, ovales, oblongües, vertes en dessus, cotonneuses et grisâtres en dessous. Ses fleurs d'un rose foncé sont grandes, solitaires dans les aisselles des feuilles, et portées sur des pédoncules longs et couverts de poils ras ainsi que les calices, ce qui donne à ces parties un aspect blanchâtre. Cette Plante qui se multiplie par boutures et marcottes, exige la serre tempérée pendant l'hiver.

Le *Myrtus caryophyllata*, que l'on trouve dans les îles de l'Amérique et à Ceylan, fournit l'écorce aromatique connue sous le nom de Canelle Giroflée, dont on fait un grand usage comme condiment dans les pays où cet Arbre croît naturellement.

Le *Myrtus Pimenta* de Linné fait maintenant partie des *Eugenia* de De Candolle. Dans les Antilles, il devient un grand Arbre à feuilles presque semblables à celles du Laurier, et à fleurs disposées en grappes axillaires. L'aromate dont on se sert en plusieurs pays pour assaisonner les mets, et qui est connu sous les noms de Toute-Epice, Piment de la Jamaïque, est fourni par les baies du *Myrtus Pimenta* cueillies avant leur maturité. Réduites en poudre, ces baies se vendent en Hollande, sous le nom de Poudre de clous de Girofle, et on en retire par la distillation une huile volatile tellement semblable à celle du Girofle, qu'on lui donne le même nom.

On a étendu le nom de MYRTE à de Plantes qui n'appartiennent pas à ce genre, mais qui lui ressemblent par des feuilles coriaces et persistantes. Ainsi on a appelé:

MYRTE BATARD OU DES MARAIS, le *Myrica Gale*.

MYRTE ÉPINEUX OU SAUVAGE, le *Ruscus aculeatus*. *V.* FRAGON.

(G..N.)

* MYRTÉES. BOT. PHAN. Nous avons vu dans l'article MYRTACÉES que cette famille se divise en plusieurs tribus, et nous avons réservé le nom de MYRTÉES à celle dont le Myrte même fait partie. Nous avons ensuite exposé les caractères qui distinguent cette tribu, et les genres dont elle se compose. Mais la distinction et la circonscription de ces genres a souvent occupé les botanistes, et mérite d'être exposée ici. Tournefort ne comptait que trois genres de Myrtées : le Myrte proprement dit; la Goyave, appelée ensuite *Psidium* par Linné, et le Giroflier. Micheli en ajouta un quatrième, sous le nom d'*Eugenia*, qui fut admis par Linné; celui-ci, en

conservant ces quatre genres, y distribua toutes les espèces de Myrtées connues de son temps; mais les caractères des genres *Myrtus* et *Eugenia* étant mal circonscrits, les espèces furent distribuées entre eux presqu'au hasard; tantôt on considéra comme Myrtes les espèces à cinq pétales, et comme *Eugenia* celles à quatre; tantôt on admit pour Myrtes celles à fruit polysperme, et pour *Eugenia* celles à fruit monosperme. Ces deux modes de division étaient inexacts, car, 1° il existe des espèces tantôt à quatre et tantôt à cinq pétales, et parmi celles même où le nombre est constant, les affinités ne suivent que très-imparfaitement le nombre des parties de la fleur; 2° le nombre des graines considéré isolément ne donne pas des divisions beaucoup meilleures, vu que le nombre des ovules est toujours assez considérable, et que c'est par des avortemens plus ou moins prononcés qu'il se réduit à un petit nombre ou à l'unité. Frappé de ces difficultés, Swartz prit le parti de réunir en un sous-genre le *Myrtus* et l'*Eugenia*. Cette opinion a été récemment soutenue par Kunth et Sprengel qui même ont aussi admis l'opinion de Thunberg, et ont réuni le Géroflier à ce groupe déjà si vaste. Cependant Gaertner avait indiqué, sur un petit nombre d'espèces il est vrai, une distinction entre les Myrtées qui ne pouvait permettre une réunion aussi hétérogène; Lindley l'avait confirmée sur une autre espèce, et Kunth lui-même, tout en admettant la réunion de tous ces genres, a fourni, par l'exactitude de ses descriptions, de bons argumens en faveur de leur séparation.

Ayant eu occasion d'étudier récemment ce groupe de Plantes, nous indiquerons ici les caractères de ceux des genres qui ont été confondus ensemble par divers auteurs :

1°. Le véritable genre *Myrtus* a pour caractères d'avoir les fleurs presque toujours à cinq pétales, et le fruit est une baie à deux ou trois loges, même à sa maturité; les graines y sont nombreuses, courbées, composées d'un embryon courbé comme la graine même, à radicule longue et cylindrique, et à cotylédons petits, planes et un peu foliacés. C'est ici qu'appartient le *Myrtus communis*, qui en fait le type; les *Myrtus myricoides*, *nummularia*, *vaccinioides*, *salutaris*, *Ugni*, *microphylla*, font aussi certainement partie de ce genre. Nous y réunissons encore sous une section distincte, le *Myrtus tomentosa* d'Aiton, qui, à raison de ses graines aplaties, devra former un genre particulier.

2°. Nous désignons sous le nom de *Myrcia* (l'un des anciens noms du Myrte), un genre qui se caractérise parce que la baie mûre ne renferme qu'une à deux graines; celles-ci sont assez grosses; leur test est lisse et friable; leur embryon a la radicule courte, les cotylédons très-grands, un peu foliacés, et plissés irrégulièrement l'un sur l'autre, à peu près comme dans les Mauves. On doit rapporter ici plusieurs des Myrtes des auteurs, savoir : *Myrtus coriacea* de Vahl; *M. coccolobæfolia*, *Billardiana* de Kunth; *M. bracteolaris* de Poiret, etc.

5°. L'*Eugenia* doit être, selon nous, caractérisé par ses graines qui, bien que provenant d'un ovaire à plusieurs ovules, sont presque toujours solitaires ou à peine au nombre de deux; ces graines sont arrondies, grosses et solides; leur embryon offre une très-petite radicule souvent à peine visible, et leurs cotylédons épais, charnus, remplis de vésicules d'huile essentielle, et tellement soudés ensemble qu'on ne peut les séparer, et que même le plus souvent on aperçoit à peine leur ligne de jonction. Cette structure leur a fait donner le nom de fausse monocotylédone; on la retrouve dans plusieurs Lécythidées et dans les Barringtoniées; la fleur des *Eugenia* est le plus souvent à quatre, quelquefois à cinq parties; le tube du calice y est toujours sensiblement arrondi par le bas. Le plus grand nombre des Myrtées ou Myrtacées à fruit charnu appartient à ce genre ainsi circonscrit, et pour ne parler que de celles dont on a fait des genres, on doit y rapporter non-seulement l'*Eugenia* de Micheli, mais encore le *Greggia* de Gaertner. La section désignée par le nom d'*Olynthia*, par Lindley, est très-probablement le *Guapurium* de Jussieu. C'est encore à ce genre qu'appartient le *Myrtus Pimenta*, car la figure de Gaertner paraît avoir été faite sur quelqu'autre espèce que le vrai Piment des Antilles.

4°. Le *Jambosa* de Rumphius et d'Adanson, que les auteurs avaient réuni à l'*Eugenia*, mérite d'être conservé comme genre distinct, caractérisé par la forme du tube du calice en forme de toupie; les graines ont la plus grande analogie avec celles de l'*Eugenia*, mais le port des espèces de ce genre la fait assez bien distinguer. C'est ici que se rapportent les *Eugenia Jambosa*, L., *purpurea*, Roxb., *macrophylla*, Lamk., *malaccensis*, L., *australis*, Wendl., *laurifolia*, Roxb., etc.

5°. Le *Caryophyllus* reste caractérisé par le tube de son calice allongé et cylindrique, aussi bien que par ses graines à cotylédons charnus appliqués par leurs bords sinués, mais non pas soudés intimement ensemble. Les autres genres de cette tribu n'ayant pas été confondus les uns avec les autres, n'exigent pas de mention particulière, et seront traités chacun à leur article.   (D. C..E.)

MYRTICOCCUS. INS. Belon, dans son Voyage au Levant, dit que c'est une sorte de Galle-Insecte qui vit sur les petites branches des Myrtes. (B.)

MYRTIDANUM. BOT. PHAN. Les anciens donnaient ce nom à divers produits du Myrte. Dans Hippocrate, c'était le fruit du Myrte même. Selon Pline, on nommait ainsi le vin fait avec le fruit du Myrte sauvage. Enfin le mot *Myrtidanum* désigne encore, dans Dioscoride, les excroissances inégales et en forme de verrues qui viennent sur le Myrte et qui sont douées de propriétés astringentes très-prononcées.   (B.)

* MYRTILINE. *Myrtilina*. MICR. Genre de la famille des Urcéolariées dans l'ordre des Stomoblépharés, que caractérise un corps en coupe parfaitement vide, sub-membraneux, sessile, avec un ou deux cirres vibratiles de chaque côté; plusieurs individus s'agrégeant en glomérules par leur base. Lamarck avait déjà indiqué par une note l'établissement de ce genre à la suite de ses Tubicolaires, place où cependant ce genre ne pouvait demeurer, aucune espèce ne présentant d'organe rotatoire, et la capsule qui constitue les Myrtilines ne servant à renfermer aucune partie de l'Animal conformé en coupe, comme y sert le fourreau des Tubicolaires. C'est avec les Cellépores de Lamarck qui ne sont positivement pas pierreux, comme le dit ce savant, mais bien plutôt membraneux, comme l'a fort bien remarqué Lamouroux, que les Myrtilines offrent le plus de rapports, particulièrement avec l'*ovoidea* et le *Magnevillana*, Lamk. Le *Tubulipora orbiculus* de Lamarck, Anim. sans vert. T. II, p. 163, n° 3; Encycl., pl. 479, f. 3, ressemble encore beaucoup aux Myrtilines; seulement tous ces Animaux sont plus grands; mais nous sommes persuadé que, lorsqu'ils auront été observés vivans, on y trouvera des cirres au limbe; alors tous seront du même genre et un passage très-naturel se trouvera établi entre les Stomoblépharés et les Flustrées. Les Myrtilines vivent parasites sur les tentacules des Mollusques fluviatiles, ou sur les petits Crustacés. Ce qui pourrait faire aussi soupçonner qu'elles ne sont que des Animaux-fleurs de certains Psychodiés croissant sur ces mêmes Crustacés, et qui, étant devenus libres, conservent encore dans leur nouvel état des habitudes sociales. Nous en connaissons trois espèces constatées : 1° *Myrtilina fraxinea*, N.; *Vorticella*, Müll., *Infus.*, tab. 38, fig. 17; Encyclop.,

pl. 20, fig. 57. On dirait les fleurs vivantes détachées du stipe de deux de nos Digitalines (*V*. ce mot); 2° *Myrtilina Limacina*, N.; *Vorticella*, Müll., fig. 16; Encycl., fig. 56, qui se tient parfois solitaire; 3° *Myrtilina Cratœgaria*, N.; *Vorticella*, Müll., f. 18; Encycl., f. 58, que Ledermuller avait déjà figuré, d'après Roësel, sous le nom d'Animalcules de figure en baie de Nerprun. (B.)

MYRTILLE. *Myrtillus.* BOT. PHAN. Espèce du genre Airelle dont le nom est emprunté de celui que les anciens donnaient au fruit du Myrte et de divers autres Arbrisseaux. (B.)

* **MYRTILLITES.** POLYP. Polypiers fossiles de la grosseur d'une noisette et qui portent un trou au centre; on en voit des figures dans le Traité des Pétrifications de Bergius (pl. 13, f. 55-63) qui les regardait comme des fleurs et des fruits de Plantes marines. Une de ces espèces paraît devoir rentrer dans le genre Halliroé. *V*. ce mot. Les autres répondent à l'Alcyon globuleux de Defrance. (B.)

MYRTOCISTUS. BOT. PHAN. (L'Écluse.) Syn. d'*Hipericum balearicum*, L. Belle espèce du genre Millepertuis. *V*. ce mot. (B.)

MYRTOGENISTA. BOT. PHAN. (Breyn. Cent., tab. 29.) Syn. de *Podalyria myrtifolia*, Willd. (B.)

MYRTOIDES. BOT. PHAN. Premier nom donné par Linné au *Myrtus zeylanica*.

Ce nom, ou plutôt le mot français Myrtoïdes, a été adopté plus tard par Jussieu pour désigner la famille maintenant nommée Myrtacées. *V*. ce mot. (B.)

MYRTOMELIS. BOT. PHAN. (Gmelin.) Syn. d'Amélanchier, espèce du genre Alizier. *V*. ce mot. (C..N.)

MYRTOPETALON. BOT. PHAN. (Dioscoride.) Le *Polygonum aviculare*, L. *V*. RENOUÉE. (B.)

MYRTOSPLENON. BOT. PHAN.

L'un des noms antiques de la Morgeline, *Alsine media*, L. (B.)

MYRTUS. BOT. PHAN. *V*. MYRTE.

MYSCOLE. *Myscolus.* BOT. PHAN. Genre de la famille des Synanthérées et de la Syngénésie égale, L., établi par H. Cassini (Bullet. de la Soc. Philom., mars 1818, p. 33) qui, pour le caractériser, a donné une longue description de tous ses organes floraux, de laquelle nous n'extrairons que les caractères importans: involucres dont les folioles sont régulièrement imbriquées, appliquées inférieurement, étalées supérieurement, coriaces-charnues, oblongues-lancéolées, terminées au sommet par une petite épine, et pourvues sur les deux côtés d'une petite bordure scarieuse et frangée; réceptacle ovoïde ou conique, épais, charnu, garni de paillettes courtes, larges, ovales-obtuses, comme tronquées au sommet, membraneuses sur les bords, et embrassant par leur face interne l'ovaire et la base de la corolle; calathide composée de fleurs nombreuses en languettes et hermaphrodites; ovaires elliptiques ou obovales, obcomprimés, glabres, dépourvus de col, surmontés d'une aigrette composée de deux petites écailles égales, opposées sur les côtés de l'ovaire, filiformes, plumeuses dans leur partie supérieure, quelquefois augmentée d'une troisième ou même du rudiment d'une quatrième petite écaille; enfin on y observe encore, outre les petites écailles latérales, une très-petite aigrette en forme de couronne, située sur la face extérieure. La structure du fruit et de son aigrette que nous venons d'exposer est un peu différente de celle du fruit du *Scolymus*, genre linnéen aux dépens duquel le *Myscolus* a été formé et dont le nom est l'anagramme; cette différence est si légère que l'auteur lui-même consent à ne regarder son *Myscolus* que comme un sous-genre. En effet, dans les *Scolymus*, les fruits sont pourvus d'un col peu manifeste, et l'aigrette est petite, courte, continue et en forme de couronne. Or, le *Mys-colus* a l'ovaire entièrement dépourvu de col, et il offre quelquefois et accessoirement une aigrette courte semblable à celle des *Scolymus*. Il nous paraît donc presque superflu d'avoir fondé deux groupes sur des distinctions si peu sensibles. Les *Myscolus megacephalus* et *microcephalus* de Cassini ont pour synonymes les *Scolymus grandiflorus* et *hispanicus* de Desfontaines (*Flor. Atlant.* T. II, p. 240), Plantes indigènes du bassin de la Méditerranée. *V.* Scolyme.

(G..N.)

MYSIS. *Mysis.* crust. Genre de l'ordre des Décapodes, famille des Macroures, tribu des Schizopodes, établi par Latreille et adopté par Olivier et Leach avec ces caractères : tous les pieds divisés jusqu'à leur base en deux tiges filiformes et très-grêles : antennes latérales accompagnées, comme dans les Salicoques, d'une grande écaille et situées plus bas que les mitoyennes; queue terminée par une nageoire de quatre à cinq feuillets. Ces Crustacés ont des rapports avec les Stommapodes et les Amphipodes, ils ressemblent beaucoup aux Salicoques et tiennent même un peu des Entomostracés ; leur corps est très-petit, allongé, étroit et mollasse; leurs antennes latérales sont situées plus bas que les mitoyennes, sétacées, très-longues et recouvertes à leur base d'une grande écaille : les intermédiaires sont beaucoup plus courtes, composées d'un pédoncule de trois articles dont le troisième, qui est large, donne naissance à trois soies dont deux sont fort longues ; les yeux sont placés à la partie antérieure du test, et à côté d'une saillie triangulaire et déprimée, ils sont très-rapprochés ; les palpes des mandibules sont longs et saillans ; les pieds-mâchoires sont assez longs, ils sont composés d'un lobe intérieur divisé en plusieurs articles de formes variées, et d'un lobe extérieur ou palpe flagelliforme long et en forme de filet; ils paraissent être destinés aussi

à la locomotion comme les pieds auxquels ils ressemblent beaucoup; ceux-ci sont composés de deux tiges s'insérant sur une pièce commune en forme de tubercule plus ou moins arrondi ; ces tiges sont composées chacune de deux articles distincts et terminées par un filet assez long. Ces pieds vus en place font paraître les organes de la locomotion des Mysis composés de quatre lignes ou rangs longitudinaux de filets. L'abdomen des Mysis est composé de plusieurs articles et terminé par une nageoire de cinq feuillets. Ces Crustacés portent leurs œufs rassemblés à l'extrémité postérieure de la poitrine, près des dernières pates et renfermés entre deux valves en forme de coquilles ; cet ovaire forme une proéminence en forme de bosse. Latreille avait d'abord placé ces Crustacés dans sa famille des Squillares, et il avait été trompé par la figure d'Othon Fabricius où le test semble partagé en deux pièces ; il a rectifié cette erreur depuis qu'il a vu l'Animal en nature. Leach (Edimb. Encycl.) avait distingué ce genre sous le nom de *Praunus*; mais il a adopté la dénomination de Latreille dans ses autres ouvrages.

On ne connaît encore que peu d'espèces du genre Mysis ; toutes vivent dans la mer et sont très-petites. Nous citerons comme type du genre :

Le Mysis de Fabricius, *Mysis Fabricii*, Leach, *loc. cit.*; Latr., Encycl. Méth., Atlas, pl. 333, fig. 5 à 20. Long de plus de six lignes ; corps glabre; yeux très-gros et saillans ; carapace terminée postérieurement et sur les côtés en pointe assez aiguë ; nageoires ayant les feuillets extérieurs arrondis à leur extrémité et celui du milieu obtusément échancré. Il se trouve dans les mers du Groënland parmi les Plantes marines. *V.* pour les autres espèces, Leach (*loc. cit.*), Latreille, Desmarest et Olivier (Encycl. Méth.), en en retranchant son Mysis bipède qui est une Nébalie.

(G.)

MYSODENDRUM. BOT. PHAN. Et non *Mysadendre ;* c'est-à-dire *Ennemi des Arbres.* Ce nom a été proposé pour désigner le Gui. *V.* ce mot. (B.)

* **MYSON.** BOT. CRYPT. (*Champignons.*) Adanson a appliqué ce nom, emprunté des anciens, à un genre qui comprend deux espèces de Polypores, figurés par Micheli, pl. 62 et 63. Quant au Myson des Grecs ou *Mysus* de Pline, qui croissait en Afrique et qu'on regardait comme un mets très-délicat, il paraîtrait, d'après sa manière de croître sous terre, que ce serait une espèce de Truffe blanche, probablement le *Tuber niveum,* Desf., encore fort estimé en Afrique. (AD. B.)

* **MYSTACIDE.** *Mystacida.* INS. Genre de l'ordre des Névroptères, section des Filicornes, famille des Plicipennes, établi par Latreille (Fam. Nat. du Règne Anim.), et dont il ne donne pas les caractères; il cite seulement comme type du genre la *Phryganea nigra* de Fabricius. (G.)

* **MYSTACINÉES.** *Mystacineœ.* MICR. Nous avons établi sous ce nom dans l'ordre des Trichodés, de la classe des Microscopiques (*V.* ce mot), une famille qu'on trouvera caractérisée dans cet article, et qui renferme les genres : Phialine, Trichode, Ypsistome, Plagyotrique, Mystacodelle, Oxitrique, Ophrydie, Trinelle, Kérone et Kondyliostome. Son nom vient de ce que des cirres ou cils mobiles y sont disposés sur une ou plusieurs parties du corps, et y rappellent parfois l'idée de petites moustaches. (B.)

* **MYSTACODELLE.** *Mystacodella.* MICR. Genre de la famille des Mystacinées, de l'ordre des Trichodés, caractérisé par un corps antérieurement terminé par une fissure plus ou moins prononcée, formant comme des lèvres inégales qui sont munies de cils en manière de moustaches. Ce sont des Animaux agiles, de forme ovoïde ou allongée, mais à qui leur sorte de bouche, qui cependant ne communique point à un sac ou canal alimentaire, donne une apparence baroque. Müller les comprenait dans son genre des Trichodes, composé de tant d'espèces incohérentes. La molécule constitutrice y est très-distincte, et des globules hyalins plus gros et parfaitement diaphanes la diaprent d'une ou de plusieurs marques sans couleur. Leurs cils, qui ne sont point vibratiles, s'agitent seulement comme pour faciliter la natation, et l'Animal semble aussi les employer comme pour tâter les objets. On peut diviser les Mystacodelles en deux sous-genres.

† Espèces postérieurement glabres, n'ayant de poils qu'aux moustaches.

Les espèces remarquables de ce sous-genre sont :

La *Mystacodella oculata,* N., *Trichoda Uvula*, Müll., *Inf.*, p. 184, tab. 26, f. 11, 12; Encycl. Vers, pl. 13, f. 31-32; six fois environ plus longue que large, postérieurement obtuse ; contenant vers le milieu de son étendue un globule ovoïde d'une transparence parfaite, en arrière de la commissure que forme la fissure en manière de bouche. Cette espèce nage un peu flexueusement en voguant sur le porte-objet ; on la trouve dans les confins de la pellicule muqueuse dont se couvrent les infusions putrides de foin. Le *Mystacodella bipes,* N., *Trichoda Forfex,* Müll., *Inf.*, p. 189, t. 27, f. 3, 4 ; Encyclop., pl. 13, f. 44, 45. Corps épais, subovoïde, atténué antérieurement, où il se fend en bouche ciliée dont les lèvres sont ordinairement en pointe; une petite protubérance postérieure, formée comme de deux appendices mamelliformes, donne à cette espèce l'apparence singulière d'un petit Bipède. On la trouve dans l'eau de rivière. Le *Mystacodella Index,* N., *Trichoda Index*, Müll., *Inf.*, p. 190, tab., 27, f. 5, 6. Obtuse et arrondie postérieurement ; l'une des deux divisions antérieures, qui lui forment une sorte de bouche, s'allonge beaucoup plus que l'autre, et prend dans ses diverses distensions la forme d'un doigt, que les cils garnissent en dedans. Les cils de la seconde série s'étendent surtout le long du côté gauche du corps. On trouve cette Mystacodelle dans l'eau de mer. Le *Mystacodella Forceps*, N., *Trichoda Forceps*, Müll., *Inf.*, p. 188, tab. 27, f. 1, 2; Encycl., pl. 13, f. 42, 43. L'une des plus grandes espèces entre les Stomoblépharés; celle-ci jaunâtre ou bistrée, est ovoïde et arrondie postérieurement, antérieurement fendue jusque vers le tiers de son disque en deux appendices labiaux intérieurement ciliés, s'allongeant en pointes, que l'Animal a l'habitude de croiser l'un sur l'autre par une suite de mouvemens qui le font reculer et nager aussi fréquemment en arrière qu'en avant. On la trouve en hiver dans l'eau des marais couverte de Lenticules.

†† Ayant des poils ou cils non-seulement sur les prolongemens labiaux, mais encore postérieurement.

Nous ne connaissons qu'une espèce dans ce sous-genre, le *Mystacodella Cyclidium*, N., *Trichoda*, Müll., *Inf.*, p. 223, tab. 31, f. 22, 23; Encyclop., pl. 16, f. 32, 33; Gmel., *Syst. Nat.*, XIII, T. 1, p. 3885. Cet Animal très-remarquable n'avait pas échappé à Joblot qui, sous les noms d'Araignées aquatiques et de Goulus, en figura plusieurs individus, pl. 2, f 345, pl. 8, fig. 19, et pl. 10, f. 19. Ces derniers sont représentés velus sur tout leur pourtour, ce qui nous paraît être une erreur de celui qui les dessina, et qui en ferait des Leucophres si la représentation était exacte. Ce sont de gros Animalcules ovales, membraneux, remplis d'une molécule bistrée plus foncée sur le derrière de l'Animal où brillent un certain nombre de globules hyalins, épais, lisses antérieurement, en deux lèvres obtuses, garnies de poils rigides; arrondis par derrière, ils y sont également hérissés de poils pareils, sans lesquels l'Animal dont il est question ne différerait presqu'en rien du précédent. On le voit souvent dans les infusions végétales qu'il habite, en-

gloutir entre ses lèvres hérissées des Paramœcies et des Kolpodes, ou autres plus petits Microscopiques, mais il les rend comme il les avait pris. (B.)

MYSTAX. BOT. PHAN. Syn. d'Hugonie. *V*. ce mot.   (B.)

MYSTE. *Mystus*. POIS. (Lacépède.) *V*. CLUPE sous-genre THRISSES. On a aussi donné quelquefois ce nom au Barbeau du genre Cypris et au Cous parmi les Pimélodes.   (B.)

MYSTICETUS. MAM. (Aristote.) *V*. BALEINE.

MYSTUS. POIS. *V*. CLUPE, MACHOUARAN et MYSTE.

* MYSUS. BOT. CRYPT. (Pline.) *V*. MYSON.

MYTHRIDATEA. BOT. PHAN. Pour Mithridatea. *V*. ce mot.   (B.)

MYTILACÉS. *Mytilacea*. CONCH. La famille des Mytilacés fut créée par Cuvier dans son Histoire du Règne Animal; il y renferma tous les Mollusques acéphales testacés, qui ont deux ouvertures au manteau. Cette famille représente les *Biforipalla* de Latreille, et elle contient les cinq genres : Moule, Anodonte, Mulette, Cardite et Crassatelle; le genre Moule est divisé en trois sous-genres, les Moules propres, les Modioles et les Lithodomes. Dans son premier Traité systématique des Animaux sans vertèbres, Lamarck mit les genres que nous venons de citer dans d'autres rapports, c'est-à-dire que les Moules et les Modioles se trouvent près des Pinnes à côté des Mulettes et des Anodontes, les Cardites étant rejetées plus loin. Dans la Philosophie zoologique les Moules et les Modioles font partie de la famille des Byssifères avec les Houlettes, Limes, Crénatules, etc., tandis que les Mulettes et les Anodontes forment la famille des Nayades, et les Cardites font partie de la famille des Cardiacées. Cet arrangement est resté absolument le même dans l'Extrait du Cours; mais dans son dernier ouvrage, Lamarck a adopté la famille de

Cuvier en la modifiant; il n'y laisse en effet que les trois genres Pinne, Modiole et Moule, mais il la range parmi les Monomyaires; ce que n'ont pas fait la plupart des zoologistes qui ont suivi de préférence l'opinion de Cuvier. Férussac a adopté la famille des Mytilacés en la composant des Modioles, des Moules et des Lithodomes; il en sépare le genre Pinne pour le porter dans la famille des Aviculés. Gray, dans sa Classification des Mollusques, a associé les Moules avec les Arches et les Avicules; il est facile de concevoir des rapports entre les Moules et les Avicules, mais avec les Arches cela est un peu plus difficile. Blainville a suivi rigoureusement Lamarck, il a admis les Mytilacés sans autres changemens, que de faire des sous-genres des Moules avec les Modioles et les Lithodomes. Latreille a imité complétement Férussac. Telle que Lamarck a composé cette famille, on devra la conserver, parce qu'elle ne contient que des Animaux fort analogues qui sont aujourd'hui tous parfaitement connus. Lamarck l'a caractérisée de la manière suivante: charnière à ligament subintérieur, marginal, linéaire, très-entier, occupant une grande partie du bord dorsal; test cassant, subcorné, rarement feuilleté. *V.* Moule, Modiole, Pinne et Lithodome.   (D..H.)

* MYTILICARDES. conch. Blainville nomme ainsi un des sous-genres des Cardites (Traité de Malacologie, pag. 540) dans lequel il comprend les espèces allongées, un peu échancrées ou bâillantes au bord inférieur, ayant le sommet presque céphalique et le ligament caché. La Cardite grosse-côte, *Cardita crassicosta*, sert de type à ce sous-genre. *V.* Cardite. (D..H.)

MYTILIER. conch. L'Animal des Moules.   (B.)

* MYTILINE. *Mytilina*. micr. Genre de la famille des Brachionides de l'ordre des Crustodés, et de la section où les cirres vibratiles, disposés en faisceaux plus ou moins four-

nis à l'orifice buccal, ne se développent jamais en deux rotatoires complets ou parfaitement distincts. Ce genre est caractérisé par un test fendu longitudinalement, ce qui le rend bivalve, antérieurement et postérieurement échancré ou denté, avec une queue bifide. De ce genre à la petite famille des Ostropodes établie par l'infatigable et sagace Straus, à qui la science doit de si beaux travaux sur les Entomostracés, il n'existe presque plus aucune différence, et la famille des Brachionides se lie si immédiatement à la classe des Crustacés, par ce passage, qu'on pourrait la détacher des Microscopiques pour la rapporter à ceux-ci comme une troisième et dernière sous-classe, si l'absence de pates n'était regardée comme un obstacle à cette transposition. Les espèces de ce genre qui ont les habitudes du reste des Brachionides sont : 1° *Mytilina Lepidura*, N.; *Brachionus ovalis*, Müll., *Micr.*, tab. 49, fig. 1-5; Encycl., pl. 28, f. 1-3; 2° *Mytilina Limnadina*, N.; *Brachionus tripos*, Müll., fig. 4, 5; Encycl. f. 4, 5; 3° *Mytilina Cytherea*, N.; *Brachionus dentatus*, Müll., fig. 10, 11; Encycl., fig. 6, 7; 4° *Mytilina Cypridina*, N.; *Brachionus mucronatus*, Müll., fig. 8, 9; Encycl., fig. 8, 9. Les noms spécifiques donnés à chacune de ces quatre espèces indiquent les genres de petits Crustacés avec lesquels leur figure offre le plus de ressemblance.   (B.)

* MYTILOIDE. *Mytiloides*. conch. Genre proposé par Brongniart dans sa Minéralogie des environs de Paris, deuxième édition, pour des Coquilles de la Craie, que Sowerby a reconnu depuis appartenir au même genre que les Catilles. *V.* ce mot au Supplément.   (D..H.)

MYTILUS. conch. *V.* Moule.

* MYTULITES. *Mytulites*. conch. Nom que l'on a quelquefois donné aux Moules fossiles ou pétrifiées. *V.* Moule.   (D..H.)

* MYTULO-PECTUNCULUS,

CONCH. Genre que Klein (*Meth. Ostr.*, pag. 156) a pris de Fabius Columna; il représente parfaitement le genre Placune de Lamarck que Lister confondait avec les Peignes quoiqu'il en ait fait une petite section. *V.* PLACUNE.   (D..H.)

MYURUS. BOT. Ce nom, qui signifie *queue de Souris*, désignait, chez les anciens, le *Saponaria ocymoides*. Il a été donné à notre Cluselle, quand cette Plante faisait partie du genre Batrachosperme; et avec la désinance grecque *Myuros*, à une espèce du genre Festuque.   (B.)

MYXA. BOT. PHAN. Dans l'Encyclopédie Méthotidique, ce mot est cité comme synonyme du *Rumphia amboinensis*, L., employé par Rai (*Hist. Plant.*, p. 156). Il est peut-être utile de faire remarquer que ce mot ne se trouve ni à la page indiquée ni à l'*index* de l'ouvrage de Rai. Cette erreur, probablement typographique, n'a d'ailleurs aucune importance, puisque la phrase citée n'est pas accompagnée d'une figure, et que l'on ne dit pas s'il y a une description ou des renseignemens sur le *Rumphia* (*V.* ce mot). Linné a donné le nom de *Myxa* à une espèce de *Cordia.V.* SEBESTIER.   (G..N.)

* MYXACIUM. BOT. CRYPT. *V.* AGARIC.

MYXINE. *Myxine.* POIS. Genre de la famille des Suceurs, de l'ordre des Chondoptérygiens à branchies fixes, dans la méthode de Cuvier; famille des Cyclostomes de Duméril; voisin des Lamproies par les Ammocètes auxquels ils ressemblent beaucoup, et avec lesquels ils forment un passage très-naturel de la classe des Poissons à celle des Annelides, et même des Entozoaires, autrefois les Intestinaux de Linné, parmi lesquels ce législateur plaça d'abord les Myxines. Gmelin, au temps où sa compilation fut faite, eût dû rectifier une méprise qu'on a beaucoup reprochée au professeur d'Upsal, toute justifiable qu'elle était; mais ce grand homme laissa le genre qui nous occupe, entre l'imaginaire *Furia infernalis* et le filiforme *Gordius*. Il est aujourd'hui bien démontré que les Myxines sont des Poissons, mais ces singuliers Animaux n'en sont pas moins des Poissons défigurés, et les derniers de tous par leur simplicité. Tandis que l'on ne peut trouver de passage bien marqué entre l'embranchement des Vertébrés et des Articulés où la nature semble avoir laissé un grand hiatus, les Vertébrés, par les Ammocètes et les Myxines, passent insensiblement aux Entozoaires; toutes les parties qui devraient composer leur squelette sont tellement molles et membraneuses, qu'on pourrait les considérer, du moins en certains temps de l'année, comme n'ayant plus d'os; et quelque chose d'analogue s'observe dans les Lamproies véritables qui, selon les saisons, ont leur colonne vertébrale cartilagineuse si fort amollie, qu'on a peine à la retrouver. Qu'on ajoute à de telles anomalies dans la classe, une privation complète des organes de la vue et de l'ouïe, un corps vermiforme et l'absence d'écailles : tels sont les caractères de la Myxine; Linné fut-il si répréhensible de prendre de pareils Animaux pour des Vers?

Comme des créatures d'essai, où la nature semble s'être plue à rassembler des choses qui appartiennent à toutes les autres, les Myxines ont de très-fortes dents plutôt osseuses que cartilagineuses. L'une de ces dents est solitaire et recourbée au haut de l'anneau maxillaire; les autres, disposées sur une langue de chaque côté, font que le Poisson a l'air de ne porter que des mâchoires latérales comme les Insectes ou les Néréides. En ajoutant à ce trait disparate une bouche terminale, circulaire, en forme de ventouse comme celle des Lamproies, un corps anguiforme, des œufs qui peuvent devenir très-gros dans le corps de la femelle, et auxquels on a trouvé de la ressemblance avec ceux des Ophidiens, on aura le plus bizarre assemblage. Il n'y a point de nageoires paires ; les lèvres sont entourées par huit barbillons tentaculaires ; un petit évent percé à la partie supérieure, en avant communique dans la bouche ; les intervalles des branchies qui sont au nombre de six, au lieu d'avoir chacune leur issue particulière au-dessous, donnent dans un canal commun pour chaque côté, et les deux canaux aboutissent à deux trous situés sous le cœur, vers le premier tiers de la longueur totale. L'intestin est simple et droit, mais large et plissé à l'intérieur ; le foie a deux lobes. On en connaît deux espèces, l'une de l'Océan arctique, l'autre de l'Océan antarctique.

La MYXINE GLATINEUSE, *Myxine glatinosa*, L., Gmel, *Syst. Nat.*, XIII, T. 1, p. 3082 ; Bruguière, Encycl., Vers, pl. 76, fig. 1-4. C'est le Gastérobranche aveugle de la plupart des ichthyologistes français, lesquels avaient adopté la nomenclature de Bloch, qui, ayant le premier rapporté cette Myxine aux Poissons, crut devoir l'appeler *Gastrobranchus cæcus*, pl. 413. Cet Animal se trouve dans les mers de la Norvège et du Groenland : il y ressemble, pour la forme, à une des petites Lamproies des mêmes contrées ; son corps est cylindracé, il se termine postérieurement en pointe qu'environne une seule nageoire adipeuse et verticale composée d'une dorsale, de la caudale et de l'anale réunies ; on n'y voit proprement pas de tête ; ce corps, comme tronqué, est antérieurement terminé par l'excavation de la bouche circulaire. Cette espèce atteint rarement un pied de long ; son dos est bleu-azuré ; ses flancs passent au rougeâtre, le ventre est blanc. Il s'accroche aux grands Poissons par sa dent en crochet ainsi que par sa ventouse buccale, et les déchirant sans qu'ils puissent se débarrasser d'un tel parasite, il se nourrit de leur sang ; on dit même qu'il peut s'introduire dans le corps de ses victimes par l'anus, et les sucer ainsi intérieurement ; mais Bloch révo-

que ce fait en doute. Ce qui ajoute à la singularité de la Myxine, c'est qu'elle sécrète une prodigieuse abondance de mucus épais qui l'environne sans cesse et la rend presque insaisissable ; elle rend aussi du même mucus par deux rangées longitudinales de petites ouvertures apposées sur les deux côtés du corps. Kalm rapporte qu'ayant mis un de ces Poissons dans un grand baquet plein d'eau de mer, cette eau devint en peu de temps semblable à une colle claire et transparente, dont on tirait des filamens de la grosseur d'un pouce ; une seconde eau où l'on plaça ensuite le même individu, ne tarda pas un quart-d'heure après à être convertie, par lui, en une gelée pareille ; on eût dit de la colle de Poisson. N'est-il pas permis de croire que cette propriété des Myxines peut aussi jouer son rôle dans la mucosité de la mer ?

La MYXINE DE DOMBEY, *Gastrobranchus Dombeyi*, Lac., Pois. T. 1, pl. 23, f. 1. Celle-ci n'a pas de dorsale, mais la caudale unie à l'anale y existe encore ; elle est cylindrique, postérieurement obtuse, antérieurement renflée en une sorte de tête ; elle a été trouvée dans les mers du Chili : c'est celle dont Everard Home a donné une fort bonne description anatomique dans les Mémoires de la Société royale de Londres, du premier juin 1815. En même temps Duméril, en France, pensait que cette Myxine devait former un genre nouveau, auquel ce savant donna les noms d'Eptacitrète, d'Eptatrète et d'Eptatrème ; mais la nécessité d'un genre de plus dans une famille peu nombreuse et en même temps fort tranchée, ne paraît pas reconnue.

(B.)

* **MYXOTRICHUM.** BOT. CRYPT. (*Mucédinées*.) Kunze a établi ce genre qui appartient à sa tribu des Byssacées ; il se rapproche particulièrement du genre *Campsotrichum* d'Ehrenbéry et *Chloridium* de Link ; il est ainsi caractérisé : filamens continus, très-rameux, entrecroisés ; sporidies nombreuses, presque globuleuses,

demi-transparentes, réunies en amas, enveloppées d'une substance gélatineuse et fixées sur les filamens. Ce genre ne diffère du *Campsotrichum*, dont il a tout-à-fait l'aspect, que par la disposition des sporidies. Il renferme deux espèces; l'une croît sur les papiers moisis, l'autre sur les murs humides; elles sont toutes deux noirâtres; les rameaux sont courbés au sommet dans la première; ils sont droits dans la seconde. Fréd. Nées avait d'abord donné à ce même genre le nom d'*Oncidium*, mais ce nom étant déjà appliqué depuis longtemps à un genre d'Orchidées, il a été changé par Kunze qui a donné en outre une description plus complète des Plantes qu'il renferme.

(AD. B.)

MYZINE. *Myzine.* INS. Genre de l'ordre des Hyménoptères, section des Porte-Aiguillons, famille des Fouisseurs, tribu des Scoliètes, établi par Latreille qui le plaçait dans la tribu des Mutillaires, et qui l'a depuis rapproché des Scolies avec ces caractères : antennes insérées au-dessous du milieu de la face antérieure de la tête, leur second article reçu dans le premier; mandibules étroites, très-arquées, bidentées; languette à trois divisions dont la mitoyenne plus grande, arrondie et en capuchon. Fabricius a placé les Myzines femelles parmi les Tiphies, avec lesquelles elles ont assez de ressemblance, mais dont elles sont cependant distinguées par les antennes qui, dans les Tiphies, ont le second article très-distinct et non implanté dans le premier. Les Myzines mâles forment pour Fabricius un genre propre qu'il a nommé *Ellis*; ces mâles s'éloignent tellement des femelles par les ailes, les yeux, la forme du corps et celle des antennes, qu'il fallait toute l'habitude de Larreille pour rapprocher des Insectes si différens. Jurine, dans sa nouvelle Classification des Hyménoptères, a donné le nom de *Plesia* aux Myzines; les caractères qu'il a assignés à ce genre sont tirés de la disposition des nervures des ailes supé-

rieures. Ce genre se distingue aisément des Tengyres, par les palpes qui sont longs dans ces dernières et par le premier article des antennes qui est obconique, tandis qu'il est allongé et cylindracé dans les Myzines. Les Méries en diffèrent par leurs mandibules qui n'ont point de dentelures; enfin les Scolies n'en diffèrent que par leurs antennes dont le second article est découvert.

La tête des Myzines est presque aussi large que le corselet; elle porte deux yeux grands, ovales, entiers, et trois petits yeux lisses placés à son sommet et peu visibles. Leurs antennes sont filiformes, épaisses, contournées et composées de douze articles, dont le premier est assez long, cylindrique, le second à peine distinct et presque entièrement caché dans le premier; le troisième court et aminci à sa base et les suivans presque égaux et cylindriques. La lèvre supérieure est courte, arrondie, cornée. Les mandibules sont arquées, étroites et bidentées; les palpes sont filiformes et courts; les maxillaires sont plus longs que les labiaux et ont six articles; il n'y en a que quatre aux labiaux. La languette est divisée en trois avec le lobe du milieu plus grand et voûté; le segment antérieur du corselet forme un carré transversal comme dans les Tiphies et les Méries; les ailes supérieures présentent une cellule radiale et quatre cellules cubitales dont la dernière incomplète; la seconde et la troisième reçoivent chacune une nervure récurrente. Les Myzines mâles diffèrent beaucoup des femelles et, comme nous l'avons dit, elles composent le genre *Ellis* de Fabricius; ces mâles se distinguent des femelles par la cellule radiale qui est jointe dans toute sa longueur au bord externe de l'aile, tandis qu'elle en est éloignée dans les femelles; dans les mâles le corps est presque linéaire, tandis que celui des femelles est épais et approche de la forme des Tiphies; les antennes des mâles sont plus allongées, plus menues, presque droites, leurs yeux sont échancrés, leur abdomen est presque en forme de fuseau, et son dernier anneau se termine par deux dents et offre en dessous une épine forte et recourbée ; enfin les pieds sont plus grêles avec les jambes peu épineuses. Le genre Myzine est peu nombreux en espèces, et comme elles ont toutes été trouvées en Amérique, leurs mœurs nous sont encore inconnues ; l'espèce la plus remarquable et qui sert de type au genre est :

La Myzine maculée, *Myzine maculata*, Latr., Oliv.; *Tiphia maculata*, Fabr.; Coqueb., Illustr. Ins., décad. 2, tab. 15, fig. 2 (femelle). Elle a environ sept lignes de long ; les antennes sont fauves ; la tête est noire, avec un peu de jaune sur le front ; le corselet est noir, marqué de plusieurs taches jaunes dont deux de chaque côté, à la partie antérieure, une à l'origine des ailes, deux sur l'écusson et une de chaque côté postérieurement. L'abdomen est noir avec une tache jaune de chaque côté des anneaux, dont quelques-unes se joignent à la base par une ligne ; les pates sont rougeâtres, les ailes ont une teinte roussâtre. Elle habite l'Amérique septentrionale.

La *Myzine flavipes* d'Olivier, ou *Tiphia caroliniana* de Panzer, aurait pour mâle, suivant Latreille, le *Sapyga maiorta* du même. La *Tiphia quinquecincta* de Fabricius est une Myzine ; il dit, par erreur, qu'elle habite l'Angleterre. Enfin les *Ellis sexcincta, cylindrica, volvulus*, sont des mâles de Myzines ; le premier pourrait bien être le mâle de la Myzine nuancée d'Olivier; les deux autres habitent le midi de la France,

et leurs femelles sont encore inconnues. Enfin on doit ranger parmi les Scolies, les *Ellis interrupta, senilis* et *septemcincta. V.* pour les autres espèces de Myzine, Olivier, Encyclopédie Méthodique. (G.)

* MYZOXYLE. *Myzoxyle.* INS. Genre de l'ordre des Hémiptères, section des Homoptères, famille des Hyménélytres, tribu des Aphidiens, établi par Blot dans son Mémoire sur les propriétés des Insectes des environs de Caen, et auquel il donne pour caractères : antennes de cinq articles renflés, dont le second est le plus long, et le troisième est le plus court; point de tubercules ni de cornes à l'anus; tarses de deux articles ayant deux crochets accolés, difficiles à distinguer.

Le nom de Myzoxyle vient de deux mots grecs qui signifient Suce-Bois ; ce genre renferme une espèce que l'auteur nomme *Myzoxyle du Pommier;* cet Insecte est la cause, en grande partie, des maladies de cet Arbre; c'est lui qui fait naître le plus souvent et entretient les galles et les ulcères qui arrêtent sa végétation et le font même quelquefois périr. Pour s'en débarrasser, il faut couper les branches qui sont le plus chargées d'ulcères et de galles, nettoyer l'Arbre avec une brosse rude, et saupoudrer de tabac ou imbiber d'huile les endroits où il pourrait rester quelques-uns de ces Insectes ou leurs larves. Les autres moyens indiqués pour détruire les pucerons, tels que les lavages, la vapeur du soufre, etc., sont insuffisans et presque toujours de nul effet. (G.)

N.

NA et NAGI. bot. phan. Noms de pays de l'espèce de Myrica dont Gaertner avait fait son genre Nageia. *V.* ce mot. (b.)

NAA-HVAL. mam. L'un des noms islandais du Narval. *V.* ce mot. (is. g. st.-h.)

* NAALS. *Buffaloes.* mam. (Rafinesque.) Métis du Bison et de la Vache domestique dans le Kentucky et dans la province de l'Ohio. *V.* Bœuf. (b.)

NAATSJONI. bot. phan. (Rumph, *Amb.*, 5, tab. 6, f. 2.) Même chose que Coracan. *V.* ce mot. (b.)

* NABALE. *Nabalus.* bot. phan. Ce genre de la famille des Synanthérées, et de la Syngénésie égale, L., a été proposé par Cassini (Dict. des Sciences Naturelles, T. xxxiii) qui lui a imposé les caractères suivans : involucre oblong, campanulé, formé d'environ huit folioles presque sur un seul rang, se recouvrant par les bords, égales, appliquées, oblongues, obtuses, un peu membraneuses sur les bords ; la base de cet involucre offre plusieurs petites écailles imbriquées, inégales, ovales et obtuses. Réceptacle nu, marqué de légères fossettes. Calathide pendante, composée d'environ douze fleurs hermaphrodites, à corolles blanchâtres en languettes. Styles très-longs garnis de poils collecteurs noirs. Ovaires oblongs, courts, à peu près cylindracés ou pentagones, lisses, comme tronqués au sommet ; dépourvus de col, surmontés d'une aigrette longue, très-colorée même avant la floraison, rousse et comme dorée, jaune à la base, composée de poils plumeux.

Le genre *Nabalus* est placé par son auteur dans la tribu des Lactucées, tout près du *Prenanthes*, dont il est un démembrement. Ces deux genres ne diffèrent entre eux qu'en ce que le *Nabalus* a la calathide composée de douze fleurs, l'involucre formé de folioles moins nombreuses que celles-ci, ses aigrettes très-colorées même avant la floraison et ses corolles blanchâtres ; tandis que le *Prenanthes*, qui a pour type le *Prenanthes purpurea*, L., a la calathide composée de trois ou quatre fleurs seulement, l'involucre formé de folioles au moins aussi nombreuses que les fleurs, les aigrettes blanches et les corolles pourpres. Des différences aussi légères ne seront probablement pas regardées comme suffisantes pour fonder l'établissement d'un genre particulier. Cependant l'auteur insiste sur la valeur, dans ce cas particulier, des caractères tirés de la couleur de l'aigrette et de celle de la corolle. Quoi qu'il en soit, le *Nabalus* se compose de trois espèces nommées par Cassini N. *trifoliatus*, N. *trilobatus*, et N. *integrifolius*, cultivées au Jardin du Roi à Paris sous le même nom de *Prenanthes alba*, L. Elles sont originaires de l'Amérique septentrionale. (g..n.)

NABIROB. ois. Syn. du Merle violet de Juida, *Turdus auratus*, Lath. *V.* Merle. (dr..z.)

NABIS. mam. Au rapport de Pline c'était le nom que les Ethiopiens donnaient à la Giraffe. (b.)

NABIS. *Nabis.* ins. Genre de l'ordre des Hémiptères, section des Hétéroptères, famille des Géocorises, tribu des Nudicolles, établi par Latreille aux dépens du genre *Reduvius* de Fabricius, et ayant pour caractères : antennes filiformes , presque aussi longues que le corps, quadriarticulées ; premier et dernier articles plus courts que les intermédiaires ; trompe arquée, triarticulée, s'avançant jusqu'aux cuisses intermédiaires ; premier article aussi long que le second ; suçoir formé de quatre soies égales, de la longueur de la gaîne ; languette bifide. Les Nabis ont beaucoup de ressemblance avec les Réduves , tant par leur tête rétrécie postérieurement en manière de cou , que par leurs antennes sétacées et leur bec aigu à sa pointe et recourbé ; mais ils en sont bien distingués parce que leurs antennes sont insérées plus bas que celles des Réduves ; l'extrémité postérieure de leur tête n'offre point d'impression transverse ; le dessus du corselet forme un plan continu qui n'est pas divisé en deux parties comme celui des Réduves. Ces Hémiptères doivent avoir les mêmes habitudes que les Réduves ; il est probable qu'ils se nourrissent comme ces derniers d'Insectes qu'ils saisissent au moyen de leurs pates antérieures. Ce genre est composé de peu d'espèces propres à l'Europe. Latreille pense que le *Reduvius gigas* de Fabricius, que les habitans de l'Ile-de-France appellent Morpan , appartient aussi à ce genre. Nous citerons parmi les principales espèces :

Le NABIS APTÈRE, *Nabis aptera*, Latr., *Reduvius apterus*, Fabr., Coqueb., Illustr. Ins., décad. 3, p. 287, n° 27, tab. 15, fig. 10 ; *Cimex subapterus*, Deg., Mém. Ins., t. 3, p. 287, n° 27, tab. 15, fig. 10. Long de trois à quatre lignes, aptère, gris , ponctué de noir ; abdomen obscur , avec les bords tachés de fauve. On le trouve aux environs de Paris vers la fin de l'été ; il fréquente les troncs des Arbres. *V*. pour les autres espèces, Oliv., Encycl. Méth.   (G.)

* NABLONIUM. BOT. PHAN. Genre de la famille des Synanthérées, et de la Syngénésie égale, L., proposé par Cassini dans le Dictionnaire des Sciences Naturelles et ainsi caracté-risé : involucre presque hémisphérique, formé d'écailles appliquées ; les extérieures larges , ovales, aiguës au sommet, diaphanes sur les bords ; les intérieures oblongues, presque membraneuses , divisées au sommet en trois lanières subulées. Réceptacle garni de paillettes analogues aux folioles de l'involucre , oblongues , concaves, scarieuses, ayant le sommet lacinié et acuminé. Calathide presque globuleuse composée de fleurons égaux, nombreux , réguliers et hermaphrodites ; corolle à cinq divisions articulées sur le sommet de l'ovaire ; style à base épaissie, arrondie , articulée sur un petit nectaire qui occupe le centre de l'aréole apicilaire de l'ovaire. Akènes très-grands , cunéiformes , lisses , luisans, prolongés au sommet et sur les côtés en deux cornes très-longues, divergentes, spinescentes au sommet ; péricarpe épais, fongueux ou subéreux , contenant une graine attachée par sa base au fond de la cavité. Ce genre appartient au groupe des Santolinées de la tribu des Anthémidées. La forme singulière de ses fruits le distingue facilement des autres genres de la même tribu ; elle est telle que l'auteur aurait cru y reconnaître celle du *Calycera* , si la graine, au lieu d'être pendante du sommet de la cavité du péricarpe, n'y était pas au contraire attachée à la base.

Une seule espèce, qui croît dans l'île de King sur les côtes de la Nouvelle-Hollande, constitue ce genre. Cassini lui donne le nom de *Nablonium calyceroides*. C'est une petite Plante herbacée dont la racine simple et pivotante porte sur son collet une rosette de feuilles, et produit des jets rampans qui émettent de distance en distance des touffes de feuilles et des racines. La tige est très-courte ; simple, laineuse , privée de véritables feuilles, mais ayant quelques bractées très-longues, étroites, scarieuses, diaphanes. La calathide, composée de fleurs jaunes, est solitaire au sommet de la tige.   (G..N.)

* NABOUROUP. ois. (Levaillant, Ornith. Afr., pl. 89,) Même chose que Nabirob. *V.* ce mot et MERLE.

(DR..Z.)

* NABR. mam. *V.* DAMAN.

NACELLE. moll. Nom vulgaire et marchand du *Patella fornicata*, L., et des Oscabrions, donné d'abord par Lamarck à notre *Patella borbonica*, dont ce savant a fait le type du genre Navicelle. *V.* ce mot. (B.)

NACHBERG. min. Marne schisteuse et bitumineuse qui forme le sol du Schiste cuivreux dans le comté de Mansfield. (G. DEL.)

NACIBÉE. *Nacibea.* bot. phan. Genre de la famille des Rubiacées, et de la Tétrandrie Monogynie, L., établi par Aublet (Guian., t. 37), et nommé depuis *Manettia* par la plupart des auteurs. Voici ses principaux caractères : calice divisé en quatre ou huit, rarement en cinq ou dix segmens assez profonds ; corolle tubuleuse dont l'entrée est resserrée, barbue ; le limbe étalé à quatre ou rarement à cinq divisions ; quatre ou cinq étamines insérées sur la gorge de la corolle, et non saillantes ; un seul style surmonté d'un stigmate bifide ; capsule couronnée par le calice persistant, ovée, comprimée, à deux valves carenées, dont les bords sont rentrans intérieurement, et forment de cette manière deux loges renfermant un grand nombre de graines lenticulaires, imbriquées et ceintes d'un rebord membraneux. Jussieu a réuni à ce genre l'*Ophiorhiza* de Forskahl, qu'il ne faut pas confondre avec le genre ainsi nommé par Linné ; cet *Ophiorhiza* de Forskahl a été dans ces derniers temps rapporté de la Nubie par Cailliaud, et décrit par Delile (dans le Voyage à Méroë de Cailliaud) qui l'a rapporté également au genre *Manettia.* Le *Petesia Lygistum*, L., ou *Lygistum axillare* de Lamarck, et peut-être l'*Ohigginsia verticillata* de Ruiz et Pavon, quoique, selon la description, le fruit soit une baie, ont également été considérés par Jussieu comme congénères du *Nacibea.*

On connaît plusieurs espèces de Nacibées, décrites, pour la plupart, sous le nom de *Manettia.* Les plus remarquables, outre le *Nacibea coccinea* d'Aublet, qui croît à Cayenne, et qu'on doit regarder comme type générique, sont les *Nacibea umbellata*, *racemosa*, *uniflora* et *acutiflora*, originaires des grandes forêts du Pérou. Ce sont des Plantes grimpantes, dont les pédoncules sont solitaires, axillaires, multiflores ; les pédicelles opposés et munis chacun d'une bractée. (G..N.)

NACOURY. ois. Syn. arabe de Balbusard. *V.* FAUCON. (DR..Z.)

NACRÉ (GRAND et PETIT.) ins. Le *Papilio Aglaja* et le *Papilio Lathonia* de Linné, portent ces noms dans les ouvrages des entomologistes français. L'un et l'autre appartiennent au genre Argynne. *V.* ce mot. (B.)

NACRE. conch. et moll. Un assez grand nombre de Mollusques sécrètent de leur collier ou du bord du manteau une matière calcaire d'un aspect particulier, avec laquelle ils construisent leur coquille. Cette matière dure, argentée, brillant des plus riches couleurs, où se reflètent avec le plus vif éclat la pourpre et l'azur, se nomme Nacre. Cette Nacre, quoique essentiellement composée de matière calcaire unie à de la matière animale comme dans les autres tests des Mollusques, paraît être le résultat d'une combinaison particulière de ces deux élémens. Cela paraît d'autant plus probable, que, sans que l'on sache à quoi cela tient dans l'organisation des Animaux, on ne voit presque jamais les Coquilles nacrées dépasser certaines familles ou certains genres. C'est ainsi que dans les Conchifères nous trouvons les petits genres Pandore et Anatine, et nous passons jusqu'aux genres Nucule, Trigonie, Anodonte, Mulette et leurs démembremens, Ethé-

rie, Moule, Modiole, Avicule et Pintadine. Parmi ces genres ce sont les
Mulettes, les Anodontes et les Pin-
tadines qui fournissent la plus belle
Nacre, et qui donnent naissance aux
Perles (*V*. ce mot). Ces Coquilles,
abondamment répandues, donnent
au commerce une matière dure, facile à polir, qui peut servir à un
grand nombre d'ornemens. Parmi les
Coquilles des Mollusques on trouve plusieurs espèces dans le genre
Patelle, mais jamais de Nacre dans
aucune Coquille terrestre ou fluviatile. Toutes les Haliotides, presque
toutes les Dauphinules, les Troques,
le plus grand nombre des Monodontes, les Turbos et les Nautiles. Parmi
ces genres ce sont les Haliotides et
les Turbos qui se distinguent par la
beauté de leur Nacre, encore certaines Haliotides l'emportent sur toutes les autres Coquilles connues.

(D..H.)

NACRITE. MIN. Talc nacré et
granuleux, *Erdiger Talc*, W. Substance d'un gris perlé, en grains faiblement agglutinés qui, humectés
et passés avec frottement entre les
doigts, s'y attachent sous la forme
d'un enduit nacré. Elle a été pendant
long-temps regardée comme une variété du Talc ordinaire; mais l'analyse qu'en a publiée Vauquelin dans
le Bulletin de la Soc. Philom., an
IX, p. 172, a fait voir qu'elle appartient à l'ordre des Silicates alumineux.
Voici le résultat de cette analyse :
Silice 56, Alumine 18, Potasse 8,
Chaux 3, Oxide de Fer 4, Eau 6,
perte 5. La Nacrite se trouve en petites masses dans les fissures des roches micacées et talqueuses des Alpes. (G. DEL.)

NACUNDA. OIS. Espèce du genre
Engoulevent. *V*. ce mot. (DR..Z.)

NACUTUTU. OIS. Espèce du genre
Chouette. *V*. ce mot. (DR..Z.)

* NADDI. OIS. Espèce du genre
Sterne. *V*. ce mot. (B.)

NADELERZ. MIN. C'est-à-dire *Minerai en aiguilles*. Nom donné par

Werner au Bismuth sulfuré plumbo-
cuprifère. *V*. BISMUTH. (G. DEL.)

NADELLE. POIS. L'un des synonymes vulgaires de Melette et de
Joel. *V*. ces mots et CLUPE. (B.)

NADELSTEIN. MIN. (Wern.) Syn.
de la Mésotype aciculaire. Ce nom,
qui veut dire Pierre en aiguilles, a
été donné aussi à la variété de Titane
oxidé qui présente cette configuration. (G. DEL.)

NÆMASPORE. *Nœmaspora*. BOT.
CRYPT. (*Urédinées*.) Ce genre, tel qu'il
a été circonscrit par Ehrenberg et
d'autres habiles cryptogamistes, appartient à la tribu des Fusidiées, et
il est caractérisé par ses sporidies mêlées à une substance mucilagineuse,
se développant sous l'épiderme des
Végétaux morts ou malades, et
sortant sous forme de spirales géla-
tineuses. Persoon avait réuni à ce
genre des Plantes munies d'un véritable péridium, qui forment le
genre *Cytispora* d'Ehrenberg, de
Fries et de Nées d'Esenbeck; mais
ce dernier genre fait partie de la
famille des Hypoxylées. *V*. CYTIS-
PORA et CYTISPORÉES au Supplément. Les Nœmaspores se trouvent en
Europe et en Amérique sur quelques
Arbres ou Arbrisseaux indigènes de
ces contrées, comme le Hêtre, le
Peuplier, le Noisetier, le Chêne, le
Groseiller, etc. L'espèce la plus commune est le *Nœmaspora crocea*, Pers.,
qui se trouve en hiver sur les branches des Hêtres récemment abattus,
où on la prendrait pour une exsuda-
tion gommeuse. (G..N.)

* NÆMATELIA. BOT. CRYPT.
(*Champignons.*) Genre de la tribu
des Tremellinées, établi sous ce nom
par Fries et sous celui d'*Encephalium*
par Link. Il a pour type le *Tremella
Encephalium* de Willdenow. C'est un
Champignon de forme variable et irrégulière, charnu et compacte vers
son centre, et recouvert d'une couche
gélatineuse qui renferme des sporules
éparses. Cette Plante a l'aspect des
vraies espèces de *Tremella*, et surtout

du *T. mensenteriformis* dont elle diffère par sa masse centrale, solide et charnue. Néanmoins Persoon ne considère le genre dont il est question que comme une simple section des Tremelles qu'il nomme *Encephalium.* (G..N.)

NÆMATOTHÈQUES. bot. crypt. Persoon a donné ce nom à la première division du premier ordre de ses Champignons. (G..N.)

NÆSA. crust. Nom latin du genre Nésée. *V.* ce mot. (G.)

* **NÆVIELLE.** rept. oph. On a donné ce nom comme syn. français de *Coluber Nævius*, Gmel. (B.)

* **NAFAL.** bot. phan. Delile dit que le Mélilot est ainsi nommé en Égypte; Forskahl écrit Gurt pour les environs du Caire, et Rijan pour l'Yémen. (B.)

NAGAM. bot. phan. (Rhéede.) Même chose que Coembura au Bengale. (B.)

NAGA MUSADIE. bot. phan. Petit Arbre fort rare de l'Inde, indéterminé, encore que Roxburg ait été à portée d'en voir un pied, et qui est employé comme un remède souverain dans les mauvais effets de la morsure des Serpens. Le mot Naga entre dans la composition des noms de beaucoup d'autres espèces d'Arbres indiens, tels que Naga-Valli, qui est le *Bauhinia scandens*, L. (B.)

NAGAS. mam. L'espèce de Baleine japonaise qui porte ce nom de pays, n'est pas suffisamment connue. (B.)

NAGAS. bot. phan. Nom proposé par des botanistes français pour désigner le genre *Mesua.* Il est tiré du *Nagassarium* de Rumph, qui désignait le même Arbre. *V.* Mésua. (B.)

NAGASSARIUM. bot. phan. (Rumph.) *V.* Nagas.

NAGEIA. bot. phan. Gaertner fils (*Carpologia*, t. 59) a établi sous ce nom un genre de la Diœcie Tétraudrie, L., et qui appartient à la famille des Myricées. Il a été formé sur deux espèces placées par Vahl et Thunberg parmi les *Myrica.* Le seul caractère qui l'éloigne de ce dernier genre consiste dans son calice divisé en cinq folioles au lieu d'être réduit à une seule comme dans les *Myrica.* Le *Nageia arabica* a été décrit par Forskahl (*Flor. ægypt. - arab.*, p. 159) sous le nom de *Buxus dioica.* C'est un Arbrisseau dont les rameaux sont glabres et garnis de feuilles lancéolées, dentées vers le sommet. Le fruit est une drupe monosperme de la grosseur d'un grain de poivre. Il croît dans l'Arabie-Heureuse. L'autre espèce, *Nageia japonica*, était le *Myrica Nagi* de Thunberg, décrit et figuré par Kæmpfer (*Amœn. exot.*, 5, p. 773, t. 874). Cet Arbre, de la grandeur d'un Cerisier, a des rameaux opposés, garnis de feuilles opposées, oblongues-lancéolées, aiguës, inégales, coriaces et très-entières. Le fruit a une couleur pourpre foncée, et ressemble à une cerise. Il croît au Japon. (G..N.)

NAGELERZ. min. Syn. de Fer oxidé, rouge, bacillaire. *V.* Fer oxidé. (G. Del.)

NAGELFLUHE. min. On donne ce nom, dans la Suisse, à une roche d'agrégation que Brongniart a désignée sous celui de *Poudingue polygénique*, et dont on rapporte l'époque de formation au commencement de la période tertiaire. Ce Poudingue recouvre la Molasse, ou alterne avec elle dans ses parties supérieures; il forme, au milieu de la chaîne des Alpes, des montagnes extrêmement hautes, telles que le Rigi, par exemple, qui a environ deux mille mètres d'élévation. Les Grès et Poudingues calcarifères de la Suisse sont regardés, par la plupart des géologues, comme les équivalens de l'Argile plastique, qui, dans les terrains de sédiment supérieurs des environs de Paris, repose immédiatement sur la Craie. (G. Del.)

NAGEOIRE. *Pinna.* zool. A proprement parler c'est l'organe de la

locomotion pour les habitans de l'eau.
Les Nageoires sont des membranes
ordinairement soutenues par des
rayons osseux, mais qui peuvent
néanmoins en être dépourvues sans
cesser d'être propres à la natation.
Elles sont principalement l'attribut
des Poissons, encore qu'il en existe
quelques-uns, particulièrement parmi les Malacoptérygiens anguiformes, et parmi les Chondroptérygiens
suceurs, qui en soient totalement dépourvus, ce qui en fait presque des
Serpens aquatiques. Dans les Oiseaux
de mer, dans les Sauriens habitans
des eaux, et dans quelques Quadrupèdes ichthyophages, des membranes étendues entre les doigts pour
les unir, font des pieds comme des
espèces de Nageoires, et ces pieds le
deviennent entièrement dans certains
Chéloniens, dans les Ichthyosaures,
et surtout dans les Cétacés qui ont
plus ou moins la forme de Poissons.
Chez ces derniers les mains ou pieds
de devant sont représentés par des
pectorales, les pieds de derrière le
sont par une caudale disposée horizontalement, ce qui les fit d'abord
appeler *Plagiures*. Les Crustacés
ont des pieds-nageoires; mais quelques Animaux de l'ancienne classe des
Vers, ont aussi des appendices analogues aux Nageoires; telles sont les
Clios, les Hyales, appelés PTÉRO-
PODES, les Firoles et les Carinaires;
ailleurs c'est une modification du
manteau qui en fait l'office comme
dans les Sépilaires, etc. Les Nageoires
véritables sont celles des Poissons;
on en connaît de deux sortes : paires
et latérales, impaires et verticales.
Les premières sont encore les repré-
sentans des Membres qui, dans les
classes supérieures, varient de quatre à deux; aussi sont-elles au nombre d'une ou de deux paires, ce sont
les pectorales et les ventrales; les secondes sont les dorsales, caudale et
anale; elles n'ont d'analogie dans aucun Mammifère, mais quelques Reptiles en sont munis, et on les retrouve
surtout dans les larves de Batraciens.
Les Tritons et les Syrènes ont de véri-

tables Nageoires qui environnent verticalement la queue et se prolongent
même en crête sur le dos. Selon leur
position, on appelle les Nageoires
paires ou latérales : 1° PECTORALES
qui répondent aux extrémités antérieures; elles manquent rarement,
sont situées sur les côtés, ordinairement en avant des flancs, et derrière l'ouverture des ouïes; elles sont
quelquefois assez étendues pour que
le Poisson puisse s'en servir pour
voler au-dessus des flots; 2° VEN-
TRALES, qui représentent les pieds,
surtout chez certaines Lophies, qui
même peuvent s'en servir pour marcher, ce qui leur mérita le nom de Ca-
topes dans la Zoologie analytique de
Duméril; elles sont situées en dessous.
Selon qu'elles y sont en avant des précédentes, on appelle les Poissons *Ju-*
gulaires, au-dessus ou sur la poitrine *Thoraciques*, en arrière et sur le
ventre *Abdominaux;* quand elles manquent on dit que les Poissons sont *Apo-*
des. Elles se réunissent quelquefois
en une seule pour former semi-circu-
lairement un disque membraneux.
Les Nageoires paires servent aux Poissons pour s'élever ou pour s'enfoncer
dans le fluide qui les environne. Elles
peuvent aussi faciliter la natation en
arrière, comme on le voit surtout
chez l'Anguille qui avance ou re-
cule avec la même facilité. Les pièces analogues aux bras et aux jambes
qui les soutiennent, sont entièrement
raccourcies ou même disparaissent
en entier; des rayons plus ou moins
nombreux, dont quelques-uns sont
parfois épineux, représentent grossièrement des doigts. Egalement, selon leur position, on appelle les Nageoires impaires ou verticales : 1° CAU-
DALE; celle-ci, toujours unique, est
terminale; elle manque fort rarement
et seulement dans les Mourines, dans
un Signathe et dans certaines Murènes. Elle est arrondie, échancrée en
croissant, bifide, pointue, ou même
terminée par un appendice allongé;
quelquefois unie aux deux suivantes,
ou seulement à l'une d'elles. On la
voit quelquefois s'étendre circulai-

rement autour de l'extrémité postérieure; elle se complique quelquefois, et devient triple comme dans le Cyprin doré; mais cette anomalie produite par la domesticité, paraît résulter de l'absorption de la dorsale. La caudale sert principalement de gouvernail, et imprime au Poisson le mouvement en avant; 2° ANALE, qui, lorsqu'elle ne manque pas, est située en dessous et derrière l'anus. Il en existe quelquefois deux comme dans les Gades; mais alors les deux anales, toujours verticales, sont situées en avant l'une de l'autre sur la même ligne; 3° DORSALE, dont le nom indique la position à la partie supérieure du Poisson, unique, double ou même triple. Les Nageoires anale et dorsale servent au Poisson pour le maintenir dans la position verticale; les rayons placés aux extrémités des apophyses épineuses les soutiennent. Il y en a de mous, articulés et branchus; d'autres sont pointus et sont appelés rayons épineux : ce sont souvent des armes redoutables. Les Poissons munis de ces sortes d'aiguillons sont appelés *Acanthoptérygiens;* ceux qui n'ont que des rayons de la première sorte sont les *Malacoptérygiens;* enfin ceux où toute la charpente des Nageoires est cartilagineuse, comme le Squale, sont les *Chondroptérygiens.* Il existe encore quelquefois sur les côtés de la queue, entre l'anale et la caudale, entre celle-ci et la dorsale, d'autres fausses Nageoires sans aucun rayon, appelées ADIPEUSES; un tissu épais et glaireux les remplit; on n'en voit pas l'usage. Les écailles de la peau s'étendent quelquefois jusque sur les Nageoires pour leur donner une certaine consistance. Les Poissons qui présentent cette disposition sont appelés *Squammipennes.* Le nombre des rayons des Nageoires fournit des caractères spécifiques excellens; aussi doit-on les compter soigneusement lorsqu'il est question de décrire un Poisson; on en exprime la valeur dans les ouvrages d'ichthyologie, en plaçant la quan-

tité des rayons désignée en chiffres après l'initiale de la Nageoire, en marquant par un signe fractionnaire la nature des rayons épineux ou mous, et en séparant par un trait d'union les nombres qui fixent la quantité de rayons que contient chaque dorsale et anale, quand il y en a plusieurs, à la suite les unes des autres, en commençant par celle qui est le plus près de la tête. On a également soin de ne pas omettre le nombre des rayons de la branchiostège; ainsi pour désigner la Carpe, qui a trois rayons à cette membrane, une seule dorsale à vingt-quatre rayons mous, seize aux pectorales, neuf aux ventrales, neuf à l'anale unique, et dix-neuf à la caudale, on écrit : B. 3, D. 24, P. 16, V. 9, A. 9, C. 19. Pour la Morue, qui a sept rayons à la branchiostège, trois dorsales dont la première a quinze, la seconde a dix-neuf, la troisième a vingt et un rayons pareils, seize rayons aux pectorales, six aux ventrales; deux anales, l'une de dix-sept, l'autre de seize; et trente rayons à la caudale, on écrit : B. 7, D. 15—19—21, P. 16, V. 6, A. 17—16, C. 30. Pour l'Epinoche, qui a trois rayons à la branchiostège, deux dorsales à dix et onze rayons, dix rayons pareils aux pectorales, un rayon épineux et neuf mous à la caudale, enfin douze pareils à la caudale, on écrit : B. 3, D. 10—11, P. 10, V. 1/2, A. 1/23, C. 12.

Un zéro équivalant à l'absence de telle ou telle Nageoire, l'anale, la caudale et la dorsale étant confondues dans l'Anguille qui est apode, on écrira pour ce Poisson : B. 10, P. 19, V. 0, D. A. C. 1100.

Un point, au lieu d'une ligne entre deux nombres, exprimant les rayons d'une Nageoire, indique que ces rayons varient de l'une à l'autre quantité; ainsi pour la Truite, par exemple, on écrit : B. 10. 12, D. 12. 14, P. 12. 14, V. 10. 12, A. 9. 11, C. 20, ce qui signifie qu'il existe des individus qui ont dix rayons à la branchiostège, et que d'autres en ont douze; qu'il y en a à douze rayons

à la dorsale et aux pectorales, avec dix aux ventrales et neuf à l'anale, tandis que d'autres en ont quatorze, douze et onze aux mêmes Nageoires.
(B.)

* NAGEURS. *Natantia.* MAM. L'ordre établi sous ce nom par Illiger, dans la classe des Mammifères, contient, outre les Cétacés, les Dugongs, les Lamantins et le Stellère. *V.* ces mots. (B.)

NAGEURS. *Natatores.* OIS. Cinquième ordre de la Méthode de Vieillot; il comprend les genres Frégate, Cormoran, Pélican, Fou, Paille-en-Queue, Anhinga, Grèbe-Foulque, Grèbe, Plongeon, Harle, Canard, Stercoraire, Mouette, Sterne, Bec-en-Ciseaux, Pétrel, Albatros, Guillemot, Macareux, Sphénisque et Manchot. (DR..Z.)

NAGHAS ET NAGHAHA. BOT. PHAN. D'où *Nagassarium* de Rumph. Nom de pays syn. de Mésua. *V.* ce mot. (B.)

* NAGHAWALLI. BOT. PHAN. Qu'il ne faut pas confondre avec Naga-Valli. Nom de pays de ce qu'on nommait dans la matière médicale *Lignum colubrinum*, qui est le type du genre *Ophiorhiza*, L. (B.)

NAGI. BOT. PHAN. *V.* NA.

NAGOR. MAM. Espèce du genre Antilope. *V.* ce mot. (B.)

*NAHUSIA. BOT. PHAN. (Schrank.) Syn. de Fuchsia. *V.* ce mot. (B.)

NAIA OU NAJA. REPT. OPH. Nom de pays, devenu scientifique du Serpent à lunette, qui est maintenant le type d'un sous-genre de Vipères. *V.* ce mot. (B.)

NAIADE. ANNEL. Pour Naïs, *Naisa*, et Naïde, *Naïs*. *V.* ces mots. (B.)

NAIADE. *Najas.* BOT. PHAN. Genre qui avait donné son nom à l'ancienne famille des Naïades, dont les genres, aujourd'hui désunis, forment plusieurs familles distinctes. Le genre *Najas* peut être caractérisé de la manière suivante: ses fleurs sont très-petites, unisexuées et monoïques, pla-

cées à l'aisselle des feuilles. Les fleurs mâles se composent d'une spathe monophylle, ovoïde, terminée à son sommet par un petit tube, inégalement denté; cette spathe se rompt en trois ou quatre lanières irrégulières et inégales, qui se roulent vers la partie inférieure de la fleur. En dedans de la spathe on trouve une anthère portée sur un filet d'abord très-court, mais qui s'allonge et se recourbe lorsque la spathe est rompue. Cette anthère est ovoïde, allongée, terminée en pointe à son sommet, à quatre loges s'ouvrant par autant de valves qui se roulent vers la partie inférieure de l'anthère. Le pollen contenu dans chaque loge, y forme une masse solide qui reste en place. La spathe a été décrite par quelques auteurs même très-modernes, comme un calice, les valves de l'anthère comme une corolle, et les quatre masses de pollen comme quatre anthères. Les fleurs femelles, qui sont distinctes des mâles dans les aisselles supérieures, sont nues, accompagnées d'une simple petite écaille latérale. Leur ovaire est à une seule loge, contenant un seul ovule, qui occupe tout le fond et une partie d'un des côtés de la loge. Le style est très-court, terminé par deux ou plus souvent par trois stigmates subulés et dressés. Le fruit est une cariopse ovoïde, contenant une seule graine adhérente avec sa paroi interne, et offrant un vasiducte légèrement saillant et unilatéral. L'embryon, dépourvu d'endosperme, forme à lui seul la masse de l'amande, et est parfaitement indivis et monocotylédoné. Micheli, qui a décrit et figuré le *Najas*, dit que son fruit est une capsule contenant quatre graines. Il nous paraît certain que le célèbre botaniste de Florence a pris la fleur mâle et ses quatre masses polliniques pour une capsule à quatre graines.

Les espèces de Naïades sont des Plantes herbacées, annuelles, croissant au milieu des eaux douces et courantes. Leurs tiges sont rameuses, charnues, fragiles. Leurs feuilles sessiles, opposées, souvent dentées. En France on en trouve deux espèces : *Naias major*, Roth., Fl. Germ., ou *Naias marina*, L., et *Naias minor*, Roth. Cette dernière espéce, beaucoup plus petite que la précédente, et qui en diffère un peu par sa fleur mâle, avait été considérée comme un genre distinct, nommé *Caulinia* par Willdenow, *Fluvialis* par Persoon, et *Ittnera* par Gmelin. (A. R.)

* NAIADES ou NAIADÉES. *Naïadeœ*. BOT. PHAN. Jussieu (*Genera Plant.*) appelle ainsi une famille de Plantes qu'il range parmi les Acotylédones, et qui se compose d'un assez grand nombre de genres dont les espèces croissent dans l'eau ou au voisinage des eaux. Cette famille qui a reçu également les noms de *Fluviales* et de *Potamophiles*, appartient certainement aux Phanérogames Monocotylédones, ainsi que tous les botanistes le reconnaissent aujourd'hui. Mais tous ne sont pas d'accord sur les genres qui doivent la composer et sur l'organisation et les caractères de ces genres. Telle qu'elle avait été d'abord présentée par Jussieu, cette famille renfermait des genres qui, mieux étudiés, ont été reportés dans d'autres groupes naturels. Ainsi les genres *Hippuris* et *Myriophyllum* forment avec quelques autres genres une famille de Plantes Dicotylédones voisine des Onagraires et qui a reçu les noms de Cercodéennes ou Haloragées ; le *Ceratophyllum* qui a l'embryon à quatre cotylédons, a été rapproché des Salicariées par De Candolle ; le *Saururus* et l'*Aponogeton* constituent la famille des Saururées du professeur Richard ; le *Callitriche* qui est certainement dicotylédone se rapproche par plusieurs caractères des Euphorbiacées ; et enfin le genre *Chara* qui est acotylédone, forme le type des Characées du professeur Richard. De cet examen il résulte que les seuls genres qui composent les Naïades sont les suivans : *Nabas, Zostera, Ruppia, Zanichellia* et *Potamogeton*. Voici quels sont les caractères de cette fa-

mille : les fleurs sont unisexuées, monoïques ou plus rarement dioïques. Les fleurs mâles consistent chacune en une étamine nue ou accompagnée d'une écaille, ou renfermée dans une spathe ; quelquefois la même spathe contient deux ou un plus grand nombre de fleurs mâles, et dans quelques genres elle renferme en outre une ou plusieurs fleurs femelles. Celles-ci se composent d'un pistil nu ou renfermé dans une spathe. Elles sont tantôt solitaires, tantôt géminées ou réunies en plus grand nombre et environnées souvent des fleurs mâles dans une enveloppe commune, de manière à représenter en quelque sorte une fleur hermaphrodite. L'ovaire est toujours libre, uniloculaire, contenant un seul ovule pendant, latéral et presque dressé dans le seul genre *Naïas*. Le style est généralement court, terminé par un stigmate tantôt simple, discoïde, plane et membraneux (*Zanichellia*), tantôt à deux ou trois divisions longues et linéaires. Le fruit est sec, monosperme, indéhiscent ; la graine renferme sous son tégument propre un embryon le plus souvent recourbé sur lui-même, ayant sa radicule très-grosse et opposée au hile.

La manière dont nous avons envisagé l'organisation des fleurs dans la famille des Naïades, diffère entièrement de celle dont elle a été décrite par tous les botanistes, jusqu'à ce jour. En effet, pour nous chaque étamine et chaque pistil sont autant de fleurs unisexuées, mâle ou femelle. Cette manière de considérer l'organisation de ces Plantes ne peut souffrir l'ombre d'un doute dans le genre *Naïas* où les pistils et les étamines sont solitaires et isolés les uns des autres. Dans le genre *Zanichellia*, on trouve à l'aisselle des feuilles une seule étamine entièrement nue et trois à quatre pistils renfermés dans une spathe commune. Ici il nous paraît encore évident que l'étamine est une fleur mâle et monandre, et que les quatre pistils constituent autant de fleurs femelles. Dans le *Zos-*

tera et le *Ruppia*, on conçoit aussi facilement que chaque pistil et chaque étamine qui sont séparés les uns des autres, forment autant de fleurs distinctes. Dans le seul genre *Potamogeton*, on trouve les étamines et les pistils en égal nombre renfermés dans une enveloppe commune et semblant former une fleur hermaphrodite, tétrandre et tétragyne; mais ici l'analogie nous porte à considérer chacune des quatre étamines comme une fleur mâle accompagnée extérieurement d'une bractée, et d'appliquer le même raisonnement pour les quatre pistils. L'extrême analogie qui existe entre la famille des Naïades et celle des Aroïdes, nous semble confirmer l'opinion que nous venons d'émettre.

La famille des Naïades appartient à la classe des Monocotylédones à étamines hypogynes. Elle se rapproche beaucoup de celle des Aroïdées qui en diffère par ses ovules dressés et son embryon renfermé dans un endosperme charnu. Elle offre aussi de grands rapports avec les Juncaginées et les Alismacées dont elle diffère surtout par la position et la forme de son embryon. (A. R.)

NAIDE. *Naïs*. ANNEL. Naïs est dans la riante mythologie l'une des Naïades, divinités aquatiques, dont Müller transporta le nom dans sa classe des Vers pour désigner un genre voisin des Néréides et caractérisé par un corps rampant, allongé, linéaire, comprimé, dépourvu de tentacules, avec des soies latérales, ayant ou non des yeux. Ce genre adopté par tous les naturalistes fut à tort écrit Nayade par Bruguière dans les planches de l'Encyclopédie Méthodique, et les zoologistes, qui depuis ce savant ont fait trop souvent de l'helmintologie microscopique, d'après des images, adoptant le mot Naïade pour désigner le genre Naïs de Müller, sans considérer que Linné avait établi un genre Naïade dans la botanique, la confusion commençait à se glisser dans l'un des recoins de la science,

quand Lamouroux vint y mettre le comble en nommant Naïs (*Naïsa*), un genre de Polypiers de la famille des Tubulariées, auquel on avait antérieurement donné le nom de Plumatelle (*V*. ce mot), adopté par Lamarck et qui doit être conservé. Il est résulté de-là que dans l'un des précédens Dictionn. d'Hist. Nat., *Naïsa* de Lamouroux et *Naïs* de Müller, ont été regardés comme la même chose, ce qui est une grande erreur. Lamarck, dans son immortelle Histoire des Animaux sans vertèbres, a tout éclairci en rétablissant la signification de *Naïs* qu'il appelle en français Naïde et non Nayade ou Naïade. Ce grand homme place le genre dont il est question dans sa classe des Vers, ordre des Hispides, caractérisé par les soies latérales ou spinules qui garnissent les côtés du corps. Il n'y saurait voir des Annelides par la raison que ces Animaux, selon Trembley et Roësel, seraient tomipares, fait qui n'est cependant pas constaté selon Bosc. Il en détache une espèce, le *Naïs proboscidea*, pour former son genre *Stylaria*. Déjà Oken avait établi sur le *Naïs digitata* son genre *Dera*, ce qu'ignorait sans doute Dutrochet, lorsque plus tard il publia le même genre sous le nom de Xantho. L'article Déro dans ce Dictionnaire contient quelques légères erreurs, ce qui nous détermine à traiter ici les genres formés aux dépens des Naïs de Müller, en prévenant le lecteur qu'ils nous paraissent devoir être adoptés. Toutes ces Naïdes, et non Naïades, comme les appelle encore le Dictionnaire de Levrault, ne peuvent être éloignées des Lombrics et des Néréides, genres entre lesquels ces petits Animaux forment un passage fort naturel; il n'est donc pas possible de les en éloigner pour les transporter dans une autre classe. Blainville en fait des Chétopodes; ce sont des créatures anguiformes, la plupart fort agiles, longues de quelques lignes, colorées en rouge, quoique diaphanes, voraces, se nourrissant de Daphnies et de Microscopiques pour devenir à leur tour la proie des Polypes d'eau douce qui s'en montrent très-friands, et les avalent, sans que les soies dont elles sont munies latéralement dans leur longueur, et qui paraîtraient devoir être rigides et piquantes, d'après leurs proportions, les incommodent. Cependant le Polype, après avoir digéré les Naïdes, et s'en être approprié les parties nutritives, rejette en une petite boule excrémentitielle ces soies et la peau, à peu près comme la plupart des Oiseaux du genre Strix, nocturnes et carnivores, rejettent en boulettes par le gosier les débris de Souris enveloppés de leur poil détaché dans le gosier. Nos observations sur les Polypes, les Conferves et les Microscopiques, nous ont mis souvent à portée d'observer des Naïdes qui habitent les mêmes lieux; Roësel et Trembley avaient été conduits à leur étude par les mêmes causes. Le premier a donné d'admirables figures de l'une d'elles, où l'on croirait voir de petits Serpens de la plus grande élégance. Pour nous, il nous a été impossible d'y reconnaître rien qui puisse avoir rapport avec quelque système nerveux qu'on puisse imaginer. Les soies latérales qu'on retrouve chez les Lombrics, et qui dans les Néréides commencent à se compliquer, nous semblent être un degré d'élévation, des cils dont certaines parties du corps ou son pourtour commencent à se hérisser dans notre ordre des Trichodés de la classe des Microscopiques. Il y existe bien certainement un tube intestinal, avec une ouverture buccale et même une autre ouverture ovale; mais leur mode de reproduction n'est pas bien connu. Si Trembley et Roësel en ont coupé quelques individus par la moitié, et ont vu chaque tronçon devenir un individu, on a cru aussi y voir des petits comme à travers le Vibrion de la pate. Il faut que cette reproduction soit au reste bien prompte, puisque dans certaines eaux marécageuses nous avons vu dans vingt-quatre heures apparaître des milliers de Naïdes

où l'on n'en voyait que par hasard quelques individus auparavant.

1°. Naïdes véritables où la bouche ne présente aucun prolongement tentaculaire appelé trompe par les auteurs, ni digitation à la partie postérieure. Il n'y existe nulle trace d'yeux. Ces véritables Naïdes sont le *vermicularis*, Gmel., *Syst. Nat.*, XIII, T. 1, p. 7120; Lamk., Anim. sans vert. T. III, fig. 223; Roësel, *Ins.*, 3, tab. 93, fig. 1, 7; Encycl., Ill. Vers, pl. 52, fig. 1-7, qu'on trouve fréquemment parmi les Lenticules où elle ressemble à un Vermisseau rose de six à dix lignes de longueur et un peu épais. Le *serpentina*, Gmel., *loc. cit.*, p. 3121; Lamk., *loc. cit.*; Roësel, tab. 92; Encycl., pl. 53, fig. 1-2, qui habite aussi les marais, dont la tête ressemble en petit à celle d'une Couleuvre, et dans la longueur de laquelle règne longitudinalement en spirale comme un ruban pourpré. Les *littoralis*, Müll., *cæca*, Müll., et *filiformis*, Blainv., sont les autres espèces de ce genre.

2°. Stylaires où la bouche présente comme une trompe ou filet tentaculaire plus ou moins allongé, et sur la tête desquelles on reconnaît deux points oculaires. On ne connaît encore dans ce genre que le *Stylaria paludosa*, Lamk., Anim. sans vert. T. III, p. 224; *Naïs proboscidea*, Gmel., *Syst. Nat.*, XIII, T. 1, p. 3121; Encycl., pl. 53, fig. 5-8; Roësel, *Ins.*, 3, tab. 78, fig. 16-17, et tab. 79, fig. 1; *Nereis lacustris*, L., très-commune dans les eaux boueuses et la vase. — Le *Naïs elinquis* de Müller, dont la figure est reproduite dans l'Encyclopédie, pl. 53, f. 9-11, ne peut, malgré les yeux, appartenir au genre Stylaire, quoi qu'en dise Blainville, puisque la bouche est parfaitement dépourvue de prolongement.

3°. Déro où n'existent ni yeux, ni trompe, mais où la partie postérieure se digite en un appendice particulier. Ce sont les *Naïs digitata*, Gmel., *Syst. Nat.*, XIII, T. 1, p. 3121; Encycl., pl. 53, f. 12-18; — *barbata*, *quadricuspidata*, etc.   (B.)

NAIN et **NAINE**. zool. bot. Adjectif qui s'emploie pour désigner les individus qui dans une espèce sont d'une taille beaucoup plus petite que l'ordinaire. Il signifie le contraire de Géant. *V*. ce mot. Les individus Nains le sont en général par appauvrissement ; l'on dit cependant une espèce Naine pour désigner dans un genre composé pour la plupart de grandes espèces, une espèce beaucoup moindre ; ainsi le Faucon fringillaire figuré dans ce Dictionnaire, est une espèce Naine dans un genre qui compte l'Aigle et tant d'autres grands Oiseaux. Le *Salix herbacea* est une espèce Naine parmi les Saules, et le *Chamerops humilis* parmi les Palmiers. Les mots Nain et Naine ont été souvent employés comme spécifiques, pour désigner parmi les Mammifères un Dasyure, parmi les Oiseaux un Bouvreuil, un Guillemot, etc. Un Cuculan s'appelle également Nain, et l'on nomme Naine une Gerboise, une Athérine, etc. *V*. tous ces mots. (B.)

NAIS. annel. *V*. Naïde.

***NAISA**. annel. (Lamouroux.) *V*. Naïs et Plumatelle.

***NAJA**. rept. oph. *V*. Naïa.

***NAJAS**. bot. phan. *V*. Naïade.

NALLA-APPELLA. bot. phan. Même chose qu'Appel. *V*. ce mot. (B.)

NALUGU. bot. phan. Rhéede (*Hort. Malab.*, p. 45, t. 26) a décrit sous ce nom et figuré sous celui d'*Itty-Alu*, une Plante que les auteurs ont rapportée à l'*Aquilicia sambucina* de Linné et de Cavanilles, ou *Leea sambucina* de Willdenow et de De Candolle. (G..N.)

* **NAM**. bot. crypt. Ce mot de la langue cochinchinoise paraît désigner génériquement les Champignons ; du moins il entre dans la composition du nom de la plupart de leurs espèces ; c'est ainsi qu'on nomme :

Nam-Cho un *Phallus* que Lourei-

ro dit être l'*impudicus*, mais qui bien certainement est une autre espèce.

Nam-Cuc un Lycoperdon.

Nam-Ceci le *Boletus versicolor*.

Nam-Mouc le *Boletus suberosus*,

Nam-Tram, une Helvelle à laquelle sa saveur mérita le nom d'*amara* que lui donna Loureiro, et qui croît le plus souvent sur le tronc des Mélaleucées, etc., etc. (B.)

NAMA. bot. phan. Ce genre de la Pentandrie Digynie, L., fait partie de la nouvelle famille des Hydroléacées de R. Brown et Kunth. Il offre les caractères suivans : calice quinquéparti, persistant ; corolle rotacée-infundibuliforme, dont le limbe est à cinq divisions étalées ; cinq étamines presque renfermées dans le tube de la corolle, à anthères réniformes, bilobées ; deux styles surmontés de stigmates obtus ; capsule oblongue, pseudobiloculaire, à deux valves loculicides ; la cloison interrompue vers son milieu, où sont fixés deux placentas en forme de lames parallèles aux valves, se touchant par leur côté externe, et portant les graines sur leur face interne. Ce genre avait été fondé par P. Browne (*Jamaic.*, tab. 18, f. 2) sur une Plante de la Jamaïque qui reçut de Linné le nom de *Nama jamaicensis*. Kunth en a fait connaître deux nouvelles espèces indigènes de la Nouvelle-Espagne et du Mexique, et qu'il a nommées *N. origanifolia* et *N. undulata*. Ce sont des Plantes herbacées ou frutescentes dont les tiges sont touffues, diffuses, garnies de feuilles alternes et entières. Les fleurs sont terminales et de couleur blanche ou violacée. Les *Nama sericea* et *convolvuloides* de Rœmer et Schultes, doivent être rapportées au genre *Evolvulus* de Linné. (G..N.)

* **NAMAQUOIS**. ois. Espèce du genre Ganga. *V*. ce mot. C'est aussi le nom d'un Soui-Manga et d'un Promerops. *V*. ce mot et Soui-Manga. (DR..Z.)

NAMIERSTENSTEIN. min. Nom

donné à une roche de Moravie, qui a beaucoup de rapports avec le Weistein. *V.* ce mot.   (G. DEL.)

★ NANACHUE. BOT. PHAN. *V.* ANAZUE,

NANARIUM. BOT. PHAN. (Rumph.) Du nom de pays *Nanari-Minjak.* *V.* CANARIUM.

NANCA. BOT. PHAN. (Camelli.) C'est dans l'île de Luçon le Jacquier, *Artocarpus integrifolius*, dont on a fait le genre *Sitodium. V.* ce mot. Les Espagnols l'appellent Nanguas. (B.)

NANDAPOA. OIS. Espèce du genre Ibis. *V.* ce mot.   (B.)

NANDHIROBE. *Nandhiroba.* BOT. PHAN. *V.* FEUILLÉE.

★ NANDHIROBÉES. *Nandhirobeæ.* BOT. PHAN. Dans son Mémoire sur les Cucurbitacées (Mém. du Mus., 5, p. 215), Auguste de Saint-Hilaire a proposé d'appeler ainsi un petit groupe de Végétaux composé des genres *Zanonia* et *Fevillea*, placés à la suite des Cucurbitacées par Jussieu (*Gen. Plant.*). De ces deux genres, l'un (*Fevillea*) a les tiges grimpantes, et des graines sans endosperme comme dans les Cucurbitacées ; mais dans l'un et l'autre l'ovaire est triloculaire, les ovules axiles, les anthères distinctes et le style multiple. D'un autre côté ces caractères qui éloignent ces deux genres des Cucurbitacées, les rapprochent des Passiflorées et surtout des Myrtées. En effet ces rapports sont encore confirmés par l'analogie qui existe entre le fruit du *Fevillea* et celui du *Couroupita* et du *Couratari* d'Aublet, genres qui ont tant d'affinité avec les Myrtées, qu'ils ne peuvent en être éloignés, et qu'ils y forment une petite tribu avec le *Lecythis* sous le nom de Lécythidées. Ces rapports entre le *Fevillea* et le *Zanonia* et le *Couratari* d'Aublet, sont si grands que l'auteur propose de réunir ce dernier genre aux Nandhirobées. D'un autre côté Auguste Saint-Hilaire propose aussi d'y ajouter le genre *Myrianthus* de Beauvois, qui s'é-

loigne des Cucurbitacées par ses anthères, tandis que par ses autres caractères il se rapproche du nouveau groupe. D'après ce court exposé on voit que cette nouvelle famille a besoin d'être de nouveau étudiée avant d'être définitivement adoptée.   (A. R.)

NANDINE. *Nandina.* BOT. PHAN. Ce genre établi par Thunberg (*Nov. Gen.*, 1, p. 14, et *Flor. Japon.*, p. 9) appartient à la famille des Berbéridées et à l'Hexandrie Monogynie, L. Il est ainsi caractérisé : calice à six sépales, accompagné extérieurement d'écailles pétaloïdes, obtuses, nombreuses et imbriquées, les extérieures plus petites ; corolle à six pétales caducs, oblongs, plus longs que le calice ; six étamines dont les filets sont très-courts, les anthères oblongues de la longueur des pétales ; ovaire ovoïde, portant un style court et un stigmate trigone ; baie sèche, globuleuse, uniloculaire, couronnée par le style ; placenta spongieux, latéral, auquel sont fixées deux graines arrondies, convexes d'un côté, concaves de l'autre et pourvues d'un albumen cartilagineux ; embryon petit, inverse, dont la radicule est épaissie, les cotylédons presque arrondis. Ce genre ne renferme qu'une seule espèce à laquelle Thunberg a donné le nom de *Nandina domestica.* Kæmpfer, dans ses Aménités exotiques, dit qu'on la nomme vulgairement au Japon, *Nandsjokf*, *Naltan* et *Nandin.* C'est un Arbrisseau élégant, glabre, élevé d'environ deux mètres. Ses feuilles sont alternes, deux ou trois fois décomposées, à pétioles engaînans à la base et articulés près des ramifications ; les folioles sont ovales, lancéolées, entières et glabres. Les fleurs sont blanches, disposées en panicules terminales, décomposées, dressées, accompagnées de bractées linéaires, acuminées, presque aristées. Les baies sont rouges. Cette Plante croît au Japon et à la Chine où elle est généralement cultivée dans les jardins. On l'a introduite en Europe, dans quelques jardins de botanique et notamment dans celui de Paris où elle fleurit pendant les mois de juillet et d'août. (G..N.)

NANDOU et NANDU. ois. *V.* Rhea.

* NANGUAS. bot. phan. *V.* Nanca.

NANGUER. mam. Espèce du genre Antilope. *V.* ce mot. (b.)

NANI. bot. phan. Ce nom a été donné à des Plantes fort diverses. Rhéede dit qu'à la côte de Malabar les Portugais l'appliquent à l'Arbrisseau qu'il a décrit sous celui de *Vetagadou*, dont Lamarck a fait son genre *Adelia* dans la famille des Euphorbiacées. Les Brames désignent aussi, sous le nom de *Nani*, le *Mal-Naregam* du Malabar, ou *Limonia monophylla*, L., qui est devenu le type du genre *Atalantia* de Corréa, dans la famille des Aurantiacées. Enfin le *Nani* de Rumph (*Herb. Amboin.*, vol. 3, t. 7) est un grand Arbrisseau qu'il nomme *Metrosideros vera*, et dont Adanson a fait un genre de Myrtacées. Quoique la figure de cette Plante représente le fruit assez saillant hors du calice, on ne peut en conclure qu'il ne soit pas adhérent; la description de la Plante porte donc à croire qu'il l'est réellement, et que cette Plante est réellement une Myrtacée.

Le *Nani-Hua* de Rumph (*loc. cit.*, t. 9) est une autre Plante dont les rapports sont indéterminés. (G..N.)

* NANODEA. bot. phan. Joseph Banks a donné ce nom (*in Gaert. fils Suppl.* 251, tab. 225, fig. 8, 9) à un genre qui paraît devoir être rangé dans la famille des Santalacées de Brown. La seule espèce qui le compose, *Nanodea muscosa*, Gaert., *loc. cit.*, est une très-petite Plante qui croît au détroit de Magellan d'où elle a d'abord été rapportée par Commerson qui la nommait *Belenerdia*. Plus récemment, elle a encore été trouvée dans le même pays par les naturalistes des expéditions Freycinet et Duperrey. Gaudichaud, l'un des

naturalistes de la première de ces expéditions, dans son Essai sur la Flore des îles Malouines, a donné, de ce genre, un caractère très-détaillé et très-complet.

La *Nanodea muscosa* offre une tige d'un à deux pouces d'élévation, rameuse, portant des petites feuilles subulées, éparses, très-rapprochées, charnues; des fleurs très-petites, solitaires ou géminées, terminales ou axillaires et pédonculées. Leur calice est hémisphérique, adhérent avec l'ovaire, ayant un limbe à quatre divisions dressées, égales, deltoïdes et rétrécies à leur base; point de corolle; quatre étamines, à filament très-court, attaché à la face interne des divisions calicinales et à anthères à deux loges; l'ovaire est globuleux, adhérent, à une seule loge qui contient un ovule dressé et un peu latéral, porté sur un podosperme assez long; le style est très-court, terminé par un stigmate à deux lobes arrondis. Le fruit est une petite drupe couronnée par le limbe du calice, à une seule loge et une seule graine. Celle-ci, selon Gaertner fils, se compose d'un tégument mince et membraneux; d'un endosperme charnu et jaunâtre dans lequel on trouve un embryon cylindrique, axile, placé dans la partie supérieure de l'endosperme, ayant sa radicule supérieure et ses cotylédons très-courts et minces. (A. R.)

NANTILLE. bot. phan. Vieux syn. de Lentille, qui n'est d'usage que dans quelques jargons des départemens mitoyens de la France. (b.)

* NANTOR ou NASITOR. bot. phan. Syn. vulgaires de Cresson Alénois, *Lepidium sativum*. (b.)

NAPAUL. ois. Espèce du genre Faisan. *V.* ce mot. (DR..Z.)

NAPÉCA. bot. phan. Espèce du genre *Ziziphus* ou Jujubier, nommée ainsi à tort par Linné qui s'est mépris sur la Plante que Prosper Alpin avait anciennement fait connaître sous son nom vulgaire, en Arabie, de *Napeca* ou plutôt de *Nebka*. L'espèce à laquelle les Arabes donnent ce nom est le *Ziziphus Spina Christi*, autre espèce que Linné plaçait, ainsi que le *Ziziphus Napeca*, dans le genre *Rhamnus*.   (G..N.)

NAPÉE. *Napœa.* BOT. PHAN. Genre de la famille des Malvacées et de la Monadelphie Polyandrie, établi par Linné, mais tellement rapproché du *Sida*, que Cavanilles et De Candolle l'ont réuni à celui-ci. *V.* SIDA. Lamarck et Jussieu (*Gen. Plant.*, p. 273) l'ont néanmoins admis à cause de quelques différences assez légères dans la position des pétales, la largeur du calice et la structure des pédicelles des fleurs. Linné ne comprenait dans son genre *Napœa*, que deux espèces, savoir : *N. lœvis* et *N. scabra*, ou *dioica*, qui sont devenus les *Sida Napœa* et *S. dioica* de Cavanilles et de De Candolle. Ce sont deux belles Plantes originaires de la Virginie, et qui sont cultivées dans les jardins botaniques d'Europe où elles se cultivent en pleine terre et se multiplient avec beaucoup de facilité pourvu qu'on ait la précaution de couvrir de litière les racines pendant l'hiver. Il serait à désirer qu'on leur donnât une plus grande attention, et surtout au *Napœa lœvis* qui, en outre de sa beauté comme Plante d'ornement, pourrait remplacer la Guimauve par ses racines émollientes, et dont les tiges fibreuses sont susceptibles de donner une filasse très-propre aux tissus.   (G..N.)

NAPEL. *Napellus.* BOT. PHAN. Espèce du genre Aconit. *V.* ce mot. (B.)

* NAPHTALINE. MIN. Nom donné à certain produit de la distillation de la Houille, qui a beaucoup de ressemblance avec le Bitume liquide ou Naphte dont il n'est vraisemblablement qu'une modification. (DR..Z.)

NAPHTE. MIN. Variété de Bitume liquide, transparente, d'un blanc jaunâtre ou d'un jaune orangé. *V.* BITUME.   (G. DEL.)

NAPIMOGA. BOT. PHAN. Ce genre de l'Icosandrie Trigynie, L., établi par Aublet (Plantes de la Guiane, 1, p. 592, t. 237) fait partie de la famille des Homalinées de R. Brown et de De Candolle. Ce dernier auteur (*Prodrom. Syst. Veget.*, 2, p. 54) ne le distingue même du genre *Homalium*, type de la famille, que par l'absence des glandes qui, dans le dernier genre, se trouvent à la base des lobes intérieurs du calice. Le *Napimoga Guianensis* est un Arbre de moyenne grandeur dont l'écorce est roussâtre ; le bois peu compacte, blanchâtre ; les feuilles alternes, elliptiques, oblongues, dentées en scie, et munies de deux stipules caduques. Les fleurs petites et verdâtres forment des grappes ou des épis terminaux ou axillaires. Cette Plante croît dans les forêts de la Guiane.   (G..N.)

NAPOLÉONE. *Napoleona.* BOT. PHAN. Palisot de Beauvois, dans sa Flore d'Oware et de Benin, a dédié ce genre à l'homme illustre qui, pendant vingt-cinq ans, présida aux destins de l'Europe, et qui protégea les sciences de toute l'étendue de son génie et de sa puissance. Il paraîtra donc bien étonnant à la postérité qui admire toujours les héros et ne partage pas les petites passions des contemporains, qu'on ait voulu changer le nom de *Napoleona*. C'est pourtant ce qui a été proposé par Desvaux (Journal de Botanique), qui a substitué au nom adopté celui de *Belvisia*. Les caractères de ce genre sont : un calice monosépale, adhérent par sa base avec l'ovaire infère, entouré de plusieurs petites écailles arrondies, ayant le limbe partagé en cinq divisions égales et coriaces ; une corolle double et épigyne ; l'extérieure monopétale, rotacée, plissée, membraneuse et colorée ; l'intérieure également monopétale et colorée, découpée à son bord en un grand nombre de lanières étroites, qui lui donnent une forme étoilée. Les étamines sont au nombre de dix ; réunies deux à deux par leurs filets, qui forment ainsi cinq androphores élargis et pétaloïdes, recourbés vers le centre de la fleur, tronqués et portant chacun à leur sommet deux anthères biloculaires et distinctes. L'ovaire est infère et arrondi, uniloculaire, polysperme. Le style est court et surmonté d'un stigmate aplati, pelté, à cinq angles égaux, sillonnés chacun dans leur milieu et recouvrant les anthères. Le fruit est une baie globuleuse couronnée par les lobes du calice, uniloculaire et polysperme. Ce genre est voisin des Passiflores dont il se distingue surtout par son ovaire infère. Palisot de Beauvois a, le premier d'après Jussieu, proposé d'en former une famille nouvelle sous le nom de Napoléonées et qui serait intermédiaire entre les Passiflores et les Cucurbitacées. C'est la même famille que Brown a nommée Bélvisées.

On ne connaît encore qu'une seule espèce de ce genre, le *Napoleona imperialis*, Beauvois, Oware, 2, p. 29, t. 79. Cet Arbrisseau est haut d'environ sept à huit pieds; ses fleurs, d'une belle couleur bleue d'azur, sont sessiles, axillaires, réunies plusieurs ensemble le long des rameaux. Ses feuilles sont alternes, ovales, oblongues, aiguës, entières, portées sur des pétioles courts. Il a été trouvé par Palisot de Beauvois dans les environs de la ville d'Oware. Lors de la publication de ce nouveau genre, plusieurs personnes en ont nié l'existence, en le regardant comme le fruit de l'imagination de l'auteur. Si nous pouvions penser qu'il fût nécessaire de joindre notre témoignage à ceux de l'auteur et de Jussieu, nous pourrions ici assurer que nous avons vu et bien vu de nos propres yeux cette Plante qui est telle qu'elle a été décrite et figurée par Beauvois. Elle existe aujourd'hui dans les superbes collections de Benjamin Delessert qui a fait l'acquisition de l'herbier de Beauvois, après la mort de ce savant.   (A. R.)

* **NAPOLÉONÉES.** *Napoleoneæ.* BOT. PHAN. R. Brown, dans une note de son excellent Mémoire sur le genre *Rafflesia*, a proposé de donner le nom de *Belvisieæ* à une famille nouvelle qui se compose des genres *Belvisia* de Desvaux nommé antérieurement *Napoleona* par Beauvois, et *Asteranthos* de Desfontaines. Ne pouvant admettre la dénomination inutilement et injustement donnée par Desvaux, nous nommons, avec la pluralité des botanistes, Napoléonées, cette nouvelle famille. Voici ses caractères : le calice est monosépale, persistant, adhérent avec l'ovaire infère; son limbe est divisé. La corolle est monopétale, caduque, offrant un grand nombre de plis rayonnans; elle est simple dans l'*Asteranthos*, double dans le *Napoleona*, où la plus intérieure paraît être formée par des étamines avortées et soudées. Les étamines sont définies (au nombre de dix) ou indéfinies; tantôt libres et distinctes, tantôt polyadelphes (*Napoleona*). L'ovaire est infère, à une seule loge contenant un grand nombre d'ovules; le style est simple, terminé par un stigmate anguleux ou lobé. Le fruit est une baie charnue, couronnée par les dents du calice. Les Napoléonées ne se composent encore que de deux Arbrisseaux dont l'un est originaire de l'Afrique équinoxiale et l'autre du Brésil. Leurs feuilles sont alternes, simples, dépourvues de stipules. Leurs fleurs sont solitaires et axillaires. Cette famille est très-distincte des Passiflorées par son ovaire infère, par son style et son stigmate uniques; elle se rapproche aussi des Cucurbitacées dont elle diffère par le nombre et la forme de ses étamines et la structure de son fruit. Elle forme donc un ordre distinct, mais intermédiaire entre ces deux familles.   (A. R.)

NAPOLIER. BOT. PHAN. L'un des noms vulgaires de la Bardane. *V.* ce mot.   (B.)

* **NAPU.** MAM. Nom malais du Chevrotain de Java. *V.* CHEVROTAIN.   (IS. G. ST.-H.)

NAPUS. BOT. PHAN. Nom scienti-

jet classé dans le genre
mot. (B.)

LIA. BOT. PHAN. Genre
de la famille des Renonculacées, et de
la Polyandrie Polygynie, L., proposé
par Adanson et adopté par De Candolle (*System. nat. Veget.*, 1, p. 167)
qui le caractérise ainsi : involucre
nul; calice à quatre ou cinq sépales
dont l'estivation est valvaire; corolle
composée de six à douze pétales linéaires un peu épais, plus longs
que le calice; caryopses nombreux,
oblongs, terminés par une longue
queue barbue, plumeuse, attachés par
la base à un stipe épais, tubuleux.
Ce genre est très-voisin de l'*Atragene*
ou *Clematis*, dont il a été démembré.
Il ne renferme qu'une seule espèce,
Naravelia zeylanica, D. C.; *Atragene
zeylanica*, L. Plante grimpante qui
croît dans les forêts et les lieux humides de Ceylan et d'autres contrées
de l'Inde-Orientale. Hermann l'avait
fait connaître sous le nom de *Nara-
vœl* qui a été imposé au genre par
Adanson. Cette Plante a le port des
Clématites, mais ses pétioles ne portent que deux segmens de feuilles
opposées à plusieurs nervures, et sont
terminés en vrilles, à la façon des
feuilles de *Lathyrus*. Les fleurs sont
disposées en panicules. (G..N.)

NARCAPHTE. BOT. PHAN. On donnait ce nom dans la pharmacie à
l'écorce de l'Arbre qui fournit l'Oli-
ban et qu'on employait en fumiga-
tions comme parfum dans les maladies du poumon. Il dérive de Nar-
capthon qu'on a aussi écrit Nascaphthon, qui dans Dioscoride désignait l'écorce d'un Mûrier qui venait
de l'Inde, et qu'on brûlait à cause de
sa bonne odeur. Les commentateurs
ont cru reconnaître dans cette écorce
le Macis, le bois d'Aigle et le Sto-
rax rouge. (B.)

* NARCISSE. OIS. Espèce du genre
Perroquet, division des Perruches.
V. PERROQUET. (DR..Z.)

NARCISSE. *Narcissus*. BOT. PHAN.
Genre type de la famille des Nar-

cisses de Jussieu, ou Amaryllidées
de R. Brown, et qui appartient à
l'Hexandrie Monogynie, L. Il est
ainsi caractérisé : périanthe tubuleux, dont le limbe est à six divisions égales et étalées, muni intérieurement d'une couronne (nectaire
de Linné) monophylle, pétaloïde,
entière ou divisée; étamines insérées
sur le tube et à l'intérieur de la corolle, plus courtes que celles-ci;
ovaire infère, surmonté d'un style
simple et d'un stigmate légèrement
trifide; spathe monophylle, membraneuse, fendue latéralement, d'où
sortent une ou plusieurs fleurs. Les
Narcisses sont des Plantes à bulbes tuniqués; leurs feuilles s'élèvent
de ces bulbes, et sont linéaires, ligulées, planes ou légèrement canaliculées, ayant une forte nervure ou côté
saillante sur leur face postérieure, ordinairement de couleur glauque, quelquefois d'un vert très-foncé. La hampe
porte une ou plusieurs fleurs terminales toujours plus ou moins penchées.

Salisbury et Haworth ont démembré le genre *Narcissus* de Linné,
en plusieurs auxquels ils ont donné
des noms particuliers, mais qui n'ont
pas encore reçu la sanction des botanistes. Ainsi les genres *Ajax*, *Corbu-
laria*, *Queltia*, *Schizanthes*, *Ganime-
des*, *Phylogyne*, *Hermione*, *Diome-
dea*, etc., ont été constitués d'après
des caractères évidemment trop faibles
pour mériter d'être distingués autrement que comme des sections plus ou
moins naturelles d'un même genre.
Cependant nous avons eu soin, et
nous aurons soin par la suite d'indiquer les légères différences qui séparent chacun de ces groupes et les
noms des espèces de *Narcissus* dont
ils sont formés. *V*. leurs articles res-
pectifs, soit dans le cours de ce Dictionnaire, soit dans le Supplément,
pour les mots omis ou qui ont été publiés postérieurement.

Linné avait considérablement réduit le nombre des espèces de Narcisses porté par Tournefort et par
les vieux botanistes à plus de quatre-vingts, d'après les moindres va-

riations de couleurs et du nombre des fleurs. On en compte aujourd'hui environ soixante, toutes indigènes des contrées que baigne la Méditerranée; une seule a été trouvée en Amérique. Dans ce nombre, nous ne pouvons décrire ici que celles qui font l'ornement de nos jardins, au premier réveil de la nature, et quand à peine les frimats ont disparu. Ces Plantes ont été distribuées en plusieurs sections, d'après la forme de leurs feuilles, planes ou cylindriques, et d'après leur hampe uniflore ou multiflore.

Le NARCISSE DES POÈTES, *Narcissus poeticus*, L.; Bull., Herb., t. 306; Redouté, Liliacées, 5, t. 160. Vulgairement connu en diverses parties de la France sous les noms de Jeannette ou Genette. Ses feuilles sont glauques, presque planes; sa hampe porte ordinairement une seule fleur dont les divisions du périanthe sont d'un blanc de lait très-pur, et la couronne fort courte, ne formant qu'un anneau intérieur crénelé sur ses bords et de couleur safranée ou rougeâtre. L'odeur de cette fleur est agréable, quoiqu'un peu trop forte. Très-répandue dans les prés des parties méridionales de l'Europe, cette espèce est cultivée abondamment dans nos jardins où elle fleurit vers la fin d'avril et le commencement de mai. C'est cette fleur que les poëtes de l'antiquité ont rendue célèbre par de touchantes allégories. Un jeune homme, croyant voir les traits de sa sœur chérie dans l'onde paisible et réfléchissante d'une fontaine, ne pouvait se détacher de cette douce illusion. Amoureux par le fait de sa propre figure, victime d'une erreur ou d'un goût contre nature que les anciens ne paraissaient pas condamner, il fut digne de la pitié des dieux qui le métamorphosèrent en la fleur qui porte son nom. Peut-être aussi la blancheur des fleurs du Narcisse a-t-elle suffi pour le faire désigner comme l'emblème des céladons de tous les temps, dont la figure pâle et efféminée contraste avec le teint brun et viril des héros. Ovide

(*Metam*. T. III, v. 509) a peint le *Narcissus poeticus* en des vers aussi élégans qu'exacts pour la description.

Cette espèce est considérée par tous les auteurs comme le type générique des Narcisses. Aussi n'en a-t-elle pas été séparée même par ceux qui se sont fait un jeu de morceler ce beau genre.

Le NARCISSE DES PRÉS, *Narcissus Pseudo-Narcissus*, L.; Bull., Herb., tab. 389; Orfila, Leçons de médecine légale, tab. 2. Vulgairement Narcisse sauvage, Porillon, Aiault, Clochette des bois, etc. Son bulbe est arrondi, composé de tuniques très-serrées. Ses feuilles sont linéaires, aplaties, obtuses, un peu plus courtes que la hampe qui est terminée par une seule fleur, grande, jaune et légèrement inclinée; le limbe du périanthe est à six divisions ovales, aiguës; la couronne, dont le bord est frangé, forme un tube très-grand, égal à la longueur des segmens du périanthe et campaniforme. Cette Plante est assez commune dans les localités humides et dans les bois de l'Europe tempérée et méridionale. Aux environs de Paris, et notamment dans le bois de Vincennes, elle fleurit dès les premiers jours de mars. Sur les sommités des Alpes ainsi que dans le Jura, c'est une des fleurs qui avec le *Crocus vernus*, le *Soldanella alpina*, apparaissent aussitôt après la fonte des neiges; en sorte que dans ces localités montagneuses on trouve le Narcisse en fleur tant que dure l'été, c'est-à-dire jusqu'à la moitié de septembre. D'après quelques essais tentés par les docteurs Dufrenoy et Loiseleur-Deslongchamps, le Narcisse des prés est doué de qualités actives capables de provoquer le vomissement; des médecins ont employé ses fleurs avec succès contre certaines affections spasmodiques, la coqueluche des enfans, la diarrhée, la dysenterie et les fièvres intermittentes. Les expériences du professeur Orfila ont constaté que l'extrait de ces fleurs, ingéré à la dose d'un gros à un gros et demi, dans le système circulatoire d'un Chien, causait sa mort dans l'espace de moins d'une journée. Quatre gros de cet extrait administré par la bouche, ont produit un semblable résultat. En conséquence les fleurs de Narcisse, prises à haute dose, sont regardées avec raison comme un poison assez actif, dont le principe semble résider dans sa matière extractive et colorante. Les bulbes des Narcisses participent aux qualités vénéneuses des fleurs; elles font vomir avec violence, et sous ce rapport on doit signaler leur danger aux personnes qui, sur la foi de quelques auteurs imprudens ou sans expérience, seraient tentées de les regarder comme alimentaires. Leur activité ne dépend pas d'un principe volatil susceptible d'être dissipé par la coction, car les bulbes desséchés et réduits en poudre déterminent le vomissement à la dose de quarante à cinquante grains.

Le *Narcissus Pseudo-Narcissus* a été érigé en genre distinct, sous le nom d'*Ajax*, par Salisbury (*Trans. Hort.*, p. 347). Cet auteur lui a réuni plusieurs autres Narcisses très-voisins, comme les *Narcissus grandiflorus*, *minor*, *bicolor*, etc. Haworth (*Narciss. Revisio*), ayant admis les genres proposés par Salisbury, a de son côté augmenté le nombre des espèces, de sorte que le seul *Ajax festalis* (nom que Salisbury donne au *Narcissus Pseudo-Narcissus*) forme, au yeux de Haworth, deux ou trois espèces.

Le Narcisse Tazette, *Narcissus Tazetta*, L., vulgairement Narcisse à bouquet. Ses feuilles sont planes, glauques, légèrement canaliculées; la hampe presque cylindrique porte plusieurs fleurs très-odorantes, dont la couronne est en godet, un peu crénelée sur ses bords, d'un jaune orangé et de la moitié plus courte que les divisions du périanthe qui sont blanches. Cette Plante croît dans les prairies humides des contrées méridionales de l'Europe; elle y fleurit dès le mois de février. On la cultive avec facilité sous le climat de Paris où elle donne des fleurs un peu plus tard; mais lorsqu'on expose ses bulbes à la chaleur d'un appartement, ils végètent et fleurissent au milieu de l'hiver.

Le Narcisse Jonquille, *Narcissus Jonquilla*, L.; Bull., Herb., t. 334. Cette espèce a des feuilles demi-cylindriques, subulées et offrant la forme de celles de quelques espèces de Joncs. La hampe cylindrique ne porte, à l'état sauvage, qu'une à deux fleurs; mais ce nombre augmente par la culture. La couronne est en forme de coupe très-évasée, très-courte, du tiers au moins de la longueur des segmens du périanthe. Ces fleurs sont d'un jaune vif, et elles exhalent un parfum agréable. La Jonquille croît spontanément dans le bassin de la Méditerranée; elle est commune dans nos départemens méridionaux que baigne cette mer. On la cultive fréquemment dans les jardins où elle donne une variété à fleurs doubles. Une espèce voisine de la précédente est aussi cultivée dans les jardins à cause de la beauté et de la bonne odeur de ses fleurs. C'est le *Narcissus odorus*, L., et Redouté, Liliacées, 3, t. 157. On lui donne les noms de grosse Jonquille et grande Jonquille; sa hampe porte quatre à cinq fleurs jaunes, dont la couronne est en cloche, divisée sur les bords en lobes arrondis, et de moitié plus courte que les divisions du périanthe.

Le genre *Hermione*, de Salisbury et d'Haworth, est fondé sur cette Plante, à laquelle sont réunies une foule d'espèces nouvelles établies sur des Plantes cultivées et dont on ignore l'origine.

Le Narcisse Bulbocode, *Narcissus Bulbocodium*, L., Redouté, Lil., 1, t. 24, vulgairement Trompette de Méduse. Les feuilles de cette espèce ressemblent assez à celles de la Jonquille; mais elles sont moins cylindriques, et marquées d'un sillon longitudinal plus profond. La hampe ne porte qu'une seule fleur d'un jaune clair, et remarquable surtout par sa

28*

couronne en forme de pavillon de trompette plus longue que les segmens du périanthe qui sont lancéolés. Cette Plante est indigène de l'Orient et des contrées méridionales de l'Europe ; on la trouve fréquemment en Espagne et dans les Basses-Pyrénées. De tous les Narcisses, c'est celui qui paraît le plus délicat dans sa culture, car il exige qu'on le plante en terre de bruyère humide.

Les diverses espèces de Narcisses, et particulièrement les *Narcissus poeticus, major, incomparabilis*, etc., sont très-robustes et ne demandent que peu de soins. Elles supportent facilement le froid de nos hivers, surtout lorsque la terre est couverte de neige. Comme les espèces multiflores, celles qu'on nomme Narcisses à bouquets, sont originaires de climats plus chauds ; elles craignent les gelées fortes, et il est nécessaire de les en garantir en les couvrant avec de la litière. Quoique les Narcisses viennent bien dans toutes sortes de terrain, cependant ils paraissent beaucoup mieux réussir dans une terre sablonneuse et légère. Ils se multiplient aisément par le moyen des cayeux que l'on a soin de séparer des bulbes autour desquels ils se produisent. Les semences seraient un bon moyen de multiplication, si ce moyen n'était pas aussi lent ; on l'emploie néanmoins lorsqu'on veut se procurer de nouvelles variétés dans les couleurs. Les Narcisses étant des Plantes de pur agrément, les jardiniers fleuristes ont cherché à obtenir par la culture un grand nombre de variétés dans la couleur et dans les formes ; mais les fleurs doubles qu'ils ont fait développer sont loin de valoir les Narcisses à fleurs simples, dont la couronne centrale, diversement colorée, est bien plus agréable à l'œil que ces fleurs dégénérées où l'on n'aperçoit qu'une touffe d'organes pétaloïdes entièrement déformés et sans grâce.

On a nommé vulgairement NARCISSE D'AUTOMNE, le *Colchicum autumnale*.

NARCISSE INDIEN, les Liliacées du genre *Hœmanthus*.

NARCISSE DE MER, le *Pancratium maritimum*, etc. (G..N.)

* NARCISSÉES. *Narcisseœ*. BOT. PHAN. La famille de Plantes monocotylédones admise sous ce nom et primitivement sous celui de *Narcissi* par Jussieu, comprend les deux ordres naturels auxquels R. Brown a donné les noms d'Amaryllidées et d'Hémérocallidées. Les caractères du premier de ces ordres et les genres qui le composent ont été exposés. *V.* AMARYLLIDÉES. L'article HÉMÉROCALLIDÉES, ayant été omis à sa place alphabétique, sera traité au Supplément. Nous devons néanmoins avertir que la famille des Narcissées, telle que l'entend le célèbre professeur du Jardin du Roi, ne doit pas former deux familles distinctes, malgré l'ovaire libre dans les Hémérocallidées, et adhérent dans les Amaryllidées, et qu'elles ne doivent être considérées que comme deux sections ou sous-ordres, puisque, dit-il, l'on remarque la plus grande affinité entre plusieurs genres des deux groupes, entre l'*Amaryllis* et l'*Hemerocallis*, et surtout entre l'*Agapanthus* et le *Crinum* auparavant réunis dans le même genre. (G..N.)

NARCISSITIS. MIN. La Pierre mentionnée sous ce nom par Pline, qui lui attribue des veines et l'odeur du Lierre, n'est plus connue. (B.)

NARCISSO-LEUCOIUM. BOT. PHAN. Ce vieux nom, employé par Swartz dans sa Florilégie, avait été adopté par Tournefort pour désigner un genre de Liliacées qui a été depuis divisé en *Galanthus* et *Leucoium*. *V.* ces mots. (B.)

NARCISSO-LILIUM ET NARCISSOLIRION. BOT. PHAN. Noms que C. Bauhin, Lobel et les anciens botanistes donnaient au *Tulipa sylvestris*, L. (B.)

NARCISSUS. BOT. PHAN. *V.* NARCISSE.

* NARCOBATE. *Narcobatus*. POIS. Le genre formé sous ce nom par Blainville répond au sous-genre Torpille de Cuvier. *V*. RAIE. (B.)

NARCOTINE. CHIM. Substance contenue dans l'Opium, blanche, insipide, inodore, cristallisable en prismes droits, brûlant avec flamme par sa projection sur les charbons ardens; fusible à une légère chaleur, puis se décomposant et donnant tous les produits des substances animales; insoluble dans l'eau froide; se dissolvant dans cent parties d'Alcohol. Son action sur l'économie animale est très-vive, mais la présence d'un Acide la neutralise. (DR..Z.)

NARD. *Nardus*. BOT. PHAN. Genre de la famille des Graminées et de la Triandrie Monogynie, L., ainsi caractérisé : lépicène à deux valves, l'extérieure longue, très-aiguë, l'intérieure membraneuse; point de glumes intérieures; trois étamines plus courtes que les valves de la lépicène; style filiforme, pubescent, terminé par un stigmate simple; caryopse linéaire, enveloppée dans les valves persistantes de la lépicène. Linné, qui est le fondateur de ce genre, n'y a compris que trois espèces; savoir: *Nardus stricta, aristata* et *ciliaris*. La première est la seule qui appartienne légitimement au genre *Nardus;* la seconde a été convenablement placée dans le genre *Rottboella* par Cavanilles; et la dernière, qui croît dans l'Inde-Orientale, pourrait bien ne pas se rapporter au genre où Linné l'a placée. Tous les autres Nards décrits par les auteurs modernes font partie du genre *Rottboella*. Le *Nardus stricta* a une racine vivace et fibrilleuse de laquelle s'élève une touffe de chaumes grêles, roides, dont les feuilles sont sétacées; les épis, de couleur ordinairement violacée, ont les fleurs terminées d'un seul côté. On trouve cette Plante dans les lieux arides et montueux de l'Europe. Elle est assez commune sur les rochers à Fontainebleau.

Plusieurs Plantes, qui n'ont aucun rapport avec celles dont nous venons de parler, ont été nommées Nard par les anciens. Ainsi leur Nard celtique est le *Valeriana celtica*. Le *Nardus agrestis* de Tragus est le *Valeriana Phu*. Pline a donné le même nom de *N. agrestis* au Cabaret, *Asarum europœum*, L. On rapporte encore aux Valérianes les *Nardus montana* de Camerarius, et *N. cretica* de Prosper Alpin. Le *Nardus italica* de Mathiole et de Lobel, le *N. germanica* de Lonicer, se rapportent au *Lavandula latifolia*. Enfin on a donné les noms de *Nard indien* ou *indique* et *Spicanard* dans les pharmacies, à une Plante de l'Inde que Linné a décrite sous le nom d'*Andropogon Nardus*. *V*. ANDROPOGON. (G..N.)

* NARDINA. BOT. PHAN. (Gmelin.) Pour *Nandina*. *V*. ce mot. (G..N.)

* NARDOSMIE. *Nardosmia*. BOT. PHAN. Genre de la famille des Synanthérées et de la Syngénésie superflue, L., proposé par Cassini (Dict. des Scienc. Natur. T. XXXIV) et caractérisé de la manière suivante : hampe portant plusieurs calathides. Involucre cylindracé, turbiné, composé de folioles à peu près égales, presque sur un seul rang, appliquées, oblongues, un peu aiguës, membraneuses sur les bords. Réceptacle planiuscule, absolument nu. Calathide dont le disque est formé de fleurons nombreux, réguliers et mâles; la circonférence d'un seul rang de demi-fleurons en languettes, à peu près au nombre de douze et femelles. Dans les fleurs du disque, on voit un faux ovaire stérile surmonté d'une aigrette de poils peu nombreux; les corolles sont glabres, tubuleuses, à limbe régulier et campaniforme, divisé en cinq segmens réfléchis; les étamines ont des appendices seulement au sommet. Les fleurs de la circonférence présentent un ovaire oblong, strié, glabre, muni de bourrelets apicilaire et basilaire, surmonté d'une aigrette composée de poils nombreux et légèrement plumeux. Les corolles ont un tube et

une languette très-longs. Le style est terminé par deux branches très-divergentes. Ce genre est formé aux dépens du *Tussilago* de Linné, maintenant divisé en plusieurs. Il est intermédiaire entre les vrais Tussilages et le *Petasites*, car il offre la calathide radiée des premiers et la hampe multiflore des seconds. Son auteur lui trouve en outre de l'analogie avec le *Leibnitzia*, en ce que l'involucre égale les fleurs de la circonférence qui s'élèvent à peine plus haut que celles du disque et restent dressées. Les espèces qui composent le genre en question sont : 1° *Nardosmia denticulata*, Cassini, ou *Tussilago fragrans*, Villars. Cette Plante est indigène de l'Italie et de quelques localités de la France méridionale. On la cultive dans les jardins à cause de sa bonne odeur qui lui a valu le nom d'Héliotrope d'hiver ; elle fleurit durant cette saison. 2° *Nardosmia angulosa*, Cass., *Tussilago frigida*, L. Cette espèce croît dans la Sibérie et dans les contrées les plus septentrionales de l'Europe. 3° *Nardosmia straminea*, Cass., *Tussilago lævigata*, Willd. ; elle croît, comme la précédente, en Sibérie. Le *Tussilago japonica*, Willd., est peut-être une quatrième espèce de Nardosmie. (G..N.)

NAREGAM. BOT. PHAN. Ce nom, précédé de quelques mots également d'origine indienne, est employé par Rhéede (*Hort. Malab.*, vol. X, p. 27-31, tab. 12-14, et vol. 10, p. 43, tab. 22) pour désigner plusieurs Plantes qui n'appartiennent point au même genre et à la même famille. Le *Mal-Naregam*, figuré sous le nom de *Catu-Tsjeru-Naregam* (*loc. cit.*, tab. 12), a été adopté comme genre par Adanson qui l'a placé près du *Citrus*, mais le fruit uniloculaire à un seul noyau ne confirme pas ce rapprochement. Le *Catu-Naregam* (*loc. cit.*, tab. 13) a le fruit couronné par le calice persistant, et conséquemment ne peut être une Aurantiacée. Le *Tsjeru-Catu-Naregam* (*loc. cit.*, tab. 14) est certainement le *Li-*

monia crenulata de Roxburgh et de De Candolle ; c'est aussi le synonyme qu'Adanson donne à son genre *Naringi*. Enfin le *Nela-Naregam* (*loc. cit.*, vol. 10, tab. 22) est une petite Plante à feuilles trifoliées et à pétioles décurrens, mais dont les détails floraux sont si incomplets qu'il est impossible de prononcer quelque chose de vraisemblable sur les affinités de la Plante. Le suc de cette Plante est employé dans l'Inde contre la gale. On fait infuser dans l'eau sa racine aromatique, d'une saveur âcre et d'une couleur jaune, pour guérir les fièvres qui accompagnent l'épilepsie. (G..N.)

NAREGIL. BOT. PHAN. Syn. arabe de Coco, d'où *Nargel* des Persans, etc. (B.)

NAREL. MOLL. Adanson nomme ainsi (Voy. au Sénég., p. 59, pl. 4) une Coquille que Linné plaçait parmi les Volutes, et que Lamarck a remise dans le genre Marginelle sous le nom de *Marginella Faba. V.* MARGINELLE. (D..H.)

NARGIS. BOT. PHAN. (Delile.) Forskahl écrit Nardjis. Le *Narcissus Tazetta* chez les Arabes. (B.)

NARHWAL. MAM. C'est, suivant Lacépède, le nom norvégien et islandais du Narval. *V.* ce mot. (IS. G. ST.-H.)

* **NARICA.** MAM. *V.* COATI.

* **NARINA.** OIS. Espèce du genre Couroucou. *V.* ce mot. (DR..Z.)

NARINES. ZOOL. On désigne sous ce nom les orifices, soit antérieurs, soit postérieurs, du conduit crânio-respiratoire, c'est-à-dire du premier segment de ce canal par lequel le fluide respiratoire est transmis au poumon ; les postérieurs sont appelés Narines postérieures ou Arrière-Narines ; les antérieurs, Narines antérieures ou tout simplement Narines. Les Narines antérieures, toujours situées extérieurement, fournissent au zoologiste, par leurs variations de forme, de grandeur et de position, des caractères qu'on doit bien se garder de négliger, car en même temps qu'elles donnent passage au fluide respiratoire, elles transmettent aussi les odeurs à l'appareil attractif, et, remplissant ainsi une double fonction, elles ont une double importance physiologique. La plus remarquable de leurs modifications est sans contredit celle qu'elles subissent chez les Cétacés. *V.* ce mot et ÉVENTS.

(IS. G. ST.-H.)

NARINGI. BOT. PHAN. Le genre adopté sous ce nom indou par Adanson est formé sur une Plante figurée par Rhéede (*Hort. Malab.*, 4, tab. 14) et que Roxburgh a décrite sous le nom de *Limonia crenulata.* (G..N.)

NARON. BOT. PHAN. Ce nom était anciennement employé par Daléchamp pour désigner le Rosier, et, selon Adanson, Nicander nommait ainsi l'*Iris.* Medicus et Mœnch l'ont appliqué de nouveau à un genre formé sur le *Morœa iridioides*, qui diffère peu du *Vieusseuxia* de De Candolle. (G..N.)

NARPHTE. BOT. PHAN. (Théophraste.) Probablement le Nascaphthon de Dioscoride. *V.* NARCAPHITE.

(B.)

* NARRE. BOT. CRYPT. Le *Pteris esculenta* dans plusieurs îles de l'océan Pacifique où l'on se nourrit de ses racines. (B.)

NARTHÈCE. *Narthecium.* BOT. PHAN. Ce nom a été donné par les auteurs à des genres assez différemment caractérisés et circonscrits, mais qui appartiennent à la classe des Monocotylédones, et aux familles des Joncées et Colchicacées. Celui proposé par Mœhring, dans les Ephémérides des Curieux de la Nature, vol. VI, p. 389, tab. 5, a été formé sur l'*Anthericum ossifragum*, L., qui est le type du genre *Abama* de la Flore Française. *V.* ce mot. Le *Narthecium* de Jussieu et Lamarck a reçu le nom de *Tofieldia*, imposé par Smith, et qui a été généralement adopté. *V.* TOFIELDIE. (G..N.)

NARTHICOIDES. BOT. PHAN. Le *Seseli annuum*, L., et quelques espèces voisines qui n'en sont probablement que des variétés, étaient ainsi nommés par Thalius. (G..N.)

NARU-KILA. BOT. PHAN. Rhéede (*Hort. Malab.*, 11, tab. 34) a décrit sous ce nom malais le *Pontederia ovata*, L., ou *Phrynium capitatum*, Willd. Adanson l'a adopté comme générique. (G..N.)

NARUM. BOT. PHAN. Adanson a substitué ce nom comme générique à celui d'*Uvaria*, sur ce que Rhéede (*Malab.* T. II, tab. 9) décrit l'*Uvaria zeylanica* sous le nom barbare de pays *Narum-Panel. V.* UVARIA. (B.)

NARU-NINDI ou NUNDI. BOT. PHAN. C'est le nom que porte au Malabar le *Ceropegia tenuifolia*, L.; il est décrit et figuré par Rhéede (*Hort. Malab.*, vol. X, p. 67, tab. 34).

(G..N.)

NARVAL. *Monodon.* MAM. (On écrit aussi Narwhal, Narwal et Narhwal.) Genre de l'ordre des Cétacés, appartenant, suivant la méthode de Cuvier, à la première section de la seconde famille, c'est-à-dire au groupe des Cétacés ordinaires, ou Souffleurs à tête proportionnée avec le corps. Il se distingue très-facilement, soit des genres *Delphinus*, *Hyperoodon* et *Anarnacus*, à côté desquels il se trouve ainsi placé, soit de tous les autres genres du même ordre, par les modifications extrêmement remarquables de son système dentaire. Nous avons montré ailleurs (*V.* MAMMIFÈRES) que parmi les trois sortes de dents, les molaires sont celles dont l'existence est la plus constante, ce qui s'explique bien par leurs fonctions plus constamment liées à celles des autres organes de la nutrition : le genre *Monodon* fait exception sous ce rapport; car les seules dents qu'on retrouve chez lui, ne peuvent être considérées comme des molaires, ainsi que nous le verrons. Si maintenant nous venons à examiner leur forme, leur direction, leurs usages, et surtout leur position et leur nombre; nous reconnaîtrons que le Narval est encore par toutes ces considérations dans un état d'anomalie non moins remarquable : on ne voit en effet le plus souvent qu'une seule dent, implantée dans l'os intermaxillaire, droite, mais sillonnée en spirale, longue de plusieurs mètres, mais dirigée en avant dans l'axe du corps, et placée, non pas sur la ligne médiane, comme le sont chez tous les autres Mammifères, tous ceux des organes impairs qui s'aperçoivent à l'extérieur, mais bien sur les parties latérales : il est inutile d'ajouter qu'elle ne peut en aucune manière être considérée comme un organe de mastication, ni même comme un organe qui se rapporte par ses fonctions à l'appareil digestif. Tels sont les principaux caractères que présente le système de dentition du Narval, du moins chez l'adulte, car le jeune présente des différences très-dignes d'attention, et qui expliquent la plus remarquable des anomalies que nous venons de signaler, le défaut de symétrie. En effet, et ce fait très-curieux est déjà assez anciennement connu, il existe dans le premier âge deux germes dentaires semblables, placés l'un à droite, l'autre à gauche, en sorte que l'Animal est alors parfaitement symétrique, comme le sont généralement tous les Mammifères, soit à l'état adulte, soit dans le jeune âge. Cette disposition persiste même le plus souvent pendant toute la durée de la vie chez les femelles : mais chez les mâles, l'une des deux défenses (c'est ordinairement celle du côté gauche) ne tarde pas à sortir de l'alvéole, et elle acquiert alors des dimensions considérables ; l'autre au contraire avorte par une raison que l'on conçoit facilement : « La dent qui reste dans l'alvéole, dit Cuvier (Ossemens fossiles, T. v, première partie), se remplit, et c'est même pour cela qu'elle avorte : l'autre grandit par la raison qu'elle conserve la cavité de son axe, et qu'elle y loge, sans l'étrangler, le noyau pulpeux qui lui fournit des accroissemens. » On peut donc dire du Narval, qu'il a véritablement deux

dents placées symétriquement sur l'un et l'autre côté de la mâchoire ; mais que la droite avorte, tandis que la gauche acquiert des dimensions qui surpassent celles que nous observons chez tous les autres Animaux, comme si tous les élémens qui composent les dents de ces derniers, se fussent chez le Narval réunis dans un seul, et que la diminution numérique des corps dentaires fût ici compensée par l'immense augmentation en volume de celui qui est demeuré seul.

On voit donc que le défaut de symétrie ne constitue pas à l'égard du genre *Monodon* une anomalie d'une aussi haute importance qu'aurait pu le faire supposer un examen superficiel : remarquons même que beaucoup de Mammifères nous présentent accidentellement dans certains cas quelque chose d'analogue à ce qui a lieu ordinairement et d'une manière permanente chez le Narval, et que, réciproquement, ce Cétacé retombe quelquefois lui-même dans les conditions organiques de l'état normal des autres Mammifères. Ainsi on voit quelquefois des Narvals chez lesquels les deux défenses sont sorties de l'alvéole, et ont acquis l'une et l'autre des dimensions considérables, ainsi qu'Anderson (Histoire du Groenland), Reisel (Ephémérides des Curieux de la Nature), Albers (*Icones ad illustrandam anatomen comparatam*, pl. 2 et 3), Bonnaterre (Encycl. Méthod.), Lacépède (Cétacés pl. 11), et quelques autres naturalistes en ont fait connaître divers exemples. Au reste l'existence de Narvals à deux dents également développées, est un fait qui ne doit nullement étonner, et que l'on conçoit même très-bien, puisque les élémens dentaires existant primitivement semblables à droite et à gauche, on ne voit pas pourquoi ce qui arrive ordinairement d'un côté, ne pourrait pas quelquefois avoir lieu de l'autre. Ces considérations ont même frappé plusieurs auteurs, au point de les porter à changer le nom de

Monodon, que Linné avait donné à ce genre : c'est ainsi que ceux de *Diodon*, de *Ceratodon* et de *Narwalus* ont successivement été proposés par Storr, par Brisson et Illiger et par Lacépède : celui de *Narwalus* a même été adopté par quelques naturalistes français et allemands. Nous croyons néanmoins devoir conserver, avec Cuvier et Desmarest, l'ancienne dénomination, qui, sans être beaucoup plus exacte que celles récemment proposées, a du moins l'avantage de se rapporter à l'anomalie si remarquable qui caractérise le Narval.

C'est en effet seulement par son système dentaire que ce genre se distingue d'une manière bien tranchée des autres Cétacés, et particulièrement des genres *Delphinus* et *Hyperoodon* : il se rapproche de ces derniers par son organisation intérieure, ainsi que le prouvent le petit nombre de détails qu'ont donnés sur son squelette Sachs, Scoresby, Everard Home, Cuvier et quelques autres auteurs. Les vertèbres sont, suivant Scoresby, au nombre de cinquante-quatre, dont sept cervicales, douze dorsales et trente-cinq lombaires et caudales : les os en V ou furcéaux commencent entre la trentième et la trente-unième, et finissent entre la quarante-deuxième et la quarante-troisième. Les os de la main ressemblent beaucoup à ceux du Marsouin; mais les doigts sont plus égaux, ainsi que l'indique une figure donnée par Sachs dans sa Monocérologie, pl. 3. Enfin le crâne a été figuré ou décrit avec plus ou moins d'exactitude par plusieurs auteurs, au nombre desquels nous citerons Camper, Bonnaterre et quelques-uns des auteurs que nous avons déjà nommés : Cuvier l'a aussi représenté dans son ouvrage sur les Ossemens Fossiles (T. V, première partie, pl. 22), et a montré qu'il présente dans sa structure les caractères des Dauphins. « C'est à la tête du Béluga (*Delphinus Leucas*), dit l'illustre professeur (*loc. cit.*, p. 523), que celle du Narval ressemble le plus

par l'uniformité de sa convexité, par la direction presque rectiligne des bords de son museau, par deux sillons profonds qui dessinent une demi-ellipse et une longue pointe sur les intermaxillaires au-dessous des narines, et par les pointes que forment ses ptérygoïdiens au bord postérieur de ses arrière-narines. La partie du museau, et surtout des intermaxillaires, est plus élargie que dans les Dauphins. Les intermaxillaires remontent jusque tout près des os du nez. Les trous dont les maxillaires sont percés dans leur partie élargie, et qui tiennent lieu de sous-orbitaires, sont grands et nombreux. L'échancrure qui sépare cette partie élargie du museau, est petite, et le dessus de l'orbite peu saillant. Les os du nez sont fort petits, et la narine gauche est plus petite que l'autre. »

Lacépède avait cru pouvoir distinguer trois espèces de Narval, le Narval vulgaire, *Narwalus vulgaris*, le Narval microcéphale, *N. microcephalus* et le Narval d'Anderson, *N. Andersonianus*; et cette manière de voir a été adoptée par la plupart des zoologistes qui ont écrit depuis l'illustre auteur de l'Histoire Naturelle des Cétacés. L'existence de trois espèces de *Monodon* est cependant un fait qu'on ne peut plus admettre dans l'état présent de la science : car, comme l'a montré Cuvier, les différences qui existent entre les deux premières espèces tiennent seulement à ce que la peau de l'individu, type de la figure donnée par Klein, et reproduite par tous les naturalistes comme celle du Narval vulgaire, avait été très-mal préparée et beaucoup trop bourrée, ce qui avait fait donner à l'Animal des formes toutes différentes de celles du Microcéphale, c'est-à-dire du véritable Narval. Quant au *Narwalus Andersonianus*, auquel Lacépède assignait pour caractères des défenses lisses, et non pas striées ou cannelées, Cuvier ne le regarde aussi que comme une espèce nominale à laquelle aurait donné lieu l'examen de dents renfermées dans l'alvéole : on sait en effet que celles qui avortent, ont toujours leur surface unie. Enfin le Cétacé qu'Otho Fabricius a décrit dans sa Faune du Groenland, et dont on avait fait, sous le nom de *Monodon spurius*, un véritable Narval, doit être écarté de ce genre, suivant l'opinion unanime de tous les auteurs modernes qui le regardent, les uns comme un Dauphin, les autres comme le type d'un genre nouveau (*V.* ANARNAK). Quant aux défenses fossiles de Narval dont parlent plusieurs auteurs, non-seulement elles paraissent appartenir à l'espèce commune; mais il est même possible, comme l'a remarqué Cuvier, qu'elles aient simplement été altérées pour avoir été exposées dans des circonstances particulières à l'action des élémens, et que ce soit ainsi à tort qu'on les ait regardées comme fossiles.

Ainsi, suivant Cuvier, on ne connaîtrait encore qu'une seule espèce de Narval, décrite et figurée par Lacépède sous le nom de *microcephalus*, et à laquelle on doit rapporter aussi le *vulgaris* et l'*Andersonianus*. Ce nom de *Narwalus microcephalus*, c'est-à-dire Narval à petite tête, ne peut d'ailleurs être adopté, si l'on n'admet qu'une seule espèce; car il ne peut d'aucune manière convenir à un Animal, que par comparaison avec un autre dont la tête aurait plus de volume ou de grandeur; et, comme nous venons de le dire, ce terme de comparaison manquerait ici : nous ne pouvons donc mieux faire que de nous en tenir à la nomenclature de Linné et des auteurs systématiques qui appelaient le Narval *Monodon Monoceros*, c'est-à-dire Narval Licorne. Le Narval a en effet reçu le nom de Licorne de mer, parce que sa dent, ou, comme on le disait, sa corne unique le mettait en rapport avec la Licorne ou le fameux *Monoceros* des anciens; et on peut même dire, sous un point de vue, qu'il y a quelque chose de réel dans ce rapprochement, si du moins la Licorne n'est, comme nous le pensons, qu'une de ces Antilopes unicornes par

anomalie, dont parle Pallas (*V.* LICORNE) dans ses *Spicilegia zoologica* : car dans ce cas, comme dans celui de Narval, il y aurait défaut de symétrie produit par un avortement, en sorte qu'on peut voir dans l'un et dans l'autre, quelque chose d'analogue, toutefois avec de grandes différences dans les causes comme dans les effets, puisqu'il s'agit ici d'organes aussi dissemblables par leur structure et par leur position, que le sont les dents et les prolongemens frontaux des Ruminans.

Le Narval se rapproche par ses formes générales des Dauphins à tête ronde, et particulièrement du Béluga auquel il ressemble aussi, comme nous l'avons déjà vu, par la composition de son crâne. Il n'a point de véritable nageoire dorsale; toutefois on remarque sur le dos une arête irrégulière, très-étendue en longueur, mais si peu saillante qu'elle n'a guère que deux pouces de haut. Les pectorales sont courtes, étroites, et coupées obliquement, et les deux lobes de la caudale sont arrondis et recourbés vers le corps. Les évents ressemblent à ceux des Dauphins, et il en est de même, suivant Cuvier, du larynx. Quant aux couleurs de l'Animal, elles présentent quelques variations : le dos est, dans le jeune âge, grisâtre avec de petites taches d'une nuance plus foncée, et, chez l'adulte, blanchâtre avec de petites taches grises ou brunes dont l'intensité n'est pas la même chez tous les individus. Ces taches diminuent sur les flancs, et disparaissent à la partie inférieure du corps. Les bords des nageoires sont noirâtres. Nous avons déjà vu que le plus souvent, les deux défenses avortent chez la femelle, et qu'au contraire l'une d'elles, et quelquefois toutes deux, se développent chez le mâle : nous devons ajouter qu'il existe aussi des femelles chez lesquelles une des dents vient à prendre les dimensions qui sont ordinairement propres à celles des mâles.

Tels sont les caractères du Narval,

suivant l'illustre auteur de l'ouvrage sur les Ossemens Fossiles , que nous avons cru devoir suivre dans cet article , quoique sa description s'éloigne , à beaucoup d'égards , de celles données plus anciennement par plusieurs auteurs , et par Lacépède lui-même : en effet, ne pouvant faire connaître le Narval d'après nos propres observations, puisque nous n'avons jamais eu l'occasion de voir un seul individu , et trouvant d'ailleurs des différences très - notables entre les résultats publiés par deux naturalistes aussi éminens que le sont Lacépède et Cuvier, nous avons dû regarder comme le plus exact celui dont le travail est le plus récent , et le suivre de préférence. Ces deux zoologistes ne sont même nullement d'accord sur les véritables dimensions du Narval adulte : ainsi, ce Cétacé n'aurait , suivant Cuvier, que quinze ou seize pieds de long sur huit ou neuf de circonférence , la tête formant à peu près la septième partie de la longueur totale , et les défenses ayant environ dix pieds : or ces dimensions qui diffèrent peu de celles que Lacépède assigne au *Narwalus microcephalus*, ne se rapportent en aucune façon à celles qu'il attribue au *Narwalus vulgaris*. En effet cet illustre naturaliste dit que la longueur du Narval vulgaire varie de quatorze à vingt mètres, et que son corps a plus de quatre mètres d'épaisseur dans la partie où il est le plus gros. Comment expliquer une aussi énorme différence , surtout lorsqu'elle porte sur un fait que tous ceux qui ont eu l'occasion de voir des Narvals, ont pu si facilement, sans avoir la moindre instruction , constater par eux-mêmes? Nous n'essaierons pas de résoudre cette question, et nous remarquerons seulement que parmi toutes les défenses de Narval, qui existent dans les collections du Muséum , nous n'en avons vu aucune qui eût plus de dix pieds.

Le Narval est principalement répandu entre le Groenland et l'Islande; mais il existe aussi plus au sud, et l'individu dont Lacépède avait fait le type de son Microcéphale, avait même échoué sur les côtes d'Angleterre (et non pas d'Amérique), près de Boston. Il nage avec une grande vitesse , et il est très-redoutable par sa défense qu'il enfonce quelquefois dans les carènes des vaisseaux, ou dans le corps des Baleines. Il se nourrit de Mollusques et de Poissons de petite taille ; et quelques auteurs affirment (mais probablement à tort) qu'il recherche aussi comme alimens, les cadavres des habitans des mers : c'est même dans cette opinion qu'on trouve l'origine du nom de Narval, qui signifie en effet dans les langues du Nord *Baleine* ou *Cétacé des cadavres*. Au contraire, suivant quelques auteurs , cette dénomination se rapporterait à une croyance des Islandais qui regardent sa chair comme mortelle, croyance qui n'a d'ailleurs aucun fondement réel. On sait même au contraire que cette chair forme un mets très-recherché des Groenlandais , qui la font sécher en l'exposant à la fumée. Le Narval peut donc servir d'aliment , de même que la plupart des Cétacés ; il est aussi utile, comme ceux-ci, par l'huile qu'il fournit ; et qui est, dit-on, préférable à celle de la Baleine. Enfin la longueur et la rectitude de sa défense formée d'un ivoire très-dur , très-compacte et peu sujet à jaunir, offre à l'industrie humaine une matière qui peut, dans un grand nombre de cas, remplacer avec avantage l'ivoire même de l'Eléphant : c'est ainsi qu'on peut voir dans les galeries de zoologie du Muséum, une fort belle canne, longue de plus de trois pieds, qui a été faite en Amérique avec une défense de Narval.

(IS. G. ST.-H.)

* **NARVALINA**. BOT. PHAN. Le genre *Needhamia* de Cassini (Dictionn. des Scienc. Natur. T. XXXIV, p. 335) a reçu ce nouveau nom de son auteur lui-même (Opusc. phytogr. T. II, p. 204) qui s'est aperçu, mais un peu trop tard, qu'un autre genre avait été dédié à la mémoire

du jésuite Needham par R. Brown.
Il appartient à la famille des Synanthérées, section des Hélianthées Co-
réopsidées, et à la Syngénésie superflue, L. Voici ses principaux caractères : involucre double ; l'extérieur court, formé d'environ trois folioles égales, étalées, oblongues,
étroites, aiguës au sommet ; l'extérieur plus long, cylindracé, formé
d'environ cinq folioles à peu près sur
un seul rang, appliquées, oblongues, larges, obtuses, coriaces surtout au sommet, membraneuses sur
les bords. Réceptacle plane, garni
de paillettes semblables aux folioles
de l'involucre. Calathide composée
au centre de plusieurs fleurons réguliers hermaphrodites, et à la circonférence d'une seule fleur en languette et femelle. Ovaires grands,
comprimés, oblongs, obovales ou
elliptiques, bordés de chaque côté
d'une large membrane ciliée sur les
bords, surmontés d'une aigrette caduque, composée de deux paillettes
latérales, articulées sur l'ovaire, très-
longues, plus ou moins divergentes,
droites, colorées, triquètres subulées, hérissées sur les angles de poils
nombreux rebroussés et hérissés.

Ce genre est extrêmement voisin du
Bidens ; car il n'en diffère que par
des modifications dans la structure
de l'aigrette. En comparant cette description de l'aigrette du *Narvalina*,
avec celle du *Bidens tripartita*, nous
ne pouvons même trouver aucune
différence sensible. Au surplus le
Narvalina a été établi sur une Plante de Saint-Domingue (*N. Domin-
gensis*), qui est ligneuse, glabre,
à feuilles opposées, obovales, dentées en scie, coriaces, luisantes, et
à fleurs jaunes disposées en corymbes terminaux.   (G..N.)

NARWAL, NARWHAL. *Narwa-
lus*. MAM. *V*. NARVAL.

* NASAMONITE ou NAZAMO-
NITES. MIN. On ne saurait reconnaître la Pierre mentionnée sous ce
nom par Pline, qu'il dit être rouge de
sang, marquée de veines noires. (B.)

* NASARNAK. MAM. Syn. de
Delphinus Tursio. *V*. DAUPHIN. (B.)

NASCAPHTHON. BOT. PHAN. *V*.
NARCAPHTE.

* NASE. *Nasus*. POIS. Espèce du
genre Able. *V*. ce mot.   (B.)

NASEUS. POIS. *V*. NASON.

* NASICAN. OIS. Espèce du genre
Picucule. *V*. ce mot.   (DR..Z.)

NASICORNE. ZOOL. C'est-à-dire
Nez à corne. Ce nom a été donné par
Geoffroy à un Coléoptère de son genre
Scarabée, qui était le *Scarabeus Na-
sicornis* de Fabricius. C'est aussi se-
lon Bosc une Tortue de mer. (B.)

NASICORNES. *Nasicornia*. MAM.
La famille établie sous ce nom par
Illiger, ne renferme que le genre
Rhinocéros. *V*. ce mot.   (B.)

NASIQUE. ZOOL. Ce nom a été
donné à une espèce de Singe (*V*.
GUENON), à un Calao, à un Eury-
laime, à un Kakatoës, à une Couleuvre, ainsi qu'à un Poisson du genre Chicre. *V*. tous ces mots.   (B.)

NASITORT. BOT. PHAN. *V*. LÉ-
PIDIER CULTIVÉ, CRESSON et THLAS-
PI.

NASMYTHIA. BOT. PHAN. Sous ce
nom générique, Hudson avait distingué l'*Eriocaulon septangulare* de
Withering. Ce genre n'a pas été
adopté.   (G..N.)

NASON. *Naseus*. POIS. Genre de
la quatrième tribu de la famille des
Scombéroïdes, dans l'ordre des Acanthoptérygiens, formé par Commerson
aux dépens des Chœtodons, tels que
les concevait Linné, et adopté depuis
par tous les ichthyologistes. Les Nasons présentent tous les caractères des
Acanthures (*V*. ce mot), c'est-à-dire
qu'ils n'ont qu'une dorsale, la peau
dure et comme chagrinée, deux boucliers épineux sur chaque côté de la
queue, et les dents serrées sur un
seul rang ; mais ces dents sont coniques et non tranchantes ni dentées ;
ce qui les distingue est la protubérance plus ou moins saillante formée

par l'ethmoïde, et qu'ils portent comme une petite corne ou comme une loupe en avant des yeux. Du reste, leur forme rappelle celle des Chœtodons, le corps étant comprimé sur les côtés. On n'en connaît encore que deux espèces qui deviennent assez grandes, et fournissent, dans les mers des Indes et de l'Arabie, où elles sont assez communes, une chair médiocre, mais dont on ne laisse pas que de se nourrir.

Le LICORNET, *Naseus fronticornis*, Lac., Pois. T. III, p. 106, pl. 7, fig. 1; *Chœtodon unicornis*, L., Gmel., *Syst. Nat.*, XIII. T. 1, p. 1268. D'après Forskahl, on dit que ce Poisson, qui est herbivore, est néanmoins hardi pour se défendre. « Les pêcheurs arabes rapportent qu'on en a vu des troupes entourer avec audace un Aigle qui s'était précipité sur elles comme sur des Animaux faciles à vaincre, opposer le nombre à la force, assaillir l'Oiseau carnassier avec une sorte de concert, et le combattre avec assez de constance pour lui donner la mort. » Lacépède, auquel nous empruntons ces paroles, ne faisant aucune réflexion sur les batailles des Nasons et des Aigles, paraît adopter ce conte arabe pour un fait d'histoire naturelle. B. 4, D. 6/30, P. 17, V. 1/3, A. 2/30, C. 20.

La LOUPE, *Nason tuberosus*, Lac., Pois. T. III, p. 111, pl. 7, fig. 3. Cette espèce, très-commune à l'Ile-de-France, porte sur le nez une grosse loupe au lieu de corne. B. 4, D. 5/30, P. 17, A. V. A. 2/28, B. 26. (B.)

NASSA. MOLL. Il est possible que ce soit le genre *Nassa* de Klein (*Nov. Meth. Ostrac.*, p. 37) qui ait donné l'idée du genre Nasse des auteurs modernes. Klein, comparant quelques Coquilles allongées, coniques, réticulées à leur surface, à la Nasse du pêcheur, leur donna ce nom générique, et d'après les espèces peu nombreuses qu'il rapporte à son genre, ce serait pour quelques Buccins et quelques Vis qu'il l'aurait établi.

Le genre Nasse, aujourd'hui, est composé d'un démembrement de véritables Buccins. *V*. NASSE. (D..H.)

NASSARIUS. MOLL. *V*. NASSIER.

NASSAUVIE. *Nassauvia*. BOT. PHAN. Ce genre, fondé par Commerson qui l'avait dédié à un prince de Nassau son compagnon de voyage, et adopté par Jussieu, appartient à la famille des Synanthérées, et à la Syngenésie égale, L.—Cassini en a fait le type de sa tribu des Nassauviées, et en a ainsi tracé les caractères : involucre oblong, cylindracé, composé de quatre ou cinq folioles presque sur un seul rang, appliquées, égales, oblongues, acuminées, légèrement coriaces et spinescentes au sommet; cet involucre est accompagné de trois écailles surnuméraires, plus courtes, linéaires, subulées. Réceptacle nu et très-petit. Calathide sans rayons, à quatre ou cinq fleurs hermaphrodites. Corolles membraneuses, jaunes, profondement labiées; la lèvre extérieure un peu plus longue, tridentée au sommet; la lèvre intérieure divisée jusqu'à sa base en deux languettes linéaires, lancéolées. Étamines à loges très-courtes, pourvues d'appendices apicilaires, longs, liguiformes, soudés par la base, et d'appendices basilaires, longs, linéaires et membraneux. Ovaires comprimés, ovales, oblongs, glabres, surmontés d'une aigrette longue, composée de quatre ou cinq petites paillettes laminées, linéaires, blanches et légèrement denticulées. Les calathides sont rassemblées en une sorte de capitule oblong et terminal.

Le genre *Nassauvia*, dont Persoon a changé inutilement l'orthographe en le nommant *Nassovia*, a été constitué sur une Plante du détroit de Magellan, décrite par Lamarck et Willdenow sous le nom de *Nassauvia suaveolens*. Elle a une odeur agréable; sa tige, haute de deux à trois décimètres, est ascendante, un peu rameuse, garnie de feuilles nombreuses, imbriquées, sessiles, ovales, oblongues, très-serrées contre la tige, recourbées au sommet.

Une Plante recueillie par Gaudichaud aux îles Malouines, soumise à l'examen de Cassini, avait d'abord été rapportée au genre *Nassauvia* par ce savant, mais il a reconnu depuis qu'elle devait former un genre nouveau sous le nom de *Mastigophorus*. *V.* ce mot au Supplément. (G..N.)

***NASSAUVIÉES.** *Nassauvieæ*. BOT. PHAN. C'est le nom de la quinzième tribu des Synanthérées, établie par H. Cassini dans l'article CHÉNANTHOPHORES du Dictionnaire des Sciences Naturelles, et dont il a exposé plus tard les caractères de la manière suivante : la calathide est hermaphrodite, dépourvue de rayons ; elle prend, comme celle des Cichoracées ou Lactucées, une apparence rayonnée, parce qu'à l'époque de la fleuraison le limbe des fleurs extérieures s'allonge davantage que celui des fleurs du centre. L'involucre est formé de folioles disposées seulement sur un, deux ou trois rangs. Le réceptacle est tantôt nu, tantôt pourvu de paillettes écailleuses ou frangées. La corolle est labiée, le tube et le limbe peu distincts l'un de l'autre ; la lèvre extérieure plus longue, plus large et à trois divisions ovales, plus courtes, d'une substance plus épaisse que dans la lèvre intérieure qui n'a que deux divisions longues et d'une forme demi-lancéolée. Les étamines ont l'article anthérifère épaissi ; elles sont surmontées d'appendices longs, linéaires, soudés entre eux inférieurement, et elles offrent aussi à la base des appendices longs et laminés. Le style a ses deux branches arquées en dehors, demi-cylindriques, tronquées au sommet, où elles sont garnies de poils collecteurs ; leur face interne porte deux bourrelets stigmatiques, marginaux, si petits qu'ils sont souvent à peine perceptibles. L'ovaire offre, dans les divers genres, des formes très-diversifiées. Les feuilles sont alternes, quelquefois imbriquées, le plus souvent sessiles sur la tige, coriaces, plus ou moins dentées ou découpées. Les corolles sont ordinairement jaunes, mais on en voit quelquefois de rouges, de bleues ou de blanches.

Cette tribu, ainsi caractérisée, correspond presque entièrement à la première section des Chénantophores de Lagasca. Il est assez remarquable que ce botaniste, qui n'avait fait attention qu'à un caractère très-secondaire, celui de la calathide radiée, ait pressenti, comme par une sorte d'instinct, les affinités des genres qui composent ce groupe naturel dont les caractères vraiment essentiels consistent, selon Cassini, dans la structure des stigmatophores.

Les Nassauviées sont intermédiaires entre les tribus des Sénécionées et des Mutisiées. Elles ont aussi des affinités très-remarquables dans les Carlinées et les Lactucées. Les genres dont cette tribu est constituée ont été classés en trois sections par Cassini.

§ 1. NASSAUVIÉES TRIXIDÉES, *Nassauvieæ trixideæ*. Calathide composée de plus de cinq fleurs, disposées sur plusieurs rangs ; involucre formé de plus de cinq folioles, quelquefois accompagné de bractées ; aigrette soyeuse, rarement nulle ; calathides ordinairement éparses ou solitaires.

A. Aigrette simplement poilue.

Genres : *Dumerilia*, Lagasc. ; *Jungia*, Linn. fils ; *Martrasia*, H. Cass. non Lagasc. ; *Lasiorrhiza*, Lagasc., ou *Chabræa*, D. C.

B. Aigrette légèrement plumeuse.

Genres : *Leucheria*, Lagasc. ; *Trixis*, P. Brown. ; *Platycheilus*, H. Cass. ; *Perezia*, Lagasc. ; *Clarionea*, Lagasc. et D. C. ; *Homoianthus*, D. C. ; *Drozia*, Cass.

C. Aigrette nulle.

Genre : *Panphalca*, Lagasc. et D. C.

§ 2. NASSAUVIÉES PROTOTYPES (*Nassauvieæ archetypæ*). Calathide composée de deux à cinq fleurs sur un seul rang, et souvent entourée de bractées; aigrette formée de paillettes laminées et caduques.

Genres : *Triptilion*, Ruiz et Pavon ; *Triachne*, H. Cass. ; *Nassauvia*, Commers. et Juss. ; *Mastigophorus*, Cass. ; *Caloptilium*, Lagasc. ; *Panargyrus*, Lagasc. ; *Polyachyrus*, Lagasc.

§ 3.ᵉ Nassauviées douteuses (*Nassauvieæ dubiæ*.) Fleurs intérieures de la calathide à corolle régulière et non labiée.

Genres : *Plazia*, Ruiz et Pav. ; *Microspermum*, Lagasc.

Comme la tribu des Nassauviées a des rapports très-intimes avec celle des Mutisiées, puisqu'elles avaient été confondues en un même groupe nommé Chénantophores par Lagasca et Labiatiflores par De Candolle, il convient d'exposer ici sommairement les différences principales qui servent à les distinguer. Les Nassauviées ont en général un nectaire très-petit situé sur le centre du sommet de l'ovaire, et portant la base du style qui est ordinairement renflée, arrondie, et sur laquelle s'applique la partie inférieure de la corolle. Cette structure ne s'observe pas dans les Mutisiées. Les étamines des Nassauviées sont remarquables par la courbure du tube des anthères qui, comme dans les Centauriées, sont pourvues d'appendices basilaires, dont les intérieurs sont moins longs que les extérieurs ; ce qui résulte de l'inégalité des lèvres de la corolle, la symétrie altérée de celle-ci entraînant l'irrégularité de toutes les autres parties du système floral. Les Mutisiées, au contraire, étant pour la plupart munies de corolles à lèvres égales ou presque égales, offrent rarement un tube anthéral arqué en dedans. Les anthères des Nassauviées offrent encore cette particularité, d'avoir des loges courtes et conséquemment moins abondamment fournies de pollen que les autres Synanthérées, mais elles sont munies d'appendices assez longs qui contiennent de la poussière fécondante dans leur portion située près des vraies loges, laquelle por-

tion, physiologiquement parlant, doit être censée appartenir à celles-ci.

Les Plantes de la tribu des Nassauviées habitent toutes le continent de l'Amérique méridionale, et quelques îles adjacentes. (G..N.)

NASSE. *Nassa*. MOLL. Klein avait donné le nom générique de Nasse à quelques Coquilles seulement, d'après leur forme, les côtes dont elle sont chargées, comparant cette forme à la nasse d'osier des pêcheurs. Si, depuis cet auteur, on a vu, il y a peu d'années, un nouveau genre Nasse proposé pour un démembrement des Buccins, on n'a pu, tout au plus, qu'emprunter le nom à Klein, car le genre Nasse, tel qu'il est caractérisé, ne contient pas une seule Coquille du genre Nasse de Klein ; ce qui prouve que ce n'est pas cet auteur qui est le véritable créateur de cette coupe générique ; elle ne se trouve pas dans Linné ; Lamarck en est le premier créateur. Ce savant sentit combien ce nouveau genre avait de rapports avec les Buccins ; il les plaça conséquemment près d'eux, cependant il les sépara encore par les Pourpres. Plus tard, dans la Philosophie zoologique, il les éloigna encore davantage, quoique dans la même famille, les Purpuracées ; car entre les Buccins et lui, on trouve les trois genres Concholepas, Monoceros et Pourpre. Ce genre fut adopté d'abord par De Roissy dans le Buffon de Sonnini, et ensuite par Montfort, qui poussa ici beaucoup trop loin la manie des démembremens, puisqu'il a trouvé dans le genre Nasse de Lamarck matière à trois genres qu'il nomme Phos, Alectrion et Cyclope (*V.* ces mots), qui n'ont été adoptés par personne. Dans l'Extrait du Cours, Lamarck augmenta encore la distance qui, dans ses précédens ouvrages, séparait les Buccins des Nasses, en ajoutant un quatrième genre, les Ricinules. Le genre Buccin, de Cuvier, doit être considéré comme une famille par le grand nombre de sousgenres qu'il renferme, et dont les

Nasses font partie. Il ne les associe pas avec les mêmes genres que ceux indiqués par Lamarck ; il les met après les Harpes et les Tonnes, et avant les Pourpres. Lamarck, dans son dernier ouvrage, crut devoir réformer sa première opinion; après avoir été le premier à séparer le genre Nasse des Buccins, il fut aussi le premier à les réunir de nouveau à ce genre eu ne les admettant que comme sous-division du genre. Férussac n'a point admis la nouvelle manière de voir du savant professeur; il conserve le genre Nasse, s'appuyant sur la position des yeux, différente de celle des Buccins (*V.* ce mot), comme il le dit d'une manière positive dans cet article, et cependant, dans ses Tableaux systématiques, il n'admet les Nasses qu'à titre de sous-genre des Pourpres, les associant, à l'exemple de Cuvier, avec les Tonnes, les Harpes, et de plus, hors de toute espèce de rapport naturel, avec les *Struthiolaires*, les mettant bien à tort, ce nous semble, dans une autre famille que les Buccins. Blainville, plus naturellement, replaça, comme Lamarck, les Nasses parmi les Buccins, dont elles forment une simple section avec les Alectrions et les Cyclopes de Montfort. Latreille, dans ses Familles du Règne Animal, propose une nouvelle famille sous le nom de Buccinides (*V.* ce mot au Suppl.), parmi les Pectinibranches; il y rassemble les trois genres Nasse, Buccin et Éburne. Férussac dit dans son article Buccin de ce Dictionnaire, T. ii, p. 553 : « Que Cuvier (Mém. sur le grand Buccin) paraît assimiler à l'Animal du *Buccinum undatum* ceux des *Buccinum reticulatum, neriteum, arcularia*, qui sont des Nasses dont les Animaux ont les yeux placés différemment que chez les Buccins. » Il faut que Férussac n'ait pas comparé ces parties dans ces espèces, ou qu'il les ait bien mal vues, car nous pouvons affirmer, ayant sous les yeux dans ce moment les Animaux des *Buccinum undatum* et *reticulatum*, que, sous le rapport de la si-

tuation des yeux, il n'y a point la moindre différence; les tentacules ont absolument la même forme, le pied et l'opercule sont semblables ; on ne peut conséquemment deviner que difficilement les motifs plausibles qui ont engagé Férussac à opérer la séparation des Nasses dans une famille différente de celle des Buccins. On doit donc considérer le genre Nasse comme artificiel, et applaudir à la dernière opinion de l'illustre Lamarck qui l'a réuni aux Buccins. Les Nasses ne se distinguent des Buccins que par une callosité qui se voit à l'angle inférieur de l'ouverture, de manière que cet angle semble former un canal séparé, ayant son ouverture séparée aussi, tant le bourrelet est bien prononcé; ceci existe dans un grand nombre d'espèces d'une manière bien évidente; mais par l'examen d'un grand nombre d'espèces, on arrive par un passage insensible aux véritables Buccins. On trouve un assez grand nombre de Buccins de la section des Nasses à l'état fossile de toutes les localités. Les environs de Paris, si riches en d'autres genres, n'en offrent qu'une seule espèce ; mais les environs d'Angers, ceux de Bordeaux et de Dax, les faluns de la Touraine, surtout le Plaisantin, en contiennent un assez grand nombre. Defrance en compte vingt et une espèces fossiles. Notre collection en contient plus de trente.

Nasse Casquillon, *Nassa arcularia*, Lamk., Anim. sans vert. T. vii, p. 276, n° 50; *Buccinum arculare*, L., p. 2480, n° 42; Chemn., Conch. T. ii, pl. 41, fig. 409 à 412 ; Encyclop., pl. 394, fig. 1, A, B, fig. 2. Coquille assez commune qui vient de l'Océan des Grandes-Indes à Amboine ; elle est ordinairement d'un blanc grisâtre, et d'autres fois d'un gris assez obscur.

Nasse Thersite, *Nassa Thersites*, *Bucc. Thersites*, Lamk., *loc. cit.*, n° 52; Lister, Conchyl., t. 971, fig. 26; Martini, Conchyl. T. ii, t. 41, fig. 415; Encyclop., pl. 394, fig. 8, A, B. Espèce remarquable par l'étendue de sa callosité, la bosse qu'elle porte sur le dos, ses côtes longitudinales qui cessent sur le dernier tour, à l'endroit de la gibbosité. Plusieurs espèces voisines, plus calleuses encore, semblent établir le passage avec le Buccin néritoïde, genre Cyclope de Montfort; mais ces rapports ne sont pas admissibles dans tous les points; il est à présumer que lorsque l'on aura étudié l'Animal du Cyclope, on le retirera des Buccins comme quelques auteurs, d'après Montfort, l'ont déjà proposé.   (D..H.)

*NASSI. bot. phan. Selon Rumph, c'est le nom du Riz dans les îles de Java et de Baly.   (G..N.)

NASSIER. *Nassarius.* moll. Le Mollusque qui habite les Coquilles appelées Nasses. *V.* ce mot.   (B.)

NASTE. bot. phan. Le nom du genre *Nastus*, *V.* ce mot, a été ainsi francisé dans le Dictionnaire de Déterville.   (B.)

* NASTURTIOIDES. bot. phan. Sous ce nom qui pèche contre les règles établies par Linné, Medicus et Mœnch ont proposé un genre formé sur le *Lepidium ruderale*, L., mais qui n'a pas été admis par le professeur De Candolle.   (G..N.)

* NASTURTIOLUM. bot. phan. Medicus et Mœnch ont donné ce nom à un genre de Crucifères qu'ils formaient sur le *Lepidium didymum*, L., lequel est devenu le type du genre *Senebiera* de De Candolle. Ce dernier auteur s'est servi du mot *Nasturtiolum* pour désigner la première section de ce genre. *V.* Senebiére. (G..N.)

* NASTURTIUM. bot. phan. Dès les premiers âges de la botanique, ce nom a été donné à la Plante de la famille des Crucifères que l'on connaît vulgairement sous le nom de Cresson de fontaine. Cette dénomination, malgré son ancienneté, a été négligée comme nom générique par Linné qui, réunissant cette Plante au genre *Sisymbrium*, ne se servit du terme de *Nasturtium* que pour désigner particulièrement l'espèce. Il est vrai que les anciens ont aussi nommé *Nasturtium* le Cresson Alénois (*Lepidium sativum*, L.), et que cette Plante a formé le type d'un genre distinct sous le même nom de *Nasturtium*, autrefois proposé par Boerrhaave, et reproduit par Medicus et Mœnch. Mais si on recherche à laquelle des deux Crucifères que nous venons de citer, les auteurs de l'antiquité appliquaient primitivement le nom de *Nasturtium*, on verra que, dans Dioscoride, c'était au Cresson de fontaine, tandis que le *Lepidium sativum* se nommait *Cardamon*. Ainsi, en désignant sous ce dernier nom, une des sections du genre *Lepidium*, le professeur De Candolle (*Syst. Veget. nat.* 2, p. 188) a réservé, d'après R. Brown, le nom de *Nasturtium* au genre qui renferme le Cresson de fontaine, et qui ne peut demeurer confondu avec les vrais *Sisymbrium*. Voici les caractères essentiels du nouveau genre de Brown et de De Candolle : calice dont les sépales sont égaux et étalés; pétales de la corolle entiers, manquant quelquefois; étamines tétradynames, libres, dépourvues de dents; silique cylindroïde ou raccourcie en forme de silicule, à valves concaves, sans nervures et non carenées; graines petites, non bordées, disposées irrégulièrement sur deux rangs, à cotylédons accombans. C'est par ce dernier caractère que le genre *Nasturtium* diffère surtout du *Sisymbrium* qui a les cotylédons incombans. Il fait par conséquent partie d'une autre tribu, et De Candolle l'a placé dans celle des Arabidées. Son calice ouvert le distingue du *Cheiranthus*; ses siliques légèrement cylindriques, jamais linéaires, comprimées, ne permettent pas de le confondre avec l'*Arabis* et autres genres voisins.

Les espèces de *Nasturtium* sont au nombre de vingt-quatre, distribuées en trois sections dont nous exposerons plus bas les caractères. Ce sont des Plantes herbacées, le plus souvent aquatiques, glabres, rameuses, dont les tiges émettent facilement des radicules. Les feuilles sont de forme variable, ordinairement découpées en pinnules. Les fleurs blanches ou jaunes forment des grappes dépourvues de bractées. Les siliques sont souvent pendantes. Quoique les Crucifères soient généralement limitées à certaines régions particulières, les espèces de *Nasturtium* semblent faire exception à cette règle et sont dispersées sur presque toute la surface du globe, car on a trouvé les mêmes espèces, ou du moins des espèces très-voisines, sur des plages excessivement éloignées. Cette distribution géographique particulière nous semble résulter de ce que les *Nasturtium* sont des Plantes aquatiques qui, placées dans un sol moins influencé par les vicissitudes atmosphériques et plus uniforme en température, naissent sous toutes les latitudes.

La première section, nommée *Cardaminum* par De Candolle, et que Mœnch érigeait en genre sous le même nom, a des pétales blancs, du double plus grands que les sépales du calice; quatre petites glandes à la base des étamines; des siliques légèrement cylindriques et déclinées. Cette section ne se compose que d'une seule espèce, mais celle-ci est trop importante à connaître pour que nous ne nous arrêtions pas à sa description.

Le NASTURTIUM OFFICINAL, *Nasturtium officinale*, Br. et D. C.; *Sisymbrium Nasturtium*, L., Bulliard, Herb., tab. 302; vulgairement Cresson de fontaine, a des tiges rameuses, rampantes, étalées, redressées vers leurs extrémités, cylindriques et glabres. Les feuilles sont alternes, glabres, imparipinnées, à folioles ovales, arrondies, la terminale plus grande, presque cordiforme; les feuilles supérieures sont simples et pétiolées. Les fleurs, de couleur blanche, sont disposées en épis lâches à la partie supérieure des rameaux. De toutes les Crucifères, le Cresson de fontaine est la Plante la plus fréquemment employée, comme aliment ou assaisonnement,

et comme Plante médicinale. Ses feuilles ont une saveur légèrement amère, très-piquante, et par conséquent sont douées de propriétés toniques, stimulantes et antiscorbutiques. On les mange crues en salade, ou accompagnant les viandes cuites et divers autres mets. Les pharmaciens en expriment le suc qu'ils font entrer dans plusieurs de leurs préparations, et particulièrement dans le sirop antiscorbutique. Le Cresson croît sur le bord des eaux, dans les fontaines, les étangs et les petits ruisseaux de presque tous les pays du monde. En Europe, on le trouve depuis l'Angleterre et la Norvège jusqu'en Sicile, et depuis le Portugal jusqu'au nord de la Russie. Il croît aussi dans l'Afrique boréale, aux Canaries, au cap de Bonne-Espérance; dans l'Amérique septentrionale et médidionale, aux Antilles; dans l'Orient, le Japon, l'Ile-de-France et à Mascareigne. Il ne varie guère dans ces diverses régions, si ce n'est pour la grandeur qui est plus considérable dans les climats chauds.

La seconde section du *Nasturtium* a reçu le nom de *Brachyolobos* que Desvaux lui a donné comme générique. Allioni, Scopoli, Haller, Dillen et Mœnch ont également considéré cette section, comme un genre distinct, sous les noms de *Brachyolobos*, *Roripa* et *Radicula*. C'est aussi le genre *Caroli-Gmelina* de la Flore de Wetteravie. Dans ce groupe, les pétales sont jaunes, un peu plus grands que le calice; les glandes du réceptacle petites; les siliques légèrement cylindriques ou obovées. On y compte environ douze espèces dont les plus remarquables sont : 1° *Nasturtium sylvestre*, Br. et De Cand.; *Sisymbrium sylvestre*, L. Cette petite Plante rampante, à feuilles très-découpées et à fleurs nombreuses, d'un beau jaune doré, croît sur les bords des rivières de presque toute l'Europe et du nord de l'Ancien-Continent, dans les endroits où l'eau a séjourné pendant l'hiver. Elle est très-commune sur les rives de la

Seine, dans l'intérieur même de Paris. 2°. *Nasturtium palustre*, De Cand.; *Sisymbrium palustre*, Willd.; *S. terrestre*, Smith. Cette espèce, qui offre plusieurs variétés assez différentes entre elles, se trouve répandue en une foule de contrées du globe. Elle a pour stations les bords des fossés et les marais à moitié desséchés. Les lobes de ses feuilles sont ovales ou oblongs, inégalement dentés, l'impair n'étant pas plus grand que les autres. Les pétales n'excèdent pas en longueur le calice, et, sous ce rapport, on distingue facilement cette espèce du *N. sylvestre* et de l'espèce suivante. 3°. *Nasturtium amphibium*, Br. et D. C.; *Sisymbrium amphibium*, L. Espèce dont la racine est fibreuse, les feuilles oblongues, lancéolées, pinnatifides ou dentées en scie; les pétales plus grands que le calice, les silicules ellipsoïdes. La brièveté de ces dernières est un caractère assez tranché et fournit une exception à la division linnéenne des Crucifères en Siliqueuses et Siliculeuses, exception capable d'induire en erreur les commençans qui veulent étudier les Plantes de cette famille uniquement d'après le système du grand naturaliste suédois. Aussi plusieurs auteurs ont-ils placé cette espèce dans des genres très-éloignés du *Sisymbrium*, tels que *Myagrum* et *Camelina*. Le *Nasturtium amphibium* croît dans les localités aquatiques de presque toute l'Europe depuis le Portugal jusqu'à Pétersbourg, et depuis Naples jusqu'en Suède. On l'a aussi rapporté de l'Amérique septentrionale et du Japon. Une espèce nouvelle, indigène de la Sibérie, et très-voisine de la précédente, a été décrite par De Candolle sous le nom de *N. natans* (Delessert, *Icones Selectæ*, 2, tab. 15). Les autres Plantes de cette section croissent sous des climats très-différens, car on en trouve en Sibérie, dans l'Afrique boréale, le Mexique, à Buenos-Ayres, Madagascar, etc.

La troisième section, nommée *Clandestinaria* par De Candolle, se distingue par l'absence de ses pétales, ou, lorsqu'ils existent, par leur petitesse et leur couleur blanche; par ses siliques un peu cylindriques. Cette section est douteuse, et se compose d'espèces dont les unes, de l'aveu de l'auteur lui-même, seront probablement rapportées aux *Sisymbrium*, les autres aux *Arabis*. Quelques-unes croissent dans l'Inde-Orientale; telles sont les *Nasturtium indicum*, D. C., ou *Sisymbrium indicum*, L.; *N. bengalense*, *N. microspermum* et *N. apetalum*, D. C. Deux autres espèces (*N. clandestinum* et *arabiforme*, D. C.) sont indigènes de l'Amérique du sud.

(G..N.)

NASTUS. BOT. PHAN. Dans son *Genera Plantarum*, Jussieu constitua sous ce nom un genre qui avait pour type une Graminée arborescente de l'île de Mascareigne. La plupart des auteurs avaient confondu cette Plante avec le *Bambusa* de Schreber, et c'est sous le nom de *Bambusa alpina* que Bory de Saint-Vincent l'a décrite et figurée (pl. XII) dans son Voyage aux quatre îles principales d'Afrique. Palisot-Beauvois reproduisit le genre *Nastus* sous la nouvelle dénomination de *Stemmatospermum* qui n'a pas été adoptée. Cet auteur réunissait mal à propos, au genre dont il est question, une espèce apportée, par Du Petit-Thouars, de Madagascar, et qui fait partie du *Bambusa* de Schreber. Enfin on doit à Kunth d'avoir débrouillé la confusion qui régnait parmi les Plantes rapportées au *Bambusa* et au *Nastus* par les divers auteurs. Voici, selon ce botaniste, les caractères du genre *Nastus*: épillets oblongs, comprimés, uniflores; glumes nombreuses, distiques et imbriquées; la supérieure contenant une fleur hermaphrodite; les autres vides; une petite fleur stérile, pédicellée, placée à la base et dans le sillon dorsal de la glume supérieure; paillettes nulles; écailles hypogynes au nombre de trois; six étamines; style profondément biparti, à stigmates plumeux. Une seule espèce, celle que nous avons désignée plus haut, constitue ce genre. C'est le *Calumet des hauts* de l'île de Mascareigne, sur lequel Bory de Saint-Vincent a donné des détails très-curieux dans la relation de son Voyage, ainsi qu'aux articles Bambou et Montagnes de ce Dictionnaire. *V.* ces mots.　　　　　　　　(G..N.)

* NASUA. mam. *V.* Coati.

* NATANTIA. mam. (Illiger.) *V.* Nageurs et Mammalogie.

* NATATION. zool. L'action de nager chez les Animaux qui habitent la mer et les eaux douces. On a pu voir à l'article Nageoires comment elle s'exerce à l'aide de tels organes. Les Raies, qui représentent dans l'Océan les Rapaces de l'air planant dans l'atmosphère, ne nagent point à proprement parler, elles volent dans toute l'étendue du mot. Beaucoup d'Anguiformes, les Ophidiens, qui fréquentent les eaux, n'y nagent pas non plus, ils y rampent toujours.

　　　　　　　　(B.)

* NATATORES. ois. (Illiger.) *V.* Nageurs.

* NATICA. moll. *V.* Natice.

* NATICARIUS. moll. *V.* Naticier.

* NATICE. *Natica.* moll. On peut dire que Lister est le véritable créateur du genre Natice, si l'on considère qu'il a rassemblé toutes les Coquilles de ce genre sans aucun mélange depuis la 559e jusqu'à la 569e planche de son *Synopsis Conchyliorum.* On ne pourra donc lui contester le mérite d'un groupement naturel de ce genre. Les auteurs qui le suivirent n'eurent même pas le faible mérite de l'imiter, et d'Argenville surtout confondit dans les Coquilles à bouche demi-ronde, et les Natices et les Nérites, etc. Adanson paraît être le premier qui ait employé ce mot de Natice, *Natica,* pour l'appliquer aux Coquilles qui nous occupent : il dit l'avoir pris des anciens qui l'avaient consacré pour des Coquilles très-voisines des Nérites. Linné n'a point adopté ce genre, et on peut l'en blâ-

mer, puisqu'il avait eu connaissance de l'ouvrage d'Adanson avant la publication de la douzième édition du *Systema Naturæ*; mais il eut soin de diviser les Nérites en deux sections, ce qui sépare assez les deux genres. Bruguière n'imita point Linné; il adopta le genre d'Adanson et le plaça justement, dans sa méthode, à côté des Nérites. Lamarck, dans ses premiers travaux sur les Coquilles, ne manqua pas d'admettre l'opinion de Bruguière, et ce genre fut définitivement consacré. Lamarck, dans le Système de 1801, comme Bruguière, rapprocha les deux genres Nérite et Natice, et plus tard (Philosophie Zoologique, 1809), en ajoutant à ces deux premiers genres les Néritines et les Nacelles, il institua la famille des Néritacées (*V.* ce mot) qui est fort naturelle. Il la conserva dans l'Extrait du Cours ainsi que dans son dernier ouvrage, et sans apporter les moindres changemens dans ses rapports avec les genres circonvoisins. Cuvier (Tableau Elémentaire d'Histoire Naturelle, 1796) imita complétement Linné à l'égard de l'arrangement des Nérites qu'il divisa en celles qui sont ombiliquées ou Natices, et en non ombiliquées, les Nérites. Plus tard (Règne Animal), il adopta les Natices à titre de sous-genre des Nérites. Tous les auteurs, et Lister lui-même, avaient senti la nécessité de rapprocher les Natices des Nérites, à tel point que plusieurs d'entre eux crurent qu'il serait convenable de les confondre en un seul, et nous pouvons citer Linné, et de nos jours Cuvier. L'opinion des auteurs est d'ailleurs si conforme, que l'on pouvait croire que les rapports de ces genres étaient définitivement arrêtés dans la science. Férussac cependant n'en jugea pas ainsi; il crut pouvoir, malgré les autorités que nous venons de citer, séparer, dans ses Tableaux des Mollusques, les Nérites et les Natices dans deux familles différentes, se fondant sur une fausse appréciation d'un caractère de fort peu d'importance; il place en effet les Natices dans la famille des Turbinées, parce qu'il ne leur attribue que deux tentacules; il en donne quatre, au contraire, aux Nérites, ce qui l'engage à les mettre dans la famille suivante, les Toupies. Tout fait présumer que Férussac a été conduit à cette erreur par les planches d'Adanson; mais il est assez croyable que la figure d'Adanson est mauvaise, ayant été faite sur un très-petit Animal, et l'observation d'autres espèces plus grandes ayant manqué à Adanson, on ne peut s'en rapporter uniquement à cet ouvrage. Ce qui le prouve, c'est que nous avons observé l'Animal de la Natice marron comparativement à une Nérite, et suivant la manière de Férussac, nous avons vu quatre tentacules dans l'un comme dans l'autre, ou plutôt dans ces deux genres. Les yeux sont supportés par deux petits pédicules placés à la base des tentacules. Il était facile de prévoir que Férussac serait seul de son opinion, et des travaux publiés depuis les siens le confirment complétement. Nous citerons d'abord le Traité de Malacologie de Blainville, dans lequel ce savant auteur a conservé, dans son intégrité, la famille des Néritacées de Lamarck à laquelle il donne le nom d'Hémicyclostomes. On la retrouve également dans les Familles Naturelles du Règne Animal de Latreille, où le genre Natice reste dans les rapports indiqués par Lamarck. Tout porte à croire que ce genre est définitivement fixé dans ses rapports, qu'aucun motif semble ne devoir plus changer. Il peut être caractérisé de la manière suivante : Animal ovale, spiral; pied profondément et transversalement bilobé en avant et portant en arrière sur un lobe appendiculaire un opercule corné ou calcaire; tête pourvue de longs tentacules sétacés, aplatis et auriculés à la base; yeux pédonculés; bouche armée d'une dent labiale, sans langue spirale; coquille subglobuleuse, ombiliquée; ouverture entière, demi-ronde; bord gauche obli-

que, non denté, calleux; la callosité modifiant l'ombilic et quelquefois le découvrant; bord droit tranchant, toujours lisse à l'intérieur; un opercule subspiré. Il est bien à présumer que l'on fera des changemens notables dans ce genre pour le groupement des espèces; peut-être sera-t-il nécessaire de séparer celles qui ont un opercule corné de celles qui l'ont calcaire; mais pour opérer ces changemens, il faudra s'appuyer sur la connaissance exacte des Animaux des deux groupes, ce qui n'a point encore été fait; d'un autre côté, il faudrait connaître les opercules de toutes les espèces, ou au moins découvrir un caractère qui puisse faire juger *à priori* quelles sont les espèces qui ont l'opercule corné, et celles qui l'ont osseux. On trouvera, nous pensons, la principale différence dans l'état du bord droit, mince et tranchant, lorsque l'opercule est corné; épais et obtus, lorsqu'il est calcaire; cette règle peut recevoir une application générale, mais non universelle. Les Natices sont nombreuses, assez variées dans leurs couleurs, mais peu variables dans la forme qui est généralement globuleuse, plus ou moins déprimée; le plan de l'ouverture n'est jamais dans le plan de l'axe de la coquille, ce qui, au premier coup-d'œil, fait distinguer les Natices des Ampullaires et autres genres voisins.

Toutes les Natices sont marines; elles vivent dans les mers tempérées et les mers chaudes. L'Océan et la Méditerranée en offrent plusieurs espèces que l'on retrouve fossiles, pour la plupart, en Italie, aux environs de Bordeaux et de Vienne en Autriche. Un assez grand nombre des espèces fossiles des environs de Paris avaient été rapportées au genre Ampullaire par Lamarck, parce que leur ombilic est dépourvu de callosités; quelques-unes paraissent en effet s'éloigner assez sensiblement des véritables Natices, mais elles diffèrent bien plus des Ampullaires; ce qui nous a déterminé à les reporter parmi les Natices. On peut compter quatre-vingts espèces dans le genre Natice, en comprenant dans ce nombre les espèces fossiles.

NATICE GLAUQUE, *Natica glauca*, Humb.; *Natica patula*, Sow., *Zool. Journ.*, pl. 5, fig. 4. Espèce nouvelle très-remarquable. Elle fut trouvée par Humboldt sur les côtes du Pérou. Ce savant voyageur lui donna le nom que nous avons adopté. Nous l'avons préféré à celui de Sowerby, parce qu'il existait déjà un *Natica patula* parmi les Fossiles des environs de Paris. Elle est aplatie, orbiculaire, largement ombiliquée en entonnoir; une callosité simple, grande, d'un brun foncé, se contourne en spirale, en descendant dans l'ombilic; l'ouverture est grande, très-oblique; elle est au dehors d'une couleur fauve, cendrée ou brunâtre; en dedans, elle est d'un brun foncé. Nous possédons cette espèce. Elle nous a été donnée par notre ami Lesson qui l'a trouvée à Payta, au Pérou. Son diamètre à la base est de six centimètres.

NATICE MAMELLE, *Natica Mamilla*, Lamk., Anim. sans vert. T. VI, p. 187, n. 4; *Nerita Mamilla*, L., Gmel., p. 3672, n. 6; Lister, Conchyl., tab. 571, fig. 22; Favane, Conchyl., pl. 11, fig. H 2; Chemnitz, Conch. Cab. T. V, tab. 189, fig. 1928-1931; Encyclop., pl. 453, fig. 5, a, b. Nous opposons cette espèce à la précédente comme pouvant être l'extrémité d'une série dont l'autre serait le commencement. Entre ces deux points opposés, pourront se placer un assez grand nombre d'intermédiaires, parmi les espèces dont l'opercule est corné, car les deux espèces que nous venons de citer ont l'opercule de cette nature. La Natice Mamelle est assez grosse, pesante, blanche, brillante, ovale, à spire allongée, pointue; la lèvre droite est mince et tranchante; un calus fort gros couvre entièrement l'ombilic; quelquefois cependant, mais cela est très-rare, il reste à moitié découvert. Dans cette section des Natices à opercule corné doivent être

placées les espèces suivantes : *Natica glaucina*, Lamk., *loc. cit.*, n. 1; *Nerita glaucina*, L., Gmel., p. 3671; n. 3; Chemn., Conchyl. T. V, pl. 186, fig. 1856 à 1859; *Natica albumen*; Lamk., *ib.*, n. 2; *Nerita albumen*, L., Gmel., *loc. cit.*, n. 5; Chemn., tab. 189, fig. 1924, 1925; *Natica mamillaris*, Lamk., *ib.* n. 5; *Helix mamillaris*, L., Gmel., p. 3636, n. 83; Chemn., tab. 189, fig. 1932, 1933; *Natica melanostoma*, Lamk., *ib.*, n. 5; *Helix mamillaris*, Born., *Mus.*, tab. 15, fig. 13-14; *Natica aurantia*, Lamk., *ib.*, n. 6; Chemn., Conchyl. T. V, pl. 189, fig. 1934 à 1936. Parmi les espèces rapportées par Adanson au genre Natice, une seule, à ce qu'il paraît, est pourvue d'un opercule corné, c'est celle qu'il désigne par le nom de Fossar, et que Gmelin, on ne sait pourquoi, a placée dans le genre Hélice sous le nom d'*Helix ambigua*, p. 3665, n. 157.

Les espèces qui ont l'opercule osseux sont assez nombreuses. Elles sont en général d'une forme moins variable, plus constamment globuleuse, le bord droit plus épais; la callosité ombilicale a aussi quelque chose de particulier et d'assez constant dans la forme. Dans ce groupe, on doit placer les espèces suivantes :

NATICE FLAMMULÉE, *Natica canrena*, Lamk., Anim. sans vert. T. VI, p. 199, n. 10; *Nerita canrena*, L., Gmel., p. 3669, n. 1; Lister, Conchyl., tab. 560, fig. 4; Chemn., Conch. Cab. T. V, tab. 186, fig. 1860, 1861; Encycl., pl. 453, fig. 1, a, b. Espèce grande, assez variable, subglobuleuse, lisse, marquée de zones transverses, alternativement blanches et fauves; ces bandes sont traversées par des lignes rousses, onduleuses et longitudinales. On trouve cette espèce aussi bien dans la Méditerranée que dans l'océan Indien, et fossile en Italie. On doit aussi placer dans ce groupe la *Natica cruentata*, Lamk., *loc. cit.*, n. 11; Chemn., Conch. Cab. T. V, pl. 188, fig. 1900, 1901, qui vient, comme la précédente, de la Méditerranée ; *Natica millepunctata*, Lamk., *ib.*, n. 12; Encycl., pl. 453, fig. 6, *a*, *b*, qui se rencontre dans l'océan Indien, à Madagascar, dans la Méditerranée, et fossile en Italie, en Piémont, aux environs de Vienne en Autriche, aux environs de Dax et de Bordeaux ; *Natica vitellus*, Lamk., *ib.*, n. 13; *Nerita vitellus*, L., Gmel., p. 3671, n. 4; Chemn., Conch. Cab. T. v, tab. 186, fig. 1866, 1867 ; *Natica rufa*, Lamk., *ib.*, n. 18; Born, *Mus. Cæs. Vind.*, pl. 17, fig. 3, 4; Chemn., Conch. Cab. T. v, tab. 187, fig. 1874, 1875 ; *Natica fulminea*, Lamk., *ib.*, n. 21, qui est la même que le Gochet d'Adanson, Voyage au Sénégal, pl. 17, fig. 4.

(D..H.)

NATICIER. *Naticarius.* MOLL. L'Animal des Natices. *V.* ce mot.

(B.)

***NATRIDIUM.** BOT. PHAN. De Candolle (*Prodrom. Syst. Veget.*, 2, p. 161) a formé, sous ce nom, une section dans le genre *Ononis*, qui comprend dix-sept espèces toutes indigènes du bassin de la Méditerranée. Elles ont des feuilles simples ou trifoliées, et des fleurs axillaires, pédonculées, blanches ou rosées. C'est seulement cette couleur des fleurs qui distingue les *Natridium* des *Natrix*, autre section du genre *Ononis*. *V.* ONONIDE.   (G..N.)

***NATRIX.** REPT. OPH. Nom scientifique de la Couleuvre à collier. *V.* COULEUVRE.   (B.)

*** NATRIX.** BOT. PHAN. Mœnch avait formé sous ce nom un genre qui avait pour type l'*Ononix Natrix*, L. Ce genre n'ayant pas été admis, De Candolle (*Prodrom. Syst. Veget.*, 2, p. 159) s'est servi du mot *Natrix* pour désigner la première section du genre Ononide, laquelle se compose de vingt-une espèces, toutes indigènes du bassin de la Méditerranée. Les *Natrix* ont les feuilles à une ou plus souvent trois folioles, les fleurs portées sur de longs pédicelles axillaires, et les corolles jaunes; l'éten-

dard seulement est dans quelques espèces un peu rougeâtre ou rayé de rouge. La plupart de ces Plantes sont remarquables par les poils glanduleux qui couvrent leur surface et qui excrètent une substance visqueuse et très-odorante. *V.* ONONIDE.

Le Natrix de Pline est, selon Anguillara, la Fraxinelle ou *Dictamnus albus*, L.; et selon Lobel, c'est une Bugrane à fleur jaune, dont Linné a fait son genre *Natrix*.   (G..N.)

***NATROCHALCITE.** MIN. Syn. de Datolithe, ou Chaux boratée siliceuse.   (G. DEL.)

NATROLITHE. MIN. Nom donné à une variété de Mésotype, en masses globuliformes et fibreuses, d'un jaune brunâtre, que l'on trouve à Hohentwiel en Souabe, engagée dans un Phonolithe porphyrique. *V.* MÉSOTYPE.   (G. DEL.)

NATRON. MIN. Le *Nitrum* ou *Natrum* des anciens. Synonyme de Soude carbonatée. *V.* SOUDE.

(G. DEL.)

NATTE. MOLL. et CONCH. Des marchands ont donné ce nom à plusieurs Coquilles et appelé :

NATTE D'ITALIE, les *Conus tessellatus* et *litteratus*.

NATTE DE JONC, une Telline.

NATTE SANS TACHES, une autre espèce du même genre, le *Tellina Gari*, L., etc.   (B.)

***NATTÉ.** OIS. Nom assez impropre donné à la femelle du Philédon à pendeloques.   (DR..Z.)

*** NATTERER.** OIS. Espèce du genre Engoulevent. *V.* ce mot. (B.)

NATTIER. BOT. PHAN. On a proposé ce nom pour désigner le genre *Imbricaria* dont une espèce donne dans les colonies françaises, à l'est du cap de Bonne-Espérance, ce qu'on y appelle le bois de Natte, si employé dans la charpente.   (B.)

NATURE. Il nous a paru indispensable, dans un Dictionnaire d'Histoire Naturelle, de consacrer un article à la définition de cette branche des connaissances humaines, telle que nous la concevons. Nous avons dû y traiter également de la MATIÈRE qui forme la base de tous les corps naturels; et l'introduction de ces êtres dans l'ensemble du globe, nous a mis dans la nécessité de nous arrêter un instant au mot CRÉATION. Mais la Nature même, prise dans une acception philosophique, n'est point du ressort d'un livre où l'on ne s'occupe des corps naturels que sous le rapport de leurs formes matérielles et de leur organisation. Aussi n'en trouve-t-on le nom ici, qu'afin qu'il y soit constaté que nous ne croyons pas la Nature plus que le Créateur du ressort des sciences exactes. Le mot NATURALISTE n'y doit pas davantage trouver place; il n'appartient ni à la Minéralogie, ni à la Botanique, ni même nécessairement à la Zoologie. (B.)

+ NAUCHEA. BOT. PHAN. Ce nom a été inutilement proposé par Théod. Descourtilz (Ann. de la Société Linnéenne de Paris, 1825) en remplacement de celui de *Clitoria*, universellement admis. C'est avoir, pour un membre de la Société Linnéenne de Paris, l'oreille bien chatouilleuse, que de proscrire un vieux mot, parce qu'il fait allusion à un organe dont le nom n'est obscène que pour les imaginations déréglées. (G..N.)

NAUCLÉE. *Nauclea.* BOT. PHAN. Genre de la famille des Rubiacées et de la Pentandrie Monogynie, L., ainsi caractérisé : fleurs rassemblées en un capitule globuleux, dense, et placées sur un réceptacle sphérique velu; calice anguleux à cinq découpures peu profondes; corolle tubuleuse, grêle, à cinq segmens; cinq étamines courtes à peine saillantes; style long, surmonté d'un stigmate capité; capsule à deux coques polyspermes fixées par leur sommet, comme dans les Ombellifères, à un axe central filiforme, se séparant par la base et s'ouvrant par une suture intérieure; graines nombreuses, petites, bordées, insérées par un funicule sétacé

aux bords de la suture. Ce genre est très-voisin du *Cephalanthus* dont il se distingue seulement par le nombre des parties de la fleur qui est quaternaire dans ce dernier genre, et par l'organisation du fruit. On lui a réuni l'*Ourouparia* d'Aublet ou *Uncaria* de Schreber et *Agylophora* de Necker. La Plante décrite et figurée par Rumph (*Herb. Amb.*, liv. 5, t. 34), sous le nom de *Funis uncatus*, en fait aussi partie; c'est le *Nauclea Gambir* de Hunter, dont nous donnerons plus bas une courte description. Le genre *Adina* de Salisbury (*Parad. Lond.* T. 115) ne diffère du *Nauclea*, que par les loges de sa capsule qui ne contiennent qu'un petit nombre de graines. On compte environ douze espèces de *Nauclea;* mais plusieurs pourraient bien appartenir au genre *Cephalanthus*, sous lequel nom générique elles ont été décrites par quelques auteurs, et, il faut l'avouer, la comparaison des caractères de ces deux genres ne permet presque pas de les distinguer, ou plutôt, ces genres sont fondés sur des caractères qui ne sont pas constans dans chacun d'eux. Les Nauclées sont des Arbres ou des Arbustes indigènes des contrées équinoxiales de l'ancien et du nouveau continent. Plusieurs espèces sont assez intéressantes pour que nous les décrivions ici.

La NAUCLÉE ORIENTALE, *Nauclea orientalis*, Willd.; *N. citrifolia*, Poiret; *Katou-Tsjaka*, Rhéede, *Hort. Malab.*, 3, t. 55. Grand Arbre qui croît dans les forêts de l'Inde-Orientale et de la Cochinchine. Son tronc est droit; ses branches se divisent en rameaux opposés, étalés, presque nus, couverts d'une écorce grisâtre. Les feuilles sont très-rapprochées au sommet des rameaux, grandes, coriaces, luisantes, ovales, presque elliptiques, très-entières, marquées sur leur surface inférieure de nervures alternes et saillantes. Les fleurs forment par leur réunion un capitule bien arrondi. Elles sont jaunes et inodores, selon Rhéede; il leur succède des fruits d'abord verts, puis rouges, et qui deviennent noirs à la maturité. Cette espèce n'est pas le *Nauclea orientalis* de l'Encyclopédie , ou du moins celle-ci en est une variété distincte. Roxburgh l'a décrite et figurée (*Plants of Coromand.*, 1 , p. 41 , t. 54) comme espèce, sous le nom de *N. purpurea*. C'est aussi le *Cephalanthus chinensis* de Lamarck et le *Bancalus angustifolia* de Rumph (*Herb. Amb.*, 3, t. 55.)

La NAUCLÉE GAMBIR , *Nauclea Gambir*, Hunter, *Trans. Linn. Soc.*, vol. 9, pag. 218, tab. 22, *optim.; Funis uncatus*, Rumph., *Herb. Amb.*, vol. 5, t. 54, est une Plante sarmenteuse qui s'élève à une grande hauteur, et qui est couverte d'une écorce d'un rouge brun. Ses rameaux lisses et arrondis se divisent en ramuscules opposés et très-étalés. Les feuilles sont opposées, ovales, pointues, glabres , très-réfléchies , marquées en dessous de veines parallèles et perpendiculaires à la veine médiane ; accompagnées de deux stipules interpétiolaires, ovales et caduques. Les fleurs , très-nombreuses , sessiles et agrégées en tête sur un petit réceptacle, sont portées sur un pédoncule axillaire solitaire, plus court que les feuilles. Sur le milieu de ce pédoncule est un involucre composé de quatre bractées ovales, aiguës, soudées par la base. Cette Plante croît dans les parties les plus chaudes de l'Inde-Orientale.

Rumph (*loc. cit.*) a figuré trois rameaux de son *Funis uncatus*, en signalant dans le texte leurs différences qui ont paru suffisantes à Poiret pour en constituer dans le supplément de l'Encyclopédie trois espèces distinctes, l'une sous le nom de *N. Gambir* qui est celle de Hunter, les deux autres sous les nouveaux noms de *N. longiflora* et *lanosa*. C'est avec les feuilles et les jeunes tiges de cet Arbrisseau que se prépare la substance extractive nommée *Gatta* ou mieux *Gitta-Gambir* qui est connue en France sous le nom de Gomme-Kino. Elle est en masses irrégulières, sèches et cassantes, se divisant facilement en fragmens plus petits. Quelques morceaux, qui paraissent avoir appartenu à la partie inférieure de la masse, offrent des impressions rectangulaires produites par les nattes sur lesquelles la masse a dû être exposée pour en terminer la dessiccation. La cassure du Kino est presque noire, brillante, et offre çà et là quelques petites cavités; sa poudre est d'une couleur de chocolat. Il est opaque et inodore, mais pulvérisé ou traité par l'eau bouillante , il offre une légère odeur bitumineuse. Il se pulvérise sous la dent, ne se ramollit pas par la chaleur, et se dissout entièrement dans l'eau bouillante. C'est par ces derniers caractères qu'il se distingue de l'Asphalte ou Bitume de Judée , avec laquelle substance il a beaucoup de ressemblance apparente. Il y a deux procédés pour l'obtenir. Le premier consiste à faire bouillir dans l'eau les feuilles de la Plante pendant une heure et demie , à répéter la décoction avec de nouvelle eau, et à faire épaissir les colatures jusqu'en consistance de rob. On coule celui-ci sur des plaques, et, lorsqu'il est devenu solide, on le coupe en petits morceaux que l'on fait sécher au soleil en ayant soin de les retourner fréquemment. La substance obtenue par ce procédé a une couleur très-brune. Celle que l'on fabrique sur la côte du Malabar et à Sumatra, est moins foncée en couleur. Le second procédé se réduit à couper les feuilles et les jeunes pousses de la Plante, à les faire infuser dans l'eau pendant quelques heures. Il se dépose alors une fécule que la chaleur du soleil suffit pour faire épaissir et que l'on moule en trochiques arrondis. Le Gambir ou Kino est amer et astringent ; il laisse ensuite dans la bouche une impression douceâtre. Il contient beaucoup d'acide gallique et de tannin, aussi l'emploie-t-on en Chine et à Batavia pour tanner les cuirs. Ses propriétés médicales ne peuvent être révoquées en doute, et son emploi est très-avantageux contre les aphthes, la diarrhée et la dyssenterie. Les Malais l'appliquent extérieurement mêlé avec de la Chaux pour guérir les brûlures et autres lésions du derme. Ils le mâchent fréquemment avec des feuilles de Bétel, et sous ce rapport il remplace avantageusement le Cachou.

La NAUCLÉE DE LA GUIANE, *Nauclea guianensis*, Poiret, Encyclop. Méth.; *Ourouparia guianensis*, Aublet, Plantes de la Guiane, p. 178, t. 68; *Uncaria aculeata*, Willd., est un Arbrisseau de la Guiane, qui, de ses racines, émet plusieurs tiges, lesquelles, à la hauteur environ d'un mètre, portent des branches opposées qui s'accrochent aux branches des Arbres voisins, et parviennent à la cime des plus élevés qu'elles couvrent de la multitude de leurs rameaux. Ces rameaux sont quadrangulaires, couverts d'une écorce rougeâtre, et naissent toujours opposés dans les aisselles des feuilles. Celles-ci sont glabres, opposées, ovales, terminées en pointe, accompagnées à leur base de stipules larges et triangulaires. Un peu au-dessus des aisselles des feuilles sortent deux épines d'abord droites, puis recourbées en crochets larges et aplatis. C'est la présence de ces crochets qui n'existent pas sur toutes les branches et dont quelquefois il n'y a qu'un seul aux aisselles des feuilles, qui a déterminé Schreber à donner au genre d'Aublet le nouveau nom d'*Uncaria*, d'autant pus inutile qu'il suffisait de jeter un coup-d'œil sur la figure donnée par Aublet pour se convaincre que la Plante appartenait aux *Nauclea*. Les détails botaniques qu'exprime cette figure peuvent, il est vrai, induire en erreur sur l'inférité de l'ovaire; mais Aublet dans le texte dit positivement que l'ovaire fait corps avec le calice. C'est donc injustement que des compilateurs ont attaqué la description donnée par ce botaniste, en disant qu'elle semblait être le produit d'un songe. (G..N.)

NAUCORE. *Naucoris*. INS. Genre de l'ordre des Hémiptères, section

des Hétéroptères, famille des Hydrocorises, tribu des Népides, établi par Geoffroy et adopté par tous les entomologistes avec ces caractères : pieds antérieurs terminés en crochet; labre grand, triangulaire, recouvrant la base du bec. Le corps des Naucores est ovale, déprimé; leur tête est assez large, arrondie à sa partie antérieure, munie en dessous d'une trompe courte, de forme conique, triarticulée, formée de cinq pièces dont une a la base supérieure, large, courte, arrondie, contient trois soies d'inégale longueur, reçues dans la gaîne qui se trouve au-dessous. Les antennes des Naucores sont plus courtes que la tête, cachées sous les yeux et composées de quatre articles dont le premier est très-court; le second un peu plus gros et une fois plus long; le troisième aussi long que le second, mais plus mince, et le dernier le plus mince de tous. Les yeux sont allongés, presque triangulaires, déprimés, et placés à la partie latérale de la tête, s'appuyant sur le corselet qui est court, tranchant sur les côtés, échancré en avant pour recevoir la tête et coupé droit en arrière. L'écusson est assez grand et triangulaire; les élytres sont flexibles, assez minces, un peu croisées, aussi grandes que l'abdomen ; elles cachent deux ailes membraneuses, croisées comme les élytres. L'abdomen est denté en scie dans son pourtour, chaque anneau se terminant en pointe sur les côtés ; les pates de devant sont très-courtes, et formées seulement de deux pièces dont l'une est fort grosse, et dont l'autre ressemble à un ongle fort, long et un peu crochu ; ces pates ressemblent au premier coup-d'œil aux serres des Araignées ; ces Hémiptères s'en servent comme de pinces pour saisir et retenir les Insectes dont ils se nourrissent en les suçant. Les autres pates sont comme dans les Nèpes, mais elles sont propres à la natation et garnies de longs cils comme celles des Dytiques; leurs tarses sont composés de deux articles. Les Naucores se distinguent des

Bélostomes, des Nèpes et des Ranatres, par leur labre qui est très-petit, étroit, allongé et reçu dans la gaîne du suçoir ; les Nèpes, avec lesquels Linné avait confondu le genre qui nous occupe, en diffèrent encore par leurs tarses qui n'ont qu'un article. Le genre Galgule en est séparé par les tarses antérieurs terminés par deux crochets, tandis qu'il n'y a qu'une pointe aux pates antérieures des Naucores. Ces Insectes sont très-agiles et nagent avec beaucoup de facilité et de vitesse en se servant de leurs pates postérieures comme d'avirons ; ils sortent quelquefois de l'eau pour aller dans d'autres mares, et alors ils font usage de leurs ailes et volent vers les lieux qui leur paraissent le plus convenables. Ce sont des Insectes très-voraces qui détruisent beaucoup d'autres espèces ; leurs larves et leurs nymphes vivent dans les mêmes lieux et n'en diffèrent que parce qu'elles sont encore privées d'ailes. Les nymphes ont des fourreaux d'où les ailes ne sortent qu'après la dernière mue. L'espèce qui peut servir de type à ce genre est :

Le Naucore cimicoïde, *Naucoris cimicoides*, Geoff., Fabr. ; *Nepa cimicoides*, Lin. ; *Nepa*, etc., Degeer, Schœff., Icon. Ins. , tab. 35, fig. 3, 4 ; Schellemb., Cim. Helv., tab. 12 ; Sulz, Stoll. Long de six lignes, d'un gris cendré ; bords de l'abdomen dentelés ; tête et corselet mélangés de jaune et d'obscur. Commune dans toute l'Europe et à Paris, dans les eaux douces. *V.* pour les autres espèces, Olivier, Encycl. Méth.
(G.)

* NAUCORIA. bot. crypt. *V.* Agaric.

* NAUCORIS. ins. *V.* Naucore.

NAUCRATE. *Naucrates*. pois. Espèce du genre Rémore. *V.* ce mot. Rafinesque, dans son *Indice d'Ityologia Siciliana*, a fait sous ce nom un genre contenant une seule espèce qui est son *Naucrates Fanfarus*. Ce Naucrate n'est que le Piloté Gastrée du sous-genre Centronote

appelé Fanfre, Fanfaro et Infanfaro dans les mers de Sicile, ainsi que La Vieille, le Coryphœne Pompile, l'Oligopode noir et autres Poissons. *V.* Pilote au mot Gastérostée. (B.)

NAULI. mam. L'un des noms de pays du Renard Isatis. (is. g. st.-h.)

* NAUMBURGIA. bot. phan. Genre proposé par Mœnch pour le *Lysimachia thyrsiflora*, qui n'a pas été adopté. *V.* Lysimaque. (g..n.)

NAUPLIE. *Nauplius*. crust. Genre établi par Müller et Degéer et que Jurine a reconnu être formé de jeunes individus de Cyclopes. *V.* ce mot. Le nom de Nauplius était l'un de ceux de l'*Argonauta Argo*, chez les anciens. (g.)

* NAUPLIUS. bot. phan. Cassini (Bulletin de la Société Philomatique, novembre 1818) a formé, sous ce nom, un genre de la famille des Synanthérées et de la tribu des Inulées. Voici les principaux caractères qu'il lui a imposés : involucre irrégulier, plus long que les fleurs, formé de folioles inégales, disposées sur un, deux ou trois rangs ; les extérieures très-longues, foliacées, bractéiformes, étalées ; les intérieures plus courtes, oblongues, obtuses, coriaces et appliquées par leur base, foliacées, étalées par leur partie supérieure. Réceptacle plane ou légèrement conique, garni de paillettes plus courtes que les fleurs, embrassantes et oblongues. Calathide dont le centre est composé de fleurs nombreuses, régulières et hermaphrodites, et la circonférence de demi-fleurons femelles à corolles tridentées au sommet. Ovaires obovoïdes, hispides, portant une aigrette formée de paillettes inégales, et irrégulièrement dentées. Ce genre a été constitué aux dépens du *Buphtalmum* de Linné dont il n'est probablement qu'une simple section naturelle. Mœnch l'avait indiqué sous le nom d'*Asteriscus*, que Tournefort et Vaillant appliquaient autrefois aux *Buphtalmum* à involucre étoilé et à fruits aplatis.

Les espèces qui le constituent étaient nommées par Linné, *Buphtalmum aquaticum*, *maritimum* et *sericeum*. Les deux premières croissent dans la région méditerranéenne, et particulièrement dans les anciennes provinces du Languedoc et de la Provence. La troisième espèce est native de l'île de Ténériffe. (G..N.)

* **NAUTELLIPSITES.** MOLL. Ce genre, que Parkinson a proposé d'établir pour y renfermer quelques espèces prises dans le genre Ellipsolite de Sowerby, ne paraît pas devoir le remplacer, s'il est vrai, comme l'expriment les caractères génériques, que le siphon soit subcentral; dans ce cas, les cloisons seraient simples et ce genre devrait rentrer dans les Nautiles, tandis que les Ellipsolites, telles que Brongniart les décrit dans son ouvrage sur les environs de Paris, doivent rester près des Ammonites. (D..H.)

* **NAUTILACÉES.** *Nautilacea.* MOLL. Le genre *Nautilus* de Linné, auquel étaient rapportés tous les Polythalames connus alors, représente l'ordre des Mollusques que l'on désigne ordinairement par le nom de Céphalopodes polythalames. Depuis Linné, des changemens notables ont été apportés au genre Nautile, qui, comme la plupart des coupes linnéennes, a été dépecé en un grand nombre de genres. Bruguière en sépara les Camérines, les Orthocérates, aussi bien que les Ammonites. Lamarck adopta ces genres de Bruguière, et il y en ajouta plusieurs autres, de sorte que sa section des Multiloculaires, en 1801, contenait déjà onze genres, dont les nouveaux sont: Orbulite, Planulite, Spirule, Turrilite, Baculite, Hippurite et Bélemnite. Il a changé le nom de Camérine pour celui de Nummulite, et celui d'Orthocérate pour celui d'Orthocère. Quelques années plus tard Lamarck perfectionna beaucoup cette première ébauche; il augmenta considérablement le nombre des genres de Multiloculaires, et institua la famille des Nautilacées dans sa Philosophie Zoo-

logique; il la composa des six genres Baculite, Turrilite, Ammonocératite, Ammonite, Orbulite, Nautile. Cette famille, beaucoup plus naturelle que le premier arrangement, offre cependant encore le défaut notable de réunir des Coquilles à cloisons simples et à cloisons découpées, des genres non spirés et d'autres complétement involvés. Ces défauts, sentis pour la plupart par le savant professeur, furent corrigés par lui dans l'Extrait du Cours, où on trouve la famille des Ammonées séparée de celle des Nautilacées. Celle-ci, réduite à cinq genres, offre encore le grave inconvénient de réunir des Coquilles perforées, d'autres siphonifères, d'autres enfin à cloisons, sans aucune ouverture, ce qui est loin, comme on le voit, de faire une famille naturelle. Quoique le genre Nautile de Cuvier puisse être considéré comme une vaste famille, à cause du grand nombre de sous-genres qu'il renferme, nous n'examinerons pas ici sa composition, et nous renvoyons à NAUTILE. Dans son dernier ouvrage, Lamarck apporta peu de changemens dans sa famille des Nautilacées; il y ajouta seulement le genre Polystomelle. Férussac (Tableaux systématiques des Mollusques) a donné à la famille qui nous occupe le nom de Nautiles, et y a proposé un grand nombre de changemens; il n'y admet que deux genres, Lenticuline et Nautile, qui sont divisés ensuite en un grand nombre de sous-genres dont la plupart n'ont que peu d'analogie avec les vrais Nautiles. Blainville a adopté la famille de Lamarck en y ajoutant le genre Orbulite, qui se distingue à peine des Ammonites, et en la réduisant en tout à quatre genres, Orbulite, Nautile, Polystomelle et Lenticuline; chacun de ces genres est sous-divisé de manière à admettre un grand nombre de genres de Montfort pour la plupart peu naturellement rapprochés des Nautiles, comme dans les auteurs que nous venons de mentionner. Latreille (Familles Naturelles du Règne Animal) a changé le nom de Nautilacées pour celui de Nautilites, *Nautilites*, et il ne s'est pas borné à ce seul changement ; il divise cette famille en deux grandes sections : la première, qui devrait plutôt appartenir aux Ammonites, renferme les genres Aganide et Pélaguse, dont les cloisons sont découpées transversalement ; la seconde ne contient que les Coquilles à cloisons simples ; elle est sous-divisée elle-même en deux groupes : le premier pour les Coquilles sans ombilic, et le second pour celles qui en ont un. Cette division, fondée sur un aussi mauvais caractère, ne pouvait manquer de donner lieu à des rapprochemens ou à des éloignemens peu conformes à la nature ; ce qui le prouve c'est que le genre Nautile contient des espèces ombiliquées et d'autres qui ne le sont pas. Latreille, comme ses devanciers, a aussi commis la faute de confondre dans une même famille les Cloisonnées microscopiques qui ont des caractères entièrement différens des autres Multiloculaires. On peut dire en général qu'avant l'ouvrage de De Haan (*Monographiœ Ammoniteorum et Goniatiteorum specimen*) et celui de D'Orbigny, qui ne parut qu'après, il régnait une grande confusion dans la famille des Nautiles et les Cloisonnées en général. De Haan rassemble sous le nom de *Nautilea* toutes les vraies Coquilles à cloisons simples, les Microscopiques exceptées. Cette famille des Nautiles renferme huit genres partagés en quatre groupes, dont le premier contient les Nautiles proprement dits. Outre le genre Nautile, on en trouve encore deux autres qui sont nouveaux, et qu'on peut regarder comme peu utiles : le premier, *Discites*, pour les Nautiles fossiles des Chistes qui ont très-peu d'épaisseur ; le second, *Omphalia*, pour les Nautiles ombiliqués. Le second groupe renferme le genre *Scaphites* lui seul, mais, comme on le sait, il doit appartenir à la famille des Ammonées. Le troisième groupe contient deux genres, les

Spirules et les Lituites ; enfin le quatrième, les Hippurites, les Orthocératites et les Conilites. Dans cette dernière division il n'y a que le genre Hippurite qui soit hors des rapports. *V*. ce mot.

D'Orbigny, dans son travail sur les Céphalopodes, a adopté la famille des Nautilacées, dans laquelle il n'a admis que trois genres dont le caractère commun est de présenter une dernière loge assez grande pour contenir l'Animal, car le siphon peut être central ou marginal, la coquille complétement ou incomplétement enroulée, ou tout-à-fait droite. Sous cette caractéristique un peu vague, il faut le dire, on peut sans aucun doute placer les genres Nautile, Lituite et Orthocératite ; mais une dernière loge, plus ou moins prolongée, doit-elle être un motif suffisant pour séparer les Lituites des Spirules par exemple ? Nous devons dire aussi que jusqu'à présent nous n'avons vu aucune Lituite entière, ce qui a pu contribuer à favoriser dans les auteurs un rapprochement peu convenable. Au reste, de tous les arrangemens, c'est celui de D'Orbigny qui nous semble le plus naturel, et celui que nous adopterions de préférence.

(D..H.)

NAUTILE. *Nautilus.* MOLL. Genre de Coquilles très-anciennement connu, puisqu'Aristote en parla sans que cependant on doive rapporter ce qu'il dit des Animaux qu'il nomme Nautiles à nos Nautiles d'aujourd'hui, mais bien aux Argonautes dont il a connu les mœurs et les manœuvres singulières. Par une mutation difficile à expliquer, mais non sans exemple, le nom de Nautile, qui avait été consacré depuis des siècles par le père de l'Histoire Naturelle aux Coquilles que nous nommons Argonautes, a été donné à des corps qu'il n'a fait qu'indiquer, qu'il a peu connus, à ce qu'il paraît, et qu'il a désignés seulement comme une seconde espèce de Nautile. Les auteurs anciens, après Aristote, n'ajoutèrent rien à ce qu'il en avait dit, mais ils retranchèrent ce qui avait rapport à la seconde espèce, de sorte que ce fut à la renaissance des lettres, dans des temps beaucoup plus modernes, que l'on chercha à savoir ce que pouvait être cette seconde espèce d'Aristote. Belon fit connaître le Nautile chambré, et il dit que c'est probablement la seconde espèce d'Aristote; et Rondelet, ordinairement si judicieux, reproche bien évidemment à tort à Belon de rapprocher des Nautiles (première espèce d'Aristote) le Nautile chambré qu'il désigne seulement par le nom de Coquille de Limaçon de couleur de perle. Ce rapprochement de Belon fut au contraire adopté par Gésner, par Aldrovande, et fortement appuyé par Bonani (*Recreat. Ment. et Ocul.*, p. 88). Jusque-là on n'avait pu vérifier l'opinion d'Aristote qui avait dit que l'Animal de la seconde espèce de Nautile était un Poulpe. Cette opinion fut enfin rendue à peu près certaine par les observations de Rumph, qui, pendant un long séjour à Amboine, put observer les Animaux des deux espèces de Nautiles d'Aristote. Quoique fort communs dans les mers de l'Inde, ces Animaux ne furent depuis observés par personne, et aujourd'hui nous ne connaissons encore le Nautile que par la description de Rumph et sa figure imparfaite. Cet auteur, comme ses devanciers, donna toujours le nom de Nautile, et à l'Argonaute, et au Nautile, ne les distinguant qu'à la manière d'Aristote. Gualtieri paraît être le premier qui ait établi deux genres dans les Nautiles, et avec juste raison; mais il donna le nom de Nautile à celui qu'Aristote avait le moins connu, réservant celui de *Cymbium* pour l'espèce que ce savant observateur s'était plu à décrire d'une manière particulière, à laquelle il avait plus spécialement consacré le nom de Nautile. Cet exemple ne fut pas suivi par tous les naturalistes qui écrivirent sur ce sujet; mais ils n'eurent pas le bon esprit de rectifier Gualtieri en adop-

tant ce qu'il avait proposé de bon, c'est-à-dire la séparation des Nautiles en deux genres. D'Argenville, Davila et d'autres se contentèrent toujours de faire deux groupes dans les Nautiles : ceux à cloisons, ceux sans cloisons. Le législateur suédois, Linné, sentit la nécessité de séparer comme Gualtieri les Nautiles en deux genres, et par cette singularité inexplicable, il conserva au Nautile cloisonné le nom générique de Nautile, et donna le nom d'Argonaute aux Nautiles non cloisonnés, suivant en cela le mauvais exemple du conchyliologue italien. Tous les auteurs, depuis Linné, ont adopté sa division. Linné avait confondu dans une même classe les Coquilles à spire régulière, les Argonautes, les Nautiles, et tous les autres genres de Coquilles spirales. Bruguière perfectionna à cet égard la méthode du professeur d'Upsal; il sépara en un groupe particulier les Coquilles multiloculaires, et ainsi se trouvèrent séparés deux genres que l'on avait si long-temps confondus, ou rapprochés à tort. Ce fut avec les Camériens, les Ammonites, etc., qu'il les associa. Lamarck, dans son premier ouvrage, adopta un changement aussi favorable, et il dégagea ce genre de tous les corps multiloculaires que Linné y avait placés, pour en faire de nouvelles coupes génériques. Après cela, dans sa Philosophie Zoologique, où il établit les Nautilacées (*V.* ce mot), il les rapprocha à tort des Ammonites, quoique cet arrangement fût plus naturel que le premier.

Denis de Montfort, dans le Buffon de Sonnini, traduisit ce que Rumph donna de plus satisfaisant sur l'Animal du Nautile, et il le figura un peu d'imagination, comme plusieurs personnes le pensent actuellement. Il trouva dans les Nautiles de quoi faire plusieurs genres à sa manière qu'il confirma par son ouvrage intitulé Conchyliologie Systématique. Il fit d'abord un genre *Ammonie* avec le Nautile ombiliqué, considérant cette Coquille comme le type récent des Ammonites ; ensuite un genre *Angulithes* pour un Nautile caréné ; un troisième *Bisiphite* qui ne doit pas être adopté ; un quatrième *Océanie* qui n'est probablement qu'une variété du Nautile flambé. Aucun auteur n'a adopté ces divisions fort peu nécessaires des Nautiles. Lamarck ne les cita même pas, et dans l'Extrait du Cours, aussi bien que dans son dernier ouvrage, il conserva la simplicité convenable au genre Nautile.

Tel que Cuvier l'a considéré, le genre Nautile est plutôt une famille, car il comprend, à titre de sous-genres, les Spirules, les Nautiles proprement dits, les Pompiles, les Ammonies, les Lenticulines, les Rotalies, les Discorbes, les Planulites, les Ellipsolites, les Amaltés, les Lituus, les Hortoles, les Spirolines, les Nodosaires et les Orthocératites : d'où il résulte certainement un mélange peu naturel de corps dissemblables dans un genre qui ne peut en supporter aucun. Férussac, dans ses Tableaux des Animaux Mollusques, a compris dans les sous-divisions de son genre Nautile un moins grand nombre de corps étrangers ; il y admet cinq groupes : le premier pour les Bisiphites de Montfort ; le second pour les Canthropes qui ne sont pas de véritables Nautiles ; le troisième pour les Pharames qui en sont bien moins encore ; le quatrième pour les Angulites auxquelles il réunit bien à tort les Anthénores et les Sporulies de Montfort ; le cinquième enfin rassemble les Bellérophes, les Nautiles, les Océanies et les Ammonies. On sait aujourd'hui que les Bellérophes ne sont pas cloisonnés. Il paraît que Latreille (Familles Naturelles du Règne Animal) a considéré le genre Nautile à la manière de Lamarck, c'est-à-dire dans toute sa simplicité. Blainville n'a admis que trois petits groupes : le premier pour les Angulites, le second pour les Océanies, et le troisième pour les Bisiphites qu'il présume cependant ne devoir pas exister. D'Orbigny, en traitant les Cé-

phalopodes dans son intéressant travail inséré dans les Annales des Sciences Naturelles, divise le genre Nautile en deux sous-genres : le premier, les Nautiles vrais, est sous-divisé en deux sections : la première, pour les Nautiles sans ombilic, et la seconde pour ceux qui sont ombiliqués ; le second sous-genre, les Aganides, Montfort, réunit les Nautiles dont les cloisons sont rendues sinueuses par des prolongemens latéraux intérieurs. Tel est, d'une manière très-abrégée, comme le comporte un ouvrage comme celui-ci, l'aperçu de ce qu'on connaît sur les Nautiles quant à leur classification. Pour terminer ce qui a trait à ce genre très-intéressant, nous allons donner d'après Rumph, traduit par Montfort, dans le Buffon de Sonnini, quelques détails sur l'Animal. « L'Animal qui habite le Nautile, dit Rumph, peut être considéré comme une espèce de Poulpe, mais d'un aspect particulier, conformé d'après le creux de sa coquille qu'il ne remplit pas entièrement lorsqu'il s'y tient renfermé. La partie postérieure de son corps se moule contre le bas de la poupe, tandis que ses parties supérieures (qui sont celles inférieures quand l'Animal se traîne sur le fond) sont plus aplaties, quoiqu'encore arrondies, plissées et un peu cartilagineuses, teintées de brun, ou lavées en roux, tachetées de marques noirâtres qui se fondent et coulent les unes dans les autres, comme dans les Poulpes ; la partie postérieure du corps, celle qui presse le dessous de la poupe, et qui, dans sa marche, devient par conséquent la partie supérieure, est aussi un peu cartilagineuse, mais pas autant que celles antérieures qui sont couvertes d'une quantité de cupules ou ventouses. Au milieu de ces parties, et au milieu de la tête, on voit un amas très-considérable de petits pieds qui terminent des lambeaux charnus superposés les uns aux autres, et qui, de chaque côté, recouvrent la bouche. Chacun de ces lambeaux est façonné comme la main d'un enfant; les plus grands d'entre eux, ceux qui sont extérieurs, sont terminés par vingt de ces doigts ou petits pieds, tous de la longueur d'un demi-travers de doigt, de l'épaisseur d'une paille, ronds, lisses et dépourvus de ces ventouses qu'on voit aux pieds des Poulpes, mais un peu aplatie en rames vers le bout; ces grands lambeaux charnus sont surmontés par d'autres plus courts; le nombre des doigts de ceux-ci diminue; ils n'en ont plus que seize; ceux-ci sont suivis successivement par d'autres plus courts qui vont en recouvrant jusque sur la bouche. Cet Animal peut retirer ou allonger tous ces doigts à volonté, car ils lui servent non-seulement de jambes pour ramper, mais aussi de bras ou de mains pour saisir sa proie et la porter à la bouche; cette bouche est armée d'un bec très-crochu, fait en forme de celui des Perroquets, comme celui des Sèches; le bec supérieur est grand, crochu, dentelé sur les bords, et celui inférieur, petit, est caché et comme emboîté dans le premier; tous deux aigus et courbés de façon à percer facilement les chairs. Ce bec est dur et sa couleur tire sur le bleu noirâtre, entouré de lèvres circulaires, blanches, charnues et coriaces, et quelquefois prolongées au point de couvrir le bec en totalité, qui d'ailleurs est presque toujours caché sous un enduit gélatineux, ainsi que par la multitude de pieds qui l'entourent, de façon qu'on ne peut l'apercevoir qu'en employant la violence; les yeux sont placés un peu bas, disposés sur les côtés, et très-grands, mais on n'y retrouve pas le globe de l'œil, quoiqu'on puisse en reconnaître l'orbite, percé d'un trou à l'extérieur, et rempli d'un fluide sanguinolent, de couleur brun foncé. De la partie postérieure du corps, c'est-à-dire de celle qui repose sur la dernière cloison, part un nerf très-allongé qui passe au travers des trous de toutes les cloisons et traverse toutes les concamérations en se prolongeant jusqu'à l'extrémité de la spire, point central qui est le seul par lequel ce Mollusque adhère à sa coquille; quant au reste, les chambres sont entièrement vides. Ce nerf se casse avec la plus grande facilité, quand on veut arracher l'Animal de son habitation. Sous la bouche, ce Mollusque a encore un tuyau ou conduit charnu et presque rond. Sa couleur est blanchâtre, comme dans les Sèches et les Poulpes, et dans ce canal on retrouve une excroissance en forme de langue. Chez ces Animaux, ce canal est indubitablement le même que celui qui sert à la Sèche pour expulser sa liqueur noire; le ventre n'a point d'ouverture horizontale. » Une telle description laisse sans doute à désirer sur bien des points de l'organisation, mais elle éclaire assez pour mettre convenablement les Nautiles en rapport avec les genres voisins, ou pour au moins les séparer en un groupe bien naturel essentiellement distinct de tous les autres Céphalopodes. On peut exprimer ainsi les caractères génériques des Nautiles : Animal ayant le corps arrondi et terminé en arrière par un filet tendineux ou musculaire, qui s'attache dans le siphon dont les cloisons de la coquille sont percées; le manteau ouvert obliquement et se prolongeant en une sorte de capuchon au-dessus de la tête, pourvue d'un grand nombre d'appendices tentaculaires ou bras sessiles comme digités, et entourant l'ouverture de la bouche; mâchoires cornées en forme de bec de Perroquet; coquille discoïde en spirale régulière, multiloculaire, à parois simples, embrassante ou non; tours contigus; siphon central ou ventral, jamais dorsal, quelquefois continu; cloisons transverses, simples, non persillées.

Les auteurs ne mentionnent encore que deux espèces de Nautiles vivans, à moins que l'on ne veuille considérer comme une espèce plutôt que comme un accident le Nautile figuré par Gualtieri, pl. 17, fig. 4, vignette; qui à l'état frais a une dépression médiane contre le retour de la spire. Montfort, dans le Buffon de Sonnini, considère cette Coquille comme un Bisiphite vivant, et c'est bien à tort, car cette dépression ne ressemble nullement à celle qui existe dans les soi-disant Bisiphites. Nous disons les soi-disant Bisiphites, parce qu'il a été reconnu, et nous avons eu plusieurs fois occasion de le vérifier, que ce que Montfort avait pris pour un second siphon, n'est qu'une dépression médiane, qui, étant remplie de matière calcaire dure dans les espèces pétrifiées, donne l'apparence d'un second siphon dans la séparation artificielle des cloisons. On ne saurait donc conserver ce genre Bisiphite, et il en est de même du genre Pélaguse, qui, au lieu d'avoir la dépression médiane, en a une plus ou moins profonde de chaque côté à chaque cloison; cette disposition qui conduit évidemment aux Ammonites, ne s'est encore rencontrée que dans des espèces fossiles.

Pour diviser le genre Nautile en plusieurs groupes, et pour que les espèces soient en rapport entre elles, il faut qu'elles soient rapprochées d'après les caractères du siphon et la forme des cloisons, plutôt que d'après la forme extérieure; aussi est-ce sur ces considérations que nous proposons l'arrangement suivant:

† Coquille ombiliquée ou non; siphon central; cloisons simples sans dépression.

a. Coquille sans ombilic.

Nautile Flambé, *Nautilus Pompilius*, L., Gmel., p. 3659, n. 1; Lamarck, Anim. sans vert. T. VII, p. 632, n. 1; Lister, Conch., tab. 550, fig. 1 et 3, et tab. 551, fig. 3, A; Rumph, Mus., tab. 17, fig. A, c; Martini, Conchyl. T. I, p. 226, vignette 10, tab. 18, fig. 164, et tab. 19, fig. 165 à 167; Encycl., pl. 471, fig. 3, A, B. Grande et belle Coquille régulièrement enroulée et d'une forme naviculaire, élégante, ornée surtout postérieurement de flammes rousses sur un fond blanc; l'axe

est toujours recouvert d'un dépôt calcaire; à l'intérieur elle est nacrée; les loges, en nombre variable, vont quelquefois à quarante dans les grands individus; les autres sont lisses, sans stries ni rides rayonnantes. Cette Coquille, que l'on trouve vivante aux Grandes-Indes et aux Moluques, est assez commune dans les collections. Si on en croit Lamarck, son analogue fossile se retrouverait à Courtagnon en Champagne, à Grignon et dans quelques autres localités des environs de Paris; mais nous conservons du doute à cet égard, et nous sommes loin de partager l'opinion de Montfort, qui rapporte au Nautile flambé presque tous les Nautiles, soit fossiles, soit pétrifiés, qui ont les cloisons simples et point d'ombilic. A cette première sous-division de cette première section, on peut joindre les espèces suivantes: *Nautilus imperialis*, Sow., Min. Conch., pl. 1, fig. 1; *Nautilus centralis*, Sow., ibid., fig. 2 et 3; *Nautilus undulatus*, Sow., pl. 40; *Nautilus lineatus*, Sow., pl. 41; *Nautilus elegans*, Sow., pl. 116; *Nautilus simplex*, Sow., pl. 122; *Nautilus truncatus*, Sow., pl. 123; *Nautilus regalis*, Sow., pl. 355.

β. Coquille ombiliquée.

Nautile ombiliqué, *Nautilus umbilicatus*, Lamk., Anim. sans vert., *loc. cit.*, n. 2; Lister, Conch., tab. 552, fig. 5; Favanne, pl. 7, fig. D, 3; Chemnitz, Conchyl. T. x, tab. 157, fig. 1274, 1275. Espèce fort rare et fort remarquable dont Montfort avait fait son genre Ammonie, considérant cette Coquille comme le type vivant des Ammonites. On la prendrait volontiers pour une variété de l'espèce précédente, mais elle est constante dans sa forme. Elle a des couleurs analogues, mais un peu différemment disposées; elle est constamment ridée, en rayonnant sur les côtés de l'ombilic. Sowerby a décrit dans le *Mineral Conchology* plusieurs espèces fort remarquables pétrifiées qui doivent se rapporter à cette section; tels sont: *Nautilus dis-*

cus, Sow., pl. 13 ; *Nautilus obesus*, Sow., pl. 124; *Nautilus intermedius*, Sow., pl. 125; *Nautilus striatus*, Sow., pl. 182 ; *Nautilus pentagonus*, pl. 249, fig. 1 ; *Nautilus complana-tus*, Sow., pl. 261; *Nautilus radiatus*, Sow., pl. 366 ; *Nautilus expansus*, Sow., pl. 458, fig. 1 ; *Nautilus biangulatus*, Sow., pl. 458, fig. 2 ; *Nautilus globatus*, Sow., pl. 481 ; *Nautilus? multicarinatus*, Sow., pl. 482, fig. 1-2 ; *Nautilus cariniferus*, Sow., pl. 482, fig. 3-4. Parmi ces Nautiles fossiles, les deux derniers sont, sans contredit, les plus singuliers ; ils ont une forme subcylindrique ; armés de carènes ou d'angles élevés et pourvus d'un ombilic fort large, régulièrement évasé en entonnoir. Malheureusement la place du siphon n'est point indiquée dans les figures. Nous pensons que l'on pourra faire de ces espèces un petit groupe parmi les Nautiles.

†† Coquille ombiliquée; siphon central ; une dépression contre le retour de la spire dans toutes les cloisons.

NAUTILE QUADRILLÉ, *Nautilus reticulatus*, N. ; *Bisiphites reticulatus*, Montf., Conchyl. Syst. T. 1, p. 54; Nautile à deux siphons, Mont., Buff. de Sonnini, T. iv des Mollusques, p. 208, pl. 46, fig. 2. Non-seulement cette Coquille se trouve en Bourgogne à l'état de pétrification, mais aussi en Lorraine, aux environs de Nancy où elle n'est pas très-rare dans le Lias avec beaucoup d'Ammonites et autres pétrifications anciennes ; son ombilic n'est pas très-large; son test, assez épais, est régulièrement treillissé. Cependant, à mesure qu'il grandit, les stries transverses disparaissent, de manière que vers l'ouverture des grands individus il n'y en a presque plus ; le siphon est médian et assez grand, et la dépression que Montfort avait prise pour un second siphon, est d'autant plus profonde dans cette espèce, qu'on l'examine dans de plus jeunes individus, diminuant insensiblement

jusqu'à disparaître presque totalement dans ceux qui sont parvenus à tout leur développement. Nous possédons de Dax un jeune Nautile ombiliqué dont nous avons pu vider plusieurs loges du sable qui les encombrait, et nous avons facilement reçonnu une dépression unique et médiane semblable à celle du Bisiphite de Montfort ; il serait curieux de s'assurer si le Nautile ombiliqué vivant ne présente pas le même caractère lorsqu'il est jeune.

††† Coquille non ombiliquée ; siphon très-grand, continu ; une dépression latérale de chaque côté sur toutes les cloisons.

NAUTILE DE DESHAYES, *Nautilus Deshayesii*, Defr., Dict. des Scienc. Natur. T. xxxiv, p. 300. Nous ne croyons pas que l'on puisse séparer l'espèce que Defrance a eu l'extrême indulgence de nous dédier, et que nous avons découverte à Maulette, près Houdan, de celle que Basterot, quelques mois plus tard, désigna sous le nom de *Nautilus aturi*, qui ne diffère du Nautile des environs de Paris que par un peu moins d'épaisseur, ayant du reste la même organisation ; un très-grand siphon continu d'un bout à l'autre, évasé dans la dernière loge, et s'appliquant contre le retour de la spire ; les cloisons sont simples, mais latéralement elles sont pourvues d'une dépression profonde de chaque côté, ce qui rapproche certainement beaucoup ces Nautiles des Ammonites. Montfort a certainement confondu deux genres dans celui qu'il a nommé Pélaguse. L'espèce figurée comme type du genre dans sa Conchyliologie Systématique, p. 62, est certainement une Ammonite qu'il décrit avec des cloisons persillées ou dentelées, et ensuite, sans qu'on puisse en deviner le motif, il y rapporte son Nautile ondulé (Buff. de Sonnini, T. iv des Moll., pl. 46, fig. 3) qui diffère certainement beaucoup de l'autre espèce du même genre. Ce qui prouve d'une manière évidente l'erreur de Montfort, c'est que la Coquille, qui fait le type des Pélaguses, a son siphon dorsal, caractère invariable dans toutes les Ammonites. A cette section des Nautiles, on peut rapporter le *Nautilus zig-zag*, Sow., *Mineral Conchol.*, pl. 1. Le *Nautilus sinuatus*, Sow., *loc. cit.*, pl. 194, est douteux jusqu'au moment où on connaîtra la forme et la situation du siphon.

Le nom de Nautile s'est conservé dans le vulgaire, et s'applique avec des épithètes caractéristiques à diverses Coquilles. Ainsi le NAUTILE CORNET DE POSTILLON n'est rien autre chose que la Spirule ; le NAUTILE COMPRIMÉ est le genre Bellérophe de Montfort, *V.* ce mot ; NAUTILE PAPYRACÉ se dit de tous les Argonautes, *V.* ce mot. On nomme NAUTILE A SPIRE ou NAUTILE OMBILIQUÉ, tantôt une variété jeune du Nautile flambé, tantôt le Nautile ombiliqué lui-même ; enfin la Carinaire de Lamarck, *Patella cristata* de Linné, a reçu du vulgaire le nom de NAUTILE VITRÉ.   (D..H.)

NAUTILIER. MOLL. Nom que Lamarck, dans le Système des Animaux sans vertèbres, 1801, a donné à l'Animal des Nautiles cloisonnés.
         (D..H.)

NAUTILITE. *Nautilites.* MOLL. Il y a quelques années que l'on distinguait encore, par cette dénomination, les Nautiles pétrifiés. *V.* NAUTILE.   (D..H.)

* NAUTILOPHORES. *Nautilophora.* MOLL. Cette famille, que Gray a proposée dans sa Classification Naturelle des Mollusques, représente assez bien l'ancienne famille des Nautilacées de Lamarck avant l'époque où le célèbre professeur y apporta des changemens utiles et nécessaires. On y trouve en effet les genres *Orthocera*, *Spirula*, *Cristellaria*, *Sphærula*, *Rotaclea*, *Nautilus* et *Ammonita*. *V.* ces mots ainsi que NAUTILACÉES.
         (D..H.)

* NAUTILUS. MOLL. Klein, dans son *Tentamen Methodi Ostracologicæ*, etc., adopte pour les Nautiles

l'opinion de d'Argenville ; c'est-à-dire qu'il les divise en Nautiles lisses, comme le Nautile flambé, et en Nautiles striés : ce sont les Argonautes. *V.* ARGONAUTE et NAUTILE. (D..H.)

NAVARRETIA. BOT. PHAN. Ruiz et Pavon (*Flor. Peruv. et Chil.*, 2, p 8) ont décrit sous ce nom une Plante formant un genre nouveau de la Pentandrie Monogynie, L., et que l'on a rapporté aux Polémoniacées. Ce genre offre les caractères essentiels suivans : calice à cinq divisions ; corolle infundibuliforme ; cinq étamines ; ovaire supère surmonté d'un style et d'un stigmate bifide ; capsule membraneuse à deux valves et à une loge polysperme. Le *Navarretia involucrata*, Ruiz et Pav., *loc. cit.*, est une petite Plante herbacée, dont la racine est fibreuse et blanchâtre, la tige droite, pubescente, un peu rameuse, garnie de feuilles alternes, découpées en segmens linéaires subulés. Les fleurs de couleur purpurine sont réunies en capitule dans un involucre commun, et accompagnées de bractées très-découpées. Cette Plante croît dans les lieux humides et ombragés du Chili.   (G..N.)

NAVAU. BOT. PHAN. Vieux nom du Navet, qu'on a étendu jusqu'à la Bryone, que dans certains cantons on appelle NAVAU BOURGE.   (B.)

* NAVEL-KOUROUVI. OIS. C'est, suivant le voyageur Leschenault de la Tour, le nom malais d'une espèce du genre Merle.   (IS. G. ST.-H.)

* NAVENBURGIE. *Navenburgia.* BOT. PHAN. Ce genre de la famille des Synanthérées, et de la Syngénésie séparée, L., fut d'abord établi sous le nom de *Brotera* par Sprengel. Mais comme ce dernier nom avait été appliqué à un genre formé par Cavanilles (*V.* BROTÈRE), Willdenow lui substitua celui de *Navenburgia* qui doit définitivement rester au genre dont il est ici question. Voici ses caractères : involucre très-variable, formé tantôt d'une seule foliole enveloppante, tantôt de deux opposées,

tantôt de trois ou quatre égales en largeur, ovales, oblongues, colorées et arrondies ou tronquées au sommet. Réceptacle nu, très-petit, punctiforme. Calathide très-variable, offrant tantôt deux fleurs, l'une régulière et hermaphrodite, l'autre ligulée et femelle, tantôt deux fleurs hermaphrodites réunies, tantôt deux femelles, tantôt une seule fleur hermaphrodite ou une seule fleur femelle. La fleur hermaphrodite est pourvue d'une corolle tubuleuse, hérissée de poils, et à limbe régulier divisé en cinq lobes; étamines analogues à celles des Anthémidées, c'est-à-dire surmontées d'appendices ligulés et charnus, sans appendices à la base; d'un style également analogue à celui des Anthémidées, c'est-à-dire à deux branches cylindriques, roulées extérieurement en demi-cercle et terminées par des poils collecteurs; l'ovaire est obovale, oblong, strié, glabre et privé d'aigrette. Dans la fleur femelle, la corolle est anomale, à tube conique, et à limbe en languette très-courte et arquée; l'ovaire est à peu près semblable à celui de la fleur hermaphrodite, mais un peu plus grand. Les calathides sont très-nombreuses, sessiles et rassemblées en capitules irréguliers. Ce genre, dont les organes floraux offrent une structure si variable, a été placé dans la section des Hélianthées-Millériées par Cassini, malgré l'analogie de son style et de ses étamines avec ceux des Anthémidées. Il offre aussi quelques affinités avec les Ambrosiées.

Le *Navenburgia trinervata*, Willd.; *Brotera contrayerva*, Spreng.; *B. Sprengelii*, Cass.; est une Plante herbacée, haute environ d'un demi-mètre, glabre, dont la tige est dressée, à ramifications étalées, divergentes, garnies de feuilles opposées, demi-embrassantes, obovales, trinervées, crénelées ou denticulées. Les capitules de fleurs sont jaunes. Elle croît dans l'Amérique méridionale, et on la cultive en Europe dans les jardins de botanique. (G..N.)

NAVET. BOT. PHAN. Espèce du genre Chou. *V*. ce mot. (B.)

NAVET. MOLL. Les marchands donnent le nom de Navet à plusieurs Coquilles, entre autres à quelques Cônes, le *Conus Miles*, par exemple, à des Turbinelles, *Turbinella Rapa* et *Turbinella Napus*, Lamk. Le *Turbinella Rapa* a reçu aussi le nom de NAVET DE LA CHINE. Le *Murex canaliculatus* est désigné par le nom de NAVET A LONGUE QUEUE. (D..H.)

NAVETTE. *Radius*. MOLL. Montfort, dans sa Conchyliologie Systématique, a séparé des Ovules plusieurs genres, et, entre autres, un pour celles qui ont les extrémités prolongées en tubes assez longs. Ce genre de Montfort n'a pu être conservé; il était trop artificiel. Blainville, dans son Traité de Malacologie, n'a admis ce genre que comme une sous-division secondaire des Ovules. *V*. ce mot.

NAVETTE DE TISSERAND est le nom que les marchands donnent aux espèces d'Ovules qui entrent dans le genre de Montfort, et plus particulièrement à l'*Ovula valva*, Lamk. (D..H.)

NAVETTE ou NAVET SAUVAGE. BOT. PHAN. Espèce de Chou qu'on cultive pour l'huile que donne sa graine. (B.)

NAVIAT. OIS. Syn. vulgaire des Foulques et des Mouettes. *V*. ces mots. (DR..Z.)

NAVICELLE. *Navicella*. MOLL. Le *Patella porcellana* dans Gmelin a une synonymie certainement peu exacte; les figures qu'il cite d'Adanson et de Lister sont de véritables Crépidules; celles de Chemnitz et de Rumph représentent une toute autre Coquille que Chemnitz le premier rapprocha des Nérites fluviatiles. Il lui donna le nom de *Nerita porcellana*. Ce rapprochement très-heureux fut en quelque sorte oublié ainsi que la Coquille qui en avait été l'objet; sans doute que les zoologistes qui vinrent aprè Linné suivirent de préférence son opinion, et rangèrent cette Coquille parmi les Patelles. Elle entra naturellement parmi les Crépidules dès que ce genre fut créé par Lamarck en 1801. Cependant cette Coquille diffère en bien des points des autres espèces de ce genre, et quand, en 1807, Férussac proposa d'en former un genre à part, sous le nom de Septaire, sans citer le rapprochement de Chemnitz, on possédait déjà des matériaux, sinon complets, du moins exempts d'erreur. Notre savant ami et collègue Bory de Saint-Vincent avait publié son Voyage dans les quatre principales îles de la mer d'Afrique, dans lequel il avait donné des indications très-intéressantes sur les mœurs de la Navicelle, que ce voyageur nomma alors *Patella borbonica*. Ce fut seulement après Férussac, que Lamarck, dans sa Philosophie Zoologique, proposa pour la même Coquille le genre Nacelle dont il reconnut dès-lors les affinités avec les Nérites fluviatiles. Lamarck eut tort de ne point adopter le nom donné antérieurement. A peu près dans le même temps, Montfort proposait un troisième nom, celui de Cambry, pour le même genre, mais ce dernier ne fut point adopté; celui de Lamarck prévalut. Le célèbre auteur des Animaux sans vertèbres le changea quelques années après pour le nom de Navicelle qui lui est resté; mais il ne changea en aucune manière son opinion sur ses rapports, il le laissa toujours dans la famille des Néritacées. Quiconque a étudié avec soin les Coquilles et a pu voir comparativement avec les Navicelles quelques espèces très-voisines de Néritines, a dû être convaincu que l'opinion de Lamarck était la seule bonne; il lui est resté quelques doutes, puisque l'Animal n'était pas connu, et que l'opercule, ne pouvant fermer l'ouverture complétement, semblait aussi fort anomal, quant à la position, puisque d'après certaines descriptions on aurait pu le croire placé dans le sac abdominal. Aussi est-il

bien probable que ce fut d'après ces doutes que Cuvier continua à placer les Navicelles à côté des Crépidules, dans les Scutibranches, et que Férussac conserva sa première opinion, comme on peut le voir dans les Tableaux Systématiques des Animaux Mollusques qu'il publia dans les premières livraisons de son ouvrage général sur les Mollusques terrestres et fluviatiles. Cette question en était là lorsque nous publiâmes, dans les premiers cahiers des Annales des Sciences Naturelles, une Notice sur le genre Piléole de Sowerby que nous considérâmes comme un type intermédiaire entre les Navicelles et les Néritines, et nous crûmes devoir légitimer la famille des Néritacées de Lamarck, *V.* ce mot. Férussac inséra, dans son Journal des Annonces, une réponse critique qu'il fit suivre d'une Notice sur le genre Navicelle qu'il proposa alors de rapprocher des Ancyles de Geoffroy. Nous combattîmes cette opinion erronnée, et nous justifiâmes celle de Lamarck par les faits, même ceux allégués par notre antagoniste, et par le raisonnement. Rien dès-lors ne pouvait plus décider cette question que la connaissance exacte de l'Animal, et bientôt l'opinion de Lamarck et la nôtre furent complétement justifiées. Quoy et Gaimard rapportèrent de leur voyage autour du monde plusieurs individus du *Patella borbonica* avec l'Animal conservé dans la liqueur. Ce fut à Blainville que ces savans voyageurs remirent ces Animaux, et ils en publièrent, d'après lui, une anatomie dans les belles planches de Zoologie qui accompagnent leur Voyage. De plus, Blainville, à l'article Mollusque du Dictionnaire des Sciences Naturelles, donna les caractères de l'Animal et sa description complète à l'article Navicelle du même ouvrage, de sorte qu'il ne manque plus aucun élément pour asseoir l'opinion des zoologistes. Après avoir exposé la longue et assez vive discussion au sujet des Navicelles, nous allons emprunter à l'article Navicelle du savant que nous venons de citer les détails anatomiques suivans : « Le corps de ce Mollusque est ovale, plus ou moins allongé, comme l'indique la forme de la coquille, et bombé en dessus ; la masse viscérale ne formant qu'une petite pointe au-delà du bord postérieur ou pied, presque médiane ou à peine recourbée à gauche, et plane en dessous ; la peau qui l'enveloppe sur le dos est fort mince sur toutes les parties recouvertes par la coquille, et ce n'est que sur les bords qu'elle offre un peu d'épaisseur ; ces bords ne présentent cependant aucune trace de papilles tentaculaires ; au-dessus du cou ou de la partie antérieure du corps, la peau forme une avance assez grande, d'où résulte une cavité un peu oblique de gauche à droite ; la partie inférieure du corps est occupée par un disque musculaire, elliptique, fort grand, à bords minces et subpapillaires, qui s'avance assez au-dessous de la tête, de manière à pouvoir, sans doute, la dépasser dans le vivant, mais du reste débordant assez peu la masse des viscères ; il n'offre pas de sillon transversal antérieur, quoiqu'il paraisse complétement abdominal, c'est-à-dire dans toute la longueur de la masse viscérale, un peu comme dans les Limaces et les Doris, et surtout comme dans les Patelles ; il est réellement trachélien, c'est-à-dire que son pédicule d'insertion à la masse des viscères, et par suite à la coquille, est très-antérieur. Mais ce qui donne à ce Mollusque l'apparence d'un Gastéropode, c'est que les deux faisceaux latéraux du muscle columellaire qui attachent l'Animal à sa coquille, s'élargissent d'arrière en avant, de manière à accompagner la masse viscérale assez loin en arrière, et à comprendre ainsi la partie postérieure du pied sous la masse viscérale, en laissant toutefois une cavité largement ouverte en arrière entre ces deux parties. C'est dans cette cavité, et adhérant à la face dorsale de la partie postérieure du pied, qu'est l'opercule dont nous parlerons plus loin, c'est-

à-dire à l'endroit où il est dans les Mollusques operculés et complétement libres du sac abdominal. La partie antérieure ou céphalique du corps ressemble beaucoup à ce qui a lieu dans les Nérites ; elle est large et déprimée ; la tête l'est surtout beaucoup et de forme semi-lunaire ; les tentacules qu'elle porte sont coniques, contractiles et très-distans entre eux ou très-latéraux ; les yeux, qui sont situés à leur côté externe, sont portés sur de courts pédoncules, également comme dans les Nérites ; la bouche complétement inférieure a son orifice longitudinal ou dirigé d'avant en arrière ; elle est grande. Nous n'avons pu y apercevoir aucune trace de dent supérieure ou labiale, mais, dans son intérieur, on trouve deux espèces de lèvres longitudinales, séparées par un sillon médian et garnies de denticules recourbées en arrière ; ces deux lèvres se rapprochent postérieurement, se réunissent, et ne forment plus qu'un seul ruban lingual, hérissé, qui se prolonge dans la cavité abdominale ; l'œsophage, qui naît directement de la cavité buccale, est court et étroit ; peu après son entrée dans l'abdomen, il se renfle en un estomac membraneux, de médiocre étendue, situé à gauche et enveloppé dans les lobes hépatiques, comme à l'ordinaire ; le canal intestinal qui en sort, après un petit nombre de circonvolutions, se dirige d'arrière en avant, puis obliquement de gauche à droite, et vient se terminer par un petit tube flottant à droite au plafond de la cavité branchiale ; cette cavité, que nous avons vu plus haut être formée au-dessus de la partie antérieure du corps, par une avance arrondie du manteau, est grande, vaste, et s'ouvre largement en avant sans trace de tube ou d'auricules propres à introduire le fluide ambiant dans son intérieur ; elle ne renferme qu'une seule grande branchie en forme de peigne ou de palme allongée, et dirigée obliquement d'arrière en avant et de gauche à droite ; elle est si longue, que dans l'état de vie elle peut sans doute être sortie hors de la cavité qui la renferme ; sa structure n'offre du reste rien de particulier. Ce que nous avons pu observer de l'appareil circulatoire, ne nous a non plus rien offert de remarquable ; le cœur est toujours à l'angle postérieur et gauche de la cavité branchiale, et il fournit deux troncs aortiques ; un postérieur presque aussi gros que l'antérieur. Quant à l'appareil générateur, nous n'en avons observé que les parties extérieures. Ce qu'il y a de certain, c'est que ce genre de Mollusques est dioïque, comme les Nérites et genres voisins, c'est-à-dire que les sexes sont séparés sur des individus différens. Dans le sexe femelle, l'orifice de l'oviducte est situé dans la cavité branchiale, assez en arrière, tandis que la terminaison du canal déférent, dans les individus mâles, a lieu à la racine et au-dessous de l'organe excitateur ; celui-ci, qui est plat, ridé et probablement toujours sorti, est situé en avant du tentacule droit et presque dans la ligne médiane, caractère qui se retrouve également dans les Nérites. D'après cette description, ajoute Blainville, de l'Animal de la Navicelle, il est évident qu'il a tant de rapports avec les Nérites, qu'il est réellement assez difficile, et peut-être inutile de l'en séparer, surtout si l'on continue la comparaison en considérant la coquille et même l'opercule.»

La Navicelle a une coquille ovale, oblongue, patelliforme, non symétrique ; son sommet, peu prononcé, s'incline toujours de gauche à droite ; sur le bord postérieur, les bords sont tranchans, simples, réguliers comme toute la coquille ; l'ouverture est grande, elliptique, plus grande que dans aucune Nérite fluviatile ; la columelle est transverse, septiforme, en tout semblable à celle des Néritines et surtout de la Néritine auriculée de Lamarck ; en dehors, ces Coquilles sont couvertes d'un épiderme brun sur lequel on retrouve souvent les restes des œufs que l'individu y a déposés ; au-dessous de cet épiderme, on trouve la coquille agréablement colorée de teintes violâtres, blanches, sur lesquelles sont dessinées des lignes anguleuses, foncées et très-variables.

Quoique Férussac ait dit que l'opercule des Navicelles avait fort peu de rapport avec les autres opercules connus, l'opinion de Blainville est bien différente ; il le trouve, à peu de chose près, dans le même rapport avec le pied de l'Animal que dans les Nérites, c'est-à-dire qu'il lui adhère et s'y accroît de la même manière seulement. Cet opercule ne peut se montrer complétement au dehors par l'adhérence qui existe entre le pied et la partie postérieure des viscères, adhérence qui n'existe que dans quelques points, puisque le liquide ambiant peut passer entre l'un et l'autre ; cet opercule, il est vrai, n'est point en rapport avec l'ouverture, il est beaucoup plus petit, et sa forme est subquadrangulaire. On peut donc, avec juste raison, le considérer comme rudimentaire, et le comparer en cela avec celui des Strombes et des Cônes qui ne peuvent jamais fermer qu'une très-faible portion de l'ouverture. Voici les caractères du genre tels que Blainville les a donnés dans son Traité de Malacologie : « Animal ovale, tout-à-fait gastéropode ; pied elliptique très-grand, à bords minces, subpapillaires, assez avancé antérieurement, sans sillon marginal, réellement trachélien, mais attaché de chaque côté dans toute sa partie postérieure à la masse viscérale, de manière à former entre elle et lui une sorte de cavité ouverte transversalement en arrière ; tête fort large, semi-lunaire ; tentacules coniques, contractiles, très-distans ; yeux subpédonculés à la racine externe de ces tentacules ; bouche longitudinale, grande, sans dent supérieure ; une langue à crochet, prolongée dans sa cavité viscérale, fendue à son origine antérieure, et simulant ainsi deux lèvres ou mâchoires longitudinales ; anus à l'extrémité d'un tube flottant à droite au plafond de la cavité branchiale; une seule grande branchie pectiniforme oblique; l'orifice de l'oviducte dans sa cavité branchiale, celui du canal déférent à la racine et au-dessous de l'organe excitateur situé en avant du tentacule droit; coquille épidermée, patelloïde, à sommet non spiré, presque médian ou symétrique, abaissé plus ou moins obliquement sur le bord postérieur; point de columelle; le bord columellaire remplacé par une sorte de petite cloison tranchante, présentant un sinus à son extrémité gauche; impression musculaire formant une sorte de fer à cheval, ouvert en avant, et interrompu en arrière; opercule calcaire mince, quadrilatère, avec une dent subulée et latérale au bord postérieur adhérent, tranchant sur les autres bords, appliqué à la face dorsale du pied et caché dans la cavité que celui-ci forme avec la masse viscérale.

On ne compte encore que trois espèces dans ce genre; elles sont toutes de l'archipel de l'Inde, dans les ruisseaux et les rivières où elles vivent en grand nombre.

La NAVICELLE ELLIPTIQUE, *Navicella elliptica*, Lamk., Anim. sans vert. T. VI, p. 181, n. 1; *Patella porcellana*, L., Gmel., p. 3692, n. 4; en admettant seulement la synonymie de Rumph et de Chemnitz; *Nerita porcellana*, Chemnitz, Conch., tab. 124, fig. 1082; Encyclop., pl. 456, fig. 1, A, B, C, D; *Patella borbonica*, Bory, Voy. T. 1, p. 287, pl. 37. Elle se trouve communément aux îles de France, de Mascareigne et aux Moluques, dans les ravines qui ne se tarissent jamais.

NAVICELLE RAYÉE, *Navicella lineata*, Lamk., Anim. sans vert. T. VI, p. 182, n. 2; Encyclop., pl. 456, fig. 2, A, B. Elle est beaucoup plus étroite, plus mince que la précédente; le sommet dépasse à peine le bord; elle est diaphane, d'un jaune-orangé, marquée de lignes rouge-brun, rayonnantes du sommet vers le bord; elle a un reflet nacré en dedans.

NAVICELLE PARQUETÉE, *Navicella*

tessellata, Lamk., *loc. cit.*, n. 3; Encyclop., fig. 3, A, B, et fig. 4, A, B. Un peu moins étroite que la précédente, mais également très-mince et diaphane, se distinguant par son sommet qui ne fait aucune saillie au-dessus du bord; elle est agréablement peinte de taches jaunes et fauves, oblongues, subquadrangulaires.

(D..H.)

NAVICULARIA. BOT. PHAN. Heister et Adanson séparaient des Sauges, sous ce nom générique, le *Salvia glutinosa*, à cause de ses bractées très-entières et naviculaires. Un caractère aussi peu important ne suffisait pas pour motiver l'établissement d'un tel genre. *V.* SAUGE. (G..N.)

*NAVICULE. *Navicula*. MOLL. Blainville, dans son Traité de Malacologie, a donné ce nom à une petite section des Arches, dans laquelle il comprend les espèces de forme naviculaire dont la charnière est complétement étroite; le pied tendineux et adhérent. L'Arche de Noé sert de type à cette division. (D..H.)

* NAVICULE. *Navicula*. ZOOL.? BOT.? (*Bacillariées*.) Nous avons proposé l'établissement de ce genre dans la famille des Bacillariées, pour y comprendre des Psychodiés que nous avons caractérisés ainsi : êtres microscopiques, très-simples, amincis aux deux extrémités, en forme de navette de tisserand, comprimés au moins d'un côté, nageant par balancement dans leur état d'individualisation, quoique souvent vivant réunis en nombre infini et comme en société. Nous avons reconnu, après en avoir très-long-temps observé, que les Navicules ne sont pas toujours libres à la manière des Microscopiques, lesquels sont en tout temps des Animaux; durant la première partie de leur existence, c'est-à-dire pendant leur végétation, elles sont fixées à la manière des Vorticellaires à stipe simple, par un prolongement de l'une de leurs extrémités, et ce prolongement ou pédoncule est tellement fin et transparent que le plus fort gros-

sissement est nécessaire pour le reconnaître même dans les espèces les
plus grandes : aussi nous échappa-t-il
durant bien des années. Fixée aux
corps étrangers par ce stipe, la Navicule y végète d'abord comme un filet
byssoïde presque invisible en se renflant par l'extrémité jusqu'à l'instant
où le renflement terminal ayant acquis la forme et la couleur qui caractérisent l'Animalcule complet, celui-
ci s'en détache et vogue librement
par un mouvement de balancement
plus ou moins lent qui ressemble aux
oscillations de l'aiguille aimantée.
Quelques individus traînent encore à
leur suite durant un certain temps leur
pédoncule presque invisible; d'autres
fois ce pédoncule demeure attaché
sur le corps où il se développa ; en
aucune circonstance il ne nous a paru contractile, nous n'en avons point
encore observé de rameux. Cependant
dant plusieurs espèces de Navicules
ayant l'habitude de se grouper en se
fixant très-proche les unes des autres
soit par l'une de leurs extrémités, soit
de manière à produire de petits hémisphères hérissés à la circonférence,
il se pourrait que cette sorte de groupement vînt de la réminiscence ins-
tinctive d'une ancienne végétation
où tous les individus du glomérule
se développèrent en commun. Les
Navicules habitent indifféremment les
infusions et les eaux, soit douces,
soit saumâtres, soit marines ; elles s'y
développent souvent avec une telle
profusion, qu'elles colorent le liquide
où elles végètent et vivent successivement. Müller en avait connu plusieurs espèces, mais il les plaçait
parmi les Vibrions au mépris des
caractères qu'il avait lui-même imposés à ce genre, où la vie est si développée, les mouvemens si rapides, des
formes anguines tellement prononc-
cées, et des ébauches d'organes tellement visibles, qu'on dirait des Annelides ou des Entozoaires en miniature. Ici au contraire le corps est tout
d'une pièce, jamais on n'y voit de
mouvemens qui rappellent ceux de
l'Anguille ou des larves de Cousin ;

la progression a lieu comme par glis-
sement et oscillation sans qu'on distingue ni renflemens, ni coutraction,
ni rien de sinueux dans le petit Psychodié parvenu à la condition animale, et qui semble être au contraire
d'une nature cornée comme une capsule de Sertulaire. Les Navicules diffèrent des Bacillaires proprement dites, dont elles ont du reste l'aspect,
les habitudes et la consistance, en ce
qu'elles ne sont pas exactement linéaires et tronquées à leurs deux
extrémités ; elles diffèrent des Lunulines en ce qu'elles ne sont jamais
infléchies en forme de croissant.

Les Navicules si répandues dans
l'univers, si faciles à reconnaître et
dont on peut suivre le développement avec la moindre loupe, sont
néanmoins les créatures qui ont fourni à un micrographe, dont les premiers pas dans la carrière furent marqués par beaucoup de circonspection, les élémens singuliers d'un
système inadmissible sur des con-
versions d'Animaux en Plantes et de
Plantes en Animaux, système renouvelé de Girod–Chantrans et
d'un algologue de Lund en Suède, à
qui on eût dû le laisser. Dans la manière de voir de l'observateur qui
nous paraît avoir abandonné les traces de la nature pour s'égarer dans des
idées de transubstantiation que nous
avons attaquées au mot MÉTAMOR-
PHOSE, le *Conferva comoides*, qui est
une Gaillonnelle pour nous (*V.* ce
mot), des Ectospermes, végétans s'il
en fut jamais, et jusqu'aux moisissures, sont des amas d'Animalcules
qui tantôt Navicules, tantôt Bacillaires, vivent en société sous forme
végétale, ou d'autres fois se séparent
pour s'aller promener séparément,
sauf à reprendre leur captivité végétale dans une mucosité qui les tient
emprisonnés sous la forme de *Conferva comoides*, etc., etc... Les Diatomes sont des associations latérales
de Navicules, le *Draparnaldia mu-
tabilis* en est aussi formé, les Huîtres
en sont colorées, enfin les Navicules,
selon cette manière de voir, sont des

Protées vivans, végétans, colorans, etc. Ce qui peut avoir donné lieu à cett erreur, c'est que certaines Navicules comme certaines Lunulines se réunissent à certaines époques dans ce mucus primordial dont nous avons proposé de former le genre CHAOS (*V.* ce mot); elles s'y pressent parfois en si grande quantité qu'elles lui donnent de la consistance, et finissent même par donner, aux amas durcis qu'elles forment avec lui, une teinte blanchâtre, grisâtre ou jaunâtre; ce que Lyngbye appela *Echinella olivacea*, comme on le voit dans le mucus, se divise ou se ramifie comme dans les Cluzelles; si des Navicules s'y introduisent, il arrive ce qu'on voit dans le *Conferva comoides*, trop imparfaitement représenté dans une planche du Dictionnaire de Levrault faite d'après un dessin de Gaillon pour qu'on les y puisse reconnaître. C'est un phénomène du même genre qui a lieu dans ce *Gloionema paradoxum* de Lyngbye (*Tent.*, pl. 70, fig. c) où le savant danois soupçonnait de l'animalité.

Les Navicules sont simplement, pour nous que la nature n'a pas initiés aux mystères des transubstantiations, des Psychodiés. Nous en connaissons un grand nombre d'espèces entre lesquelles il nous suffira de citer comme exemple : 1° Navicule à deux points, *Navicula bipunctata*, N., Encycl., Dic., n° 4; *Vibrio tripunctatus var.*, Müll., *Inf.*, t. 7, fig. 2, *d.*; Encycl., Ill., pl. 3, f. 15, *d.* Plus petite que les suivantes, légèrement jaunâtre, transparente, marquée de deux points dont aucun n'occupe le centre; elle est l'une des plus communes dans nos marais; parmi les Conferves, soit d'eau douce, soit marines, elle s'y développe surtout quand on garde l'eau; c'est elle que l'on voit fort bien représentée, fig. 5, dans une planche du magnifique atlas de Levrault; elle est très-commune dans les touffes que forment toutes nos espèces de Gaillonnelles : 2° *Navicula ostrearia*, N., Encycl., Dic., n° 5; intermédiaire par le nombre et la disposition des points et globules qui s'y remarquent entre la précédente et la suivante, cette espèce se distingue de l'une et l'autre par sa forme beaucoup plus mince et surtout par ses extrémités fort aiguës. Sa couleur est communément d'un vert assez vif; extrêmement répandue dans les parcs où l'on met verdir des Huîtres; on a imaginé que ces Conchifères devaient leur *viridité* aux Navicules. La couleur verte n'est pas un caractère pour distinguer l'espèce dont il est question; car avant l'époque où se développe la matière verte qui colore l'eau avec tout ce qui s'y trouve plongé, Gaillon rapporte que les hommes commis à l'éducation des Huîtres remarquent ce qu'ils nomment une *bruneur*, c'est-à-dire une teinte bistrée s'étendant sur les Coquilles, la vase, les cailloux et les Plantes inondées. Cette bruneur est causée par l'abondance des Navicules naissantes avant le développement de la viridité, et qui bientôt contribuent à l'augmentation de la teinte générale en se pénétrant elles-mêmes de matière verte ou végétative (*V.* ces mots à l'article MATIÈRE). Un fait pareil a été observé par nous sur la troisième espèce que nous citerons ici: 3° *Navicula tripunctata*, N., Encycl., Dic., n° 6. — Variété *α*, *flavescens*, N.; *Vibrio tripunctatus*, Müll., *Inf.*, t. 7, fig. 2, *a, a, a*; Encycl., Illustr., pl. 3, f. 15, *a.* — Variété *β*, N.; *Vibrio tripunctatus, viridi materiâ farctus*, Müll., *loc. cit.*, *fig.* 2, *b*; Encycl., *loc. cit.*, fig. 16, *b.* Cette dernière est la plus commune de toutes, et la variété *α* en est encore plus répandue que l'autre; c'est elle qui forme, en pénétrant les couches de matière muqueuse qui se développent vers la fin de l'automne au fond des fossés, à la surface des pierres qui servent de dalle aux fontaines, sur la vase des marais une teinte de couleur capucin. La croûte mince et un peu onctueuse, qui résulte de l'association de plusieurs milliers d'individus placés sur le porte-objet du microscope, semble s'y dissoudre en corpuscules naviculaires d'un châtain brun ou doré, qui sont autant de petits êtres doués de vie. Dans les eaux croupissantes et dans les vases où s'est développée de la matière verte, apparaît la variété *β*.   (B.)

* **NAXIA**. CRUST. Genre établi par Leach et très-voisin du genre *Inachus*. Il n'a pas été adopté et n'existe que dans les travaux inédits de ce zoologiste.   (G.)

***NAYADES**. CONCH. La famille des Nayades fut proposée par Lamarck, en 1809, dans la Philosophie Zoologique pour réunir les deux genres Mulette et Anodonte, créés par Bruguière dans l'Encyclopédie. Si l'on consulte l'Extrait du Cours, on retrouve la famille des Nayades absolument semblable à ce qu'elle était dans l'origine. Lamarck ne lui fit éprouver de changement que dans son dernier ouvrage où il proposa les genres Hyrie et Iridine qu'il y fit entrer. Cette famille paraissait aussi naturelle que les zoologistes pouvaient le désirer; les belles anatomies de Poli (Testat. des Deux-Siciles) avaient démontré l'entière ressemblance des Animaux des Mulettes et des Anodontes. On pouvait certainement, d'après l'analogie des coquilles, réunir à la même famille les deux nouveaux genres de Lamarck; il était même convenable d'y joindre le genre Castalie que Lamarck, sur une analogie assez éloignée de la charnière, réunit aux Trigonies; l'analogie de ces divers genres paraissait tellement bien fondée que plusieurs auteurs blâmèrent Lamarck d'avoir séparé le genre Iridine des Anodontes; aussi ne balança-t-on pas à en faire un sous-genre ou une simple section des Anodontes, et certainement bien à tort, car les Iridines pourvues de siphons postérieurs ne pourront plus rester dans la famille des Nayades (*V*. IRIDINE au Supplément). Cette famille fut placée assez naturellement, dès sa création, entre la famille des Cama-cées et celle des Arcacées, et Lamarck dans ses diverses publications ne changea rien à ses rapports. Cuvier, Règne Animal, ne sépara pas les Mulettes et les Anodontes des Moules, et les rassembla ainsi que les Cardites et les Crassatelles dans sa famille de Mytilacés (*V*. ce mot). L'absence de siphons et une seule ouverture palléale postérieure produite par la réunion des deux lobes du manteau, sont les caractères principaux qui ont servi à réunir ces différens genres que nous verrons bientôt assez différer entre eux pour qu'ils puissent être transportés dans d'autres familles. Férussac (Tabl. Syst. des Anim. Moll.), souvent imitateur de Cuvier, ne l'a point suivi en ce qui concerne les Nayades; il a adopté à la vérité cette famille dans laquelle il admet quatre genres qu'il divise ensuite en un assez grand nombre de sous-genres. Les Anodontes contiennent cinq sous-genres : 1° Anodonte; 2° Iridine; 3° Strophite; 4° Lastène; 5° Dipsas. Les Hyries n'en offrent pas; les Mulettes en ont trois: 1° Alasmidonte; 2° Amblémides; 3° les Uniodés, et le quatrième genre Castalie n'a pas non plus de sous-genre. Nous devons ajouter que Férussac a changé en ordre la famille des Mytilacées de Cuvier, et que la plupart des genres du savant auteur du Règne Animal sont devenus des familles, ce qui n'est guère qu'un changement de mots. Blainville, dans son Traité de Malacologie, divise la famille des Submytilacées, qui suit celle des Arcacées, en deux parties : la première contient les deux genres Anodonte et Mulette avec leurs sous-divisions, et la seconde comprend le genre Cardite auquel sont rapportés les genres Cypricarde et Vénéricarde de Lamarck. Blainville dans cet arrangement a suivi, ainsi que Cuvier, les indications de Poli, en rassemblant dans une même famille les genres qui ont le manteau séparé en deux ouvertures. Latreille, dans ses Familles Naturelles du Règne Animal, en suivant presque à la lettre Cuvier et Blainville, a changé en ordre cette famille des Mytilacées. Cet ordre est le second des Conchifères, il porte le nom de *Biforipalla*, et il est divisé en deux familles, la première pour les genres Moule, Modiole et Lithodome, et la seconde pour les Nayades composée des quatre genres de Lamarck, et de plus des Castalies. On voit que notre savant entomologiste s'écarte de Cuvier en rejetant les Crassatelles, les Cardites et les Vénéricardes, tandis que Blainville rejette au contraire les Moules, les Modioles et les Lithodomes. Dans notre opinion ni l'un ni l'autre de ces savans zoologistes n'aurait saisi les vrais rapports de ces différens genres : 1° les Moules ont véritablement le manteau biforé, une commissure assez large en réunit postérieurement les deux lobes et forme pour l'anus un tube très-court ; 2° dans les Cardites, d'après le Jéson d'Adanson, le pied serait pourvu d'un byssus ; mais, d'après Poli, l'Animal serait voisin des Mulettes ; 3° les Mulettes n'ont point, à proprement parler, de commissure au manteau ; les deux lobes ne sont réunis que par l'intermédiaire des branchies qui s'y fixent postérieurement assez loin pour cacher l'anus, mais les deux lobes ne se réunissent pas, le manteau reste ouvert dans toute son étendue ; cependant par une conformation singulière dans les Mulettes et les Anodontes vivantes, le manteau semble former deux tubes ou deux orifices, l'un pour l'anus et l'autre pour la respiration ; cette disposition est telle, qu'on peut la considérer comme intermédiaire entre les manteaux à une seule ouverture et ceux qui en ont trois. Nous pensons, d'après ces observations, que la famille des Nayadés, réduite aux quatre genres Anodonte, Castalie, Mulette et Hyrie, doit être isolée, et des Moules, et des Cardites, quoiqu'on doive néanmoins la mettre en rapports assez directs avec eux. Férussac a renvoyé de son article ANODONTE à NAYADES pour les détails anatomiques ; nous

nous sommes vu dans l'obligation de faire un pareil renvoi de notre article MULETTE ; nous allons donc décrire brièvement les divers organes de ces Animaux, et nous ferons observer d'abord que les deux genres ne diffèrent que pour la coquille encore fort légèrement ; tout ce que nous dirons pourra s'appliquer également à tous deux ; il paraît probable que l'on ne trouvera aucune différence avec les Hyries et les Castalies. Le manteau est mince et diaphane dans presque toute son étendue, il s'épaissit vers le bord où il est beaucoup plus charnu ; postérieurement il est pourvu de deux rangées de tentacules cirrheux, et pendant la vie de l'Animal cette partie simule deux siphons quoiqu'ils n'existent réellement pas, car les deux lobes du manteau sont séparés dans toute leur étendue ; il y a une paire de branchies de chaque côté de l'Animal ; le feuillet externe est le plus petit, il se fixe vers le dos de l'Animal au manteau ; elles se réunissent aussi entre elles dans la partie moyenne au-dessous du pied, de manière qu'elles forment un canal avec la partie dorsale du manteau dans lequel se décharge l'anus ; le pied est comprimé, musculeux, sécuriforme ; il a deux muscles rétracteurs, un antérieur et un postérieur ; ils s'insèrent à la coquille, le premier vers l'impression musculaire antérieure derrière elle, et le second à la partie antérieure du muscle adducteur postérieur ; ces deux muscles ne laissent ordinairement point d'impression sur la coquille ; il n'en est pas de même des deux muscles adducteurs, l'un antérieur et l'autre postérieur, et tous deux d'un volume à peu près égal ; leurs fibres sont transverses ; elles s'implantent sur l'une et l'autre valve où elles laissent des impressions plus ou moins profondes suivant l'âge et l'espèce ; dans les Anodontes, ces impressions sont quelquefois à peine sensibles. Entre le pied et le muscle rétracteur, antérieur dans la ligne moyenne, on voit une petite ouverture arrondie, garnie de deux lèvres ou bords très-courts et très-minces, c'est l'ouverture buccale : ces lèvres se continuent latéralement à deux appendices plats de chaque côté, striés à leur face interne. On leur a donné le nom de palpes labiaux; elles sont ovalaires, libres dans presque toute leur étendue; elles adhèrent seulement par une partie du bord supérieur au foie et au manteau dans l'endroit où il passe sur la masse des viscères et y adhère fortement; la bouche communique directement et sans l'intermédiaire d'un œsophage avec un estomac pyriforme, aplati de haut en bas, membraneux, très-mince, présentant un grand nombre de cryptes bilieux qui versent dans l'estomac le produit de la sécrétion du foie qui l'enveloppe; c'est au-dessus du fond de l'estomac que naît l'intestin qui fait dans le foie plusieurs circonvolutions, remonte vers le dos où il devient médian, passe à travers le cœur pour se terminer à l'orifice anal placé dans ce canal formé des branchies et du manteau dont nous avons déjà parlé. Les organes de la circulation se composent : 1º d'un cœur fusiforme entourant l'intestin rectum; cet organe est médian, symétrique, assez mince, cependant musculeux; on voit dans son intérieur un grand nombre de faisceaux fibreux diversement entrelacés; 2º de ses parties latérales et moyennes naissent deux oreillettes assez grandes qui donnent naissance par leur bord aux vaisseaux branchiaux qui se distribuent fort régulièrement dans les branchies. Le cœur de ses extrémités antérieure et postérieure donne naissance à des artères qui se distribuent à toutes les parties du corps. Le mode de circulation des Animaux de cette famille ne diffère en rien de celui des autres Mollusques acéphalés (*V.* MOLLUSQUES). Nous avons aperçu quelques parties du système nerveux, le ganglion antérieur est placé sur l'œsophage au-dessous du muscle adducteur antérieur, il est subquadrilatère, il fournit des branches pal-

léales antérieures; deux filets pour les palpes de la bouche; les deux branches latérales s'enfoncent dans le foie où il est très-difficile de les suivre; elles donnent probablement des filets à la masse des viscères et un filet d'anastomose pour le ganglion moyen que nous n'avons pu voir; le ganglion postérieur a quatre troncs principaux; deux qui se dirigent vers le bord du manteau, les autres remontent vers les viscères où nous n'avons pu les suivre bien loin; nous n'avons pas vu le ganglion moyen ni l'anastomose des filets du ganglion antérieur avec ceux du ganglion postérieur. L'ovaire est grand, jaunâtre, occupant à lui seul presque toute la masse des viscères; il est placé derrière le pied, et pourvu d'un oviducte qui s'ouvre au dehors à la partie inférieure entre les deux branchies du côté gauche. D'après ce que nous venons de dire, on peut caractériser cette famille de la manière suivante : Animal généralement ovale, lamellipède, lamellibranche; le manteau fendu dans toute son étendue; anus aboutissant dans un canal borgne formé par la réunion des branchies au manteau; les feuillets branchiaux externes les plus petits. Coquilles fluviatiles, dont la charnière est tantôt munie d'une dent cardinale, irrégulière, simple ou divisée, quelquefois striée transversalement, et d'une dent longitudinale qui se prolonge sous le corselet, et tantôt n'offre aucune dent quelconque. Test noir en dehors; impression musculaire, postérieure, composée; les crochets écorchés, souvent rongés. *V.* ANODONTE, HYRIE, MULETTE et CASTALIE.   (D..H.)

NAZAMONITES. MIN. *V.* NASAMONITE.

* **NAZARENA.** BOT. PHAN. Les habitans de la province de la Guiane, entre Trapiche de Don Felix Fereras et Angostura, nomment ainsi l'*Hymenœa floribunda* de Kunth (*Nov. Gener. et Spec. Plant. æquin.* T. VI, p. 523, tab. 567).   (G..N.)

NAZIA. BOT. PHAN. Adanson a donné ce nom générique au *Cenchrus racemosus*, L. Mais ce genre a reçu plusieurs autres dénominations. Celle de *Tragus* que lui a imposée Haller, est la plus généralement adoptée. *V.* TRAGUS.   (G..N.)

NÉANTHE. BOT. PHAN. Genre de Légumineuses établi par P. Browne et adopté par Adanson, mais qui repose sur une description trop incomplète pour qu'on puisse le reconnaître.   (G..N.)

*NÉBALIE. *Nebalia*. CRUST. Genre de l'ordre des Décapodes, famille des Macroures, tribu des Schizopodes, établi par Leach et adopté par Latreille qui lui donne pour caractères : dix pieds divisés, jusque vers la moitié de leur longueur, en deux branches sétacées ; antennes latérales (premiers pieds selon Leach) insérées beaucoup au-dessous des mitoyennes, et n'ayant pas d'écaille apparente à leur base ; queue terminée par deux appendices en forme de soies. Ce genre, que Latreille avait d'abord confondu avec ses *Mysis*, a été placé par Montagu parmi les *Monoculus*, et Viviani en a fait des *Cyclops*. Il se distingue des *Mysis* par les antennes latérales qui ont une écaille à leur base dans ces derniers ; les genres Mulcion et Cryptope en sont séparés par leur queue qui est terminée par cinq feuillets ; il en est de même chez les *Mysis*. Le genre Condylure en diffère par l'extrémité de son test qui est divisé en plusieurs segmens ou articles inégaux, caractère qui sépare ce genre de tous les autres de la tribu. Les antennes intermédiaires ou supérieures des Nébalies sont insérées au-dessus des yeux, elles sont formées de deux soies médiocrement longues et portées sur un pédoncule cylindrique. Les antennes extérieures sont longues, simples, sétacées, sans écaille à leur base, placées latéralement assez loin des yeux et portées sur des pédoncules allongés ; les dix pieds sont placés très-en arrière, fort rappro-

chés les uns des autres, égaux entre eux, et ayant leur extrémité formée de deux divisions égales, sétacées, ciliées, servant uniquement à la natation ; la carapace forme un bouclier analogue à celui de certains Entomostracés et surtout des Cyclopes ; elle est bombée dans son milieu, embrasse les côtés du corps et se prolonge en avant en un petit rostre aigu, arqué en dessous, non épineux et mobile, sous lequel les yeux sont insérés et très-rapprochés. L'abdomen est conique, plus ou moins long que la carapace, composé de plusieurs segmens, visible au-delà de celle-ci et d'un premier qu'elle recouvre ; terminé par deux appendices multiarticulés en forme de soie. Ce genre renferme deux ou trois espèces toutes très-petites. Parmi les Crustacés phosphorescens que notre ami Lesson a rapportés de son voyage autour du monde, et que nous décrirons dans le Recueil de Zoologie de ce voyage, il s'en trouve quelques autres. Jusqu'à présent l'espèce la mieux connue et qui sert de type au genre est :

La NÉBALIE D'HERBST, *Nebalia Herbstii*; Leach, Zool. Miscel. T. 1, pag. 100, tab. 44; *Monoculus rostratus*, Montagu, *Trans. of Lin. Soc.* T. x, tab. 2, fig. 5; *Cancer bipes*, Oth. Fabr., Herbst; *Mysis bipes*, Oliv. Longue de huit à dix lignes ; abdomen formé de quatre segmens ; couleur grise ou d'un cendré jaunâtre, avec les yeux noirs. Elle se trouve dans l'Océan européen et surtout dans les régions septentrionales.

(G.)

NEBBÉI ou mieux NEBBI. OIS. Hernandez donne ce nom de pays à un Faucon du Mexique qui est une variété du *Falco niger* de Brisson.

(B.)

NEBELIA. BOT. PHAN. Necker avait constitué sous ce nom un genre distinct du *Brunia* par le caractère de deux styles et d'un fruit biloculaire. Ce genre n'a pas été admis par De Candolle dans son *Prodromus System. Vegetabilium*. Il était constitué sur les *Brunia nodiflora*, L., et *B.pa-leacea*, Thunb. Dans le Mémoire que notre collaborateur Adolphe Brongniart a récemment publié (Ann. des Sc. Nat., août 1826) sur la famille des Bruniacées, la première de ces espèces reste le type du genre *Brunia*, et la seconde fait partie du nouveau genre *Berardia*, qu'il ne faut pas confondre avec un ancien genre nommé ainsi par Villars et qui est le *Lappa* des auteurs. *V.* le mot Be-RARDIA au Supplément.   (G..N.)

*NEBKA. BOT. PHAN. C'est le nom vulgaire, dans toute la Nubie qui avoisine le Nil, du *Ziziphus Spina Christi*.   (G..N.)

* NEBNEL. BOT. PHAN. L'*Acacia nilotica* est décrit sous ce nom de pays dans l'ancienne Encyclopédie par Adanson.   (B.)

NÉBRIE. *Nebria*. INS. Genre de l'ordre des Coléoptères, section des Pentamères, famille des Carnassiers, division des Terrestres, tribu des Carabiques abdominaux, établi par Latreille et adopté par tous les entomologistes. Ses caractères sont : les trois premiers articles des tarses antérieurs des mâles plus ou moins dilatés, triangulaires ou cordiformes; dernier article des palpes plus ou moins allongé et très-légèrement sécuriforme. Antennes filiformes. Lèvre supérieure entière ou très-légèrement échancrée; mandibules peu saillantes, non dentées intérieurement; une dent bifide au milieu de l'échancrure du menton. Corselet cordiforme. Elytres allongées, plus ou moins ovales. Ce genre qui est très-voisin des Carabes proprement dits, en diffère cependant par le labre qui n'est pas profondément échancré, et par les mâchoires qui sont ciliées extérieurement, ce qui n'a pas lieu chez les Carabes; les Omophrons en sont bien séparés par la forme de leur corps, les Pogonophores de Latreille en sont distingués par leur languette qui est étroite et allongée, tandis qu'elle est courte et large dans les Nébries; les Loricères ont une forte échancrure au côté interne des jambes antérieures, ce qui n'est pas chez les Nébries. Bonelli, dans ses Observations entomologiques, avait établi un genre, aux dépens des Nébries, sous le nom d'*Alpœus*, dans lequel il plaçait les espèces aptères qui ne se trouvent que dans les plus hautes montagnes; mais ce genre n'a pas été adopté, parce qu'on a découvert beaucoup d'espèces formant la liaison de son genre *Alpœus* et des Nébries. La tête des Nébries est assez grande, plane et presque triangulaire; la lèvre supérieure est transversale; les mandibules sont peu saillantes, légèrement arquées, aiguës et non dentées intérieurement; les antennes sont au moins de la longueur du corps; les yeux sont ordinairement peu saillans; le corselet est assez court, plus ou moins cordiforme; les élytres sont assez allongées, ordinairement parallèles et presque carrées dans les espèces ailées et plus ou moins ovales dans les Aptères. Les pates sont plus ou moins allongées; l'échancrure qui termine en dessous les jambes antérieures, est droite et ne remonte pas sur le côté interne. Les couleurs de ces Insectes sont en général noires ou brunes; quelques-uns ont le fond jaunâtre plus ou moins varié de noir. Ces Carabiques sont presque tous propres aux contrées tempérées et froides de l'Europe; on en trouve quelques-uns dans les montagnes du Caucase, en Sibérie, dans les îles Aleutiennes, et Dejean en possède une espèce de l'Amérique septentrionale. Ce genre est assez nombreux en espèces, Dejean en décrit trente-quatre dans le *species* des Coléoptères de sa magnifique collection; la plus connue et celle qui se trouve fréquemment à Paris et dans toute l'Europe est:

La NÉBRIE BRÉVICOLLE, *Nebria brevicollis*, Clairv., Fisch., Dej., Bon., Latr., Schoun., etc.; *Carabus brevicollis*, Fabr., est d'un noir luisant, avec les antennes, les jambes et les tarses d'un brun ferrugineux; les élytres ont des stries pointillées. Elle se trouve sous les pierres, les tas d'herbe, etc., dans les lieux humides: (G.)

NÉBRION. BOT. PHAN. (Dioscoride.) Syn. de Panais. (B.)

NÉBRITES. MIN. La Pierre consacrée à Bacchus et qui, selon Pline, était de couleur de peau de Biche ou noire, n'est plus connue. (B.)

* **NÉBU.** BOT. PHAN. Nom de pays du *Gevuina Avellana. V.* GÉVUINE. (B.)

NÉBULEUSE. ZOOL. Oiseau du genre Chouette; c'est aussi le nom marchand d'un Cône, *Conus Magus.* (B.)

NÉBULEUX. ZOOL. (Bonnaterre.) Syn. de Bolty ou Bolti, espèce du genre Chromis. On donne aussi ce nom à un Serpent du genre Couleuvre. (B.)

NECKERA. BOT. CRYPT. (*Mousses.*) Hedwig a constitué ce genre dont les espèces étaient réunies par Linné avec les *Hypnum.* De légers caractères dans la structure du péristome, ne semblaient pas d'abord des motifs suffisans pour séparer ces deux genres que réunissait d'ailleurs une certaine analogie dans leur port. Cependant, lorsque la connaissance plus parfaite des Mousses eut déterminé les botanistes à établir dans cette famille un grand nombre de coupes génériques, on en est venu à subdiviser encore le genre *Neckera.* De-là les genres *Anacamptodon* de Bridel; *Anomodon* et *Daltonia* de Hooker, sans parler du *Cryphœa* de Mohr et du *Pilotrichum* de Beauvois, qui sont synonymes de ce dernier. Hedwig donnait pour caractères à son genre *Neckera* : un péristome double, à seize dents chacun, l'intérieur formé de seize cils réunis entre eux à la base par une courte membrane. Le genre *Anacamptodon* de Bridel est fondé sur une espèce qui par son port s'éloigne des *Neckera* et se rapproche des *Fabronia* par la structure de son péristome extérieur. Le caractère essen-

tiel du *Daltonia* réside dans sa coiffe mitriforme, tandis qu'elle est dimidiée (*dimidiata*) dans les *Neckera.* Il faut avouer que, s'il n'y a pas d'autres motifs pour constituer un genre, le *Daltonia* est d'une valeur si faible qu'on ne saurait blâmer Schwægrichen d'avoir continué à en réunir les espèces au *Neckera* de Hedwig.

Dans l'exposition méthodique des espèces de Mousses que Walker-Arnott a publiées récemment (Mém. de la Soc. d'Hist. Nat., vol. II, 2e partie), les genres *Anacamptodon* et *Daltonia* sont adoptés, mais l'*Anomodon* est réuni au *Neckera*, dont l'auteur présente le caractère essentiel suivant : dents externes du péristome alternes avec les dents internes; capsule dimidiée. La cohérence des dents internes par la base n'est donc plus considérée comme une différence générique essentielle ainsi que Hedwig l'avait établi. En admettant les idées d'Arnott sur la circonscription du genre qui fait l'objet de cet article, nous le trouvons composé de vingt-deux espèces qui croissent dans tous les climats, puisque plusieurs d'entre elles sont communes à l'Europe entière et à l'Amérique équinoxiale. Parmi celles qui croissent chez nous, et que l'on peut considérer comme les types du genre, nous citerons :

La NECKÈRE CRÉPUE, *Neckera crispa*, Hedw. Plante excessivement commune dans les localités montueuses, sur les troncs des Arbres et sur les rochers. L'aspect de cette Mousse est élégant; ses feuilles sont oblongues, ridées ou ondulées transversalement. L'urne est ovale, portée sur une soie latérale assez longue. (G..N.)

NECKERIA. BOT. PHAN. Deux genres de Phanérogames ont reçu ce nom qui avait déjà un emploi parmi les Cryptogames (*V.* NECKÈRE). Tous les deux peuvent se passer de cette dénomination ; car l'un fondé par Gmelin est le même que le *Pollichia* d'Aiton et de Willdenow; l'autre établi par Scopoli est synonyme de *Corydalis. V.* ces mots. (G..N.)

NÉCROBIE. *Necrobia.* ins. Genre de l'ordre des Coléoptères, section des Pentamères, famille des Clavicornes, tribu des Clairones, établi par Latreille dans son Précis des caractères généraux des Insectes, et en même temps par Paykul qui, ne connaissant pas cet ouvrage, a donné à ces Insectes le nom de Corynètes que Fabricius a adopté. Les caractères de ce genre sont : antennes courtes, en massue; mandibules arquées, aiguës, dentées intérieurement ; tarses, vus en dessus, n'offrant que quatre articles : le premier étant très-court et caché en dessus par la base du second; palpes labiaux terminés par un article sécuriforme, les maxillaires ayant le dernier article simple et seulement tronqué.

Les Nécrobies diffèrent des Dermestes avec lesquels Linné les avait confondues, par les formes générales du corps et surtout par la conformation des tarses qui, dans les derniers, présentent cinq articles bien distincts. Les Clairons ont le corps beaucoup plus allongé; leurs antennes sont plus courtes que la tête et le corselet pris ensemble; tandis que, dans les Nécrobies, ces mêmes organes atteignent la base des élytres quand ils sont couchés le long du corselet; de plus, les palpes labiaux sont sécuriformes dans les Nécrobies, ce qui n'a pas lieu chez les Clairons. Enfin les genres Tille, Enoplie, et tous les derniers de la tribu en sont bien distingués par leurs tarses dont les cinq articles sont fort distincts et par les antennes dont la massue est toujours dentée. Les Nécrobies sont des Insectes de petite taille ; leur tête est un peu moins enfoncée dans le corselet que celle des Clairons; les yeux sont arrondis, un peu saillans; la lèvre supérieure est cornée, large, assez courte, échancrée et ciliée ; les mandibules sont cornées, aiguës, unidentées intérieurement; les mâchoires sont cornées à leur base, coriaces et bifides à leur extrémité; les divisions sont inégales, l'extérieure large; ciliée,

l'intérieure courte, à peine ciliée, et un peu arquée. Chaque mâchoire porte un palpe une fois plus long qu'elle ; ces palpes sont composés de quatre articles dont le premier est très-petit, à peine apparent, le second conique, allongé, le troisième court et arrondi, et le dernier allongé, un peu plus large et tronqué à son extrémité. La lèvre inférieure est petite, courte, presque membraneuse, un peu échancrée; ses palpes sont plus courts que les maxillaires, composés de trois articles dont le premier petit, à peine visible ; le second très-étroit, allongé, presque conique, et le troisième large, triangulaire et sécuriforme. Les antennes sont placées à la partie latérale et antérieure de la tête ; elles sont composées de onze articles dont le premier est allongé, assez gros, les suivans grenus égaux entre eux, les trois derniers en massue et d'une forme triangulaire. Le corselet est arrondi, un peu déprimé, il est aussi large en arrière qu'en avant. L'écusson est petit, triangulaire, les élytres sont plus larges que le corselet, près de trois fois plus longues que larges. Les pates sont de longueur moyenne ; les tarses sont composés de cinq articles, le premier très-court, caché par le suivant, les autres de grandeur moyenne, et le dernier est terminé par deux crochets recourbés. Ces Insectes ne sont pas ornés de couleurs très-variées, le bleu foncé est la dominante, quelquefois le rouge s'y trouve mélangé. Leur démarche est lente, ils ont le vol peu rapide. A l'état parfait, ces Coléoptères vivent sur les fleurs, sur les Arbres et plus souvent sur les matières animales en putréfaction, et surtout sur les charognes. Leur larve vit aussi dans ces substances ; son corps est ovale, allongé, formé de plusieurs anneaux ; elle a six pates écailleuses et deux crochets vers l'anus, également écailleux. Elle prend son accroissement assez vite et subit sa métamorphose dans les mêmes lieux où elle a vécu. Ce genre ne se compose que d'un très-petit nombre d'espèces presque toutes d'Europe. La plus commune à Paris est :

La NÉCROBIE VIOLETTE, *Necrobia violacea*, Latr., Hist. Nat. des Crust. et des Ins., t. 9, p. 156, pl. 77, fig. 5 ; Oliv., Col. et Encycl. ; *Corynetes violaceus*, Payk., Faun. Succ., Fabr. ; le Clairon bleu, Geoff. ; *Dermestes violaceus*, Lin., Fabr., etc. Long de près d'une ligne et demie; corps velu, bleu, luisant; antennes et pates violettes. Cette espèce se trouve dans les charognes, sur les fleurs et très-souvent dans les maisons contre les vitres des fenêtres. (G.)

NÉCRODE. *Necrodes*. INS. Nom donné par Wilkin à un genre de Coléoptères qui renferme les Boucliers, *Sylpha*, dont le corps est en ovale allongé, avec le corselet orbiculaire, et les élytres tronquées obliquement à leur extrémité. Leurs antennes vont graduellement en grossissant. Cette coupe avait été indiquée par Latreille dans son *Genera Crustaceorum et Insectorum* ; elle a pour type le *Sylpha littoralis* de Linné et quelques autres Insectes de la même forme. *V*. BOUCLIER. (G.)

* NÉCROLITE. MIN. Brocchi (Catalogue raisonné des Roches d'Italie, Milan, 1817) nomme ainsi le Sasso-Morto, Pierre-Morte, ou Roche trachytique des environs de Rome. (G. DEL.)

* NÉCRONITE. MIN. (Hayden de Baltimore.) Substance pierreuse dont la composition est encore inconnue, et qui a les caractères extérieurs du Feldspath. Comme ce dernier Minéral, elle a deux clivages perpendiculaires l'un à l'autre, et un troisième oblique peu distinct : elle est très-difficile à fondre au chalumeau, inattaquable par les Acides, et répand, lorsqu'on la brise, une odeur fétide et presque cadavéreuse, ce qui lui a fait donner son nom. On la trouve dans le Maryland, à quelques milles de Baltimore, dans un Calcaire primitif, et à Kingsbridge, aux environs de New-York; elle est associée au Mica brun, à la Gramalite et au Titane oxidé ! (G. DEL.)

NÉCROPHAGES. *Necrophagi*. INS. Latreille donnait ce nom, dans ses ouvrages antérieurs au Règne Animal par Cuvier, à une famille de Coléoptères Pentamères, qui est composée de ses tribus des Peltoïdes, des Dermestines et de la famille des Clavicornes. *V*. tous ces mots. (G.)

NÉCROPHORE. *Necrophorus*. INS. Genre de l'ordre des Coléoptères, section des Pentamères, famille des Clavicornes, tribu des Peltoïdes, établi par Fabricius et adopté par tous les entomologistes avec ces caractères : extrémité des mandibules entière ou sans dentelures ; antennes un peu plus longues que la tête, terminées brusquement en une massue grosse, courte, en forme de bouton et distinctement perfoliée ; tarses antérieurs larges et très-garnis de houppes; élytres coupées droit à leur extrémité. Ces Insectes se distinguent des Boucliers avec lesquels Linné et la plupart des entomologistes les avaient confondus, par les antennes qui, dans ces derniers, sont terminées aussi par une massue, mais allongée et formée presque insensiblement ; ils se distinguent des autres genres de la tribu par des caractères aussi faciles à saisir. Scopoli et Geoffroy les avaient placés parmi les Dermestes; mais ils en sont distingués par les mandibules, qui sont dentées dans ces derniers et par beaucoup d'autres caractères. Les Nécrophores ont le corps de forme un peu allongée; leur tête est assez grande, un peu inclinée et distincte du corselet; les yeux sont oblongs et très-saillans; leurs antennes sont à peu près de la longueur de la tête, et composées de onze articles dont le premier est long et un peu renflé; le second petit, très-court; les suivans arrondis, et les quatre derniers forment une massue assez grosse, presque arrondie et perfoliée. La lèvre supérieure est cornée, ciliée et échancrée ; les mandibules sont cornées, arquées, pointues et sans dents ; les mâchoires sont presque cornées, composées de deux pièces dont l'une externe et arrondie, mince à sa base, un peu arquée, presque aussi longue que le palpe, et très-ciliée à son extrémité ; la pièce interne est beaucoup plus large, et très-ciliée à son bord intérieur : cette mâchoire donne attache à un palpe de quatre articles dont le premier est court, le second plus long, ovoïde, le troisième aussi long que le second et le troisième beaucoup moins long, et terminé en pointe arrondie. La lèvre inférieure est avancée, cornée à sa base et sur les côtés ; membraneuse à son extrémité, amincie et légèrement échancrée ; ses palpes sont assez longs, et composés de trois articles presque égaux dont le dernier, le moins gros, est terminé comme celui des palpes maxillaires ; le corselet est un peu aplati, rebordé, et plus ou moins échancré antérieurement ; les élytres sont plus courtes que l'abdomen, elles couvrent deux ailes membraneuses et repliées ; l'écusson est assez petit, triangulaire, un peu obtus à sa pointe ; l'abdomen est composé de six anneaux, assez court et terminé en pointe ; les pates sont assez grosses et assez fortes ; les cuisses postérieures sont un peu renflées, elles ont à leur base un appendice ou pièce surnuméraire, ordinairement terminée en épine aiguë. Les jambes antérieures ont une forte dent latérale et sont terminées par deux épines assez fortes et par un tarse dont les quatre premiers articles vont en diminuant de longueur et dont le dernier est allongé et terminé par deux crochets.

Le nom de ces Insectes qui signifie Porte-Morts, et celui d'Enterreurs qu'on leur donne encore, leur viennent de ce qu'ils ont l'instinct d'enfouir les cadavres de quelques petits Quadrupèdes, et notamment ceux des Taupes et des Souris ; ils aiment aussi beaucoup les Crapauds et quelques autres Reptiles ; ils mettent sous terre ces petits Animaux, afin que les œufs qu'ils déposent dans leur corps puissent éclore, et que les larves qui doivent en naître trouvent leur nourriture à l'abri de tout danger. Pour faire cette opération ils se glissent sous les cadavres qu'ils veulent enterrer, et creusent la terre immédiatement au-dessous ; à mesure qu'ils retirent cette terre, l'Animal enfonce, de manière qu'au bout de vingt-quatre heures, quatre ou cinq de ces Insectes creusent tellement au-dessous d'une Taupe, par exemple, qu'on ne voit plus rien et qu'elle se trouve encore recouverte de près d'un pouce de terre. Comme tous les Insectes qui vivent dans les matières cadavéreuses, les Nécrophores exhalent une odeur forte, analogue à celle du musc ; ils ont l'odorat très-fin et sentent de très-loin les cadavres qui peuvent leur servir de nourriture et d'habitation pour leurs larves ; celles-ci sont longues, d'un blanc grisâtre, avec la tête brune ; leur corps est composé de douze anneaux garnis antérieurement, à leur partie supérieure, d'une petite plaque écailleuse, d'un brun ferrugineux ; les plaques des derniers anneaux sont munies de petites pointes élevées. Leur tête est dure, écailleuse, garnie de mandibules assez fortes et tranchantes. Elles ont dix pates écailleuses, très-courtes, attachées aux trois premiers anneaux du corps. Quand ces larves ont pris tout leur accroissement, elles entrent dans la terre à plus d'un pied de profondeur, se font une loge ovale qu'elles enduisent d'une matière gluante et s'y changent en nymphes : ce n'est qu'au bout de trois ou quatre semaines que l'Insecte parfait en sort. Ce genre se compose de quatorze ou quinze espèces toutes d'assez grande taille ; la plus commune est :

Le Nécrophore Fossoyeur, *Necrophorus Vespillo*, Fabr., Latr., Oliv. ; *Sylpha Vespillo*, L., Degéer ; le Dermeste Point-de-Hongrie, Geoff., Rœsel, etc. Il est long de sept à neuf lignes, noir, avec les trois derniers articles des antennes roux. Les élytres ont deux bandes orangées, transverses et dentées ; les hanches

des deux pieds postérieurs sont armées d'une dent forte et aiguë. On
trouve cette espèce dans toute l'Europe et aux environs de Paris dans
les charognes et sous les petits Animaux morts.   (G.)

NECTAIRE. *Nectarium*. BOT.
PHAN. On ne saurait, en histoire
naturelle, attacher trop d'importance
à bien définir les divers organes
dont se composent les êtres vivans.
Mais ces définitions, pour être fixes
et à l'abri de l'arbitraire, doivent
être tirées, non pas d'une seule considération, mais d'un ensemble de
propriétés qui puissent servir à les
bien caractériser. Ainsi, quoique la
fonction exercée par un organe soit
en général une des considérations les
plus importantes, cependant elle ne
suffit pas, dans plusieurs cas, pour
le bien définir, parce que souvent
la même fonction est exercée par des
,ancs évidemment différens, et *vice
versâ*. Il faut donc, autant que cela
est possible, tirer encore les signes
caractéristiques des organes, de leur
position générale, et surtout de leur
position relative dans la structure
générale de l'être. C'est pour ne pas
avoir fait assez attention à ces principes fondamentaux d'une bonne organographie, que nous voyons le
même organe, légèrement modifié,
désigné sous une foule de noms différens, ou des parties très-diverses,
confondues sous une même dénomination. Ces idées nous ont été suggérées par l'étude comparative que
nous avons faite dans un grand travail encore inédit de l'organe que
les botanistes ont désigné sous le nom
de *Nectaire*. Linné, qui le premier
introduisit ce mot dans le langage
botanique, le définit une partie de
la fleur sécrétant une humeur mielleuse et nectarée. En effet, tout le
monde sait que dans une foule de
fleurs on trouve une humeur visqueuse et sucrée, évidemment sécrétée par de petites glandes diversement disposées. Cette définition paraît assez précise au premier coup-

d'œil, et l'on se-forme facilement
l'idée de l'organe que Linné a ainsi
dénommé. Mais on voit bientôt dans
les exemples des Nectaires, que cite
cet illustre botaniste, qu'oubliant la
définition qu'il en a donnée, il applique ce nom à des organes entièrement différens, et qui souvent même,
pour la plupart, ne présentent pas
ce caractère essentiel de sécréter une
humeur nectarée. Ainsi Linné, et
tous les auteurs qui ont suivi son
système, donnent en général le nom
de Nectaires, non-seulement aux
organes glanduleux et sécréteurs
qu'on observe dans différens points
de la fleur, mais à toutes les parties
de cette fleur qui, par quelque modification insolite, s'éloignent de leur
forme habituelle. Ainsi le calice,
lorsqu'il est prolongé en éperon,
comme dans la Capucine; ses divisions intérieures dans plusieurs Musacées; la corolle, également prolongée en éperon, dans les Linaires;
les pétales irréguliers dans les Renonculacées, et une foule d'autres
Plantes; les filets des étamines dilatés et pétaloïdes des Amomées; les filets réunis en utricule dans le Ruscus,
et dans une quantité de Malvacées; le
disque, dans ses diverses positions,
et une foule d'autres modifications
d'organes, sont pour Linné autant
de Nectaires. Une pareille confusion
nous paraît tout-à-fait contraire à
l'esprit philosophique qui règne aujourd'hui dans l'étude des êtres organisés, en même temps que fondée
sur une observation fausse, elle nuit
essentiellement aux progrès de la
science. Dans ces divers exemples, ces
parties, bien que modifiées, et s'éloignant de leur type habituel, ne doivent pas néanmoins être considérées
comme constituant de nouveaux organes. Ce n'en sont que des modifications: mais ces modifications offrent d'ailleurs trop de dissemblance entre elles pour être réunies
sous une dénomination commune.
Mais existe-t-il dans certaines fleurs
un organe spécial auquel on puisse
et on doive appliquer le nom de

Nectaire? Nous ne le pensons pas, même en suivant rigoureusement la définition donnée par l'auteur de la Philosophie botanique. En effet, cette humeur nectarée qu'on trouve dans un assez grand nombre de fleurs n'est jamais sécrétée par un organe spécial différent des autres parties constituantes de la fleur. Ce ne sont jamais que des glandes placées soit sur la partie interne du calice, soit sur la corolle et les pétales, soit sur le disque ou réceptacle, soit enfin sur l'ovaire lui-même d'où découle cette humeur. Ce n'est donc pas un organe distinct, une partie nouvelle de la fleur, mais simplement un amas de glandes diversement réunies et placées sur une des parties constituantes de la fleur. De-là nous croyons pouvoir conclure qu'il n'y a pas à proprement parler d'organe distinct dans la fleur, auquel on doive donner le nom de Nectaire, mais que seulement, dans quelques cas, le calice, les pétales, le disque, etc., peuvent présenter un amas de glandes nectarifères.

(A. R.)

NECTANDRA. BOT. PHAN. Ce nom, donné à deux genres par Bergius et Rolander, est maintenant rayé de la botanique. Le genre de Bergius a été réuni au *Gnidia* par Thunberg, et celui de Rolander ne paraît pas être suffisamment distinct de l'*Ocotea* d'Aublet. *V*. ces mots.   (G..N.)

NECTARINIA. OIS. Dénomination générique des Guit-Guits et des Souïmangas, selon Illiger. Ce nom a été depuis réservé exclusivement pour le groupe des Guit-Guits par Cuvier, et pour celui des Souïmangas par Temminck. Ces derniers sont au contraire désignés, dans la Méthode de Cuvier, sous le nom de *Cinnyris*; et celui de *Cœreba* est donné aux premiers par Temminck. *V*. GUIT-GUIT et SOUÏMANGA.   (IS. G. ST.-H.)

* NECTOCÈRE. *Nectocerus*. CRUST. Genre établi par Leach (Dict. des Sc. Nat., art. CRUSTACÉS) et dont il ne donne pas les caractères. (G.)

NECTOPODES ou RÉMIPÈDES.

INS. Dans sa Zoologie analytique, Duméril donne ce nom à sa seconde famille des Coléoptères pentamérés, ayant pour caractères : élytres dures, couvrant tout l'abdomen; antennes en scie ou en fil, non dentées; tarses natatoires. Cette famille comprend les genres Dytique, Hyphidre, Haliple et Tourniquet. *V*. ces mots. (G.)

* NECTOPODES. *Nectopoda*. MOLL. Blainville a divisé les Nucléobranches en deux familles (*V*. NUCLÉOBRANCHES) : la première pour ceux qui n'ont qu'une seule nageoire abdominale qui représente, selon l'auteur que nous citons, le pied des autres Mollusques; et la seconde pour ceux qui ont des nageoires latérales. Il a donné à l'une le nom de Nectopodes, et il a conservé le nom de Ptéropodes à la seconde. A l'égard de l'arrangement de cette famille, Blainville se trouve moins d'accord avec les auteurs modernes que pour la plupart des autres, pour les rapports avec les familles voisines. Lamarck, en effet, avait considéré les Carinaires et les Firoles comme les Mollusques les mieux organisés, et les avait placés, dans la série, au-dessus des Céphalopodes. Nous voyons, au contraire, Blainville les porter près des Mollusques nus, tels que les Phyllidies, qui sont déjà bien inférieurs à la plupart des Mollusques. Nous ne pourrons nous livrer à l'examen des opinions des auteurs qu'à l'article NUCLÉOBRANCHE. *V*. d'ailleurs CARINAIRE et FIROLE.   (D..H.)

*NECTOUXIE. *Nectouxia*. BOT. PHAN. Genre de la famille des Solanées et de la Pentandrie Monogynie, L., établi par Kunth (*Nov. Gen. et Spec. Plant. œquin.*, p. 10, t. 195) qui l'a ainsi caractérisé : calice découpé profondément en cinq lanières linéaires, égales et dressées; corolle hypocratériforme, dont le tube est pentagone, élargi supérieurement, un peu plus long que le calice; le limbe divisé en cinq segmens réfléchis, ovales, légèrement aigus et égaux entre eux : l'entrée de la corolle est munie d'une couronne tubuleuse, obscurément dentée ; cinq étamines insérées sur la partie supérieure du tube, alternes avec les découpures de la corolle, incluses, égales entre elles, à filets courts, à anthères oblongues et dressées ; ovaire ovoïde, placé sur un petit disque, surmonté d'un style filiforme de la longueur de la corolle, et d'un stigmate obtus, légèrement échancré. Fruit inconnu, probablement bacciforme. Ce genre est voisin de l'*Atropa* et du *Petunia*, mais il s'en distingue suffisamment par la couronne qui orne l'entrée de sa corolle.

La NECTOUXIE ÉLÉGANTE, *Nectouxia formosa*, Kunth, *loc. cit.* ; *Atropa arenaria*, Rœm. et Schult., *Syst. Veget.*, 4, p. 685, est une Herbe fétide, dressée, se divisant en rameaux épars, étalés, velus, garnis de feuilles éparses, pétiolées, les supérieures géminées, ovales, aiguës, échancrées en cœur à la base, très-entières, veinées en réseau, membraneuses et légèrement hérissées de poils. Les fleurs sont extra-axillaires, solitaires, pédonculées, penchées et de la grandeur de celles de la grande Pervenche. Cette Plante croît dans les forêts qui avoisinent Réal-del-Monte dans le Mexique.　　　　　(G..N.)

NECTRIS. BOT. PHAN. (Schreber.) *V*. CABOMBA.

NÉCYDALE. *Necydalis*. INS. Genre de l'ordre des Coléoptères, section des Tétramères, famille des Longicornes, tribu des Nécydalides, établi par Linné et adopté, après bien des variations, par tous les entomologistes avec ces caractères : ailes étendues dans presque toute leur longueur et simplement un peu plissées à leur extrémité ; élytres très-courtes et tronquées ; corps étroit et allongé ; tête penchée en avant ; dernier article des palpes plus gros, presque cylindrique ou presque ovoïde et tronqué. Le nom de Nécydale a été employé pour la première fois par Aristote (*Hist. Nat.*, *lib.* 5, *cap.* 19), mais le passage où il en fait mention est très-obscur, et l'on ne peut déterminer de quel Insecte il a voulu parler. Dans les Actes d'Upsal ce nom fut appliqué vaguement à des Insectes de plusieurs genres très-différens. Linné assigna le premier ce nom aux Insectes qui composent le genre Nécydale de Latreille, et y plaça de plus une espèce du genre Malthine (Téléphore noir). Ce ne fut que plus tard qu'il joignit aux vraies Nécydales plusieurs espèces du genre OEdémère ; il partagea son genre en deux divisions ; la première était ainsi caractérisée : élytres beaucoup plus courtes que les ailes et l'abdomen. Elle renfermait les vraies Nécydales de Latreille. La seconde ayant pour caractères : élytres subulées de la longueur de l'abdomen, renfermait les OEdémères, la Nécydale fauve (*Stenopterus*, Illig.), et un autre Coléoptère (*N. brevicornis*) qui forme aujourd'hui le genre Atractocère. Geoffroy ne connut des Nécydales de Linné que deux espèces, le Téléphore (*Malthinus*), et la Nécydale fauve, qu'il avait placée avec ses Leptures. Fabricius, dans les premières éditions de ses ouvrages, ne conserva sous le nom de Nécydales, que la seconde division de Linné, et les véritables, ou celles de la première division, furent placées par lui dans le genre Lepture. C'est dans son *Systema Entomologiæ*, que cette réunion disparate a cessé d'avoir lieu ; il a laissé sous le nom de Nécydale les espèces de la seconde division de Linné, et son genre *Molorchus* se compose des véritables Nécydales. Latreille a adopté dans son dernier ouvrage (Fam. Nat. du Règne Anim.) un genre établi par Illiger sous le nom de *Stenopterus* et renfermant les Nécydales à élytres aussi longues que l'abdomen, mais rétrécies à leur extrémité, de sorte qu'à présent le genre Nécydale, tel qu'il est restreint et tel que nous le présentons ici, ne se compose plus que des *Molorchus* de Fabricius. Ces Insectes ont le corps étroit et allongé ; la tête est aussi large que le corselet, inclinée et ayant la partie antérieure aplatie et terminée en pointe vers le bas ; leur lèvre supérieure est petite, coriace, presque carrée, avec le bord antérieur droit et entier ; les mandibules sont cornées, courtes, déprimées, triangulaires, sans dentelures, avec la pointe légèrement crochue ; les mâchoires sont légèrement coriaces, cylindriques, comprimées, terminées par deux divisions petites, presque membraneuses, dont l'extérieure plus avancée, obtuse ; l'intérieure plus courte et finissant en pointe ; les palpes maxillaires sont courts, composés de quatre articles dont les trois premiers sont courts et le dernier plus grand et obtus ou tronqué ; la lèvre inférieure est courte, membraneuse, très-évasée au bord supérieur ; son support est coriace, large, arrondi latéralement ; ses palpes sont composés de trois articles dont le dernier ressemble au même des palpes maxillaires ; les antennes sont à peu près de la longueur de la moitié du corps, filiformes, composées de onze articles dont le premier est grand, courbé, renflé et arrondi à son extrémité ; le second très-petit et les suivans presque cylindriques, un peu amincis à leur base ; elles prennent attache dans une échancrure antérieure des yeux ; le corselet est arrondi ou presque cylindrique, un peu moins large que la base des élytres ; l'écusson est fort petit et presque arrondi ; les élytres sont extrêmement courtes, tronquées et arrondies postérieurement ; les pates sont grandes avec les cuisses allongées, rétrécies depuis leur base jusqu'au milieu et terminées par un renflement arrondi ou ovale ; les postérieures sont plus longues que les autres ; ces pates sont terminées par un tarse de quatre articles dont le premier est allongé, le second triangulaire, le troisième bifide et le dernier terminé par deux crochets de moyenne grandeur ; l'abdomen est trois ou quatre fois plus long que les élytres, et très-rétréci à son origine. Les métamorphoses des Nécydales sont in-

connues, et il est à présumer que leurs larves vivent dans le bois. Le genre est assez peu nombreux en espèces : on en connaît sept ou huit ; la plus remarquable de nos climats est :

La Nécydale majeure, *Necydalis major*, L., *Syst. Nat.* ; *Leptura abbreviata*, Fabr., *Syst. Ent.*, p. 199, nº 18 ; Mant. Ins. ; *Malorchus abbreviatus*, Fab., *Ent. Syst. et Syst. Eleuth.* ; *Musca Cerambyx major*, Sch. (Mon., 1753, fig. 1, 2, *Elem. et Icon.*, etc). Longue de plus d'un pouce ; tête, corselet et poitrine noirs ; antennes jaunes à leur base, brunes à l'extrémité ; élytres, base de l'abdomen et pates antérieures jaunes ; pates postérieures de la même couleur avec l'extrémité des cuisses noires ; derniers anneaux de l'abdomen bruns ; ailes transparentes à nervures jaunâtres. Cette espèce se trouve dans toute l'Europe ; elle n'est commune nulle part ; elle se trouve rarement à Paris, dans les prairies de Gentilly. Il paraît que sa larve vit dans les Saules qui sont abondans dans cette localité.

(G.)

* NÉCYDALIDES. *Necydalides.* INS. Tribu de l'ordre des Coléoptères, section des Pentamères, famille des Longicornes, établie par Latreille (Fam. Nat. du Règn. Anim.) et renfermant des Insectes ayant les yeux en forme de reins, et entourant presque la base des antennes ; leur tête est penchée en avant ; le dernier article de leurs palpes est plus gros, presque cylindrique ou ovoïde tronqué ; leurs élytres sont beaucoup plus courtes que l'abdomen, ou resserrées brusquement en arrière ; leurs ailes sont étendues dans toute leur longueur ou simplement plissées à leur extrémité. Cette tribu renferme les genres Sténoptère, Sangaris et Nécydale (*Molorchus*, Fabr.). *V.* ces mots. (G.)

NEEA. BOT. PHAN. *V.* Néée.

* NÉEBONG. BOT. PHAN. Marsden désigne sous ce nom un Palmier qu'il dit être fort commun à Sumatra, dont le tronc élevé est employé pour

faire dés piliers de construction, des conduits d'eau, et dont on mange les sommités comme le Chou, et qui pourrait bien être un Palmiste, c'est-à-dire du genre *Areca*. *V.* ARECA. (B.)

NÉÉDHAMIE. *Needhamia*. BOT. PHAN. Trois genres de Plantes ont reçu cette dénomination. Scopoli l'appliquait au *Galega littoralis*, L., qui fait maintenant partie du genre *Tephrosia* de Persoon, admis universellement. *V.* TÉPHROSIE. R. Brown (*Prodr. Fl. Nov.-Holl.*, p. 549) a constitué plus tard un genre *Needhamia* dans la famille des Épacridées; c'est celui que nous décrirons dans cet article. Enfin H. Cassini avait établi dans le Dictionnaire des Sciences Naturelles, encore sous le même nom, un genre de Synanthérées qu'il a depuis nommé *Narvalina*. *V.* ce mot.

Le *Needhamia* de R. Brown, qui appartient à la Pentandrie Monogynie, L., est ainsi caractérisé : calice à deux bractées; corolle hypocratériforme, dont le limbe est imberbe, quinquéfide, à sinus élevés, et à estivation plissée; disque hypogyne en forme de scutelle; cinq étamines incluses; ovaire biloculaire; drupe sèche. Le *Needhamia pumilio*, R. Br., *loc. cit*, est un très-petit Arbuste dressé, qui croît sur les côtes méridionales de la Nouvelle-Hollande. Ses feuilles sont opposées, très-petites et appliquées contre la tige. Les fleurs sont blanches, et forment des épis terminaux, dressés, solitaires, garnis de bractées foliacées.   (G..N.)

NÉÉE *Neœa*. BOT. PHAN. Genre de l'Octandrie Monogynie, L., établi par Ruiz et Pavon (*Syst. Veg. Fl. Peruv.*, p. 90), qui lui ont assigné les caractères essentiels suivans : calice ou involucre à deux ou trois folioles; corolle tubuleuse; huit étamines plus courtes que la corolle, alternativement plus longues les unes que les autres; ovaire inférieur surmonté d'un style; drupe monosperme, couronnée par le calice. Ce genre a été rapporté à la famille des Nyctaginées, et se compose de deux espèces dont

les auteurs n'ont donné que les phrases caractéristiques, savoir : 1° *Neœa verticillata*, Arbrisseau qui atteint une hauteur de cinq à six mètres, et dont les feuilles sont lancéolées, réunies quatre par quatre; 2° *Neœa oppositifolia*, grand Arbrisseau, qui s'élève beaucoup plus que le précédent, et qui est garni de feuilles opposées, oblongues, ovales, acuminées au sommet. Ces deux Plantes croissent dans les grandes forêts du Pérou où elles fleurissent en automne.
          (G..N.)

*NEESIA. BOT. PHAN. Deux genres ont été successivement dédiés au savant Nées d'Esenbeck par Sprengel. L'un est identique avec le *Lupinaster* de Persoon, qui ne forme qu'une simple section parmi les *Trifolium;* l'autre est fondé sur l'*Athanasia maritima*, L., et avait déjà reçu le nom de *Diotis*. Le mot de *Neesia* est maintenant sans emploi dans la science.
          (G..N.)

* NEESIA. BOT. CRYPT. (*Hépatiques.*) Léman, dans le Dictionnaire des Sciences Naturelles, a proposé ce nom pour un genre établi par Nées d'Esenbeck aux dépens des Marchantes, et que ce savant avait nommé *Duvalia*. L'existence d'un autre genre sous le même nom de *Duvalia*, constitué par Haworth dans la famille des Apocinées, et qui, pour le dire en passant, n'est qu'un mauvais démembrement du *Stapelia;* l'existence de ce genre, disons-nous, n'était pas la raison qui avait déterminé Léman à changer cette dénomination ; c'était le besoin de décrire le nouveau genre dans un ouvrage rédigé suivant l'ordre alphabétique, et où la lettre D était depuis longtemps achevée. Si une telle licence était accordée aux auteurs de dictionnaires, la science serait bientôt surchargée de doubles emplois d'autant plus dangereux que le hasard seul pourrait les faire reconnaître. En conséquence, nous renvoyons au Supplément de notre Dictionnaire pour faire connaître le *Duvalia* de Nées.   (G..N.)

NÈFLE. bot. phan. Fruit du Néflier. (*V*. ce mot.) On a étendu ce
nom, dans les colonies françaises, au
fruit de quelques *Eugenia*, et appelé,
on ne sait trop pourquoi, Nèfle
d'Inde le fruit du *Datura Metel*. (b.)

NÉFLIER. *Mespilus*. bot. phan.
Genre de la famille des Rosacées,
tribu des Pomacées, offrant pour caractères : un calice turbiné adhérent,
à cinq divisions; une corolle régulière
de cinq pétales ; des étamines nombreuses, et cinq pistils soudés entre
eux ainsi qu'avec le calice, terminés
chacun par un style glabre et
un stigmate simple. Le fruit est
une pomme ou mélonide, ombiliquée à son sommet, dont l'ombilic
est très-large, et contenant de deux
à cinq nucules- monospermes. Les
Néfliers sont des Arbres de moyenne
grandeur ou de simples Arbrisseaux.
Leurs feuilles alternes sont lancéolées, dentées et caduques. Les fleurs
sont grandes, solitaires et terminales.

Dans son beau travail sur les Pomacées (*Trans. Soc. Lin.*, 13, p. 88),
John Lindley a singulièrement limité
les caractères de ce genre, et le nombre des espèces qui doivent y entrer.
Selon cet habile observateur, on doit
rejeter parmi les Alisiers (*Cratœgus*),
ainsi que Linné l'avait fait autrefois,
l'Azerolier, l'Aubépine, et enfin toutes les espèces qui ont des fleurs en
cime ou en grappe, un fruit dont
l'ombilic est resserré, et contient
cinq nucules. Il ne reste réellement
parmi les Néfliers que le *Mespilus
germanica*, ou Néflier commun, et
le *Mespilus grandiflora*. Quant au
Mespilus japonica, il forme le genre
Eriobotrya de Lindley. *V*. ce mot
au Supplément.

Néflier commun ou d'Allema-
gne, *Mespilus germanica*, L., *Sp*.,
684. C'est un assez grand Arbrisseau
qui croît naturellement en France,
en Allemagne, et dans presque toutes les autres parties de l'Europe, et
que depuis long-temps on cultive
dans les jardins. Sa tige et ses rameaux

sont généralement crochus, ce qui
lui donne toujours un port peu élégant. Ses feuilles, courtement pétiolées, sont oblongues, lancéolées,
aiguës au sommet, pubescentes surtout à leur face inférieure, longues de
cinq à six pouces, et ayant environ
deux pouces de largeur. Les fleurs
sont grandes, blanches, terminales.
Le fruit qui porte le nom de Nèfle
est turbiné, déprimé supérieurement, où il offre un ombilic très-
large, environné par les cinq lanières du calice, qui sont divergentes.
Il renferme cinq nucules osseux,
qui contiennent chacun une graine.
Les Nèfles ne mûrissent pas sur les
Arbres qui les portent. On les cueille
à la fin de l'automne, et elles sont
alors encore dures, vertes en dedans,
et d'une saveur extrêmement âpre et
insupportable. On les étend alors
sur de la paille, et vers le milieu de
l'hiver elles s'amollissent, deviennent
brunes en dedans, et acquièrent une
saveur assez agréable. Ces fruits ne
sont ni mal-sains, ni indigestes; mais
ils sont généralement peu recherchés.

Le *Mespilus grandiflora* ressemble
beaucoup au précédent dans toutes
ses parties, mais ses feuilles et ses
fleurs sont plus grandes, et ses fruits
plus gros. Ils sont aussi bons à manger.

On a également appelé Néflier
à la Guiane le Parinari d'Aublet, et
Néflier de Corail, parmi certains
jardiniers, un Alizier à gros fruits
très-rouges. (a. r.)

NÉGHOBARRA. ois. Espèce du
genre Philédon. *V*. ce mot. (dr..z.)

NÉGRAL. ois. Syn. vulgaire de
la Linote Tobaque. *V*. Gros-Bec.
(dr..z.)

NÈGRE. zool. On a donné ce nom,
tiré de la couleur noire de quelques-
unes de leurs parties ou de leur totalité, à plusieurs Animaux; ainsi,
dans le genre Homme, Nègres est synonyme d'Éthiopiens et de Cafres.
Parmi les Singes, un Sajou, un Ta-
marin et une Guenon; parmi les autres Mammifères, un Chat; parmi

les Oiseaux, un Coucal et la Vengoline; parmi les Poissons, une Gastérostée du sous-genre Centronote; parmi les Insectes, un Papillon du genre Satyre, sont encore appelés Nègres. (B.)

NÉGRESSE. MOLL. Nom vulgaire de plusieurs Coquilles, entre autres du *Conus fumigatus*. (B.)

NEGRETIA. BOT. PHAN. (Ruiz et Pavon, Kunth.) Syn. de *Mucuna*. *V*. ce mot. (G..N.)

NÉGRITE. INS. Un Insecte du genre Altise, qui, dans le midi de la France, désole les plantations de Pastel, porte ce nom vulgaire dans certains cantons de l'Occitanie. (B.)

NEGUNDO. BOT. PHAN. Espèce du genre Erable. *V*. ce mot. (B.)

NÉIDE. *Neides*. INS. Genre de l'ordre des Hémiptères, section des Hétéroptères, famille des Géocorises, tribu des Longilabres, établi par Latreille dans son Histoire générale des Crustacés et des Insectes, et auquel Fabricius a donné, quelque temps après, le nom de *Berytus*. Les caractères de ce genre sont : antennes coudées et renflées à leur extrémité; corps allongé avec les pieds très-longs; ocelles très-rapprochés l'un de l'autre. Ces Insectes se distinguent des Alydes et des Leptocorises, par les antennes qui, dans ces derniers genres, sont droites ou très-peu coudées. Les Lygies et les autres genres voisins en sont séparés par des caractères tirés de l'insertion des antennes, de la largeur relative de la tête, et d'autres particularités de l'organisation. Le corps des Néïdes est menu, filiforme; leurs antennes sont longues, insérées au-dessus d'une ligne idéale allant des yeux à l'origine du labre, coudées vers leur milieu, de quatre articles, dont le premier très-long, en massue à son extrémité, et dont le dernier, un peu plus étroit que les précédens, est ovoïde ou en ovale allongé. Ils ont la tête presque conique; l'écusson étroit, presque linéaire et terminé en pointe; les

pates sont allongées, minces; les cuisses sont un peu renflées à leur extrémité; les jambes sont cylindriques, et les tarses ont trois articles dont le dernier est armé de deux petits ongles crochus. Ces Insectes sont d'assez petite taille; leurs larves vivent sur les Plantes et sur les Arbres ainsi que l'Insecte parfait. Ce genre ne contient que trois ou quatre espèces, parmi lesquelles nous citerons :

Le NÉIDE TIPULAIRE, *Neides tipularia*, Latr., Hist. Nat. des Crust. et des Ins. T. XII, p. 209; *Gen. Crust.*, etc., 3, 120; *Cimex tipularius*, Linn.; *Gerris tipularius*, Fabr., *Ent. Syst.*; *Berytus tipularius*, Fabr., *Syst. Rhyng.*, Frisch, Ins. T. VII, p. 28, tab. 20. Elle est longue d'environ deux lignes; les antennes sont grises avec le milieu et l'extrémité noirs; le corps est gris, avec quelques points noirs sur les élytres; les pates sont grises, avec la partie renflée des cuisses postérieures noirâtre; les élytres ont quelques lignes élevées, le corselet en a trois. Cette espèce se trouve en Europe sur les Arbres; on la rencontre aux environs de Paris en mai. (G.)

NEIGE. *V*. MÉTÉORE.

NEIGEUSE. MOLL. Nom vulgaire et marchand du *Cypræa Vitellus*, qu'on a étendu au *Voluta hispidula*, appelée NEIGEUSE A RUBANS. (B.)

*NEIGEUX. OIS. Espèce du genre Faucon, division des Autours. *V*. FAUCON. (DR..Z.)

*NEILLIA. BOT. PHAN. Genre de l'Icosandrie Monogynie, L., établi par Don (*Prodrom. Flor. Nepal.*, 228), et adopté par De Candolle (*Prodrom. Syst. Veget.*, 2, p. 646) qui l'a placé dans la famille des Rosacées, et l'a ainsi caractérisé : calice persistant, divisé en cinq lobes peu profonds, ovales et aigus; corolle à cinq pétales arrondis; vingt étamines et au-delà, saillantes, insérées en double rangée sur l'entrée du calice; carpelle unique, renfermé dans le calice, capsulaire, folliculeux, déhiscent par le côté intérieur, couronné par le style, et contenant un grand nombre de graines sphériques, luisantes, ascendantes, munies d'un albumen charnu, abondant, d'un embryon droit, central, d'une radicule épaisse et de cotylédons ovales. Ce genre fait partie de la tribu des Spiréacées ; il a des affinités avec le *Spiræa* par son port et la structure de sa fleur ; mais il s'en distingue par ses graines pourvues d'albumen. Il se compose de deux espèces indigènes du Napaul, que Don a nommées *Neillia thyrsiflora* et *N. rubiflora*. Ce sont des Arbrisseaux qui ont le port du *Spiræa opulifolia*. Leurs feuilles sont simples, cordiformes, ovales ou trilobées, doublement dentées en scie, acuminées et accompagnées de deux stipules.   (G..N.)

*NÉITHÉE. *Neithea*. conch. Dans les Annales de la Société Linnéenne de Paris, 1824, Drouet a publié un Mémoire sur un nouveau genre de la famille des Arcacées ; il nomme ce genre Néithée, et il le considère comme voisin des Nucules, et propose en conséquence de le placer, dans la série, près de ce genre, pour établir son passage avec les Trigones. C'est avec plusieurs espèces déjà connues du genre Peigne de Lamarck, et une espèce nouvelle, que l'auteur propose de former ce nouveau genre. Ce sont les *Pecten æquicostatus, versicostatus*, Lamk. ; *costangulatus*, N. Sp. Ces Peignes présentent en effet des dents sériales sur le bord cardinal, mais, du reste, ils ont tous les caractères des Peignes ; ils n'ont qu'une seule impression musculaire, ce qui indique leurs véritables rapports et leur éloignement des Nucules et des Trigonies. On ne peut donc pas admettre le genre de Drouet ; il doit tout au plus former une sous-division des Peignes. *V.* ce mot.   (D..H.)

NELEA. bot. phan. (Théophraste.) Syn. de *Tribulus terrestris*. *V.* Herse.   (B.)

* NELENSIA. bot. phan. Ana-

gramme du mot *Enslenia*, forgé par Poiret dans l'Encyclopédie et le Dictionnaire des Sciences Naturelles. *V.* Enslenie.   (G..N.)

* NÉLEUS. crust. Genre voisin des Palémons, établi par Rafinesque dans son Précis des Découvertes et Travaux somiologiques, publié en 1814, et dont il ne donne pas les caractères.   (G.)

NELICOURVI. ois. Espèce du genre Tisserin. *V.* ce mot. (DR..Z.)

NÉLITRE. *Nelitris*. bot. phan. (Gaertner.) Syn. de Décasperme. *V.* ce mot.   (G..N.)

NÉLITTE. bot. phan. Le genre Æschinomène, *V.* ce mot, est décrit sous ce nom dans le Dictionnaire de Déterville.   (B.)

* NÉLOCIRE. *Nelocira*. crust. Genre de l'ordre des Isopodes, section des Aquatiques, famille des Cymothoadés, établi par Leach et ayant pour caractères : longueur des antennes inférieures surpassant la moitié de celle du corps ; post-abdomen de cinq segmens ; yeux granulés ; petite lame externe des appendices ventraux postérieurs plus grande et plus large que l'interne, tronquée obliquement à son extrémité. Les Crustacés de ce genre se distinguent des Eurydices auxquels ils ressemblent beaucoup, par leurs yeux qui sont granulés, tandis qu'ils sont lisses dans ces derniers ; les Cirolanes ont six segmens à l'abdomen. Ce genre ne contient qu'une espèce.

La Nélocire de Swainson, *Nelocira Swainsoni*, Leach., Dict. des Sc. Nat. T. xii, pag. 347 ; Desm., Cons. sur les Crust., etc., pl. 48, fig. 2. Longue de près de cinq lignes ; corps oblong, lisse, ponctué ; abdomen ayant le dernier article triangulaire ; les côtés légèrement arqués ; la pointe arrondie. Il a été trouvé en quantité dans la mer de Sicile par Swainson.   (G.)

* NÉLOU. bot. phan. (Leschenault.) L'un des noms du Riz dans l'Indostan.   (B.)

NELSONIE. *Nelsonia*. BOT. PHAN. Genre de la famille des Acanthacées et de la Décandrie Monogynie, L., établi par R. Brown (*Prodrom. Flor. Nov. Holland.*, p. 480) qui l'a ainsi caractérisé : calice inégal à quatre divisions profondes; corolle infundibuliforme , dont le limbe est quinquéfide, un peu inégal ; deux étamines antérifères, incluses ; loges des anthères divariquées , insérées au même point (*insertione œquales*); point d'étamines stériles; capsule sessile., dont la pointe est élastique ; la cloison adnée, et les loges renfermant plusieurs graines sans crochets. Le genre *Nelsonia* est formé sur quelques espèces de *Justicia* des auteurs; telles sont les *Justicia canescens*, *hirsuta*, *origanoides* et *nummulariœfolia* de Vahl. Il se rapproche de l'*Elytraria* par ses graines dépourvues de crochets ; mais il s'en distingue par l'absence de filets staminaux stériles , par la forme des anthères et surtout par le port. Outre les espèces de *Justicia* que nous avons citées, et qui croissent dans les contrées tropicales de l'Ancien-Monde, le genre *Nelsonia* comprend deux Plantes de la Nouvelle-Hollande, que Brown a nommées *Nelsonia campestris* et *N. rotundifolia*. Kunth (*Nov. Gen. et Sp. Plant. œquin.*, 2, p. 234) en a décrit une autre de l'Amérique méridionale, sous le nom de *Nelsonia albicans*. Les Nelsonies sont des Herbes à tiges diffuses , pubescentes , blanchâtres. Leurs feuilles sont larges et entières. Les fleurs sont petites , à corolles blanches ou purpurines, disposées en épis terminaux, épais, et accompagnées de bractées larges et opposées.	(G..N.)

NÉLUMBIACÉES. *Nelumbiaceœ*. BOT. PHAN. Le genre Nélumbo dont il est question drns l'article suivant , a été rangé par Salisbury, De Candolle et plusieurs autres botanistes, dans la famille des Nymphéacées. Il est vrai que si l'on s'en rapportait uniquement au port et à l'aspect extérieur de la fleur, on serait tenté d'imiter Linné , qui a même réuni eu un seul genre les *Nymphœa* et les Nélumbos. Mais quand on examine la structure des pistils , leur disposition générale et surtout l'organisation des graines, on aperçoit entre ces deux genres les différences les plus tranchées. Ainsi, au lieu d'un ovaire globuleux unique à plusieurs loges séparées par des cloisons membraneuses et contenant chacune plusieurs ovules, on trouve dans le *Nelumbium* plusieurs pistils uniloculaires, monospermes , à demi-enfoncés dans un réceptacle particulier, en forme de pomme d'arrosoir. Les graines n'offrent pas moins de différences. Ainsi, dans les Nénuphars, l'embryon est très-petit, placé à la partie supérieure d'un endosperme charnu. Dans les Nélumbos, point d'endosperme, et l'embryon est accompagné de deux appendices charnus, hémisphériques, naissant des côtés de la radicule dont ils sont une véritable dépendance , et recouvrant le cotylédon, que l'on ne peut apercevoir qu'en les écartant l'un de l'autre. Ces caractères nous portent à considérer le genre Nélumbo comme formant le type d'un petit ordre voisin , mais distinct des Nymphéacées. *V*. ce mot.	(A. R.)

NÉLUMBO. *Nelumbium*. BOT. PHAN. Ce genre est avec le *Nymphœa* l'un de ceux qui dans toute la série végétale ont été l'objet des opinions les plus dissidentes quant à la structure de son embryon , et par suite à sa coordination méthodique. Aujourd'hui même tous les botanistes ne sont pas encore d'accord sur ce point, et pour ne pas renouveler ici une discussion déplacée, nous nous bornerons à exposer la structure de ce genre telle que nous la comprenons en relatant simplement les autres manières dont cette structure a été envisagée et décrite. Le genre *Nelumbo*, établi par Tournefort, réuni par Linné au *Nymphœa*, reproduit de nouveau comme genre distinct par Jussieu, Gaertner et tous les botanistes modernes , a reçu de Salisbury le nom de *Cyamus*, qui n'a pas été généralement adopté. Il se compose d'un petit nombre d'espèces, dont deux surtout (*Nelumbium speciosum* et *N. luteum*, Michaux) sont mieux connues que les autres. Ce sont de grandes et belles Plantes croissant au milieu des eaux douces, et qui par leur port ressemblent absolument aux espèces de Nénuphar qui parent la surface de nos lacs et de nos fleuves. Leur tige est une grosse souche charnue, horizontale, rameuse, rampante d'où s'élèvent, portées sur de longs pétioles nus et cylindriques, de grandes feuilles ombiliquées et étalées à la surface des eaux. Les fleurs qui par leur grandeur et leur éclat peuvent être comptées au nombre des plus belles du règne végétal, sont solitaires au sommet d'un long pédoncule, qui les élève ainsi au niveau de l'eau où elles viennent s'épanouir et se féconder. Le calice se compose de quatre à cinq sépales, la corolle d'un grand nombre de pétales caducs, disposés sur plusieurs rangées et insérés, ainsi que les étamines, à la base du réceptacle. Les étamines sont aussi en grand nombre, également disposées sur plusieurs rangées ; elles se composent d'un filet cylindroïde terminé par une anthère très-allongée, tétragone, adnée, à deux loges opposées, s'ouvrant par un sillon longitudinal et surmontée d'un appendice recourbé qui semble être la continuation du sommet du filet. Le réceptacle ou disque au-dessus du point d'insertion des étamines est très-développé et prend la forme d'un cône renversé. Son sommet qui représente la base du cône est percé d'alvéoles profondes dont le nombre varie de huit à trente. Chacune d'elles renferme un pistil, qui y adhère seulement par sa base, et est libre dans le reste de sa surface. Il se compose d'un ovaire ovoïde, uniloculaire, contenant un seul ovule pendant de son sommet. Le style qui est très-court se termine par un stigmate entier légèrement déprimé. Ces deux parties sont les seules saillantes au-dessus de la surface du disque. Après la fécondation ce dernier organe prend de l'accroissement et s'élargit beaucoup dans sa partie supérieure où sont logés les fruits. Chacun d'eux, qui est ovoïde ou globuleux, de la grosseur d'une noisette, d'abord adhérent au fond de son alvéole, finit par s'en détacher et y devenir libre et mobile. Parvenu à sa maturité, il offre encore à son sommet un petit tubercule formé par le style et le stigmate, et latéralement un autre tubercule beaucoup plus petit, qu'on aperçoit également sur le pistil. Le péricarpe est dur, coriace, peu épais et tout-à-fait indéhiscent. La graine qu'il contient a la même forme que lui, et elle est renversée. Son tégument propre est mince, membraneux et adhérent avec l'amande. Celle-ci se compose uniquement de l'embryon, dont nous allons décrire la singulière organisation. L'embryon, dépouillé du tégument propre de la graine, se présente sous la forme d'une masse charnue, blanche, semblable à l'amande d'une noisette ou d'un gland de Chêne. Il est d'abord séparé en deux lobes très-épais par une fente qui descend presque jusqu'à sa base. Lorsqu'on écarte l'un de l'autre ces deux lobes, qui sont intimement rapprochés, on trouve entre eux et naissant du fond de la fente qui les sépare, un autre corps un peu comprimé, plus étroit et à peu près de la même longueur que les deux lobes charnus. Ce corps est parfaitement indivis et sans aucune trace de fente ou d'incision. Si on le fend longitudinalement, on voit qu'il est mince, charnu, et qu'il recouvre un autre corps formé de deux ou trois petites feuilles pétiolées, rudimentaires et repliées sur elles-mêmes. Il nous devient alors facile de dénommer ces diverses parties. Le corps le plus intérieur formé de feuilles rudimentaires est la gemmule; le corps mince, charnu et indivis, est un cotylédon unique, et enfin le gros corps bilobé extérieur, nous paraît être une dépendance de la radicule.

Par conséquent l'embryon du Nélumbo est véritablement monocotylédon. Mais d'autres botanistes ne partagent pas cette opinion. Ils considèrent le corps charnu et bilobé comme deux cotylédons, et tout le corps qui lui est intérieur comme une gemmule. Mais l'analogie, ce guide précieux du naturaliste dans la recherche des rapports naturels qui lient les êtres entre eux, réunit une foule de preuves qui, en appuyant l'explication que nous avons donnée, s'élèvent avec force contre les objections qu'on y a faites. Il n'est aucun botaniste qui ne convienne des rapports intimes qui existent entre les genres *Nelumbium* et *Nymphœa*, genres que Linné avait même cru devoir réunir en un seul. Ces deux genres sont trop voisins, pour qu'une partie aussi essentielle que l'embryon n'y offre pas la même structure, ou du moins une structure fort analogue. Or voici celle que présente l'embryon du *Nymphœa* : c'est un petit corps charnu, déprimé, parfaitement indivis et sans aucune fente. Si l'on incise ce corps, on trouve qu'il est mince et recouvre un autre corps charnu profondément bilobé, et entre les deux lobes duquel est un autre petit corps. Cette structure offre l'analogie la plus frappante avec celle du Nélumbo, excepté toutefois que le corps charnu bilobé, qui, dans notre manière de voir, n'est qu'une partie accessoire et de peu d'importance, manque entièrement dans le *Nymphœa*. Car si, comme le veulent la plupart des botanistes, ce corps extérieur et bilobé du Nélumbo représentait les deux cotylédons et tout le corps intérieur la gemmule, comme il n'en existe aucune trace dans l'embryon du *Nymphœa*, il en résulterait que ce genre aurait un embryon réduit à la seule gemmule, ce qui répugne à admettre; tandis que dans notre explication l'embryon du *Nymphœa* est simplement privé d'une partie accessoire et surnuméraire qui existe dans le Nélumbo. Encore serait-il facile

de donner une explication plausible de l'existence du corps radiculaire du Nélumbo, si l'on remarque que, dans la graine du *Nymphœa*, il existe un très-gros endosperme charnu, qui accompagne l'embryon. Ne pourrait-on pas considérer l'appendice radiculaire du Nélumbo, soit comme un endosperme soudé en partie avec la base de l'embryon, soit comme un corps destiné à en tenir lieu, et à en remplir les fonctions auprès de la jeune Plantule?

Nous allons décrire maintenant les deux espèces principales de ce genre, que nous avons déjà mentionnées précédemment.

Le NÉLUMBO ÉLÉGANT, *Nelumbium speciosum*, Willd., D. C., *Syst.*, 2, p. 44, Lamk., Ill., t. 453; *Nelumbo nucifera*, Gaertn., t. 19; *Nymphœa Nelumbo*, L., est sans contredit la plus belle de toutes les Plantes qui ornent la surface des eaux. Ses feuilles, dont les pétioles cylindriques ont une longueur toujours en rapport avec l'élévation du niveau, sont très-grandes, ayant souvent jusqu'à deux pieds de diamètre, peltées, arrondies, ondulées et dentées sur leur pourtour, glabres des deux côtés. Les fleurs sont extrêmement grandes, blanches et le plus souvent roses, ayant près d'un pied de diamètre. Les anthères sont jaunes, surmontées d'un appendice renflé et crochu. Ces fleurs exhalent une odeur très-agréable d'anis. Les fruits sont renfermés dans un réceptacle obconique, dont la forme a été imitée pour l'instrument sur lequel on dépose les numéros dans le jeu que les Français nomment *lolos*, nom qu'ils ont emprunté de celui de la Plante dont il est question. Le Nélumbo était une Plante extrêmement célèbre dans l'antiquité. Elle croissait autrefois dans les eaux du Nil au rapport d'Hérodote et de Théophraste, de-là le nom de *Faba œgyptiaca* sous lequel on la trouve fréquemment mentionnée. Les Egyptiens la révéraient comme un des objets de leur culte, ainsi qu'ils le faisaient de plusieurs autres productions du Nil, et on voit le Né-lumbo représenté sur presque tous les monumens de l'antique Égypte. Cependant d'après les recherches des naturalistes français, Delile et Saviguy, cette Plante a tout-à-fait disparu des eaux du Nil. On ne la retrouve plus aujourd'hui que dans les diverses parties de l'Inde, à la Chine, au Japon, où elle est aussi un objet de culte et d'adoration. Deux botanistes russes très-célèbres, Fischer et Steven, l'ont également trouvée à l'embouchure du Volga près d'Astracan.

Le NÉLUMBO JAUNE, *Nelumbium luteum*, Michx., Fl. Bor. Am., 1, p. 317, qui croît dans plusieurs provinces de l'Amérique septentrionale, ressemble beaucoup au précédent pour son port et ses formes générales. Ses fleurs un peu moins grandes sont constamment jaunes, et les appendices qui surmontent les anthères, au lieu d'être renflés, sont linéaires. Les amandes de ces deux espèces ont une saveur douce, et on les mange dans les pays où elles croissent.

Il ne suffit pas d'avoir démontré que le genre Nélumbo est monocotylédon, il est encore nécessaire d'indiquer la place qu'il doit occuper dans la série des ordres naturels qui composent ce groupe de Végétaux. Jussieu (*Genera Plant.*) l'avait placé avec le *Nymphœa* dans la famille des Hydrocharidées. Salisbury, le premier, fit une famille des Nymphéacées dans laquelle il plaça le Nélumbo. Cette famille a été adoptée par tous les botanistes modernes, et particulièrement par le professeur De Candolle (*Syst. Regn. Veget.*, 2, p. 39) qui la divise en deux tribus: les Nélumbonées et les Nymphéacées. Certes personne ne peut nier les rapports intimes qui existent entre le Nélumbo et le *Nymphœa*, et il serait difficile de trouver deux genres qui, par leur port, se ressemblassent autant. Tous les organes de la végétation, l'inflorescence, le calice, la corolle, ont dans ces deux genres la plus grande analogie et une identité presque parfaite. Mais ici cessent les analogies. Dans les Nymphéacées proprement dites, l'ovaire est unique, globuleux, à plusieurs loges polyspermes, séparées par de fausses cloisons celluleuses; dans le Nélumbo, au contraire, le centre de la fleur présente un grand nombre de pistils uniloculaires, monospermes, nichés dans les alvéoles d'un réceptacle ou disque très-développé et en cône renversé. Le fruit du *Nymphœa* est une péponide charnue intérieurement et polysperme; celui du Nélumbo est une sorte de noix sèche, monosperme et indéhiscente. La graine n'offre pas des différences moins tranchées. Ainsi, dans le *Nymphœa*, l'amande se compose d'un très-gros endosperme charnu, qui manque entièrement dans le Nélumbo. Celui-ci à son tour est pourvu de deux gros appendices charnus qui partent de la base de sa radicule, et dont il n'existe aucune trace dans le *Nymphœa*. Nous laissons aux botanistes à déterminer si, malgré les rapports intimes qui existent entre ces deux genres dans leur port, et quelques-uns des organes de la floraison, les différences essentielles qu'on remarque dans les organes plus importans de la fructification, ne doivent pas engager à séparer ces deux genres l'un de l'autre, et à faire du *Nelumbium* le type d'un ordre naturel distinct sous le nom de Nélumbiacées. Cette famille, que tout nous porte à admettre, ne pourrait être éloignée des vraies Nymphéacées, par les motifs que nous avons exposés précédemment; mais néanmoins, par la structure de la graine et de l'embryon, elle se rapprocherait beaucoup des Naïadées et en particulier des genres *Zostera* et *Ruppia*. *V*. NYMPHÉACÉES.   (A. R.)

* NÉMALITE. MIN. Th. Nuttall a donné ce nom à la variété fibreuse de Magnésie hydratée, trouvée à Hoboken dans le New-Jersey. (G. DEL.)

NEMASPORA. BOT. CRYPT. Pour Næmaspora. *V*. ce mot.

NÉMATE. *Nematus.* ins. Genre de l'ordre des Hyménoptères, section des Térébrans, famille des Porte-Scies, tribu des Tenthrédines, établi par Jurine aux dépens du genre *Tenthredo* de Fabricius, et ainsi caractérisé : antennes de neuf articles simples dans les deux sexes, longues et sétacées; mandibules échancrées; une cellule radiale très-grande; quatre cellules cubitales, dont la première petite, presque ronde; la seconde grande, recevant les deux nervures récurrentes; la troisième moindre et carrée, et la quatrième atteignant le bout de l'aile. Ce genre se distingue des Tenthrèdes proprement dites, parce que ces dernières ont deux cellules radiales et quatre cubitales; les Dolères en sont séparées par leurs cellules cubitales qui ne sont plus qu'au nombre de trois; elles ont aussi, comme les Tenthrèdes, deux cellules radiales. Les genres Cimbex, Amasis et Perga sont distingués des Némates par leurs antennes de cinq à huit articles terminés brusquement par un bouton. Les Schyzocères, Ptilies et Hylotomes n'ont que trois articles distincts aux antennes; le genre Cladie a les antennes rameuses dans les mâles; enfin les Athalies en ont de dix à quatorze, et les Ptérygophores et Lophires seize et plus. De plus, les Némates sont encore distinguées des autres genres voisins parce que leurs larves ont vingt pates, tandis que celles des autres en ont dix-huit et vingt-deux. La tête des Némates est transversale; les yeux sont très-grands, et on voit sur le vertex et entre eux, trois petits yeux lisses disposés en triangle; les antennes sont presque aussi longues que le corps; leurs deux premiers articles sont très-courts, et les autres cylindriques et allant en diminuant d'épaisseur; la lèvre supérieure est coriace, échancrée ou arrondie à sa partie antérieure et ciliée; les mandibules sont cornées, arquées, creusées intérieurement, aiguës à leur extrémité et munies d'une forte dent vers leur base interne; la trompe est courte, formée de trois pièces dont les deux latérales, qui tiennent lieu de mâchoires, sont courtes, coriaces, entières; la pièce du milieu est un peu avancée, membraneuse et trifide; les palpes maxillaires sont une fois plus longs que les inférieurs; ils sont composés de six articles diminuant d'épaisseur; le corselet est arrondi, inégal; l'abdomen est presque cylindrique; les pates sont de longueur moyenne et ne présentent rien de remarquable.

Les larves des Némates, désignées comme celles des autres Tenthrédines, sous le nom de Fausses-Chenilles, ont constamment vingt pates dont six écailleuses et quatorze membraneuses. Ces larves vivent sur différentes Plantes dont elles rongent les feuilles. Leurs métamorphoses s'opèrent de différentes manières; les unes entrent dans la terre, et s'y filent des coques pour se changer en nymphes; les autres forment des espèces de galles dans lesquelles elles subissent toutes leurs métamorphoses.

Ce genre est assez nombreux en espèces. Lepelletier de Saint-Fargeau, dans sa Monographie des Tenthrédines, en décrit trente-huit, toutes d'Europe. Celle qu'on peut considérer comme le type du genre, est :

Le NÉMATE DU SAULE, *Nematus Salicis*, Jur., p. 60; Oliv., Lepell. et Serville, Faune Française, pl. 11, fig. 3; *Tenthredo Salicis*, Fabr., Villers, Degéer, n. 14, tab. 37, fig. 19, 20; Fourcroy, Geoff., Leseck, Rossi et Gmel. Longue de quatre à cinq lignes, jaune; tête et corselet noirs en dessus; ailes avec le point ordinaire noir; pates jaunes. Les larves de cette espèce vivent sur le Saule; elles ont près d'un pouce de long; elles sont d'un vert céladon, avec de grandes taches jaunes et des points noirs sur les côtés. Elles ont souvent le derrière courbé en arc, de sorte qu'il repose sur le plat de la feuille, tandis que quelques pates membraneuses et écailleuses sont accrochées à son bord. Ces larves entrent en terre au mois d'août et s'y filent des coques d'une soie d'un brun obscur presque noir ; ces Insectes ne subissent pas leur dernière métamorphose en même temps, plusieurs femelles seulement naissent au bout de trois semaines, tandis que les mâles ne araissent qu'au printemps suivant.

La larve d'une autre espèce, *Nematus Çapreæ*, a le corps d'un vert céladon, avec la tête noire et les trois premiers et deux derniers anneaux fauves ; elle a de plus six rangées de points noirs en relief. Elle a été nommée la Bedaude du Saule : elle vit sur cet Arbre, et on en voit des compagnies très-nombreuses. Elles tiennent ordinairement leur derrière courbé en dessous. Réaumur, qui a trouvé aussi cette larve sur le Groseiller épineux, dit que dans sa dernière mue elle perd tous ses tubercules noirs, que sa peau devient d'un blanc jaunâtre, avec les deux premiers et les deux derniers anneaux d'un jaune citron. La femelle dépose ses œufs à la file les uns des autres le long des nervures des feuilles du Groseiller. Celle d'une autre espèce (*Nematus papillosus*) que Degéer, Ins. T. II, p. 988, nomme Mouche à scie, à larve à mamelons, fait sortir, lorsqu'on la touche, d'entre les cinq premières paires de pates membraneuses, cinq mamelons charnus, d'un jaune orangé, et rentrant dans l'intérieur de son corps, lorsque l'attouchement cesse. Cette larve, qui est d'un vert-clair livide, et rayée de noir, répand une odeur nauséabonde que l'on sent long-temps aux doigts lorsqu'on l'a touchée. Enfin la Némate septentrionale (*Nematus septentrionalis*), ou la Mouche à scie à larges pates de Degéer, présente une singularité digne de remarque dans les pates postérieures qui sont longues, avec les jambes déliées et blanches à leur origine, fort larges et très-aplaties ensuite ; le premier article de leurs tarses est fort large et a la figure d'une palette ovale. Sa larve vit en société sur le Bouleau.

(G.)

NÉMATE. MIN. Haüy a donné ce nom à une Roche fibreuse que l'on rapporte assez généralement à l'Obsidienne, et qu'il regardait comme constituant une espèce différente.

(G. DEL.)

NÉMATOCÈRE. *Nematocera*. INS. Genre de l'ordre des Diptères, famille des Némocères, tribu des Tipulaires, division des Terricoles, établi par Meigen, et que Latreille a nommé Hexatome (*Gen. Crust. et Ins.*) Il paraît que ce savant a adopté (Fam. Nat. du Règn. Anim.) la dénomination de Meigen, et qu'il a donné le nom d'Hexatome à un genre que Meigen nomme *Anisomère*. Quoi qu'il en soit, le genre Nématocère, tel qu'il est établi par Meigen, a pour caractères : tête petite ; front large ; bec court ; trompe peu saillante ; palpes saillans, courbés, de quatre articles égaux ; antennes subsétacées, de six articles, le premier cylindrique, le deuxième cyathiforme, les quatre autres longs et égaux ; yeux ovales ; abdomen déprimé ; pieds menus ; balanciers découverts ; ailes couchées ; deux cellules marginales, la première fermée ; une sous-marginale petite, deux discoïdales, quatre postérieures. Le genre Nématocère et le genre Anisomère de Meigen (*Hexatoma*, Latr.) se distinguent de tous ceux de la division des Terricoles, parce qu'ils sont les seuls qui aient les antennes composées de six articles ; ces antennes sont aussi longues que celles des genres voisins ; mais cela n'a lieu que par la longueur des quatre derniers articles. Ces Insectes ont beaucoup de ressemblance avec ceux du genre *Dixa* ; mais ils en diffèrent par le nombre d'articles des antennes et par les nervures des ailes. Les antennes des *Dixa* sont plus effilées que celles des Nématocères et peuvent être appelées filiformes. Le nom de ce genre est formé de deux mots grecs, *nema*, fil, et *kerus*, corne. Ce genre ne renferme qu'une espèce, qui est :

La NÉMATOCÈRE NOIRE, *Nematocera nigra*, Meigen, Macquart, Tip. du nord de la France ; *Hexatoma nigra*, Latr., *Gener. Crust. et Ins*. T. IV, p. 260. Elle est longue de quatre lignes et demie, noire; son front a deux tubercules, et ses ailes sont légèrement obscures avec les nervures noires. Elle se trouve aux environs de Paris et de Lille. (G.)

NÉMATOCÈRES ou FILICORNES. INS. Duméril donne ce nom à une famille de Lépidoptères qui renferme les tribus des Bombycites et des Faux-Bombyx de Latreille. *V*. ces mots. (G.)

* NÉMATODE. *Nematodes*. INS. Genre de l'ordre des Coléoptères, section des Pentamères, famille des Serricornes, tribu des Elatérides, établi par Latreille (Fam. Nat. du Règn. Anim.) qui ne donne pas ses caractères. Ces Insectes diffèrent des Eucnemis parce qu'ils n'ont point de rainure sur les bords latéraux du corselet, et des Lissodes, parce qu'ils n'ont point les tarses munis en dessous de pelotes. Le type de ce genre est l'*Elater filum* de Fabricius. (G.)

NÉMATOIDES. INT. Rudolphi nomme ainsi le premier ordre des Intestinaux renfermant les Vers : à corps cylindrique, élastique, ayant un canal intestinal complet, terminé en avant à la bouche, et en arrière à l'anus; les organes génitaux sont distincts et séparés sur des individus différens. Cet ordre très-naturel, réunissant les Entozoaires les mieux organisés, comprend les genres Filocapsulaire, Filaire, Trichosome, Trichocéphale, Oxyure, Cucullan, Piroptère, Physaloptère, Strongle, Ascaride, Ophiostome et Liorhynque. *V*. ces mots. (E. D..L.)

* NÉMATOPE. *Nematopus*. INS. Genre de l'ordre des Hémiptères, section des Hétéroptères, famille des Géocorises, tribu des Longilabres, établi par Latreille (Fam. Nat. du Règn. Anim.) et dont il ne donne pas les caractères; il dit seulement que ses antennes sont très-menues,

de la longueur du corps, et que leur dernier article est cylindrique, de la grosseur du précédent ou plus menu, aussi long au moins que lui. (G.)

* NÉMATOPLATE. *Nematoplata*. ZOOL. ? BOT. ? (*Arthrodiées*.) Genre de la famille des Fragillariées dont les caractères sont : segmens (*frustuli*, Agardh) affectant depuis la forme linéaire jusqu'à la plus voisine du carré, disposés parallèlement, de manière à former d'assez longs filamens simples, fragiles et comprimés, qui, lorsqu'ils viennent à se désunir, ne le font jamais par fractions aussi voisines de l'unité que les Diatomes ou que les Achnantes, et ne demeurent pas régulièrement fixés angles à angles. Quand nous formions ce genre, le bel ouvrage où Lyngbye qui, l'établissant aussi, l'appela *Fragillaria*, ne nous était pas connu; mais quand nous publiâmes nos premiers Essais sur les Arthrodiées, ce trésor d'observations nous étant parvenu, nous dûmes adopter, pour le désigner, le nom de Fragillaire qui convient également aux autres genres de la famille naturelle à laquelle appartiennent les Nématoplates. Ces êtres singuliers semblent être le premier chaînon végétal composé de Bacillaires latéralement soudées. La nature ayant arrêté cette première forme organique, la multiplie par elle-même pour former des filamens où les segmens sont d'abord doubles ou plus étroitement deux par deux dans les Diatomes, par trois ou quatre dans les Achnantes, enfin continus en nombre très-considérable dans les Nématoplates susceptibles de s'allonger beaucoup sans se désunir. Encore dans un grand état de simplicité, ces êtres sont translucides, à peine colorés par un peu de matière verte ou par une teinte chatain plus ou moins foncée, demeurant comme de verre, quand, par leur brisement, les corpuscules colorans s'en sont échappés. Légèrement onctueux au tact durant leur vie, les filamens des Nématoplates sont comme scarieux ou

plutôt micacés dans leur dessèchement où ils n'adhèrent pas au papier, et ressemblent à une poussière métallique d'un blanc grisâtre ou verdâtre, ce qui ôte dans l'herbier à ces Arthrodiées l'élégance qu'ils présentent dans les eaux pures où on les voit flotter mollement au gré de la moindre agitation. Nos eaux douces, aux lieux frais et sombres, en nourrissent plusieurs espèces qui s'appliquent étroitement aux doigts quand on les y prend. 1°. *Nematoplata bronchialis*, N.; *Conferva*, Roth, *Cat. Bot.*, 1, p. 186; *C. pectinalis*, Müll. - *Nov. Act. Petr.* T. III, tab. 1, fig. 4-7; *Diatoma floccosum*, De Cand., *Flor. Fr.*, p. 116; Mougeot, *Stirp. Vog.*, n. 698. Nous adoptons le nom spécifique donné par Roth, parce que cette espèce, vue au microscope, y présente absolument la figure d'une trachée-artère avec ses anneaux. Dans l'eau, elle est d'un vert très-pâle tirant au roux, couvrant dans certains marais l'extrémité des tiges, des rameaux et autres corps qui y plongent. Les figures 1 et 2, D, de la planche 62 de Lyngbye, en donnent la plus juste idée. 2°. *Nematoplata argentea*, N., pl. de ce Diction., fig. 3, *b* (état vivant, très-grossi), *a* (desséchée dans l'herbier); *Fragillaria hyemalis*, Lyngb., *Tent.*, p. 185, tab. 63, E, fig. 1, 2, 3, 4 (seulement en excluant le synonyme de Roth). Celle-ci, qui se trouve en automne, mais non en hiver, est couleur de capucin dans l'eau, et ressemble à de la poudre d'argent ou de nacre quand elle est desséchée. 3°. *Nematoplata subquadrata*, N.; *Conferva hyemalis*, Roth, *Cat.*, 2, p. 205; les figures 5 et 6, E, de Lyngbye, conviennent à cette espèce que le savant danois a confondue avec la précédente.

Il est aussi des Nématoplates marins, tels que le *caudata*, N., qui est le *Fragillaria striatula*, Lyngb., tab. 63, A; il croît sur les Laminaires en petites touffes. (B.)

* **NÉMATOPODES.** *Nematopoda.*
MOLL. Le sous-type des Mollusques Malentozoaires de Blainville est partagé, dans son Traité de Malacologie, en deux classes, les NÉMATOPODES (Cirrhipodes, Lamk. *V.* ce mot), et en POLYPLAXIPHORES (genre Oscabrion, L.). Cette classe des Nématopodes est elle-même subdivisée en deux familles, les Lépadiens et les Balanides. Les Lépadiens répondent au genre Lepas de Bruguière, Anatife des auteurs, et renferment les genres suivans : Gymnolèpe, Pentalèpe, Polylèpe et Litholèpe (*V.* ces mots). La famille des Balanides se rapporte au genre Balane de Bruguière; elle se partage en deux sections : dans la première, où se trouvent les genres Balane, Ochthosie, Conie, Creusie et Chthamale, l'opercule est articulé et plus ou moins vertical; dans la seconde section l'opercule n'est point articulé, et il est plus ou moins horizontal. Cette section ne contient que le genre Coronule lui seul, divisé en cinq groupes, parmi lesquels se remarque le genre Tubicinelle de Lamarck.

(D..H.)

NÉMATOSPERME. *Nematospermum.* BOT. PHAN. Genre établi par Richard père (*in Act. Soc. nat. Paris.*, 1, p. 105) sur une Plante qui avait été rangée parmi les *Piper* par Bergius. Le nom de *Lacistema* ayant été donné au même genre par Swartz, cette dernière dénomination fut adoptée par Vahl, Persoon, Kunth, Martius et la plupart des auteurs. Ce genre appartient à la Monandrie Monogynie, L., et paraît devoir être placé dans les Urticées. Martius (*Nov. Gen. Plant. Brasil.*) le considère comme type d'une nouvelle famille à laquelle il donne le nom de Lacistemées (*Lacistemæ*) et qui fait, selon lui, partie d'un ordre qu'il nomme Urticacées. Cependant Kunth (*Synops. Plant. Orbis novi.*, vol. IV, p. 264) qui l'a décrit plus amplement que tous les autres botanistes, regarde encore sa place comme incertaine, et lui assigne les caractères suivans : chatons imbriqués, cylindracés; écailles uniflores, très-larges; fleurs sessiles toutes hermaphrodites, une ou deux fructifères parmi les supérieures, les autres avortées; calice très-petit, divisé profondément en quatre parties lancéolées, obtuses, presque dressées, accompagnées de deux bractées linéaires plus longues que l'écaille. Dans deux espèces brésiliennes le calice offre de cinq à huit parties étroites, linéaires, scarieuses, selon Auguste Saint-Hilaire qui aura peut-être confondu les bractées avec quelques-unes des divisions propres au calice; nectaire cupuliforme, entier; étamine unique, insérée sous l'ovaire, composée d'une anthère continue avec le filet, émarginée-bilobée, à loges distantes, déhiscentes longitudinalement; ovaire supère, sessile, presque globuleux, uniloculaire, renfermant six ovules quelquefois réduits à un nombre moindre, pariétaux, ascendans; style à peine distinct, surmonté de trois stigmates petits, subulés et étalés. Le nombre des stigmates est sujet à variation; il est de deux selon Swartz, et de quatre selon Bonpland; fruit bacciforme, stipité, obové-oblong, uniloculaire, irrégulièrement bivalve, renfermant une ou deux graines oblongues, suspendues à un long cordon ombilical, et munies d'un embryon dicotylédoné sans albumen.

Ce genre renferme des Arbres dépourvus d'épines ou de poils piquans; leurs feuilles sont alternes, entières, membraneuses, et à veines réticulées; les stipules sont pétiolaires, géminées et caduques; les fleurs forment des chatons nombreux, groupés par paquets dans les aisselles des feuilles. On n'en connaît qu'un petit nombre d'espèces qui croissent toutes dans les climats chauds de l'Amérique méridionale. Celle qui doit être considérée comme type du genre, est le *Nematospermum lævigatum*, Rich.; *Lacistema myricoides*, Vahl; *Piper aggregatum*, Bergius et Rudje, *Pl. Guian.*, p. 9, tab. 4. (G..N.)

NÉMATOURES ou **SÉTICAU-**

DES. INS. Duméril donne ce nom à une famille d'Insectes Aptères qui correspond à l'ordre des Thysanoures de Latreille. (G.)

* **NÉMAUCHÈNES.** BOT. PHAN. Genre de la famille des Synanthérées, Chicoracées de Jussieu, et de la Syngénésie égale, L., établi par H. Cassini (Bullet. de la Société Philomat., mai 1818, p. 77) qui l'a caractérisé ainsi: involucre ovoïde ou presque campanulé, composé de folioles sur un seul rang, égales, appliquées, presque lancéolées ou oblongues, obtuses, membraneuses sur leurs bords, foliacées au sommet, concaves, gibbeuses, très-épaisses, osseuses, hérissées de verrues ou de tubercules coniques ou spinescens dans leur partie inférieure; à la base de cet involucre, il y a cinq folioles surnuméraires sur un seul rang, larges, ovales, et presque entièrement membraneuses. Réceptacle plane, fovéolé, garni de poils courts peu nombreux. Calathide composée de demifleurons nombreux, hermaphrodites et disposés en rayons. Akènes intérieurs oblongs, un peu cylindriques ou comprimés, présentant des côtes où l'on observe des aspérités, surmontés d'un col long, filiforme, portant une aigrette blanche, composée de poils légèrement plumeux; akènes de l'extérieur ou des bords étroitement embrassés par les folioles de l'involucre, très-comprimés des deux côtés, ovales, oblongs, pubescens, dépourvus de col, munis sur l'arête intérieure d'une bordure en forme d'aile membraneuse qui se prolonge au-dessus de l'aréole apicilaire en une corne subulée; l'aigrette qui les surmonte est un peu plus plumeuse que celle des akènes intérieurs.

Le genre *Nemauchenes* est voisin du *Zacintha* et du *Gatyona*. Il diffère du premier par ses akènes intérieurs munis d'un col filiforme, et du second par son involucre hérissé de verrues et son réceptacle garni de poils fimbrillaires. C'est aussi par le caractère de l'involucre qu'il diffère de l'*Hostia* de Mœnch, lequel, en outre, offre quelques différences dans la structure de ses fruits. L'auteur avertit qu'il faut surtout prendre garde de le confondre avec le *Medicusia* de Mœnch, attendu que ce dernier genre a été placé par cet auteur près du *Picris* dans une division qui a l'aigrette plumeuse ; mais en décrivant l'aigrette des fruits intérieurs du *Nemauchenes*, comme composée de *squamellules* un peu *barbellulées*, et celles des fruits marginaux comme étant encore plus *barbellulées*, n'est-ce pas dire que ces aigrettes sont légèrement plumeuses? C'est ainsi que nous avons traduit le langage scientifique de Cassini, et si nous n'avons pas commis une erreur en ce point, il faudra bien admettre que la différence signalée par ce savant botaniste entre le *Medicusia* et le *Nemauchenes* est complétement nulle.

Deux espèces constituent le genre *Nemauchenes*; elles ont été nommées *N. aculeata* et *N. inermis*. La première est le *Crepis aspera*, L., Plante herbacée, presque glabre, dont la tige flexueuse, rameuse, est garnie de poils piquans. Les feuilles sont alternes, sessiles, demi-amplexicaules, sagittées et irrégulièrement dentées ou découpées ; les inférieures sont grandes, oblongues-obovales, bordées de petites dents spinuliformes. Les calathides nombreuses, de couleur jaune, forment une panicule corymbiforme et terminale. Cette Plante croît dans l'Orient et dans la Sicile.

Le *Nemauchenes inermis*, nommé d'abord par l'auteur *N. ambigua*, se distingue principalement de la précédente par sa tige non hérissée d'aiguillons et peu rameuse, et par ses calathides peu nombreuses. (G..N.)

*NÉMAZOAIRES. MICR. Gaillon, receveur des douanes à Dieppe, profitant de la position maritime où le mettait son emploi pour observer avec le microscope les productions malheureusement peu nombreuses des parages qu'il habite, imaginant que des Navicules étaient la même chose que des Bacillaires et des Vibrions, crut voir de tels êtres se transmuter de l'un à l'autre pour former des filamens de Conferves, qui, devenues ainsi filamens, n'en étaient pas moins des Animaux qui pouvaient s'individualiser de nouveau, et se dissoudre en Navicules et en Bacillaires, sauf à se recoller encore en filamens quand bon leur semblait. Il appela Némazoones ces républiques d'Animalcules, alternativement dispersés ou de forme conservoïde, et c'est sous ce nom que dans le tome XXXIV de Levrault on trouve un article de cet observateur, auquel, par hasard sans doute, a été apposée l'initiale d'une signature plus connue et justement célèbre dans les sciences naturelles. Depuis ce temps l'auteur de l'article adopta le nom de Némazoaires dont la signification est la même, en étendant beaucoup le nombre des êtres qu'on doit comprendre dans cette famille, ordre, classe ou règne, comme on voudra l'appeler, puisque, si l'on en juge par ce que rapporte Desmazières dans ses Cryptogames du nord de la France (n° 101, au sujet des Mycodermes, *V.* ce mot), des Champignons, les Moisissures et les Charagnes même, sont aussi des Animaux ou des agrégations d'Animaux? Il paraît que c'est l'une de nos GAILLONELLES (*V.* ce mot) qui est devenue la base de ce système, s'il est vrai que ce que Gaillon entend par *Conferva comoides* soit bien ce que Dillwyn appela ainsi. Quoi qu'il en soit, nous avons, depuis notre enfance, observé ce *Conferva* si mal nommé *comoides*, sur dix à douze rivages sans y voir rien d'animal; nous en avons, à la vérité, trouvé les rameaux souvent couverts de diverses Navicules et Bacillaires, mais nous n'avions pas cru que ces espèces fissent plus partie de la Plante que le *Sphynx Ligustri* ne fait partie du Troëne lorsque pour en sucer le suc mielleux cet Animal enfonce sa trompe dans la petite corolle du *Ligustrum* *vulgare.* L'habitude des Echinelles, des Navicules, des Bacillaires en général, est de pénétrer dans la matière muqueuse en quelque lieu que se développe celle-ci ; c'est ainsi qu'on voit de ces Animalcules épaissir la gelée sous laquelle se manifeste notre genre Chaos, de même que le fait la Globuline du savant Turpin, en vertu de cette tendance à choisir un habitat qui procure à chaque créature la substance assimilable avec un abri convenable ; de tels êtres pénètrent dans les touffes de toute Confervée, Céramiaire ou Fucacée, dont beaucoup de mucosité transsude, et si Gaillon eût examiné à certaines époques la substance ramollie, épaisse et glaireuse des Laminaires entre autres, où des Bacillaires s'empâtent en innombrable quantité, il en eût sans doute conclu que ces grands Végétaux marins étaient aussi des Némazoaires où les Animalcules se disposeraient en lames ou rubans. Ne comprenant pas encore bien la théorie de Gaillon d'après ce que nous en avons lu, nous n'aurons garde d'en raisonner. Parler de ce qu'on ne sait pas sur ce qu'on en préjuge, ou sur des jallons épars qu'aurait comme plantés dans de petites notices l'auteur de quelque méthode nouvelle, nous paraît une grande imprudence en ce qu'on s'expose à créer des chimères pour les combattre, ou bien à louer des aperçus qui se trouvent ensuite contraires à ce qu'on y crut d'abord distinguer. Il suffira seulement ici de repousser toute communauté de vues entre nous et celui à qui nous avons renvoyé la qualification d'Ovide de l'Algologie qu'on eût voulu nous appliquer.

L'inventeur des Némazoaires, pag. 373, corroborant son opinion sur le détachement *des individus composant les ramules* de ses Némazoaires, d'une observation de Mertens sur le *Draparnaldia variabilis* (*V.* MÉTAMORPHOSES), ajoute : « Des effets à peu près analogues ont aussi été observés par Bory de Saint-Vincent dans plusieurs espèces de sa tribu des Arthrodiées, » et cité en preuve ce que nous avons rapporté au sujet des Zoocarpes (*V.* ce mot et ARTHRODIÉES). Il y voit une conformité d'idées entre nous et Agardh, parce que le filament de l'Arthrodiée est pour nous un tube végétal, tandis que le Zoocarpe est un Animal. D'abord nous n'avons jamais, depuis vingt-cinq ans, observé rien de semblable ni même d'analogue à ce que Gaillon et Mertens ont vu, et qui nous paraît dans le genre de ce que Girod-Chantrans vit aussi plus de vingt ans avant ces auteurs. Nous n'avons jamais été assez favorisé de la nature pour surprendre des Monades et des Volvoces formant des Salmacides, pas plus que des Navicules ou des Bacillaires formant des Gaillonelles ; mais nous persistons à croire que des Plantes véritables, c'est-à-dire végétant sans conscience de leur être parce qu'elles ne sont douées d'aucun sens, productions apathiques de l'eau, tant qu'elles n'ont point atteint l'époque où elles deviennent aptes à se reproduire, peuvent préparer des propagules qui, dès qu'ils sont sortis de la petite matrice cloisonnée où ils se formèrent, et qu'ils se sont mis en contact avec le fluide environnant, jouissent d'une vie très-décidée. Il n'y a pas là transmutation de Plante en Animal, mais simplement une Plante qui émet une graine animée, c'est-à-dire l'inverse de ce qui se passe tous les jours sous nos yeux parmi les Oiseaux et les Insectes ; Animaux, ainsi que nous l'avons dit ailleurs, chez lesquels un œuf non vivant dans le véritable sens du mot vivre, est interposé entre deux existences où la vie se manifeste dans le plus haut degré d'étendue. Nous laissons au temps le soin de faire connaître ce qui en est. De quelque raisonnement, de quelques autorités qu'on se prévale pour appuyer des théories fondées sur des faits inexacts, la vérité seule triomphera, parce qu'elle demeure éternelle pour déposer, lorsque nous n'y sommes plus, en faveur de celui qui a le mieux vu et le mieux jugé. Il nous est donné de surprendre quelquefois cette vérité, il ne nous est jamais donné de la faire. Quand elle échappe à la vue courte de quelques-uns de ceux qui la chérissent et la poursuivent, ces amans myopes se la peuvent imaginer telle qu'ils eussent désiré la saisir ; mais leur Dulcinée s'évanouira avec la description qu'ils en auront faite, et le rôle du rustique Sancho, voyant les choses tout bonnement comme elles sont, nous paraît préférable à celui de son maître, qui prétendait trouver la nature plus merveilleuse encore que le Créateur ne la voulut faire. L'existence de propagules animés vient d'être constatée récemment par plusieurs savans algologues de notre époque. Nous lisons dans un Examen des Recherches de Gaillon, par Lyngbye, dont l'analyse a été insérée au Bulletin des Sciences Naturelles, pour le mois de mai de cette année 1826, que Hoffmann a vu le *Conferva zonata* se métamorphoser en Animalcules, c'est-à-dire qu'il a saisi ce Psychodié émettant de véritables Zoocarpes. Dès le commencement de 1823, tome IV, p. 392 du présent Dictionnaire, sans avoir jamais surpris le *Conferva zonata* au moment où l'émission des Zoocarpes pouvait appuyer nos observations antérieures, nous disions : « Les *Conferva compacta*, *zonata*, *fugacissima* et *dissiliens*, pourront bien rentrer un jour parmi les Zoocarpées, dont elles ont parfaitement l'aspect avant l'époque où ces dernières préparent intérieurement et émettent leurs gemmules vivantes. » Or le *Conferva zonata* ne nous a pas trompé, mais nous n'en croyons pas davantage aux Némazoaires ou Némozoones, comme on voudra les appeler. *V.* NAVICULE, où nous avons pensé que ce que Gaillon appelle *Conferva comoïdes* et qui sert de fondement à tout son système, est quelque *Gloionema*. *V.* ce mot.   (B.)

NÉMERTE. *Nemertes.* INT. Cuvier a nommé ainsi, et rangé provisoirement parmi les Vers intestinaux cavitaires, un Ver à corps filiforme, cylindrique, extrêmement allongé, mou et contractile, que l'on trouve assez fréquemment sur nos côtes lors des grandes marées ; il est caché sous les pierres et insinue, dit-on, son extrémité antérieure dans les Anomies pour les sucer. Montagu a fait de ce Ver un *Gordius*, Sowerby un genre particulier qu'il nomme *Sineus*, Ocken et Schweigger le nomment *Borlasia* et le rangent parmi les Annelides. Il est de couleur brune, quelquefois marqué de lignes noirâtres, longitudinales ; il se casse facilement ; sa surface est lisse et sans traces d'articulations, excepté quand il se contracte fortement, que l'on aperçoit des plis transversaux presque réguliers. Son extrémité antérieure présente une petite pointe mousse percée d'un petit trou qui est la bouche ; en arrière le corps plus épais se termine par une sorte de ventouse ; l'intestin traverse toute la longueur du corps ; il existe autour de ce canal un autre conduit que Cuvier regarde comme destiné à la génération ; il vient aboutir à un tubercule situé au bord de l'anus. Ce genre ne renferme qu'une espèce qui parvient à une longueur de trois à douze pieds, et que Cuvier nomme *Nemertes Borlasii*.

              (E. D..L.)

NÉMERTÉSIE. *Nemertesia.* POLYP. Genre de l'ordre des Sertulariées dans la division des Polypiers flexibles, ayant pour caractères : polypier phytoïde, corné, garni dans toute son étendue de petits cils polypifères, recourbés du côté de la tige et verticillés ; cellules situées sur la partie interne des cils. Les Némertésies, que Lamouroux sépara le premier des Sertulaires, ont un aspect et une structure toute particulière qui les font distinguer au premier coup-d'œil ; leurs tiges, de nature cornée, assez grosses, simples ou rameuses, sont creuses à l'intérieur et couvertes extérieurement de nombreux cils cellulifères, verticillés, ordinairement au nombre de six ou huit sur chaque verticille. Les cils, capillaires, ascendans, articulés, recourbés du côté de la tige, portent à leur côté interne seulement de petites cellules à peine saillantes et en nombre égal à celui des articulations de chaque cil; les ovaires, petits, ovalaires, à pédicule court, naissent du point d'insertion des cils sur la tige. La grandeur des Némertésies varie de deux à trois pouces à un pied et au-delà; elles ne sont point parasites sur les Plantes ou sur les autres Polypiers; elles naissent sur les pierres ou les vieilles Coquilles par une multitude de filamens capillaires tubuleux, contournés et diversement ramifiés. Elles se trouvent dans les mers d'Europe. Ce genre renferme les *N. antennina*, *Janini* et *ramosa* qu'on trouve dans nos mers et dont les pêcheurs de nos côtes rapportent souvent dans leurs filets de très-grands individus qui se conservent parfaitement dans l'herbier. (E. D..L.)

NÉMÉSIE. *Nemesia.* BOT. PHAN. Ventenat (Jardin de la Malmaison, tab. 41) a établi sous ce nom un genre aux dépens des *Antirrhinum* de Linné. Ce genre, qui appartient comme celui-ci, à la famille des Scrophularinées, et à la Didynamie Angiospermie, L., offre pour caractères essentiels : un calice à cinq divisions profondes, lancéolées, aiguës; une corolle en masque, munie à sa base d'un éperon court, obtus; quatre étamines didynames; un ovaire supérieur surmonté d'un style; une capsule biloculaire, comprimée, tronquée, s'ouvrant longitudinalement jusqu'en son milieu en deux valves; graines linéaires, nombreuses. Ce genre fait le passage des Mufliers aux Linaires, mais il est encore plus rapproché des premiers, et aux yeux de plusieurs botanistes, il ne méritera pas d'en être distingué puisque les Mufliers offrent aussi un renflement peu saillant, il est vrai, à la base de la corolle. Dans les Némésies, ce renflement est plus allongé; ainsi ce caractère ne se fonde que sur un peu plus d'amplitude dans un organe qui a la même forme chez l'un et l'autre genre. L'éperon des Linaires ne doit pas être considéré de la même manière; il est très-grand, courbé et terminé en pointe; d'ailleurs, les espèces de Linaires ont un faciès un peu différent de celui des vrais Mufliers.

La NÉMÉSIE PUANTE, *Nemesia fœtens*, Ventenat, *loc. cit.*, est un Arbuste d'une odeur désagréable dont les tiges sont droites, très-rameuses, garnies de feuilles linéaires, lancéolées, aiguës, et presque quaternées, les inférieures un peu dentées et portées sur un court pétiole, les supérieures sessiles, entières. Les fleurs forment des grappes courtes, peu fournies, terminales et munies de bractées pubescentes. Leur corolle est d'un gris blanchâtre, veinée de pourpre, marquée dans l'intérieur d'une tache jaune orangée. Cet Arbuste croît au cap de Bonne-Espérance, ainsi que le *Nemesia chamœdrifolia*, Vent., ou *Antirrhinum macrocarpum*, Vahl. L'auteur du genre y rapporte en outre les *Antirrhinum bicorne* et *longicorne*.

Le nom de *Nemesia* est emprunté de Dioscoride, qui paraît avoir appelé l'*Antirrhinum mopis*, NÉMÉSIS; d'autres pensent que le Némésis de Dioscoride est le *Lychnis dioica*, L.

(G..N.)

NEMESTRINA. MAM. Nom scientifique linnéen du Maimon. (B.)

NÉMESTRINE. *Nemestrina.* INS. Genre de l'ordre des Diptères, famille des Tanystomes, tribu des Anthraciens, établi par Latreille, et ayant pour caractères : antennes très-distantes, composées de six articles, dont trois assez gros et les trois derniers fort minces. Trompe longue, droite, avancée, formée de cinq pièces; soies d'inégale longueur; deux aussi longues que la lèvre supérieure, une un peu plus courte. Deux palpes filiformes, recourbés. Ailes ayant beaucoup de nervures et ordinairement réticulées. Ces Insectes diffèrent des Anthrax et autres genres voisins par leur trompe, qui est bien plus longue que la tête, tandis qu'elle est plus courte dans ces derniers ; les Mulions de Latreille, ou Cythérées de Fabricius, en diffèrent par les palpes et par les antennes ; enfin les Némestrines se distinguent de tous les autres genres de la tribu par leurs ailes qui ont, dans le plus grand nombre des espèces, leur extrémité chargée de nervures très-fines et très-nombreuses , composant un réseau.

Les Némestrines habitent les pays chauds ; ce sont des Insectes assez rares : leur corps est moins velu que celui des Bombyles ; le corselet est presque cylindrique, peu convexe. La tête est aussi large que le corselet, un peu conique à l'origine de la trompe, munie sur le vertex de trois petits yeux lisses , et sur les côtés de deux grands yeux à réseaux, fort distans l'un de l'autre dans les deux sexes. Les antennes sont composées de six articles dont trois sont assez gros ; le premier est fort court , le second presque globuleux ; le troisième, un peu plus gros et plus long que les deux autres, est terminé en pointe ; les trois autres ressemblent à un fil menu ; le dernier est le plus long des trois. Ces antennes sont beaucoup plus distantes l'une de l'autre que dans aucun autre genre de Diptères : elles sont insérées fort près des yeux. La trompe est aussi longue que la moitié ou les deux tiers du corps ; elle est déliée, pointue et portée en avant, un peu inclinée ; elle est composée d'une gaîne, de trois soies et de la languette. A la base inférieure de la trompe sont insérés deux palpes filiformes, triarticulés, qui se relèvent un peu et viennent se coller contre la partie latérale un peu supérieure de la gaîne. Les ailes sont grandes, ordinairement ouvertes et étendues par les côtés. Les balanciers sont longs, fort minces, et terminés par un très-petit bouton. Les pates sont assez longues, un peu grêles : le premier article de leurs tarses est

long, les trois suivans sont courts, presque égaux, et le dernier est terminé par trois pelotes assez longues , égales , et par deux crochets assez forts.

Comme tous les Anthraciens, ces Diptères volent avec beaucoup de facilité et se transportent à de grandes distances. On les voit voltiger aux environs des fleurs, choisir celles qui leur paraissent encore remplies du nectar qu'ils cherchent, et y plonger leur longue trompe pour en retirer tout le suc mielleux ; dès qu'ils ont fini, ils quittent brusquement la fleur et en cherchent une autre ; ils ne s'arrêtent que sur celles qui n'ont pas été visitées par d'autres Insectes ; pour examiner si une fleur leur convient, ils voltigent devant elle, comme le font les Sphynx. Les larves et les métamorphoses de ces Insectes nous sont inconnues. Ce genre est peu nombreux en espèces ; Olivier (Encycl. Méth.) en décrit huit ; quatre ont été trouvées par lui dans le Levant ; une habite Java, et la dernière (*Némestrina analis*, Oliv.) vient des bords de la mer Caspienne ; on en a formé un genre sous le nom de Rhincocéphale, dans les Mémoires de la Société d'Histoire Naturelle de Moscou. Boyer de Foncolombe en a découvert une nouvelle à Aix en Provence. Nous citerons comme type de ce genre :

La Némestrine réticulée, *Nemestrina reticulata*, Latr. (Hist. Nat. des Crust. et des Ins., et *Genera Crust. et Ins.* T. IV, , p. 3o7, t. 15 , fig. 5 et 6). Elle est longue de près de sept lignes ; son corps est noir, mais couvert d'un duvet cendré, avec quelques lignes plus claires sur le corselet. L'abdomen est noirâtre, avec le premier anneau, le bord des autres, une tache au milieu du second, une autre sur le troisième, qui manque quelquefois, d'un gris très-clair. Les cuisses sont noirâtres, avec leur extrémité, ainsi que les jambes et les tarses, fauves. Les ailes sont vitrées et réticulées à l'extrémité ; elles ont une teinte obscure à la base jusqu'aux deux tiers de leur longueur. Olivier a trouvé cette espèce dans les îles de l'Archipel, en Egypte et en Syrie.   (G.)

*NÉMOCÉPHALE. *Nemocephalus.* INS. Genre de l'ordre des Coléoptères, section des Tétramères, famille des Rhincophores, tribu des Brentides, mentionné par Latreille (Fam. Nat. du Règne Anim.), et différant des Brentes, parce que la tête est fixée au corselet presque immédiatement après les yeux, sans rétrécissement postérieur et graduel, et par leurs antennes qui sont moniliformes. (G.)

NÉMOCÈRES. *Nemocera.* INS. Famille de Diptères renfermant les seuls Insectes de cet ordre qui aient les antennes composées de plusieurs articles (quatorze ou seize le plus souvent). Cette famille renferme les genres *Culex* et *Tipula* de Linné. Les Insectes qui la composent ont le corps allongé, le corselet bossu, les ailes oblongues et les balanciers entièrement découverts, et n'ayant point de cuillerons; les pieds sont très-longs et grêles. Leur tête est petite; elle porte deux yeux grands; les antennes sont en forme de fils ou de soies, souvent velues et toujours plus longues que la tête; une trompe saillante, courte et terminée par deux grandes lèvres, ou longue et prolongée en forme de siphon ou de bec. Cette trompe porte à sa base deux palpes ordinairement filiformes ou sétacés, composés de quatre à cinq articles. Les larves de ces Diptères sont semblables à des Vers, allongées, avec une tête écailleuse, munie de mandibules cornées et de parties analogues aux mâchoires et aux lèvres. Pour se transformer en nymphes, elles changent de peau et restent nues, ou se construisent des coques soyeuses. Ces nymphes laissent voir les principales parties de l'Insecte parfait.

Les Némocères habitent ordinairement les lieux humides; les petits surtout se rassemblent dans les airs en essaims nombreux, s'y balancent et forment en volant des sortes de danses. Dans l'accouplement ils sont placés bout à bout, et volent ainsi. Ils pondent leurs œufs, soit dans la terre, soit dans l'eau. Cette famille se compose de deux tribus. *V.* CULICIDES, au Suppl., et TIPULAIRES. (G.)

NÉMOCTE. *Nemoctus.* INF.? ANNEL.? On lit dans le Dictionnaire de Déterville : « C'est un genre établi par Rafinesque dans la classe des Vers; il offre pour caractères : un corps filiforme en collier; une tête nue, obtuse; une queue à plusieurs filets ou pinceaux : ce genre ne renferme qu'une seule espèce qui vit dans les eaux douces de la Sicile. » (E. D..L.)

NÉMOGLOSSATES. INS. Latreille avait donné ce nom à une division de l'ordre des Hyménoptères, qui répond au genre *Apis* de Kirby, ou à sa tribu des Apiaires. *V.* ce mot. (G.)

NÉMOGNATHE. *Nemognatha.* INS. Genre de l'ordre des Coléoptères, section des Hétéromères, famille des Trachélides, tribu des Cantharidies, établi par Illiger, et ayant pour caractères : antennes filiformes, plus courtes que le corps, composées de onze articles presque égaux; quatre palpes filiformes; mâchoires cornées, très-prolongées et sétiformes. Ce genre, que Fabricius avait confondu avec les Zonitis, s'en distingue, ainsi que de tous les genres de la tribu, par les mâchoires qui, dans les mâles, sont beaucoup plus longues que la tête. Leur corps est allongé, presque cylindrique; le corselet est un peu convexe, arrondi sur les côtés; la tête est un peu déprimée et très-inclinée, elle tient au corselet par un col fort court et étroit. Le labre est fortement cilié à son bord antérieur; les mandibules sont arquées, terminées en pointe et munies d'une petite dent vers leur base; les mâchoires sont cornées, sinuées, fortement ciliées à leur base interne, et terminées en pointes fines et très-prolongées qui vont se placer le long de la poitrine de l'Insecte.

Ce genre ne se compose que de peu d'espèces; Olivier en décrit deux, dont une est de la Caroline et l'autre de la Barbarie ; le *Zonitis Chrysomellina* de Fabricius, qui se trouve en Espagne et dans le midi de la France, appartient aussi à ce genre ; nous en connaissons quelques autres espèces inédites dans la collection du comte Dejean. Nous citerons parmi les espèces décrites :

Le Némognathe rayé, *Nemognatha vittata*, Latr., Oliv. ; *Zonitis vittata*, Fabr. Long de cinq lignes ; antennes noires ; tête pointillée, testacée, avec une tache sur le vertex. Palpes, lèvre supérieure et mâchoires noirs, ces dernières atteignent presque la longueur du corps. Corselet pointillé, testacé, avec une tache noire sur le dos. Ecusson noir ; élytres pointillées, noires, avec la base, le bord extérieur et la suture testacés. Corps et pates noirs. Cette espèce se trouve en Caroline ; elle a été rapportée par Bosc.   (G.)

NEMOLAPATHUM. bot. phan. Nom scientifique d'une espèce de Rumex. *V.* ce mot.   (B.)

NÉMOLITES. min. On a quelquefois donné ce nom très-vicieux, puisqu'il est formé du latin *nemus* et du grec *lithon*, aux Pierres arborisées et dendrites qui représentent des forêts et des bocages.   (B.)

* NÉMOPANTHE. *Nemopanthes.* bot. phan. Ce nom générique a été proposé par Rafinesque (Journ. de Physique, 1819, p. 96) pour l'*Ilex Canadensis* de Michaux, qui, en effet, forme le type d'un genre distinct. Le même genre a été positivement établi par De Candolle (Rapport sur les Plantes du Jardin de Genève, 1821, p. 44) qui l'avait d'abord nommé *Nuttalia*; mais ce savant botaniste a abandonné la dénomination qu'il venait de donner au nouveau genre par la double raison qu'un genre *Nuttalia* avait été créé par Sprengel parmi les Légumineuses, et un autre par Barton parmi les Malvacées (*V.* Nuttalie), et que le mot de *Nemopanthes* était plus ancien. D'un autre côté les caractères génériques

avaient été assez inexactement exposés par Rafinesque. Voici ceux que De Candolle lui attribue : fleurs dioïques ou polygames par avortement. Calice très-petit, réduit à un simple bourrelet à peine visible. Corolle composée de cinq pétales, ou rarement de quatre, séparés, oblongs, linéaires, en estivation presque valvaire à leur base, étalés et réfléchis pendant la floraison, et caducs. Etamines en même nombre que les pétales, alternes et insérées avec eux. Ovaire presque globuleux enduit d'un suc visqueux, surmonté de trois à quatre stigmates sessiles. Baie presque sèche, ovale ou arrondie, à trois ou quatre loges dont chacune renferme une seule graine. Ce genre se distingue de l'*Ilex* et du *Prinos* avec lesquels il est placé dans la tribu des Aquifoliacées de la famille des Célastrines; il s'en distingue, disons-nous, par ses pétales absolument libres et non réunis par la base, et surtout par son calice presque nul ou réduit à un rudiment en forme de bourrelet. Trompé par une telle brièveté du calice, Rafinesque a pris pour cet organe ce que De Candolle a décrit comme une corolle.

Le Némopanthe du Canada, *Nemopanthes Canadensis*, D. C. (Plantes rares du Jard. de Genève, 1re livrais., t. 5); *Ilex Canadensis*, Michx., *Fl. Bor. Am.*, t. 49), est un Arbuste qui s'élève environ à un mètre. Son tronc se divise en branches tortueuses et peu garnies de feuilles. Celles-ci sont alternes, oblongues, entières, terminées en pointe, et sortent d'un bourgeon écailleux. Les fleurs sont blanches, verdâtres, portées sur des pédoncules qui sortent du bourgeon avec les feuilles. Cette Plante indigène de l'Amérique septentrionale, depuis le Canada jusqu'en Caroline, est cultivée comme Plante de curiosité dans les jardins de botanique de l'Europe.   (G..N.)

* NÉMOPHILE. *Nemophila.* bot. phan. Genre de la Pentandrie Mo-

nogynie, L., établi par Barton (*Flor. Amer.*, 61) et placé par R. Brown dans les Hydrophyllées, petite famille qu'il a formée aux dépens d'une section des Borraginées de Jussieu. La Plante sur laquelle ce genre est constitué, a été très-bien décrite d'abord dans le *Botanical Magazine*, n° 2373, et postérieurement dans le *Botanical Register*, n° 740. C'est à ce dernier ouvrage périodique que nous empruntons la description suivante. Le *Nemophila phacelioides*, Bart., est une Plante herbacée, bisannuelle, dont la tige est succulente, couchée, rameuse. Ses feuilles sont alternes, pinnatifides, à lobes obtus garnis de cils fins; les feuilles inférieures distantes, inégales, à lobes divisés. Les pédoncules sont solitaires, cylindriques, uniflores, plus longs que les feuilles, opposés à celles-ci, ou quelquefois placés dans leurs aisselles. Le calice est persistant, infère, à dix segmens profonds, ovales, aigus, ciliés, cinq d'entre eux plus grands dressés et alternes avec les cinq autres qui sont réfléchis. La corolle est campanulée; son limbe offre cinq lobes obtus, échancrés. Les étamines au nombre de cinq sont beaucoup plus courtes que la corolle; leurs filets sont nus, insérés sur le tube de celle-ci; leurs anthères en forme de croissant. Dix appendices rougeâtres, pubescens sur leurs bords, entourent l'entrée du tube. La capsule est uniloculaire; elle présente dans son intérieur deux placentas charnus, fixés à un axe longitudinal, dorsal, libres par leurs côtés, et portant chacun deux graines. Cette espèce est originaire de l'Amérique septentrionale. (G..N.)

NÉMOPTÈRE. *Nemoptera.* INS. Genre de l'ordre des Névroptères, section des Filicornes, famille des Planipennes, tribu des Panorpates, établi par Latreille, et ayant pour caractères : antennes sétacées, composées d'un grand nombre d'articles peu distincts. Cinq articles à tous les tarses; bouche située à l'extrémité d'un museau presque membraneux, conique et incliné; six palpes filiformes; ailes très-réticulées; les premières presque ovales, les secondes très-longues, linéaires et contournées à leur bout. Point d'yeux lisses distincts; jambe sans épines à leur extrémité. Ces Insectes sont distingués des Bittaques et des Panorpes par leurs ailes inférieures prolongées, ce qui n'a pas lieu dans ces deux genres; les Borées en sont séparés parce que les femelles sont aptères. Le corps des Némoptères est allongé, mince; la tête est un peu plus large que le corselet; elle porte deux gros yeux saillans; les antennes sont aussi longues que la moitié du corps, minces; la lèvre supérieure est membraneuse, allongée, conique, émoussée ou un peu arrondie à son extrémité, creuse en dessous; les mandibules sont avancées, droites, pointues, un peu courbées à leur extrémité. Les mâchoires sont membraneuses, avancées, presque linéaires, coudées à leur base, un peu plus longues que les mandibules, finement ciliées à leur bord interne. Les palpes antérieurs sont courts, et ne dépassent pas les mâchoires; ils sont composés de deux articles. Les intermédiaires sont un peu plus longs et ont quatre articles. La lèvre inférieure est plus courte que les mâchoires et terminée en pointe; les palpes postérieurs sont filiformes, de trois articles; ils sont insérés vers le milieu de la lèvre inférieure et la dépassent un peu. Le corselet est convexe, de forme presque ovale; il supporte les ailes; l'abdomen est cylindrique et allongé. Les pates sont grêles, de longueur moyenne.

Les Némoptères ont été observés dans le Levant par Olivier; cet auteur dit qu'ils ont le vol lent, et qu'ils agitent péniblement leurs ailes, à de petites distances, de sorte qu'on peut les saisir avec la plus grande facilité; il les a vus très-multipliés, et ils lui ont paru avoir une existence fort courte; huit jours après leur première apparition il n'en trouvait plus,

si ce 'n'est pendant son voyage de
Bagdad en Perse; comme il allait d'un
pays brûlant vers une région plus
tempérée, il en vit pendant plus de
vingt jours de suite. Les métamorphoses et les larves de ces Névroptères
sont inconnues.

Ce genre se compose de sept espèces, toutes propres aux pays chauds
de l'Europe et de l'Asie; celle qui a
été décrite par les anciens, et qui sert
de type au genre, est :

Le NÉMOPTÈRE DE COS, *Nemopte-
ra Coa*, Latr., Hist. Nat. des Ins., etc.,
pl. 97 bis, fig. 2; *Gener. Crust.*, etc.;
Panorpa Coa, L., Fabr., Petiv.,
Cocqueb., t. 3, fig. 3. Corps long de
six à sept lignes. Ailes inférieures
longues de deux pouces, très-minces,
s'élargissant vers leur extrémité;
d'un brun pâle jusqu'au milieu de
leur longueur, jaunes ensuite avec
deux bandes noires. Ailes supérieures
très-grandes, larges, jaunes, avec un
grand nombre de points noirs à leur
base, et plusieurs grandes taches irrégulières sur le reste de leur surface.
Elle se trouve dans les îles de l'Archipel et aux environs d'Athènes.
Linné et Fabricius ont confondu
avec cette espèce une autre Némoptère très-voisine (*Nemopterix
lusitanica*, Leach) et qui se trouve
en Espagne; Bory de Saint-Vincent
l'a vue en abondance pendant l'été
sur les Lavandes et Stæchas aux
environs de Bornos en Andalousie;
mais elle paraissait rare ailleurs:
dans cette espèce le jaune est plus
foncé et plus vif; près de la côte,
jusqu'aux deux tiers de la longueur
de l'aile, sont trois rangées de points
noirs; on voit aussi trois autres rangées de points noirs, dont ceux de la
dernière ligne allongés, presque en
forme de petites lignes près du bord
interne; la troisième bande, formée
par des taches, est coupée par le
prolongement des rangées supérieures de points. La partie obscure du
haut des ailes inférieures se fond insensiblement et est moins prononcée.
(G.)

*NEMOPTERIX. INS. Nom donné
par Leach au genre Némoptère. *V.* ce
mot. (G.)

NÉMOSIE. *Nemosia*. OIS. Genre
de la Méthode de Vieillot, qui comprend quelques espèces du genre
Tangara. *V.* ce mot. (DR..Z.)

NÉMOSOME. *Nemosoma*. INS.
Genre de l'ordre des Coléoptères,
section des Tétramères, famille des
Xylophages, tribu des Bostrichiens
(auparavant des Trogossitaires),
établi par Latreille, et adopté par
tous les entomologistes. Ses caractères
sont : antennes en massue perfoliée,
guère plus longues que la tête; tête
presque aussi longue que le corselet;
corps linéaire.

Au premier coup-d'œil ces Insectes
ressemblent beaucoup à ceux du genre *Colydium*, mais ils en sont bien
distingués par la proportion de la
tête; dans les Colydies elle est très-
petite, plus étroite et beaucoup plus
courte que dans le genre dont nous
nous occupons. Les *Psoa*, qui en
sont les plus rapprochés, se distinguent des Némosomes par la forme
déprimée de leur corps; les antennes
des Bostriches sont plus longues que
la tête, les Cérilons ont les antennes
terminées par une massue presque
globuleuse et solide. Enfin les Cis en
sont suffisamment séparés par la forme ovale et arrondie de leur corps.
La tête des Némosomes est presque
aussi longue que le corselet, plus
large que lui, cylindrique, peu inclinée, ayant un profond sillon longitudinal à la partie antérieure. Les
antennes sont composées de dix articles dont le premier est fort gros et
les six qui suivent grenus. Les trois
derniers sont à peu près égaux et
forment une massue allongée et à
articles distincts. Les yeux sont petits, arrondis, très-peu saillans. Les
palpes maxillaires sont plus longs que
les labiaux; ils sont composés de
quatre articles, les labiaux n'en ont
que trois. Les mandibules sont terminées en pointe aiguë, arquées, et
munies à leur partie interne de deux
dents peu saillantes. Le corselet est

allongé, presque cylindrique, un peu plus étroit à sa jonction aux élytres qu'à sa partie antérieure ; les élytres sont étroites, allongées ; l'écusson est très-petit, triangulaire, et les pates sont assez courtes, presque égales en grosseur et en longueur, avec des tarses de quatre articles, dont les trois premiers courts et égaux entre eux, et le dernier large et terminé par deux crochets.

On ne connaît pas la larve des Némosomes ; il est probable qu'elle vit dans le bois et sous les écorces où l'on trouve l'Insecte parfait. On ne connaît que deux espèces de ce genre, elles appartiennent à l'Europe ; la première, et celle qui doit être considérée comme le type du genre, est :

Le NÉMOSOME ALLONGÉ, *Nemosoma elongatum*, Latr., *Gen. Crust.*, etc. T. III, p. 13, t. 11, fig. 4 ; Oliv.; *Colydium fasciatum*, Panzer, Herbst, 7, t. 112, fig. 12. Long de deux lignes, d'un noir luisant, pointillé ; pieds fauves ; élytres ayant leur base et une tache à leur extrémité rouges. Il se trouve à paris, dans les écorces des vieux Ormes ; nous en avons trouvé un sur les pierres qui bordent le quai vis-à-vis le Champ-de-Mars. L'autre espèce se trouve dans la Russie méridionale ; elle n'est pas encore publiée, et a reçu, dans la belle Collection du comte Dejean, le nom de *Nemosoma cylindrica*.

(G.)

NÉMOTÈLE. *Nemotelus*. INS. Genre de l'ordre des Diptères, famille des Notacanthes, tribu des Stratiomydes, établi par Geoffroy et adopté par tous les entomologistes avec ces caractères : devant de la tête avancé en forme de bec, portant les antennes et servant de gaîne à une trompe rétractile, coudée à sa base, et renfermant un suçoir de deux soies. Antennes très-courtes, de trois articles, dont le dernier, conique ou en fuseau, est terminé par un petit stylet. Ce genre, dont Linné avait placé la seule espèce qu'il connût dans son genre *Musca*, a été distingué par Geoffroy ; Fabricius en avait rangé une autre avec ses Stratiomes ; Olivier avait suivi son exemple, et avait donné, avec Degéer, le nom de Némotèle à des Insectes du genre Anthrax. Il n'a pas conservé cette dénomination, et a laissé le nom de Némotèle aux Insectes auxquels Geoffroy l'avait donné primitivement. Ces Diptères se distinguent des Sargies, Vappons, Chrysochlores et Scénopines, par leurs antennes qui ne sont pas terminées par une longue soie comme dans ces genres ; les Éphippies, les Stratyomes et les Oxycères en sont parfaitement distincts par la partie antérieure de leur tête qui n'est pas prolongée en forme de bec, par des caractères tirés de la forme et des proportions des antennes, et parce que leur écusson n'est pas terminé par des épines, comme cela se voit dans les genres précédens. La tête des Némotèles est hémisphérique, occupée presque entièrement par les yeux dans les mâles ; on voit sur le vertex trois petits yeux lisses disposés en triangle sur une petite élévation. Les antennes sont courtes, composées de trois pièces principales dont la dernière est composée elle-même de quatre articles, et forme une sorte de massue ovoïde surmontée d'une pointe droite, grosse, courte et conique. Les palpes sont très-courts. Le corselet est presque cylindrique ; les ailes sont horizontales, couchées l'une sur l'autre et débordent le corps postérieurement. Les balanciers sont découverts ; les tarses sont terminées par deux crochets et deux pelotes ; enfin l'abdomen est arrondi et terminé par une pointe dans un des sexes.

Ces Diptères sont d'assez petite taille, et leurs larves ne sont pas connues. On les trouve à l'état parfait, sur les fleurs et sur les Plantes des prés humides. Leur démarche est très-lente et ils prennent difficilement leur vol. Olivier (Encycl. Méth.) décrit sept espèces de ce genre, dont quatre sont originaires d'Egypte, de Barbarie et de l'Inde ; les autres se trouvent à Paris. Parmi celles-ci nous citerons :

La NÉMOTÈLE ULIGINEUSE, *Nemotelus uliginosa*, Latr., Oliv.; *Nemotelus niger*, etc. , Geoff. (Ins. T. II, p. 543, n° 1, t. 18, fig. 4); *Nemotelus uliginosus*, Fabr., Meig., Panz., Schellemb. ; *Nemotelus marginatus*, Fabr. , Oliv. (le mâle); *Stratyomys mutica*, Fabr. (*Gen. Ins.*); *Musca uliginosa*, L. Longue de deux lignes ; yeux grands, d'un brun noirâtre ; corselet d'un noir lisse. Abdomen blanc en dessus, avec la base du premier anneau et le bord inférieur du troisième et du quatrième noirs ; dessus du corps et pates noirs. Il est commun aux environs de Paris.   (G.)

NÉMOURE. *Nemoura*. INS. Genre de l'ordre des Névroptères, famille des Planipennes , tribu des Perlides , établi par Latreille aux dépens du genre *Phryganea* de Linné, et distingué du genre *Perla* de Geoffroy ou *Semblis* de Fabricius , par leur labre très-apparent, leurs mandibules cornées, les articles presque également longs de leurs tarses, et en ce que leur abdomen n'a presque pas de soies au bout. Au premier aspect ces Insectes ressemblent beaucoup aux Perles ; comme elles leurs quatre ailes sont réticulées, de longueur égale ; leurs antennes sont sétacées, de la longueur du corps ; la bouche est armée de mandibules larges, voûtées et inégalement dentées.

Les Némoures se trouvent dans les endroits humides et les bois ombragés ; elles ne paraissent qu'au printemps ou au commencement de l'été ; il est rare qu'on en voie en automne. Comme ces Insectes avaient été confondus avec les Perles, on n'a pas fait d'observation sur leurs mœurs ; leur larve doit vivre, comme celle des Perles, dans l'eau des ruisseaux et des rivières. Ce genre ne se compose que de cinq ou six espèces, toutes propres à l'Europe. Nous citerons :

La NÉMOURE NÉBULEUSE, *Nemoura nebulosa*, Latr., Oliv.; *Semblis nebulosa*, Fabr.; *Perla nigro-fusca*, etc.,

Geoff. ; *Perla*, Schœff. (*Icon. Ins.*, t. 37, fig. 2 et 3); longue de sept lignes depuis la bouche jusqu'à l'extrémité des ailes. Antennes noirâtres, un peu plus courtes que les ailes; corps noirâtre, pubescent. Tête un peu moins large que le corselet; celui-ci un peu plus étroit en avant qu'en arrière. Pates d'un brun obscur ; ailes grises avec les nervures obscures. Cette espèce se trouve dans toute l'Europe ; elle est très-commune aux environs de Paris.   (G.)

NEMS. MAM. Buffon a donné ce nom à une espèce de Mangouste qui n'est pas le Nems des Arabes. Ce dernier est l'Ichneumon. *V.* CIVETTE.   (B.)

NENAX. BOT. PHAN. Sous le nom de *Nenax acerosa*, Gaertner (*de Fruct.*, 1, p. 165, t. 52, f. 7) a décrit un fruit qu'il présumait appartenir au *Cliffortia filifolia*, Plante du cap de Bonne-Espérance décrite par Linné fils. Cette synonymie douteuse est reproduite par De Candolle dans le second volume de son *Prodromus*. Le fruit en question est une baie sèche, presque sphérique , ombiliquée et à cinq cicatrices à son sommet, divisée intérieurement en cinq loges régulières, monospermes, dont trois souvent sont vides. Les graines sont allongées, trigones, légèrement ponctuées; elles sont munies d'un albumen dur, cartilagineux , d'un embryon droit, linéaire , de cotylédons foliacés très-grêles , et d'une radicule inférieure , comprimée , linéaire.   (G..N.)

* NENDAY. OIS. (Azzara.) Espèce du genre Perroquet.   (DR..Z.)

NÉNUPHAR. *Nymphœa*. BOT. PHAN. Genre formant le type de la famille des Nymphéacées et qu'on reconnaît aux caractères suivans : le calice est formé de quatre sépales ; la corolle d'un très-grand nombre de pétales disposés sur plusieurs rangées, et insérés, ainsi que les étamines, sur les parois même de l'ovaire. Les étamines sont très-nombreuses ; leur anthère est terminale, adnée, à deux loges linéaires , s'ouvrant par un sillon longitudinal ; les étamines les plus extérieures se confondent et se changent par des nuances insensibles en pétales. L'ovaire est unique, placé au centre de la fleur, globuleux, recouvert extérieurement par l'insertion des pétales et des étamines. Il se termine par un stigmate discoïde concave rayonné, divisé en seize à vingt lobes. Coupé transversalement, l'ovaire offre un nombre de loges égal à celui des lobes du stigmate. Ces loges sont séparées les unes des autres par de fausses cloisons celluleuses, et renferment chacune un grand nombre d'ovules attachés sans ordre à toute la paroi interne de ces loges. Le fruit est globuleux, charnu intérieurement, où il offre un grand nombre de loges contenant des graines pariétales nageant en quelque sorte dans une pulpe mucilagineuse. Lorsqu'il est parvenu à sa maturité complète, la partie extérieure ou corticale du fruit se rompt irrégulièrement et se sépare de l'intérieure, qui conserve une forme globuleuse. Mais bientôt celle-ci se divise en autant de parties qu'il y a de cloisons, par le dédoublement de chacune d'elles, absolument comme cela a lieu pour la partie charnue du fruit de l'Oranger. Chacune de ces graines qui est pendante est recouverte par une membrane réticulée, charnue, beaucoup plus grande que la graine elle-même, et qui est un véritable arille. Indépendamment de cette membrane, on en trouve une autre crustacée présentant à sa base deux petites ouvertures, l'une centrale qui livre passage aux vaisseaux nourriciers ; l'autre un peu latérale, qui est l'entrée d'un conduit qui règne sur toute la longueur d'un des côtés et qui paraît être le micropile. L'amande est formée par un très-gros endosperme blanc et un peu farineux, à la base duquel est placé un embryon très-petit, renversé comme la graine, déprimé et un peu lenticulaire. Cet embryon, examiné intérieurement, est parfaitement indivis et par conséquent monocotylédoné. Lorsqu'on fend le cotylédon en deux, on voit qu'il est mince et qu'il recouvre une gemmule partagée en deux gros lobes contenant entre eux un autre bourgeon central. (*V.* l'article Nymphéacées où nous exposerons les opinions diverses qui ont été émises sur l'organisation de l'embryon dans ce genre.)

Le genre Nénuphar, dont on a retranché quelques espèces, comme le *Nymphæa lutea*, par exemple, pour en former un genre distinct, sous le nom de *Nuphar* (*V.* ce mot), se compose encore d'une vingtaine d'espèces. Ce sont des Plantes aquatiques, vivaces, ayant pour racine une souche horizontale charnue, d'où naissent de longs pétioles et de longs pédoncules portant de grandes feuilles peltées, entières ou fendues à leur base, et des fleurs également très-grandes, terminales et solitaires, blanches, roses ou bleues.

Le professeur De Candolle dans le second volume du *Systema Regni Vegetabilis* a divisé le genre *Nymphæa* en trois sections dont nous allons exposer les caractères, en indiquant les espèces principales qu'elles renferment.

† Cyanea.

Anthères surmontées d'un appendice ; fleurs bleues ; feuilles peltées entières.

Nénuphar bleu, *Nymphæa cærulea*, Savigny ; Del., *Fl. Ægypt.*, t. 60, f. 2. Racine charnue pyriforme, noirâtre ; feuilles orbiculaires arrondies, fendues presque jusqu'à l'insertion du pétiole qui se fait au centre de la face inférieure, glabres des deux côtés. Fleurs de grandeur moyenne, d'un beau bleu tendre, ayant le calice formé de quatre sépales ; la corolle d'un grand nombre de pétales aigus et étroits. Cette jolie espèce croît dans les canaux de la Basse-Égypte, aux environs de Damiette, du Caire et de Rosette. Elle a été trouvée au Sénégal par notre ami Le Prieur, jeune naturaliste plein de zèle et de connaissances, à qui la science sera redevable d'une foule de Plantes intéressantes de cette contrée.

†† Lotos.

Anthères sans appendice terminal. Fleurs blanches, roses ou rouges. Feuilles peltées, rarement entières, le plus souvent dentées, pubescentes à leur face inférieure.

Nénuphar Lotos, *Nymphœa Lotus*, L., Sp.; Delile, *Flor. Ægypt.*, t. 60, f. 1. Cette belle espèce qui croît dans les eaux du Nil, au Sénégal et dans le royaume d'Oware en Afrique, se distingue par sa souche horizontale charnue très-longue. Les feuilles dont les pétioles sont quelquefois extrêmement longs, pour atteindre la surface de l'eau, sont arrondies, cordiformes, peltées, marquées de dents très-aiguës et écartées, glabres à leur face supérieure, pubescentes inférieurement. Les fleurs sont très-grandes et blanches. Cette Plante est le Lotos de l'antique Égypte, consacré à Isis. On la trouve sculptée sur une foule de médailles et de monumens. *V.* Lotos.

††† Castalia.

Anthères sans appendice; fleurs blanches; feuilles cordiformes, non peltées, glabres, très-entières.

Nénuphar blanc, *Nymphœa alba*, L., Rich., Bot. méd., 1, p. 98. La racine est une souche charnue, jaunâtre, rameuse, de la grosseur du bras, recouverte d'écailles écartées, et donnant naissance par sa face inférieure à un grand nombre de fibres radicales. Les feuilles très-longuement pétiolées sont nageantes à la surface de l'eau, cordiformes, obtuses, très-entières et très-glabres. Les fleurs sont blanches, solitaires, très-grandes, s'épanouissant à la surface des eaux. Les fruits sont globuleux, un peu déprimés, terminés au sommet par le disque stigmatique et ayant ainsi quelque ressemblance extérieure avec la capsule de Pavot. Le Nénuphar blanc est très-commun aux environs de Paris, sur les étangs, les lacs et

les rivières dont le cours est peu rapide. Il fleurit pendant la plus grande partie de l'été. La souche charnue du Nénuphar blanc, que l'on désigne communément sous le nom de racine, bien qu'elle soit la véritable tige, est presque entièrement composée de fécule amylacée, à laquelle se joint un principe un peu âcre et narcotique. On s'en servait autrefois en médecine. Ainsi quelques auteurs disent avoir arrêté des fièvres intermittentes, en appliquant sur la plante des pieds des tranches épaisses de cette racine encore fraîche; mais aujourd'hui on n'en fait plus usage. Quant aux fleurs, elles sont légèrement aromatiques et paraissent posséder une vertu narcotique et sédative, qui porte spécialement son action sur les organes de la génération. De-là la grande réputation du Nénuphar blanc et surtout du sirop préparé avec ses fleurs, comme calmant et anti-aphrodisiaque. (A. R.)

* **NEOCARYA.** bot. phan. Nom de la seconde section établie dans le genre *Parinarium* par De Candolle, laquelle comprend deux espèces indigènes d'Afrique, dont l'une est le Néou d'Adanson. *V.* Parinarium. (G..N.)

* **NÉOCÉIDE.** *Neoceis.* bot. phan. Genre de la famille des Synanthérées, Corymbifères de Jussieu et de la Syngénésie superflue, L., établi par H. Cassini (Bulletin de la Société Philomatique, juin 1820, p. 90) qui lui a imposé les caractères suivans: involucre cylindrique, composé de folioles égales, sur un seul rang, appliquées, linéaires-oblongues, aiguës au sommet, muni à la base de folioles surnuméraires, bractéiformes, longues, linéaires subulées. Réceptacle un peu concave, chargé de paillettes. Calathide dont le disque se compose de fleurs nombreuses régulières, hermaphrodites, et la circonférence de fleurs nombreuses à corolle longue, tubuleuses et femelles; ovaires oblongs, striés, hispidules, munis d'un bourrelet apicilaire, et

surmontés d'une aigrette longue composée de poils à peine plumeux. Le genre *Neoceis* fait partie du groupe des Sénécionées de Cassini; cet auteur le place auprès des genres *Senecio*, *Crassocephalum* et *Gynura*. Peut-être ne devra-t-on le considérer que comme une sous-division du *Senecio*, et l'auteur lui-même ne paraît pas éloigné de cette opinion. Quant au *Crassocephalum* de Mœnch, ce genre a été revu par Cassini qui lui a imposé de nouveaux caractères et la nouvelle dénomination de *Cremocephalum*, plus conforme aux règles grammaticales. *V*. ce mot au Supplément, ainsi que Gynura, nom du nouveau genre voisin des Néocéides et formé aussi aux dépens des *Senecio*.

Quatre espèces de Néocéides ont été décrites par l'auteur du genre, sous les noms de *Neoceis carduifolia*, *hieracifolia*, *rigidula* et *microcephala*. La première et la troisième sont des espèces nouvelles; la seconde et la quatrième sont les *Senecio hieracifolius*, L., et *Senecio glomeratus*, Desfont. Ce sont de grandes Plantes herbacées, indigènes de l'Amérique septentrionale et de la Nouvelle-Hollande. (G..N.)

NÉOMÉRIS. *Neomeris.* POLYP. Genre de l'ordre des Tubulariées dans la division des Polypiers flexibles, ayant pour caractères : Polypier simple ou non rameux; encroûtement celluleux dans la partie supérieure, bulbeux dans la partie moyenne, écailleux dans l'inférieure. Nous avons examiné avec une extrême attention le singulier corps décrit par Lamouroux, sous le nom de Néoméris, et nous avons pu nous assurer que sa description est exacte. L'échantillon unique qui se voit dans sa riche collection que la ville de Caen vient d'acquérir, présente trois tiges partant d'un petit empâtement ; chaque tige a dans son centre un petit tube qui paraît membraneux, recouvert d'une couche épaisse de matière crétacée, blanche et très-fragile; le quart supérieur de cette espèce d'é-

corce est criblé de petites cellules, peu profondes, très-rapprochées les unes des autres, nombreuses et disposées régulièrement ; le tiers moyen a une structure toute différente ; il est hérissé dans ce point de petits globules presque réguliers, très-nombreux, paraissant portés sur un court pédicule ; le reste de la longueur de l'écorce est couvert de petites écailles très-rapprochées, perpendiculaires à l'axe ; ces écailles paraissent formées de tubes accolés latéralement et dont on aperçoit l'ouverture sur la base qui est tournée en dehors. On voit au sommet de la tige du Néoméris une portion de l'axe desséché; mais est-ce l'Animal, comme l'a cru Lamouroux? Il reste bien des choses à connaître sur ce singulier corps ; mais on ne pourra savoir à quoi s'en tenir sur ses rapports avec les autres êtres, que lorsqu'on aura pu l'étudier sur un grand nombre d'échantillons et surtout dans l'état de vie. L'espèce unique de ce genre a été nommée par Lamouroux, *Neomeris dumetosa*, et figurée, pl. 7, fig. 8, *a*, *b*, dans l'Histoire des Polypiers, pl. 68, fig. 10, 11, de l'Exposition des genres de Polypiers du même auteur. Elle vient de l'océan des Antilles. (E. D..L.)

NÉOPÈTRE. MIN. De Saussure a distingué les Minéraux à cassure écailleuse, qui ont l'aspect du Silex, et qui se rencontrent dans les Roches, en *Palaiopètres* et *Néopètres*, selon la différence de nature et d'ancienneté de ces Roches. Ils constituent en effet deux espèces minérales bien distinctes. Le Palaiopètre est un Pétrosilex ou Feldspath compacte, et le Néopètre est un Silex corné, ou le Hornstein infusible des Allemands. (G. DEL.)

NÉOPHRON. OIS. Sous-genre de Vautours établi par Savigny dans son Système des Oiseaux d'Égypte et de Syrie ; il le distingue par un bec long, comprimé, à dos très-concave ; une cire nue, dépassant la moitié du bec ; des narines longitudinales et très-grandes ; la mandibule inférieure à bords émoussés. *V.* VAUTOUR. (B.)

NEOPS. OIS. *V.* SITTINE.

NÉOTTIE. *Neottia.* BOT. PHAN. Cordus a le premier employé ce nom pour désigner l'*Orchis abortiva* de Caspar Bauhin , ou *Nidus Avis* de Dodoens, que Linné a placé dans le genre *Ophrys*, et Swartz dans son genre *Epipactis*. Jacquin rétablit plus tard un genre *Neottia* dans la même famille des Orchidées, lequel fut adopté par Swartz et par presque tous les botanistes modernes. Il forma ce genre de différentes Plantes placées par Linné dans le genre *Ophrys* ; mais il commit, selon nous, la faute de n'y pas comprendre la Plante qui la première avait porté ce nom, c'est-à-dire l'*Ophrys Nidus Avis* de Linné. Le professeur Richard, dans son important travail sur les Orchidées d'Europe, a pris pour type du genre *Neottia*, la Plante à laquelle Cordus avait d'abord appliqué ce nom, et cela avec d'autant plus de raison, que les espèces réunies par Jacquin, Svartz et Willdenow sous ce nom , forment évidemment plusieurs genres distincts. Ainsi les *Neottia œstivalis* et *autumnalis* constituent le genre *Spiranthes* de Richard ; les *Neottia speciosa, lanceolata, orchioides et calcarata*, le genre *Stenorynchus* du même auteur ; le *Neottia adnata*, le genre *Pelexia*, etc. L'opinion du professeur Richard nous paraît donc devoir prévaloir , et déjà elle a été adoptée par J. Lindley dans ses différens travaux sur les Orchidées. Les caractères du genre *Neottia* de Richard consistent dans l'ovaire qui est pédicellé ; le calice a ses divisions toutes réunies en casque ; son labelle est sans éperon , ordinairement pendant et bifide. Le gynostême est court ; le stigmate transversal ; l'anthère est terminale, cordiforme , à deux loges contenant chacune une masse pollinique, granuleuse, allongée, sans rétinacle.

Dans ce genre , le professeur Richard place entre autres espèces : le *Neottia Nidus Avis* ; le *Neottia latifolia* ou *Epipactis ovata* , Sw. ; le *Neottia cordata* ou *Epip. cordata*, Sw. ; le *Neottia convallarioides* ou *Epip. convallarioides* , Willd. (A. R.)

* NÉOTTIÉES. BOT. PHAN. Dans ses différens travaux sur les Orchidées , le botaniste anglais John Lindley appelle ainsi une section de la famille des Orchidées qui correspond exactement à la troisième du professeur Richard, et qui renferme tous les genres de cette famille qui ont leurs masses polliniques formées de grains lâchement cohérens entre eux. Cette section est partagée en deux tribus , les Néottiées proprement dites et les Aréthusées. Nous allons énumérer les genres qui appartiennent à chacune d'elles.

NÉOTTIÉES : anthère dressée , parallèle au stigmate ; *Pelexia*, Poit. ; *Goodyera*, R. Br. ; *Physurus*, Rich. ; *Hamaria*, Lindl. ; *Thelymitra*, Forst. ; *Diuris* , Smith ; *Epiblema* , R. Br. ; *Cryptostylis* , id. ; *Orthoceras* , id. ; *Prasophyllum*, id. ; *Cranichys* , Sw. ; *Chloræa* , Lindl. ; *Ponthieva*, R. Br. ; *Genoplesium*, id. ; *Neottia* , Rich. ; *Spiranthes* , id. ; *Zeuzina*, Lindl. ; *Stenorynchus* , Rich. ; *Calochilus*, R. Br. ; *Synassa* , Lindl.

ARÉTHUSÉES : anthère terminale et operculiforme ; *Arethusa*, Sw. ; *Limodorum* , Tournef. ; *Calopogon*, R. Br. ; *Pogonia*, Juss. ; *Eriochilus*, R. Br. ; *Pterostylis* , id. ; *Glossodia*, id. ; *Lyperanthus* , id. ; *Caladenia*, id. ; *Chiloglottis* , id. ; *Cyrtostylis*, id. ; *Corysanthes*, id. ; *Caleana*, id. ; *Microtis* , id. ; *Epipactis* , Swartz ; *Corallorhiza* , Haller. (A. R.)

NÉOTTOCRYPTES. INS. (Duméril.) *V.* ABDITOLARVES.

NÉOU. BOT. PHAN. Adanson a décrit sous ce nom vulgaire au Sénégal, un Arbre qui se rapporte au *Parinarium senegalense* de De Candolle. (G..N.)

* NÉPA. REPT. OPH. On ne sait à quelle espèce rapporter le Serpent figuré sous ce nom par Séba, *Theatr.*,

1, tab. 19, n° 17, et qu'il dit être originaire de Madagascar. (B.)

* NEPA. ins. *V*. Nèpe.

NEPA. bot. phan. (Théophraste.) L'*Ulex* de Pline qui était probablement le nôtre. *V*. Ajonc. (B.)

* NÉPAL. bot. phan. (C. Bauhin.) Pour Nopal. *V*. ce mot. (B.)

NÉPAPANTOTOTL. ois. Ce qui, dans la langue mexicaine, signifie *bel Oiseau*. Hernandez mentionne sous ce nom une espèce de Canard sauvage, varié des plus riches couleurs et dont le bec est terminé en pointe. Cet Oiseau est encore inconnu des ornithologistes. (B.)

NÈPE. *Nepa*. ins. Genre de l'ordre des Hémiptères, section des Hétéroptères, famille des Hydrocorises, tribu des Népides, établi par Linné qui le composait, non-seulement des Nèpes de Latreille, mais de presque tous les genres qui forment à présent sa tribu des Népides. Tel qu'il est restreint actuellement, il a pour caractères : bec courbé en dessous ; les deux tarses antérieurs formant un grand onglet ; labre étroit et allongé, reçu dans la gaîne du suçoir ; les quatre tarses postérieurs n'ayant qu'un seul article bien distinct ; antennes paraissant fourchues. Corps ovale ; hanches courtes ; abdomen terminé par deux longues soies. Ces Insectes se distinguent des Ranatres, parce que ces derniers ont leur bec dirigé en avant et que leur corps est de forme linéaire. Les Galgules en sont bien distincts par leurs tarses antérieurs qui sont terminés par deux crochets. Les Naucores s'en distinguent par leur labre qui est grand, et par l'abdomen qui n'a pas de longs filets à son extrémité. Enfin les Bélostomes sont plus larges, leurs filets sont plus courts, et leurs antennes ont quatre articles distincts dont les trois derniers se prolongent extérieurement en dents de peigne. Le corps des Nèpes est elliptique, très-déprimé ; leur tête est petite, logée en partie dans une échancrure du corselet, avec les yeux assez saillans sans petits yeux lisses : leurs antennes n'ont que trois articles bien distincts, et le dernier seul offre une dilatation latérale en forme de dent. Leur abdomen est terminé par deux filets sétacés, presque aussi longs que le corps et qui leur servent, suivant quelques auteurs, pour respirer dans les lieux aquatiques et vaseux où elles vivent. Les quatre tarses postérieurs sont propres à la natation ; les cuisses antérieures sont ovales, grandes, avec un sillon en dessous pour recevoir les jambes et les tarses.

Les Nèpes, sous leurs trois états, habitent les eaux dormantes des fossés, des canaux, des marais et des lacs ; elles nagent lentement, et le plus souvent elles marchent sur la vase en cherchant à saisir avec leurs pates antérieures les petits Animaux dont elles font leur nourriture. La femelle pond des œufs qui, vus au microscope, ressemblent à une graine couronnée de sept petits filets dont les extrémités sont rongées ; elles les enfoncent dans la tige des Plantes aquatiques. Swammerdam a fait l'anatomie des Nèpes, et il donne des détails fort curieux sur l'arrangement de ces œufs dans les ovaires : ils sont disposés de telle manière, que les filets de celui qui est le plus voisin de l'orifice, embrassent l'œuf qui vient après et ainsi de suite. Les organes générateurs mâles sont très-compliqués et très-remarquables. Les larves sortent des œufs vers le milieu de l'été ; elles ne diffèrent de l'Insecte parfait, que parce qu'elles n'ont ni ailes, ni filets au bout de l'abdomen. La nymphe n'a de plus que la larve, que les fourreaux contenant les ailes ; ils sont placés sur les côtés du corps. L'Insecte parfait quitte les eaux à l'entrée de la nuit et vole avec assez d'agilité. Ce genre, qui se compose de quatre ou cinq espèces de différens pays, a pour type :

La NÈPE CENDRÉE, *Nepa cinerea*, Linn., Fabr., Latr., Oliv., Degéer, Scop. ; *Scorpio palustris*, Mouffet,

Swam. , *Bibl. Nat.* T. 1, p. 229, tab. 5, f. 4; Stoll, Cim. T. 2, t. 1, fig. 2 et fig. *a*. Longue d'environ huit lignes, cendrée, avec le dessus de l'abdomen rouge et la queue un peu plus courte que le corps. Elle pique fortement avec son bec. On trouve communément cette espèce dans toute la France et dans les mares à Gentilly près Paris. (G.)

NÉPENTHE. *Nepenthes.* BOT. PHAN. Ce genre singulier dont on a long-temps ignoré les rapports naturels, a été rapproché dans ces derniers temps par Robert Brown de la famille des Aristolochées, où il forme avec les genres *Cytinus* et *Rafflesia* une section particulière, sous le nom de Cytinées, section sur laquelle notre ami et collaborateur Adolphe Brongniart a publié tout récemment un excellent Mémoire (Ann. Sc. Nat., vol. 1, p. 29). Le genre *Nepenthes* peut être caractérisé ainsi qu'il suit : ses fleurs sont unisexuées dioïques; le calice est libre, inférieur, étalé et à quatre divisions profondes. Dans les fleurs mâles, on trouve un androphore cylindrique, nu inférieurement et portant à sa partie supérieure environ seize anthères réunies en un capitule arrondi. Ces anthères sont sessiles, biloculaires, s'ouvrant par une fente longitudinale. Les fleurs femelles offrent un ovaire presque tétragone, à quatre loges, surmonté par un stigmate sessile et quadrilobé. Le fruit est une capsule quadriloculaire, à quatre valves, offrant quatre trophospermes pariétaux, attachés au milieu des valves; les graines sont nombreuses, très-allongées, linéaires, attachées aux bords des cloisons, et offrant deux tégumens superposés, l'un extérieur qui forme un réseau celluleux; l'autre interne, qui définit la forme de l'amande, qui est contenue au milieu de ce réseau et qui est ovoïde. Elle se compose d'un endosperme charnu, blanc, contenant un embryon cylindrique, axile, dressé, à deux cotylédons linéaires, obtus.

Les Népenthes dont on connaît aujourd'hui quatre à cinq espèces, sont des Plantes herbacées et vivaces ayant des feuilles alternes, pétiolées, coriaces ; des fleurs disposées en panicule. Les feuilles des diverses espèces de ce genre présentent un appendice d'une forme et d'une structure bien singulières. Elles se terminent à leur sommet par un long filament qui porte une sorte d'urne creuse, d'une forme variable dans les diverses espèces, et recouvertes à leur sommet par un opercule qui s'ouvre et se ferme naturellement. Ces urnes ont toujours causé l'admiration des voyageurs par le phénomène singulier qu'elles présentent. En effet on les trouve presque constamment remplies d'une eau claire et limpide très-bonne à boire. Pendant long-temps on a cru que cette eau provenait de la rosée qui s'y accumulait. Mais comme leur ouverture est assez étroite et qu'elle est souvent fermée par l'opercule dont nous avons parlé précédemment, on a reconnu qu'elle avait sa source dans une véritable exhalation ou transpiration dont la surface interne est le siége. En effet cette surface interne présente dans une étendue plus ou moins considérable, des corps glanduleux qui paraissent servir à cette fonction. C'est ordinairement pendant la nuit que l'urne se remplit, et, dans cet état, l'opercule est généralement fermé. Pendant le jour, l'opercule s'ouvre, et l'eau diminue de moitié, soit qu'elle s'évapore, soit qu'elle soit résorbée. Dans l'Inde et à Madagascar, patrie des Népenthes, les habitans des montagnes y attachent des idées superstitieuses; ils pensent que si l'on coupe les urnes et qu'on renverse l'eau qu'elles renferment, il pleuvra infailliblement dans la journée.

Dans le Mémoire que nous avons cité au commencement de cet article, Adolphe Brongniart décrit quatre espèces du genre *Nepenthes*, savoir : NÉPENTHE DES INDES, *Nepenthes Indica*, Lamk., Dict., 4, p. 458, qui est le *N. distillatoria* de Linné, nom sous lequel on a confondu les diverses espèces de ce genre. Elle croît à Ceylan et dans d'autres parties de l'Inde. Ses feuilles sont lancéolées, rétrécies à leur base, sessiles ; les urnes sont glabres, cylindriques, et les fleurs disposées en panicule.

Népenthe de Madagascar, *Nepenthes Madagascariensis* , Poiret. Cette espèce, qui croît à Madagascar où elle est connue sous les noms de *Ponga* et d'*Amramatico*, se distingue de la précédente par ses feuilles oblongues, rétrécies à leur base, semi-amplexicaules ; par ses urnes glabres et infundibuliformes. Elle a ses fleurs également disposées en panicule.

Népenthe a feuille en bouteille, *Nepenthes Phyllamphora* , Willd. , Sp., 4, p. 874. C'est le *Phyllamphora mirabilis* de Loureiro, ou *Cantharifera* de Rumph. Elle croît à la Cochinchine, et offre des feuilles pétiolées, lancéolées, des urnes renflées, glabres, et des fleurs disposées en grappe.

Népenthe en crête, *Nepenthes cristata*, Ad. Brongniart, *loc. cit.* Cette espèce nouvelle croît à Madagascar. On ne connaît encore que ses feuilles ; elles sont oblongues, lancéolées, semi-amplexicaules ; ses urnes sont renflées à leur base et présentent à leur partie antérieure deux crêtes longitudinales crénelées.

Enfin il faut ajouter à ces quatre espèces, une cinquième décrite par le professeur Nées d'Esenbeck de Bonn (Ann. Sc. Nat., 3, p. 365), sous le nom de *Nepenthes gymnamphora*. Elle a été observée à Batavia par le professeur Reinwardt.

Homère dans l'Odyssée parle d'un remède ou d'une Plante qu'il nomme *Nepenthes*, mais avec laquelle le genre ainsi nommé par Linné n'a aucun rapport. Selon le père de la poésie épique, Hélène, femme de Ménélas, roi de Sparte, mêle du *Nepenthes* dans le vin qu'elle fait boire au fils d'Ulysse. Ce remède a l'étonnante vertu de dissiper les chagrins, de calmer la colère et de faire oublier tous

les maux. Hélène l'avait reçu d'une esclave égyptienne nommée Polydamna, qui l'avait apporté des bords du Nil. C'est d'après ces données incertaines, que depuis des siècles on a disputé pour savoir quel était ce médicament précieux dont a parlé Homère. On conçoit que dans une pareille question, comme dans toutes celles qui ont rapport à la détermination rigoureuse des Végétaux dont les poëtes ou les écrivains de l'antiquité ont parlé, on ne peut établir que des suppositions plus ou moins probables, sans jamais arriver à un résultat positif. On a pu reconnaître les Animaux et les Plantes sculptés sur les monumens et parmi les hiéroglyphes de l'antique Égypte, parce que là on avait une représentation matérielle, un point fixe de comparaison. Mais comment reconnaître une Plante désignée seulement par un nom vulgaire, ou par quelque propriété souvent mensongère ? Aussi les opinions sont-elles très-diverses à l'égard du *Nepenthes* d'Homère. Les uns ont cru voir dans ce passage de l'Odyssée, une fiction ingénieuse du poëte, pour peindre la puissance que la beauté peut exercer sur le cœur de l'Homme. D'autres ont voulu que ce fût l'*Inula Helenium;* quelques-uns la Buglosse, Plantes dont nous connaissons cependant fort bien les propriétés, qui n'ont aucun rapport avec celles qu'Homère attribue à son *Nepenthes*. Quelques auteurs ont pensé que ce pourrait être le Café ; mais il est plus que probable que les anciens ne connaissaient pas ce précieux don de l'Arabie, car aucun auteur de l'antiquité n'en a fait mention. Selon Virey, le *Nepenthes* serait l'*Hyosciamus Datora* de Forskahl, Plante qui croît en Egypte et qui en effet possède une propriété calmante au plus haut degré. Enfin la plupart des auteurs qui se sont occupés de ce sujet, s'accordent à voir l'Opium dans le médicament en litige. En effet, on le recueille également en Egypte, et ses propriétés connues des peuples de l'antiquité s'accordent assez bien avec ce qu'Homère dit du *Nepenthès*.   (A. R.)

NÉPETA ET **NÉPETELLA.** BOT. PHAN. *V*. CHATAIRE.

NÉPHÉLINE. MIN. *Sommite*, Karst. Espèce minérale de la famille des Silicates alumineux, ayant pour forme primitive un prisme hexaèdre régulier; une pesanteur spécifique de 3,27; une dureté supérieure à celle du verre. Cette substance, ordinairement de couleur blanche, est fusible au chalumeau, et se résout en gelée dans les Acides. Elle est composée, d'après l'analyse d'Arfwedson, de trois atomes de silicate d'Alumine et d'un atome de silicate de Soude. On la trouve disséminée dans les Roches d'origine ignée, en Cristaux hexaèdres, quelquefois modifiés sur les arêtes des bases. On la rencontre aussi sous la forme de grains lamelleux, et d'aiguilles brillantes. Le principal gîte des Cristaux de Néphéline existe au mont Somma, dans les laves rejetées par le Vésuve et dans les Roches qui servent de gangue à la Sodalite et à la Méionite. On la rencontre aussi dans les laves anciennes de la campagne de Rome; et c'est à Capo-di-Bove que l'on trouve la variété aciculaire, à laquelle Fleuriau de Bellevue avait donné le nom de *Pseudo-Sommite*. Enfin Léonhard a retrouvé la même substance disséminée dans les Roches basaltiques du Kazzenbukkel, en Wurtemberg.
                          (G. DEL.)

* **NÉPHÉLIS.** *Nephelis*. ANNEL. Genre de l'ordre des Hirudinées, famille des Sangsues, établi par Savigny (Syst. des Annelides, p. 107 et 117) qui lui donne pour caractères distinctifs : ventouse orale peu concave, à lèvre supérieure avancée en demi-ellipse; mâchoires réduites à trois plis saillans; huit yeux, les quatre antérieurs disposés en lunule; les quatre postérieurs rangés de chaque côté sur une ligne transverse; ventouse anale obliquement terminale. Les Néphélis appartiennent à la troisième section de la famille des Sangsues et se rapprochent par conséquent des Bdelles, des Sangsues proprement dites, des Hæmopis et des Clepsines; elles diffèrent essentiellement des trois derniers genres par le nombre des yeux; sous ce rapport, elles ressemblent aux Bdelles; mais on trouve une distinction assez tranchée dans la disposition de ces organes et dans le moins grand développement des mâchoires.

Le genre Néphélis, qui correspond en partie au genre Helluo d'Oken, ou Erpobdelle de Blainville (*V*. ces mots) est caractérisé encore par quelques traits assez tranchés et qu'il est facile d'observer. Le corps est obtus en arrière, rétréci graduellement en avant, déprimé dans son état habituel, allongé et composé de segmens quinés, c'est-à-dire ordonnés cinq par cinq, courts, nombreux, égaux, très-peu distincts. Le trente-troisième segment (non le trente-cinquième) et le trente-huitième portent les organes de la génération. La bouche paraît très-grande relativement à la ventouse orale; les yeux sont placés sur deux lignes, l'antérieure est supportée par le premier segment et la postérieure sur les côtés du troisième. La ventouse orale qui résulte de l'assemblage de plusieurs segmens n'est point séparée du corps; on voit qu'elle se compose de deux lèvres, la supérieure avancée en demi-ellipse est formée par les trois premiers segmens dont le terminal est plus grand et obtus; la lèvre inférieure est rétuse. On ne voit aucune trace de branchies. Les Néphélis sont communes dans les ruisseaux et les mares; on les voit souvent fixées par leur ventouse anale, et se balançant dans l'eau, elles périssent promptement au contact de l'air. Les auteurs ont confondu les espèces sous un même nom; Savigny en distingue quatre dont nous donnons exactement les caractères.

La NÉPHÉLIS MARQUETÉE, *Nephelis tessellata*, ou l'*Hirudo vulgaris* de Müller, que Lamarck nomme *Erpob-*

della vulgaris, peut être considérée comme le type du genre; on lui avait rapporté les espèces suivantes. Son corps est long de vingt à vingt-quatre lignes, très-déprimé dans son état le plus habituel et composé de cent deux segmens environ; les dix segmens auxquels correspondent les organes de la génération paraissent souvent renflés en forme de collier. La lèvre supérieure de la ventouse orale est presque triangulaire et pellucide. La ventouse anale est assez petite et très-simple. Cette espèce est de couleur noirâtre, olivâtre ou roussâtre en dessus avec une rangée transversale de points fauves, souvent coalescens sur chaque segment; en dessous la couleur est cendrée ou livide.

La NÉPHÉLIS ROUSSE, *Nephelis rutila*. Cette espèce qu'on trouve dans les ruisseaux des environs de Paris, a le corps long de douze à quinze lignes, très-déprimé et formé d'environ cent segmens; les yeux noirs et les ventouses très-simples. Sa couleur est rousse avec quatre rangées dorsales de points bruns.

La NÉPHÉLIS TESTACÉE, *Nephelis testacea*, se rencontre également aux environs de Paris. Son corps est long de dix à douze lignes, presque cylindrique et formé d'environ cent segmens avec les yeux noirs. Les ventouses sont très-simples et la couleur est testacée, sans taches.

La NÉPHÉLIS CENDRÉE, *Nephelis cinerea*, habite les mares de la forêt de Fontainebleau; elle se tient fixée aux Plantes aquatiques. Ses caractères spécifiques, d'après Savigny, sont : corps long de quinze à seize lignes, composé de quatre-vingt-dix-neuf à cent segmens; un peu plus déprimé que dans l'espèce précédente. Ventouse orale pellucide, à yeux noirs; ventouse anale assez grande et simple; couleur, cendré-clair. (AUD.)

NEPHELIUM. BOT. PHAN. Linné, dans un de ses immortels ouvrages, établit sous ce nom un genre qui fut généralement adopté. Jussieu, dans son *Genera Plantarum*, décrivit postérieurement un genre *Euphoria* nommé ainsi, d'après les manuscrits de Commerson, et qui, en réalité, était le même que le genre de Linné. Les genres *Scythalia* de Gaertner et *Dimocarpus* de Loureiro se rapportent également au genre *Nephelium*. Nous ne savons pas pourquoi, lorsque l'identité de ces genres fut reconnue, on n'en revint pas au nom imposé par Linné. Nous sommes encore plus étonné que le professeur De Candolle, cet auteur qui s'est montré toujours juste et sévère dans l'application de la loi de l'antériorité, ait, en cette occasion, dévié de ses principes. Le *Nephelium* de Linné ne figure, dans son *Prodromus Syst. Veget.* T. 2, p. 612, que comme nom spécifique d'une espèce d'*Euphoria*; c'est aussi sous ce dernier nom que le genre dont il est question a été traité dans notre Dictionnaire. *V.* EUPHORIE. (G..N.)

NEPHRANDRA. BOT. PHAN. Ce genre, établi par Willdenow et Gmelin sur le *Vitex umbrosa* de Swartz, n'a pas été adopté. *V.* VITEX. (G..N.)

* NÉPHRÉLITE. MIN. (De Lamétherie.) Syn. de Serpentine noble. (G. DEL.)

NÉPHRITE. MIN. Ou Pierre Néphrétique. Nom donné à une variété du Jade oriental. *V.* JADE. (G. DEL.)

NEPHRODIUM. BOT. CRYPT. (*Fougères.*) Ce genre décrit par Richard père (*in Michaux Flor. Boreali-Amer.*, 2, p. 266) est un démembrement du grand genre *Polypodium* de Linné. Ses caractères sont les mêmes que ceux de l'*Athyrium* précédemment établi par Roth. Il se compose d'espèces américaines et européennes dont quelques-unes, comme le *Polypodium Filix fœmina*, L., sont placées par les divers auteurs dans l'un et l'autre genre. Richard faisait, en outre, entrer dans son *Nephrodium* le *P. Dryopteris* qui s'en éloigne par quelques caractères. Ayant égard au droit d'antériorité , il était juste d'admettre le nom proposé par Roth. *V.* ATHYRIUM.

R. Brown (*Prodrom. Flor. Nov.-Holl.*, p. 148) a proposé un genre *Nephrodium* qui ne se rapporte qu'à une partie des espèces de Richard , et il l'a ainsi caractérisé : sores arrondis, dorsaux ; involucre réniforme, fixé par ses sinus, et libre par ses bords. Ce genre se compose des véritables *Nephrodium* de l'Amérique septentrionale, plus de sept espèces qui croissent dans la Nouvelle-Hollande et qui ont été décrites par R. Brown. Voici l'énumération de ces dernières : *Nephrodium obliteratum* , R. Brown; *N. exaltatum* ou *Aspidium exaltatum* , Swartz ; *N. unitum* , ou *Aspidium pteroides* , Swartz; *Pteris interrupta* , Willd.; *N. propinquum* ou *Asp. unitum*, Sw., non L.; *N. molle* ou *Asp. molle* , Sw.; *N. decompositum; N. tenerum.*
(G..N.)

NEPHROIA. BOT. PHAN. Ce genre établi par Loureiro (*Flor. Cochinch.*, 2 , p. 692) a été réuni au *Cocculus* par De Candolle qui a nommé *C. Nephroia* l'espèce unique dont il était composé et que l'on trouve dans les forêts de la Cochinchine. (G..N.)

NEPHROMA. BOT. CRYPT. (*Lichens.*) Genre établi par Acharius (*Lichenographia universalis*, p. 101 , tab. XI) sur plusieurs Lichens placés auparavant par cet auteur lui-même parmi les *Peltidea*. Ces deux genres se ressemblent entièrement par la forme des apothécions. Ils ne se distinguent que par de légères différences dans la position et la forme de la lame proligère et des bords du thallus. Cette lame proligère est réniforme dans le genre qui nous occupe, ce qui lui a valu son nom de *Nephroma*. Acharius a décrit six espèces de ce genre; elles croissent sur la terre , parmi les Mousses, sur les troncs d'Arbres et sur les rochers, dans les montagnes de l'Europe, à l'exception d'une espèce qui a été trouvée au détroit de Magellan par Menzies, et d'une autre

par Bory de Saint-Vincent, sur les troncs des Arbres dans l'île de Mascareigne. Ce dernier est devenu pour Fée le genre *Erioderma* , qui ne saurait être adopté. (G..N.)

NÉPHROPS. *Nephrops.* CRUST. Genre de l'ordre des Décapodes , famille des Macroures, tribu des Astacines , établi par Leach (*Malacost. podoph. Britanniæ, fasc.* 7) et ayant pour caractères, suivant ce zoologiste : filet supérieur des antennes intermédiaires plus gros que l'inférieur. Premier article du pédoncule des antennes extérieures pourvu d'une écaille qui s'étend jusqu'à l'extrémité de ce pédoncule. Second article des pieds-mâchoires extérieurs denté en dessus et crénelé en dessous ; pieds de la première paire très-grands , inégaux, à mains allongées, prismatiques et dont les angles sont épineux; côtés des segmens de l'abdomen anguleux ; yeux très-gros , réniformes, portés sur de courts pédoncules beaucoup moins épais qu'eux. Ce genre démembré de celui des Écrevisses (*Astaci*), Fabr. , en diffère par les yeux en forme de reins, ce qui n'a pas lieu chez les Écrevisses ; leur pédoncule est plus petit qu'eux, tandis qu'il est aussi épais dans ces derniers ; enfin l'écaille de la base des antennes latérales s'avance beaucoup et au-delà de l'extrémité de ce pédoncule. Ce genre ne se compose que d'une seule espèce ; c'est:

Le NÉPHROPS DE NORVÈGE, *Nephr. norvegicus*, Leach , *Mal. Brit.*, tab. 36, Desm.; Écrevisse de Norvège , Latr.; *Cancer norvegicus*, Lin.; *Astacus norvegicus*, Pennant ; Homard lettré, Ascan., Herbst, tab. 26 , f. 5. Rostre très-aigu , tridenté latéralement, avec trois épines à sa base aussi de chaque côté ; milieu de la carapace presque caréné. Intermédiaire pour la grandeur au Homard et à l'Écrevisse. Il se trouve dans les mers de Norvège. (G.)

NÉPHROSTE. *Nephrosta.* BOT. CRYPT. Necker (*Corollar. ad philos.*

bot., p. 13, tab. 53) s'est servi de ce mot pour exprimer une capsule réniforme, sessile et cachée sous les aisselles des feuilles, uniloculaire, bivalve, s'ouvrant latéralement et remplie d'une poussière inflammable. Cette capsule est la fructification de certaines espèces de Lycopodes.

(G..N.)

NÉPHROTOME. *Nephrotoma.* INS. Genre de l'ordre des Diptères, famille des Némocères, tribu des Tipulaires, division des Terricoles, établi par Meigen aux dépens du grand genre *Tipula* de Linné et ayant pour caractères : antennes plus longues que la tête, filiformes, simples, à articles réniformes ; lèvres de la trompe arrondies ; dernier article des palpes long et flexible ; point d'yeux lisses. Olivier et Latreille ont adopté ce genre, l'un dans l'Encyclopédie Méthodique, et l'autre dans le *Genera Crust.*, etc.; mais ils se sont trompés, dit Macquart (Dipt. du nord), en admettant pour caractère générique la disposition des nervures des ailes, et en croyant que ce genre n'était établi que pour les Tipules de la seconde section parmi lesquelles ils ont compris le véritable Néphrotome, sans faire mention du seul caractère différentiel qui avait porté Meigen à l'établir. Latreille dans ses Familles Naturelles distingue ce genre des Cténophores et des Tipules, et l'adopte tel que Meigen l'a établi ; mais Olivier y a introduit (Encycl. Méth.) plusieurs espèces qui appartiennent à des genres distincts. Quoi qu'il en soit, les Néphrotomes se distinguent des Tipules par le nombre d'articles dont les antennes sont composées, et par la figure réniforme de ces articles. De plus, la seule espèce connue de ce genre ressemble extrêmement à la Tipule Cornicine, et elle a été même long-temps confondue avec elle, quoiqu'elle en diffère génériquement. Les Cténophores sont distingués des Néphrotomes, par leurs antennes qui sont pectinées dans les mâles. Enfin les Rhipidies, Limnobies, Érioptères,

etc., etc., en sont séparées par leurs palpes dont le dernier article est court, tandis qu'il est long et flexible dans les Néphrotomes. Ces Diptères ont tout-à-fait le port des Tipules ; leur tête est à peu près globuleuse, prolongée par un bec cylindrique terminé en pointe supérieurement ; les lobes terminaux de la trompe sont arrondis ; les palpes sont composés de quatre articles dont les trois premiers d'égale longueur, velus, renflés vers l'extrémité, et le quatrième long et flexible. Les antennes sont subsétacées, allongées, de dix-neuf articles dans les mâles, dont le premier et le troisième cylindriques, le deuxième cyathiforme, et les autres échancrés et réniformes ; de quinze articles dans les femelles, dont le premier et le troisième cylindriques, le deuxième cyathiforme, et les autres à peu près cylindriques ; les yeux sont saillans, légèrement ovales ; les pates sont très-longues et grêles ; les ailes sont lancéolées, écartées avec la deuxième cellule postérieure sessile, la quatrième plus longue que les deux précédentes et de la longueur de la première.

Ces Insectes habitent les endroits humides et marécageux des bois ; leurs métamorphoses et la larve sont inconnues. La seule espèce de ce genre est :

Le NÉPHROTOME DORSAL, *N. dorsalis*, Meig., Dipt. d'Europe, tab. 4, fig. 6-9 ; Macquart, Dipt. du nord de la France, p. 79, pl. 3, f. 3 (l'aile), Latr., nouveau Dict., Oliv.; *Tipula dorsalis*, Fabr., Gmel., Latr., Geoff., Ins. T. II, p. 556, n° 5. Longue de six lignes et demie ; jaune. Tête d'un jaune roussâtre pâle; front marqué d'une bande noire qui se termine antérieurement en pointe. Antennes noires avec les deux premiers articles jaunâtres. Yeux noirs. Thorax d'un jaune soufre; dos marqué de trois bandes noires; trois taches noires de chaque côté en dessous. Abdomen d'un jaune roussâtre, pâle, marqué supérieurement d'une bande

longitudinale noirâtre ; côtés inférieurs marqués d'une ligne noirâtre
interrompue , les segmens intermédiaires légèrement bordés de jaune ;
extrémité de l'abdomen noirâtre.
Pieds obscurs avec les cuisses fauves.
Ailes hyalines marquées d'une tache
stigmatique , noirâtre. Cette espèce
est quelquefois commune dans les
bois des environs de Paris. On la
trouve au mois de juillet avec la Tipule Cornicine dont il n'est pas facile de la distinguer.   (G.)

NEPHTHYS. *Nephthys.* ANNEL.
Genre de l'ordre des Néréidées, famille des Néréides, section des Néréides Lycoriennes, fondé par Savigny (Syst. des Annelides, p. 12 et
54), et ayant pour caractères distinctifs : trompe garnie de tentacules à
son orifice ; antennes extérieures et
mitoyennes égales ; point de cirres
tentaculaires. Tous les cirres courts,
presque nuls ; des branchies distinctes. Les Nephthys se distinguent de
tous les genres de la nombreuse famille des Néréides par la présence
des mâchoires ; celles-ci existent également dans les Lycoris ; mais les
Nephthys s'en distinguent par les
tentacules qui garnissent la trompe
et par l'absence des cirres tentaculaires. Les Nephthys ont un corps
linéaire, à segmens très-nombreux ;
le premier des segmens apparent est
plus court que celui qui suit ce caractère , et la plupart de ceux que nous
allons mentionner en détail servent
à distinguer ce genre de celui des
Lycoris qui en est très-voisin. La tête
est peu convexe, rétuse et libre ; la
bouche est pourvue de mâchoires petites, cornées, courbées, très-poin-
tues, et renfermées dans une trompe
amincie à sa base et partagée en deux
anneaux ; le premier de ces anneaux
est très-long , claviforme , hérissé
vers le sommet de plusieurs rangs de
petits tentacules pointus ; le second
est très-court, avec l'orifice longitudinal , et garni d'un double rang de
tentacules ; les yeux sont peu distincts,
mais il existe des antennes incom-

plètes ; l'impaire manque ; les mitoyennes sont écartées, extrêmement
petites, de deux articles inégaux ; le
second est très-court ; les antennes
extérieures égalent presque en longueur les mitoyennes ; elles consistent de même en deux articles dont
le second est très-court et pointu ,
mais elles sont situées plus bas ; les
pieds sont presque semblables entre
eux : les premiers et les seconds sont
ambulatoires comme les suivans et se
trouvent portés de même sur des segmens distincts, les derniers sont stylaires ; les pieds ambulatoires proprement dits ont deux rames séparées pourvues chacune d'un seul rang
de soies ; la rame ventrale de la première paire est transformée en un
petit cirre porté par un article globuleux ; les soies sont très-simples et
écartées ; les cirres supérieurs ne sont
point saillans et les inférieurs sont
en mamelons très-obtus ; enfin les
pieds stylaires sont réunis en un seul
filet terminal ; les branchies nulles
aux trois premières paires de pieds
consistent pour les autres en une
seule languette charnue, recourbée
en faucille, attachée par sa base au
sommet de la rame dorsale, inclinée et reçue entre les deux rames.
Les Nephthys ont l'intestin moins
composé que celui des Hésiones et des
Lycoris ; elles manquent des deux
poches qu'on remarque à leur œsophage. Cuvier (Règ. Anim. T. IV, p.
175) adopte le genre Nephthys, et lui
rapporte plusieurs espèces que Savigny ne mentionne pas. Celui-ci n'admet qu'une espèce bien tranchée.

La NEPHTHYS DE HOMBERG, *Nephthys Hombergii*, découverte sur les
bords de l'Océan par Homberg. Il la
caractérise ainsi : corps de deux pouces et demi à trois pouces, tétraèdre,
formé de cent vingt-cinq à cent trente-un segmens sillonnés des deux
côtés en dessus ; le dernier segment
globuleux, portant le filet stylaire.
Mâchoires noires, sans dentelures ;
tête presque hexagone , ayant ses
quatre antennes à peu près coniques ;
rames écartées ; la rame dorsale plus

large, bordée d'un feuillet membraneux; la rame ventrale terminée par un grand feuillet également membraneux, de forme ovale. Soies jaunes, longues et fines; acicules noirs; filet de l'anus subulé et délié; couleur fauve, avec de beaux reflets sur le dos et une bandelette fort brillante sous le ventre, qui s'étend jusqu'à l'anus.   (AUD.)

* NÉPI. BOT. PHAN. Nom vulgaire chez les habitans des Missions de l'Orénoque, du *Pothos flexuosus* de Kunth (*Nov. Gen. et Spec. Plant. æquin.*, VII, p. 151).   (G..N.)

* NÉPIDES. *Nepides*. INS. Tribu de l'ordre des Hémiptères, section des Hétéroptères, famille des Hydrocorises, établie par Latreille, renfermant une grande partie du genre Nèpe de Linné, et ayant pour caractères: antennes insérées sous les yeux, cachées et de la longueur au plus de la tête; tarses n'ayant au plus que deux articles; pieds antérieurs ravisseurs, ayant les cuisses grosses et en sillon en dessous pour recevoir le bord inférieur de la jambe; le tarse court se confondant presque à son origine avec la jambe, et formant avec elle un grand crochet; corps ovale, très-déprimé ou linéaire. Ces Insectes vivent tous dans l'eau sous leurs différens états. Ils sont carnassiers, et saisissent d'autres Insectes avec leurs pieds antérieurs qui font l'office de pinces; leur bouche est en forme de trompe ou de bec fort court, courbé, divisé en trois articles; il sert de gaîne à un suçoir de trois soies déliées et de consistance cornée; leurs élytres sont coriaces en grande partie, et n'ont de membraneux que la partie qui doit être croisée; leur abdomen est, le plus souvent, terminé par deux soies plus ou moins longues. Latreille divise cette tribu ainsi qu'il suit :

I. Tarses antérieurs terminés par deux crochets.

Genre : GALGULE.

II. Tarses antérieurs terminés simplement en pointe.

1. Labre grand, triangulaire, recouvrant la base du rostre; point de filets, du moins bien saillans, au bout de l'abdomen.

Genre : NOTONECTE.

2. Labre engaîné; deux filets au bout de l'abdomen.

Genres : BÉLOSTOME, NÈPE, RANATRE. *V*. tous ces mots.   (G.)

NEPTUNIA. BOT. PHAN. Loureiro (*Flor. Cochinch.*, p. 804) décrivit sous ce nom générique une Plante de la famille des Légumineuses, qui fut placée par Willdenow dans son genre *Desmanthus* formé aux dépens de certains *Mimosa* des auteurs. C'est le *Desmanthus natans* qui croît dans les eaux stagnantes de l'Inde-Orientale, et que Roxburgh a figuré dans la Flore de Coromandel, pl. 119, sous le nom de *Mimosa natans*. Cette Plante est le type de la première section établie dans le genre *Desmanthus* par De Candolle (*Prodrom. Syst. Veget.*, 2, p. 444), section qu'il nomme *Neptunia*, et à laquelle il assigne pour caractères : des légumes oblongs, plus larges à la base, renfermant de quatre à six graines. Cette section se compose de six espèces répandues dans les climats équatoriaux du globe. Ainsi les *Desmanthus lacustris et plenus* sont de l'Amérique méridionale; les *Desm. natans* et *triquetrus* habitent l'Inde-Orientale; le *Desm. stolonifer* a été trouvé au Sénégal; et le *Desm. polyphyllus*, cultivé au jardin de Naples, se rapproche du *Desm. plenus*. Ces espèces sont des Plantes herbacées, aquatiques, dont les feuilles sont sensibles au toucher, à pinnules bi ou trijuguées, à dix ou douze paires de folioles, et dont les fleurs sont portées sur des pédoncules axillaires et solitaires.
                          (G..N.)

* NEPTUNIENNE. MAM. Espèce du genre Homme. *V*. ce mot.   (B.)

NÉRÉIDE. *Nereis*. ANNEL. Genre

établi originairement par Linné, dont on a extrait depuis plusieurs sous-genres et que Savigny a converti en un grand ordre, celui des Néréidées. Le genre Néréide proprement dit, des auteurs subséquens, a été remplacé par la famille des Néréides (*V.* ce mot); de sorte qu'il n'existe plus pour Savigny de genre Néréide.

(AUD.)

NÉRÉIDÉE. *Nereidea.* BOT. CRYPT. (Stackhouse.) *V.* GÉLIDIE.

* NÉRÉIDÉES. *Nereideæ.* ANNEL. Ordre premier de la classe des Annelides, dans la méthode de Savigny (Système des Annel., p. 5 et 7) qui lui donne pour caractères distinctifs : des soies pour la locomotion ; des pieds pourvus de soies rétractiles subulées ; point de soies rétractiles à crochets ; une tête distincte, munie d'yeux et d'antennes ; une trompe protractile presque toujours armée de mâchoires. Les Néréidées diffèrent essentiellement de l'ordre des Hirudinées par la présence de soies pour la locomotion ; elles partagent ce caractère avec les Serpulées et les Lombricines ; mais elles se distinguent essentiellement de ces deux ordres par l'absence de soies rétractiles à crochets et par leur tête distincte munie d'yeux et d'antennes. Cet ordre, le plus nombreux de la classe des Annelides, renferme plusieurs familles dont nous allons présenter le tableau, après avoir fait connaître d'une manière plus complète les caractères distinctifs que nous venons de mentionner. Savigny, dont nous suivons la méthode, parce qu'il est le premier, et jusqu'à présent le seul auteur qui ait étudié avec précision l'organisation extérieure des Annelides, a reconnu aux Annelides Néréidées : 1° une tête, 2° une trompe ou la bouche, 3° le corps proprement dit et les appendices.

La tête consiste en un petit renflement antérieur et supérieur, sans articulation mobile ; elle supporte les antennes et les yeux. Les antennes sont de trois sortes et au nombre de

cinq : deux extérieures, deux mitoyennes et une impaire ; elles existent simultanément ou séparément. Elles sont plus ou moins rétractiles, et plus ou moins sensiblement articulées. L'antenne impaire est toujours plus voisine du premier anneau du corps que les deux autres qui s'en éloignent ou s'en rapprochent plus ou moins. Les yeux, dont le nombre varie de deux à quatre, sont toujours placés derrière les antennes, et entre celles-ci et le corps.

La trompe est composée d'un seul anneau ou de deux anneaux distincts; dans l'état de repos elle est retirée dans le corps ; mais l'Animal, lorsqu'il veut s'en servir, la fait saillir en la déroulant. Cette trompe qui est charnue constitue essentiellement la bouche ; elle est presque toujours armée de mâchoires. Tantôt elle est garnie de tentacules, et tantôt elle est nue. Les mâchoires, toujours placées à l'orifice de la trompe, sont au nombre de sept ou de neuf, articulées les unes au-dessus des autres, les deux rangs étant supportés par une double tige, sans compter deux pièces plus simples cornées ou lèvre inférieure. Les tentacules sont inarticulés, contractiles, épars sur la trompe ou disposés en couronne à son orifice.

Le corps se divise en anneaux ou segmens qui portent chacun une paire de pieds à laquelle se trouve communément associée une paire de branchies. Le premier segment, seul ou réuni à quelques-uns des suivans, forme souvent un anneau plus grand que les autres, plus apparent que la tête, et qu'on a pu facilement confondre avec elle. Le dernier segment offre un anus plissé, tourné en dessus. Les pieds se subdivisent généralement en deux rames, l'une supérieure et dorsale, l'autre inférieure ou ventrale ; cette distinction n'est pas toujours tellement tranchée qu'il soit facile, dans tous les cas, de la reconnaître ; la rame ventrale est la plus saillante et la mieux organisée pour le mouvement progressif. Un examen plus attentif permet de distinguer à chaque rame deux autres parties, les cirres et les soies. Les cirres sont des filets tubuleux, subarticulés, communément rétractiles, fort analogues aux antennes; ce sont les antennes du corps, omme l'a dit ingénieusement Savigny. De même qu'il y a deux rames, il existe deux sortes de cirres : les cirres supérieurs ou les cirres de la rame dorsale, et les cirres inférieurs ou les cirres de la rame ventrale. Les premiers sont constamment plus longs que les seconds. Les soies sont des parties très-importantes de la rame; elles traversent les fibres de la peau, et pénètrent avec leurs fourreaux dans l'intérieur du corps où sont fixés les muscles destinés à les mouvoir. Savigny les nomme soies subulées, *setæ subulatæ*, ou simplement soies, *setæ*. Il en distingue deux sortes, les soies proprement dites et les acicules. Les soies proprement dites (*festucæ*), toujours grêles et nombreuses, sont rassemblées par rangs complexes ou par faisceaux qui ont chacun leur gaîne propre, et sortent des côtés ou du sommet de chaque rame. La rame ventrale n'a communément qu'un seul de ces rangs ou de ces faisceaux. La rame dorsale en a souvent deux et quelquefois davantage. Quant à la forme particulière des soies, elles sont cylindriques ou prismatiques, aplaties, droites ou légèrement courbées et presque toujours rétrécies sensiblement de la base au sommet; vers le sommet, quelques-unes ont une petite dent et paraissent fourchues, d'autres sont légèrement dilatées et garnies d'aspérités : il y en a même qui ont la pointe réfléchie, ou courbée, ou torse, surmontée d'une arête ou d'une petite lame mobile; toutefois la plupart l'ont droite et simplement aiguë. Il est rare que leur intérieur soit fistuleux : presque toutes sont solides, fermes et roides; cependant il en existe qui sont fines et flexibles comme les cheveux. Les acicules (*aciculi*) sont des soies plus grosses que les autres,

droites, coniques, très-aiguës, contenues dans un fourreau dont l'orifice particulier se reconnaît à sa saillie. Les acicules se distinguent encore par leur couleur brune, noire ou différente de celle des autres soies auxquelles ils sont associés. Quelques genres en manquent, et quand ils existent, on en trouve rarement plus d'un à chaque rame ou à chaque faisceau principal. Celui de la rame ventrale est constamment le plus fort. Telle est la composition que Savigny a su, par une étude approfondie, reconnaître aux pieds des Néréidées. Il nous apprend ensuite que la première paire de pieds et une, deux, ou même trois des suivantes, manquent souvent de soies et ne conservent que leurs cirres qui, d'ordinaire, acquièrent alors plus de développement, et constituent ce qu'il nomme cirres tentaculaires; la forme des cirres tentaculaires n'a pas peu contribué, dit-il, à faire prendre les premiers segmens des corps pour la tête ou pour une portion de la tête. La dernière paire de pieds constitue par une transformation analogue les styles ou longs filets qui accompagnent l'anus et terminent ordinairement le corps. Enfin certaines paires de pieds semblent parfois privées de cirres supérieurs; c'est sur les espèces où cette absence a lieu que se manifeste la présence des élytres ou écailles dorsales; appendices propres à une seule famille (les Aphrodites) et qui quelquefois manquent eux-mêmes.

Nous avons dit qu'à chaque paire de pieds se trouvait communément associée une paire de branchies. Ces branchies varient beaucoup dans leur étendue et leur configuration. Elles sont distribuées sur les côtés du corps; une à chaque pied, qui quelquefois semble subdivisée en plusieurs autres. Elles manquent communément près de la tête et de l'anus, et toujours elles y sont moins développées qu'au milieu du corps; elles sont aussi plus ou moins rouges dans l'état de vie. Ces branchies ne sont pas toujours distinctes : quelquefois les vaisseaux semblent pénétrer dans les cirres et les convertir en organes respiratoires; quelquefois ils s'arrêtent et rampent à la base des rames. Savigny ne s'est guère occupé que de l'organisation extérieure de ces Animaux. Blainville a présenté quelques observations sur leur anatomie. L'œsophage est assez étroit, il reçoit l'insertion de deux espèces de glandes salivaires assez longues un peu entortillées. L'estomac est large, quelquefois rétréci et comme étranglé vers la jonction de chaque segment, de manière à constituer autant de lacunes. La circulation lui a paru très-simple. Il croit qu'il existe une veine ventrale recevant le sang qui vient des branchies, et le versant dans une artère dorsale dont il est chassé dans toutes les parties du corps. Il ne dit pas comment le sang qui a servi à la nutrition revient aux branchies. Les ovaires consisteraient, selon lui, en utricules blanchâtres, granuleux, qui se trouvent aux côtés de chaque anneau, entre les cœcums de l'estomac, et qui ont leur orifice à la base des appendices; le système nerveux est un long filet étendu de la tête à l'extrémité postérieure du corps, et présentant, dans certaines espèces, autant de renflemens ganglionnaires qu'il y a d'anneaux.

Les Néréidées jouissent de la propriété de vivre lorsqu'on leur a enlevé une portion de l'extrémité postérieure du corps, et de reproduire la partie qu'ils ont perdue; ce sont des Annelides agiles, carnassières, et destinées plus spécialement que les autres à la vie errante.

Savigny partage l'ordre des Néréidées en plusieurs familles, et le divise de la manière suivante :

† Branchies en forme de petites crêtes, ou de petites lames simples, ou de languettes, ou de filets pectinés tout au plus d'un côté; quelquefois ne faisant point saillie et pouvant passer pour absolument nulles. Des acicules.

Familles : les APHRODITES, les NÉRÉIDES, les EUNICES.

†† Branchies en forme de feuilles très-compliquées, ou de houppes, ou d'arbuscules très-rameux, toujours grandes et très-apparentes. Point d'acicules.

Famille : les AMPHINOMES. *V.* ces mots.   (AUD.)

NÉRÉIDES. *Nereides.* ANNEL. Famille seconde du grand ordre des Néréidées, établi par Savigny (Syst. des Annel., p. 12 et 28), et renfermant plusieurs genres dans lesquels se trouve dispersé le genre Néréide des auteurs. La famille des Néréides a pour caractères distinctifs : branchies lorsqu'elles sont distinctes et cirres supérieurs existant à tous les pieds sans interruption. Deux mâchoires seulement, ou point de mâchoires. Le corps des Néréides est allongé et composé de beaucoup de segmens qui varient singulièrement en nombre par le seul effet de l'âge ou de la grandeur de l'individu que l'on observe. Les vingt ou trente segmens qui viennent immédiatement après la tête, sont les seuls qui aient un certain degré d'importance et de fixité. Chaque anneau est muni de pieds à rames séparées ou confondues en une seule qui n'a même dans certains genres qu'un faisceau de soies; ces rames sont toujours armées d'acicules; les cirres varient dans leur grandeur; la première paire de pieds et une, deux ou trois des suivantes avec elle, sont ordinairement privées de soies et transformées en cirres tentaculaires. Les branchies ne sont généralement point saillantes, ou, si elles le sont, elles paraissent petites et consistent en une ou plusieurs languettes charnues qui font partie des rames et sont comprises entre les deux cirres; quelquefois elles semblent être suppléées par les cirres eux-mêmes. Les yeux sont tantôt peu distincts et tantôt visibles; alors on en compte quatre. Les antennes sont peu rétractiles, de forme variable, courtes, en nombre incomplet et généralement de deux articles. Les mitoyennes manquent quelquefois, l'impaire manque presque toujours. La bouche est formée par une trompe pourvue de deux mâchoires. Celle-ci est cylindrique ou claviforme, ouverte seulement à son extrémité, et communément garnie de points saillans et cornés ou de petits tentacules. Les mâchoires sont dures, allongées, déprimées, pointues, disposées pour agir horizontalement, quelquefois très-petites, et le plus souvent nulles. L'estomac des Néréides est oblong et communément fort peu distinct; un léger renflement qu'on voit entre le premier et le vingtième ou trentième anneau indique extérieurement la place qu'il occupe. Savigny établit trois sections, dans lesquelles il range les divers genres de cette famille.

1ʳᵉ Section : NÉRÉIDES LYCORIENNES. Des mâchoires; antennes courtes, de deux articles; point d'antenne impaire.

Genres : LYCORIS, NEPHTHYS.

2ᵉ Section : NÉRÉIDES GLYCÉRIENNES. Point de mâchoires; antennes courtes, de deux articles; point d'antenne impaire.

Genres : ARICIE, GLYCÈRE, OPHÉLIE, HÉSIONE, MYRIANE, PHYLLODOCÉ.

3ᵉ Section : NÉRÉIDES SYLLIENNES. Point de mâchoires; antennes longues, composées de beaucoup d'articles; une antenne impaire.

Genre : SYLLIS.

Nous avons dit que la famille des Néréides avait remplacé, dans la méthode de Savigny, le genre Néréide proprement dit, et que les espèces de ce genre se trouvaient dispersées dans autant de sous-genres distincts; il est utile que les personnes qui consulteront cet article dans le but d'y trouver les espèces du genre Néréide, sachent au moins dans quel sous-genre elles doivent particulièrement les chercher. Les *Nereis pulsatoria*, Mont., Leach, *margaritacea*, Leach, *pelagica*, *incisa*, *fimbriata* et *aphroditoides*, Gmel., font partie du genre Lycoris; la *Nereis Hombergii*,

Cuv., appartient au genre Nephthys; la *Nereis alba*, Müll., est une espèce du genre Glycère; les *Nereis lamelligera* et *atlantica*, Pallas (*Nov. Act. Petrop*), pourraient être des Phyllodocés : la *Nereis prolifera*, Müll., semble appartenir au genre Syllis. Les figures qui représentent les Annelides sont si mauvaises, et les descriptions sont généralement si vagues, qu'il devient très-difficile de pouvoir reconnaître les espèces dont les auteurs ont parlé et que le classement qu'on voudrait en faire dans leur genre respectif est la plupart du temps impossible; on ne peut qu'établir des rapprochemens. Savigny, qui mieux que personne pouvait se diriger dans ce dédale, a tenté ce travail, et il a reconnu que certaines espèces avaient de grands rapports avec les genres précédens, tandis que d'autres en différaient essentiellement et pouvaient constituer des genres distincts. La *Nereis versicolor*, Müll., paraît ne différer des Lycoris, que par une antenne impaire exactement située entre les deux antennes mitoyennes; elle pourrait constituer dans le genre Lycoris une simple tribu. La *Nereis armillaris*, Müll. et Oth. Fabr., est un nouveau genre pour lequel Savigny propose le nom de Lycastis; la *Nereis stellifera*, Müll., est aussi un genre nouveau qu'il nomme Lépidie; les *Nereis cuprea* et *fasciata*, Bosc, semblent appartenir aux Eunices. La place que doit occuper la *Nereis frontalis*, Bosc, reste indéterminée; la *Nereis cœca*, Oth. Fabr., constitue, sous le nom d'Aonis, un genre évidemment nouveau; les *Nereis viridis* et *maculata*, Müll., forment le genre Eulalie; la *Nereis rosea*, Oth. Fabr., constitue le genre Castalie; la *Nereis flava*, Oth. Fabr., se distingue génériquement sous le nom d'Etéone, et la *Nereis longa*, Oth. Fabr., peut être considérée comme du même genre; la *Nereis bifrons*, Oth. Fabr. et Müll., est une Polynice, et la *Nereis prismatica*, Oth. Fabr. et Müll., une Amytis. *V*. ces mots.   (AUD.)

NÉREIS. ANNEL. *V.* NÉRÉIDÉES.

NÉRÉMIR. BOT. PHAN. (Avicenne.) Syn. de Pivoine, *Pæonia.*   (B.)

***NÉREUM.** BOT. PHAN. (Gesner.) Syn. de Rosage. *V.* ce mot. (B.)

NERFS. Tous les Animaux peuvent exécuter des mouvemens spontanés plus ou moins variés, et ont la faculté de percevoir les impressions produites par des agens extérieurs. Dans les êtres dont la structure est la plus simple, tels que les Polypes, toutes les parties du corps paraissent être sensibles et contractiles, à peu près au même degré, et l'ablation d'une portion quelconque de l'Animal n'entraîne pas la perte de ces facultés dans d'autres parties. Aussi, comme Bory de Saint-Vincent l'a déjà observé avec raison, ces Animaux sont-ils probablement dépourvus de toute trace des systèmes nerveux et musculaire. Mais à mesure que les Animaux se compliquent davantage, on voit la sensibilité et la contractilité se localiser pour ainsi dire de plus en plus et devenir l'apanage de certains organes ou appareils plus ou moins compliqués. Les Muscles deviennent les instrumens mécaniques des mouvemens, et les Nerfs acquièrent à eux seuls la propriété de faire exécuter les contractions ; et deviennent le siége de la sensibilité, ainsi que des facultés instinctives et intellectuelles.

Dans son état de plus grande simplicité, le système nerveux ne paraît consister qu'en un filament blanchâtre, étendu d'un bout du corps à l'autre immédiatement au-dessous de l'enveloppe dermo-musculaire de l'Animal : on n'y observe ni renflement ni ramifications. C'est sous cette forme qu'il se présente dans le Spinoncle et dans la Bonellie, Animal que Rolando a cru devoir placer dans la classe des Echinodermes non pédicellés à côté du précédent.

A mesure qu'on s'élève dans l'échelle des êtres, on voit le système nerveux se compliquer davantage ; mais les modifications successives qu'il présente dans les Animaux sans vertèbres ne pourraient être que difficilement rapportées à une seule et même série. En effet, pour aller des Zoophytes les plus simples vers les Animaux vertébrés, la nature semble avoir suivi deux routes différentes, et les variations que l'on rencontre dans ces organes considérés chez les Annelides, les Insectes, les Arachnides et les Crustacés, constituent une série qui n'offre que peu de lacunes ; tandis que dans les divers groupes qui forment les Animaux rayonnés et les Mollusques, ces mêmes parties, en se compliquant de plus en plus, présentent des gradations d'un autre ordre. Aussi examinerons-nous successivement le système nerveux dans ces deux séries.

Dans certains Annelides, le système nerveux ne diffère que bien peu de celui des Echinodermes non pédicellés dont nous avons déjà parlé. Dans le *Nais proboscidea*, Müll., par exemple, la seule différence apparente consiste en ce que le cordon médullaire longitudinal fournit deux filamens transversaux près de l'extrémité antérieure du corps (Humboldt). Dans l'Arénicole, ce cordon nerveux présente un degré de développement de plus ; car, bien qu'il ne paraisse encore donner naissance à aucune branche latérale distincte, il présente autant de petits renflemens qu'il y a d'anneaux au corps. Cette tendance à former des ganglions est encore plus marquée dans le Lombric terrestre. Chez cet Animal, le cordon médullaire longitudinal fournit, au niveau de chaque anneau, des branches transversales qui se rendent aux muscles et aux tégumens ; enfin à la partie antérieure du corps, il se bifurque pour entourer l'œsophage, et se termine en avant de cet organe par deux petits ganglions accolés l'un à l'autre. Dans la Sangsue, le système nerveux se développe un peu plus. On y remarque une série de vingt-trois ganglions, dont le second, situé en arrière de l'œsophage, est plus gros que les autres et paraît bilobé. Enfin, dans l'Aphrodite, on rencontre une nouvelle modification qu'il importe de noter. Au-dessus de la bouche il existe un gros ganglion bilobé qui fournit des rameaux aux tentacules, etc., et donne naissance à deux Nerfs exigus qui, en se réunissant derrière l'œsophage, forment un second ganglion bilobé; mais avant de se rencontrer ils fournissent l'un et l'autre une branche qui se porte en avant, longe la partie latérale de l'estomac, et se termine près de l'intestin, en formant un ganglion d'où partent des filamens nombreux. Le ganglion nerveux situé derrière l'œsophage ne présente rien de remarquable; il en est de même du second. Les douze suivans fournissent chacun aux muscles voisins six Nerfs. Enfin, dans le tiers postérieur du corps, le cordon nerveux donne encore naissance à des rameaux latéraux, mais ne présente plus de renflemens sensibles.

Les Anatifes, les Balanes, etc., que Latreille a rapprochés avec raison des Animaux articulés, présentent au-dessus de l'œsophage une petite masse médullaire formée de deux paires de ganglions; viennent ensuite deux cordons de communication qui se réunissent derrière l'œsophage, et forment le long du ventre une série de doubles ganglions d'où naissent les Nerfs des appendices. Cette grande analogie entre le système nerveux des Anatifes et celui des Animaux articulés a été signalée par Cuvier; mais ce savant n'a pas jugé nécessaire la modification adoptée par Latreille. Ici nous voyons un cordon médullaire semblable à celui des Animaux que nous venons de passer en revue, mais il y a un degré de développement de plus; car les ganglions, au lieu d'être uniques, sont doubles dans toute la longueur du corps.

Le système nerveux des Insectes est analogue à celui des Annelides, mais il acquiert un développement plus considérable et devient moins uniforme dans les différens segmens du corps. Il serait trop long d'exposer ici toutes les modifications curieuses que cet appareil présente dans les divers ordres et familles de cette grande classe d'Animaux, ainsi que dans les mêmes individus, à différentes époques de leur existence; nous nous bornerons donc à dire que dans les Insectes, de même que dans les Annelides, le système nerveux est toujours formé par une série linéaire de ganglions situés à la face inférieure du corps, le long de la ligne médiane. En général ces ganglions sont pairs, et réunis par deux filets de communication. Quelquefois on trouve quatre ou même un plus grand nombre de ces petits centres nerveux dans l'extrémité céphalique de l'Animal au-devant de l'œsophage. Enfin il existe souvent deux Nerfs qui naissent de la partie inférieure des ganglions sus-œsophagiens, se recourbent en arrière et en haut, remontent au-dessus de l'œsophage, se réunissent pour former un ou plusieurs ganglions situés près de la face supérieure de l'Animal, et se terminent, soit dans les parois de l'estomac, soit dans les parties voisines. Dans la chenille du Cossus, Lyonnet a même constaté l'existence d'une série de cinq ganglions qu'il nomme frontaux; ils occupent la face supérieure de l'extrémité céphalique, et se terminent postérieurement par un gros Nerf qui passe dans le vaisseau dorsal, puis longe la face supérieure du canal alimentaire. Une disposition analogue a été observée dans la larve du *Scarabæus Nasicornis*, du *Lucanus Cervus*, dans l'*Hydrophilus piceus*, etc.; et c'est probablement l'analogue de ce Nerf récurrent qu'Audouin a rencontré au-dessus du canal intestinal dans la Cantharide. Du reste, cette partie très-intéressante de l'anatomie des Insectes réclame impérieusement de nouvelles recherches.

Dans les Arachnides, le Faucheur des murailles (*Phalangium Opilio*), par exemple, le système nerveux présente moins d'uniformité que dans les Insectes. On trouve une paire de

ganglions situés au-devant de l'œsophage, et en arrière de ce conduit
une masse médullaire considérable
et formée évidemment par l'union
de trois rangées de ganglions. Sa
partie antérieure reçoit les filets de
communication venant des tubercules pré-œsophagiens; six Nerfs naissent de chacun de ces côtés; enfin elle fournit en arrière trois branches; l'une occupe la ligne médiane
et se divise bientôt en deux rameaux
qui présentent chacun un ganglion
ovoïde; les deux latérales se bifurquent de même; leur rameau interne
se comporte comme ceux du Nerf
médian, les externes présentent chacun deux ganglions. Quant au système nerveux supérieur des Insectes,
on n'en a point jusqu'ici indiqué
l'existence dans les Arachnides.

Dans la plupart des Crustacés, le
système nerveux n'est guère plus développé que dans les Insectes; mais
dans d'autres il se centralise beaucoup plus, en même temps que sa
masse relative augmente. Dans les
Décapodes Brachiures, il existe au-
devant de l'œsophage quatre ganglions soudés ensemble, et donnant
naissance à tous les Nerfs destinés aux
parties céphaliques de l'Animal, ainsi
qu'à deux cordons qui se portent en
arrière sur les côtés de l'œsophage,
et se terminent vers le milieu du
thorax; là on trouve une seconde
masse médullaire d'un volume considérable et de forme annulaire, qui
donne naissance aux Nerfs des pates
et de l'abdomen. Jusqu'ici aucun
anatomiste n'a parlé d'un cordon
nerveux situé au-dessus de l'intestin,
comme cela se trouve dans certains
Insectes; mais peut-être ne l'a-t-on
pas cherché.

Nous venons de passer en revue
les gradations que l'on remarque
dans le développement du système
nerveux, considéré successivement
dans certains Echinodermes non pé-
diculés, dans les Annelides, dans
les Insectes, dans les Arachnides,
et dans les Crustacés. Nous l'avons
vu d'abord uniforme dans toutes

ses parties, puis formé de ganglions et de filets de communication semblables dans toutes les parties du corps. Bientôt ces ganglions
ont fourni des rameaux latéraux;
un ou plusieurs d'entre eux ont acquis un degré de développement
supérieur aux autres, nous avons
trouvé des centres nerveux destinés plus particulièrement à tel ou
tel appareil. Enfin, en même temps
que le nombre et le volume des diverses parties qui constituent le système nerveux, augmentent, elles deviennent moins semblables entre elles,
fait qui, ainsi que nous le verrons
bientôt, se rattache à une des lois
les plus générales de l'organisation. Mais d'abord il faut revenir du
point d'où nous sommes partis, et
examiner la série de modifications
que ce système présente dans les autres Animaux invertébrés, et principalement dans les Echinodermes
pédicellés et les Mollusques.

La présence d'un système nerveux
n'a point été constatée dans les Acalèphes libres et dans la plupart des
Vers intestinaux; il est même probable qu'ils en sont complétement
dépourvus. (*V.* PSYCHODIAIRE.) Mais
chez quelques-uns des Animaux de
cette dernière classe, l'existence d'un
organe nerveux rudimentaire ne
paraît point douteuse, et sa disposition diffère beaucoup de ce que
nous avons vu jusqu'ici; car au lieu
de ne consister qu'en un filament
longitudinal unique, comme dans
les Bonellies, les Naïdes, etc., etc.,
nous trouvons ici deux cordons nerveux situés sur les côtés opposés du
corps. Ainsi, dans la Douve à long
cou (*Fasciola Lucii*), deux petits
cordons blancs, situés au dedans des
deux longs cœcums intestinaux, paraissent constituer l'appareil nerveux; ils naissent à l'extrémité antérieure de l'Animal, se portent en
arrière en se ramifiant et cessent
d'être visibles vers le niveau du suçoir postérieur. Dans l'Ascaride lom-
bricoïde on a trouvé également deux
cordons longitudinaux qui parais-

sent de nature nerveuse; ils sont étendus d'un bout du corps à l'autre sur les lignes médianes du ventre et du dos, et forment autour de la bouche un cercle anastomotique. Dans la moitié antérieure du corps, on n'y remarque que des points granuleux, mais au-delà de ce point ces cordons commencent à présenter de petits renflemens ganglionnaires. Dans les Holothuries, on n'a trouvé d'autres vestiges du système nerveux, que des filamens blanchâtres, situés autour du commencement du tube intestinal et sur les muscles longitudinaux. Ils ne présentent ni renflement ni ganglion. Dans les Actinies, cette tendance du système nerveux à former un anneau de la périphérie duquel partent tous les Nerfs du corps, est bien plus évidente. En effet vers la base de ces Animaux l'on trouve un cercle blanchâtre formé par des nodules réunis par plusieurs filets cylindriques; mais ces organes sont si minimes qu'ils échappent à l'œil, lorsqu'on n'a point recours à l'usage d'une forte loupe. Le système nerveux des Astéries présente une disposition analogue, mais à un degré de développement bien supérieur. Autour de l'œsophage on observe chez ces Animaux un cercle médullaire. Deux nodules grisâtres correspondent à chaque rayon; ils sont réunis par des filets de communication, et donnent naissance chacun à des rameaux qui se distribuent à l'estomac, aux lobes hépatiques, à la bouche, etc., et à une grosse branche qui se porte jusqu'à l'extrémité du rayon correspondant et fournit un ramuscule à chaque tentacule.

Sous le rapport de la disposition et du degré de développement du système nerveux, les Mollusques diffèrent beaucoup entre eux. Dans les Acéphales testacés, au lieu d'être placé à la partie inférieure de l'Animal comme dans l'Actinie, ou autour de l'œsophage, comme dans l'Astérie, le cercle nerveux entoure la masse des viscères, et occupe la base de l'abdomen qui constitue le pied de

ces Animaux. Le nombre de renflemens ganglionnaires que cet anneau médullaire présente est en général de quatre; tantôt ces nodules sont accolés de manière à former deux paires; tantôt ils sont plus ou moins écartés l'un de l'autre. Dans les Mactres, par exemple, il existe au-dessus de la bouche, derrière le muscle antérieur des valves et au-dessus des tentacules, deux petits ganglions accolés l'un à l'autre et donnant naissance chacun à un long cordon nerveux qui passe sur les parties latérales de l'estomac et de l'intestin, traverse toute la base du pied, et va se réunir à son congénère au-devant du muscle postérieur, où ils se renflent pour former une seconde paire de petits ganglions. Dans le Solen, le cercle nerveux occupe la même partie de l'Animal, mais sa disposition est différente. En avant il est formé par un cordon transversal qui se termine de chaque côté à un ganglion quadrilatère assez gros d'où naît un autre cordon nerveux qui se porte en arrière, et présente, en s'unissant à celui du côté opposé, un renflement dans lequel on distingue quatre ganglions. Les Nerfs qui se distribuent au manteau, aux tentacules, aux muscles et aux autres organes, proviennent, soit des ganglions antérieurs et postérieurs, soit du cordon qui les unit. Dans d'autres Mollusques bivalves, le système nerveux paraît présenter une disposition un peu différente de celle que nous venons d'indiquer, en ce qu'il existerait, outre l'anneau médullaire et les renflemens déjà mentionnés, une paire de ganglions situés au-dessus du muscle rétracteur antérieur du pied, et au-dessous du foie. Du reste cette partie de l'anatomie est encore peu connue, et nous ajouterons seulement que les organes décrits par le célèbre Poli, sous le nom de vaisseaux et de reservoirs lymphatiques, ne sont évidemment autre chose que les Nerfs et le ganglion médullaire des Mollusques bivalves.

Dans les Mollusques gastéropodes,

tous les Nerfs du corps naissent encore d'un anneau médullaire formé de ganglions et de filets de communication; mais ces nodules sont moins éloignés les uns des autres que dans les bivalves, et peu à peu leur volume devient beaucoup plus grand relativement à la grosseur de leurs filets de communication. Ainsi, nous trouvons encore ici qu'à mesure que l'Animal se complique davantage, le système nerveux devient de moins en moins uniforme dans ses différentes parties.

Dans les Colimaçons, l'anneau nerveux entoure la bouche et l'œsophage; il est formé d'un ganglion antérieur (qui paraît résulter de la réunion de deux ganglions), de deux cordons latéraux et d'un ganglion très-volumineux, postérieur à l'œsophage; enfin le ganglion antérieur, que la plupart des auteurs nomment cerveau, fournit deux branches qui s'unissent pour former un petit ganglion dont les rameaux suivent la direction de l'œsophage. Outre la disposition que nous venons de signaler, il importe de noter ici que les Nerfs provenant du ganglion antérieur se rendent aux yeux, à la bouche, etc., tandis que ceux du ganglion postérieur sont destinés presque exclusivement aux organes de la locomotion. Dans les Bivalves, au contraire, la distribution, ainsi que les fonctions des rameaux de chacune des paires de nodules médullaires, diffèrent à peine.

Enfin, dans les Mollusques céphalopodes, le système nerveux acquiert un développement bien plus considérable; mais il forme toujours une espèce de collier autour de l'œsophage. Le ganglion antérieur est arrondi et divisé en deux lobes plus ou moins distincts; le ganglion postérieur, large et aplati, occupe tout le côté de l'anneau cartilagineux qui loge cet appareil nerveux. Le ganglion antérieur communique avec une autre masse médullaire, destinée uniquement à l'organe de la vision. Il donne également naissance à des rameaux destinés au pourtour de la bouche.

Le ganglion postérieur et les prolongemens qui le joignent à l'antérieur, donnent naissance : 1° à un rameau qui l'unit à un ganglion étoilé, situé à la base du pilier supérieur de la bourse; 2° aux Nerfs des pieds, qui, au nombre de huit de chaque côté, pénètrent dans les appendices, et s'envoient réciproquement des branches anastomotiques, d'où résulte un second anneau médullaire dont les renflemens sont assez sensibles; 3° enfin, à un grand Nerf viscéral, qui présente également sur son trajet un renflement ganglionnaire, et à d'autres rameaux qu'il serait trop long d'énumérer. (*V.* MOLLUSQUES.)

Ici, en même temps que la masse du système nerveux s'est considérablement accrue, nous voyons les diverses parties qui le composent, devenir moins semblables entre elles ; et cela, non-seulement sous le rapport de leurs dispositions anatomiques, mais aussi relativement aux fonctions qu'elles sont appelées à exercer. L'exposé des modifications successives du système nerveux dans les Animaux articulés, nous avait déjà fait apercevoir cette tendance, et si nous pouvions poursuivre cet examen dans la série des Animaux vertébrés (dont le système nerveux a déjà été décrit à l'article CÉRÉBRO-SPINAL), nous verrions que plus l'Animal est élevé dans l'échelle des êtres, plus les parties qui le composent deviennent dissemblables, et plus ses diverses fonctions se localisent, si je puis me servir de ce mot. En effet, sous le rapport du sujet qui nous occupe ici, nous voyons que d'abord toutes les parties du corps des Animaux ont une structure homogène et jouissent de la sensibilité ainsi que du pouvoir de se contracter, et que la perte des unes n'entraîne pas l'anéantissement de ces facultés dans d'autres. Bientôt après, nous voyons la sensibilité et le pouvoir de déterminer les mouvemens, se localiser et devenir l'apanage des Nerfs. Lorsque ce système ne consiste qu'en un cordon étendu d'un bout du corps à l'autre et uniforme dans chacune de ses parties, les fonctions qu'il est appelé à exercer n'ont pas leur siége dans une de ses portions plutôt que dans une autre ; aussi, lorsqu'on le divise en deux, voit-on alors chaque fragment agir à la manière du tout. A un degré plus avancé, une portion quelconque de cet organe acquiert un développement plus considérable que le reste, et son existence devient nécessaire à l'intégrité des fonctions auxquelles l'appareil en entier préside. Chez des Animaux plus parfaits encore, la sensibilité générale est modifiée dans certains organes, et une portion de l'appareil nerveux est destinée spécialement à percevoir l'impression de telles ou telles natures. On voit ensuite les diverses fonctions du système nerveux se localiser encore davantage ; la sensibilité générale siège plus particulièrement dans un ordre de fibres médullaires ; le pouvoir de produire les contractions musculaires dans d'autres ; la faculté d'exciter l'action de ces diverses parties appartient exclusivement à certaines parties de l'appareil nerveux, celle de coordonner ces mouvemens, à d'autres ; enfin, toutes les parties concourent d'une manière différente à la production des phénomènes dont l'ensemble était d'abord produit dans chacune d'elles. Ce que nous venons de voir pour le système nerveux, a également lieu dans toutes les autres parties de l'économie animale. C'est d'abord le même organe qui sent, qui se meut, qui respire, qui absorbe du dehors les substances alimentaires, et qui assure la conservation de l'espèce ; mais peu à peu ces diverses fonctions ont chacune des instrumens qui leur sont propres, et les divers actes dont elles se composent, s'exécutent dans un organe distinct. La nature, toujours économe dans les moyens qu'elle emploie pour arriver à un but quelconque, a donc suivi dans le perfectionnement des êtres le principe si bien développé par les économistes modernes, et c'est dans ses œuvres aussi bien que dans les productions de l'art, que l'on voit les avantages immenses qui résultent de la division du travail.

(Pour l'exposé anatomique du système nerveux des Animaux vertébrés, *V*. CÉRÉBRO-SPINAL ; pour la structure des Nerfs, *V*. TISSUS.)

(H. M. E.)

NÉRIETTE. BOT. PHAN. Syn. d'Épilobe. *V*. ce mot. (B.)

* **NÉRINE**. BOT. PHAN. Ce genre a été constitué (*Botanical Magazine*, n° 2407) par W. Herbert aux dépens des Amaryllis qui ont les filets des étamines soudés par la base, et formant un nectaire. Nous ne pensons pas que ce faible caractère suffise par faire adopter le genre Nérine qui d'ailleurs ne se distingue pas des autres Amaryllis par un port particulier. (G..N.)

* **NÉRINÉE**. *Nerinea*. MOLL. Des Coquilles pétrifiées, turriculées, élancées, probablement canaliculées à la base, présentant de très-grands plis sur la columelle et sur les différentes faces internes des tours de spire, ont servi à Defrance pour l'établissement du genre Nérinée dans le Dictionnaire des Sciences Naturelles. Le Calcaire oolitique blanc des environs de Lizieux, de Bailly près d'Auxerre, et des environs de Nevers, a d'abord présenté les Coquilles singulières dont il est question. Depuis nous en avons découvert de plus grandes espèces dans le même terrain, aux environs de Saint-Mihiel ; on en découvre aussi, mais seulement des moules intérieurs, dans un Calcaire beaucoup plus ancien, aux environs de Nancy. Si l'on vient à scier en deux de ces Coquilles, on les trouve perforées dans l'axe, et on aperçoit avec facilité la disposition particulière des plis, qui en s'étendant, en se contournant quelquefois dans la cavité intérieure de la spire, ont laissé peu de place pour la partie postérieure de l'Animal ; aussi, d'après cette disposition, les moules intérieurs des Nérinées

ressemblent en quelque sorte à des rubans gauffrés dans leur longueur.

Nous avons rassemblé sur ce genre des matériaux assez nombreux pour pouvoir le caractériser et indiquer ses rapports. Le genre qui se présente d'abord pour avoisiner celui-ci, est celui des Pyramidelles ; on voit en effet que ces Coquilles, comme les Nérinées, ont d'assez grands plis sur la columelle, mais elles n'en présentent jamais sur le côté droit. Les Pyramidelles sont à peine subéchancrées à la base ; Lamarck les a même placées dans la série des Coquilles à ouvertures entières. Les Nérinées, au contraire, sont canaliculées à la base comme les Cérithes, et l'ouverture absolument semblable à celle de plusieurs Coquilles de ce genre, quoique la columelle soit creuse dans toute sa longueur ; cependant on ne s'en aperçoit que lorsque la Coquille est cassée par accident à la base ou dans une partie de son étendue. Lorsqu'elle est entière, il est impossible de reconnaître cette particularité. Ce sera donc vers les Cérithes que l'on devra placer le genre de Defrance. Nous trouvons dans ce genre plusieurs Coquilles qui, comme le Cérithe Géant par exemple, offrent des plis fort gros sur la columelle ; mais ce qui doit surtout décider des rapports, c'est le canal de la base ; si d'un autre côté les Pyramidelles ont un opercule comme les Cérithes, et que, par une transition assez naturelle, on fasse servir ce genre d'intermédiaire entre les Coquilles à bouche entière et celles qui sont canaliculées, on pourra faire commencer la grande série des Canaliculées par les Nérinées, ce qui les rapprocherait également et des Pyramidelles et des Cérithes. Defrance n'ayant pas donné les caractères de ce genre, nous pensons qu'ils peuvent être exprimés ainsi : coquilles turriculées, allongées, à tours nombreux ; axe perforé ; columelle fort grosse, présentant trois plis dont le premier et le dernier sont les plus grands, celui du milieu n'existant pas toujours ; un ou deux sur le côté droit de chaque tour. Il existe donc dans la coquille au moins trois plis et pas plus de cinq dans les espèces où ils se voient tous. Ils sont souvent diversement contournés, quelquefois très-flexueux ; ils présentent une, deux, et quelquefois trois gouttières séparées par des carènes aiguës ; d'autres fois ils sont simples, seulement plus ou moins inclinés sur le plan où ils reposent ; chaque espèce présente au reste dans ces parties des caractères extrêmement tranchés, qui ne permettent dans aucun cas de les confondre ; ainsi la forme ou les accidens extérieurs venant à manquer pour la détermination de l'espèce, on pourra avoir une entière confiance dans la forme des plis. Nous connaissons déjà neuf espèces de ce genre, et nous en possédons huit que nous avons pu observer dans toutes leurs parties, et remarquer cette constance dans la forme des plis de chaque espèce.

Nérinée de la Meuse, *Nerina Mosæ*, Nob. Quoique l'on trouve plusieurs espèces de ce genre dans le département de la Meuse, à Saint-Mihiel particulièrement, nous avons voulu conserver la mémoire de ce fait en donnant ce nom à une des espèces les plus remarquables ; elle est pyramidale, plus large à la base que toutes les autres espèces. Les tours de spire, au nombre de dix ou onze, sont creusés en gouttière transversalement ; la suture est placée sur l'endroit le plus saillant de chaque tour ; des stries grossières, obliques, indiquent les accroissemens. Dans quelques individus les tours de spire au-dessous de la suture sont couronnés de tubercules irréguliers et obsolètes ; il y a cinq plis à l'intérieur, trois sur la columelle, deux sur le côté droit ; des trois de la columelle c'est le médian qui est le plus petit ; le premier du côté droit est petit, il est opposé au premier, columellaire ; le second est beaucoup plus grand ; il est vis-à-vis le pli moyen de la columelle, qui est le plus petit de ce côté.   (D..H.)

NÉRION. *Nerium.* BOT. PHAN. Ce genre de la famille des Apocynées et de la Pentandrie Monogynie, L., fut établi par Tournefort, sur un Arbrisseau qui fait depuis un temps immémorial l'ornement de nos jardins où il est connu sous le nom vulgaire de Laurier-Rose. Ce genre fut adopté par Linné et par tous les botanistes modernes qui l'augmentèrent de plusieurs espèces, mais dont il fallut le débarrasser lorsqu'on étudia avec plus de soin les Plantes qui composent la famille des Apocynées. Ainsi le *Nerium caudatum* de Lamarck, que Linné plaçait parmi les *Echites*, fut transféré par De Candolle (Ann. du Muséum d'Hist. Nat., 1, p. 411) dans son nouveau genre *Strophantus*. C'est aussi à ce dernier genre que Rœmer et Schultes ont rapporté le *N. scandens* de Loureiro. R. Brown (*Prodrom. Nov.-Holland.*, p. 467) établit un genre *Wrightia* sur les *N. antidyssentericum* et *zeylanicum* de Linné, auxquelles espèces il en adjoignit une autre de la Nouvelle-Hollande, ainsi que le *N. tinctorium* de certains auteurs. Ce genre *Wrightia* comprend ainsi une partie des espèces linnéennes de *Nerium*, et correspond au genre *Nerium* tout entier de Gaertner. Le *N. obesum* de Vahl a été érigé en genre distinct par Rœmer et Schultes qui l'ont nommé *Adenium*. Enfin le *N. coronarium* de Jacquin, espèce identique avec le *N. divaricatum* de Linné, a été transporté par R. Brown parmi les *Tabernæmontana*. Renvoyant pour toutes ces espèces éliminées du *Nerium*, aux articles de genres établis par les botanistes modernes (le genre ADENIUM au Supplément), nous allons tracer les caractères essentiels du genre ainsi réformé : calice petit, persistant, divisé profondément en cinq segmens aigus ; petites dents situées à la base du calice et en dehors de la corolle. Corolle hypocratériforme, dont la gorge est ornée d'une couronne de folioles lacérées - multifides, et dont le limbe est à cinq divisions larges,

obliques et obtuses. Etamines au nombre de cinq, dont les filets sont insérés sur le tube, et dont les anthères sont sagittées, terminées par de longs appendices qui adhèrent entre eux au-dessus du stigmate. Style filiforme, dilaté au sommet, terminé par un stigmate obtus. Follicules au nombre de deux, longs, cylindriques, acuminés, univalves, uniloculaires, s'ouvrant longitudinalement d'un côté, et contenant plusieurs graines imbriquées et couronnées d'une aigrette.

Les espèces de *Nerium* sont peu nombreuses, et se ressemblent tellement, qu'on serait tenté de les réunir en une seule et de les regarder comme des variétés plus ou moins tranchées d'un type qui serait le *Nerium Oleander* de Linné ; elles croissent dans les climats chauds de l'ancien continent.

Le NÉRION COMMUN, *Nerium Oleander*, L., vulgairement Laurose ou Laurier-Rose. Tout le monde connaît ce charmant Arbrisseau dont la culture est maintenant répandue dans l'Europe entière. Il croît naturellement sur toutes les côtes de la Méditerranée, et il s'étend jusque dans l'Inde-Orientale. Bory de Saint-Vincent, dans ses ouvrages sur l'Espagne, rapporte qu'il croît en si grande quantité dans le lit des torrens et ravins d'Andalousie, où l'eau tarit durant les deux tiers de l'année, qu'au temps de la floraison, il aide à reconnaître les contours d'une très-grande distance en les colorant d'une belle teinte de rose vif par l'accumulation des corymbes de fleurs. Ce naturaliste géographe a, dans plusieurs reconnaissances militaires, ainsi marqué de loin le cours de certains ruisseaux des montagnes inférieures dont il ne lui était pas permis d'approcher. Le Laurier - Rose est toujours vert, très-rameux ; il s'élève à la hauteur de deux à trois mètres. Ses feuilles sont linéaires-lancéolées, aiguës, entières, glabres, coriaces, ternées, d'un vert foncé avec une nervure blanche et proéminente en des-

sous. De belles fleurs rosés ou purpurines, quelquefois blanches, sont disposées, au sommet des rameaux, en
cimes ombellées. Elles s'épanouissent,
sous le climat de Paris, dans les mois
de juillet et d'août. Le suc de cette
Plante n'est point laiteux, comme
celui de la plupart des Apocynées ;
cependant son âcreté et sa causticité
le font participer aux propriétés générales de cette famille. Ses feuilles
desséchées et réduites en poudre sont
violemment sternutatoires. Les expériences d'Orfila ont prouvé l'énergie des propriétés de l'extrait de Laurier-Rose, que cet habile professeur
place au rang des poisons narcotico-
âcres ; aussi fait-on rarement usage,
en médecine, de ce Végétal ; quelques auteurs en ont conseillé l'extrait,
dissous ou incorporé dans un lini-
ment contre les maladies chroniques
cutanées.

Le NÉRION ODORANT, *Nerium odoratum*, Lamk., Encycl. Méth., se distingue de l'espèce précédente, avec
laquelle Linné la confondait sous le
titre de variété, par ses fleurs légèrement odorantes, pourvues d'appendices coroniformes, filamenteux et
non pas simplement lacérés, par ses
anthères surmontées de filets très-bar-
bus et comme plumeux. On cultive
dans les jardins une variété très-élégante de cette espèce. Elle donne
pendant tout l'été de gros bouquets
de fleurs doubles d'une couleur vive,
quelquefois panachées, et qui exhalent une odeur suave. Ces fleurs doubles présentent deux limbes à la corolle, partagés l'un et l'autre en cinq
découpures élargies et obtuses à leur
sommet. En cet état, le Laurier-Rose
odorant est une des plus belles Plantes d'ornement. Les rameaux sont
tellement chargés de fleurs, qu'ils
plient sous le poids et se penchent
avec grâce de tous les côtés. Il y a
long temps que les habitans de l'Inde
la cultivent, et depuis plus d'un siècle on la connaît chez nous. Rhéede
(*Hort. Malab.*, 9, p. 1, tab. 1) l'a-
vait décrite et figurée, sous le nom
de *Tsjovanna-Areli*. La variété sim-

ple du *N. odoratum* croît spontanément sur les rives des fleuves et sur
les bords de la mer dans les Indes-
Orientales.

La culture des deux espèces que
nous venons de mentionner, exige
quelques soins. Comme elles sont
originaires de climats chauds, on
est obligé de les rentrer dans l'orangerie pendant l'hiver ; mais elles craignent alors l'humidité, et il faut avoir
soin de leur donner de l'air et de la
lumière. On les place dans une terre
substantielle et consistante, et on fait
de fréquens arrosemens en été. Durant cette saison, il convient de
leur donner l'exposition la plus chaude possible ; car, sans une grande
chaleur, le Laurier-Rose ne fleurirait
pas ou ne produirait que des fleurs
qui tomberaient à moitié ouvertes.
La variété blanche du Laurier-Rose
commun fleurit plus difficilement que
la variété ordinaire. Celle à fleurs
doubles du Laurier-Rose odorant a
besoin pour fleurir d'une température supérieure à celle de notre climat. Il est donc nécessaire de la faire
entrer en serre chaude au mois de
mai, et de l'y maintenir pendant tout
l'été, jusqu'à ce que les fleurs s'é-
panouissent, c'est-à-dire au mois
d'août, époque à laquelle on peut la
mettre en plein air.

On multiplie les Lauriers-Roses par
leurs rejetons. L'espèce commune en
est abondamment pourvue ; mais le
Nérion odorant en est plus avare, et
il est plus facile de les multiplier par
les marcottes qui s'enracinent sans
difficultés.   (G..N.)

*NERITA. MOLL. Klein, après
Lister, est le premier, à ce que nous
pensons, qui se soit servi du mot
Nerita pour un genre de Coquille,
car son ouvrage intitulé : *Nov. Method. Ostracol.*, etc., a paru en 1753.
Adanson, dont l'Histoire des Coquillages n'a été publiée que quelques
années après, en 1758, a pu prendre
cette dénomination générique dans
l'un ou l'autre de ces auteurs, mais
il n'a pu adopter le genre de Klein

qui est composé de la manière la plus bizarre, puisqu'on y trouve des Cadrans, des Hélices, des Roulettes, des Troques, etc.; il n'y manque que de véritables Nérites. *V*, ce mot.

(D..H.)

*NÉRITACÉES. *Neritacœa.* MOLL. Aux art. NATICE et NAVICELLE nous sommes entré dans des détails assez étendus sur la famille des Néritacées, instituée par Lamarck; nous avons fait connaître les motifs sur lesquels on devait conserver cette famille dans son intégrité; nous ne reviendrons plus sur le même sujet. Elle est composée d'abord des genres Natice, Nérite, Néritine et Navicelle, et nous avons proposé d'y réunir le genre Piléole, Sow. Parmi ces genres les Néritines seules devront être supprimées, et rentrer parmi les Nérites d'où on les avait extraites. *V*. les articles des genres que nous venons de citer. (D..H.)

NÉRITE. *Nerita.* MOLL. On attribue généralement à Linné la création du genre Nérite; on pourrait cependant en trouver l'origine dans Lister, qui, dans son grand ouvrage (*Syn. Conchyl.*), a parfaitement séparé, et sans aucun mélange, toutes les Coquilles que Blainville range aujourd'hui dans le genre Nérite. Si l'on consulte cet ouvrage à la planche 595 jusqu'à la planche 608, on trouvera, sous le nom de Nérites, le genre Nérite des auteurs les plus modernes, divisé comme l'a fait Blainville tout récemment en celles qui ont des dents aux bords gauche et droit, ce sont les Nérites marines; en celles qui ont des dents au bord gauche seulement (Lamarck en a fait son genre Néritine); enfin en celles qui n'ont point de dents, soit au bord droit, soit au bord gauche, et cette section contient l'espèce fluviatile des rivières d'Europe, et une autre Coquille marine voisine des Turbos. Cette Coquille est la seule qui soit étrangère aux Nérites, et que Lister ait mis dans ce genre; ainsi, comme on le voit, ce genre Nérite était créé depuis fort long-temps, et d'une

manière bien naturelle, lorsque Klein a proposé à son tour (*Nov. Method. Ostrac.*), sous le même nom, un genre qui est un assemblage bizarre et disparate des Coquilles les plus étrangères les unes aux autres. Depuis Lister, Adanson est véritablement le premier qui ait envisagé le genre Nérite convenablement; il l'a caractérisé en effet d'après l'Animal, et l'a séparé, comme Lister, des Natices. Tout en admettant son voisinage avec ce genre, Linné a donc eu tort de ne pas admettre une telle opinion en adoptant la dénomination de Nérite; il a modifié ce genre, en y admettant les Natices et d'autres Coquilles étrangères aux Nérites. Bruguière ne suivit point Linné, adopta de préférence, et avec juste raison, l'opinion d'Adanson, qui depuis lors a toujours prévalu. Lamarck, Cuvier, De Roissy, Montfort, Férussac, Blainville, etc., ont imité Bruguière : seulement Lamarck a proposé un genre pour les Nérites fluviatiles, sous le nom de Néritine; et Montfort a démembré mal à propos les genres Cliton, Théodoxe et Vélate, qui n'ont point été adoptés.

Le genre Nérite est suffisamment connu, quant à l'Animal, pour être convenablement caractérisé, et mis en rapport avec les genres voisins. C'est près des Nérites et des Navicelles qu'il se place naturellement, et dans la même famille, comme Lamarck l'a établi d'abord, et comme l'anatomie l'a confirmé depuis. Ce genre peut être caractérisé de la manière suivante : Animal globuleux; pied circulaire, épais, sans sillon en avant, ni lobe pour l'opercule en arrière, avec un muscle columellaire, bipartite; tentacules coniques; yeux subpédonculés à leur côté externe; bouche sans dent labiale, mais avec une langue denticulée, prolongée dans la cavité viscérale; une seule et unique grande branchie pectiniforme; l'organe excitateur mâle auriforme au côté droit, en avant du tentacule de ce côté. Coquille épaisse, semi-globuleuse, à spire peu ou point saillante, non ombiliquée; ouverture semi-lunaire; le bord droit denté ou non denté à l'intérieur; le gauche tranchant, oblique, septiforme, denté ou non denté; impression musculaire double, en fer à cheval incomplet. Opercule calcaire, subspiral; le sommet tout-à-fait marginal à son extrémité gauche; une ou deux apophyses d'adhérence musculaire à son bord postérieur.

Adanson pensait que les Mollusques operculés, et surtout les Nérites, pouvaient être considérés comme les intermédiaires entre les Mollusques univalves sans opercule et les Mollusques bivalves. Cette opinion, certainement erronnée, était fondée sur la manière dont l'opercule semble s'articuler avec le bord columellaire par les deux apophyses dont il est garni; mais cette union de l'opercule avec la coquille ne peut être comparée en rien à celle qui existe entre les deux valves d'un Conchifère. Sous le rapport de l'organisation de l'Animal, cette opinion ne peut soutenir le moindre examen.

Le genre Nérite contient des Coquilles marines et fluviatiles. Au rapport des savans voyageurs de l'expédition de la corvette *la Coquille* autour du monde, il existerait à la Nouvelle-Guinée une espèce de Nérite qui pourrait quitter les eaux douces et s'en éloigner jusqu'à une demi-lieue, et vivre sur les Plantes dans des lieux peu humides, et devenir par-là une Coquille terrestre sans cependant que son Animal soit pulmobranche. Ce fait, qui nous a été spécalement raconté par notre ami Lesson, mérite toute confiance de la part d'un aussi excellent observateur. Les espèces de Nérites, soit marines, soit lacustres, sont nombreuses; on les rencontre dans les eaux douces de presque tous les pays; mais les plus grosses espèces, et celles qui sont ornées des plus vives couleurs, appartiennent aux régions chaudes du globe; dans le Nord ou dans la Zône tempérée on les trouve avec les Planorbes, les Limnées et les Mulettes, surtout dans les eaux courantes; dans le Midi, c'est avec les Mélanopsides, les Mélanies ou les Navicelles qu'elles peuplent en abondance les rivières et les ruisseaux. On doit donc être étonné de trouver des Fossiles dans les couches des environs de Paris avec des Nérites fluviatiles différentes de celles de nos rivières, des Mélanies et des Mélanopsides dont les analogues ne se rencontrent plus que dans des pays beaucoup plus méridionaux. Ce qui est remarquable c'est que les espèces de Néritines semblent être perdues aussi bien que les Cyrènes, tandis que les Mélanopsides se retrouvent vivantes dans le midi de l'Europe et en Asie.

Les Nérites peuvent se diviser en deux sections principales : les marines et les fluviatiles, et chacune d'elles en plusieurs groupes, d'après les accidens extérieurs. Les opercules, comme l'a observé Blainville, pourraient servir avantageusement à la distinction des espèces. La surface extérieure présente constamment des stries, des tubercules, etc., différens dans chaque espèce; on doit donc regretter que les opercules de toutes les espèces ne soient pas connus, car dès-lors il n'existerait plus d'incertitudes; la disposition des couleurs, la forme des taches, le nombre des bandes, sont quelquefois si variables, que l'on tomberait souvent dans de graves erreurs, si l'on voulait s'en rapporter exclusivement à un caractère aussi fugace.

† Coquilles marines; des dents au bord droit et au bord gauche (genre Nérite.)

A. Callosité columellaire lisse.

NÉRITE POLIE, *Nerita polita*, Lamk., Anim. sans vert. T. VI, p. 192, n° 7; Linn., Gmel, p. 3680, n° 43; Born., *Mus. Cæs. Vind.*, t. 17, fig. 11 à 16; Chemnitz, Conch. T. V, t. 193, fig. 2001 à 2014; Favanne, Conch., pl. 10, fig. 5. Coquille des plus communes et des plus variables dans ses couleurs; elle vient des mers de l'Inde; elle est épaisse, solide, polie, ayant le pli sur le bord gauche; deux dents peu saillantes, et sur le bord droit des stries peu saillantes ; la callosité columellaire est entièrement lisse et convexe; sa surface extérieure est quelquefois entièrement lisse ; cependant le plus grand nombre des individus sont ornés de stries transverses, fines et assez régulières ; l'opercule est lisse dans le centre ; son bord droit est élégamment strié.

D. Callosité columellaire, chagrinée ou plissée.

NÉRITE GRIVE, *Nerita exuvia*, Linn., Gmel., pag. 3683, n° 51; *Nerita exuvia*, Lamk., Anim. sans vert. T. VI, pag. 190, n° 1; Lister, Conch., tab. 599, fig. 15; Favanne, Conch., pl. 11, fig. M; Encyclop., pl. 454, fig. 1, A, B. Parmi les espèces de ce genre c'est celle qui prend le plus grand volume; elle est épaisse, blanche, marbrée de taches noires; la surface extérieure est couverte de côtes transverses; une petite alternant avec une grosse ; ces côtes sont remarquables en ce qu'elles sont aiguës au sommet et non arrondies comme dans d'autres espèces ; elles sont coupées longitudinalement par des stries assez régulières, quoiqu'un peu grossières; le bord gauche ou columellaire n'a que deux dents assez petites ; la callosité columellaire est concave, tachetée d'un jaune aurore dans la partie gauche; elle est parsemée d'un grand nombre de granulations inégales qui la rendent chagrinée.

†† Coquilles fluviatiles ; point de dent au bord droit (genre Néritine, Lamk.).

A. Espèces lisses.

NÉRITE PULLIGÈRE, *Nerita pulligera*, Linn., Gmel., pag. 3678, n° 35; *Neritina pulligera*, Lamk., Anim. sans vert. T. VI, pag. 184, n° 2; Lister, Conch., tab. 143, fig. 37; Born., *Mus.*, pl. 17, fig. 9, 10; Chemnitz, Conch. T. IX, tab. 124, fig. 1078, 1079; Encyclop., pl. 455, fig. 1, a, b, fig. 2, a, b. Cette Coquille

se trouve dans les rivières de l'Inde et des Moluques ; c'est une des plus grandes espèces du genre; elle est ovale, légèrement striée; sa couleur est d'un fauve noirâtre en dehors ; elle est souvent couverte de pustules saillantes qui sont des œufs desséchés. La lèvre est dilatée, mince, tranchante en son bord, près de ce bord elle est teinte en fauve; mais à l'intérieur toute sa coquille est blanche; le bord gauche est dentelé; l'opercule est lisse, très-mince, tranchant et subcorné au bord externe, d'un blanc fauve avec des rayons violets, plus ou moins nombreux ; la face interne à deux apophyses d'insertion musculaire, l'une courte faisant saillie au sommet, l'autre plus longue et plus grêle dépassant notablement le bord interne.

B. Espèces épineuses.

NÉRITE LONGUE ÉPINE, *Nerita Corona*, Linn., Gmel., pag. 3675, n° 26; *Neritina Corona*, Lamk., Anim. sans vert. T. VI, pag. 185, n° 8; Favanne, Conch. pl. 61, fig. D, 7; Chemnitz, Conch. T. IX, tab. 124, fig. 1082, 1083, 1084. Cette Coquille est fort remarquable par les longues épines qui la couronnent; elle est globuleuse, oblongue, striée, fort noire, surtout lorsqu'elle est adulte; le dernier tour est couronné postérieurement d'un rang de longues épines complétement tubuleuses ; souvent le sommet est rongé; l'ouverture est entièrement blanche, son bord droit très-mince et tranchant ; le bord gauche ou columellaire est légèrement dentelé. (D..H.)

*NÉRITELLE. MOLL. Espèce du genre Hélicine. *V*. ce mot. (B.)

NÉRITIER. MOLL. L'Animal du genre Nérite. *V*. ce mot. (B.)

*NÉRITINE. *Neritina*. MOLL. Ce genre a été proposé par Lamarck pour séparer les Nérites marines des fluviatiles; la ressemblance entière qui existe entre les Animaux de ces deux genres a porté la plupart des conchyliologues à les réunir et à en faire

seulement une sous-division des Nérites. Nous avons adopté cette opinion, et nous avons traité de ce genre
à l'article Nérite auquel nous renvoyons.   (D..H.)

NÉRITITES. moll. On a quelquefois donné ce nom aux Nérites fossiles.   (B.)

NERITOSTOMA. moll. La Lim-
née auriculaire a servi à Klein (*Nov.
Meth. Ostrac.*, pag. 55) pour l'établissement d'un genre qui n'a pu être
adopté puisqu'il sépare, d'après la
forme seulement, une espèce de
Limnée de ses congénères.   (D..H.)

NERIUM. bot. phan. *V.* Nérion.
On a quelquefois appelé Nerium des
Alpes, le *Rhododendrum hirsutum*,
L. *V.* Rosage.   (B.)

* NÉRIUS. *Nerius.* ins. Genre de
l'ordre des Diptères, famille des
Athéricères, tribu des Muscides,
mentionné par Latreille (Fam. Nat.
du Règn. Anim.), et dont ce savant
ne donne pas les caractères. Il avoisine les Tétanocères et surtout les
Calobates.   (G.)

NÉRO. pois. *V.* Anfos.

* NÉROCILE. *Nerocila.* crust.
Genre de l'ordre des Isopodes, établi par Leach, et que Latreille n'a-
dopte pas. Suivant le premier auteur,
ses caractères sont : extrémité du
dernier segment de l'abdomen pointue ou arrondie ; lames des appendices ventraux foliacées, inégales, les
extérieures étant les plus grandes ;
côtés des segmens du corps et de l'abdomen terminés en pointe; ceux du
dernier graduellement dilatés depuis
sa base jusqu'à son milieu, arrondis
ensuite. Ce genre ne renferme qu'une
espèce :
La Nérocile de Blainville, *N.
Blainvilliana*, Leach, Dict. des Sc.
Nat. T. xii, p. 351; Desm., *ibid.* et
Consid.; *Cymothoa falcata*, Fabr., Ent.
Syst., 11, 504. La lame extérieure
des appendices du ventre est pointue. On ne connaît pas sa patrie. (G.)

NÉROLI. bot. phan. On donne

dans la parfumerie ce nom à l'huile
essentielle de l'écorce d'orange. (B.)

* NÉROPHIS. pois. Rafinesque
dans son *Indice d'Ichth. Sic.*, forme
aux dépens des Syngnathes un genre
sous ce nom pour les espèces qui
n'ont d'autre nageoire que la dorsale.
Il n'y comprenait que l'*Ophidion*, L.,
qu'il appelle *Nerophis vittata*, et une
autre espèce qu'il appelle *maculata*.
Les *Stignathus paracirus* et *fasciatus*
de Risso pourraient aussi être placés
parmi les Nérophis. *V.* Syngna-
the.   (B.)

NERPRUN. *Rhamnus.* bot. phan.
Genre qui a donné son nom à la famille des Rhamnées et qui appartient
à la Pentandrie Digynie, L. Il se compose d'un très-grand nombre d'espèces indigènes et exotiques. Ce sont
des Arbrisseaux épineux ou dépourvus d'épines, à feuilles opposées,
quelquefois persistantes, entières ou
dentées, munies de deux stipules à
leur base. Les fleurs hermaphrodites
ou unisexuées sont axillaires, disposées en épis ou en fascicule, rarement solitaires. Leur calice est tubuleux ou turbiné; leur limbe à quatre
ou cinq lobes aigus. La corolle, qui
manque dans quelques espèces, se
compose de quatre à cinq pétales,
souvent très-petits, entiers ou bilobés. Les étamines en même nombre
que les pétales leur sont opposées.
Elles s'insèrent au bord libre d'un
disque périgyne qui tapisse toute la
face interne du tube calicinal et se
resserre quelquefois à son bord libre,
qui est saillant et lobé. Les filets sont
généralement très-courts; les anthères ovoïdes, introrses, à deux loges
s'ouvrant par un sillon longitudinal.
L'ovaire libre, globuleux, à trois ou
quatre loges contenant chacune un
seul ovule dressé. Les styles sont au
nombre de trois à quatre, le plus
généralement soudés entre eux dans
presque toute leur longueur, et terminés chacun à leur sommet par un
stigmate simple. Le fruit est pisiforme, charnu, quelquefois accompagné

à sa base par le calice persistant, et contient de deux à quatre nucules cartilagineuses, planes du côté interne où elles offrent en général un sillon longitudinal qui va se terminer à un petit enfoncement circulaire. La graine renfermée dans ce nucule est plane ou roulée, composée, outre son stigmate propre, d'un endosperme charnu contenant un embryon dressé ayant la radicule très-courte et conique, les cotylédons très-larges, très-obtus, tantôt planes, tantôt convolutés.

Ce genre ainsi caractérisé renferme les trois sections formées par Tournefort, sous les noms de *Rhamnus*, d'*Alaternus* et de *Frangula*. On doit aussi y réunir le genre proposé par Adolphe Brongniart (Mém. sur la Fam. des Rhamnées), sous le nom de *Sageretia*. En effet ce genre, d'après le caractère donné par l'auteur, ne diffère des vrais Nerpruns, aux dépens desquels il avait été établi, que par la forme du disque qui dans le *Sageretia* est plus développé dans sa partie supérieure où il presse l'ovaire; mais ce caractère nous paraît trop peu important pour légitimer la séparation de ce genre. Nous avons examiné avec attention le *Rhamnus minutiflorus* de Michaux, porté par Brongniart dans son genre *Sageretia*, et nous pouvons assurer que l'examen de ses fleurs et de ses fruits ne nous a offert aucune différence sensible avec les vrais Nerpruns. Ses fruits et son embryon offrent absolument la même organisation que dans le *Rhamnus Frangula*.

Plusieurs espèces de ce genre méritent d'être mentionnées et décrites ici, à cause de leurs usages, ou parce qu'elles sont cultivées en abondance dans les jardins. On peut facilement diviser les espèces de Nerpruns, suivant que leurs rameaux sont avec ou sans épines.

† Rameaux munis d'épines.

NERPRUN CATHARTIQUE, *Rhamnus catharticus*, L., Rich., Bot. Méd., 2, p. 607. Cet Arbrisseau connu sous les noms de *Noirprun* ou de *Bourguepine*, est commun dans nos bois et nos haies. Il est dioïque et peut s'élever à une hauteur de dix à douze pieds. Ses rameaux, souvent terminés en pointe épineuse, portent des feuilles opposées, pétiolées, ovales, aiguës, presque cordiformes, dentées, glabres et d'un vert clair. Les fleurs sont dioïques, petites, verdâtres, pédicellées et réunies à l'aisselle des feuilles; leur calice turbiné à sa base est partagé à son limbe en quatre lanières lancéolées aiguës et étalées. Les quatre pétales sont dressés, linéaires très-petits; les fleurs femelles ont l'ovaire globuleux, un peu déprimé, surmonté de quatre styles soudés, excepté à leur sommet; le fruit est pisiforme, globuleux, contenant ordinairement trois nucules, à graine convolutée. La pulpe verdâtre qui enveloppe les nucules de cet Arbrisseau a une saveur amère assez désagréable et une odeur nauséabonde. C'est un médicament purgatif fort énergique, et qui a l'inconvénient d'occasioner des coliques, surtout quand on l'administre directement en nature. On peut prévenir ce mauvais effet en buvant, après avoir fait usage de ces fruits, une tisane mucilagineuse. On ne doit employer ce médicament; que dans le cas où l'on veut opérer une révulsion énergique, comme, par exemple, dans certaines hydropysies et les dartres chroniques. Le sirop de Nerprun, qui est la préparation la plus usitée, s'administre à la dose d'une à deux onces. Quinze à vingt fruits suffisent pour provoquer d'abondantes évacuations. L'écorce moyenne des jeunes rameaux de cet Arbrisseau paraît jouir des mêmes propriétés que la pulpe; elle détermine quelquefois le vomissement. Le suc exprimé des fruits récens du Nerprun cathartique, quand il a été réduit et épaissi par la chaleur, et uni à l'alun, forme une matière colorante, verte, employée sous le nom de Vert de vessie.

NERPRUN DES TEINTURIERS, *Rhamnus infectorius*, L. C'est un petit Ar-

buste de deux à trois pieds d'élévation, ayant ses rameaux roides, épineux et étalés; ses feuilles sont très-petites, ovales, obtuses ou quelquefois
aiguës, courtement pétiolées et dentées. Ses fleurs sont très-petites, verdâtres et dioïques, pédonculées et
axillaires; le calice tubuleux à sa
base se termine par un limbe étalé
à quatre segmens lancéolés; les pétales sont très-petits et légèrement
échancrés; les fruits sont très-petits,
pisiformes, verdâtres. Cette espèce est
commune dans les lieux incultes des
provinces méridionales de la France;
ses fruits cueillis avant leur maturité
sont connus sous le nom de Graines
d'Avignon, et sont employés dans la
teinture en jaune. Leur décoction
mêlée avec du blanc de céruse forme
une couleur jaune-verdâtre qu'on
nomme stil de grain.

†† Rameaux non épineux.

NERPRUN ALALTERNE, *Rhamnus
Alaternus*, L. L'Alaterne est un Arbrisseau qui croît spontanément dans
le midi de la France, l'Italie et l'O-
rient, où il peut acquérir une hauteur de quinze à vingt pieds; ses
feuilles sont ovales, aiguës, coriaces
persistantes, luisantes et dentées en
scie; ses fleurs d'un jaune verdâtre
sont petites, hermaphrodites et disposées en petites grappes. Quelquefois cependant elles sont unisexuées
et dioïques; les fruits sont très-petits,
globuleux, luisans, rougeâtres. Cet
Arbuste est abondamment cultivé
dans les jardins. On le place généralement en palissade le long des murs
qu'il dérobe aux yeux par son feuillage toujours vert. On le multiplie
de marcottes ou de graines; il présente plusieurs variétés qui sont caractérisées par les figures différentes
de ses feuilles, tantôt plus larges et
tantôt plus étroites.

NERPRUN BOURGÈNE, *Rhamnus
Frangula*, L. Cet Arbrisseau, fort
commun dans les bois très-humides,
forme une touffe de douze à quinze
pieds d'élévation; ses branches et
ses rameaux sont élancés et dressés;

ses feuilles ovales, luisantes, dentées
en scie et persistantes; les fleurs petites, vertes, hermaphrodites, forment
de petits faisceaux axillaires. Leur
calice est turbiné, à cinq divisions
étroites et dressées; les pétales plus
courts et en forme de cuiller embrassent les étamines. Les fruits rouges
et globuleux contiennent en général trois nucules cartilagineux. Cette
espèce jouit des mêmes propriétés
que le Nerprun cathartique; ses fruits
et son écorce moyenne sont très-pur-
gatifs; la chair de leur péricarpe peut
servir à préparer une matière colorante, verte, analogue au vert de vessie; son bois est blanc et très-léger;
il est du nombre de ceux dont on se
sert pour la fabrication de la poudre
à canon.

On cultive encore dans les jardins
plusieurs autres espèces, telles que
les *Rhamnus hybridus*, *balearicus*,
latifolius, *theezans*, etc. Ce dernier
est originaire de la Chine; ses feuilles en infusion dans l'eau bouillante
sont employées comme celles du thé.
(A. R.)

NERPRUNS (FAMILLE DES). BOT.
PHAN. Cette famille est plus généralement désignée aujourd'hui sous le
nom de Rhamnées. *V.* ce mot. (A.R.)

* NERTE. BOT. PHAN. L'un des
noms vulgaires du Myrte commun
dans quelques cantons de l'Occitani-
que.   (B.)

NERTÈRE. *Nertera*. BOT. PHAN.
Sous ce nom changé par plusieurs
auteurs en celui de *Nerteria*, Banks et
Schreber ont établi un genre de la
famille des Rubiacées, et de la Pentandrie Monogynie, L. Il est ainsi
caractérisé: calice très-petit, presque entier ou à quatre petites dents;
corolle infundibuliforme, quadrifide;
quatre étamines saillantes; ovaire infère, surmonté d'un style profondément divisé en deux ou quatre branches; drupe bacciforme, sphérique,
à deux ou quatre noyaux coriaces et
monospermes. Le nom de *Gomozia*,
donné à ce genre par Linné fils, n'a
pas été adopté, parce que d'un côté

c'était une erreur d'orthographe de *Gomezia* que lui avait imposé Mutis, et d'un autre côté parce que les caractères en étaient inexacts. Jussieu indique encore comme congénère du *Nertera*, l'*Erythrodanum* de Du Petit-Thouars (Flore de Tristan d'Acugna, p. 41). Les Nertères sont des Plantes herbacées, couchées, quelquefois radicantes, garnies de très-petites feuilles opposées. Les fleurs sont terminales, solitaires, accompagnées à la base de deux bractées. Le type du genre est le *Nertera depressa* de Smith et de Gaertner, *N. repens*, Ruiz et Pavon, ou *Gomozia granadensis*, L., qui croît dans l'Amérique méridionale. Kunth en a décrit une nouvelle espèce sous le nom de *N. tetrasperma*, qui forme le passage entre le *Nertera* et le *Mittchella*. (G..N.)

NERTÉRIE. *Nerteria*. BOT. PHAN. Pour Nertère. *V.* ce mot. (G..N.)

*** NERVIMOTION ET NERVIMOTILITÉ.** ZOOL. Dutrochet (Recherches Anatomiques et Physiques sur la structure intime des Animaux et des Végétaux, p. 3) a employé le premier de ces mots pour exprimer le phénomène de mouvement produit dans les sens par les agens extérieurs et transmis par les nerfs, et il a nommé *Nervimotilité* la propriété vitale en vertu de laquelle ce mouvement a lieu. Les agens extérieurs, susceptibles de produire la Nervimotion, ont reçu le nom d'*agens nervimoteurs*. La Nervimotion peut s'exécuter sans qu'il y ait de sensation produite; ainsi nos organes intérieurs qui sont doués de Nervimotilité éprouvent la Nervimotion, pour ainsi dire à notre insu, tandis que ce phénomène est toujours accompagné de la sensation, lorsque nos organes extérieurs sont remués par les agens du dehors. Conséquemment il était nécessaire, suivant Dutrochet, de bannir de la physiologie, science purement physique, les mots de sensibilité et de sensation qui se rapportent à des phénomènes moraux dont la nature est totalement

inaccessible à notre investigation. (G..N.)

NERVULES. BOT. PHAN. On appelle ainsi les faisceaux de filets vasculaires qu'on remarque dans l'épaisseur des parois de l'ovaire, et qui descendent du stigmate vers la base de l'ovaire, ou se prolongent de cette base jusqu'à la naissance des trophospermes. Ces faisceaux de vaisseaux nourriciers dont le nombre et la disposition sont utiles à étudier, ont aussi été décrits sous le nom de cordons pistillaires. (A. R.)

NERVURES. BOT. PHAN. Ce nom s'applique aux faisceaux de vaisseaux nourriciers qui par leur épanouissement forment le réseau et en quelque sorte le squelette de la feuille. Nous avons déjà fait connaître leurs principales dispositions au mot FEUILLE. *V.* ce mot. (A. R.)

NESÆA. BOT. PHAN. Genre de la famille des Salicariées, et de la Décandrie Monogynie, L., proposé d'après Commerson par Jussieu dans son *Genera Plantarum*, et publié par Kunth (*Nov. Genera et Spec. Plant. æquin.*, VI, p. 192) avec les caractères suivans : calice persistant, hémisphérique-campanulé, dont le tube est marqué de dix-huit ou douze nervures, et le limbe à dix ou douze dents, les cinq ou six extérieures subulées. Corolle à cinq ou six pétales égaux, ouverts et insérés sur le limbe du calice entre les dents intérieures. Étamines au nombre de dix à douze, inégales, saillantes, insérées en une simple rangée vers la base ou le milieu du tube calicinal; anthères biloculaires, fixées par le dos et s'ouvrant à l'intérieur par une fente longitudinale. Ovaire supère, sessile, presque globuleux, tri ou quadriloculaire; placentas en nombre égal à celui des loges, fixés à un axe central; ovules nombreux; un seul style surmonté d'un stigmate capité. Capsule globuleuse, couverte par le calice persistant, mince, membraneuse, à trois ou quatre loges, et à autant de valves, polyspermes. Graines arrondies obovales, convexes d'un côté, planes de l'autre, et dépourvues d'ailes.

Ce genre comprend des Plantes placées par quelques auteurs dans les *Lythrum*. Il se distingue de ce dernier genre par son ovaire tri ou quadriloculaire, par la forme de son calice et le port particulier des espèces. On ne peut le réunir au genre *Ammania*, à cause du nombre des parties de la fleur qui dans ces derniers est toujours de quatre à huit. Kunth indique quatre espèces de *Nesœa*, savoir : *N. triflora* ou *Lythrum triflorum*, Linn., Suppl. ; *N. verticillata* ou *Lythrum verticillatum*, Michx.; *N. salicifolia*, Kunth; et *N. speciosa*, id. Ce sont des Plantes herbacées ou frutescentes, indigènes de l'Amérique, les deux dernières des contrées méridionales. Elles ont des feuilles opposées, quelquefois ternées, ou les supérieures alternes, très-entières. Les pédoncules sont axillaires portant une ou trois fleurs, et accompagnées de deux bractées. Dans le *Nesœa verticillata*, les fleurs sont en corymbes très-courts. Les corolles sont violettes ou jaunes. On cultive le *N. salicifolia* dans le jardin de botanique de Paris.   (G. N.)

NESARNAK. MAM. Nom de pays du *Delphinus tursio*. *V.* DAUPHIN.
          (IS. G. ST.-H.)

NESCHASCH. BOT. PHAN. *V.* CHAA.

NÉSÉE. *Nœsa.* CRUST. Genre de l'ordre des Isopodes, famille des Sphéromides, établi par Leach, et ayant pour caractères : sutures du premier segment post-abdominal atteignant ses bords et les coupant; premier article des antennes supérieures en palettes allongées, soit plus ou moins carrées, soit linéaires; appendices ventraux postérieurs, droits, ayant leur petite lame seule saillante, et passablement longs; corps ou thorax ayant l'avant-dernier article plus grand que le dernier. Ce genre se distingue du genre Campécopée de Leach par les appendices ventraux

qui dans ce dernier sont courbés; le genre Cilicée en est séparé par les derniers segmens du thorax qui sont d'égale longueur; enfin les Dynamènes et les Cymodoces ont les deux lames des appendices postérieurs du ventre saillantes, ce qui les distingue suffisamment des Nésées. Ce genre ne se compose jusqu'à présent que d'une seule espèce qui se trouve sur les rochers de la partie occidentale des côtes de France; c'est :

La NÉSÉE BIDENTÉE, *Nœsa bidentata*, Leach, Desm., Dict. Sc. Nat. et Cons. sur les Crust., p. 295, pl. 47, fig. 2; *Oniscus bidentatus*, Adams, Trans. Soc. Linn., t. 8, tab. 2, fig. 2. Le corps de ce Crustacé est long de six lignes, d'une couleur cendrée, légèrement strié de bleu ou de rouge, et lisse; le sixième anneau du thorax est rugueux, terminé postérieurement par deux piquans; l'abdomen est rugueux avec son dernier anneau portant deux tubercules vers son milieu. On le trouve sous les pierres et les Plantes marines, à mer basse. (O.)

NÉSÉE. *Nesea.* POLYP. Genre de l'ordre des Corallinées dans la division des Polypiers flexibles, ayant pour caractères : Polypier en forme de pinceau, à tige simple, quelquefois bifurquée, remplie intérieurement de fibres nombreuses et cornées, terminées par des rameaux articulés, dichotomes, cylindriques, réunis en tête. Quoique plusieurs naturalistes aient décrit, d'après l'intuition, les beaux Polypiers de ce genre; ayant eu occasion d'en examiner toutes les espèces, tant sur de nombreux échantillons recueillis sur le banc de Bahama par le capitaine Thomassi de Caen, que dans la collection de feu Lamouroux, nous pouvons ajouter quelques faits à leur histoire. On doit établir deux sections dans ce genre; l'une contenant les *N. Phœnix*, *eriophora*, *Penicillus*, *dumetosa* et *nodulosa*; l'autre le *N. annulata*. Les espèces de la première section ont toutes à la base de leur tige un faisceau de fibres radiciformes, mol-

35

les et flexibles, ramifiées irrégulièrement en filets excessivement ténus; presque constamment couvertes d'un sable blanc, calcaire, très-fin, intimement collé à ces fibres, dont on ne le sépare qu'avec difficulté. La tige est ordinairement assez grosse, presque cylindrique ou irrégulièrement comprimée par la dessiccation; elle est revêtue à l'extérieur d'une sorte de croûte calcaire, peu épaisse, où l'on aperçoit, au moyen d'une forte loupe, des porosités nombreuses, analogues à celles que l'on remarque sur le *Halimda monile*, mais moins distinctes. Cette écorce est assez flexible pour se laisser aplatir par les doigts lorsqu'on la comprime avec une certaine force. A l'intérieur de la tige on trouve un gros faisceau de fibres longitudinales, molles, comme feutrées, dont les racines semblent être la continuation; la tige est amincie dans son tiers ou son quart supérieur, et dans ce point elle donne naissance à un grand nombre de rameaux, promptement divisés eux-mêmes en ramuscules plus ou moins nombreux; à leur origine les rameaux ne sont pas plus volumineux que leurs divisions; les uns et les autres sont formés par une série de petits cylindres plus ou moins longs, articulés de place en place et souvent d'une manière irrégulière; à leur extrémité libre ces ramuscules sont clos, arrondis, et couverts, comme dans toute leur étendue, d'une couche très-mince de substance calcaire, fragile, percée comme une écumoire, d'une multitude de petits trous, très-visibles au microscope, sur les espèces à rameaux un peu gros, tels que le *N. dumetosa*. L'intérieur des rameaux est rempli par une substance membraneuse, coriace, de couleur verte, qui paraît creuse intérieurement. Les espèces de cette section ont beaucoup d'analogie entre elles, au point qu'il est assez difficile de les distinguer lorsqu'on les étudie sur un grand nombre d'échantillons : le *Nesea Phœnix* même, qui semble si différent des autres dans les descrip-

tions et les figures, n'en diffère véritablement que par l'agglutination latérale de ses ramuscules, encore se trouve-t-il des échantillons où les ramuscules décollés accidentellement lui donnent l'aspect du *Nesea Penicillus*. Leur couleur, dans l'état de vie, est d'un vert cendré; elles deviennent blanches ou blanchâtres par la dessiccation et l'exposition à l'air; leur grandeur varie d'un à quatre pouces. La seule espèce comprise dans la seconde section, se distingue facilement des autres Nésées; ses racines sont à proportion beaucoup plus grosses, fistuleuses et contournées; la tige n'a guère qu'une demi-ligne ou deux tiers de ligne de diamètre; elle est presque égale dans toute sa longueur, creuse intérieurement et non cloisonnée; elle ne renferme point de faisceau de fibres et paraît entièrement vide, au moins dans l'état de dessiccation; ses parois sont très-minces, non encroûtées, régulièrement et élégamment annelées comme certaines Tubulaires; on n'y aperçoit aucune porosité; la tige n'est point amincie à son extrémité supérieure; les rameaux prennent tous naissance à son sommet, ils sont très-nombreux, très-grêles, et se divisent irrégulièrement par dichotomies fréquentes; leur intérieur est creux et cloisonné à chaque bifurcation; ils sont enchevêtrés les uns avec les autres de manière à former par leur réunion une sorte de feutre arrondi en boule, élargi en disque ou creusé en entonnoir; il ne nous a point paru encroûté; leur substance comme celle de la tige est molle et flexible, leur couleur verdâtre ou blonde; leur grandeur varie d'un à trois pouces. Les Nésées vivent sur les bas-fonds de l'Océan des Antilles; une seule espèce a été rapportée des Moluques par les naturalistes de l'expédition commandée par Freycinet. (E. D..L.)

* NESIRIS. BOT. PHAN. Syn. de Berce. *V.* ce mot. (B.)

NESLIA. BOT. PHAN. Quoique ce

genre ait été proposé par Haller et par Medicus, sous les noms de *Rapistrum* et de *Vogelia*, le professeur De Candolle, dans son *Systema Vegetabilium*, a adopté la dénomination de *Neslia* donnée récemment par Desvaux (Journal de Botanique, 3, p. 162), parce que les noms employés par les auteurs allemands ont reçu d'autres applications. Il appartient à la famille des Crucifères et à la Tétradynamie siliculeuse, L. Voici ses caractères : calice à divisions étalées ; corolle à pétales entiers, égaux ; étamines tétradynames, à filets dépourvus de dents ; silicule coriace, indéhiscente, presque globuleuse, comprimée, biloculaire, à cloison mince qui disparaît quelquefois dans son plus grand diamètre, et alors la silicule devient uniloculaire et monosperme, à valves concaves non distinctes. La graine est solitaire dans chaque loge, presque globuleuse, pendante, insérée latéralement ; ses cotylédons sont ovales, épais et incombans. Ce genre faisait partie des *Myagrum* de Linné, des *Bunias* de L'Héritier, des *Cochlearia* de Crantz, des *Rapistrum* de Gaertner, et des *Crambe* d'Allioni. Adanson avait déjà fait sentir ses affinités avec les *Camelina*, ce que confirme la structure de ses cotylédons, et De Candolle l'a placé dans sa tribu des Camelinées. Il diffère des *Bunias* par sa silicule à cloison membraneuse, et par la situation des cotylédons.

Il n'y a qu'une seule espèce de ce genre. C'est le *Neslia paniculata*, Desv. et D. C.; *Myagrum paniculatum*, L. Cette Plante est herbacée, annuelle, dressée, ayant le port de la Cameline cultivée. Sa tige est cylindrique, pubescente ou hispide à la base, légèrement rameuse. Ses feuilles caulinaires sont sagittées, amplexicaules, oblongues, lancéolées, entières. Les fleurs sont petites, jaunes et disposées en grappes simples, terminales et allongées. On trouve cette espèce dans les champs sablonneux de presque toute l'Europe, depuis Constantinople jusqu'en Suède, et depuis la péninsule Espagnole jusqu'à Pétersbourg. On la rencontre aussi dans l'Orient et dans le nord de la Russie asiatique.   (G..N.)

*NESTLERA. BOT. PHAN. Le genre *Columellea* de Jacquin a été nommé *Nestlera* par Sprengel, à cause de la consonnance du premier de ces noms avec ceux de deux autres genres de Plantes établis antérieurement par Loureiro d'une part et Ruiz et Pavon de l'autre. *V.* COLUMELLÉE.   (G..N.)

* NESTOR. OIS. Nom scientifique du Perroquet à tête grise de la Nouvelle-Zélande. *V.* PERROQUET.   (DR..Z.)

NET-SCHULI. BOT. PHAN. Nom de pays du *Justicia Gandarussa*, aussi appelé Carou-Net-Chouli. Cette Plante, cultivée dans les jardins de l'Inde, s'y taille en bordure comme de petites Charmilles ou du Buis.   (B.)

NETTASTOMA. POIS. Genre formé par Rafinesque parmi les Malacoptérygiens apodes, très-voisin des Anguilles, et auquel il donne pour caractères : corps allongé, presque cylindrique, ayant les ouvertures des branchies presque sous le cou, transversales, allongées, garnies d'une membrane sans rayons et sans opercule ; mâchoires allongées, déprimées ; la supérieure plus longue que l'inférieure ; anus plus voisin de la tête que de la queue ; dorsale, anale et caudale réunies ; ni pectorales ni ventrales. Ce genre ne contient qu'une espèce des mers de Sicile, le *Nettastoma melanura*, qui atteint deux pieds de long.   (B.

NEUDORFIA. BOT. PHAN. Adanson nommait ainsi un genre identique avec le *Nolana* de Linné. *V.* ce mot.   (G..N.)

NEURACHNE. *Neurachne*. BOT. PHAN. R. Brown (*Prodr. Nov.-Holl.*, 1, p. 198) appelle ainsi un genre nouveau de la famille des Graminées, qui se compose d'une seule espèce, *Neurachne alopecuroidea*. C'est une Graminée vivace, ayant le port d'un *Alopecurus*; un chaume multiple, dressé, à nœuds hérissés et barbus. Ses feuilles sont planes et courtes; ses fleurs forment un épi dense, ovoïde, simple et dépourvu d'involucre. Chaque épillet est biflore. La lépicène est à deux valves veinées, aiguës, coriaces, hispides, presque égales, l'extérieure étant un peu plus courte; toutes deux persistent et s'endurcissent. Des deux fleurs, l'extérieure est neutre, à deux valves dont l'externe est semblable à celle de la lépicène; la fleur intérieure est hermaphrodite, ses deux valves sont membraneuses, transparentes. La glumelle se compose de deux écailles hypogynes. Les étamines sont au nombre de trois. Les deux styles se terminent chacun par un stigmate plumeux. Ce genre est voisin des *Cenchrus* et des *Isachne*. (A. R.)

* NEURACTIDE. *Neuractis*. BOT. PHAN. Genre de la famille des Synanthérées, Corymbifères de Jussieu, et de la Syngénésie superflue, L, établi par H. Cassini (Dictionn. des Sciences Naturelles, T. XXXIV, p. 496) qui l'a ainsi caractérisé : involucre presque cylindracé, formé d'environ dix folioles disposées sur deux rangs, appliquées, oblongues, foliacées, membraneuses sur les bords, inégales, les extérieures plus courtes. Réceptacle plane, nu dans le milieu, muni près de ses bords de paillettes oblongues, linéaires, analogues aux folioles de l'involucre. Calathide radiée, dont le disque se compose de fleurons nombreux, réguliers, hermaphrodites, et la circonférence de trois demi-fleurons ligulés, femelles et distans entre eux. Ovaires oblongs, glabres, un peu amincis au sommet en forme de col gros et court, dépourvus d'aigrette ou ne présentant qu'un rebord membraneux à peine manifeste, inégal, interrompu et denté. Les fleurons du disque ont leur corolle tubuleuse, cylindrique, à cinq divisions plus longues que le tube, oblongues, lancéolées. Les corolles des fleurons de la circonférence ont un tube long et grêle, un limbe très-grand, profondément partagé en trois lanières divergentes, elliptiques, oblongues; celle du milieu plus étroite, à une seule nervure, et les deux latérales plus larges, à deux ou trois nervures colorées. Les étamines sont saillantes et surmontées d'appendices courts et ovales. Le style porte deux stigmatophores courts, divergens, arqués en dehors, surmontés chacun d'un appendice très-long, hérissé de collecteurs presque membraneux.

Le genre *Neuractis* est placé parmi les Hélianthées-Coréopsidées, près du *Chrysanthellum* de Richard, et du *Glossocardia* de Cassini. Il n'est composé que d'une seule espèce nommée par l'auteur *Neuractis Leschenaultii*, en l'honneur de Leschenault de la Tour qui l'a rapportée de l'île de Java. C'est une petite Plante herbacée, glabre, dont la tige est ordinairement étalée, rameuse, grêle, striée, garnie de feuilles plus ou moins distantes, inégales, ayant un pétiole très-long, linéaire, ampléxicaule, son limbe bipinné, à divisions opposées, distantes, oblongues, terminées par une petite pointe. Les calathides sont solitaires au sommet de pédoncules très-grêles, nus, et qui paraissent axillaires; quelquefois la tige est très-courte, munie de feuilles rapprochées, et n'offre qu'un seul pédoncule terminal en forme de hampe. (G..N.)

NEURADE. *Neurada*. BOT. PHAN. Genre de la famille des Rosacées et de la Décandrie Polygynie, L., établi par Bernard de Jussieu, publié par Linné, et ainsi caractérisé : calice persistant dont le tube est très-court, étroitement uni aux carpelles; le limbe à cinq lobes peu profonds, ovales, se recouvrant un peu pendant l'estivation, ensuite irrégulièrement disposés à cause de l'accroissement des lobules imbriqués; corolle à cinq pétales insérés à la base des lobes du limbe calicinal; dix étamines; dix styles; capsule formée de dix carpelles soudés, hémisphérique, enveloppée par le calice hérissé, à loges verticillées et monospermes; graine osseuse, munie d'un embryon courbé, d'une radicule oblique, et de cotylédons oblongs. Cette graine germe dans la capsule, la perfore et l'entoure à l'instar d'un anneau.

Le genre *Neurada* est le type d'une tribu établie dans les Rosacées par De Candolle, qui l'a nommée Neuradées (*Neuradeæ*). *V.* ce mot. On n'en connaît qu'une seule espèce, *Neurada procumbens*, L., qui habite l'Egypte, l'Arabie et la Numidie. C'est une Herbe ligneuse à la base, tomenteuse, à feuilles sinuées-pinnatifides, et à fleurs petites, solitaires et axillaires. (G..N.)

* **NEURADÉES.** *Neuradeæ.* BOT. PHAN. De Candolle (*Prodrom. Syst. Veget.*, 2, p. 548) nomme ainsi la quatrième tribu de la famille des Rosacées, et il lui assigne les caractères suivans : calice dont le tube est adhérent à l'ovaire, le limbe à cinq lobes peu profonds, légèrement incombans ou valvaires pendant l'estivation; corolle à cinq pétales; dix étamines; dix carpelles soudés en une capsule à dix loges, déprimée dans sa partie supérieure; graines pendantes obliquement et solitaires dans chaque loge. Cette tribu n'est placée qu'avec doute parmi les Rosacées. A. L. de Jussieu avait indiqué ses rapports avec les Ficoïdes; mais l'absence de l'albumen, la forme de l'embryon et les feuilles non charnues s'opposent à ce rapprochement. Les Plantes qui la constituent sont des Herbes qui croissent dans les terrains sablonneux, à tiges ligneuses à la base et ordinairement couchées. Les feuilles sont tomenteuses, sinueuses, pinnatifides ou bipinnatifides. De Candolle ne lui rapporte que les deux genres *Neurada* et *Grielum* de Linné, mais il propose avec doute d'y réunir le *Biebersteinia*. (G..N.)

* **NEURITE.** MIN. Suivant Hoffmann et Breithaupt (Traité de Min.,

Freyberg, 1816), ce serait le véritable nom du Jade, venant de νευρον (nerf), à cause de la propriété qu'on lui supposait de fortifier les nerfs. Les minéralogistes pensent que c'est par corruption que ce nom a été changé en celui de Néphrite.

(G. DEL.)

NEUROCARPE. *Neurocarpum.* BOT. PHAN. Genre de la famille des Légumineuses, et de la Diadelphie Décandrie, L., fondé par Desvaux (Journ. de Botanique, mars 1813) sur une Plante de la Guiane qu'Aublet et Lamarck rapportaient au genre *Crotalaria.* Un pareil genre avait été formé depuis long-temps mais non publié par Richard, qui le nommait, dans son herbier, *Rhombifolium* ou *Rhombolobium.* Kunth, l'ayant adopté, en a fait connaître plusieurs espèces nouvelles, et a présenté ses caractères de la manière suivante : calice tubuleux, campanulé, accompagné à la base de deux bractées petites, dont le limbe quinquéfide, presque bilabié, la découpure inférieure beaucoup plus longue. Corolle papilionacée; l'étendard elliptique orbiculé, émarginé, bilobé, en capuchon, et embrassant les ailes et la carène; les ailes adhérentes à la carène : celle-ci de moitié plus petite que l'étendard. Etamines au nombre de dix, diadelphes. Ovaire stipité, entouré à sa base d'un disque urcéolé, renfermant de huit à dix-sept ovules. Style vélu à la partie supérieure et interne; stigmate formant une petite tête. Légume linéaire, comprimé, tétragone, marqué des deux côtés d'une suture proéminente, bivalve et polysperme. Graines arrondies, elliptiques, comprimées, séparées par des cloisons de tissu cellulaire, présentant un hile basilaire petit, une radicule légèrement courbée.

De Candolle a placé le genre *Neurocarpum* dans sa tribu des Lotées, section des Clitoriées. Une des deux espèces sur lesquelles il a été constitué par Desvaux, avait été réunie par divers auteurs au *Clitoria*, et c'était encore sous ce nom générique que Lamarck avait décrit le *Neurocarpum falcatum*. Ces trois espèces, types du genre, croissent à la Guiane, à Saint-Domingue, et dans les autres îles de l'Amérique. Kunth a publié (*Nov. Gen. et Species Plant. æquin.*, VI, p. 407-410; *Mimos. et Plant. Leg.*, t. 59 et 60) quatre espèces nouvelles de *Neurocarpum* sous les noms de *N. simplicifolium, angustifolium, javitense* et *macrophyllum.* Elles croissent sur le continent de l'Amérique équinoxiale, dans la république de Colombie. Il indique en outre comme congénère le *Clitoria Mariana* de Michaux, malgré les différences légères que présente sa gousse. Ces Plantes sont des Arbrisseaux le plus souvent volubiles, à feuilles ternées; la foliole terminale distante des latérales, lesquelles sont peu développées. Les pédoncules axillaires supportent une ou deux fleurs grandes, blanches, purpurines ou violettes. (G..N.)

* NEUROCARPUS. BOT. CRYPT. (Weber et Mohr.) Syn. de Dictyoptère. *V.* ce mot. (B.)

NEUROLÈNE *Neurolæna.* BOT. PHAN. R. Brown (*Observ. on the Composit.*) a établi ce genre qui appartient à la famille des Synanthérées, et à la Syngénésie égale de Linné. H. Cassini l'a placé avec doute auprès de son genre *Molpadia* dans la tribu des Inulées, et l'a ainsi caractérisé : l'involucre est égal aux fleurs, cylindracé, composé de folioles sur plusieurs rangs, inégales, imbriquées, à trois nervures, ovales, oblongues, obtuses, membraneuses sur les bords. Le réceptacle est garni de paillettes analogues aux folioles de l'involucre à une seule nervure glanduleuse. La calathide, sans rayons, est formée de fleurons nombreux, réguliers et hermaphrodites; leur corolle offre un tube grêle, un limbe plus court que le tube, allongé, à segmens étroits, aigus, glandulifères. Les étamines ont des filets flexueux, non soudés au sommet du tube de la corolle; elles sont pourvues d'un long article anthérifère, d'un appendice apicilaire, libre, étroit, obtus et aigu, et presque dépourvues d'appendices basilaires. Le style a deux stigmatophores, à bourrelets prolongés jusqu'au sommet, où ils deviennent confluens. Les akènes sont un peu arqués, à quatre ou cinq facettes, garnis de poils ou de glandes, quelquefois pédicellés, surmontés d'une aigrette de la longueur de la corolle, et formée de poils soyeux, flexueux, à peine plumeux.

Ce genre a été constitué sur une Plante réunie par Linné au genre *Conyza,* qui était comme le réceptacle d'une foule de Synanthérées corymbifères, que l'on ne savait classer. Swartz l'en retira pour en faire une espèce de *Calea,* et Gaertner imita cet auteur; mais le *Calea,* mieux étudié par R. Brown, a été partagé en plusieurs genres, savoir : *Melanthera, Cassinia, Calea* et *Neurolæna.*

Le *Neurolæna lobata,* R. Br. et Cass.; *Conyza lobata,* L.; *Calea lobata,* Sw. et Gaertn., est une Plante ligneuse dont les folioles offrent à leur base deux segmens plus ou moins prononcés et divergens. L'involucre est jaunâtre, pubescent; les corolles sont jaunâtres, à nervures noires, et elles sont parsemées de glandes. Cette Plante croît dans l'Amérique équinoxiale.

Sous le nom de *Neurolæna integrifolia,* Cassini a proposé une seconde espéce à laquelle il avait imposé précédemment deux noms différens, ceux de *Calea Suriani* et *Neurolæna Suriani.* C'est une Plante rapportée des Antilles par Surian, et qui est conservée dans l'herbier de Jussieu. Elle diffère du *Neurolæna lobata* par sa tige herbacée et par ses feuilles entières. Les fleurs sont jaunâtres, terminales à l'extrémité de la base et des ramifications, où elles forment un grand corymbe irrégulier.

(G..N.)

* NEUROLOMA. BOT. PHAN. Genre de la famille des Crucifères,

et de la Tétradynamie siliqueuse, L., établi, d'après Andrzeiowski, par De Candolle(*Prodrom. Syst. Veget.,* 1., p. 156) qui l'a ainsi caractérisé : calice dressé, égal à la base, à sépales membraneux sur leurs bords; pétales onguiculés, à limbe oboval; étamines libres, dépourvues de dents, à peine plus longues que le calice; siliques lancéolées, sessiles, comprimées, à valves planes; cordons ombilicaux adnés supérieurement à la cloison; graines munies d'un large rebord, à cotylédons accombans. Ce genre comprend trois espèces que l'auteur du nouveau genre plaçait naguère (*System. Veget.*, vol. 2) parmi les *Hesperis* et les *Arabis.* Ces Plantes, qui ont reçu les noms de *Neuroloma arabidiflorum, scapigerum* et *nudicaule,* sont de jolies petites Herbes qui se rapprochent par leur port des Juliennes, et qui croissent en Sibérie. (G..N.)

* NEUROPLATYCÉROS. BOT. PHAN. (*Fougères.*) Pluckenet employa le premier ce nom pour désigner l'*Acrostichum alcicorne.* Schkuhr l'adopta comme générique; mais le genre Neuroplatycéros n'a point été adopté. (B.)

* NEUROTROPIS. BOT. PHAN. (De Candolle.) Une des cinq sections établies dans le genre Thlaspi. *V.* ce mot. (B.)

NEUTRES ou MULETS. INS. On nomme ainsi certains individus dans lesquels les organes générateurs n'ont pas atteint leur entier développement et qui en conséquence ne sont point aptes à la reproduction. L'observation a prouvé que ce phénomène avait lieu dans le sexe femelle et particulièrement chez les Neutres qui vivent en société; ces Neutres sont essentiellement chargés de pourvoir à la nourriture de la république; ils sont toujours en campagne, et leur activité est extraordinaire; ce sont eux qui édifient l'habitation et qui la réparent; c'est à leur soin qu'est confié l'éducation des petits, et bien qu'ils soient des femelles avortées, ils remplissent ce devoir avec toute la sollicitude des plus tendres mères. On trouvera des détails curieux sur l'organisation et les habitudes des Neutres aux mots ABEILLES, FOURMIS, GUÊPES, MUTILLES et TERMÈS. (AUD.)

NEUTRES (FLEURS). BOT. PHAN. On appelle ainsi les fleurs qui sont privées des organes sexuels et réduites par conséquent aux seules enveloppes florales; telles sont celles de la Boule-de-Neige, de l'Hortensia, etc. (A. R.)

* NÉVRAMPHIPÉTALES. *Nevramphipetalæ.* BOT. PHAN. Un caractère assez saillant et général dans les Plantes de la famille des Synanthérées, fut découvert presque en même temps à Paris et à Londres par H. Cassini et par R. Brown. Nous ne parlerons pas ici de la dispute qui s'ensuivit concernant la priorité de la découverte; cette question n'intéresse que l'amour-propre des personnes, petite passion qui paraît excessivement chatouilleuse chez beaucoup de savans. Il nous suffit de dire que le caractère dont il est ici question consiste en ce que chacun des cinq pétales qui, soudés inférieurement, forment la corolle des Synanthérées, est bordé de deux nervures latérales et confluentes au sommet. Le mot de *Nevramphipétales*, composé de trois mots grecs, et proposé par H. Cassini, exprimait exactement cette structure. Mais l'innovation n'a pas été adoptée; elle a même été abandonnée par son auteur qui a senti qu'une famille de Végétaux avait déjà bien assez de deux noms, dont l'un (Synanthérées), proposé par Richard père, était aussi exact dans sa généralité que dans son étymologie. *V.* SYNANTHÉRÉES. (G..N.)

* NEVRIDIUM. BOT. CRYPT. Le genre établi sous ce nom par Sprengel, est fondé sur une espèce du genre *Erineum* qui croît sur les feuilles des Mélastomes. Il n'a pas été adopté. (G..N.)

NEVROPORA. BOT. PHAN. (Commerson.) Syn. d'Antidesme. *V.* ce mot.

(B.)

NÉVROPTÈRES ou NEUROP-TÈRES. *Nevroptera.* INS. Septième ordre d'Insectes (Fam. Nat. du Règne Anim.), établi par Linné et adopté par Latreille et tous les entomologistes avec ces caractères : quatre ailes nues ou transparentes, réticulées, et ordinairement de la même grandeur; bouche offrant des mandibules, des mâchoires et deux lèvres propres à la mastication. Point d'aiguillon à l'anus; femelles rarement pourvues d'un oviscapte ou d'une tarière; articles des tarses ordinairement entiers et variant par le nombre. Cet ordre qui renferme la classe des Odonates, et une partie de celle des Synistates de Fabricius, a été partagé en deux par Kirby qui en a détaché le genre *Phriganea* de Linné, pour en former un ordre particulier, celui des Trichoptères. Il aurait voulu simplifier ainsi les caractères des Névroptères, en n'y laissant que les espèces à ailes réticulées; mais comme dans celles-ci il en existe dont les ailes supérieures diffèrent des inférieures, on ne peut assigner de caractères rigoureux à cet ordre si on donne trop d'importance aux ailes; ou bien il faudrait le restreindre et former avec lui plusieurs autres coupes premières. Nous pensons, comme l'a craint notre illustre maître, que ces coupes seraient plus nuisibles qu'utiles à la science, par le bouleversement qu'elles mettraient dans un ordre que distingue assez nettement des autres l'ensemble de caractères tirés d'organes au moins aussi importans que les ailes. Les Insectes de cet ordre se distinguent facilement des Orthoptères et des Hémiptères, en ce que ceux-ci ont les ailes supérieures d'une consistance différente des ailes inférieures; les Hyménoptères en sont séparés par leurs mâchoires qui sont ordinairement très-allongées et ne servent plus à broyer les alimens, mais seulement à sucer. Les Lépidoptères

ne pourront être confondus avec eux à cause de leurs ailes couvertes d'écailles; enfin les Diptères en sont nettement séparés par leurs ailes et par leurs organes de la manducation. La bouche des Névroptères est composée ordinairement de deux lèvres, de deux mandibules et de deux mâchoires : ces derniers organes sont très-aigus et très-forts dans quelques Névroptères (Libellules) destinés à faire leur proie d'Insectes, tandis qu'ils sont très-petits et presque imperceptibles dans d'autres (Ephémères) dont la vie est très-courte et qui ne prennent pas de nourriture. Les palpes sont quelquefois très-courts (Libellules); d'autres fois ils sont fort longs comme cela se voit chez les Myrméléons. La tête est plus ou moins grosse avec des antennes placées à sa partie antérieure; ces antennes sont le plus souvent filiformes ou sétacées; dans les Myrméléons elles sont terminées en masse allongée; d'autres fois, et comme cela a lieu dans les Ascalaphes, ces antennes sont fort longues, grêles et terminées par un petit bouton comme celles des Lépidoptères. Les yeux sont à réseau et placés sur les côtés de la tête; on voit ordinairement entre eux trois petits yeux lisses, mais ils manquent souvent. Le corselet est renflé, comprimé et tronqué dans le plus grand nombre; il donne attache à quatre ailes ordinairement nues, réticulées, claires, transparentes, et présentant souvent des reflets très-vifs ou des taches de différentes couleurs. Toutes servent au vol; elles sont quelquefois posées en toit sur l'abdomen; souvent elles sont écartées du corps et étendues horizontalement; dans d'autres elles sont rapprochées verticalement l'une à côté de l'autre. Ces ailes diffèrent quelquefois de grandeur entre elles, comme cela se voit dans les Némoptères; quelquefois les inférieures n'existent plus, ou sont tellement oblitérées qu'on a de la peine à découvrir leurs traces; c'est ce qu'on voit dans les Ephémères. Les pates, au nombre de six, sont composées de quatre pièces, savoir : la hanche, la cuisse, la jambe et le tarse; ce dernier varie pour le nombre des articles dont il est composé; quelquefois il n'a que trois articles, dans d'autres espèces il en a quatre; enfin il y en a qui sont composés de cinq articles. Les larves et les nymphes, dont la forme se rapproche de l'Insecte parfait, sont ou terrestres ou aquatiques; les premières habitent sous les écorces des Arbres, d'autres font la guerre aux Pucerons; d'autres enfin font leur nid dans le sable et y tendent des piéges aux autres Insectes; toutes sont carnassières. Les larves aquatiques se tiennent au fond des fossés, des marais ou des rivières; elles respirent au moyen d'organes qui paraissent d'abord analogues aux ouies des Poissons, mais qui ne sont que des appendices extérieurs et trachéens que Latreille nomme fausses branchies. Il y en a qui se construisent des fourreaux avec des petites pierres, des débris de coquilles ou de petits morceaux de bois qu'elles assemblent au moyen d'une espèce de soie.

Les Névroptères sont des Insectes en général très-élégans pour le port; ils volent avec beaucoup de facilité, et sont quelquefois ornés de couleurs variées et très-agréables; les Ephémères, les Phriganes et les Perles ne prennent point ou presque point de nourriture, et la durée de leur vie n'excède pas quelques heures ou un jour au plus; d'autres sont, comme leurs larves, très-carnassiers; ils emploient toutes leurs forces et leur agilité à se saisir des Insectes dont ils veulent faire leur proie; nous avons vu souvent de grandes Libellules planer au-dessus d'un Papillon, attendre le moment favorable et fondre sur lui comme des Eperviers, pour s'en emparer à l'aide de leurs pates fortes et armées de crochets aigus. Latreille partage cet ordre en quatre familles. *V*. LIBELLULINES, ÉPHÉMÉRIDES, PLANIPENNES et PLICIPENNES. Ces quatre familles sont comprises dans deux sections, les SUBULICORNES et les FILICORNES. *V*. ces mots. (G.)

* NEVROPTERIS. BOT. CRYPT. FOSS. (A. Brongniart.) *V*. FILICITES.

NEVROTROPIS. BOT. PHAN. Pour Neurotropis. *V*. ce mot. (G..N.)

NEWALGANG. OIS. Espèce du genre Canard, sous-genre des Oies. *V*. CANARD. (DR..Z.)

NEZ. ZOOL. On désigne vulgairement sous ce nom (suivant la définition donnée par l'Académie française) cette partie éminente du visage qui est entre le front et la bouche, et qui sert à l'odorat. En zoologie ce mot est souvent pris dans le même sens; on dit, par exemple, que le Kahau se distingue de tous les autres Singes par son Nez démesurément allongé; au contraire en anatomie, de même qu'on n'appelle pas seulement oreille la conque auriculaire, mais bien tout l'organe auditif, on a coutume de définir le Nez, l'organe de l'olfaction. Dans cette dernière acception, les sinus, les cornets, etc., sont des dépendances du Nez, et la membrane pituitaire, à la surface de laquelle s'opère la perception odorative, en est la portion essentielle; et il est en effet évident que l'étude de ces élémens de l'appareil olfactif ne doit pas être séparée de celle du Nez proprement dit, c'est-à-dire de celle des parties les plus extérieures de ce même appareil.

Nous n'entrerons ici dans aucun détail sur les modifications que subissent dans les différentes familles tous les élémens organiques dont la réunion constitue l'appareil de l'olfaction; l'article ODORAT, en faisant connaître leurs fonctions respectives, indiquera nécessairement leurs principales variations, et nous nous bornons à renvoyer à ce mot. Nous ferons cependant ici une remarque, au sujet de la définition que nous venons de rapporter en dernier lieu; définition que l'anatomie comparée a empruntée à l'anatomie humaine, et qui est cependant bien loin d'être exacte : il est en effet évident qu'elle ne peut être adoptée à l'égard de certains Animaux chez lesquels l'appareil nasal existe très-compliqué, et qui sont néanmoins privés du sens de l'odorat; tels sont, du moins suivant l'opinion de presque tous les zootomistes, la plupart des Cétacés. Ce fait fournit une nouvelle preuve de l'un des principes de la théorie de Geoffroy Saint-Hilaire, principe dont nous avons déjà eu très-fréquemment l'occasion de présenter d'importantes applications, et que nous rappellerons ici : « Rien de fixe dans l'organisation, disions-nous dans un autre article (*V.* LA-RYNX), rien de constant, hors la connexion ; la forme, la fonction même sont toujours fugitives d'une classe à l'autre : si ce n'est lorsqu'elles viennent à dépendre de la connexion, comme il arrive quelquefois. »

(IS. G. ST.-H.)

NEZ COUPÉ. BOT. PHAN. Nom vulgaire du *Staphylæa pinnata*, L. *V.* STAPHYLIER. (B.)

*** NGAFFI.** BOT. PHAN. Syn. de *Dracæna terminalis* à Ternate. *V.* DRAGONNIER. (B.)

*** NGANDU.** BOT. PHAN. Syn. de *Spondias amara* à Ternate. (B.)

NHAMBU-GUACU. BOT. PHAN. L'Arbrisseau brasilien mentionné sous ce nom par Marcgraaff, paraît être un Ricin. (B.)

*** NHAMDU.** ARACH. Ce mot paraît devoir désigner les Araignées dans le langage des naturels du Brésil, ce qui fait que Pison appelait NHAMDU-GUACU (grande Araignée) l'Araignée Crabe. *V.* MYGALE, Arachn. (B.)

NHANDU. BOT. PHAN. La Plante du Brésil mentionnée sous ce nom par Marcgraaff et Pison, est un Poivrier. *V.* ce mot. (B.)

NHANDU-GUACU. OIS. Nom de pays du Nandu. *V.* ce mot. On appelle le Jabiru Nandu-Apou. (B.)

NHEMGETA. OIS. (Marcgraaff.) Nom de pays du *Tangara chlorotica*, L., selon Desmarest. (B.)

NIALEL ET NYALEL. BOT. PHAN. Sous ce nom est décrit et figuré dans Rhéede (*Hort. Malab.*, 4, tab. 16) un Arbre qui croît au Malabar, et dont les fruits, disposés en grappes comme des raisins, sont biloculaires, renfermant deux noyaux charnus et excellens à manger. L'imperfection de la description et de la gravure publiées par Rhéede, ne permet pas de prononcer avec assurance sur les affinités naturelles de cet Arbre. (G..N.)

*** NIARAGATO.** BOT. PHAN. Nom sous lequel les habitans de l'île de Cuba désignent le *Zanthoxylum Pterota*, Kunth, ou *Fagara Pterota*, L. (G..N.)

*** NIARDARVETTUZ.** Nom d'une production marine chez les Islandais, et qu'on croit désigner une Éponge, d'après Olafsen et Polvesend ; mais qui n'est pas suffisamment connue pour qu'on la puisse rapporter à aucun genre. (E. D..L.)

NIBORA. BOT. PHAN. Rafinesque (*Flor. Ludovic.*, p. 37) établit sous ce nom un genre de la Diandrie Monogynie, lequel a pour type une Plante désignée par Robin (Voyage à la Louisiane, etc., vol. 3, p. 381) sous le nom d'Acanthe des marais. Cette dénomination a fait rapporter ce genre à la famille des Acanthacées, mais l'auteur lui-même indique des affinités plus naturelles avec les *Gratiola*, les *Pederota* et les *Calceolaria* qui appartiennent à la famille des Scrophularinées. Voici les caractères du genre *Nibora* : calice quadriparti, persistant ; corolle dont le tube est courbé, velu intérieurement, le limbe à quatre divisions, dont la supérieure est plus large ; deux étamines non saillantes à anthères presque sessiles ; ovaire supère surmonté d'un style et d'un stigmate simple ; capsule globuleuse, sillonnée, à quatre valves, uniloculaire, polysperme ; graines oblongues, petites, fixées à un axe central globuleux. Le *Nibora aquatica* est une Plante très-glabre, à feuilles opposées, sessiles, ovales, un peu dentées en scie, à fleurs axillaires, solitaires, pédonculées, accompagnées de bractées ; elle croît dans les lieux aquatiques de l'Amérique septentrionale. (G..N.)

NICANDRA. BOT. PHAN. Adanson a formé sous ce nom un genre particulier pour l'*Atropa physalodes*, L., genre qui a ensuite été adopté par Jussieu. Mais plus tard Schreber, n'admettant pas le genre d'Adanson et de Jussieu, a, dans sa manie de changer les noms d'Aublet, voulu substituer le nom de *Nicandra* à celui de *Potalia* du voyageur français. Mais cette injuste substitution n'a point été admise, et l'on a conservé le nom de *Nicandra* au genre établi par Adanson. Ce genre appartient à la famille des Solanées et à la Pentandrie Monogynie, et ses caractères sont les suivans : calice monosépale, à cinq divisions aiguës, profondes, larges, et à cinq angles ; corolle monopétale, presque campanulée, à cinq lobes obtus et peu profonds ; cinq étamines insérées à la corolle, ayant leurs filets élargis à leur base et recouvrant l'ovaire, grêles dans leur partie supérieure qui se termine par une anthère cordiforme, aiguë, introrse, à deux loges s'ouvrant par un sillon longitudinal. L'ovaire est libre, globuleux, un peu oblique, à cinq loges contenant chacune plusieurs ovules attachés à l'angle interne. Le style est simple, terminé par un stigmate globuleux, très-petit. Le fruit est une capsule globuleuse, déprimée, enveloppée par le calice qui a pris beaucoup d'accroissement. Cette capsule offre cinq loges polyspermes, séparées par des cloisons minces ; elle reste indéhiscente. La seule espèce qui forme le genre (*Nicandra physalodes*, Juss.), est une Plante annuelle, rameuse, dont les feuilles alternes et longuement pétiolées sont ovales, irrégulièrement et très-profondément dentées sur leur bord. Les fleurs sont

assez grandes, bleues, extra-axillaires et pédonculées. Cette espèce qui est l'*Atropa physalodes* de Linné, est originaire du Mexique. (A. R.)

＊NICANIA. MOLL. Nous ne connaissons ce genre de Leach que par la citation qu'en fait Blainville dans son Traité de Malacologie, p. 558 ; il le rapporte au genre Cythérée en lui donnant les caractères suivans : coquille orbiculée, triangulaire, à sommets saillans ; une forte dent bifide à la valve droite, intrante entre deux divergentes entières de la gauche. Ce genre, que Blainville ne connaît qu'imparfaitement, diffère assez essentiellement, à ce qu'il paraît, des Cythérées et des Vénus ; néanmoins il a besoin d'être bien connu avant qu'on puisse statuer positivement à son égard. (D..H.)

NICCOLANE. *Niccolanum.* MIN. Nom donné par Richter à un nouveau Métal, qu'il prétendait avoir trouvé dans un Minerai composé de Nickel, de Cobalt, et de quelques parcelles de Fer et d'Arsenic.
(C. DEL.)

NICKEL. MIN. Métal servant de base à un genre minéralogique composé de trois espèces, dans lequel il est uni au Soufre, à l'Arsenic et à l'Acide arsenique. Lorsqu'il est pur, il est blanc métallique, très-ductile, et susceptible de magnétisme ; sa pesanteur spécifique est de 8,66 lorsqu'il a été forgé, et de 8,28 lorsqu'il n'a été que fondu. A une température rouge, le Nickel absorbe l'Oxigène et se transforme en Oxide vert. On ne l'a encore trouvé qu'à l'état de Sulfure simple, d'Arseniure et d'Arseniate.

1. NICKEL SULFURÉ. Nickel natif, Haüy. Substance d'un éclat métalloïde, d'une couleur vert-jaunâtre, en filamens capillaires très-fragiles. C'est le Haarkies des Allemands, vulgairement la Pyrite capillaire. Elle est formée d'un atome de Nickel et de deux atomes de Soufre ; ou en poids, de 35 parties de Soufre et 65 de Nickel. On la trouve en Saxe à Anna-

berg et Johanngeorgenstadt, et à Joachimsthal en Bohême. Elle a ordinairement pour gangue immédiate un Silex corné.

2, NICKEL ARSENICAL. Arseniure de Nickel ; *Kupfernickel*, Werner. Substance métalloïde d'un jaune-rougeâtre, donnant avec l'Acide nitrique une solution verte, qui devient d'un bleu violacé par un excès d'Ammoniaque et précipité en vert par la Potasse. Sa pesanteur spécifique est de 6,6. Elle est très-cassante ; sa cassure est raboteuse et presque sans éclat. Ce Minéral ne se trouve qu'en masse, fréquemment mélangé de Cobalt, dont il est pour ainsi dire inséparable. Ses gissemens sont donc les mêmes que ceux de ce dernier Métal. Les principales localités où il se rencontre sont le comté de Cornouailles en Angleterre, la mine d'Allemont en France, celles de Schneeberg en Saxe, et de Bieberg en Hanau. Berthier, qui a analysé le Nickel arsenical d'Allemont, le regarde comme formé de 88,55 d'arseniure simple de Nickel ; de o,35 d'arseniure de Cobalt, et de 10,00 de sulfure d'Antimoine.

3. NICKEL ARSENIATÉ, *Nickel ocher*, W. Substance verte, pulvérulente, non soluble dans l'Acide nitrique, réductible par le chalumeau en Nickel métallique, mêlé d'Arsenic. On la rencontre sous forme de poussière à la surface de l'arseniure de Nickel. Cette dernière espèce est, de tous les Minerais de Nickel, celui qui se présente le plus souvent dans la nature, et qui sert à l'extraction du Nickel pur. Ce Métal est sans usage. (G. DEL.)

* NICOLSONIE. *Nicolsonia*. BOT. PHAN. Ce genre de la famille des Légumineuses, et de la Diadelphie Décandrie, L., avait d'abord été proposé par De Candolle (Ann. des Sciences Nat., janvier 1825, p. 95) sous le nom de *Perrottelia*. Mais ce même nom ayant été imposé à un autre genre voisin des Célastrinées

par Kunth, qui en exposa les caractères avec son exactitude accoutumée et figura l'espèce sur laquelle il était constitué, De Candolle, pour éviter toute confusion dans la nomenclature, qui pourrait résulter de la question de priorité, a préféré abandonner la dénomination qu'il avait d'abord proposée, et l'a remplacée par celle de *Nicolsonia*, en l'honneur de Nicolson, auteur de l'Essai sur l'Histoire Naturelle de Saint-Domingue. Voici les caractères de ce nouveau genre : calice souvent plus long que la corolle, divisé jusqu'à la base en cinq lanières lancéolées, subulées, barbues, presque égales entre elles ; corolle papilionacée ; dix étamines diadelphes ; légume droit, saillant, composé de plusieurs articles comprimés, demi-orbiculaires, monospermes, à suture supérieure droite, l'inférieure convexe. Ce genre est formé aux dépens de l'*Hedysarum* de Linné, et fait, avec les autres démembremens de ce grand genre, partie de la tribu des Hédysarées de De Candolle. Il est voisin de l'*Uraria* établi par Desvaux, qui a un calice semblable, mais qui s'en distingue par son légume dont les articles sont pliés les uns sur les autres et empilés dans le calice. Les espèces de *Nicolsonia* sont au nombre de trois, savoir : *N. barbata*, D. C., ou *Hedysarum barbatum*, L. et Swartz ; *N. cayennensis*, D. C., Mém. Légum., VII, p. 314, tab. 51 ; et *N. venustula*, D. C., ou *Hedysarum venustulum*, Kunth. Ces Plantes sont des Herbes vivaces ou peut-être de très-petits sous-Arbrisseaux. Leurs tiges sont droites, cylindriques ; leurs feuilles ailées, à une paire de folioles, avec une foliole impaire, terminale, distante des deux latérales. Les folioles sont de forme ovale ou oblongue, et munies de stipules. Les stipules sont un peu scarieuses, distinctes du pétiole. Les bractées leur ressemblent, mais sont plus longues. Les fleurs sont petites, bleues ou purpurines, disposées en grappes ou panicules touffues, et terminales. (G..N.)

* **NICOTHOÉ**. *Nicothoe*. CRUST. Nous avons avec Milne Edwards fondé sous ce nom (Ann. des Sc. Nat. T. IX, p. 345, et Atlas, pl. 49) un nouveau genre de Crustacé branchiopode. L'Animal singulier qui a donné lieu à nos observations se nourrit du sang des Homards et se trouve intimement fixé à leurs branchies. Au premier aspect, on croirait voir une petite Lernée. Qu'on se représente un Animal pourvu de quatre prolongemens qui le font ressembler à un Papillon dont la tête et le ventre auraient disparu, et qui ne montrerait plus que son thorax avec ses deux paires d'ailes ; qu'on s'imagine qu'il a tout au plus une demi-ligne de longueur, tandis que son diamètre transversal atteint près de trois lignes ; qu'on se figure enfin que ses espèces d'ailes sont opaques, cylindriques, étroites, sans aucun mouvement, et déjà on aura pris une idée générale du petit être dont il s'agit. Si on s'arme d'une bonne loupe, on n'aperçoit point d'antennes, point d'yeux, point de pates ; seulement on croit voir antérieurement une petite éminence qu'on juge être la bouche, et cela avec d'autant plus de vraisemblance, que c'est par cette extrémité antérieure que l'Animal adhère aux branchies du Homard. Au contraire on distingue très nettement l'organisation des quatre prolongemens latéraux dont il a été fait mention ; les antérieurs sont des expansions tégumentaires contenant des viscères ; les seconds sont, à n'en pas douter, des espèces de sacs qui renferment un grand nombre d'œufs. Cet aspect qu'a l'Animal change tout-à-coup lorsqu'on l'examine avec une très-forte loupe, ou lorsqu'on le place au foyer d'un bon microscope ; on distingue alors un test ou thorax pourvu de deux yeux et formé par la réunion de quatre segmens ; les grandes ailes ou les deux prolongemens antérieurs les embrassent sur les côtés, et semblent avoir leur origine derrière ce quatrième anneau. On reconnaît en outre un abdomen effilé

formé de cinq articulations : la première donne insertion aux deux sacs ovifères, et la dernière se termine par deux longs poils. Si l'on renverse l'Animal, on aperçoit dans leur entier deux antennes assez longues, la bouche et cinq paires de pates ; enfin cette espèce de petite Lernée se trouve tout d'un coup transformée en un véritable Crustacé très-voisin de ceux que Linné, Geoffroy, Degéer et Jurine ont décrits sous le nom de Monocle, et que d'autres naturalistes, tels que Müller et Latreille, ont nommé Cyclope. Ce qui en impose d'abord sur l'organisation de ce petit être, ce sont les prolongemens latéraux de son corps. Qu'on fasse abstraction de ces espèces d'ailes, tout rentrera dans la classe des formes ordinaires. Au fait, les expansions latérales antérieures ne paraissent être autre chose qu'un développement excessif du cinquième anneau du thorax. Dans les Monocles il est très-court, toujours plus mou que les autres et transparent ; ici il s'est accru outre mesure : voilà toute la différence. Ces deux expansions latérales sont assez transparentes pour qu'on puisse distinguer les parties qu'elles contiennent. On voit que la membrane extérieure diaphane et un peu coriace qui les constitue est garnie par une seconde enveloppe translucide, mais colorée, qui laisse apercevoir dans l'intérieur deux espèces de boyaux dont le point de départ est sur la ligne moyenne du corps, et qui paraissent être des cœcums ou divisions du canal intestinal qui auraient fait hernie. Ils sont doués de mouvemens péristaltiques très-prononcés, qui cessent quelquefois tout d'un coup et reparaissent ensuite avec la même énergie. Quand on place le Crustacé sur le dos, on voit moins nettement les cœcums, parce qu'ils se trouvent en partie masqués par un organe opaque, rameux ou plutôt digité qui paraît être l'ovaire interne.

Dans cette position renversée, on distingue la bouche, les antennes, les pates, et l'on peut, avec beaucoup de patience et quelque adresse, isoler chacune de ces parties. Il existe onze anneaux aux antennes et autant de poils insérés à leur côté interne; les pates sont au nombre de dix; la première paire diffère beaucoup des autres; elle est terminée par une sorte de long crochet à trois ongles pointus, étagés et courbés en dedans; ce dernier article s'infléchit sur la jambe et sert probablement au petit Crustacé pour s'accrocher aux branchies qu'il veut sucer; les autres pates sont bifides et assez semblables entre elles; deux pièces composées de trois articles poilus les terminent et leur donnent l'apparence de rames. Nous avons fait, sur la Nicothoé, plusieurs expériences qui établissent qu'une fois fixée aux branchies du Homard, il ne lui est plus possible de s'en détacher, et que lorsqu'on vient à l'en isoler, elle reste immobile, ce que l'on conçoit facilement en réfléchissant au développement relatif du corps de l'Animal et de ses énormes prolongemens latéraux. Nous supposons que ces expansions sont propres à la femelle, qu'elles n'ont pas toujours existé, et que la Nicothoé, en étant privée dans son premier âge, a pu nager à l'aide de ses pates jusqu'au moment où elle les fixe aux branchies d'un Homard; à cette première époque, la Nicothoé devait être invisible à l'œil, et par conséquent plus petite qu'aucun des Crustacés que l'on connaisse, sans en excepter les Cypris; le mâle a sans doute cette extrême petitesse.

Nous avons reconnu avec Milne Edwards dans la Nicothoé un Crustacé de l'ordre des Branchiopodes très-voisin des Cyclopes et constituant un genre bien tranché qui se reconnaîtra aux caractères suivans : deux yeux; deux antennes; une bouche pourvue de mâchoires; cinq paires de pates, la première en crochet, les quatre autres en rames; un test formé de segmens transversaux; l'abdomen droit, terminé par deux filets, et supportant (dans les femelles adultes) deux sacs ovifères; deux prolongemens herniformes, en arrière et sur les côtés des anneaux du thorax (ces prolongemens existant dans les individus que l'on a trouvé fixés). L'espèce unique a reçu le nom de Nicothoé du Homard, *Nicothoe Astaci.* Elle est de couleur rosée. Les expansions antérieures ont une teinte jaunâtre, et les grappes ovifères sont d'un rose tendre; elle adhère très-intimement aux branchies du Homard, et s'enfonce profondément entre les filamens de ces organes. Tous les Homards n'en présentent pas et elles existent en général en petit nombre.

(AUD.)

NICOTIANE. *Nicotiana.* BOT. PHAN. Genre de Plantes de la famille des Solanées, et de la Pentandrie Monogynie, L., ayant pour caractères : un calice monosépale, urcéolé et ventru, à cinq divisions peu profondes; une corolle monopétale, infundibuliforme, régulière, à limbe presque campanulé et à cinq divisions égales; un ovaire libre, à deux loges, surmonté d'un long style simple, que termine un stigmate bilobé. Le fruit est une capsule ovoïde, biloculaire, à deux valves septifères sur le milieu de leur face interne. Les graines sont en grand nombre, très-petites, irrégulièrement arrondies et rugueuses.

Les espèces de Nicotianes sont fort nombreuses. Ce sont des Plantes herbacées et annuelles, ayant des feuilles entières, des fleurs disposées en grappes ou en panicules. Elles sont généralement velues et visqueuses, et presque toutes sont originaires du Nouveau-Monde. Parmi ces espèces il n'en est pas de plus remarquable et de plus célèbre que celle qui est connue sous le nom de Tabac (*Nicotiana Tabacum,* L.), et dont les feuilles sont d'un si grand usage dans les diverses parties du globe. Lorsqu'on réfléchit que le Tabac frais est une Plante vireuse d'une odeur désagréable, d'une saveur âcre et repoussante, on a peine à concevoir comment une semblable substance a pu devenir d'un usage aussi général et former pour les gouvernemens des pays civilisés une branche de revenu très-importante. Mais quelle influence ne peut pas exercer l'empire de la nouveauté et de la mode, lorsque surtout elles sont contrariées à leur origine par quelques obstacles! Quand les Espagnols pénétrèrent pour la première fois dans le Nouveau-Monde, le Tabac y était déjà en usage, mais on ne l'y employait guère que comme un remède propre à combattre diverses maladies. Cependant les prêtres en respiraient la fumée lorsqu'ils voulaient prédire quelques événemens auxquels les peuples attachaient de l'importance. Cette fumée des feuilles de Tabac brûlé les jetait dans une sorte d'excitation ou d'ivresse. Bientôt cet usage se répandit parmi les naturels. Les Espagnols ayant observé le Tabac pour la première fois aux environs de la ville de Tabago, sur le golfe du Mexique, lui donnèrent le nom de cette ville, d'où nous avons tiré notre nom de Tabac. L'introduction du Tabac en Europe date donc à peu près de l'époque de la découverte du Nouveau-Monde. Mais elle y éprouva de grands obstacles, et le Tabac ne fut d'abord considéré que comme une Plante douée de quelques propriétés médicales. L'usage de l'introduire en poudre dans les narines ne se répandit que quelque temps après qu'il fut apporté en Europe. On considéra d'abord l'usage du Tabac comme une innovation dangereuse. Jacques Ier, roi d'Angleterre, en 1604, Urbain VIII, en 1624, s'élevèrent avec violence contre le Tabac, et défendirent sous des peines très-sévères d'en faire usage de quelque manière que ce fût. Ces défenses furent imitées par presque tous les gouvernemens de l'Europe, et même en Perse et en Turquie où les négocians européens cherchaient à l'introduire. On alla même jusqu'à menacer de couper le nez et même de punir de mort ceux qui en feraient usage. Mais ces obstacles ne rebutè-

rent pas les négocians, qui comptaient sur son introduction comme sur une source nouvelle de gain, et même les particuliers qui commençaient à trouver quelque plaisir, soit à priser, soit à fumer le Tabac. Le gouvernement français comprit le premier tout l'avantage qu'il pouvait tirer de cette fureur. Il permit l'usage du Tabac, mais y mit un très-fort impôt, qui par la suite devint une branche très-productive du revenu public. Le Tabac avait été apporté en France sous le règne de Henri IV, par un ambassadeur à la cour de Portugal, nommé Nicot, qui, à son retour en France, en fit présent d'une certaine quantité à la reine Marie de Médicis, d'où vient le nom de Poudre de la Reine qu'on lui donnait encore au temps de la minorité de Louis XIV. Mais à cette époque son usage ne se répandit pas encore; car Olivier de Serre, qui vivait sous Henri IV, ne parle du Tabac, dans son Théâtre d'Agriculture, que comme d'une Plante curieuse par ses propriétés en médecine. Dès le moment où le Tabac fut permis en France, son usage s'y répandit rapidement, et les autres gouvernemens de l'Europe, voyant alors tout le parti qu'on pouvait en retirer pour le fisc, ne s'opposèrent plus à son introduction. Pendant fort long-temps il fut une branche de commerce entre l'Amérique méridionale et l'Europe. Mais bientôt on chercha à le cultiver dans les régions où la température permettait d'en espérer la naturalisation. Aujourd'hui la culture du Tabac est répandue dans presque toutes les contrées de l'Europe, et une grande partie de celui qui s'y consomme y est récoltée. En France, c'est particulièrement en Alsace et en Flandre que l'on cultive le Tabac en grand.

Comme c'est surtout à produire de grandes et belles feuilles que tend la culture de ce Végétal, il lui faut un terrain frais, substantiel et bien fumé. On commence d'abord par le semer sur couches dès le mois de mars, dans un lieu bien abrité. Lorsque les jeunes plants commencent à prendre de la force, on les repique pied par pied à deux ou trois pieds de distance les uns des autres, dans un champ convenablement préparé. La récolte commence environ un mois après le repiquage, c'est-à-dire vers le milieu de juillet. On cueille d'abord les trois ou quatre feuilles inférieures. Elles sont en général d'une qualité médiocre, parce qu'elles sont presque toujours salies par la terre que l'eau des pluies fait jaillir sur elles. Tous les huit jours cette opération se renouvelle, en ayant soin de ne cueillir que les feuilles bien mûres, c'est-à-dire celles qui commencent déjà à se pencher vers la terre, jusqu'à l'époque des premières gelées auxquelles le Tabac ne résiste point. Les feuilles sont ensuite essuyées et triées, c'est-à-dire qu'on retire celles qui sont gâtées, et qui pourraient communiquer aux autres une mauvaise odeur. On enfile ensuite les feuilles et on en forme des paquets de cinquante ou de cent, que l'on suspend dans des lieux bien aérés, pour en opérer la dessiccation. Comme la côte moyenne est épaisse et charnue, on est assez dans l'usage de l'enlever ou de l'écraser pour en faciliter la dessiccation. Quand les feuilles sont bien sèches, elles doivent subir plusieurs autres degrés de préparations, avant d'être propres aux usages auxquels nous employons le Tabac. Ainsi on doit les prendre une à une, les essuyer, en retirer toutes les parties attaquées. Cette première opération porte le nom d'époulardage. Le mouillage consiste à arroser avec un mélange de dix livres de sel marin sur cinquante litres d'eau, les feuilles sèches. Cette opération doit être répétée plusieurs fois. Quelquefois au lieu de sel on met dans l'eau de la mélasse ou de l'eau-de-vie. On enlève ensuite la côte moyenne, ce qui constitue l'écôtage; ensuite on mélange ensemble les diverses qualités de feuilles, afin de corriger les plus faibles par les plus fortes et *vice versâ*. Ici se fait la séparation du Tabac à fumer et de celui à priser. Le premier doit être de nouveau mouillé, mais avec de l'eau pure, le second avec de l'eau salée. On laisse le Tabac fermenter pendant quelque temps, ensuite on le hache grossièrement et on l'expose sur une platine à un feu doux, qui le fait se crisper, opération qu'on nomme le frisage. Cela fait, on roule le Tabac frisé dans des feuilles entières de Tabac sec, et on les tord à la mécanique, pour en former une sorte de corde, que l'on roule sur elle-même pour en constituer un rôle. Lorsqu'on veut préparer du Tabac à fumer, on coupe les cordes tordues en lames minces, dont on sépare les feuillets. Mais le Tabac à priser doit être mis en carotte. Pour cela on coupe les rôles en morceaux d'égale longueur, que l'on met dans des moules cerclés en fer où on les foule et les comprime fortement. On les retire ensuite de ces moules et on les entoure de ficelle que l'on serre étroitement. Ce sont ces carottes que l'on râpe par des procédés divers et qu'on réduit en poudre pour faire le Tabac à priser.

On connaît trop les usages auxquels on emploie le Tabac, soit en poudre, soit coupé en fragmens, pour que nous croyions devoir en rien dire ici. L'habitude que s'en sont faite certaines personnes est devenue pour elles un besoin factice dont elles ne peuvent supporter la privation. A l'époque où le Tabac fut apporté en Europe, le merveilleux attaché à tout ce qui est nouveau, fit trouver dans ce Végétal un remède universel, une sorte de panacée propre à guérir toutes les maladies. D'autres au contraire ne virent en lui qu'une drogue dangereuse, dont on devait interdire l'usage. Les feuilles fraîches du Tabac ont une odeur vireuse et désagréable, mais lorsqu'elles ont été préparées et qu'elles ont subi le degré convenable de fermentation, leur odeur est forte, piquante et fort agréable pour ceux qui y sont accoutumés. Cependant elles sont encore dans cet état d'une très-grande âcreté et ont une action stupéfiante. Quand on en mâche une petite quantité ou qu'on en introduit la fumée dans la bouche, le Tabac augmente d'une manière très-marquée la sécrétion de la salive. Il agit encore de la même manière lorsqu'on l'inspire par les narines; la membrane pituitaire devient le siége d'une sécrétion plus abondante. Dans ces différens cas le Tabac produit, chez les individus qui n'y sont pas habitués, des effets qui tiennent à l'action narcotique qu'il exerce sur l'encéphale. De-là les étourdissemens, la céphalalgie, la somnolence, les nausées auxquelles sont en proie ceux qui font usage pour la première fois de ce Végétal. Introduit dans l'estomac il l'irrite et donne lieu à des vomissemens ou à des déjections alvines plus ou moins considérables. S'il est administré intérieurement à forte dose, il peut occasioner les accidens les plus graves, et agir comme tous les autres poisons narcotico-âcres, parmi lesquels il a été rangé. Aussi les médecins ont ils tout-à-fait abandonné l'usage interne des feuilles de Tabac. On ne l'emploie guère aujourd'hui que pour préparer des lavemens irritans, que l'on administre comme moyens révulsifs dans l'apoplexie et l'asphyxie. Néanmoins, même dans ces deux circonstances, l'administration du Tabac n'est pas sans danger et occasione souvent des accidens graves. On doit donc autant que possible s'en abstenir. Le docteur Anderson a récemment publié des observations qui tendent à prouver l'utilité du Tabac, dans le tétanos traumatique, maladie extrêmement redoutable. Il l'emploie frais en fomentation sur les parties latérales du col, et en cataplasmes appliqués sur la plaie, à l'occasion de laquelle le tétanos est survenu. Il le fait également entrer dans les lavemens et dans les bains généraux où il laisse le malade le plus long-temps qu'il peut y rester. Ces observations demandent à être confirmées par de

nouveaux essais. L'espèce que nous avons décrite au commencement de cet article (*Nicotiana Tabacum*, L.) n'est pas la seule dont les feuilles soient employées à la préparation du Tabac. On se sert aussi de quelques autres que nous devons signaler ici :

NICOTIANE RUSTIQUE, *Nicotiana rustica*, L., Bull., Herb., t. 289. Selon quelques auteurs cette espèce serait la première qui aurait été introduite en Europe, et c'est aujourd'hui celle qui s'y est le mieux naturalisée, et qui résiste le plus facilement à l'intempérie de nos saisons. Sa tige est haute de deux à trois pieds, rameuse; ses feuilles alternes, pétiolées, ovales, très-obtuses, légèrement échancrées en cœur à leur base. Les fleurs sont grandes, tout-à-fait vertes, disposées en panicule terminale et rameuse. Cette espèce, que l'on cultive surtout dans les départemens sud-ouest de la France, est connue sous les noms de Tabac femelle, Tabac du Mexique à feuilles rondes.

NICOTIANE PANICULÉE, *Nicotiana paniculata*, L. On donne à cette espèce les noms de Tabac du Brésil, Tabac de Vérinas ou Tabac d'Asie. Ses tiges ont de trois à quatre pieds d'élévation; elles portent des feuilles alternes, pétiolées, ovales, aiguës, échancrées en cœur, pubescentes et blanchâtres. Ses fleurs forment une panicule lâche et presque simple. Le tube de la corolle est long et étroit. Cette espèce, originaire du Pérou, est une des plus délicates à cultiver; elle craint beaucoup le froid. Aussi ne la cultive-t-on guère que dans l'Inde et en Orient. Le Tabac qu'elle donne est extrêmement doux. Outre ces diverses espèces qui sont les plus fréquemment cultivées, nous mentionnerons encore ici la Nicotiane ondulée, *Nicotiana undulata*, Jacq., Vent., Malm., t. 10, qui croît au Port-Jackson de la Nouvelle-Hollande, et qui porte des feuilles radicales, spathulées, les caulinaires aiguës, molles, pubescentes. Cette espèce est du très-petit nombre de celles qui croissent hors du Nouveau-Monde.   (A.R.)

*NICOTINE. CHIM. Principe particulier que produit l'analyse du Tabac. Il est incolore, volatile, délétère, d'une saveur analogue à la Plante. (DR..Z.)

NICOU. BOT. PHAN. Espèce du genre *Robinia*. *V*. ROBINIER. (B.)

NICTAGE ET NICTAGINÉES. BOT. PHAN. Pour Nyctage et Nyctaginées. *V*. ces mots. (B.)

* NICTILARIUS. OIS. (Commerson.) Syn. de *Motacilla perspicillata*, L. *V*. TRAQUET. (B.)

NID. OIS. *V*. OISEAUX.

NID-D'OISEAU. *Nidus Avis*. BOT. PHAN. Espèce du genre Néottie. *V*. ce mot. (B.)

NIDULAIRE. *Nidularia*. BOT. CRYPT. (*Lycoperdacées*.) Ce genre appartient à la tribu des Angiogastres, et à la section des Nidulariées. Bulliard, d'après Micheli, avait compris sous ce nom générique plusieurs espèces du genre *Cyathus* qui, à la vérité, ne s'en distingue que par la déhiscence de son péridium externe. Il est ainsi caractérisé par Fries (*Symb. Gast.*) : péridium arrondi, coriace, membraneux, s'ouvrant irrégulièrement et sans opercule, renfermant des péridioles ou péridiums secondaires, sessiles et fixés par leurs bords, remplis de spirules. Les espèces de vraies Nidulaires sont en général plus rares que les *Cyathus*. Le *C. farctus* de Persoon, qui rentre parmi les Nidulaires, et le *Nidularia vernicosa* d'Holmskiold, sont les deux espèces les mieux connues. Cette dernière espèce est très-remarquable par ses péridioles ovoïdes et d'un beau rouge. (G..N.)

* NIDULARIÉES. BOT. CRYPT. *V*. LYCOPERDACÉES.

* NIDULI TESTACEI. MOLL. La quatrième partie des Testacés de Klein (*Nov. Meth. Ostr.*, p. 175) comprend sous ce nom de *Niduli Testacei* les Cirrhopodes des auteurs modernes. Il divise cette partie en

deux classes : *Balanus* pour la première, *Astrolepas* pour la seconde. Cette classe comprend deux genres : *Monolopos* et *Polylopos* qui répondent assez bien aux genres Balane et Anatife de Bruguière. La seconde classe des *Astrolepas* n'a aucune division ; elle correspond au genre Coronule. (D..H.)

NIEBUHRIA. BOT. PHAN. Genre de la famille des Capparidées, et de la Polyandrie Monogynie, L., établi par De Candolle (*Prodrom. Syst. Veget.*, 1, p. 248) qui lui a donné pour caractères essentiels : un calice à quatre sépales dont l'estivation est valvaire ; pétales nuls ou plus petits que le calice ; torus cylindracé très-court ; étamines en nombre indéfini ; baie ovée ou cylindracée, stipitée. Ce genre se compose d'Arbrisseaux inermes qui croissent au cap de Bonne-Espérance, dans l'Inde-Orientale et en Arabie. Les sept espèces décrites par De Candolle ont été partagées en deux sections. Dans la première sont celles qui manquent de pétales et dont les feuilles sont trifoliolées ; elles ont de l'analogie avec les *Cratœva*, et quelques-unes avaient été mentionnées sous ce nom générique dans le catalogue des Plantes d'Afrique de Burchell ; telles sont les *Niebuhria cafra* et *avicularis*. Le *N. linearis* a pour synonyme le *Capparis apetala* de Roth, et le *N. oleoides* est fondé sur une Plante du Cap, qui ressemble beaucoup au *N. cafra*. Enfin le *N. madagascariensis* est une nouvelle espèce indigène de Madagascar. La seconde section comprend deux espèces, *N. oblongifolia* et *N. arenaria*, qui ont des rapports avec les *Capparis* ; elles sont pourvues de petits pétales et de feuilles simples. (G..N.)

NIELLE. BOT. Ce nom a été donné à diverses Plantes regardées comme les fléaux des moissons. Ainsi l'on a appelé :

NIELLE ou CHARBON DE BLÉ, les Urédinées qui attaquent et altèrent les graines céréales.

Nielle des Blés, l'*Agrostema Githago*.

Nielle de Virginie, le *Melanthium virginicum*, etc.

Nielle est aussi syn. de Nigelle. *V*. ce mot.   (B.)

* NIENTECK. mam. Nom de pays du Glouton oriental. *V*. Glouton.   (B.)

NIÉREMBERGIE. *Nierembergia*. bot. phan. Genre de la famille des Solanées, et de la Pentandrie Monogynie, L., établi par Ruiz et Pavon, et adopté par Kunth (*Nov. Gen. et Spec. Plant. œquin.*, vol. 3, p. 8) qui l'a ainsi caractérisé : calice tubuleux, quinquéfide ; corolle presque hypocratériforme, dont le tube est très-long et grêle, le limbe à cinq lobes égaux ; cinq étamines saillantes, ayant leurs filets réunis par la base, et leurs anthères déhiscentes longitudinalement ; stigmate à peu près infundibuliforme, bilobé ; capsule au fond du calice persistant, biloculaire, bivalve, offrant une cloison parallèle aux valves, qui plus tard devient libre, et des placentas étroitement fixés à la cloison. Ce genre a été constitué sur une Plante du Pérou et du Chili, nommée *Nierembergia repens*, par Ruiz et Pavon (*Flor. Peruv. et Chil.*, 2, p. 13, tab. 123), et dont Kunth a changé le nom spécifique en celui de *spathulata*. Cet auteur a récemment décrit deux espèces nouvelles sous les noms de *N. angustifolia* et *viscidula* ; elles croissent dans le Mexique. Ces Plantes ont des tiges ligneuses ou herbacées, couchées et ordinairement rampantes. Leurs feuilles sont éparses, solitaires ou quelquefois géminées, très-entières. Les fleurs sont blanches, solitaires, presque sessiles, extra-axillaires ou opposées aux feuilles.   (G..N.)

NIFAT. moll. Adanson a donné ce nom à une Coquille qu'il plaçait dans son genre Vis. Lamarck l'a mise dans le genre Fuseau où elle est mieux placée ; il l'a nommée Fuseau parqueté, *Fusus Nifat.* (D..H.)

NIGAUD. ois. Espèce du genre Cormoran. *V*. ce mot.   (DR..Z.)

NIGELLA. bot. phan. *V*. Nigelle.

* NIGELLASTRUM. polyp. Ce nom, donné par Pallas au *Sertularia rosacea* d'Ellis, qui est un *Dynamena* de Lamouroux, a été employé par Oken pour l'un des sous-genres qu'il a établis parmi les Sertulaires. (B.)

NIGELLASTRUM. bot. phan. Ce nom, employé par Dodoens pour désigner l'*Agrostema Githago*, est devenu dans Magnol celui de la Plante dont Tournefort et Linné ont fait leur *Garidella*. *V*. ce mot. Mœnch s'est servi du mot *Nigellastrum* pour désigner un genre formé aux dépens du *Nigella*. *V*. ce mot.   (B.)

NIGELLE. *Nigella*. bot. phan. Genre de la famille des Renonculacées, tribu des Helléborées et de la Polyandrie Polygynie, L., qui présente les caractères suivans : calice à cinq sépales colorés, pétaloïdes, étalés et caducs ; pétales dont le nombre varie de cinq à dix, petits, bilabiés, à onglet fovéolé, nectarifère ; étamines nombreuses ; cinq à dix ovaires plus ou moins soudés par la base, terminés par autant de styles longs et simples ; capsules plus ou moins soudées entre elles, terminées en bec par l'allongement et la persistance des styles, déhiscentes par leur côté interne, renfermant plusieurs graines dont l'embryon est linéaire. Les Plantes qui composent ce genre étaient nommées *Melanthium* par les anciens. Tragus et C. Bauhin se servirent les premiers du mot *Nigella*, qui fut adopté par Tournefort et Linné ; le nom de *Melanthium* fut alors appliqué à des Végétaux fort différens. Le genre *Nigella* de Linné fut partagé par Mœnch (*Meth. Plant.*, 311 et 313) en deux, sous les noms de *Nigellastrum* et *Nigella* ; mais ces groupes n'ont été considérés que comme des sections génériques par De Candolle (*Syst. Veget. nat.*, 1, p. 326). Les Nigelles sont des Herbes annuelles, un peu glabres.

De leur racine grêle et pivotante, s'élève une tige droite, rameuse, qui porte des feuilles extrêmement découpées, à segmens capillacés. Les fleurs sont solitaires au sommet des tiges et des rameaux. Les capsules sont couvertes de points calleux ou de glandes; elles contiennent des graines noires (d'où le nom générique), douées d'une odeur et d'une saveur âcre aromatique, et conséquemment usitées comme condiment populaire.

On a décrit une douzaine d'espèces de Nigelles, que De Candolle a réparties en deux sections. La première (*Nigellastrum*) est caractérisée par ses sépales jaunâtres, ses étamines nombreuses, disposées en une simple série, ses capsules comprimées, soudées surtout par la base, et ses graines planes, orbiculaires. Elle renferme trois espèces qui croissent dans le Levant, savoir : *Nigella orientalis*, L., ou *Nigellastrum flavum*, Mœnch ; *N. corniculata*, D. C.; *N. ciliaris*, D. C.

La seconde section (*Nigella*) se distingue de la précédente par ses sépales blancs ou bleus; par ses étamines disposées sur plusieurs rangées en huit ou dix phalanges, comme dans l'*Aquilegia*; par ses capsules à peine comprimées, soudées entre elles jusqu'à leur milieu ; enfin, par ses graines ovées ou anguleuses. Huit espèces, toutes indigènes des contrées qui forment le bassin de la Méditerranée, composent cette section. Nous ne mentionnerons que les plus remarquables.

La Nigelle d'Espagne, *Nigella hispanica*, L.; Desf., *Fl. atlant.*; *Botan. Magaz.*, tab. 1265, est une Plante très-glabre, dont la tige épaisse et anguleuse s'élève à plus d'un pied. Les lobes de ses feuilles sont moins linéaires que ceux du *N. arvensis*, et ses fleurs sont de la grandeur de celles du *N. damascena*; mais elles sont dépourvues d'involucre. Ces fleurs varient pour la couleur; on en trouve de bleues, et de blanches qui passent au jaunâtre

par la dessiccation. Cette espèce croît en Espagne et dans la Barbarie.

La Nigelle des champs, *Nigella arvensis*, L., Bulliard, Herb., tab. 126, est une jolie petite Plante qui croît en abondance dans les moissons de l'Europe, de la Barbarie et de l'Orient. Elle est très-variable sous le rapport de la couleur et de la multiplicité des rangées et des sépales.

La Nigelle cultivée, *Nigella sativa*, L., a des fleurs d'un bleu clair cendré, grandes, solitaires, terminales, non involucrées. Elle est surtout remarquable par ses graines oléagineuses, dont la saveur est âcre, piquante, analogue à celle du poivre. On les emploie comme épices, pour assaisonner certains mets ; de-là le nom de *toute épice* qui leur a été donné. Cette espèce croît dans l'Europe méridionale, et varie beaucoup, de même que la Nigelle des champs.

La Nigelle de Damas, *Nigella damascena*, L., Lamk., Illustr., tab. 488, se distingue facilement à son involucre polyphylle, capillacé, situé immédiatement au-dessous de la fleur et l'enveloppant complétement. C'est la plus belle Plante du genre, et on la cultive dans tous les jardins, où elle offre un grand nombre de variétés. Elle est originaire de toute la région méditerranéenne, depuis le Portugal jusqu'au-delà de la mer Noire. (G..N.)

* NIGIDIE. *Nigidius*. ins. Genre de l'ordre des Coléoptères, voisin des Lucanes, et dont nous ne connaissons pas les caractères. Latreille ne fait que le mentionner dans ses Familles Naturelles du Règne Animal. (G.)

* NIGREDO. bot. crypt. (*Urédinées*.) Nom d'une section du genre *Uredo*. *V.* ce mot. (G..N.)

NIGRETTE. ois. L'un des noms vulgaires du Merle noir. *V.* Merle. (DR..Z.)

NIGRICA. min. Nom trivial donné par Wallerius à l'Ampélite graphique. (G. DEL.)

NIGRINA. bot. phan. Le genre

ainsi nommé par Thunberg est le même que le *Chloranthus* de Swartz.

Linné avait aussi constitué un genre *Nigrina* qui a été réuni au *Gerardia*. *V.* CHLORANTHE et GÉRARDIE. (G..N.)

NIGRINE. MIN. Reuss a donné ce nom au Titane silicéo-calcaire d'Haüy ; Beudant et Philips le donnent au Titane oxidé ferrifère ; et Breithaupt, d'après le dernier système de Werner, croit devoir l'assigner au Titane oxidé rouge ou rutile. (G. DEL.)

NIGRITELLA. BOT. PHAN. Genre de la famille des Orchidées, établi par le professeur Richard dans son travail sur les Orchidées d'Europe, et qui a pour type le *Satyrium nigrum* de Linné. Voici les caractères de ce genre : les trois divisions extérieures du calice sont étalées, ainsi que les deux intérieures et latérales ; le labelle est supérieur, indivis, terminé par un éperon très-court ; le gynostème est fort court ; l'anthère est antérieure, à deux loges, contenant chacune une masse pollinique finissant inférieurement en une caudicule qui se termine par un rétinacle latéral ; ce rétinacle bouche l'ouverture de chacune des deux petites boursettes. Ce genre ne diffère du *Gymnadenia* que parce que les rétinacles ne sont pas entièrement nus, et qu'ils font partie des parois de la boursette. Mais, au reste, nous ne sommes pas éloignés de croire que ces deux genres doivent être réunis à l'*Habenaria*, dont ils ne sont pas suffisamment distincts. Aussi Rob. Brown (*Hort. Kew.*) a-t-il placé le *Satyrium nigrum*, qui forme le type du genre *Nigritella*, parmi les espèces d'*Habenaria*.

La *Nigritella angustifolia*, Rich., *loc. cit.*, est une jolie petite Orchidée assez commune dans les Alpes. Ses tubercules sont palmés, ses feuilles très-étroites ; sa tige, haute de quatre à six pouces, se termine par un épi dense et ovoïde de petites fleurs purpurines, qui répandent une odeur de vanille extrêmement agréable. La Plante noircit par la dessiccation dans l'herbier. (A. R.)

* NIGUI. POIS. Espèce du genre Batrachoïde. *V.* ce mot. (B.)

NIIR-PONGELION. BOT. PHAN. (Rhéede, *Malab.*, 6, 53, tab. 29.) Même chose que BUUX-HORN. *V.* ce mot. (B.)

NIIRVALA. BOT. PHAN. (Rhéede, *Hort. Malab.*, tab. 42.) Syn. de *Cratæva religiosa*. *V.* CRATÆVE. (G..N.)

* NIKA. *Nika.* CRUST. Genre de l'ordre des Décapodes, famille des Macroures, tribu des Salicoques, établi par Risso, et auquel Leach a donné ensuite le nom de *Processa*, que Latreille avait adopté, et que ces auteurs ont abandonné dans leurs derniers ouvrages. Ce genre se distingue de tous les autres Macroures de sa tribu, par une anomalie singulière de ses deux pieds antérieurs ; l'un d'eux se termine en une serre à deux doigts, tandis que l'autre finit simplement en pointe. Ceux de la paire suivante sont en pince, et l'article qui précède la pince est composé. Les antennes intermédiaires ou supérieures sont terminées par deux filets sétacés, disposés presque sur une même ligne horizontale, et portées sur un pédoncule de trois articles, dont le premier est le plus grand, et le dernier le plus court. Le filet antérieur de ces antennes est le plus long. Les antennes inférieures ou extérieures sont sétacées, beaucoup plus longues que les précéden*tes* et pourvues à leur base d'une écaille allongée, unidentée à l'extrémité et en dehors, et ciliée sur le bord interne. Les pieds-mâchoires extérieurs ne couvrent pas la bouche ; ils sont formés de quatre articles visibles, dont le second est très-long et fortement échancré à sa base du côté interne. Les pieds sont généralement longs et grêles. Ceux de la première paire sont monodactyles à gauche et didactyles à droite ; ils n'ont pas le carpe multiarticulé ; les pieds de la

seconde paire sont plus grêles, très-longs, filiformes, de grandeur iné-gale, et finissant chacun par une pe-tite main didactyle; leur carpe et l'article qui le précède sont multiar-ticulés dans la plus longue, et le carpe seulement l'est dans la plus courte. Les pieds des trois dernières paires sont simplement terminés par un ongle aigu, légèrement arqué et non épineux. La carapace est un peu allongée, lisse, pourvue en avant d'un petit rostre comprimé. L'abdo-men est arqué vers le troisième seg-ment; il est terminé par des lames foliacées, allongées, dont l'extérieure de chaque côté est bipartie à l'extré-mité. Les Nikas se trouvent en grande abondance dans les mers des côtes de Nice et de la Provence; ils n'aban-donnent jamais le rivage où les fe-melles déposent leurs œufs, plusieurs fois dans l'année, au milieu des Plan-tes marines. Leur chair est estimée, et on les recherche beaucoup dans le midi de la France. Les pêcheurs s'en servent pour garnir leurs hameçons; ils trouvent qu'ils sont un excellent appât. Ce genre se compose de cinq à six espèces; nous citerons comme type :

Le Nika comestible, *N. edulis*, Risso, Crust., p. 85, pl. 3, fig. 3; Leach, Desm. ; *Processa edulis*, Leach, Latr. Il est long de près de deux pouces, d'un rouge de chair pointillé de jaunâtre. L'extrémité antérieure de son test a trois pointes aiguës; le pied droit de la paire an-térieure est en pince. Cette espèce est très-commune à Nice, et on la vend dans les marchés de cette ville; on la trouve aussi en Provence. *V.* pour les autres espèces, l'ouvrage de Risso cité plus haut.   (G.)

NIL. BOT. PHAN. Ce nom arabe, devenu scientifique pour désigner une espèce du genre Liseron, est aussi celui par lequel on a désigné l'Indigo dans l'Inde; d'où est venu le nom d'Anil, qu'on donne dans plusieurs colonies européennes à l'*In-digofera tinctoria*.   (B.)

NILA-BARUDENA. BOT. PHAN. (Rhéed., *Hort. Mal.* T. x, tab. 74.) Nom de pays à la côte de Malabar, du *Solanum Melongena*, L. *V.* Mo-RELLE.   (B.)

* NILA-CANDI. MIN. Nom donné dans l'Inde à la Topaze orientale, ou Corindon hyalin jaune. (G. DEL.)

* NIL-BANDAR. MAM. *V.* OUAN-DEROU, à l'article MACAQUE.

NILBEDOUSI. BOT. PHAN. Nom que les brames donnent à une Plante indéterminée du Malabar et qui a été imparfaitement décrite et figurée par Rhéede (*Malab.*, p. 55, tab. 28) sous le nom de *Kaka-Niara*.   (G..N.)

NILE. MIN. Chez les Cingulais; et Nilem, chez les Malabares. Noms du Saphir ou Corindon hyalin bleu.   (G. DEL.)

NIL-GAUT ou NYL-GHAUX. MAM. *Antilopa picta*, Gmel. Espèce du genre Antilope. *V.* ce mot.   (B.)

NILION. *Nilio*. INS. Genre de l'ordre des Coléoptères, section des Hétéromères, famille des Sténélytres, tribu des Hélopiens, établi par La-treille, et que Fabricius avait placé avec ses *Ægithus*. Ce genre est ainsi caractérisé : mandibules terminées par deux dents; dernier article des palpes maxillaires grand, en forme de hache ou de triangle renversé; antennes presque grenues; corps hé-misphérique. Ce genre se distingue au premier coup d'œil de tous ceux de la même tribu, par sa forme hé-misphérique, qui lui donne la plus grande ressemblance avec les Cocci-nelles. La tête des Nilions est petite, avec des yeux réniformes; les an-tennes sont insérées à la partie anté-rieure de la tête, très-près des yeux; elles sont filiformes, de la longueur du corselet, et composées de onze articles, dont le premier est un peu allongé et renflé; le second court, arrondi, plus petit que les suivans; le troisième un peu allongé, et les suivans égaux entre eux. La lèvre supérieure est arrondie antérieurement, large, courte et de consistance coriace. Les mandibules sont courtes, cornées, presque triangulaires, pointues et dentées intérieurement. Les mâchoires sont cornées, bifides; les divisions sont égales en longueur; l'extérieure est conique; l'intérieure est un peu aplatie et ciliée; elles portent chacune un palpe à peine plus long qu'elles; de quatre articles, dont le premier très-court, à peine apparent; le second peu allongé, conique; le troisième fort court; le dernier oblong, dilaté presque en manière de triangle; la lèvre inférieure est avancée, cornée, presque triangulaire, terminée en pointe émoussée; elle donne attache à deux palpes très-courts, à articles peu apparens. Le corselet est arrondi, fort court, et échancré antérieurement pour recevoir la tête; l'écusson est petit, triangulaire; les élytres sont très-convexes, assez fermes; elles ont en dessous, comme les Coccinelles, Érolytes, etc., un large rebord et un petit avancement qui embrasse les côtés de l'abdomen; les ailes sont membraneuses et repliées; les pates sont courtes et dépassent à peine les élytres. Les mœurs de ces Insectes et leurs larves nous sont entièrement inconnues; nous savons seulement depuis peu que leurs nymphes s'attachent aux branches des Arbres, et qu'ils éclosent en grande quantité, et couvrent entièrement les jeunes branches où ils sont nés. Toutes les espèces de ce genre sont propres aux contrées les plus chaudes de l'Amérique méridionale; on n'en avait décrit jusqu'à présent qu'une seule espèce; mais nous en connaissons cinq ou six autres toutes nouvelles et inédites. L'espèce qui a été connue de Fabricius et qui sert de type au genre, est :

Le NILION VELU, *Nilio villosus*, Latr., *Gen. Crust.*, etc. T. II, p. 199, tab. 1, pl. 16, f. 2; Latr., Oliv., *Œgithus marginatus*, Fabr., *Syst. Eleuth.*, II, p. 10; *Coccinella villosa*, pag. 121; *Erotilus cinctus?* Herbst. Long de trois lignes et de-

mie, et presque aussi large; antennes velues, noires, avec les quatre premiers articles et la tête d'un jaune obscur; corselet noir au milieu, avec les côtés couverts d'un duvet serré d'un jaune brun; élytres lisses, marquées de stries pointillées, d'un noir luisant, un peu bleu, avec la suture et les bords d'un jaune obscur; dessous du corps et pates jaunes. Cette espèce se trouve à Cayenne; elle est très-commune. (c.)

NILIOS. MIN. On ne sait de quelle Pierre a voulu parler Pline sous ce nom, qui venait, selon le roi-naturaliste Juba, de ce qu'elle se trouvait dans le fleuve d'Egypte. On a pensé que c'était une Agate. (B.)

* **NILOTIQUE.** OIS. Espèce de Perche du sous-genre Centropome. *V.* PERCHE.

* **NILUKMA.** MAM. *V.* LICORNE.

* **NIMA.** BOT. PHAN. Genre de la famille des Simaroubées et de la Pentandrie Pentagynie, établi par Hamilton, et ainsi caractérisé : fleurs hermaphrodites; calice profondément divisé en cinq parties, persistant; cinq pétales oblongs; cinq étamines, dont les filets sont dilatés à la base; cinq ovaires réunis, velus, insérés sur un disque auquel les pétales sont attachés au-dessous; cinq styles réunis inférieurement, libres supérieurement et renversés, surmontés d'un pareil nombre de stigmates: cinq capsules ou par avortement deux à trois, presque arrondis, chacune renfermant une seule graine, dont l'embryon est grand, sans périsperme. Ce genre a été réuni au *Simaba* par Don (*Flor. Nepal. Prodr.*, p. 248), quoiqu'il s'en distingue par le nombre des pétales, par les filets des étamines dilatés inférieurement et non insérés sur des écailles distinctes; enfin par la différence de patrie qu'habitent les espèces.

Le *Nima quassioides*, Hamilton, est indigène du Napaul. Ses feuilles sont imparipinnées, à quatre paires de folioles dentées en scie, et à fleurs disposées en corymbes ou en panicules.   (G..N.)

NIMSE. MAM. Nom du Furet en Barbarie, suivant Erxleben.
                            (IS. G. ST.-H.)

NINDAS. OIS. Espèce du genre Perroquet. *V.* ce mot.   (DR..Z.)

NINGAS. INS. Qu'on a aussi écrit NIGUAS et NIGUE. Noms vulgaires du *Pulex penetrans.*   (B.)

NINSI ET NINSIN. BOT. PHAN. Espèce de Berle. *V.* ce mot.   (B.)

* NINTIPOLONGA. REPT. OPH. (Séba, *Thes.*, 1. 2 ; Fabr., 37, f. 1.) On ne sait quel est ce Serpent des Indes-Orientales, qui semble être un Python.   (B.)

NIOPO. BOT. PHAN. Espèce du genre Inga, dont les habitans de l'Ature fument le feuillage en guise de tabac.   (B.)

NIOTA. BOT. PHAN. Ce nom est maintenant adopté par la plupart des classificateurs , pour désigner un genre sur les affinités duquel on ne s'accorde pas, et qui a reçu diverses dénominations. En effet, Lamarck, dans ses Illustrations des genres, constitua le premier le genre *Niota*, qui fut publié presqu'en même temps par Gærtner sous le nom de *Samadera*, dérivé du mot *Samandura*, employé par Linné dans son *Flora Zeylanica*, et reproduit par Vahl sous celui de *Wittmannia*. Commerson, dans ses Herbiers consultés par plusieurs botanistes , l'avait nommé *Mauduyta*; enfin Du Petit-Thouars convient lui-même que son genre *Biporeia* est identique avec le *Niota* de Lamarck. D'un autre côté, Adanson avait donné le nom de *Locandi* au même genre. Quant à ses affinités , A.-L. de Jussieu est d'avis qu'il avoisine les Ochnacées ou Simaroubées, tandis que Du Petit-Thouars le place près du *Banisteria* ou *Balanopteris*, dans les Malpighiacées. C'est à la suite de cette dernière famille, qu'il a été rangé par De Candolle (*Prodrom. Syst. Veget.*, p. 592). Mais notre collaborateur Adrien de Jussieu, dans son

travail récent sur les genres des Rutacées et des familles voisines, assigne définitivement une place à ce genre parmi les Simaroubées. Voici les caractères essentiels qu'il lui attribue : fleurs hermaphrodites; calice très-court, à quatre divisions profondes ; corolle à quatre pétales , beaucoup plus longs que le calice ; huit étamines plus courtes que les pétales ; ovaires au nombre de quatre , portés sur un gynophore court, très-étroit; autant de styles distincts à leur base, se réunissant par le sommet en un seul plus long que les pétales, et se terminant en un stigmate aigu ; fruit drupacé , composé de quatre carpelles, réduits quelquefois à un seul par avortement. A ces caractères , De Candolle en ajoute d'autres qui sans doute ont déterminé cet auteur à le classer à la suite des Malpighiacées ; tel est celui qui consiste dans l'existence de glandes sur la face externe de deux des sépales. Le nombre des parties de la fleur est, en outre, indiqué par De Candolle comme variable de quatre à cinq ou du multiple de ces deux nombres. Adrien de Jussieu observe cependant que le nombre quaternaire est le plus fréquent.

Deux espèces ont été décrites par les auteurs. La première a reçu le nom de *Niota tetrapetala*, Lamarck et De Candolle. C'est aussi le *Witmannia elliptica* de Vahl., et le *Mauduyta penduliflora* de Commerson. Cette Plante est un Arbrisseau de Madagascar. La seconde espèce est le *N. pentapetala*, Poiret et De Candolle, ou *Karin-Njotti* de Rhéede (*Hort. Malab.*, VI, tab. 18). Arbre élevé d'environ trente pieds, qui croît dans l'Inde-Orientale. Adrien de Jussieu fait remarquer, avec raison, que les noms ainsi que les caractères spécifiques de ces deux espèces doivent être changés , puisque, dans la Plante indienne, le nombre des pétales, d'après la description de Rhéede, paraît varier accidentellement de trois à cinq, mais qu'il est généralement quaternaire.

Ces Arbres ou Arbrisseaux ont des feuilles alternes, simples, veinées en réseau; les fleurs assez grandes, blanches extérieurement, rouges en dedans, sont portées par des pédoncules axillaires ou terminaux, formant au sommet une ombelle involucrée à la base, de petites bractées. Les diverses parties de ces Plantes sont très-amères. On les emploie dans l'Inde comme fébrifuges, et l'on retire une huile de leurs graines. (G..N.)

NIOU. MAM. *V.* GNOU.

* NIOU. Les habitans des îles Sandwich donnent ce nom à quelques Oursins, d'après Quoy et Gaimard.　　　　　(E. D..L.)

NIPA. *Nipa.* BOT. PHAN. Rumph, dans son *Herbarium Amboinense*, 1, tab. 16, décrit et figure sous ce nom un Palmier originaire de l'Inde, que Thunberg (*Act. Holm.*, 1782, p. 231) et, plus récemment, Labillardière (*Mem. Mus.* T. V, p. 297) ont de nouveau décrit et mieux fait connaître. Le *Nipa fruticans*, Thunb., est un Palmier dont le tronc, quelquefois excessivement court, s'élève rarement au-delà de deux à trois pieds sur un pied et plus de diamètre. Ses feuilles, longues de cinq à six pieds, sont pinnées, à folioles lancéolées et dentées, et à pétiole dilaté et semi-amplexicaule à la base. Les fleurs sont monoïques, les mâles et les femelles, portées sur un même spadice dichotome, accompagné à sa base de bractées larges et spathiformes. Les fleurs mâles forment des chatons cylindriques; elles sont extrêmement serrées; leur calice est formé de six sépales dont trois plus intérieurs. Les étamines, au nombre de trois, sont monadelphes et synanthères, c'est-à-dire soudées ensemble par leurs filets et leurs anthères. Les fleurs femelles sont également très-serrées, formant des capitules globuleux, placés au-dessus des fleurs mâles; elles sont dépourvues de calice et se composent d'un ovaire à trois loges, surmonté de trois stigmates sessiles. Les fruits sont des espèces de drupes,

réunies, anguleuses, monospermes, très-rarement à deux graines. L'embryon est situé à la base de l'endosperme. Ce Palmier croît dans les îles de la Sonde et aux Philippines. Par son port et plusieurs de ses caractères il se rapproche beaucoup des Pandanées. Le régime, encore jeune, fournit un liquide douceâtre qui, par la fermentation, forme une sorte de liqueur spiritueuse. Les fruits verts se mangent crus ou confits au sucre.　　　　　(A. R.)

* NIQUA. BOT. PHAN. Les habitans de l'Amérique méridionale, dans la république Colombienne, nomment ainsi l'*Ipomœa Bona-Nox*, L.　　　　　(G..N.)

NIQUE. ARACH. Espèce du genre Ixode. *V.* ce mot.　　　(G.)

* NIRBISHI ou NIRBIKHI. BOT. PHAN. Ce mot indou désigne une espèce de *Caltha* dont la racine est employée en médecine comme fébrifuge. Hamilton (*Edinburgh Journ. of Sciences*, vol. I, avril 1824) a décrit cette Plante sous le nom de *Caltha Nirbisia*.　　　　　(G..N.)

* NIRME. *Nirmus.* ARACH. Nom proposé par Hermann fils et employé par Leach pour désigner le genre Ricin de Degéer et de Latreille. *V.* RICIN.　　　　　(G.)

NIRMIDES. *Nirmidea.* ARACH. Famille d'Arachnides établie par Leach et qui correspond au genre Ricin. *V.* ce mot.　　　(G.)

* NIRNAIER ou NIS-NAYIE. MAM. Espèce du genre Loutre. *V.* ce mot.　　　　　(B.)

NIR-SCHULLI. BOT. PHAN. (Rhéede, *Malab.* T. II, tab. 46.) L'une des Plantes à laquelle les Indous donnent le nom de *Bula-Vanga* et qui paraît être un Sésame. *V.* ce mot.　　　　　(B.)

NIRURI. BOT. PHAN. Espèce du genre Phyllanthe. *V.* ce mot.　(B.)

NISA. BOT. PHAN. Du Petit-Thouars (*Nov. Gener. Madagasc.*, n. 81) a établi ce genre qui appartient à la Pentandrie Digynie, L., et que

R. Brown (*Botany of Congo*, p. 19) ainsi que De Candolle (*Prodr. Syst. Veget.*, 2. p. 55) ont placé dans la nouvelle famille des Homalinées. Voici ses caractères essentiels : calice turbiné, divisé en dix ou douze lobes peu profonds; moitié d'entre eux placés sur un rang extérieur, et les cinq ou six autres (pétales selon Du Petit-Thouars) situés à l'intérieur et dressés; glandes alternant avec les lobes intérieurs; cinq ou six étamines opposées à ceux-ci et alternes avec les glandes; ovaire demi-adhérent, surmonté de deux à trois styles; fruit inconnu. Ce genre se compose de deux Arbrisseaux indigènes de Madagascar, à feuilles sinueuses-dentées. L'un, *N. nudiflora*, a les fleurs disposées en épi nu; l'autre, *N. involucrata*, est pourvu de fleurs cachées dans de grands involucres comprimés et colorés.   (G..N.)

*NISER ou NISSER. ois. (Bruce.) *V.* Gypaète barbu.

* NISME. mam. Nom de pays du Furet. *V.* Marte.   (b.)

NIS-NAYIE. mam. *V.* Nirnaier.

NISOT. moll. C'est ainsi qu'Adanson (*Voyag. au Sénég.*, pl. 10, fig. 3) nomme une petite Coquille qui n'a pas été retrouvée depuis ni mentionnée par les auteurs plus modernes. Cette Coquille appartient au genre Buccin.   (D..H.)

* NISPERO. bot. phan. L'*Achras Sapota*, L., est connu sous ce nom vulgaire près de Cumana et de Caracas.   (G..N.)

NISSA. bot. phan. Bosc dit que c'est un Palmier des Célèbes dont les habitans mangent les feuilles.   (b.)

* NISSENA. pois. Syn. d'Emissole (*V.* ce mot) dans le golfe de Gênes.   (b.)

NISSER. ois. *V.* Niser. C'est l'un des noms de pays du Marsouin.   (b.)

NISSOLIE. *Nissolia.* bot. phan. Tournefort donnait le nom de *Nissolia* à un genre fondé sur une Plante que Linné réunit aux *Lathyrus*. Ce nom fut ensuite appliqué par Jacquin et Linné à un genre de la famille des Légumineuses et de la Diadelphie Décandrie, L. De Candolle (*Prodrom. Syst. Veget.*, 2, p. 267) le caractérise ainsi : calice campanulé, à cinq dents; corolle papilionacée; dix étamines monadelphes avec une fissure dorsale, ou diadelphes; légume stipité, composé d'une ou d'un très-petit nombre de loges monospermes, prolongé en une grande aile membraneuse, foliacée, ligulée ou cultriforme. D'après ce dernier caractère, le genre *Nissolia* devrait faire partie de la tribu des Hédysarées; mais le port de ses espèces, qui a de l'analogie avec celui des *Robinia* placés dans les Génistées, section de la tribu des Lotées, a décidé l'auteur du *Prodromus* à y réunir aussi le *Nissolia*.

Dix-sept espèces de Nissolies ont été décrites par les auteurs. Cinq d'entre elles sont imparfaitement connues; les autres constituent, selon Persoon et Kunth, deux genres distincts sous les noms de *Nissolia* et de *Machœrium*. De Candolle (*loc. cit.*) n'admet pas leur séparation; mais il a partagé en trois groupes ou sections les Nissolies qui sont toutes des Arbrisseaux grimpans, à feuilles ailées avec impaire, et à folioles dépourvues de stipulles. La première section, nommée *Nissolaria*, se reconnaît à ce que son calice est nu à sa base (et non muni de deux bractées), terminé par cinq dents étroites et aiguës; à sa carène, dont les pétales sont entièrement soudés; à ses étamines monadelphes avec une fissure du côté supérieur; enfin à son légume qui, selon Jacquin, n'a qu'une loge renfermant une graine et quelques ovules avortés, et selon Gaertner, à plusieurs articles monospermes. N'ayant pas vu le fruit des espèces de cette section, De Candolle n'a pu rien affirmer sur ce caractère, le plus important de tous. Les fleurs naissent en faisceaux à l'aisselle des feuilles ou forment une grappe terminale.

Le *Nissolia fruticosa*, Jacq., *Plant. Americ.*, p. 198, tab. 145, fig. 44, appartient à cette section. C'est une Plante à tige volubile, à folioles ovales, mucronées, à fleurs pédicellées, au nombre de trois à quatre dans chaque aisselle des feuilles et à calices sétacés. Elle croît dans les forêts de Carthagène en Amérique, et près de Querataro sur le plateau du Mexique. De Candolle lui adjoint deux espèces nouvelles sous les noms de *N. hirsuta* et *racemosa* qui habitent des contrées voisines.

La seconde section a reçu le nom de *Gomezium* pour rappeler celui de Juan Gomez sous lequel la graine de l'une des espèces est connue à Carthagène. De même que dans la précédente section, celle-ci a le calice nu à sa base, mais son légume est monosperme, sans ovules avortés; d'ailleurs, les lobes du calice sont obtus; la carène n'a ses pétales soudés qu'au sommet, et ses étamines sont diadelphes. Deux petits Arbres droits et nullement grimpans composent cette section; ce sont les *Nissolia arborea* de Jacquin (*loc. cit.*, tab. 174, fig. 48) et *N. glabrata* de Link. La première de ces espèces croît dans les forêts des Antilles et du continent de l'Amérique équinoxiale. Cette Plante a été placée dans le genre *Machœrium* par Kunth.

La troisième section des *Nissolia* de De Candolle comprend les espèces qui constituent ce dernier genre décrit en son lieu dans ce Dictionnaire, *V.* MACHÆRIUM. Disons seulement ici que De Candolle s'est refusé à séparer génériquement ces Plantes, parce que dans le doute où l'on est encore sur le caractère carpologique des *Nissolia* (*Gomezium*), on risquerait d'unir des objets hétérogènes en formant un genre de l'association des *Machœrium* avec cette section. D'un autre côté, ces sections ont des caractères pour ainsi dire croisés qui ne permettent pas de les isoler.

Les espèces mal connues sont au nombre de cinq, et plusieurs ont été publiées sous le nom générique de *Machœrium*. Elles croissent dans diverses contrées du globe. Une seule (*N. reticulata*, Lamk.) paraît indigène de Madagascar. Les autres sont de l'Amérique méridionale, et notamment le *N. stipitata*, D. C., *N. punctata*, Lamk. et Poiret, que l'on avait mal à propos crue originaire de Madagascar. L'extrémité de l'aile qui termine ses gousses, est marquée de points qui sont dus à des Cryptogames parasites du genre *Sphœria*.

(G..N.)

NITCHOLIS. BOT. PHAN. Pour Netschuli. *V.* ce mot. (B.)

NITÈLE. *Nitela.* INS. Genre de l'ordre des Hyménoptères, section des Porte-Aiguillons, famille des Fouisseurs, tribu des Nyssoniens, établi par Latreille et ayant pour caractères : une seule cellule cubitale, fermée; antennes filiformes, plus longues que la tête, presque droites, à second et troisième articles également longs; mandibules bidentées à leur extrémité; jambes point épineuses; pelotes des tarses très-petites. Ce genre se distingue des Oxybèles dont il est tres-voisin par les antennes qui, dans ces derniers, vont en grossissant vers le bout et ne sont guère plus longues que la tête; les mandibules des Oxybèles n'ont point de dentelures intérieurement. Les genres Astate et Nysson ont trois cellules cubitales fermées; enfin le genre Pison se distingue des Nitèles et des autres genres de la tribu par les yeux qui sont échancrés. Les yeux des Nitèles sont grands, oblongs, entiers, placés sur les côtés de la tête et assez distans l'un de l'autre. On voit entre eux, sur le vertex, trois petits yeux lisses, disposés en triangle. Les antennes sont filiformes, ordinairement arquées, composées de douze articles dans la femelle. Le premier article est un peu allongé, cylindrique; les suivans sont presque égaux entre eux. Les mandibules sont courtes, arquées; la lèvre inférieure est échancrée, courte et presque en forme de cœur. Le corselet est ovale, à peu près aussi large que la tête, marqué d'un enfoncement transversal entre la base des ailes. L'abdomen est ovale, terminé en pointe postérieurement, et attaché au corselet par un pédicule court. Les pates sont de longueur moyenne. Les ailes supérieures ont une cellule radiale triangulaire, oblongue, et terminée par un appendice à peine marqué et placé près du bord. La cellule cubitale a la figure d'un carré long. Ce genre ne se compose jusqu'à présent que d'une seule espèce qui vit dans le midi de la France. Ses habitudes et ses métamorphoses sont encore inconnues.

NITÈLE DÉ SPINOLA, *Nitela Spinolæ*, Latr., *Gen. Crust. et Ins.* T. IV, p. 77; Oliv., Encyclop. Méthod. Cet Hyménoptère est long de deux lignes, entièrement noir. Son chaperon est marqué d'une ligne élevée. Les ailes sont transparentes, avec un léger reflet irisé. (G.)

*NITELION. *Nitelium.* BOT. PHAN. Genre de la famille des Synanthérées, et de la Syngénésie égale, L., proposé par H. Cassini (Dict. des Sc. Nat., vol. XXXV, p. 11) qui lui attribue les caractères suivans : involucre dépassant les fleurs, composé de folioles légèrement imbriquées, ovales-lancéolées, très-entières, appliquées et coriaces dans leur partie inférieure, étalées, roides et spinescentes à leur sommet; les folioles intérieures presque sur un seul rang, plus longues, lancéolées, très-aiguës, scarieuses et colorées supérieurement. Réceptacle probablement alvéolé. Calathide formée de fleurons nombreux, égaux, réguliers et hermaphrodites; corolles droites, à tube court, cylindrique, à limbe très-long, découpé profondément en cinq segmens linéaires; étamines insérées au sommet du tube de la corolle, à filets glabres, à anthères longues, surmontées d'appendices linéaires, lancéolés, soudés par la base, et munies également d'appendices basilaires, subulés et à barbes redressées; style épaissi au

sommet et fendu en deux languettes libres, à peine divergentes et hérissées extérieurement de poils collecteurs. Nectaire élevé, presque cylindracé, excavé au sommet. Ovaires courts, obconiques, hérissés de poils très-nombreux, bifurqués, surmontés d'une aigrette composée de paillettes formant à peu près trois rangées libres, denticulées sur leurs bords, roides, scarieuses et blanches. Les rangées extérieures et intérieures sont moins longues que les intermédiaires. Le genre *Nitelium* fait partie de la tribu des Carlinées; il prend place entre le *Stobœa* de Thunberg et le *Dicoma* de Cassini. Les différences caractéristiques d'avec ces deux genres ne résident que dans de légères modifications de l'involucre et de l'aigrette.

Le *Nitelium rubens*, Cass., unique espèce du genre, a une tige ligneuse, à rameaux cylindriques, cotonneux, garnis de feuilles alternes, oblongues, lancéolées, rétrécies en pétiole à la base, aiguës au sommet, très-entières et cotonneuses sur leurs deux faces; les calathides sont solitaires à l'extrémité des rameaux, et accompagnées de quelques bractées analogues aux folioles de l'involucre. Cette Plante est indigène du cap de Bonne-Espérance. L'auteur la croyait d'abord identique avec le *Xeranthemum spinosum*, L. et Burmann; mais un examen plus attentif leur a démontré que cette dernière espèce en différait à un tel point qu'elle fait partie d'un autre genre. (G..N.)

* NITELLA. BOT. CRYPT. (*Characées.*) Genre fondé par Agardh (*System. Algarum*, p. 123) aux dépens du genre *Chara*, et caractérisé ainsi : filamens composés d'un tube simple, membraneux, articulés, à rameaux verticillés. Organes de la fructification de deux sortes et séparés; les uns ont des nucules striés en spirale, sans bractées et non couronnés; les autres sont des globules colorés. Ce genre est extrêmement voisin des vrais *Chara*. Il ne s'en distingue que

par ses nucules dépourvus de bractées et non couronnés. L'auteur y fait entrer vingt espèces, parmi lesquelles nous remarquons les *N. flexilis*, *translucens*, *gracilis*, *hyalina* et *Batrachosperma*, qui correspondent aux *Chara* de même nom, des divers auteurs. (B.)

NITIDULAIRES. *Nitidulariæ.* INS. Latreille désignait ainsi une petite famille renfermant le genre Nitidule et quelques autres genres voisins. Dans ces derniers temps il a supprimé cette dénomination, et les Insectes de cette famille rentrent dans sa tribu des Peltoïdes. *V.* ce mot. (G.)

NITIDULE. *Nitidula.* INS. Genre de l'ordre des Coléoptères, section des Pentamères, famille des Clavicornes, tribu des Peltoïdes, établi par Fabricius et adopté par tous les entomologistes avec ces caractères : antennes terminées brusquement par une massue ovale ou ronde, composée de deux ou trois articles, ou seulement d'un dans quelques-uns ; extrémité des mandibules échancrée ou munie d'une dent ; palpes filiformes, un peu plus gros à leur extrémité. Les trois premiers articles des tarses courts, larges ou dilatés, garnis de brosses en dessous, le quatrième très-petit. Ce genre se distingue des Thimales (*Peltis*, Fabr.), Colobiques, Micropèples, Dacné (*Engis*, Fabr.), des Ips (*Cryptophagus*, Herbst.) et des Antérophages, par les quatre premiers articles des tarses qui, dans tous ces genres, sont cylindriques et peu différens en formes et en proportions. Les Cerques et les Bytures en sont distingués par la massue de leurs antennes qui est plus allongée et commence moins brusquement ; enfin les Boucliers en sont bien séparés par leurs mandibules, qui se terminent en pointe simple, tandis qu'elles sont bifides à l'extrémité dans les Nitidules. Les espèces de ce genre ont été placées parmi les Boucliers par Linné et Degéer. Geoffroy les plaçait parmi les Dermestes. Fabricius est le premier qui les en ait distingués, mais il a employé pour ce genre un nom bien peu convenable, puisqu'il exprime que les Insectes qui le portent sont brillans, ce qui arrive très-rarement chez les Nitidules. Leicharting, voyant que ce nom ne convenait pas à des Insectes de couleur sombre, l'a changé, et a donné aux Nitidules de Fabricius le nom d'Ostoma, mais il n'a pas été adopté. La tête des Nitidules est enfoncée dans une large échancrure du corselet ; elle est ovale, déprimée ; les yeux sont saillans, arrondis ; les antennes sont terminées en massue perfoliée ; elles sont insérées en avant des yeux, et leur longueur ne dépasse pas celle de la tête ; le corselet est déprimé, presque aussi large que les élytres, coupé droit à sa partie postérieure ; les élytres sont assez dures, rebordées, peu convexes ; les ailes sont membraneuses et repliées ; les pates sont assez courtes, avec les jambes assez fortes, et élargies à leur extrémité ; les tarses sont courts, velus, et le dernier article porte deux crochets. En général le corps de ces Insectes est déprimé, en forme de carré long ou d'ovale. Ces Insectes habitent les lieux où il se trouve des substances animales en putréfaction ou desséchées, dans les charognes, dans les Champignons pourris, sous les écorces des Arbres, dans la liqueur qui suinte des plaies faites aux troncs des vieux Arbres, et quelquefois même sur les fleurs. Leurs larves ont beaucoup de ressemblance avec celles des Boucliers ; elles sont composées de douze anneaux terminés latéralement en un angle assez aigu ; le dernier est garni de deux petits appendices coniques. Elles s'enfoncent dans la terre pour se changer en nymphes. Le genre des Nitidules est très-nombreux en espèces ; on en connaît environ une trentaine, et Dejean (Cat. des Coléopt.) en mentionne vingt-trois dont deux seulement sont étrangères à l'Europe. Nous citerons comme la plus commune aux environs de Paris :

La **NITIDULE DISCOÏDE**, *Nitidula discoidea*, Fabr., Latr., Oliv. ; *Osto-*

ma discoidea, Leichart., Ins. T. 1, p. 810, n. 5; Illig., Col. Bor. T. 1, p. 581, n. 4; Herbst, Col., T. v, tab. 53, fig. 7. Longue d'une ligne; antennes fauves, avec la masse noire; tête noire, sans tache; corselet noirâtre, obscur, avec les bords ferrugineux-pâles; élytres d'un jaune fauve au milieu, avec les côtés et l'extrémité noirs, mélangés de jaune fauve; dessous du corps noir; pates brunes.

Cette espèce se trouve communément sur les charognes. On la rencontre aussi dans les maisons, sous les écorces des Arbres et quelquefois sous les pierres.   (G.)

NITRAIRE. *Nitraria.* BOT. PHAN. Ce genre, de la famille des Ficoïdes et de la Dodécandrie Monogynie, L., fut établi par Linné, d'après la description et la figure d'une Plante de Sibérie, donnée par Schober dans les Actes de Saint-Pétersbourg, T. vii, p. 315, tab. 10. Il offre les caractères suivans : calice très-court, persistant, et divisé profondément en cinq segmens; corolle à cinq pétales oblongs, ouverts et canaliculés; étamines au nombre de quinze, ayant les filets subulés, droits, de la longueur de la corolle, et leurs anthères arrondies; ovaire ovale, oblong, à trois ou six loges, terminé par un style court, épais, et par un stigmate capité et trilobé; drupe ovale-aigüe, contenant un noyau dont les loges s'oblitèrent, à l'exception d'une qui renferme une seule graine; ce noyau s'ouvre à son sommet en six valves très-étroites. Les Nitraires sont peu nombreuses; l'espèce, type du genre, a été nommée par Linné *Nitraria Schoberi*, dont Lamarck a changé inutilement le nom spécifique en celui de *Sibirica*. C'est un petit Arbrisseau dont les branches très-nombreuses, longues et flexibles, sont étalées sur la terre. Ses feuilles sont sessiles, linéaires, oblongues, un peu rétrécies vers la base, éparses ou réunies par petits faisceaux, glauques des deux côtés, un peu épaisses

et très-caduques. Les fleurs sont disposées en corymbes à l'extrémité des rameaux. Deux espèces de *Nitraria* ont encore été décrites par les professeurs Lamarck et Desfontaines : l'une, *Nitraria senegalensis*, Lamarck (Dict. Encycl.; et Ill. Gen., tab. 403); le *N. africana*, Lamk., (Observ. sur le Voy. de Pallas, éd. française, T. viii, p. 316), est un Arbrisseau qui diffère du *N. sibirica* par ses feuilles en cœur renversé et par ses fruits dont la forme est pyramidale et à trois angles. Cette Plante croît au Sénégal, où elle a été découverte par Roussillon; nous l'avons reçue du même pays de notre ami Le Prieur, pharmacien de la marine. Le *Nitraria tridentata* de Desfontaines, qui croît dans l'Afrique septentrionale, est une espèce extrêmement voisine du *N. senegalensis*, Lamarck. Elle a des rameaux épineux, et ses feuilles sont charnues, cunéiformes et à trois dents au sommet.

(O..N.)

NITRATES. CHIM. Sels résultans des combinaisons de l'Acide nitrique avec les Oxides ou bases salifiables. La plupart des Nitrates sont à l'état neutre; quelques-uns sont avec excès de base. Dans les Nitrates neutres, l'Oxigène de l'Acide est quintuple de celui que contient la base, en sorte qu'il suffit de connaître la composition de l'Acide nitrique et celle de l'Oxide métallique qu'on veut lui combiner, pour connaître les proportions dans lesquelles ces corps se combineront et avoir immédiatement l'analyse de tel Nitrate demandé. C'est une des plus utiles conséquences de la théorie des proportions définies, et l'on doit au célèbre Berzélius d'avoir insisté sur l'importance de cette loi par laquelle les quantités d'Oxigène contenues dans les corps en combinaison sont toujours en rapports simples, c'est-à-dire que l'une est un multiple par un nombre entier de l'autre. Les Nitrates neutres étant tous solubles dans l'eau, il n'est pas possible d'obtenir par quelque réactif un précipité d'une dissolution de Nitrate quelconque, comme on en obtient si abondamment dans les sulfates lorsqu'on fait agir sur eux un sel de baryte. Les Acides très-solubles dans l'eau et qui ont plus de fixité que l'Acide nitrique, comme les Acides sulfurique, phosphorique et arsenique, décomposent les Nitrates à froid ou à une température de 100 degrés, mais sans produire d'effervescence; seulement, par l'action de l'Acide sulfurique concentré, il y a dégagement d'Acide nitrique hydraté sous forme de vapeur blanche. Tous les Nitrates sont susceptibles d'être décomposés par la chaleur; mais ils offrent entre eux sous ce rapport beaucoup de diversités, selon la plus ou moins forte affinité réciproque l'Acide pour la base, de la base pour l'Oxigène, et du Nitrate pour l'eau avec laquelle il est combiné. Il résulte de cette facilité à être décomposés par la chaleur et de la grande quantité d'Oxigène contenu dans les Nitrates, que ces sels tendent à oxigéner les corps combustibles que l'on chauffe avec eux. Le Nitrate de Potasse, par exemple, possède à un haut degré cette propriété lorsqu'on le chauffe avec du charbon; des gaz élastiques résultent d'un semblable transport d'Oxigène, et dans l'inflammation de la poudre à canon, dont le Charbon et le Nitre sont les principales substances constituantes, ces gaz par leur expansion subite concourent à produire la détonnation. L'art est parvenu à former presque autant de Nitrates qu'il y a de bases ou Oxides métalliques. Notre Dictionnaire étant consacré exclusivement aux productions naturelles, il n'entre point dans notre plan de faire connaître ceux qui, comme les Nitrates d'Argent, de Cuivre, de Mercure, etc., sont d'un usage si important pour les arts et la médecine, et nous renvoyons, à cet effet, aux ouvrages modernes de chimie où l'on trouvera de grands développemens sur ces Sels et leurs applications. Dans la nature, il n'y a que les Nitrates de Potasse, de Chaux et de Magnésie qui se produisent en efflorescence dans les lieux humides et surtout dans ceux où dominent certaines substances azotées. Ces Nitrates existent aussi dans quelques terrains poreux qui ne renferment point ou trèspeu de ces matières organiques, et alors il n'est pas facile d'en expliquer la formation. *V.* le mot POTASSE NITRATÉE, dans lequel on traitera de la composition de ce Sel, de ses propriétés et surtout de ses usages soit comme objet du domaine médical, soit comme matière importante d'économie publique pour la fabrication de la poudre à canon. (G..N.)

NITRE ou SALPÊTRE. MIN. *V.* POTASSE NITRATÉE.

NITRIÈRE. MIN. Il arrive souvent que dans les contrées où le climat n'est pas très-favorable à la production habituelle de la Potasse nitratée, les matériaux salpêtrés que l'on y trouve ne sont pas suffisans pour la fabrication de tout le Nitre que l'on y consomme. Alors on force en quelque sorte la nature à devenir plus prodigue; on rassemble sous des hangars, en les soumettant aux effets d'un contact non interrompu, les matières que l'on juge contenir en abondance les élémens de l'Acide nitrique et la Potasse; on en forme des couches artificielles, et au bout d'un certain temps, et avec des soins renouvelés, on trouve ces couches converties en mines de Salpêtre que l'on exploite avec autant d'avantage que les matériaux salpêtrés les plus riches. *V.* POTASSE NITRATÉE.

(DR..Z.)

* NITROGÈNE. CHIM. Nom que l'on avait proposé d'appliquer à l'Azote. *V.* ce mot. (DR..Z.)

* NITRO-LEUCIQUE ET NITRO-SACCHARIQUE. MIN. CHIM. *V.* ACIDE au Supplément.

* NITTA. BOT. PHAN. Sous ce nom est mentionné dans Park (*First. Journey*, p. 336) un Arbre de la tribu des Mimosées, qui se rapporte à l'*Inga biglobosa* de Palisot-Beauvois,

et dont R. Brown (*Observ. on the Plants Afric. of D. Oudney*) a fait le type de son genre *Parkia*. *V*. ce mot.   (G..N.)

*NIUNGUE. BOT. PHAN. Nom vulgaire du *Datura Tatula*, L., près de Caracas et de Chacao, dans l'Amérique méridionale, où cette Plante est très-commune.   (G..N.)

NIVAR. MOLL. Le *Fusus Morio* de Lamarck est ainsi nommé par Adanson (Voyag. au Sénég., pl. 9, fig. 51).   (D..H.)

NIVEAU D'EAU. CRUST. On a quelquefois donné ce nom au Branchipe stagnal.   (B.)

NIVEAU DE MER. POIS. L'un des noms vulgaires du Marteau, *Squalus Zigena*. *V*. SQUALE.   (B.)

NIVÉNIE. *Nivenia*. BOT. PHAN. Genre de la famille des Protéacées, et de la Tétrandrie Monogynie, L., établi par R. Brown (*Transact. of the Soc. Linn.*, p. 133) qui l'a ainsi caractérisé : calice quadrifide, égal, entièrement caduc ; stigmate en massue, vertical ; noix ventrue, luisante, sessile, entière à sa base ; involucre à quatre folioles sur une simple série, renfermant quatre fleurs, endurci après la maturité des fruits ; réceptacle plane, dépourvu de paillettes. Ce genre avait été publié par Salisbury (*Paradis. Londin.*, n. 67) sous le nom de *Paranomus*; mais indépendamment de ce que le caractère assigné par cet auteur ne permettait aucunement de le distinguer de son *Mimetes*, le nom proposé ne pouvait convenir, d'après son étymologie, au genre nouveau, puisque toutes ses parties, à l'exception des feuilles d'un petit nombre d'espèces, loin de présenter beaucoup de diversités, étaient au contraire très-remarquables par leur uniformité et leur régularité.

Les Nivénies sont des Arbrisseaux à feuilles éparses ; les inférieures bipinnatifides, filiformes ; les supérieures, dans quelques-unes, planes et indivises. Les fleurs sont purpurescentes ; les involucres sont dispo-

sés en épi ou en capitule terminal, et accompagnés d'une seule bractée.

Neuf espèces, toutes indigènes du cap de Bonne-Espérance, ont été décrites par R. Brown. Plusieurs d'entre elles avaient été publiées par divers auteurs sous les noms de *Protea Sceptrum, alopecuroides, spathulata* et *Lagopus;* mais ces noms spécifiques n'avaient pas été appliqués à des Plantes identiques, ce qui jetait beaucoup de confusion dans la synonymie.

Le *Nivenia Sceptrum*, R. Br.; *Protea Sceptrum Gustavianum*, Sparmann (*Act. Stockh.*, 1777, p. 55, t. 1, *bona*) est une très-belle Plante qui croît dans les montagnes du pays des Hottentots hollandais. La diversité de son feuillage, qui cesse abruptement d'être linéaire-pinnatifide par diverses places, et qui devient lancéolé, aura déterminé Salisbury à donner au genre le nom de *Paranomus*; mais c'est un cas exceptionnel et qui ne se présente que dans une ou deux espèces très-voisines l'une de l'autre.   (G..N.)

NIVÉOLE. BOT. PHAN. Nom français sous lequel on désigne communément le genre *Leucoium*. *V*. LEUCOION.   (A. R.)

NIVEREAU ou NIVEROLLE. OIS. Espèce du genre Gros-Bec. *V*. ce mot.   (DR..Z.)

NOBLE-ÉPINE. BOT. PHAN. Même chose qu'Aubépine. (*V*. ALISIER.) On appelle ainsi dans quelques provinces du nord de la France l'Epine-Vinette. *V*. VINETIER.   (B.)

NOBULA. BOT. PHAN. (Adanson.) Syn. de Phyllis. *V*. PHYLLIDE.   (B.)

NOCCA. BOT. PHAN. Les deux genres établis sous ce nom par Mœnch et par Cavanilles, ne subsistent plus. Celui du botaniste allemand avait pour type l'*Iberis rotundifolia*, L., et il fait maintenant partie du genre *Hutchinsia* de Brown et de De Candolle, dans la famille des Crucifères. Quant au *Nocca* de Cavanilles, adopté et nommé *Noccœa* par Jacquin, il est maintenant connu sous le nom de

Lagasca qui lui a été imposé par Cavanilles lui-même. (G..N.)

NOCCÆA. BOT. PHAN. *V.* NOCCA.

NOCHELIS. BOT. PHAN. (Dioscoride.) Syn. de Ballotte. *V.* ce mot.
(B.)

*NOCTHORE. *Nocthora.* MAM. Fr. Cuvier a proposé ce nom pour remplacer celui d'Aote, *Aotus*, donné par quelques auteurs au Douroucouli, Animal que l'on avait cru privé d'oreilles externes. Au reste il nous paraît fort douteux que le Douroucouli doive être considéré comme le type d'un genre particulier, en sorte que le nouveau nom pourra bien lui-même ne pas être adopté des zoologistes. (IS. G. ST.-H.)

NOCTILION. *Noctilio.* MAM. *V.* VESPERTILION.

NOCTILUQUE. *Noctiluca.* ACAL. Genre de Radiaires mollasses ou Acalèphes libres, ayant pour caractères : corps très-petit, gélatineux, transparent, subsphérique, réniforme dans ses contractions, et paraissant enveloppé d'une membrane chargée de nervures très-fines; bouche inférieure contractile, infundibuliforme, munie d'un tentacule filiforme. La seule espèce connue de ce genre n'a encore été observée que par Suriray, médecin au Hâvre. En étudiant la cause de la phosphorescence de la mer, Suriray a trouvé, à certaines époques de l'année, ce petit Animal en telle abondance qu'il formait une croûte assez épaisse à la surface de l'eau. Il est transparent comme du verre, gros comme la tête d'une petite épingle; sa forme est sphérique, mais en se contractant il prend quelquefois celle d'un rein. Au milieu de sa partie inférieure, existe une ouverture de laquelle sort un tentacule filiforme qui paraît tubuleux, et à côté une espèce d'œsophage en entonnoir. Dans les contractions le tentacule disparaît quelquefois. L'intérieur des Noctiluques est garni de petits corps ronds groupés, qui sont sans doute des œufs ou plutôt

des gemmules; à l'extérieur on aperçoit des vaisseaux très-fins, ramifiés presque en réseau dans une membrane très-mince. Ce genre ne renferme qu'une espèce, le *Noctiluca miliaris*, qui se trouve dans les mers d'Europe, à certaines époques de l'année. (E. D.,L.)

NOCTUA. OIS. Nom que Savigny a imposé à un genre d'Oiseau de proie nocturne, et qui comprend quelques-unes de nos Chouëttes. *V.* ce mot. (DR..Z,)

NOCTUA. INS. *V.* NOCTUELLES.

* NOCTUA. MOLL. Ce genre de Klein (*Nov. Méth. Ostrac.*, pag. 31) n'est point admissible; il est formé aux dépens des Coquilles qu'il nomme Thronches, et qui entrent aujourd'hui dans le genre Cérithe; les deux seules espèces dont il le compose sont les *Cerithium alcus* et *lineatum.* (D..H.)

NOCTUELLE. OIS. Variété de la Hulotte. *V.* CHOUETTE. (DR..Z.)

NOCTUELLE. *Noctua.* INS. Genre de l'ordre des Lépidoptères, famille des Nocturnes, tribu des Noctuélites, établi par Fabricius aux dépens du grand genre *Phalœna* de Linné, et adopté par Latreille et tous les entomologistes. Ce genre a pour caractères : palpes labiaux de grandeur moyenne, avec le dernier article à peu près aussi grand que les précédens, et également couvert d'écailles. Antennes sétacées, ordinairement simples, quelquefois pectinées dans les mâles; une langue cornée, roulée en spirale; corps tout recouvert de petites écailles, avec l'abdomen conique. Corselet souvent huppé; ailes le plus souvent en toit, dans le repos, quelquefois se recouvrant d'une manière horizontale, d'autres fois posées le long du corps, et donnant au Papillon un aspect cylindrique. Chenilles à seize pates; chrysalides dans une coque peu serrée, et le plus souvent placée en terre. Le genre Noctuelle avait été indiqué par Linné, qui le comprend dans ses Phalènes pourvues d'une langue. Olivier (Encyclopédie Méthodique) place les quatre cent cinquante-neuf espèces qu'il décrit dans cinq coupes basées sur des considérations tirées du port des ailes et du corselet; mais ces divisions ne suffisent pas pour faciliter les recherches, et ce genre est très-difficile à étudier; il était donc nécessaire de le diviser en différens genres, et le besoin s'en fait d'autant plus sentir, qu'actuellement le nombre des espèces se monte à plus de mille. Les auteurs du Catalogue des Lépidoptères de Vienne, sentant bien cette nécessité, ont établi dans ce genre vingt-cinq familles, et ils ont tiré leurs caractères du nombre des pates des chenilles, de leur forme, de leurs couleurs et du port d'ailes de l'Insecte parfait. Mais cette distribution, presque entièrement basée sur la connaissance des chenilles, ne peut être admise, comme le dit fort bien Latreille, dans une méthode artificielle. Hübner et Ochsenheimer, dans un ouvrage très-étendu sur les Lépidoptères d'Europe, sont arrivés aux Noctuelles, et les ont divisées provisoirement en un grand nombre de genres sans en donner les caractères; mais la mort ayant enlevé Ochsenheimer à la science qu'il cultivait avec succès, son ouvrage est resté imparfait. Ce n'est que dans ces derniers temps que Treitshchke vient de continuer cet ouvrage, et qu'il a donné des caractères aux divers genres de Noctuelles que son prédécesseur avait proposés; cet ouvrage est entièrement en allemand, et le nombre de genres qu'il établit dans les Noctuelles est si considérable, que nous n'avons pas cru devoir les adopter tous. Nous avons commencé, avec notre ami Boisduval, une revue de ces genres, et nous n'adopterons que ceux qui sont rigoureusement nécessaires, en leur réunissant tous les genres qui en diffèrent par des caractères trop peu tranchés. Si nous avions pu finir ce travail promptement, nous aurions donné dans cet article les caractères des genres qui

nous auraient paru admissibles. Nous espérons être en état de présenter ce travail dans le Supplément auquel nous renvoyons. Latreille (Familles Naturelles) a divisé le genre *Noctua* de Fabricius, ou la famille des Noctuelles (*V*. ce mot), en six genres; il a tiré ses caractères du nombre des pates de la chenille, et surtout des différences qui existent dans les proportions relatives des articles des palpes labiaux. Les Noctuelles, telles. que les adopte Latreille, se distinguent de son genre Erèbe par les palpes qui, dans ces derniers Lépidoptères, sont terminés par un article allongé et nu; ses genres Calyptra et Gonoptère en sont distingués parce que leurs palpes sont grands et que leurs ailes sont toujours découpées. Les Noctuelles sont des Lépidoptères de taille moyenne; leur tête est petite, velue; leurs yeux sont assez grands. Les antennes sont sétacées, composées d'un grand nombre d'articles courts et peu distincts; elles sont insérées près des yeux et à la partie supérieure de la tête. La trompe est longue, mince, formée de deux pièces réunies. Les palpes labiaux sont coudés ou arqués à leur base, relevés et portés en avant; ils sont composés de trois articles, dont le premier très-court, coudé, le second plus long, plus grand et très-comprimé, et le troisième de longueur moyenne; tous ces articles sont couverts de poils et d'écailles. Le corselet est assez grand, couvert de poils fins qui se détachent facilement, et qui forment, dans un grand nombre d'espèces, une sorte de crête de figure assez variée. L'abdomen est ordinairement de forme conique; il est moins couvert de poils que le corselet. Les pates sont de longueur moyenne; elles varient beaucoup suivant les espèces, tant pour l'épaisseur que pour le nombre d'épines et d'appendices cornés dont elles sont armées. Les ailes sont couvertes de petites écailles imbriquées, très-serrées, et diversement colorées; les supérieures sont en général un peu plus longues que les inférieures, et celles-ci sont un peu plus larges et moins chargées d'écailles. Les chenilles des Noctuelles ont seize pates; les unes ont le corps lisse, les autres l'ont moins velu. Toutes se nourrissent de feuilles d'Arbres, et il n'y en a qu'un très-petit nombre qui vivent dans l'intérieur des tiges des Végétaux. Elles se changent en nymphes quand elles sont parvenues à prendre tout leur accroissement; pour cette opération, elles cherchent un endroit abrité, soit sous un tas de feuilles mortes, soit sous une écorce d'Arbre, soit enfin dans la terre; elles se filent une coque très-légère en se dépouillant de leurs poils, qu'elles lient entre eux avec quelques fils de soie très-minces. Quelques espèces passent l'hiver dans cet état, mais le plus grand nombre reste peu de temps en nymphe. Quelques observateurs ont vu des chenilles de Noctuelles qui tuent non-seulement toutes les chenilles qu'elles peuvent attraper, mais mêmes celles de leur espèce; elles les saisissent par le milieu du corps avec leur mâchoire; et les sucent jusqu'à ce qu'elles n'aient plus que la peau.

Les Noctuelles se trouvent ordinairement dans les bois, les prairies et les jardins où leurs chenilles ont vécu, et aux environs des Plantes sur lesquelles elles doivent déposer leurs œufs. Le plus grand nombre ne volent que vers le coucher du soleil, mais il y en a quelques espèces qui sont très-agiles pendant le jour, et que l'on rencontre sur les fleurs, occupées à chercher leur nourriture. Comme nous l'avons dit plus haut, ce genre est très-nombreux en espèces; nous citerons parmi les plus remarquables et les plus communes aux environs de Paris :

La Noctuelle Fiancée, *Noctua Sponsa*, Fabr.; la Lichenée rouge, Engram., pl. 325, f. 568. Corselet huppé; ailes en recouvrement; le dessus des supérieures d'un gris obscur, avec des raies noires très-ondées et une tache blanchâtre divisée par quelques traits noirs; dessus des infé-

rieures d'un rouge vif, avec deux bandes noires; abdomen entièrement cendré. Sa chenille vit sur le Chêne; elle est grise, avec quelques taches obscures, irrégulières, et de petits tubercules; son huitième anneau a une bosse sur laquelle est une plaque jaune. Cette espèce et quelques autres sont connues sous le nom de Lichenées, parce que leurs chenilles ont la couleur des Lichens qui viennent sur les Arbres. Ces chenilles ont les quatre pieds membraneux antérieurs plus courts, et marchent à la manière des chenilles arpenteuses.

Noctuelle Hibou, *Noctua Pronuba*, Fabr.; la Fiancée, Engram., pl. 270 et 271, fig. 434; la Phalène Hibou, Geoff. Corselet en crête; ailes en recouvrement; dessus des supérieures cendré ou brun, avec une tache noirâtre en forme de scie près du milieu, et une petite tache noire à la côte près de son extrémité; ailes inférieures jaunes, avec une bande noire, transverse, près du bord postérieur. La chenille est rase, presque cylindrique, verte ou d'un vert jaunâtre, quelquefois brune; avec deux petites lignes noires longitudinales sur la plupart des anneaux, et une raie jaune longitudinale de chaque côté. Elle vit sur le Seneçon, la Laitue, l'Oseille, la Primevère et quelques autres Plantes.   (o.)

NOCTUÉLITES. *Noctuelites.* ins. Tribu de l'ordre des Lépidoptères, famille des Nocturnes, établie par Latreille qui en formait une famille dans ses ouvrages antérieurs au Règne Animal; cette tribu renferme les espèces du genre *Noctua* de Fabricius. Ces Lépidoptères sont pourvus d'une spiritrompe et d'ailes très-propres au vol, généralement triangulaires, soit écartées, soit couchées l'une sur l'autre, soit en toit dans le repos; le corps de la plupart est robuste, avec le thorax épais et l'abdomen cylindrico-conique. Les palpes labiaux sont comprimés, ordinairement courts ou de longueur moyenne, terminés brusquement par un article plus petit, ou beaucoup plus grêle et presque nu; les chenilles vivent toujours à nu, et ne manquent jamais de pates anales; elles en ont communément seize; d'autres n'en ont que douze. Dans un grand nombre de Noctué-lites, les poils ou les écailles du dessus du thorax, et même souvent de l'abdomen, forment des crêtes ou des espèces de dents; les mâles de plu-sieurs espèces ont les antennes pec-tinées. Latreille divise ainsi cette tribu :

I. Chenilles à seize pates.

1. Palpes labiaux de grandeur moyenne.

Genres : Erèbe, Noctuelle.

2. Palpes labiaux grands.

Genres : Calyptra, Gonoptère. (*N. Libatrix*, Fab.)

II. Chenilles à douze pates.

1. Palpes labiaux grands.

Genre : Chrysoptère. (*N. Concha.*)

2. Palpes labiaux de grandeur moyenne.

Genre : Plusie. (*N. Gamma*, etc.) *V.* ces mots à leur lettre ou au Sup-plément.   (G.)

NOCTULE. mam. Espèce du genre Vespertilion. *V.* ce mot. (is. g. st.-h.)

NOCTULE. ois. On a donné ce nom à une espèce de Chouette. *V.* ce mot.   (dr..z.)

NOCTUO-BOMBYCITES. *Noctuo-Bombycites*. ins. Latreille donnait ce nom (*Gen. Crust. et Ins.*) à une famille des Lépidoptères nocturnes, renfer-mant les genres Callimorphe, Arctie, Lithosie, Yponomeute, Æcophore, Euplocampe, Teigne et Adèle. Peu après (Cons. gén. sur les Crust., etc.), il partagea cette famille en deux; dans celle qui conserve le nom de Noctuo-Bombycites, il ne laisse que les gen-res Arctie et Callimorphe, et il forme pour les autres sa famille des Ti-néites. Il a suivi le même ordre dans le Règne Animal de Cuvier, en don-nant le nom français de Faux-Bom-

byx à cette famille; enfin, dans ses Familles Naturelles du Règne Ani-mal, il a tout changé, en plaçant dans sa tribu des Faux-Bombyx (*Pseudo-Bombyces*) les genres Cossus, Zeu-zère, les genres Arctie et Callimor-phe et plusieurs autres genres nou-veaux. Nous donnerons les caractères de cette tribu, qui ne correspond plus qu'en très-petite partie à son ancienne tribu des Noctuo-Bombycites, à l'ar-ticle Faux-Bombyx que l'on trou-vera au Supplément.   (g.)

NOCTURNES. zool. bot. Par op-position à Diurnes. *V.* ce mot. On ap-pelle ainsi des fleurs qui, demeurant fermées pendant le jour, ne s'épa-nouissent que la nuit; telles sont cel-les des Nyctages. On a aussi étendu ce nom à la seconde tribu de la fa-mille des Rapaces, qui chasse et veille quand les autres Oiseaux dorment, et à la nombreuse série des Papillons qui semblent redouter l'éclat du so-leil, et volent tristement dans le cré-puscule ou même dans l'obscurité. Latreille l'imposa à la famille de Lé-pidoptères qui composait le genre *Phalæna* de Linné. Cette famille est ainsi caractérisée : ailes horizontales ou inclinées dans le repos; les in-férieures étant le plus souvent mu-nies d'un frein, tantôt formé par un crin corné, fort et très-acéré; tantôt composé d'un faisceau de soies, se glis-sant dans un anneau ou une coulisse du dessous des ailes supérieures, et maintenant cet organe dans cet état lorsque l'Insecte n'en fait point usage; antennes sétacées; chrysalide pres-que toujours renfermée dans une coque et arrondie en devant ou sans angles; pates membraneuses, va-riant pour le nombre. Ces Lépidop-tères, comme leur nom l'indique, ne jouissent de toutes leurs facultés que pendant la nuit; alors on les voit voltiger autour des Arbres fleu-ris, chercher leur nourriture et rem-plir les fonctions pour lesquelles la nature les a formés en s'accouplant et en s'occupant de la reproduction de leur espèce. Pendant le jour, ces

Papillons se tiennent cachés sous des feuilles ou accrochés aux troncs d'Arbres ; le plus grand nombre ne jouit alors d'aucune activité, et se laisse tomber à terre, si on vient à secouer l'Arbre sur lequel ils sont fixés. Il en est cependant quelques espèces qui ne sont pas si engourdies pendant le jour, et qui volent même avec beaucoup de vitesse ; tels sont les mâles de Bombyx Zigzag qui volent toute la journée, et jouissent d'un odorat si fin, qu'ils sentent de très-loin une femelle qui n'a pas encore reçu les approches du mâle. Nous avons eu souvent occasion de vérifier ce fait, en exposant sur une fenêtre ouverte, une de ces femelles qui sont extrêmement lourdes, et ne peuvent se servir de leurs ailes ; nous ne tardions pas à voir accourir deux ou trois mâles qui cherchaient à la féconder, et qui se livraient à cette fonction avec un acharnement extrême. Les femelles de quelques espèces de Lépidoptères nocturnes sont privées d'ailes, ou en ont de rudimentaires tout-à-fait inutiles pour le vol ; plusieurs espèces recouvrent leurs œufs quand ils sont pondus, avec un duvet très-épais et propre à les garantir du froid. Les chenilles des Nocturnes sont rases dans un grand nombre d'espèces, ou couvertes de poils et à faisceaux colorés, d'une manière souvent très-élégante ; le nombre de leurs pieds varie de dix à seize ; presque toutes se filent une coque. Celles dont la peau est rase, la font toujours dans la terre ou dans quelques abris retirés ; les autres se servent de leurs poils pour lui donner de la consistance ; elles la placent souvent entre les feuilles des Arbres, sous les écorces, et quelquefois entre les pierres d'un mur. Les chrysalides sont toujours ovalaires ou coniques, arrondies, sans proéminences, en forme d'angles ou de points, comme cela se remarque dans les Lépidoptères diurnes ; quelquefois la durée totale des métamorphoses est de sept ou huit mois.

Latreille partage cette famille en huit tribus : les Bombycites, Faux-Bombyx, Tinéites, Noctuélites, Tordeuses, Phalénites, Crambites et Ptérophorites. *V*. ces mots.   (G.)

NODDI. ois. Espèce du genre Sterne. *V*. ce mot.   (DR..Z.)

* **NODOSAIRE.** *Nodosaria*. MOLL. Ce genre a donné lieu, dans ces derniers temps, à des opinions assez diverses pour mériter une attention particulière. Il fut confondu par Linné, parmi les Nautiles, genre dans lequel il avait réuni toutes les Coquilles multiloculaires connues de son temps. On ne peut trop savoir quelle a été l'opinion de Bruguière à l'égard de ce genre ; parmi le petit nombre de ceux qu'il a démembrés des Nautiles de Linné, il semble que ce serait plutôt à celui qu'il a nommé Orthocère qu'il appartiendrait qu'à tout autre. Lamarck, dans le Système des Animaux sans vertèbres (1801), créa le genre Orthocère ; il donna comme type de ce genre, le *Nautilus Raphanus* de Linné, et par la caractéristique du genre on voit que Lamarck y admettait, avec des Coquilles microscopiques perforées, de véritables Coquilles cloisonnées avec un siphon continu, d'où il résulte que les Nodosaires étaient comprises dans le genre Orthocère. De Roissy, dans le Buffon Sonnini, en adoptant le genre Orthocère de Lamarck, n'y introduisit que les Coquilles microscopiques simplement perforées, soit au centre, soit sur le côté, droites ou arquées. Les familles formées dans la Philosophie Zoologique par Lamarck, ne présentent point encore le genre Nodosaire, mais toujours les Orthocères qui le contiennent. Montfort, ordinairement si soigneux de multiplier les genres, semble avoir oublié l'occasion que le genre Orthocère lui offrait. On doit être étonné, en effet, de ne pas rencontrer ce genre ni aucun autre qui puisse le remplacer dans le Traité systématique de Conchyliologie de cet auteur. Ce fut Lamarck lui-même, dans l'Extrait du Cours, publié en 1811, qui

proposa le genre Nodosaire qu'il démembra des Orthocères. Ce nouveau genre est placé dans la nouvelle famille des Orthocérées, en rapport avec les Bélemnites, les Orthocères et les Hippurites. On ne peut disconvenir que cet arrangement soit fort peu naturel ; comment, en effet, concevoir des rapports entre les Nodosaires et les Hippurites ou avec les Bélemnites ? Quoi qu'il en soit, le démembrement des Orthocères était nécessaire, et il fut opéré. Cuvier (Règne Animal), en admettant les Nodosaires de Lamarck, les a placés plus naturellement que ne l'avait fait le créateur du genre. On le trouve parmi les nombreux sous-genres des Nautiles, dépendant de la section des *Lituus* à côté des Spirolines et des Hortoles, mais à tort dans le voisinage des Orthocératites, qui en sont fort différentes. Malgré cela, c'est l'opinion de Cuvier qui est la plus rationnelle ; on peut donc dire que Lamarck a eu tort, dans son dernier ouvrage, de ne pas modifier sa manière de voir à l'égard des Nodosaires ; on les retrouve, en effet, comme dans l'Extrait du Cours, dans la famille des Orthocérées, et avec les mêmes genres. Férussac (Tabl. syst. des Anim. Mollusques) a adopté le genre Nodosaire ; il le place dans la famille des Orthocères ; on ne sait trop pourquoi, avec les Ichthyosarcolites, les Raphanistres et les Orthocératites ; il partage les Nodosaires en trois groupes : le premier pour les espèces déprimées, il répond au genre Orthocère de Lamarck ; le deuxième groupe est consacré aux espèces cylindriques qui ont l'ouverture centrale, il correspond au genre Nodosaire de Lamarck ; le troisième enfin renferme les genres Molosse et Réophage de Montfort, c'est-à-dire des Coquilles dont les loges sont séparées par des étranglemens profonds, mais l'un de ces genres, les Molosses, a besoin d'être mieux connu. Quoique Blainville considère la plupart de ces corps comme des baguettes d'Oursins, il les range cependant, jusqu'à nouvel examen, dans le genre Orthocère qui

répond pour ce savant au genre Nodosaire de Férussac ; il contient les mêmes Coquilles groupées d'après les mêmes principes. Les Nodosaires n'occupent, dans le genre Orthocère de Blainville, qu'une section qui renferme les espèces non striées et à loges très-renflées. Latreille (Familles du Règne Animal, pag. 163) a associé aux Nodosaires les genres Echidné, Raphanistre, Molosse, Réophage et Spiroline ; ces genres terminent, dans sa méthode, la famille des Orthocérates (*V.* ce mot). Il est bien certain que ces rapprochemens ne sont point heureux, et que parmi ces genres placés sur la même ligne que les Nodosaires, les Spirolines seules ont une analogie encore assez éloignée. L'article *Nodosaire* du Dictionnaire des Sciences Naturelles confirme, d'une manière très-positive, l'opinion que son auteur a émise dans son Traité de Malacologie, c'est-à-dire qu'il conserve du doute sur plusieurs espèces de Nodosaires, mais qu'il est certain que le *Nodosaria Bacillum* n'est rien autre chose qu'une baguette d'Oursin. Nous pensons à cet égard d'une manière différente que Blainville ; et nous nous trouvons de la même opinion que D'Orbigny, c'est-à-dire qu'il faut séparer entièrement les Nodosaires des grands Polythalames. D'Orbigny, dans son travail sur les Céphalopodes, inséré dans les Annales des Sciences Naturelles (janvier, février et mars, 1826), commence l'ordre des Foraminifères par la famille des Sticostègues qui elle-même commence par le genre Nodosaire ; mais entre les mains du jeune observateur, ce genre prend une grande extension ; au lieu d'adopter le genre Orthocère de Lamarck, et d'y réunir les Nodosaires du même auteur, puisqu'elles en ont été séparées, il adopte au contraire les Nodosaires, pour y réunir les Orthocères et justement les Réophages de Montfort. D'Orbigny partage ce genre Nodosaire en cinq sous-genres, parce qu'il y comprend toutes les Coquilles dont les loges sont empilées perpendiculairement sur un seul axe, considérant comme de peu d'importance, dans les caractères du genre, qu'il existe ou non un étranglement plus ou moins considérable entre chaque loge. Il nomme Glanduline le premier sous-genre; les loges sont globuleuses, enchâssées, à peine séparées; le second sous-genre, les Nodosaires proprement dites, comprend les genres Nodosaire et Orthocère de Lamarck; les loges sont empilées sur un axe droit, non enchâssées, mais souvent séparées par un étranglement. Le troisième sous-genre, sous le nom de Dentalines, rassemble des Coquilles qui, avec les mêmes caractères que celles du sous-genre qui précède, ont un axe toujours arqué. Ici nous ferons observer que nous avons trouvé, dans les sables des environs de Paris, une Nodosaire qui est tantôt droite et tantôt arquée, car il n'est guère possible de faire deux espèces avec des corps qui ne diffèrent que par ce faible caractère : aussi nous avons l'opinion que ce sous-genre de D'Orbigny est inutile. Les Orthocérines forment le quatrième sous-genre; les loges sont superposées sans étranglement, et l'ouverture n'est point portée sur un prolongement. D'Orbigny ne rapporte à ce sous-genre qu'une seule espèce qui est le *Nodosaria* clavulé de Lamarck, auquel il réunit, comme la même espèce, la Spirolinite cylindracée du même auteur. Après avoir examiné avec le plus grand soin un grand nombre d'individus de cette espèce, une centaine au moins à Grignon, et dans d'autres endroits, nous avons remarqué qu'effectivement les deux espèces de Lamarck ne devaient en faire qu'une, mais qu'elle devait rester dans les Spirolines. Notre opinion est fondée sur ce que nous n'avons jamais vu l'enroulement spiral manquer à moins d'une mutilation; il faut dire aussi que quelquefois l'enroulement spiral est extrêmement petit, et à peine sensible, même avec une forte loupe. Nous pensons donc que ce sous-genre de D'Orbigny ne sera pas conservé, mais reporté dans les Spirolines, si nos observations se confirment. Le cinquième sous-genre est nommé Mucronine; les loges ne sont plus arrondies, mais aplaties, enchâssées et garnies de deux lames latérales. Tel est l'arrangement des Nodosaires de D'Orbigny, qui, nous le pensons, a besoin des modifications que nous venons d'indiquer; peut-être sera-t-on porté à séparer des Nodosaires le premier sous-genre de D'Orbigny, les Glandulines qui ont une forme et un enchâssement particulier des loges; on peut cependant aussi les considérer comme le commencement d'une série dont les espèces à étranglement complet seraient le terme. Le genre Nodosaire peut être caractérisé de la manière suivante : Coquille droite ou légèrement courbée, formée d'une série de loges plus ou moins globuleuses, enchâssantes, partiellement ou complétement étranglées, superposées dans l'axe de la coquille; ouverture terminale sur la dernière cloison et le plus souvent sur un prolongement dans le sens de l'axe. A l'exemple de D'Orbigny, on peut admettre plusieurs sous-divisions parmi les Nodosaires dont le nombre s'élève, d'après lui, à quarante-neuf espèces.

† Espèces subglobuleuses ou ovoïdes; loges partiellement enchâssées les unes dans les autres (sous-genre Glanduline, D'Orb.).

NODOSAIRE LISSE, *Nodosaria lævigata*, D'Orb., tab. de la classe des Céphalopodes; Ann. des Scienc. Nat. T. VII, pag. 252, n° 1, pl. 10, fig. 1, 2, 5; Soldani, T. II, tab. 118, fig. E, p. 115. Nous ne connaissons cette Coquille microscopique que par les figures que nous venons de citer; elle est ovale, globuleuse, lisse, terminée postérieurement en pointe, et antérieurement par un prolongement qui porte l'ouverture à son centre qui correspond à l'axe de la coquille; elle est composée de cinq à six loges enchâssées et empilées comme des cornets.

†† Espèces allongées, cylindri-

ques, à loges globuleuses, séparées quelquefois jusqu'à l'étranglement.

NODOSAIRE RADICULE, *Nodosaria radicula*, Lamk., Anim. sans vert. T. VII, pag. 596, n° 1; *Nautilus radicula*, L., Gmel., pag. 3375, n° 18; Encyclop., pl. 465, fig. 4, a, b, c; D'Orbigny, *loc. cit.*, n° 3, Modèles, 1re liv., n° 1. Cette Coquille, comme la précédente, se trouve dans les sables de la mer Adriatique où elle n'est pas très-rare; elle a jusqu'à deux lignes de longueur; elle est lisse, oblongue, atténuée; les loges sont globuleuses, fortement séparées; la dernière porte une ouverture centrale sur un prolongement également dans l'axe de la coquille.

NODOSAIRE LAMELLEUSE, *Nodosaria lamellosa*, D'Orbigny, *loc. cit.*, pag. 255, n° 17, pl. 10, fig. 4, 5, 6. Espèce extrêmement petite, composée de cinq loges globuleuses, séparées par un étranglement assez profond; ce qui la rend surtout remarquable, ce sont les douze lames longitudinales, parfaitement symétriques, qui ornent sa surface extérieure; on la trouve dans l'Adriatique.

(D..H.)

* NODULAIRE. *Nodularia*. BOT. CRYPT. Lyngbye, dans son *Tentamen* d'Hydrophytologie danoise, propose de substituer ce nom à celui de *Lemanea*, pour un genre de Chaodinées ou peut-être de Fucacées, que nous avons établi sur le *Conferva fluviatilis*, L., en 1808. Il donne pour raison de ce changement, que le mot *Lemanea* ressemble trop à celui de *Lehmannia*, que porte un autre genre de Sprengel. Cette opinion n'a pas prévalu, et tous les algologues ont adopté notre genre et la désignation qui rappelle l'hommage que nous avions voulu rendre au mérite personnel d'un naturaliste parisien. Roussel, dans sa Flore du Calvados, avait aussi formé son genre *Nodularia*, dont le *Fucus nodosus* était le type; il se pourrait que ce fût celui que Lamouroux se proposait d'adopter dans la famille des Fucacées, lorsque, dans l'un des derniers articles

dont il enrichit le présent Dictionnaire, il mentionna ce nom de *Nodularia* (T. VI, p. 71), qui serait alors synonyme d'Halidrys. *V.* ce mot. Agardh, enfin, vient d'établir (*Syst. Algar.*, n° 40, p. 76) un genre *Nodularia* qu'il caractérise ainsi : filamens articulés, entièrement gonflés, globuleux; une seule espèce, *spumigera*, en fait partie; il ne nous dit absolument rien autre chose, sinon que le *Nodularia spumigera* croît dans les fossés maritimes de l'île Noderny. Il est difficile de reconnaître un Hydrophyte sur de telles indications qui peuvent convenir à cent ou deux cents autres.

(B.)

* NODULARIA. POLYP. Le genre établi sous ce nom par Oken (*Syst. Zool.* T. 1, p. 94), aux dépens des Corallines de ses prédécesseurs, comprend des Tubulaires, des Udotées, des Halimèdes, des Galaxaures, et même des Acétabulaires de Lamouroux. Nous ne croyons pas que, dans l'état actuel des connaissances zoologiques, ce genre puisse être adopté.

(B.)

NOÉLI-TALL. BOT. PHAN. (Rhéede, *Hort. Mal.* T. IV, t. 56.) Nom de pays de l'*Antidesma Alexiteria*. *V.* ANTIDESME.

(B.)

NOEM OU SABIL. BOT. PHAN. Syn. égyptien de Coracan. *V.* ce mot.

(B.)

* NOGAUS. *Nogaus*. CRUST. Genre de l'ordre de Siphonostômes, famille des Caligides, établi par Leach, et que Latreille n'adopte pas. Les caractères que Leach donne à ce genre sont : deux courtes soies ou tubes ovifères à la queue, portant plusieurs styles à leur extrémité; les trois premières pièces de l'abdomen ayant les côtés arrondis, tandis que le quatrième et le cinquième les ont terminés en pointe. Tête en forme de fer à cheval. Ce genre ne se compose que d'une seule espèce qui a été rapportée d'Afrique par Cranch, zoologiste de l'expédition pour la recherche des sources du Zaïre; il l'a trou-

vée à un degré de latitude sud, et quatre de longitude est du méridien de Londres ; c'est :

Le Nogaus de Latreille, *Nogaus Latreillii*, Leach, Dict. des Sciences Naturelles, T. xiv, p. 536. Il est d'une couleur pâle, sans tâches. (G.)

* NOGOSSUM. ois. Même chose que Chartologoi. *V.* ce mot. (B.)

NOGROBE. moll. Genre proposé par Montfort (Traité Systématique de Conchyliologie, T. i, p. 275) pour un corps que Knorr rapportait aux Vermiculaires, mais que Montfort prétend être cloisonné. Comme personne depuis cet auteur un peu suspect pour la bonne foi, n'a vu cette Coquille, on doit se tenir dans l'incertitude jusqu'à nouvel examen.

(D..H.)

NOIRA. ois. Espèce du genre Perroquet. *V.* ce mot. (DR..Z.)

* NOIRAUD. pois. Espèce d'Acanthure. *V.* ce mot. (B.)

NOIR – BOUILLARD. ois. Syn. vulgaire de Chevalier Arlequin. *V.* Chevalier. (DR..Z.)

NOIR-MANTEAU. ois. Syn. vulgaire de Goéland à manteau noir. *V.* Mouette. (DR..Z.)

* NOIROU. ois. Espèce du genre Coucal. *V.* ce mot. (DR..Z.)

NOIRPRUN. bot. phan. Pour Nerprun. *V.* ce mot. (B.)

NOISETTE. moll. Espèce du genre Buline. (B.)

NOISETTE. bot. phan. On appelle ainsi le fruit du Noisetier ou Coudrier. *V.* ce mot. De Candolle appelle aussi Noisette (*Nucula*) une espèce de fruit à enveloppe osseuse, à une loge, à une graine, indéhiscent, dont le péricarpe est peu ou point distinct de la graine, et qui est souvent enchâssé dans un involucre ; tel est, selon De Candolle, le fruit du Noisetier. Mais nous ne pensons pas que cette espèce de fruit doive être admise. Elle offre tous les caractères de celle que la généralité des botanistes ont nommée Gland. *V.* ce mot. On a

encore appelé Noisette , aux Antilles , le fruit d'une espèce du genre Omphalé , et , dans les Indes , celui de l'Aréquier ordinaire. L'Arachide a été aussi appelée Noisette de terre. (A. R.)

*NOISETTIE. *Noisettia*. bot. phan. Kunth (*in Humb. Nov. Gen.*, 5, p. 385) appelle ainsi un nouveau genre de la famille des Violacées , ayant pour type les *Viola longiflora* de Poiret, et *Viola Hybanthus* d'Aublet , et qu'il caractérise de la manière suivante : le calice est à cinq divisions profondes, irrégulières, persistantes, décurrentes à leur base sur le pédicelle ; les pétales, au nombre de cinq , inégaux, persistans et hypogynes ; le supérieur très-grand, rétréci et comme onguiculé à sa base , où il se termine en un éperon très-long ; les étamines, également persistantes, sont alternes avec les pétales ; leurs filets sont courts et libres ; leurs anthères sont comprimées , libres , terminées supérieurement par une membrane à deux loges , s'ouvrant chacune par un sillon longitudinal ; les deux supérieures sont munies à leur base d'un appendice filiforme très-long ; le disque manque ; l'ovaire est libre, sessile, à une seule loge , contenant un grand nombre d'ovules , insérés à trois trophospermes pariétaux ; le style est simple et terminal ; la capsule est triangulaire, à une seule loge polysperme, s'ouvrant en trois valves, portant les graines attachées sur le milieu de leur face interne. Les espèces de ce genre sont peu nombreuses ; elles croissent toutes dans l'Amérique méridionale. Ce sont des Arbustes volubiles et grimpans , ayant des feuilles alternes et entières , munies de deux stipules pétiolaires, entières comme les feuilles. Les fleurs sont axillaires , réunies en nombre variable et pédonculées ; les pédoncules, articulés vers leur milieu, où ils portent deux petites bractées opposées , sont munis à leur base de plusieurs autres folioles ; les fleurs sont renversées. Ce genre tient en quelque sorte le milieu entre les genres *Viola* et *Ionidium*; il se distingue du premier par la forme de sa corolle et par son calice décurrent sur le pédicelle; du second, par sa corolle éperonnée et ses deux étamines supérieures appendiculées.

Outre les deux espèces qui servent de type à ce genre, Kunth, dans l'ouvrage cité précédemment, en décrit deux nouvelles : l'une, qu'il nomme *Noisettia frangulæfolia*, et qu'il figure pl. 499, *a* et *b*. Elle croît dans les Andes de Popayan ; l'autre, *Noisettia orinocensis*, croît dans les Missions de l'Orénoque. Cette dernière est très-voisine du *Viola Hybanthus*. Le professeur Martius, dans ses *Nova Genera et Species* du Brésil, décrit et figure sous le nom de *Noisettia pyrifolia*, loc. cit., p. 24, tab.16, une Plante qui n'appartient pas à ce genre. C'est celle qu'Auguste de Saint-Hilaire a décrite et figurée dans les Plantes médicales des Brasiliens, sous le nom d'*Anchietea salutaris*, t. 19. Ce genre diffère des *Noisettia* par son calice non prolongé à la base sur le pédoncule, et surtout par sa capsule, qui s'ouvre avant sa maturité en trois valves qui restent écartées, et par ses graines bordées et membraneuses. Le même auteur, dans l'ouvrage cité, fait un genre particulier, sous le nom de *Corynostylis* pour le *Viola Hybanthus*, qui, ainsi que nous l'avons dit précédemment, forme le type du genre *Noisettia* de Kunth. Ainsi donc, ce genre nous paraît devoir être supprimé. Nous pensons de même que le genre *Glossarren*, du professeur de Munich, doit être réuni au genre *Noisettia*, n'ayant aucun caractère propre à l'en distinguer. (A. R.)

NOISETTIER. BOT. PHAN. Même chose que Coudrier. *V.* mot. (B.)

***NOISILLE** ET **NOISILLER.** BOT. PHAN. La Noisette et le Noisetier dans certains cantons du midi de la France. (B.)

*** NOITIBO.** OIS. Espèce du genre Engoulevent. *V.* ce mot. (DR..Z.)

NOIX. BOT. PHAN. C'est le fruit du Noyer. *V.* ce mot. On donne aussi ce nom à une espèce de fruit médiocrement charnu, contenant un noyau uniloculaire, monosperme. Ce fruit ne se distingue de la drupe que parce que la partie externe est moins épaisse et moins charnue. Tels sont les fruits du Noyer, de l'Amandier, du Cocotier, etc. (A. R.)

On a souvent fait du mot NOIX, accompagné d'une épithète distinctive, un nom spécifique. Ainsi l'on a appelé :

NOIX D'ACAJOU, la graine du *Cassuvium*.

NOIX D'AREC, celle de l'Aréquier qui se mâche avec le Bétel.

NOIX DE BANCOUL, le fruit du Bancoulier (*Aleurites*.)

NOIX DES BARBADES, celui du *Jatropha cathartica*.

NOIX DE BÉCIMBA et non de *Becuiba*, le fruit résineux d'un Arbre inconnu de l'Inde dont on extrait une huile employée contre le cancer.

NOIX DE BEN, les fruits du Sésame.

NOIX DE BENGALE, le Myrobolan citrin.

NOIX DE CASTOR, le fruit d'un Arbre indéterminé du Sénégal, employé pour les contusions.

NOIX DE COCOS, les fruits du Cocotier.

NOIX D'EAU, ceux de la Mâcre.

NOIX DE GIROFLE, les fruits du *Ravenala*.

NOIX D'INDE, les Cocos chez les anciens voyageurs.

NOIX ISAGUR, la Fève de Saint-Ignace. *V.* ce mot.

NOIX DE JAUGE, la grosse variété de Noix ordinaire dans les valves de laquelle les parfumeurs mettent une paire de gants.

NOIX DE MADAGASCAR, la même chose que Noix de Girofle.

NOIX DE MALABAR, le fruit du *Sterculia Balangas*.

NOIX DE MARAIS, la même chose qu'Anacarde.

NOIX DE MÉDECINE, le Pignon d'Inde.

Noix médicinale, le fruit du Raudier.

Noix de Métel, celui du *Datura Metel*.

Noix des Moluques, la même chose que Noix vomique.

Noix Muscade, la graine du Muscadier.

Noix narcotique, le fruit d'un Arbre indéterminé de l'Inde dont les propriétés sont les mêmes que celles des Coques du Levant.

Noix Pacane, le fruit du Pacanier, espèce du genre Noyer.

Noix Pistache, le fruit du Pistachier.

Noix de Serpent, les fruits des Nandirobes et du *Cerbera Ahovaï*.

Noix de terre ou Terre-Noix, les racines du *Bunium Bulbocastanum*.

Noix vomique, la graine du Vomiquier, espèce du genre *Strychnos*. *V.* Fève de Saint-Ignace. (B.)

NOIX DE GALLE. bot. zool. *V.* Galle.

NOIX DE MER. moll. Nom vulgaire et marchand du *Bulla Ampulla*. On a aussi appelé Noix fasciée, le *Bulla Amplustra*, et Noix papyracée ou Muscade le *Bulla Physis*. Les Numismales ont également été nommées quelquefois Noix vomiques fossiles. (B.)

NOLANA. bot. *V.* Acarie et Nolane.

NOLANE. *Nolana*. bot. phan. Genre de la Pentandrie Monogynie, L., ainsi caractérisé : calice persistant, très-large, à cinq angles et à cinq divisions ; corolle campanulée, beaucoup plus grande que le calice, plissée, à cinq lobes peu profonds ; cinq étamines ; cinq ovaires du milieu desquels s'élève un style terminé par un stigmate capité ; fruit drupacé, composé de cinq carpelles réunis et soudés par la base, ovales, situés dans le fond du calice ; graines arrondies, solitaires dans chaque loge ou carpelle. Ce genre a été placé dans la famille des Solanées ; il a des rapports, par la structure de son fruit,

avec les Borraginées, surtout avec celles de la section que R. Brown a converties en famille sous le nom d'Hydrophyllées.

La Nolane étalée, *Nolana prostrata*, L. fils, et Lamarck (Illustr. des Genres, tab. 97), est une Plante herbacée dont les tiges sont rameuses et étalées ; les feuilles alternes, ovales et pétiolées ; les fleurs bleues, solitaires et axillaires. Cette Plante, originaire du Pérou, est cultivée dans les jardins de botanique de l'Europe.

Ruiz et Pavon ont décrit et figuré dans la Flore du Pérou et du Chili, t. 112 et 115, plusieurs espèces indigènes, comme la précédente, du Pérou. Elles ont reçu les noms de *Nolana coronata*, *N. spathulata*, *N. inflata* et *N. revoluta*. (G..N.)

NOLI-ME-TANGERE. bot. phan. Nom scientifique de la Balsamine des bois. *V.* Balsamine. (B.)

NOLINE. *Nolina*. bot. phan. Genre de Plantes de la famille des Colchicacées et de l'Hexandrie Trigynie, L., établi par le professeur Richard (*in Michaux Flor. Bor. Am.*, 1, p. 207), et qui offre les caractères suivans : le calice est pétaloïde, à six divisions étalées, égales et ovales ; les étamines, au nombre de six, sont plus courtes que le calice, ayant leurs filets subulés, leurs anthères cordiformes, oblongues, et légèrement émarginées au sommet. L'ovaire est à trois angles et à trois loges, surmonté d'un style court que terminent trois stigmates courts, obtus et recourbés. Le fruit est une capsule membraneuse, arrondie, à trois loges monospermes dont une ou deux avortent quelquefois ; elle s'ouvre par le dédoublement des cloisons. Ce genre se compose d'une seule espèce, *Nolina Georgiana*, Michaux, *loc. cit.* C'est une Plante vivace, ayant un bulbe à tuniques, d'où s'élèvent des feuilles très-étroites, longues de cinq à neuf pouces, coriaces, striées et rudes sur leurs bords. La hampe est haute de deux pieds et même au-delà ; portant inférieurement quelques feuilles éparses, et supérieurement elle se ramifie et porte une grappe de petites fleurs blanches pédonculées. Ce genre se rapproche à la fois du *Phalangium* et de l'*Helonias*. La seule espèce qui le compose croît en Géorgie.   (A. R.)

NOMADE. *Nomada.* ins. Genre de l'ordre des Hyménoptères, section des Porte-Aiguillons, famille des Mellifères, tribu des Apiaires, division des Cuculines (Latr., Fam. Nat.), établi par Scopoli aux dépens du grand genre Apis de Linné, et adopté par tous les entomologistes avec ces caractères : antennes filiformes dans les deux sexes ; labre petit ou de grandeur moyenne, presque demi-circulaire ou en demi-ovale ; mandibules étroites, arquées, pointues, sans dentelure au côté interne ; fausse trompe fléchie en dessous ; palpes maxillaires de six articles ; languette à trois divisions, dont les deux latérales en forme de soies, mais plus courtes que les palpes labiaux ; pieds sans brosses ni duvet propres à récolter le pollen des fleurs ; corps presque glabre ou légèrement pubescent ; ailes supérieures ayant trois cellules cubitales dont les deux dernières reçoivent chacune une nervure récurrente ; abdomen ovale ; écusson convexe. Ces Hyménoptères avaient été placés par Geoffroy avec les Guêpes, dont ils diffèrent par beaucoup de caractères bien tranchés. Ils se distinguent des genres Cœlioxide, Ammobate et Philérème, parce que les Insectes de ces trois genres ont le labre longitudinal, en carré long ou en triangle allongé ou tronqué, tandis qu'il est court et demi circulaire ou ovale dans les Nomades ; les Oxées, Crocises et Mélectes en sont séparées par leurs paraglosses qui sont presque aussi longues que les palpes labiaux, tandis qu'elles sont plus courtes dans les Nomades ; enfin les Epéoles et les Patiles, qui en sont les plus voisins, s'en distinguent par le nombre des articles des palpes ; ainsi les Pasites n'ont que quatre articles à ces organes, et les Epéoles un seul. La tête des Nomades est aussi large que le corselet, aplatie antérieurement, et garnie sur le front d'un duvet ou de poils serrés et couchés. Les yeux sont grands, entiers et ovales ; on voit sur le vertex et entre eux, trois petits yeux lisses. Les antennes sont un peu plus courtes que le corselet, de treize articles dans les mâles, et de douze dans les femelles. La lèvre supérieure est presque cornée, assez grande, arrondie antérieurement, convexe supérieurement et concave en dessous ; les mandibules sont cornées, assez grandes, pointues à l'extrémité, un peu dilatées et presque dentées à leur base. Les palpes maxillaires sont composés de six articles dont le premier court, et les trois suivans un peu plus allongés ; les labiaux sont aussi longs que les maxillaires, composés seulement de quatre articles dont le premier est très-long, et les trois autres presque égaux entre eux. Le corselet est convexe, peu velu, muni d'un tubercule luisant, lisse et coloré, placé de chaque côté à l'origine des ailes. L'abdomen est ovale, à peine déprimé, presque lisse et luisant, et terminé dans la femelle par un aiguillon beaucoup moins fort que dans les Abeilles. Les pates ont la hanche et la pièce intermédiaire qui l'unit à la cuisse, assez grandes. Les cuisses sont simples ; les jambes sont presque anguleuses, un peu raboteuses extérieurement. Les tarses ont le premier article très-allongé, légèrement cilié des deux côtés ; les suivans sont courts et le dernier est terminé par deux petits crochets et deux pelotes. Ces Hyménoptères fréquentent les fleurs, ils ne vivent pas en société ; Latreille pense qu'ils détruisent la postérité des Andrènes et des autres Apiaires solitaires, et il est porté à avoir cette opinion parce qu'on trouve les Nomades voltigeant dans les lieux secs et sablonneux où les premières font leur nid. Ces Insectes sont de grandeur moyenne ; ils sont ornés de couleurs jaunes ou orangées, disposées d'une manière élégante. Leurs métamorphoses sont encore inconnues. Ce genre se compose d'un assez grand nombre d'espèces assez difficiles à distinguer entre elles, tant parce que leur couleur varie, que parce que les deux sexes diffèrent tellement, qu'on les a souvent considérés comme des espèces distinctes. Quelques espèces se trouvent en Amérique, en Afrique et en Asie, mais le plus grand nombre d'entre elles est propre à l'Europe ; parmi celles que l'on trouve en France et aux environs de Paris, nous citerons :

La NOMADE RUFICORNE, *Nomada ruficornis*, Latr., Oliv., Fabr., Panzer, *Faun. Germ.*, fasc. 55, tab. 18; *Vespa rubra, thorace lineolis longitudinalibus nigris*, etc. ; Geoff., Ins. Par., t. 2, p. 381, n° 18. Elle varie pour la longueur depuis trois lignes et demie jusqu'à cinq ; les antennes sont fauves ; la tête est noire, ainsi que le tour des yeux ; une tache sur le front et un point derrière la tache, d'un rouge obscur. La bouche est d'un jaune fauve. Le corselet est noir, avec quatre raies sur le dos, l'écusson, et quelques taches au-dessous de l'écusson, et sur les côtés, d'un rouge obscur. La pièce écailleuse de la base des ailes est également d'un rouge obscur. L'abdomen est d'un rouge vif, avec la base du premier anneau noire, deux taches jaunes sur le second qui quelquefois se réunissent et forment une bande, et le bord des autres jaune. Les pates sont rouges avec un peu de noir sur les cuisses. Les ailes sont transparentes avec l'extrémité légèrement obscure.   (G.)

NOMBRIL BLANC. BOT. CRYPT. (Paulet.) *V.* JUMEAUX.

NOMBRIL MARIN. MOLL. D'anciens conchyliologistes donnèrent ce nom aux Opercules, et les marchands l'appliquent encore à une espèce du genre Natice.   (B.)

NOMBRIL DE VÉNUS. BOT. PHAN. Espèce du genre *Cotyledon*, L.,

que De Candolle a érigée en un genre distinct sous le nom d'*Umbilicus. V.* ce mot.   (G..N.)

NOMIE. *Nomia.* INS. Genre de l'ordre des Hyménoptères, section des Porte-Aiguillons, famille des Mellifères, tribu des Andrénètes, établi par Latreille, et auquel il donne pour caractères : division intermédiaire de la lèvre courbée, beaucoup plus longue que les latérales, surpassant, sa gaîne comprise, d'une fois au moins la longueur de la tête, très-étroite, fort longue et soyeuse ; cuisses et jambes des pates postérieures renflées ou dilatées dans les mâles ; une fente longitudinale à l'anus dans les femelles. Ce genre est très-voisin des Halictes, et n'en diffère réellement que parce que ces dernières n'ont pas les cuisses et les jambes des pates postérieures renflées dans les mâles. Les Sphécodes s'en distinguent par la division intermédiaire de la lèvre, qui est presque droite ; enfin les Dasypodes et les Andrènes en diffèrent par la division intermédiaire de leur languette qui est entièrement repliée en dessous dans le repos. La forme du corps des Nomies est la même que celle des Andrènes ; leur tête est un peu déprimée antérieurement de la largeur du corselet ; elle a les yeux placés sur les côtés ; ils sont ovales, entiers et un peu saillans, et l'on voit entre eux et sur le vertex trois petits yeux lisses très-luisans. Les antennes sont filiformes, un peu plus courtes que le corselet, composées de treize articles dans les mâles, et de douze dans les femelles. Le premier article est allongé, à peine arqué, presque cylindrique ou légèrement aminci à sa base ; le second est court, le troisième est de la longueur des suivans, mais aminci à sa base ; les autres sont tout-à-fait cylindriques. La lèvre supérieure est cornée, courte, arrondie et ciliée antérieurement. Les mandibules sont cornées, simples, arquées, pointues et un peu en gouttière intérieurement ; la trompe est composée de deux mâchoires et d'une languette; les mâchoires sont cornées, larges, coudées aux deux tiers de leur longueur, et plus longues que larges; elles portent chacune un palpe filiforme composé de six articles dont le second est un peu plus long que les autres; les articles suivans sont égaux entre eux. La languette est cornée de la base au milieu, et ensuite coriace; elle donne attache à deux palpes labiaux courts composés de quatre articles dont le premier allongé et les suivans courts et égaux entre eux. Le corselet est arrondi, plus ou moins velu; il porte une grande écaille de chaque côté, servant à recouvrir l'attache des ailes, qui ont trois cellules cubitales complètes; les pates antérieures et intermédiaires sont simples; les postérieures sont très-remarquables dans les mâles. La cuisse est plus ou moins grosse, quelquefois bossue vers sa base supérieure, creuse en dessous, et garnie de poils fins et serrés. La jambe est plus ou moins courte, quelquefois courbée irrégulièrement et munie, vers le milieu, ou à l'extrémité latérale, d'une expansion coriace, en forme de cuiller, ou bien elle est terminée par un ou deux lobes plus ou moins allongés; les tarses sont un peu plus longs que dans les genres voisins. Le premier article surtout est très-allongé, et un peu plus gros que les suivans.

On ne connaît pas les mœurs et les métamorphoses des Nomies, et on ignore si elles vivent en société ou si elles sont solitaires; cependant comme elles ne diffèrent pas beaucoup des Andrènes et des Halictes, et qu'on n'a observé parmi elles que des mâles et des femelles, tout porte à croire qu'elles ont les mêmes mœurs; on ne peut citer qu'une observation contre cette assertion, c'est celle d'Olivier qui dit qu'il a trouvé en Perse, après le coucher du soleil, un grand nombre de Nomies de l'espèce qu'il nomme Lobée, attachées autour de la tige d'une Plante. Ces Hyménoptères se trouvent sur les fleurs; en général ils sont assez rares.

Ce genre n'est pas fort nombreux en espèces; toutes sont propres aux contrées chaudes de l'Asie, de l'Italie et du midi de la France. Nous citerons:

La NOMIE DIFFORME, *Nomia difformis*, Latr., Oliv.; *Lasius difformis*, Jurine, Hym., p. 238; Panz., *Faun. Ins. Germ.*, fasc. 89, p. 15; *Andrena humeralis*, Jurine, Hym., p. 231, t. 14? Longue de quatre lignes; antennes brunes en dessus, fauves en dessous, avec les deux premiers articles noirs. Tête noire; vertex pubescent et front couvert de poils courts, serrés et cendrés. Corselet noir, légèrement couvert de poils roussâtres ou cendrés, plus serrés à la partie antérieure; écusson ayant de chaque côté une petite épine courte, noire, avec l'extrémité fauve. Abdomen ponctué, noir, légèrement pubescent, avec le bord des anneaux garni de cils blancs, excepté le premier et le dernier. Pates jaunes, pubescentes; jambes antérieures très-dilatées; cuisses postérieures noires, renflées, creuses en dessous, dentées vers l'extrémité. Jambes courtes, courbées, terminées par un lobe jaune, allongé, aplati et un peu dilaté à son extrémité. Tarses jaunes. Cette espèce se trouve dans le midi de la France et en Italie.   (G.)

* NOMISMA. BOT. PHAN. De Candolle (*Syst. Veget. nat.*, 2, p. 375) nomme ainsi la troisième section du genre Thlaspi. *V.* ce mot.   (G..N.)

NONARIA. BOT. PHAN. Ancien syn. d'Astragale.   (B.)

NONATÉLIE. *Nonatelia.* BOT. PHAN. Ce genre établi par Aublet appartient à la famille des Rubiacées et à la Pentandrie Monogynie, L. Ses caractères rectifiés par Kunth (*Nov. Gener. et Sp. Plant. æquin.*, 3, p. 422), sont les suivans: calice supère à cinq dents et persistant; corolle infundibuliforme dont le tube est bossu à la base, garni de poils intérieurement et dans sa moitié inférieure; le limbe à cinq segmens; cinq étamines saillantes; style unique surmonté d'un stigmate bifide ; drupe globuleuse, à cinq nucules coriaces et polyspermes. Ce genre est extrêmement voisin du *Palicourea* d'Aublet dont il ne se distingue que par son fruit drupacé dont le noyau offre cinq loges. Jussieu (Mém. sur les Rubiacées, p. 29) lui associe le *Retiniphyllum* de Humboldt et Bonpland (*Plant. Æquin.*, 1, p. 86, tab. 25) ; mais Kunth, tout en confessant que ce dernier genre n'est pas très-distinct du *Nonatelia*, admet leur séparation et indique des caractères pour le *Retiniphyllum* qui diffèrent de ceux du *Nonatelia* quant à la corolle et au stigmate. *V.* RÉTINIPHYLLE. Schreber a inutilement changé le nom de *Nonatelia* en celui d'*Oribasia*, et, dans l'Encyclopédie Méthodique, il est décrit sous le nom d'*Azier*. Les Nonatélies sont des Herbes, des Arbrisseaux et des Arbustes qui croissent dans la Guiane et dans les contrées voisines de l'Orénoque. Leurs fleurs, accompagnées de bractées, forment des panicules ou des corymbes terminaux. Plusieurs espèces, décrites par Aublet, ont été placées parmi les Psychotries par Swartz et Willdenow. On peut admettre comme espèces certaines, suivant Richard et Kunth, le *Nonatelia racemosa*, Aubl. (Guian., tab. 72), et le *N. grandiflora*, Kunth, espèce très-voisine du *N. longiflora* et du *Palicourea guianensis* d'Aublet. (G..N.)

NONÉE. *Nonœa.* BOT. PHAN. Ce genre, de la famille des Borraginées et de la Pentandrie Monogynie, L., a été établi par Mœnch aux dépens des *Lycopsis* de Linné, et adopté par De Candolle dans la Flore Française. Ses caractères essentiels sont les suivans : calice à cinq lobes, persistant et renflé après la floraison ; corolle dont le tube est droit, cylindrique, nu à sa gorge, et dont le limbe est divisé en cinq lobes réguliers ; cinq étamines insérées au sommet du tube de la corolle, et non saillantes ; ovaire quadrilobé, du milieu duquel s'élève un style simple ; quatre akènes soudés,

marqués sur les bords de stries parallèles.

On connaît environ dix espèces de Nonées. Ce sont des Plantes herbacées à feuilles alternes et à fleurs axillaires. Nous ne citerons que les deux suivantes qui croissent dans la France méridionale, savoir : *Nonœa violacea*, D. C. (Flore Française), ou *Lycopsis vesicaria*, L. ; *Nonœa alba*, D. C. (Flore Française, vol. v, p. 420). La première a une tige rameuse, couchée à sa base, garnie de feuilles oblongues, demi-embrassantes, hérissées de poils blancs et roides ; les fleurs sont ordinairement violettes, naissant dans les aisselles des feuilles supérieures. La seconde espèce a été trouvée par Requien d'Avignon sur les bords du Rhône. Du milieu de ses feuilles radicales, oblongues et étalées en rosette, s'élève une tige rameuse garnie de feuilles sessiles, linéaires, pointues, hérissées de poils épars. Les fleurs sont blanches et unilatérales.   (G..N.)

NONETTE. OIS. Pour Nonnette. *V.* ce mot.   (B.)

NON-FEUILLÉE. BOT. PHAN. Syn. d'Aphyllanthe. *V.* ce mot.   (B.)

NONION. *Noniona.* MOLL. Genre proposé par Montfort (Conchyl. Syst. T. 1, p. 211) pour une Coquille microscopique figurée dans l'ouvrage de Fichtel et Moll, sous le nom de *Nautilus incrassatus*. D'Orbigny a employé le mot de Nonionine pour un genre dans lequel celui-ci, ainsi que plusieurs autres du même auteur, se trouvent compris. *V.* NONIONINE.   (D..H.)

*** NONIONINE.** *Nonionina.* MOLL. Genre de la classe des Céphalopodes foraminifères, famille des Hélicostègues, section des Nautiloïdes de D'Orbigny (Tab. de la classe des Céphal., Ann. des Sciences Nat. T. VII, p. 293). Ce genre est caractérisé de la manière suivante : ouverture en fente contre l'avant-dernier tour de spire, apparente à tous les âges ; coquille à dos arrondi. Ces caractères conviendraient aussi parfaitement au genre Anomaline du même auteur, car il n'y a de différence que dans la position de la fente latérale dans les Anomalines, centrale et symétrique dans les Nonionines; mais comme cette différence n'est point indiquée, on pourrait croire que l'auteur l'a considérée comme de peu d'importance, et en effet il serait difficile, d'après les caractères énoncés, de dire pourquoi on ne réunirait pas ces deux genres; il existerait moins de différences entre eux qu'il n'y en a entre plusieurs sous-genres des Nodosaires, par exemple (*V*. ce mot). Quoi qu'il en soit, qu'on y réunisse ou non les Anomalines, le genre Nonionine devra être conservé; il rassemble un assez grand nombre de Coquilles microscopiques que Montfort avait dispersées dans ses genres Nonione, Mélonie, Cancride, Florilie, Chrysole; Blainville dans les genres Lenticuline, Polystomelle et Placentule; et Férussac dans les genres Cristellaire, Lenticuline et Mélonie; ces différences d'opinion font facilement conclure qu'on avait jusqu'alors mal apprécié les caractères génériques de ces Coquilles, qui sont maintenant plus naturellement rassemblées.

NONIONINE OMBILIQUÉE, *Nonionina umbilicata*, D'Orb., Tab. des Céphal., Ann. des Sc. Nat. T. VII, p. 293, n° 5, pl. 15, fig. 10, 11, 12, et Modèles, 4° ann., n° 86; *Nautilus Globulus*, Soldani, T. IV, t. 60, fig. 3. On trouve cette espèce dans presque toute la Méditerranée, mais surtout dans l'Adriatique à Rimini, et fossile à Bordeaux et à Sienne. (D..H.)

NONNAT. POIS. Ce nom, donné par les pêcheurs, dans quelques cantons de la France, au fretin dont on ne fait nul cas, est plus particulièrement appliqué dans la mer de Nice à l'Athérine Appât. (B.)

* NONNAIN. OIS. On a donné ce nom à une variété de Pigeons. Il a aussi été appliqué par Salerne au *Mergus albellus*, L. (B.)

NONNETTE. OIS. Espèce du genre Gros-Bec. *V*. ce mot. C'est aussi un synonyme de Bernache. *V*. CANARD, sous-genre OIE. (B.)

NONNETTE CENDRÉE. OIS. Espèce du genre Mésange. *V*. ce mot. (DR..Z.)

NON-PAREIL. OIS. Espèce du genre Gros-Bec. *V*. ce mot. (DR..Z.)

NONPAREILLE. OIS. Espèce de Perruche, *V*. PERROQUET. (DR..Z.)

NONPAREILLE. MOLL. Et pas *Nompareille* comme il est écrit dans Déterville et Levrault. Geoffroy désigne sous ce nom le *Turbo perversus*, L., qui est une petite espèce de Maillot des environs de Paris. (D..H.)

NONPAREILLE. BOT. PHAN. Variété de Pomme. (B.)

NOPAL. BOT. PHAN. Syn. de Cacte. *V*. ce mot et CIERGE. (B.)

NOPALÉES. *Nopaleæ*. BOT. PHAN. Cette famille de Plantes est également connue sous les noms de *Cacteæ* et d'*Opuntiaceæ*. Elle appartient à la classe des Dicotylédones polypétales, à étamines périgynes, et présente les caractères suivans : son calice est monosépale, adhérent avec l'ovaire infère, présentant quelquefois des écailles éparses ou des bouquets de points sur sa surface externe; son limbe est divisé en lobes nombreux, inégaux, qui semblent se confondre insensiblement avec les pétales; la corolle est formée d'un nombre variable de pétales, généralement indéfini, disposés sur plusieurs rangées; les étamines sont nombreuses, souvent en nombre indéfini, insérées, ainsi que les pétales, sur un disque épigyne qui tapisse le sommet de l'ovaire; ce qui nous porte à considérer l'insertion plutôt comme épigyne que périgyne. L'ovaire est infère, à une seule loge, contenant un grand nombre d'ovules portés sur un podosperme filiforme, et attachés à des trophospermes pariétaux, dont le nombre est variable, tantôt en rapport avec celui des stigmates, tantôt n'ayant rien de fixe. Le 'style est simple, surmonté de trois ou d'un plus grand nombre de stigmates allongés, disposés en étoile et marqués généralement d'un sillon longitudinal ; le fruit est charnu, ombiliqué à son sommet, contenant un grand nombre de graines presque réniformes. Ces graines ont un double tégument ; l'extérieur est crustacé ; l'interne est mince et membraneux ; l'embryon est sans endosperme, cylindracé, un peu recourbé en arc, ayant sa radicule obtuse et tournée vers le hile. Ses cotylédons épais et obtus varient beaucoup en longueur.

La famille des Nopalées, telle qu'elle avait d'abord été établie par Jussieu (*Gen. Plant.*), sous le nom de *Cacti*, se composait des deux genres *Ribes* et *Cactus*. Mais De Candolle (Fl. Franç.) en retira le genre Groseiller pour en faire le type d'une famille distincte, sous le nom de Grossulariées ou Ribésiées. Ces deux genres, en effet, ont bien peu d'analogie entre eux, si l'on ne considère d'abord que leur port. Les Cierges ou Nopalées sont des Plantes vivaces, souvent arborescentes, d'un port tout particulier, qui n'a d'analogue que dans quelques Euphorbes. Leurs tiges sont ou cylindriques, très-allongées, rameuses, cannelées, anguleuses, ou composées de pièces articulées qui ont été prises par quelques auteurs pour des feuilles. Elles sont épaisses, charnues, succulentes ; les feuilles manquent presque constamment, et sont remplacées par des épines disposées en faisceaux ; les fleurs qui quelquefois sont très-grandes et brillent du plus vif éclat, sont en général solitaires et placées à l'aisselle d'un de ces faisceaux d'épines. Le genre *Ribes* ne nous offre rien de semblable dans son port, qui est celui de tous les Arbustes buissonneux ; mais ces deux genres, considérés comme types de deux familles distinctes, diffèrent encore par d'autres caractères. Ainsi, dans les Ribésiées, le nombre des divisions calicinales, des pétales et des étamines est toujours de quatre à cinq ; celui des placentaires de deux. La graine surtout est différente dans l'une et dans l'autre. Dans les Ribésiées, le tégument extérieur est charnu et succulent, et l'interne crustacé ; l'embryon est accompagné d'un endosperme. Dans les Cactées ou Nopalées, nous avons vu que le tégument externe de la graine est crustacé, et l'interne membraneux, et, de plus, l'embryon est dépourvu d'endosperme. Il résulte de-là que les Nopalées et les Ribésiées peuvent être considérées, soit comme deux familles distinctes, mais qui ne peuvent être éloignées, soit comme deux tribus d'un même ordre naturel. Chacune d'elles se compose d'un seul genre, mais qui présente des caractères assez variés pour pouvoir se prêter à plusieurs coupes ou divisions génériques. *V.* Cierge et Groseiller.

La famille des Nopalées a de grands rapports avec les Cucurbitacées, par l'intermédiaire des Ribésiées, dont le genre *Gronovia* comble l'intervalle avec les Cucurbitacées ; d'un autre côté, elles ne peuvent être éloignées des Portulacées.　　　　　(A. R.)

NOPHRIS. bot. phan. Syn. ancien de Ballote. *V.* ce mot.　　　　(B.)

NOR. ois. Syn. vulgaire de Lori-Noir. *V.* Perroquet.　　　　(DR..Z.)

NORANTÉE. *Norantea.* bot. phan. Genre établi par Aublet, et faisant partie de la nouvelle famille des Marcgraviacées et de la Polyandrie Monogynie, L. Il offre les caractères suivans : le calice est très-petit, cupuliforme, formé de cinq écailles incombantes latéralement, et accompagné en dehors de deux autres écailles plus petites et opposées. La corolle se compose de cinq pétales dressés dans leur moitié inférieure, rabattus dans la supérieure. Les étamines sont nombreuses, distinctes ou réunies en cinq faisceaux par la partie la plus inférieure de leurs filets ; tantôt dressées, tantôt rabattues. Les anthères sont cordiformes, sagittées, à deux loges opposées, s'ouvrant par une suture longitudinale et insérées au filet tout-à-fait par leur base. L'ovaire est libre au fond du calice, d'une forme conique, aminci en pointe à son sommet qui se termine par un stigmate à peine distinct. Le fruit est une sorte de baie coriace extérieurement, à une seule loge contenant un grand nombre de graines fort petites. Ce genre a été à tort nommé *Ascyum* par Vahl et Willdenow. Il ne se compose que de deux espèces originaires du continent de l'Amérique méridionale. Ce sont des Arbustes sarmenteux, grimpans et s'élevant ainsi jusqu'au faîte des plus-grands Arbres. Leurs feuilles sont éparses, coriaces, entières et très-glabres. Leurs fleurs, généralement purpurines, sont pédicellées et forment des épis simples, dressés, longs souvent de plusieurs pieds. Les pédoncules des fleurs portent souvent des appendices pédicellés, creux et en forme de capuchon.

La première de ces espèces est le *Norantea guianensis*, Aublet, *Guian.*, 1, p. 554, t. 220, Arbuste grimpant, qui croît sur le bord des eaux à Cayenne et dans d'autres parties de la Guiane, où les naturels le connaissent sous le nom vulgaire de *Queue d'Ara* à cause de ses longs épis de fleurs rouges. Ses feuilles sont obovales, oblongues, obtuses, coriaces, rétrécies insensiblement à leur base en un court pétiole. Ses fleurs sont portées sur des pédoncules très-courts, et les appendices dont nous avons parlé sont longs de plus d'un pouce, et ont la forme d'une bourse allongée. Les étamines sont dressées et réunies en cinq faisceaux qui tombent avec les pétales.

La seconde espèce, *Norantea brasiliensis*, Choisy, *in D. C. Prodr.*, 1, p. 566. Elle se distingue de la précédente par ses feuilles généralement plus petites et plus minces, par ses fleurs très-longuement pédicellées, ayant un appendice beaucoup plus petit que dans la première espèce. Ses étamines sont libres, réfléchies sur les pétales. Elle croît au Brésil, d'où elle a été rapportée par le baron de Langsdorf, consul général de Russie à Rio-de-Janeiro, et à qui l'entomologie et la botanique doivent d'importantes découvertes. (A. R.)

NORD-CAPER. MAM. *V.* BALEINE.

NORKA. MIN. Suivant Cronstedt et Wallerius, ce nom est donné en Suède au Micaschiste granitique. (G. DEL.)

***NORITE.** MIN. (Esmark, Voyage Min. en Hongrie.) Roche composée de Feldspath grenu, gris foncé, d'Amphibole et de Diallage; à structure granitoïde et formée par voie de cristallisation; à petits grains, et d'une texture peu solide; tantôt de couleur rouge et tantôt noire ou jaune noirâtre. Les Minéraux qu'on y trouve disséminés sont la variété de Titane oxidé ferrifère, dite *Ménakanite;* le Quartz, le Mica, le Zircon et le Grenat. Suivant Esmark, elle appartient à la formation du Gabro de De Buch, c'est-à-dire au système des Roches serpentineuses et ophiolitiques, et il lui a donné le nom de *Norite* pour la distinguer des Roches granitiques et siénitiques de la Norvège. Elle diffère de la Siénite et se rapproche de l'Euphotide par la Diallage qu'elle contient. On la trouve en différens points de la Norvège, sur le continent, et dans les îles voisines de la côte. *V.* ROCHES. (G. DEL.)

NORONHIE. *Noronhia.* BOT. PHAN. Genre de la famille de Jasminées et de la Diandrie Monogynie, L., proposé par Stadman et adopté par Du Petit-Thouars (*Nov. Gener. Madagasc.*, p. 8, n. 24) qui l'a ainsi caractérisé : calice très-petit, à quatre divisions; corolle épaisse, en grelot; deux anthères enfoncées dans une cavité, au fond de la corolle; ovaire supérieur conique, à deux loges et à quatre ovules; un seul stigmate sessile; drupe oblongue, renfermant un noyau biloculaire; semence solitaire dans chaque loge, dont la radicule est supérieure, les cotylédons épais et sans albumen. Ce genre ne renferme qu'une seule espèce décrite par Lamarck (Illust. des Genres, t. 8) sous le nom d'*Olea emarginata*. C'est un Arbre de Madagascar, élevé de quarante à cinquante pieds, à rameaux opposés, garnis de feuilles opposées, grandes, ovales, presque rondes, coriaces, échancrées à leur sommet, très-entières et à nervures parallèles. Les fleurs forment une panicule terminale. Cet Arbre a reçu le nom vulgaire de Ponei des Indes. (G..N.)

NORTA. BOT. PHAN. Adanson (Fam. des Plantes, 2, p. 417) donnait ce nom à un genre qui avait pour type le *Sysimbrium strictissimum*, L., et dont De Candolle (*Syst. Veget. nat.*, 2, p. 461) a formé la seconde section du genre *Sysimbrium*. *V*. SISYMBRE. (G..N.)

NORTÉNIE. *Nortenia.* BOT. PHAN. Du Petit-Thouars (*Nov. Gen. Madagasc.*, p. 9, n. 17) a établi sous ce nom un genre qui appartient à la famille des Scrophulariées, et à la Didynamie Angiospermie, L. Ses caractères essentiels consistent en un calice presque bilobé, à cinq angles et à cinq dents; une corolle en masque, la lèvre supérieure bifide, l'inférieure à trois lobes arrondis; quatre étamines dydinames dont les anthères sont à deux loges, les anthères supérieures rapprochées; un ovaire supère, conique, surmonté d'un style courbé à sa base, et d'un stigmate bilamellé; une capsule conique, biloculaire, bivalve, divisée par une cloison parallèle aux valves; des graines petites et nombreuses. Ce genre est, selon Du Petit-Thouars, voisin du *Dodartia*. Il se compose de deux espèces que l'auteur a simplement citées, sans en donner de description. L'une a le port du Lierre terrestre, l'autre se rapproche du *Torenia*. Ce sont des Plantes herbacées qui croissent à Madagascar. Leur tige est droite, divisée en rameaux alternes, tétragones, garnis de feuilles opposées, dentées, presque sessiles. Les fleurs sont axillaires et portées sur de longs pédoncules. (G..N.)

* **NOSIAN** ET **NOSIN**. MIN. Synonymes de Spinellane de Nose. *V*. SPINELLANE. (G. DEL.)

NOSODENDRE. *Nosodendron.* INS. Genre de l'ordre des Coléoptères, section des Pentamères, famille des Clavicornes, tribu des Byrrhiens, établi par Latreille et ayant pour caractères : antennes terminées brusquement en une massue courte, large, de trois articles, et se logeant sur les côtés du corselet; extrémité supérieure de l'avant-sternum n'enclavant point le dessous de la bouche; menton très-grand, en forme de bouclier. Fabricius avait placé la seule espèce connue de ce genre parmi ses Sphéridies; Olivier l'avait mise dans le genre Byrrhe; mais il en diffère d'une manière bien tranchée par les antennes qui dans ces derniers vont en grossissant insensiblement vers l'extrémité. Les *Limnichus* et les Aspidiphores en sont séparés, ainsi que les Byrrhes, parce que leurs antennes ne sont point logées dans une cavité spéciale du corselet. Les Anthrènes sont séparées des Nosodendres parce que toutes leurs jambes se replient sur le côté postérieur des cuisses; enfin les Chélonaires en sont bien distingués par leurs antennes qui ont les second et troisième articles très-grands et les suivans très-courts. Les Nosodendres ont le corps tout-à-fait globuleux; leur tête est à moitié enfoncée dans le corselet, et leurs yeux sont petits et peu saillans; leurs antennes sont un peu plus courtes que le corselet, ordinairement logées dans une rainure pratiquée à sa partie latérale et inférieure; elles sont composées de onze articles dont le premier est gros, peu allongé, presque cylindrique, le second plus petit que le premier et plus gros que les suivans; le troisième long, un peu aminci à sa base; les suivans courts et grenus, et les trois derniers formant brusquement une massue assez grosse, ovale, perfoliée. La lèvre supérieure est cornée, assez large, arrondie antérieurement et très-courte. Les mandibules sont cornées, peu avancées, grosses, presque dentées à leur partie interne et obtuses à leur extrémité ; les mâchoires sont courtes, coriaces, bifides avec la division interne plus pointue que l'autre ; elles portent chacune un palpe filiforme, fort court, composé de quatre articles dont le dernier est en ovale allongé et le premier extrêmement court. La lèvre inférieure est placée à l'extrémité interne du menton, qui est fort grand et avancé ; elle est membraneuse, fort large, tridentée et très-courte. Elle donne attache à deux palpes très-courts, cylindriques, terminés en pointe dont on distingue à peine les deux derniers articles. Le corselet est assez large, court, appliqué contre les élytres dans toute sa largeur et à peine rebordé. L'écusson est triangulaire ; les élytres sont très-convexes, assez dures ; leurs ailes sont repliées et membraneuses ; les pates sont courtes ; les cuisses sont comprimées, un peu renflées ; les jambes antérieures sont triangulaires, ou minces à leur base et assez larges à leur extrémité ; leur bord extérieur est un peu dentelé ; les tarses sont très-courts, filiformes. La larve de cet Insecte vit dans les ulcères qu'on remarque aux troncs des Ormes et des Marronniers d'Inde ; elle est molle, blanchâtre ; son corps est formé de plusieurs anneaux raboteux, et muni sur les côtés de poils assez roides ; la tête est écailleuse et armée de deux mâchoires très-fortes ; cette larve subit ses métamorphoses dans le même lieu, et l'Insecte parfait n'en sort pas ou s'éloigne très-peu de ces ulcères ; on le trouve vers le milieu du printemps. Olivier (Encycl. Méth.) décrit trois espèces de ce genre, mais Latreille pense qu'on ne doit conserver que celle des environs de Paris, et que les autres doivent entrer dans d'autres genres. Nous citerons donc comme la seule espèce et le type de ce genre :

Le Nosodendre fasciculé, *Nosodendron fasciculare*, Latr., Oliv.;

Byrrhus fascicularis, Olivier, Entom., t. 2, n° 15, 7, tab. 2, fig. 7, a-b ; *Sphæridium fasciculare*, Fabr., Panz.; long de deux lignes, noir avec cinq rangées de faisceaux de poils d'un brun ferrugineux sur les élytres. Commun aux environs de Paris. (G.)

NOSTOC. bot. crypt. (*Chaodinées.*) Genre de la tribu des Trémellaires, établi par Vaucher, adopté par tous les botanistes, et formé aux dépens des Trémelles de Linné. Ses caractères, tels que nous les comprenons, ont été fixés dans le T. III, p. 14, du présent Dictionnaire. Micheli avait déjà fort bien observé les Nostocs qu'il appelait *Linkia*. Ce nom, qui avait l'antériorité, eût dû être conservé ; mais étant comme tombé en désuétude, le genre Linkia des modernes, dédié à l'un des plus savans botanistes de l'Allemagne, appartient à la Phanérogamie. Les Nostocs ont été le sujet de controverses fort étranges en histoire naturelle. On trouve dans le Dictionnaire de Levrault, T. XXXV, p. 153, « qu'ils appartiennent à la famille des Algues, et que leur placement dans la chaîne des êtres est encore indécise, ayant aussi des rapports avec la classe des Animaux Infusoires et les Polypiers. » On a vu au mot ALGUES qu'il n'existe plus, et qu'il ne saurait même exister de famille de ce nom, lequel fut indifféremmen appliqué, quand la Cryptogamie était fort mal étudiée, aux Hépatiques, aux Lichens, ainsi qu'aux Hydrophytes. Secondement, la place des Nostocs dans la chaîne des êtres, si chaîne il y a, ne saurait être douteuse ; ce sont des Végétaux s'il en fut jamais ; ils n'offrent en quoi que ce soit le moindre rapport avec les Polypiers, si ce n'est dans les livres où la plupart des auteurs en ont parlé sans en avoir observé et sans se donner la peine de vérifier ce qu'ils en disaient. L'erreur vint originairement de ce qu'Adanson appela Trémelle un Psychodié du genre Oscillaire dont il découvrit l'animalité, et de ce que Vaucher, adoptant la dénomination d'Adanson, considéra comme deux genres d'une même famille ses Oscillaires et ses Nostocs. Depuis cette époque on trouve peu de livres , si ce n'est ceux de Lyngbye et de quelques autres observateurs qui se donnèrent la peine de voir par eux-mêmes ce dont ils parlaient, où l'animalité des Trémelles et des Nostocs ne soit un point établi en fait. Non-seulement on y a vu des Animaux, mais on veut que nous y en ayons vu nous-même, et nous lisons encore dans le Dictionnaire de Levrault (*loc. cit.* , p. 155) : « M. Bory de Saint-Vincent, en classant les Nostocs dans ses Chaodinées, c'est-à-dire dans l'une des familles qu'il établit entre le règne animal et le règne végétal, dit positivement que les *Collema* sont des Nostocs avec des Scutelles ; or, comme il est aisé de démontrer l'affinité externe des *Collema* avec beaucoup d'autres genres de Lichens , il en adviendra un jour qu'on sera forcé de rapporter aussi les Lichens à un règne intermédiaire d'êtres ambigus , véritable Chaos quant à présent. » Dans l'ouvrage où l'on prétend que nous voyons de l'animalité chez les Lichens , on trouve pourtant simple que Gaillon voie des Animaux dans les Charagnes et dans les Moisissures ; mais pour prouver la légèreté de l'assertion que nous venons de transcrire , il suffira de recourir à l'article CHAODINÉES de ce Dictionnaire (par erreur CAHODINÉES au tome III, p. 12). On y verra l'indication BOT. CRYPT. qui signifie que la famille des Chaodinées appartient pour nous à la Cryptogamie et point au règne psychodiaire , encore moins au règne animal ; on verra d'ailleurs dans divers autres articles de cet ouvrage, que l'idée de la moindre animalité dans les Trémelles est l'une de celles contre lesquelles nous nous sommes le plus hautement prononcé. Nous craignons qu'il ne se soit glissé trop d'erreurs dans nos écrits pour ne pas repousser de tous nos moyens celles qu'on semble se faire un plaisir de propager en notre nom, et à l'appui desquelles certaines personnes qui ne lisent guère ce qu'elles citent ne cessent de nous appeler en témoignage. On a surtout cité à l'appui de l'animalité des Nostocs une observation d'Antoine de Bivona , qui rapporte avoir vu un grand nombre d'Animalcules globuleux très-agiles nager dans l'eau où il avait laissé infuser durant huit jours le *Nostoc verrucosum*. Si le micrographe de Palerme eût mis du Foin ou des OEillets rouir dans de l'eau , il eût obtenu un semblable résultat , et même dans les vingt-quatre heures ; or nous ne savons pas que personne ait jamais imaginé que la Giroflée et l'herbe des pâturages fussent des Animaux. Il nous semble que les personnes qui raisonnent sur les Nostocs devraient commencer par en examiner au microscope, et que celles qui veulent bien nous faire l'honneur de nous citer, ne devraient pas nous faire dire le contraire de ce que nous avons imprimé trente fois depuis trente ans. Après cette introduction à l'histoire des Nostocs, il nous reste à répéter que ces Plantes font un passage très-naturel de la famille des Chaodinées, la première et la plus simple de toutes, aux Lichens par les *Collema* et aux Champignons par les Auriculaires que nous distinguons des Téléphores, et que nous en éloignons même beaucoup , parce que nous nous sommes donné la peine d'en examiner toutes les parties à des grossissemens très-considérables. Dans ces trois genres , appartenant à trois familles, ou plutôt à trois classes très-distinctes , une mucosité transparente, tremblante, et sans goût, est contenue entre deux pellicules membraneuses ou lames plus ou moins consistantes. Cette mucosité est entièrement semblable à celle dont se composent les espèces de notre genre Chaos ; mais si on la place sur le porte-objet du microscope, on la trouve remplie de linéoles translucides formées de globules emboulés , qui sont les rudimens internes d'une organisation tendant vers la disposition filamenteuse , par laquelle se préparent les rameaux qui, plus tard, se montrent extérieurement pour compléter les formes végétales. Il est alors impossible de distinguer les uns des autres une Auriculaire, un Collème et un Nostoc, mais ce dernier s'arrêtera au premier degré organique; il demeurera essentiellement tomipare et agame, parce que la nature n'y ajouta point de gemmules, ou quoi que ce soit qui pût nécessiter un autre mode de reproduction; mais dans les Auriculaires, les filamens moniliformes internes se tisseront d'une manière fort serrée par leurs extrémités; ils épaissiront la membrane externe qui doit résulter de leur entrecroisement, au point de la rendre coriace et capable de contenir, comme le ferait une outre, le mucus interne où se développe tout l'appareil filamenteux; des extrémités des ramules corticales s'épanouissant à la surface supérieure du Champignon, exposées à l'air atmosphérique, et n'y étant plus lubréfiées dans un milieu humide, formeront une couche tomenteuse, souvent diversement colorée par l'action de la lumière qui dès-lors agit directement sur le duvet devenu bientôt comme laineux; si l'on soumet ce duvet au microscope, on y reconnaîtra toujours des articulations analogues à celles des filamens de l'intérieur, seulement elles seront plus serrées et même d'une autre forme, en raison de la différence des milieux. Le même feutrement s'opère de dedans en dehors pour former les lames des frondes dans les Collèmes, mais les extrémités des filamens, au lieu de s'épanouir en duvet à la surface de ces frondes, doivent s'y nouer pour ainsi dire sur divers points, comme on noue l'extrémité des bottes de Chanvre, et de leur confusion au point de rapprochement, résultent ces apothécions qui élèvent de véritables Nostocs au rang des Lichens. Tel est le mécanisme des passages que nous croyons avoir parfaitement saisis. Nous eussions pu faire de ces observations le sujet de Mémoires que nous eussions pu lire ensuite devant quelque société savante, et faire insérer, comme très-importans, dans quelque recueil scientifique; mais nous avons pensé qu'elles seraient tout aussi bien placées dans un Dictionnaire qui n'est pas composé à coups de livres, et pour notre part au moins rédigé très-consciencieusement.

L'humidité est indispensable à l'existence, ou du moins à ce qu'on pourrait appeler l'épanouissement des Nostocs. En sont-ils pénétrés, ils s'étendent, se renflent, croissent, et l'on en distingue tout-à-coup en des lieux où l'on n'eût pas soupçonné leur présence, dès que de l'eau est venue humecter le sol. La merveille de leur apparition subite leur valut une certaine célébrité chez les anciens et chez les empiriques, qui nommaient l'espèce la plus répandue Fleur du Ciel, *Cœliflos, Cœlifolium*, Graisse ou Fleur de rosée, Graisse ou Gelée de terre, etc. Réaumur crut avoir découvert leur mode de reproduction dans des globules qu'il y observa extérieurement. Nous n'avons jamais rien vu de semblable. Toutes ces Plantes se contractent et se déforment dans l'herbier; mais on peut en tout temps leur rendre l'apparence de la vie, en les mouillant et en les plongeant dans l'eau, lorsqu'on ne les a pas trop écrasées; cependant elles ne reprennent que l'apparence de la vie. Nous ne connaissons pas de véritables Nostocs marins. Les espèces principales de ce genre sont :

Le Nostoc COMMUN, *Nostoc commune*, Vaucher, p. 222, tab. 16, f. 1; Lyngb., *Tent.*, p. 198, tab. 61, c.; *Tremella Nostoc*, L.; Mougeot, *Stirp. Vosg.*, n° 700; *Linkia terrestris*, etc., Micheli; *Nov. Gen.*, p. 126, tab. 67, f. 1; *Tremella terrestris*, Dill., *Musc.*, tab. 10, f. 14; *Nostoc œtherea*, Poiret, Enc. Mét., Dic.; *Alcyonidium Nostoc*, Lam., Thalass., p. 71, vulgairement Crachat de lune, Arche céleste, Perceterre, Beurre magique, Vitriol végétal, Nostoc de Paracelse, Salive de Coucou, Ecume printanière, Crachat de mai, etc. Cette

Plante varie pour la taille, l'épaisseur et la consistance, selon l'humidité de la saison, et suivant qu'elle est plus ou moins habituellement exposée à la pluie ou à la sécheresse, à l'ombre ou à la lumière; elle est formée d'une membrane d'un vert olivâtre, tirant sur le brun, diversement plissée, appliquée au sol où elle n'adhère par aucune radicule; tremblante, transparente, fraîche au tact, mais non mouillée, un peu luisante. On la trouve fréquemment le long des routes, aux lieux un peu herbeux, sur les pelouses rases et dans les allées de jardin, où elle apparaît après les ondées de printemps, d'été et d'automne. Elle disparaît durant tout l'hiver, pour peu que le froid soit rigoureux. Nous ne pensons pas qu'elle croisse au-dessus du soixantième degré nord; elle est surtout commune vers le milieu de la Zône tempérée; nous en possédons un échantillon rapporté de Rawac sous la ligne, par Gaudichaud; la variété β *carneum* de Lyngbye, très-différente par sa couleur, et qui vient des solitudes boréales du Danemark et du Groënland, nous paraît, d'après un échantillon que nous a communiqué le savant danois, une espèce différente.

Nostoc verruqueux, *Nostoc verrucosum*, Vauch., p. 223, tab. 16, f. 5; *Tremella verrucosa*, L.; *Tremella fluviatilis*, etc., Dill., *Musc.*, tab. 10, f. 16; *Linkia palustris*, etc., Micheli, *Nov. Gen.*, tab. 67, f. 2. Cette espèce solide et non creuse, comme on l'a prétendu, tant qu'elle n'est pas en état de dépérissement, est arrondie, de la grosseur d'une aveline à celle d'un œuf, assez semblable par la forme à une truffe, et d'un brun olivâtre. Elle croît éparse ou groupée dans les eaux limpides des torrens et des petites rivières aux lieux où il n'y a ni trop de profondeur ni trop de courant; elle ne s'élève guère vers le Nord que dans le Holstein, où la mentionne Lyngbye. Nous l'avons trouvée en abondance dans la Sierra-Morena, aux

environs de Grenade et à Ténériffe.

Nostoc sphérique, *Nostoc sphæricum*, Vauch., tab. 16, f. 2. Petite espèce qu'on trouve indifféremment dans l'eau stagnante et sur la terre humide entre les herbes, parfaitement ronde, d'un brun verdâtre et de la grosseur d'une tête d'épingle ou de celle d'un petit pois.

Les autres espèces constatées de ce genre sont les *Nostoc pruniforme* de l'Europe et de l'Asie boréale; *cœruleum*, très-petit, remarquable par sa belle couleur bleu-pâle ou céleste; *Quoji*, des îles Marianes, et *flavicans*, N., de Terre-Neuve. Les *Nostoc muscorum*, *vesicarium*, *lichenoides*, *foliaceum*, *confusum*, *calcicola*, *Lecoániæ*, etc., d'Agardh, sont des variétés du *N. commune* ou des Collèmes. Le *rufescens* n'est pas notre *Tremella cuprina*, comme l'a dit le même auteur. Son *Mesentericum*, p. 21, est évidemment un double emploi de son *Corynephora marina*, p. 24, et nou l'*Alcyonidium Nostoc* de Lamouroux, comme il le prétend d'après Bonnemaison.   (B.)

NOTACANTHE. *Notacanthus.* POIS. Le genre formé sous ce nom pour un grand Poisson figuré dans Bloch, pl. 431, n'a pas même été cité par Cuvier. Il était en effet difficile de l'adopter sur les indications assez vagues qu'on en trouve dans Lacépède (Pois. T. V, p. 292), qui le place entre les genres Mégalope et Exocet. Il lui donne pour caractères: corps et queue très-allongés; nuque élevée et arrondie; tête grosse; anale très-longue et réunie à la caudale; dorsale nulle, remplacée par des aiguillons courts, gros, forts et dépourvus de membranes. On ne dit pas quel est le pays de la seule espèce de ce genre qui est appelée *Notacanthus Nassus.*   (B.)

NOTACANTHE. *Notacantha.* INS. Famille de l'ordre des Diptères, établie par Latreille, et ayant pour caractères: suçoir de deux pièces; trompe du plus grand nombre membraneuse, très-courte, retirée, à l'exception des deux grandes lèvres qui la terminent; celle des autres longue, grêle, en forme de siphon et cachée par un bec portant les antennes, qui sont composées de deux ou trois articles dont le dernier a plusieurs divisions transverses en forme d'anneaux. Cette famille, à laquelle Latreille avait donné (Consid. sur les Ins., etc.) le nom de Stratiomydes, faisait partie du genre *Musca* de Linné; Geoffroy avait formé, avec les Diptères qui la composent, ses genres Stratiome et Némotèle. Les Notacanthes ont le corps oblong, déprimé, les antennes souvent cylindriques ou coniques, quelquefois terminées en massue; leur tête est hémisphérique, presque entièrement occupée par les yeux dans les mâles; on voit, entre eux et sur le vertex, trois petits yeux lisses. Les ailes sont longues, croisées horizontalement sur le corps dans le repos; elles ont des nervures disposées en rayons et partant d'une cellule discoïdale; l'écusson est souvent épineux; l'abdomen est grand, aplati, ordinairement ovale ou arrondi; les pates sont courtes, sans épines aux jambes, et le bout de leurs tarses est muni de trois pelotes et de deux crochets. Les larves de ces Diptères ont le corps aplati, long, divisé en anneaux dont les derniers, plus longs, forment une queue terminée par des poils à barbes ou plumeux, disposés en rayons et au point de réunion desquels est l'ouverture des trachées. Leur tête est petite, oblongue, écailleuse et munie de petits crochets et d'appendices; ces larves sont aquatiques, mais beaucoup d'autres qui nous sont inconnues n'ont pas la même manière de vivre et doivent avoir une organisation différente; la peau de celles dont nous venons de donner une description sommaire, se durcit quand l'Insecte veut se changer, et devient l'enveloppe de la nymphe; ces coques flottent sur l'eau; la nymphe n'occupe qu'une des extrémités de la capacité intérieure; l'Insecte parfait sort par une fente qui se fait sur le second

anneau; il se pose sur sa dépouille flottante, attend qu'il soit raffermi par l'action de l'air, et ne tarde pas à prendre son essor. Le plus grand nombre des Notacanthes habite les lieux marécageux et humides; ils se tiennent sur les feuilles et les tiges des Végétaux voisins des eaux; d'autres habitent les bois et doivent faire leur ponte dans la carie des Arbres. Latreille divise cette famille en deux tribus. *V.* XYLOPHAGIENS et STRATIOMYDES. (G.)

NOTARCHE. *Notarchus.* MOLL. Cuvier le premier (Règne Animal, T. II, p. 398) institua le genre Notarche, qui, suivant lui, d'une organisation voisine des Aplysies et des Dolabelles, fut placé dans la même famille des Tectibranches, avec les Pleurobranches et les Acères. Lamarck n'a point adopté ce genre, que Férussac (Tableau Syst. des Anim. Moll.) mit dans les Tectibranches Dicères avec les Aplysies et les Dolabelles, c'est-à-dire dans les mêmes rapports que Cuvier. Blainville, dans son Traité de Malacologie, en admettant le genre de Cuvier, le place dans son ordre des Monopleurobranches, dans la deuxième famille, les Aplysiens dans les rapports naturels avec les genres Aplysie et Dolabelle, et les nouveaux genres Bursarelle et Elysie. La place de ce genre paraît désormais arrêtée dans la série; son voisinage des Dolabelles et des Aplysies est reconnu par les zoologistes les plus instruits; cependant Blainville, à son article *Notarche* du Dictionnaire des Sciences Naturelles, contredit plusieurs des caractères imposés par Cuvier à ce genre; par exemple, qu'il n'existe pas, comme le dit Cuvier, un prolongement du manteau operculiforme des branchies qui lui ont semblé presque entièrement extérieures. Blainville croit aussi que la fente du col dont parle Cuvier ne conduit pas aux branchies, mais est le sillon qui réunit les orifices extérieures des organes de la génération. Il ne s'ensuivrait pas de-là pourtant qu'on devrait rejeter ce genre de la place qu'il occupe, ce sera seulement à en rectifier les caractères tels que Blainville l'a fait : Animal globuleux offrant inférieurement un espace ovalaire circonscrit par des lèvres épaisses indiquant le pied; quatre tentacules fendus dans une partie de leur longueur, sans appendices labiaux prolongés; une très-petite branchie latéro-supérieure presque externe ou seulement protégée par un petit repli du manteau; sans coquille intérieure. Quant à l'ensemble de l'organisation, elle a beaucoup de rapports, d'après ce qu'en dit Cuvier, avec celle des Aplysies. On ne connaît encore qu'une seule espèce de ce genre; c'est le :

NOTARCHE DE CUVIER, *Notarchus Cuvieri*, Blainville (Traité de Malac., p. 473, pl. 43, fig. 7); Cuvier (Règn. Anim. T. IV, pl. 11, fig. 1; Atlas du Dictionnaire des Sciences Naturelles, 44ᵉ livraison, pl. 17, fig. 7.
(D..H.)

* NOTARIS. *Notaris*. INS. Latreille (Fam. Nat.) désigne sous ce nom un genre de la tribu des Charançonites dont il ne donne pas les caractères. (G.)

NOTASPE. *Notaspis*. INS. Jean-Frédéric Hermann donne ce nom aux Insectes qui forment le genre Oribate de Latreille. *V.* ce mot. (G.)

NOTELÉE. *Notelœa*. BOT. PHAN. Genre établi par Ventenat (Choix de Plant.), adopté par R. Brown et faisant partie de la famille des Jasminées. Ses caractères consistent en un calice à quatre divisions, une corolle formée de quatre pétales ovales, réunis par paire au moyen des filets staminaux qui les soudent ensemble par leur base. Le fruit est une drupe dont le noyau est simplement cartilagineux. Ce genre se compose de cinq espèces toutes originaires de la Nouvelle-Hollande. Ce sont des Arbustes ou des Arbrisseaux rappelant l'Olivier dans leur port, ayant comme lui des feuilles opposées et très-en-

tières, et des fleurs fort petites, dans lesquelles la corolle manque quelquefois. C'est le même genre que Gaertner avait déjà nommé *Rhysospermum*, nom qui n'a pas été adopté par les botanistes. Parmi ces espèces, nous citerons le *Notelœa longifolia*, Vent., *loc. cit.*, t. 25; ses feuilles sont allongées, lancéolées, aiguës, réticulées de chaque côté, plus ou moins pubescentes à leur face inférieure qui n'est pas ponctuée; les divisions du calice sont inégales et le stigmate est bifide. Cette espèce, d'après laquelle Ventenat a établi le genre, est l'*Olea apetala*, Andr., *Repos.*, t. 316. Le *Notelœa ligustrina*, Vent., *loc. cit.*, se distingue de la précédente par ses feuilles étroites, lancéolées, glabres des deux côtés, ponctuées à leur face inférieure, et légèrement veinées des deux côtés. Le genre *Notelœa* a les plus grands rapports avec le *Linociera* de Swartz, dont il se distingue seulement par ses pétales très-courts, qui sont fort grands dans le *Linociera*. (A. R.)

* NOTENCÉPHALE. ZOOL. *V.* ACÉPHALE et MONSTRE.

NOTENSTEIN. MIN. C'est-à-dire *Pierre notée*; nom allemand d'une variété de Grès arborisé, dont les dendrites ou veines ressemblent à des notes de musique. (G. DEL.)

NOTÈRE. *Noterus*. INS. Genre de l'ordre des Coléoptères, section des Pentamères, famille des Carnassiers, tribu des Hydrocanthares, établi par Clairville aux dépens du grand genre Dytique de Linné et de Fabricius, et ayant pour caractères : palpes labiaux fourchus; antennes renflées ou plus épaisses à leur milieu; éperon des jambes antérieures des mâles en forme de lame, recouvrant le premier article du tarse. Ce genre avait été confondu par Fabricius et par Olivier avec les Dytiques, mais ce dernier l'a adopté dans l'Encyclopédie à l'exemple de Latreille, qui l'avait déjà placé à son rang dans son *Genera Crustaceorum et Insectorum*, et dans ses Considérations Générales sur les

Insectes. Ce genre se distingue des Dytiques et des Colymbètes, parce que, dans ceux-ci, les antennes sont filiformes et le dernier article des palpes labiaux est simple; les Hygrobies ont aussi les antennes filiformes et leur corps est très-bombé; enfin les Hyphidres, les Hydropores et les Haliples ne présentent que quatre articles distincts aux tarses antérieurs, ce qui n'a pas lieu chez les Notères. Ces Insectes, bien distingués des autres genres par les caractères que nous avons donnés plus haut, sont d'assez petite taille, vivent dans l'eau comme les Dytiques; leur tête est plus étroite que le corselet, arrondie antérieurement. Les yeux sont petits, arrondis et peu saillans : au-devant des yeux s'insèrent les antennes composées de onze articles; les premiers petits, allant en augmentant, depuis le second jusqu'au cinquième qui est beaucoup plus large, et de-là en diminuant jusqu'au dernier qui est pointu; la lèvre supérieure est cornée, à peine tridentée; la dent du milieu est peu saillante, les latérales sont arrondies. Les mandibules sont cornées, courtes, fort échancrées au sommet, avec une petite dent au-dessous; les mâchoires sont membraneuses, pointues, arquées, garnies à l'intérieur de quelques soies épineuses plus courtes du côté de la base. Ces mâchoires portent deux palpes ; les intérieurs sont composés de deux articles cylindriques, dont le second est le plus long. Les palpes extérieurs sont composés de quatre articles, le premier et le troisième les plus courts; le dernier ovalaire, un peu pointu. La languette est membraneuse, carrée, ciliée de poils fins et courts; elle porte deux palpes de trois articles dont les deux premiers courts, le troisième plus grand, large et échancré antérieurement. Le corselet est plus large que long, en trapèze, les élytres recouvrent tout le corps qui a une forme ovalaire. Les jambes antérieures sont sans échancrures, leur éperon est grand, aplati, et atteint la longueur du premier

article des tarses. Ceux-ci sont composés de cinq articles dont le premier est gros et obconique, les trois suivans allant en diminuant et le dernier oblong, terminé par deux crochets. Ce genre ne se compose jusqu'à présent que de trois espèces, dont deux sont propres aux environs de Paris et l'autre vient d'Espagne. Nous pensons que leurs mœurs doivent être les mêmes que celles des Dytiques. On les trouve, comme ces derniers, dans les fossés et les mares, parmi les Plantes aquatiques, et ils nagent assez bien. Parmi les espèces que l'on trouve aux environs de Paris, nous citerons :

Le Notère crassicorne, *Noterus crassicornis*, Clairv., Entom. Helv. T. II, p. 224, pl. 52; Latr., *Gen. Crust.* et Consid., etc.; Olivier, Encycl. Méth.; *Dytiscus crassicornis*, Fabr., Oliv. ; *Dytiscus fuscus*, etc., Geoff., Ins. Paris, T. IV, p. 402, n° 10, Degéer; *Dytiscus capricornis*, Fuseli, Arch., Ins., 5, 128, 28, b, c; *Dytiscus clavicornis*, Fourcroy, Ent. Par., 1, 70, n° 15. Long d'une ligne et un quart, d'un ferrugineux obscur sur tout le corps, avec la tête et le corselet plus clair; dessous du corps noirâtre. (G.)

* NOTHITE. *Nothites*. BOT. PHAN. Dans le Dictionnaire des Sciences Naturelles, T. XXXV, H. Cassini a proposé ce genre qui appartient à la famille des Synanthérées et à la Syngénésie égale, L. Il lui assigne les caractères suivans : involucre plus court que les fleurs, cylindracé, composé de cinq folioles libres, égales, disposées sur un seul rang, appliquées, se recouvrant par les bords, oblongues, lancéolées, aiguës au sommet, foliacées, à plusieurs nervures. Réceptacle à peu près plane, petit et nu. Calathide sans rayons, composée de cinq fleurons égaux, réguliers et hermaphrodites; corolle à tube court, à limbe long, divisé en cinq segmens ovales-oblongs; anthères incluses, munies au sommet d'appendices obtus et scarieux; akènes

oblongs, souvent longs et grêles, plus ou moins hispidules, pentagones et cylindracés, à cinq ou dix nervures, et munis à leur base d'un bourrelet cartilagineux, annulaire; aigrette longue, composée de dix à vingt paillettes piliformes, un peu inégales, roides, soyeuses dans leur partie supérieure, bordées inférieurement sur chacun des côtés d'une petite membrane linéaire. Ce genre a été placé par son auteur dans le groupe des Eupatoriées-Agératées. Il a des rapports, par ses caractères, avec les genres *Stevia* et *Mikania*. On le distingue facilement du premier par la structure de son aigrette; mais si on consulte plutôt les caractères techniques que les rapports naturels, on n'hésitera pas à le réunir de nouveau au genre *Mikania* dont il est un démembrement. Le *Nothites latifolia*, Cass., est, en effet, le *Mikania melissæfolia* de Willdenow, ou *Eupatorium melissæfolium*, Lamk. Trois autres espèces sont décrites par Cassini sous les noms de *Nothites angustifolia*, *N. breviflora* et *N. petiolata*. Ce sont des Plantes herbacées, à feuilles opposées, à fleurs en corymbes, et qui croissent dans l'Amérique méridionale.   (G..N.)

NOTHOLÆNA. BOT. CRYPT. (*Fougères.*) R. Brown (*Prodr. Flor. Nov.-Holl.*, p. 145) établit ce genre pour trois Plantes de la Nouvelle-Hollande, auxquelles il adjoignit l'*Acrostichum Marantæ*, le *Pteris trichomanoides*, L., et quelques espèces non publiées. Ces Fougères sont, en effet, très-voisines par le port des genres *Acrostichum* et *Cheilanthes*. Les caractères assignés au nouveau genre sont les suivans : sores marginaux, continus ou interrompus; involucre nul, à moins qu'on ne considère comme un tel organe, les soies mêlées aux capsules ou les petites écailles qui couvrent la fronde. Le genre *Notholæna* fait partie de la tribu des Polypodiacées. Desvaux (Journ. de botanique, 3, p. 92) a donné les caractères de douze espèces du genre *Notholæna*, dont il dit avoir fait la monographie avant que le Prodrome de la Nouvelle-Hollande eût paru. Il avait adopté le nom de *Cincinalis* que Gleditsh (*Syst. Plant. a Stam. situ*, p. 266) lui avait imposé autrefois; mais ce nom ne peut être adopté de préférence à celui de Brown, puisqu'ayant un adjectif pour radical, il pèche contre les règles de la glossologie. Dans les douze espèces décrites par Desvaux, se trouvent les *Acrostichum Marantæ* et *Pteris trichomanoides* indiquées par Rob. Brown, plus le *N. vellea* de la Nouvelle-Hollande, qu'il ne faut pas confondre avec l'espèce du midi de l'Europe décrite dans la Flore Atlantique de Desfontaines. Les autres espèces étaient rapportées par les divers auteurs aux genres *Grammitis*, *Pteris*, *Acrostichum*, *Cheilanthes*, *Adianthum*, *Nephrodium*, etc. (G..N.)

NOTHRIA. BOT. PHAN. La Plante décrite et figurée par Bergius (*Pl. Capens.*, 171, t. 1, fig. 2) sous le nom de *Nothria repens*, a été rapportée au genre *Frankenia* par Thunberg, et nommée *F. Nothria*. Dans le premier volume de son *Prodromus*, le professeur De Candolle adopte cette espèce; mais il exprime son doute sur sa distinction du *F. lævis*. *V.* FRANKENIE.   (G..N.)

NOTHUS. *Nothus*. INS. Genre de l'ordre des Coléoptères, section des Hétéromères, famille des Sténélytres, tribu des Sécuripalpes, établi par Ziégler qui en a envoyé un individu sous ce nom à Latreille, et adopté par ce naturaliste avec ces caractères : lèvre profondément échancrée; antennes simples; dernier article des palpes maxillaires fortement en hache; cuisses postérieures renflées dans l'un des sexes; corps allongé, étroit, presque cylindrique. Ce genre avait reçu d'Illiger le nom de *Palecina* et ensuite celui d'*Osphya*. Olivier en avait reçu une espèce à laquelle Megerle avait donné le nom de *Zonitis clavipes*; les espèces de ce genre forment le passage des Serropalpes aux OEdémères dont ils ne se distinguent que par des caractères très-minutieux ; ainsi les OEdémères ont les yeux globuleux, très-entiers ou à peine échancrés, tandis que les Nothus les ont allongés avec une échancrure remarquable au milieu du bord interne près de laquelle les antennes sont insérées ; la tête des OEdémères s'avance en forme de museau et même de trompe ; ce qui n'a pas lieu dans les Nothus qui s'en distinguent encore par leurs élytres d'une consistance plus solide. La tête des Nothus est inclinée, plus étroite que le corselet, et un peu enchâssée par la partie postérieure. Les antennes sont insérées dans une échancrure des yeux ; elles sont filiformes, de la longueur de la moitié du corps et composées de onze articles cylindriques ; la lèvre supérieure est coriace, presque cornée et assez grande ; elle est arrondie et ciliée antérieurement. Les mandibules sont dures, arquées, creusées en gouttière intérieurement et terminées par deux dents égales. Les mâchoires sont presque membraneuses, divisées en deux ; les divisions sont petites, linéaires, et l'extérieure est un peu plus longue que l'autre ; elles portent chacune un palpe composé de quatre articles dont le premier est très-petit, le second allongé, un peu renflé en allant vers l'extrémité, le troisième court, plus large que le précédent à son extrémité, de forme triangulaire, et le quatrième court, large, figuré en croissant ; la lèvre inférieure est large, mince, membraneuse, un peu échancrée et à angles arrondis ; elle porte deux palpes courts, de trois articles dont le premier petit, le second mince, peu allongé, et le troisième grand, dilaté en forme de croissant. Le corselet est convexe, un peu rebordé et tranchant sur les côtés : ce qui distingue encore ces Insectes des OEdémères qui l'ont toujours arrondi ; l'écusson est petit, triangulaire, et les élytres sont presque linéaires, assez dures, un peu arrondies à leur extrémité ; les ailes

sont repliées en dessous. Les pates sont de longueur moyenne, les cuisses des postérieures sont très-renflées dans les mâles ; les tarses ont le pénultième article bilobé, et le dernier terminé par quatre crochets, comme cela a lieu chez les Cantharides. Les mœurs et les métamorphoses de ces Insectes nous sont entièrement inconnues ; on en connaît deux espèces propres à la Hongrie.

Nothus clavipède, *Nothus clavipes*, Oliv., Encycl. Méth., Latr.; *Nothus femoratus*, Sturm.; *Zonitis clavipes*, Megerle. Long de quatre lignes à peu près, d'un noir plombé avec un léger duvet gris ; palpes et les trois premiers articles des antennes fauves.

Nothus biponctué, *Nothus bipunctatus*, Ill., Oliv.; *Nothus præustus*, Oliv. Nous réunissons cette espèce au *Nothus bipunctatus* d'Olivier, parce qu'elle n'en est qu'une variété à élytres testacées. Cette espèce est longue d'un peu moins de quatre lignes, noire ou roussâtre (*præustus*) ; la partie antérieure du front, tous les bords du corselet, et une ligne dans son milieu, la plus grande partie de l'abdomen et des pates, fauves. (G.)

* NOTIDANUS. pois. *V.* Griset.

* NOTIOPHILA. *Notiophila*. ins. Genre établi par Fallen dans la tribu des Muscides, et dont nous ne connaissons pas les caractères. (G.)

NOTIOPHILE. *Notiophilus*. ins. Genre de l'ordre des Coléoptères, section des Pentamères, famille des Carnassiers, tribu des Carabiques abdominaux, établi par Duméril aux dépens du genre *Elaphrus* de Fabricius, et adopté par tous les entomologistes avec ces caractères : corselet presque carré ; labre en demi-cercle ; palpes labiaux terminés par un article plus court et plus gros que dans les Elaphres ; corps plus aplati. Ces Insectes sont assez petits, et se distinguent parfaitement des Elaphres par beaucoup de caractères extérieurs ; leur corselet est tout différent, aussi large que les élytres, ce qui n'a pas lieu chez les Elaphres ; leurs palpes labiaux les en distinguent encore, et enfin l'ensemble de leur corps qui est beaucoup plus aplati, dont les élytres sont luisantes, les en fait encore différer. On trouve ces petits Insectes dans les mêmes lieux que les Élaphres ; ils courent très-vite, et se cachent comme ces derniers sous des pierres et sous des débris de Végétaux. Ce genre se compose, dans la Faune d'Autriche de Duftschmid, de la première famille de ses Elaphres qui comprend trois espèces. Nous citerons :

Le NOTIOPHILE AQUATIQUE, *Notiophilus aquaticus*, Duméril ; *Elaphrus aquaticus*, Fabr., Duft. ; le Bupreste à tête cannelée, Geoff. Long d'une ligne et demie, d'un cuivreux brillant ; élytres ayant des stries ponctuées peu serrées, avec un espace longitudinal et très-poli près de la suture, et un autre, également lisse, à l'extrémité. Cette espèce est très-commune aux environs de Paris et dans toute la France ; on la trouve dans les lieux humides, près des mares ou dans les jardins.   (G.)

NOTITE. MIN. Nom donné par Jurine à une Roche qui paraît n'être qu'une variété de Granite porphyroïde.   (G. DEL.)

NOTJO. BOT PHAN. Ce nom, ou plutôt celui de *Notsjo*, est un des noms vulgaires au Japon sous lesquels Kæmpfer (*Amœnit. exot.*, p. 856) a décrit imparfaitement une Plante de ce pays, qui a été érigée par Adanson en un genre particulier, mais que l'on ne saurait adopter d'après ses caractères incomplets. (G..N.)

* NOTOBASE. *Notobasis.* BOT. PHAN. H. Cassini est l'auteur de ce genre qui appartient à la famille des Synanthérées et à la Syngénésie superflue, L. Voici les caractères qu'il lui attribue : involucre ovoïde, presque globuleux, plus court que les fleurs, composé de folioles imbriquées, appliquées, coriaces ; les intermédiaires ovales-oblongues, pour-

vues d'une glande en forme de nervure sur le côté extérieur, et surmontées d'un appendice étalé, long, épais, linéaire et spinescent. Réceptacle épais, charnu, légèrement plane, garni de paillettes nombreuses et inégales. Calathide composée de fleurons égaux, nombreux, hermaphrodites au centre, et mâles à la circonférence. Les fleurs hermaphrodites ont la corolle très-obringente ; les étamines à filets velus ; des akènes très-grands, comprimés des deux côtés, glabres, lisses, comme renversés et couchés en arrière sur le réceptacle, ayant à la base une aréole très-longue, très-étroite, en forme de sillons, surmontés d'une aigrette longue, blanche, et composée de poils plumeux. Les fleurs mâles de la circonférence ont la corolle et les étamines comme celles des fleurs hermaphrodites ; elles renferment un faux ovaire privé d'ovule et portant une aigrette de poils peu nombreux et à peine plumeux.

Ce genre fait partie de la tribu des Carduinées où il se place auprès du *Lamyra*, autre genre établi par le même auteur. Il est également formé aux dépens des *Carduus* de Linné ou *Cirsium* de Gaertner ; son type est le *Carduus syriacus*, L., auquel Cassini donne le nom de *Notobasis syriaca*. C'est une Plante herbacée, annuelle, qui croît en Syrie, en Egypte, en Barbarie, en Espagne et dans l'île de Crète. Sa tige est haute de près d'un mètre, droite, ordinairement simple, garnie de feuilles ovales-oblongues, à bords sinués anguleux et épineux, vertes, avec des taches blanches ; les inférieures plus larges, rétrécies vers la base en forme de pétioles ; les supérieures amplexicaules. Les calathides sont purpurines ou blanches, solitaires, terminales et latérales ; au-dessous de l'involucre on voit plusieurs bractées remarquables par de grosses nervures blanches qui se prolongent en épines.   (G..N.)

NOTOCERAS. BOT. PHAN. Rob.

Brown établit ce genre dans la seconde édition de l'*Hortus Kewensis*
qui parut en 1812 , et Lagasca le reproduisit en 1815 sous le nom de
Diceratium. De Candolle (*Syst. Veg.*),
donnant la préférence au nom qui
avait l'antériorité, a assigné les caractères suivans au *Notoceras* qui appartient à la famille des Crucifères et
à la Tétradynamie siliqueuse : calice
légèrement dressé, égal à la base;
pétales oblongs ou linéaires; etamines dont les filets sont libres et dépourvus de dents. Siliques bilocula-
res, à deux valves, presque en carène,
dont la nervure se prolonge au sommet en une sorte de corne, surmontées d'un style persistant, filiforme,
très-court, et d'un stigmate en petite
tête ; graines ovales, comprimées , à
cotylédons accombans. Ce genre fait
partie de la tribu des Arabidées ou
Pleurorhizées siliqueuses, à cause de
la structure de sa graine à laquelle
De Candolle a attaché une grande importance dans sa classification des
Crucifères. Cependant, par la forme
de son fruit, il tient le milieu entre
les genres *Erysimum* et *Capsella* placés dans deux autres tribus. Les espèces de *Notoceras* sont de petites
Plantes herbacées, annuelles , à tiges
rameuses, dressées ou couchées, garnies de feuilles oblongues ou presque linéaires , entières ou sinuées.
Les fleurs sont très-petites , quelquefois dépourvues de pétales , disposées
en grappes opposées aux feuilles ;
quelques-unes de celles-ci sont placées à la base de la tige. Ces Plantes
doivent leur aspect blanchâtre à des
poils nombreux fixés par leur milieu,
couchés et rameux.

De Candolle (*loc. cit.*) forme trois
sections dans ce genre. La première
se compose du *Notoceras canariense*,
Brown, et du *N. hispanicum* , D. C.,
ou *Diceratium prostratum*, Lagasc.
Elle est caractérisée par ses siliques
déhiscentes bicornes, ses graines
comprimées et ses cotylédons parallèles à la cloison. La seconde section
(*Tetraceratium*) se distingue facilement à ses siliques surmontées de

quatre cornés, et ne se compose que
du *N. quadricorne*, D. C. et Deless.,
(*Icon. select.*, 2, tab. 16) ou *Erysimum
quadricorne*, Steph. et Willd. ; espèce
qui croît eu Sibérie. La troisième section (*Macroceratium*) doit peut-être
constituer un genre nouveau. Elle a
des siliques indéhiscentes, bicornes,
des graines opposées à la cloison. Elle
renferme le *N. cardaminefolium* ,
D. C. et Deless. (*loc. cit.*, 2 , tab. 18)
ou *Lepidium cornutum* de Sihbtorp.
Cette Plante est indigène des contrées
orientales du bassin de la Méditerranée.   (G.,N.)

*** NOTODONTE.** *Notodonta*. INS.
Genre de l'ordre des Lépidoptères ,
famille des Nocturnes , tribu des
Faux-Bombyx, établi par Latreille
(Fam. Nat. du Règn. Anim.), et dont
il ne donne pas les caractères. (G.)

*** NOTOGASTROPUS.** CRUST.
Vosmaer a donné ce nom à un Crustacé du genre Dorippe. *V*. ce mot.
                                (G.)

NOTOGNIDIUM. POIS. Genre établi par Rafinesque qui le dit intermédiaire aux Spares et aux Centro-
notes , sous-genre de Gastérostées.
Il diffère des premiers en ce qu'il a
la dorsale dépourvue de rayons épineux et munie antérieurement de
deux appendices ou protubérances
déliées et molles. L'auteur n'en cite
qu'une espèce fort petite et des mers
de Sicile, où les pêcheurs l'appellent
Scirenga. Son corps est comprimé ,
son museau très-obtus, la ligne latérale courbe au milieu et flexueuse;
la caudale est quadrifide; la teinte
générale du Poisson, qui n'atteint
guère cinq pouces , est rougeâtre ,
tirant sur la couleur du vin, avec
une multitude inombrable de petits
points couleur de feu.   (B.)

NOTOLÆNA. BOT. CRYPT. Pour
Notholæna. *V*. ce mot.   (B.)

NOTONECTE. *Notonecta*. INS.
Genre de l'ordre des Hémiptères ,
section des Hétéroptères , famille des
Hydrocorises tribu des Notonectides , établi par Linné et adopté par

tous les entomologistes avec ces caractères : antennes très-courtes, cachées sous les yeux, plus grêles vers leur extrémité, de quatre articles ; labre extérieur, triangulaire ; bec de la longueur de la tête, conique, déprimé, de trois articles ; un écusson très-distinct ; pates antérieures courbées , égales aux intermédiaires et ayant un fort crochet au bout ; les postérieures propres à la natation ; tarses de deux articles. Ce genre est bien tranché, et on ne peut le confondre avec aucun autre de la même famille ; il se distingue des Sigaras et des Corises, de la même tribu , par ses tarses qui ont tous deux articles , tandis que, dans les deux genres que nous venons de nommer, les tarses antérieurs ne sont composés que d'un seul article ; le genre Corise s'en distingue encore par l'absence d'écusson. Le corps des Notonectes est presque cylindrique, allongé, étroit, convexe en dessus, presque plat en dessous et un peu rétréci à l'extrémité ; les côtés et l'extrémité de l'abdomen sont garnis de longs cils qui, étendus, servent à soutenir l'Insecte sur l'eau. La tête est grande, presque aussi large que le corselet ; les yeux sont grands , oblongs et occupent toute la partie latérale de la tête. On ne voit point de petits yeux lisses. Les antennes sont plus courtes que la tête, composées de quatre articles , et filiformes ; le premier article est très-court, cylindrique ; le second plus long et un peu renflé ; le troisième cylindrique , un peu moins long et un peu moins gros que le second, et le dernier plus court et plus mince que le troisième ; la trompe est formée de quatre articles, dont le premier est court et assez large ; le second plus court, plus étroit ; le troisième le plus long de tous, et le dernier court et fort mince. Le suçoir est composé d'une pièce supérieure courte, aiguë, et de trois soies aussi longues que la gaîne. Le corselet est plus large que long, terminé supérieurement par un écusson fort grand et triangulaire. Les élytres sont à peu

près de la longueur de l'abdomen et le dépassent à peine ; les ailes sont membraneuses et aussi longues que les élytres. Les quatre pates antérieures sont assez courtes et composées comme à l'ordinaire ; les postérieures sont presque une fois plus longues que les autres ; elles ont un appendice à la base des cuisses, de long cils serrés à leur partie interne , et leurs tarses ne sont pas munis de crochets. Degéer , qui a étudié ce genre, a donné la description et la figure des organes générateurs des mâles ; ils sont contenus dans le dernier anneau de l'abdomen, et si on presse le ventre on en voit sortir une grosse pièce écailleuse, noire et mobile, qui est fendue à son extrémité et composée, à cet endroit, de deux lames d'où sort une partie membraneuse qui doit être le pénis. Dans l'accouplement, Degéer a vu les Notonectes placés l'un à côté de l'autre, le mâle un peu plus bas que la femelle ; elles nagent ainsi jointes avec beaucoup de vitesse. Les œufs des Notonectes sont blancs et allongés , la femelle les place ordinairement sur les tiges ou les feuilles des Plantes aquatiques ; ce n'est qu'au commencement du printemps qu'ils éclosent; les petites larves se mettent aussitôt à nager ; ces larves ressemblent entièrement à l'Insecte parfait, seulement elles sont privées d'ailes. La nymphe n'en diffère que par des tuyaux contenant les rudimens des ailes placés sur les côtés du corps. Les Notonectes ont une singulière manière de nager, ils sont toujours placés sur le dos, et ordinairement dans une position inclinée ; la tête un peu plus élevée que l'extrémité du corps, lorsqu'ils remontent à la surface de l'eau , et la tête plus basse lorsqu'ils restent à la surface ou qu'ils descendent au fond. Ces Insectes vivent dans les fossés, les réservoirs, les eaux dormantes ou les endroits des rivières où l'eau reste sans un grand mouvement ; ils se tiennent ordinairement à la surface de l'eau , et si on s'en approche de trop près ou qu'on trouble l'eau, ils s'enfoncent aussitôt et ne reparaissent que quelque temps après, et lorsqu'ils jugent que le danger est passé. Quand ces Insectes nagent, leurs pates antérieures sont appliquées contre la poitrine, et il n'y a que les postérieures en mouvement ; mais quand ils sont sur la vase du fond ou sur les Plantes, et qu'ils marchent en cherchant leur nourriture, ce sont leurs pates antérieures qui servent ; les postérieures ne remuant plus, restent allongées et semblent être traînées à la suite de l'Animal. Les Notonectes, sous leurs divers états de larve, de nymphe et d'Insecte parfait, se nourrissent de petits Insectes, ou de petites larves qu'ils saisissent avec les crochets de leurs pates antérieures; ce sont des Insectes voraces qui font une guerre très-active aux autres Insectes, et qui, à défaut d'autres espèces, s'entre-dévorent. On en connaît une douzaine d'espèces dont quatre seulement sont propres à la France et à toute l'Europe; les autres habitent l'Afrique, l'Amérique et les Indes-Orientales; parmi celles de France nous citerons comme type du genre :

Le NOTONECTE GLAUQUE, *Notonecta glauca*, L., Scop., Fabr., Latr., Oliv.; *Notonecta capite luteo*, etc., Geoff., Ins., t. 1, p. 476, n° 1, tab. 9, f. 6; *Nepa Notonecta*, Degéer, Mém. Ins., t. 5, p. 582, n° 5, tab. 18, fig. 16, 17, Mouff., Rœm., Schœff., Stoll., Panz., Schellenb., etc. Long de près de six lignes ; tête d'un gris un peu verdâtre ; yeux d'un brun clair ; corselet d'un gris jaune antérieurement et d'un gris obscur à la partie postérieure ; écusson noir ; abdomen noir en dessus avec l'extrémité d'un gris verdâtre ; élytres d'un gris verdâtre, avec le bord latéral marqué de quelques points noirs ; ailes blanches ; dessous du corps noirâtre ; pates glauques. Cette espèce se trouve aux environs de Paris et dans toute l'Europe ; elle pique fortement avec sa trompe. (G.)

NOTONECTIDÉES. *Notonectidea.*

INS. Leach désigne ainsi une tribu d'Insectes Hémiptères correspondant entièrement à celle que Latreille a nommée NOTONECTIDES. *V.* ce mot. (G.)

NOTONECTIDES. *Notonectides.* INS. Tribu de l'ordre des Hémiptères, section des Hétéroptères, famille des Hydrocorises, établie par Latreille, et à laquelle il avait donné, dans son article *Entomologie* du Dictionnaire d'Histoire Naturelle de Déterville, le nom de *Platydactyles;* cette tribu correspond à la dixième famille des Hydrocorises de son *Genera Crustaceorum et Insectorum*. Les caractères de cette tribu sont : les deux pieds antérieurs simplement courbés en dessous, avec les cuisses de grandeur ordinaire ; les tarses courts, de deux articles dans le plus grand nombre, très-ciliés. Les pieds postérieurs en forme de rames, très-ciliés, avec les deux crochets terminaux très-petits. Corps presque cylindrique ou ovoïde, assez épais. Ces Insectes sont tous aquatiques ; leurs larves sont très-agiles ainsi que les nymphes qui ne diffèrent de l'Insecte parfait que par l'absence d'ailes. Les Notonectides se transportent d'un lieu à un autre en se servant de leurs ailes; elles se nourrissent d'autres Insectes qu'elles attrapent avec leur pates antérieures. Latreille divise ainsi cette tribu.

I. Un écusson dans tous ; tous les tarses à deux articles ; gaîne du rostre articulée.

Genres : NOTONECTE, PLÉA.

II. Point d'écusson dans la plupart ; tarses antérieurs à un seul article ; gaîne du rostre striée.

1. Un écusson.

Genre : SIGARA.

2. Point d'écusson.

Genre : CORISE. *V.* tous ces mots. (G.)

NOTOPÈDE. *Notopeda.* INS. Olivier (Encycl. Méth.) dit qu'on a quelquefois désigné sous ce nom les Insectes du genre Taupin. *V.* ce mot. (G.)

NOTOPODES. *Notopoda.* CRUST. Tribu de l'ordre des Décapodes, famille des Brachyures, établie par Latreille, et ayant pour caractères : les deux ou quatre pieds postérieurs insérés sur le dos et au-dessus du plan des autres. Cette tribu se distingue de toutes les autres par la position des quatre pieds postérieurs ; elle renferme des Crustacés médiocrement grands dont quelques espèces (*Dorippe Cuvieri*) atteignent cependant une taille assez considérable ; en général ces Crustacés sont assez rares et se tiennent à de grandes profondeurs ; quelques-uns (Dromies) se servent de leurs pates postérieures armées d'une petite pince en crochet, pour se couvrir tout le corps de débris de Plantes marines et de Corallines. Latreille divise cette tribu ainsi qu'il suit :

I. Post-abdomen ou queue courbée en dessous. Point de pieds en nageoire.

1. Corps presque orbiculaire ou presque globuleux.

Genres : DROMIE, DYNOMÈNE.

2. Corps presque carré ou subovoïde et tronqué en devant.

Genres : HOMOLE (*Thelxiope*, Rafin.), DORIPPE.

II. Queue étendue ; pieds, à l'exception des serres, terminés en nageoire.

Genre : RANINE. *V.* tous ces mots à leur lettre ou au Supplément. (G.)

NOTOPTÈRE. POIS. Le genre formé sous ce nom pour le Capirat, *Gymnotus Notopterus*, Pallas, par Lacépède, rentre parmi les Harengs. *V.* CLUPE. (B.)

* **NOTORHIZÉES.** *Notorhizeœ.* BOT. PHAN. De Candolle (*Syst. Veget. nat.* 2, p. 438) donne ce nom au second sous-ordre des Crucifères. Il est caractérisé ainsi : cotylédons planes incombans ; radicule dorsale, c'està-dire couchée sur le dos des cotylédons. Graines ovées, non bordées. Ce sous-ordre est subdivisé en cinq

tribus, savoir : Sisymbrées, Camélinées, Lépidinées, Isatidées et Anchoniées. *V.* ces mots à leur ordre alphabétique ou au Supplément.

(G..N.)

NOTOSTOMATES. *Notostomata.* INS. Leach désigne ainsi, et place parmi les Arachnides, une sous-classe de cet ordre qui correspond à la tribu des Phthyromyies, que Latreille place à la fin de l'ordre des Diptères. *V.* PHTHYROMYIES. (G.)

NOTOXE. *Notoxus.* INS. Genre de l'ordre des Coléoptères, section des Hétéromères, famille des Trachélides, tribu des Anthicides, établi par Geoffroy aux dépens des Attelabes et des Méloés de Linné, adopté par Fabricius qui y joignit d'abord quelques espèces du genre Opile de Latreille, qu'il en sépara bientôt, et auxquelles il conservait, à l'exemple de Paykull, le nom de *Notoxus*, en donnant, comme cet auteur, celui d'*Anthicus* aux véritables Notoxes de Geoffroy. Latreille n'a pas conservé le nom d'*Anthicus*, et il a laissé aux Notoxes de Fabricius le nom d'Opile qu'il leur avait déjà assigné, en conservant celui de Notoxe aux Insectes que Geoffroy désignait ainsi bien avant Fabricius et Paykull. Ce genre, tel qu'il est adopté actuellement, a pour caractères : antennes presque filiformes, insérées devant les yeux, simples et formées d'articles presque en cônes renversés ; palpes maxillaires beaucoup plus grands que les labiaux, avec le dernier article plus grand, presque en forme de hache ; le même des labiaux un peu plus épais que les précédens. Tête en forme de cœur, ou triangulaire et arrondie postérieurement, toujours dégagée, inclinée ; pénultième article de tous les tarses bilobé ; corselet presque en cœur, rétréci et tronqué postérieurement, quelquefois cornu. Corps allongé, presque cylindrique ; élytres molles. Ce genre se distingue des Stéropès de Steven, parce que ceux-ci ont les antennes terminées par trois articles beaucoup plus longs que les autres ; le genre Xylophile de Bonelli en est distingué par un corps plus raccourci, par des antennes allant en grossissant et par les palpes labiaux qui sont terminés en massue sécuriforme. Les Notoxes ont le corps allongé, presque cylindrique ; leur tête tient au corselet par un petit col étroit et assez court ; leurs yeux sont arrondis, peu saillans et placés à la partie latérale de la tête. La lèvre supérieure des Notoxes est membraneuse, carrée ou faiblement arrondie à la partie antérieure ; les mandibules sont cornées, arquées à leur extrémité : elles ont à leur partie externe une dilatation qui paraît membraneuse et qui s'arrête à l'endroit de la courbure. Les mâchoires sont courtes et bifides ; la division extérieure est beaucoup plus grande que l'autre, comprimée et arrondie à son extrémité ; l'autre est étroite, un peu plus courte et terminée en pointe. Ces mâchoires portent chacune un palpe de quatre articles dont le dernier est sécuriforme. La lèvre inférieure est presque membraneuse, un peu avancée, presque carrée, faiblement rétrécie vers la base et munie de deux palpes courts, composés de trois articles dont le dernier, le plus gros de tous, est un peu tronqué. Le corselet est arrondi, presque en cœur ou un peu rétréci à sa partie postérieure, quelquefois armé d'une corne assez forte qui s'avance sur la tête. L'écusson est petit, triangulaire ; les élytres sont convexes, d'une consistance assez molle. Les pates sont de longueur moyenne, avec les tarses filiformes terminés par deux crochets. Ces Insectes sont d'assez petite taille ; on les trouve courant à terre et quelquefois dans les fleurs ou sur les grandes herbes des prés ; leurs larves et leurs métamorphoses ne sont pas connues ; Latreille pense que leur larve est parasite ou carnassière. La corne qui se trouve sur le corselet de quelques espèces a conduit Olivier et Latreille à diviser ce genre ainsi qu'il suit :

α Corselet armé d'une corne avancée.

NOTOXE MONOCÉROS, *Notoxus Monoceros*, Oliv., Fabr., *Ent. Syst.*, Ill., Latr., Schranck, *Faun. Germ.*, fasc. 26, tab. 8 ; la Cuculle, Geoff., Ins. Paris, t. 1, p. 356, n° 1, tab. 6, f. 8 ; *Anthicus Monoceros*, Fabr., *Syst. Eleuth.*, Payk., *Faun. Suec.* T. 1, p. 254, n° 1 ; *Meloe Monoceros*, L. Long de deux lignes et demie ; tête noire ; corselet fauve à sa partie postérieure, noir antérieurement, relevé et prolongé en pointe, s'avançant au-dessus de la tête. Elytres testacées, avec une grande tache à la base, une partie de la suture, une bande transversale vers les deux tiers, et une tache près du bord extérieur de couleur noire ; dessous du corps et pates fauves. Cet Insecte est commun aux environs de Paris. Les Notoxes cornu, Rhinocéros, Monodon, Lancifère et Bison, d'Olivier, appartiennent à cette division.

β Corselet simple.

NOTOXE FLORAL, *Notoxus floralis*, Fabr., Latr., Oliv., Illig., Panz., *Faun. Germ.*, fasc. 23, tab. 5 ; *Notoxus formicarius*, Oliv., Entom., t. 2, genr. 51, n° 2, t. 1, fig. 3, a, b ; *Anthicus floralis*, Fabr., Payk. ; Cantharide Fourmi, Geoff. ; *Meloe floralis*, Lin. ; *Meloe pedicularius*, Schranck. Long d'une ligne et demie, noirâtre avec la tête à l'exception du ventre ; le corselet et les pates d'un jaune pâle ; base des élytres plus claire ou roussâtre. Cette espèce est très-commune aux environs de Paris et dans toute la France. Olivier (Encycl. Méth.) décrit vingt-quatre espèces de cette division, mais la dernière, le Notoxe du Peuplier, forme le genre Xylophile de Bonelli. Léon Dufour et Dejean ont trouvé plusieurs espèces nouvelles de ce genre en Espagne et en Portugal. (G.)

*NOTRÈME. *Notrema*. MOLL. Nom que Rafinesque avait donné à un genre fort singulier, dans l'*American Monthly Magazine*, et qu'il a changé depuis (Annales Génér. des Sciences Natur. de Bruxelles , T. v, p. 320) pour celui de TRÉMÉSIE , *Tremesia*. *V*. ce mot.   (D..H.)

* NOUNI-PARAGOUDOU. REPT. OPH. Nom de pays du *Coluber Hebe*. *V*. COULEUVRE.   (B.)

NOUROUK. BOT. PHAN. On désigne sous ce nom dans les îles françaises , à l'est du cap de Bonne-Espérance, l'Endrachs et l'*Erythrina Corallodendron*.   (B.)

NOVACULA. POIS. *V*. RASON.

NOVACULITE. MIN. Pierre à rasoir; Schiste coticule de Wallerius. *V*. SCHISTE.   (B.)

NOVELLA-NIGRA. BOT. PHAN. Rumph (*Herb. Amboin.* , p. 226 , tab. 75) a décrit et figuré sous ce nom le *Cordia Sebestena*, L. *V*. SEBESTIER.   (G..N.)

NOYAU. *Nucleus* , *Ossiculus*. BOT. PHAN. On appelle ainsi dans un fruit charnu la loge unique ou les loges dont les parois se sont ossifiées. Ainsi dans la Prune , l'Abricot , etc., le Noyau est à une seule loge; dans certaines Rhamnées, il est à plusieurs loges. On sait que le Noyau est une partie du péricarpe et non de la graine , comme le croyaient les anciens botanistes. C'est l'endocarpe uni à une partie du sarcocarpe qui se sont solidifiés. Lorsqu'un fruit renferme plusieurs Noyaux, ceux-ci prennent le nom de *Nucules*. *V*. ce mot. (A.R.)

NOYAU D'OLIVE. MOLL. Nom que les marchands donnent quelquefois aux Coquilles du genre Colombelle , et notamment au *Colombella rustica*.   (D..H.)

NOYER. *Juglans*. BOT. PHAN. Ce genre forme le type d'une tribu de la famille des Térébinthacées, que nous avons désignée sous le nom de Juglandées, et qui pourrait être considérée comme une petite famille à part. Les caractères du genre Noyer sont les suivans : les fleurs sont unisexuées et monoïques. Les mâles forment des chatons cylindriques , solitaires ou diversement groupées et qui naissent constamment à la partie supérieure des rameaux de l'année précédente et jamais sur ceux de l'année. Chacune de ces fleurs se compose de cinq à sept écailles soudées ensemble et formant une sorte de cupule, dans laquelle sont insérées de douze à vingt étamines ayant les filamens très-courts. Les fleurs femelles au contraire se montrent toujours au sommet des jeunes pousses de l'année où elles sont réunies en petit nombre. Leur ovaire est globuleux ou ovoïde, infère, surmonté du limbe calicinal qui est double ; l'extérieur offre quatre dents très-courtes, l'intérieur présente quatre divisions beaucoup plus grandes, de sorte qu'on serait tenté d'admettre dans ce genre un calice et une corolle. Coupé transversalement, cet ovaire offre une seule loge très-petite, qui contient un ovule dressé et remplissant exactement la cavité de la loge. Le sommet de l'ovaire est surmonté de deux stigmates épais , sessiles, linguiformes, divariqués , velus et glanduleux sur leur face interne. Le fruit est une drupe globuleuse , ovoïde ou allongée, dont la partie charnue est peu succulente, se détachant facilement du noyau, et se rompant irrégulièrement. Le noyau , dont la forme est en rapport avec la forme générale du fruit, est osseux , uniloculaire, monosperme, susceptible de se partager à sa maturité en deux valves régulières; il est sillonné extérieurement. La graine qu'il renferme est sinueuse et comme cérébriforme, composée uniquement d'un embryon recouvert par le tégument propre. Cet embryon est renversé, ayant ses deux cotylédons charnus, bilobés , et sa radicule courte et supérieure.

Ce genre , assez nombreux en espèces, a été partagé en trois genres par les auteurs modernes. Ainsi le professeur Nuttall (*Gen. of north Amer. Plants*) en a séparé les espèces dont les fleurs mâles consistent seulement en deux ou trois bractées et en trois à six étamines; dont l'ovaire est

surmonté d'un stigmate très-grand,
discoïde et quadrilobé, et enfin dont
la partie charnue du péricarpe se
rompt régulièrement en quatre valves, et dont le noyau a sa surface extérieure lisse. A ce genre qu'il a nommé *Carya*, il rapporte un assez grand
nombre des espèces de l'Amérique
septentrionale, telles que *Juglans
olivæformis*, Michx.; *J. sulcata*,
Willd.; *J. alba*, L.; *J. amara*, Michx.;
J. porcina, Michx.; *J. aquatica*,
Michx.; *J. myristicæformis*, Michx.;
J. tomentosa, Michx., et une espèce
nouvelle qu'il nomme *Carya microcarpa*. Notre ami et savant collaborateur le professeur Kunth a formé
sous le nom de *Pterocarya*, un genre
nouveau pour le *Juglans Pterocarpa*
de Michaux, qui nous paraît en effet
mériter par les caractères de son
fruit d'être séparé du genre *Juglans*.
Quant au genre *Carya* nous pensons
qu'on peut sans inconvénient le considérer simplement comme une section du genre Noyer. Les espèces de
Noyer sont des Arbres souvent fort
élevés ayant un port agréable. Leurs
feuilles sont grandes, alternes, pétiolées, imparipinnées, répandant
une odeur forte et aromatique quand
on les froisse entre les doigts, dépourvues de stipules. Elles sont toutes originaires de la Perse et surtout
de l'Amérique septentrionale. Nous
allons décrire ici quelques-unes des
espèces les plus intéressantes.

1re Section : JUGLANS.

Le NOYER ORDINAIRE, *Juglans re-
gia*, L., Rich., Bot. Méd., 1, p. 125.
C'est un grand et bel Arbre pouvant
acquérir jusqu'à cinquante pieds d'é-
lévation et dont le tronc souvent
d'une grosseur énorme se ramifie, et
forme une tête plus ou moins arrondie, qui lui donne quelque ressemblance avec le Marronnier d'Inde. Ses
feuilles sont alternes, pétiolées, articulées, imparipinnées et généralement composées de sept à neuf folioles ovales, entières, acuminées au
sommet et presque sessiles. Les chatons de fleurs mâles sont cylindri-

ques, épais, verts, longs de trois à
quatre pouces et pendans. Dans chaque fleur on trouve de douze à dix-
huit étamines dressées, presque sessiles. Les fleurs femelles sont réunies
au nombre de deux à trois au sommet
d'un pédoncule court qui termine
les jeunes pousses de l'année. Elles
sont d'une couleur verte. Le fruit est
une noix ou drupe sèche, ovoïde,
arrondie, verte, glabre, marquée
d'une dépression longitudinale d'un
seul côté. Son noyau, qui est superficiellement sillonné, s'ouvre en deux
valves égales.

Ainsi que nous l'avons dit précédemment, le Noyer est originaire de
la Perse; on le trouve également dans
l'Asie-Mineure et aux environs de la
mer Caspienne. On ignore au juste à
quelle époque précise il fut introduit
en Europe, mais depuis un temps
presque immémorial il s'y est si bien
acclimaté, même dans les parties
septentrionales, qu'il paraît en être
indigène. De même que tous les Arbres à fruits cultivés depuis long-
temps, le Noyer présente un très-
grand nombre de variétés dont nous
allons indiquer ici les principales.
Le *Noyer commun* ; ses fruits sont
ovoïdes, arrondis, de grosseur moyenne; son amande fournit beaucoup
d'huile, et c'est généralement une des
variétés les plus répandues et les plus
productives. Le *Noyer à coque tendre*
ou *Noyer Mésange* ; ses fruits sont
plus allongés, bien pleins, meilleurs
que dans l'espèce précédente, et four-
nissant aussi beaucoup d'huile. Leur
noyau est assez mince et assez tendre
pour que la Mésange parvienne à le
percer avec son bec pour en manger
l'amande. Le *Noyer tardif*, ainsi
nommé parce qu'il ne fleurit qu'à la
fin de juin; ce Noyer est surtout très-
avantageux dans les régions où l'on
a à craindre des gelées tardives; son
amande fournit assez d'huile; on la
mange généralement en cerneaux à
la fin de septembre. Le *Noyer à gros
fruits*; les noix sont grosses, mais leur
amande est peu volumineuse et environnée de beaucoup de matière fon-

gueuse. Il faut les manger fraîches, parce qu'en se séchant elles diminuent de moitié. Ces noix portent le nom de noix de jauge. Le *Noyer à fruit anguleux*; son fruit est anguleux; son noyau très-dur et très-épais; mais l'amande est fort bonne, et fournit en abondance une huile excellente. Cette variété est aussi celle qui atteint les plus grandes dimensions, et dont le bois offre les veines les plus nombreuses et les plus colorées. Aussi le recherche-t-on beaucoup pour les ouvrages d'ébénisterie. Le *Noyer à bijoux*; son noyau est beaucoup plus gros que dans toutes les variétés précédentes. Son amande n'est pas en proportion du volume du noyau. C'est cette variété dont les fruits servent à faire des boîtes, des petits nécessaires dans lesquels on place plusieurs petits objets. Enfin une dernière variété est celle qu'on connaît sous le nom de *Noyer à grappe*, parce que ses fruits sont réunis au nombre de quinze à vingt et même au-delà, et forment une sorte de grappe. Le Noyer est un Arbre fort utile. Presque toutes ses parties sont employées dans les arts, l'économie domestique ou la thérapeutique. Ainsi son bois et ses racines parcourues de veines bien marquées, sont recherchés pour faire de très-jolis meubles; il est dur et susceptible par conséquent d'un poli très-fin. L'écorce sert à la teinture en noir. Ses fruits sont utiles et comme alimens et comme médicamens, et ses feuilles, d'une odeur forte et aromatique, sont employées sous forme de décoction pour faire des lotions stimulantes et résolutives. La partie charnue du péricarpe est généralement connue sous le nom de Brou de Noix. Elle a une odeur forte et aromatique, une saveur amère et piquante. Quoiqu'elle soit excitante à un haut degré, cependant on l'emploie peu surtout intérieurement. On prépare avec elle, en la faisant macérer dans l'alcohol, une liqueur de table que l'on considère comme un excellent stomachique, propre à favoriser les fonctions de l'estomac. Les

graines du Noyer contiennent une très-grande quantité d'une huile grasse et douce, qui conserve une saveur particulière, mais qui néanmoins est fort usitée dans plusieurs provinces de la France où elle remplace l'huile d'olive. Elle se rancit assez promptement, et pour cette raison on doit la préparer en petite quantité à la fois, afin qu'elle n'ait pas le temps de s'altérer. Cette huile est légèrement siccative, aussi les peintres en font-ils usage.

Toutes les parties du Noyer, et surtout ses feuilles, sont fort odorantes, et pendant les chaleurs de l'été cette odeur se répand et se fait sentir au loin. On a prétendu que cette émanation était dangereuse, et même qu'elle pouvait devenir funeste pour les individus qui y restaient long-temps exposés. Ainsi on a dit qu'il était imprudent et dangereux de se reposer en sueur et surtout de s'endormir sous un Noyer. Ces assertions sont à coup sûr exagérées. L'odeur forte que les feuilles de Noyer répandent, surtout quand elles sont frappées par le soleil, peut occasioner quelques douleurs de tête aux personnes qui y resteraient long-temps exposées; mais il y a fort loin de ces douleurs passagères aux accidens graves que quelques auteurs ont signalés. Le brou de noix et les feuilles de Noyer contiennent une assez grande quantité de tannin et d'acide gallique pour que quelques auteurs aient conseillé de les employer au tannage des cuirs. On fait avec la décoction de ces feuilles des lotions stimulantes et résolutives dont on s'est servi avec succès contre certains ulcères atoniques.

Le Noyer n'est pas difficile sur la nature du terrain dans lequel on le plante; néanmoins il préfère une terre légère, sablonneuse et profonde, où ses racines peuvent s'étendre facilement et trouver de l'humidité. On le multiplie de graines, que l'on choisit différemment, suivant qu'on attache plus d'importance au bois ou aux fruits. Dans le premier cas, il faut autant que possible retarder la fructification, et préférer un terrain sablonneux et pierreux, dans lequel, le Noyer végétant avec plus de lenteur, son bois en acquiert plus de dureté et de compacité. Les terrains de cette nature conviennent aussi pour donner à l'huile de la qualité. Les semis se font avec des noix bien choisies et bien mûres. Après la récolte on les place par lits dans un lieu frais, mais à l'abri de la gelée, où on leur fait passer l'hiver. Ce n'est qu'au printemps qu'on les sème, soit en rayons à environ quinze pouces de distance les unes des autres, soit en planches à deux ou trois pouces seulement. Au bout de la première année on enlève, dans le premier cas, un sujet entre deux, de manière qu'il reste deux pieds et demi d'intervalle entre chaque individu; dans le second cas on le repique en place et à la distance que l'on a jugé convenable, dans une terre bien ameublie mais sans fumier. Lorsque les sujets ont acquis quatre à cinq pouces de circonférence à la base, et cinq à six pieds de hauteur, c'est le moment de greffer ceux qu'on destine à cette opération. Cette greffe peut se faire par différens procédés, en flûte, en écusson, à œil poussant, en fente ou en anneau. Comme les Noyers prennent un très-grand développement, il faut avoir soin quand on les plante en alignement de laisser entre chacun d'eux de six à huit toises de distance, sans quoi ils se gêneraient réciproquement et finiraient par étouffer toutes les Plantes qui végètent dans l'espace de terrain qu'ils recouvrent. Cet espace de terrain peut même être considéré comme à peu près perdu pour la culture, l'eau des pluies qui dégoutte des Noyers étant extrêmement contraire à la végétation, et d'ailleurs le Noyer étendant au loin ses racines, épuise tout le terrain qui l'environne.

Le Noyer noir, *Juglans nigra*, L., Michx., Arbr. Am. sept. T. 1. Cette espèce, d'un feuillage très-élégant, est originaire des diverses contrées de l'Amérique septentrionale. Mais depuis fort long-temps elle est en quelque sorte naturalisée en France, où elle croît en pleine terre et donne d'excellens fruits. Le Noyer noir est encore plus élevé que le Noyer commun. Ses feuilles, imparipinnées, se composent de quinze à dix-neuf folioles ovales, allongées, aiguës, dentées et pubescentes. Ses fruits sont globuleux. Leur noyau, également globuleux, est sillonné de crevasses profondes et très-rapprochées les unes des autres. Il est épais et très-dur, et l'amande qu'il recouvre a une saveur agréable, contient beaucoup d'huile, et est employée aux mêmes usages que notre noix ordinaire dans plusieurs parties de l'Amérique septentrionale. Le bois de cette espèce est d'une teinte violette qui devient noire quand il a été exposé à l'air. Mais on doit le débarrasser de son aubier qui est blanc et de peu de durée. On fait avec ce bois de très-beaux meubles.

Le Noyer cathartique, *Juglans cathartica*, Michx., Arbr. Am. sept. T. 11. Ce Noyer, originaire de l'Amérique septentrionale, peut atteindre à une hauteur de quarante-cinq à cinquante pieds. Ses feuilles se composent de quinze à dix-sept folioles ovales, aiguës, dentées et légèrement pubescentes; ses fruits sont ovoïdes, allongés, solitaires sur des pédoncules souvent de plus de deux à trois pouces de longueur. La noix est profondément sillonnée, très-dure, fort pointue à son sommet. Son amande est douce, contient beaucoup d'huile qui se rancit très-rapidement. L'écorce de ce Noyer possède une propriété purgative, lorsqu'on la donne en décoction ou en extrait. Elle est assez usitée en Amérique. Cette espèce est aussi cultivée en France, mais elle y est moins répandue que la précédente.

2° Section : Carya, Nuttall.

Le Noyer pacanier, *Juglans olivæformis*, Michx., Arbr. T. III. Il peut, dans l'Amérique septentrionale, sa patrie, s'élever jusqu'à une hauteur de soixante à soixante-dix pieds, quoique sa croissance soit extrême-ment lente. Il porte des feuilles com-posées de treize à quinze folioles lan-céolées, un peu obliques et comme falciformes. Ses fruits sont très-allongés, marqués de quatre sutures longitudinales. Leur partie charnue s'ouvre en quatre valves. Leur noix est lisse, assez mince, de la forme d'une olive, et contient une amande très-douce, que l'on mange en Amé-rique sous le nom de *noix pacane*. Ce Noyer se cultive en France, mais il y craint les gelées et ne peut pousser en pleine terre que dans les provinces méridionales.

Le NOYER BLANC, *Juglans alba*, L.; *J. tomentosa*, Michx., *loc. cit.* T. VI. Arbre d'une grande taille, portant des feuilles composées de neuf folioles ovales, lancéolées, aiguës, à peine dentées sur leurs bords, coriaces, odorantes et velues à leur face infé-rieure. Les fruits sont globuleux, terminés en pointe supérieurement, de grosseur moyenne. Leur brou s'ouvre en quatre valves qui laissent à découvert une noix ovoïde un peu comprimée, pointue, presque lisse et d'une couleur blanchâtre, très-dure, et contenant une amande petite, mais d'une saveur douce et agréable.

Le NOYER AMER, *Juglans amara*, Michx., *loc. cit.* T. IV. L'une des plus grandes espèces du genre. Les feuilles sont formées de sept à neuf folioles oblongues, aiguës, glabres, dentées en scie. Les fruits sont globuleux, petits et pointus. Leur noix est dépri-mée, mince, fragile, et l'amande qu'elle renferme a une saveur amère, âpre et très-désagréable. Elle croît sur le bord des rivières, dans l'Amé-rique septentrionale.   (A. R.)

On a étendu le nom de NOYER à des Végétaux qui n'appartiennent pas au genre dont il vient d'être question, et même qui n'y présentent aucun rapport, ne portant pas de ces fruits qu'on nomme Noix (*V.* ce mot). Ainsi l'on a appelé :

NOYER DE CEYLAN et NOYER DES INDES, le *Justicia Adathoda*, L. *V.* JUSTICIE.

NOYER DE LA JAMAÏQUE, le Sablier, *Hura crepitans.*

NOYER DES MOLUQUES, le *Croton Molucanum.*

NOYER VÉNÉNEUX, le Mancenillier, etc.; etc.   (B.)

NOYRAS. ois. Syn. de Lari Noira. *V.* PERROQUET.   (DR..Z.)

NSOSSI. MAM. L'ancienne Ency-clopédie indique sous ce nom un pe-tit Ruminant du royaume de Congo, qui paraît être, comme l'a remarqué Desmarest, une espèce du genre An-tilope. *V.* ce mot.   (IS. G. ST.-H.)

FIN DU TOME ONZIÈME.

ERRATA.

Page 155, colonne 2, ligne 12, les unes aux autres de manière, *lisez :* les unes aux autres sur le globe de manière. — P. 159, col. 2, lig. 6-7, mille observations climatériques, *lisez :* mille variations climatériques. — P. 166, col. 1, lig. 20-21, *transposer l'évaluation des hauteurs de la Sierra Névada à la place de celle de l'Ethna et réciproquement.* — P. 166, col. 1, lig. 51, de la circonférence au centre, *lisez :* du centre à la circonférence. — P. 169, col. 2, lig. 52, qu'il domine à son tour, *lisez :* qu'il domine, à son tour.